JEAN DE BLOCH

LA GUERRE

Traduction de l'ouvrage russe

LA GUERRE FUTURE

AUX POINTS DE VUE

Technique, Économique et Politique

TOME I

Description du mécanisme de la guerre.

GUILLAUMIN ET Cie

Éditeurs

14, RUE DE RICHELIEU, 14

PARIS

LA GUERRE

JEAN DE BLOCH

LA GUERRE

Traduction de l'ouvrage russe

LA GUERRE FUTURE

AUX POINTS DE VUE

Technique, Économique et Politique

TOME I

Considérations générales sur le tir.
Poudre sans fumée et autres explosifs. — Les armes a feu portatives.
Les bouches a feu de l'artillerie. — Les engins auxiliaires.
Boucliers et cuirasses opposés aux effets
des balles ennemies.
Abris formés par les retranchements et les fortifications de campagne.
Importance et role de la cavalerie.
La tactique de l'artillerie
et les conséquences des perfectionnements techniques.
L'infanterie au combat.

PARIS

IMPRIMERIE PAUL DUPONT

4, RUE DU BOULOI, 4

1898

PRÉFACE

PRÉFACE

En présence de la concurrence si ruineuse pour tous les pays européens, amenée par l'augmentation continuelle des armements, en présence du danger que représente ce fardeau grandissant et affectant tout le monde, le personnel des sphères dirigeantes et tous les esprits cultivés ont le devoir de chercher à élucider les questions suivantes : Quelle forme prendra la guerre avec les moyens de combat actuels? Sera-t-il possible d'aboutir à la destruction réciproque de ces armées qui renfermeront des millions d'hommes ? Sera-t-il possible d'amener ces masses à supporter tout l'effet que produiront les armes et les terribles explosifs modernes ?

Si, à ces questions, on se voyait forcé de répondre : Non, dans ces conditions, la guerre est invraisemblable ; les masses armées ne pourront soutenir les tueries qui se produiront nécessairement au cours des batailles futures; les nations ne pourront supporter la faim et la suspension de toute la productivité qui entretient leur existence. Si on aboutissait à de telles conclusions, on pourrait alors aborder franchement la question suivante, également intéressante pour tous : Pourquoi les peuples épuisent-ils de plus en plus leurs forces à accumuler des moyens de destruction dont ils ne pourront pas se servir? Pourquoi se ruinent-ils en préparatifs pour cette lutte de Titans qui ne sera jamais qu'une chimère? Pourquoi l'humanité travaille-t-elle sans cesse à la confection d'un explosif dont l'effet pourra être plus puissant que celui de la dynamite, d'une force capable de faire sauter non seulement des forteresses, des villes, mais la société elle-même?

Un essai tendant à populariser la connaissance des moyens de combat modernes et des suites qu'entraînerait éventuellement la guerre pourrait, à notre avis, contribuer à diriger l'attention générale sur ce sujet. Tel est le but de la modeste tentative que nous avons faite dans ce sens et que nous soumettons au public. Nous y présentons le côté technique de la question en nous basant sur de récents travaux des auteurs militaires les plus compétents.

Notre situation de non-spécialiste a peut-être au moins cet avantage : que, comme fond et comme forme, notre ouvrage sera accessible à un cercle de lecteurs plus étendu que tel ouvrage spécial dont nous nous sommes servi.

Il est possible qu'une étude faite par un laïque, à l'usage de personnes dépourvues d'instruction spéciale, manque de valeur et de méthode. Mais ceux auxquels s'adresse ce travail lui reconnaîtront peut-être le bon côté suivant : il ne prétend trancher autoritairement aucune question litigieuse ni soutenir aucune opinion déterminée ; son unique but est de familiariser le public avec celles, si divergentes, que font naître les différences de points de vue et d'examiner les questions, autant que possible, sous toutes leurs faces.

Nous nous sommes attaché à rendre cet exposé aussi simple et compréhensible que nous l'avons pu, même pour toute personne qui n'aurait jamais eu en main de livre traitant de telle ou telle autre branche de la science militaire.

Nous n'avons évidemment l'intention d'imposer aucune opinion particulière sur les choses militaires ; notre but n'est même pas d'exposer au grand public celles des spécialistes, mais simplement de lui faire connaître, quand nous le jugeons nécessaire, leurs différentes manières de voir, en faisant parler directement les auteurs respectifs.

Voilà pourquoi notre ouvrage renferme tant de citations qu'il ne faut pas imputer à notre désir de briller par l'érudition : nous avons voulu simplement que le lecteur connût, d'une part, de qui émanait telle ou telle opinion et que, d'autre part, il eût la possibilité d'élucider ce qui pourrait lui paraître peu vraisemblable ou trop peu fondé, en se renseignant aux sources indiquées et en consultant les opinions des écrivains compétents.

Notre travail ne satisfera pas, nous le présumons, les spécialistes ; c'est surtout la partie concernant les questions techniques, qu'ils jugeront, sans doute, soit trop détaillée, soit trop concise, incomplète ou trop populaire, suivant les passages. Seulement nous n'avons pas écrit cet ouvrage exclusivement pour les hommes du métier, mais aussi pour le grand public et sans perdre de vue que ce dernier comprend nombre de personnes soumises au service et appelées à rentrer dans les rangs de l'armée, en cas de guerre.

En étendant le domaine de nos études, nous nous sommes exposé sciemment au reproche d'avoir empiété sur un terrain qui nous était inconnu, d'avoir entrepris d'écrire sur les choses militaires sans posséder l'autorité que donne la connaissance du sujet. Mais nous n'avions pas le choix.

Car il nous fallait étudier le côté technique de la guerre, pour être en mesure d'approfondir ce qui en constituera la condition principale, c'est-à-dire pour pouvoir préciser : d'une part, les limites d'action des phénomènes pouvant être déterminés par une certaine loi et, d'autre part, celles où commencent les phénomènes empreints d'un caractère purement accidentel.

Autrement, nous serions à notre tour tombé dans la faute des auteurs spéciaux qui, en écrivant sur la guerre future, ont laissé de côté ou n'ont fait qu'effleurer les rapports qui existent entre les luttes à main armée et les questions sociales et économiques. Sans s'être fait une idée de la nature, des moyens et des méthodes de la guerre, on ne saurait, en effet, tirer de conclusions, quant à son degré de probabilité, quant aux suites qui en résulteront pour la population ou à sa durée.

Ce sont là, pourtant, des questions de premier ordre et dont

l'étude s'impose dès qu'on se consacre à l'examen des éléments
dont résulte la guerre.

Notre ouvrage comprend six volumes et se divise en trois parties.

Dans les trois premiers volumes que nous intitulons : « Le
mécanisme de la guerre sur terre et sur mer et la façon dont en
dépend l'organisation des forces de combat et des flottes », nous
nous sommes donné pour tâche de familiariser le lecteur avec les
particularités des engins de guerre actuels, les changements survenus dans l'armement des troupes, leur commandement et leur
administration.

Afin d'éclairer la guerre future d'un jour plus intense, nous nous
sommes efforcé d'indiquer, en traitant des questions concernant ce
sujet, celles qui sont d'ores et déjà élucidées, qui ne comportent plus
de doute et que la science militaire considère comme résolues et
celles au contraire qui demeurent ouvertes à la discussion.

Puis, nous avons cherché à faire voir l'état présent des choses
sous toutes ses faces, tout en le comparant avec le passé, afin de
donner au lecteur la possibilité de s'orienter au milieu des nombreuses
appréciations contradictoires qui divisent les hommes compétents
sur les questions militaires.

En examinant, d'autre part, la guerre maritime, nous n'avons
rien négligé pour bien marquer la place qu'elle tiendrait dans les
luttes de l'avenir.

Après s'être ainsi fait une idée claire de ce que pourra être
la guerre future au point de vue technique, ainsi que des moyens et
des méthodes dont elle disposera, le lecteur arrive à l'étude de la
seconde partie de notre ouvrage, comprise dans les volumes IV et V.
Cette partie a pour objet : « La recherche des influences que les
armements exerceront sur la situation sociale et économique des
États et des peuples ».

Dans ces deux volumes, nous nous sommes efforcé d'élucider tous
les côtés par où la question de la guerre se rattache directement
à l'ordre social et économique des différentes nations. Mais, sur ce

point, nous ne pouvions aboutir à des conclusions définitives générales ; et nous nous sommes borné à démontrer que, étant données
les ressources actuelles de la marine et les règles qu'on observera
au cours d'une guerre navale, les communications maritimes pourront
être interrompues ; par suite de quoi certaines nations continentales
risqueront de se trouver dans la situation la plus critique.

Nous avons aussi montré qu'en temps de paix, on augmente,
dans tous les pays, les effectifs destinés, d'une part, à affronter le
premier feu et, d'autre part, à encadrer un nombre double de réservistes et de territoriaux, qui se joindront aux premiers en temps de
guerre. Et nous avons indiqué les conséquences qui résulteraient de
cet état de choses pour les finances et la force productive de l'Europe ; laquelle, accablée du poids considérable de ses impôts, ne sera
plus en état de soutenir la concurrence des pays transatlantiques.

Comme la question des charges, qui retomberont sur la population du théâtre des hostilités ou des régions voisines, se rattache
étroitement à celle du ravitaillement de l'armée, nous avons cru
devoir placer l'examen de ces deux questions dans la seconde
partie de notre ouvrage.

Après avoir, en outre, exposé l'influence que les opérations stratégiques exerceront sur les groupements des États en général, sur
les couches sociales, ainsi que sur la situation matérielle des individus, nous avons pu passer à l'examen de conséquences plus complexes que pourra avoir la guerre ; de celles notamment qui seront
déterminées par les préparatifs mêmes de la lutte et qui se traduiront par des mouvements sociaux ; puis enfin nous nous sommes
occupé des suites que la guerre entraînera pour les vainqueurs et
pour les vaincus.

Et nous nous sommes ainsi trouvé tout naturellement conduit,
à tirer de nos études des conclusions concernant les questions
suivantes : Quel est le degré de probabilité de la guerre future ? N'y
aurait-il pas lieu, en présence des complications et des conséquences
terribles qu'elle entraînera nécessairement, de chercher le moyen de
régler, d'une autre manière, les différends internationaux ?

I

Les Armes à Feu

Considérations générales sur le Tir.

La plus simple observation des faits que nous avons chaque jour sous les yeux nous apprend que tout objet lancé en haut, verticalement ou sous un angle quelconque, perd peu à peu la vitesse dont il était animé dans la direction qui lui avait été donnée et, finalement, retombe sur le sol. La physique nous enseigne que, dans le vide, la vitesse de chute des corps est indépendante de leur forme, de leurs dimensions et de leur poids spécifique. Le boulet de fer et la plume légère, qui tombent d'une même hauteur, atteindraient le sol en même temps s'il était possible de supprimer la résistance de l'air qui s'oppose à leur chute.

Les théoriciens qui s'occupent d'étudier l'effet des projectiles d'artillerie admettent, comme Galilée l'a démontré, que la parabole imparfaite décrite par ces projectiles serait absolument régulière si la résistance de l'air n'existait pas, et que, dans cette hypothèse, le chemin parcouru dans le sens de la chute augmenterait proportionnellement au carré du temps et à la projection horizontale de la distance (1).

Ainsi une balle tombant librement, si la résistance de l'air n'existait pas, se rapprocherait du sol (2) :

En 1 seconde, de 4ᵐ90
En 2 secondes, ... 19ᵐ60
En 3 — 44ᵐ10
En 4 — 78ᵐ40

Sous l'influence de la résistance de l'air, la rapidité de la chute dépend de la forme, etc. du projectile ; et cette résistance n'est pas non plus la même pour toutes les vitesses du corps en mouvement.

La plupart des théoriciens admettent que, pour de très petites et pour de grandes vitesses, la résistance de l'air est proportionnelle aux carrés de

---

(1) **Leer**, *Encyclopédie des sciences de la guerre et de la marine.*
(2) *Règlement sur l'instruction du tir.* — Paris, 1883.

celles-ci, tandis que, pour les vitesses moyennes, la résistance croît plus vite que ce même carré (1).

Pour arriver à une connaissance plus exacte de ce phénomène, il nous faut expliquer ce qu'est en réalité un coup de fusil.

Le choc du chien sur une capsule remplie d'une substance explosive enflamme cette substance et communique, — c'est le cas des anciens fusils, — le feu à la poudre ; — ou bien il se produit, par le choc d'une aiguille contre une pastille inflammable qui se trouve dans l'intérieur de la cartouche, une explosion de la poudre de cette cartouche : d'où une décomposition chimique de cette poudre et son passage immédiat à l'état gazeux.

Et comme le gaz, en raison de son élasticité, tend à prendre très vite un très grand volume, il se développe dans le canon du fusil, par suite de l'explosion de la poudre, une puissante pression de quelques milliers d'atmosphères, et, dans l'explosion de la pyroxyline, une pression plus grande encore.

Une grande partie de la force de cette pression, à laquelle les parois du canon opposent de la résistance, s'emploie à en chasser la balle. Et celle-ci se trouve lancée hors du fusil, avec une vitesse qui, lorsqu'on emploie la poudre ordinaire, est de 450 à 500 mètres par seconde, mais qui, dans les fusils des nouveaux systèmes, et avec l'emploi de poudres sans fumée, peut atteindre 600, 700 mètres et même davantage.

Par suite du tir, la balle sort du fusil dans la direction de la ligne centrale du canon. Mais comme elle se trouve aussitôt soumise à l'effet de la pesanteur terrestre et de la résistance de l'air, cette balle décrit, sous l'influence de ces deux forces, au fur et à mesure qu'elle s'éloigne de l'arme et que sa vitesse diminue, une ligne infléchie, une courbe.

La figure ci-dessous montre le mouvement de la balle A.

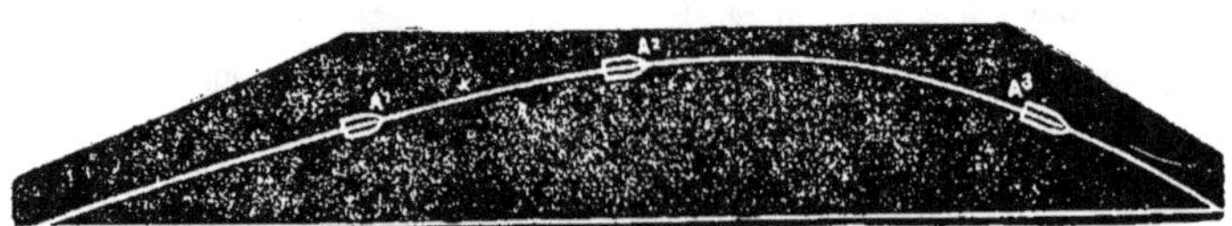

Pendant la course de la balle, une des forces qui agissent sur elle, la résistance de l'air, se manifeste comme une grandeur variable avec la forme du projectile, sa coupe transversale, son poids et la vitesse de sa course, variable également avec la densité de l'air. Ainsi, par exemple, tandis qu'une balle qui parcourt 1,800 mètres, en 10 secondes, devrait théorique-

____

(1) *Encyclopédie des sciences de la guerre et de la marine.*

ment tomber, pendant ce laps de temps, d'une hauteur de 490 mètres, elle ne tombe en réalité que de 282, — soit une différence de 208 mètres.

Cette différence est une conséquence de la résistance de l'air, dont l'effet est très notable aux grandes distances, tandis qu'aux petites il est au contraire à peine sensible. Ainsi, pour une distance de 500 mètres, cette même différence n'est que de 0^m63.

La perte de vitesse causée par la résistance de l'air est si considérable que la vitesse initiale au moment du tir, qui peut dans le nouveau fusil français Lebel, avec une charge de poudre sans fumée, atteindre 610 à 620 mètres par seconde, diminue ensuite avec la distance et n'est plus par seconde (1) :

Après 200^m de parcours, que de 487^m	Après $1,200^m$ de parcours que de 239^m	
— 400^m — — 384^m	— $1,400^m$ — — 221^m	
— 600^m — — 318^m	— $1,600^m$ — — 205^m	
— 800^m — — 283^m	— $1,800^m$ — — 191^m	
— $1,000^m$ — — 259^m	— $2,000^m$ — — 178^m	

Perte de vitesse du projectile par suite de la résistance de l'air.

Après un parcours en mètres de : — Vitesse restante en mètres :

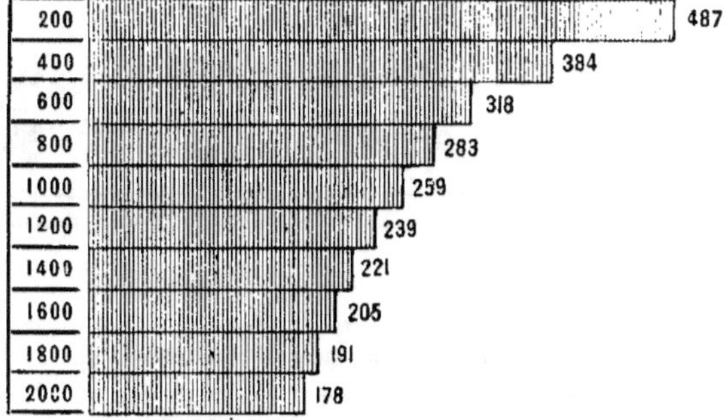

Diminution graduelle de la vitesse initiale de la balle (610 mètres à 620 mètres par seconde) par suite de la résistance de l'air.

Observons que les balles, lancées par les fusils à poudre sans fumée, conservent la force de blesser mortellement jusqu'à 3,200 mètres, et même, dans des circonstances favorables, jusqu'à 4,000 mètres de distance. Les projectiles de l'artillerie conservent cette force jusqu'à 10,000 mètres.

Si la pesanteur n'existait pas, la trajectoire du projectile formerait une ligne droite et, dans le cas d'une balle lancée horizontalement sur un ter-

____

(1) *L'Année militaire.* — 1890.

rain bien de niveau, cette balle atteindrait tout ce qui se trouverait devant elle jusqu'à plusieurs milliers de mètres de distance.

Et comme il est difficile d'admettre qu'à une telle distance, pendant que les troupes sont réunies pour le combat, elle ne rencontrerait aucun soldat, il en résulte que presque chaque balle atteindrait un homme. Par bonheur il en est autrement dans la réalité.

Plus le but est éloigné, plus la balle met de temps pour l'atteindre, et plus se fait sentir sur elle l'action de la pesanteur. Afin donc que cette balle ne tombe pas à terre à trop faible distance, il faut, pour obtenir de grandes portées, diriger sa trajectoire sous un angle quelque peu relevé; de façon que, la pesanteur arrêtant l'ascension de la balle, celle-ci commence à s'abaisser juste à temps pour tomber au point voulu (1).

---

(1) La figure suivante que nous empruntons à Oméga, *L'Art de combattre*, représente la trajectoire d'un projectile lancé à 200 mètres de distance, par la poudre ordinaire, avec le fusil Gras (mod. 1874), en service dans l'armée française, jusqu'à l'adoption du fusil Lebel (mod. 1886).

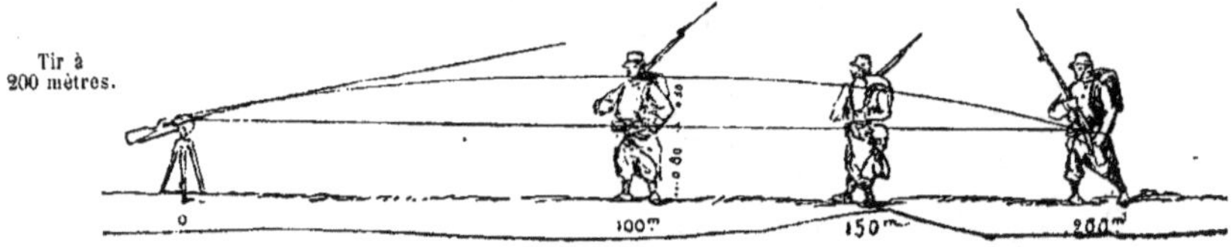

On voit par là qu'à la distance de 200 mètres, la trajectoire est presque horizontale et que la balle est capable de frapper un homme sur tout ce parcours.

Au contraire, un projectile destiné à atteindre un homme placé à 300 mètres doit être lancé suivant une ligne tellement convexe, qu'il est inoffensif pour un homme éloigné seulement de 150 mètres, comme on le voit par le croquis ci-dessous.

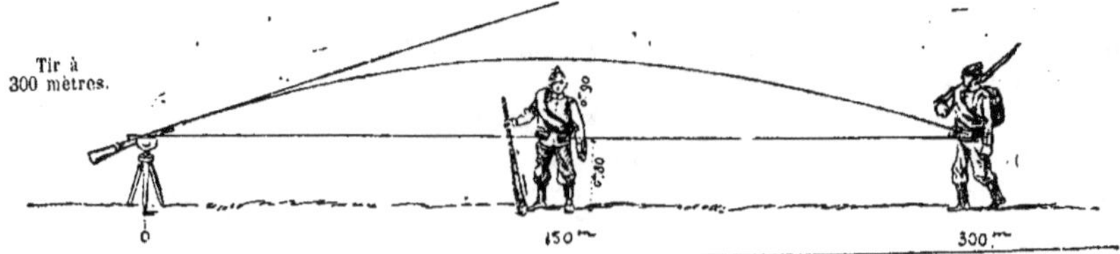

RÉSULTATS DE 478 COUPS DE FUSIL, TIRÉS PAR-DESSUS DES OBSTACLES DANS UNE CIBLE REPRÉSENTANT UNE COMPAGNIE.

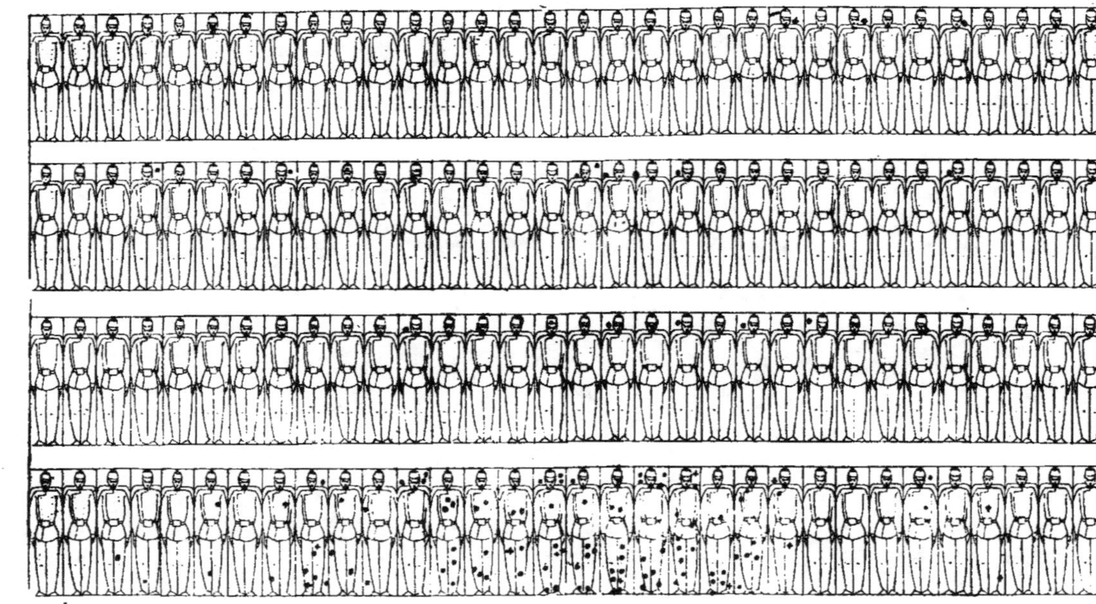

Le tir concentrique a été exécuté isolément par de simples soldats en Suisse en 1896, à Wallenstädt, pendant une minute, à une distance de 740 mètres. Les cibles étaient disposées à des intervalles de 4,8 mètres. La hausse avait été réglée pour la distance de 700 mètres. Le point auxiliaire avait été fixé à 200 mètres. La gravure est empruntée à l'ouvrage de Bircher : *Wirkung der Feuerwaffen.*

LA GUERRE FUTURE (1ʳᵉ 7, TOME I.)

Un phénomène analogue, produit par des causes semblables, se manifeste avec l'eau qu'on projette au moyen d'un appareil à pompe pour arroser le gazon. Le jet va d'autant plus loin qu'on pompe plus fort ou qu'on élève la lance davantage ; — cette élévation n'augmentant toutefois la portée que jusqu'à un certain degré : car, si l'arroseur arrivait à placer sa lance verticalement, c'est sur lui-même que l'eau retomberait.

Il en est de même si l'on élève la bouche du fusil ou du canon, mais seulement jusqu'à un certain angle ; et plus, au-dessous de cet angle limite, l'élévation est considérable, plus le fusil ou le canon porte loin.

En un mot, plus le but est éloigné, plus la trajectoire doit être courbe et s'élever au-dessus du but. Par suite la balle parcourra la plus grande partie de son trajet, à une telle hauteur au-dessus du sol, qu'elle ne rencontrera aucun homme. Plus petite au contraire est la distance au but, plus bas on peut lancer le projectile ; et plus, par conséquent, est considérable la portion de son parcours sur laquelle il peut produire un effet utile.

Conséquences de la courbure de la trajectoire

On comprend qu'une courbure trop prononcée de la ligne décrite par le projectile diminue sa puissance de pénétration. Car plus loin va ce projectile et plus grande est la partie de la force d'impulsion, à lui communiquée, qui s'épuise à combattre la pesanteur et la résistance de l'air ; plus, par suite, est faible la puissance de pénétration qui lui reste.

Mais quelquefois on est obligé d'augmenter un peu l'angle de tir, non pas tant à cause de la portée à obtenir que pour pouvoir tirer par-dessus certains obstacles, tels que des mouvements de terrain, des plantations d'arbres, des bâtiments, etc. (1).

Si l'on tirait avec même fusil sur un but éloigné de 800 mètres, la balle, comme le montre la troisième figure, ne serait dangereuse pour un soldat debout, qu'à partir de 772 mètres ; et par conséquent elle ne battrait qu'une zone de 28 mètres d'étendue. Elle pourrait atteindre le cavalier dès 715 mètres. Sur tout le reste de son parcours, elle serait passée à une hauteur où elle ne pourrait atteindre personne.

Tir 800 mètres

(1) Les croquis ci-contre représentent des cas de ce genre. Du sommet d'une hau-

Poudre sans fumée et autres Explosifs.

Pour obtenir une plus grande vitesse du projectile, les techniciens ont commencé à chercher des moyens d'augmenter la force avec laquelle ce projectile est chassé hors de l'âme du fusil ou du canon. Et, grâce aux progrès de la chimie, des voies entièrement nouvelles ont été ouvertes dans cette direction au cours de ces dernières années. On a notamment inventé une sorte de poudre différant entièrement, par sa composition chimique, de celle employée jusqu'à présent; poudre qui peut développer

---

teur ou d'une échelle portative, l'officier a découvert l'ennemi derrière un bouquet de bois, à une distance qui, d'après des mesures précédentes, est connue ou peut être déterminée sur-le-champ.

Le tir a lieu alors sous l'angle correspondant et atteint en plein le détachement ennemi stationné derrière le couvert.

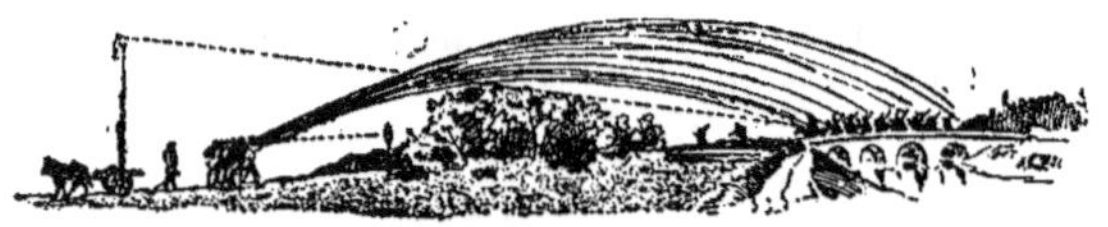

De même le tirailleur qui se trouve sur l'un des versants d'une élévation de terrain peut atteindre une personne placée sur l'autre versant, s'il dirige son tir sous un certain angle.

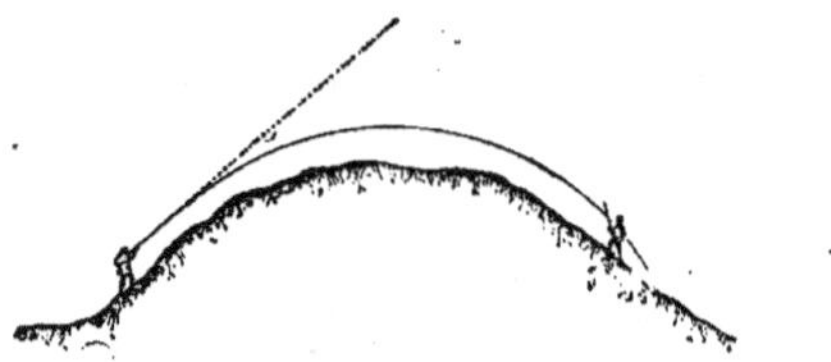

C'est une circonstance que, même en dehors de la guerre, tout le monde doit également connaître, afin de ne pas compter d'une manière absolue sur l'abri que des bouquets de bois, des bâtiments ou des mouvements de terrain paraissent leur offrir contre les balles des tireurs. Mais ce ne sont là que des cas exceptionnels. D'une façon générale, on peut poser en principe que moins la trajectoire d'un projectile est courbe, que plus elle se rapproche de la ligne horizontale, et plus l'effet du tir est puissant.

une force explosive beaucoup plus grande et qui, en outre, possède la propriété de produire dans le tir beaucoup moins de fumée.

Comme la plupart des inventions, celle de la poudre sans fumée est, en partie, le résultat de longues recherches, en partie celui du hasard. Depuis longtemps déjà on songeait à la nécessité d'améliorer sérieusement la composition de la poudre ordinaire qui consiste, comme on sait, en un mélange purement mécanique de 74 0/0 de salpêtre, 10 0/0 de soufre et 16 0/0 de charbon. — Telles étaient du moins les proportions usitées en Prusse et en Russie pour la poudre de guerre. Car elles variaient d'un pays à l'autre, étant notamment en France de 12,5 0/0 de soufre, 12,5 0/0 de charbon et 75 0/0 de salpêtre. — Après l'explosion, un peu plus des 2/5 de cette poudre, exactement 43 0/0, se transforment en gaz (1). Le reste constitue, soit des résidus, formant une croûte solide ressemblant à de la suie, qui restent dans le canon, soit de la fumée qui se dissipe dans l'air. Telle est la cause de l'encrassement de l'arme, qui en même temps s'échauffe, et parfois même au point de devenir impossible à manier, précisément aux instants les plus décisifs de la bataille.

En outre les combattants se trouvent entourés d'un nuage de fumée impénétrable (2).

La nitroglycérine a été inventée avant les autres explosifs. On l'a obtenue par l'addition graduelle de glycérine à un mélange d'acide sulfurique

------

(1) *15 Vorträge über die Wirkungsfähigkeit der Geschütze* (15 conférences sur la puissance des canons), page 115.

(2) Depuis 1846 on a commencé à fabriquer différentes sortes de composés chimiques qui jouissent de propriétés explosives. On a employé pour leur préparation de l'acide nitrique et diverses substances organiques, et l'on a ainsi obtenu le fulmi-coton, la nitroglycérine, les picrates de potasse, etc. Des essais nombreux ont été surtout faits avec le fulmi-coton depuis 1876, qui d'ailleurs ne donnèrent que des résultats peu satisfaisants, en raison de la puissance trop considérable du nouvel explosif. C'est seulement plus tard que ces résultats se sont modifiés.

Le principal motif de l'ardeur qu'on mettait à poursuivre ces recherches n'était pas tant le désir d'augmenter la force de projection de la poudre existante, que la nécessité de remédier aux inconvénients qui se manifestaient dans son emploi et principalement de supprimer le développement considérable de fumée qui enveloppait l'horizon.

L'adoption récente de mitrailleuses et de canons à tir rapide pour la défense des navires contre les torpilleurs exigeait qu'on se servît de poudre sans fumée ou, tout au moins, à faible fumée. Car, autrement, tous les avantages du feu rapide fussent restés très douteux. Les torpilleurs auraient pu en effet profiter des nuages de fumée qui enveloppent un grand bâtiment, pour s'en approcher sans être aperçus. C'est à cause de cela que l'artillerie de marine a tout d'abord recherché pour son service de la poudre qui fût le plus possible sans fumée. Et c'est seulement après s'être convaincu des avantages balistiques de cette poudre, qu'on a cherché à l'utiliser aussi pour l'armée de terre.

et d'acide azotique et par le lavage à grande eau du composé chimique ainsi produit, pour en faire disparaître toutes les traces d'acide.

Ce composé est un liquide huileux qui perd sa fluidité à la température de 10° Réaumur (12°5 centigrades).

La nitroglycérine est extrêmement vénéneuse, détone facilement par le choc ou le frottement et se transforme alors en gaz sans laisser aucun résidu. Aussi ne se sert-on pas de la nitroglycérine pure; mais on en sature une substance quelconque mise à l'état pulvérulent et qui l'absorbe aisément, comme, par exemple, du charbon, de la terre de brique bien cuite, de la chaux, etc. Mis sous cette forme, l'explosif reçoit le nom de dynamite.

Fulmi-coton.

Le fulmi-coton, ou pyroxyline, est obtenu en imbibant des filaments de coton avec un mélange d'acide azotique et d'acide sulfurique. Le fulmi-coton ainsi préparé contient 15 0/0 d'eau et son maniement comme son transport sont très dangereux.

Flamme du fulmi-coton.

Après séchage la pyroxyline, qui ne contient plus alors que 3 0/0 d'eau, prend feu au contact d'une flamme et brûle tranquillement.

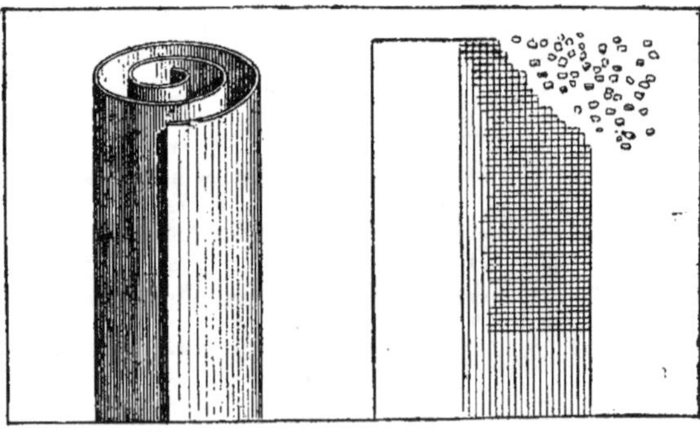

Poudre sans fumée en feuille.

Si on l'enflamme au moyen du fulminate de mercure, il se produit une explosion.

On peut obtenir, avec la pyroxyline, une substance susceptible d'être employée pour le tir, en la préparant convenablement, puis en la comprimant. On la découpe alors pour en fabriquer des cartouches de fusil.

Quand on veut employer la pyroxyline dans les canons, on la met sous forme de cubes qui peuvent être subdivisés suivant les besoins.

Poudre sans fumée pour les canons.

Cette poudre, sans' ou presque sans fumée, donne lieu à 'certaines préoccupations, relativement au caractère et aux dangers de la guerre de l'avenir.

Beaucoup d'écrivains militaires affirment qu'avec l'adoption de la nouvelle poudre, la tactique de combat se trouvera complètement changée et même qu'il en résultera, dans l'art de la guerre, une révolution plus profonde encore que celle due à la première invention de la poudre. D'abord, parce qu'elle développe, par son explosion, une force beaucoup plus grande, et ensuite, parce que la fumée, que produisait l'ancienne poudre dans le tir, indiquait à chacun des deux partis l'emplacement et les mouvements de l'adversaire ; tandis que maintenant on n'aura plus, pour déterminer cet emplacement, que des impressions auditives qui sont loin, comme on sait, d'être aussi précises que les observations oculaires. — En outre, la fumée formait souvent pour les troupes un abri impénétrable ; et, enfin, les nuages qui recouvraient ainsi le champ de bataille ne seront plus là désormais pour cacher les horreurs du combat.

La première poudre sans fumée a été introduite en 1886 dans l'armée française et, depuis lors, peu à peu, elle l'a été également dans les autres armées. — Chaque État fabrique cette poudre d'après un procédé particulier. Actuellement on en compte déjà une dizaine de sortes; mais toutes ne constituent que des combinaisons diverses des mêmes substances. La nitrocellulose est toujours la base de ces poudres sans fumée ; c'est-à-dire que toutes sont fabriquées au moyen d'une matière organique soumise à l'action de l'acide azotique. Et elles ne se distinguent l'une de l'autre que par le mode de préparation ainsi que par l'adjonction de certains composés.

Figures montrant
les différentes
sortes de poudres
anglaises.
Supériorité de
production
gazeuse de la
nouvelle poudre.

Les figures de la planche ci-contre nous montrent les différentes sortes de poudres employées dans l'armée anglaise.

Toutes les propriétés de la poudre sans fumée s'expliquent par sa composition chimique. Un kilogramme de poudre ordinaire ne fournit, en détonant, que 270 litres de produits gazeux, tandis que la même quantité de la nouvelle poudre sans fumée en donne 839 litres.

Rapidité
de combustion
de la
nouvelle poudre.

Plus remarquable encore est la différence qui existe entre l'ancienne poudre et la nouvelle, au point de vue de la durée de leur combustion. Un kilogramme de poudre noire ordinaire met un 1/100° de seconde à brûler complètement; la même quantité de poudre sans fumée brûle en un 1/50,000° de seconde (1). Mais cette dernière développe aussi une plus haute température — ce qui augmente les risques de brûlures pour les tireurs. L'ancienne poudre ne produisait, en détonant, qu'une température de 2,500° centigrades; la nitroglycérine, employée à l'état pur, pourrait en produire une de 7,300 (2).

Défauts de la
nouvelle poudre.

D'après un ancien préjugé, qu'on ne rencontre plus aujourd'hui que dans les milieux encore peu instruits, la nouvelle poudre se comporterait mal dans les approvisionnements et s'y gâterait facilement. Or, on a constaté au contraire, entre autres choses, que l'ancienne poudre, une fois atteinte par l'humidité, ne peut plus être utilisée ; tandis que la poudre sans fumée, qui a passé quelques jours sous l'eau, puis a été séchée au soleil et à l'air, recouvre ses propriétés primitives.

Les seuls inconvénients qu'on puisse reprocher à la poudre nouvelle ne sont donc que le prix relativement élevé de sa préparation et la très haute température qu'elle produit dans sa détonation.

Encore faut-il dire que, si cette très haute température peut être gênante pour les tireurs, elle contribue pour une bonne part à la puissance de l'explosif, en augmentant considérablement, par la dilatation, le volume des gaz auxquels il donne naissance.

Degré de
l'absence de
fumée.

Quant à l'absence de fumée de la nouvelle poudre (3), elle n'est pas absolue. Ainsi, à de petites distances, jusqu'à 300 mètres environ, la fumée des coups de fusil s'aperçoit au-dessus de la ligne des tireurs sous la forme

---

(1) *Das alte und das neue Pulver* (L'ancienne et la nouvelle poudre) — Lepsius, 1891.

(2) *Vorträge über die Wirkungsfähigkeit der Geschütze* (Conférences sur la puissance des canons).

(3) Qu'on appelle « sans fumée » en France comme en Russie — mais que les Allemands désignent généralement et plus exactement, sous le nom de « poudre à faible fumée » *(rauchschwaches Pulver)*.

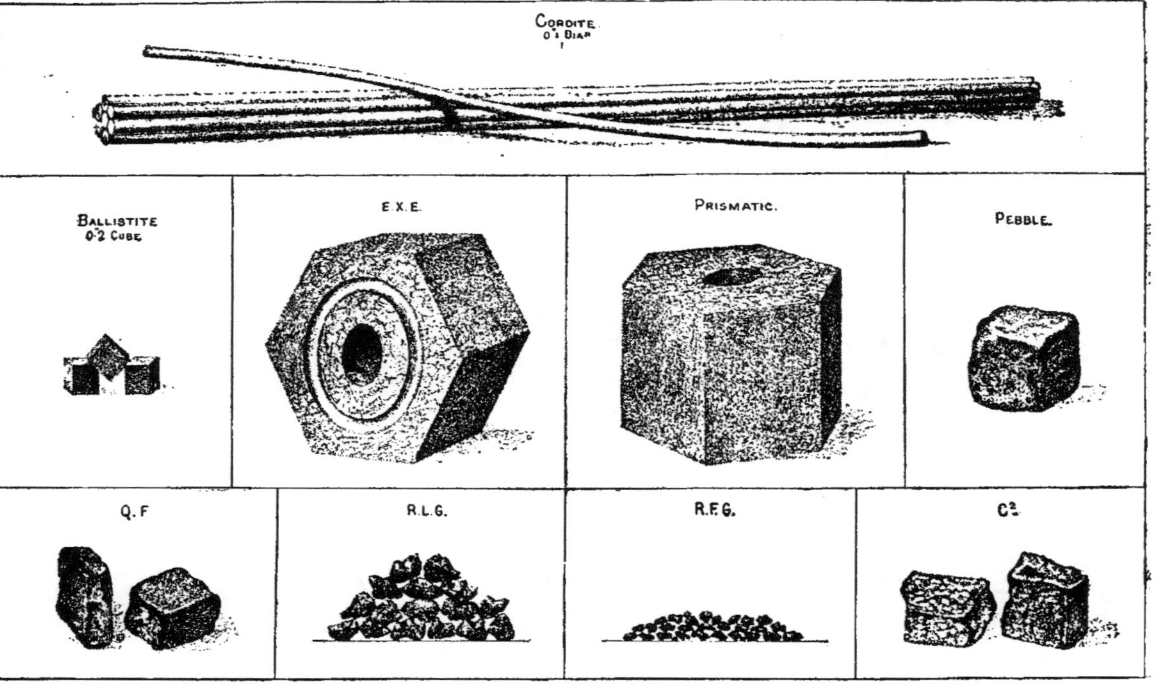

Les différentes sortes de poudres employées dans l'armée anglaise.

d'une légère vapeur, à peu près comme dans un cigare. Mais aux distances supérieures à 300 mètres, cette fumée devient de plus en plus invisible.

Il faut dire, d'ailleurs, que toutes les poudres sans fumée n'étant pas identiques, ces indications peuvent varier quelque peu de l'une à l'autre.

En tous cas, même dans un feu de salve, la fumée produite n'empêche pas les tireurs d'apercevoir les objets les plus éloignés (1). La fumée d'un canon n'est pas plus gênante pour les servants que celle du feu de salve

(1) Pour plus de clarté, nous donnons ici deux dessins empruntés à *L'Année scientifique* de Figuier, 1891, qui représentent des salves tirées avec la poudre ordinaire et avec la poudre sans fumée.

Salve avec la poudre ordinaire.

Salve avec la poudre sans fumée

pour l'infanterie ; mais aux distances habituelles de tir, la fumée des canons ennemis, même dans un vif combat d'artillerie, ne peut plus être aperçue. Toutefois il se produit souvent, en échange, un autre phénomène qui peut indiquer le point de départ et la direction du tir : c'est le mouvement de l'air causé par la force de l'explosion. Dans certaines conditions ce mouvement de l'air donne naissance à un tourbillon de poussière incomparablement plus épais qu'avec l'ancienne poudre.

Visibilité du feu de la nouvelle poudre dans le tir.

Le feu du canon, quand la pièce n'est pas masquée, est visible à 4,000 mètres de distance. Il est même visible quand les bouches à feu sont établies derrière la crête d'une hauteur, pourvu qu'elles ne soient pas à plus de 3 mètres au-dessous de celle-ci. Quand les pièces sont à 6 mètres au-dessous de la crête, le feu n'est visible dans aucun cas.

La nuit, la flamme du coup tiré avec la nouvelle poudre est deux fois plus brillante qu'avec l'ancienne. En général une batterie qui se sert de la nouvelle poudre se trahit plutôt par la flamme de ses coups que par leur fumée.

Bruit du tir exécuté avec la nouvelle poudre.

Le bruit de la détonation dans le tir n'est que les 0,9 de celui que produisait l'ancienne poudre. En outre il est plus bref, plus aigu et plus net (1).

L'emploi de la poudre sans fumée a notablement augmenté la vitesse des projectiles.

Influence de la nouvelle poudre sur la portée du tir.

Avec la poudre sans fumée, la portée des nouveaux fusils atteint 4,200 mètres, tandis que le feu des anciens modèles chargés en poudre à salpêtre ne peut être considéré comme efficace que jusqu'à 1,775 mètres.

Mais une circonstance particulièrement importante, c'est que la plus ou moins grande force impulsive donnée à la balle influe sur la courbure de sa trajectoire. Or, du degré de cette courbure dépend aussi la longueur de la zone sur le parcours de laquelle la balle ne s'élève pas au-dessus de la taille d'un homme et dans laquelle, par conséquent, elle peut le frapper mortellement. Il est donc clair que plus cette zone est étendue et plus efficace aussi sera le tir. Une erreur dans la détermination de la distance aura également d'autant moins d'importance, puisque l'étendue plus considérable de la zone battue permet aussi une plus grande inexactitude dans le pointage.

Influence de la nouvelle poudre sur la probabilité d'atteindre le but.

L'emploi de la poudre sans fumée assure encore une plus forte probabilité d'atteindre le but, tant par suite de la plus grande vitesse initiale de la balle qu'en raison de la possibilité de se servir d'une arme de plus petit calibre.

Dans le tir individuel avec des fusils de même valeur, la nouvelle poudre donne 44 0/0 de coups au but, là où l'ancienne n'en donnait que

______

(1) Mikhnevitch, *Influence des plus récentes inventions techniques sur la tactique.*

Comparaison des trajectoires des balles tirées avec le fusil de 1874, le fusil de 6 millimètres et celui de 5 millimètres.

La Guerre future (p. 11, tome I.

34 0/0 ; avec les feux de salve, ces mêmes chiffres sont respectivement de 42 0/0 et 36 0/0 : ce qui constitue, au profit de la poudre sans fumée, des différences de 10 0/0 dans le tir individuel et de 6 0/0 dans le tir par salves.

La force explosive plus grande de la nouvelle poudre permet de se contenter d'un poids trois fois moindre quand on la substitue à la poudre ordinaire. Et comme le poids de la balle des nouveaux fusils, par suite de leur plus faible calibre, est aussi moindre, le soldat peut porter sur lui un plus grand nombre de cartouches.

Quant aux matières explosives employées pour charger les bombes, les mines et autres engins qui servent à la destruction des abris, on a découvert dans ces derniers temps beaucoup de substances qui possèdent une puissance explosive toujours croissante. Les plus connues sont la mélinite, l'écrasite, la roburite, la panclastite, la kinélite, la poudre pyroxyline, etc.

Dans la composition chimique de toutes ces substances, il entre de l'acide picrique qui multiplie considérablement leur force explosive comparativement à celle de l'ancienne poudre.

Si, pour la comparaison, l'on prend comme unité la puissance développée par la poudre de guerre à fusil ordinaire, on trouve que, pour une même quantité, les explosifs ci-dessous la surpassent dans les proportions suivantes :

Nitroglycérine 2,2
Picrate d'ammoniaque avec salpêtre
    ammoniacal 1,7
Pyroxyline sèche 1,5
Picrate de potasse 1,1
Poudre de guerre 1,0

On nomme puissance de l'explosif la pression qu'au moment de la décomposition les gaz exercent sur les parois d'un espace clos.

En pratique, dans l'effet des explosifs, c'est la rapidité avec laquelle s'accroît cette pression qui détermine le caractère de l'explosion. Quand cette rapidité est suffisante pour que la pression, malgré son peu de durée, devienne assez grande, il se produit un déchirement, un brisement en morceaux des objets, tout à fait semblable à l'effet d'un énorme coup de marteau.

Une telle explosion est dite *brisante* et les explosifs qui produisent un effet de ce genre sont dits *explosifs brisants*. Tels sont la nitroglycérine, la pyroxyline et d'autres produits.

Au contraire, les substances comme la poudre ordinaire qui, en pareil cas, ne développent pas les gaz assez rapidement pour faire éclater le canon sous la pression, sont employées à produire les explosions qui servent au lancement des projectiles. Ces explosifs sont dits *explosifs de tir*. Avec eux, comme avec la poudre ordinaire, on ne peut obtenir d'explosion brisante bien satisfaisante. Tandis qu'au contraire les explosifs brisants, si l'on affaiblit convenablement, par une modification de leurs propriétés physiques, la rapidité d'accroissement des pressions qu'ils développent, peuvent agir exactement comme les explosifs de tir ou de lancement.

La différence entre les composés, au point de vue de leur faculté explosive, brisante ou de tir, se mesure d'après la rapidité plus ou moins grande avec laquelle peut être déterminée, dans chacun d'eux, l'explosion dite du premier degré ou détonation. Ce qui importe, c'est la facilité avec laquelle détone une substance, et non pas sa propriété de faire explosion au contact d'un corps chaud; — cas dans lequel on obtient une pression bien moins considérable que par la détonation véritable. Les explosions par inflammation sont dites explosions du deuxième degré (1).

Des expériences de Roux et Sarreau sur la détonation et l'inflammation des divers explosifs, il résulte, en prenant pour unité la force développée par la poudre ordinaire dans les deux cas, les chiffres comparatifs suivants :

	Détonation	Inflammation
Nitroglycérine	2,3	4,8
Pyroxyline comprimée	1,5	3,0
Acide picrique	1,2	2,0
Picrate de potasse	1,2	1,8
Poudre noire ordinaire	1,0	1,0

Ce qui, exprimé graphiquement, donne la figure ci-dessous :

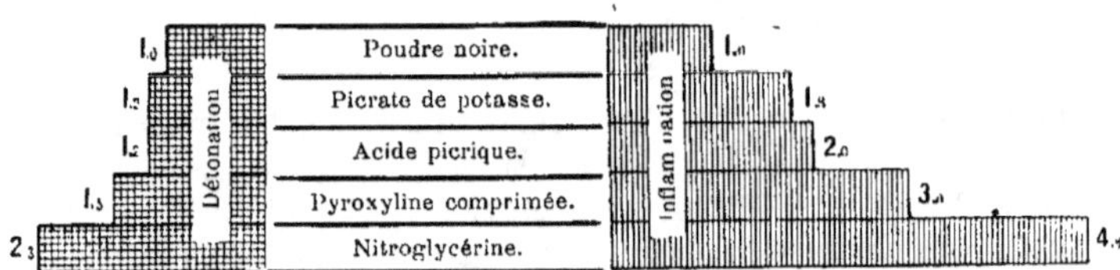

Comparaison des poudres sans fumée avec la poudre ordinaire.

Le secret des divers explosifs n'est pas tant, d'ailleurs, dans leur composition chimique que dans l'organisation technique des projectiles et dans le moyen de se servir de ce matériel; car la confection et la conservation de ces explosifs sont très dangereuses.

---

(1) Zaboudsky, *Préparation et caractères des différentes poudres* (en russe). — Saint-Pétersbourg, 1893.

C'est pour cela que le célèbre chimiste français Berthelot (1) est d'avis que ces exaltés se trompent complètement, qui croient à la possibilité d'accomplir une révolution politique par le seul moyen de la dynamite. Naturellement, la force des substances explosives peut être utilisée pour les criminelles entreprises d'une vengeance personnelle ; mais entre les mains d'individus isolés elle ne saurait aboutir à des résultats généraux. Pour en obtenir de semblables, il faut des préparatifs coûteux et des projectiles que, seules, des troupes spécialement organisées et complètement instruites sauraient utiliser. Il n'y a que l'État qui puisse résoudre de tels problèmes, qui soit capable de créer et de surveiller le mécanisme compliqué nécessaire pour cela.

Mais le dernier mot sur les explosifs n'est pas encore dit.

Ainsi que le remarque très justement le général Wille (2), bien que d'aucuns croient nécessaire d'affirmer leur conviction, qu'avec l'adoption de la poudre sans fumée, le terme de la perfection est déjà atteint, on doit observer que cette poudre n'a été, pour la première fois, adoptée en France qu'il y a cinq ans ; de sorte que, relativement à ce produit, nous sommes exactement dans la même situation où se trouvaient, voilà cinq cents ans, nos ancêtres à l'égard du mélange de salpêtre, de soufre et de charbon, avec lequel le moine franciscain Berthold Schwartz venait de se brûler la figure. Les ressources techniques plus parfaites dont nous disposons nous ont naturellement permis d'avancer plus vite dans cette voie que nos aïeux ; mais le perfectionnement ultérieur de la poudre sans fumée n'en est pas moins encore une question de l'avenir.

Et de fait, la puissance inventive ne reste pas un instant stationnaire. Quoique toutes les armées fassent les plus grands efforts pour garder secrets les résultats obtenus, les faits connus déjà ne donnent pas moins le droit d'admettre que, dans les guerres futures — surtout si ces guerres n'éclatent pas avant les quelques années qui sont encore nécessaires à perfectionner la fabrication des explosifs — on emploiera des moyens destructeurs d'une telle puissance que toute concentration de troupes, soit en plein champ, soit sous la protection d'abris et de fortifications, deviendra impossible et que, par conséquent aussi, tous les préparatifs actuellement faits en vue de la guerre seront inutilisables.

Opinion de Berthelot sur l'emploi des nouveaux explosifs.

Perfectionnements à prévoir pour les explosifs.

(1) *Nouvelle Revue.*
(2) *Das Feldgeschütz der Zukunft* (Le canon de l'avenir).

Jean de Bloch. — *La Guerre future.* 2

Les Armes à feu portatives.

Malgré toutes les inventions et tous les perfectionnements réalisés dans le domaine de l'artillerie, l'infanterie restera probablement, à l'avenir comme par le passé, le facteur décisif des succès à la guerre.

Importance
des nouveaux
perfectionne-
ments du fusil.

Mais l'action de l'infanterie, à un moment donné, représente avant tout le résultat de son armement. Les propriétés techniques du fusil et son maniement dans la lutte constituent deux facteurs qui sont fonction l'un de l'autre. La technique invente ou améliore un engin, et cet engin, à son tour, influe sur les formes tactiques du combat. Les perfectionnements actuels et successifs des armes n'ont pas seulement modifié la conduite des armées sur le champ de bataille, ils l'ont aussi notablement compliquée. Aux temps passés, où la tactique militaire ne progressait que lentement, on pouvait, avec l'expérience des guerres précédentes, se faire assez bien une idée de la guerre suivante. Mais aujourd'hui la question se pose tout autrement.

De l'avis unanime des hommes compétents, tous les perfectionnements réalisés dans les armes, au cours des cinq derniers siècles, c'est-à-dire depuis l'invention de la poudre, ne peuvent se comparer en importance avec ceux qui ont été faits depuis la dernière guerre.

Beaucoup d'écrivains militaires prétendent, il est vrai, que, dans les guerres futures, les pertes seront à peine plus considérables et peut-être même moindres qu'autrefois. On dit que, si les deux adversaires ont des fusils d'égale précision, le tir se trouvera exécuté dans les mêmes circonstances qu'avec les fusils moins perfectionnés. On perdra autant de monde des deux côtés et les conditions d'un tir bien efficace resteront les mêmes, c'est-à-dire difficiles à remplir.

Il est certain qu'avec un tir trois fois plus rapide, on pourrait tuer trois fois plus d'hommes, s'il ne devenait pas, en même temps, trois fois plus difficile de garder son sang-froid.

Nécessité d'états
de pertes
authentiques
pendant la
guerre.

Comme preuve à l'appui de ces assertions, on présente les états de pertes des guerres passées; en quoi l'on commet pourtant quelques erreurs, car les données statistiques relatives aux pertes de ces derniers temps font encore défaut jusqu'à présent. On sait en effet que c'est seulement depuis le milieu de ce siècle, qu'en Prusse des états de pertes systématiques ont été établis le plus tôt possible après chaque affaire, d'après les renseignements fournis par les différents corps de troupes. Dans les autres armées, il n'a été formulé de prescriptions relatives à l'établissement d'états de pertes, qu'après la guerre de 1870-71. Jusqu'alors il n'y avait pas de contrôle authentique des tués, blessés et disparus. Les commandants d'armée avaient toute liberté quant à l'indication des pertes éprouvées par leurs différents corps.

Les déserteurs étaient autrefois moins rares qu'aujourd'hui. Et, pour ménager la bonne réputation des troupes, on portait généralement les pertes par désertion sur le compte des morts et des blessés; ce qui augmentait d'autant le nombre des hommes indiqués comme mis hors de combat ou restés sur le champ de bataille. Le vainqueur trouvait ainsi l'occasion d'augmenter sa gloire, tandis que le vaincu y voyait au contraire une excuse pour sa défaite.

Avec les énormes armées nationales du temps présent qui, pour la plus grande partie, ne se composent pas de soldats de profession, la question des pertes dans les guerres de l'avenir augmente considérablement d'importance. Pour s'en faire une idée juste, il faut jeter un coup d'œil sur l'ancien armement et l'ancienne tactique des armées. — Non moins importante est la question de savoir si le fusil de petit calibre d'aujourd'hui doit être regardé comme la limite de la perfection réalisable ou si, comme on l'affirme souvent, il peut encore être amélioré et rendu plus efficace, ce qui rendrait alors la guerre presque impossible.

Dans le passé, l'introduction des améliorations demandait de longues périodes, souvent des siècles, et les progrès techniques étaient extrêmement lents. De nos jours, au contraire, non seulement les perfectionnements, mais des inventions qui nécessitent une transformation complète de l'armement, se succèdent avec une rapidité toujours croissante, sans qu'on puisse prévoir la fin de ces progrès.

Déjà l'on entend dire que si, avant peu, des changements radicaux ne se produisent pas dans le cours général des choses, l'Europe va se trouver inévitablement dans la nécessité d'arracher encore de nouveaux milliards aux forces productives nationales pour les consacrer à la guerre. A peine en a-t-on fini avec l'introduction du fusil de petit calibre, que la technique a déjà fait un pas de plus en avant. Et il n'est pas douteux que les grandes puissances ne soient bientôt obligées de passer à des fusils d'un calibre plus réduit encore, dont la puissance dépassera de beaucoup celle du fusil allemand actuel.

Pour comprendre jusqu'à quel point les susdites nécessités peuvent en réalité se manifester, pour savoir si l'emploi des nouveaux moyens de combat peut rendre la guerre, au moins improbable, sinon impossible, il faut rechercher si les perfectionnements réalisés dans les armes actuelles sont dus à des découvertes faites par hasard, ou bien sont au contraire le résultat du travail intellectuel, poursuivi systématiquement dans cette direction par les techniciens et les savants. Car, dans ce dernier cas, de nouveaux perfectionnements de l'armement sont encore vraisemblables.

En conséquence, il paraît indispensable, non seulement d'exposer ici l'état dans lequel la question de l'armement se présente aujourd'hui, mais de passer une revue attentive du passé. Toutefois pour ne pas fatiguer le lecteur, nous ne donnerons dans le texte que les indications essentielles, en plaçant dans les planches qui lui sont ajoutées tout ce qui concerne la partie historique.

I. Histoire du développement des armes à feu portatives.

La poudre et ses effets étaient déjà connus il y a près de deux mille ans (1), et cependant les témoignages historiques du premier emploi des armes portatives ne remontent pas aussi loin que ceux relatifs à l'usage des canons. Ainsi, par exemple, tandis qu'il est prouvé avec certitude que les Tartares de Battou-Khan se servirent déjà de canons à feu à la bataille de Liegnitz (Wahlstadt), livrée par eux le 15 avril 1241 aux Polonais et aux Silésiens, — ce qui leur permit de regagner la victoire prête à leur échapper — un ouvrage italien indique l'année 1331 comme celle où on fit, pour la première fois, usage des armes à feu portatives, sans cependant pouvoir donner de renseignements précis sur leur emploi (2).

En Allemagne, d'après les « Sources pour l'histoire des armes à feu » *(Quellen zur Geschichte der Feuerwaffen)* du Muséum germanique, les premières indications certaines font connaître qu'en 1344 l'archevêque de Mayence possédait un « canon à feu ». Et il est étonnant que plus de cent années se soient encore écoulées depuis lors, avant que l'emploi des armes à feu portatives se généralisât; car il eût été relativement facile aux villes, en particulier, de s'en procurer pour leur défense. Or, en 1427, dans l'armée de 80,000 hommes envoyée en Bohême contre les Hussites, il ne se trouvait que 200 arquebuses ; et, dans une campagne des Brandebourgeois contre Stettin en 1429, il n'y avait, sur 1,000 hommes, que 50 arquebusiers.

Début historique des armes à feu.
**Planche I.
Fig. I, II, III, IV.**

C'est donc au XIVᵉ siècle que remontent les débuts des armes à feu portatives. C'est seulement en 1365, près de cent cinquante ans après qu'on connaît la poudre à tirer, qu'apparaissent des canons portatifs reliés à une fourchette qui leur sert d'appui (Pl. I, Fig. I); et ce n'est qu'en 1381 qu'on rencontre de ces armes garnies d'un fût en bois (Fig. II). Celles-ci étaient géné-

(1) Général Susane, *Histoire de l'artillerie française.*

(2) Maresch, *Waffenlehre für Offiziere aller Waffen*, Vienne 1873 (Cours d'armement pour officiers de toutes armes).

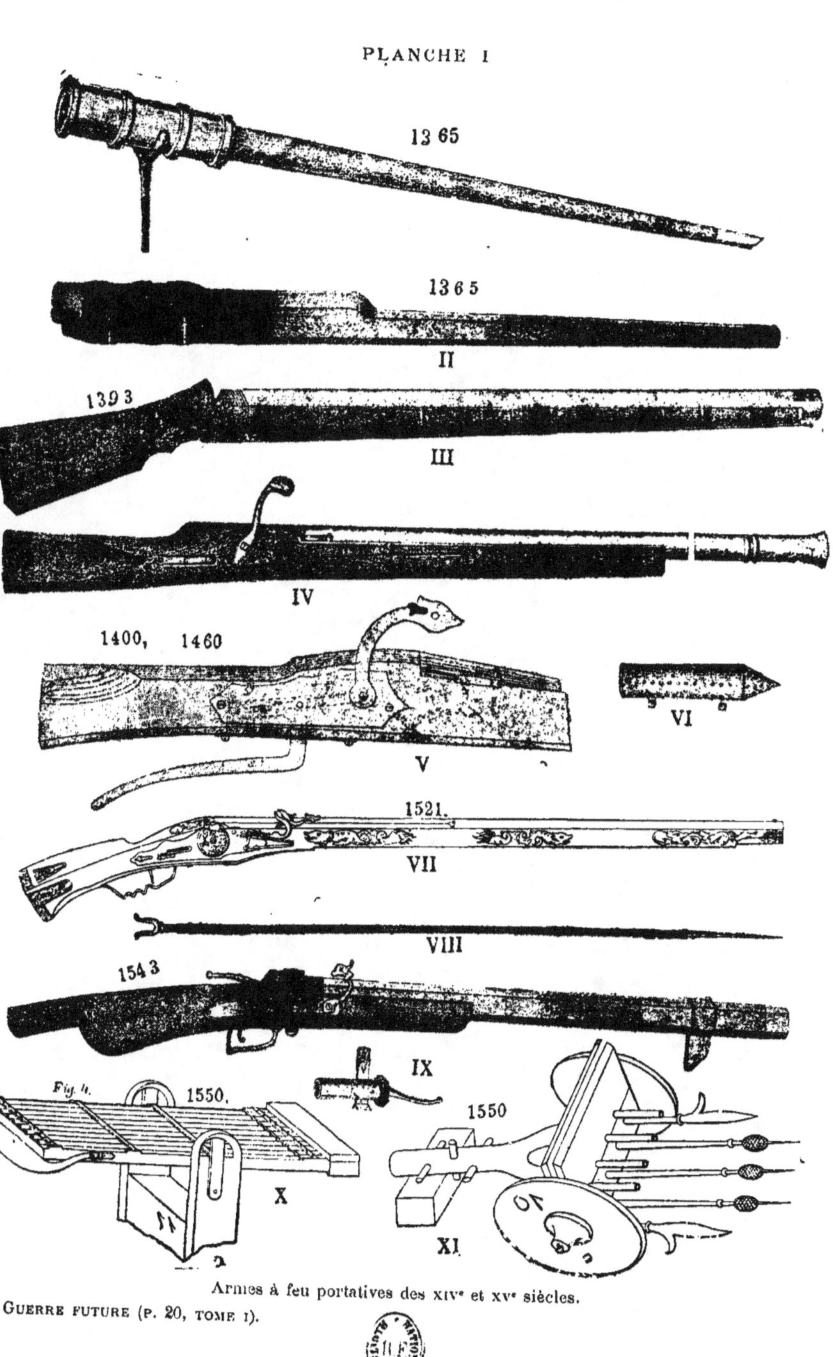

Armes à feu portatives des XIVᵉ et XVᵉ siècles.

ralement servies par deux hommes dont l'un pointait tandis que l'autre faisait partir le coup.

On trouve aussi des canons à main qui servaient en même temps comme masses d'armes (Fig. III) ainsi qu'en 1393, des armes de ce genre pourvues, sur le côté droit, d'un bassinet avec couvercle pour protéger la poudre (Fig. IV).

Le porte-mèche.

Dans les armes à feu des troupes à pied, mais bien plus encore dans celles destinées aux hommes à cheval, le tir au moyen d'une mèche tenue à la main dut paraitre incommode. C'est ce qui fit réaliser en 1423, pour la première fois, une amélioration consistant à placer, sur le côté extérieur droit du fût, soit en avant, soit en arrière du bassinet, une petite tige de fer mobile recourbée, qu'on appela le chien (ou en allemand, le coq : *Hahn* et le dragon (1) : *Drache*) ; — tige dont la tête présentait deux mâchoires entre lesquelles était maintenue la mèche, qu'on pouvait ainsi amener sur le bassinet en faisant pivoter le chien par une pression exercée sur son extrémité inférieure (Fig. V). Fig. V.

Cette mèche était généralement enroulée autour de la poignée de l'arme ; et, pour en protéger l'extrémité en combustion, on la recouvrait avec une sorte de cylindre en tôle, qu'on appelait le couvre-mèche et qui était, dit-on, d'invention hollandaise (Fig. VI). Fig. VI.

Par suite de l'imperfection des moyens de communication à cette époque et du secret dont on y enveloppait toutes choses, il est facile de s'expliquer que la diffusion des progrès fût lente et inégale ; et dès lors il n'est pas étonnant que plus d'un siècle après cette invention, se rencontrassent encore des canons portatifs sans platine à mèche ; des faits semblables ne peuvent manquer de se produire au cours de l'histoire.

Premiers pistolets.

En ce temps-là aussi, on se servait de pistolets munis d'une platine à mèche.

En présence d'une organisation aussi défectueuse des armes à feu, il n'est pas surprenant qu'en 1471 les Anglais leur préférassent encore les arcs et les flèches, en raison de la faible portée des premières et du temps qu'exigeait leur chargement. Les bardes anglais prophétisèrent même la chute de l'Angleterre si elle adoptait les armes à feu en remplacement des arcs.

Avec l'arc on tirait en effet plus vite et plus juste.

En 1515 fut inventée à Nuremberg, la platine à rouet qui était construite d'une façon très ingénieuse (Fig. VII). Fig. VII.

Amélioration de la mise de feu par l'adoption de la platine à rouet.

Cette platine à rouet se montra bien supérieure à la platine à mèche. Avec elle la mise de feu était beaucoup plus certaine ; car l'on n'avait plus à

(1) Dragon étant pris ici dans le sens d'animal fabuleux.

vérifier, avant de s'en servir, si la mèche arrivait bien exactement sur le bassinet.

L'arme était aussi beaucoup moins dérangée par le tir, parce que, lors de la détente, le chien ne venait pas frapper le bassinet avec lequel il était en contact à l'avance. Enfin on se trouvait débarrassé de la mèche qui, notamment pour la cavalerie, avait toutes sortes d'inconvénients.

Ce n'est pas que la platine à rouet n'eût aussi les siens, tels que : le remontage, long et pénible, du rouet ; la facilité avec laquelle la pyrite sulfureuse, contre laquelle ce rouet frottait, pouvait s'émousser ou se perdre ; l'encrassement rapide du rouet par suite de son contact immédiat avec la poudre d'amorce — ce qui en gênait la rotation et obligeait de le nettoyer très souvent — enfin l'augmentation de prix.

C'est ce qui explique pourquoi la platine à rouet ne devint jamais d'un emploi général. Elle ne fut guère adoptée que par la cavalerie et les gardes du corps des princes, tandis que l'infanterie s'en tenait, en immense majorité, à la platine à mèche.

Au temps de Leonhard Fronsperger, en 1555, les arquebuses étaient, suivant les idées de l'armurier qui les fabriquait, de forme très différente. Et il fallait la plupart du temps que l'homme se procurât son arme à ses frais, avant d'être enrôlé dans l'armée pour le temps de guerre. Pourtant on constate dès lors une tendance générale à diminuer le calibre, qui descendait même jusqu'à 17 millimètres.

Mousquets.
Fig. VIII.

Bientôt aussi furent perfectionnées les fourchettes destinées à appuyer les armes à feu portatives, qui reçurent à cette époque le nom de mousquets (Fig. VIII).

Boîtes de chargement.
Fig. IX.

Il est à remarquer en outre que déjà vers la seconde moitié du xvi⁰ siècle, on se servait d'arquebuses avec boîtes de chargement (Fig. IX).

Canons-orgues.

Au milieu du xvi⁰ siècle, on trouve aussi mention faite de canons-orgues. Quelques auteurs rangent ces engins parmi les armes à feu portatives, quoique rien ne semble justifier cette manière de voir ; car ces canons ne furent jamais servis par l'infanterie et n'étaient pas non plus montés sur fûts, comme les armes à feu portatives. Ils étaient employés exclusivement par l'artillerie.

Ces canons-orgues consistaient en un certain nombre de forts canons de mousquet fixés les uns à côté des autres sur un bâti ou chevalet muni de roues.

Fig. X et XI.

Le chargement en était long et pénible, ce qui fait que ces engins ne pouvaient avoir aucun succès. En raison du grand nombre de coups qu'un canon de ce genre pouvait tirer successivement, on les appelait aussi canons hurleurs ou canons à grêle (Fig. X et XI).

Dans les premières armes à feu, on ne trouve aucune trace de dispo-

sitifs de pointage. C'est seulement au cours de la seconde moitié du
xvᵉ siècle, que des viseurs fixes de différentes formes devinrent en usage.
Le guidon paraît avoir été employé plus tard encore. Il consistait à l'origine
en un morceau de fer carré et ce n'est que vers la fin du xvᵉ siècle qu'il
reçut une forme pointue.

A cette époque aussi, l'attention se porta sur une amélioration du fût,
qu'on amincit pour obtenir la crosse, afin de permettre de mieux appuyer
l'arme à l'épaule, en même temps qu'on y pratiquait un canal pour recevoir la baguette de chargement. Le canon était fixé sur ce fût au moyen de
goupilles passant dans des œillets dont il était muni. En outre, la vis qui
constituait le fond de ce canon, et fermait la culasse, fut prolongée, en forme
de « queue » que traversait une autre vis dite « de queue de culasse ».

Ce fut aussi seulement vers la fin du xvᵉ siècle qu'on renonça complètement à l'usage des balles en fer, pour employer des balles de plomb ou
enveloppées de plomb.

Malgré toutes ces améliorations, les armes à feu se montraient pourtant si défectueuses, qu'à la fin du xvᵉ siècle, en 1496, il n'y avait encore
en Espagne qu'un tiers, en Allemagne un sixième et en France un dixième
seulement des troupes à pied qui en fussent pourvues.

Quant à la tactique de l'infanterie, Olivier de la Marche raconte dans
un épisode de ses Mémoires : « Que celle-ci n'a eu aucune crainte de la
cavalerie, mais que trois hommes se sont tenus réunis : un piquier, un
arbalétrier et un carabinier qui connaissaient bien leur affaire et savaient
à tour de rôle se soutenir de façon telle que l'ennemi n'avait rien pu
contre eux (1). »

Mais une preuve de la lenteur avec laquelle s'introduisirent les armes
à feu portatives, c'est qu'en 1627, au siège de Rey, les troupes anglaises
comptaient encore dans leurs rangs des archers et des arbalétriers, et que,
même en 1814, l'armée russe, envahissant la France, traînait également à
sa suite des tireurs d'arc comme les Bashkirs, les Kalmoucks, etc.

On ne peut guère, il est vrai, s'étonner de cette lenteur, quand on songe
à l'équipement, encombrant et aussi gênant pour la marche que pour le tir,
d'un mousquetaire de ces temps-là.

A la bataille de Pavie, en 1525, cet équipement comprenait, outre le
mousquet, d'abord la fourchette destinée à lui servir de support : c'était
un bâton d'environ un mètre et demi de long, avec une pointe et un tenon de
fer en forme plus ou moins primitive de queue d'hironde, dans lequel on plaçait le mousquet pour tirer et aussi pour saluer — ce qui se faisait en exécutant une révérence et en ôtant son chapeau ; puis un certain nombre d'étuis

____

(1) Maresch, *Waffenlehre.*

en bois — généralement douze — suspendus à un baudrier de cuir, et dont chacun contenait la charge et la bourre pour un coup ; tandis que la poudre d'amorce destinée à remplir le bassinet se portait dans une corne, ou poire à poudre, et que les balles, avec les accessoires nécessaires, se transportaient dans une poche à balles en cuir. Quant à la mèche, d'environ 4 mètres de long, qui faisait encore partie de l'équipement, le mousquetaire en portait la moitié roulée sur les courroies de sa poche à balles, et l'autre moitié, toute prête à servir, dans la main gauche. Pendant la marche, dix hommes seulement par compagnie devaient conserver la mèche allumée et on comptait qu'en une heure il s'en brûlait une longueur de 60 à 70 centimètres.

Planche des cartouches. Fig. 1 et 2. La charge s'effectuait chez le mousquetaire de profession sans commandement, mais d'une façon très cérémonieuse (Planche des cartouches, Fig. 1 et 2) (1). Tenant le mousquet obliquement devant le corps, il prenait d'abord, dans le sac à balles, une balle qu'il mettait provisoirement dans sa bouche; il vidait alors un de ses étuis de bois dans le canon, puis, au moyen de la baguette, plaçait une bourre par-dessus ; après quoi il faisait rouler la balle dans le canon — le « vent » était calculé pour cela. Il ajoutait ensuite une seconde bourre, et enfin, avec l'aide de la fourchette à mousquet qu'il plantait en terre, le soldat disposait son arme horizontalement. Alors il pouvait ouvrir le bassinet, le nettoyer, y verser de la nouvelle poudre d'amorce, placer la mèche dans le chien et la « compasser », c'est-à-dire l'ajuster à la longueur voulue. Venait encore après tout cela, le soufflage destiné à ranimer la mèche, puis le tir.

Influence du temps humide. Il est évident que des armes à feu aussi imparfaites devaient rater par les temps humides.

Lors de l'expédition de Charles-Quint contre Alger, en 1541, les pluies persistantes eurent une influence si pernicieuse sur le fonctionnement des arquebuses dans lesquelles ce prince avait mis toutes ses espérances, qu'à peine un coup sur cent put partir et que les troupes de l'Empereur furent honteusement battues par les archers turcs. (*Kriegsbuch*, de Leonhard Fronsperger.)

Armes à chargement par la culasse au XVIe siècle. Planche II. Fig. XII. Une chose digne de remarque, c'est qu'en ce temps-là on se servait d'armes à chargement par la culasse (Planche II. Fig. XII).

Pour les charger, on enlevait d'abord un coin transversal, puis un coin perpendiculaire A (qui servait en même temps de mire) ; la boîte de culasse était alors ramenée en arrière, on y versait la charge, on la réintroduisait dans le canon et on l'y fixait au moyen de deux coins.

La boîte de culasse était pourvue d'un trou de lumière qui correspondait à celui du canon.

(1) Dessin emprunté à l'ouvrage de Maresch, *Waffenlehre.*

PLANCHE II

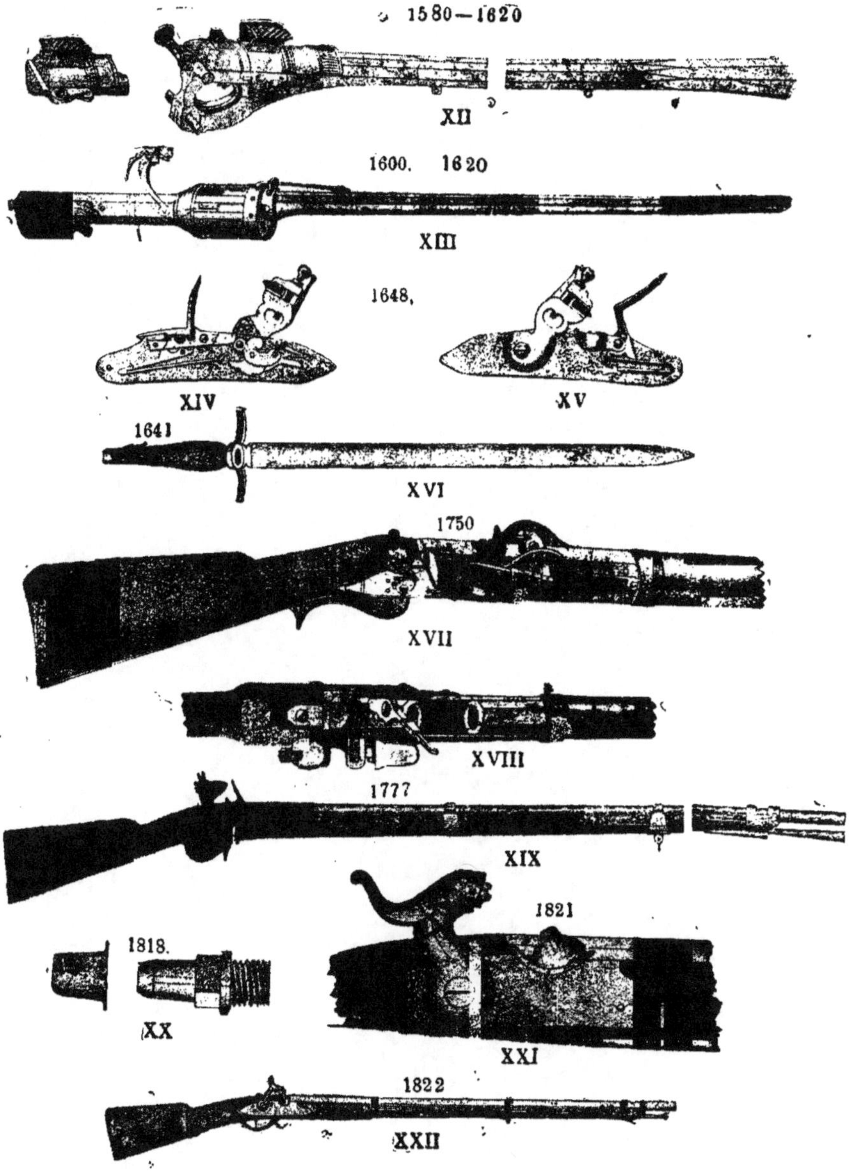

Armes à feu portatives des XIVe et XVe siècles.

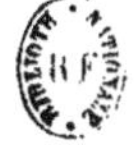

CARTOUCHES DE FUSIL (1500 à 1888)

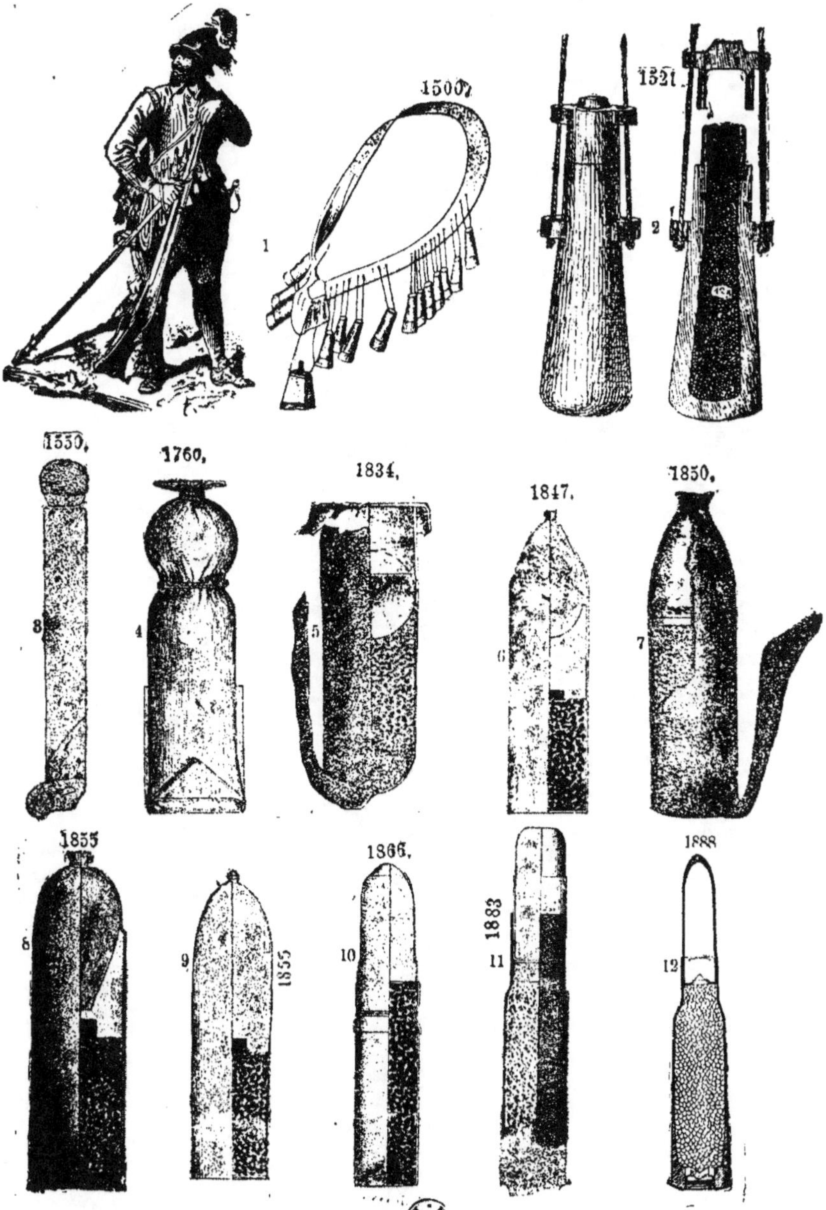

La Guerre Future (p. 24, tome i).

Des tentatives pour réduire le poids des armes furent de nouveau entreprises. *Allègement des armes.*

Dans l'armée hollandaise, en 1599, le calibre du mousquet qui était de 8 balles à la livre fut abaissé à 10, et celui de l'arquebuse le fut de 16 à 20.

Le mousquet avec sa fourchette pesait 16 livres ; l'arquebuse en pesait 10.

Mais d'année en année s'augmenta le nombre des armes à feu portatives, si bien que vers la fin du xviᵉ siècle elles étaient aussi nombreuses que les piques et constituaient même parfois les deux tiers de l'armement. Ce progrès fut suivi de nombreuses modifications dans leur construction.

On essaya même vers cette époque d'adopter des armes à magasin. *Débuts des fusils à magasin.*

Le 25 mai 1584, Nicolas Zurkinden exécuta à Berne des tirs avec une arquebuse disposée de façon telle que, d'un seul et même canon, plusieurs coups à balle pouvaient être tirés l'un après l'autre sans relever l'arme (arquebuse-revolver, Fig. XIII). *Fig. XIII.*

C'est à la fin du xviᵉ siècle, ou au commencement du xviiᵉ, que remonte une arquebuse-revolver avec platine à mèche, nommée en allemand « Drehling » (1). *Origine des revolvers (Drehling).*

En 1645, les Bavarois adoptèrent des arquebuses rayées.

En 1624, Gustave-Adolphe avait adopté de nouveaux mousquets légers qui ne pesaient que 10 livres avec des balles de 2 onces et demie — calibre qui fut conservé jusqu'à 1811. La portée était de trois cents pas. *Portées.*

Cet exemple de la diminution du poids des armes à feu et de leur organisation plus soignée fut bientôt suivi par la France, l'Allemagne et l'Angleterre et en même temps on commença, pour augmenter la mobilité des troupes, à abandonner peu à peu les armures défensives.

Les données suivantes peuvent servir d'indication sur la rapidité du tir des mousquets : *Les rapidités du tir.*

A Kinzingen, en 1636, les mousquetaires suédois tirèrent avec une rapidité relativement remarquable : chaque homme ne tirant pas moins de sept fois en huit heures. En 1638, à la bataille de Wittenbergen, qui dura depuis midi jusqu'à huit heures du soir, les mousquetaires du duc de Weimar tirèrent sept fois pendant le cours de l'action.

En 1644, alors que l'usage des cartouches s'était largement répandu, on imagina, en Suède et en France, les « cartouchières » en cuir — d'abord pour les soldats détachés isolément. Elles contenaient primitivement douze cartouches et plus tard en continrent jusqu'à quarante. *Débuts des cartouchières.*

A la platine à rouet succéda, comme progrès important, celle à chien et *Invention de la platine à batterie ou à pierre.*

------

(1) C'est à peu près le mot *revolver* : ce mot venant, en anglais, du verbe *to revolve* qui veut dire « tourner », tandis que *Drehling* vient évidemment du verbe allemand *drehen*, qui signifie également tourner.

à ressort, mécanisme de transition qui conduisit à la platine à batterie ou à silex.

Fig. XIV et XV. Cette dernière reçut, en 1648, un nouvel et essentiel perfectionnement. La « noix » et la « gâchette » furent maintenues plus solidement en position par l'adoption d'une seconde petite platine : la bride de noix, ce qui permit un jeu plus facile des parties mobiles. La batterie et le couvercle du bassinet furent également réunis, à la mode espagnole (platine à silex, modèle français de 1648, Fig. XIV et XV).

Adoption de la baïonnette. **Fig. XVI.** En France eut lieu enfin, en 1641-42, une innovation de grande importance, par l'adoption de la baïonnette.

L'arme à baïonnette, résultant des inventions ci-dessus et dénommée « fusil », supplanta bientôt le mousquet jusqu'alors en usage, amena la prompte et complète disparition de la pique d'infanterie, et, au commencement du xviiie siècle, fut adoptée partout comme étant désormais l'arme universelle de l'infanterie.

La baïonnette était à double tranchant et munie d'une coquille et d'une poignée en bois, afin de pouvoir être employée, soit au bout du fusil comme arme d'estoc et de taille, soit à la main comme une épée. Elle se fixait par le moyen d'une virole de fer qui venait entourer le canon, tandis qu'un ressort, s'engageant dans une seconde virole portée par celui-ci, maintenait la baïonnette.

Suppression des piques dans l'infanterie. La suppression des piques ou hallebardes fut ordonnée en 1699 en Autriche, en 1703 en France, en 1721 en Russie et en Suède. Pourtant les troupes suédoises durent continuer de s'exercer au maniement de ces armes. Et même en 1735, les troupes russes y revinrent dans la guerre contre les Turcs ; mais, en 1740, elles y renoncèrent de nouveau.

Débuts des projectiles ogivaux. En 1729, dans ses *Mémoires de Pétersbourg*, Lautmann exposait qu'il serait avantageux de tirer avec des « balles de fusil elliptiques » ayant un évidement à l'arrière : — parce que le courant d'air qui suit le projectile pénètre dans cette cavité et augmente ainsi notablement l'impulsion donnée à la balle. Celles-ci devaient en outre avoir une très grande force de pénétration, surtout si on les tirait au moyen de canons rayés après les y avoir fait entrer de force.

Le même auteur ajoutait : « Pour donner à un canon une rayure invisible, on fixe, au tirant de la machine à rayer ordinaire, un taraud dont la section est elliptique et on détermine ainsi dans le canon un approfondissement elliptique héliçoïdal. On adoucit ensuite de nouveau la surface intérieure du canon. »

Ainsi se trouvait nettement exprimée la connaissance de l'utilité de l'emploi des projectiles à pointe avec cavité à expansion, tirés dans des canons munis de rayures en hélice ; ce qui donna naissance à de nouvelles recherches. Pourtant il fallut encore bien des années avant d'arriver à l'utilisation pratique de ces essais.

Pour permettre un feu rapide et bien entretenu, on adopta, d'abord en Prusse, la baguette de chargement en fer. Immédiatement après, l'emploi des baguettes de métal se répandit également en Suisse, où on les fit en acier et munies d'un tire-bourre.

Adoption de la baguette en fer ou métallique.

Entre temps, on reprenait de nouveau, particulièrement en France, les études sur le chargement par la culasse des fusils à silex (Fig. XVII et XVIII).

Fusils à silex, à chargement par la culasse.
Fig. XVII et XVIII.

On peut considérer comme résultat final des progrès accomplis pendant la période de développement écoulée depuis l'invention de la platine à batterie, le fusil d'infanterie français, modèle 1777-1800 (Fig. XIX). La platine était du modèle de 1648; la baguette en acier avait un pas de vis et une tête; la baïonnette était triangulaire avec douille et virole; le poids normal de l'arme était de 5 kilogrammes.

Fusil d'infanterie français.
Fig. XIX.

La tactique de toutes les armées européennes était alors la même, à peu de différence près. Les principes de la tactique linéaire prussienne avaient pénétré partout, malgré les adversaires déterminés qu'ils avaient rencontrés en France dans la personne de Folard et de Ménil-Durand, qui eussent voulu voir introduire la colonne dans l'infanterie.

Formations de combat.

Mais ce que ces savants théoriciens n'avaient pu obtenir, se produisit par suite de la Révolution, qui devait amener un nouvel état de choses et, comme une conséquence directe de celui-ci, une réforme corollaire de la tactique. L'ordre dispersé et la colonne, ces formations de combat du XVIe siècle, revinrent en honneur. Pourtant la « ligne » fut conservée aussi pour certains cas, afin de donner au besoin des feux de masse.

Toutefois les Anglais établirent bientôt — en 1794 — un nouveau modèle de fusil, d'après le type français, et adoptèrent pour les tirailleurs des carabines rayées.

Carabines rayées.

Une des découvertes les plus importantes fut celle que fit Berthollet, en 1788, du « mercure fulminant » (fulminate de mercure), observé pour la première fois en 1786, en même temps que le chlorate de potasse; mais cette découverte ne trouva d'application pratique que plus de trente ans après.

Découverte du mercure fulminant par Berthollet.

Napoléon Ier institua plusieurs commissions pour l'étude de l'armement. C'est une de celles-ci qui fit adopter le fusil modèle 1777-1800.

De même que l'arquebuse avait remplacé le canon à main, et le mousquet l'arquebuse, de même le mousquet devait, à son tour, céder la place à l'arme plus légère de l'infanterie appelée fusil. Le problème d'un armement plus léger pour l'infanterie était résolu; et les innovations introduites par l'adoption d'une platine à feu d'un fonctionnement plus sûr et de la

Adoption d'une arme plus légère pour l'infanterie (le fusil) sous Napoléon Ier.

baïonnette firent abandonner définitivement les piques et autres armes surannées qui existaient encore, ainsi que les armures défensives.

Adoption de cartouches en papier et mode de chargement plus rapide ainsi obtenu.

Avec l'adoption de ces simplifications essentielles, avait aussi disparu l'usage du chargement à « poudre libre » puisée dans la poire à poudre ou dans les étuis suspendus au bandrier; et les cartouches en papier furent mises en service.

La douille, ou enveloppe de la cartouche, et la balle étaient d'un calibre notablement plus faible que le canon et toutes deux y glissaient naturellement après enlèvement du bouchon de fermeture.

Dans le tir, la balle partait en entraînant l'enveloppe qui lui était fixée; mais, le plus souvent, paraît-il, elle ne faisait qu'en déchirer l'ouverture et la douille, ainsi éventrée, restait dans le canon.

Planche des cartouches. Fig. 4 et 5.

La balle, débarrassée du collet ou jet de fonte, était enveloppée dans une douille de papier, dans laquelle on versait ensuite, d'abord de la poudre à mousquet pour constituer la charge, puis une poudre plus fine (poudre de chasse) pour le remplissage du bassinet (Planche des cartouches, Fig. 4 et 5). Dans les cartouches de carabine de l'année 1777, pour balles de précision (destinées à donner un tir plus juste et ayant moins de « vent »), on essaya de placer sous la balle la poudre destinée au bassinet dans une enveloppe spéciale.

Pour charger, on commençait par déchirer avec les dents l'extrémité de la douille de papier, puis on versait d'abord avec précaution la poudre d'amorce dans le bassinet dont on fermait alors le couvercle; après quoi l'on vidait le reste de la poudre dans le canon de l'arme tenue debout, soit devant le corps, la crosse obliquant à gauche, soit entre les pieds et l'on plaçait enfin par-dessus la balle et l'enveloppe de papier qu'on enfonçait au moyen de la baguette.

Dans un combat réel, le tir ne s'exécutait point avec toute une série de commandements distincts, mais sur la simple indication : « Chargez » suivie des commandements : « Apprêtez armes ! — En joue ! — Feu ! »

L'exercice continuel, ainsi que les améliorations constantes apportées aux munitions et aux armes, permettaient aux hommes les plus habiles d'arriver à tirer trois coups par minute — même cinq et jusqu'à six coups avec le fusil modèle 1784 — et l'on augmentait encore, par l'emploi de cartouches à mitraille, le nombre des projectiles qu'on parvenait ainsi à lancer contre l'ennemi.

Cartouches à mitraille.

Ces cartouches à mitraille consistaient en trois ou quatre petites balles représentant ensemble le poids total d'un projectile du calibre de l'arme et qui étaient empaquetées dans le papier de la cartouche.

L'équipement du fantassin comportait 24 — plus tard 36 — cartouches à balle et 6 cartouches à mitraille (Archives allemandes de la guerre, *Kinski Akten*, 1760) (1).

Il avait fallu pourtant quatre siècles et demi pour amener les armes à feu portatives au degré de perfection où elles se trouvaient alors, et qui était, pour ainsi dire, le même dans toute l'Europe. Le fusil français modèle 1777-1800 était le prototype de cet état, qui, sauf de rares modifications, se conserva pendant toute la première moitié du xix° siècle.

Il existait cependant bien peu d'exercices rationnels pour préparer les hommes à l'utilisation des armes de jet, tandis qu'on faisait beaucoup pour les « rompre » et les « dresser » sous d'autres rapports. Ainsi, par exemple, dans une *Instruction sur l'exercice des armes pour le canton suisse de Soleure*, parue en 1790, on trouve la série suivante des commandements pour la charge : « Charge en 12 temps : 1° Chargez... arme ! 2° Ouvrez... bassinet ! 3° Prenez... cartouche ! 4° Ouvrez... cartouche ! 5° Poudre dans... bassinet ! 6° Fermez... bassinet ! 7° Faites basculer... arme ! 8° Cartouche dans... canon ! 9° Tirez... baguette ! 10° Bourrez... charge ! 11° Baguette... en place ! 12° Épaulez... arme ! »

Ensuite venait la « charge rapide », exécutée sans « temps ». Puis cette observation : « La charge ne doit être bourrée qu'une fois. Quand on charge avec la poudre, on ne doit jamais charger deux cartouches l'une sur l'autre, car cela pourrait faire éclater le fusil et c'est strictement défendu. Afin d'être sûr que le coup est parti, il suffit de regarder si, après le tir, il sort de la fumée par la lumière. »

Pour de multiples raisons, les résultats qu'on obtenait de l'emploi des armes de jet laissaient fortement à désirer. Un premier défaut provenait du grand « vent » qu'on laissait à la balle dans le canon et sans lequel l'arme n'eût pas été longtemps utilisable à cause de la crasse formée par les résidus de la combustion de la poudre. Ensuite venait l'irrégularité du chargement causée par le versement, dans le bassinet, de la poudre d'amorce prélevée sur la cartouche; — ce qui en laissait, tantôt plus, tantôt moins, pour la charge elle-même, diminuée souvent à dessein, pour amoindrir le recul.

Cette irrégularité était encore augmentée par ce fait que, dans la combustion, il s'échappait plus ou moins de gaz par la lumière; si bien que souvent, de la poudre contenue dans la cartouche et dont le poids atteignait la plupart du temps la moitié de celui de la balle, il ne restait plus que très peu pour agir effectivement sur le projectile.

On s'explique ainsi que le terrain ne fut pas encore préparé pour

____

(1) Croquis empruntés à *Die Entwickelung der Hand-Feuerwaffen im österreichischen Heere*, par le capitaine Antoine Dolleczek.

l'établissement des conditions balistiques des armes, l'emploi des hausses mobiles aux différentes distances, etc., et que le besoin de ces perfectionnements ne se fit pas sentir.

A cela s'ajoutait encore l'influence fâcheuse de l'humidité sur les armes à silex. Influence telle que, par exemple, les 26 et 27 août 1813, par suite d'averses et même de pluie continuelle pendant cette dernière journée (bataille de Dresde), les fusils devinrent presque entièrement inutilisables : — circonstance qui fut la principale cause de l'impossibilité où se trouva l'infanterie autrichienne à Mockritz, malgré tous ses efforts et tout son dévouement, de résister à la charge vigoureuse des Français de Murat.

Mais quoique dès 1807 un brevet eût été pris en Angleterre pour un fusil à percussion, le perfectionnement consistant à adopter ce mode de mise de feu ne faisait pas de bien rapides progrès.

La simplicité nécessaire à la transformation de la platine à silex pour l'emploi des pastilles fulminantes d'amorce ne se rencontra guère, pour la première fois, que dans le système qui, en 1821, fut expérimenté en grand dans le corps des chasseurs danois et dénommé : Platine à percussion pour pastilles d'amorce, Danemark 1821 (Fig. XXI).

En 1818, Joseph Egg, en Angleterre, inventa la capsule, qui, la même année, fut également introduite en France (Fig. XX).

La mise de feu par percussion motiva dès lors de tous côtés des expériences qui firent ressortir les grands avantages de ce mode d'inflammation.

Relativement aux ratés des fusils à silex, les expériences françaises faites en 1811 donnèrent : sur cent coups (le remplacement de la pierre devant d'ailleurs avoir lieu tous les 30 coups) 20,3 ratés causés par la non-inflammation de la poudre du bassinet, plus 10 par long feu, c'est-à-dire par défaut de communication, à la charge, de la combustion de la poudre d'amorce. Des essais comparatifs entre l'inflammation par le silex et par la percussion donnèrent respectivement 7 0/0 et 3 0/0 de ratés.

La France établit en 1822 un nouveau modèle de fusil qui ne différait que très peu de celui de 1777-1800, et dont la modification principale consistait dans l'adoption d'une platine à percussion pour capsules. Ce fut le « fus d'infanterie français mod. 1822 » (Fig. XXII).

Dans la campagne contre Alger (1830), on se servit déjà de carabines à percussion et les avantages de ce mode d'inflammation furent unanimement reconnus et adoptés.

Mais bientôt survint l'invention capitale du fusil à aiguille par Dreyse.

Son premier fusil à aiguille, qui était à chargement par la bouche, ne put pas encore se faire accepter. Mais plus tard, en 1836, l'inventeur parvint à réunir ce mode d'inflammation avec le chargement par la culasse, ainsi

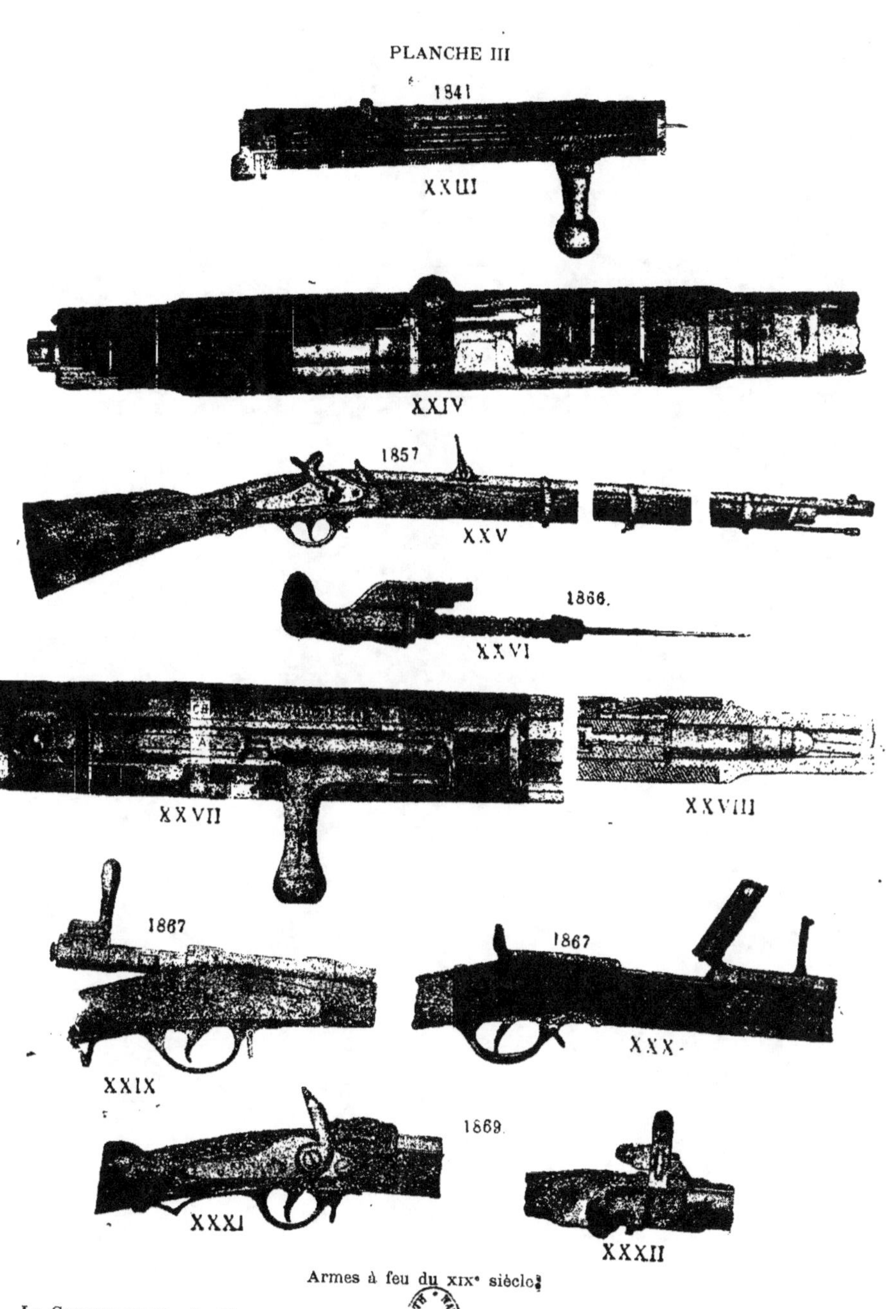

Armes à feu du xix° siècle.

qu'à établir la pastille d'amorce nécessaire pour cela. De sorte que la Prusse se vit alors amenée à entreprendre des expériences approfondies avec le nouveau fusil à aiguille de Dreyse. Elles eurent pour conséquence l'adoption immédiate de ce modèle d'arme pour l'infanterie prussienne.

Il est vrai qu'en 1846, lors des expériences exécutées à Spandau, beaucoup d'aiguilles s'étant brisées ou faussées, la valeur de la nouvelle arme fut encore une fois remise en question. Mais en 1848 elle se comporta parfaitement dans la lutte contre les insurgés saxons et badois, et en 1850, dans de nouvelles expériences exécutées à Potsdam et Spandau, elle montra une supériorité décisive tant comme précision que comme rapidité de tir.

Le fusil à aiguille prussien, système Dreyse, est représenté dans la planche III (Fig. XXIII et XXIV).   *   **Planche III. Fig. XXIII, et XXIV.**

La cartouche du fusil à aiguille prussien est une cartouche complète (Planche des cartouches, Fig. 6).   **Planche des cartouches Fig. 6.**

Entre la balle et la poudre se trouve un sabot ou tampon en papier comprimé — papier mâché. — Ce sabot reçoit, dans une cavité creusée à sa partie antérieure, le projectile de forme ovoïde (*Langblei*), tandis qu'au centre de sa face postérieure, légèrement creusée, se trouve la pastille fulminante d'amorce.

Les règles de pointage suivantes montrent combien il était difficile de viser avec cette arme, — comparativement aux fusils actuels :   **Règles de pointage.**

A 100 mètres, viser à 0^{m}40 au-dessous du but ou aux genoux de l'ennemi.

A 150 mètres, viser à 0^{m}20 au-dessous du but ou au bas-ventre de l'ennemi.

De 180 à 225 mètres, viser au but.

De 225 à 300 mètres, viser par l'ongle du pouce placé sur la virole inférieure.

De 300 à 375 mètres, viser par la crête de l'articulation du pouce ainsi placé.

De 375 à 450 mètres, viser par l'ongle du pouce redressé.

De 450 à 525 mètres, même pointage, mais le pouce un peu plus haut.

De 525 à 600 mètres, le même pointage toujours, mais le pouce encore un peu plus élevé.

L'incertitude d'une telle méthode de visée saute aux yeux, ce qui, du reste, étant données les propriétés de l'arme, était assez indifférent.

Par la suite on enveloppa la poudre, le sabot et la balle dans une douille de papier qui se fermait par-dessus la pointe du projectile (Pl. des cartouches, Fig. 7, 8 et 9).   **Planche des cartouches. Fig. 7, 8 et 9.**

La carabine à aiguille, introduite en 1849, ainsi que le fusil à aiguille modèle 1862, ne différaient du modèle 1841 que par des détails tout à fait insignifiants. Le canon du modèle 1862 était en acier fondu de Berger et bronzé. La garniture était en laiton, la baïonnette était triangulaire.

Rapidité du tir du fusil à aiguille. Dans le feu rapide, le fusil à aiguille pouvait donner environ 5 coups par minute, comme résultat normal.

Balle à expansion Minié. En 1849, le capitaine français Minié avait établi un projectile ogival avec cavité à expansion et culot impulsif, qui fut nommé, d'après lui, balle ogivale Minié.

La cavité de ce projectile, de forme conique, était pourvue d'un culot légèrement convexe en fer, dont l'objet était de faire mordre la balle dans les rayures sous l'influence de la pression des gaz de la poudre. Ce culot devait empêcher le déchirement du projectile ainsi excavé et, en pénétrant dans la cavité, favoriser l'expansion de la balle autant qu'il était nécessaire.

État de l'armement en Russie. En Russie on fit, vers 1850, des expériences avec le chargement par la culasse et le fusil à aiguille prussien, mais elles ne donnèrent point de résultats favorables. Et, après la guerre de Crimée, 1854-56, où ils avaient beaucoup souffert du feu des fusils français, tirant plus lentement, mais rayés, les Russes n'attachèrent plus que peu d'importance à la rapidité du tir et dirigèrent de préférence tous leurs efforts vers l'obtention d'une précision et d'une portée plus considérables.

Leurs armes à feu portatives se partageaient en fusils d'infanterie et fusils de tirailleurs.

Le fusil d'infanterie (inflammation par percussion) était analogue au fusil français, avec un calibre normal de 18 millimètres.

En 1854, on raya, à titre d'essai, 20,000 fusils d'infanterie.

La transformation ne fut pas continuée. Mais par contre, vers la fin de 1854, la production de nouveaux fusils lisses fut arrêtée et le modèle d'un fusil d'infanterie rayé fut adopté ; modèle ne différant, à l'extérieur, que d'une façon insignifiante de celui de 1845 jusque-là en service.

Vers la fin de 1855 on abandonna cette forme de rayures pour adopter le profil à angle droit avec fond concentrique.

On obtenait ainsi, à 800 mètres, encore 41, 6 0/0 de coups dans la cible ; la meilleure moitié de ceux-ci se trouvant répartis dans un rayon de 1 mètre par rapport au point moyen d'impact graphiquement déterminé.

Les fusils lisses reçurent la balle Nessler composée d'une partie hémisphérique et d'un court cylindre avec une rainure circulaire et de petits tenons sur le plan de base. Diamètre : 17 $^{m/m}$ 4 ; hauteur : 16 $^{m/m}$ 5 ; poids : 30 grammes (balle Nessler pour canons lisses).

Les fusils lisses furent aussi pourvus d'une hausse pour les distances jusqu'à 600 pas (400 mètres).

Dès la fin de 1856, les Russes possédaient plus de 100,000 carabines et fusils rayés pour tirailleurs du calibre de 17 $^m/^m$ 8 à 18 $^m/^m$3. En 1857, ce nombre s'éleva jusqu'à 250,000.

Ces armes lançaient une balle ogivale avec deux ailettes directrices semblables à celles dont on se servait pour les canons rayés (balle ogivale russe avec ailettes directrices).

Le modèle adopté en 1857 pour les bataillons de chasseurs est le fusil dit de tirailleur russe (appelé également fusil Vintoff) (Fig. XXV).

Son calibre est de 15 $^m/^m$ 24 ; il tire la balle Minié avec culot d'un diamètre de 14 $^m/^m$ 8, et sa hausse est graduée de 200 à 1,200 pas.

Précision : à 1,000 pas on met la meilleure moitié des coups dans un cercle d'un rayon de 1^{m}27.

On projeta également d'armer toute l'infanterie avec ce modèle de fusil qui, plus tard, fut utilisé par transformation en arme à chargement par la culasse de différents systèmes.

C'est l'année 1860 qui vit le plus remarquable progrès. Le 7 juin, à l'occasion du traité de commerce avec l'Angleterre, eut lieu à Paris, sous la présidence du ministre Rouher, devant le « Conseil supérieur du Commerce », une consultation des techniciens et armuriers français. Ils constatèrent que l'industrie des armes en général, y compris celles de luxe courantes, de moyen et bas prix, ne pouvait être créée et maintenue que par la liberté de fabrication des armes de guerre, parce que cette dernière seulement pouvait permettre et développer la formation de bons ouvriers et une organisation régulière du travail.

On formula entre autres cette opinion, que l'acier fondu devait remplacer le fer dans la fabrication des canons de fusil, parce que la résistance du premier métal était près de trois fois supérieure à celle du second : un canon en acier fondu Krupp avait supporté une charge de 90 grammes de poudre et de 12 balles de calibres, qui occupait une longueur de 0^{m}52.

Depuis cette époque les améliorations se succèdent sans interruption ; on est littéralement débordé par les inventions et les découvertes.

Examinons d'abord le fusil russe à obturateur, modèle 1860. Le canal de lumière débouche au milieu de la charge de poudre ; la capsule est fortement remplie.

Comme rapidité de tir, le fusil à obturateur, modèle 1860, est au fusil à chargement par la bouche (modèle 1856), dans le rapport de 3,3 à 2 coups par minute, — les conditions du maniement étant celles de guerre.

Avec des cartouches et des capsules présentées par un aide, on put obtenir du fusil à obturateur, jusqu'à 6,5 coups par minute.

Résultats du tir :

Aux distances (en pas) de :	100	200	300	400	500	600	700	800	900	1000	1100	1200
Le pour cent des coups touchés est de :	100	99	97	94	94	84	84	75	65	54	44	37

Influence de la guerre austro-prussienne.

La première impulsion importante à la transformation de l'armement fut donnée par la guerre de la sécession américaine, — grâce à l'emploi qui fut fait, au cours de celle-ci, de fusils à chargement par la culasse avec cartouches métalliques et de fusils à magasin. Puis vint la guerre danoise.

Mais la guerre austro-prussienne de 1866 eut, à ce point de vue, une influence décisive. Les Prussiens, dans cette campagne, avaient l'infériorité du nombre et une artillerie comparativement plus faible. Seulement ils possédaient des fusils à aiguille qui, tout en le cédant comme portée et précision aux fusils autrichiens, pouvaient déployer une rapidité de tir deux fois plus considérable. Cet avantage de la plus grande densité du feu d'infanterie suffit à paralyser toutes les autres supériorités de l'armement autrichien et ne contribua pas médiocrement au triomphe des armes prussiennes (1).

Les succès surprenants, et surtout l'influence morale des armes à tir rapide, furent reconnus partout et entraînèrent, après la guerre de 1866, l'adoption générale de ces armes : d'abord sous la forme de fusils à chargement coup par coup, et bientôt sous celle de fusils à magasin.

Fusil Chassepot. Fig. XXVI, XXVII et XXVIII Planche des cartouches. Fig. 10.

Lors de l'adoption de ces fusils en France, on mit naturellement à profit la vaste expérience acquise par les recherches continuelles exécutées en tous pays sur la balistique ; et enfin en 1866, fut adopté un fusil français d'infanterie, modèle 1866 (Chassepot), qui fut modifié par R. Schmidt en 1869 (Fig. XXVI, XXVII et XXVIII).

La cartouche du fusil Chassepot, modèle 1866 (Planche des cartouches, Fig. 10), est une cartouche complète sans obturateur. L'étui de papier qui renferme la charge de poudre est replié par-dessus une rondelle de carton, portant en son centre une ouverture dans laquelle on rabat le tortillon formé par l'extrémité de l'étui. A la base de cet étui se trouve la capsule, renversée, le culot en dessus — ce culot étant percé de deux évents pour livrer passage à la flamme de l'amorce, — appuyant ses rebords sur une rondelle de caoutchouc, placée elle-même sur une étoile en papier. Une rondelle de carton, appelée collerette, enfilée sur le dôme de la capsule, vient s'appuyer sur la même étoile de papier et y est fortement collée.

Au commencement de la guerre 1870-71, la France possédait environ 1,037,000 fusils Chassepot de ce genre.

Réformes de l'armement de la Russie depuis 1867.

En Russie fut adopté, en 1867, un fusil à aiguille de Karle et fils, qui, dit-on, aurait été établi, dans ses parties essentielles, dès 1849, par S. Krnka,

---

(1) Omega, *L'Art de combattre*, page 36.

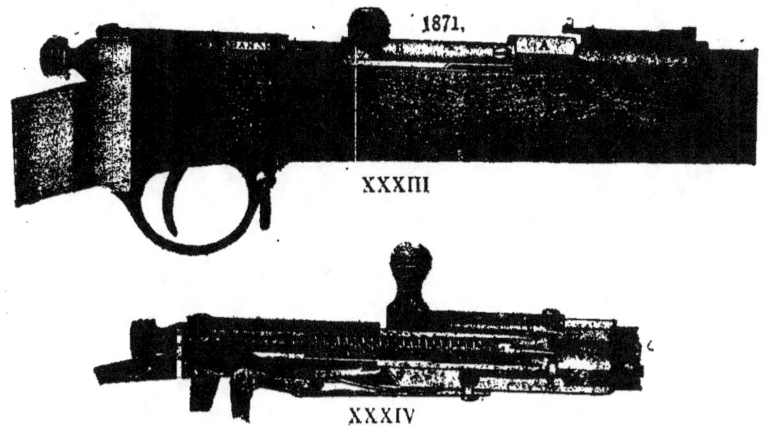

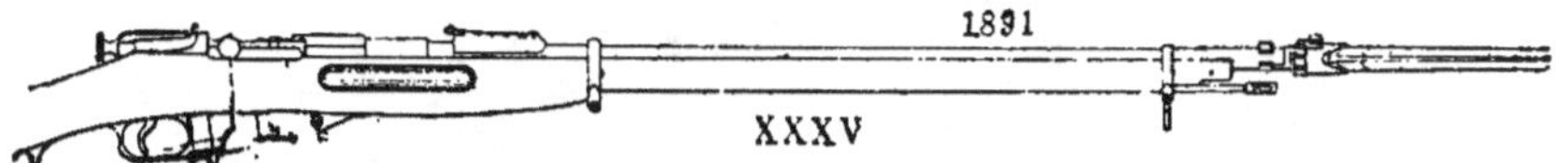

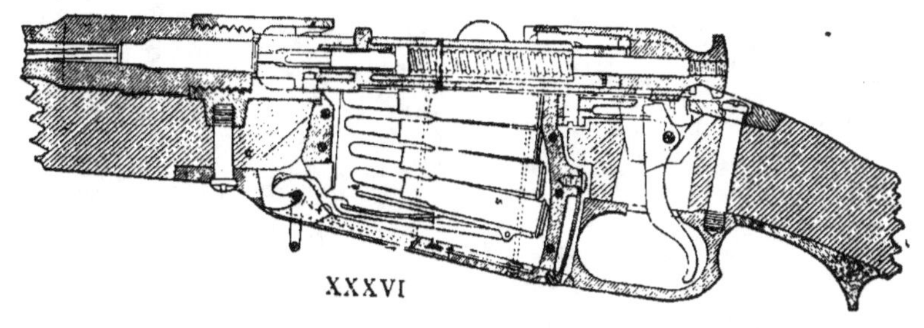

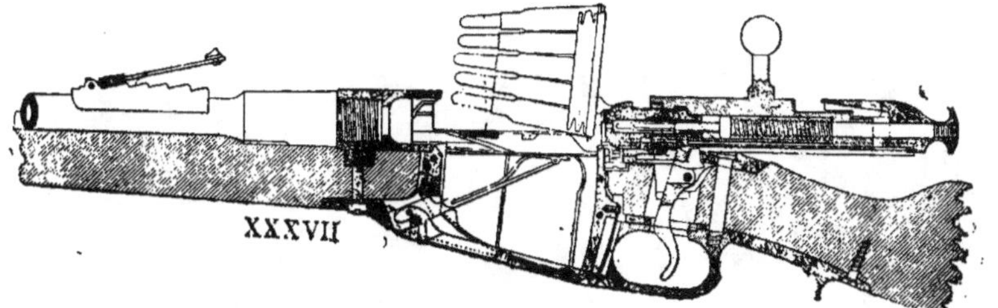

Armes à feu du XIXᵉ siècle.

fabricant de pistolets à Wolin (Bohême), et qui tirait alors une balle ogivale de fer à enveloppe de plomb. Ce fut le fusil à aiguille russe, modèle 1867 (Fig. XXIX et XXX).

La cartouche, établie par le colonel Veltichtcheff, est une cartouche complète sans obturateur, dont la base porte l'amorce en son centre. Le projectile est la balle Minié avec culot impulsif.

La rapidité du tir, pour une troupe en ordre serré, est de cinq coups par minute. Pour le feu individuel, elle peut aller jusqu'à huit ou neuf coups.

En 1869, la Russie adopta le système Krnka (Fig. XXXI et XXXII), qu'elle abandonna cependant bientôt, à la suite de nouvelles expériences, pour se décider en faveur du système Berdan.

a) Pour le distinguer d'un modèle de Berdan ultérieur, celui-ci est désigné sous le nom de Berdan n° 1.

b) Dans les fusils de fabrication nouvelle, le colonel Berdan remplaça la platine à percussion ordinaire par la platine plus simple à ressort à boudin.

c) La cartouche de ce fusil présentait la simplification remarquable de ne se composer que de deux parties : l'étui et la capsule.

La longueur du mouvement à faire pour armer et la défectuosité de l'éjecteur diminuaient la rapidité du tir. Aussi, après la fabrication de 30,000 armes, ce modèle dut-il, en 1871, céder la place au système Berdan n° 2 (Pl. IV, Fig. XXXIII et XXXIV).

Cartouche du fusil Berdan n° 2 : inflammation centrale; douille avec garniture intérieure de fond et capsule en laiton étampé ; bourre grasse à la base de la balle ; balle et bourre dans une enveloppe de papier.

Quant à la France, la guerre franco-allemande, tout en faisant ressortir les avantages du fusil Chassepot modèle 1866, en avait également montré les inconvénients. Aussitôt la lutte terminée, le ministre de la guerre français prescrivit un examen minutieux de la façon dont s'étaient comportées les armes à feu portatives et leurs munitions. Et la commission d'études instituée constata la nécessité d'améliorer le fusil modèle 1866 et en particulier ses munitions.

Les nouvelles armes (système Gras) reçurent le nom de fusils d'infanterie, carabines de cavalerie, mousquetons d'artillerie, modèle 1874 ; les armes transformées prirent, avec les mêmes noms, la désignation de modèle 1866-74.

Au point de vue de la construction, le modèle 1874 diffère de celui de 1866, principalement par la fermeture de culasse, la hausse, la cartouche et la baïonnette.

L'époque des
fusils à magasin
de petit calibre.
**Planche des
cartouches.**
**Fig. 11,
et 12.**

Depuis 1886, c'est surtout des fusils à magasin, la plupart de petit calibre, qu'on a introduits dans les différentes armées. Les cartouches pour fusil à magasin ont, comme toutes les cartouches nouvelles, des douilles en laiton étiré. (La planche des cartouches, Fig. 11 et 12, en indique la construction, en même temps qu'elle montre la diminution de calibre de 1883 à 1888.)

Le premier pas fait dans cette voie fut l'adoption, en 1886, du fusil Lebel par l'armée française. Après quoi, des armes à magasin furent adoptées : en 1888 en Allemagne et en Autriche, en 1889 en Italie, en Belgique, en Angleterre, en Suisse et en Danemark, en 1890 en Turquie, en 1892 en Espagne, en 1893 en Hollande et en Roumanie.

Le plus récent
fusil à magasin
prussien.
**Fig. XXXV,
XXXVI
et XXXVII.**

On trouvera, dans la planche ci-jointe, un tableau général des données balistiques des armes portatives employées dans les principaux pays depuis 1840. Ce document est emprunté à l'ouvrage que le ministère de la guerre prussien a publié « sur les effets et l'importance, au point de vue de la chirurgie militaire, des armes à feu portatives ».

A titre de représentant, encore en service, des. armes de ce type et avant d'en entreprendre un examen plus approfondi, nous donnons, dans les figures XXXV, XXXVI et XXXVII, la représentation du fusil à magasin actuel, modèle 1891.

Aujourd'hui beaucoup d'écrivains militaires trouvent déjà que les fusils à magasin de petit calibre constituent un moyen de défense assez puissant pour rendre presque inexécutable l'acte final de toute bataille : l'attaque décisive, — pour peu que les deux armées adverses se trouvent sensiblement dans les mêmes conditions d'effectif et de situation et que le terrain soit quelque peu uni et découvert. Et naturellement celui des deux partis qui se tiendra sur la défensive recherchera toujours un terrain de cette nature. D'ailleurs, même en terrain coupé et couvert, le succès de l'attaque demeure toujours très problématique.

Tendance à
réduire le plus
possible le
calibre des fusils ;
et ses
conséquences
pour la conduite
de la guerre.

Si l'on en croit les déclarations d'autorités techniques dont on ne peut contester la compétence, l'adoption de fusils d'un calibre encore plus réduit et d'une vitesse initiale encore plus grande, en même temps que l'augmentation du nombre de cartouches dont le soldat sera muni, rendront bientôt presque impossible la guerre exécutée dans les conditions actuelles, c'est-à-dire la lutte entre des armées comprenant des millions d'hommes.

Il est difficile de décider jusqu'à quel point cette hypothèse est fondée. Pourtant on ne saurait douter que les efforts méthodiques, consacrés au perfectionnement des armes par les savants et les techniciens, ne puissent donner encore des résultats importants.

Coup d'œil d'ensemble sur les principales armes à feu employées de 1840 à 1893.

INDICATION DE L'ARME	PAYS	CALIBRE en millimètres	POIDS			VITESSE INITIALE	ROTATION (tours par seconde)
			du fusil en kilog.	de la cartouche en gr	de la balle en grammes		
Minié, mod. 42	France	18,25	4,0	»	36	284—310	155
Fusil à aiguille, mod. 41 .	Prusse	15,43	4,650	40	31	300	420
Fusil à aiguille perfectionné, mod. 72	Prusse	15,43	4,350	30,5	21,5	350	480
Chassepot, mod. 66. . . .	France	11,0	4,050	32	25	420	764
Infanterie, mod. 71	Allemagne	11,0	4,515	43,3	25	430	782
Martini-Henry, mod. 71. .	Angleterre	11,43	3,976	50	30	378,90	660
Berdan II, mod. 72	Russie	10,7	4,383	40	24	390	732
Werndl, mod. 73/77. . . .	Autriche	10,9	4,192	42,2	24,03	432	595
Gras, mod. 71	France	11,0	4,210	43,8	25	430	782
Werder, mod. 75	Bavière	11,0	4.270	43,3	25	430	782
Modèle 88.	Allemagne	7,9	3 800	27,3	14,7	640	2,660
Lebel, mod. 86	France	8,0	4,180	29,5	15,0	630	2,627
Mannlicher, mod. 88/90. .	Autriche	8,0	4,410	28,5	15,8	620	2,480
Mannlicher-Carcano, modèle 91	Italie	6,5	3,780	22,5	10,5	700	2,770
Mauser, mod. 89	Belgique	7,65	3,900	28,6	14,2	610	2,440
Fusil de 3 lignes, mod. 91.	Russie	7,62	4,3	23,46	13,68	610—620	2,580
Lee-Metford II, mod. 89. .	Angleterre	7,7	4,500	28	13,9	630	2,475
Krag-Jörgensen, mod. 89.	Danemark	8,0	4,300	30	15,43	620	2,066
Mauser, mod. 90	Turquie	7,65	3,900	27	13,8	652	2,608
Schmidt, mod. 89.	Suisse	7,50	4,300	27,5	13,7	600	2,220
Mauser, mod. 92	Espagne	7,0	3,900	24,3	11,2	720	3,315
Mannlicher, mod. 93 . . .	Hollande	6,5	4,100	22,45	10,5	730	3,830
Mannlicher, mod. 93 . . .	Roumanie	6,5	3,950	22,74	10,34	720	3,600
Kropatschek	Portugal	8,0	4,540	35,5	16	520	1,900

II. Le Fusil à magasin de petit calibre.

Les « fusils à chargement coup par coup » ont eu déjà l'épreuve de la guerre, tandis que les fusils à magasin des derniers types n'ont été éprouvés que dans des conditions qui n'autorisent pas à formuler des conclusions définitives.

Néanmoins la comparaison du fusil à chargement successif, avec les fusils à magasin employant la poudre sans fumée, peut donner une idée du rôle que l'armement actuel de l'infanterie jouera dans les guerres futures. Nous présentons ici les types les plus connus.

La figure ci-dessous montre la disposition du modèle de fusil allemand adopté en 1888. Elle est empruntée à l'ouvrage de Holzner : « Les fusils de guerre modernes », *Moderne Kriegsgewehre* (Vienne 1890).

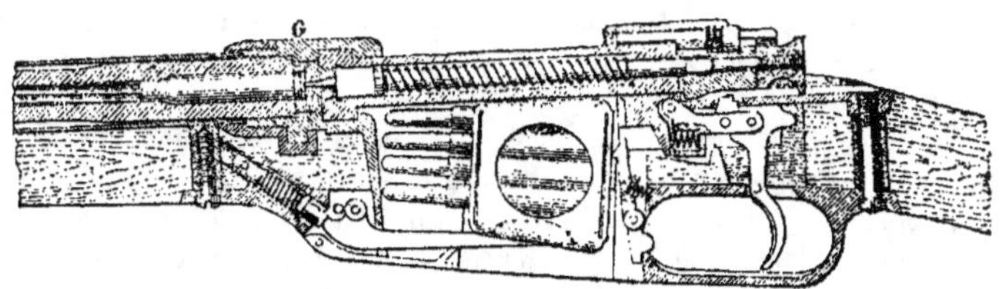

Disposition du fusil allemand (modèle 1888).

La figure suivante, qui représente, pour une distance de 600 mètres, les trajectoires respectives du fusil à petit calibre actuel de l'armée allemande et du fusil à aiguille dont elle se servait en 1870, permet d'apprécier la supériorité balistique de l'un sur l'autre.

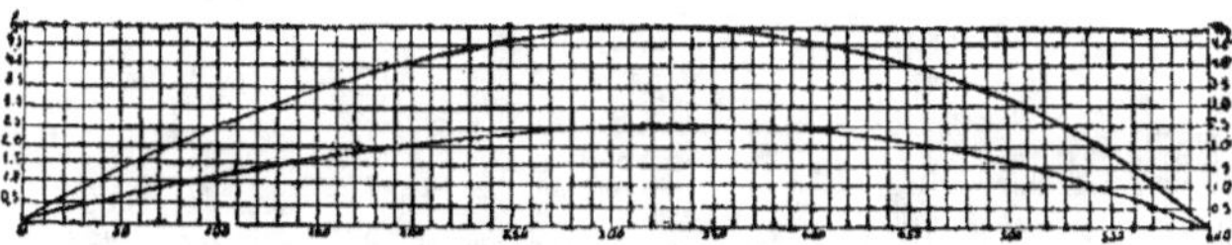

Trajectoire des balles du fusil à aiguille et du fusil à magasin.
La courbe supérieure représente la trajectoire du premier, la courbe inférieure la trajectoire du second.

Quant aux autres avantages du fusil à petit calibre allemand sur le fusil à aiguille, ils sont exprimés dans le graphique comparatif que voici :

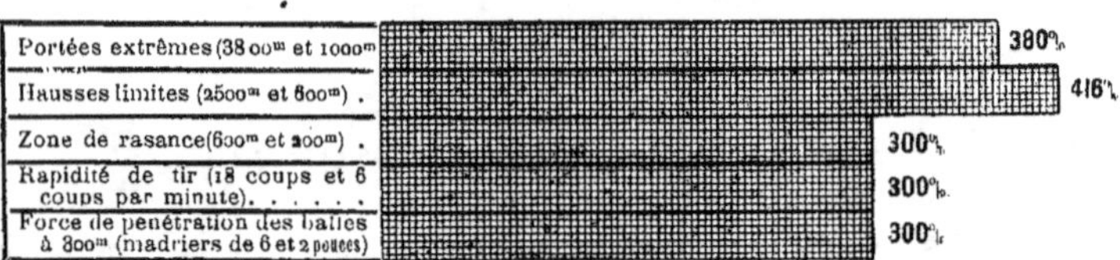

Avantages du fusil de petit calibre allemand sur le fusil à aiguille en pour cent.

Parmi les grandes puissances, la Russie est arrivée plus tard que les autres à l'adoption des fusils à magasin, ainsi qu'à celle de la poudre sans fumée. Par suite, il lui a été possible de profiter des dernières expériences et des plus récents perfectionnements. Comme l'explique le professeur Potocki, le fusil russe n'a aucun des défauts des fusils à magasin français, allemand (1) ou autrichien; c'est-à-dire que l'armée russe, qui a eu la chance de ne pas voir jusqu'à présent la guerre éclater, se trouvera prochainement pourvue d'une arme à feu plus parfaite que les armées de la plupart des autres États.

Avantages du nouveau fusil russe sur l'ancien fusil Berdau.

Le dernier fusil russe possède, au dire du professeur Potocki (2), sur l'ancien fusil Berdan, les avantages suivants :

Il pèse 1 kilogr. 250 de moins ; sa précision est supérieure de 100 0/0, sa puissance de pénétration de 200 0/0, sa portée de 50 0/0 et sa rapidité de tir de 20 0/0.

Un autre chercheur, le professeur Mikhnevitch (3), trouve encore des différences plus importantes entre le nouveau fusil et l'ancien : notamment que sa portée est trois fois plus longue, sa précision une fois et demie et sa rapidité de tir de 30 à 50 0/0 supérieure. Ces avantages conduisent le professeur Mikhnevitch à conclure qu'avec le fusil de petit calibre, il sera possible d'infliger à l'ennemi des pertes deux fois et quart plus fortes qu'avec le fusil précédent.

Puissance destructive des anciens et nouveaux fusils russes.

Le graphique que voici permet de comparer, d'un coup d'œil, les propriétés du fusil russe de petit calibre de 3 lignes (7 ᵐ/ᵐ 6) avec celles du fusil Berdan de 4 lignes (10 ᵐ/ᵐ 1).

D'après Potocki :　　　　　　　　　　D'après Mikhnevitch :

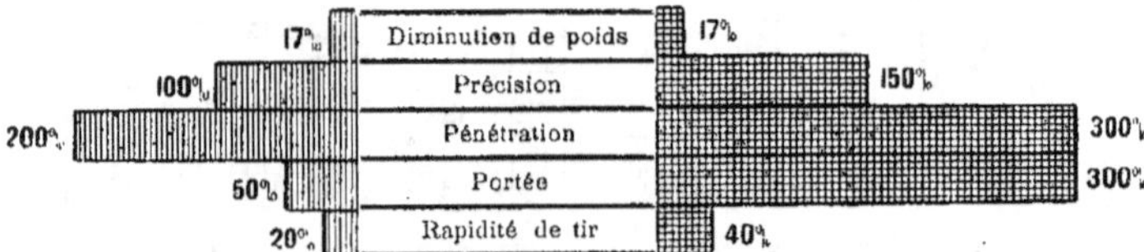

Avantages des fusils russes de petit calibre (3 lignes) sur les fusils Berdan (4 lignes) en pour cent.

____

(1) Dans la *Tactique de demain*, Coumès dit que le canon du fusil allemand s'élargit par suite des coups tirés et se trouve en peu de temps hors de service, p. 112.

(2) Voir le *Militär Wochenblatt*.

(3) *Influences des dernières inventions techniques sur la tactique de la guerre.*

Et, ce qui n'est pas moins important, la balle, moins volumineuse, du nouveau fusil, est aussi d'un poids plus faible (1).

La réduction progressive du poids des balles de fusils est nettement marquée par le graphique ci-dessous :

Diminution du
poids des balles
depuis 1830.

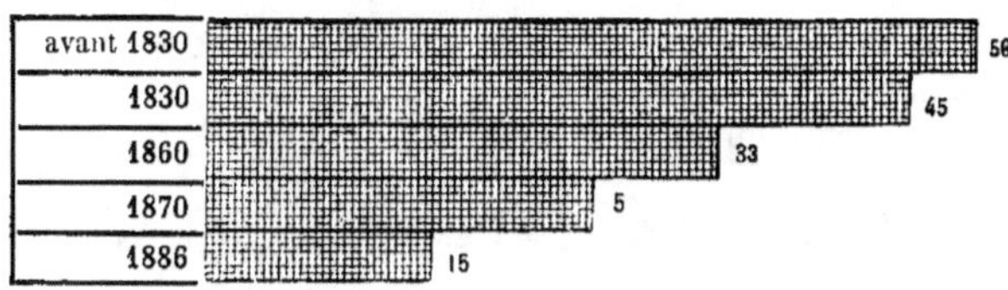

Poids des balles en grammes.

Le fusil lui-même étant diminué de poids, — il pèse 4 kilogr. 300, tandis que les premières armes à feu portatives pesaient de 10 kilogrammes à 12 kilogr. 500, — le soldat est en état, par là même, de porter sur lui jusqu'à 150 cartouches. Et comme au temps où l'infanterie était armée du fusil rayé de 7 lignes il n'en portait pas plus de 40 — chiffre passé à 60 avec le fusil de 6 lignes et à 84 avec le fusil de 4 lignes, — il peut maintenant disposer de quatre fois plus de coups que par le passé.

Comparaison du
nombre des
cartouches
transportées.

En outre, comme nous l'avons déjà montré, la force de pénétration de la nouvelle balle est plus considérable ; et sa vitesse initiale plus grande lui permet de battre efficacement une surface plus étendue. La machine destructive qui se trouve dans les mains de chaque soldat est donc devenue, en comparaison de ce qu'elle était autrefois, beaucoup plus dangereuse encore peut-être que ne l'admettent les professeurs Potocki et Mikhnevitch (2).

Il faut pourtant observer qu'au point de vue des avantages qui doivent résulter de l'emploi du magasin dans les fusils à tir rapide, tous les écrivains militaires ne sont pas jusqu'à présent du même avis. Beaucoup prétendent que l'emploi du magasin pourrait amener un tir moins sûr et par suite entraîner une consommation inutile et improductive de munitions.

En raison de la grande importance de cette question, nous devons donner les motifs sur lesquels repose cette opinion.

Maximum des
coups tirés sans
repos.

Les calculs établis au tir ont montré qu'avec le fusil Berdan, le soldat peut, sans s'arrêter, tirer 148 coups dans un quart d'heure ; c'est-à-dire

---

(1) Les résultats obtenus sous ce rapport sont remarquables. La balle de fusil qui, jusqu'à 1830, pesait 50 grammes, n'en pèse maintenant que 15.

(2) Potocki, *L'Artillerie* (édition 1892).

qu'il est capable de lancer, dans ce laps de temps, plus de balles qu'il ne lui en faudra tirer dans un combat quelconque — et cela sans que la précision des coups cesse d'être considérable.

Quant aux expériences organisées en Russie sur la rapidité et la précision du tir, voici les résultats qu'elles ont fournis (1) :

<table>
<tr><td></td><td>Nombre de
projectiles lancés.</td><td>Dont
au but.</td></tr>
<tr><td>En chargeant coup par coup. . . . .</td><td>1.259</td><td>65 0/0</td></tr>
<tr><td>Avec le chargement [simultané dans les fusils
à magasin. . . . .</td><td>2.508</td><td>61 0/0</td></tr>
</table>

Nombre des projectiles lancés :   Atteintes en pour cent :

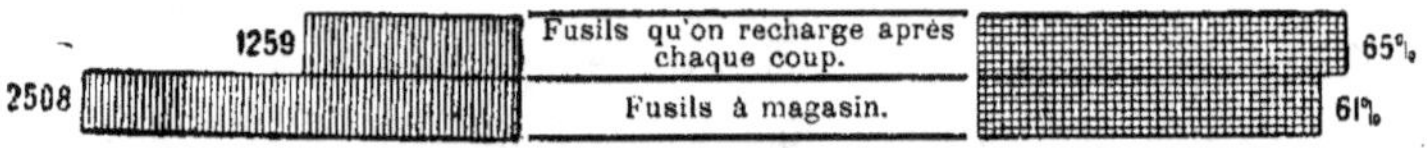

Comparaison, comme rapidité et précision du tir, des fusils qui se chargent après chaque coup et des fusils à magasin.

La supériorité, comme nombre de projectiles tirés, est évidemment du côté du fusil à magasin; mais, pour la précision, les résultats donnés par ce fusil sont de 4 0/0 inférieurs.

Pourtant, de l'avis de beaucoup d'écrivains militaires, il ne faut pas attacher une trop grande importance à la supériorité de précision que donne le tir avec chargement coup par coup.

Nous avons déjà rapporté les paroles d'un homme compétent : « Si votre adversaire a un fusil aussi précis que le vôtre, alors votre tir se trouvera par là même ramené à ce qu'il serait avec une arme moins parfaite. On perd autant de monde l'un que l'autre et les conditions de sang-froid sont les mêmes des deux côtés, c'est-à-dire n'ont plus d'importance.

« Si l'on peut tirer trois fois plus vite, on peut tuer trois fois plus de monde; mais il est, par contre, trois fois plus difficile de garder son sang-froid (2). »

Le principal avantage du fusil à magasin consiste en ce qu'il n'impose pas aux tireurs la gêne de charger dans le moment critique où il faut tirer le plus grand nombre de coups possible, et où le plus grand sang-froid est nécessaire; parce qu'une hâte fiévreuse produirait les plus mauvais effets. L'approvisionnement de cartouches que contient le fusil à magasin permet d'attendre avec calme l'attaque de l'ennemi et de le laisser arriver

____

(1) A.-J. Drachkovsky, *La Question des fusils à magasin.*

(2) A.-K. Pourirevsky, *Étude du combat*, d'après l'ouvrage du colonel du Picq. — Varsovie, 1893.

à petite distance ; ce qui inspire une grande confiance aux troupes qui se tiennent sur la défensive et assure leur sang-froid.

De même les assaillants marchent plus hardiment à l'assaut quand ils savent que les armes sont chargées d'avance pour le moment voulu, et qu'elles leur permettront d'inonder l'ennemi de projectiles. Cet avantage moral du fusil à magasin suffit pour en commander l'adoption, malgré la légère infériorité de précision de son tir.

Dans la question dont il s'agit, on n'a à tenir compte que de facteurs purement moraux mais très importants. Le professeur Pavloff (1) dit que, même dans les exercices de tir du temps de paix, le soldat, instruit à manier le nouveau fusil, ne reprend plus l'ancien qu'avec répugnance, tant il sent déjà la différence qui existe entre les deux.

Augmentation de confiance qu'inspire au soldat le fait d'être pourvu du meilleur fusil.

Il est inutile d'ajouter qu'à la guerre, les mêmes sentiments agiraient sur les masses avec une puissance incomparablement plus grande.

Oméga rapporte qu'en Algérie, pendant la période qui s'est écoulée entre l'adoption de la carabine rayée et celle du chassepot, c'est-à-dire de 1842 à 1866, toutes les fois que, dans une expédition, un zouave, un turco ou un autre militaire possédant une carabine était tué, les fantassins, surtout ceux de la légion, se disputaient à qui ramasserait l'arme et les cartouches du mort. Au siège de Metz, les soldats prussiens envoyés en grand'garde ou aux avant-postes s'armaient, outre leur propre fusil, des fusils Chassepot pris aux Français dans les batailles précédentes. Et l'auteur donne, à l'appui de cette assertion, les deux croquis ci-dessous que nous lui empruntons :

Soldats qui se sont munis d'un fusil meilleur.

____
(1) *Sur l'importance de pourvoir l'armée de fusils de petit calibre.*

Pendant la guerre de 1877, la même chose s'est passée dans l'armée russe. En s'emparant des fusils turcs, le soldat sentait instinctivement que le meilleur fusil donne la supériorité dans le combat, quelques efforts qu'on fit pour le convaincre du contraire.

Considérations sur la zone infranchissable qui, dans le combat de mousqueterie, se trouve exposée au tir rasant des balles. Il est hors de doute qu'avec les anciens fusils et l'ancienne poudre, quand la zone exposée à l'effet des coups était extrêmement limitée, le manque de sang-froid des tireurs devait avoir, pour conséquence, une grande diminution des pertes causées par le tir (1).

Mais il reste à savoir comment les choses se passeront, lorsque, sur une étendue d'environ 500 mètres — et même de 800 mètres une fois les troupes armées des fusils encore plus perfectionnés dont nous parlerons plus loin, — il n'y aura plus besoin de modifier la hausse ; parce que tout projectile sera susceptible d'atteindre l'ennemi sur toute la largeur de la zone, pour peu seulement qu'aux très petites distances on abaisse légèrement l'arme en visant bas, et qu'aux plus grandes, on vise à hauteur de tête.

Ne se formera-t-il pas alors, entre les deux troupes adverses, une zone infranchissable qu'aucun être vivant ne sera en état de traverser, par suite de la puissance et du nombre des balles qui la battront à courte distance ?

Comparaison de la rasance du nouveau fusil avec celle du fusil Berdan. Pour mieux nous orienter sur cette question si importante, il faut nous rendre compte de l'étendue de la surface efficacement battue, aux diverses distances, avec les différents systèmes de fusils. La figuration graphique ci-après montre clairement la zone battue avec les nouveaux fusils russes, chargés en poudre sans fumée, et avec les fusils Berdan, pour lesquels on emploie la poudre ordinaire (2).

On voit par là qu'aux petites distances, jusqu'à 600 pas, la zone efficacement battue par le nouveau fusil est quatre fois plus grande qu'avec le fusil Berdan ; qu'entre 600 et 1,000 pas elle est de moitié plus grande ; que de 1,500 à 2,000 pas elle est double ; tandis qu'à partir de 2,000 pas, il n'y a plus de comparaison possible, attendu que les fusils Berdan, chargés en poudre ordinaire, ne portent pas jusque-là.

Ces données théoriques sur les dimensions de la zone battue se trouvent notablement modifiées dans la pratique, par suite de la dispersion assez considérable des projectiles lancés.

Mais avant de parler des conséquences qu'entraîne cette dispersion, il nous paraît nécessaire de donner au moins une idée des exercices entrepris en temps de paix, pour étudier les propriétés des armes à feu,

---

(1) Hœnig, *Untersuchungen über die Taktik der Zukunft* (Études sur la tactique de l'avenir), page 264.

(2) M. Véroghine, *Télémètre de tirailleurs.*

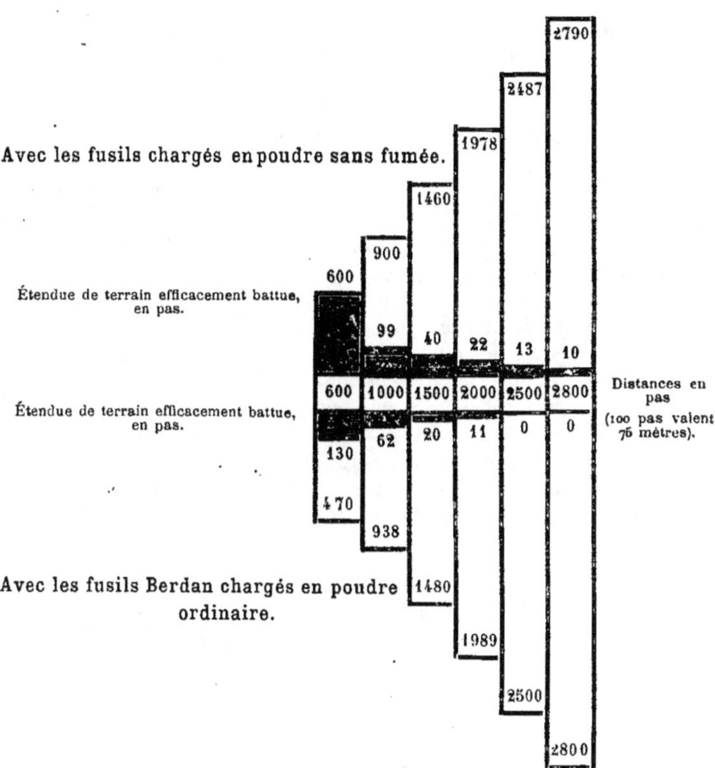

Comparaison des zones battues avec les fusils de petit calibre et avec les fusils Berdan.

et en même temps pour déterminer approximativement le maximum d'efficacité du tir dans les différentes circonstances qui peuvent se présenter à la guerre; d'autant plus que nous aurons à revenir plus d'une fois, par la suite, sur les résultats ainsi obtenus.

III. Importance des exercices de tir modernes.

Pour apprécier l'effet destructeur que les armes perfectionnées produiront dans les combats futurs, on se contente, la plupart du temps, de comparer l'armement actuel, au point de vue des différences techniques, avec celui des guerres précédentes. Et beaucoup de professionnels arrivent à cette conclusion que plus les armes seront parfaites,. moins les combattants garderont de sang-froid, et plus ils viseront mal ; de sorte que les pertes resteront à peu près les mêmes que par le passé.

Dans la plupart des cas, on ne tient pas compte de la différence d'instruction qui existera entre les troupes, tant au point de vue technique spécial que sous le rapport intellectuel en général.

On oublie volontiers qu'aujourd'hui presque tous les simples soldats ont l'intelligence plus développée que ne l'avaient autrefois la majorité des officiers. En outre, on emploie, pour donner l'instruction du combat et du tir, des moyens d'enseignement qui, dans le passé, n'étaient presque pas en usage. Les sociétés de gymnastique et de tir sont des institutions nouvelles ; le nombre de cartouches dont on dispose pour exercer les tireurs est incomparablement plus grand que jadis (1).

On ne saurait estimer trop haut l'importance qu'aura la supériorité d'intelligence et d'instruction des soldats avec les armes d'aujourd'hui — armes telles qu'aux distances habituelles de combat chaque projectile peut atteindre jusqu'à 4 hommes — et dans les terrains accidentés qu'on recherchera de préférence pour la lutte.

Exemples de l'effet de tirs dirigés plus ou moins correctement. Nous indiquons, dans les quatre croquis ci-dessous, les effets respectifs produits par des coups tirés plus ou moins correctement :

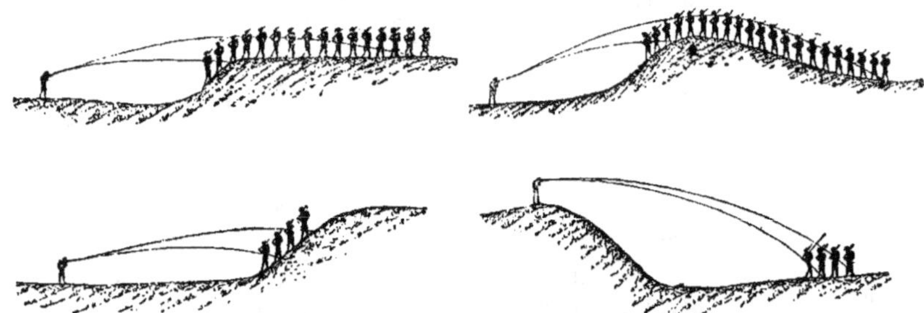

Importance de la direction plus ou moins correcte du tir.

Dans toutes les armées on fait les plus grands efforts pour amener, au plus haut degré possible, l'instruction de l'infanterie dans le maniement

----

(1) L'allocation de munitions, pour les tirs de guerre avec cartouches à balles, est :

dans l'armée allemande, de . .   45.
—   autrichienne, de. .   70 à 90.
—   française,   de. . .   82.
—   italienne,   de. . .   83 à 88.
—   russe, de. . . . .   104.

Tir aux cartouches d'exercice.

Cible représentant un village.

Compte des mannequins frappés.

LA GUERRE FUTURE (P. 45, TOME I.)

de son principal instrument de combat, et pour l'y amener par les
meilleures voies que l'on puisse imaginer.

Les conditions dans lesquelles s'exécutent les tirs d'expériences et les
exercices, dans les champs de tir et les polygones, en fourniront le meilleur exemple.

Les polygones d'instruction sont organisés de façon à montrer des
représentations, aussi exactes que possible, des différents moyens de défense,
ainsi que des obstacles que peuvent rencontrer les troupes dans les
marches ou en station, sous le tir du canon, en position ou en mouvement contre des détachements d'infanterie ou de cavalerie se trouvant
eux-mêmes massés ou en ordre dispersé, etc., etc.

Conditions des tirs d'expérience et d'instruction.

Ce sont là autant de conditions qui peuvent modifier la nature du tir
et la probabilité d'atteindre, mais dont, au temps passé, il n'était tenu
presque aucun compte. Il paraît utile, au sujet de ces questions, d'examiner
de près certains détails qui sont représentés dans le croquis ci-dessus du
polygone de Fontainebleau (1).

____

(1) Colonel Hennebert, *La Nature*. — 1893.

Comme moyens de défense ou comme obstacles figurent, par exemple, à ce polygone d'instruction, des parapets en terre et une redoute fermée avec une ligne à intervalles armée de canons de forteresse figurés. Sur le dessin cette redoute est désignée par la lettre B. On y voit en outre un village avec une église A, une ferme H et quelques murs d'autres bâtiments. Le village est représenté par des planches, les murs des bâtiments par d'autres planches clouées sur des poteaux et peintes en blanc. Leur partie supérieure est peinte en rouge et représente la crête du mur. Un rectangle de couleur jaune figure la porte. Pour l'observateur placé au loin, c'est un vrai panorama.

Des troupes — hommes isolés et corps entiers — sont aussi représentées, immobiles ou en marche. Une planchette peinte en noir est découpée de manière à figurer un tirailleur à genou. Une série de silhouettes semblables représentent le front d'un détachement de tirailleurs dans cette même position. Une autre rangée, fixée au-dessous de la partie supérieure rouge du mur, représente les défenseurs de la fortification.

Trois minces planches noires, de 1ᵐ33 de hauteur, sont disposées de façon telle que l'une d'elles s'incline de 0ᵐ30 vers les deux autres. C'est un soldat debout à côté d'un autre agenouillé.

Quand on réunit quelques-unes de ces planches, on peut représenter une ligne d'infanterie D ; quand on les déploie en chaîne, on peut, pour augmenter le réalisme de l'apparence, les recouvrir de vieux effets d'uniforme. D'une façon générale, il est possible, avec différents groupements de ces images, de figurer toutes sortes de formations de troupes.

Pour produire des déplacements rapides des buts ainsi constitués, on a établi sur le polygone des appareils tournants, avec des cibles qui représentent un détachement d'infanterie C. Ces appareils sont construits de la façon suivante :

Un treuil en bois, dont les extrémités reposent dans des augets de même matière et qu'on fait tourner au moyen de leviers, supporte des silhouettes humaines, fixées au moyen de fils de fer très forts et qui sont recouvertes d'une étoffe noire. Ce treuil, perpendiculaire à la direction du tir, ne se trouve pas sur le sol, mais dans une sorte de fossé dont la section a la forme d'un V très ouvert. De sorte qu'il est caché aux yeux des tirailleurs, ainsi que les figures servant de cibles, jusqu'à ce que par sa rotation même ledit treuil fasse lever graduellement tel ou tel objet. Puis les leviers lui donnent une autre position, ce qui fait lever un nouveau rang de figures. Ces manœuvres s'effectuent d'ailleurs au moyen de cordes qui commandent les leviers et sur lesquelles agissent des hommes placés à l'abri des coups.

Le polygone de Fontainebleau possède 8 appareils rotatifs de ce genre dont chacun a 20 mètres d'étendue et représente une ligne d'infanterie. Ces appareils sont disposés l'un derrière l'autre, sur un emplacement de 1,800 mètres de profondeur. Il est dès lors possible, en les faisant tourner successivement, de marquer le mouvement de l'assaillant qui s'avance graduellement par bonds. Ainsi se trouve constitué un but mobile.

Au reste il existe encore sur ce polygone, d'autres dispositifs pour figurer sans interruption le mouvement d'un corps de troupes. Une cible mobile de ce genre, F, se compose d'un essieu qui repose sur deux poulies ou cylindres. Sur l'essieu sont disposés des cadres verticaux portant des perches horizontales, où sont attachées des silhouettes de fantassins et de cavaliers. Par le moyen d'un câble, un cheval, qui se trouve en dehors de la ligne de tir, fait mouvoir cet appareil en avant ou en arrière.

Un personnel spécial est chargé de ces machines et de leur mise en mouvement. Et comme ces opérations doivent avoir lieu pendant le tir, les hommes qui les exécutent sont placés dans des abris en acier qui leur assurent une sécurité absolue.

Nous ajouterons que, dans le polygone, est installé un téléphone au moyen duquel on peut toujours tenir qui de droit au courant de la marche et des résultats du tir.

Le capitaine J. Bihàli (1) a fait une comparaison des différentes armées, au point de vue de :

1° L'instruction sur la visée;
2°   —   —   la mise en joue ;
3°   —   —   le départ du coup ;
4°   —   —   les exercices combinés

et la rapidité du tir, dans différentes positions du corps, avec la baïonnette au canon.

Ce sont ces quatre facteurs de l'instruction du tir qui, d'après leur valeur en ordre ascendant, sont exprimés par des notes, de I à.V, dans le tableau suivant pour les principales armées :

Dans les armées	Comme résultat dans chaque genre d'instruction				Comme résultat d'ensemble
	A viser	Mettre en joue	A presser la détente	Dans les exercices combinés	
	Note	Note	Note	Note	Total
Italienne	I	I	I	I	4
Française.	IV	III	II	III	12
Russe.	II	II	IV	IV	12
Allemande	III	IV	III	III	13
Austro-hongroise . .	V	V	V	V	20

(1) *Die Schiess Vorschriften der fünf bedeutendsten Heere Europas* (Les règlements de tir des cinq plus importantes armées de l'Europe). — Vienne, 1893.

D'après ce tableau, c'est dans l'armée austro-hongroise que l'instruction du tir serait la meilleure — l'auteur, on ne doit pas l'oublier, est un officier autrichien. — Mais il est permis de douter que, dans l'armée italienne, cette même instruction soit ainsi au niveau le plus bas.

IV. Dispersion des projectiles et détermination des distances.

Origine naturelle de la « gerbe » des balles.

Les différents fusils d'un même modèle n'étant jamais absolument identiques, la charge de poudre ne produisant pas toujours exactement la même force, et surtout le pointage de l'arme et son dérangement lors du recul étant quelque peu différents, — il en résulte que les balles tirées avec une hausse déterminée ne suivent pas rigoureusement toutes la trajectoire balistique, c'est-à-dire la courbe qui correspond à la direction donnée au canon de l'arme ; elles forment au contraire un « faisceau » ou une « gerbe » (1).

La surface sur laquelle se répartissent les balles en arrivant au sol a l'aspect d'une ellipse allongée dans le sens de la ligne de tir.

Les expériences prouvent que la longueur de cette ellipse, c'est-à-dire les déviations extrêmes par rapport au point visé, dépendent en partie du degré d'habileté au tir de chaque homme, mais très peu de la distance (2).

Déviations des coups par le vent.

(1) Le vent latéral a aussi une influence sensible sur les déviations par rapport à la direction du tir. L'étendue de ces déviations, qui dépendent des distances et de la puissance du vent, est exprimée par les chiffres suivants :

Distances en mètres entre l'arme et le but	Vent faible	Vent moyen	Vent fort	Tempête
	Vitesse par seconde			
	3 à 4 mètres	6 à 8 mètres	10 à 12 mètres	18 à 20 mètres
	Déviations en mètres			
100	0,03	0,06	0,10	0,15
300	0,12	0,30	0,50	1,00
600	0,45	1,15	2,15	4,75
1000	1,45	4,10	8,00	18,00
1300	2,90	8,25	16,00	36,50
1500	4,20	12,00	24,00	54,50
1800	7,00	20,00	40,00	91,00

(2) L'étude pratique des résultats du tir de guerre sur le polygone se décompose maintenant en observations de deux sortes : d'abord la détermination des groupements formés par les traces des coups sur les surfaces qui renferment tous les projectiles tirés ;

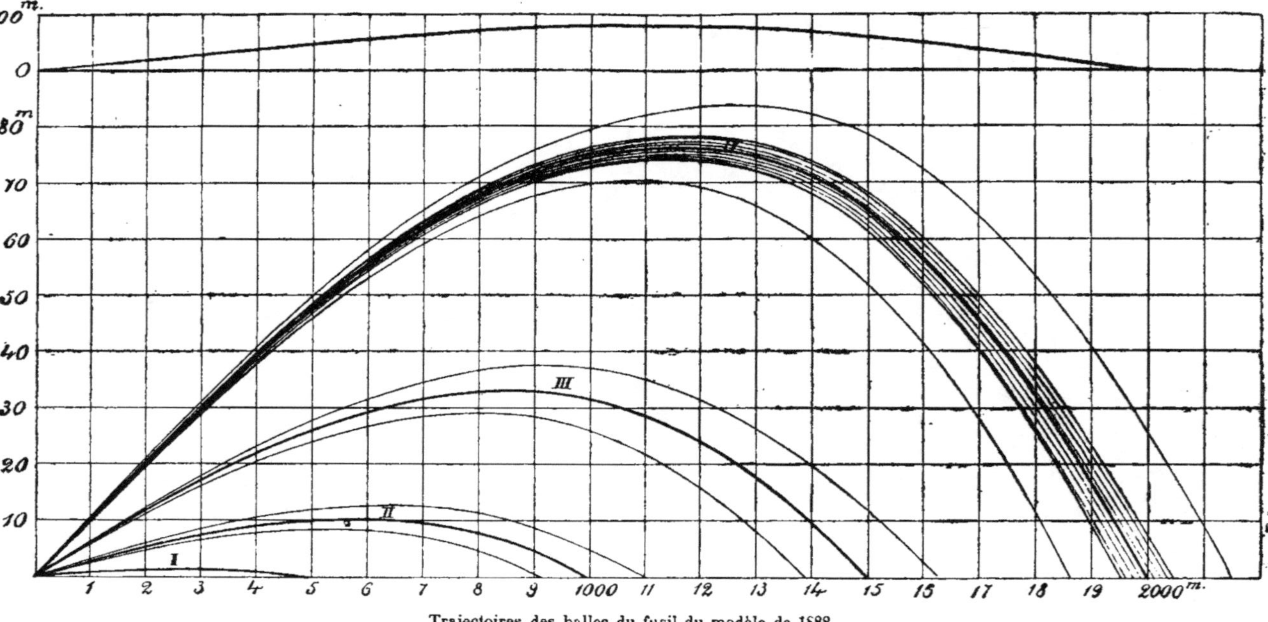

Trajectoires des balles du fusil du modèle de 1888.

I, à 500 mètres. — II, à 1,000 mètres. — III, à 1,500 mètres. — IV, à 2,000 mètres.

LA GUERRE FUTURE (P. 49, TOME I.)

Si l'on n'examine que la partie centrale des surfaces frappées, c'est-à-dire celle qui renferme environ 30 0/0 des balles tirées, sa longueur varie entre 115 et 100 mètres.

Avec les fusils de petit calibre, d'après les données françaises relatives au fusil de 8 millimètres, modèle 1886, la meilleure moitié des coups, tirés

puis le calcul du nombre des coups ayant atteint des cibles de différentes grandeurs, correspondant aux formations des troupes de toutes armes.

Ainsi, par exemple, la surface courbe, enveloppant toutes les lignes décrites par les balles, donne un groupement de trajectoires qui s'élargit dans le sens de la direction du tir. Dans les tirs d'exercice, on désigne ce groupement sous le nom de « faisceau », et sa projection sur le plan de tir produit l'image suivante :

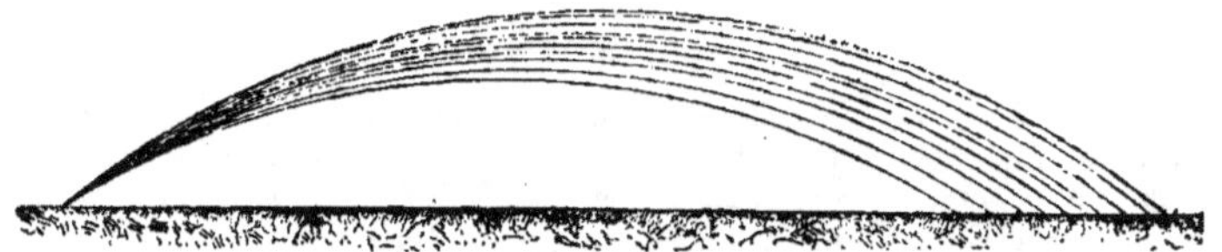

Un nombre déterminé de coups tirés par un homme constituent ainsi un « faisceau » ayant la forme d'une corne, dont la pointe est tournée vers le tireur.

Dans le tir d'un détachement, le faisceau devient une gerbe.

La section verticale de la gerbe, en un point quelconque, figure le groupement des traces des balles sur une cible.

La section de la gerbe par la surface du sol forme un groupement horizontal des traces laissées sur le terrain par les projectiles.

Les croquis ci-dessous montrent les trajectoires des balles aux petites et aux grandes distances :

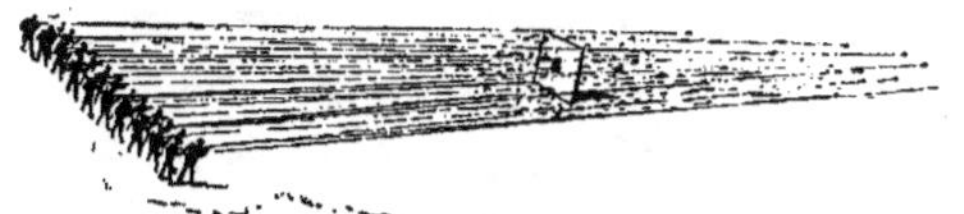

Trajectoires aux petites distances.

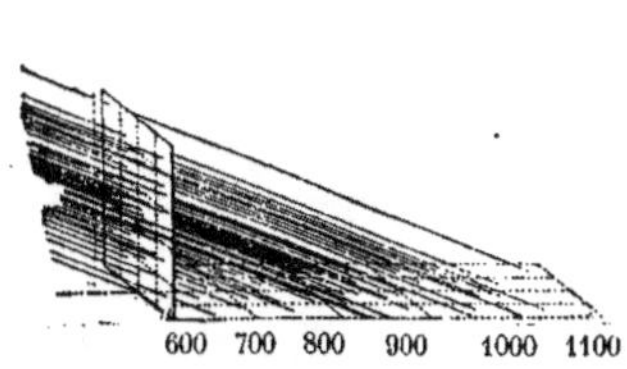

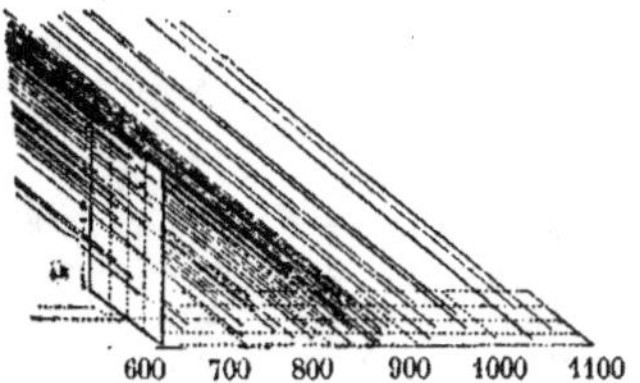

Trajectoires aux grandes distances.

Jean de Bloch. — *La Guerre future.*   4

avec une hausse de 600 mètres, couvre sur le sol une bande dont la longueur s'étend, dans les deux sens, à 80 mètres du point visé. Comme la rasance de ce fusil permet d'atteindre des cibles de la hauteur d'un homme jusqu'à la distance de 620 mètres, on peut, en tirant une salve à la hausse de 600 mètres, battre efficacement un terrain sur une étendue de 780 mètres. (C'est le résultat de l'effet combiné de la tension des trajectoires et de leur dispersion.)

D'après cela, on peut dire que, dans le tir, la distance de 700 mètres constitue la limite jusqu'à laquelle on n'a pas trop à se préoccuper de la mesurer, quand il s'agit de tirer sur un but de la hauteur d'un homme. Pour des distances plus grandes les expériences françaises fournissent les données suivantes (1) :

Réseau des traces des balles à 2,400 mètres. Pour montrer clairement l'importance de la loi de la dispersion, nous donnons un croquis représentant, en coupe, les trajectoires des balles et le réseau des traces laissées par elles sur le sol, dans le tir, à 2,400 mètres, du fusil français modèle 1874 dont la valeur balistique est à peu près égale à celle du fusil Berdan.

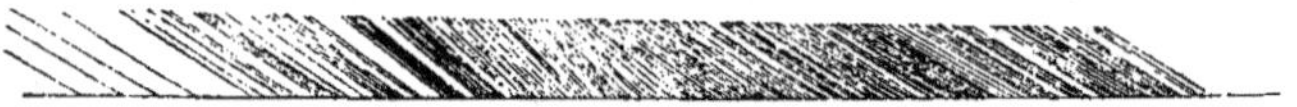

Coupes des trajectoires.

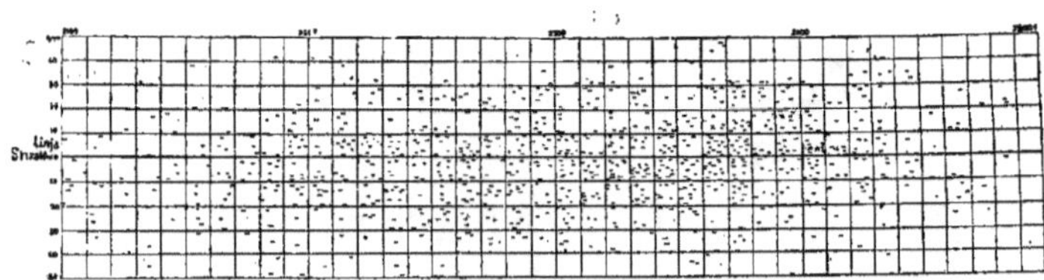

Réseau des traces laissees sur le sol.

Ainsi, bien que le tir eût lieu sur un but dont la distance était connue, de sorte que la hausse pouvait être exactement déterminée, les balles commencent pourtant à frapper le sol dès 2,100 mètres, c'est-à-dire 300 bons mètres avant le but ; une partie tombe ensuite à 100 mètres au delà du but et en outre la dispersion des projectiles s'étend jusqu'à 50 mètres à droite et à gauche.

(1) Oméga, *L'Art de combattre.*

Distance en mètres	Longueur de la zone qui contient 50 0/0 des balles, en mètres	Longueur de la ligne des coups touchés, en mètres	Sommes des deux zones de coups	Ce qui fait en pour cent de la distance
800	110	55	105	20
1000	100	35	135	13
1200	88	24	112	9
1400	80	17	97	7
1600	76	13	89	5 ½
1800	74	10	84	4 ½
2000	72	8	80	4

En exprimant graphiquement ces résultats, nous obtenons la figure suivante :

Distances en mètres.

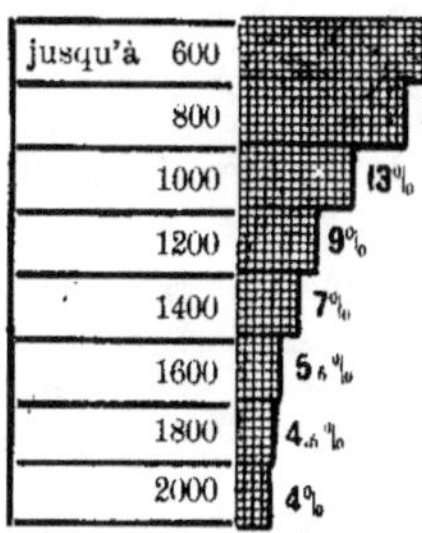

Le terrain battu par les balles des fusils de petit calibre est exprimé en pour cent de la distance.

On voit par là jusqu'à quel point, même en employant les nouveaux fusils, le rayon du terrain qu'atteignent les projectiles, et qu'on peut appeler le « champ de la mort », diminue à mesure que la distance augmente.

Il serait naturel de supposer qu'avec une arme aussi perfectionnée, les résultats obtenus à la guerre ne dépendront plus des qualités personnelles du soldat qui se trouverait ramené, pour ainsi dire, au rôle d'agent purement passif, chargé de mettre en œuvre un admirable engin de mort.

Il semblerait qu'en faisant agir des masses, avec cette grêle de balles couvrant à chaque seconde la zone battue dans laquelle elles peuvent faire le plus de victimes, la personnalité des hommes sera réduite presque à zéro et que leur lutte sur le champ de bataille se transformera en une lutte de forces mécaniques qui ne produira que des résultats accidentels.

Cependant, en réalité, il n'en est pas tout à fait ainsi.

D'abord, même avec les nouveaux fusils, les balles, comme nous l'avons déjà exposé, ne portent que sur une certaine étendue de terrain. La surface atteinte par ces balles augmente avec la distance et le nombre des coups frappant une surface déterminée diminue. *La détermination de la distance à laquelle on se trouve de l'ennemi est donc toujours, même avec le nouveau fusil, d'une extrême importance.*

Mais rien n'est plus difficile que l'appréciation exacte des distances, rien n'est trompeur comme la vue. Et malgré l'habitude, malgré l'emploi d'instruments spéciaux, on ne peut éviter toute erreur.

Exemple d'appréciation erronée des distances pendant le siège de Sébastopol.

A Sébastopol, il fut, pendant deux mois, impossible de déterminer avec la lunette, des distances de 1,000 à 1,200 mètres, parce que le point de chute des projectiles n'était pas visible. Pendant trois mois, il fut impossible, malgré l'observation du tir et bien qu'on se conformât exactement au règlement, de déterminer la distance d'une batterie qui n'était éloignée que de 500 mètres et qui commandait un ravin particulier. Au bout de deux mois, on avait observé les points de chute de deux coups tirés à 500 mètres. Cette distance fut évaluée à l'unanimité largement à 1,000 mètres, tandis qu'elle n'était en réalité que de 500 ; ce qui devint du reste très clair, après la prise de la ville, par le changement du point d'observation (1).

Moyens d'apprécier exactement les distances.

Le plus simple procédé d'évaluation est la mesure au pas. Avec quelque exercice et la faculté de corriger les erreurs, on peut, de cette façon, évaluer les distances à 1/50 ou 2 0/0 près. Quand la distance n'est pas mesurable au pas, on l'évalue d'après les chiffres moyens donnés par des distances plus petites qui peuvent être parcourues en un certain nombre de minutes (2). Mais la pratique prouve qu'en pareil cas on peut commettre des erreurs allant jusqu'au quart de la distance totale à mesurer.

Le système d'évaluation des distances fondée sur le degré de visibilité des objets est le plus rationnel de tous les moyens qu'on ait de les déterminer à la vue simple (3).

---

(1) A.-K. Pousirevsky, *Étude du combat,* d'après l'ouvrage du colonel Ardant du Picq. — Vienne, 1893.

(2) On admet habituellement qu'un homme parcourt 93 mètres à la minute et 4 kil. 300 à l'heure ; un cheval au pas, 96 mètres à la minute et 5 kil. 4 à l'heure ; au trot, 240 mètres par minute, et de 10 kil. 7 à 12 kil. 8 à l'heure.

Éléments appréciation des distances.

(3) C'est ce qu'on admet dans les armées française et italienne où la marche de l'instruction est presque semblable de part et d'autre. La clarté, c'est-à-dire le degré de visibilité d'un objet et de ses différentes parties, diminue quand la distance augmente.

Si la visibilité des objets variait d'une façon rigoureusement proportionnelle à la distance, sans être influencée par des causes accidentelles, il serait facile d'établir des règles pour la détermination des distances à la vue.

Mais, en réalité, les éléments qui constituent la visibilité d'un objet sont très nombreux. Le degré d'éclairage de cet objet, du fond sur lequel il se projette, les circonstances atmosphériques, la position du soleil par rapport à l'objet et à l'observateur, les saisons, le caractère topographique du terrain, la nature des cultures, des constructions, sont autant de causes qui exercent une grande influence sur le degré de visibilité.

Comme degré d'exactitude d'appréciation des distances à l'œil, on admet d'habitude que « l'erreur probable dans une appréciation de ce genre atteint 15 0/0 de la distance réelle ». D'après les prescriptions en vigueur dans l'armée russe, sur l'évaluation des distances à la vue, par les troupes, on considère l'instruction comme bonne quand les erreurs commises ne dépassent pas 10 0/0 de la distance réelle (1).

La mesure des distances à la vue est toujours inexacte.

Il suit de là que l'exactitude de la méthode pour apprécier les distances de cette façon n'est pas très grande. C'est seulement pour des distances moyennes, qui ne dépassent point mille pas (700 mètres), qu'on peut admettre l'erreur probable comme n'excédant pas 10 0/0. Dans la pratique on ne peut pas compter sur une mesure plus précise parce que l'erreur oscille toujours entre ces limites si écartées : 7 0/0 et 66 0/0 de la distance. Il suit de là qu'on ne peut jamais être sûr de l'exactitude du résultat obtenu (2).

Pour comprendre l'importance de ce fait, il suffit de se souvenir que, dans le tir à 1,000 mètres, si l'on tient compte de la dispersion des projectiles, la surface battue n'atteint qu'une longueur de 135 mètres, c'est-à-dire 13 0/0 de la distance; proportion qui, à 2,000 mètres, se réduit à 4 0/0.

V. Comparaison de la puissance de pénétration des projectiles.

Si les balles tirées par les nouveaux fusils sont plus dangereuses, ce n'est pas seulement parce qu'elles portent plus loin, mais aussi parce qu'une seule et même balle peut, aux petites distances, mettre hors de combat jusqu'à cinq hommes, et même encore deux ou trois jusqu'à des distances de 800 à 1,200 mètres.

Augmentation de la sphère d'action des balles des nouveaux fusils.

(1) M. Yéroghine, *Télémètre du tirailleur.*

(2) Outre l'appréciation des distances à la vue, il y a encore la méthode qui consiste à les mesurer par l'audition du bruit des coups, et particulièrement des coups de canon.

Évaluation de la distance par le son.

Par une température de 0° et un temps calme, le son parcourt 333m30 par seconde. La vitesse de la lumière est au contraire énorme en comparaison (d'environ 302,000 kilomètres par seconde), de sorte qu'aux petites distances, c'est-à-dire à quelques kilomètres, l'apparition d'un rayon de lumière est instantanée. D'où il suit qu'en mesurant l'intervalle de temps écoulé entre le moment où l'on aperçoit la fumée ou la flamme du coup, et celui où on entend la détonation, cet intervalle, exprimé en secondes et multiplié par la vitesse du son, donne la distance au point d'où le coup est parti.

Mais, même dans la détermination de la distance par le son, il n'est pas facile

D'où cette conséquence qu'une attaque en colonne doit amener de beaucoup plus grandes pertes qu'une attaque en ligne déployée.

Naturellement ces grandes pertes ne se produiront que dans le cas où le combat aura lieu sur un terrain uni et dépourvu de couverts. Et, naturellement aussi, un des deux adversaires cherchera toujours à choisir un terrain de ce genre, comme le montrent les exemples des batailles de Problus, Mars-la-Tour, Saint-Privat et Loigny, qui se sont déroulées sur une surface de 15 kilomètres d'étendue (1). Examinons d'un peu plus près l'importance de ce facteur.

Dans les expériences sur la puissance de pénétration des balles, on admet habituellement qu'une balle qui traverse une planche de sapin d'un pouce d'épaisseur possède une force suffisante pour mettre un homme ou un cheval hors de combat (le tuer ou le blesser).

Le professeur Pavloff donne les indications suivantes sur les résultats des expériences de tir exécutées par de petits détachements contre des planches de sapin d'un pouce d'épaisseur. Ces résultats permettent de comparer la force de pénétration respective des anciens et des nouveaux fusils (2) :

		Le fusil Berdan traverse :	Le nouveau fusil (balle à enveloppe de maillechort) traverse :	
Expériences de tir sur des planches de sapin d'un pouce d'épaisseur.	A 1,680 mètres	» planches	1 à 3 planches (3)	
	— 480 —	2 à 7 —	3 à 15 —	
	— 160 —	6 à 8 —	23 à 28 —	
	— 80 —	7 à 9 —	25 à 28 —	L'expérience fut faite à une autre époque et avec un plus petit nombre de balles.
	— 40 —	8 à 10 —	22 à 29 —	
	— 28 —	12 à 18 —	jusqu'à 38 —	En moyenne, 32 à 33 planches d'un pouce.

d'arriver à l'exactitude, parce que la vitesse du son n'est pas une quantité constante, et que sa grandeur dépend de différentes circonstances dont il faut tenir compte; ce qui, naturellement, complique la chose. Pourtant c'est là le seul procédé qu'on ait de mesurer les distances pendant la nuit et il est même plus exact que ceux employés pendant le jour. L'absence de fumée de la poudre n'a là-dessus aucune influence; et la probabilité que les combats de nuit seront plus fréquents dans les guerres futures augmente encore la valeur du procédé d'appréciation des distances fondé sur la vitesse du son et de la lumière.

(1) Hœnig, *Untersuchungen über die Taktik der Zukunft* (Recherches sur la tactique de l'avenir).

(2) *Sur les conséquences de l'armement des troupes en fusils de petit calibre.*

(3) Planches de sapin d'un pouce, c'est-à-dire de 0^{m}0254, d'épaisseur.

Ce qu'exprime graphiquement le croquis ci-dessous :

Fusil Berdan.   Nouveau fusil.

Mètres.

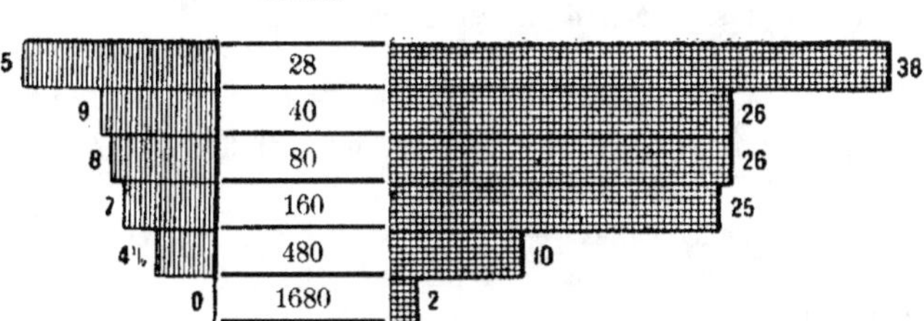

Comparaison de la puissance de pénétration des balles dans du bois de sapin.

On voit par là que le nombre des planches qui sont traversées par les projectiles du fusil Berdan devient assez faible dès 480 mètres et qu'en général, les balles à enveloppe traversent un nombre de planches bien plus considérable.

Profondeur de pénétration de la balle dans des blocs de bois compacts.

En déterminant la profondeur de pénétration des balles dans des blocs de bois compacts, on trouve comme pénétration moyenne :

Dans le tir sur des poutres placées en long :

	La balle du Berdan	La balle du nouveau fusil
	pénètre de :	pénètre de :
A 480 mètres	14,0 centimètres	71,5 centimètres
— 160 —	19,9 —	123,6 —

Dans le tir sur des poutres placées transversalement :

	La balle du Berdan	La balle du nouveau fusil
	pénètre de :	pénètre de :
A 480 mètres	11,4 centimètres	46,8 centimètres
— 160 —	15,5 —	75,6 —

Cause de la différence de pénétration.

Cette différence considérable entre la force de pénétration des balles du fusil Berdan et du nouveau fusil s'explique par ce fait que la pression développée dans le canon de l'arme, par l'inflammation de la poudre sans fumée employée aujourd'hui, est évaluée à 2,600 atmosphères, — notamment pour le Lebel, — tandis qu'elle n'est en moyenne que de 1,500 dans le canon du Berdan.

Durcissement des nouvelles balles par une enveloppe d'acier.

Un point important aussi, c'est que les nouveaux projectiles sont munis d'une enveloppe d'acier comme d'une sorte de cuirasse ; ce qui permet à la balle de traverser le bois sans être aplatie si elle ne rencontre pas un nœud ; tandis que les simples balles de plomb, quand elles frappent des objets durs ou cassants, s'aplatissent en formant champignon (1).

Il est naturel que les nouvelles balles aient aussi, pour produire des blessures, une puissance bien différente des autres.

D'après le Dr Bruns le nouveau projectile peut, à 100 mètres, traverser 4 ou 5 rangs de soldats, même s'il rencontre les os les plus durs de l'homme ; à 400 mètres, il peut en blesser 3 ou 4, et de 800 à 1,200 mètres, encore 2 ou 3 (2).

Souvent même les balles à enveloppe se trouvent déformées en pareille circonstance. Il se produit des renflements et toutes sortes de fentes et de déchirures (3).

Les irrégularités de forme que prennent ainsi ces balles occasionnent des blessures très dangereuses.

---

(1) Pour la comparaison, nous représentons ici la cartouche de l'ancien et du nouveau fusil russe :

Charge et balle
de l'ancien fusil.

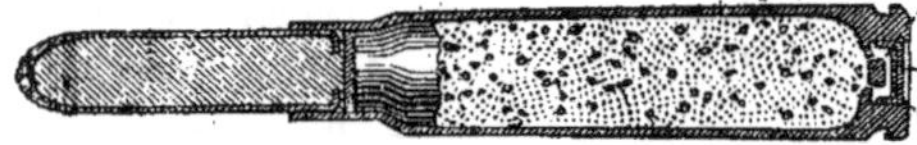

Charge et balle
du nouveau fusil.

Puis nous figurons les déformations éprouvées par les balles dans le tir

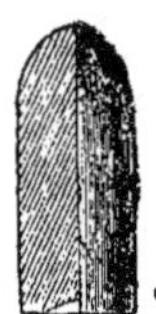  

Formes des balles
après le tir.

(Nouvelle balle).   (Ancienne balle).

(2) Dr Bruns, *Die Geschosswirkung der neuen Kleinkaliber Gewehre*, 1889 (L'effet des balles des nouveaux fusils de petit calibre).

(3) *Ueber die Wirkung und kriegschirurgische Bedeutung der neuen Hand-Feuerwaffen*, Berlin, 1894 (Sur les effets et l'importance, au point de vue de la chirurgie militaire, des nouvelles armes à feu portatives).

MODÈLES DIVERS DE BALLES

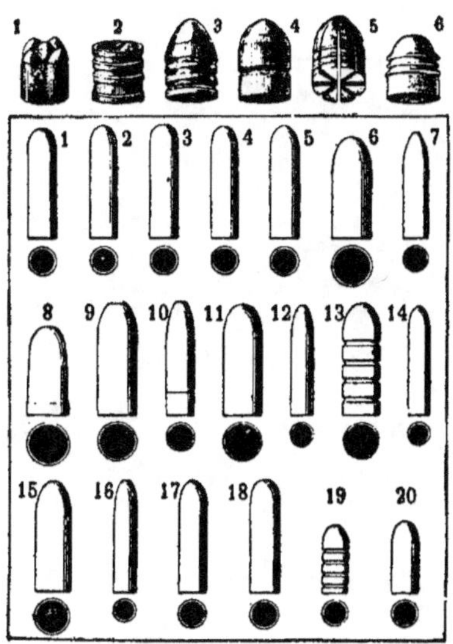

1. Balle multiple. — 2. Balle avec rainure en hélice. — 3. Balle à pointe d'acier. — 4. Balle explosible. — 5. Balle à segments. — 6. Balle de précision.

Balles (représentées en demi-grandeur) : 1° Allemagne, fusil Mannlicher, modèle 1888 ; 2° Angleterre, fusil Lee-Metford, modèle 1889 ; 3° Autriche-Hongrie, fusil Mannlicher, modèle 1889 ; 4° Belgique, fusil Mauser, modèle 1889 ; 5° Danemarck, fusil Krag-Jorgensen, modèle 1889 ; 6° Espagne, fusil Freyer-Brula, modèle 1871-1889 ; 7° Espagne, fusil Mauser, modèle 1892 ; 8° France, fusil Chassepot, modèle 1866 ; 9° France, fusil Gras, modèle 1874 ; 10° France, fusil Lebel, modèle 1886 ; 11° Hollande, fusil Beaumont-Vitali, modèle 1871-1888 ; 12° Hollande, fusil Mannlicher, modèle 1892 ; 13° Italie, fusil Vetterli-Vitali, modèle 1870-87 ; 14° Italie, fusil Mannlicher, modèle 1892 ; 15° Norvège, fusil Jarmann, modèle 1885 ; 16° Roumanie, fusil Mannlicher, modèle 1892 ; 17° Russie, fusil dit « de 5 lignes », modèle 1891 ; 18° Suède, fusil Remington, modèle 1867-89 ; 19° Suisse, fusil Rubin-Schmidt, modèle 1889 ; 20° Turquie, fusil Mauser, modèle 1889.

Résultats du tir exécuté au polygone d'Oberndorf, au mois de février 1895, avec des fusils
Mannlicher de 7 millimètres.

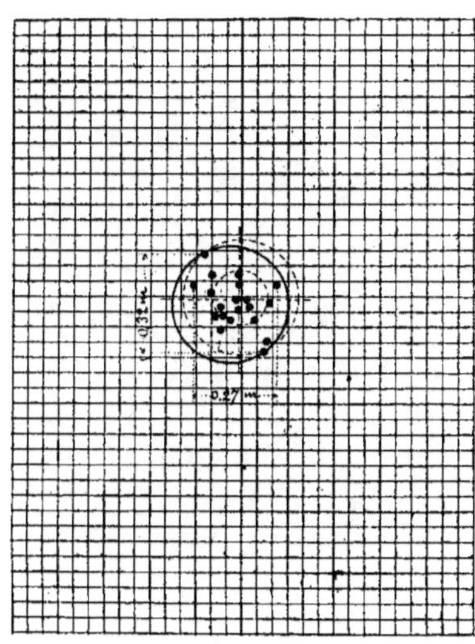

Distance de 300 mètres.

Distance de 500 mètres.

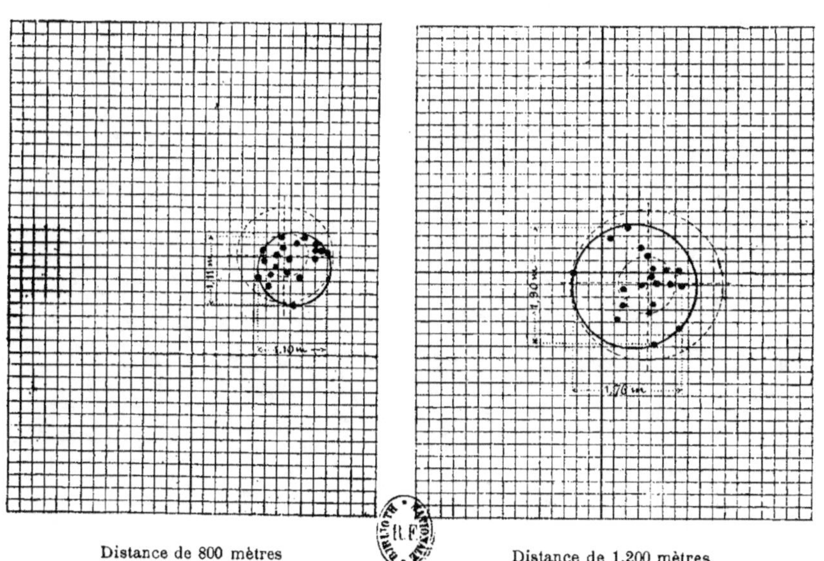

Distance de 800 mètres

Distance de 1,200 mètres.

VI. Les Fusils de petit calibre dans la guerre du Chili.

Les fusils de petit calibre n'ont été employés jusqu'à présent, à la guerre, que dans des circonstances anormales.

Pendant la guerre civile du Chili, en 1891, une brigade des troupes constitutionnelles était armée de fusils du système Mannlicher (de 8 millimètres, modèle 1888). Mais ces troupes se composaient en majorité d'hommes sans instruction militaire, qu'on avait réunis en toute hâte une quinzaine de jours à peine avant le commencement des hostilités, et que l'on conduisit presque aussitôt après au combat.

Pour 9,925 combattants on disposait de 3,446 armes de cette espèce; et les ennemis, c'est-à-dire les troupes du Dictateur, éprouvèrent, dans les deux batailles de Concon et de Placilla, une perte de 1,774 morts et 3,237 blessés, soit un total de 5,011 hommes frappés (1).

L'examen des blessés et des morts montra que, dans l'armée du Dictateur, 56 hommes sur 100 avaient été atteints par des balles du fusil Mannlicher, ce dont on put facilement se rendre compte d'après la forme et la nature des blessures.

Ainsi, quoique les fusils nouveaux n'entrassent que pour un tiers dans l'armement, ils comptaient à leur actif la moitié des atteintes (2); c'est-à-dire qu'avec 3,446 fusils nouveaux, 2,806 hommes avaient été frappés. Les pertes causées par les fusils de petit calibre s'élevaient ainsi à 82 0/0, ou autrement dit : chaque centaine de soldats pourvus de cette arme avait mis 82 adversaires hors de combat.

L'effet des 6,479 autres fusils n'en avait mis au contraire que 2,205 : soit 34 seulement pour chaque centaine de soldats armés de l'ancien fusil.

Quant à la proportion des tués relativement aux blessés, le Dr Habart (3) calcule que dans l'armée de Balmaceda, contre laquelle étaient employées les nouvelles armes, cette proportion fut, à la bataille de Concon, de 1 pour 1, et à celle de Placilla, de 1 pour 2,57. D'ailleurs on doit observer que la plus manifeste preuve de la supériorité d'effet des fusils perfectionnés nous a été fournie par la bataille de Sadowa en 1866,

---

(1) *Die Entscheidungskämpfe im chilenischen Kriege 1891. Nach amtlichen Berichten* (Les combats décisifs dans la guerre chilienne de 1891, d'après des rapports officiels). — Vienne, 1892.

(2) Coumès, *Tactique de demain.*

(3) Hœnig, *Untersuchungen über die Taktik der Zukunft* (Recherches sur la tactique de l'avenir). — Édition 1894.

où la proportion des tués et blessés fut, pour les Prussiens, relativement aux Autrichiens, comme 1 est à 2,7.

En admettant que, dans la guerre chilienne, la proportion des tués à la perte totale fût la même pour les deux systèmes d'armes, nous obtenons le graphique suivant (1) :

Nombre de tués et blessés par chaque centaine de fusils.

D'où il résulte que l'effet du fusil de petit calibre fut énorme, bien qu'il ne se trouvât que depuis très peu de temps entre les mains des soldats.

Un témoin oculaire raconte :

Exemple de l'énorme effet des balles du fusil de petit calibre.

« Des feux de salve et même à volonté, tirés à 1,000 et 1,600 mètres, ont suffi pour déblayer le terrain et contenir les mouvements offensifs de l'ennemi. Le rapport des prisonniers, interrogés sur le champ de bataille même, nous faisait savoir que les feux dirigés à 600 mètres contre les lignes de tirailleurs dictatoriaux, disposées sur la crête de l'Acongagua, avaient, par l'effet de la topographie du terrain, porté la confusion dans les réserves échelonnées à 1,000 et 1,600 mètres des premières troupes.

« L'effet terrible produit par la rapidité et la précision du feu a été tel que les soldats dictatoriaux déclaraient, après la première bataille, qu'ils préféraient être immédiatement fusillés plutôt que de retourner au combat contre des troupes qui les tuaient comme des lapins. Des 10,000 hommes que Balmaceda mit en ligne le 21 à Concon, 2,000 à 3,000 soldats prirent part à la bataille de Placilla le 28 ; et là ils furent les premiers à lâcher pied, aussitôt qu'ils furent attaqués à 1,000 ou 1,200 mètres.

« Au contraire, le soldat constitutionnel acquit tellement de confiance dans son arme, qu'après Concon il comptait sur elle comme sur un talisman et qu'il aurait sans crainte accepté le combat contre des forces numériques bien supérieures (2). »

Pour dissiper les doutes que pourraient soulever ces résultats, nous reviendrons encore sur le détail des pertes survenues.

---

(1) Dans la lutte figuraient : 3,446 fusils Mannlicher, plus 6,479 d'ancien système ; soit au total : 9,925 fusils. Il y eut 1,774 tués et 3,237 blessés, dont :

Par les nouveaux fusils :	Par les anciens fusils :
993 tués = 29 %.	781 tués = 12 %.
1,844 blessés = 53 %.	1,423 blessés = 22 %.

(2) Ce passage est extrait de l'ouvrage de Coumès, *Tactique de demain*, qui donne le récit d'un témoin oculaire de la bataille, emprunté au *Progrès militaire* du 3 février 1892.

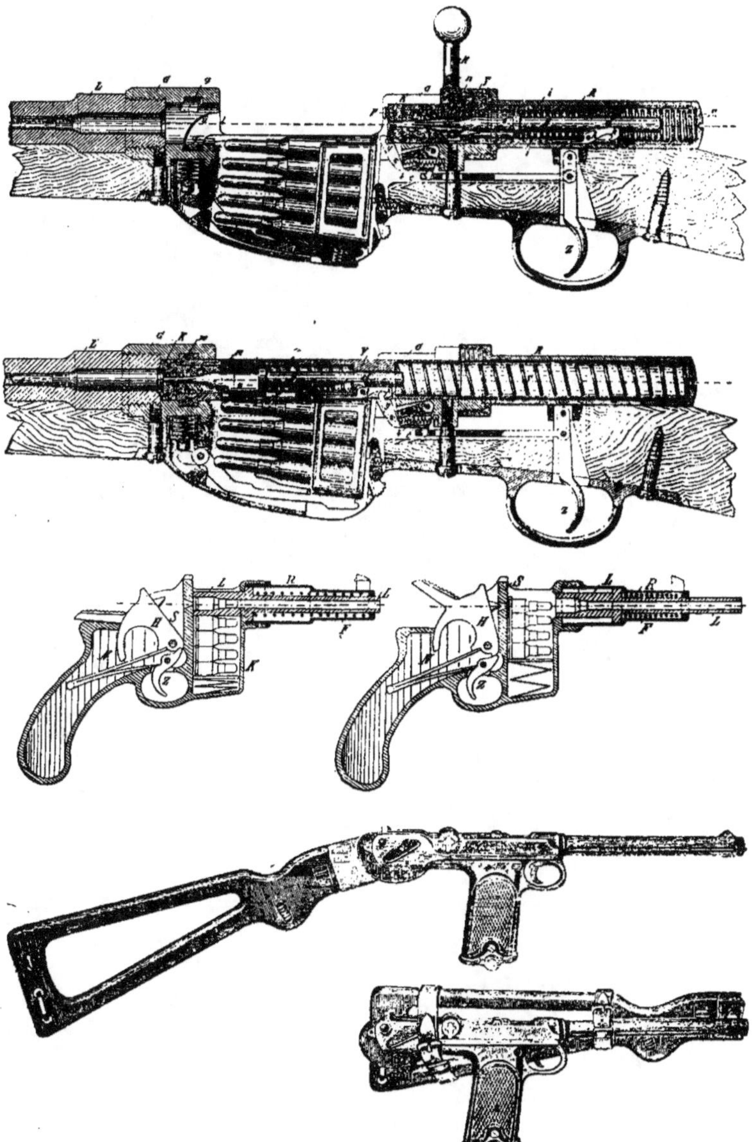

Sections du fusil et du pistolet Mannlicher.

Avec la portée des nouveaux fusils de petit calibre, il devient en somme difficile, peut-être même tout à fait impossible, de rapprocher les réserves à 2,000 mètres de la ligne des tirailleurs. Cette circonstance peut influer beaucoup sur la tactique de combat. D'autant plus que les balles du fusil de petit calibre actuel peuvent, comme nous l'avons déjà dit, traverser encore à 1,200 mètres plusieurs hommes établis l'un derrière l'autre — ce qui seul suffirait à expliquer l'effet qu'elles produisent.

Hœnig cite comme exemple le cas suivant : à Nürschau, le 20 mai 1890, un détachement de seize hommes tira cinq salves, à 30 ou 38 pas de distance, sur des ouvriers (la plupart des coups tirés en l'air probablement). Là-dessus 10 balles portèrent et firent 32 blessures ; de sorte qu'une seule balle toucha 3, 4 et 5 hommes — sept personnes restèrent mortes sur place et 6 moururent quelques jours après ; les autres guérirent (1).

La comparaison du rapport du nombre des tués à celui des blessés dans les différentes guerres, depuis celle de Crimée, donne les résultats suivants (2) :

Influence des propriétés des armes à feu sur la proportion des tués aux blessés.

	Tués	Blessés	Sur 180 atteints	
			0/0 des tués	0/0 des blessés
Guerre de Crimée (1854-56) :				
Français	8,250	39,000	17,5	82,6
Anglais	2,755	12,094	18,6	81,4
Guerre d'Italie (1859) :				
Français	2,536	17,054	13,0	87,0
Autrichiens	5,400	26,000	17,2	82,8
Guerre nord-américaine (1861-1865).	44,328	278,886	13,7	86,3
d'après Fischer	111,312	507,917	18,0	82,0
Guerre franco-allemande (1870-1871) :				
chez les Allemands . . .	17,572	94,764	15,6	84,4
Guerre russo-turque (1877-1878) :				
en Bulgarie dans l'armée russe	11,905	43,386	21,5	78,5
Guerre du Chili :				
troupes du Dictateur. . .	1,774	3,237	35,4	64,6
troupes constitutionnelles	701	1,658	29,7	70,3

(1) Hœnig, *Untersuchungen über die Taktik der Zukunft* (Recherches sur la tactique de l'avenir). — Berlin, 1894.

(2) E. Pavloff, *Sur l'importance de l'armement des troupes en fusils de petit calibre.*

Comme ce tableau le montre, jusqu'à la guerre chilienne la proportion des tués allait de 13 0/0 à 21, 5 0/0 du nombre total des hommes touchés. C'est seulement dans la guerre chilienne que, pour les troupes du Dictateur, exposées en partie (34 0/0) au feu des fusils de petit calibre, le pour cent des tués est à celui des blessés comme 35 est à 65; tandis que pour les troupes constitutionnelles, contre lesquelles on n'emploie que les anciens fusils, ces deux pour cent sont entre eux comme 30 est à 70.

Influence des perfectionne-ments des armes à feu sur l'augmentation du nombre des blessures mortelles.

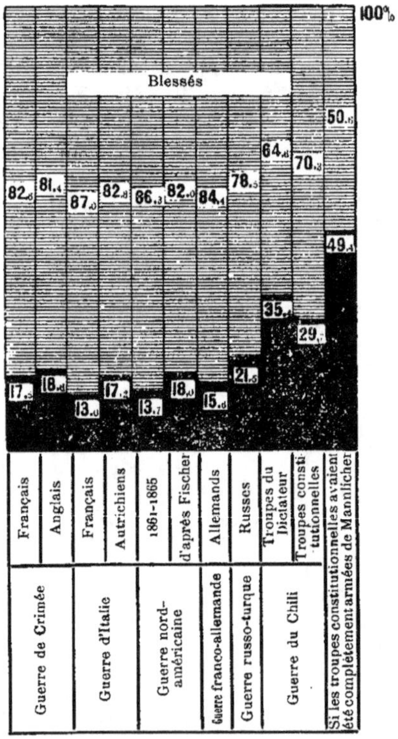

Influence de la qualité des armes à feu sur la proportion du nombre des tués à celui des blessés.

Proportion vraisemblable des tués dans les guerres futures.

En supposant que les troupes constitutionnelles eussent été entière-ment armées de fusils Mannlicher, la différence entre les deux pour cent n'eût pas été seulement de 5,7, mais de 19,77; c'est-à-dire que, dans les troupes dictatoriales, le nombre des tués eût été presque égal à celui des blessés, puisqu'il se fût élevé à 49,4 0/0 du total des hommes atteints.

Si l'on représente graphiquement — voir page ci-contre — les résultats inscrits dans le tableau précédent pour les six dernières guerres, on aperçoit plus clairement encore combien les nouveaux fusils, malgré leur petit calibre, sont plus dangereux que les anciennes armes.

Ces données laissent, il est vrai, à désirer, en ce sens que les blessures causées par les projectiles de l'artillerie et les armes blanches n'en sont point déduites. Mais si cette rectification était faite, la figure ne s'en trouverait pas sensiblement modifiée, attendu que le plus grand nombre des blessures sont, comme en le montrera plus tard, produites par le feu de l'infanterie.

VII. Effets des balles des fusils des différents types.

Nous avons déjà dit que la force de percussion des nouvelles balles à enveloppes, dites « balles à chemise », lancées avec la poudre sans fumée, surpasse de beaucoup celle des anciens projectiles et que de plus ces nouvelles balles se déforment aussi bien moins dans le tir.

Recherches sur le nombre de blessures que peut faire une seule balle à enveloppe.

Il est, par suite, très naturel qu'une seule d'entre elles puisse causer plusieurs blessures.

Le Dr Bruns (1) donne les chiffres suivants sur le nombre d'hommes que peut toucher une même balle :

Distances	Nombre de blessures faites
100 mètres.	4 ou 5 hommes
400 —	3 ou 4 —
De 800 à 1.200 —	2 ou 3 —

Ce qui, graphiquement exprimé, donne la figure ci-dessous :

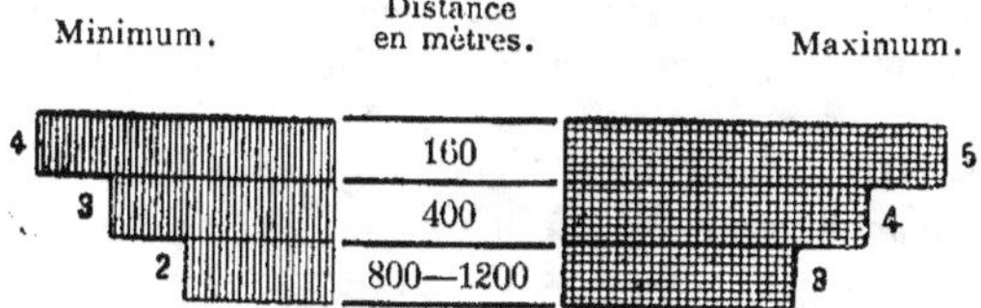

Nombre de blessures faites par un même projectile.

(1) Dr Bruns, *Die Geschosswirkung der neuen Kleinkalibergewehre* (L'effet des balles des nouveaux fusils de petit calibre). — 1889.

Danger des blessures faites par les balles qui ont déjà traversé un corps humain.

Hœnig (1) constate que les expériences exécutées en France avec le fusil Lebel et en Autriche avec le Mannlicher ont donné les mêmes résultats. En outre, il cite, en s'appuyant sur un travail du Dr Habart, toute une série de cas où une même balle blessa 3 ou 4 hommes, où des blessures mortelles furent faites à des distances de 2,400 mètres et où des balles, qui avaient déjà traversé un corps humain, n'en étaient pas moins restées tout aussi dangereuses.

Beaucoup de spécialistes affirment pourtant que les blessures causées par les balles de petit calibre doivent être bien moins dangereuses et plus facilement guérissables que celles d'autrefois.

D'après le journal allemand *Militär Wochenblatt*, les blessures du fusil Mannlicher, ou bien sont mortelles ou bien guérissent au contraire sans aucune complication et sans douleurs. Il est arrivé que des os ont été percés par des balles, même à de grandes distances; mais la guérison de cette perforation s'est accomplie sans difficulté, parce que les parois de l'ouverture n'étaient pas déchirées et que le plomb n'était pas resté dans la plaie; ce qui habituellement augmente beaucoup la gravité des blessures.

Peut-on dire que le fusil de petit calibre est une arme humaine ?

Sous l'impression de la remarquable différence entre les blessures provenant de l'ancien et du nouveau fusil, on a gratifié celui-ci de l'épithète d' « arme humaine ». Mais des expériences pratiques ont prouvé que les blessures causées par les nouvelles balles à enveloppe ne méritent pas du tout la qualification d' « humaines ».

Rapport du médecin-général professeur D^r von Coler.

A Bielsk, dans la Silésie autrichienne, pendant des troubles populaires, 48 personnes ont été blessées par des balles de fusil Mannlicher. On transporta immédiatement les blessés à l'hôpital, où tous les soins médicaux possibles leur furent prodigués.

Des rapports relatifs à cette affaire, il résulte que les soins donnés aux blessés et les circonstances dans lesquelles ils se trouvèrent placés furent tels qu'on ne peut guère compter les réaliser jamais sur le champ de bataille. Néanmoins quatre de ces blessés moururent.

Avis de l'Académie de médecine française.

On peut trouver une explication de ce fait dans un mémoire de l'Académie de médecine de France, publié en 1888 par ordre du ministère de la guerre français (2). Quand le tir avait lieu à une distance inférieure à 300 mètres, et surtout inférieure à 200 mètres, on constatait, dans les blessures, des traces d'une sorte d'explosion, un déchirement des parties molles, accompagné même parfois d'un transpercement extraordinairement fort des muscles ; les os aussi étaient, quoique pas toujours, comme broyés.

---

(1) *Untersuchungen über die Taktik der Zukunft* (Recherches sur la tactique de l'avenir).

(2) Coumès, *Tactique de demain*, 1891, pages 675 et 676.

Ces os restaient intacts dans les cas où la balle avait frappé alors qu'elle était animée de sa plus grande vitesse. Mais quand elle avait subi une déformation, même très faible, quand son enveloppe avait été déchirée et son noyau fractionné en morceaux demeurés dans la blessure, le danger et la douleur causés par les nouvelles balles devenaient tout autres.

Et comme, par suite de la remarquable précision des fusils modernes ainsi que de l'importance décisive du combat de mousqueterie actuel, les lignes de tirailleurs devront s'approcher à d'aussi petites distances que possible pour faire reculer l'ennemi, la probabilité des blessures dangereuses se trouve par cela même augmentée (1).

Et les dernières recherches ont encore malheureusement montré que, même aux grandes distances, les blessures ne seront pas moins graves.

Comme les nouveaux projectiles, même à ces plus grandes distances (jusqu'à 1,500 mètres), traversent sûrement les corps humains, les lésions des organes importants ont forcément une issue mortelle. Et des lésions d'autres organes moins importants surviendront aussi plus souvent, ce qui amènera une hémorragie abondante et un extravasement de sang dans l'un ou l'autre organe intérieur. Par suite de la tension des trajectoires, c'est-à-dire de l'étendue de la zone battue, comme aussi en raison de la pénétration plus grande des balles, un seul projectile peut maintenant mettre plusieurs soldats hors de combat (2).

Beaucoup de savants, dit le professeur Pavloff (3), surtout en Russie (professeur Morosoff, Dr V. Popoff), admettent également que l'effet destructeur des balles de petit calibre est effrayant.

Le plus grand écart entre les résultats du tir, à ce point de vue, est déterminé par la différence de distance d'où partent les coups. Le professeur Pavloff (4) résume comme il suit les opinions les plus répandues sur cette question : « Il est maintenant entendu, dans la chirurgie militaire, qu'on doit partager en quatre zones la longueur totale de la trajectoire prolongée jusqu'à la limite extrême où la balle peut encore causer des blessures.

« Dans la première zone sont produites les blessures qui présentent un caractère de rupture, avec destruction considérable des tissus, du crâne, des os et des organes qui contiennent des éléments liquides. Cette zone est dénommée par beaucoup d'auteurs la « zone de la pression hydrau-

(1) *Archives de médecine et de pharmacie militaires*, publiées par ordre du ministre de la guerre, vol. XII, 1888.

(2) *OEsterreichisches Armeeblatt 1891 : Wirkung von Gewehrgeschossen auf den menschlichen Körper*.

(3) E. Pavloff, *Sur l'importance de l'armement en fusils de petit calibre*.

(4) E. Pavloff, ibid.

lique ». Ce sont surtout les orifices de sortie des blessures qui présentent ce caractère de rupture.

« Pour les anciennes balles sans enveloppe, on évaluait à quatre ou cinq cents mètres l'étendue de cette zone. Pour les nouvelles balles à enveloppe, quelques chirurgiens, tels que Delorme, Chauvel, la réduisent à 300 et même à 200 mètres.

« La deuxième zone répond bien encore à une force vive très considérable de la balle, mais ici les blessures ont purement le caractère d'une perforation. Même les os les plus solides présentent des canaux nettement percés, avec seulement quelques fissures plus ou moins longues, mais sans séparation nette d'esquilles. C'est surtout dans les tissus mous que ces canaux sont distinctement marqués. Les limites de cette zone allaient jusqu'à 1,000 mètres pour les anciens projectiles, et, pour les nouvelles balles à enveloppe, elle atteint 1,400 à 1,500 mètres.

« Dans la troisième zone on trouve les os fortement endommagés, avec surtout des fentes et des ruptures dans les tissus en contact.

« Pour les simples balles de plomb, l'extrême limite de cette zone est de 1,500 mètres à 1,600 mètres ; pour les balles à enveloppe, elle ne commence au contraire qu'à 1,500 mètres et s'étend à peu près jusqu'à 2,000 mètres. Comme, dans cette zone, les projectiles ne peuvent plus conserver la régularité de leur marche quand ils se heurtent à des corps solides, mais n'en possèdent pas moins encore une provision de force considérable, les blessures qu'ils causent n'ont généralement pas la forme d'un canal régulier.

« La quatrième et dernière zone est dite zone des contusions ; quoique, même sur son parcours, puissent survenir dans les tissus mous des blessures en forme de gouttières, des canaux de plus ou moins grande longueur et même des lésions des os en forme de simples fractures ou de fentes. La limite extrême des blessures de ce genre est, pour les anciennes balles, d'environ 2,000 mètres, et pour les nouvelles balles à enveloppe, 2,400 et même 3,000.

« Par conséquent, la deuxième zone serait, pour les nouvelles balles, à peu près double de ce qu'elle était pour les anciennes ; tandis que la troisième zone actuelle correspondrait à l'ancienne quatrième. »

Si l'on veut exprimer graphiquement ces résultats, en prenant des chiffres moyens pour chaque distance, comme par exemple 2,200 mètres pour la zone qui va de 2,400 et 3,000 mètres, on obtient la figure ci-après.

Pourtant toutes ces terrifiantes constatations pâlissent devant les résultats auxquels est arrivé le professeur D^r von Coler, chef de la section médicale au ministère de la guerre prussien, en se basant sur des expériences exécutées pour la première fois d'une manière rigoureusement scientifique et avec toute la conscience qu'on apporte, en Allemagne, à ces recherches.

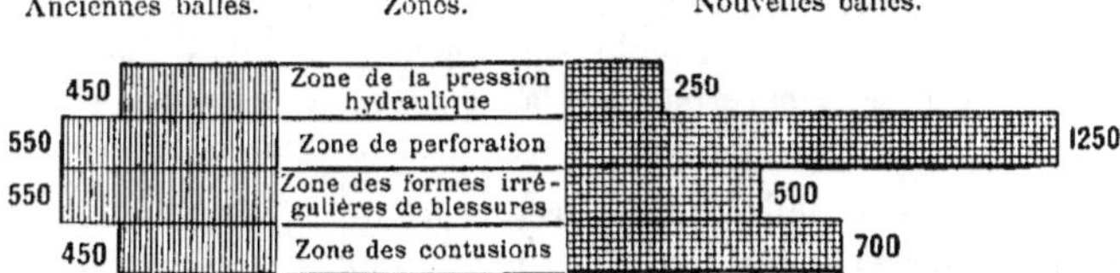

Répartition en zones, de la trajectoire (en mètres), d'après le caractère des blessures produites.

Presque toutes les expériences précédentes avaient été exécutées avec des charges réduites; c'est-à-dire que pour étudier, par exemple, les effets produits à la distance de 1,800 mètres, on tirait de tout près, mais avec une charge de 0 gr. 650 au lieu de 2 gr. 700. En opérant ainsi, les projectiles arrivaient bien avec la vitesse de translation voulue, mais n'étaient pas animés de la vitesse de rotation correspondante.

Nous reviendrons plus tard, en évaluant le nombre vraisemblable des tués et des blessés, sur les résultats effrayants des expériences du D[r] von Coler.

Pour le moment, nous ne voulons mentionner que le rapport dont il a donné communication au Congrès médical de Rome (1).

Ces expériences ont entièrement démenti ce qu'on avait dit avant elles du caractère relativement *humain* des nouveaux projectiles; car les blessures produites se sont trouvées, à toutes les distances, incomparablement plus graves que celles des anciennes balles.

Il est vrai qu'aux distances inférieures à 600 mètres les blessures ne sont tout au moins pas souillées par l'introduction de débris de vêtements; attendu que ces débris, frappés par la balle encore en pleine force, sont absolument pulvérisés. L'effet de la balle sur le corps est cependant terrible. Les os ne sont point — ainsi qu'on l'avait admis à tort jusqu'ici — traversés par le projectile comme par une sorte d'alène. Ils sont brisés en une infinité de petits morceaux qui sont, du même coup, projetés dans l'intérieur de tout l'organisme comme par l'effet d'une charge de dynamite.

L'orifice d'entrée de la balle est très petit, même à peine visible; mais son orifice de sortie est très considérable. Cette balle ne traverse pas seule-

____

(1) *La France militaire.*

Pulvérisation des organes internes et ruptures. ment un corps humain, mais trois et reste fichée dans le quatrième. Elle pulvérise sur son passage le foie, le cœur, les reins et autres organes internes ; de même elle déchire les muscles en morceaux.

Les os des membres rencontrés par la balle sont détruits. Les blessures à la tête, au cou, au ventre sont toujours mortelles. Une plaie de poitrine peut causer la mort, même si la balle n'a fait que passer entre les poumons et n'a touché ni le cœur ni aucun des gros vaisseaux.

Aux distances de plus de 600 mètres, l'effet de ce projectile est déjà moins mortel. Cependant, quand il atteint le ventre, il y cause encore de grands ravages. C'est ainsi que 49 blessures du bas-ventre, produites à des distances de 700 à 1,600 mètres, ont causé 160 ruptures internes dans la vessie et l'estomac. Le nombre moyen de blessures causées par un seul projectile était de 3, le nombre maximum de 8.

Aux distances considérables, la balle ne détruit déjà plus l'étoffe des habits, mais elle introduit souvent (12 0/0 des cas) des débris de cette étoffe dans les blessures. Ce qui aggrave encore ces dernières, attendu qu'il y a bien des chances pour que, sur ces morceaux d'étoffes, se trouvent de nombreux microbes de toute espèce.

Fractures étoilées des os. A partir de 1,000 mètres, les os sont uniformément traversés, mais présentent, en même temps, l'aspect d'une fracture étoilée, rayonnant dans tous les sens autour de l'orifice d'entrée de la blessure.

Même à 1,600 mètres de distance, le nouveau projectile a, dans 40 0/0 des cas observés, causé des fractures importantes des os, compliquées de leur éclatement en petits morceaux qui parfois restent en place, mais parfois aussi sont entraînés dans le corps, où ils agissent alors comme des cisailles — de sorte qu'avec la vitesse de la balle, qui est encore de 300 mètres par seconde, les tissus sont percés de part en part.

Il faut ajouter à cela qu'une balle à enveloppe d'acier, qui a pénétré dans le corps, se déforme et donne souvent de petits éclats très tranchants qui déchirent les tissus.

Les balles rondes beaucoup plus débonnaires. En général, les expériences exécutées montrent que, comparativement avec l'élégante et coquette balle d'aujourd'hui à enveloppe de nickel, l'ancienne balle ronde et même le projectile allongé de 1870 étaient, on peut le dire, tout à fait « débonnaires ».

Quoique les données fournies par le médecin-général professeur D^r von Coler ne soient pas, à proprement parler, d'une utilisation facile pour une représentation graphique, nous voulons cependant, en raison de l'importance du sujet, essayer d'établir celle que voici :

Les vêtements	pas dangereux	600 mètres	
	12 % des coups entrainent des fragments d'habits dans les blessures	1600 mèt.	Représentation graphique de la gravité des blessures.
Les os	se fendillent	1000 mètres	
	. sont traversés avec 4o % d'esquilles	1600 mèt.	
Les parties internes du corps	déchirées	600 mètres	
	foie, cœur, reins pulvérisés	1600 mèt.	
L'orifice des blessures	orifice d'entrée de 8 centimètres		
	orifice de sortie de 12 à 18 centimètres		
Température des balles	Minimum 70°		
	Maximum	350°	
Le danger	certain jusqu'à 600 mètres		
	grand jusqu'à	1600 mèt.	
La puissance de pénétration des balles	Minimum 3 corps traversés		
	Maximum	8 corps	

Gravité des blessures causées par les balles à enveloppe, d'après les recherches
du médecin-général allemand professeur D^r von Coler.

En raison de toutes ces circonstances, la guerre future devra naturellement présenter, même au point de vue médical, un autre caractère que
celle du passé; d'autant que, par suite des changements à prévoir dans
la conduite des opérations, la nature des soins médicaux devra se modifier
également, surtout dans les hôpitaux de campagne avancés.

Changement du rôle des chirurgiens ainsi que des mesures sanitaires à prendre pour soigner les blessés par suite des modifications dans la conduite de la guerre.

Plus longtemps, par exemple, les blessés devront rester sur le champ
de bataille et plus probable est un accroissement du pour cent des cas
dè mort par hémorragie, seconde blessure, etc. Le nombre des blessures
mortelles dépendra sans doute en partie du retard apporté à donner les
soins nécessaires.

Quand nous parlerons des conditions du combat moderne, nous montrerons que, précisément par suite du perfectionnement des armes. et en
particulier des canons, il sera la plupart du temps impossible de donner
des soins aux blessés sur le champ de bataille même, à moins que des
conventions spéciales ne soient conclues dans ce but.

VIII. Vieillissement des fusils actuels et conséquences financières de la nouvelle transformation de l'armement.

Évaluation de la valeur des différents systèmes de fusils.

Le fusil dont les armées d'aujourd'hui disposent est, à tous les points de vue, beaucoup plus puissant que les fusils employés dans les guerres passées. Le professeur Hebler, une des premières autorités en ce qui concerne l'armement de l'infanterie, donne les tableaux comparatifs suivants sur la valeur des systèmes de fusils adoptés dans les différents États, en prenant pour unité de comparaison la valeur du fusil prussien Mauser, modèle 1871, représentée par cent (1).

Espagne	calibre de	7 millimètres	=	580
Angleterre	—	7,7 —	=	521
Suisse	—	7,5 —	=	519
Belgique	—	7,6 —	=	516
Turquie	—	7,6 —	=	516
Russie	—	7,6 —	=	512
Allemagne	—	7,9 —	=	474
Autriche	—	8,0 —	=	440
Bulgarie	—	8,0 —	=	440
France	—	8,0 —	=	433
Danemark	—	8,0 —	=	411
Portugal	—	8,0 —	=	410
Suède	—	8,0 —	=	393

Classification des fusils, par le professeur Hebler, d'après l'ensemble de leurs propriétés.

Le professeur Hebler classe comme *armes de premier rang*, les fusils dont l'ensemble des propriétés est représenté par un nombre supérieur à 500 ; comme *armes de deuxième rang*, ceux dont le chiffre représentatif est compris entre 400 et 500 ; et enfin comme *armes de troisième rang*, ceux pour qui cette valeur est inférieure à 400.

C'est ainsi qu'il obtient la classification suivante des armes actuelles de petit calibre, d'après leur valeur pratique :

Armes de premier rang :

Espagne	calibre de	7,0 millimètres	=	580	
Belgique	—	7,6 —	=	516	Mauser
Turquie	—	7,6 —	=	516	

(1) *Das kleine Kaliber* (Le petit calibre). — Zürich, 1894.

Armes de deuxième rang :

Allemagne . .	calibre de	7,9 millimètres	=	474
Angleterre . .	—	7,7 —	=	469 Lec-Metford
Suisse. . . .	—	7,5 —	=	467 Schmidt
Russie. . . .	—	7,6 —	=	461
France. . . .	—	8,0 —	=	463 Lebel
Danemark . .	—	8,0 —	=	411
Portugal . . .	—	8,0 —	=	410 Kropatscheck

Armes de troisième rang :

Autriche . . .	calibre de	8,0 millimètres	=	396 ⎫
Bulgarie . . .	—	8,0 —	=	396 ⎬ Mannlicher
Suède	—	8,0 —	=	354 ⎭

Mais les efforts qu'on fait pour perfectionner les fusils ne touchent nullement à leur terme, au contraire. Nous avons vu, à plusieurs reprises, se renouveler ce phénomène, qu'à peine une transformation de l'armement est terminée, à peine les troupes sont en train d'apprendre à se servir de la nouvelle arme, la technique a déjà fait un pas de plus en avant, qui appelle d'autres modifications et menace d'entraîner d'autres dépenses encore plus exagérées — comme si on voulait, en fin de compte, qu'il devînt presque impossible de songer à faire la guerre.

Nous avons déjà dit que la force impulsive de la poudre sans fumée est trois à quatre fois plus grande que celle de l'ancienne poudre ; mais cette force n'est pas entièrement utilisée, car la charge actuelle du fusil ne représente, en poids, qu'une fraction de celle qu'on employait avec l'ancienne poudre.

Plus considérable est la force explosive de la poudre, et plus grande peut naturellement être la vitesse initiale de la balle, plus grandes aussi la portée et la tension de la trajectoire. La force impulsive des nouveaux fusils donne à la balle une vitesse initiale de 620 mètres par seconde ; mais celle-ci peut être portée à 1,000 mètres. Et comme en même temps s'augmentera la force de pénétration de la balle, il sera possible d'en diminuer le volume ; parce qu'on peut admettre que, même un plus petit projectile, pour peu qu'il soit muni d'une enveloppe résistante, suffit à mettre hors de combat plusieurs personnes placées l'une derrière l'autre.

Après l'adoption du calibre de 7 $^{m/m}$ 62 en Russie, et celle, simultanée, du calibre de 7 millimètres en Italie, on a commencé d'établir à l'étranger des fusils du calibre de 6 $^{m/m}$ 5. Ces fusils arment aujourd'hui une partie des troupes italiennes, roumaines, hollandaises, suédoises et norvégiennes. Mais on ne s'en tient pas là. Le professeur Hebler, dont il a déjà été parlé, se basant sur les expériences qu'il a faites avec des balles de 6 millimètres,

5 $^m/^m$ 6 et 5 millimètres, recommande, pour le moment, le fusil de ce dernier calibre, tout en insistant sur la possibilité de le diminuer encore davantage par la suite.

« En principe, dit-il, il faut réduire le diamètre du canon à la plus petite dimension suffisante pour qu'une balle puisse mettre l'ennemi dans l'impossibilité de combattre pendant un temps suffisant. La limite ainsi tracée est certainement encore bien inférieure à 5 millimètres. Il est vrai que la fabrication de canons d'un diamètre de 4 ou 3 millimètres, déjà possible aujourd'hui, présente cependant de grandes difficultés. Pourtant il est tout à fait vraisemblable que, dans les siècles futurs, le diamètre du canon du fusil descendra au-dessous de 5 millimètres. »

Un autre spécialiste autorisé, le général prussien Wille (1), partage l'opinion du professeur Hebler sur les fusils de 5 millimètres et exprime en outre la conviction que la technique viendra très prochainement à bout de toutes les difficultés. Il rappelle combien souvent les prévisions des théoriciens ont été dépassées dans la pratique et il ajoute : « Les faux prophètes sont ceux qui crient aujourd'hui : *nec plus infrà!* » C'est la vérité ; parce que les avantages du petit calibre sont trop grands et parce que la technique est trop puissante pour ne pas surmonter les obstacles que présentera la fabrication.

Le professeur russe Potocki écrit également dans le journal le *Razviédtchik :* « Beaucoup de techniciens militaires proposent d'abaisser le calibre du fusil à 5 millimètres. Le forage de canons d'un tel diamètre ne présente déjà plus que peu de difficultés. Le calibre, pour lequel la balle cesse de pouvoir mettre un homme hors de combat pendant un temps assez long, n'a pas encore été pratiquement déterminé ; mais, en tous cas, on peut dire qu'il est inférieur à 5 millimètres. Le seul obstacle qui puisse s'opposer à une nouvelle réduction du calibre et à une augmentation correspondante de la vitesse initiale des projectiles, c'est la pression extraordinaire des gaz de la poudre contre les parois de l'âme. »

« Mais si l'on en juge d'après ce qui a été obtenu avec la poudre sans fumée dans les canons, — où la tension maximum des gaz ne dépasse pas 1,5 à 1,7 de la tension moyenne, — il est permis d'espérer qu'on obtiendra bientôt également des résultats semblables pour la poudre à fusil. Alors il sera aussi possible d'établir un fusil d'infanterie qui communiquera à une balle, pesant environ 4 gr. 3, une vitesse initiale d'à peu près 1,000 mètres par seconde — vitesse qu'on a déjà réussi à obtenir avec les canons à tir rapide. »

Dans son ouvrage : *Le prochain canon de campagne*, le général Wille

____

(1) Général Wille, *Das kleinste Gewehrkaliber* (Le calibre minimum du fusil). — Berlin, 1893.

mentionne que, dans les fusils du système Daudeteau, on a obtenu une vitesse de 810 mètres. Et nous pouvons ajouter que depuis lors le commandant Daudeteau a fait mieux encore. Il est arrivé aux vitesses de 900 mètres.

La commission de la marine nord-américaine s'est aussi prononcée déjà pour un fusil de 6 millimètres. La balle doit peser 8 gr. 75 et la charge 2 gr. 14. La vitesse initiale atteint 731^{m}50. Le canon est en acier au nickel.

C'est là un pas en avant qui, comme l'observe avec raison le chroniqueur des *Jahrbücher für die deutsche Armee und Marine*, est d'une grande importance, en ce qu'il constitue une nouvelle réduction de calibre qu'on n'attendait guère aussi promptement, — après que les dernières décisions prises à ce sujet s'étaient arrêtées à la limite de 6 m/m 5.

Au cours d'un commentaire des progrès réalisés dans le domaine de la technique en 1893, un rédacteur du journal autrichien *Minerva* va plus loin encore en disant : « L'examen de la littérature spéciale de l'année passée conduit le lecteur à conclure que nous sommes arrivés, non seulement en théorie mais aussi comme expériences pratiques, à un fusil de 5 millimètres dont les propriétés balistiques surpassent de beaucoup celles du fusil de 8 millimètres. Le problème de la construction semble par conséquent être résolu. »

Si une guerre survenait, la plus grande partie des soldats seraient munis actuellement de fusils du calibre de 7 m/m 5 ou d'un calibre un peu plus fort. Si l'on met ces armes en parallèle avec le fusil de 5 millimètres, on constate que ce dernier leur est supérieur de 23 0/0.

Mais l'importance qu'aura le nouvel armement dans la guerre future apparaît mieux encore quand on compare le fusil Hebler, non plus avec les armes de petit calibre, mais avec les fusils à aiguille qu'on employait pendant la guerre de 1870. Cette comparaison fait ressortir, pour le fusil de 5 millimètres, une efficacité plus de 13 fois supérieure.

Relativement au Mauser (modèle 1871) le fusil Hebler de 5 millimètres doit, si l'on en croit son auteur, avoir une efficacité 6 fois plus grande.

Pour mettre plus clairement encore en évidence les progrès de la technique sous ce rapport, nous en donnons une figuration graphique à la page suivante.

Et même si cette évaluation de la puissance du fusil de 5 millimètres par le professeur Hebler était fort exagérée, si elle n'avait, pour le moment, qu'une signification purement théorique, on ne saurait, en tous cas, mettre en doute les énormes avantages des fusils de petit calibre; tant au point de vue balistique qu'à celui de la plus grande légèreté de l'arme et de ses cartouches.

Fusil	Année	Valeur
Fusil Mauser	1871	100 %
Fusil suédois	1889	393 %
Fusil danois	1880	411 %
Fusil français Lebel	1886	433 %
Fusil bulgare Mannlicher	1888 et 1890	433 %
Fusil autrichien Mannlicher	1888 et 1890	469 %
Fusil allemand	1888	474 %
Fusil anglais Lee	1888	512 %
Fusil belge Mauser	1889	516 %
Fusil suisse Schmidt	1889	542 %
Fusil Hebler	1890	574 %
Fusil de 5 millimètres	1892	1337 %

Le fantassin russe complètement équipé et portant un même poids de munitions se trouve pourvu :

> Avec le fusil Berdan, de . . . . . 84 cartouches (1)
>
> Avec les nouveaux fusils, de . . . 150 cartouches (1)

Mais avec les fusils de 5 millimètres le nombre des cartouches pourrait s'élever sans augmentation de poids jusqu'à 270, c'est-à-dire qu'il double-rait presque. Et ne fût-ce là que le seul avantage du fusil de 5 millimètres, qu'il suffirait déjà pleinement pour en motiver l'adoption sous la pression des circonstances politiques actuelles. Un bataillon qui, portant le même chargement sur les épaules, marche à la rencontre de l'ennemi avec un double approvisionnement de cartouches, ne craindra pas d'épuiser ses munitions. Il sera semblable à un volcan qui lance des masses de pro-jectiles.

Le prix de revient du fusil de 7 $^{m}/_{m}$ 5 peut être évalué à 85 francs, celui d'une cartouche à 10 centimes. Nous admettons que le nouveau fusil de 5 millimètres coûte en tout 120 francs, que le prix de la cartouche reste le même, que l'approvisionnement en munitions pour chaque fusil soit un peu au-dessous du quadruple de ce qu'il est actuellement, — c'est-à-dire qu'il

----

(1) Dans les pays étrangers le fantassin, pour un même poids de munitions transporté, se trouve avoir :

En Autriche-Hongrie et en Suisse	100 cartouches
En Angleterre.	115 —
En Belgique et en France.	120 —
En Allemagne et en Turquie	150 —
En Italie	192 —

Comparaison du fusil de 7^m/^m66 avec le nouveau fusil Mauser de 5 millimètres chargé
avec 2 gr. 16 de poudre.

Rapidité de la balle en mètres.

Fusil de 7^m/^m,66.

Fusil de 5 millimètres.

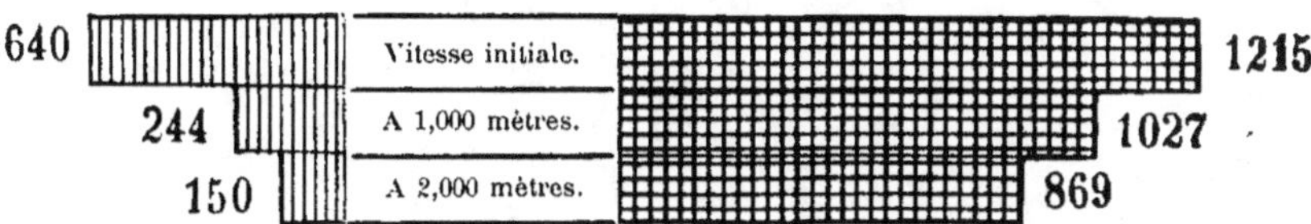

Force de pénétration.

Pénétration dans des
planches de sapin superposées,
en mètres.

Pénétration dans des poutres de sapin
en mètres.

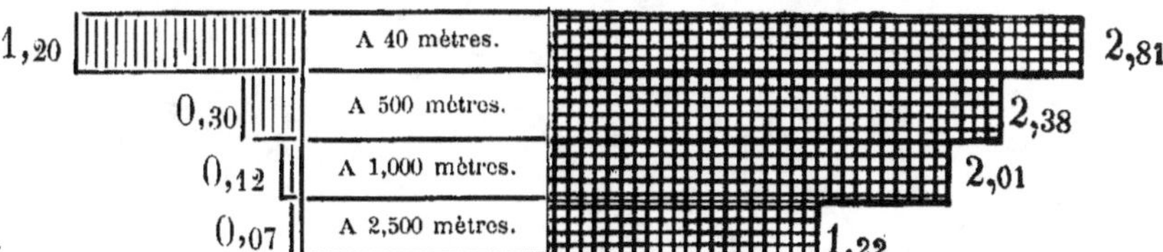

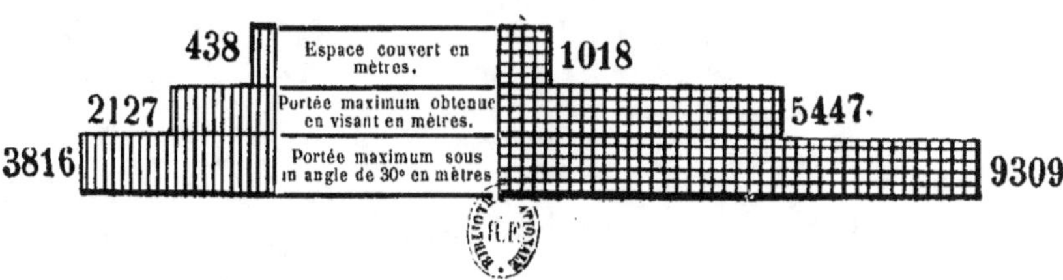

La Guerre future (p. 72, tome I).

soit de 1,000 cartouches, — et enfin que les frais de modification à faire pour
l'emmagasinement et le transport des cartouches nouvelles s'élèvent à
20 francs par fusil.

D'après les calculs établis pour le Reichstag, par le ministère de la
guerre allemand, l'effectif de l'infanterie des différentes puissances déterminé par les lois militaires actuellement en vigueur s'élève :

Pour l'Italie à..	1,267,500 hommes	
— l'Autriche.	2,062,000 —	(1)
— l'Allemagne.	3,600,000 —	(2)
— la France	4,150,000 —	
— la Russie.	4,556,000 —	

Il faudrait donc, rien que pour le réarmement de l'infanterie, dépenser :

En Italie	304	millions de francs
En Autriche	495	—
En Allemagne	864	—
En France	996	—
En Russie	1,093	—
Au total.	3,752	millions de francs

Ce qui, graphiquement exprimé, donne la figure suivante :

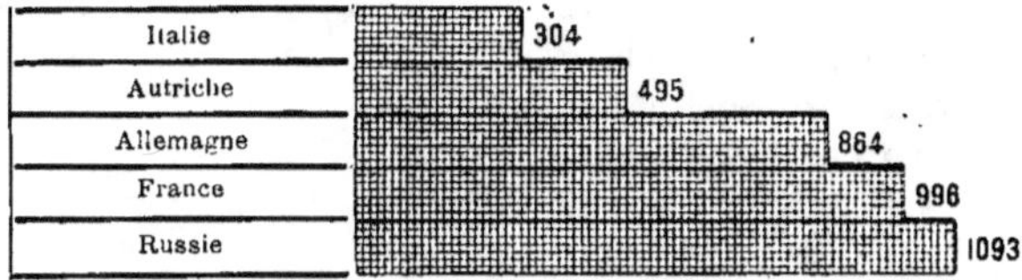

Dépenses pour la transformation de l'armement de l'infanterie en fusils de 5 millimètres,
en millions de francs.

Ici se pose la question de savoir s'il sera possible d'engager, pour préparer les armées au combat, des dépenses aussi considérables et qui
s'augmenteront encore, en présence de la lutte, chaque jour plus ardente, qui
se poursuit de notre temps contre le militarisme, — de savoir si le mécontent-
tement soulevé par la demande de sacrifices insupportables ne finira point
par ne plus pouvoir être contenu. Et quand enfin l'on connaitra, dans les couches profondes de la population, la puissance du nouveau fusil ; quand on
saura qu'à l'armée, chaque soldat sera pourvu de 270 cartouches, quelle

---

(1) Dont 300,000 de réserve.
(2) Non compris 300,000 réservistes dispensés de rejoindre.

impression — aussitôt qu'une propagande constante aura fait comprendre à tous les conséquences de cet armement, — quelle impression en résultera-t-il dans les milieux démocratico-socialistes et, en général, parmi ces éléments qui, dans l'Europe occidentale, sont en lutte avec l'ordre politique actuel ?

Efforts probables pour abaisser le calibre des fusils à 4 et à 3ᵐ/ᵐ.

En nous basant sur les résultats obtenus jusqu'ici, nous sommes donc en droit de conclure que le dernier mot du perfectionnement des armes n'a pas été dit, et que l'on s'efforcera de réduire le calibre des fusils jusqu'aux limites proposées par Hebler et Potocki, c'est-à-dire jusqu'à 4 et peut-être jusqu'à 3 millimètres.

Il est vrai que, pour arriver à de tels calibres minima, la technique rencontre encore de sérieuses difficultés ; mais la rapidité de ses progrès dans le passé nous garantit qu'elle réussira à les surmonter (1).

Nombre des cartouches pour un même poids avec les différents systèmes de fusils.

Un tel fusil surpassera le fusil actuel en puissance bien plus encore que ce dernier ne surpasse lui-même les fusils d'autrefois. La réduction du calibre et de la balle jusqu'à 4 millimètres permettra de porter un approvisionnement de 380 cartouches — et de 575 si on descend jusqu'à 3 millimètres. — En outre, la trajectoire plus tendue donnera une zone dangereuse beaucoup plus large ; c'est-à-dire que le feu dirigé de but en blanc sur les lignes ennemies sera efficace, non plus seulement comme aujourd'hui sur une zone de 600 mètres, mais sur une de plus de 1,000 mètres.

Aussitôt qu'une des puissances européennes aura adopté un fusil de plus petit calibre, les autres suivront cet exemple sans souci des charges budgétaires.

Laissant de côté les avantages de la plus grande légèreté des fusils et de la plus grande rasance de leur tir, nous donnons, dans le graphique ci-dessous, la comparaison du nombre de cartouches que l'homme peut porter avec ceux de différents calibres :

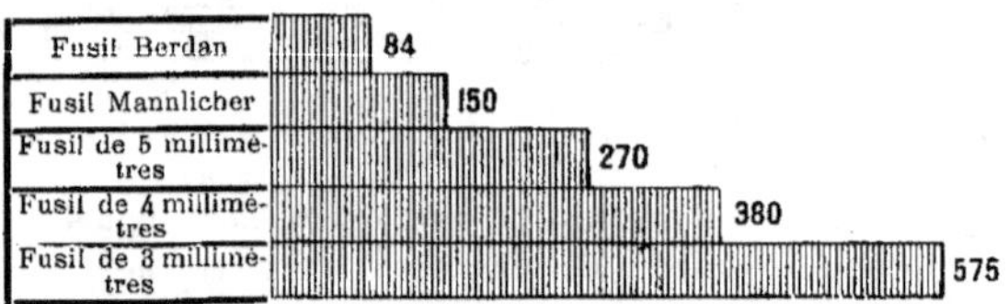

Nombre de cartouches pour un même poids.

---

(1) Nous trouvons dans la *Revue du Cercle Militaire* la description d'un nouveau procédé inventé par Mannesmann, pour fabriquer des canons de fusil qui présentent beaucoup plus de résistance que ceux préparés par tous les autres procédés. On doit attribuer cette grande force de résistance à la structure intérieure du métal du tube qui se compose de fibres enroulées par couches et suivant une direction entre-croisée d'une couche à l'autre. En outre l'action continue des rouleaux employés pour la fabrication de ces tubes fait disparaître, de la masse intérieure du métal, tous les défauts qui pourraient exister dans le cylindre primitif.

En présence de tels avantages il est très vraisemblable que, dans un temps peu éloigné, ces nouveaux fusils d'un calibre réduit seront adoptés. Il suffira qu'une seule grande puissance s'y décide pour que les autres soient obligées d'en faire autant, sans se préoccuper des conséquences qui pourront en résulter pour leurs budgets. Et c'est ainsi que les cinq grandes puissances ci-dessus désignées, dont il dépendrait de mettre un terme aux armements actuels, seront forcées de dépenser simultanément environ quatre milliards de francs.

IX. Propositions de nouveaux perfectionnements.

Présentement on oserait à peine affirmer qu'avec les progrès actuels de la science, il ne se produira pas, dans la technique des armes, de nouveaux perfectionnements et innovations d'une haute importance ; à moins donc que ne vienne à cesser l'impulsion donnée à cette technique par la disparition des questions qui s'y rattachent.

Expériences sur la forme la plus avantageuse pour les balles.

Le professeur Hebler a fait des recherches sur la forme la plus avantageuse pour les projectiles pleins, et il a réuni, dans un tableau, l'indication des résultats qu'on doit s'efforcer d'atteindre dans l'établissement de ces projectiles.

Les principales données sont les suivantes :

INDICATIONS	Allemagne Mod. 71 (Mauser) Balle normale	Allemagne Mod. 88 Balle normale	Allemagne Ogive la plus favorable (18 m/m de longueur) Balle Hebler n° I	Allemagne Balle la plus favorable de toutes (12 : 18) Balle Hebler n° II	Hebler Mod. 91 Balle normale	Hebler Ogive la plus favorable (17 m/m de longueur) Balle Hebler n° I	Hebler Balle la plus favorable de toutes (11 : 17) Balle Hebler n° II
Calibre, en millimètres.	11,0	7,9	7,9	5,0	5,0	5,0	5,0
Poids de la balle, en grammes.	25,0	14,5	13,0	11,4	5,8	5,2	4,5
Portée efficace, en mètres . . .	1601	2127	2633	3500	2330	3081	4094
Vitesse restante (à cette portée), en mètres	132	150	189	268	166	225	320
Puissance de pénétration dans le bois de sapin mou, en centim.	5,5	7,4	10,5	18,6	9,0	14,8	25,8
Portée totale sous un angle de tir de 30°.	2951	3816	4815	6675	4138	5606	7742
Hauteur réelle atteinte par la balle lancée verticalement, en mètres.	984	1272	1605	2225	1379	1869	2581

Jusqu'à présent, on a fabriqué par ce procédé des tubes d'un diamètre extérieur variant entre 5 millimètres et 0m985 — avec un calibre allant de la grosseur d'une tête d'épingle jusqu'à 0m040 et une longueur de 27m43. Et l'on espère, grâce aux perfectionnements continus du procédé Mannesmann, obtenir des tubes d'un diamètre encore plus considérable.

On voit combien les différences pouvaient être importantes (1); mais le professeur Hebler ne s'en est pas tenu à ces études. Déjà il a fait connaître la solution d'un problème balistique important en imaginant, pour les armes à feu portatives, des balles tubulaires, c'est-à-dire percées suivant leur axe d'un canal qui les traverse de part en part et grâce auquel est fort amoindrie la résistance opposée par l'air au mouvement du projectile.

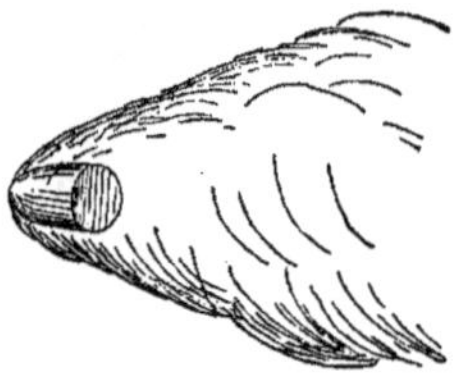

Le dessin ci-contre, représentant le cône d'air qui accompagne un projectile sur sa trajectoire, montre jusqu'à quel degré une telle disposition de la balle doit diminuer la résistance que l'air oppose à son mouvement (2).

Le professeur Hebler admet en conséquence que, si l'air trouve la possibilité de s'écouler à travers l'ouverture pratiquée dans la balle, il opposera moins de résistance à son mouvement. Ce qui doit avoir pour résultat une plus

Aspect de la balle pendant son mouvement avec le cône d'air.

grande tension de la trajectoire des balles de ce genre. La partie de cette trajectoire qui, pour un projectile tiré à une distance de 1,000 mètres, est assez rasante pour toucher le but, — c'est-à-dire l'étendue de la zone dangereuse, — a les dimensions suivantes :

20 mètres pour le fusil Mauser mod. 1871 de 11 millimètres.

42   —   —   —   —   1888 de 7 $^{m/m}$ 5 avec sa balle actuelle.

218 mètres avec le même fusil, mais avec la balle légère tubulaire.

400 mètres avec le dernier fusil de 5 millimètres et la balle légère tubulaire, — c'est-à-dire une longueur vingt fois plus grande que celle du fusil modèle 1871 et dix fois supérieure à celle du fusil allemand actuel.

Pour permettre au lecteur de bien se rendre compte de ce que sont ces balles, nous donnons ici, d'après le dernier ouvrage du professeur Hebler (3), le dessin de trois cartouches en grandeur naturelle et une coupe longitudinale grossie de l'une d'elles.

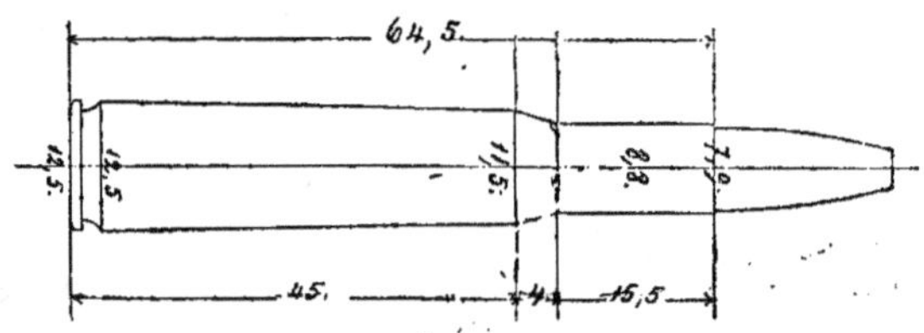

Cartouche allemande mod. 88 (balle creuse en acier).

---

(1) *Das kleinste Kaliber* (Le calibre minimum). — Zurich, 1894.
(2) *La Nature*.
(3) *Das kleinste Kaliber* (Le calibre minimum).

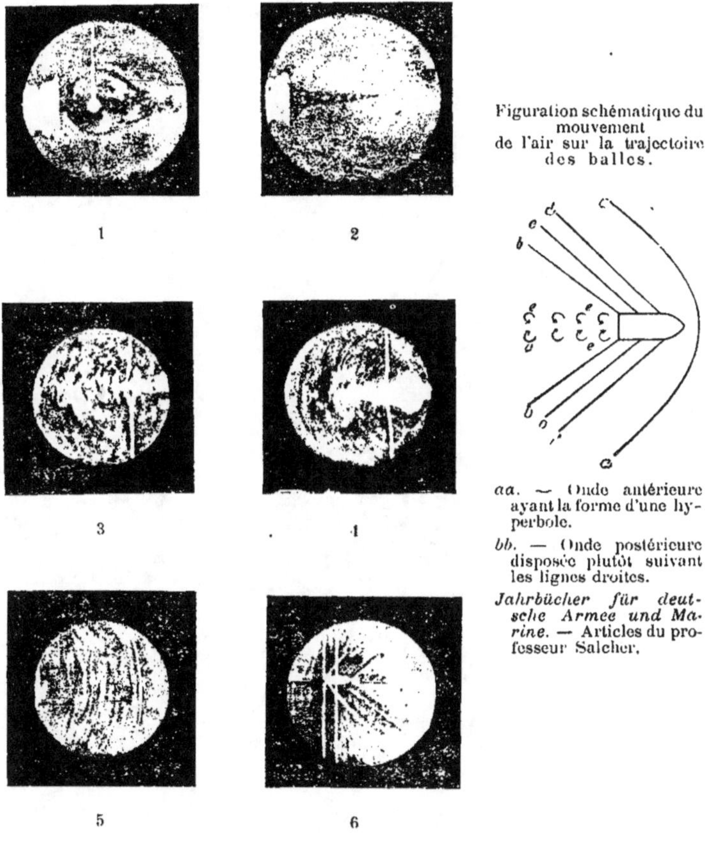

Figuration schématique du mouvement de l'air sur la trajectoire des balles.

aa. — Onde antérieure ayant la forme d'une hyperbole.

bb. — Onde postérieure disposée plutôt suivant les lignes droites.

Jahrbücher für deutsche Armee und Marine. — Articles du professeur Salcher.

La photographie instantanée actuelle, notablement perfectionnée dans ces derniers temps, a permis de prendre même des balles et des projectiles en mouvement.

Les derniers essais de ce genre ont été faits par les professeurs C. V. Boys et Mach, et les résultats qu'ils ont obtenus présentent un extrême intérêt.

Nous donnons ici la représentation de quelques vues intéressantes prises par eux, aux divers moments du tir des canons et des fusils.

La figure 1 représente le jet gazeux qui, à la sortie de la bouche du canon, détermine l'onde sonore.

La figure 2 représente le jet gazeux qui sort du canon à la pression de 10 atmosphères.

Sur la figure 3, on voit l'air, les gaz de la poudre et la balle, en avant d'un canon de fusil.

La figure 4 représente l'air chassé du canon du fusil et derrière lequel vient la balle.

La figure 5 montre l'onde sonore qui précède le projectile.

La figure 6 représente une balle terminée en pointe à ses deux extrémités, en cours de trajectoire, avec vitesse initiale de 520 mètres.

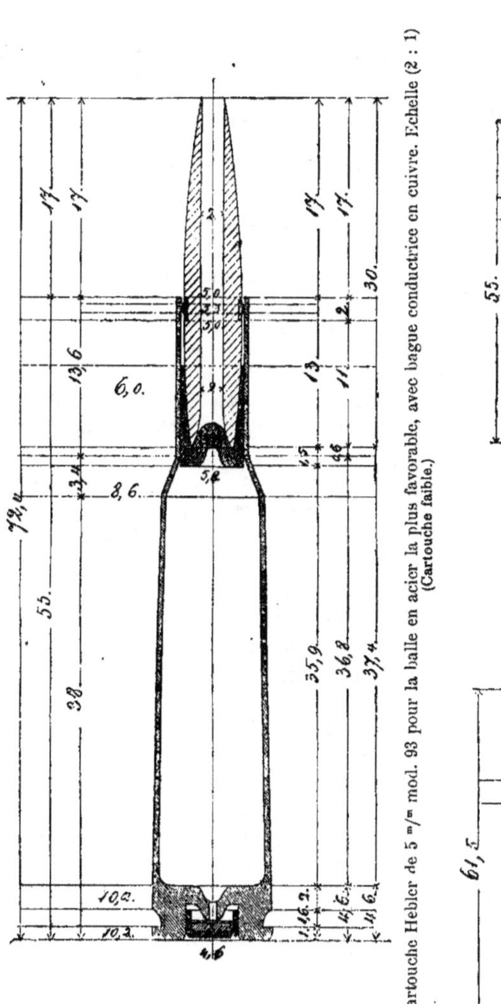

Cartouche Hebler de 5 m/m mod. 93 pour la balle en acier la plus favorable, avec bague conductrice en cuivre. Echelle (2 : 1) (Cartouche faible.)

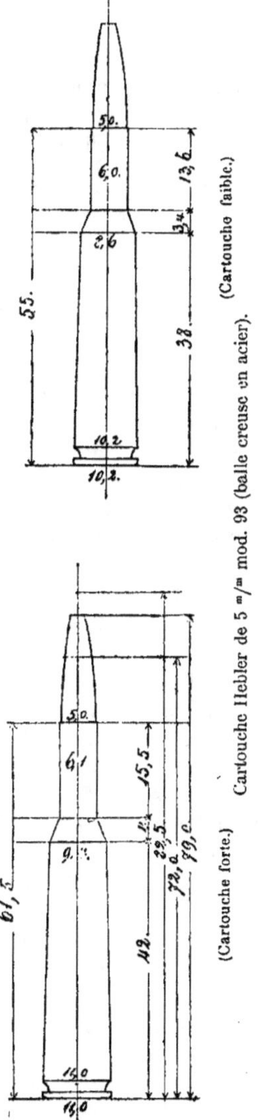

Cartouche Hebler de 5 m/m mod. 93 (balle creuse en acier).
(Cartouche faible.)

(Cartouche forte.)

L'adoption de ces projectiles n'exigera, d'après Hebler, aucune modification dans la construction actuelle des fusils ; elle changera seulement les rapports qui existent entre eux.

La question se pose naturellement de savoir quelle valeur peut avoir la modification proposée. Voici d'abord comment le professeur Hebler évalue les avantages des divers projectiles en désignant par 100 la puissance du fusil de 11 millimètres modèle 1871 :

Fusil de 7 $^{m/m}$ 9 Modèle 88	Avec la cartouche actuelle :	474
— 7 $^{m/m}$ 9 —	Avec la balle creuse lourde :	1873
— 7 $^{m/m}$ 9 —	Avec la balle creuse légère :	2240
— 5 $^{m/m}$ —	Avec la cartouche ordinaire :	1429
— 5 $^{m/m}$ —	Avec la balle creuse lourde :	5213
— 5 $^{m/m}$ —	Avec la balle creuse légère :	5652
Le même avec la douille entièrement remplie		: 5842

« Il est donc possible maintenant, par l'adoption de la balle creuse Krnka-Hebler, de quintupler la puissance de l'armement de petit calibre et même, en passant au calibre de 5 millimètres, d'augmenter cette puissance dans la proportion de 1 à 12 ! »

Le professeur Hebler a reconnu que les balles creuses à enveloppe n'étaient pas pratiques, et il les a remplacées par des balles creuses faites d'une seule pièce. Ces balles ne consistent plus, par conséquent, en un noyau et une enveloppe, mais en un morceau unique de métal et du plus résistant, — c'est-à-dire d'acier au lieu de plomb, durci ou non, de zinc ou de zinc étamé. Le tableau ci-contre, que nous empruntons à l'ouvrage du général Wille, fait voir quelle est la valeur de ces nouvelles balles (1).

La modification des propriétés balistiques a naturellement entraîné aussi une variation notable dans la « qualité » des armes. Pour le fusil allemand modèle 1888, cette qualité s'est abaissée, il est vrai, comparativement à ce qu'elle était avec la balle creuse légère à enveloppe, d'une quantité d'ailleurs insignifiante (de 2,240 à 2,205). Mais pour le fusil de 5 millimètres, cette même « qualité » s'est augmentée dans la proportion de 5,842 à 6,805, et même à 7,453 dans le cas de la cartouche forte. Cette arme devient alors 75 fois supérieure au fusil allemand modèle 1871 !

Une balle d'acier de cette nature traversera, même jusqu'à de très grandes distances, tous les abris qui peuvent se rencontrer en campagne. Le passage aux balles creuses d'acier, dit le professeur Hebler, pourrait s'accomplir, pour les armes de petit calibre actuel, dans un temps relative-

---

(1) *Fortschritt und Rückschritt des Infanteriegewehrs* (Progrès et décadence du fusil d'infanterie).

Distance	Fusil allemand 88					Fusil de 5 m/m avec cartouche faible					Fusil de 5 m/m avec cartouche forte				
	Vitesse restante	Zone dangereuse pour un but d'une hauteur de		Profondeur de pénétration dans le bois de sapin sec	Écart du but pour un vent latéral de 5 mètres	Vitesse restante	Zone dangereuse pour un but d'une hauteur de		Profondeur de pénétration dans le bois de sapin sec	Écart du but pour un vent latéral de 5 mètres	Vitesse restante	Zone dangereuse pour un but d'une hauteur de		Profondeur de pénétration dans le bois de sapin sec	Écart du but pour un vent latéral de 5 mètres
		1m 80	1m 70				1m 70	1m 80				1m 70	1m 80		
m.	m.	m.	m.	cm.	m.	m.	m.	m.	cm.	m.	m.	m.	m.	cm	m.
500	703	»	»	93	0.24	960	»	»	171	0.20	1117	»	»	238	0.15
1000	629	200	212	75	1.09	878	»	»	143	0.89	1027	»	»	201	0.66
1500	562	123	130	60	2.76	804	233	246	119	2.19	945	308	326	171	1.61
2000	502	83	88	48	5.53	735	163	173	100	4.28	869	215	228	144	3.12
2500	449	59	62	38	9.76	672	120	127	84	7.35	799	162	171	122	5.33

ment très court, et par conséquent aussi, la plus haute puissance réalisable des fusils de petit calibre d'aujourd'hui pourrait être prochainement atteinte.

Le grand mérite de l'invention d'Hebler est dans l'augmentation extraordinaire de la rasance. Elle permet, dès maintenant, pour une distance de tir de 1,000 mètres, de quintupler l'étendue de la zone dangereuse du fusil Lebel, en la portant de 42 à 218 mètres.

Il est donc évident que l'idée d'Hebler se maintiendra à l'ordre du jour; tout au moins la soutient-il toujours avec la même ardeur en l'appuyant sur de nouveaux calculs et de nouvelles expériences.

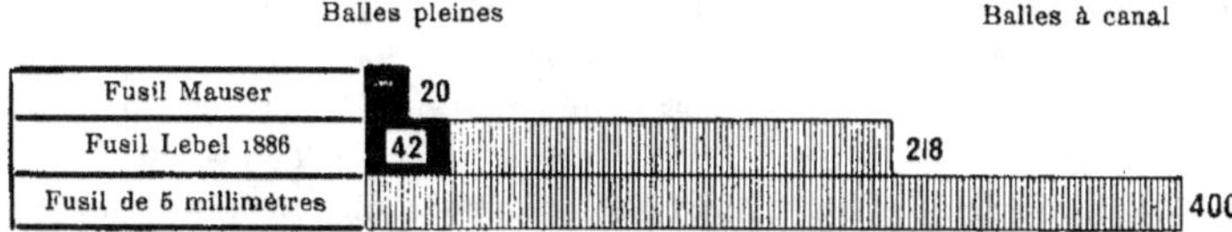

Longueur de la zone dangereuse dans le tir à 1,000 mètres.

Si Hebler a raison, l'adoption de la nouvelle balle ne serait plus qu'une question de temps. Toutefois, bien que les expériences sur les balles creuses remontent déjà à l'année 1874, on n'est encore arrivé jusqu'ici à aucun résultat définitif. Le département de la guerre des États-Unis a fait expérimenter à l'arsenal de Frankford (1) les balles creuses comparativement avec celles du fusil modèle 1892, actuellement en service ; et ces expériences n'ont pas été favorables aux nouveaux projectiles.

La balle creuse y fut trouvée très notablement inférieure, comme précision, à l'ancienne balle. On constata une diminution manifestement plus rapide de la vitesse initiale ; de sorte que la prétendue moindre résistance de l'air aux balles creuses semblerait être une illusion.

Dans du bois de chêne sec, à 1 mètre de la bouche du fusil, la balle creuse pénétra de 7 pouces seulement, tandis que la balle normale s'enfonça jusqu'à 16,5 pouces. Les avantages du projectile creux ne consisteraient plus dès lors qu'en une diminution du poids des cartouches et de la courbure de la trajectoire aux petites distances.

Opinion du Comité militaire autrichien sur les balles creuses. Le Comité militaire autrichien a également institué des expériences avec les balles creuses du professeur Hebler.

Ces expériences ont porté sur la détermination de la vitesse du projectile et des ordonnées de la trajectoire de 450 mètres, en même temps que sur la façon dont la balle se comporte quand elle pénètre dans du bois de hêtre rouge.

Voici quelles sont les conclusions du rapport établi sur ces expériences :

Au point de vue de la tension de la trajectoire, la balle creuse n'est ni supérieure ni inférieure à la balle pleine et plus lourde de même forme. Quant à la puissance de pénétration, elle est moindre pour la balle creuse que pour l'autre.

Des deux balles creuses — l'une légère, en acier, et l'autre lourde, — la première ne vaut pas la seconde, même aux plus petites distances, malgré sa plus grande vitesse initiale.

Prévisions pour l'avenir. Mais combien de projets encore embryonnaires, qui, grâce à la puissance de la science moderne et aux efforts constants dirigés vers le perfectionnement des armes, finiront par se réaliser !

Expériences faites avec les plus récents fusils. En tous cas, il est établi dès maintenant que le fusil actuellement en service dans les principaux États est déjà surpassé. Ce fusil n'a marqué qu'un bref temps d'arrêt entre deux étapes rapidement parcourues de l'armement, c'est-à-dire entre celle qui va du calibre de 11 millimètres au calibre de 8 millimètres et celle qui sépare ce calibre de celui de 6 $^{m}/_{m}$ 5. Cette dernière étape est même franchie, puisque la marine américaine vient d'adopter un fusil du calibre de 6 millimètres seulement.

---

(1) *Jahrbücher für die deutsche Armee und Marine.* Volume 94, 3ᵉ livraison, mars 1895.

Revolver du système A. Garcia-Reynoso.

Revolver du système A. Garcia-Reynoso

Dans le revolver du système A.Garcia-Reynoso, le chargement et l'extraction (c'est-à-dire l'enlèvement des douilles des cartouches tirées) s'accomplissent automatiquement.

Dans un magasin, placé à gauche de la boîte de culasse, en arrière du tambour, on introduit un paquet de cinq cartouches qui passent ensuite toutes dans le tambour. Après le tir, les douilles des cartouches sont rejetées successivement au fur et à mesure qu'elles se vident.

Par le seul mouvement du chien, la cartouche est introduite dans le tambour, le coup part et la douille vide est rejetée dehors.

Ce résultat est obtenu sans ôter au revolver aucun de ses avantages. de sorte qu'on peut toujours s'en servir comme d'un revolver ordinaire ; quand on a chargé le tambour et le magasin, c'est-à-dire quant on dispose ainsi de 10 cartouches, on peut ne tirer que celles du tambour en gardant celles du magasin pour le moment du besoin. C'est là une propriété très précieuse pour une arme de ce genre et appartenant exclusivement à ce système.

On peut réunir le revolver avec son étui qui sert alors de crosse.

C'est un simple étui de cuir doublé intérieurement d'une légère carcasse de fer blanc à l'extrémité antérieure duquel se trouve, caché sous le cuir, une pince à ressort pour saisir la poignée du revolver.

On peut tirer avec ce revolver, soit en laissant l'étui à sa ceinture, soit en enlevant celui-ci et le réunissant au revolver pour tirer à l'épaule en tenant l'arme des deux mains. — Si, dans ce cas, on lâche le revolver, il reste suspendu à la bandoulière comme une carabine ordinaire.

Il suffit de jeter un coup d'œil sur le dessin, pour se rendre compte de la façon dont on emploie le revolver et des importants avantages qu'il possède.

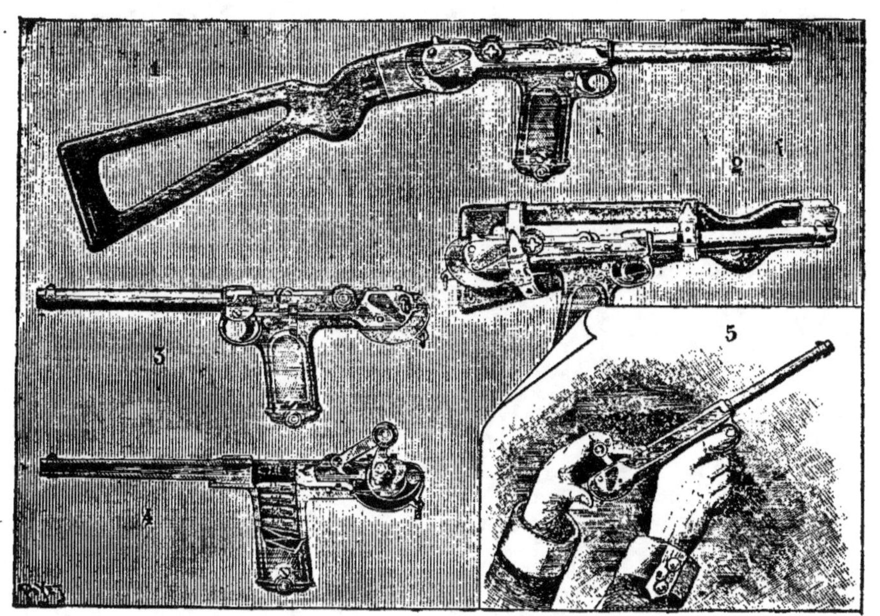

Pistolet automatique système Borchhardt.

Une comparaison de ces différents calibres, au point de vue de la vitesse et de la tension de la trajectoire, donne les résultats suivants :

Les armes de 11 $^{m/m}$ tirent avec une vitesse initiale de 420 à 450 mètres.
   —   8 $^{m/m}$ —   560 à 620   —
   —   6 $^{m/m}$ 5   —   650 à 750   —

Les expériences exécutées en Italie fournissent la meilleure preuve des avantages du nouveau fusil de 6 $^{m/m}$ 5 sur l'ancien système Vetterli :

Résultats moyens dans le feu rapide	Fusil Vetterli	Fusil de 6 $^{m/m}$ 5
Balles mises dans la cible. . .	100	130
Balles mises par 100 tireurs en une minute	100	166
Nombre de cartouches à poids égal	100	178

Mais le fusil de 5 millimètres donne de bien meilleurs résultats encore, et l'*Armeeblatt* appelle ce fusil : « Notre fusil de l'avenir » (1).

Quand les nouveaux perfectionnements seront complétés et adoptés par la plupart des puissances, on sera d'autant plus en droit de se demander: Les immenses armées modernes auront-elles assez de solidité pour tenir devant un feu destructeur ininterrompu qui les atteindra à d'aussi grandes distances? Et la guerre la plus heureuse pourra-t-elle compenser les pertes qu'elle occasionnera ?

X. Fusils à chargement automatique et fusils en aluminium.

Il s'est produit encore des fusils d'un nouveau système, qui sont à chargement automatique. Sous le rapport de la rapidité du tir, ils laissent loin derrière eux tous les fusils à magasin actuels, qu'ils pourraient bien finir par remplacer (2).

Dans ces nouvelles armes, on met à profit la réaction ou recul qui se produit lors du tir, pour obtenir qu'après chaque coup, le fusil se recharge de lui-même.

Les fusils à chargement automatique, leur organisation et leur extraordinaire rapidité de tir.

Ce recul agit sur un mécanisme particulier qui rejette du canon la douille de la cartouche brûlée et introduit à sa place une cartouche nouvelle. L'arme est donc toujours chargée, puisque aussitôt le coup parti elle

---

(1) Löbell, *Militärische Jahresberichte*, 1894.
(2) Skougarevski, *L'Attaque de l'infanterie.*

se recharge de nouveau. On peut ainsi tirer plusieurs fois sans cesser d'épauler et sans perdre son temps ou sa peine à charger.

Cette invention n'a pas encore été utilisée pratiquement. Mais l'application ne s'en fera pas longtemps attendre, et c'est déjà un fait important que l'idée ait été réalisée. Il existe même une nombreuse série de modèles, construits tous jusqu'à présent d'après quatre types foncièrement différents, qui comportent les uns un canon mobile et les autres un canon fixe.

Reproches adressés à l'emploi tactique des fusils à chargement automatique.

Les adversaires des fusils à chargement automatique disent, il est vrai : « Nous obtenons déjà aujourd'hui de dix-sept à vingt-cinq coups visés par minute et de trente-cinq à cinquante comme puissance mécanique de feu rapide. Et voilà qu'on veut encore nous parler d'armes se chargeant et s'armant elles-mêmes qui doivent tirer, par minute, jusqu'à cent vingt coups ou même davantage ! Qu'adviendra-t-il, dans une pareille fusillade, du pointage et de l'arrivée des balles au but ? Comment se maintiendront le calme indispensable et la discipline du feu ? Où trouvera-t-on les cartouches nécessaires pour suffire à un tel gaspillage de munitions ? Faut-il donc à toute force faire, du canon de l'arme, un morceau d'acier brûlant ? Et puis, dans le combat, comment les muscles et les nerfs, déjà si tendus, de la moyenne des hommes, pourront-ils sans se rompre supporter cette succession incessante et désordonnée de décharges, de chocs, et de secousses précipitées ? »

Toutes ces objections sont, à coup sûr, très justes. Et il est certain qu'une troupe bien dressée et bien conduite ne se trouvera que très rarement, — presque jamais, — dans le cas d'utiliser jusqu'à son extrême limite, même la rapidité de tir de nos armes actuelles.

En règle générale, ce ne sera pas nécessaire pour atteindre le résultat tactique que l'on poursuit, et la limitation du nombre de cartouches dont on dispose suffirait d'ailleurs à l'interdire.

Mais il faut cependant considérer la question à un autre point de vue.

Le maniement et l'emploi d'une arme de guerre doivent être aussi simples que possible. Ils ne doivent exiger que le minimum d'attention et de réflexion de la part du tireur ; les fusils à chargement automatique satisfont dans une large mesure à cette condition (2).

Avantages des fusils à chargement automatique.

Il ne se passera probablement pas longtemps avant que les armées européennes recommencent à transformer leur armement. Naturellement on rencontrera encore, dit le professeur Skougarevski, des hommes qui contesteront, au point de vue tactique, les avantages du fusil à chargement

---

(2) Général-major R. Wille, *Fortschritt und Rückschritt des Infanteriegewehrs* (Progrès et décadence du fusil d'infanterie). — Berlin, 1894.

Pistolet et carabine automatiques du système Mauser, avec magasin
pour 20 cartouches.

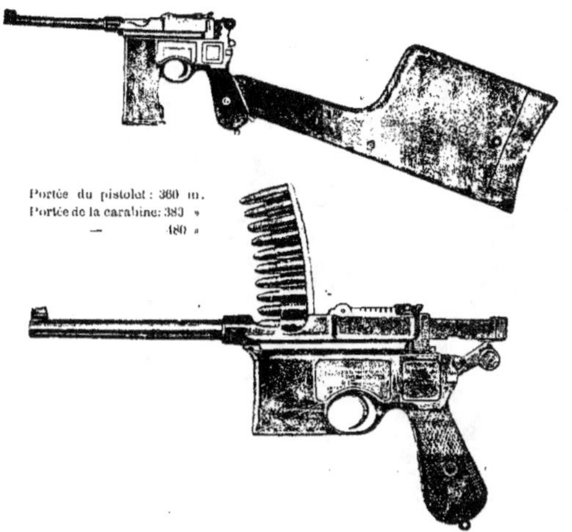

Portée du pistolet : 360 m.
Portée de la carabine : 380 »
—   480 »

Rapidité du tir, chargement mécanique. — Nombre de coups tirés dans l'espace d'une minute.

	Arme à 6 cartouches.	A 10 cartouches.	A 20 cartouches.
Feu rapide	78	120	130
En visant.	60	80	90

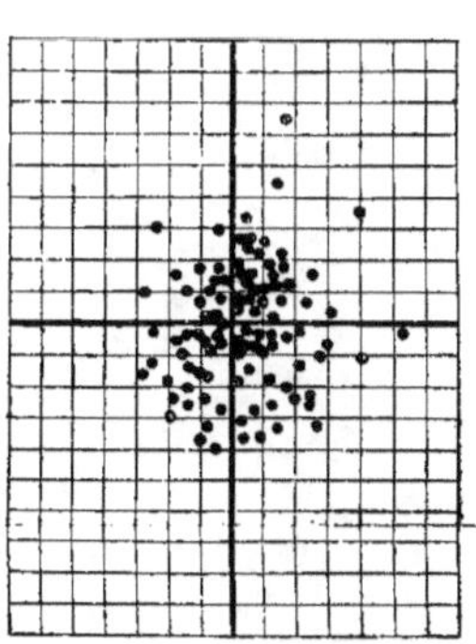

Tir à la distance de 100 mètres exécuté à
Oberndorf le 1er septembre 1896.
Tir rapide de 100 coups.
Champ couvert dans le sens vertical : 53 c/m.
—   —   horizontal : 42 c/m.

Tir à la distance de 1,000 mètres exécuté à
Oberndorf le 17 juin 1896.
30 coups.
Champ couvert dans le sens vertical : 5 m. 65
—   —   horizontal : 4 m. 15

LA GUERRE FUTURE (P. 82, TOME I).

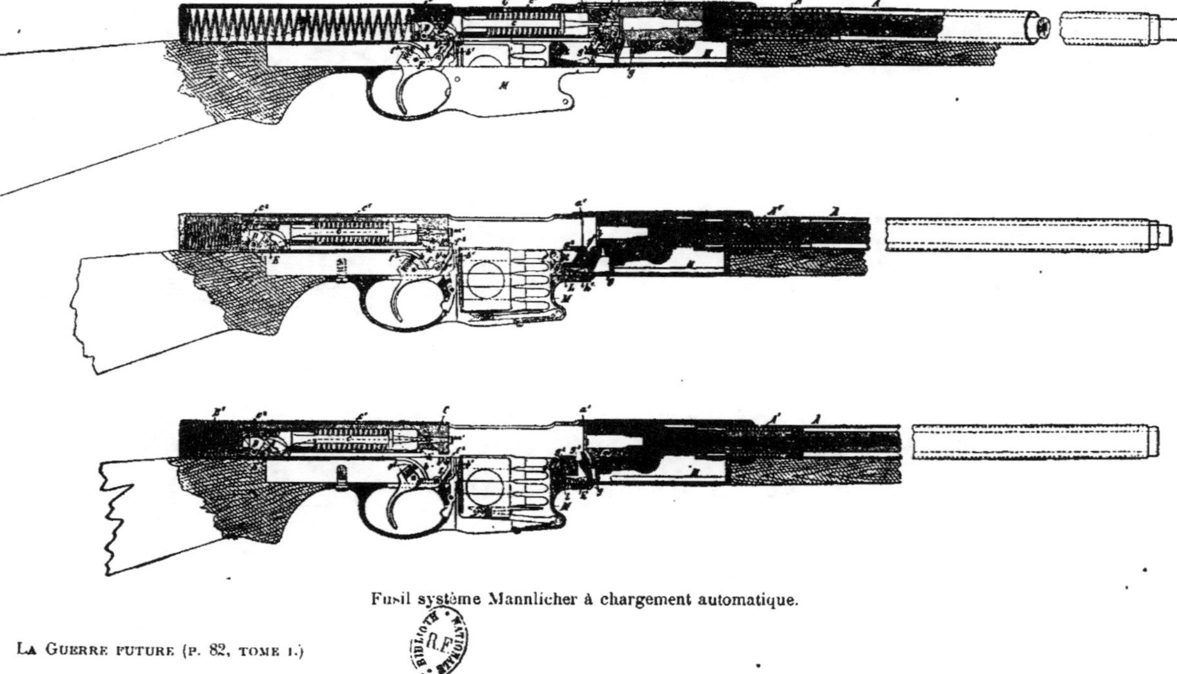

Fusil système Mannlicher à chargement automatique.

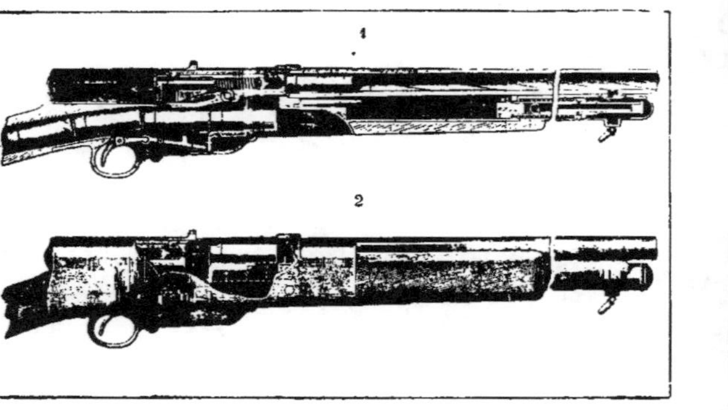

Dans le fusil automatique Clair, comme on le voit sur les dessins (fig. 1 et 2), se trouve, non loin de la tranche de la bouche, *dans le canon*, une ouverture latérale débouchant dans une chambre cylindrique, qui se ferme par une soupape. Cette soupape est disposée sur une tige creuse fixée derrière l'arme à un petit levier qui se rattache à la poignée du mécanisme commandant le verrou de la culasse. On peut ouvrir celle-ci directement avec la main ; mais, pendant le tir, le mécanisme est actionné par la force que produit la pression des gaz sortant du canon par l'ouverture pratiquée près de la bouche, aussitôt que la balle a franchi cette ouverture. La soupape s'ouvre sous la pression même de ces gaz ; puis, quand ils sont sortis, un ressort la ramène à sa place. Le verrou se referme et l'arme est de nouveau prête à tirer. Tout cela s'opère tellement vite que le tireur a à peine le temps d'armer et de presser sur la détente.

La figure 3 représente la photographie d'un homme tirant le fusil Clair.

automatique et qui chercheront à démontrer l'inutilité et les inconvénients
du tir trop rapide, c'est-à-dire du gaspillage des munitions ; — mais,
néanmoins, la force des choses obligera de faire un pas de plus dans la
voie si glissante du nouvel armement.

Il n'est d'ailleurs pas douteux que, pour brûler un même nombre de
cartouches avec le fusil à chargement automatique, le tireur se fatiguera
beaucoup moins qu'avec le fusil actuel, parce qu'il n'aura pas à exécuter
les mouvements de la charge ; et comme, par cela même, il pourra beaucoup mieux garder son sang-froid, le nombre des coups au but se trouvera
être bien plus considérable.

En tous cas et quel que soit l'avenir, comme armes de guerre, des
fusils à chargement automatique, l'idée qui leur a donné naissance est très
importante et très digne d'intérêt.

Certes, la technique des armes avait précédemment eu à enregistrer
déjà des résultats surprenants. Avec un composé chimique, employé à si
faibles doses que le poids de cinq à huit charges de fusil nous représente
au total à peine celui d'une simple lettre, on arrive à emmagasiner, dans
un petit lingot métallique de quelques grammes, assez de force et de travail
mécanique pour lui faire traverser de gros troncs d'arbres, des murs épais,
des plaques d'acier, puis pour aller ensuite, à des milliers de mètres de
distance, mettre un homme hors de combat.

Mais c'est un résultat bien plus curieux encore que d'avoir su, avec
beaucoup d'art et d'ingéniosité, par le moyen d'un mécanisme relativement
très simple, transformer la force mystérieuse de cette petite pincée de
poudre en un serviteur agile et fidèle du tireur ; d'avoir su la contraindre à
remplir, en même temps que son rôle de tueur et de destructeur, celui d'un
auxiliaire capable d'ouvrir l'arme, de la charger, de la fermer, de l'armer,
bref, d'exécuter avec une sûreté et une promptitude incomparables, toutes
les opérations que comporte le maniement du fusil, à l'exception du pointage, du tir et du remplissage du magasin.

C'est là, sans aucun doute, un progrès technique de premier ordre qui
fournit, une fois de plus, la preuve indiscutable de l'inépuisable puissance
d'invention et de combinaison des hommes de talent ; un progrès dont il
finira par être difficile de méconnaître la valeur pratique (1).

Nous avons encore à considérer, parmi les perfectionnements du fusil
qui sont à l'ordre du jour, l'adoption d'un métal plus léger que l'acier. Au
combat on demande au soldat de l'énergie ; mais peut-il bien en faire
preuve quand il est chargé outre mesure ? Il est facile, dit Skougarevski, de
parler d'un chargement de « deux pouds », — c'est-à-dire de 32 kilog. 760

Appréciation
technique du fusil
automatique et
son avenir.

L'énergie et
l'habileté tactique
des soldats
seraient notable-
ment augmentées
par un armement
plus léger.
Pourquoi ne pas
faire des canons
de fusil avec
l'aluminium ou
un de ses alliages?

---

(1) Progrès et décadence du fusil d'infanterie. — Berlin, 1894.

— mais, au chameau lui-même, quand le fourrage fait défaut, on ne fait pas porter à la guerre plus de « six pouds » (98 kilog. 28).

L'adoption de fusils en aluminium, — métal dont le poids spécifique n'est que de 2,67, c'est-à-dire à peu près celui du verre ordinaire, — se trouve ainsi constituer l'une des questions urgentes de l'avenir prochain. On inventera sans nul doute un alliage métallique convenable et la technique apportera aussi une solution satisfaisante de cette question. Quant à l'équipement du soldat, les journaux annoncent déjà qu'en Allemagne toutes les parties métalliques, jusqu'aux douilles de cartouches, doivent être confectionnées en aluminium (1).

Frais d'un changement des cartouches.

Mais avec les armées de millions d'hommes dont on se propose aujourd'hui d'inonder les champs de bataille, la moindre transformation exige des sommes énormes. Nous avons déjà calculé les frais d'un nouveau changement de fusils. Voyons maintenant ce qu'il faudrait dépenser, seulement pour changer les cartouches, — en admettant que le prix de revient d'une cartouche Hebler ou d'une cartouche en aluminium soit de 0 fr. 15, et en supposant que l'on en confectionne un approvisionnement de 200 par homme, auquel cas la dépense serait de 30 francs pour chaque soldat. Le montant total de ce chapitre du budget s'élèverait alors, dans les différents pays, aux chiffres donnés par le tableau ci-dessous :

	Nombre des fusils	Total des dépenses en francs
Pour l'Italie.	1,267 mille	38 millions
— l'Autriche . . .	2,062 —	62 —
— l'Allemagne . .	3,600 —	108 —
— la France . . .	4,150 —	124 —
— la Russie . . .	4,556 —	136 —
	En tout. .	468 millions

C'est donc une somme de près d'un demi-milliard. Et pourtant il est très possible qu'avec « la fièvre d'armement », — comme disait le comte von Caprivi, — qui nous dévore, on se décide un jour à la dépenser. D'où résulteront la nécessité d'un nouveau changement dans la tactique et une situation encore plus compliquée.

---

(1) Skougarevski, *L'Attaque de l'infanterie.*

XI. Conclusions sur les armes portatives.

Certains écrivains militaires soutiennent que la terrible puissance destructive du fusil actuel se trouvera neutralisée, dans une certaine mesure, par ce fait même qu'elle enlèvera aux soldats le sang-froid et, par suite, la faculté d'utiliser complètement leurs armes.

Admettons, pour un moment, que le fusil à longue portée et à tir rapide actuel — qui donne une trajectoire rasante jusqu'à 600 mètres et qui permet de considérer cette distance comme *petite*, alors qu'avec le fusil à aiguille allemand de 1870, c'était celle de 200 mètres seulement qu'on pouvait regarder comme telle, — admettons que ce fusil ne fasse pas, dans le combat, plus de victimes que les fusils d'autrefois. Admettons encore qu'il en sera de même du fusil futur, pourtant bien plus précis, avec son tir rasant jusqu'à 1,000 mètres et sa force de pénétration trois ou quatre fois plus grande.

Une hypothèse aussi peu vraisemblable et aussi évidemment arbitraire serait en contradiction avec l'expérience que la guerre du Chili nous a permis de faire. Cette expérience nous a déjà fourni des faits dont on peut bien, par certaines interprétations, affaiblir la valeur, mais pourtant pas au point de soutenir que, malgré les propriétés du fusil d'aujourd'hui, le même nombre de balles tirées ne mettra pas plus d'hommes hors de combat que dans les batailles d'autrefois.

Le nombre des coups de fusil nécessaires pour faire disparaître un soldat de la ligne de bataille a été à peu près le suivant aux diverses époques énumérées ci-dessous :

Dans les guerres de notre siècle jusqu'en 1859. 143

Dans la guerre de 1864 contre le Danemark (armée prussienne). 66

Dans cette même guerre à la bataille de Lundby. 8 1/2

Dans la guerre de 1866 (armée prussienne) 66–38

Dans la guerre de 1870 (armée allemande). 164

Dans l'armée française { d'après Rivière 49

 en 1870   { d'après Montluisant 102

Malgré les grandes différences que présentent ces résultats, aucun d'eux ne contredit l'hypothèse que l'approvisionnement actuel de cartouches du soldat (100 à 150) suffit pleinement pour permettre à chaque combattant de mettre un adversaire hors de combat.

Déjà avec les anciens fusils, les écrivains militaires exprimaient cette opinion que si, pour une raison quelconque, les pertes infligées à l'ennemi devaient rester au-dessous de sept hommes par mille coups tirés, ce n'était pas la peine d'engager la fusillade (1).

Les deux adversaires seront-ils capables de s'anéantir mutuellement, rien que par le feu de mousqueterie ?

De là ressort directement cette conséquence que, dans des conditions déterminées, une destruction mutuelle des deux troupes opposées sera possible, rien que par le feu de mousqueterie ; puisqu'on peut déjà évaluer à 220 cartouches l'approvisionnement en munitions porté par chaque soldat, et puisque après une nouvelle réduction du calibre, cet approvisionnement pourra être porté à 380 et même à 575 çartouches.

Il faut en outre ne pas perdre de vue que l'impulsion actuelle vers le perfectionnement des armes amènera encore ultérieurement de rapides progrès dans la précision et, en général, dans l'efficacité du feu.

Progrès dans l'accroissement de l'efficacité du feu.

Aux temps jadis non plus, d'ailleurs, on ne restait pas stationnaire. Les améliorations graduelles introduites, tant dans l'armement que dans l'instruction de tir des troupes, augmentaient continuellement l'efficacité du feu. Nous trouvons à ce sujet d'intéressantes données dans un document que nous avons sous les yeux (2). Données qui permettent de comparer la précision du tir dans les bataillons de tirailleurs russes, à deux époques différentes séparées par un intervalle de 17 ans. Nous les reproduisons sous la forme du graphique ci-dessous :

Comparaison entre 1857 et 1874.

1857		Mètres		1874
59		150		83
46		225		83
25		450		69

Résultats du tir des bataillons actifs de tirailleurs en pour cent.

Ainsi nous voyons que, pour une distance de 450 mètres, le nombre de coups au but, qui n'était que de 25 0/0 en 1857, s'élevait, dès 1874, jusqu'à 69 0/0, c'est-à-dire presque au triple.

Vraisemblance de pertes immenses, par suite de l'absence de fumée sur le champ de bataille.

Il est à remarquer que surtout aujourd'hui, où, pour les distances auxquelles on combattra généralement, chaque projectile peut atteindre jusqu'à quatre hommes — le feu devra produire de terribles ravages.

En outre il est devenu bien plus difficile qu'autrefois de dissimuler l'attaque qu'on médite, parce que la fumée n'en masque plus la direction, et que l'assaillant a besoin d'un terrain qui permette le mouvement de ses masses et la coopération mutuelle des trois armes.

Au contraire le défenseur, pour peu qu'il ait suffisamment reconnu le terrain en avant de lui, pourra prévoir avec assez d'exactitude de quel

---

(1) *Militär Wochenblatt*, 1881, page 543.

(2) *Le duc de Mecklenbourg-Strélitz au service de la Russie.* — Pétersbourg, 1887.

côté on tentera de l'attaquer. Et maintenant, de l'avis des écrivains militaires compétents, la préparation des batailles décisives de l'avenir durera probablement des journées entières.

Enfin, malgré la grande portée des armes à feu, l'action décisive devant se produire, tout comme autrefois, à proximité de l'ennemi, les pertes éprouvées pendant qu'on s'efforcera de se rapprocher de l'adversaire, sur lequel il faudra prendre la supériorité du feu, seront forcément énormes.

L'exemple suivant montrera mieux que tout ce qu'on pourrait dire, combien, dans ces conditions, l'absence de fumée augmentera l'effet destructeur du feu de mousqueterie.

« Qui n'a pas eu l'occasion d'observer », écrit le général Duhesme, « comment, devant le front d'une troupe faisant feu, s'élève un nuage de fumée qui couvre les hommes au point que tous les coups dirigés sur eux sont mal pointés et manquent le but ? Je l'ai constaté moi-même à la bataille de Caldiero. Comme je remarquais, qu'à l'aile gauche, quelques bataillons qui avaient reçu l'ordre de se rassembler restaient immobiles et commençaient un feu de file, je compris qu'ils ne l'entretiendraient pas longtemps et je courus à eux. La ligne ennemie était invisible à travers la fumée; on pouvait à peine apercevoir le scintillement des baïonnettes et la pointe des casques des grenadiers, et cela malgré la petite distance où l'on se trouvait de l'ennemi. Entre les deux partis, séparés par une dépression de terrain, il n'y avait pas plus de 45 mètres, mais ils ne pouvaient s'apercevoir mutuellement. Ni moi ni mes douze cavaliers d'escorte nous ne fûmes blessés et je ne vis non plus aucun soldat ayant souffert du feu de l'ennemi (1). »

Mais aujourd'hui les troupes de toutes les armées sont pourvues d'armes d'une tout autre puissance. Pour faire comprendre à quel point est perfectionné le mécanisme des armes à feu les plus récentes, nous allons présenter quelques comparaisons.

Des flèches que l'archer lançait à une distance de 100 mètres, 1 sur 100 touchait le but; le fusil lisse y mettait, dans les mêmes conditions, 6 balles sur 100; le fusil Chassepot 50 sur 100 ; les fusils du plus récent modèle y en font arriver 70 sur 100. De sorte que le fusil lisse était six fois plus efficace que l'arc, tandis que le fusil du dernier modèle l'est douze fois plus que le fusil lisse.

---

(1) Pousirevsky, *Étude du combat.*

Un graphique montrera mieux encore l'importance de ces progrès :

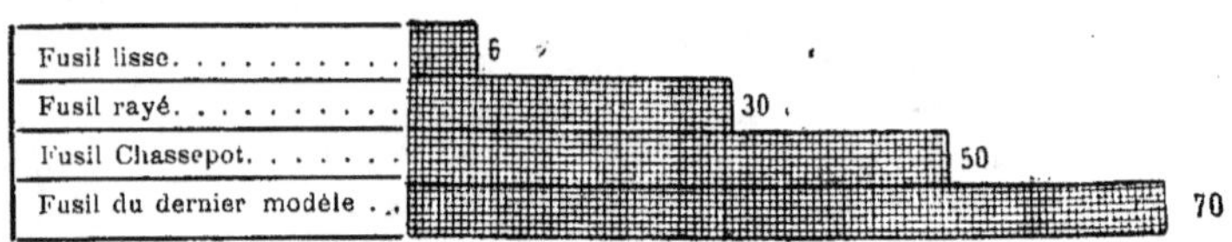

Degré de probabilité d'atteindre un homme debout à 100 mètres, d'après les pour cent donnés par les fusils.

Différence dans la vitesse du tir.

Quant à la vitesse du tir, et, par conséquent, au nombre des balles tirées dans un temps donné, la comparaison s'établit de la manière suivante.

Avec le fusil rayé, à chargement par la bouche, on ne tirait que 2 coups et demi par minute. Avec le premier fusil à chargement par la culasse, le fusil à aiguille de Dreyse, on en tirait déjà 5 ou 6. Les plus récents fusils à tir rapide et à chargement coup par coup, comme par exemple le Berdan encore partiellement en service dans l'armée russe, permettent de tirer 10 à 12 coups, et enfin les fusils à magasin, 16 à 20 coups par minute (1).

Vitesse du tir dans une minute.

Si nous établissons un graphique d'après les chiffres moyens, nous obtenons le dessin ci-dessous :

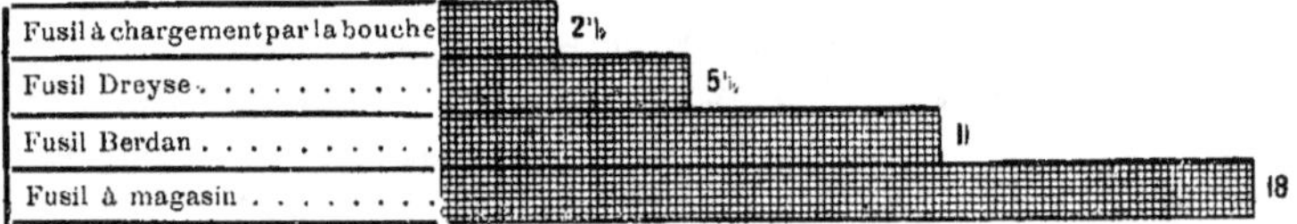

Vitesse du tir à la minute.

Mais il faut observer maintenant que la technique du perfectionnement des armes à feu n'a pas encore dit son dernier mot. De nos jours les inventions se succèdent avec une rapidité sans cesse croissante et il est impossible d'en prévoir la fin.

Lenteur des modifications dans le passé.

La première arme à feu portative, une sorte d'arquebuse à mèche, ne fut introduite en France que 150 ans après l'invention de la poudre (coulevrines à main : 1380-1530). Puis il fallut 173 ans pour que cette arme se changeât en fusil à silex (1530-1703). Ensuite 139 ans s'écoulèrent encore jusqu'à l'adoption du piston (1703-1842) ; et le remplacement du fusil lisse par le fusil rayé demanda 15 autres années (1842-1857).

Dans la campagne de 1859, les Français étaient encore armés du fusil modèle 1777, sauf que celui-ci avait été modifié par l'addition d'un « piston » au canon et de rayures dans l'âme.

____

(1) Oméga, *L'Art de combattre*, page 16.

Mais, rien que depuis 1867, sont apparus en France, l'un après l'autre, des fusils de trois systèmes différents : le Chassepot, le Gras et le Lebel à magasin, que l'on considère déjà comme suranné, et dont on a même, s'il faut en croire l'*Écho de l'armée*, commencé la transformation : « Le système de transformation du fusil doit avoir déjà été décidé et la nouvelle arme mise entre les mains des troupes à titre d'essai. » Mais naturellement le journal ne fait pas connaitre les détails de sa disposition. Il se borne à dire que le nouveau magasin peut contenir 12 cartouches. L'arme nouvelle portera officiellement le nom de : « Fusil mod. 1886-1893 » (1).

Il n'est pourtant pas douteux que, si des modifications radicales ne surviennent pas très prochainement, ces fusils seront tenus pour insuffisants, et qu'on les remplacera par des armes de 6 millimètres ou même de 5 millimètres.

Le graphique suivant indique très clairement combien est rapide, de nos jours, la transformation de l'armement, comparativement avec le passé :

Rapidité des
transformations
dans le présent.

Comparaison
des périodes
de transformation
de l'armement
dans l'armée
française.

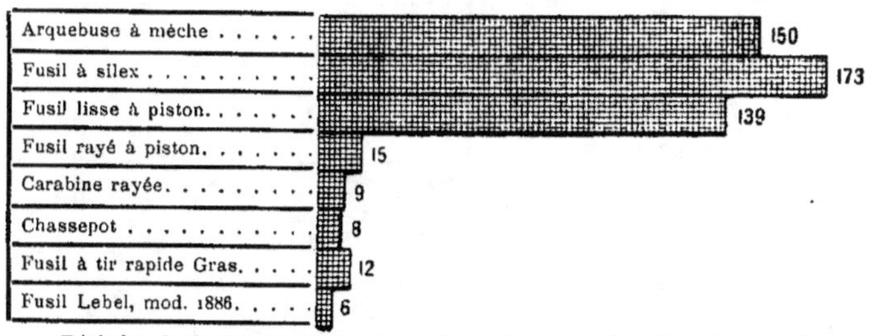

Périodes de durée des différents systèmes d'armement de l'armée française, exprimées en années.

Quelques indications sur les fusils français nous donneront une idée encore plus claire de la nature et de l'importance de leurs perfectionnements successifs.

Valeurs balistiques comparatives des fusils, depuis l'an 1600.

DÉSIGNATION DES ARMES	ANNÉES	ARMES		BALLES			
		Calibre en millimètres	Poids en kilogramm.	Forme	Poids en grammes	Vitesse initiale en mètres	Portée utile en mètres
Mousquet . . .	1600	18,0	7,500	ronde	50,0	240	230
Fusil	1777	17,5	4,400	—	26,6	450	200
—	1822	17,5	4,398	—	28,6	450	200
—	1857	17,8	4,330	allongée	32,0	350	690
—	1866	11,0	4,200	—	25,0	420	1200
—	1874	11,0	4,200	—	25,0	450	1800

(1) N° 157 du journal militaire russe spécial : *Razviédtchik*, année 1893.

Quelques données balistiques nous expliqueront plus exactement encore les modifications successivement réalisées.

Le poids de la balle était en :

1777 de. . . 27 grammes.
1841 de. . . 27 —
1848 de. . . 49 —
1853 de. . . 47 —
1867 de. . . 25 —
1868 de. . . 25 —
1889 de. . . 14 —

La vitesse du tir, par minute, était en :

1777. . . . . . 1 ½ coup.
1841. . . . . . 1 ³/₅ —
1848. . . . . . 1 ³/₅ —
1853. . . . . . 1 ³/₅ —
1867. . . . . . 12 —
1868. . . . . . 12 —
1889. . . . . . 25 —

Avec les fusils de

11 m/m	8 m/m	6 m/m 5

La vitesse initiale est de

m.	m.	m.
430	615	710

Aux distances de — La flèche de la trajectoire est de :

m.	m.	m.	m.
500.	3,0	1,5	1,0
600.	4,7	2,5	1,6
800.	9,9	5,4	3,5
1,000.	18,1	10,1	6,7
1,200.	30,2	16,2	12,7
1,600.	70,3	37.5	35,3
1,800.	100,7	53,0	53,5 (1)

La vitesse restante est à

m.	m.	m.	m.
2,000..	92	166	202

(1) Löbell, *Militärische Jahresberichte*, 1894.

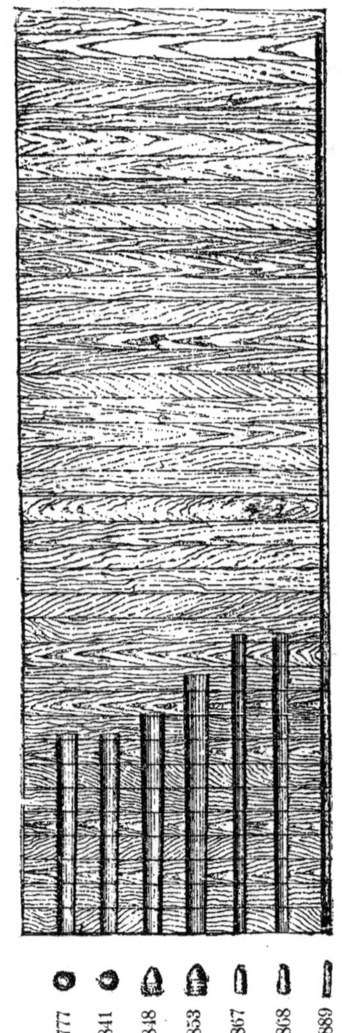

On ne verra pas sans intérêt le croquis ci-contre, qui représente la force de pénétration des balles à une distance de 20 mètres, d'après les données de la manufacture d'armes de l'État belge et la *Revue de l'armée belge* (1).

On aperçoit clairement, par cette figure, que la puissance de pénétration des balles a constamment augmenté et que les balles actuelles conservent leur forme après le tir.

Pour ce qui est de la précision des armes, voici une série de tableaux préparés pour l'Exposition d'Anvers et que nous empruntons à la *Revue de l'armée belge*.

Précision des fusils depuis 1777.

MANUFACTURE D'ARMES DE L'ÉTAT BELGE

(Fusils, carabines, mousquets, pistolets et revolvers.)

Résultats de tirs d'épreuve, exécutés au stand, à la distance de 100 mètres :

(Fusils, carabines, mousquets.)

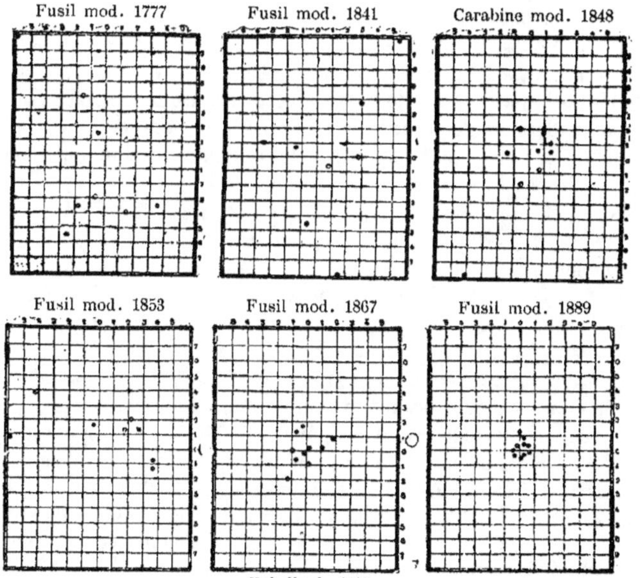

Fusil mod. 1777   Fusil mod. 1841   Carabine mod. 1848

Fusil mod. 1853   Fusil mod. 1867   Fusil mod. 1889

Echelle de 1/40.

Il suffit d'un simple coup d'œil jeté sur les figures ci-dessus, pour constater quelle différence considérable existe, dans la probabilité

La précision et l'absence de fumée permettent de tuer les officiers.

(1) Le croquis est fait au 1/6 de la grandeur réelle.

d'atteindre, entre les fusils encore employés lors de la dernière guerre franco-allemande et les armes actuelles. Dans la conduite du combat moderne, les officiers auront un rôle bien plus important encore que par le passé et leur remplacement, au cours des hostilités, sera l'une des principales difficultés qu'on éprouvera pendant une campagne. Dans la guerre future on ne devra plus dire seulement, suivant la formule : « Tel chef, telle armée » ; mais bien : « Tels cadres, telle armée ».

Déjà, pendant la guerre franco-allemande, les pertes en officiers ont été très considérables. Vers la fin de la campagne on voyait des officiers de réserve et même des feldwebels à la tête de bataillons et de demi-bataillons. Une division d'infanterie bavaroise n'avait plus, dans ses rangs, depuis décembre 1870, qu'un seul capitaine de l'armée active (1).

On ne saurait douter que les armes perfectionnées, l'absence de fumée, l'adoption, dans toutes les armées, de prescriptions recommandant de tirer principalement sur les officiers et l'emploi de tireurs spéciaux envoyés en avant du front comme des chasseurs, n'aient pour la guerre future une importance particulière.

Si nous ajoutons enfin que le fantassin d'aujourd'hui est incomparablement mieux exercé et que les organes directeurs du feu seront pourvus d'excellentes lunettes, nous nous expliquerons pourquoi tant d'écrivains militaires considèrent une grande guerre européenne comme inexécutable.

Mais il nous faut encore appeler l'attention sur un point qui différencie le présent du passé.

Jusqu'à ces derniers temps la charge de poudre était mal proportionnée à l'arme. Le départ du coup produisait une réaction si vive et donnait un choc si violent sur la joue du tireur que, généralement, après 10 ou 12 coups, celui-ci avait la figure enflée, sinon même en sang quelquefois. Comment, dès lors, pouvait-il trouver du plaisir et montrer du zèle dans les exercices de tir ?

Il faut en outre observer que jadis, les réparations et le nettoyage des armes en compliquaient beaucoup l'emploi. En 1851 encore, le tireur suisse devait, réglementairement, avoir pour sa carabine : 1 moule à balles, 1 cuillère à verser le métal fondu, un tourne-vis avec clef de cheminée, 1 tire-balles, 1 tire-chiffons, 1 brosse à nettoyer, 1 cheville-bouchon, 1 épinglette avec chaînette, 2 cheminées de rechange et 1 guidon de rechange avec 60 cartouches à poudre, 60 balles enveloppées de graisse et 78 capsules.

Pour le fusil à répétition d'aujourd'hui, il lui suffit, au contraire, d'un tournevis, d'une baguette, d'une brosse à nettoyer et des cartouches. Son fusil se démonte, pour le nettoyage, en moins d'une minute, et le tir de

---

(1) Von der Goltz, *Das Volk in Waffen* (La nation armée).

16 coups visés en une minute est à peine, pour lui, quelque chose d'extraordinaire.

Quant à la précision, elle était, à 200 mètres, pour les fusils lisses de ce siècle, à peu près ce qu'elle est pour les armes actuelles à 800 mètres et au delà.

La portée extrême de la balle est au moins trois ou quatre fois ce qu'elle était jadis, et il en est de même de sa portée efficace.

Des expériences comparatives sur les ratés ont donné, en 1871 : 0,60 0/0 avec les fusils à silex, 0,40 0/0 avec les fusils à percussion et 0,07 0/0 avec les cartouches métalliques à inflammation périphérique — à quoi il faut ajouter que la cartouche actuelle est insensible à l'humidité et autres influences extérieures.

Expériences
comparatives
sur les ratés.

Enfin, comme à côté des balles de fusil, les projectiles de l'artillerie seront aussi, par rapport à ce qu'ils étaient autrefois, d'une efficacité incomparablement plus grande, il est bien permis de se demander jusqu'à quel point les nerfs des millions d'hommes appelés sous les drapeaux et qui n'auront accompli qu'un très faible temps de service, pourront supporter un feu destructeur dont l'effet répété se prolongera sans interruption aussi longtemps qu'il le faudra pour détruire une troupe marchant à découvert.

Sans compter que c'est encore une question de savoir si la guerre future, même quand elle aura consommé d'effroyables hécatombes humaines, pourra seulement résoudre une seule des plus importantes questions internationales qui divisent les nations.

Une guerre future
pourra-t-elle
résoudre les
difficultés qui
séparent les
puissances
européennes ?

La plupart de ceux qui tranchent les questions militaires répondent affirmativement. Mais n'est-il pas permis d'attribuer cette manière de voir si optimiste à cette sorte d'entêtement qui, surtout aux militaires imbus des traditions du passé, enlève la faculté de comprendre comment, en quelques dizaines d'années, la guerre, telle qu'on l'a faite pendant si longtemps, est devenue tout à fait impossible ? Le public lui-même, sans bien s'en rendre compte, juge les choses d'après les études historiques et le récit des guerres d'autrefois ; alors que les combattants étaient des soldats de profession qui, pénétrés d'esprit militaire, marchaient d'ailleurs à l'ennemi formés en colonnes serrées, où les coudes se touchaient, où chaque rang avait derrière lui d'autres rangs le suivant de tout près, où l'on ne pouvait faire autrement que de marcher en avant, tant par peur de la honte et des châtiments, que par crainte de se trouver exposé aux balles de ses propres camarades.

Admettons même qu'on applique, aujourd'hui encore, des peines sévères comme celles qu'édictait la loi militaire de l'ancienne Rome, d'après laquelle le soldat qui fuyait ou abandonnait ses armes était puni de mort.

Prenons, par exemple, la loi militaire autrichienne actuelle. Elle prononce également la peine de mort pour la lâcheté qui se manifeste par l'abandon de ses armes, par la fuite pendant la bataille, par l'hésitation à sortir des positions fortifiées. Elle prescrit même que, si des corps de troupe entiers se sont ainsi montrés lâches, ils doivent être décimés. Cette loi, comme la loi romaine, donne enfin, dans une situation critique, le droit au commandant de tuer le soldat qui se montre lâche.

Les lois militaires des autres nations contiennent des prescriptions plus ou moins semblables. Ainsi, par exemple, la loi italienne prononce la peine de mort pour lâcheté en présence de l'ennemi ; la loi allemande, pour lâcheté pendant la bataille (1).

Mais désormais les diverses unités et fractions de corps de troupes se trouveront séparées les unes des autres et en ordre dispersé : ce qui en rendra la surveillance bien moins facile.

Opposition entre le militarisme et l'esprit de l'époque actuelle.

Par suite des racines profondes que le militarisme a jetées dans certaines sphères, les personnalités militaires élevées n'aiment pas à essayer de se représenter ce que sera le combat moderne. Elles ne se demandent point s'il n'y a pas quelque contradiction entre la préparation de moyens de destruction toujours plus terribles et l'obligation de servir imposée à la population adulte presque tout entière, en même temps surtout que l'esprit du temps se prononce toujours plus résolument contre le militarisme.

Opinion de Proudhon sur les vertus militaires et son application aux troupes qui entreraient en campagne aujourd'hui.

Déjà Proudhon disait : « Il faut que le soldat qui marche au combat pour la patrie s'élève au-dessus de lui-même, non seulement par l'énergie et la bravoure, mais par la vertu jusqu'à la sainteté. »

Admettons que cette vertu se rencontre effectivement chez la plupart des soldats d'aujourd'hui. Mais alors se pose cette question : « Jusqu'à quel point, avec la dispersion des troupes sur de grands espaces et avec le mode de combat en ordre dispersé — qui sont inévitables par suite de la puissance destructive des projectiles lancés par les fusils et les canons d'aujourd'hui, — jusqu'à quel point la personnalité individuelle n'étant plus soutenue par une masse compacte, mais abandonnée à elle-même, sera-t-elle en état d'aller, dans le combat, jusqu'à l'abnégation ?

Tout cela ne nous ouvre pas une perspective bien consolante. L'émulation, poussée à l'extrême, dans les préparatifs de guerre, et par suite de laquelle la paix armée elle-même se trouve transformée dans une certaine mesure en une guerre qui, pour n'être pas sanglante, n'en est pas moins désastreuse — cette émulation finira par constituer un fardeau de plus en plus lourd. Outre qu'elle peut se trouver encore compliquée par la

---

(1) Dangelmeier, *Militärische Abhandlungen*. — Vienne, 1893.

fermentation sociale qui, dans l'ouest de l'Europe, ne paraît point devoir s'apaiser de sitôt.

Mais si gravement que cette émulation puisse peser sur les budgets des États, aucun pays européen ne peut, sous ce rapport, rester en arrière de son voisin. Et tandis que l'Europe poursuit ses armements avec la rapidité qu'exigent les perfectionnements de la technique — où une invention chasse l'autre en diminuant ou même en annulant l'importance de la précédente — on sent se rapprocher de plus en plus une catastrophe dont il est impossible de prévoir les conséquences.

· La question se présente ouvertement sous la forme d'un problème d'arithmétique : Qui peut coûter le plus cher à l'Europe, de la paix armée ou de la guerre? — laquelle deviendrait inévitable le jour où une puissance quelconque dépasserait notablement les autres en armements.

Aujourd'hui que tous les États du continent européen ont adopté le service militaire universel et sont en mesure d'appeler, à tout instant sous les drapeaux, la presque totalité de la population valide ; aujourd'hui que toutes les nations sont debout, *l'arme au pied*, n'attendant qu'un signal pour se jeter les unes sur les autres et anéantir leur adversaire — le *saigner à blanc*, comme a dit un jour le prince de Bismarck — qui oserait conseiller à un peuple de désarmer ou même de renoncer à de nouveaux progrès dans l'armement ?

Aussi faut-il faire en sorte que tout le monde se rende compte de la situation sans issue où nous sommes actuellement. Et c'est pour cela qu'il est nécessaire de discuter partout et sous toutes leurs faces, les questions qui se rattachent à la guerre future.

Il nous semble que Hœnig (1) a parfaitement raison quand il demande que les troupes ne soient pas tenues dans l'ignorance des pertes énormes qu'elles éprouveront dans les batailles de l'avenir ; attendu que c'est là le seul moyen d'éviter les paniques et de rester maitre, dans une certaine mesure, de leur moral.

C'est enfin par ce moyen qu'on doit faire pénétrer, tant dans les couches profondes de la société que dans les sphères dirigeantes, cette conviction que, dans un avenir peu éloigné, les nations ne seront plus en état de supporter la guerre. Mais en attendant, la technique moderne continue à faire, pour perfectionner encore des armes qui sont déjà terribles, des efforts tellement énergiques qu'à l'occasion de la dernière Exposition universelle de Paris, M. E. de Vogüé a pu prononcer les paroles suivantes : « L'industrie de la mort constitue de nos jours une branche florissante

---

(1) *Untersuchungen über die Taktik der Zukunft*, Recherches sur la tactique de l'avenir, 4ᵉ édition, 1893.

du commerce; elle se développe tellement qu'en visitant les galeries du Champ-de-Mars occupées par la métallurgie, il est permis de se demander si le bâtiment spécial construit sur l'Esplanade des Invalides n'est pas simplement une section de l'Exposition militaire? »

La paix ! résultat final de tous les préparatifs militaires et de leurs perfectionnements.

Ce serait un bonheur si jamais pouvait se vérifier la pensée formulée sur cette question par le capitaine Nigote : « Mais au milieu de tous ces instruments de mort, se fait jour néanmoins cette pensée consolante que peut-être enfin la science inventera des engins tellement meurtriers, capables d'ébranler si fortement le moral de l'homme, que toute guerre deviendra impossible et qu'ainsi le perfectionnement même des machines de guerre conduira à l'établissement de la paix générale. »

Peut-être notre travail, lui aussi, aura-t-il sous ce rapport quelque résultat utile, en montrant, dans les chapitres qui vont suivre, que, de notre temps, — où la guerre doit prendre la forme d'une lutte entre des nations entières, vivant d'une vie large et complexe, — il est devenu nécessaire de compter avec l'esprit dont sont animées les populations.

Les sentiments, le caractère, les idées et la volonté des masses sont aujourd'hui tellement hostiles à la guerre, qu'il paraît presque impossible de songer à la faire, même avec les moyens actuellement employés ; — d'autant plus qu'on ne saurait prévoir ce que préparent encore pour l'humanité les inventions ultérieures.

La prochaine guerre de masses changera complètement la physionomie politique de l'Europe.

Mais ce qui est certain, c'est que la future guerre européenne bouleversera l'Europe et influera puissamment sur son organisation politique.

Quant au caractère même de cette guerre, il sera déterminé surtout par l'effet des propriétés que nous venons de reconnaître aux nouvelles armes et à la nouvelle poudre : absence de fumée, grande portée, rasance de trajectoire et puissance de pénétration.

Toutefois, avant de passer à l'examen des résultats que produira l'armement dont nous venons de donner une idée, il nous faut présenter un tableau des perfectionnements réalisés dans le domaine de l'artillerie depuis la dernière guerre; — attendu que, de notre temps plus que jamais, l'infanterie et l'artillerie doivent agir de concert, et que les batailles décisives ne peuvent être livrées qu'avec le concours de ces deux éléments essentiels des armées.

Les bouches à feu et les projectiles de l'artillerie

Dans le cours de ces dix dernières années, les armes à feu portatives se sont perfectionnées à trois points de vue :

Amélioration de la fermeture de culasse.

Adoption du magasin.

Réduction du calibre.

En outre la balle a été pourvue d'une chemise de nickel ou d'acier.

Ces circonstances ont amené à plusieurs reprises la transformation de l'armement de l'infanterie.

Par contre, les canons de campagne n'ont pas éprouvé, depuis 1880, de modifications bien sérieuses dans leur construction ; ils n'ont reçu que des améliorations de détail. C'est seulement dans ces derniers temps qu'a surgi la question de changements radicaux dans le matériel de l'artillerie.

Les résultats des perfectionnements que ce matériel a déjà reçus semblent pourtant si importants, que bon nombre de spécialistes commencent à douter très fort qu'une campagne régulière puisse s'accomplir sans causer des sacrifices d'hommes qu'il n'y aurait pas moyen de supporter.

Si donc l'artillerie fait encore, comme tout semble l'indiquer, de nouveaux progrès, une guerre entre les grandes puissances européennes pourrait bien finir par sembler tout à fait impossible.

Afin que le lecteur puisse se faire une idée des progrès déjà réalisés par cette arme, et de ceux qu'on peut attendre encore dans la construction de ses engins, il nous paraît nécessaire, — comme nous l'avons fait pour les armes portatives — de jeter au moins un rapide coup d'œil sur les phases les plus importantes qui ont caractérisé le développement des bouches à feu. C'est le seul moyen d'apprécier à sa juste valeur le rôle qu'elles sont destinées à jouer dans l'état actuel de la tactique.

Nous estimons la connaissance de ce rôle indispensable pour répondre convenablement à la question suivante :

Dans l'état actuel de la tactique, la guerre peut-elle résoudre les grands problèmes internationaux ? Les pertes des belligérants, — même avant l'obtention des résultats espérés, — ne seront-elles point, d'un côté ou de l'autre, tellement énormes, que la conclusion de la paix s'imposera comme indispensable sans qu'aient été tranchées les difficultés internationales qui auront amené la guerre ?

On en arriverait ainsi à pouvoir comparer au travail de Sisyphe, les immenses et ruineux préparatifs accumulés en vue des luttes futures.

I. Histoire du développement de l'artillerie.

1° Les canons jusqu'au XVIIIe siècle.

On rapporte l'origine des armes à feu à l'année 618 avant J.-C. ; époque où des « canons à chambre » furent employés en Chine sous le règne de Taïng-off. D'ailleurs l'apparition de canons plus petits de ce même genre, appelés *djingals*, remonte à plus de 300 ans avant notre ère (Pl. V, fig. IV) (1).

La première poudre à canon fut fabriquée en grand en Allemagne (2) dès le commencement du xive siècle. Et pourtant, pendant bien des années encore après cette époque, on continua de se servir, à la guerre, concurremment avec les armes à feu portatives, de machines de jet, catapultes et balistes (Pl. V, fig. I à III) qui pouvaient lancer, à plusieurs centaines de pas, des pierres pesant quelques centaines de livres.

Naturellement on demanda, des premières bouches à feu, au moins les mêmes effets. Aussi leur donna-t-on un gros calibre ; si bien qu'on en fit de si lourdes machines qu'on ne pouvait les mouvoir qu'avec la plus grande difficulté. On les appelait mortiers, bombardes, etc. (Pl. V, fig. V à IX).

Pendant longtemps, la faible puissance de la poudre, encore très médiocre, et le manque de résistance des parois des pièces ne permirent pas de donner aux boulets de pierre, qui furent d'abord en usage, une vitesse et une puissance de choc suffisantes pour faire brèche dans les murailles. Ces boulets de pierre n'étaient d'ailleurs eux-mêmes pas assez résistants et se brisaient contre la maçonnerie. Enfin, vers 1400, on adopta, pour les canons, des boulets de fer qui peu à peu supplantèrent les projectiles de pierre.

Il n'est pas sans intérêt d'observer que l'emploi des boulets pleins en fer forgé est antérieur à celui même de la poudre. On fondit de ces boulets à Aarau, dès 1378. On se servit également de boulets rouges comme projectiles incendiaires, dès 1472.

On trouve déjà mention de projectiles creux en fer, au xive siècle; pourtant l'usage ne s'en généralisa qu'au xvi°. En 1523 on lançait à la main de petites boules creuses d'argile ou de verre, remplies de poudre et qu'on nommait « grenades à main ».

Au début, les gros projectiles creux, obus et bombes, ne se remplissaient qu'avec de la poudre seule; plus tard on ajouta à celle-ci des mor-

---

(1) Thierbach, *Die geschichtliche Entwickelung der Hand-Feuerwaffen* (Histoire du développement des armes à feu portatives). — Dresde, 1886.

(2) Il existait des poudreries : en 1340 à Augsbourg, en 1344 à Spandau et en 1348 à Liegnitz.

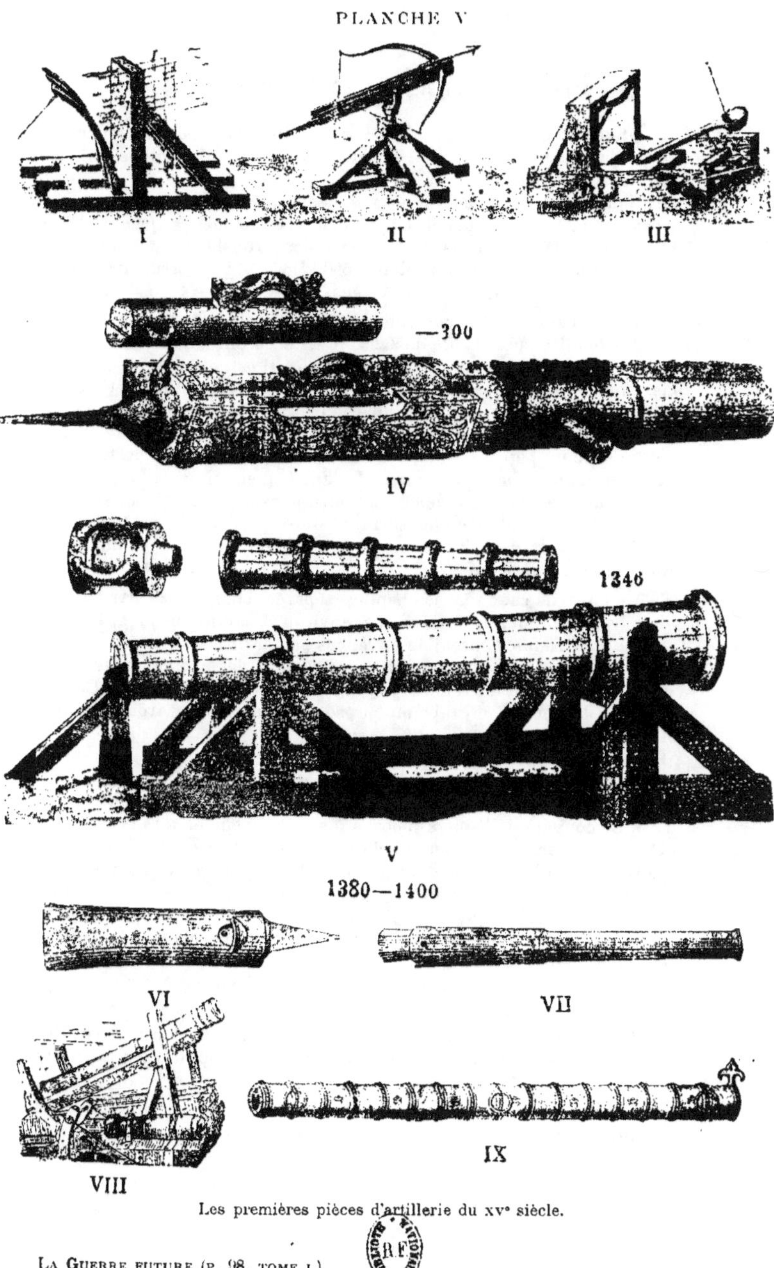

Les premières pièces d'artillerie du XV° siècle.

Explication des figures de la planche V.

Fig. I, II (Antiquité). Catapulte : grande arbalète, dont la corde se tendait au moyen d'une manivelle et qui lançait des flèches (et quelquefois aussi des traits incendiaires).

Fig. III (Antiquité). Baliste, machine de jet : dispositif formé de poutres et de cordages, au moyen duquel on lançait « en bombe », jusqu'à 200 et 300 mètres, différents objets, tels que des pierres ou des substances enflammées, dont le poids pouvait atteindre 500 kilog., et qui passaient ainsi par-dessus les murailles des villes assiégées.

Fig. IV. Canon à chargement par la culasse, d'une époque très ancienne, trouvé dans des fouilles faites à l'île de Java. Il est en bronze. Sa longueur d'âme est de 0^m825 et son calibre de 23 millimètres. Il est muni de deux tourillons venus de fonte, par lesquels il est maintenu dans une sorte d'affût. La chambre porte à sa partie supérieure deux anses ou poignées qui permettaient de la soulever hors de son logement, ainsi que le trou de lumière avec un petit bassinet. En travers du prolongement postérieur de l'âme (formant une sorte de logement dans lequel s'emboîtait la chambre), on aperçoit une ouverture quadrangulaire pouvant recevoir un coin qui maintenait la chambre en la serrant contre l'extrémité postérieure du canon. Ce coin est rattaché au canon par le moyen d'une chaînette qui lui laisse le jeu nécessaire.

Fig. V (1346). Tube de canon (avec chambre séparée, chargement par l'arrière) qui se trouve au musée de Namur : environ 1 mètre de long, formé de barres de fer réunies ensemble et reliées par des frettes de fer.

Canon anglais, d'après Froissard, provenant de la bataille de Crécy. Formé de barres de fer réunies par des frettes de même métal. Chargement, par la bouche, du tube qui présentait une forme tronconique se rétrécissant vers l'arrière.

On donnait le pointage nécessaire, soit en enterrant le canon, soit en plaçant au-dessous quelque support. La pièce qui formait le fonds de la culasse était enfoncée de force pour empêcher qu'elle ne cédât lors du tir. — La conicité de l'âme s'opposait à son mouvement vers l'arrière.

Pour charger, on se servait d'une pelle à charge pour prendre a poudre, qui d'ailleurs fut dès les premiers temps pesée à l'avance et empaquetée dans des sacs (gargousses); sacs que plus tard on ajusta au calibre des bouches à feu, et qui, une fois dans l'âme, étaient percés au moyen d'un poinçon introduit par la lumière. Celle-ci était remplie de pulvérin auquel on mettait le feu, tout d'abord avec un charbon enflammé, puis plus tard avec une mèche (fixée elle-même à l'extrémité d'un bâton ou boute-feu).

Fig. VI, VII (1400). Canon en fonte (1380-1400) qui, au moyen d'un tenon conique et à quatre pans à sa partie inférieure, était fixé dans la face antérieure d'un bloc de bois. Canon fondu en bronze.

Fig. VIII. Mortier dont la partie postérieure présentait un rétrécissement formant chambre pour recevoir la charge de poudre.

Fig. IX. Couleuvrine anglaise, coulée en bronze.

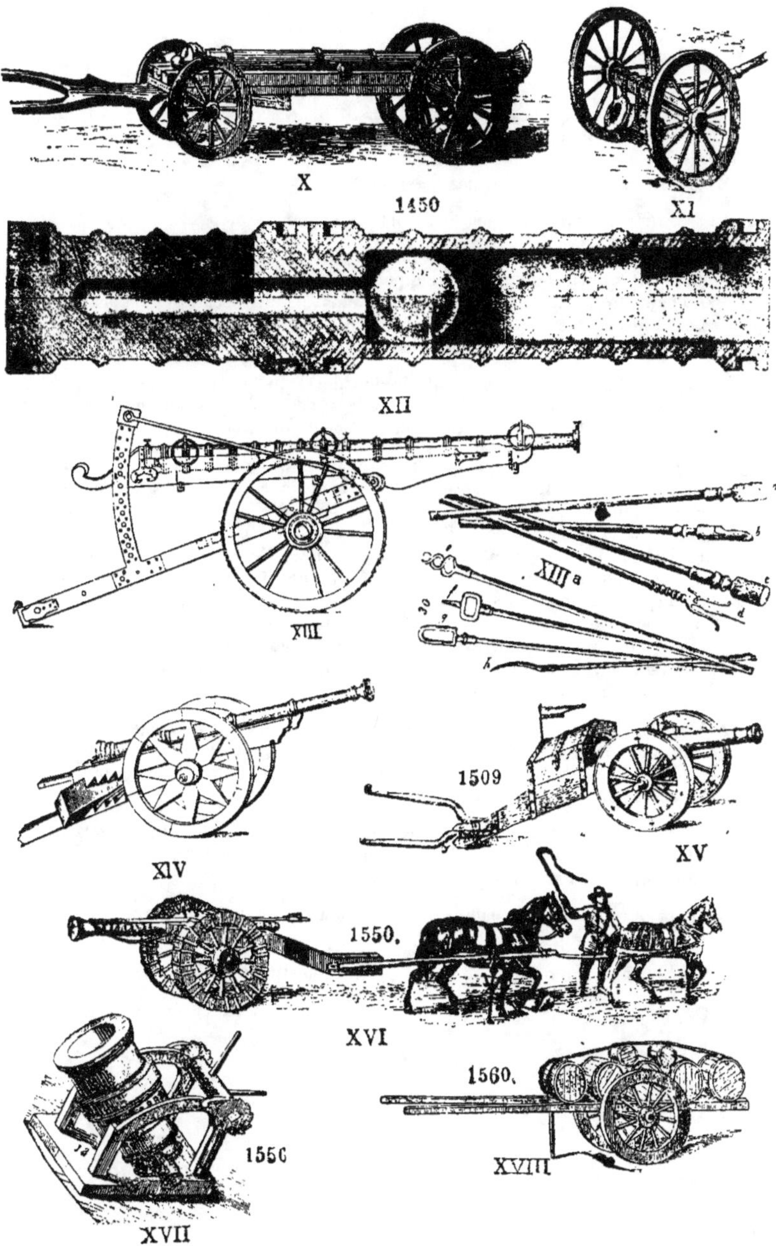

Canons des xv* et xvi* siècles

Explication des figures de la planche VI.

Fig. X. Chariot à canon pour pièces légères.

Fig. XI. Voiture pour le transport des mortiers légers.

Fig. XII. Canon géant de Mahomet II, qui lançait des boulets à 1,500 mètres, mais qu'il fallait traîner sur un support formé par 30 voitures et tiré par 60 bœufs, en même temps que 250 hommes étaient occupés à l'aplanissement des routes et à l'établissement des ponts. Ce canon ne pouvait cependant être chargé plus de 7 fois par jour.

Fig. XIII (1476). Couleuvrine de l'artillerie de Charles le Téméraire qui fut prise par les Suisses à la bataille de Granson : le corps de la pièce est formé d'une série de barres de fer forgé et n'a pas de tourillons.

Fig. XIII a. Ustensiles employés pour le chargement des canons. Avec la brosse de l'écouvillon on nettoie l'âme, avec la pelle à charge, appelée lanterne, on introduit la poudre en vrac dans la chambre. A l'extrémité opposée à la brosse, l'écouvillon présente un refouloir avec lequel les projectiles sont poussés contre le fond de l'âme. Nous voyons, en outre, un boute-feu qui sert à enflammer la charge et des instruments pour décharger le canon. La « feuille de sauge » h servait à dégager les projectiles coincés dans l'âme ; avec le tire-bourres on retirait de l'âme les valets (tampons), gargousses, etc. La vis tire-bouchon servait à retirer les sabots en bois, et le « chat » (f) servait à visiter l'âme pour découvrir les objets étrangers qui pouvaient s'y trouver.

Fig. XIV (1500). Canon italien de petit calibre dont l'appareil de pointage consiste en un bloc de bois prismatique (coin de mire), qui se place entre la culasse et l'affût, s'avance et se recule à volonté et se fixe dans des entailles correspondant à chacune de ses positions.

Fig. XV (1509). Fauconneau de l'artillerie maximilienne, avec coffret à couvercle à double pente, placé entre les flasques de l'affût pour transporter des munitions et les armements de la pièce.

Fig. XVI (1550). Serpentin de campagne, très long, se chargeait avec une livre de poudre et tirait une balle d'une livre.

Fig. XVII (1500). Mortier allemand de 20 livres et son affût, avec chambre rétrécie à la partie postérieure pour recevoir la charge de poudre. Les tourillons sont déjà rejetés à la culasse.

Fig. XVIII (1560). Chariots à poudre français.

ceaux de composition incendiaire et, dans les bombes, on mit même de petites grenades et des balles de plomb.

L'inflammation de la charge explosive des projectiles creux eut lieu, dès l'origine, au moyen de tubes remplis de matière combustible organisés d'une façon semblable aux « fusées » d'aujourd'hui (1).

La fabrication des canons se perfectionna au commencement du xv⁰ siècle. On coula des bouches à feu en fonte de fer, qui portaient jusqu'à 1,000 pas. Toutefois, jusqu'au milieu de ce même siècle, elles ne furent guère employées que portées sur des voitures (Pl. VI, fig. X et XI).

La tactique d'alors, comme chacun le sait, reposait principalement sur l'établissement de postes fortifiés au moyen de chariots (*Wagenburgen*) ; genre d'obstacles dont, étant donnée l'artillerie de l'époque, l'infanterie seule pouvait venir à bout. D'où, pour l'attaque comme pour la défense, le besoin de grandes masses d'infanterie.

C'est seulement dans la seconde moitié du xv⁰ siècle que l'artillerie eut fait assez de progrès, comme puissance et mobilité, pour obliger ce mode de fortification par les chariots, à disparaître. L'infanterie suisse fut la première qui combattit sans s'appuyer sur un réduit de ce genre. Pourtant pendant tout le cours du xv⁰ siècle elle ne se servit des armes à feu que dans une faible proportion. La formation par masses profondes comportait l'armement en hallebardes et longues lances, avec l'épée de combat et la masse d'armes, sans bouclier, — les premiers rangs seulement étant couverts d'armures. — Aussi vers la fin du xv⁰ siècle, la proportion des armes à feu aux armes blanches n'était encore, chez les Suisses, que de 1 à 5.

Pour l'attaque des places fortifiées on construisait déjà de lourds canons de bronze (2) (Pl. VI, fig. XII). Cependant l'usage ne put s'en généraliser.

Leur transport, en effet, n'exigeait pas moins de 59 chevaux, savoir : 12 pour le canon lui-même, 16 pour la voiture portant les bois de plate-forme, 4 pour le treuil, 6 pour l'écran protecteur, 20 pour amener les 15 boulets de pierre — à raison de 3 par voiture — avec 2 quintaux et demi de poudre dont il fallait 14 livres ou 7 kilog. par coup, — et enfin un cheval pour la voiture qui portait le maître canonnier et ses six servants avec leur outillage.

Le plus ancien des canons de bronze, de grosseur plus qu'ordinaire, fondu en Europe, fut, autant qu'on peut le savoir, exécuté à Marienberg, en Saxe, en 1408 (trois ans par conséquent avant la *Faule Mette* de Brunswick). Son poids était d'environ 130 quintaux.

Soixante-dix ans plus tard, le roi de France Louis XI, qui, dans ses

Pl. VI.
Fig. X et XI

Tactique des
postes de
chariots.

Pl. VI.
Fig. XII.

Transport des
gros canons.

Poids des gros
canons.

---

(1) Müller, *Waffenlehre*, 1859.

(2) *Die Riesengeschütze des Mittelalters und der Neuzeit* (Les canons géants du moyen âge et des temps modernes), par R. Wille. — Berlin, 1870.

rapports continuels avec l'Angleterre et la Bourgogne, avait eu mainte occasion d'apprécier les effets de l'éloquence de l'*ultima ratio regis*, fit couler à Paris, Tours, Orléans et Amiens, les canons qu'on appela les *Douze pairs de France*, qui lançaient à plus de 500 mètres un boulet de pierre de 500 livres — ce qui devait correspondre à un calibre d'environ 22 pouces (55 centimètres). — L'un de ces *pairs* éclata d'ailleurs dans le tir et tua son fondeur, un nommé Jean Mocqué, ainsi que quatorze autres personnes.

La couleuvrine de Saint-Dizier avait un diamètre intérieur de 20 3/4 de pouces (50 centimètres), et lançait un boulet de granit de plus de 4 quintaux. Un boulet de fer de ce calibre aurait pesé 11 quintaux.

Canon-monstre russe.

Au Kremlin de Moscou se trouvent plusieurs canons de dimensions extraordinaires. Le plus grand est le *Tsar-Pouchka* (1) ou le roi des canons : un tube avec chambre, qui fut fondu en 1586 par M° André Tchakhoff, et qui pèse 780 quintaux ; son calibre est de 35 pouces ou près d'un mètre, et sa longueur de 5^m30.

Ce tube à canon, bien qu'il ne soit qu'un échantillon colossal qui, probablement, n'a jamais tiré, et peut-être même n'a jamais été destiné à servir réellement, est cependant très intéressant et très digne d'admiration comme pièce fondue — surtout en raison de l'époque à laquelle remonte sa fabrication.

Les canons de bronze ou de fonte de fer devinrent peu à peu de plus en plus nombreux, si bien qu'au commencement du xvi° siècle, on en trouve de tout poids et de toute forme. On avait épuisé toute la série des calibres : depuis les canons longs qui tiraient des boulets de 100 kilogrammes, jusqu'aux mortiers et aux bombardes qui lançaient des boulets de pierre du poids de 500 kilogrammes.

Cette variété de dimensions provenait de la nature multiple des projectiles. Car on projetait, avec les canons, aussi bien des dards ou des flèches incendiaires, que des boulets de pierre, de fer, de bronze ou de plomb, des balles à feu, des pierres rougies au feu, des obus, des boîtes à mitraille remplies de balles de plomb, ou même des sacs de pierres... Mais l'emploi d'une telle artillerie ne pouvait cependant être bien utile.

Fig. XIII.

Les canons, comme on peut le voir par les figures ci-jointes, étaient fixés sur d'énormes affûts impossibles à manier ; et c'est seulement dans la seconde moitié du xv° siècle qu'on arriva à mettre, sous ces affûts, des roues à l'avant, et deux crochets de manœuvre à l'arrière (Pl. VI, fig. XIII), en y ajoutant même, pour les pièces très lourdes, un cric, afin de permettre de mouvoir l'affût et de lui donner la direction voulue.

---

(1) Le mot russe *pouchka* signifie canon.

C'est au siège de Constantinople, par le sultan Mahomet II, en 1453, Premier emploi rationnel du tir vertical. qu'il fut fait pour la première fois, rationnellement et sur une grande échelle, usage du tir vertical contre la flotte génoise qui s'était réfugiée derrière les murailles de Galata, où le tir ordinaire des canons ne pouvait l'atteindre. Dès le deuxième coup de mortier, un bâtiment fut coulé.

Mais un fait qui montre avec quelle lenteur les perfectionnements réalisés se transmettaient, en ce temps-là, d'un point à un autre, c'est qu'en France on n'apprit à connaître les mortiers qu'en 1634, — par l'ingénieur anglais Malthus, — bien que, dès la fin du xv⁵ siècle, l'artillerie eût accompli de notables progrès.

Il existait une variété de calibres dont nous ne pouvons que difficilement nous faire une idée aujourd'hui. Le *double canon* exigeait, pour ses attelages, 35 chevaux ; le *serpentin de campagne*, 23 ; la *couleuvrine lourde*, 17 ; la *moyenne*, 7 ; le *fauconneau lourd*, 2, et le *léger*, 1 seulement. Cela dura jusqu'au jour où Charles VIII, en France, et Maximilien Iᵉʳ, en Autriche, entreprirent une réforme de l'artillerie.

Fig. XIV à XVIII.

Les calibres des grosses pièces furent réduits et appropriés au tir des boulets de fer (Pl. VI, fig. XIV, XV, XVI) ; les calibres moyens reçurent plus de mobilité afin de pouvoir être également emmenés en campagne. On continua à traîner des mortiers, mais l'usage en demeura très restreint à cause de leur défaut de mobilité et de leur mode de construction (Pl. VI, fig. XVII). La façon dont on transportait la poudre, en ce temps-là, n'est pas moins caractéristique (Pl. VI, fig. XVIII).

Mais quand, au milieu du xvⁱᵉ siècle, on eut découvert que les canons Expériences pour déterminer la longueur d'âme des canons. longs avaient une portée plus grande que les canons courts, on se lança de nouveau dans les extrêmes, en adoptant des *serpents* d'une longueur de 50 calibres. C'est seulement plus tard qu'on reconnut qu'une trop grande longueur d'âme est également nuisible à la portée. On chercha alors par des raccourcissements successifs, à trouver la juste proportion qui convenait aux bouches à feu.

Les données ci-dessous, relatives aux pièces envoyées en Flandre en 1588, donnent une idée de l'état où se trouvait l'artillerie à cette époque :

Noms des bouches à feu	Poids en kilogrammes	Diamètre de l'âme en centimètres	Poids du projectile en kilogrammes	Poids de la charge de poudre en kilogrammes
Demi-canon.	3,000	16,30	15	14
Couleuvrine (kalikrine). .	2,000	13,70	9	9
Demi-couleuvrine	1,500	11,10	4,5	4,5
Sacré	750	8,50	2,5	2,5
Mignon. . . :	550	7,80	2,2	2,2
Fauconneau.	400	5,90	1,2	1,2

Il est cependant caractéristique que, jusqu'au milieu du xviii siècle, il n'existait pas d'attelages militaires pour le service des bouches à feu et qu'on les traînait avec des chevaux, des bœufs et des mulets loués ou requis à cet effet. Aussi arrivait-il souvent qu'au combat, les conducteurs s'enfuyaient, avec ou sans leurs animaux, et laissaient les canons en plan.

C'est seulement au commencement du xvi siècle que nous avons à signaler un grand progrès.

On abandonne alors le mode de chargement à la pelle ou « lanterne », si embarrassant et qui exigeait toute une série d'ustensiles compliqués, comme on peut le voir par notre figure (Pl. VI, fig. XIII^a). La charge est désormais enfermée dans des sacs dits gargousses.

A ce moment aussi, on commence à constituer régulièrement la mitraille pour remplacer les pierres, morceaux de ferraille, etc., qu'on lançait avec des pierriers, mortiers ou obusiers sans les relier ensemble d'une manière quelconque. La première mitraille consistait en simples sacs ou paniers en osier du calibre du « pierrier », qui renfermaient un certain nombre de morceaux de silex, et qu'on fixait sur un sabot en bois pour les lancer ensuite au moyen du tir vertical. Ce fut un progrès quand on renferma ces projectiles dans une enveloppe en fil de fer.

Puis on employa également les boulets ramés et enchaînés (Pl. VII, fig. XIX).

Si l'on veut se représenter le matériel d'artillerie d'alors, il faut savoir que, pour servir une pièce et tirer un coup de canon, on était obligé d'exécuter un nombre infini de manipulations dont il n'était pas possible d'omettre une seule. Le canon français représenté Pl. VII, fig. XX peut nous en donner une idée.

Il n'est donc pas étonnant qu'on en arrivât à considérer comme satisfaisants, des résultats tels que ceux obtenus à la bataille de Nordlingen en 1645, où l'artillerie tira trois fois et parvint même à charger une quatrième.

D'autres causes encore contribuaient à entraver le fonctionnement de l'artillerie. Ainsi, le mélange des différentes sortes de bouches à feu devait amener, sur le champ de bataille, de nombreux embarras. D'après Montecuculli, l'artillerie impériale se composait, dans la seconde moitié du xvii siècle, de deux espèces principales de bouches à feu : celles à âme cylindrique et celles à âme en forme de cloche. La première comprenait des canons et des coulevrines (Pl. VII, fig. XXI) ; la seconde, des canons, des pierriers, mortiers et pétards.

On commençait à construire des affûts en fer (Pl. VII, fig. XXII et XXIII) et à se servir de « charrettes à mitraille » (Fig. XXIV).

Les types étaient si nombreux que l'on considéra comme un grand

Canons des XVIIe et XVIIIe siècles.

Explication des figures de la planche VII.

Fig. XIX. Boulets chaînés ou ramés. Ce sont deux boulets réunis par une chaîne ou par une barre de fer. Puis encore deux demi-boulets s'ajustant l'un à l'autre, réunis par une tige à charnière. Quand un projectile de ce genre sortait d'une pièce et que les deux projectiles fendaient l'air en s'équilibrant en quelque sorte l'un l'autre, reliés comme ils l'étaient par une chaîne ou une barre — ils devaient balayer tout l'espace compris entre eux et rendaient ainsi dangereuse une surface bien plus large que ne l'eût pu faire un projectile isolé. Mais l'effet était très incertain, car souvent la tige se brisait ; et de plus on ne pouvait généralement compter sur une trajectoire régulière. Dès la fin du xviie siècle les boulets ramés avaient cessé d'être employés dans les armées de terre.

Fig. XX (1568-1609). Canon français avec limonière fixée à la queue de l'affût et qui, pendant le tir, se place renversée le long des flasques. Pour porter la pièce en avant pendant le combat, d'après les usages d'alors, on attachait une corde à l'entretoise antérieure de l'affût et cette corde était, pendant le tir, enroulée autour de la volée de la pièce.

Comme moyen de pointage on se servait en général d'un simple coin en bois qui reposait sur l'entretoise du milieu et sur un boulon placé en avant de celle-ci. L'attelage se composait de 4 chevaux (pour les calibres légers), et de 6 pour celui de 12 livres.

Fig. XXI (1650). Canon de 12 livres français (1650-1700).

Fig. XXII (1713). Affût de place en fer (danois).

Fig. XXIII (1713). Canon de campagne de 3 livres (danois), avec affût en fer forgé, construit d'après les principes modernes.

Fig. XXIV (1720). Charrette à gargousses.

Fig. XXV (1750). Canon autrichien allégé par l'amincissement du métal et la suppression des armements, avec coffre à munitions et chaînes. L'affût est accroché à un avant-train, de sorte que la pièce est transformée en une voiture à 4 roues.

Fig. XXVI (1777). Canon du système Gribeauval.

Fig. XXVII. Affût à cadre, formé de deux madriers placés l'un sur l'autre. Les flasques supérieurs reposent à leur extrémité antérieure sur un essieu muni de deux roues à rayons, et à l'autre bout sur une roulette. Ces trois roues sont guidées sur le cadre qui se relève vers l'arrière. Ce cadre peut pivoter autour d'une cheville fixée à l'avant et fait tourner en même temps la pièce qu'il porte. Le service de celle-ci est facilité de toutes manières par ce dispositif. Cependant son emploi n'est pas permis partout en raison de la complication de l'ensemble de la construction et de la difficulté de l'installation.

Fig. XXVIII. Chèvre : appareil pour soulever les gros fardeaux, comme les pièces, etc.

progrès leur réduction à six, ayant même longueur d'âme ; réforme qui fut opérée en France, à la fin du xvii° siècle.

Un autre progrès, réalisé dans le service des pièces, au commencement du xviii° siècle, consista dans la fabrication, par forgeage, des boulets de canon, qui furent ainsi rendus plus exactement sphériques, plus polis et plus denses. — Ce procédé d'abord introduit en Autriche et en Bavière fut ensuite adopté en France.

Mais, ce qui montre bien la lenteur des progrès de cette époque, c'est qu'en 1732, l'artillerie française se servait encore de pierriers de 15 pouces.

Vers le milieu du xviii° siècle on introduisit, dans le matériel, des perfectionnements et de nouveaux dispositifs qui caractérisent cette période. Ce fut l'œuvre de certains hommes remarquables : Gribeauval en France, Frédéric II et le prince Wenzel Liechtenstein en Allemagne. Ils dirigèrent les progrès de l'arme et créèrent des systèmes entièrement nouveaux. Comme type nous donnons le dessin d'un canon autrichien allégé (Pl. VII, fig. XXV).

Toutefois, la plus grande réforme réalisée dans ce genre fut celle accomplie en France par Gribeauval, quand il devint premier inspecteur général de l'artillerie (1777) et qu'il fit prévaloir définitivement le principe du classement des bouches à feu en pièces de campagne, de place, de siège et de côte.

Le système d'artillerie établi sur cette base à partir de 1765 (Pl. VII, fig. XXVI) et qui porte le nom de Gribeauval, comprenait : des canons de place de 24, 16, 12 et 8 pouces ; des canons de campagne de 12, 8 et 4 pouces, des obusiers de siège de 8 pouces, des obusiers de campagne de 6 pouces, des mortiers de 12, 10 et 8 pouces ; enfin, — ce qui paraît presque incroyable — le lancement des pierres était conservé, et s'effectuait au moyen de pierriers de 16 pouces.

Gribeauval introduisit en même temps, au lieu des incommodes affûts en bois (Pl. VII, fig. XXVII), des affûts en fer. Il fit aussi réunir le boulet à la charge sous forme d'une cartouche, et substitua exclusivement la mitraille en boîtes à la mitraille en sacs. Pour chaque calibre furent établies des boîtes de deux sortes : les unes avec petits et les autres avec gros biscaïens.

Vers la même époque, le perfectionnement du fusil d'infanterie et l'emploi plus répandu des tirailleurs avaient rompu l'équilibre entre l'infanterie et l'artillerie. Il fallait donc absolument que, pour maintenir sa situation, cette dernière arme parvînt à doter ses canons de campagne de plus de mobilité et d'une puissance plus considérable aux grandes distances.

Frédéric II introduisit aussi une innovation importante en 1759, par la formation d'une batterie à cheval de canons de 6 livres. L'emploi de l'artillerie à cheval n'était pas absolument une nouveauté — car dès les XVIᵉ et XVIIᵉ siècles on en connaissait l'usage et les avantages. Toutefois, l'organisation prussienne présente, comparativement à ce qu'on avait précédemment sous ce rapport, cette différence que Frédéric II ne créa pas seulement des canons isolés maniés par des cavaliers, mais un corps de troupes régulièrement constitué pour ce service.

Cet exemple fut bientôt suivi par toutes les autres puissances.

2° Progrès de l'artillerie depuis le commencement du XIXᵉ siècle jusqu'en 1850.

Efforts de Napoléon pour développer l'artillerie.

Lors des guerres de la Révolution, pour répondre aux nécessités les plus pressantes, on commença, en France, à construire des canons plus commodes à manier et plus efficaces pour la nouvelle tactique adoptée.

L'artillerie de campagne fut répartie en artillerie régimentaire et artillerie de réserve ou de position. Et 140 compagnies furent constituées pour servir 840 pièces.

En 1796, Napoléon Bonaparte affecta l'artillerie de campagne aux divisions d'infanterie, y compris les obusiers de 6 pouces qui, précédemment, faisaient partie de l'artillerie de réserve et dont le nombre fut augmenté. Mais comme ces bouches à feu marchaient de pair avec les canons, leurs défectuosités se firent immédiatement sentir.

Jusqu'au temps de Frédéric le Grand, les batailles se préparaient pendant plusieurs jours à l'avance : les deux armées cherchant à s'assurer l'avantage d'une bonne position. Quand on en avait trouvé une, on la renforçait le plus vite possible avec des fortifications de campagne, et on armait de canons les ouvrages ainsi construits.

Puis on attendait l'attaque de l'ennemi, ou bien, quand on se sentait assez fort, on sortait de sa position pour l'attaquer. Et, dans l'attaque comme dans la défense, on cherchait à donner à l'artillerie une position autant que possible dominante que, la plupart du temps, elle conservait pendant toute la durée du combat.

Pl. VIII. Fig. XXIX et XXX.

— La figure XXIX, pl. VIII, nous montre un canon prussien de 25 livres, datant de l'an 1800 et la figure XXX, un obusier de campagne anglais de la même époque.

Les victoires du grand Frédéric amenèrent, chez toutes les puissances, une modification du matériel d'artillerie. Les canons construits d'après le système de Gribeauval étaient déjà allégés et plus mobiles ; — de sorte que

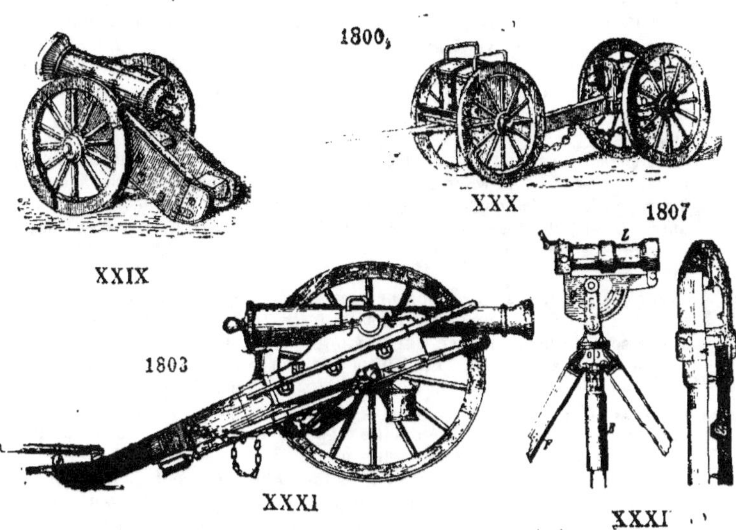

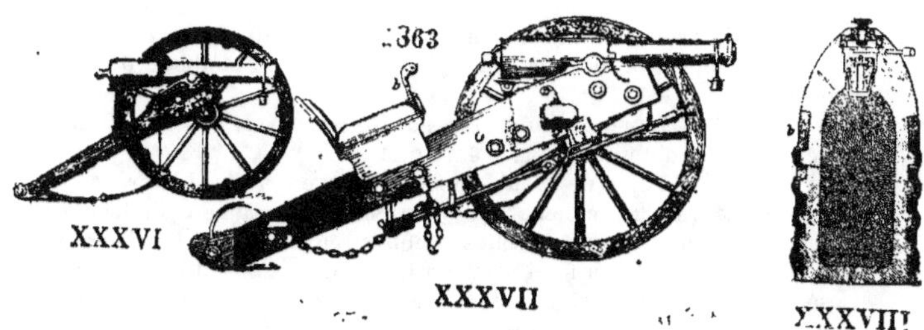

Canons du XIX⁰ siècle (1800 à 1863)

<h1 style="text-align:center">Explication des figures de la planche VIII.</h1>

Fig. XXIX (1800). Canon prussien de 25 livres.

Fig. XXX (1800). Obusier de campagne anglais. Les deux flasques de l'affût, qui portent le canon, ne vont guère au delà de l'extrémité postérieure de celui-ci et se continuent vers la queue sous la forme d'une seule pièce de bois. On nomma ces affûts des affûts à flèche. L'avant-train porte déjà un coffre qui renferme des munitions et peut en même temps servir de siège.

Fig. XXXI (1803). Le canon de Napoléon. L'âme ne comportait pas de chambre, mais il y avait sous la volée un plateau perpendiculaire à l'axe de la pièce, qui reposait sur la vis de pointage. Le poids de la bouche à feu était entre 600 et 620 kilogrammes; l'affût était à flèche avec lunette de crosse. En avant il avait deux flasques courts dans lesquels se trouvaient les tourillons.

Fig. XXXII (1807). Fusées à rotation armées d'un projectile creux, qui furent adoptées en 1807 et améliorées plus tard (1857). Le projectile est en g; au-dessous de lui se trouve une cavité, la chambre de rotation K avec quatre trous de rotation o. La douille de la fusée portait à son extrémité antérieure un bloc massif de composition M, et, en arrière, la composition impulsive Z, percée de part en part en k. Le feu était mis à la fusée du projectile par une mèche à étoupille disposée dans le canal qui allait du trou de rotation à la pointe de celui-ci.

L'instrument qui servait à lancer les fusées se composait du trépied F, de l'appareil de pointage Q, du canal porte-fusée L et du poids B destiné à assurer l'équilibre de l'ensemble. Pour mettre le feu on se servait, au début, d'une platine à percussion mue par une chaine à tirage; plus tard, on se servit d'allumeurs à friction, pour lesquels le canal du trépied était muni à l'arrière d'un canal de mise de feu.

La campagne de 1866 a démontré que l'effet de ces fusées ne pouvait pourtant pas répondre aux conditions plus difficiles posées à l'artillerie; aussi furent-elles plus tard abandonnées.

Fig. XXXIII (1861). Canon autrichien en fer forgé et affût de batterie, système 1861.

Fig. XXXIV (1861). Affût pour tirer sous de très grands angles au-dessous de l'horizon.

Fig. XXXV. L'affût haut de batterie de 15 centimètres diffère de l'affût de batterie ordinaire, principalement par une garniture en fer présentant des coussinets qui reçoivent les tourillons et leurs sus-bandes pour le tir de la pièce.

Fig. XXXVI (1863). Canon de montagne rayé, de 7 centimètres, à chargement par la bouche, en bronze ordinaire, obtenu par la méthode du coulage massif.

Fig. XXXVII (1863). Canons de campagne en bronze, rayés, de 8 centimètres et 10 centimètres, obtenus par la même méthode.

Fig. XXXVIII (1863). Projectile creux, modèle 1861, en fonte de fer, à simple paroi et entouré d'un manchon de plomb b, sur sa partie cylindrique.

Sur le manchon se trouvent des reliefs circulaires dont le diamètre est égal à celui de l'âme au fond des rayures. Dans l'œil du projectile est vissée la fusée à percussion, modèle 1861, pour canons à chargement par l'arrière. La goupille de sûreté v est dans le trou ad hoc, placé sur le côté.

La vis-amorce s et la goupille ne sont mises en place qu'au moment même de charger; jusque-là, les ouvertures destinées à les recevoir sont bouchées avec des tampons de papier.

l'artillerie de campagne française de 1789 disposait aussi d'un matériel approprié à des mouvements plus rapides.

Le système, dit de l'an XI, établi par Napoléon, comprenait des canons courts de 24 livres, des canons longs et courts de 12 livres et de 6 livres, des canons de montagne de 3 livres, des obusiers de 24 pouces et des mortiers du même calibre. Plus tard on y ajouta des obusiers et des mortiers de 6 pouces, et, pendant les guerres de l'empire, des canons de campagne de 12 et de 8 livres. — Des batteries à cheval furent également introduites.

Un fait digne de remarque, qui remonte à cette époque, c'est que le Comité de Salut public avait ordonné, sur les projectiles creux, des expériences qui avaient été conduites très secrètement, au cours des années 1794 et 1795 ; expériences à la suite desquelles il fut envoyé 140,000 projectiles creux et 54,000 projectiles incendiaires dans les ports, pour l'armement de la flotte. Mais comme on n'avait pas pris assez de précautions contre les dangers que pouvaient causer ces projectiles, une commission de la marine se prononça en 1802 contre leur emploi à bord des navires et la solution de cette question fut ajournée. *Extension des expériences sur les projectiles creux.*

Les guerres continuelles de la République et de l'Empire empêchèrent le développement de l'artillerie.

Les types de bouches à feu adoptés par Napoléon Ier en 1803 (Pl. VIII, fig. XXXI) reposaient sur des principes qu'il aurait fallu d'abord éprouver pendant une période de paix assez longue, tandis que les guerres du temps obligeaient à une précipitation fâcheuse. Dès 1810, sur l'ordre de l'Empereur, se réunit une commission pour modifier le système indiqué plus haut, et qui n'avait été exécuté qu'en partie. Mais cependant, comme les autres puissances n'entreprirent aucune modification sérieuse, la réforme de l'artillerie ne fut pas non plus vivement poussée par Napoléon. A noter à cette époque, l'adoption de « fusées de guerre » munies de projectiles creux (Pl. VIII, fig. XXXII). *Fig. XXXI. Fig. XXXII.*

Le système d'artillerie de campagne autrichien demeura sans modifications notables au point où l'avait amené, en 1753, le prince de Liechtenstein, de même que le système prussien resta celui du roi Frédéric II.

C'est l'Angleterre qui, en 1822, donna le premier signal d'une transformation du matériel d'artillerie, par la création de canons et d'obusiers, munis d'affûts à flèche bien compris et très mobiles. Les batteries avaient six pièces, dont un obusier. *Nouveaux types de canons et d'obusiers en Angleterre depuis 1822.*

En outre l'Angleterre imagina deux nouvelles sortes de projectiles, les fusées et les shrapnells (1807).

En Prusse, après les guerres de l'Empire, l'attention se porta sur le système anglais, ce qui conduisit à l'établissement du matériel modèle 1842. *Imitation par d'autres puissances*

Pourtant à cette époque on n'avait pas aussi grand'peur qu'aujourd'hui de voir d'autres États posséder de meilleures armes ; et les dernières pièces d'ancien modèle ne furent abandonnées qu'en 1852 et 1853 par l'artillerie prussienne.

Pour l'artillerie russe, ce fut l'année 1838 qui amena des modifications essentielles dans son système de canons de campagne.

En Autriche, quand, par suite de l'augmentation considérable de puissance que les armes à feu portatives avaient acquise, on se vit enfin forcé de transformer le matériel d'artillerie, on imagina, en 1850, un système de canons de campagne qui fut qualifié de « matériel du projet », mais qui ne commença à être distribué en partie qu'immédiatement avant l'adoption des canons rayés.

Canons à bombes français en fonte de fer.

Mais une innovation de grande importance fut réalisée en France par Paixhans qui, depuis 1809, faisait continuellement des propositions pour l'établissement de canons à bombes en fonte de fer de gros calibre et d'un diamètre d'âme de 7, 8 et 10 pouces. Les premiers essais, exécutés à Brest en 1824 avec un canon à bombes de 80 livres, ayant donné des résultats favorables, des bouches à feu de ce genre furent placées en 1836 sur beaucoup de bâtiments de guerre français.

Les shrapnells.

Une deuxième et non moins importante innovation, dans l'organisation des projectiles de l'artillerie, fut l'établissement par le colonel anglais Shrapnell, du principe des projectiles explosifs. Les projectiles creux remplis d'une charge d'éclatement et de balles de plomb, dont on s'était servi déjà dans les siècles précédents, ne présentaient rien de particulier dans leurs effets. Car, pas plus que pour les projectiles creux ordinaires, on n'était maître de régler le moment où ils éclataient. Le colonel Shrapnell conçut, en 1803, l'idée de faire éclater ces projectiles en avant et à une certaine hauteur au-dessus du but, pour lancer contre celui-ci, sous forme de gerbe, les balles dont ils étaient remplis. La principale difficulté du problème consistait évidemment dans l'établissement d'une fusée prenant feu au moment voulu. Le progrès considérable ainsi fait dans cette voie reçut une impulsion puissante quand, en 1835, Bormann imagina le principe de la composition fusante disposée en forme d'anneau.

Mais ce qui montre combien, même encore dans la première moitié de notre siècle, la transmission des connaissances acquises se faisait plus lentement qu'aujourd'hui d'un pays à un autre, c'est que déjà, pendant la guerre d'Espagne, de 1807 à 1814, les Anglais avaient, à plusieurs reprises, employé les shrapnells contre les Français, à des distances de 450 à 1,250 mètres et que, cependant, la France n'avait pas encore résolu cette même question en 1850 ; tandis que, d'autre part, la Prusse demeura jusqu'à 1840 sans posséder aucun shrapnell dans les approvisionnements de son artillerie.

Un nouveau progrès fut marqué par l'adoption d'étoupilles fulminantes en 1830. L'artillerie se trouva ainsi dispensée de la nécessité d'être toujcurs, au combat, munie d'une mèche allumée ; la mise de feu devint plus facile, plus rapide, plus sûre.

Néanmoins, l'état du matériel restait encore très défectueux.

Dans le tir de plein fouet des boulets et des obus, la plus grande distance où l'on pût en campagne obtenir un résultat appréciable, était évaluée à 1,200 mètres pour les grosses pièces et à 1,000 mètres pour les pièces légères. Au delà de cette distance, l'artillerie employait le tir roulant — direct ou courbe — de bien moindre valeur.

3° Période de transition de 1850 à 1860.

Les progrès réalisés dans la tactique, particulièrement dans l'emploi du combat en tirailleurs, mais surtout l'extension de l'usage des fusils rayés, qui ne permettaient plus à l'artillerie de s'approcher de l'infanterie à portée du tir efficace de ses canons d'alors — 1,800 mètres pour les boulets pleins tirés de plein fouet et 600 mètres pour les projectiles creux — ne pouvaient manquer d'influer beaucoup, non seulement sur l'emploi mais aussi sur l'importance de l'artillerie. Et il en résulta de multiples réformes. Aussi la période de 1850 à 1860 paraît-elle décisive au point de vue du développement de l'artillerie moderne.

Au cours de ces dix années, cette arme fit les plus grands efforts pour établir un nouveau canon de campagne lisse dont la création était d'autant plus urgente que, par suite de l'efficacité croissante des shrapnells, les boulets pleins, surtout depuis l'abandon des formations profondes, avaient beaucoup perdu de leur valeur.

Aussi semblait-il tout indiqué de remplacer ces boulets pleins par des obus, ce qui conduisit à la construction de canons-obusiers, — parmi lesquels le modèle français de 1849 prit la première place — et de canons de 12 livres allégés ou raccourcis.

En Crimée l'armée française était entièrement pourvue de ce nouveau matériel.

La diminution d'importance que l'adoption des fusils rayés avait fait éprouver à l'artillerie en général, frappait en grande partie les batteries à cheval. L'impuissance où se trouvait désormais réduite la mitraille, dont l'artillerie à cheval avait toujours considéré l'emploi cemme son domaine spécial, devait annuler tous les avantages que présentait ce genre de troupes.

D'autre part, on accordait une attention toujours plus grande aux fusées de guerre, — par suite de l'augmentation de leur efficacité, amenée par l'accroissement de puissance de l'obus qu'elles portaient à leur extrémité.

Développement
graduel des
canons rayés.

Entre temps se développait le « canon rayé » comme le représentant du nouveau principe élevé par les armes à feu portatives à une si considérable hauteur.

La construction de canons rayés et se chargeant par la culasse avait été, depuis des siècles, essayée bien des fois. De nombreux témoignages nous prouvent l'existence, à des époques très reculées, de bouches à feu dans lesquelles se trouvaient des excavations (rayures), soit rectilignes, soit héliçoïdales.

Déjà aux xv° et xvi° siècles, ils apparaissent sous le nom de « canons à chambre, canons à coins », etc. Mais l'établissement d'un modèle vraiment utilisable échoua toujours devant les imperfections de la technique ; de sorte que, pendant longtemps, les difficultés rencontrées furent considérées comme insurmontables.

Premiers résultats
obtenus par
Cavalli.

Les obstacles qui s'opposaient ainsi à l'application du nouveau principe furent écartés, pour la première fois, d'une façon vraiment pratique, en 1833, par le major d'artillerie Cavalli, que le gouvernement sarde autorisa à construire 22 obusiers. Le canon Cavalli lançait, avec une charge de 4 kilogrammes de poudre, un projectile de 30 kilogrammes à 3,500 mètres.

Canons rayés
de 4 et de 12
en France.

A la suite de la guerre de Crimée on fit également en France des essais sur les canons rayés (1855). Afin d'arriver promptement à un résultat utile, l'empereur Napoléon chargea le Président du comité d'artillerie, le général de la Hitte, d'établir et d'essayer une pièce du calibre de campagne. Les résultats des expériences exécutées en 1856 amenèrent à décider l'adoption, pour ce service, d'un canon rayé de 4 tirant un projectile de 4 kilogrammes concurremment avec un canon de 12 également rayé et entrant dans l'armement pour une plus faible proportion.

La construction des pièces nouvelles fut poussée avec tant d'énergie en 1858, en prévision de la guerre attendue contre l'Autriche, que 32 batteries de 4 rayé et 4 batteries de 12 rayé purent prendre part à la campagne d'Italie en 1859. Batteries qui rendirent de si bons services que, de 1859 à 1860, le système français fut adopté avec de faibles modifications par la plupart des artilleries européennes — à l'exception, pour le moment, de l'Angleterre et de la Prusse.

Si cependant, au cours de cette campagne d'Italie, la supériorité des canons rayés français sur les canons lisses autrichiens ne se manifesta pas dans la mesure qu'on était en droit d'attendre, cela s'explique par ce fait que, faute de temps, la distribution, aux troupes, du nouvel armement, dut avoir lieu sans instruction préalable. La plupart des batteries ne reçurent le nouveau matériel qu'à Toulon, Marseille ou Lyon, le jour même de l'embarquement ou du départ, de sorte que ni les officiers ni la troupe n'avaient la moindre idée de son emploi (1).

Cependant voici les résultats des expériences comparatives exécutées après la guerre entre les canons lisses et les canons rayés.

Avantages des canons rayés sur les canons lisses.

Le canon rayé donne, au lieu de l'incertitude du tir précédemment constatée, une grande probabilité d'atteindre le but à toutes les distances jusqu'à 1,800 mètres.

Au delà de cette distance la certitude d'atteindre n'est plus qu'une probabilité, mais pourtant si considérable encore, qu'elle surpasse celle des canons lisses tirant à boulet plein à des distances inférieures de 450 à 600 mètres.

Fig. XXXIV à XXXVIII.

Et si la grande probabilité d'atteindre diminue avec l'augmentation de la distance, c'est uniquement parce que l'objet visé apparait alors si petit à l'œil, qu'on ne peut plus être certain d'avoir vraiment bien pointé la pièce. Car le canon tire plus juste que l'œil humain ne peut voir.

Les figures XXXVI et XXXVII de la planche VIII nous montrent les types des canons rayés adoptés en Autriche à la suite de ces expériences ; et la figure XXXVIII de la même planche nous fait voir les projectiles creux en fonte correspondants.

4° Les artilleries de campagne depuis l'année 1866 jusqu'à l'adoption de la poudre sans fumée.

La campagne de 1866 fut la première où les canons rayés figurèrent en grand nombre.

Premier emploi, sur une grande échelle, des canons rayés dans la campagne de 1866.

D'un côté entrèrent en ligne 688 canons autrichiens se chargeant par la bouche, plus 58 canons saxons à chargement par la culasse, de fabrication prussienne. De l'autre, 641 canons prussiens à chargement par la culasse.

A quoi s'ajoutaient encore, dans les deux armées, des bouches à feu lisses : canons courts de 12, obusiers de 0^m15 (batterie de sortie d'Erfurt), etc. En tout : 422 pièces lisses.

Ces dernières ne rendirent à peu près aucun service pendant la campagne.

En face des pièces rayées elles étaient impuissantes et n'eurent que rarement l'occasion de combattre de près contre les autres armes. Et cependant les canons rayés non plus n'avaient pas répondu aux espé-

---

(1) Prince Hohenlohe, *Das gezogene Geschütz* (Le canon rayé). — 1860.

rances, d'ailleurs exagérées, qu'on avait fondées sur eux. Ils se montrèrent insuffisants contre les fortifications de campagne et les abris en terre.

Au commencement de la guerre de 1870-71, il y avait, dans l'artillerie de campagne française, des canons de bronze et des mitrailleuses à 25 tubes. L'effet de ces bouches à feu fut peu satisfaisant.

Jusqu'à l'année 1870, le plus puissant des canons de campagne français était, comme nous l'avons déjà dit, le canon de 0ᵐ12, dont les obus donnaient 22 éclats.

Par contre toute l'artillerie prussienne était pourvue de canons rayés en acier fondu, au nombre de 1,718, dont l'avantage sur les canons français consistait dans une meilleure disposition de la pièce et des projectiles. Ce qui se manifestait par une si grande supériorité dans l'effet de ces derniers et dans la précision du tir, que l'efficacité des canons français en fut presque annihilée.

Néanmoins les Prussiens n'étaient pas entièrement satisfaits de leur artillerie. Contre les chaînes de tirailleurs, surtout dans les terrains accidentés, elle produisait peu d'effet. La cause de ce défaut était surtout dans l'insuffisante tension de la trajectoire, là faible vitesse initiale et certains défauts d'organisation des projectiles.

La guerre franco-allemande fit encore constater autre chose, à savoir ; que les nouveaux fusils, grâce à leur puissance et à leur portée, rendraient extrêmement risquée l'attaque dirigée, sans l'aide de l'artillerie, contre des masses d'infanterie établies dans une solide position.

Partout, dès lors, se manifestèrent les mêmes efforts pour accroître la puissance et la portée des canons.

Ce résultat ne pouvait naturellement s'obtenir que par l'augmentation de la vitesse initiale des projectiles, ce qui obligeait à réaliser celle de la résistance des parois du canon à la pression des gaz de la poudre.

Les progrès accomplis à cette époque dans la fabrication de l'acier au creuset, d'après le procédé Martin Siemens, donnèrent à l'industrie la possibilité de fabriquer, avec l'aide de presses hydrauliques et de marteaux à vapeur d'une puissance jusqu'alors inconnue, des bouches à feu susceptibles d'une énorme résistance.

Les établissements Krupp, pour la fabrication des canons en acier fondu, ne pouvaient, en 1847, fournir que le calibre de 3 livres. Or, en 1867, Krupp commença la fabrication de canons en acier forgé, — canons frettés — et livra des bouches à feu dont le prix dépassait 2 millions de francs.

Pour donner une idée de cette fabrication, comme à titre de coup d'œil rétrospectif sur le passé, nous avons rapproché, dans la planche ci-contre, le dessin comparatif des anciennes bouches à feu de 7 pouces et d'une nouvelle

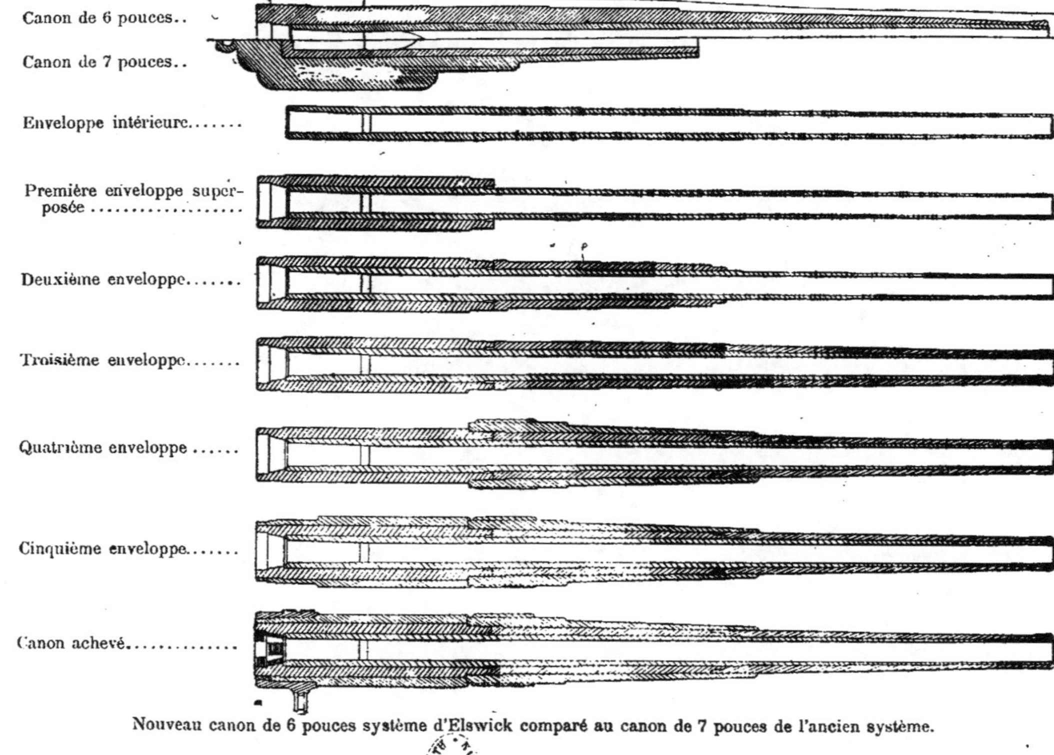

Nouveau canon de 6 pouces système d'Elswick comparé au canon de 7 pouces de l'ancien système.

La Guerre future (p. 110, tome i.)

pièce anglaise (modèle d'Elswick), en indiquant la série des opérations extrêmement difficiles que comporte la construction d'un canon anglais de 6 pouces.

Ce fut la Prusse qui, grâce aux usines Krupp, se remit à la tête du mouvement et créa un nouveau modèle de canon, établi surtout en vue de l'action aux grandes distances.

D'après les expériences du 20 octobre 1873, l'effet produit à 1,500 mètres par l'ancien canon était, relativement à celui du nouveau : dans le tir à obus, comme 1 est à 2,5, et dans le tir à shrapnell, comme 1 est à 3.

De plus on visait à l'amélioration des munitions et on cherchait à réaliser l'unité de canon de campagne. L'industrie privée s'attaqua à ce problème et la concurrence incessante des différentes usines produisit bientôt toute une série de perfectionnements et de types nouveaux. Les gouvernements furent inondés de modèles de canons de campagne, de canons à tir rapide, de mortiers pour la guerre de campagne, de shrapnells perfectionnés et d'obus explosifs. Et comme se faisait toujours plus vivement sentir le besoin de l'introduction, dans l'artillerie de campagne, de bouches à feu légères pour le tir vertical, l'industrie se lança surtout dans la confection de canons courts et de mortiers de gros calibre facilement transportables.

Ce mouvement, déjà remarquable par lui-même, s'accentua tout particulièrement par suite de l'invention d'une nouvelle poudre.

Par l'adoption des fusils de petit calibre, la situation relative de l'armement de l'infanterie et du canon de campagne s'était modifiée au détriment de ce dernier ; et c'était une question vitale pour l'artillerie de savoir s'il serait possible de rétablir l'équilibre ainsi troublé.

L'emploi de la nouvelle poudre et des nouveaux explosifs permettait bien aussi à cette dernière arme de déployer une plus grande puissance, mais seulement à condition de donner à son matériel une résistance suffisante.

D'innombrables essais eurent lieu, pour obtenir de plus grandes vitesses initiales en employant la nouvelle poudre dans les canons existants. Il y eut également des propositions, des projets et des exécutions de nouvelles pièces de position et de campagne, comme aussi de canons à tir rapide, qui généralisèrent l'idée de faire, du shrapnell, le projectile principal de l'artillerie.

Des canons de modèles nouveaux furent partiellement introduits dans les armées, en dépit du danger — toujours à craindre — de se voir ensuite dépassé par des modèles plus parfaits d'autres puissances ; attendu que, pour la fabrication du « canon de l'avenir », une masse de questions restaient encore à résoudre.

II. État actuel et progrès du temps présent.

Répartition des bouches à feu.

Les canons se répartissent, d'après leur destination spéciale, en :

    Canons de campagne,
    Canons de montagne,
    Canons de siège,
    Canons de place,
    Canons de côte,
    Canons de marine ou de navire.

Variété des types de canons actuels.

Enfin l'on compte encore, parmi les canons, les mitrailleuses ou canons à balles.

Les figures ci-dessous peuvent donner une idée de la variété des types des canons actuels.

Nous donnons d'abord, dans la planche ci-jointe, le tableau de ceux du système Canet, qui figuraient à l'Exposition universelle de Paris de 1889 (1). Ensuite vient un dessin comparatif des dimensions des projectiles (2).

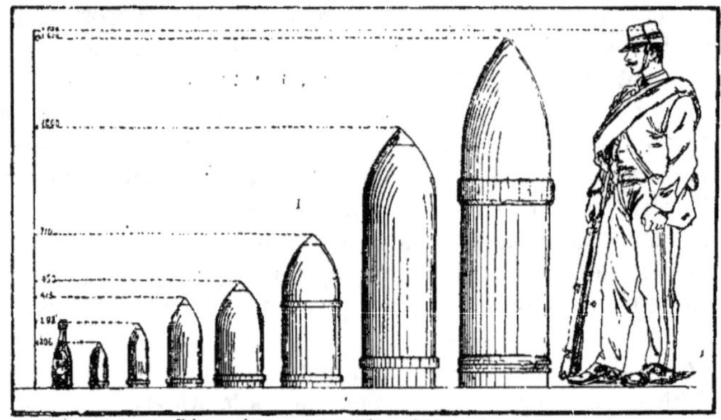

Dimensions comparatives des projectiles.

Emploi des projectiles géants

Les plus grands projectiles sont tirés par les canons de siège, de place, de côte et de marine, qui ont des dimensions considérables et dont l'usage exige des précautions spéciales, pour que les parois de l'âme puissent résister à la pression des gaz de la poudre. Afin de donner au moins une idée de la façon dont on consolide les parois de ces canons-géants, nous

(1) Dredge, *The modern french artillery* (L'artillerie française moderne).

(2) Ces dessins ont été établis d'après les données d'Oméga : *L'Art de combattre* et *Sciences militaires, Artillerie.*

LES CANONS DU SYSTÈME CANET A L'EXPOSITION UNIVERSELLE DE PARIS DE 1889

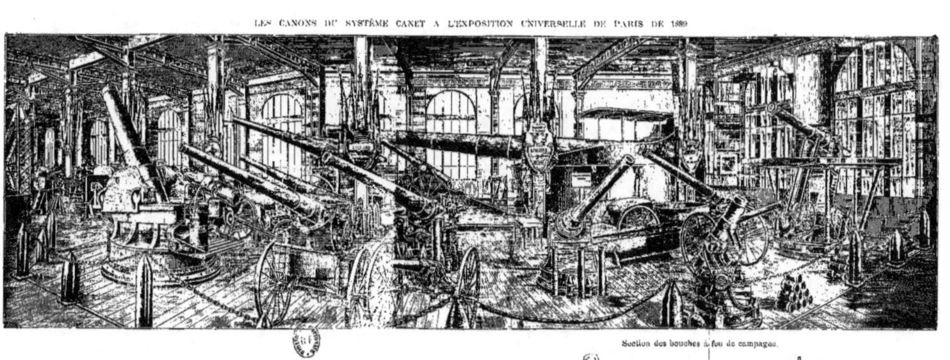

Aspect d'un canon Krupp de 16 mètres de longueur.

représentons ici la section d'un canon de 16 mètres de long, commandé à la maison Krupp par le gouvernement italien. Cette bouche à feu, qui se charge avec 485 kilogrammes de poudre, peut lancer un projectile du poids de 1,050 kilogrammes.

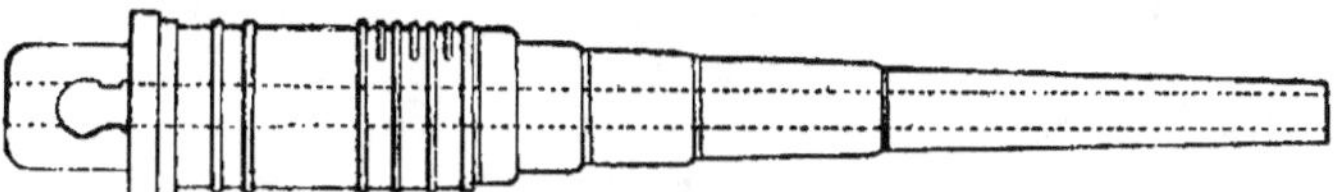

Section d'un canon Krupp de 16 mètres de long.

Un seul canon de ce modèle coûte un million et demi à deux millions de francs.

Parmi ces sortes de bouches à feu si différentes, nous nous intéressons de préférence à celles qui doivent être employées par les armées d'opérations, c'est-à-dire les canons et mortiers de campagne et aussi les mitrailleuses. Nous parlerons plus tard des canons de place, de marine et de côte. *Canons de campagne.*

Les canons de campagne sont destinés à tirer sur les troupes de l'ennemi ; ils sont considérés comme d'autant plus efficaces qu'ils peuvent effectuer ce tir à de plus grandes distances et que leur trajectoire est plus tendue.

La trajectoire, la portée et l'effet destructeur du projectile que lancent ces canons, dépendent, et de la forme de ce projectile, et de la disposition du canon, mais surtout de la force impulsive développée par la charge. *Conditions de l'action des projectiles.*

Pour qu'une tension trop subite des gaz ne détériore pas le canon lui-même, on a commencé par donner aux pièces une assez grande longueur en employant une poudre à combustion lente. Mais, depuis 1870, l'aspect des canons de campagne s'est peu modifié, et il est généralement plus ou moins connu, de sorte qu'il n'est pas nécessaire d'en donner une description.

A Plewna, et dans d'autres positions organisées en rase campagne, pendant la guerre russo-turque, les batteries russes se sont trouvées en présence de troupes si solidement abritées que leurs canons de campagne ne pouvaient les atteindre, ni en faisant passer leurs projectiles à travers ces abris, ni en faisant pleuvoir par-dessus et par derrière les éclats de leurs obus et de leurs shrapnells. *Question du tir sur des troupes fortement abritées.*

Les Russes durent attendre l'arrivée de canons plus lourds et à tir vertical. Depuis lors, la question du tir contre les troupes fortement abritées n'a réellement pas cessé d'être en discussion.

Beaucoup soutiennent que l'on rencontrera des ouvrages de ce genre dans la guerre de campagne ; non seulement lorsque, comme les Russes à Plewna, on laissera à l'ennemi le temps de les établir, mais même au cours des opérations les plus rapidement menées, par suite de la façon dont les troupes sont maintenant pourvues d'instruments pour remuer promptement la terre.

Les manœuvres ont d'ailleurs clairement prouvé que, même dans un très court espace de temps, on peut se créer des abris derrière lesquels les shrapnells ne peuvent vous atteindre. Et, dans ces dernières années, — comme on peut le voir par les *Règlements sur le service du pionnier en campagne* et les *Instructions pour les fortifications de campagne* — on a imaginé des abris horizontaux que, ni les balles des shrapnells, ni les éclats des obus ne peuvent traverser. De plus, comme les canons de campagne sont des engins à trajectoire très tendue, c'est-à-dire dont les projectiles arrivent sous de petits angles, on ne peut pas frapper ces abris horizontaux avec des projectiles entiers, ni, par conséquent, les démolir.

Obus explosifs allemands pour tirer contre les abris.

Pour atteindre des troupes postées derrière des abris solides, l'artillerie de campagne allemande possède, depuis 1888, un obus explosif qui, muni d'une forte charge, fait arriver ses éclats, sous de grands angles de chute, jusque derrière les abris. Toutefois, même d'après le *Règlement de tir pour l'artillerie de campagne allemande*, ce projectile n'a qu'une action assez faible en profondeur ; c'est-à-dire qu'il faut un tir très exactement réglé pour faire arriver les éclats derrière l'abri, comme c'est nécessaire pour que le projectile soit efficace.

Types de canons de campagne pour le tir contre les abris.

Mais plus grande est la distance et plus difficile devient ce réglage exact du tir ; outre qu'il faudra d'abord constater si les éclats du projectile traversent des abris horizontaux, qui sont faciles à installer assez solidement, pour peu qu'on ait quelque temps à sa disposition.

On pourrait ainsi, quand on se trouve en présence de positions préparées par l'ennemi, se voir dans la nécessité d'attendre d'abord l'arrivée des pièces de l'artillerie de siège, capables, soit de démolir entièrement les ouvrages, soit de tirer verticalement contre les abris horizontaux.

Or, c'est là une situation désavantageuse. Le temps est souvent un élément décisif du succès dans une bataille. Il faut donc que l'armée de campagne puisse disposer elle-même de bouches à feu qui lui permettent de venir promptement à bout d'abris de ce genre établis en rase campagne ou préparés à l'avance.

Il y a deux sortes de bouches à feu à tir vertical. Les mortiers, qui, avec une trajectoire très courbe, conviennent particulièrement contre les objectifs abrités et lancent leurs projectiles d'en haut, ne conviennent pas au contraire pour tirer contre des troupes disposées à ciel ouvert ; parce que les bombes· mettent, pour arriver au but, un temps assez long,

Chargement.

Mortier prêt à être déchargé.

pendant lequel la troupe visée peut changer ¡de position. De plus, ils n'ont pas de shrapnells bien pratiques (1).

La figure suivante représente un mortier de campagne moderne.

Mortiers de campagne modernes.

Mortier de campagne.

Il y a encore une autre espèce de bouches à feu, à tir vertical : ce sont les obusiers. Leur trajectoire est moins courbe que celle des mortiers. Cependant la courbure en est encore assez prononcée pour faire arriver des projectiles entiers sur un abri horizontal. Les obusiers lancent en outre de bons shrapnells, avec lesquels on peut atteindre les troupes abritées et qu'on peut employer également contre celles qui le sont pas.

Obusiers.

Ainsi tandis que le mortier ne peut servir que dans des cas tout spéciaux, l'obusier peut également être employé pour la lutte en rase campagne, ce qui, naturellement, est de la plus grande importance.

Plus grande variété d'emploi des obusiers.

------

(1) Quelques explications sont nécessaires pour faire comprendre aux personnes qui ne sont pas militaires la différence entre le tir des canons et celui des mortiers. Cette différence est nettement indiquée par les deux figures ci-dessous, empruntées aux *Leitfaden für Unterricht in der Waffenlehre an der königlichen Kriegsschulen* (Guide pour l'étude de l'armement aux écoles royales de guerre). — Berlin, 1888.

Différence entre le tir des mortiers et celui des canons.

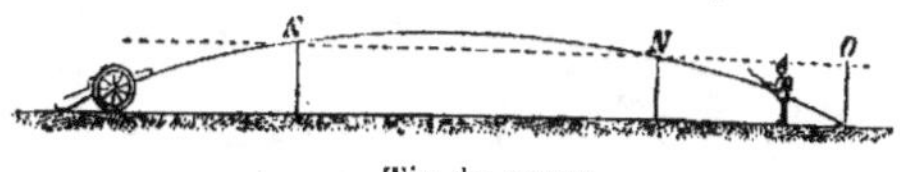

Tir du canon.

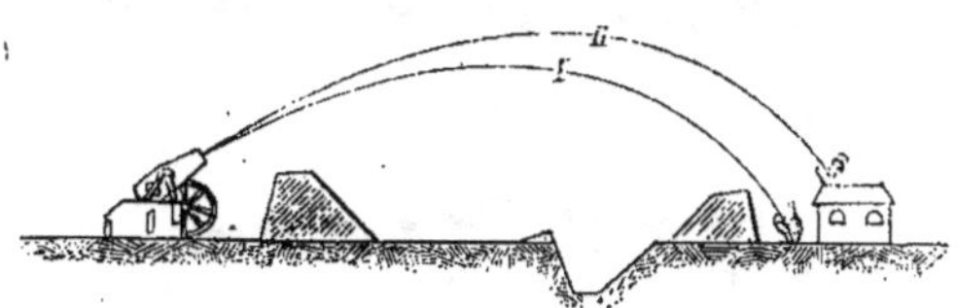

Tir du mortier.

La première figure représente la trajectoire d'un obus qui frapperait l'infanterie en

L'obusier de campagne construit en France a un calibre de 12 centimètres et tire les mêmes obus que le canon de siège de 12 centimètres, ainsi que des shrapnells d'un modèle spécial. Sa rapidité de tir est extraordinaire parce que son recul est à peu près nul.

Obusier de campagne français.

Au moment du tir, le corps de la pièce C glisse à frottement dans les porte-tourillons D. L'affût se compose de deux parties, savoir :

1° Le bâti A, qui porte l'essieu et joue en quelque sorte le rôle de la plate-forme ;

2° L'affût proprement dit B, qui repose sur le bâti et peut se mouvoir autour d'une cheville fixée sur la partie antérieure de la plate-forme en question.

marche pour aller de N en O. La seconde montre la courbe décrite par le projectile du mortier pour atteindre un objet qui se trouve derrière un abri.

Pour obtenir ces résultats, les canons de campagne sont plus longs que les mortiers, comme le montrent les coupes ci-dessous empruntées à l'ouvrage : *Sciences militaires, Artillerie*.

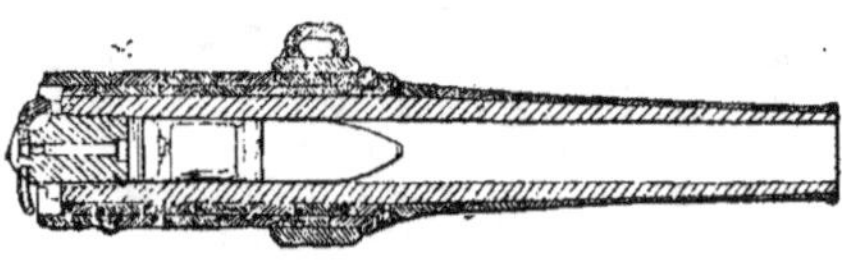

Canon

Mortier.

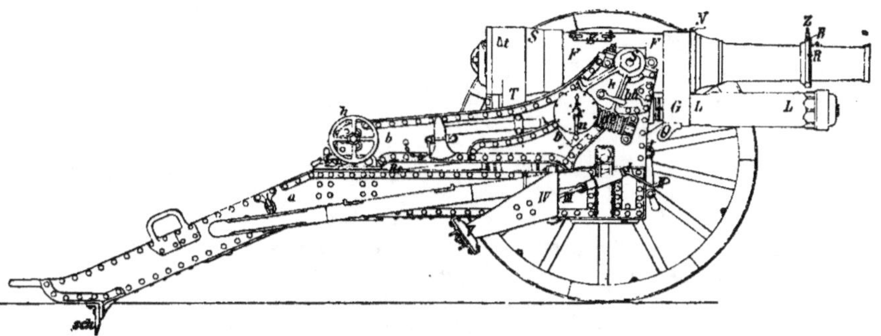

La pièce et l'affût.

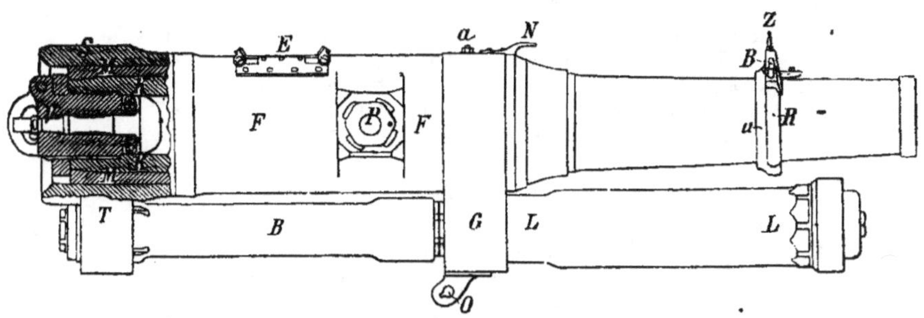

Corps du canon avec le frein hydro-pneumatique.

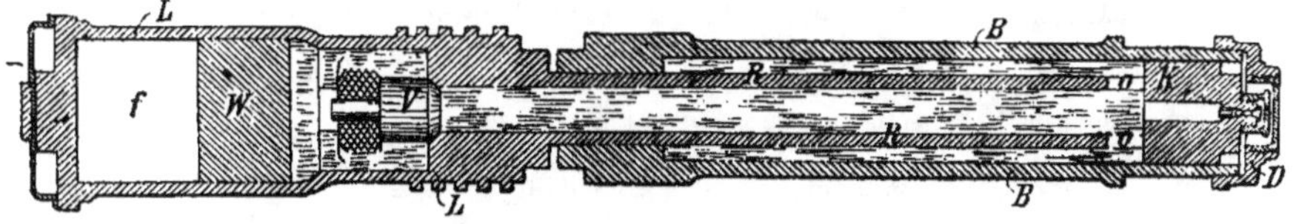

Coupe du frein hydro-pneumatique.

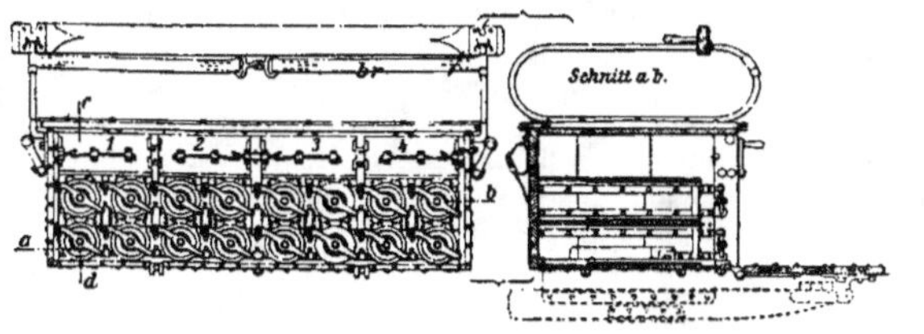

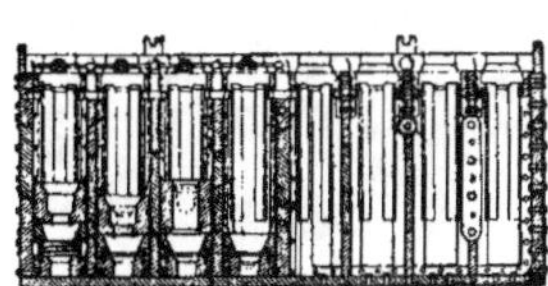

Avant-train et coffre à munitions.

La Guerre future (p. 116, tome I).

L'*affût* du canon de 120^m/^m se compose de deux parties : l'une inférieure, dite *grand affût*, l'autre supérieure, dite *petit affût*.

Le grand affût *a* est constitué par deux flasques en tôle d'acier réunis, à l'arrière, par plusieurs plaques d'acier transversales, au milieu par la *table d'appui du petit affût*, et à l'avant par l'*entretoise pivot* qui porte la cheville ouvrière et l'*essieu* d'acier *coudé*.

Le *petit affût* se compose également de deux flasques d'acier réunis à l'arrière par des *plaques de dessus* et de *dessous de crosse*, et à l'avant par les *tourillons* du canon, qui sont munis d'*épaulements*. Les deux flasques sont aussi reliés par une plaque percée d'un trou évasé en entonnoir, qui s'adapte à la cheville ouvrière de la p'ate-forme constituée par le grand affût.

L'affût porte encore l'appareil permettant de pointer la pièce en hauteur et en direction et le frein.

Le corps du canon est formé de trois parties en acier : une *jaquette* M, un *tube* intérieur K et une *frette de culasse* S. La jaquette est enfermée dans un manchon de bronze F qui la rattache : par les tourillons P avec l'affût et, par la *lunette* G, avec le régulateur L du frein hydropneumatique B L. La frette de butée B et son doublage en caoutchouc *n* ont pour objet de limiter le mouvement du canon et du manchon F. Sur la frette de butée est fixé l'*indicateur de recul* Z, qui permet de déterminer la grandeur—limite du déplacement que subit la pièce par suite du recul. Quand ce recul atteint sa limite extrême (475^m/^m — la grandeur normale est de 450^m/^m) l'indicateur vient frapper sur le *butoir* N du manchon F. Les *pistons* O servent à rattacher le corps du canon et du manchon à l'affût pendant les routes.

Le frein hydropneumatique se compose d'un cylindre en acier B rempli d'huile minérale, et d'un cylindre de bronze L avec réservoir d'air *f*. Le cylindre L, relié avec la lunette G du manchon F, forme un seul tout avec la tige creuse R du piston K (voir la coupe du frein). Le vide intérieur de la tige R communique avec le cylindre creux L, situé en arrière du diaphragme W qui s'appuie à frottement doux sur les parois du réservoir F. La soupape V, appuyée par des ressorts sur l'ouverture de la tige creuse R, cède à la pression du liquide, chassé par le piston, mais referme immédiatement l'ouverture dès que cesse cette pression du liquide.

Le recul est presque entièrement supprimé par suite du jeu très précis d'un frein hydro-pneumatique G, dont la tige P est reliée à la bouche à feu par une pièce métallique H qui constitue une sorte de prolongement de la culasse.

Dans ce dispositif ingénieux, l'effet de la réaction est annulé :

1° Par la résistance d'un liquide (la glycérine) qui se répand rapidement par quelques ouvertures ;

2° Par la pression d'une masse gazeuse qui ramène sans retard la bouche à feu dans sa position.

Le pointage de la pièce s'exécute comme dans toutes les bouches à feu de campagne. On pointe d'abord approximativement, au moyen de la hausse et du guidon. Après le premier coup, on complète le pointage en direction par le moyen du volant E et, en hauteur, par la rotation de la manivelle F. L'opération s'effectue très promptement, pourvu que le bâti de l'affût ne

Obusiers à tir
rapide de Gruson.

Obusier à tir rapide de Gruson.

change pas de position et que la pièce se trouve toujours, au moment de son retour en batterie, à peu près exactement pointée (1).

Nous donnons ci-contre le dessin d'un obusier à tir rapide de 12 centimètres construit par Gruson.

Toutes les artilleries de campagne sont munies de canons rayés à chargement par la culasse.

On y rencontre généralement la fermeture à coin (coin rond ou coin plat). En Angleterre et en France seulement une fermeture à vis a été adoptée.

Les bouches à feu sont en bronze (bronze acier) ou en acier fondu.

La batterie unité tactique de l'artillerie de campagne.

Un certain nombre de canons de campagne, réunis sous un même commandement, forment une « batterie ». Celle-ci constitue l'unité tactique de l'artillerie de campagne, et, comme telle, est pourvue d'un certain nombre de voitures de munitions et d'outillages divers.

Nombre de voitures de munitions que comporte la batterie dans les différents pays.

Aujourd'hui chaque batterie comprend : en Allemagne, 9 caissons de munitions, en France 9 également (8 pour les batteries à cheval), en Russie 12 (2). En conséquence la batterie allemande peut, dans une bataille, tirer 808 coups, la batterie française 852 et la batterie russe 900, sans avoir recours aux réserves de munitions portées par les colonnes ou sections. Mais ce nombre de coups ne semble pas encore suffisant, et l'artillerie allemande considère comme nécessaire de le porter à 1.290 par batterie (3).

Outre les batteries de canons, on a, dans ces derniers temps, adopté aussi des batteries de mortiers pour la guerre de campagne (4).

Données balistiques sur les canons de campagne des diverses grandes puissances.

Après ces explications nous pouvons passer à l'indication des données balistiques relatives aux canons adoptés dans les différents États.

Nous donnons en outre, dans la planche ci-jointe, les figures qu'on doit considérer comme typiques, d'un canon de campagne et d'un mortier.

Planche IX. Fig. I, II, III et IV.

Nous avons choisi un canon de campagne et un mortier russes, parce qu'ils sont remarquables pour l'organisation de leurs affûts, et qu'ils ont été également adoptés par beaucoup d'autres puissances (Pl. IX, fig. I, II, III et IV).

Il nous faut toutefois donner d'abord au lecteur quelques mots d'explication.

Le tir du fusil produit, comme chacun le sait, un recul, une réaction :

---

(1) Colonel Hennebert, dans *La Nature.*

(2) Il faut dire aussi qu'en Russie la batterie comprend, en général, 8 pièces, au lieu de 6 seulement, comme en Allemagne et en France.

(3) *Militärische Jahresberichte* de 1891, page 376.

(4) Sauer, *Ueber der abgekürzten Angriff gegen feste Plätze* (Sur l'attaque brusquée des places fortes).

PLANCHE IX

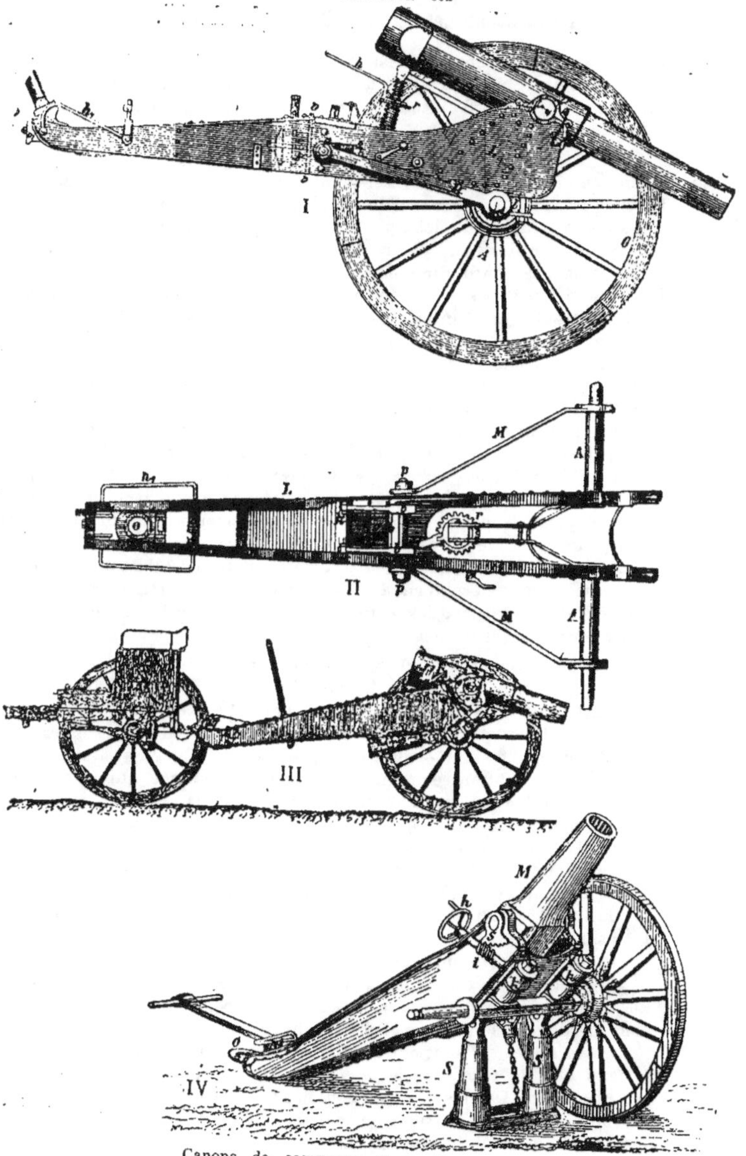

Canons de campagne et mortier russes.

La Guerre future (p. 118, tome i).

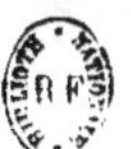

<h1 align="center">Explication des figures de la planche IX.</h1>

Fig. I et III. Canon de campagne russe. Le corps des canons de campagne est formé, soit d'un tube en acier d'Oboukhoff, avec manchons et anneau porte-tourillons, soit d'un tube en acier du système Krupp.

La fermeture de culasse est la même qu'aux canons de campagne allemands.

Fig. II. Affûts de campagne russes. Les affûts de campagne sont des affûts à flasques en fer, d'après le modèle établi par le colonel russe Engelhardt. Cet affût se compose de deux parties : l'affût proprement dit L, et le train roulant G, — reliés l'un à l'autre de façon telle que, dans le tir, la réaction ne se fasse pas sentir directement sur l'affût, et ne lui arrive que par l'intermédiaire d'un système de ressorts F, et des deux tiges M ; grâce à quoi, non seulement l'ensemble du système est ménagé, mais le recul se trouve — par suite de l'effet des ressorts — notablement amoindri.

Chaque ressort consiste en deux rondelles de caoutchouc F, séparées par une plaque de fer galvanisée, — qui sont disposées en avant du coffret d'affût, entre sa paroi antérieure et la plaque de choc, — et en deux vis de ressort bb. Ces dernières, avec leurs têtes munies d'un œil, sont vissées sur les boulons transversaux et pénètrent dans l'entretoise. Dans le tir, l'affût est rejeté en arrière par le recul, les vis de ressort étant maintenues par les boulons transversaux, et les plaques de caoutchouc se trouvant ainsi comprimées jusqu'à ce que la pression supportée par elles soit assez forte pour surmonter la résistance que la voiture oppose au roulement. A partir de ce moment, l'affût et la voiture reculent ensemble, et les plaques de caoutchouc, se décomprimant alors, annulent en partie le recul.

A l'exception de ceux des batteries à cheval, tous les affûts de campagne sont pourvus de sièges d'affût.

Fig. IV. Mortier de campagne russe. Le mortier de campagne se compose d'un tube à manchon en acier M, avec fermeture à coin rond, de même disposition que dans les canons de campagne. Le calibre de l'âme est de 15 cent. 24, la longueur de 9 calibres et le poids de 460 kilogrammes.

L'affût correspondant — affût à roues — est en fer et du système Engelhart. Sur cet affût on remarque : l'appareil de pointage qui se compose d'un secteur denté S, fixé au tourillon droit, et de la vis sans fin i, avec la roue-manivelle h, ainsi que du ressort en caoutchouc k, par le moyen duquel l'essieu repose élastiquement sur ses coussinets ; l'appareil de support s qui, dans la position de tir, supporte l'essieu et décharge ainsi complètement les roues, mais qui, pendant la marche, est relevé et fixé aux flasques de l'affût; enfin la lunette de crosse servant à relier l'affût avec son avant-train.

L'avant-train contient, dans un coffre en tôle d'acier, 12 projectiles et 18 gargousses, et il est disposé pour que trois hommes puissent s'y asseoir. Les munitions des mortiers de campagne consistent en gargousses, bombes-fougasses et shrapnells à diaphragme.

Avec le système d'affût qui vient d'être décrit, le mortier ne recule après le coup que de deux pouces, en arrière ; — autant dire que ce recul est insignifiant. De plus, par l'adjonction à l'affût des dispositifs nécessaires, l'inventeur a rendu possible de pointer et de charger la pièce en même temps, ce qui accélère beaucoup le tir.

Données balistiques sur les canons de campagne des grandes puissances de l'Europe

		Autriche-Hongrie	Allemagne	Italie		France	Russie		
		Canon de campagne de 9 cm mod. 1875*	Canon de campagne lourd de 9 cm mod. 73 et 73/88	Canon de campagne		Canon de campagne de 90 m/m mod. 1874	Canon mod. 1877.		
				léger de 7 cm mod.74	lourd de 9 cm mod.81		de cavalerie	léger	de batterie
Dans le tir des.		Obus				Obus à mitraille	Obus		
Vitesse initiale		448**	442	432	455	455	412	442	374
Vitesse restante	à 2000ᵐ	262**	268	256	273	287	265	273	265
	à 4000ᵐ	217	208	190	210	228	206	212	214
Longueur du rectangle contenant 50 % des coups.	à 2000ᵐ	19	17	13	13	19	23	24	21
	à 4000ᵐ	47	29	26	32	32	42	33	52
Largeur du même rectangle	à 2000ᵐ	2,3	1,8	1,9	1,7	1,8	2,2	1,2	1,6
	à 4000ᵐ	11,0	5,4	6,1	8,5	4,2	9,2	4,8	6,7
Hauteur du même rectangle (dans le tir contre un plan vertical)	à 2000ᵐ	2,0	1,9	1,7	1,4	1,8	2,5	2,0	2,4
	à 4000ᵐ	—	10,0	9,6	10,2	9,2	13,0	8,9	19,8
Zone dangereuse pour un but de 1ᵐ80 de hauteur.	à 2000ᵐ	17	17	15	17	18	16	21	15
	à 4000ᵐ	5	6	4	6	6	6	6	5
Portée maximum		4500ᵐ	6500ᵐ	5400ᵐ	4000ᵐ	7000ᵐ	6400ᵐ	6400ᵐ	5335ᵐ
Nombre d'éclats et de balles du shrapnell		165	262	109	176	160	165	165	340
Nombre de pièces par batterie.		6	6	6	6	6	6	8	8
Nombre de caissons et voitures		19	19	17	15	18	30	29	33
Personnel de la batterie (hommes).		183	175	175	116	194	210	234	266
Nombre de chevaux. .		215	150	154	166	161	242	174	200

* Les données pour le canon de campagne, mod. 1875, se rapportent à l'emploi de la poudre à canon en grains de 7 millimètres employée jusqu'ici. — Les données pour le canon de campagne mod. 1875-90 manquent : — la poudre à nitroglycérine devant être adoptée pour ces pièces.

** Ces chiffres signifient que le projectile parcourt 448 mètres dans la première seconde et qu'après avoir parcouru 2,000 mètres, il possède encore une vitesse de 262 mètres par seconde.

— quand la charge est forte, cette réaction est si violente, qu'elle produit l'effet d'un soufflet sur la joue du tireur.

Avec les canons à forte charge employés aujourd'hui, le recul, s'il s'effectuait librement, repousserait le canon en arrière. Et non seulement il faudrait à chaque coup ramener la pièce en position, — ce qui nuirait à la rapidité et à la précision du tir — mais l'affût serait bientôt lui-même hors de service.

Question de l'affût.

La question de l'affût a donc, en dehors de son intérêt technique, un autre intérêt plus grand encore, celui de la précision du tir.

III. Canons à tir rapide.

Efforts pour développer la rapidité du tir.

L'emploi de la poudre sans fumée a permis de tirer plus largement parti des canons à tir rapide. Depuis l'adoption des canons à chargement par la culasse, le domaine de la balistique n'a pas cessé de se développer, tant au point de vue de l'augmentation d'efficacité du feu qu'à celui d'une meilleure utilisation du temps. Et finalement on est arrivé à des résultats dont s'étonne notre génération elle-même, habituée pourtant aux surprises d'ordre technique. L'effet du tir est vraiment angoissant, quand les détonations se succèdent avec la rapidité de l'éclair, presque au point de se confondre l'une avec l'autre dans un ronflement continu.

Rapidité de tir obtenue par l'emploi de freins adaptés aux affûts.

Le règlement autrichien admet qu'avec l'emploi des freins contre le recul, on peut tirer 4 coups par minute sans avoir à ramener la pièce en batterie ; mais ce n'est possible que si l'on peut se contenter d'un pointage approximatif. Autrement ; même dans les circonstances les plus favorables, on ne peut compter que sur deux coups par minute. Quand une batterie de 6 pièces tire 8 à 10 coups par minute, cela passe déjà pour une vitesse de tir assez considérable : et c'est alors de 36 à 45 secondes qu'il faut compter par coup (1).

En outre, on ne doit pas perdre de vue que l'usage des freins contre le recul fatigue beaucoup les affûts. Ceux-ci ont été construits à une époque où, par suite de l'emploi de la poudre ordinaire, on n'avait pas à se préoccuper de dispositifs spéciaux pour obtenir un tir rapide ; — attendu que ce tir aurait produit un nuage de fumée tellement épais, qu'à moins d'un vent très favorable pour le dissiper, il eût fallu cesser totalement le feu de temps à autre.

Pour toutes ces raisons, on s'efforce aujourd'hui d'établir des canons à tir rapide de petit et de gros calibre, qui peuvent tirer un grand nombre

---

(1) Colonel von Scharner.

De 10 centimètres avec culasse ouverte, disposé derrière un abri.   De 12 centimètres avec culasse ouverte.

Avec culasse fermée.   Avec culasse ouverte.

Canon de 8 pouces (203 millimètres) du système Armstrong, disposé derrière un abri.

Canon de 6 pouces (152 millimètres) derrière un abri, avec culasse fermée.

Canon de 6 pouces (152 millimètres) chargé par la culasse, dans les casemates au début de l'exercice.

de coups par minute avec peu ou point de recul et qui n'ont pas besoin d'être repointés à chaque coup.

Des canons à tir rapide employés comme pièces de campagne on se promet de grands avantages : — possibilité de régler promptement le tir avec un seul canon ; temps gagné, grâce à la vitesse du chargement, et qu'on peut utiliser pour un pointage plus exact ; économie enfin dans la place nécessaire à l'artillerie sur le champ de bataille, parce que, au point de vue du nombre des coups tirés, une seule batterie à tir rapide doit pouvoir remplacer deux ou trois batteries ordinaires.

En outre, les canons à tir rapide pourront rendre d'utiles services en permettant, grâce au grand nombre de projectiles qu'ils lancent, et à la précision de leur tir, de faire sauter les caissons de l'ennemi.

Quant à l'influence que peut avoir sur la tactique l'armement des troupes avec un nombre assez grand de canons à tir rapide, la prochaine guerre seule peut la faire connaître.

Mais le fait est que, dans toutes les armées, il existe des canons à tir rapide des types les plus divers.

Sur le champ de tir de Sandy-Hook ont eu lieu, le 1ᵉʳ juin 1894, des expériences avec diverses sortes de canons à tir rapide du calibre de 6 livres (diamètre de l'âme : 57 millimètres — projectile pesant 2 kil. 720).

Le tableau ci-dessous donne les résultats obtenus comme rapidité de tir :

Désignation des systèmes de canons à tir rapide	Nombre de coups tirés	
	Dans la 1ʳᵉ minute	En 3 minutes
Driggs-Schröder	34	83
Hotchkiss	28	83
Skoda	24	55
Sponsel	24	73
Maxim-Nordenfelt	20	65

Le tableau suivant montre comment s'étaient comportés, dans des essais précédents, quatre des canons mis en présence :

	Driggs-Schröder		Sponsel		Maxim-Nordenfelt		Hotchkiss	
	min.	sec.	min.	sec.	min.	sec.	min.	sec.
Temps pour 100 salves	4	35	4	59	4	41	4	26
Temps pour démonter le mécanisme	»	37	»	44	»	31 2/5	»	56
Temps pour remonter le mécanisme	1	30 3/5	1	56	1	9	1	46

La précision fut mesurée à 914 mètres, 1,828 mètres et 2,743 mètres, et à ce point de vue, le Driggs-Schröder fut classé le premier, puis vinrent le Maxim-Nordenfelt, le Hotchkiss et le Sponsel. A la distance moyenne, le Driggs-Schröder avait mis quatre projectiles dans le même trou.

Quant à la rapidité du tir, le Hotchkiss l'emporta sur tous les autres (1).

En raison du grand nombre de modèles existants et de la variété des calibres, nous n'en pouvons donner que quelques types principaux.

Et d'abord, le canon Hotchkiss représenté ci-dessous (2) :

Canon à tir rapide Hotchkiss.

Les canons à tir rapide Hotchkiss sont des dimensions les plus diverses. Nous figurons ici ceux des six grandeurs les plus usitées, en faisant observer que l'on construit actuellement des canons allant jusqu'au calibre de 20 centimètres, qui peuvent tirer 4 coups par minute (3).

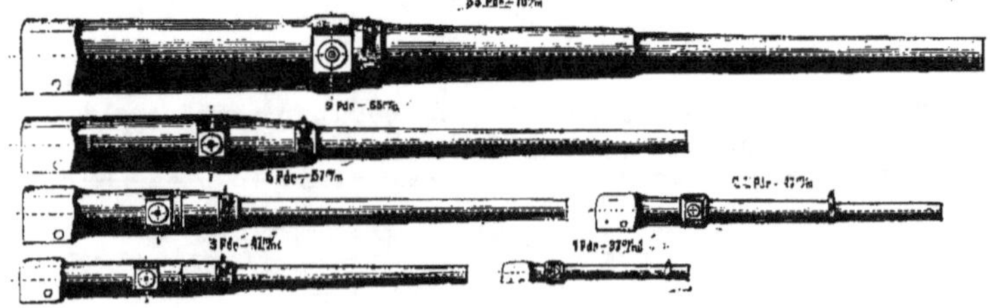

Diversité des canons à tir rapide.

Nous devons observer que pour les canons à tir rapide, comme on le fait aussi, d'ailleurs, pour des bouches à feu de plus grandes dimensions,

(1) Löbell, *Militärische Jahresberichte*, 1894.
(2) Dredge, *Moderne Artillerie*..
(3) Löbell, *Militärische Jahresberichte*, 1894.

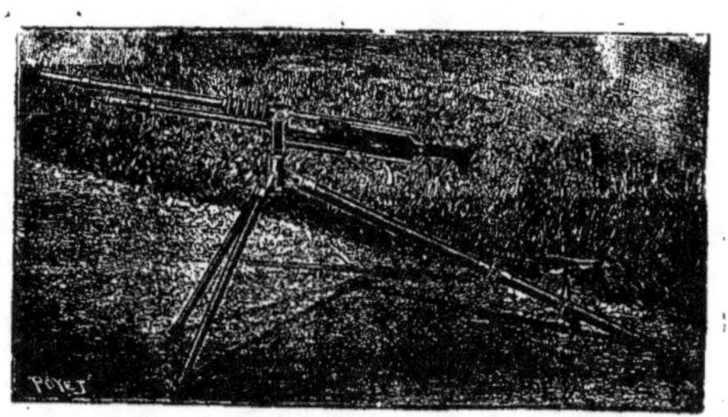

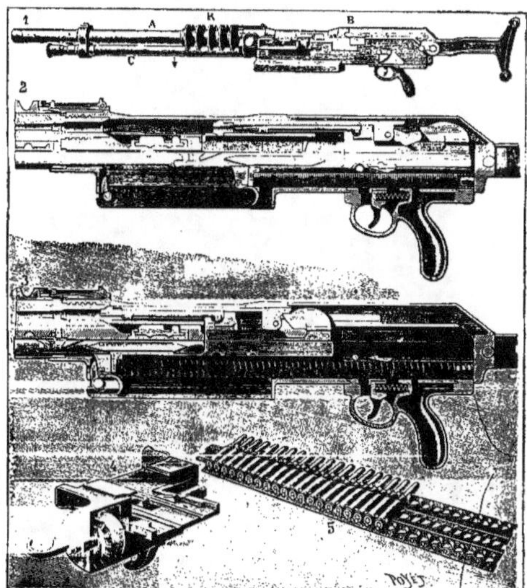

Détails de construction de la mitrailleuse Hotchkiss :
1. — Mitrailleuse en batterie; A, canon fixé à la machine; R, radiateur à ailettes; B, boîte renfermant e mécanisme de fermeture ; C, cylindre pour les gaz ; H, régulateur.
2. — Coupe longitudinale de la culasse ouverte pour montrer le mécanisme ; E, soupape d'introduction à sa position d'arrière ; percuteur avec platine de guerre ; ressort bandé, verrou ouvert, détenté.
3. — Coupe longitudinale de la culasse fermée ; soupape à sa position d'avant ; ressort détendu ; verrou fermé.
4. — Vue perspective du chargeur à travers lequel passent les bandes de chargement.
5. — Vue perspective d'une bande de chargement en laiton, montrant la disposition des cartouches maintenues par des crochets.

on emploie des gargousses métalliques. Quoiqu'elles aient contre elles leur
poids et leur prix, — ainsi que leur difficulté de transport et de maniement,

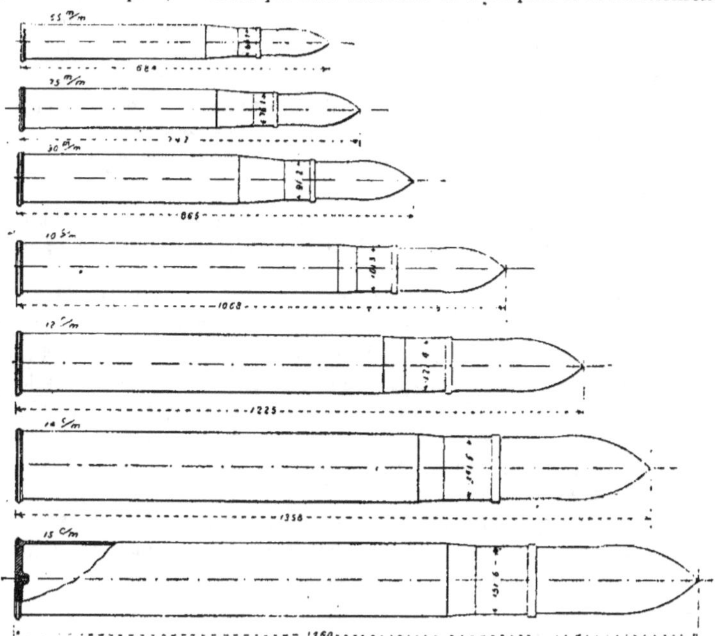

Gargousses métalliques pour canons à tir rapide.

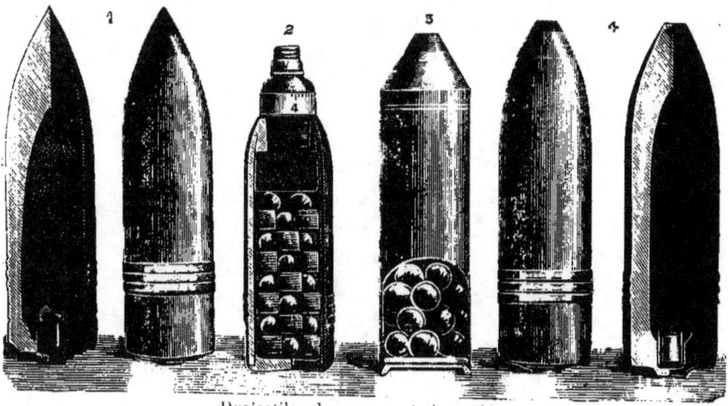

Projectiles des canons à tir rapide.

lorsqu'elles renferment le projectile, — sans compter les embarras et même les dangers que peuvent causer aux servants les douilles qui jonchent le sol autour des pièces et dont le choc d'un projectile ennemi peut projeter les débris de tous côtés, — ces gargousses métalliques n'en sont pas moins d'un usage très répandu.

Nous donnons, dans la page précédente, le dessin des gargousses métalliques aujourd'hui employées, depuis le calibre de 65 millimètres jusqu'à celui de 15 centimètres (système Canet), ainsi que la figuration des projectiles correspondants.

Nous ne devons pas oublier que chacun de ces projectiles est rempli de substances explosives et destiné à éclater en plusieurs centaines de morceaux.

En Belgique, l'usine de John Cockerill, à Seraing, a établi un canon à tir rapide de 7 cent. 5, d'après les plans de la Société Nordenfelt de Paris ; canon avec lequel des expériences ont eu lieu sur le champ de tir de l'usine.

D'après la *Revue de l'armée belge*, de mai 1893, ce canon pèse 400 kilogrammes. L'affût comprend deux parties : l'affût supérieur, qui peut reculer de 30 centimètres et qui est muni d'un frein à frottement avec roue dentée et ressort réagissant ; et l'affût inférieur, pourvu d'un soc de charrue et de sabots à ses roues.

L'avant-train, qui porte 48 coups, pèse 649 kilogrammes. L'ensemble de la voiture en pèse 697. Les projectiles employés sont des obus ordinaires, des obus à segments, et des shrapnells qui sont renfermés dans des douilles de cuivre.

Dans les expériences, le canon revenait, après chaque coup, exactement à sa position primitive. Les sabots des roues et le soc de charrue s'enfonçaient dans le sol. Le pointage n'avait besoin que d'une insignifiante correction.

Plus récemment, sur un sol résistant, couvert d'une légère couche de sable et avec un projectile de 4 kilog. 700, on obtint la suppression totale du recul. Le canon s'avança même, au contraire, de quelques centimètres.

-Canon à tir rapide protégé par un cuirassement.

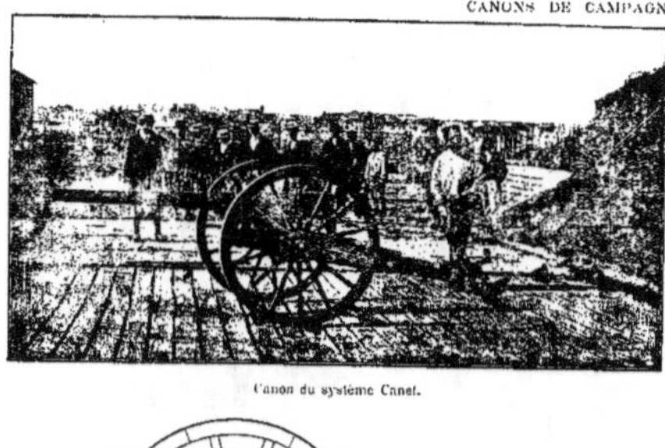

Canon du système Canet.

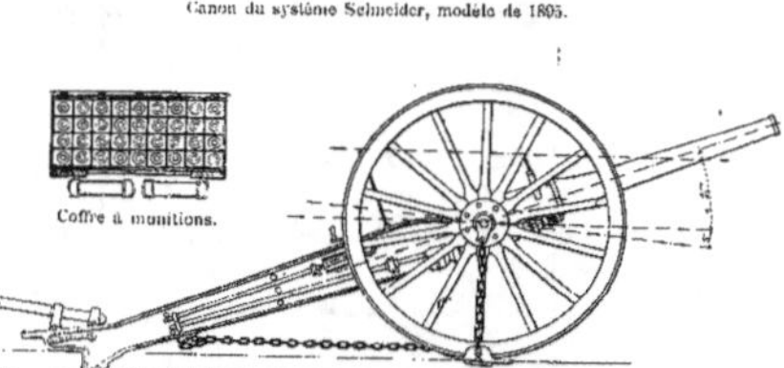

Canon du système Schneider, modèle de 1895.

Profil.

Coffre à munitions.

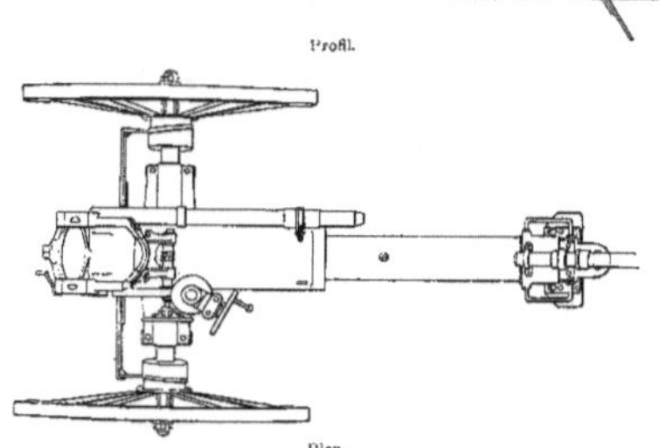

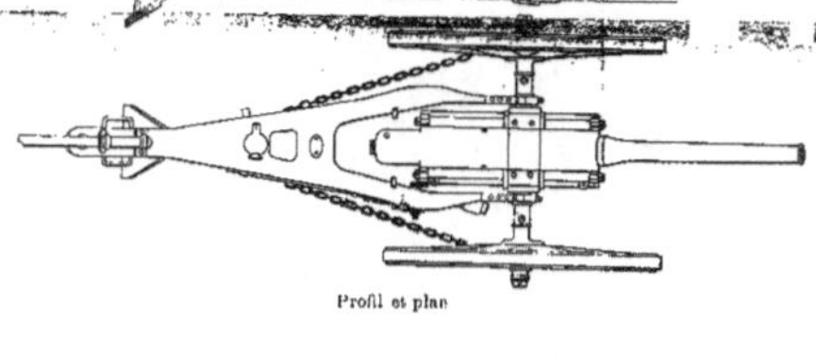

Profil et plan

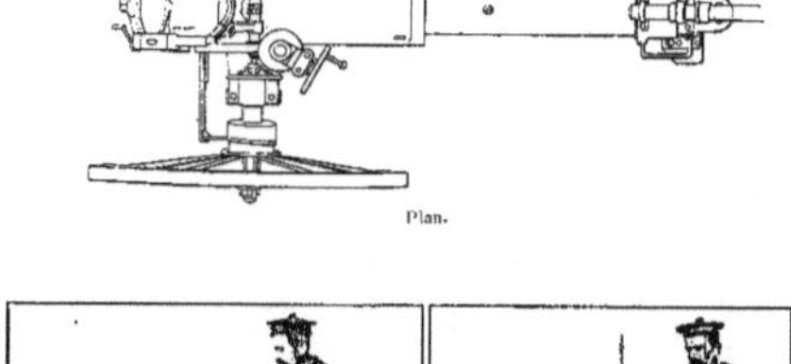

Plan.

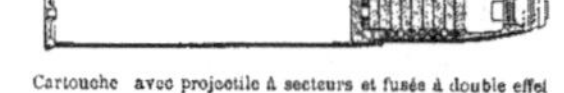

Cartouche avec projectile à secteurs et fusée à double effet

Vue par la culasse.

Vue par la bouche.

Canon du système Darmancier.

Caisse à projectiles.

ÉLÉMENTS NUMÉRIQUES DES NOUVEAUX CANONS A TIR RAPIDE

	En projet.	Darmancier.	Elswick.	Schneider.	Beaufars.	Finspong.	Canet (long).	Châtillon.	Canet (lourd).	Hotchkiss.	Krupp.	Cail.	Nordenfeldt.
Calibres en millimètres	77,6	75	76,2	75	75	75	75	75	75	75	75	75	75
Poids du projectile en kilogrammes.	6,85	6,5	5,67	6,5	6,8	6,0	5,9	6,5	6,4	6,00	6,5	5,6	5,85
Poids de la charge en grammes....	600	1130	560	850	500	500	900	600	650	800	500	600	425
Vitesse initiale en mètres	480	600	613	500	540	564	600	525	520	530	500	523	500
Vitesse à 2,000 mètres en mètres...	308	358	337	338	318	307	324	313	314	316	314	311	304
Force vive du projectile à 2,000 mètres en tonnes-mètres	33,1	42,4	32,8	38,7	35,0	28,9	27,8	33,1	31,9	30,5	32,7	27,6	27,6
Longueur de l'âme en mètres	2,2	2,7	2,4	2,47	2,3	2,4	2,4	?	2,1	2,14	2,1	2,2	2,09
Pression maximum des gaz en kil.	2128	2200	?	2355	?	?	2200	2500	2000	?	?	?	?
Poids de l'affût en kilogrammes....	540	600	530	630	624	563	650	690	635	420	557	520	647
Poids de la pièce séparée de l'avant-train en kilogrammes	950	1020	936	960	1000	980	980	1050	995	780	957	820	947
Force vive de recul par kilogramme du poids de l'affût en kilogrammet.	2,71	3,63	3,3	3,70	3,15	2,70	2,73	2,87	2,80	3,87	2,61	3,13	2,41
Travail par kil. du poids de la pièce séparée de l'avant-train en kilogrammètres	84,2	116,9	116,0	108,2	101,1	99,3	97,3	85,3	88,6	110,1	84,5	96,0	78,7
Nombre de fragments fournis par l'éclatement du shrapnell	312 (342)	294	185	»	»	»	»	»	»	»	250	»	159 +63
Poids total de ces fragments en kil.	3,43	3,23	2,31	»	»	»	»	»	»	»	2,75	»	»
Poids de l'avant-train chargé en kil.	850	720	914	767	»	»	575	650	700	800	813	580	667
Poids de la pièce avec l'avant-train en kilogrammes	1800	1740	1850	1727	»	»	1555	1700	1695	1580	1779	1400	1614
Poids des projectiles contenus dans l'avant-train	36	36	36	36	»	»	35	35	35	48	30	36	50
Poids du projectile et de sa charge réunis en cartouche en kilogr....	8,0	»	6,23	9,0	»	»	6,9	7,85	»	7,18	7,48	7,2	6,5
Poids des munitions contenues dans l'avant-train en kilogrammes....	288	»	224	324	»	»	241	276	»	344	224	259	325
Poids des munitions en pour cent du poids total de l'avant-train chargé	34	»	24,5	42,2	»	»	41,9	42,5	»	41,1	27,6	41,6	48,7

Il faut encore observer que différents systèmes ont été imaginés pour protéger les canons à tir rapide contre les projectiles ennemis. Comme exemple, la figure ci-contre, empruntée aux *Sciences militaires, Artillerie*, représente un canon protégé par un cuirassement.

On construit aussi des affûts cuirassés qui offrent beaucoup plus de sécurité. Nous en donnons un de l'espèce la plus lourde, tel que Gruson les installe sur la voiture qui les traine.

Affût cuirassé transportable pour un canon à tir rapide de 53 millimètres.

Ces canons peuvent, dans certains cas, tirer de dessus leur voiture, comme des canons de campagne, sans même que les chevaux soient dételés. Ou bien ils sont enterrés jusqu'à une certaine profondeur, ou amenés dans des emplacements préparés d'avance et disposés de manière que le toit de l'affût, qui peut tourner avec le canon, reste seul visible. Le canonnier placé à l'intérieur n'est pas seulement à l'abri des shrapnells, la

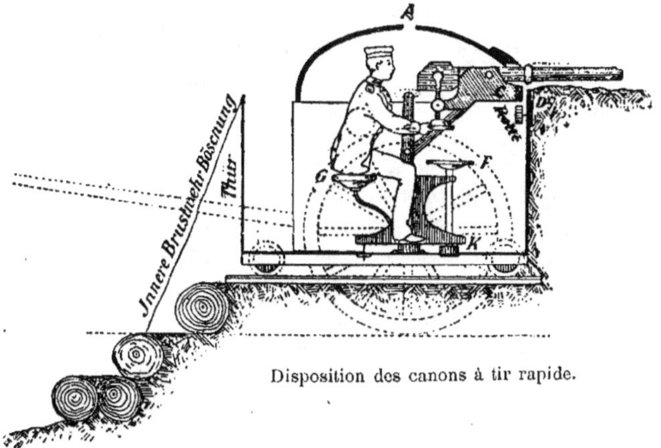

Disposition des canons à tir rapide.

cuirasse le protège également contre les obus des canons de campagne. Et il peut ainsi, en toute sécurité, viser son adversaire.

Si l'on songe qu'en raison de sa fermeture de culasse très simplifiée, le canon à tir rapide peut aisément tirer 25 coups par minute, il semble que l'affût cuirassé transportable avec canon à tir rapide constitue vraiment une arme terrible.

Les tubes fabriqués pour la construction des canons à tir rapide sont en acier fondu au creuset et forgé ; ils sont pourvus de la fermeture à coin perpendiculaire à serrage automatique. La gargousse renferme également le projectile.

Le canon repose par ses tourillons dans les coussinets des porte-canon C, qui sont solidement reliés au toit de l'abri. La volée sort par une ouverture pratiquée dans ce toit, au niveau du bord supérieur du cylindre sur lequel elle fait saillie d'environ 70 centimètres. Une vis de pointage permet de faire varier la position de la pièce en hauteur depuis 10 degrés au-dessus de l'horizon jusqu'à 5 degrés au-dessous. La direction est donnée par le mouvement même de rotation du toit, qui repose sur trois rouleaux.

Pour faciliter ce mouvement, une roue à engrenage K, qu'on fait tourner au moyen d'une roue à manivelle F, se déplace le long d'une voie circulaire dentée, disposée sur le fond de l'appareil et concentrique avec lui.

Le pointeur est assis sur un siège G et un second servant lui remet les munitions qu'il prend dans des coffres disposés tout autour des parois.

Au sommet du toit une ouverture A, qu'on peut fermer à volonté, sert à faire échapper la fumée. Une ouverture spéciale permet d'observer les coups.

Grâce à la rotation du toit qui entraîne le canon, on peut, pendant les suspensions du tir, soustraire à l'action du feu de l'ennemi, ce canon et son embrasure, c'est-à-dire le point le plus vulnérable de l'appareil.

L'épaisseur de la cuirasse de l'affût transportable de 37 millimètres est calculée de façon à protéger, non seulement contre le tir de la mousqueterie et des shrapnells ou les éclats d'obus, mais aussi, dans ses plus fortes parties, contre les obus mêmes des canons et mortiers de calibre léger.

Dans les affûts de 55 millimètres, l'épaisseur de la cuirasse est assez grande pour protéger contre les projectiles des canons de siège ordinaires, — abstraction faite toutefois des obus brisants qui les détruisent quand ils arrivent sous un angle favorable. — Mais en disposant ces affûts convenablement et en les enterrant, on peut les soustraire à la vue et à la visée de l'ennemi de façon telle que la plupart des coups ne puissent les atteindre que par hasard.

C'est ce qui explique pourquoi, dans l'organisation des différentes artilleries, on préfère les calibres supérieurs à 5 centimètres aux calibres plus petits.

Après l'exemple donné par les grandes puissances, des canons à tir rapide sur affûts transportables ont été adoptés également en Roumanie, en Bulgarie (57 millimètres), en Danemark (53 millimètres), etc. Dans ce dernier pays on a même adopté une tourelle à éclipse très remarquable pour canons à tir rapide de 75 millimètres.

En dehors de la sécurité des servants et de la rapidité du tir, les canons cuirassés transportables ont l'avantage de permettre, par un système simple de rotation, de changer promptement d'objectif et de tirer dans toutes les directions ; outre qu'avec l'emploi de la poudre sans fumée ils donnent la faculté d'observer les coups de l'intérieur de la tourelle et qu'enfin, par suite du bon abri qu'ils offrent et qui renferme en même temps les munitions nécessaires, ils possèdent à un haut degré la faculté d'être toujours prêts à faire feu.

Avantages des canons cuirassés transportables.

Toutefois ces engins ont aussi leurs inconvénients qui se font sentir principalement dans la guerre de campagne, et qui proviennent de leur poids toujours relativement considérable et mal réparti ; ce qui limite beaucoup leur mobilité, et ne leur permet guère de changer de place au cours d'une action. De plus, l'observation du tir et la conduite du feu pourraient, dans les conditions de la guerre de campagne, être si difficiles avec le tir à obus, que bien souvent il serait impossible d'en faire usage.

Inconvénients des canons cuirassés transportables.

Des affûts cuirassés transportables, pour canons de 57 millimètres, fournis par l'usine Krupp, ont été essayés en décembre 1892, sur un champ de tir voisin de Constantinople, en présence d'une Commission d'officiers turcs. Il s'agissait de tirer sur différents objectifs de campagne, avec des obus à segmentation annulaire, des shrapnells et des boîtes à mitraille. Les résultats furent très favorables : dans une minute on put lancer, sans repointer, 20 à 25 obus ou boîtes à mitraille, ou 15 shrapnells. L'affût, avec sa pièce, pesait 2,487 kilogrammes, et, avec la voiture servant à le transporter, 3,850 kilogrammes — y compris 96 charges. — C'était, par cheval, suivant qu'on attelait à 4 ou à 6, 1,050 ou 700 kilogrammes à traîner.

Expériences sur des affûts cuirassés Krupp, de 57 m/m.

On tira à mitraille, à 200 mètres, contre trois cibles représentant de l'infanterie et placées l'une derrière l'autre pour figurer une colonne d'assaut. Le résultat fut de 66 atteintes en moyenne par coup — sur 240 balles.

Contre une colonne profonde, figurée par 5 cibles, à 2,400 mètres, et contre une colonne de compagnie de 3 cibles à 1,100 mètres, on obtint par coup : avec les obus à segmentation, 28 atteintes, et, avec les shrapnells, 22 ou 40 balles au but, suivant la distance : — ces derniers nombres représentant respectivement 28 et 45,5 0/0 des balles contenues dans le projectile.

Sur les 215 tirailleurs de la colonne profonde, 203 — soit 94,4 0/0 — avaient été frappés ; et sur les 120 tirailleurs de la colonne de compagnie, tous étaient atteints sans exception.

Pour ce qui est des canons-revolvers et mitrailleuses, peu d'armes à feu ont été aussi diversement jugées. On a surtout beaucoup discuté et on discute encore beaucoup sur le type le plus parfait : la mitrailleuse Maxim.

Avec son organisation simple et ingénieuse, fondée sur le principe de l'utilisation du recul pour rejeter automatiquement la douille du coup parti, puis recharger et faire partir consécutivement les coups suivants, — ce qui permet de lancer 600 balles par minute — cette arme a, naturellement, attiré l'attention de toutes les puissances.

Nous donnons ici le dessin d'une mitrailleuse Maxim :

Mitrailleuse Maxim.

Les cartouches des canons Maxim, du calibre de 37 millimètres, sont placées l'une à côté de l'autre sur une bande de toile et sont amenées, dans la culasse mobile du canon, par le fonctionnement même du mécanisme de cette culasse que commande un levier. Le chargement et le tir du canon s'effectuent simplement par l'utilisation du recul ; — le dispositif étant combiné de façon telle que la réaction produite par le départ d'un projectile fasse avancer la cartouche suivante. Le service de la pièce n'exige qu'un seul homme : le *maître-pointeur*. C'est lui qui peut faire partir les coups, soit l'un après l'autre, en mettant chaque fois la détente en mouvement, soit en déclenchant le mécanisme automatique : — la force du recul fait

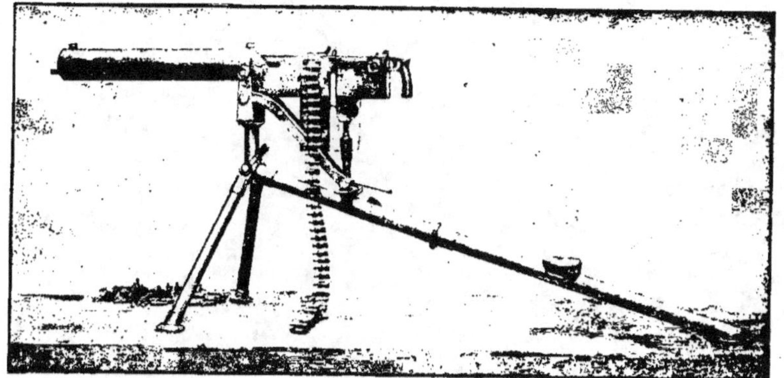

Mitrailleuse Nordenfeld.

Ruban à cartouches.

Mitrailleuse Hotchkiss.

alors exécuter aux leviers les deux demi-tours nécessaires pour chaque coup.

Le système fonctionne de la manière suivante. Pour tirer le premier coup, le maître-pointeur agit lui-même sur le levier au moyen de la poignée et introduit la première cartouche dans le canal de la pièce de culasse ; après quoi il presse sur la détente et le coup part. Au moment où sort le premier projectile, la réaction fait glisser la pièce de culasse en arrière, la tige du levier faisant deux demi-tours : au premier, la culasse qui s'est portée en arrière, éjecte la douille vide provenant du coup précédent et reçoit la nouvelle cartouche ; au second demi-tour du levier, la nouvelle charge s'introduit dans le canal, en même temps que la pièce de culasse, débarrassée de l'ancienne douille, revient elle-même à sa place, et ainsi de suite.

Pour faire fonctionner automatiquement le mécanisme, il suffit donc de pointer la pièce et d'y mettre soi-même le feu au premier coup : le recul se charge du reste, mais seulement aussi longtemps qu'il reste des cartouches sur la bande de toile qui les apporte à la machine.

Le fonctionnement du mécanisme peut être interrompu à volonté par le maître-pointeur, qui règle également la vitesse du tir. Celle-ci peut atteindre jusqu'à 200 coups par minute, c'est-à-dire 3 coups par seconde.

Si l'on interrompt le tir pour rectifier le pointage, il faut naturellement recharger et faire partir l'arme à la main.

Mitrailleuse Maxim en activité.

Maxim a aussi établi des canons du même genre, du calibre de 47 et de 57 millimètres, et il a expérimenté même, avec succès, dit-on, un canon du calibre de 125 millimètres.

Canons Maxim différents calibres.

Les résultats des expériences exécutées dans les différents pays ont été cependant très différents ; et la nouvelle mitrailleuse a été l'objet de longues discussions et de commentaires, les uns favorables, les autres défavorables, souvent exagérés.

Expériences exécutées en Autriche avec la mitrailleuse.

Dans les expériences exécutées en Autriche, en 1888, avec une mitrailleuse de 11 millimètres, le mécanisme de chargement refusa son service après 8,000 coups et il fallut continuer le tir avec une autre mitrailleuse. Le mécanisme n'était que légèrement endommagé ; néanmoins on dut renvoyer l'arme à Londres.

Avec une autre mitrailleuse de 8 millimètres, on ne put pas obtenir de vitesse de tir supérieur à 400 coups par minute et le canon devint alors tellement chaud que les balles commençaient à fondre. L'eau du manchon ne produisait par conséquent aucun effet réfrigérant.

Cette mitrailleuse fut également renvoyée au constructeur ; et le journal *Armeeblatt*, rapportant cette expérience, en tira la conclusion qu'une arme, organisée pour l'utilisation du recul, n'était pas, quoique très ingénieuse, d'un usage pratique à la guerre ; — ce qui lui faisait donner la préférence aux mitrailleuses à plusieurs canons, comme la Gatling.

Expériences comparatives exécutées en Suisse entre les mitrailleuses Gardener et Maxim.

En 1889 on exécuta à Thoune, en Suisse, des expériences comparatives entre la mitrailleuse Maxim de 11 millimètres et la Gardener de 7 $^m/_m$ 5. La première fut choisie pour l'armement des fortifications du Saint-Gothard, parce que, d'après les journaux suisses, on avait reconnu sa supériorité au point de vue de la précision, de la stabilité du pointage, de la rapidité du tir et de la simplicité du maniement.

Adoption de la mitrailleuse Maxim en Angleterre.

A la fin de la même année, l'Angleterre adopte la mitrailleuse Maxim et la donne à 12 bataillons (2 à chacun).

Mauvaise façon dont elle se comporte dans la marine allemande.

Dans la marine allemande la mitrailleuse Maxim est adoptée en 1892. Pourtant, dans les combats livrés par Bulow au Kilimandjaro, non seulement elle n'a pas répondu à ce qu'on attendait d'elle, mais elle s'est même, en général, mal comportée.

Efforts de la maison Maxim pour faire disparaître les défauts constatés.

Néanmoins à mesure que la maison productrice perfectionne le mécanisme, en faisant disparaître les défauts constatés et en écartant les difficultés de transport, ces armes paraissent se faire accepter de plus en plus. Même quand les conditions de terrain sont défavorables, notamment lorsqu'on se trouve en face d'une pente qui s'accentue graduellement, on peut néanmoins régler le tir en amenant d'abord le but à se déplacer et en le criblant alors de coups au moyen du tir rapide.

Résultats des expériences de tir avec les mitrailleuses.

Dans les premiers exercices de tir exécutés à distances connues, contre des objectifs de campagne, alors qu'on était encore peu familiarisé avec les nouvelles armes, on a obtenu les remarquables résultats suivants :

Batterie suisse de mitrailleuses Maxim.

Canons Maxim pendant l'action.

Objectifs	Nombre de cibles	Distance en mètres	Nombre de coups tirés	Durée du tir en secondes	Nombre des atteintes	Nombre des cibles touchées
Infanterie en colonnes....	100	200	200	25	»	73
Id. en ligne de tirailleurs.	95	400	200	25	67	42
Id. en ligne, en ordre compact........	40	630	197	25	181	39
Id. en ligne de colonnes par peloton, distantes l'une de l'autre d'environ 60 mètres . . .	120	800	299	»	458	91
Artillerie	76	1.030	400	»	267	66

Jusqu'à présent la maison Maxim a livré des mitrailleuses à 41 gouvernements ou sociétés coloniales. Dans 39 cas les armes étaient destinées partie à la guerre de siège et partie à la guerre de campagne.

Il a été récemment décidé en Suisse que chaque régiment de cavalerie serait doté de 3 mitrailleuses Maxim, avec un caisson de munitions pour le transport de 10 à 15,000 cartouches de réserve : le tout sous les ordres d'un officier, avec 4 ou 5 sous-officiers et 12 soldats.

Les mitrailleuses affectées à la cavalerie ont pour objet d'augmenter la puissance de feu de cette arme, partout où elle peut avoir à se présenter.

Ces engins constituent un objectif extrêmement petit et peuvent trouver à s'abriter dans tous les terrains, de sorte que l'ennemi aura grand' peine à déterminer la direction d'où lui arrivent les coups.

L'effet du tir à distances connues, surtout contre des objectifs profonds, est des plus meurtriers. Ce qui permet à la cavalerie d'entrer brusquement en action après un tir que l'adversaire ne pouvait prévoir.

Des canons-revolvers ont aussi été adoptés dans l'armée française.

Ils se composent de six tubes qui, par le moyen d'un mécanisme, tournent autour d'un axe central placé dans le barillet derrière la culasse du canon et mis en mouvement par une manivelle. La cartouche consiste en une douille qui reçoit la charge de poudre et une sorte de boite, fixée à cette douille, qui contient 24 balles rondes en plomb durci. Le poids de la cartouche est d'environ 1 kilogramme; le poids du canon lui-même est de 500 kilogrammes. L'affût en pèse 600.

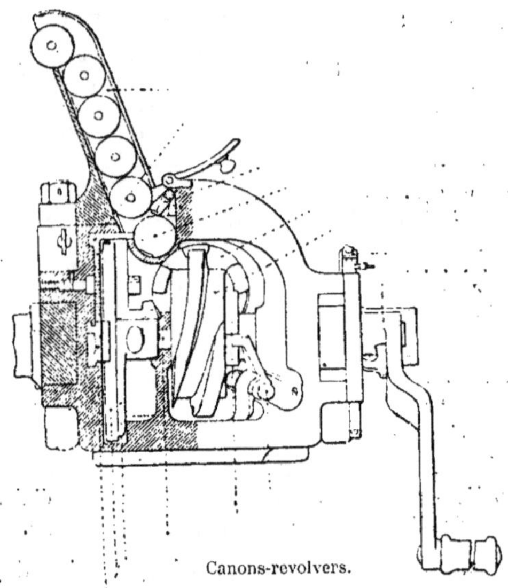

Canons-revolvers.

Les figures suivantes montrent les cartouches des mitrailleuses, dont la partie inférieure est disposée de manière à provoquer l'explosion de la poudre sous l'influence du choc, comme on le voit à une plus grande échelle sur la troisième figure.

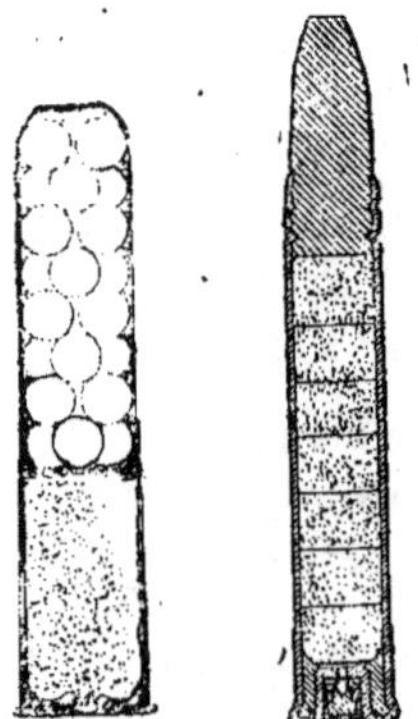

Cartouches des canons à tir rapide.

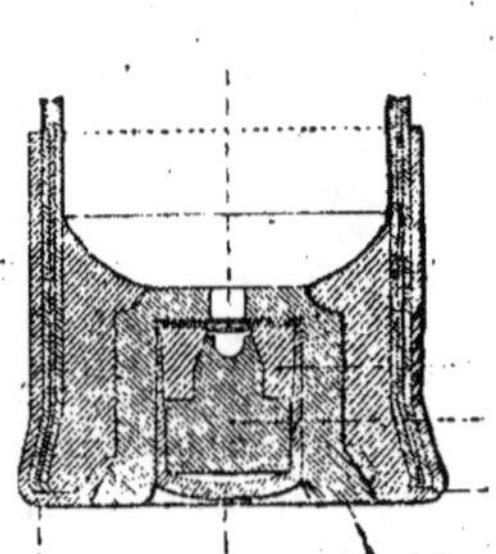

Détail de la partie inférieure.

IV. Canons de montagne.

On construit, pour la guerre en pays montagneux, des canons très légers qui sont généralement démontables et peuvent être portés à dos par des bêtes de somme.

Les affûts sont en fer. Pour les rendre susceptibles de circuler sur les routes on y ajoute une limonière.

A l'exception des projectiles incendiaires, les canons de montagne tirent les mêmes espèces de munitions que ceux de campagne. Mais en raison du poids plus faible de ces bouches à feu, et de la nature du terrain où elles doivent agir, les charges des projectiles creux et des gargousses sont notablement moindres dans les canons de montagne que dans ceux de campagne.

Munitions des canons de montagne.

Les munitions sont également portées par des bêtes de somme.

Canon de montagne de 6 centimètres disposé pour le roulement sur les routes.

Canon de montagne de 6 centimètres démonté pour le transport à dos d'animal.

Données
balistiques
relatives aux
canons de
montagne.

Le tableau suivant présente les données balistiques relatives aux canons de montagne :

Données balistiques relatives aux canons de montagne des différentes grandes puissances européennes.

		Autriche-Hongrie	Italie	France	Russie
		7 c/m mod. 1875	7 c/m mod. 1881	80 m/m mod. 1878	2 ½ pouces mod. 1883
DANS LE TIR DES		OBUS			
Vitesse initiale	0 m	298 (*)	256	257	275
Vitesse restante à	3,000 m	155 (*)	143	190	198
Longueur du rectangle horizontal renfermant 50 0/0 des coups à	3,000 m	63	43	27	34
Largeur du rectangle horizontal renfermant 50 0/0 des coups à	3,000 m	9,9	8,1	13,0	6,4
Hauteur du rectangle vertical renfermant 50 0/0 des coups à	3,000 m	10,4	23,9	10,4	11,5
Zone dangereuse pour un objectif de 1m80 de hauteur à	1,000 m 2,000 m	24 9	19 7	20 9	20 9
Portée maximum.		3.000	3.850	4.300	4.260
Nombre de balles et éclats de shrapnells		65	109	120	100
Poids total de la pièce en kilogr. (affût compris)		1105	1112	1158	—
Nombre de pièces par batterie . . .		4	6	6	8
Nombre d'hommes de la batterie . .		111	286	160	306
Nombre de chevaux de la batterie .		67	148	94	206

(*) Ces nombres signifient que le projectile parcourt 298 mètres dans la première seconde de sa course, et qu'après avoir parcouru 3,000 mètres, il possède encore une vitesse de 155 mètres par seconde — et ainsi des autres nombres analogues.

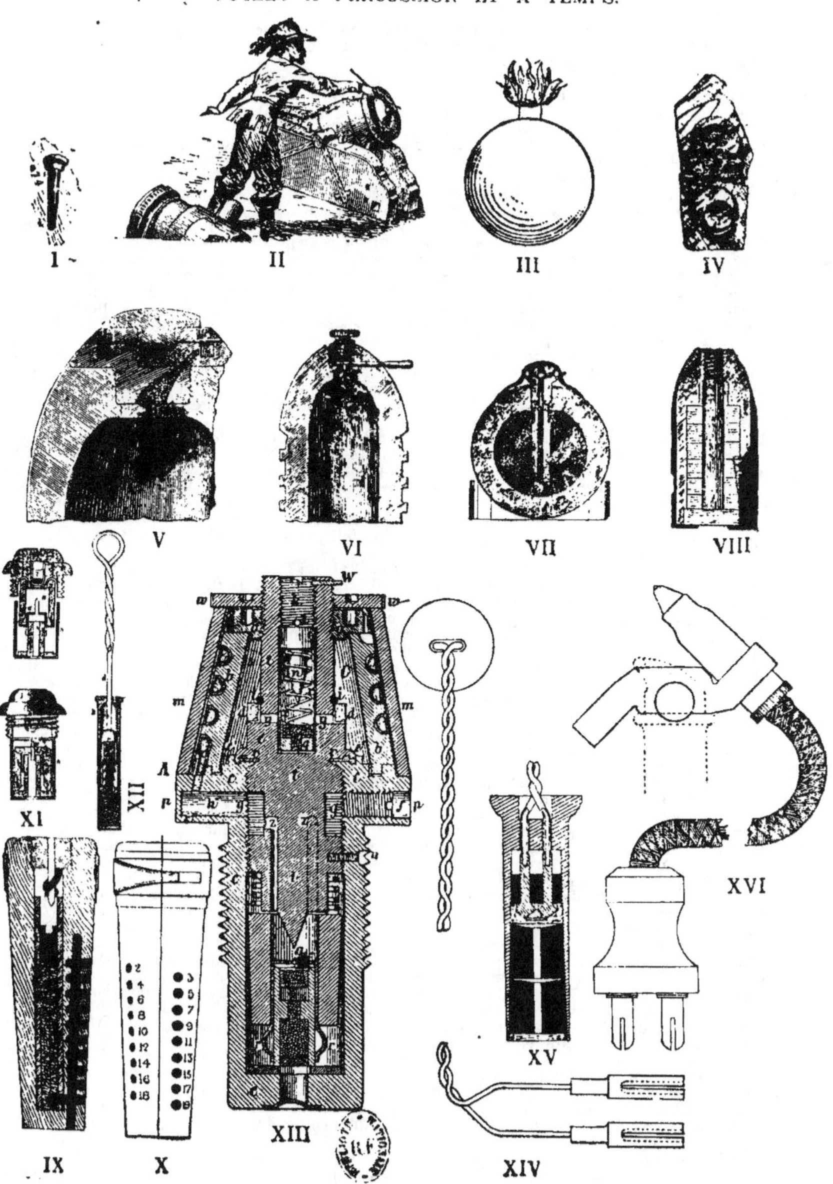

La Guerre future (p. 135, tome i).

Explication des figures de la planche des fusées et artifices

Fig. I.   Fusée primitive consistant en un tuyau de bois dont la cavité était remplie de poudre ; en la coupant à la longueur voulue on pouvait régler la durée de combustion.

Fig. II.   Mise du feu à la fusée par le bombardier.

Fig. III.   Obus avec mèche brûlant.

Fig. IV.   Bombes concentrique et excentrique.

Fig. V.   Première fusée à temps qui pouvait être fixée dans le projectile et était organisée pour brûler.

Fig. VI.   Obus prussien (1870) avec fusée percutante.

Fig. VII.   Fusée autrichienne pour enflammer la charge explosive, couverte d'un chapeau pour la protéger contre les influences extérieures.

Fig. VIII.   Coupe d'un obus de 1873.

Fig. IX et X.   Fusée à temps Boxer. La poudre qui doit déterminer l'explosion est contenue dans le canal central. La fusée porte extérieurement des marques disposées de telle sorte que la durée de combustion de la composition intérieure soit divisée en unités de temps. Pour régler la fusée, il suffisait de percer à l'endroit voulu un trou pénétrant jusqu'à la composition.

Fig. XI.   La fusée percutante modèle 1875 consiste en une vis m qui s'ajuste à l'œil du projectile, une vis s portant la capsule z, puis une enveloppe h dans laquelle se trouvent les deux parties mobiles qui doivent frapper l'une contre l'autre, et dont l'inférieure u porte le percuteur n et l'enveloppe de sûreté en cuivre v. Le fond de cette dernière est percé d'un trou et porte, sur son pourtour, huit dentelures relevées sur lesquelles repose la partie mobile supérieure o. De cette façon, le percuteur est tenu séparé de la capsule porte-amorce. Dans le tir, au moment du départ de l'obus, la partie mobile supérieure reste en arrière par suite de l'inertie de sa masse ; elle écrase les rebords de l'enveloppe de sûreté et s'applique sur la partie mobile inférieure. Lorsque le projectile frappe le sol ou un obstacle quelconque, les deux parties mobiles réunies se portent en avant ; le percuteur rencontre l'amorce et la flamme dégagée par celle-ci met le feu à la charge explosive de l'obus.

Fig. XII.   Étoupille autrichienne pour mettre le feu aux canons en évitant le danger d'un échappement des gaz. Pour se servir de cette étoupille on l'introduit dans la lumière et on l'appuie solidement sur les bords du grain de lumière. Lorsqu'on vient ensuite à tirer brusquement sur le fil du rugueux, la composition contenue dans l'étoupille s'enflamme ; par suite, la poudre qu'elle contient prend feu, ainsi que la charge du canon. Les gaz produits par la détonation appliquent fortement : d'une part l'enveloppe de l'étoupille contre les parois du grain de lumière ; de l'autre, la base du rugueux contre le fond de l'étoupille, de sorte que la lumière se trouve fermée d'une façon impénétrable aux gaz.

Fig. XIII.   Fusée française à double action modèles 1880 et 1884. La fusée est représentée telle qu'elle est avant le tir. Elle présente alors le dispositif suivant : Le corps de fusée en bronze c contient à sa partie inférieure la fusée percutante (système Budin). Au dessus il porte le plateau de la fusée dans lequel est vissée la tige-bouchon de bronze t. Le plateau présente à sa partie extérieure une graduation — de 0 à 10 — dont les traits correspondent à des dixièmes de seconde. A l'intérieur est le canal horizontal h de transmission du feu, — fermé d'un côté par la vis f et qui, de l'autre, communique avec le tube d'inflammation a et avec une gorge circulaire g creusée dans la partie filetée de la tige-bouchon et remplie de pulvérin ; de cette gorge g trois canaux x conduisent à l'appareil percutant. A la partie supérieure de la tige-bouchon on aperçoit le percuteur n et le porte-amorce q, maintenus éloignés l'un de l'autre par le ressort à boudin x. Dans le porte-amorce se trouve la pastille de fulminate avec une charge d'amorce dont, au moment de l'explosion, la flamme vient, par les canaux y, mettre le feu à la rondelle de poudre comprimée d qui doit la transmettre au tube renfermant la composition fusante. Ce tube, en plomb, est enroulé dans une gorge hélicoïdale creusée sur le barillet en métal mou (alliage d'étain) b. Ce barillet est maintenu par la plaque de fermeture o dans une position telle que l'extrémité inférieure de la composition fusante avec son petit tube de cuivre a se trouve au-dessus du point *zéro* de la graduation du plateau et en communication avec les canaux de transmission du feu h. La composition fusante renfermée dans le tube en plomb enroulé en spirale brûle à raison de 13 millimètres par seconde. Le chapeau mobile m en laiton présente extérieurement vingt trous numérotés de 0 à 20, dont les intervalles correspondent à une durée de combustion d'une seconde. En outre, il s'y trouve encore un autre trou, sans numéro, T, qui doit livrer passage aux gaz formés par la combustion de la charge d'amorce et de la rondelle d. Si la fusée doit agir comme percutante, elle n'exige aucune manipulation avant le tir, et elle fonctionne alors comme la fusée Budin ordinaire dans les projectiles creux. Mais quand elle doit agir comme fusée fusante, il faut commencer par la régler. Si la durée de combustion est d'un nombre entier de secondes, on s'assure d'abord que le trait de repère correspond bien au zéro du chapeau mobile, on perce alors avec le débouchoir, à travers le trou de réglage voulu, le tube qui contient la composition. Si la durée de combustion comporte un certain nombre de dixièmes de seconde, on commence par tourner le chapeau jusqu'à la graduation voulue, puis on le fixe dans cette position. Dans le tir, le percuteur n recule en arrière et fait détoner le fulminate qui enflamme la poudre d'amorce, puis l'anneau de composition d dont la flamme à son tour met le feu à la composition contenue dans le tube, par l'ouverture qu'on a pratiquée dans celui-ci. Ce dernier brûle alors uniformément dans les deux directions jusqu'à ce que, par le petit tube de cuivre a, le feu vienne atteindre le conduit de transmission h et les canaux x qui le transmettent enfin à la charge d'amorce disposée dans l'appareil percutant.

Fig. XIV et XV.   Étoupilles électriques. Afin d'éviter le danger d'une projection des étoupilles au moment du départ du coup et d'empêcher la sortie des gaz par la lumière, on a employé l'électricité pour la mise de feu.

Fig. XVI.   Éclairage électrique pour le pointage des pièces dans les combats de nuit d'après Lloyd and Hadcock, *Artillery*.

Depuis l'adoption des canons de montagne, dont les plus récents sont de 1883, on a déjà fait de nouveaux progrès qui ne sont pas sans importance. Au lieu donc de présenter au lecteur des figures des anciens modèles, nous le renverrons, pour le moment, à une étude faite sur l'exposition de Krupp à Chicago ; étude qui contient des résultats de tir sur lesquels nous reviendrons plus tard (1).

Mentionnons toutefois, une arme curieuse qui figurait précisément à cette exposition. C'est un canon de 37 millimètres, dit « canon de broussailles » ou pour « la brousse » (*Buschkanone*), transportable par les hommes eux-mêmes et destiné aux campagnes coloniales, — pour les cas où il s'agit de faire passer l'artillerie dans des terrains que les bêtes de somme elles-mêmes ne peuvent pas traverser. Ce canon ne pèse que 40 kilogrammes ; l'affût en pèse 46 et les cartouches sont de 670 ou 720 grammes.

Canons Krupp pour la brousse.

V. Les Fusées.

Dans les premiers temps, l'effet des projectiles de l'artillerie était très faible. Et sur ce terrain les progrès ne furent que très lents. Comme matière on employait généralement le fer. On faisait le projectile sphérique et d'un diamètre plus petit que le calibre de l'âme afin qu'il y entrât facilement. Plus tard, on plaça le boulet dans un sabot à demi creusé ; on attacha à celui-ci la charge de poudre contenue dans un sac ou « gargousse », et on obtint ainsi la cartouche à boulet.

Plus tard encore, on se servit d'une bombe, c'est-à-dire d'un projectile creux renfermant de la poudre qu'on enflammait au moyen d'une fusée (Pl. des fusées, fig. I). Celle-ci, comme le montre le dessin ci-contre, est un tube de bois dont la cavité est remplie d'un mélange fortement tassé de salpêtre, de soufre et de pulvérin. Cette fusée se place dans l'œil de la bombe (Pl. des fusées, fig. III).

A l'origine, la fusée s'allumait à la main (Pl. des fusées, fig. II). Ce qui, plus tard, fut reconnu inutile, parce que la combustion de la charge suffit à enflammer également la fusée. Il faut seulement pour cela que les parois de l'âme s'étendent au delà du projectile ; parce que, autrement, les gaz se

Forme de la fusée.

Planche des fusées.

Fig. I.

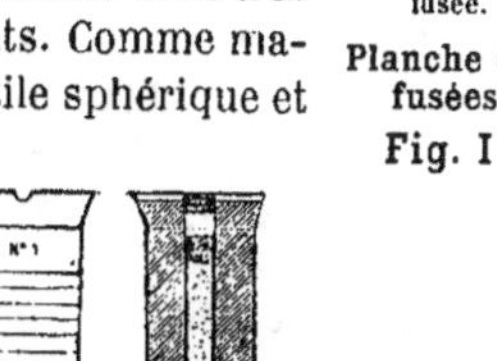
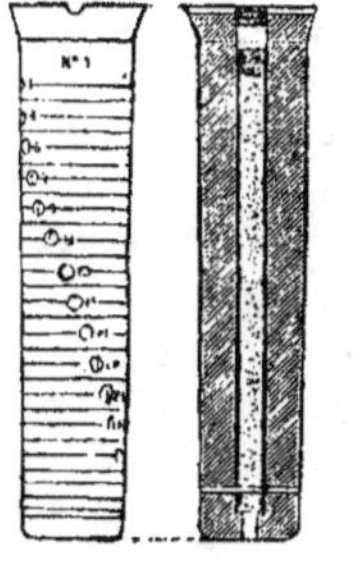

Fusées.

Fig. III.

Inflammation de la fusée.

Planche des fusées.

Fig. II.

---

(1) E. Monthaye, « Krupp à l'Exposition de Chicago de 1893 » (*Revue de l'armée belge*).

refroidiraient avant d'atteindre la fusée. La bombe éclate aussitôt que celle-ci communique le feu à la charge qu'elle contient et elle agit alors par ses éclats.

Peu à peu la forme des projectiles se perfectionne ; ils deviennent allongés, cylindriques à leur partie postérieure et coniques à l'avant. Puis on en distingue de deux espèces : les uns dont la cavité ne renferme que de la poudre, et d'autres qui reçoivent en outre de petits projectiles. Les premiers sont appelés « obus », les seconds « shrapnells » ou encore « obus à balles » ou « à mitraille ».

Les obus agissent tantôt comme projectiles pleins, tantôt à l'état fragmenté ; et, dans ce dernier cas, aussi bien par leurs éclats que par la force destructive de la poudre qu'ils contiennent.

Quand un obus éclate au-dessus du sol, chacun de ses éclats agit pour son compte comme un projectile particulier.

Quand, au contraire, l'obus pénètre, avant de se briser, dans un épaulement en terre, dans un mur, etc., la charge de poudre qui le fait éclater agit comme une mine en bouleversant la terre ou la maçonnerie.

Le shrapnell doit toujours éclater à une certaine distance avant d'arriver au but ; les petits projectiles qu'il contient s'éparpillent alors et couvrent ainsi une plus grande surface.

L'inflammation de la charge de poudre contenue dans le projectile s'effectue mécaniquement par le moyen de la fusée qui peut être disposée de deux façons différentes.

Si l'on veut obtenir l'éclatement du projectile au bout d'un temps déterminé après sa sortie de l'âme, on le munit d'une fusée qui contient une composition fortement tassée et brûlant d'une façon bien régulière. Cette composition prend feu dans l'âme. Il faut donc, suivant le temps après lequel on veut faire éclater le projectile, régler à une longueur convenable la colonne de composition qui doit brûler avant que le feu ne se communique à la poudre contenue dans l'obus.

Dans les projectiles des bouches à feu lisses nous avons vu déjà la fusée sous la forme d'un tube de bois rempli de la composition dont il s'agit. Suivant la longueur à laquelle on coupait ce tube, on faisait varier le temps de la combustion : l'opération devant naturellement s'effectuer avant de placer la fusée dans le projectile.

Mais il résultait de là une manipulation qui ralentissait notablement le service de la pièce. Car, outre la section à opérer dans le tube, il fallait encore assujettir, à chaque coup, la fusée dans le projectile.

Cette méthode était pourtant, à la rigueur, admissible quand on se servait des anciens canons à chargement par la bouche. Parce que le « vent » du projectile, — c'est-à-dire la différence entre son diamètre et celui de l'âme — était assez grand pour laisser passer les gaz qui devaient aller enflammer la composition. Les flammes produites par la poudre de la gargousse entouraient immédiatement la pointe de la fusée.

Mais quand furent adoptés les canons à chargement par la culasse, ce système si simple devint inapplicable ; car les gaz ne pouvaient plus passer entre les parois de l'âme et celles du projectile — à cause du « forcement » de celui-ci.

C'est alors que le lieutenant Breithaupt, de l'artillerie hessoise, construisit une fusée qui, une fois fixée au projectile, pouvait cependant être réglée pour une durée quelconque (Pl. des fusées, fig. V). Cette invention servit de point de départ aux fusées modernes, sans lesquelles l'artillerie n'eût jamais pu atteindre à une aussi terrible perfection.

Mais pour nous rendre clairement compte de l'effet des fusées, il faut étudier les particularités de leur organisation. Attendu que, de leur construction plus ou moins régulière, dépendent, non seulement l'efficacité des coups tirés, mais la sécurité des propres troupes du parti qui s'en sert : — ainsi que nous le montrerons par la suite quand nous décrirons la façon dont on peut prévoir qu'agira l'artillerie sur le champ de bataille.

Pour être efficace, il faut que la fusée soit, comme nous venons de le dire, disposée de manière à ce que l'explosion du projectile, déterminée par elle, ait lieu à l'endroit fixé d'avance, c'est-à-dire au point où, d'après le calcul du tireur, l'effet destructeur doit se produire.

C'est un résultat de ce genre que donnent les fusées qui sont maintenant en usage, et qui, depuis la guerre franco-allemande, ont reçu, dans le cours de ces vingt dernières années, de très notables perfectionnements.

Au commencement de la guerre 1870-71, l'artillerie française avait des canons de bronze des calibres 4, 8 et 12 et des mitrailleuses à 25 tubes. Les canons tiraient des obus ordinaires (à simple paroi), des shrapnells et des boîtes à mitraille.

Au début de la campagne, les obus étaient munis de fusées à temps dites fusées fusantes, organisées pour deux durées différentes seulement ; les fusées des shrapnells étaient organisées pour quatre durées. On ne pouvait ainsi obtenir, des projectiles, un effet précis, qu'à deux ou quatre distances différentes.

Mais ce qui était pis encore, les fusées ne fonctionnaient en général que très irrégulièrement. Ce qui fit qu'on les remplaça, d'abord dans les obus et en partie dans les shrapnells, par des fusées à percussion (système Desmarais) (1) qui font éclater le projectile à une distance quelconque de la pièce, aussitôt qu'il rencontre quelque résistance.

____

(1) Potocki, *Artillerie*, 2e livraison.

C'était déjà plus sûr. Mais souvent le percuteur ne fonctionnait pas, ou, s'il fonctionnait, c'était au moment même du choc contre le sol. De sorte que, si celui-ci était quelque peu mou, le projectile s'y enfonçait presque sans produire d'éclats (1).

Pendant toute la campagne de 1870, les Prussiens ont employé presque exclusivement des obus à simple paroi, munis de fusées à percussion (Pl. des fusées, fig. VI) ; parce que, dès 1866, la Prusse avait abandonné les shrapnells à fusée percutante et n'avait pu encore réaliser de fusées à temps susceptibles d'un bon service.

Les boîtes à mitraille ne furent tirées, dans cette guerre, qu'en nombre tout à fait insignifiant.

Voici du reste dans quelles proportions l'artillerie allemande employa les différentes sortes de projectiles :

	Obus	Shrapnells	Boîtes à mitraille
Canons prussiens	99,80 0/0	—	0,20 0/0
— bavarois	95,19 0/0	4,40 0/0	0,14 0/0
— saxons	88,88 0/0	11,04 0/0	0,08 0/0

Les obus ordinaires étaient encore d'un bon effet contre des masses de troupes non couvertes — du moins aux distances de 1,500 à 2,500 mètres, car, autrement, les angles de chute étaient trop grands, — ou contre des arbres et des murs en pierre. Contre des tirailleurs, individuellement abrités, l'effet de ces obus était presque nul.

Mais depuis que les fusées ont été perfectionnées, les expériences de tir faites en Prusse avec des shrapnells, contre des troupes dans les formations les plus variées, ont permis de constater un effet de 5 à 10 fois plus grand que celui obtenu avec les obus (Pl. des fusées, fig. VIII). Nous reviendrons plus tard sur l'importance de ces expériences de tir.

Les fusées employées dans l'armée autrichienne sont représentées par la figure VII de la planche des fusées.

L'établissement des dispositifs destinés à déterminer l'explosion des projectiles constitue l'un des problèmes les plus compliqués de la technique de l'artillerie. Et il est très difficile de décrire les mécanismes employés dans ce but, d'une manière compréhensible pour tout le monde.

Les figures IX à XVI de la planche des fusées et les explications qui les accompagnent peuvent donner cependant une idée suffisante de l'état actuel des choses.

Nous nous contenterons d'ajouter que généralement on emploie des fusées de trois espèces :

_____

(1) Oméga, _L'Art de combattre._

1° Les « fusées à temps », appelées aussi « fusées fusantes », qui agissent après un certain intervalle de temps, dont la durée maximum est habituellement de 15 secondes, mais qui, pour les mortiers et obusiers, peut aller jusqu'à 30 (1).

2° Les « fusées percutantes » qui produisent l'explosion quand le projectile rencontre une résistance extérieure, comme par exemple quand il frappe le sol, ou un canon, un épaulement en terre, etc.

3° Les « fusées à double effet » — combinaison des deux premières, — qui déterminent l'explosion, soit au bout d'un certain temps, soit plus tôt si le projectile vient à frapper un objet quelconque suffisamment résistant.

On emploie les fusées percutantes lorsque, pour un motif quelconque, les fusées à temps ne peuvent pas agir convenablement.

Emploi des fusées à percussion.

Imaginons, par exemple, que l'ennemi se trouve à 1,200 mètres. Le projectile envoyé avec précision ne s'élèvera pas à plus de 10 mètres. Vers la fin de sa course, il rase le sol jusqu'à le toucher. Or, pour que l'explosion donne de bons résultats, il faut qu'elle ait lieu à une certaine hauteur. Attendu qu'autrement les inégalités du terrain entravent l'effet meurtrier de la gerbe de balles et d'éclats.

En pareil cas, il parait donc plus pratique d'employer une fusée percutante. Car, bien que cette fusée fonctionne habituellement au moment même où l'obus touche le sol, celui-ci rebondit, avant d'éclater, jusqu'à une certaine hauteur, et l'élévation du point où l'ouverture du projectile se produit dépend alors de l'angle de chute.

La figure ci-dessous montre bien quelle est l'importance d'une bonne direction du tir. L'obus qui s'est relevé de terre dans la direction *mc* atteindrait les troupes ennemies RS, avec tous ses éclats, tandis qu'en ricochant dans la direction *mb*, son explosion ne leur ferait aucun mal.

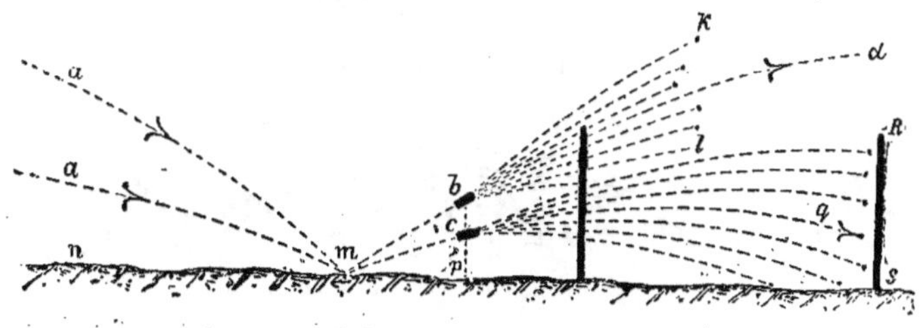

Importance de la bonne direction des projectiles.

(1) Lloyd and Hadcock, *Artillery*.

Il faut cependant observer que, sur un sol résistant, la plupart des éclats et des balles ricochent eux-mêmes plus loin ; si, au contraire, le terrain est mou ou coupé, ils restent sur place.

Les fusées percutantes s'emploient également contre des murs et des objectifs analogues. Elles sont en outre utiles pour régler le tir, lorsqu'on veut savoir si des projectiles lancés sous un certain angle vont jusqu'au but ou le dépassent.

Le meilleur moyen de s'assurer de la précision du tir, — de le « régler » comme on dit, — c'est d'observer le point de chute de chaque projectile et son choc sur le sol ; parce que l'explosion produit un nuage de fumée, mêlé d'une plus ou moins grande quantité de poussière. Quand le projectile n'est pas allé jusqu'au but, celui-ci est caché par le nuage ; dans le cas contraire il se détache sur la fumée qui forme un fond blanchâtre en arrière de lui (1). C'est ce que montrent les figures ci-dessous :

Projectile qui n'a pas atteint le but.

Projectile qui a dépassé le but.

Projectile lancé convenablement.

---

(1) Aussi est-il bien entendu qu'il ne saurait jamais être question d'employer des « poudres sans fumée » pour le chargement des projectiles ou, tout au moins, de ceux qui servent au réglage du tir. Au contraire, on augmente plutôt, par des procédés artificiels, la fumée produite par la poudre destinée à les faire éclater.

Projectile n'ayant pas atteint le but.

Projectile ayant dépassé le but.

Projectile lancé convenablement.

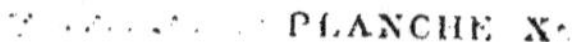

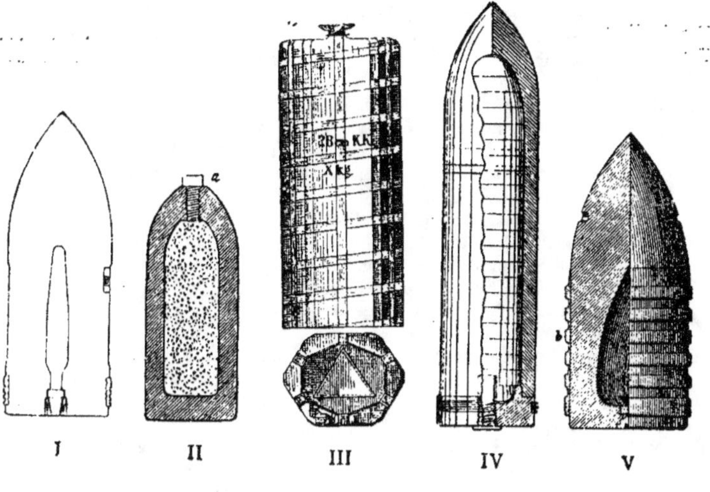

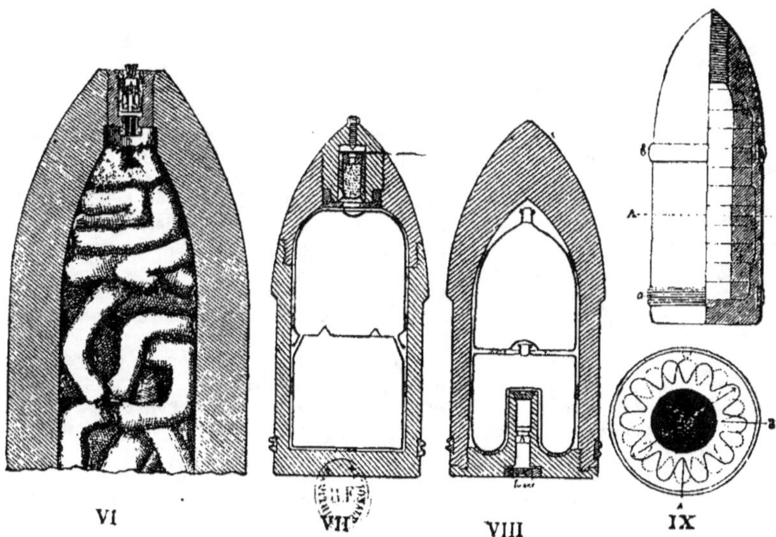

Les projectiles modernes.

Explication des figures de la planche X.

Fig. I. Obus anglais, en fonte durcie, du système Palliser.

Fig. II et IV. Projectiles creux. Projectiles destinés à détruire des fortifications et des bâtiments — et, lorsqu'ils tombent à terre, à blesser des hommes par leurs éclats.

Fig. III. La figure représente une gargousse du canon de côtes de 28 centimètres. Cette gargousse consiste en un sac de soie rempli de poudre prismatique et qui, — s'il n'est pas conservé dans une boîte à gargousse *ad hoc,* est maintenu par un réseau de cordons et rubans de toile, avec, au fond, une ouverture spéciale de mise de feu. Pour faciliter le maniement des munitions, dans les gros calibres, la charge de poudre est répartie en deux sacs différents.

Un certain nombre de gargousses sont disposées en deux parties de poids égal, rattachées entre elles par une ficelle facile à dénouer, afin de pouvoir utiliser l'une des moitiés au tir vertical pour lequel il faut habituellement moins de poudre.

Quand il s'agit de traverser des abris très résistants, on emploie des obus spéciaux en acier ou fer fondu, fortement trempé par un brusque refroidissement et qui sont, en outre, remplis d'un explosif puissant.

Fig. IV. Obus-torpille.

Fig. V. Projectile creux de Krupp en fonte dure. Extérieurement, un manchon de plomb soudé *b*. Les entailles vers la pointe servent à saisir l'obus avec la pince qu'on emploie pour le soulever. Dans le vide intérieur on introduit, par le trou du culot, un sachet renfermant la charge explosive : puis ce trou est fermé au moyen de la vis *v* et d'un anneau de plomb. Ces obus n'ont pas de fusée : la chaleur développée par le choc et la pénétration dans la cuirasse suffisant à déterminer l'explosion.

Fig. VI. Obus rempli de fulmi-coton.

Fig. VII et VIII. Obus chargés de substances explosives.

Les différentes substances employées à ce chargement consistent d'une part, par exemple, en acide sulfurique, de l'autre en nitro-naphtaline, nitro-phénol, nitro-benzine ou nitro-xylol.

Les composés explosifs sont renfermés dans des récipients divers de verre ou de porcelaine, qui sont assez solides pour ne pas se briser dans le transport ou les manipulations. Pour écarter tout danger, on entoure même ces récipients de feutre et de gutta-percha, ou bien on les garantit de toute autre manière contre les chocs.

Quelquefois au lieu de ces récipients divers, on emploie des cloisons mobiles qui divisent la capacité du projectile en autant de compartiments distincts.

Dans les deux cas, lorsque le projectile vient à se briser, les différentes substances se mêlent et déterminent une explosion.

Pour les shrapnells, les substances explosives sont contenues dans des tubes chargés qui éclatent par le moyen d'une fusée.

Fig. IX. Obus à double paroi.

C'est un projectile formé par une double enveloppe métallique dont les deux parties présentent des cannelures et entailles diverses qui s'emboîtent exactement les unes dans les autres. L'obus a ainsi à peu près la même solidité que s'il était d'un seul morceau et peut agir, comme projectile plein, sur les obstacles matériels, aussi puissamment que les obus ordinaires. Mais à l'explosion, il donne un bien plus grand nombre d'éclats, les entailles et cannelures facilitant beaucoup la fragmentation. De là, des effets meurtriers plus puissants sur le personnel.

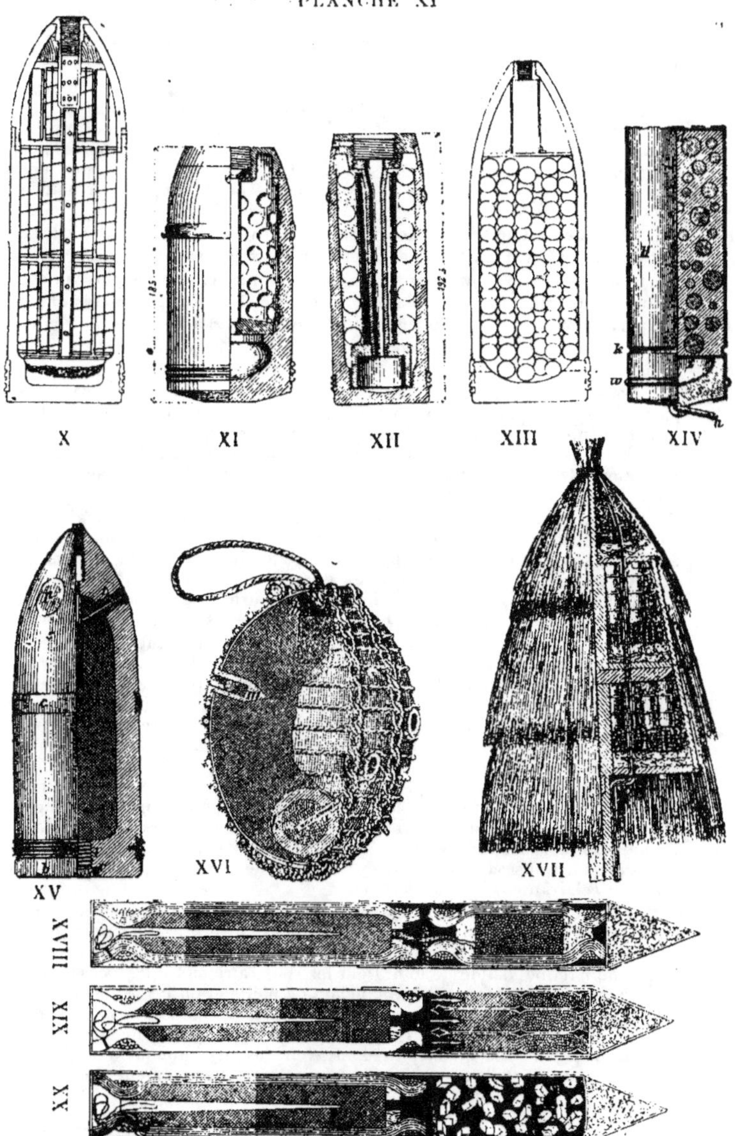

Les projectiles modernes.

La Guerre future (p. 141, tome i).

Explication des figures de la planche XI.

Fig. X. Obus anglais dit « Star Shell » (obus à étoiles).

Fig. XI. Shrapnell.

Fig. XII. Shrapnell russe léger, du type dit shrapnell à diaphragme. L'enveloppe en fonte contient, près du culot, la chambre à charge qu'un tube fait communiquer avec une chambre supérieure où se produit l'explosion. Le shrapnell de campagne léger contient 165 balles de plomb antimonié ; le lourd en contient 340. Du soufre fondu est coulé dans les intervalles des balles. Dans l'œil du projectile se trouve la fusée de campagne à double effet.

Fig. XIII. Shrapnell en acier (Russie). C'est une enveloppe de shrapnell avec tête de laiton ; le vide intérieur est séparé en deux parties par un diaphragme en forme de calice qui sépare les balles de la charge explosive. Le petit tube de communication en acier est entouré d'un autre tube conique qui permet de disposer uniformément les balles englobées dans le soufre fondu (il y en a 100 en plomb antimonié). A l'œil du projectile s'applique la fusée.

Fig. XIV. Boîte à mitraille. Elle consiste en un étui h de tôle de zinc, fermé à la partie inférieure par le sabot s en zinc, et le fond x en tôle de zinc, et à la partie supérieure par le couvercle d en tôle de zinc.

La boîte est remplie de balles de zinc, maintenues par du soufre fondu ; le collier w sert de buttoir pour limiter l'introduction de la boîte dans l'âme lors du chargement.

Fig. XV. Projectile incendiaire. Il ne se distingue de l'obus ordinaire de 15 centimètres, comme disposition extérieure, que par les trois trous à feu t, qui sont remplis de composition incendiaire, garnis de mèches et formés par une rondelle p, peinte en rouge.

Cet obus est rempli de composition incendiaire, disposée de manière à s'enflammer aisément. Il est en outre muni d'une fusée percutante.

Fig. XVI. Balles éclairantes. Les balles à feu adoptées en Autriche-Hongrie pour les mortiers lisses, sont des sacs en double toile à voile, remplis d'une composition éclairante, et qui dans l'œil supérieur b, portent un dispositif destiné à les enflammer ; à l'extrémité opposée se trouve une forte plaque de fer s, formant sabot, qui leur permet de mieux résister au choc des gaz lors du tir ; et enfin, ils sont solidement ficelés au moyen d'une corde formant filet.

Les balles éclairantes des plus forts calibres sont munies, — pour empêcher l'ennemi de les éteindre sans danger, — d'un petit projectile creux k, chargé, fixé à leur plaque-sabot ; et tout autour, au dehors, d'un certain nombre de morceaux de canon de fusil, chargés d'une balle de plomb ; — lesquels canons partent au fur et à mesure de la combustion de la composition éclairante.

Fig. XVII. Les perches d'alerte, ou fanaux, sont des dispositifs en bois qui consistent en une perche munie de plusieurs plateaux ronds sur lesquels on a établi une couche de substances facilement inflammables et brûlant avec une flamme visible de loin. Pour les soustraire aux influences atmosphériques, on les entoure d'un manchon de paille et on les rattache avec un cordeau porte-feu. Les perches d'alerte servent surtout comme signaux de nuit (plus rarement de jour), et doivent être disposées sur des points élevés, de façon telle qu'on puisse les voir brûler d'une distance assez grande pour l'objet qu'on a en vue et qu'on puisse facilement distinguer leur flamme de celle d'un feu accidentel quelconque.

Fig. XVIII, XIX, XX. Les fusées-signaux consistent en une forte enveloppe de papier ou de tôle remplie de composition bien tassée, à combustion vive, pour leur donner l'impulsion. A l'avant, elles sont munies d'un chapeau éclairant en tôle de fer, rempli de différents artifices producteurs de lumière. Ces fusées éclairantes, encore employées, devront bientôt disparaître devant les dispositifs électriques destinés au même usage.

Tel est le principe fondamental des méthodes qui consistent à régler le tir par des coups d'essai.

Enfin, il se présente des cas où le mieux est d'employer des fusées à double effet, c'est-à-dire qui sont à la fois percutantes et fusantes.

VI. Les Projectiles.

Nous pouvons maintenant comparer de plus près les projectiles les uns aux autres.

Ceux des bouches à feu modernes peuvent se répartir d'après trois modes d'emploi principaux :

1° Contre les cuirasses ;

2° Contre les fortifications ;

3° Contre les êtres vivants.

Et on les utilise contre ces trois sortes d'objectifs.

Pour tous les canons de campagne, les munitions consistent en projectiles creux — obus, — et shrapnells. La plupart des artilleries de campagne ont, de plus, des boites à mitraille, quelques-unes aussi des obus incendiaires (Pl. XI, fig. XIV et XV).

En fait de charges, on emporte, soit uniquement des charges pour le tir direct, soit en outre des charges pour le tir vertical. Ces charges sont généralement renfermées dans des sachets en étoffe de soie (Pl. X, fig. III) et composées, ou de poudre noire ordinaire, ou bien, depuis ces derniers temps, de poudre sans fumée.

Presque tous les projectiles sont aujourd'hui remplis de substances explosives en plus au moins grande quantité.

Ceux qui sont destinés au tir contre les cuirasses et les fortifications sont représentés sur la planche X (fig. I, II et V).

On en fait de deux sortes : en fonte de fer avec pointe durcie, ou en acier.

On attache une grande importance aux obus-torpilles modernes (Pl. X, fig. IV et VI).

En outre, on a imaginé récemment de fabriquer des projectiles qui peuvent être remplis de deux substances différentes, choisies de telle sorte que l'inflammation n'ait lieu que par leur combinaison (Pl. X, fig. VII et VIII).

Des divers projectiles complexes employés de préférence contre les être vivants, les plus usités sont représentés sur la planche X (Fig. IX) et sur la planche XI (Fig. X à XIII).

Principaux emplois des projectiles.

Munitions.
Pl. XI.
Fig. XIV et XV.

Charge.
Pl. X.
Fig. III.

Remplissage des projectiles en substances explosives.
Projectiles pour le tir contre les cuirasses et les fortifications.
Pl. X.
Fig. I, II, IV à VI.

Fig. VII et VIII.

Projectiles contre les êtres vivants.
Pl. X et XI.
Fig. IX à XIII.

Il est admis que, dans les guerres futures, les combats de nuit se présenteront dans de tout autres conditions que par le passé. — Parce que l'effet du feu de l'infanterie qui, en raison du perfectionnement de ses armes de jet, est foudroyant le jour, même à de grandes distances, se trouve limité par l'obscurité à des distances très rapprochées. De même que le feu de l'artillerie sera souvent, en pareil cas, tantôt complètement empêché, tantôt réduit aux distances du tir à mitraille.

Il est vrai que, pour cette dernière arme aussi, au moins dans la guerre de position, on a trouvé moyen de marquer, pendant le jour des directions de tir déterminées, de manière à ne pas être obligé de suspendre entièrement le feu pendant la nuit.

Pourtant, dans ces conditions, même avec l'éclairage électrique du terrain en avant, le service des pièces est très ralenti, d'une part; et, de l'autre, canons et canonniers sont très exposés au feu de l'ennemi, sans qu'on puisse, pour cela, compter sur une précision de tir beaucoup plus grande ; parce qu'avec un éclairage défectueux, le pointage par la hausse et le guidon reste toujours très incertain.

D'ailleurs dans la guerre de campagne, ces procédés seront très souvent inapplicables.

Aussi ne sera-t-il par rare de voir recourir aux ballons éclairants (Fig. XVI), aux perches d'alarme (Fig. XVII) et aux fusées de signaux (Fig. XVIII à XX).

Les plus grandes portées des projectiles creux atteignent jusqu'à 6,000 mètres, et même, dans les canons de campagne récents, de beaucoup plus gros chiffres encore.

Le nombre des balles et éclats fournis par l'éclatement d'un shrapnell n'est pas le même dans les différentes artilleries européennes.

Les projectiles français du plus petit calibre (80 millimètres) en donnent 182 ; les projectiles allemands de 78 millimètres en donnent de 160 à 165 ; les italiens de 70 millimètres en donnent 109.

Dans ces derniers temps, on a fait de grands efforts pour pouvoir arriver à n'employer qu'un projectile de modèle uniforme applicable à tous les cas.

Il va de soi que ce résultat ne pourra être obtenu qu'après la création d'un calibre unique de bouche à feu.

Pl. XI.
Fig. XVI
à XX.

Portées des
projectiles creux.

Nombre des
éclats dans les
shrapnells.

Efforts tentés
pour obtenir
l'unité
de projectile.

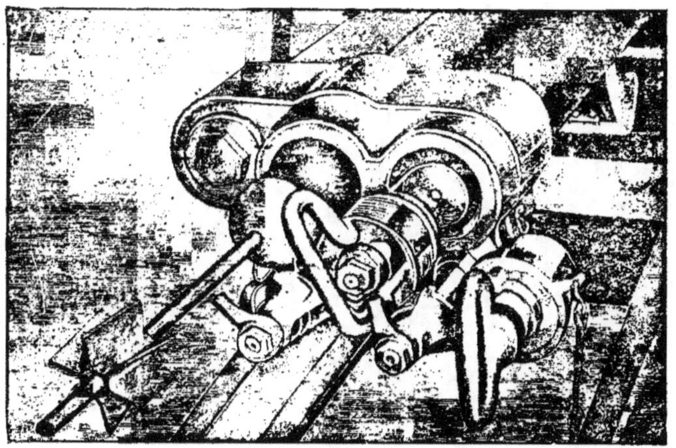

Canons à dynamite du système Sims-Dudley.

VII. Conclusions relatives aux bouches à feu et aux projectiles de l'artillerie.

Un coup d'œil rétrospectif sur le développement de l'artillerie de campagne permet de constater que, depuis l'apparition de la poudre jusqu'au xixᵉ siècle, les bouches à feu ne se sont améliorées que très lentement. Bien qu'en raison même de l'imperfection des premiers résultats, les progrès dussent sembler beaucoup plus faciles à réaliser, l'effet des canons demeura longtemps assez insignifiant.

C'est seulement dans la seconde moitié du xixᵉ siècle, que nous avons vu des progrès vraiment considérables et une succession rapide de systèmes de bouches à feu.

Le dernier modèle prussien de canons lisses dura jusqu'à l'adoption des canons rayés à chargement par la culasse, en 1859 — c'est-à-dire pendant 17 ans.

Le système français, qui datait de 1828, fut remplacé en 1853, — par conséquent au bout de 25 ans, — par le canon-obusier auquel succéda, 5 ans après, le canon de 4 rayé.

En Russie, le matériel, modifié en 1838, fut modifié de nouveau en grande partie, en 1852; et en 1859, on introduisit le système des canons rayés à chargement par la bouche.

La plupart des autres artilleries adoptèrent, de 1830 à 1840, des modèles de canons lisses nouveaux ou fortement modifiés. Plusieurs les remplacèrent, entre 1850 et 1860, par des canons-obusiers. Mais presque toutes passèrent, entre 1859 et 1861, à l'emploi des canons rayés se chargeant par la bouche.

Dans la plupart des cas, la durée des systèmes d'artillerie lisse fut ainsi de 20 années en nombre rond; pour quelques puissances, elle atteignit près de 30 ans. — Les canons-obusiers toutefois ne durèrent que 5 ou 6 ans.

Le système d'artillerie à chargement par l'arrière, adopté en Prusse en 1859, et en Belgique en 1861, persista jusqu'en 1873 dans le premier pays et jusqu'en 1878 dans le second :—soit, respectivement, pendant 14 et 17 ans. Dans les États allemands qui avaient également adopté ce même système, il dura jusqu'en 1873, — soit environ 12 ans.

Les systèmes de canons rayés à chargement par la bouche durèrent, en France, jusqu'en 1870-71, époque où le système Reffye les remplaça, — c'est-à-dire 12 ans. — Ce dernier système ne dura lui-même que 6 années. En Russie, en Suisse, dans les petits États allemands et en Espagne, la durée se prolongea jusqu'en 1867 ou 1868, — soit en moyenne 7 à 8 ans, — en Autriche, jusqu'en 1875, ou 16 ans. Dans les Pays-Bas et les États du Nord, cette durée s'éleva jusqu'à 18 et même 20 ans.

Les nouveaux systèmes actuellement existants (1897) durent : en Allemagne depuis 24 ans, en Autriche depuis 22, en Danemark et en Italie depuis 21, en France et en Russie depuis 20, en Espagne et en Belgique depuis 19, en Suisse depuis 18, dans les Pays-Bas depuis 17, en Suède depuis 16.

Et aujourd'hui nous sommes à la veille d'un nouveau changement. Les questions de pure artillerie et de balistique vont recevoir leur solution ou sont déjà en partie résolues. Ce qui reste à faire est plutôt du domaine de la technique — de cette technique qui ne recule devant rien et entreprend tout avec succès (1).

Difficile question du « canon de l'avenir ».

Le général Müller (2) explique qu'il est non seulement difficile, mais absolument impossible de répondre à la question : « Où est le canon de l'avenir ? » En outre tout pays, qui entreprend la construction d'un nouveau matériel, court le risque de se voir dépassé par des modèles plus parfaits.

Concours institué en Suisse.

La Suisse qui, dans ces derniers temps, a plusieurs fois donné le *la* dans la question du fusil, a institué, au printemps de 1893, un concours dont les conditions indiquent la recherche d'un canon à tir rapide.

Tout l'intérêt se concentre d'ailleurs, en ce moment, sur les canons de ce genre. Ils semblent décidément tenir la corde dans le problème de la transformation de l'artillerie de campagne. — Transformation qui ne peut plus guère être différée, car cette arme ne va pas tarder à se trouver en présence d'une nouvelle révolution dans l'armement de l'infanterie, sans avoir réalisé de progrès dans les principes de la construction de ses bouches à feu.

On est déjà parvenu à établir des canons à tir rapide du calibre de 20 centimètres.

Armstrong, dans son usine d'Elswick, en aurait construit un qui tire quatre coups par minute (3).

Nouveaux canons de campagne français.

En France on se propose d'adopter de nouveaux canons de campagne. Toutefois, jusqu'à présent, aucuns dessins n'en ont encore été publiés.

____

(1) *Die Wirkung der Feldgeschütze* (L'effet des canons de campagne).

(2) *Die Entwickelung der Feldartillerie in Bezug auf Material, Organisation und Taktik, von 1815 bis 1892. Mit besonderer Berücksichtigung der preussischen und deutschen Artillerie, auf Grund dienstlichen Materials dargestellt von H. Müller, General-lieutenant z. D.* — 2 volumes, Berlin, 1893. — (Le développement de l'artillerie de campagne comme matériel, organisation et tactique, de 1815 à 1892.)

(3) Löbell, *Militärische Jahresberichte*, 1894.

Les journaux ont dit seulement que ces bouches à feu devaient avoir un calibre de 75 millimètres, que le matériel devait être terminé dans trois ans et coûter 324 millions de francs (1).

Les obus pèseraient de 5 à 6 kilogrammes, c'est-à-dire seraient d'un poids moindre que ceux de la pièce actuelle de 80 millimètres. La rapidité du tir atteindrait 4 ou 5 coups par minute; la réaction serait très diminuée. Malgré l'obligation de repointer à chaque coup, le recul serait assez faible pour éviter la nécessité d'une remise en batterie fatigante pour les hommes et qui fait perdre du temps.

Le tir pourrait donc être très accéléré en cas de besoin.

Les nouveaux canons recevraient en outre un appareil de sûreté empêchant la mise de feu prématurée; — desideratum qu'on n'a pas encore pu réaliser jusqu'ici d'une manière satisfaisante.

L'emploi de l'acier au nickel comme métal et du frettage en fils métalliques comme procédé de fabrication, tels sont les deux principaux moyens d'obtenir des pièces capables de résister aux grandes pressions. Avec l'acier au nickel, on parle même de pressions de quinze mille atmosphères. On arriverait ainsi à augmenter de beaucoup la vitesse initiale des projectiles, — qui atteint déjà 1,100 mètres, — et, par suite, la quantité de force vive correspondant à l'unité de poids de la pièce.

Une nouvelle matière très propre à certains usages de l'artillerie est le chrome obtenu à l'état métallique pur et dont l'alliage avec l'aluminium doit avoir, dit-on, de grands avantages sur les métaux actuellement employés.

Il faut encore attendre pour savoir jusqu'à quel point les obusiers de campagne verront augmenter le nombre de leurs partisans à la suite des succès obtenus par les Japonais avec ces bouches à feu, dans l'attaque de Port-Arthur. En tous cas l'enthousiasme dont on s'était pris pour les obus brisants, comme moyen de remplacer le tir vertical dans la guerre de campagne, paraît avoir notablement diminué (2).

La rapidité de tir des canons de campagne ne peut guère, d'ici quelque temps, s'accroître d'une façon bien considérable. Par contre on s'attachera surtout à résoudre la question des projectiles.

Le shrapnell avec fusée à double effet peut être dès maintenant regardé comme le projectile principal (3); — l'obus est un peu rejeté à l'arrière-plan.

Mais l'obus brisant est devenu pour l'artillerie un précieux auxiliaire. On entend s'en servir pour atteindre les objectifs animés qui s'abritent

---

(1) *Le Progrès Militaire.*
(2) Löbell, *Militärische Jahresberichte*, 1894.
(3) Löbell, *Militärische Jahresberichte*, 1893.

Jean de Bloch. *La Guerre future.*   10

derrière des couverts aussi bien que pour agir efficacement contre les objectifs inanimés. Dans le premier cas, l'obus est armé de la fusée à double effet : attendu que l'éclatement doit avoir lieu tout près et au-dessus de la crête couvrante.

Toutefois on n'apprécie pas partout les avantages de l'obus brisant pour le tir contre les objectifs animés — notamment en France où on compte ne l'employer que contre les obstacles matériels.

Progrès dans la fabrication des shrapnells. On a fait de grands progrès dans la construction du shrapnell, comme par exemple en employant l'acier pour confectionner le corps du projectile, ce qui permet de lui donner plus de capacité pour le même calibre et d'y faire tenir un plus grand nombre de balles en plomb durci ; — puis en y introduisant des substances fumigères pour faciliter l'observation des points de chute ; et enfin en employant des fusées à double effet plus parfaites et en même temps prêtes à fonctionner sans manipulation préalable.

Problème du projectile unique. Il ne reste plus qu'à faire entrer dans la combinaison l'effet des obus brisants pour arriver à l'únité de projectile. Toutefois c'est un problème qui n'est pas encore résolu jusqu'ici (1).

---

(1) Les plus récents shrapnells allemands ont des parois très minces et, en conséquence, un très grand vide intérieur.

L'enveloppe est en acier et elle est formée d'une partie cylindrique à laquelle se visse le culot. Le remplissage a lieu au moyen de balles en plomb durci avec, dans les intervalles, une substance fumigère qui, tout en maintenant solidement les balles à leur place, facilite beaucoup l'observation des points de chute. La charge explosive est renfermée, comme par le passé, dans une douille formant chambre. Le projectile donne environ 300 morceaux (balles et éclats). Sa fusée est à double effet.

Pour permettre à celle-ci de fonctionner, il faut enlever une goupille. Et pour la faire agir comme fusée fusante, il faut naturellement encore régler la durée de combustion au moyen d'une graduation qui va de 300 à 4,500 mètres.

Toutefois, après l'enlèvement de la goupille de sûreté, la fusée présente encore une assez grande sécurité dans les transports, de sorte qu'on peut, à la rigueur, marcher même avec les pièces chargées.

Contre les objectifs abrités, l'artillerie de campagne emploie les obus brisants, projectiles à simple paroi d'une grande épaisseur et également en acier. La charge d'éclatement est composée d'une substance particulière et renfermée dans une boîte spéciale, afin d'empêcher toutes modifications chimiques que pourrait produire le contact du métal du projectile ou de la fusée.

L'explosion de ces projectiles fournit un très grand nombre d'éclats, des formes e des dimensions les plus diverses, environ 500 au total. Ces éclats agissent surtout par leur dispersion latérale qui leur permet d'atteindre des objectifs même placés immédiatement derrière un abri.

Il faut pour cela que le projectile éclate en l'air. Car si l'éclatement a lieu au moment où il touche le sol, les éclats se dispersent de tous les côtés.

A côté du shrapnell comme projectile principal, avec l'obus brisant comme projectile auxiliaire, se rencontre encore la boîte à mitraille, dont l'emploi est très limité et qui ne figure plus qu'en très petite quantité dans les approvisionnements.

Canon transporté sur traîneau au Canada.

DERNIERS PROJECTILES DES CANONS KRUPP DE 7 CENT. 5

Coupe longitudinale.

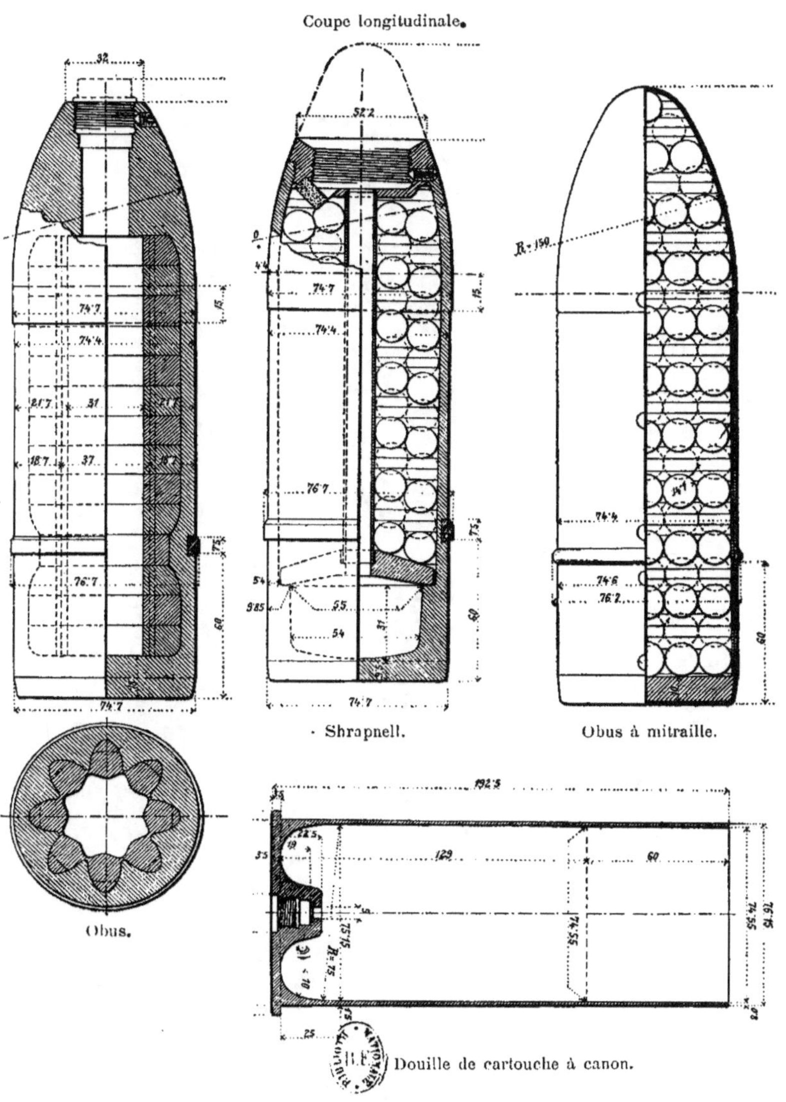

Comme nous l'avons déjà dit, l'absence de fumée soulève, dans bien des cas, de grandes difficultés et entraîne de graves conséquences.

On a prétendu qu'un Français nommé Rougier aurait trouvé, pour la charge de certaines bombes, une poudre qu'il appelle la « poudre de revanche ». Une bombe remplie de cette poudre, qui éclaterait devant une chaîne de tirailleurs ennemis, produirait une colonne de fumée de 20 mètres de large sur 10 mètres de haut, qui leur masquerait entièrement la vue.

Bombes pour produire de la fumée.

Un demi-kilogramme de la substance contenue dans ces bombes brûlerait en produisant de la fumée pendant dix minutes.

Un colonel de l'artillerie de marine anglaise, nommé Creose, aurait également composé une poudre qui dégage une fumée extraordinairement épaisse, comme l'ont montré des expériences exécutées en Angleterre, devant l'Empereur d'Alllemagne.

L'inventeur a fabriqué des douilles de papier de 18 pouces de long et 2 pouces d'épaisseur, remplies d'un liquide qui brûle avec une très forte fumée.

La fumée ainsi produite permettrait aux tirailleurs de s'approcher des points où ils auraient l'intention de s'établir, en se dissimulant le mieux possible.

Les feuilles spéciales allemandes assurent également que les Français auraient inventé des obus « hurlants » ou « sirènes », qui produiraient en fendant l'air de terribles sifflements, ce qui effraierait les chevaux et agirait également sur les nerfs des soldats.

Obus « hurlants ».

Si une telle invention venait à se réaliser d'une manière pratique, il en pourrait résulter le moyen d'inquiéter beaucoup les troupes pendant la nuit.

Nous avons donc en perspective toute une série de perfectionnements de premier ordre et il faut avouer que le matériel de guerre est devenu bien différent de ce qu'il était autrefois.

Ces perfectionnements considérables transformeront entièrement la guerre de l'avenir.

On ne pourra toutefois apprécier bien nettement la valeur des progrès ainsi recherchés que quand nous aurons montré plus loin le rôle des bouches à feu pendant le combat.

II

Les Engins auxiliaires

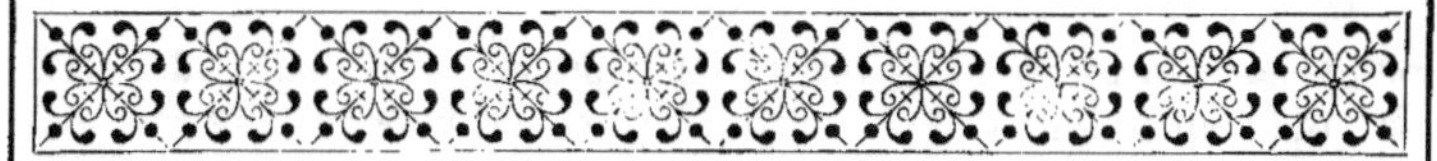

Engins auxiliaires et leur emploi.

Progrès dans
l'application des
engins auxi-
liaires
à la guerre.

Les armes améliorées à tous les points de vue, le perfectionnement, amené à un si haut degré, des projectiles, ne sont pas tout ce qu'a imaginé l'esprit inventif de l'homme pour mettre hors de combat un nombre aussi grand que possible de ses semblables et amener, par ce moyen, la défaite d'un adversaire. Il existe en outre toute une série d'engins auxiliaires qui, dans les guerres futures, joueront un rôle assez important, souvent même décisif, au point d'influer jusque sur les principes de l'art de la guerre dont l'expérience des luttes passées avait donné la formule.

I. Les Communications intérieures de l'armée.

Difficulté
du maintien
des
communica-
tions.

Les énormes masses armées, que les diverses puissances peuvent mettre sur pied, sont obligées de se subdiviser en un certain nombre de groupes, c'est-à-dire d'armées distinctes destinées à opérer sur des points différents du théâtre de la guerre. Chacune de ces armées indépendantes, se composant de plusieurs corps d'armée, a besoin pour se mouvoir d'un terrain très étendu.

C'est là déjà une circonstance qui rend extrêmement difficiles les rapports des divers corps de troupe, tant entre eux qu'avec le commandant en chef et même avec les états-majors des corps d'armées, divisions, etc.

Mais parallèlement à cet inconvénient, il s'en manifeste encore bien d'autres.

Ainsi, par suite du peu de fumée que produit la nouvelle poudre, tout, sur le champ de bataille, est devenu plus visible que dans les guerres précédentes.

Il en résulte, d'une part, plus de facilité à trouver leur route pour les estafettes et officiers qu'on envoie porter des ordres: mais, d'un autre côté, le danger qu'ils courent est beaucoup plus grand. D'autant que, dans toutes les armées, d'adroits tireurs sont spécialement chargés de mettre hors de combat les cavaliers auxquels on confie de semblables missions.

En raison de cela, il deviendra extrêmement difficile, quelquefois même tout à fait impossible, de transmettre les ordres et renseignements par les procédés d'autrefois.

L'emploi d'estafettes à pied a toujours été considéré comme peu pratique en raison de la lenteur qu'ils mettent forcément à s'acquitter de leur mission. Et il ne saurait plus guère en être question avec les exigences de la nouvelle tactique et l'énormité des armées modernes.

On a par conséquent dû recourir à d'autres moyens.

1° Les Vélocipédistes.

Avantages du vélocipède; il est moins visible.

Sur une bonne route il n'est guère possible, même à un cavalier exercé, de lutter contre un bon vélocipédiste (1); attendu que celui-ci est très capable de parcourir sans fatigue 12 kilomètres à l'heure, 18 avec quelque effort et 24 en y mettant toutes ses forces.

Le vélocipédiste a, de plus, sur le cavalier, un avantage important en pareil cas : celui d'être moins facile à apercevoir. Le vélocipède ne coûte pas plus cher qu'un cheval et de plus il n'exige ni dressage ni nourriture. La vitesse et l'endurance du vélocipédiste ne le cèdent en rien à celles du cheval.

En outre, il est bien plus facile au cycliste d'abandonner et de cacher sa machine, pour escalader quelque hauteur propre à l'exécution d'une reconnaissance, qu'au cavalier de se débarrasser, en pareil cas, de son cheval.

S'il est vrai qu'un vélocipède ne peut pas toujours parcourir certains terrains qui sont encore praticables pour le cheval, par contre le cycliste peut généralement conduire ou porter sa machine à travers des passages difficiles dont un cavalier ne peut se tirer qu'à grand'peine ou même qu'il lui est absolument impossible de faire franchir à sa monture.

Quant aux fossés et aux haies que le cheval de cavalerie ordinaire peut sauter, il n'est pas de cycliste qui ne puisse faire passer sa machine de l'autre côté de tels obstacles (2).

Par suite de ces considérations beaucoup de pays ont prévu l'emploi, dans les guerres futures, de cyclistes pour le service d'estafettes.

---

(1) Figuier, *L'Année scientifique.*

(2) Mikhnevitch, *Influence des dernières inventions techniques.*

Bicyclette pliante.

Comment la bicyclette pliante est portée par les soldats.

La Guerre future (p. 152, tome I)

Le détachement en marche.

Transport des vélocipèdes.

Position de combat.

LA GUERRE FUTURE (P. 152, TOME I.)

Dans presque toutes les armées on instruit le nombre nécessaire de sous-officiers et de soldats à monter ce qu'on appelle le « cheval d'acier ».

Le premier exemple en a été donné par la France, lorsqu'à la défense de Belfort, pendant la guerre de 1870-71, des cyclistes, à défaut de cavaliers, furent employés à porter des ordres.

Pour faire compendre au lecteur quelle importance on attache maintenant aux vélocipédistes, nous allons indiquer la série des missions qui, en 1889, furent indiquées comme incombant aux cyclistes organisés sous les ordres du major Skobi (1). Ils avaient :

1° A améliorer les cartes et à reconnaître les routes avant l'approche de l'ennemi.

2° Sur l'ordre du commandant en chef, à détruire les voies ferrées avec l'aide de forts détachements constitués dans ce but.

3° A exécuter, dans toute son étendue, le service de reconnaissance sur le territoire occupé par les forces adverses et à observer leurs mouvements, de concert avec la cavalerie ; — au cas où l'ennemi s'avancerait ils devaient se porter en toute hâte sur les points menacés, pour l'arrêter et se retirer ensuite peu à peu devant lui.

D'après le rapport du major Skobi, les vélocipédistes se sont acquittés de ces différents rôles d'une façon satisfaisante.

Les Anglais ont employé également avec un grand succès des vélocipédistes pour le transport d'instruments de chirurgie, de médicaments, de matériel de pansement, etc., ainsi que pour porter des vivres et des munitions et même pour relever les blessés sur le champ de bataille.

En France on a employé des détachements de vélocipédistes opérant même d'une façon tout à fait indépendante pour le service d'exploration et de sûreté. Ce système s'est trouvé si pratique qu'on a songé bientôt à étendre cette organisation.

On a même voulu amener les vélocipédistes à prendre part au combat d'abord par des procédés comme celui indiqué dans la figure ci-dessous (2) :

Vélocipédistes prenant part au combat.

(1) Stadelmann, *Das Zweirad* (Le vélocipède). — Berlin, 1893.
(2) *Encyclopédie des connaissances militaires.*

Les détachements, renversant leurs machines sens dessus dessous, et donnant aux roues un mouvement rapide devaient établir, en peu d'instants, une sorte de retranchement que presque aucun cheval n'aurait pu franchir et derrière lequel une poignée de bons tireurs aurait pu facilement tenir tête à une troupe de cavalerie beaucoup plus nombreuse.

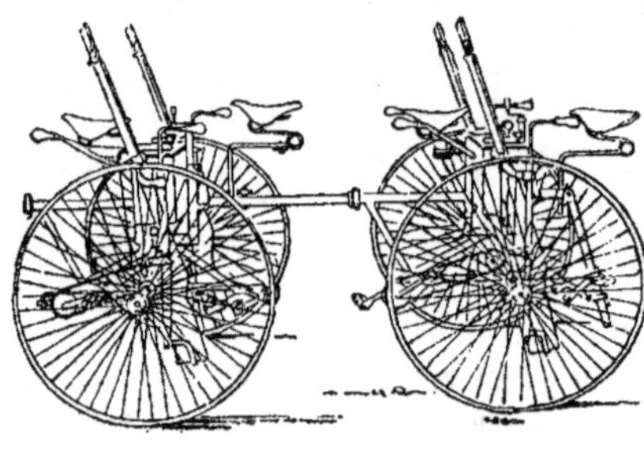

Quadricycle.

Dans une guerre future on verra paraître non seulement les modèles de vélocipèdes actuellement connus du public, mais certainement aussi bien d'autres d'un type nouveau.

Ainsi, par exemple, on a essayé des tandems ou des quadricycles pour deux personnes dont l'une avait la liberté complète de ses mouvements, et même des multicycles pour trois, quatre et jusqu'à vingt personnes.

Multicycle.

Les expériences exécutées ont montré que ces modèles pouvaient être très utiles à l'obtention des résultats militaires dont il vient d'être question.

En 1892, le gouvernement français a publié une instruction dans laquelle est indiquée la nécessité, pour l'armée, de pouvoir disposer, en campagne, de 3,000 vélocipédistes en sous-officiers et soldats de la réserve et de l'armée territoriale. Les hommes qui veulent être admis dans ce corps de cyclistes doivent posséder personnellement une machine de l'un des deux modèles dits « bicyclette de route » ou « de demi-course ».

Charles Dilke a dit, au sujet des vélocipédistes qu'il a vus aux manœuvres françaises de 1891, que les sous-officiers lui avaient paru capables d'entretenir les communications et de transmettre les ordres avec une clarté et une précision qui ne laissaient rien à désirer. Aussi les chargeait-on le plus souvent du service d'estafettes. Pour leur laisser la plus grande liberté de mouvements possible, ils ne portaient aucune espèce d'armes.

Mais ce qui peut surtout contribuer à l'extension de l'emploi du vélocipède dans les armées, c'est l'idée qu'on a eue en France, de construire une bicyclette susceptible de se plier et que le soldat peut alors porter sur

Les vélocipédistes dans l'armée autrichienne.

Les vélocipédistes dans l'armée russe.

La Guerre future (p. 155, tome I.)

son dos au moyen de bretelles disposées *ad hoc*. Le poids d'une telle bicyclette est bien moindre que celui du havresac; et, si on débarrasse les vélocipédistes de celui-ci, rien ne les empêche de marcher et de combattre en portant à leur tour la machine qui les a portés. De cette façon on supprime l'inconvénient, souvent reproché aux vélocipèdes et aux vélocipédistes, de ne pouvoir circuler que sur les routes convenablement entretenues. Muni de la bicyclette pliante, le soldat peut profiter des routes pour se déplacer avec une vitesse supérieure même à celle de la cavalerie, puis marcher et combattre sur tous les terrains, exactement dans les mêmes conditions qu'un soldat d'infanterie. Il a même, sur celui-ci, l'avantage d'arriver sans fatigue au point où il doit aborder l'ennemi.

Des bicyclettes pliantes, construites d'après les indications du capitaine français Gérard, ont été expérimentées sous sa direction, dans une série de manœuvres exécutées en 1895, puis en 1896, aux environs de Saint-Quentin et sur divers autres points de la région occupée par le 2ᵉ corps d'armée français. Ces expériences, décrites fort en détail par la *Revue du Cercle Militaire*, ont montré tout le parti qu'on pourrait tirer dans les guerres de l'avenir d'une troupe de cyclistes — bataillon ou même compagnie, — convenablement organisée. D'autant plus que ces machines sont construites de telle façon que le cycliste peut, au besoin, faire le coup de feu sans quitter sa monture : celle-ci étant assez basse pour lui permettre de poser les deux pieds sur le sol. Il ne faut d'ailleurs pas même une minute pour plier la bicyclette et la mettre sur le dos, ou pour accomplir l'opération inverse.

Expériences du capitaine Gérard.

Il suffit de voir ces machines pour comprendre comment elles sont construites, comment elles se plient et se placent sur le dos de l'homme.

Elles sont maintenant l'objet d'études suivies, non seulement en France, mais dans plusieurs autres pays européens, notamment en Russie.

En Autriche, on a créé à Wiener-Neustadt une école spéciale pour la formation des vélocipédistes militaires. En Allemagne on veut faire plus encore. Le gouvernement encourage par tous les moyens le développement du sport cycliste, surtout à la frontière russe, dans l'espérance que les explorateurs militaires cyclistes seront en état de gêner les mouvements des patrouilles de cavalerie ennemies.

Vélocipédistes militaires dans les divers pays étrangers.

En Italie on a fait des essais pour relier le service vélocipédiste avec la poste aux pigeons, afin de transmettre le plus promptement possible aux quartiers généraux ou aux corps de troupes, les renseignements recueillis par les cyclistes.

Réunion des vélocipédistes avec la poste aux pigeons voyageurs.

Chacun de ceux-ci emporte avec lui un certain nombre de pigeons et envoie par eux toutes les nouvelles qui lui paraissent importantes.

Dans le premier essai, les pigeons furent ainsi emmenés à 10 kilomètres de distance et, une fois mis en liberté, retournèrent en quelques minutes à leurs pigeonniers.

Ces pigeons étaient transportés par couples dans des cages légères en toile ou en tôle, qui tenaient fort peu de place. L'utilité d'un semblable emploi des pigeons voyageurs est évident.

Les vélocipédistes en Russie.

D'après la *Revue militaire de l'Étranger*, il a été décidé en Russie, en 1891, que chaque régiment d'infanterie devrait former huit vélocipédistes, et chaque bataillon de chasseurs, quatre. En outre, chaque régiment doit pouvoir disposer d'au moins deux officiers exercés au cyclisme.

D'autre part, il n'est pas inutile de faire observer que, sur un mauvais terrain, dans des régions marécageuses, etc., le cavalier aura toujours l'avantage sur le vélocipédiste.

Résultats obtenus aux manœuvres de Bohême et de Moravie en 1894.

Très intéressant par conséquent est le Rapport sur les grandes manœuvres de Bohême et de Moravie de 1894 (1). Nous y apprenons que, malgré la nature en partie argileuse d'un sol détrempé par la pluie, malgré les côtes de cette région montagneuse qui rendaient tout particulièrement difficile le service des vélocipédistes, ceux-ci n'en accomplirent pas moins comme estafettes des courses qui dépassaient de beaucoup celles exécutées par les estafettes cavaliers.

Ainsi dans un terrain montagneux, un lieutenant fit, aller et retour, environ 12 kilomètres en 36 minutes. Avec le trot normal de route employé pour les longues courses d'estafettes, il eût fallu, à un cavalier, 1 heure à 1 heure 20 minutes pour effectuer un tel parcours. Au trot réglementaire continu, c'est-à-dire sans jamais prendre le pas, ce cavalier n'eût pas mis moins de 48 minutes.

Un autre cycliste, malgré un accident arrivé à sa machine, parcourut 60 kilomètres aller et retour, en 4 heures ; course qu'un cavalier n'aurait pu faire au trot de route, qu'en 5 à 6 heures.

Un officier fit, à travers champs, 10 kilomètres en 19 minutes ; parcours qu'un cavalier n'eût pu exécuter, au trot de route, qu'en 50 à 60 minutes, et au trot continu, qu'en 44.

Ce même officier parcourut encore de nuit un total de 23 kilomètres, avec fort vent debout pendant une partie du trajet, et cela en 1 heure 5 minutes. C'est une course qui, à cheval, lui eût demandé au moins 2 heures.

____

(1) *Reichswehr*, 1895.

2° Les Pigeons voyageurs.

La faculté d'orientation que possèdent les pigeons est un phénomène naturel des plus remarquables et qui demeure, jusqu'à présent, encore inexpliqué. *(Expériences avec les pigeons voyageurs.)*

Des pigeons emportés dans des wagons de chemins de fer, par conséquent tout à fait renfermés, et conduits jusqu'à 1,600 kilomètres (expériences entre Liège et Madrid), ont su trouver la route pour revenir à leur pigeonnier.

Plus étonnantes encore sont les expériences suivantes :

Sur 9 pigeons lâchés à Londres en 1886, l'un retourna à son pigeonnier à Boston, l'autre alla jusqu'à New-York, le troisième jusqu'en Pensylvanie.

Dans cette remarquable faculté des pigeons, l'acuité de leur vue joue un rôle important et l'exercice augmente notablement l'instinct inné chez ces animaux.

Aussi, en beaucoup de pays s'est développé un genre spécial de sport — le sport des pigeons ou colombophilie — et il a déjà atteint une très grande importance. *(Développement du sport des pigeons.)*

La possibilité d'utiliser cet instinct spécial des pigeons est encore augmentée par l'extraordinaire rapidité de leur vol. Dans des circonstances favorables, c'est-à-dire quand il n'y a ni vent, ni pluie, ni brouillard, la vitesse moyenne du vol des pigeons varie de 60 à 90 kilomètres à l'heure. *(Rapidité du vol.)*

En 1876, eut lieu une course remarquable de pigeons belges et allemands. Le lâcher se fit à Rome. Les oiseaux avaient à parcourir une distance de 1,430 kilomètres, et les conditions atmosphériques étaient extrêmement favorables. Le premier pigeon allemand rejoignit son pigeonnier, à Aix-la-Chapelle en 9 jours ; le second en 10 jours. Le premier pigeon belge arriva à Bruxelles en 11 jours.

En raison de ces circonstances on a, depuis longtemps déjà, songé à employer les pigeons voyageurs pour porter des lettres. Car en temps de guerre et notamment en cas de siège d'une place forte, ils peuvent rendre, à ce point de vue, d'inappréciables services. Toutefois, c'est seulement par suite du besoin toujours croissant d'utiliser, pour les guerres futures, tous les moyens susceptibles de s'assurer l'avantage, que l'organisation de la poste aux pigeons s'est largement développée.

Déjà, lors du siège de Paris, le rôle de cette poste aérienne ne fut pas sans importance : 534 pigeons furent emportés par ballons de la capitale, puis lâchés pour y rapporter des nouvelles. Une centaine y retournèrent ainsi et quelques-uns firent jusqu'à dix fois ce voyage. *(Les pigeons voyageurs au siège de Paris.)*

Ce genre de communications postales eut pour la ville, alors complè-tement cernée, une extrème importance. Pourtant les résultats qu'elles donnèrent ne furent que relativement satisfaisants ; principalement parce qu'elles ne furent organisées qu'après le commencement du siège et sans préparation antérieure suffisante.

En tout cas on dut se convaincre que les pigeons peuvent rendre pendant la guerre des services considérables et que, jusqu'à l'invention des ballons dirigeables, rien ne pourra les remplacer. Aussi se mit-on, dans tous les pays, à encourager le développement du sport des pigeons militaires et à organiser des stations de poste aux pigeons de guerre.

Ce qui toutefois diminue l'importance de cette poste aux pigeons, c'est qu'on n'y peut employer que des oiseaux dressés et seulement dans les limites d'un rayon déterminé.

Pendant le siège de Paris, voici comment on procédait pour l'envoi des dépêches. On les imprimait, sous la forme de colonnes de journaux, sur une grande feuille de papier ; puis on photographiait celle-ci de manière à en réduire les dimensions au point que la lecture n'en était plus possible qu'avec une forte loupe. A Tours on poussa cette réduction jusqu'à des dimensions microscopiques. La réunion des dépêches quoti-diennes n'avait plus que la grandeur du quart d'une carte à jouer ordi-naire et était imprimée sur une feuille de papier-collodion qui ne pesait qu'un centigramme.

Cette feuille était alors enroulée sur elle-même et placée dans un tuyau de plume que l'on fixait à l'une des plumes de la queue du pigeon, comme on le voit par la figure ci-dessous (1) :

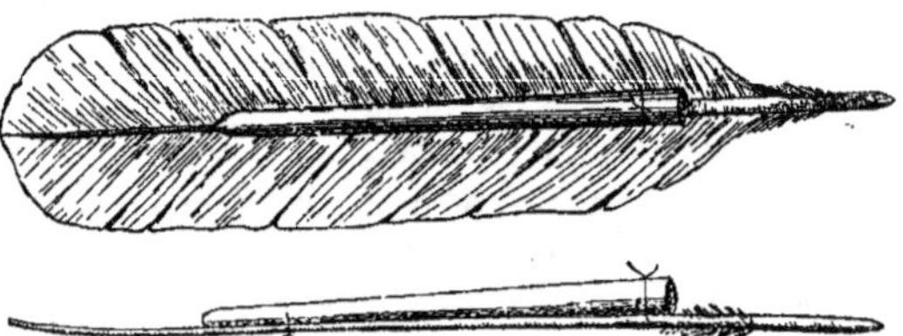

Manière de fixer les dépêches aux plumes des pigeons voyageurs.

Après réception les dépêches étaient placées dans un microscope solaire ou électrique et lues sur l'écran. La figure suivante montre des officiers qui s'exercent à la lecture de semblables dépêches (2).

---

(1) *Encyclopédie des connaissances militaires.*
(2) D'après le journal allemand *Die Gartenlaube.*

Un pigeon a pu porter jusqu'à 20 feuilles semblables qui toutes ensemble pesaient moins d'un gramme et contenaient cependant près de 300,000 caractères, c'est-à-dire presque un volume entier d'impression ordinaire. Il a été envoyé de Paris 100,000 de ces dépêches — ce qui, imprimé dans les conditions ordinaires, constituerait une très respectable bibliothèque.

Nombre des mots.

Lecture de dépêches sur l'écran.

Dans le dressage des pigeons, on observe une certaine progression. D'abord on leur fait parcourir des distances de 7 à 8 kilomètres. Quand ils font cette route bien directement et avec la plus grande vitesse possible, on leur en fait parcourir de plus longues, allant peu à peu jusqu'à 200 kilomètres.

Dressage des pigeons.

Quand la distance ne dépasse pas 140 kilomètres, tous les pigeons reviennent ; mais plus elle s'allonge et plus grand est le nombre des messagers ailés qui se perdent en chemin.

En France, la loi prescrit qu'au commencement d'une campagne tous les pigeons voyageurs des particuliers, dont le nombre s'élève à environ 150,000, seront mis à la disposition de l'autorité.

Organisation de la poste aux pigeons en France, en Allemagne et en Autriche.

Le gouvernement allemand a organisé des pigeonniers militaires dans un grand nombre de localités : à Berlin, Cologne, Strasbourg, Metz, Würtz-bourg, Wilhelmshafen, Kiel, Dantzig, Schwetzingen (près Munich), Thorn et

Posen. — Chaque pigeonnier contient 400 oiseaux. — Celui de Thorn en renferme même mille. En outre, il existe en Allemagne 350 sociétés qui, en cas de besoin, peuvent mettre jusqu'à 50,000 pigeons à la disposition du gouvernement.

En Autriche, la première société pour le sport des pigeons fut fondée en 1878. Deux ans plus tard fut organisée à Comorn la première station de pigeons militaires. En 1882, il en fut établi une semblable à Cracovie. Il en existe maintenant à Vienne, à Linz, à Olmütz et dans d'autres villes.

Les gouvernements encouragent aussi les particuliers amateurs du sport aux pigeons pour en obtenir des oiseaux en cas de guerre. Les officiers et fonctionnaires militaires qui veulent élever et dresser des pigeons voyageurs obtiennent tout ce qui leur est nécessaire pour les entretenir et pour organiser des pigeonniers.

Les gouvernements abandonnent aux particuliers des pigeons de la meilleure race, à des prix de faveur de 1 à 10 francs pièce.

Et les chemins de fer sont tenus, de leur côté, de modérer leurs tarifs pour les personnes qui voyagent pour affaires concernant le sport colombophile.

Poste aux pigeons en Russie.

En Russie, on n'a commencé à s'intéresser à la poste aux pigeons qu'en 1874. Il s'est formé alors quelques sociétés d'amateurs du sport colombophile et le ministère de la guerre a fourni une certaine somme pour l'établissement de stations à Varsovie. Mais le dressage des pigeons rencontra des difficultés ; les pigeons russes étaient trop faibles, pour faire de longues routes ; et ceux qu'on amena de Belgique périrent parce qu'ils ne purent supporter la rigueur du climat.

Création d'une commission gouvernementale en 1885.

C'est seulement en 1885 qu'une commission gouvernementale composée d'ingénieurs et d'amateurs de sport colombophile vint à bout de ces difficultés.

En 1888, il fut, sur l'ordre des ingénieurs de district, créé cinq stations de pigeons voyageurs à Brest-Litovsk, Varsovie, Novo-Georgievsk, Ivangorod et Luninez. A chacune de ces stations on entretient un nombre d'oiseaux suffisant pour pouvoir, en cas de besoin, en lâcher jusqu'à 250.

Dans les places fortes ces stations sont placées sous l'autorité des commandants ; dans les autres villes, sous celle du chef d'état-major du district.

En outre il existe déjà à Brest-Litovsk un établissement où l'on s'occupe d'améliorer les races des pigeons, et de dresser ceux qui paraissent aptes au service postal dans des conditions déterminées (1).

---

(1) Nous empruntons ces renseignements à un article de D. Pankevitch, paru dans le *Voïenny Sbornik* : État de l'institution des pigeons voyageurs en Europe.

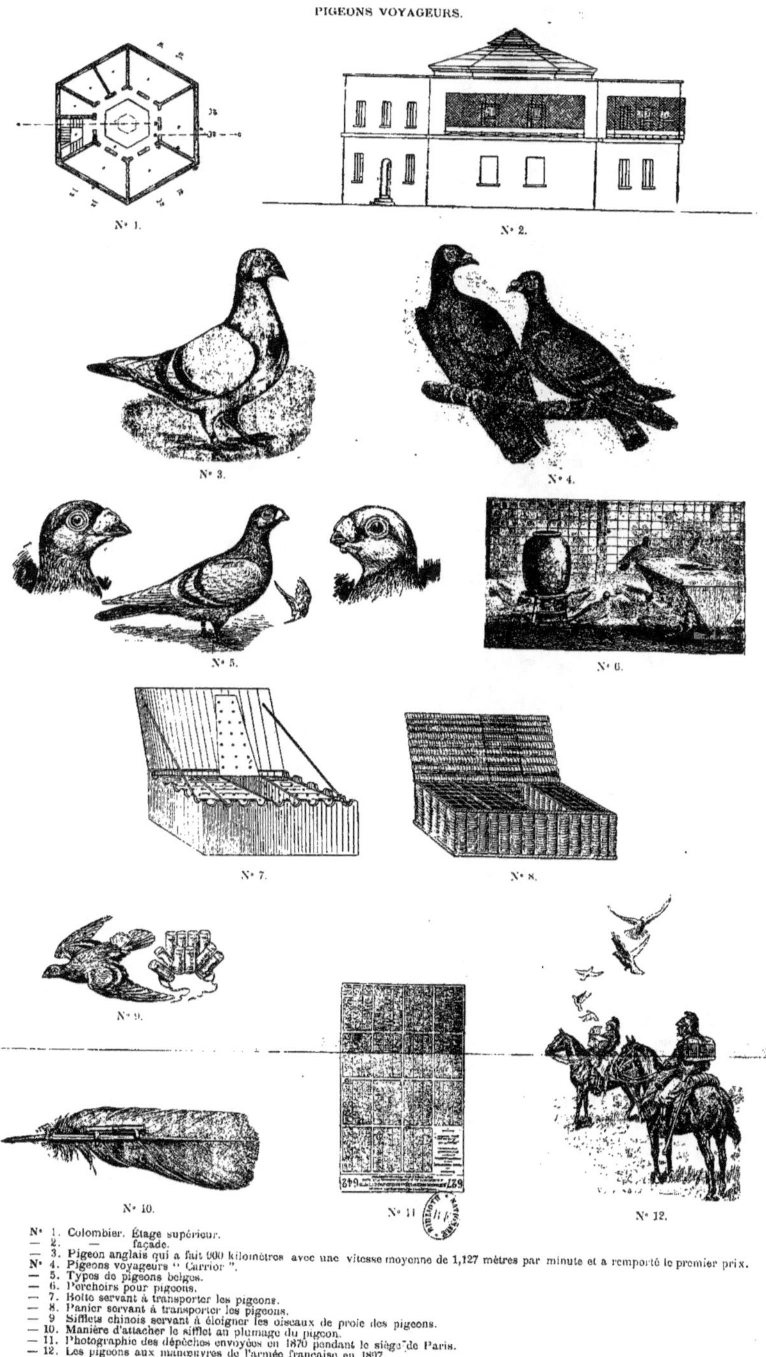

Nᵒ 1. Colombier. Étage supérieur.
— 2.   —   façade.
— 3. Pigeon anglais qui a fait 900 kilomètres avec une vitesse moyenne de 1,127 mètres par minute et a remporté le premier prix.
Nᵒ 4. Pigeons voyageurs " Carrior ".
— 5. Types de pigeons belges.
— 6. Perchoirs pour pigeons.
— 7. Boîte servant à transporter les pigeons.
— 8. Panier servant à transporter les pigeons.
— 9 Sifflets chinois servant à éloigner les oiseaux de proie des pigeons.
— 10. Manière d'attacher le sifflet au plumage du pigeon.
— 11. Photographie des dépêches envoyées en 1870 pendant le siège de Paris.
— 12. Les pigeons aux manœuvres de l'armée française en 1897.

LA GUERRE FUTURE (P. 160, TOME I.)

De ce qui vient d'être dit, il ressort que tous les pays ont jugé possible de maintenir, au moyen de la poste aux pigeons, la liaison entre les différentes parties d'une armée et de rattacher de même les places fortes aux armées d'opérations. Les stations correspondantes n'ont qu'à échanger leurs pigeons. — On les transporte dans des paniers spécialement disposés à cet effet, et aussitôt mis en liberté les oiseaux retournent à leur habitation ordinaire.

Destination de la poste aux pigeons.

Dans l'armée française on doute quelque peu de la possibilité d'utiliser les services des pigeons dans les moments critiques, pendant les marches, les batailles et les sièges. On a parfois entendu des officiers et des soldats émettre la crainte qu'au cas où les vivres viendraient à faire quelque peu défaut, les oiseaux ne fussent envoyés à la marmite (1).

Scepticisme des Français.

La carte ci-dessous montre le développement du réseau actuel de communications établies par pigeons voyageurs dans les pays de l'Europe Centrale.

Réseau de la poste aux pigeons dans Europe Centrale.

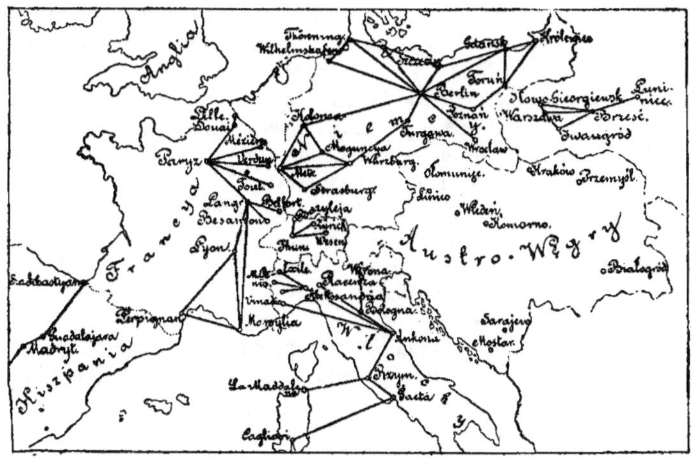

Carte du réseau et des routes de la poste aux pigeons dans l'Europe Centrale.

Aussitôt qu'il s'agit de relier une place forte assiégée — comme Varsovie, par exemple — avec le monde extérieur, immédiatement se pose la question de savoir dans quelles conditions se trouveraient les habitants pendant un siège de la ville? Il n'est pas douteux que le gouvernement per-

La poste aux pigeons dans le cas d'un siège de Varsovie.

---

(1) Hennebert, *L'Art militaire et la science.*

mettrait, même aux simples particuliers, de se servir de la poste aux pigeons. Pendant les journées pénibles du siège, les habitants seraient heureux de pouvoir rester ainsi en communication avec les localités qui sont en rapports étroits avec Varsovie ; telles que Lublin, Siedletz, Lomcha, etc. Il va de soi d'ailleurs que, dès le jour de la déclaration de guerre, tous les pigeons voyageurs appartenant à des particuliers devraient être placés sous un contrôle sévère du gouvernement.

En tous cas le développement du sport colombophile est fort à souhaiter, surtout pour Varsovie, attendu que, dans une guerre future, un siège de cette ville paraît toujours possible.

3° Télégraphes électriques et téléphones.

Nécessité et importance de communications télégraphiques temporaires. Sur le terrain des opérations militaires, aussitôt après leur début, puis sur le champ de bataille même, on aura à établir des communications télégraphiques momentanées. Déjà, pendant la guerre de 1870, le télégraphe fut largement employé par l'armée allemande. Elle utilisa militairement jusqu'à 523 stations avec 23,330 kilomètres de fils.

Aujourd'hui que les armées sont devenues encore plus nombreuses, la difficulté du problème des moyens à employer pour assurer l'unité des opérations s'est augmentée dans la même mesure.

Si le commandant en chef ne peut avoir promptement des nouvelles de toutes les parties de son armée, de manière à se représenter les mouvements des troupes aussi clairement que ceux des pièces sur un échiquier, la conduite de ces troupes deviendra pour lui très difficile, si étendue que puisse être la portée de ses facultés intellectuelles.

Établissement du télégraphe de campagne. Pour la construction des lignes télégraphiques, on dispose de voitures portant le matériel nécessaire, c'est-à-dire les fils conducteurs, les piles et

Établissement d'un télégraphe
de campagne.

Fonctionnement d'un poste
télégraphique.

Établissement d'un télégraphe de campagne.

Nouveaux télégraphes d'avant-postes.

Établissement de la ligne.

Matériaux pour un télégraphe
d'un kilomètre de longueur.

Enlèvement des lignes d'avant-postes.

LA GUERRE FUTURE (P. 163, TOME I).

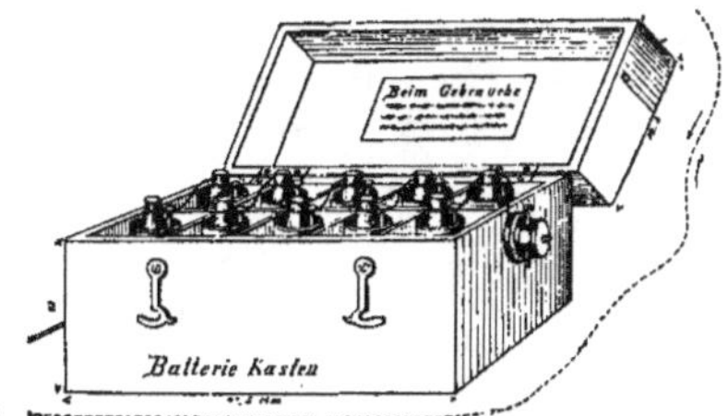

Batterie.

Poste téléphonique.

Ligne de chemin de fer à voie étroite et le service des télégraphes.

LA GUERRE FUTURE (P. 163, TOME I.)

les appareils de transmission. Les stations de campagne ne sont souvent établies que pour quelques heures; après quoi le matériel est rechargé sur les voitures et conduit plus loin. Pour les communications à petites distances on utilise, dans l'armée, des provisions de fil que les soldats peuvent porter dans le sac.

Les figures ci-contre montrent l'établissement d'un télégraphe de campagne au moyen des voitures *ad hoc* et le fonctionnement d'un poste télégraphique.

Pose de fils téléphoniques.

Toutes les mesures sont également prises pour tirer un très grand parti du téléphone aux armées.

Nous donnons ci-dessus une figure qui représente un détachement français occupé à poser des fils téléphoniques.

Le dessin est si clair qu'il n'a besoin d'aucune explication.

La figure plus petite qui suit nous montre un appareil téléphonique avec une quantité assez importante de fils conducteurs de réserve. Cet appareil s'attache par devant, au ceinturon — comme on le voit dans la grande figure pour quelques-uns des personnages qui portent ainsi une provision de fils sur eux.

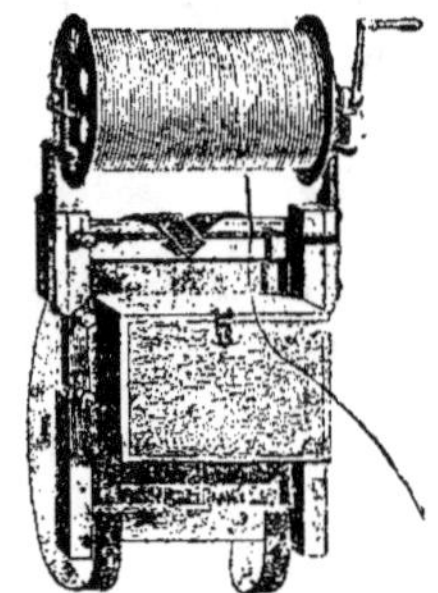

Appareil avec fil de réserve.

On ne peut cependant pas compter sur un fonctionnement pleinement régulier des téléphones et télégraphes de campagne. Ainsi, rien qu'aux manœuvres autrichiennes exécutées sur la Taja, les soldats bouleversaient constamment dans leur marche les fils des lignes posées à la hâte. Au milieu du bruit et de la poussée d'une bataille réelle, l'utilisation des télégraphes et des téléphones de campagne deviendrait certainement bien plus difficile encore.

4° Appareils optiques.

Nous avons plusieurs fois déjà fait observer — et nous reviendrons d'ailleurs encore là-dessus dans le chapitre suivant — que la communication des différentes parties d'une armée entre elles est l'une des conditions les plus essentielles du succès à la guerre. Dans les campagnes futures, outre les télégraphes et les téléphones, on se servira aussi de signaux optiques dont l'usage est aussi ancien que la guerre elle-même; mais leur application systématique se fera, dans les guerres futures, sur une échelle qui ne s'était jamais vue.

Le ministre de la guerre français a publié, en juin 1885, une instruction sur le moyen de communiquer optiquement à l'aide de tableaux. Dans cette instruction, il est dit, entre autres choses, qu'en instruisant, dans chaque corps de troupes, un certain nombre d'hommes à se mettre en rapport par des signaux on peut donner aux armées un mode de communication nouveau et très simple, susceptible, en cas de besoin, de remplacer tous les autres.

Ces signaux sont composés de traits et de points, d'après le système du télégraphe Morse, et chaque corps de troupes dispose d'un certain nombre d'appareils pour les faire. Le jour, on se sert de tableaux ou planchettes carrées qui, dans les circonstances ordinaires, doivent être visibles à mille mètres de distance.

Une série de dessins qu'on trouvera dans une planche spéciale font voir de quelle manière les signaux sont transmis de jour et de nuit (1).

---

(1) *Encyclopédie des connaissances militaires* et *Traité de télégraphie optique appliquée aux arts militaires*, par R. van Wetter.

Fonctionnant. Fermés.

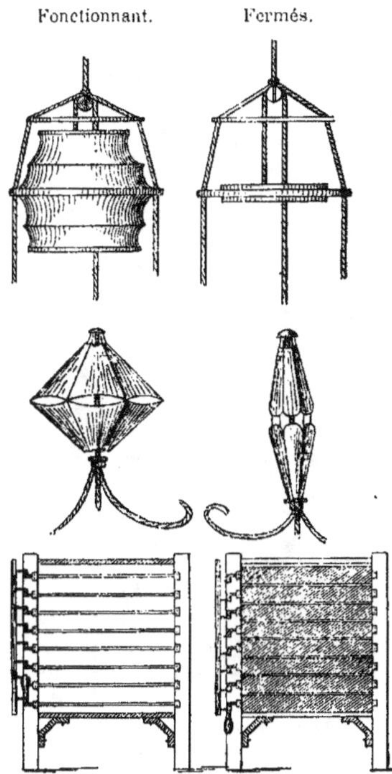

Les systèmes de sémaphores
dans l'armée allemande.

Télégraphe optique au point
d'observation.

Le parc optique du service des télégraphes aux manœuvres de l'armée française en 1894.

La Guerre future (p. 164, tome i).

Le télégraphe optique, plus compliqué dans sa construction et qui Appareils a
signaux lumineux. exige des dispositifs spéciaux, a également fait de grands progrès dans ces derniers temps. A l'aide de lentilles, on peut envoyer, dans une direction déterminée, les rayons émanant d'un corps lumineux quelconque (comme d'une lampe, ainsi que le montre le dessin ci-dessous).

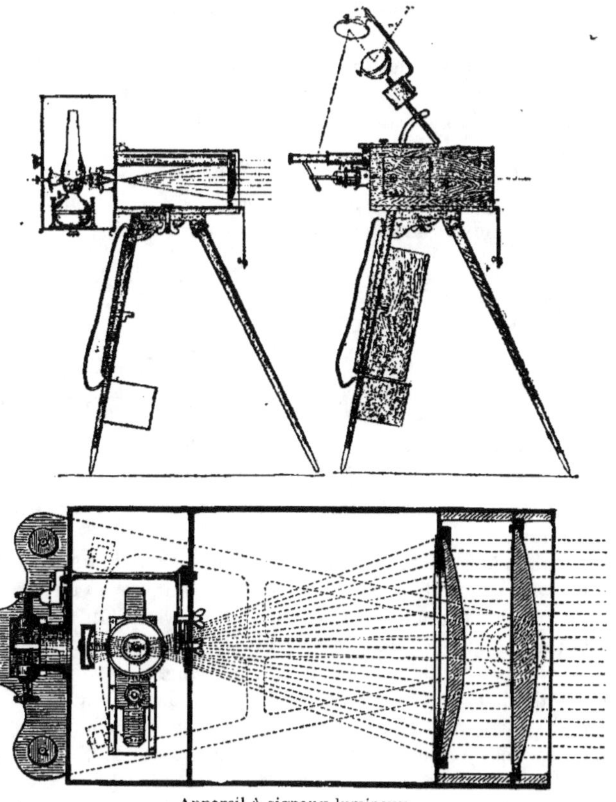

Appareil à signaux lumineux.

La lumière est dirigée sur le point avec lequel doit avoir lieu la communication ; et on produit ainsi, au moyen de verres colorés et d'écrans, un grand nombre de signaux qui, avec de fortes lunettes, peuvent être aperçus à de très grandes distances.

En 1859, les Autrichiens organisèrent, grâce au télégraphe optique, un échange régulier de renseignements entre les places fortes de Mantoue et de Vérone qui sont à 35 kilomètres l'une de l'autre.

Parmi les appareils de ce genre, c'est celui du colonel Mangin qui est aujourd'hui le plus répandu. Il se compose de deux parties : le « transmetteur » et le « récepteur ». C'est dans le transmetteur qu'on place la source lumineuse : lampe ou grand miroir réflecteur concentrant les rayons solaires (1).

On assure qu'avec une lunette de 0 m. 45 de diamètre recevant la lumière d'une simple lampe à pétrole, on peut, dans des circonstances atmosphériques favorables, communiquer jusqu'à des distances de 80 à 100 kilomètres.

Hennebert affirme qu'en France, certains appareils héliographiques agissent à des distances de 50 ou 60 kilomètres, d'autres jusqu'à 90, 130 et même, par les temps clairs, jusqu'à 200 kilomètres (2).

Appareil héliographique en fonction
(d'Oméga : *L'Art de combattre*).

En outre, on a construit encore toute une série d'appareils destinés au service de nuit.

La lumière à la chaux de Drummond, appelée aussi lumière à la craie, a une importance particulière. C'est, après la lumière électrique, la plus éclatante que l'on connaisse. On l'obtient au moyen d'un bâton de craie porté au rouge blanc par un fort courant d'hydrogène en combustion. Pour faire des signaux, on place ce bâton dans une lanterne fixée sur un support et munie de deux fortes lentilles qu'un mécanisme, mû par la simple pression du doigt, permet d'ouvrir et de fermer vivement, de manière à produire des éclairs lumineux plus ou moins prolongés, et à signaler ainsi les « traits » et les « points » de l'alphabet Morse.

---

(1) *Bibliothèque des actualités scientifiques.*

(2) Hennebert, *L'Art militaire et la science.* Il nous semble toutefois que la transmission de signaux optiques à des distances aussi considérables que 200 kilomètres n'est probablement possible qu'avec l'organisation d'observatoires sur des hauteurs, et, en général, seulement dans des conditions de terrain et d'atmosphère tout particulièrement favorables.

L'action de la lumière de la craie s'est étendue, par des nuits obscures, même dans des conditions atmosphériques défavorables, jusqu'à 30 kilomètres; mais quand l'atmosphère est très pure, comme dans le sud de l'Algérie, on a pu encore employer cette lumière à 67 kilomètres. Ses brillants éclairs sont même visibles en plein jour, jusqu'à des distances relativement considérables.

La figure ci-dessous montre l'emploi, dans l'armée russe, d'une lanterne à signal de craie lumineuse (1).

Lanternes à signaux de l'armée russe.

Emploi de la lanterne-signal à craie lumineuse dans l'armée russe.

Comme Novogeorgievsk n'est qu'à 27 verstes (environ 30 kilomètres) de Varsovie et Ivangorod à 84 verstes (90 kilomètres) de cette même ville, ces places fortes, en cas d'interruption de leurs communications, auraient la possibilité de communiquer entre elles par des signaux lumineux, sans que l'ennemi pût les en empêcher.

Importance des communications par signaux lumineux entre les places fortes russes.

Brest-Litovsk est à 208 verstes (environ 214 kilomètres) de Varsovie. Par suite, il suffirait d'organiser une seule station intermédiaire pour qu'une communication héliographique fût également possible entre ces deux places. Il faut cependant observer que le fonctionnement de télégraphes optiques de ce genre exige beaucoup de précision, ce qui en rend l'emploi assez pénible.

---

(1) Du *Leipziger illustrierte Zeitung*, 1894.

Aux grandes manœuvres françaises, Charles Dilke s'est convaincu que l'héliographe, même par un beau temps, ne donnait que des résuttats médiocres qnand il n'était pas habilement manié.

Essais avec des éclairs de magnésium. — Dans l'armée allemande on a fait des essais de signaux avec une lumière au magnésium, tellement puissante, que même les rayons du soleil ne pouvaient en troubler le fonctionnement.

Par des temps favorables, des signaux de ce genre peuvent être aperçus à des distances de 50 kilomètres, si le modèle et l'exécution de la lampe sont entièrement irréprochables et si on la manie avec beaucoup de précaution. Dans le cas contraire le ruban de magnésium ne brûle pas et le mécanisme d'horlogerie qui déroule graduellement ce ruban cesse de fonctionner.

Derniers progrès. — Il va de soi que l'on s'est donné beaucoup de peine pour écarter cet inconvénient. Ainsi, par exemple, une maison allemande a présenté au Comité de la guerre, pour l'exécution des signaux, une nouvelle lampe dans laquelle on emploie, pour produire la flamme lumineuse, du magnésium en poudre et non plus sous forme de ruban. Cette poudre brûle instantanément au foyer du réflecteur, avec l'aide du pulvérisateur et de la lampe à esprit-de-vin disposée à cet effet, et il se produit ainsi une lumière éblouissante (1).

5° Les Chiens.

Les chiens de guerre dans le passé. — Déjà les Anciens employaient les chiens dans leurs guerres pour entretenir des communications avec les points voisins de la ligne ennemie. On faisait avaler par un chien, en même temps que sa nourriture, les dépêches ou autres objets à transporter, puis on tuait l'animal quand il arrivait à destination et on enlevait le contenu de ses entrailles.

Vers la fin du xviie siècle, dans les postes-frontières de Dalmatie et de Croatie, on dresssa des chiens à signaler l'approche des Turcs. On leur apprenait à aboyer à la vue des soldats musulmans et à éventer les embuscades.

Les chiens de guerre modernes. — De notre temps, l'idée d'employer des chiens à la guerre est née d'abord en Allemagne. Puis les Autrichiens se sont convaincus pratiquement, en Bosnie et en Herzégovine, que le flair de ces animaux pouvait être utilisé en campagne. Les autres armées ont suivi l'exemple de ces deux Etats.

Dressage des chiens de guerre en Allemagne. — Nous empruntons à la *Militär Zeitung* quelques détails intéressants sur le dressage des chiens.

____

(1) *Neue militärische Blätter*, 1892, vol. 6.

Les chiens dans l'armée russe.

Les chiens dans l'armée française.

La Guerre future (p. 169, tome i.)

Ordres donnés avant les manœuvres.

Chiens chargés de porter les cartouches.

Dans l'armée allemande on les habitue à se méfier des personnes portant un uniforme étranger et à signaler leur présence. Chaque compagnie de tirailleurs dresse deux ou trois chiens pour le service de reconnaissance. A la grand'garde se trouvent un certain nombre de chiens ainsi dressés, et on en donne un à chacune des sentinelles postées au loin en avant. Cet animal porte un léger collier de fer auquel est fixée une pochette de cuir. Quand la sentinelle observe quelque chose de suspect dans le voisinage, elle lâche le chien pour découvrir si c'est un ennemi ou un ami.

Le chien devine déjà de loin à qui il a affaire et revient. De sa tenue et de sa manière d'aboyer, la sentinelle conclut si oui ou non quelque danger la menace. Pendant la nuit la sentinelle peut reconnaître, au grognement de l'animal, si l'ennemi s'avance ou s'arrête, etc. Alors, ou bien l'homme se retire pour aviser son chef, ou bien il reste en place, écrit une note et la met dans la pochette de cuir fixée au collier du chien. Celui-ci va porter la note à la grand'garde.

Tactique pour les chiens.

Si l'ennemi s'avance en force, le chef de cette grand'garde envoie aux avant-postes un autre chien porteur des instructions sur ce qu'il y a à faire. Dans tous les cas, les avertissements ainsi donnés éveillent l'attention et mettent les soldats sur leurs gardes.

Après les marches ou les combats, les chiens dressés sont employés à la recherche des maraudeurs, des hommes égarés et des blessés. A ce dernier point de vue, on a obtenu des résultats étonnants, même avec des hommes qui avaient déjà perdu connaissance. Le chien, dressé à cette recherche, reste auprès du blessé et aboie jusqu'à l'arrivée des secours.

L'armée française et l'armée russe se sont également occupées du dressage des chiens. Dans la première, aux manœuvres du 9ᵉ corps d'armée, en 1887, chaque régiment avait quatre chiens. Pour éprouver la vigilance et le flair de ces animaux, on envoyait deux ou trois hommes qui cherchaient à s'emparer de la sentinelle ou à se glisser sans bruit à travers les postes. Ces tentatives étaient aussitôt découvertes. Le chien bien dressé grognait mais n'aboyait pas (1).

Dressage des chiens en Russie et en France.

Ces animaux s'acquittent aussi parfaitement du transport des ordres et des rapports.

Mais quand le régiment exécute une marche, il faut les tenir en laisse; car autrement ils se jetteraient sur tout individu non porteur de l'uniforme qu'ils connaissent.

Il n'est pas douteux que les chiens ne puissent quelquefois pénétrer là où un soldat n'arriverait jamais. Ils courent très vite, sans faire aucun bruit,

---

(1) Cependant, en France, l'emploi des chiens a été complètement abandonné dans l'armée.

sont capables de franchir les obstacles les plus difficiles et sont généralement tout à fait indifférents au sifflement des balles.

Le dessin ci-dessous représente un chien qui cherche un blessé pendant les manœuvres.

Chien qui cherche les blessés sur le champ de bataille.

L'emploi des chiens à la guerre a pourtant ses inconvénients. Quelque intelligent et bien dressé que soit un animal, il n'est pas possible de tout lui apprendre. Les chiens peuvent parfois donner dans un camp une alerte tout à fait inutile et souvent même fâcheuse. Il leur arrive aussi d'aboyer sans raison quand s'approche d'eux un homme inconnu, un chien étranger, un lièvre, etc.

Cependant malgré les inconvénients que peut avoir l'emploi des chiens à la guerre, il est impossible d'y renoncer si l'on ne veut pas rester, sur ce point, en arrière de l'adversaire qu'on peut avoir à combattre. Tout moyen procurant quelques avantages, quand il n'est employé que par un parti, non seulement assure à celui-ci le succès immédiat, mais exerce en même temps une influence pernicieuse sur le moral des troupes de l'autre parti.

Les expériences faites à Tours, en 1889, ont prouvé que l'emploi des chiens constitue le meilleur moyen de maintenir les communications (1).

---

(1) *Sciences militaires.*

Des cavaliers, des vélocipédistes et des chiens dressés furent employés concurremment à l'entretien des communications.

La première épreuve eut lieu, pour une distance de 6 kilomètres, sur route unie. Les chiens arrivèrent les premiers en 14 minutes, quoiqu'ils eussent perdu une minute en chemin pour étancher leur soif. Les vélocipédistes mirent 15 minutes et les cavaliers, montés sur des chevaux de vitesse moyenne, en mirent 24, en parcourant 1/3 de la route au pas et 2/3 au trot.

Dans la deuxième épreuve, la distance était de 3 kilomètres : pour les cavaliers et les chiens en coupant directement à travers champs ; pour les vélocipédistes en prenant une route unie. Les chiens mirent 7 à 8 minutes, les cyclistes 8 à 9, les cavaliers 15.

Si nous comparons tous les moyens de correspondre en campagne, y compris aussi les pigeons voyageurs, nous trouvons que le temps moyen nécessaire au parcours d'un kilomètre est le suivant :

Pour les pigeons voyageurs . . . . 1 minute.
— chiens . . . . 2 —
— cyclistes (bien instruits) . . . . 3 —
— chevaux de troupe au galop . . . . . 3 —
— — au trot. . . . . . . 4 —

Ce qui, traduit graphiquement, permet de représenter, par la figure suivante, le temps nécessaire à transmettre en campagne la correspondance à une distance de 1 kilomètre.

Les pigeons sont donc les meilleurs messagers, mais leur emploi exige, comme l'on sait, des conditions et des dispositifs particuliers, qu'on ne peut pas réaliser toujours et partout. L'emploi des chiens n'est pas non plus toujours également commode.

Enfin les cavaliers sont inférieurs aux cyclistes, de sorte qu'à l'avenir on se servira beaucoup moins des premiers que par le passé.

6° Appareils photographiques.

Dans la transmission des renseignements à la guerre, il importe naturellement avant tout qu'ils soient clairs et précis. Les impressions personnelles du messager envoyé à la découverte, ses sentiments, son état d'esprit peuvent influer sur les indications qu'il transmet ; de sorte que, dans certaines circonstances, les faits risquent de n'être pas présentés sous leur vrai jour et avec la clarté nécessaire.

Par suite on a recours, dans toutes les armées, pour obtenir une transmission exacte des situations ou objets découverts, à des procédés mécaniques imaginés spécialement dans ce but.

Les officiers ou sous-officiers, chargés de reconnaître la position de l'ennemi, disposent d'un appareil photographique. Toutefois, en raison de la vigilance, à prévoir, des sentinelles ennemies, l'éclaireur ne peut point, sans s'exposer à de graves dangers, stationner longtemps à la même place. Il lui faudra se glisser à travers les buissons ou à l'abri d'autres couverts, jusqu'à l'endroit d'où il peut apercevoir une petite partie des positions ennemies. Alors il prendra toute une série « d'instantanés », et les enverra, par le moyen d'un chien, à son corps de troupe. C'est là que le croquis, ainsi exécuté par la lumière du soleil, sera développé, puis, au moyen d'un microscope solaire ou à puissant éclairage, transporté sur un écran. Ce qui permettra d'étudier le terrain avec plus de précision que ne l'aurait pu reproduire le meilleur topographe opérant dans les plus favorables conditions. Les figures ci-dessous représentent les appareils photographiques employés en pareil cas (1).

Appareil photographique.

Récemment on a inventé des appareils photographiques perfectionnés, dits photosphères, qui se fixent aux vélocipèdes et sont d'un modèle tellement simple qu'on peut facilement et promptement les détacher de la machine et les transporter d'une place à une autre. Le cycliste envoyé en reconnaissance est muni d'un de ces appareils et emporte, comme réserve, quelques petites boîtes contenant chacune deux plaques sensibles. Une demi-minute suffit pour prendre deux images. A trente pas de distance les

------

(1) Hennebert, *L'Art militaire et la science.*

objectifs n'ont plus besoin d'être réglés et quand l'éclairage du terrain est favorable, tous les détails en ressortent en relief d'une façon très suffisante.

La figure ci-contre représente un chien rapportant au chef d'une troupe les photographies prises de cette façon (1).

Chien portant des négatifs.

La plaque sensible ainsi employée a cet avantage, sur la rétine de l'œil, qu'elle saisit tout ce qui se trouve devant l'objectif jusqu'aux plus petits détails, puis les conserve avec précision et sans modification aucune. Le commandant et son état-major ont de la sorte la possibilité d'étudier tranquillement et avec le plus grand soin une position qui les intéresse; ils peuvent contrôler les résultats de leurs propres observations sans avoir à craindre de s'égarer par suite d'erreurs ou de négligence de la personne envoyée en exploration (2).

On a aussi imaginé, pour prendre des photographies à grande distance, des téléobjectifs grâce auxquels on peut, quand les circonstances sont favorables, opérer en 1/20 de seconde et jusqu'à 10 kilomètres. Les images ne sont pas prises seulement sur verre, mais aussi sur des plaques de celluloïde transparentes. Ces téléobjectifs ne peuvent embrasser qu'une faible étendue de terrain; mais on arrive, en faisant tourner graduellement la chambre noire sur la bande de celluloïde, à obtenir toute une série d'images qui se raccordent les unes aux autres à peu près à la manière d'un panorama.

La figure suivante (3) représente deux levers photographiques faits, l'un à l'aide du téléobjectif, l'autre d'après la méthode ordinaire. Suivant toute probabilité, les téléobjectifs seront adoptés dans l'armée française. Pour l'armée allemande, la fabrication de ces instruments a été confiée aux opticiens bien connus Stengel et Dalmeyer.

Néanmoins la photographie ne saurait trouver, à la guerre, d'applications bien étendues. Car il est complètement impossible de l'utiliser pour les reconnaissances des positions, la nuit ou par les temps de pluie, de brouillard, de neige et quand les objets à observer se trouvent dans l'ombre ou bien que le soleil aveugle l'observateur.

____

(1) Jupin, *Les Chiens militaires*.
(2) Charles-Lavauzelle, *Reconnaissances photographiques*. — Paris, 1892.
(3) Elle est empruntée à la *Revue Universelle* de 1894.

Comparaison des levers : A fait avec le téléobjectif, et B fait par la méthode ordinaire.

Levers
photographiques
au moyen
de cerfs-volants.

Mais la technique récente est allée plus loin encore. Actuellement, on lève des positions de terrain à l'aide d'un petit appareil photographique fixé à un cerf-volant dont la disposition est telle que le mouvement ne modifie pas sa position d'équilibre. L'objectif s'ouvre au moyen d'une cordelette tenue à la main par l'opérateur. De cette manière, on peut se procurer des levers certains des positions ennemies, beaucoup plus vite qu'en se servant d'un ballon captif.

Cependant l'avenir seul nous montrera jusqu'à quel point les résultats ainsi obtenus répondent aux nécessités actuelles.

II. Moyens d'observer les mouvements des troupes.

Tous les moyens décrits ci-dessus ne suffisent pas encore pour assurer, aux différentes parties d'une armée, la possibilité complète de se tenir en relations entre elles et de recueillir des renseignements sur l'ennemi. Le perfectionnement des armes maintient les combattants tellement éloignés les uns des autres, que les champs de bataille s'étendent aujourd'hui jusqu'à 20 et 38 kilomètres, — outre qu'aucune apparence de fumée ne vient plus indiquer l'emplacement de l'adversaire. Des chaînes de tirailleurs voilent et couvrent les différentes positions. Il faut chercher à s'orienter d'après la direction du bruit des coups entendus : procédé très incertain et dont les indications sont difficiles à contrôler, surtout au point de vue de l'évaluation des distances. Or, sans connaître celles-ci, il est impossible de déterminer la hausse à employer pour les fusils ou les canons. En conséquence les armées actuelles ont besoin d'observatoires mobiles d'où les chefs puissent apercevoir les positions et les mouvements de l'ennemi en même temps que leurs propres troupes.

Nécessité, dans
les conditions
actuelles
de la guerre,
d'appareils
d'observation
transportables

1° Observatoires ou installations mobiles.

On ne rencontre pas partout à la guerre d'élévations de terrain pouvant servir d'observatoires. Il faudra donc souvent recourir à des installations artificielles.

Les expériences faites à ce sujet ont conduit à certains résultats. Toutes les armées sont pourvues d'échelles semblables à celles qu'emploient les pompiers, ou bien d'échafaudages légers construits au moyen de perches et facilement transportables.

Les échelles se composent de trois parties séparables l'une de l'autre et qu'on transporte sur une voiture spéciale. L'explorateur trouve, sur le sommet, une plate-forme avec garde-fous et une tablette pour déposer ses appareils et instruments à dessiner. A l'aide de poignées, des servants déploient l'échelle et amènent ainsi l'observateur à la hauteur nécessaire.

Organisation et
emploi d'échelles
et échafaudages
transportables.

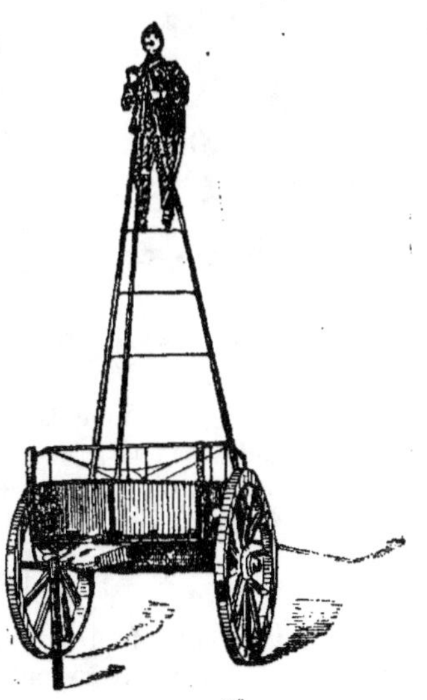

Échelle observatoire.

Échafaudage d'observation.

Les troupes qui ont à se défendre dans des positions préparées à l'avance organisent des observatoires plus élevés et plus étendus.

Les figures ci-dessous, représentant des installations de ce genre, sont empruntées aux ouvrages de Hennebert : *L'Art militaire* et *la science* et Brunner : la *Fortification de campagne*, — ainsi qu'au *Journal du génie* russe.

Les observatoires, surtout ceux qui sont mobiles et en forme d'échelles, ne peuvent pas, en raison de leur construction même, atteindre une trop grande hauteur. De leur sommet l'œil ne saurait apercevoir qu'une étendue de terrain peu importante, de sorte qu'ils ne peuvent généralement servir qu'aux chefs de petits corps de troupes.

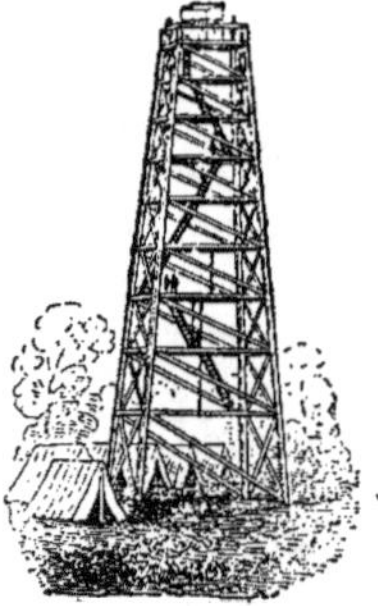

Dispositifs d'observation.

Il faut que les commandants d'armée aient la possibilité complète d'observer à vol d'oiseau de grands espaces. Et c'est à quoi servent les ballons qu'on travaille activement à perfectionner en vue de leur emploi à la guerre.

2° Les Ballons pour l'observation.

Dans les guerres futures, le rôle des ballons, comme nous l'exposerons plus loin, consistera, avant tout, à permettre de s'orienter sur les positions de l'ennemi et sur les siennes propres, quand celles-ci seront extrêmement éparpillées.

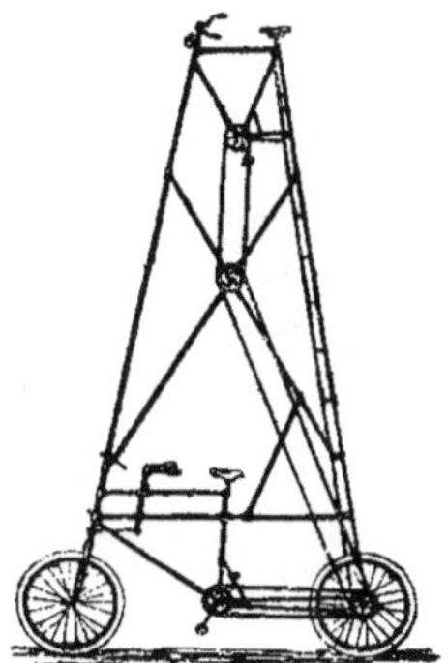

Dispositifs d'observation.

La Guerre future (p. 176, tome I.)

Le lieutenant Brough dit à ce sujet : « Dans les guerres de l'avenir, où les deux partis mettront en ligne des armées énormes et où le front de la ligne de bataille atteindra de très grandes dimensions, on obtiendra, à l'aide des ballons, sur les forces et la position de l'ennemi, des renseignements que la cavalerie ne pourrait, dans la plupart des cas, recueillir sans s'exposer à des pertes très sensibles, — outre que, même dans les conditions les plus favorables, les renseignements qu'elle rapporterait ainsi seraient bien moins exacts. »

Les ballons sont de trois sortes :

Différentes sortes de ballons.

1° Les ballons dits « captifs », qui sont fixés à des câbles et pourvus de leur propre générateur de gaz ;

2° Les ballons libres ;

3° Les ballons dirigeables.

Les ballons sont fabriqués au moyen d'une étoffe de soie particulière dite soie-ponghee, vernie sur ses deux faces. Par ce moyen elle est rendue moins perméable aux gaz. De sorte qu'en 24 heures, un ballon ne perd que 5 0/0 du gaz qu'il contient.

Matière des ballons.

Les ballons ont habituellement 10 mètres de diamètre ; leur capacité est de 500 à 600 mètres cubes. Leur force ascensionnelle provient de ce qu'ils sont remplis d'un fluide notablement plus léger que l'air, principalement d'hydrogène ou de gaz d'éclairage. Primitivement, on gonflait les ballons avec de l'air chaud.

Calcul de la force ascensionnelle nécessaire.

La valeur de la force ascensionnelle est égale à la différence entre le poids total du ballon — y compris ses accessoires et les aérostiers, — et le poids d'un même volume d'air.

Le calcul de cette force est très simple : un mètre cube d'air pèse environ 1,290 grammes ; un mètre cube de gaz d'éclairage n'en pèse que 680, et un mètre cube d'hydrogène pur n'en pèse que 90. Le premier pèse donc 610 grammes, et le second, 1,200 grammes, de moins que le mètre cube d'air. Il en résulte qu'un ballon de 600 mètres cubes, par exemple, pèsera 366 kilogrammes de moins que l'air s'il est rempli de gaz d'éclairage et 720 kilogrammes de moins s'il est rempli d'hydrogène.

Ces chiffres exprimeraient la force ascensionnelle de l'aérostat, s'il n'y avait pas le poids de l'enveloppe, des cordages, de la nacelle, etc. Pour obtenir une représentation exacte du poids utile que peut emporter un ballon, il faut retrancher de la force ascensionnelle qu'il aurait par lui-même, le poids des divers objets mentionnés ci-dessus.

On voit par ces chiffres que, pour le remplissage des ballons, le mieux est d'employer l'hydrogène ; puisque ce gaz est le plus léger et donne une force d'ascension double. Aussi, dans presque toutes les armées l'emploie-t-on de préférence, et il a complètement évincé le gaz d'éclairage.

Préparation du gaz et remplissage des ballons.

Comme le poids des matériaux d'un aérostat atteint habituellement 250 kilogrammes et que celui de deux personnes en représente environ 150, soit ensemble 400 kilogrammes, il en résulte qu'un ballon de la dimension susindiquée, et rempli d'hydrogène, s'élèvera avec une force égale à 720 kilogrammes moins 400 kilogrammes, c'est-à-dire 320 kilogrammes.

Le gaz nécessaire au remplissage est, ou bien fabriqué au point même où doit avoir lieu l'ascension, ou bien transporté tout préparé dans des réservoirs métalliques, en même temps que le ballon. Dans le premier cas on emploie de préférence le générateur (appareil de production du gaz) du système Yon et Lachambre.

Le générateur du gaz.

Ce générateur consiste en un récipient métallique dans lequel on place une certaine quantité de tournure de fer et qu'on ferme ensuite hermétiquement. Après quoi on fait arriver à la partie inférieure un courant d'acide sulfurique, étendu d'eau dans la proportion d'un sixième à un neuvième d'acide. — En une heure, l'appareil produit jusqu'à 250 mètres cubes d'hydrogène, de sorte qu'il faut environ deux heures et demie pour remplir un ballon de 600 mètres cubes.

Le générateur consomme dans cette opération : 3,000 à 3,200 kilogrammes d'acide sulfurique, 2,000 à 2,500 de tournure de fer et environ 40,000 kilogrammes d'eau. On voit par ces chiffres que les armées auront à transporter, pour le service de l'aérostation, un matériel considérable.

Prix du remplissage.

Le prix du remplissage d'un ballon peut aller jusqu'à 800 ou 900 francs; les dépenses journalières accessoires s'élèvent à 50 ou 60 francs. Le poids de l'appareil qui sert à fabriquer le gaz atteint 2,900 kilogrammes.

Ballons captifs.

Les ballons sont maintenus captifs à l'aide d'un treuil qu'une machine à vapeur spéciale met en mouvement. Quand le ballon s'est élevé à la hauteur maximum, c'est-à-dire quand le câble a été déroulé tout entier, il faut dix minutes pour le ramener à terre (1).

Nous donnons ici la représentation de l'appareil qui sert à produire le gaz, ainsi que celle du treuil.

Appareils à gaz et treuils.

Treuil pour ballons captifs.

Appareil de production du gaz.

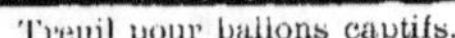

(1) D'après l'ouvrage d'Espitalier : *Les Ballons.*

Transport de ballons et de gaz.

Gonflement d'un ballon.

Ballon presque gonflé.

Pour transporter le matériel d'un poste aérostier de campagne du système français, il faut de 10 à 15 voitures. — Et s'il s'agit d'un pays où l'eau est rare, on doit compter, en outre, le transport d'un approvisionnement de ce liquide.

La figure ci-après montre la manière dont on transportait le ballon employé aux manœuvres françaises de 1892.

Transport des ballons.

Les ballons anglais diffèrent de ceux adoptés en France. Leur enveloppe est constituée au moyen d'une peau spécialement préparée. Ils sont beaucoup plus légers mais ne portent qu'une personne.

A la place d'un appareil de production du gaz, on emploie avec eux le gaz tout préparé et comprimé dans des récipients spéciaux. De sorte qu'on n'a pas à se préoccuper du voisinage de l'eau et que le remplissage du ballon ne dure en tout qu'un quart d'heure.

Aussi, ces ballons sont-ils préférés dans l'armée allemande.

Les réservoirs à gaz, en fer ou acier sont des tubes d'un diamètre de 13 centimètres et de 2m50 de longueur. L'épaisseur de leurs parois est de 3 millimètres. Le gaz y est comprimé jusqu'à 100 ou 200 atmosphères.

La figure suivante montre le remplissage du ballon aux manœuvres.

Les voitures qui portent les tubes se placent à côté du ballon et un tube après l'autre est mis, au moyen d'une manche de cuir, en communication avec l'intérieur de celui-ci, que la figure représente déjà gonflé à moitié. Comme la même opération s'exécute de cinq côtés à la fois, au bout d'un quart d'heure tout au plus, l'ascension peut avoir lieu.

Remplissage d'un ballon.

Transport du gaz par des ballonnets. Dans les endroits où, par suite de son poids, la voiture chargée des tuyaux ne peut arriver, comme par exemple sur une montagne ou le long de côtes sablonneuses ou couvertes de galets — car les ballons captifs ont été également essayés sur les bâtiments de guerre — le gaz se transporte au moyen de ballonnets comme le montre la figure ci-après. Ces ballonnets sont mis en communication avec le ballon et y font écouler leur gaz.

Conservation du gaz par le recouvrement du ballon avec de la terre. Dans la figure qui vient ensuite, page 182, nous voyons un ballon ramené à terre après une ascension exécutée pendant une manœuvre et qui doit faire une ascension nouvelle le lendemain.

En conséquence, on l'a fait descendre en grande partie dans une fosse profonde qu'on recouvre avec de la terre. L'humidité du sol augmente la densité du gaz et diminue la perte produite par l'écoulement à travers l'enveloppe du ballon.

Avant l'ascension nouvelle, quelques tubes de gaz suffiront pour remplacer celui qui aura été perdu.

Ballons en Russie.

Hœrnes dit qu'en Russie on a construit un ballon de 640 mètres cubes pour le remplissage duquel il faut 160 tubes de gaz tout préparé. En outre, l'ingénieur russe Latchinoff aurait introduit de notables améliorations tant dans la construction des treuils que dans la préparation du gaz.

Hœrnes assure que les inventions de Latchinoff ont obtenu la pleine approbation des militaires et des savants russes, ce qui témoigne de leur haute valeur (1).

Examinons maintenant les avantages que les armées et leurs chefs peuvent retirer des aérostats.

Utilité de l'emploi des ballons.

Dès 1861, pendant la guerre civile de l'Amérique du Nord, un ballon lancé à Richmond joua un rôle des plus utiles. On sait aussi quel parti fut tiré de ces engins par l'armée française, pendant la guerre de 1870-71. Ils rendirent des services aussi nombreux qu'importants.

Ballons à Paris en 187

Quand Paris se vit privé de toute communication avec le monde extérieur, qu'il ne fallut plus penser à se glisser à travers les troupes d'investissement, que le fil télégraphique établi dans le lit de la Seine eut été coupé par les Allemands et que ceux-ci eurent même établi des filets pour arrêter au passage les dépêches et les lettres envoyées dans des tonneaux qu'on

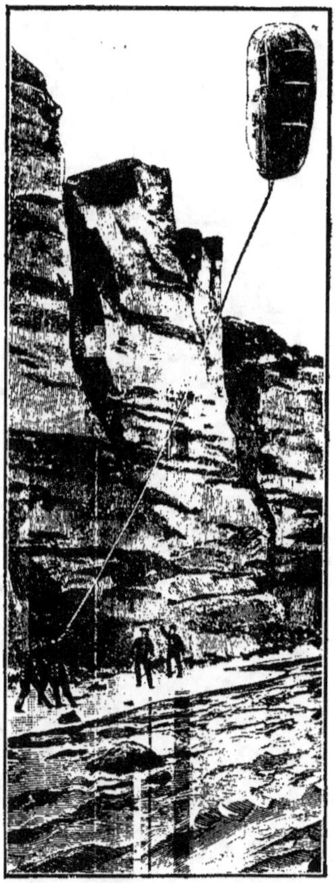

Le gaz amené dans des ballonnets.

(1) Le journal militaire autrichien *Minerva* rapporte, d'après des renseignements fournis par le capitaine Kovanko, que le ballon captif employé dans l'armée russe peut s'élever, avec 3 personnes, jusqu'à 470 mètres de hauteur ; l'ascension et la descente s'opérant, en moins de cinq minutes, au moyen de treuils mus par la vapeur.

Organisation de l'aérostation en Russie.

faisait passer sous l'eau du fleuve, alors il ne resta plus à la capitale de la France qu'un moyen de se maintenir en relations avec le dehors : ce fut l'emploi des aérostats.

Depuis le 23 septembre 1870, jusqu'au jour de la capitulation, il est sorti de Paris 64 ballons avec 91 passagers et 363 pigeons voyageurs. Les dépêches et lettres ainsi emportées représentent un poids de 9,000 kilogrammes. Sur les pigeons voyageurs emportés, 57 revinrent à Paris, avec environ cent mille lettres et dépêches.

Ballon entouré de terre pour assurer la conservation du gaz.

Ballon entouré de terre.

A cette hauteur on peut, dans les circonstances ordinaires, embrasser d'un coup d'œil une étendue de terrain de 8 kilomètres de diamètre et même de 16, si la configuration du sol et l'éclairage sont favorables. Sur mer, on peut, même de la côte, apercevoir une surface deux fois plus étendue.

Les aérostats postaux ordinaires, avec nacelle, pesaient 10 quintaux. Chacun d'eux pouvait porter un poids de 19 quintaux et s'élever jusqu'à 2,300 mètres. Gambetta et M. de Kératry quittèrent Paris de cette façon, le 7 octobre. Leur ballon toucha terre à Creil, en face d'un poste ennemi qui crut d'abord avoir affaire à un ballon prussien et ne fit feu sur lui qu'au moment où les voyageurs, revenus de leur erreur, jetaient du lest et commençaient à s'élever de nouveau. Gambetta descendit plus tard à Montdidier.

C'est par un aérostat également qu'on envoya, le 22 décembre, un officier au général Chanzy pour l'informer que Paris n'avait plus que pour quatre semaines de vivres.

Des 64 ballons postaux, 56 parvinrent heureusement à destination ; 5 furent pris par les Allemands ; 2 se perdirent sans laisser de traces — probablement en mer, — 1 enfin fut poussé jusqu'en Norvège. Ce dernier avait fait 1,500 kilomètres en 15 heures.

Les Allemands eurent peu de chance avec les ballons pendant la guerre de 1870-71. En septembre 1870, on forma à Cologne des détachements d'aérostiers pour exécuter des reconnaissances pendant le siège de Strasbourg. Après plusieurs tentatives malheureuses, un ballon s'éleva enfin le 24 septembre, qui d'ailleurs ne pouvait emporter qu'une seule personne. Mais un vent violent et d'épais brouillards empêchèrent l'exécution d'observations exactes quoique l'aérostat fût monté jusqu'à une hauteur de 115 mètres.

Néanmoins l'officier chargé de la reconnaissance put apercevoir, par fragments, les ouvrages de fortification les plus éloignés et se convaincre que la citadelle de la ville était déjà en ruines.

On essaya d'équiper encore une fois un ballon, mais ce fut peine perdue. Le jour où on parvint à le remplir de gaz, Strasbourg se rendait.

Le matériel d'aérostation fut alors envoyé à Paris ; mais là non plus, les tentatives entreprises ne réussirent pas, si bien que le détachement chargé de ce service fut bientôt licencié (1).

Pendant la guerre du Brésil avec le Paraguay, le général brésilien Caxias examinait chaque jour le camp ennemi du haut d'un aérostat.

Il convient d'appeler l'attention sur cette circonstance étonnante, que, pendant la guerre de 1877-78, l'armée russe ne fit aucun usage des ballons.

Outre le parc aérostier d'instruction, il existe en Russie des détachements d'aérostiers de forteresse, dans les places de Varsovie, Ossowza, Ivangorod et Novogeorgievsk.

Quant aux parcs d'aérostation mobiles, la question du matériel nécessaire n'est pas encore résolue.

(Emploi militaire des ballons captifs en général et opérations des aérostiers militaires en Russie — 1893. — Étude composée d'après des articles de l'*Invalide russe*.)

(1) *Die Verwendbarkeit des Luftballons in der Kriegführung* (L'emploi des ballons à la guerre). — Lavergne-Poguilhen, *Militär Wochenblatt*, 1886.

Il n'est pas douteux que si les commandants des troupes russes à Plewna avaient eu des ballons à leur disposition, la marche et le résultat des attaques, notamment lors du mémorable assaut du 30 août, eussent été tout différents.

Aujourd'hui toutes les armées sont déjà probablement pourvues, en quantité suffisante, de ballons qui, par un temps calme, peuvent, en 8 ou 10 minutes, s'élever jusqu'à une hauteur de 600 mètres. Dans l'armée allemande toutefois, on ne s'est pas contenté de cette hauteur ; et l'on a déjà adopté des aérostats qui, comme l'ont montré les expériences exécutées aux manœuvres de 1893, peuvent atteindre 1,800 mètres. S'il survient un vent violent, le ballon doit descendre ; et si la vitesse du vent est de 7 à 8 mètres par seconde, il doit se tenir à une hauteur de 100 mètres.

Par un temps clair on peut, à 500 mètres d'élévation, et avec une bonne longue-vue, embrasser du haut d'un aérostat, une surface de terrain d'un rayon de 15 kilomètres, et y reconnaître la position des troupes. Le champ de bataille s'étend alors comme une carte devant l'observateur. Celui-ci peut étudier toutes les particularités de forme du sol ; il voit la position et les mouvements des colonnes ennemies ; il peut juger des projets de l'adversaire.

Beaucoup d'essais ont été faits avec les ballons aux manœuvres françaises. Nous trouvons des renseignements à ce sujet dans l'ouvrage de Hœrnes « Sur les postes de ballons captifs » (1).

Nous en citerons les passages suivants : « Le mouvement des troupes ennemies fut reconnu à une distance de 13 kilomètres, par suite des nuages de poussière qu'elles soulevaient. Et nous avions constamment sous les yeux notre propre corps pendant sa marche. Ainsi fut résolu le difficile problème de diriger, d'un point central, la masse entière des troupes. Le commandant en chef recevait à chaque instant des renseignements d'un officier d'état-major qui, de la nacelle d'un ballon, suivait tous les événements.

« ... A Aulnay on informa le commandant du corps d'armée, que l'attaque dirigée contre sa position n'était qu'une démonstration qui masquait un mouvement en avant dans une autre direction. A Colombey, le général de Galliffet resta 2 h. 1/4 dans la nacelle du ballon et dirigea, de ce poste élevé, les mouvements de toute l'armée. Le front avait une étendue de 12 kilomètres, sur une profondeur de 3 à 9. Et le général de Galliffet dominait entièrement cette étendue considérable, bien que le ballon ne s'élevât qu'à 400 mètres. »

Depuis lors, l'aérostation a fait de notables progrès. Dans l'armée alle-

____

(1) *Ueber Fesselballon-Stationen* (Sur les postes de ballons captifs). — Vienne, 1892.

mande les ballons s'élèvent, comme nous l'avons déjà dit, jusqu'à 1,800 mètres de hauteur. Quand l'élévation est moindre, les résultats obtenus sont naturellement moindres aussi.

Ainsi dans les grandes manœuvres russes près de Saflava, en août et septembre 1893, le commandant en chef ne fut pas satisfait des services rendus par les ballons. Il lui était arrivé un détachement composé de 4 officiers et 20 sous-officiers et soldats, avec 150 voitures destinées principalement au transport des substances nécessaires à la production du gaz, telles que tournure de fer, eau, acide sulfurique. Déjà la complexité de ce train devait naturellement mécontenter le général Dragomiroff. Il s'éleva lui-même en ballon, mais se prononça bientôt défavorablement sur le compte de cet engin : parce que, disait-il, les ballons qui s'élèvent trahissent à 20 kilomètres de distance votre propre position aux yeux de l'ennemi, tandis qu'on ne peut observer la position de celui-ci qu'en s'en rapprochant jusqu'à 8 et parfois même jusqu'à 5 kilomètres.

Selon le général Dragomiroff, les ballons ne pourraient jouer un rôle de quelque utilité, que dans la guerre de forteresse.

Mais cet insuccès relatif s'explique peut-être par la mauvaise qualité du ballon et la faible hauteur — seulement 300 mètres — à laquelle il s'était élevé.

D'après Duburaut, si l'on avait disposé de ballons sur les champs de bataille de Waterloo et de Saint-Privat, les résultats de la lutte eussent été tout autres. A Waterloo les Français auraient observé à temps l'approche de Blücher ; à Saint-Privat, les commandants des troupes françaises, connaissant mieux les forces allemandes qu'ils avaient devant eux, auraient peut-être pu donner finalement une autre issue à la bataille.

A Waterloo et à Saint-Privat des ballons auraient changé la face des choses.

Quoique du haut d'un ballon, l'œil de l'observateur puisse embrasser une très grande étendue de terrain, il paraît impossible, avec un seul de ces engins, de s'orienter sur les positions de l'ennemi, parce que les énormes masses de troupes des armées modernes s'étendent en longueur et en largeur sur des espaces immenses. Aujourd'hui, dans l'armée allemande, on veut qu'il y ait dans chaque régiment au moins un officier capable de faire des observations du haut d'un ballon captif et même d'entreprendre, au besoin, des ascensions libres. Il existe à Berlin et à Munich des écoles d'aérostation auxquelles deux officiers de chaque régiment sont envoyés pendant l'été. Par conséquent il est hors de doute que l'Allemagne emploiera, pour l'observation des positions à la guerre, un grand nombre de ballons qui s'élèveront en plusieurs endroits du champ de bataille (1). Il va de soi

Dressage de beaucoup d'officiers aux observations aérostatiques.

---

(1) Dans l'ouvrage cité plus haut, Hœrnes écrit : « On s'imagine à tort que le rôle des ballons à la guerre se bornera à l'ascension de l'un d'eux au commencement du

que les observations faites de différents points et par différentes personnes ne peuvent donner des résultats entièrement semblables, si soigneusement qu'elles soient exécutées. C'est donc surtout de la faculté de s'orienter et de la puissance de conception du chef, que dépendront le juste rapprochement des indications recueillies et l'adoption de résolutions rationnelles.

Avantages des ballons en forme de cigares.

Jusqu'à ces derniers temps, les oscillations que subit le ballon, quand le vent est fort, ont rendu les observations extrêmement difficiles. Mais au printemps de 1894, on a fait à Berlin des expériences avec un ballon ayant la forme d'un cylindre, se terminant en pointe à ses deux extrémités et construit de façon telle que, même par les plus fortes agitations de l'air, l'observateur reste en repos.

3° Signaux donnés par les ballons captifs.

Ballons captifs pour l'observation des projectiles.

Outre ces services tactiques, on se sert encore des ballons captifs pour observer les résultats du tir d'une troupe, afin de diriger ensuite celui-ci par des indications convenables. On a fait des expériences de ce genre, aussi bien en Allemagne qu'en France, en Russie, en Angleterre et en Italie.

Signaux optiques donnés du ballon.

Dans ce cas il faut pouvoir donner aussi, du ballon, des signaux optiques. On écrivait déjà en 1883, dans l'*Engineering :* « Des expériences ont été faites dernièrement à Paris pour éclairer les ballons à l'intérieur. Le but de ces expériences est d'obtenir un objet lumineux de grandes dimensions, ce qui permettrait de transmettre, même pendant la nuit, des signaux télégraphiques. »

Ces ballons qui avaient environ deux mètres de diamètre et un volume de près de cent pieds cubes, étaient fabriqués en papier très translucide.

On les faisait monter en les retenant par le moyen d'une cordelette dans laquelle étaient tressés deux fils de cuivre. A l'intérieur de l'aérostat se trouvait une lampe électrique à incandescence qui permettait de l'éclairer à volonté d'une vive lumière. Au moyen d'une série d'interruptions du courant, ce télégraphe optique permettait d'employer le système de l'alphabet Morse : une courte apparition de la lumière formait le « point », une plus longue donnait le « trait ».

Ballons captifs employés comme télégraphes.

En Angleterre on a fait, en 1889, des expériences avec un ballon destiné aux signaux optiques. L'*Elektrotechnische Anzeiger* assure qu'avec ce ballon il était possible de transmettre des signaux télégraphiques, aussi

---

combat, pour observer les positions de l'ennemi. Avec l'étendue actuelle de la ligne de bataille et la grande portée des canons modernes, un seul ballon ne saurait suffire pour observer convenablement cette ligne, tant en longueur qu'en profondeur.

bien de nuit que de jour, à de très grandes distances. Et une condition importante, c'est que le ballon tout entier, avec ses accessoires et son appareil télégraphique, ne pesait que 20 kilogrammes, ce qui permet à un seul homme de le porter sans difficulté (1).

Espitalier (2) dit que les expériences de Paris avaient montré clairement l'impossibilité d'entretenir, par l'éclairage des ballons à l'intérieur, des communications à une distance de plus de 18 kilomètres. La source lumineuse pourrait toutefois se transporter à l'air libre sur la surface extérieure de l'aérostat et s'il en résultait un amoindrissement de volume du corps lumineux, on obtiendrait en revanche — ce qui est bien plus important, — une grande augmentation d'intensité de la lumière.

Le *Journal of the Royal United Service Institution* a publié un rapport d'Erik Stuart Bruce, accompagné d'observations où nous voyons que des ballons d'un volume de 4,200 pieds cubes, munis de lampes à incandescence, ont pleinement donné les résultats qu'on attendait d'eux. Dans des expériences instituées à Anvers, en 1887, le Ministre de la guerre de Belgique avait pu, en se servant de ces engins, échanger, à la distance de cinq kilomètres, une conversation avec le général Wouvermans. Les perfec-

Degré de
visibilité des
signaux.

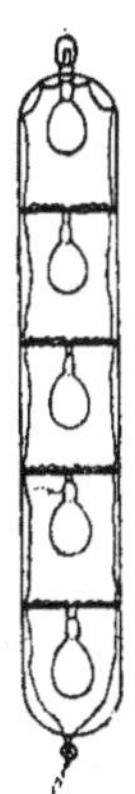

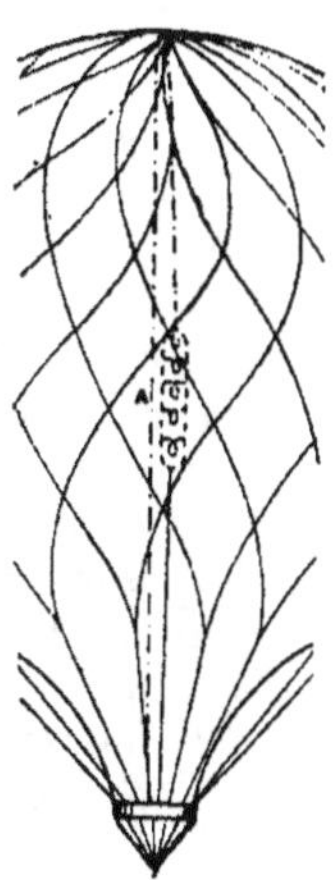

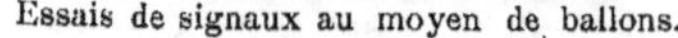
Essais de signaux au moyen de ballons.

(1) La citation est empruntée à un article du *Voïenny Sbornik* : État de l'aérostation militaire.

(2) Espitalier, *Les Ballons*.

tionnements réalisés depuis cette époque, permettent, quand les circonstances ne sont pas trop défavorables, de faire des signaux jusqu'à
18 kilomètres de distance.

Expériences
allemandes à
Helgoland.

Tir contre les
ballons.

Les figures ci-dessus, empruntées à la *Science illustrée*, donnent une
idée des expériences exécutées à Helgoland par les troupes allemandes.

Ce serait une grave erreur de croire que l'ennemi contemplera tranquillement les efforts que fera son adversaire pour arriver, par de tels
moyens, à connaître sa position et à paralyser ses entreprises.

Canons pour tirer contre les ballons.

Toutes les armées disposent déjà de canons ou autres armes à feu
destinées à tirer contre les ballons.

Le dessin ci-dessus représente un canon construit à cet effet.

Nous devons ajouter qu'il n'est pas aussi difficile de faire tomber un
ballon en tirant dessus, que cela peut paraître au premier abord. Dans les
expériences organisées en Russie à Oust-Ijora (1) le ballon *Yastreb*, appartenant au parc d'aérostation, fut abattu au onzième coup. Et non seulement les projectiles de l'artillerie, mais les simples balles de fusil peuvent
mettre en danger les aéronautes jusqu'à la hauteur de 3,500 mètres. Toutefois l'expérience nous apprend que le ballon, atteint par une balle, tombe
lentement, comme un parachute, sans grand risque pour les passagers.

Nécessité d'une
ascension et d'une
descente rapides.

En tous cas, les ballons captifs ne se tiendront pas trop longtemps en
vue de l'ennemi, d'autant qu'il suffit pleinement d'un quart d'heure pour
l'exécution d'une reconnaissance. Et pendant un temps aussi court, il est à

____

(1) Hoernes, *Fesselballon-Stationen*.

peu près sûr que les ballons auront pleine et entière liberté de mouvement.
Pour nous en convaincre nous allons observer ce qui se passe quand un
aérostat se montre au-dessus d'un champ de bataille.

D'abord il faut admettre qu'un certain temps s'écoulera avant qu'on
l'aperçoive. Puis, suivant toute probabilité, on n'aura pas immédiatement sous la main le canon indispensable pour tirer dessus. Il faudra du
temps pour donner les ordres nécessaires, pour mesurer la distance, pour
régler le tir. Avant que tous ces préparatifs soient terminés, le treuil à
vapeur sur lequel est enroulé le câble fixé au ballon aura pu ramener
celui-ci à terre, et un attelage de six chevaux le transportera promptement
sur un autre point du terrain. Toute la question est de savoir si les
ballons sont suffisamment parfaits, pour qu'on puisse réussir à les faire
ainsi manœuvrer.

Des spécialistes assurent que oui.

4° Les Ballons libres.

Les ballons captifs ne sont employés à la guerre que faute de mieux.
Des ballons libres dirigeables rendraient évidemment de bien plus grands
services. Aussi toutes les puissances travaillent-elles sans relâche à la solution du problème de la direction des aérostats. Cependant, jusqu'en 1884
toutes les tentatives faites dans ce sens avaient échoué. C'est seulement le
9 août de cette année, que le capitaine Renard et son collaborateur Krebs
entreprirent leur voyage bien connu avec le ballon *La France* représenté
ci-contre; ballon qui décrivit une route déterminée d'avance et permit aux
aérostiers de revenir à leur point de départ.

Direction des
ballons.

Le ballon *La France*, de Renard et Krebs.

La France différait par sa forme des ballons ordinaires. Sa longueur était de 50^{m}40, son diamètre de 8^{m}40 et son volume de
1864 mètres cubes. La partie postérieure était plus effilée que la partie
antérieure; de sorte que la forme, dans son ensemble, rappelait celle des

Expériences
faites avec le
ballon
La France.

poissons rapides nageurs. L'aérostat était recouvert d'un réseau de fils de soie ; la nacelle, confectionnée en tiges de bambou et recouverte également de soie, avait une longueur de 33 mètres. En somme tout était combiné pour que l'air, sans rencontrer de résistance, pût glisser sur la surface partout bien régulière de l'appareil.

Équipement.   Le mécanisme moteur se composait d'une hélice à 2 branches de 7 mètres de diamètre. Cette hélice, placée à l'avant de la nacelle, était fixée sur un cylindre de tôle que faisait tourner une machine dynamo-électrique. Comme générateur d'électricité on avait une batterie d'éléments très puissants inventés par le capitaine Renard. A l'arrière de la nacelle était fixé un gouvernail de soie qui permettait de maintenir le ballon dans une direction constante déterminée ou de modifier celle-ci.

Perfectionne-ments de 1885.   En 1885, de nouvelles expériences furent faites avec ce ballon perfectionné. On diminua le poids de sa partie supérieure, ce qui permit d'admettre un troisième passager dans la nacelle et de mesurer exactement la vitesse des déplacements. Sans cette mesure, qui ne se peut établir que par voie expérimentale, il ne serait pas possible de connaître exactement la grandeur de la résistance que l'air oppose au mouvement de tels ballons à forme longitudinale.

Parcours exécuté par le ballon en 1885.

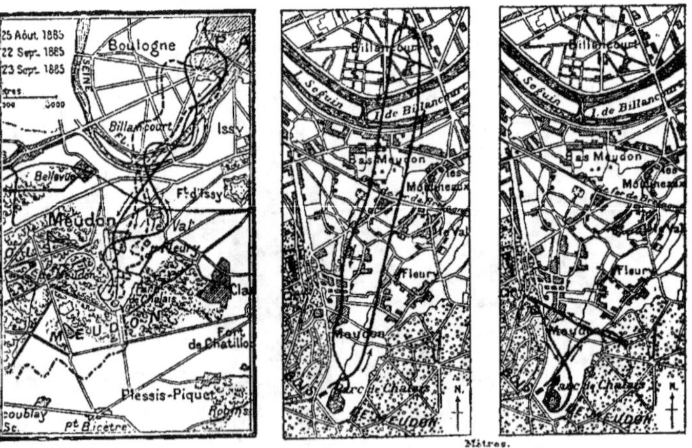

Itinéraires des voyages exécutés en 1885 par le ballon dirigeable, aux environs de Paris
(d'après Stadelmann : *Die Luftschiffahrt*).

Conditions pour qu'un ballon soit dirigeable.   Voyons maintenant quelles sont les conditions pour qu'un ballon libre soit dirigeable et puisse atteindre un but donné. Par un temps complètement calme, il est bien évident qu'un aérostat, muni d'une hélice, peut se mouvoir dans une direction quelconque. Mais quand le vent souffle, il faut que la force qui produit le mouvement soit plus forte que la poussée du vent. Il s'agit ici d'un phénomène tout à fait semblable à la navigation sur l'eau contre un courant. Il faut que la rame ou la roue donne au bateau une vitesse plus grande que celle du cours d'eau.

Dans les couches d'air, cette condition devient extrêmement difficile à remplir, parce que les courants varient en direction comme en force avec la hauteur où l'on se trouve. La construction de la tour Eiffel, dont la hauteur exacte est de 303 mètres, a permis de faire, à ce point de vue, d'intéressantes expériences et de comparer les résultats obtenus avec les observations de la station météorologique de Paris. *Influence de la force du vent.*

On s'est convaincu ainsi que, pendant cent jours par an, l'un dans l'autre, la vitesse moyenne du vent, à la hauteur de 303 mètres, atteint 7^m50 par seconde. Le minimum de la vitesse a lieu à 10 heures du matin il est d'environ 5^m40. Le maximum est à 1 heure après minuit, il atteint 8^m75.

Les savants, qui s'occupent de la question de l'aérostation, sont arrivés à conclure qu'aux hauteurs comprises entre 600 et 1,000 mètres, c'est-à-dire celles auxquelles s'élèvent habituellement les aérostiers militaires, le ballon doit posséder une vitesse propre de 9 à 11 mètres par seconde. Autrement il serait généralement, pendant les deux tiers de l'année, dans l'impossibilité d'entreprendre des voyages. Dans les couches élevées de l'atmosphère une vitesse de 14 à 16 mètres serait nécessaire. *Vitesse du vent.*

Le ballon de Renard, *La France*, ne disposait que d'une vitesse de 6^m50. L'expérience prouva pourtant que, dans 700 cas sur 1,000, la vitesse du vent s'est trouvée inférieure à ce chiffre. D'où il résulte que 70 0/0 des voyages entrepris avec *La France* pouvaient réussir, comme ce fut réellement le cas.

La solution du problème de la direction des aérostats avait désormais une base précise. La nécessité de leur communiquer une force impulsive assez grande était absolument démontrée.

On prétend qu'actuellement on peut déjà construire des ballons doués d'une vitesse de 10 à 12 mètres par seconde.

Renard a fait connaître à l'Académie des Sciences, que son nouveau navire aérien contiendra 3,200 mètres cubes de gaz hydrogène et sera muni d'un moteur de 35 à 40 chevaux de force; ce qui permettra de lui imprimer une vitesse de 10 mètres par r seconde. *Nouveau ballon de Renard.*

En Russie, également, on a fait des expériences sur la dirigeabilité des ballons. *Expériences faites en Russie.*

Ainsi, à Gora-Kalvaria, ont été établis, et avec succès à ce qu'on assure, des aérostats pourvus d'un moteur et de forme ellipsoïdale (1).

Toutefois, le dernier mot de l'aérostation n'est pas encore dit et chaque jour paraissent de nouvelles propositions formulées pour écarter les difficultés existantes.

Dans la *Revue des Inventions nouvelles* on trouve les dessins de divers dispositifs imaginés pour assurer la direction des ballons. Nous les reproduisons ci-dessous :

Fig. 1.

Fig. 2.

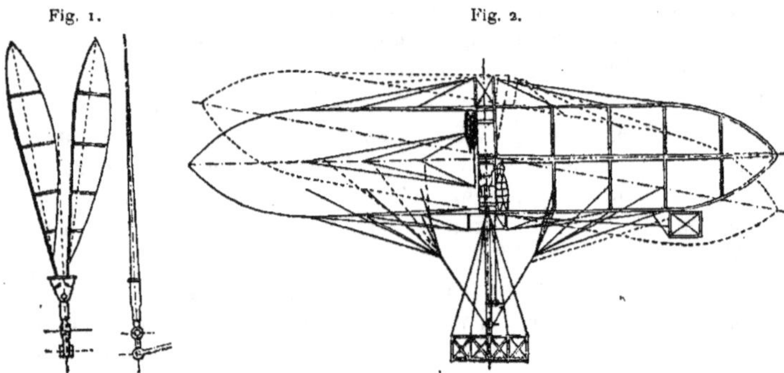

Fig. 3.

Fig. 4.

Ballon muni d'ailes.

Les ailes sont accouplées par paires et frappent l'air alternativement. Elles ont la forme des ailes des libellules et sont formées de légères plaques d'une matière vernie, fixées sur un axe solide.

----

(1) Löbell, *Jahresberichte*, 1894.

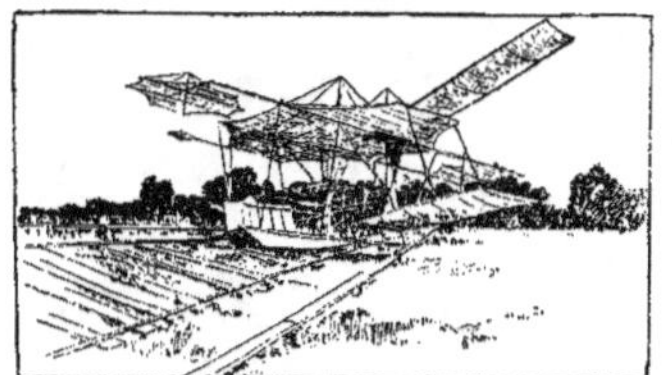

Système Maxim.

Système Volner.

Système Preils

Système du Dʳ Welfert.

L'avantage de ce moteur consiste en ce qu'il agit au milieu de la surface supérieure du ballon, c'est-à-dire là où la résistance est la plus forte. L'inventeur affirme que ces ailes ont un effet trois fois plus puissant que l'hélice.

La figure 1 montre les différentes parties de l'aile; la figure 2 représente la coupe longitudinale du ballon, la figure 3 en donne la coupe transversale et la figure 4 en fait voir l'ensemble.

Le ballon se compose de deux cylindres laissant entre eux un espace libre et reliés l'un à l'autre par une manche intérieure — ce qui assure l'égalité de pression du gaz de part et d'autre, quand les cylindres se trouvent dans une position horizontale.

Mais aussitôt que le ballon s'incline d'un côté, la manche se ferme immédiatement par une soupape, de sorte que le gaz ne peut point passer tout entier dans la partie la plus élevée de l'appareil, ce qui détruirait l'équilibre.

L'enveloppe de ce ballon est faite de la même matière que celle des autres.

Le ballon est « à ailes droites », — c'est-à-dire pourvu d'ailes de la forme de celles des insectes, qui se ferment et s'ouvrent comme un éventail et reposent sur le principe de l'imitation du vol de l'oiseau. Il répond aux vues exprimées par le commandant Renard, sur le fonctionnement des ailes de ces animaux. Mais les expériences exécutées avec cet appareil ont échoué, en ce sens qu'il n'a pas pu se mouvoir contre le vent.

La science a, toutefois, obtenu dans ces derniers temps des résultats si remarquables et si complètement inattendus qu'on doit considérer comme déjà surannés ceux qu'on avait atteints en 1885.

Pour le moment donc, l'espoir de pouvoir diriger les ballons ne s'est pas encore réalisé. Mais les spécialistes sont convaincus qu'on arrivera prochainement à un succès complet. Leo Dex (1) reproduit les paroles prononcées, dans une conférence publique, par l'ingénieur qui, pour la première fois, construisit un ballon capable d'exécuter un parcours déterminé et de revenir à son point de départ : « A une époque prochaine on verra l'atmosphère parcourue par des navires qui accompliront leur traversée dans des conditions de célérité relative inusitées jusqu'à ce jour. De ces navires, les uns plus lourds que l'air, sans doute des aéroplanes, serviront au franchissement rapide des longs trajets; les autres plus légers, les ballons dirigeables, seront employés pour parcourir de faibles distances, à une allure modérée et par des temps calmes. »

____

(1) *Revue scientifique* 1893, n° 20.

Jean de Bloch. — *La Guerre future.* 13

D'après des ouvrages considérés comme populaires, mais pourtant rigoureusement scientifiques, les ballons dirigeables seront pourvus d'un moteur électrique.

Ainsi, le moteur du ballon *La France* était mis en mouvement par la pile de Renard, qui est, dit-on, la plus légère de toutes et n'a besoin que d'un poids de 25 kilogammes pour développer, pendant une heure, une force d'un cheval.

Quant aux accumulateurs, leur poids est réduit aujourd'hui à la moitié de ce qu'il était primitivement dans ceux qui passaient pour les plus parfaits.

Mais on parle déjà de machines à vapeur si légères, et en même temps si puissantes que, sans interruption ni affaiblissement, elles pourraient donner une force d'un cheval pendant une heure avec un poids de 13 kilogrammes seulement — c'est-à-dire la moitié moins que les moteurs électriques.

Nous donnons ci-dessous, d'après la *Revue scientifique*, la représentation d'un ballon pourvu d'un de ces moteurs légers.

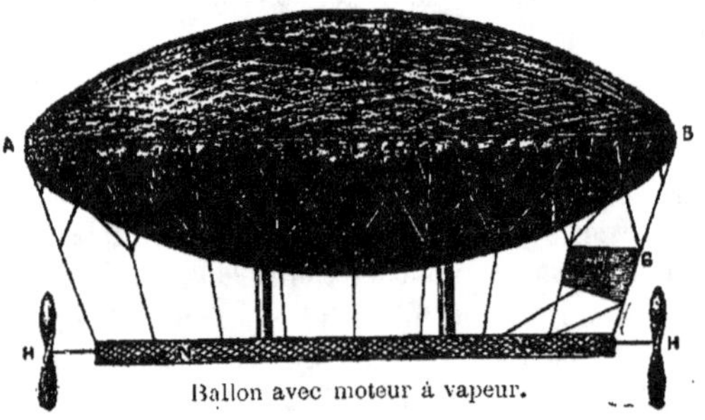

Ballon avec moteur à vapeur.

Une réduction plus grande du poids des moteurs semble encore possible. D'après une communication de l'ingénieur Maxim, il aurait réussi à établir un appareil volant muni d'une machine à vapeur qui ne pèse que 4 kilogrammes par cheval et qui peut développer jusqu'à une force de 200 chevaux. Si l'on ajoute le poids des matériaux nécessaires au fonctionnement de la machine : eau, combustible, huile à graisser, — on arrive au poids total de 10 à 11 kilogrammes par cheval et par heure.

Cet appareil volant de l'avenir, « l'aéroplane », a l'aspect ci-contre.

D'après le calcul de Maxim, une machine de ce genre peut transporter pendant 10 heures et avec une vitesse de 20 mètres par seconde, c'est-à-dire de 72 kilomètres à l'heure, plus de 350 kilogrammes, non compris le combustible et l'eau nécessaires à son fonctionnement.

Avec les ballons futurs, qui seront en état de parcourir 40 kilomètres à l'heure et de marcher 10 heures sans interruption, on pourra faire le trajet

Les nouveaux ballons captifs allemands.

LA GUERRE FUTURE (P. 194, TOME I.)

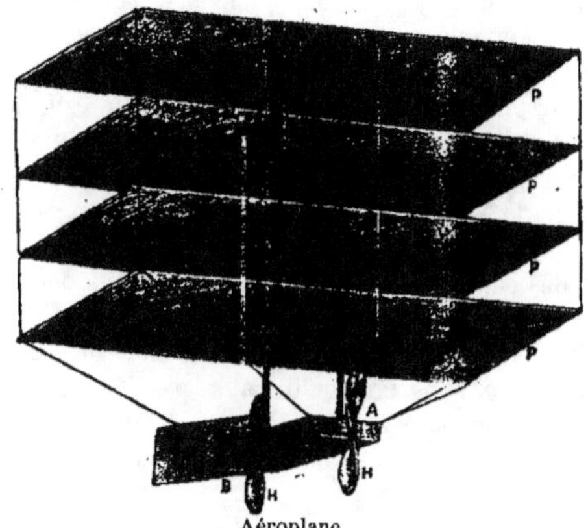

Aéroplane.

de Paris à Marseille — 650 kilomètres à vol d'oiseau — en 16 heures, avec
une seule halte pour se réapprovisionner en eau et en combustible.

L'aéroplane dont parle Maxim permettrait d'exécuter le même voyage
en 9 heures sans arrêt : « Tels sont », dit en concluant Léo Dex, « tels sont
les résultats qu'on est en droit d'espérer voir atteindre avant peu, sans
invention nouvelle, et par le simple perfectionnement des méthodes de navigation aérienne actuellement à l'étude. »

La *Militär Zeitung* (1) assure que le ballon établi, il y a près de dix ans,
·par Renard et Krebs est maintenant si perfectionné que, par un temps
calme, on peut exécuter avec lui des parcours de 320 à 400 kilomètres, avec
une vitesse de 40 kilomètres à l'heure. Ce ballon a pour moteur une hélice
fixée à l'avant et mise en mouvement par une machine dans laquelle la
vapeur est remplacée par un gaz particulier. A l'arrière se trouve le gouvernail.

La preuve que, sous ce rapport, et avec des connaissances profession-
nelles suffisantes, on peut obtenir des résultats certains, ce sont les courses
d'aérostiers qu'on voit fréquemment entreprendre en France, en Belgique
et en Angleterre. Il s'agit, pour des ballons lancés en même temps, d'arriver tous à un certain point qui se trouve dans le rayon de la direction du
vent et qu'on a marqué d'avance sur la carte. Et comme des aéronautes
français, tels que Godard, ont à plusieurs reprises gagné les premiers prix,
en parcourant un trajet de 60 à 100 kilomètres, sans s'écarter de plus de
3 à 5 kilomètres des points d'arrivée fixés, il est impossible d'attribuer leur
succès à un simple hasard.

Courses
d'aérostiers.

____

(1) N° du 28 avril 1893.

Examen des positions ennemies au moyen de ballons.

Il ne manque pas d'exemples, déjà anciens, de l'emploi des ballons pour examiner en campagne les positions ennemies. Pendant la guerre civile nord-américaine, un aérostier des États du Sud, La Mountain, coupa le câble d'un ballon observatoire près de Washington, examina la situation des troupes du Nord, s'éleva ensuite plus haut et, profitant d'un vent favorable, revint chez les siens avec des renseignements importants.

Lors du siège de Yorktown, un autre aérostier donna de sa nacelle, par le moyen de fils télégraphiques, au chef de l'artillerie, des renseignements sur la position des canons ennemis et des indications pour le pointage de ses propres pièces (1).

Leur influence sur la tactique et la stratégie.

Tous cela prouve que les résultats obtenus en aérostation méritent une attention très sérieuse. Mais tant qu'il n'aura pas été démontré d'une façon pratique, que les ballons sont en état de se mouvoir librement par les vents les plus violents et même par les tempêtes, leur emploi à la guerre demeurera toujours très aléatoire.

Toutefois comme il ne paraît plus douteux que, par un temps calme, des ballons puissent se maintenir 10 heures en l'air, et parcourir 40 kilomètres à l'heure, les explorateurs ainsi envoyés en reconnaissance pourront observer le terrain jusqu'à 100 à 200 kilomètres en avant de leurs troupes.

L'utilité des ballons sur le champ de bataille est naturellement très grande ; mais elle est plus grande encore en raison de la faculté qu'elle donne, d'obtenir avant la lutte, des renseignements sur la position de l'ennemi et d'en conclure les positions les plus avantageuses à donner à ses propres troupes.

Ainsi les ballons serviront non seulement à fournir des solutions tactiques, mais, ce qui est plus important encore, à résoudre des problèmes stratégiques (2).

Levers des positions ennemies pris avec des ballons libres.

Pour augmenter encore l'importance de ces engins, les techniciens ont l'intention de les employer non seulement à examiner les positions ennemies, mais aussi à en prendre des levers photographiques.

La pratique a montré qu'on peut faire ces levers de terrain photographiques, aussi bien avec des ballons libres qu'avec des ballons captifs, ce qui, sans contredit, est de grande importance. Il a été constaté par exemple qu'à une hauteur de 1,100 mètres, par une vitesse du vent de 6 mètres à la seconde, des photographies de bâtiments réussissent très bien et que les routes, les fleuves, les chemins de fer s'y représentent par des lignes bien nettes.

Comme spécimen nous donnons, dans la figure suivante, un lever photographique de ce genre que Tissandier a exécuté en ballon.

---

(1) Lavergne-Poguilhen, *Militär Wochenblatt*, 1886.
(2) Mikhnevitch, *Influence des plus récentes inventions techniques.*

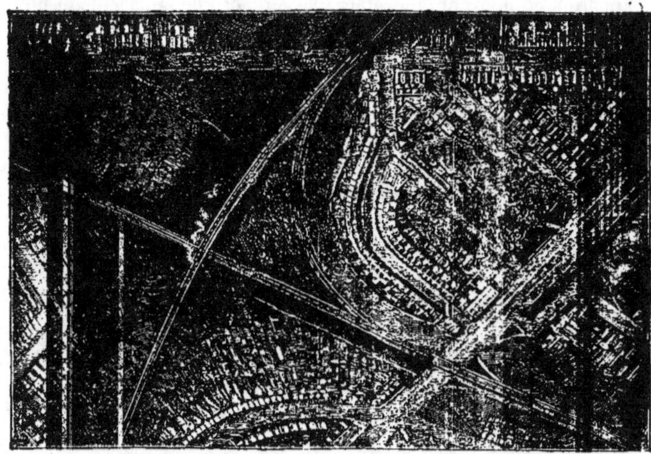

Photographie prise au-dessus de Paris à la hauteur de 605 mètres.

La photographie ainsi prise au-dessus de Paris à une hauteur de 605 mètres et reproduite ici par l'héliographie (1) est aussi claire qu'on peut le désirer. Elle a été exécutée dans une ascension faite le 19 juin 1885.

Appareil pour photographier en ballon.

____

(1) *Sciences appliquées à l'Art militaire.*

Photographie en ballon.

Technique du lever photographique du terrain.

Lever de Paris à 500 mètres de hauteur.

Conditions et valeur des vues ainsi prises.

Essais de vues photographiques prises automatiquement avec des ballons oscillant librement.

L'appareil photographique était fixé au bord de la nacelle, et pouvait tourner autour d'un axe vertical (voir la figure).

Pour introduire une nouvelle plaque et prendre l'image, il ne fallait qu'une seconde et demie. Pendant le temps du passage, au-dessus de Paris, d'Auteuil à la Porte Saint-Martin — entre 1 heure 40 minutes et 2 heures 12 minutes — il a été pris cinq vues photographiques parfaitement claires.

Nous donnons encore d'après *La Nature* (1) le dessin d'une vue photographique prise à Paris, en 1886, d'un ballon militaire, qui s'était élevé du parc de Meudon, par un vent de 10 mètres à la seconde. Au moment de l'opération, ce ballon se trouvait à une hauteur de 500 mètres au-dessus des Champs-Élysées.

Au milieu du dessin on reconnaît facilement l'arc de triomphe de l'Étoile, ainsi que la direction des routes qui y conduisent. L'auteur de l'article, Tissandier, dit que, sur l'original, tous les objets sont parfaitement nets et que les arbres isolés y sont même très distincts.

Il faut observer que, pour obtenir un lever bien clair, le ballon ne doit pas se trouver à plus de 2 à 3 kilomètres de hauteur au-dessus de la localité dont on veut prendre l'image (2). Toutefois, d'après le témoignage des spécialistes on peut maintenant photographier aussi de bien plus loin. On a fait par exemple des grossissements d'un négatif d'une vue qui avait été prise du sommet du mont Blanc avec l'aide de cinq téléobjectifs. Et sur cette image on peut distinguer les figures des personnes qui se promenaient dans la vallée de Chamonix.

Il est donc désormais possible de prendre des vues photographiques à des hauteurs ou distances telles qu'aucune arme à feu ne puisse y atteindre l'aéronaute. Et comme, en outre, pour les photographies dites « instantanées », la chambre n'a besoin de rester ouverte que pendant la deux-centième partie d'une minute, c'est-à-dire pendant environ 1/3 de seconde, il en résulte que les oscillations du ballon n'altèrent pas la netteté des images.

De plus les appareils actuels permettent de prendre sur des plaques spéciales de celluloïde deux vues l'une après l'autre, avec une incroyable promptitude. En un mot la photographie aérostatique a fait de tels progrès que, dans des conditions atmosphériques favorables, les vues prises au vol, pour ainsi dire, ne le cèdent pas en netteté à celles qui sont exécutées à terre.

On a organisé aussi, dans le but de prendre des vues photographiques, des ballons captifs qui opèrent automatiquement, c'est-à-dire qui font

____

(1) *La Nature*, 1886, n° 705.
(2) *Les Ballons à la guerre.* — Paris, 1892.

d'eux-mêmes fonctionner l'appareil photographique dès qu'ils atteignent une hauteur déterminée. Dès 1884, on a obtenu en Angleterre, avec des ballons de ce genre, des résultats très favorables (1).

On a même essayé d'exécuter des levers de terrains, avec des appareils photographiques suspendus sous de petits ballons et qu'on manœuvrait d'en bas au moyen de fils électriques.

Vue de Paris photographiée en ballon.

Photographie prise au-dessus de Paris, à la hauteur de 500 mètres par un temps de vent.

En 1884, à Chatham, le major du génie Elsledom a obtenu par ce procédé de remarquables résultats. Il lançait des ballons captifs, sans passagers, et munis d'une chambre à photographie automatique. Aussitôt que le ballon atteignait une hauteur déterminée, l'appareil entrait en activité et on obtenait une image sur le négatif. Ces essais ont parfaitement réussi.

Chambres à photographie automatiques en Angleterre.

En 1886, aux manœuvres du 5e corps d'armée français, le commandant Fribourg, chef de la section photographique au service géographique de l'armée française, organisa des expériences de photographie qui lui donnèrent des levers de terrain d'une précision extraordinaire, dont on put tirer, avec un grossissement d'une fois et demie, d'excellentes épreuves.

Lever des terrains.

On peut donc obtenir, à l'aide de quelques appareils ainsi disposés sur un seul ballon, toute une série de vues photographiques pour l'établissement d'un plan exact du terrain.

____

(1) *Les Ballons à la guerre*. — Paris, 1892.

III. Possibilité de lancer des projectiles d'un ballon.

Lancement de bombes.

Il est tout naturel que l'existence des ballons ait donné, depuis longtemps déjà, l'idée de frapper l'ennemi du haut des airs.

En 1848, les Autrichiens, opérant contre Venise, laissèrent tomber, du haut d'un aérostat, des bombes munies d'un mécanisme d'horlogerie. Il est clair toutefois que le perfectionnement des ballons et l'invention de substances explosives plus puissantes que la poudre peuvent seuls assurer le succès d'entreprises de ce genre.

Conditions des attaques exécutées d'en haut.

Ce genre d'emploi des ballons n'a pu d'ailleurs, comme leur direction n'est pas encore assurée, fournir jusqu'à présent des résultats bien pratiques. En tout cas, il faut que les aéronautes chargés de telles attaques soient parfaitement familiers avec les lois de la météorologie et de l'aérostation. Autrement il pourrait arriver que les projectiles lancés de leur ballon ne causassent de dommages qu'à leurs propres troupes.

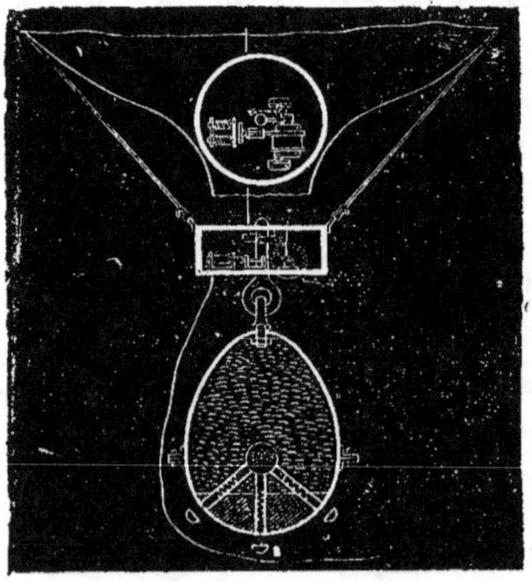

Torpille du système Rodekt (de l'*Aeronautik* de Kovanko).

L'effet moral d'un aérostat s'élevant au-dessus d'une ville assiégée doit, par contre, être d'autant plus grand que les défenseurs de la place ne peuvent pas savoir où tomberont ces projectiles explosifs. C'est l'affaire de l'aéronaute qui doit, en tenant compte de la direction et de la force du vent, calculer son parcours de façon à passer au-dessus des bâtiments les plus importants de la forteresse. C'est de lui qu'il dépend de faire arriver les projectiles là où ils produiront le plus grand effet utile.

Mais tant qu'on n'aura pas établi des méthodes définitives pour diriger avec précision la course des aérostats, on ne pourra pas compter sur eux comme armes et moyens d'attaque.

Expériences de lancement de bombes du haut d'un ballon.

En Amérique on a fait des expériences pour employer à lancer des bombes les ballons dirigeables du système du général Russel Thayer. Dans les *Sciences appliquées à l'Art militaire*, nous trouvons la description du dispositif suivant imaginé dans ce pays : un petit ballon, qui peut enlever un poids de 50 à 250 kilogrammes, est muni à sa partie inférieure d'un crochet portant une boîte remplie de poudre à laquelle une torpille est suspendue par une corde. Aussitôt que le ballon se trouve au-dessus du point visé, la poudre de la boîte est enflammée au moyen d'un courant électrique, elle brûle la corde et la torpille tombe.

L'auteur de l'article considère cette méthode comme n'étant pas pratique à cause du peu de chances qu'on a d'atteindre le but visé. Mais elle peut être perfectionnée.

L'aéronaute français Lhoste lança, à ce qu'on raconte, des balles de liège sur les navires qui se trouvaient dans le port de Bordeaux et atteignit le but presque à tous coups.

Toutefois, pour le moment, on ne peut arriver à lancer, avec un plein succès, au moyen de ballons, des objets un peu gros, qu'en faisant coopérer deux aérostats : l'un jouant le rôle de moteur et portant les aérostiers, tandis que les projectiles sont placés sur l'autre.

Tout porte à penser que, très prochainement, les ballons seront employés à lancer des substances explosives. Les résultats déjà obtenus dans ce sens sont tels qu'il semble ne plus manquer que l'éclosion d'une idée géniale pour atteindre le but. Le problème même est, comme nous l'avons vu, très nettement posé, ce qui, en pareil cas, est naturellement d'une extrême importance. *État actuel de l'aérostation et problèmes de l'avenir.*

L'empereur Guillaume a, de son temps, sur la demande des professeurs de l'Université de Berlin, ayant à leur tête le célèbre Helmholtz, fait don d'un subside pécuniaire pour la construction d'un ballon qui contiendrait 5,000 kilogrammes de gaz, et, par conséquent, pourrait enlever un fardeau de ce même poids. *Le ballon de l'empereur Guillaume.*

Si nous admettons que, sur ce total, il y ait seulement 2,000 kilogrammes de dynamite, il est facile de voir quelle influence un tel facteur pourrait avoir sur l'issue d'une guerre, comme en général sur la possibilité d'en conduire une. *Importance de la solution du problème de l'aérostation.*

La science est toutefois, dans ces derniers temps, entrée dans des voies entièrement nouvelles.

Dans une réunion tenue à l'Université anglaise d'Oxford, il a été fait une conférence sur un ballon imaginé par Hiram S. Maxim, le constructeur bien connu de canons à tir rapide et de mitrailleuses. Les lords Kelvin et Raleigh, savants très connus en Angleterre, ont formulé, en cette circonstance, l'opinion suivante :

« Les expériences que, pendant ces quatre dernières années, M. Maxim a exécutées, dans les rares instants qu'il peut dérober à ses travaux sur les canons automatiques à tir rapide, ont eu pour résultat la construction *Nouvelle machine de S. Maxim.*

d'une machine de dimensions tout à fait gigantesques, pourvue d'une foule d'instruments très complexes, très importants, et d'une haute valeur scientifique. »

Machine volante de Maxim.

Description de la machine volante.

La figure ci-dessus donne une idée générale de la forme extérieure de cette machine avec sa carcasse en fils d'acier légers, garnie de toile à voile, et son immense surface de soutien sur l'air, atteignant 2,000 pieds carrés, et complétée encore par cinq ailes plus étroites, également en toile à voile, disposées des deux côtés.

Le moteur.

Pour mettre en mouvement les hélices jumelles de 17 pieds 10 pouces de diamètre, on emploie une machine compound double, de construction aussi légère que possible et d'une force de 300 chevaux, mue par la vapeur. Celle-ci est obtenue en brûlant de la gazoline dans une chaudière tubulaire de forme conique, disposée pour assurer une circulation rapide de l'eau et capable d'en vaporiser plus qu'aucun des autres appareils de même poids jusqu'ici connus.

Cette chaudière est portée par le toit même de la cabine qui reçoit les aéronautes, et le moteur est placé sur un bâti de quelques pieds de haut qui le met au niveau de l'axe de l'hélice. Au-dessus de tout cela s'étend un aéroplane de 150 mètres carrés. Large de 16 mètres, il est flanqué de chaque côté d'une aile de 12 mètres, ce qui lui donne une largeur totale de 40 mètres. Deux autres ailes sont fixées à la base de la nacelle, et trois autres paires peuvent encore être disposées à des hauteurs diverses, dans l'intervalle qui sépare les ailes basses de l'aéroplane supérieur.

Le tout est porté par un bâti ou charpente de tubes d'acier et de fils métalliques, dont la rigidité est assurée par un cadre de bois très soigneusement établi. Les ailes sont fixées très solidement, mais peuvent se fermer et s'ouvrir sous l'action de deux voiles horizontales disposées à l'avant et à l'arrière. On dirige ce mouvement au moyen de câbles et d'une roue placée sur le toit de la nacelle. Quant à la progression, elle est donnée à

.Anéantissement d'uue armée au moyen d'une machine volaute.

l'appareil par deux hélices. Tout cet ensemble pèse, à vide, 800 kilogrammes.

Dans les expériences exécutées, lorsque le gaz eut atteint une pression de 310 livres par pouce carré et que les hélices manifestèrent une force de poussée de plus de 2,100 livres, la machine se porta en avant avec la vitesse considérable de 40 milles, — soit plus de 64 kilomètres — à l'heure. Et après un parcours de 300 pieds, le manomètre indiquait une pression de 320 livres au pouce carré.

Résultats des expériences.

Mais, à ce moment même, les hélices s'accrochèrent dans la charpente qui encadrait la voie où se mouvait l'appareil, dont un des bras fut déplacé et qui, ainsi lancé hors de la voie, fut arrêté par d'autres parties de la charpente, puis enfin précipité sur le sol avec les hommes qui l'occupaient. Heureusement le terrain était assez mou, de sorte que la machine ne fut pas trop endommagée. M. Maxim, d'ailleurs, ne se tient nullement pour battu ; il compte bien, au contraire, recommencer ses expériences (1).

D'après l'inventeur, confirmé en ceci par les autorités ci-dessus indiquées, les résultats qu'on pourrait obtenir à la guerre, au moyen de cet appareil, auraient une telle importance que, pour les places fortes, les vaisseaux et les armées, il serait plus utile qu'une supériorité éventuelle de l'armement.

Importance de la machine volante pour la guerre.

L'auteur d'une brochure allemande dit d'ailleurs : « Celui qui est maître de l'air, tient l'ennemi dans sa main ; il peut, en détruisant les ponts et les routes, le priver de ses moyens de communication, réduire ses magasins en cendre, couler ses flottes, porter le désordre dans les rangs de son armée et anéantir celle-ci en bataille rangée ou en retraite. »

Sous ce rapport, l'imagination des Anglais n'a pas de limites. Dans un ouvrage traitant de la guerre future pratiquée par l'Angleterre, on donne une description curieuse de l'anéantissement d'une armée d'invasion.

En tous cas il semble que nous soyons bien près de nous trouver en présence d'un danger auquel le monde ne peut pas rester indifférent.

La fin de notre siècle se signale par des expériences sur la possibilité d'une navigation régulière, aussi bien dans l'atmosphère que dans les profondeurs de l'Océan. L'influence que le vol de ballons dirigeables peut exercer à terre sur la marche d'une guerre, est aussi difficile à prévoir que les conséquences de l'action des navires sous-marins sur les opérations navales.

Prévisions pour l'avenir.

A quoi servira le ballon dans une guerre future ?

---

(1) Figuier : *L'Année scientifique et industrielle*, 1895. L'accident est raconté d'une manière un peu différente dans le récit des expériences de M. Maxim, fait par l'*Engineering*, et reproduit par la *Revue du Cercle Militaire*.

**Les ballons
peuvent rendre
la guerre
impossible.**

Sera-t-il employé comme explorateur photographique ou comme poste militaire aérien? Transportera-t-il, dans sa nacelle, des instruments de destruction et des substances explosibles? Le monde verra-t-il le spectacle d'une guerre aérienne où deux aérostats s'attaqueront l'un l'autre, où peut-être même des escadres entières de ballons se combattront mutuellement tout en lançant contre la terre des navires aériens et, avec eux, leurs projectiles destructeurs?

Si vraiment nous en arrivons à de tels résultats, la navigation dans les nuages ouvrira la voie conduisant de l'ancienne conception que nous avions du monde à l'idée nouvelle que nous devons nous en faire.

IV. L'Éclairage en temps de guerre.

**Nécessité des
opérations de
nuit.**

Le caractère de l'armement et de la tactique actuels est tel que, comme nous le montrerons bientôt, il deviendra nécessaire d'exécuter, même la nuit, des attaques et, généralement, différentes opérations militaires. D'où le besoin de perfectionner les moyens d'éclairage et de les mettre en harmonie avec les exigences de la guerre. C'est ainsi qu'on a introduit, dans toutes les armées, des flambeaux au pétrole. Mais leur lumière est très faible et leur emploi très limité.

**Fusées anciennes
et fusées
perfectionnées.**

Depuis longtemps on emploie, en campagne comme engins éclairants, des fusées avec douilles en tôle de zinc, qui, fermées à une extrémité, sont remplies de substances combustibles (salpêtre, soufre, pulvérin, sulfure d'antimoine) et qui éclairent pendant tout le temps qu'elles mettent à se consumer. Aussitôt que la composition a pris feu, le zinc s'enflamme également. Une douille de ce genre éclaire pendant un temps très appréciable dans un rayon d'une centaine de mètres.

Dans les sphères militaires allemandes on parle de fusées qui peuvent éclairer ainsi une surface de 700 mètres de long sur 500 de large, comptés à partir du point de lancement. A l'aide de ces fusées, il sera possible d'embrasser d'un coup d'œil le terrain jusqu'à une distance de près de 1,500 mètres. Et il suffira même d'une seule fusée pour obtenir ce résultat.

Fusée (1)

---

(1) D'après le *Waffenlehre* (Cours d'armement des écoles militaires allemandes).

Attaque de nuit.

Éclairage du champ de bataille par des bombes éclairantes.

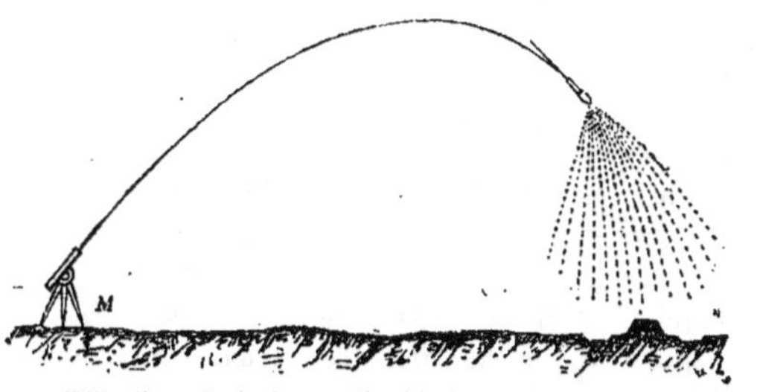

Effet d'une fusée (cours d'artillerie de Bouyadevsky).

On peut lancer, avec des mortiers, des balles éclairantes de 10, 8 ou Balles éclairantes.
5 pouces 1/2 de diamètre. Elles ont cet avantage que l'ennemi ne peut
entraver leur effet.

La composition dont ces balles sont remplies, et qui consiste en un mélange de salpêtre, de soufre et de poix, éclaire pendant 3 minutes pour les balles de 10 pouces, pendant 1 minute 40 secondes pour celles de 8 pouces et pendant 1 minute pour les plus petites, de 5 pouces 1/2.

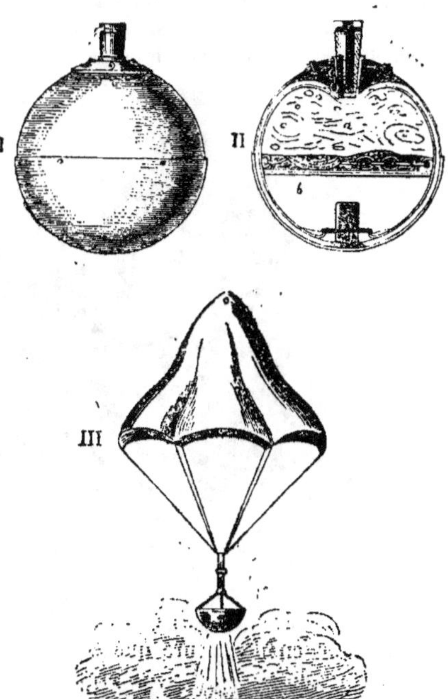

Feux de Bengale.

Les figures ci-contre qui représentent ces balles, sont tellement faciles è comprendre qu'elles n'ont besoin d'aucune explication.

On voit par la figure 3 comment les balles sont munies d'une sorte de parachute qui les maintient en l'air pendant tout le temps de leur combustion.

On a imaginé aussi de semer, devant les positions occupées par les troupes adverses, des cartouches à feu de Bengale qui s'allument dès qu'on marche dessus, en produisant alors une vive lumière et révélant ainsi les mouvements de l'ennemi.

Mais en présence des perfectionnements introduits dans les moyens actuels d'attaque et de défense, ainsi que des nécessités de la tactique d'aujourd'hui, tous ces procédés plus ou moins ingénieux sont devenus insuffisants, d'autant surtout que leur effet est de trop courte durée.

Le problème à résoudre consiste essentiellement à se procurer une lumière puissante et brûlant d'une manière permanente.

Difficulté de l'éclairage électrique.   Nous possédons aujourd'hui, dans l'électricité, une source de lumière qui peut satisfaire complètement aux besoins de la guerre. Seulement l'emploi en est difficile par suite des complications qu'entraîne le transport du moteur à vapeur et de la machine dynamo-électrique avec l'approvisionnement de charbon nécessaire au premier. Ce transport exige, en effet, l'emploi d'une force de traction puissante, alors que la source lumineuse doit être d'une mobilité aussi grande que possible, afin qu'on puisse la transporter rapidement sur tous les points où la nécessité s'en fait sentir.

Locomobile avec machine dynamo pour éclairage électrique.

Locomobiles avec machines dynamo.   Pourtant sous ce rapport on a déjà beaucoup fait. Actuellement on construit des locomobiles qui ne pèsent que 2,000 kilogrammes et ne consomment en une heure que 40 à 45 kilogrammes de charbon. Et la lumière produite par les dynamos que ces locomobiles actionnent possède un pouvoir éclairant de 4,000 lampes Carcel ou 35,000 bougies (1).

(1) *Militärische Blätter.*

La *Revue du Cercle Militaire* a fait connaître les résultats qui ont été obtenus de cette façon aux grandes manœuvres. Le projecteur a permis de voir des maisons à 5,000 mètres et de suivre exactement les mouvements des troupes jusqu'à 3,000 mètres.

La figure ci-dessous représente un projecteur de ce genre du système Mangin.

Projecteur du système Mangin monté sur une voiture.

D'ailleurs on construit aussi des projecteurs transportables, soit pour l'éclairage, soit pour l'exécution des signaux. Nous donnons plus loin le dessin de deux de ces appareils, respectivement disposés en vue de ces deux rôles (1).

Il a été constaté au cours des manœuvres dont il vient d'être parlé, qu'à l'aide d'appareils semblables, on pouvait, à 800 mètres, reconnaître les plus petits mouvements d'une troupe.

Effets du projecteur Mangin.

On n'a qu'à changer la position de l'engin pour régler la portée du faisceau de rayons et, par là même, l'étendue de la surface éclairée. Avec un appareil facile à mouvoir, l'observateur peut diriger à volonté le faisceau de rayons vers un point quelconque de l'horizon.

_____

(1) Wetter, *Traité de télégraphie optique.*

Il peut le déplacer à volonté dans tous les sens, ou replonger brusquement tout dans l'obscurité.

Et l'on ne saurait imaginer quel puissant effet produit le projecteur sur la troupe éclairée. Ainsi qu'on l'a constaté en mainte occasion, les tirailleurs qui, subitement, se voient inondés de lumière, cherchent à se cacher de tous côtés. De même qu'il devient impossible aux travailleurs de faire quelque chose d'utile.

Projecteur du système Mangin à mettre en action au moyen de fils conducteurs.

Pour mieux faire comprendre cet effet, nous donnons à la page suivante la représentation du terrain illuminé par un projecteur.

Dans les places fortes, pour éclairer les travaux de nuit, pour observer les mouvements des troupes assiégeantes, comme enfin pour faciliter le tir dans l'obscurité, on s'est servi jusqu'à présent, dans la plupart des cas, de la machine dynamo-électrique de Siemens. Machine qu'on installait avec son moteur sous un abri voûté, tandis qu'on plaçait la lanterne qu'elle actionne sur les remparts de la place ou en quelque autre point élevé.

Travaux de nuit à la lumière électrique.

Il est intéressant d'observer que, si la lumière électrique permet l'exécution de travaux de nuit autour des fortifications, ce n'est pas seulement parce qu'elle dissipe l'obscurité, mais aussi parce que les hommes qui travaillent à sa clarté sont, en outre, couverts par une couche épaisse de ténèbres qui les cache aux yeux de l'ennemi. La gerbe de lumière électrique leur sert en même temps d'abri protecteur et dérobe à l'ennemi la vue de ce qui se passe derrière cet abri.

Le projecteur portatif a un foyer en platine disposé au centre d'un réflecteur parabolique argenté ; il se chauffe à blanc sous l'effet d'un courant d'air comprimé et saturé de vapeur d'essence minérale. L'appareil avec la boîte qui le renferme ne pèse pas plus de 2 kilog. 1/2 et peut être porté en sautoir. La boîte renferme aussi le manchon, le réflecteur, la poire en caoutchouc qui sert à attiser le projecteur. On remplit le manchon d'essence minérale qui pénètre jusqu'à la platine et l'on adapte au manchon une poire en gutta-percha ; en pressant cette poire on dirige un courant d'air sur la platine, après quoi on allume celle-ci.

Ce projecteur produit une lumière éblouissante qui permet de lire à une distance de 150 mètres de l'appareil et qui éclaire une étendue de 200 mètres dans le sens de la profondeur et de 50 mètres dans le sens de la largeur. La lumière se produit tant qu'on presse la poire et tant qu'il y a de l'essence dans le manchon, dont la provision est calculée pour une heure.

Terrain éclairé
par un
projecteur.

La campagne éclairée par un projecteur du système Mangin.

Mais, dans ces derniers temps, on a construit des moteurs dynamo encore plus légers et des projecteurs transportables qui sont destinés à la guerre de campagne. Le nombre de ces appareils existant dans les différents pays doit être (1) :

En France de..	872	En Italie de..	355
En Angleterre de..	920	En Russie de..	230
En Autriche de..	127	En Allemagne de..	220

Le très remarquable article du commandant Ricardo Aranaz, publié dans le *Memorial de Artilleria* (septembre 1891), contient un rapport sur les expériences exécutées avec un appareil de 5,000 carcels (100 ampères), qui permit de voir très nettement, à 400 mètres, les mouvements des hommes servant un canon, et d'apercevoir un cavalier, un fantassin, etc., à la même distance.

Le tir à la lumière électrique.

A 5,000 mètres, on voyait avec une lunette tous les détails d'une maison ;

A 6,000 mètres, on voyait le palais Royal, le quartier de la Mantera ;

A 6,500 mètres, le quartier Madela ;

(1) *Revue du Cercle Militaire*, 1894, n° 47.

Enfin à 9.000 mètres, la tour de l'école d'Aiguière — quoique le rayon lumineux eût alors à traverser l'atmosphère de Madrid tout entière.

On a essayé de se servir de ballons captifs auxquels une lampe était suspendue. Le producteur d'électricité se trouvait à terre ; le courant arrivait à la lampe par l'un des trois câbles qui maintenaient le ballon.

Ballons captifs employés pour l'éclairage.

Avec un pouvoir éclairant de 5,000 bougies on a pu éclairer, suffisamment pour la pratique du service, une surface de 500 mètres. L'éclairage moyen du sol, en pareil cas, est d'environ 1/60 de bougie, ou à peu près celui qu'on obtiendrait avec une bougie placée à 8 mètres de distance.

Dès lors l'emploi combiné de plusieurs ballons suffirait pour éclairer un terrain assez considérable où l'on pourrait manœuvrer aussi bien qu'en plein jour (1).

Mais l'électricité a aussi ses inconvénients.

On ne peut pas éclairer d'une manière continue avec la lumière électrique, parce que cela permettrait aux troupes opposées d'utiliser les accidents du terrain sur les points non éclairés où l'obscurité devient encore plus impénétrable.

Utilisation de la lumière électrique.

De plus une lumière permanente finirait par donner à l'ennemi un point de repère en lui indiquant dans quelle direction il doit tirer, ce qui faciliterait sa tâche.

Il ne faut pas allumer les feux avant que l'adversaire ne se trouve à portée du tir. En agissant ainsi on aura tous les avantages de son côté : car tandis qu'on aveuglera l'ennemi d'une lumière éblouisssante, on verra soi-même clairement le but à battre et on aura toute facilité d'observer, jusqu'à 1,500 mètres, les résultats de son propre tir.

Dans les expériences organisées en Espagne en 1891, sur le tir de nuit à la lumière électrique, trois batteries et deux compagnies tiraient à une distance de 3,000 mètres contre des panneaux éclairés qui représentaient des colonnes, et même à 1,500 mètres sur des cibles isolées. D'après l'opinion des officiers la rapidité et l'efficacité du tir d'artillerie étaient les mêmes de jour et de nuit ; mais l'infanterie ne tirait, la nuit, d'une manière tout à fait satisfaisante, qu'aux petites distances (2).

Préparation des attaques de nuit avec la lumière électrique.

Les projecteurs électriques ne seront pas d'une moins grande importance pour le service des signaux.

A Paris on a organisé toute une série d'expériences pour éclairer la tour Eiffel au moyen de ballons, — puis, inversement, pour éclairer les environs au moyen de la tour, afin de découvrir les ballons qui pourraient se trouver dans le voisinage et de se mettre en relation avec eux. Les résultats obtenus n'ont pas été publiés.

Essais d'éclairage du haut de la tour Eiffel.

(1) *Revue du Cercle Militaire*, 1894, 25 novembre.
(2) Hœnig, *Die Taktik der Zukunft* (La tactique de l'avenir).

Nous reproduisons ici un dessin qui donne une idée approximative de méthodes employées.

Éclairage d'un ballon par la tour Eiffel et *vice versa*.

V. Les Moyens de circulation en temps de guerre.

Importance des voies de communication dans les conditions actuelles de la guerre.

Grâce aux engins de destruction dont on dispose aujourd'hui, l'ennemi, obligé de battre en retraite, s'efforcera sans nul doute de détruire les routes derrière lui. Et d'autre part aucun pays ne sera en état de nourrir avec ses propres ressources les armées numériquement si considérables du temps présent.

Pour le combat aussi, d'ailleurs, les moyens de circulation sont de grande importance. Comme le succès à la guerre dépend, en grande partie, de la facilité des communications, il faut qu'on soit en état de surmonter les obstacles naturels, et tout particulièrement les plus fréquents et les plus sérieux, c'est-à-dire ceux que les cours d'eau opposent à la marche des troupes. Or, les ponts existants ne suffisent pas toujours pour cela.

On doit donc porter une attention spéciale, tant sur le rétablissement éventuel des moyens de communication détruits, que sur l'ouverture de communications nouvelles, qui souvent seront indispensables pour amener aux armées, sur le théâtre de la guerre, tout ce dont elles peuvent avoir besoin.

1° Passage des cours d'eau.

Les différentes sortes de ponts employés pour franchir les cours d'eau sont habituellement désignés par les noms des corps de support qui servent à les construire. Ainsi l'on dit : des ponts de bateaux, de radeaux, de chevalets, de gabions, de voitures, sur pilotis, suspendus, etc. Quand plusieurs systèmes sont simultanément utilisés, on obtient des « ponts mixtes ».

Depuis les temps les plus reculés, les armées ont construit des ponts et des genres les plus divers. Les Romains se servaient de barques légères, non seulement comme moyens de transport directs, mais pour organiser des ponts avec elles. Ces bateaux, comme tout le matériel de guerre, étaient portés par des bêtes de somme ; et quant aux autres objets que nécessitait la construction des ponts, on se les procurait aisément dans les forêts, en ce temps-là encore nombreuses. Des ponts semblables ont été employés plus d'un millier d'années déjà avant notre ère.

César fut le premier qui transporta des équipages de pont complètement organisés. Ses bateaux consistaient en une carcasse de roseaux recouverte de peaux de bêtes.

Les armées romaines se servaient aussi de troncs d'arbre creusés et durcis au feu.

C'est avec de tels moyens que, jusqu'au iv° siècle, furent franchis de grands fleuves comme le Tigre, l'Euphrate et d'autres encore.

Ces dispositifs répondaient aux besoins des armées du temps. Après la chûte de l'Empire romain, à partir du v° siècle, les équipages de pont disparurent peu à peu ; comme plus tard, au moyen âge, disparurent aussi à proprement parler, les armées régulièrement organisées. Les équipages de pont ne commencèrent à reparaître que pendant la guerre de Trente Ans.

Plus tard les changements survenus dans la nature des approvisionnements et dans la manière de combattre ne permirent plus l'emploi de matériaux aussi légers. On se servit alors de ponts lourds, pesant plus de 2,000 kilogrammes, transportés sur des voitures du poids de 3,600 kilogrammes et attelées de 12 à 14 chevaux. On n'attachait du reste aucune importance à la mobilité de ces engins auxiliaires, qui restèrent en usage jusqu'à la moitié du xvii° siècle. Car, jusqu'à cette époque aussi, les opérations militaires ne s'effectuaient qu'avec beaucoup de lenteur. Les voitures d'artillerie présentaient le même caractère de lourdeur et le même défaut de mobilité.

C'est seulement quand on eut reconnu que la rapidité des marches et la haute faculté manœuvrière des troupes constituaient un excellent moyen de battre l'ennemi, qu'on s'efforça de rendre l'artillerie plus mobile ; sans toutefois se préoccuper d'abord autant des trains qui souvent arrivaient trop tard ou ralentissaient les opérations.

Passage à l'emploi de ponts légers.

Cependant on finit aussi par se rendre compte de cet inconvénient et par comprendre la nécessité d'alléger les équipages de ponts. Les Hollandais commencèrent en 1672, puis les Français suivirent leur exemple en se servant de la tôle et du cuivre. Et bientôt toutes les nations eurent leurs équipages de pont : l'Espagne, la France et le Portugal avaient des bateaux de cuivre ; la Hollande, la Prusse, la Saxe, l'Angleterre, des bateaux de tôle ; la Russie eut des bateaux en toile à voiles ; l'Autriche en eut en cuir, en bois, en tôle. Mais tous étaient encore très lourds et marchaient habituellement avec l'arrière-garde.

Pourtant ce matériel relativement léger avait d'autres inconvénients. On ne pouvait plus s'en servir pour jeter des ponts sur des fleuves à courant très fort, comme le Pô, le Rhin, le Danube, parce que ces ponts n'eussent pas été assez résistants. Le matériel métallique ne répondait pas non plus très bien à sa destination : il se détériorait dans les transports, et les bateaux en tôle, notamment, se rouillaient.

Le système français.

Vingt ans avant la Révolution fut adopté en France le système Gribeauval, qui consistait en bateaux de chêne et qui fut employé pendant les premières guerres de la Révolution et de l'Empire.

C'est avec un pont de bateaux Gribeauval que Napoléon franchit le Danube en 1805. Mais le parc était si lourd qu'on le laissa en arrière et qu'on le vendit à Vienne.

Alors on se décida en France pour l'emploi de très légers bateaux en tôle. Les autres puissances adoptèrent aussi ce matériel avec quelques modifications. La figure de la planche ci-contre donne, mieux que tout ce qu'on pourrait dire, une idée de l'état de la question à l'époque actuelle.

État actuel.

Tous les États bien organisés au point de vue militaire possèdent des troupes spéciales, généralement désignées sous le nom de « pontonniers », qui sont pourvues de voitures pour transporter les bateaux nécessaires à l'établissement de passages sur les cours d'eau, en même temps que tous les objets, outils, explosifs, etc., dont on peut avoir besoin pour le même usage.

Allemagne.

En Allemagne chaque corps d'armée possède 34 de ces voitures, et chaque division dispose en outre de 14 autres. Les bateaux sont en tôle galvanisée.

Autriche-Hongrie.

Jusqu'en 1893 on avait, en Autriche-Hongrie, des équipages de pont d'avant-garde et des équipages normaux. Les premiers furent, à cette époque, remplacés par des équipages légers qui permettent de construire des ponts d'une plus grande longueur. Ces équipages légers se dédoublent en deux équipages divisionnaires.

En même temps le nombre des équipages normaux a été augmenté et certaines modifications ont été apportées dans la répartition des hommes et du matériel entre les différentes unités de l'équipage.

Actuellement l'armée austro-hongroise compte 60 équipages de pont. En principe chacun des 14 corps d'armée destinés à l'exécution des opérations actives doit posséder un equipage léger formé de deux équipages divisionnaires. Les 46 équipages normaux doivent être répartis, suivant les besoins, entre les armées et les corps d'armée. Les bateaux sont en tôle d'acier.

En France, il existe 19 équipages de corps d'armée et 4 équipages d'armée. Les premiers se composent de deux divisions, d'une section de réserve et d'une section régimentaire ; les autres, de quatre divisions, d'une double réserve et d'une double section régimentaire. Les bateaux sont construits en bois de sapin. *France.*

L'armée italienne possède 12 équipages de pont de corps d'armée (de 46 voitures à 4 chevaux). Les bateaux sont en bois de mélèze. Il existe en outre des sections de pontage dans les compagnies de sapeurs. *Italie.*

En Russie, chaque corps d'armée doit recevoir un parc de 61 ou 62 voitures, dont 52 haquets, à 6 chevaux. *Russie.*

La répartition détaillée des voitures et bateaux est la suivante : 30 haquets n° 1 portent un demi-bateau d'avant, des poutrelles et madriers de chêne ; 6 haquets n° 2 portent un demi-bateau d'avant et des chevalets ; 12 haquets n° 3 portent 4 demi-bateaux d'avant, 8 demi-bateaux de milieu, des supports et des accessoires divers ; 4 haquets n° 4 sont chargés d'un demi-bateau de milieu et de gréements. Les 9 ou 10 voitures auxiliaires portent les outils nécessaires pour construire les ponts, ainsi que pour détruire ou réparer les voies ferrées.

A cela s'ajoutent encore 10 ou 11 voitures de l'intendance : caisses de cartouches, voitures de vivres, une voiture pour la caisse et les archives, une d'ambulance et une de pharmacie.

Chaque bataillon de troupes spéciales peut établir un pont de bateaux de 215 à 311 mètres de long et un pont de chevalets de 47 mètres. En temps de guerre, le bataillon est à 2 compagnies, mais l'équipage peut se subdiviser en 4 sections dont chacune possède les ressources nécessaires pour établir un pont d'environ 60 mètres.

Chaque bataillon sur le pied de guerre a 123 voitures dont 102 d'équipage de pont. Les bateaux sont en tôle de fer de 1 $^{m/m}$ 5 d'épaisseur (1).

Le tableau synoptique ci-contre nous donne une vue d'ensemble de tout ce qui se rattache à ce genre d'opérations au cours du siècle actuel (2). *Coup d'œil sur les moyens de franchir un cours d'eau au XIX° siècle.*

---

(1) Welter, *Passage des cours d'eau*, 1894.
(2) Welter, *Passage des cours d'eau et ponts militaires*.

Tableau synoptique-numérique des principaux passages de cours d'eau exécutés par des armées, de 1789 à 1881.

Époques	Systèmes employés											Nature tactique des opérations				
	Sur ponts de bateaux ou pontons		Sur pilotis	Sur radeaux	Sur chevalets	A gué	A la nage	Par dérivation du cours d'eau	Sur radeaux naviguant, bacs ou trailles	Sur bateaux	Sur la glace	A force ouverte		En manière de diversion, stratagème ou surprise	Non en présence de l'ennemi	En retraite
	Avec les ressources trouvées sur place	Avec des matériaux transportés										Avec succès	Sans succès			
1789 à 1815.	20	16	6	8	13	20	8	1	6	26	10	24	4	20	19	9
1815 à 1881[a])	5	51	4	2	32[c])	25	3	—	5	11	—	12	4[e])	10	44	10
1870—1871.	4	67[b])	11	1	22	1	—	--	6	3	1	3[d])	—	—	14	1

(a) Non compris la guerre franco-allemande.

(b) Dont 3o pendant le siège de Paris. (Les chiffres indiquent le nombre des ponts et non celui des opérations, dont quelques-unes exigèrent 2, 3 jusqu'à 6 ponts).

(c) Dont 1 sur voitures.

(d) Particulièrement le passage de la Marne du 29 septembre 1870, exécuté sur 9 ponts, par l'armée de Paris.

(e) Trois fois par les Confédérés pendant la guerre d'Amérique, une fois par les Russes en Crimée.

Dispositifs pour le franchissement des cours d'eau.

Dans toutes les armées on ne cesse de se livrer à des expériences et à des exercices très développés sur le franchissement rapide des cours d'eau, au moyen des matériaux flottants de l'espèce la plus diverse qui sont susceptibles d'être employés dans ce but.

Pour traverser les fleuves les armées traînent avec elles, comme nous l'avons déjà montré, des nacelles et des bateaux-pontons, des chevalets, des bois de charpente et autres engins destinés à la construction des ponts.

Pour nous faire mieux comprendre, nous en représentons ici quelques types.

Bateaux transportables.

La figure suivante (1) montre un bateau français adopté dès 1853, dont le dessin se comprend sans aucune explication :

Bateau français (modèle 1853).

(1) *Encyclopédie des connaissances militaires.*

On emploie d'ailleurs encore, dans l'armée française, des bateaux repliables, ou chaloupes pliantes, du système Tellier dont les figures ci-dessous montrent une coupe longitudinale et une coupe transversale :

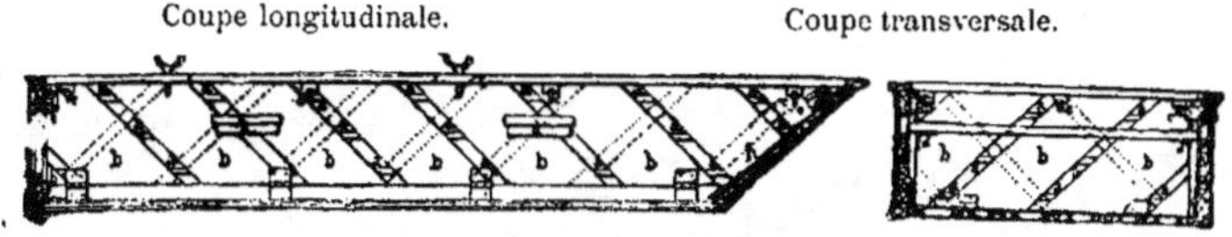

Chaloupe pliante (système Tellier).

La figure suivante nous montre les formes des chevalets les plus employées et la façon de les établir sur des bateaux :

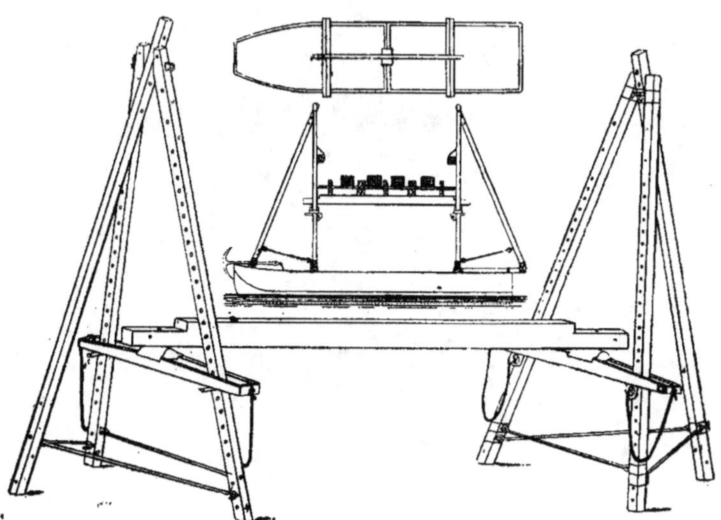

Chevalets et leur établissement sur des bateaux.

A l'aide des ressources ci-dessus indiquées, dont toutes les armées disposent, on arrive à établir des ponts avec une rapidité extraordinaire.

Nous donnons dans la planche ci-contre un dessin qui montre l'établissement d'un pont de pilotis jeté sur la haute Sprée par les pionniers de
la garde prussienne. Voici, en outre, une figure représentant la construction
d'un pont de bateaux exécuté sur le Danube près de Krems, par les troupes
autrichiennes au cours de leurs manœuvres.

Établissement d'un pont de bateaux par les troupes autrichiennes
au cours des manœuvres.

Ce dernier pont, pour l'établissement duquel les pionniers étaient au
nombre de 6 officiers et 280 soldats, et qui n'avait pas moins de 688 mètres
de long, fut terminé en deux heures.

Il va de soi que de tels résultats, réalisés en temps de paix, ne peuvent

Établissement d'un pont de pilotis sur la Haute-Sprée par les pionniers de la garde prussienne.

La Guerre future (p. 218, tome I.)

pas servir de critérium quant à ce qu'on obtiendrait à la guerre. Mais, en tous cas, il faut reconnaître que les passages de cours d'eau peuvent s'accomplir aujourd'hui avec une rapidité inconnue autrefois.

On établit aussi avec des bateaux, des charpentes et des chevalets, des ponts mixtes dont les types suivants, présentés comme exemples, peuvent donner une idée.

Ponts de bateaux et de chevalets.

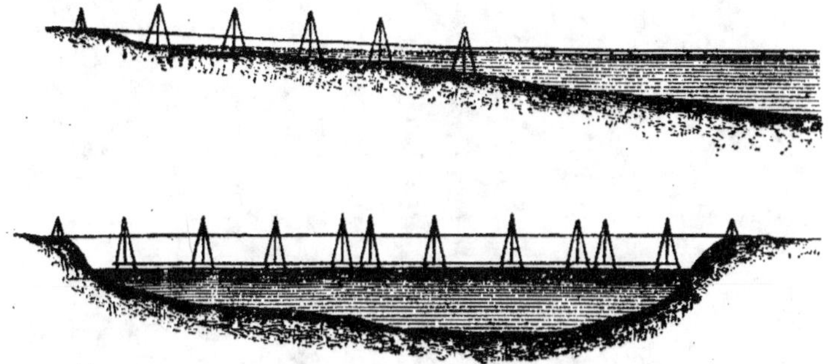

Ponts de bateaux et de chevalets.

Mais on a entrepris d'organiser des engins transportables encore plus légers pour le passage des cours d'eau. Ainsi, des peaux de bœufs sont disposées de façon à constituer une sorte de tonneau flottant. La dépouille d'un animal fraîchement tué peut être, de cette façon, immédiatement utilisée pour franchir une rivière. Dans l'armée russe, ces peaux reçoivent le nom de « bourdiouks » (1).

Bourdiouks.

Deux figures que nous empruntons au journal *La Nature* montrent la façon de préparer les bourdiouks et de les employer dans la pratique.

Manière de préparer les bourdiouks.

(1) *Bourdiouk* signifie, à proprement parler, une outre de cuir. C'est le nom des outres en cuir de bouc qu'on emploie au Caucase pour le transport du vin. —

Passage d'une rivière sur des bourdiouks.

Dans *L'Année Scientifique*, nous trouvons encore une intéressante description d'un passage de cours d'eau. L'inventeur du système est l'officier russe Apostoloff. Les expériences furent exécutées, en 1890, par un régiment de Cosaques.

Au moyen de toile à voile goudronnée et de lances réunies ensemble et rattachées d'une certaine façon, on construit une sorte de grand bateau sur lequel on peut transporter du harnachement et des bagages; les chevaux suivent à la nage. On a même pu, par ce procédé, faire passer l'eau à des canons de campagne avec tous leurs accessoires.

Les éléments d'un bateau de ce genre sont si légers que quatre hommes peuvent les porter sans trop de difficulté.

Dans l'armée anglaise, on se sert également des lances pour franchir les cours d'eau, en construisant, au moyen de ces armes et de sacs imperméables, des radeaux dans le genre de celui représenté ci-contre (1) :

---

(1) Cette figure est empruntée au *Journal of the United Service Institution of India.* — Année 1893.

Radeau formé de lances et de sacs imperméables.

Il faut encore mentionner, comme moyen de franchissement des cours d'eau, un bateau inventé par le capitaine Tchernoff et qui peut également rendre d'importants services. En voici les dessins :

 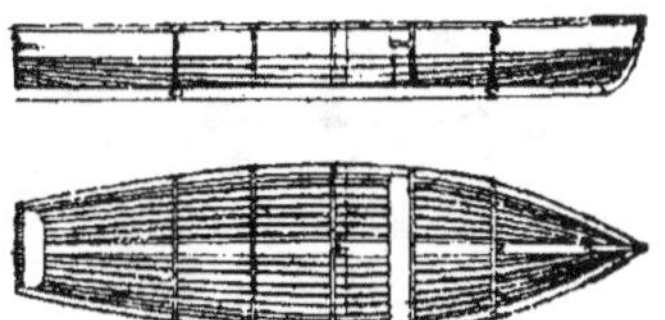

Bateau du système Tchernoff.

Ce bateau consiste en une carcasse repliable recouverte de toile à voile. Il se complète par des cadres en bois également repliables et par quelques tringles légères. Le poids total est d'environ 70 kilogrammes, la longueur est de 5 mètres et la profondeur de 0^{m}50. Quatorze personnes peuvent y trouver place. On le transporte sur la voiture à munitions de la compagnie.

Un bateau de ce genre revient à 23 roubles (70 francs). On le fabrique dans les ateliers du 137e régiment d'infanterie russe. Il suffit de cinq minutes pour le monter, de huit à dix pour le démonter et le recharger sur la voiture.

Sur un bateau semblable, quatorze hommes ont traversé le Volga en un point où ce fleuve a 250 brasses de large. Il leur a suffi de cinq minutes pour aller et de dix pour aller et revenir : deux hommes étant aux rames et un au gouvernail. La quantité d'eau, qui pénétra dans le bateau pendant cette double traversée, ne fut que d'un demi-seau.

Avec ces bateaux on établit aussi des sortes de radeaux, en les accouplant au moyen de perches. La légèreté de ces radeaux permet de les faire porter par les hommes. Et grâce à la simplicité de leur construction, ils peuvent être d'un secours précieux dans beaucoup de cas où il s'agit de franchir un fleuve ou un lac.

Un radeau formé de deux bateaux en toile à voile présente, sur les bateaux isolés, l'avantage d'offrir à l'eau une plus grande résistance. Sur un radeau de ce genre, 12 hommes peuvent naviguer sans aucun danger.

En raison de leur grande puissance de support, de leur résistance et de leur facilité d'empaquetage, les bateaux en toile à voile, comme les radeaux, semblent constituer des moyens auxiliaires de passage très importants, d'autant plus qu'ils sont toujours à la disposition des troupes (1).

Dans l'armée allemande on s'est exercé à franchir des cours d'eau au moyen de radeaux formés de toiles de tentes, comme le montre la planche ci-contre. De plus on emploie des bateaux pliants. Ils consistent en une carcasse formée de lattes de bois qui se rejoignent à l'avant et à l'arrière et sont, extérieurement comme intérieurement, recouvertes d'une double toile imperméable de couleur brun jaunâtre.

La figure ci-dessous nous représente ce bateau en coupe transversale et en élévation (2) :

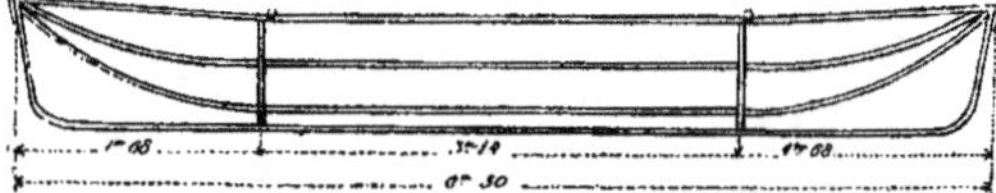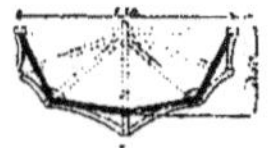

Bateau pliant (Plan et coupe).

Dans ces bateaux, il n'y a de métallique que les garnitures et les charnières, les deux dossières d'avant et d'arrière, ainsi que deux étrésillons qui maintiennent l'écartement des bordages. Six hommes peuvent, sans aucun effort, porter commodément d'une main un tel bateau d'un point à un autre. On le plie et on le déplie, lui et sa toile, absolument comme on ferait d'un porte-monnaie.

En outre, et suivant les besoins, on peut soit employer le bateau pliant comme un seul tout, soit le subdiviser en deux nacelles plus petites. L'une des deux est formée au moyen de l'avant et de l'arrière du bateau réunis ensemble ; l'autre est constituée par la partie médiane employée à part.

Ces bateaux se transportent par couples sur des voitures à claire-voie attelées de deux chevaux. Il faut à peine 3 minutes pour les décharger et les mettre en état de servir.

(1) *Voïenny Sbornik :* Sur la navigation et les passages de cours d'eau.
(2) Welter, *Passage des cours d'eau,* 1894.

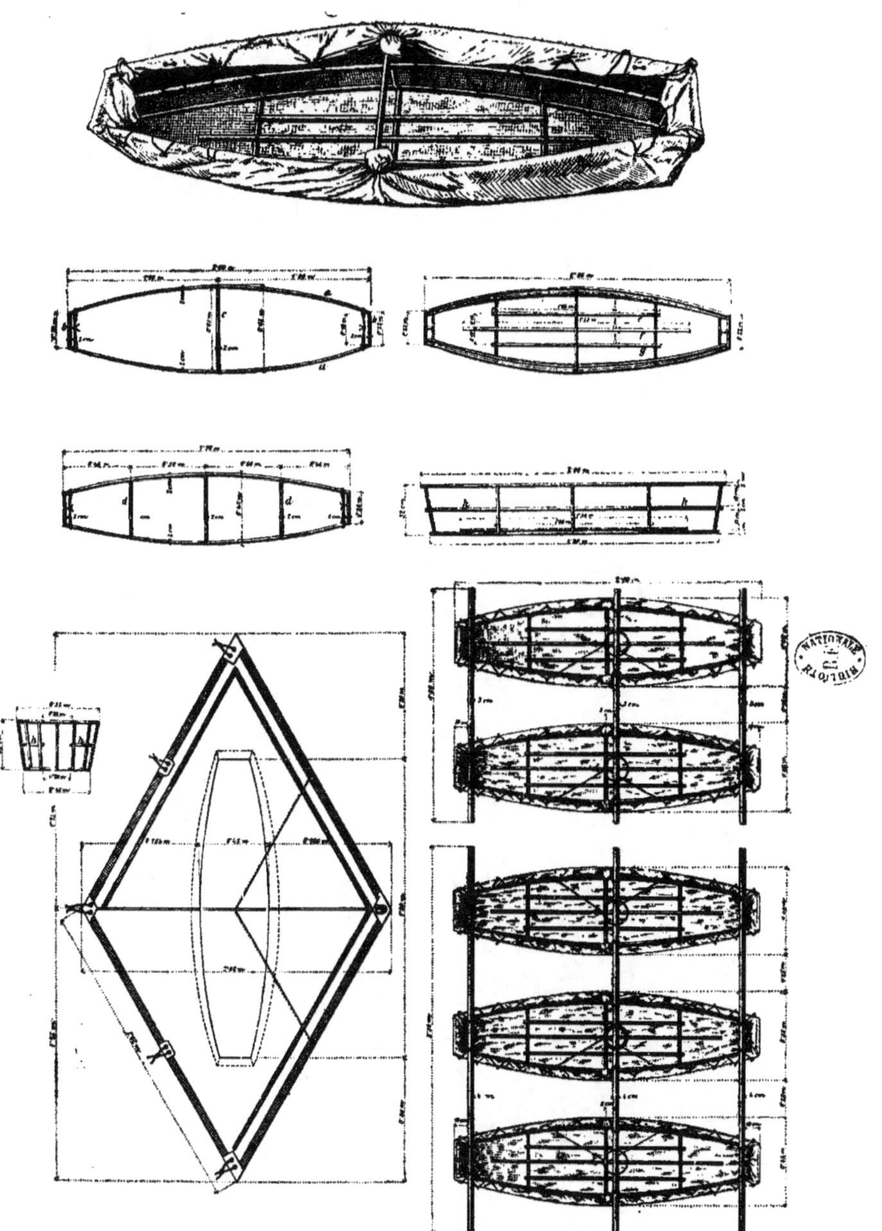

Radeaux formés de toiles de tentes.

La Guerre future (p. 222, tome I).

Passage d'une rivière sur des radeaux formés de toiles de tentes.

La Guerre future (p. 222, tome i.)

La figure suivante représente un passage de cours d'eau exécuté avec des bateaux de ce genre, ou plutôt on y voit comment s'effectue le repliage de ces engins :

Passage de cours d'eau au moyen de bateaux pliants
(Repliage des bateaux).

On emploie encore aux armées des « radeaux de caoutchouc », constitués au moyen de sacs en toile de coton épaisse recouverte sur ses deux faces d'une couche de caoutchouc vulcanisé. Déjà au temps de la guerre de Sécession américaine, on s'est servi de radeaux semblables. Ils se composent d'un certain nombre d'éléments formés avec les sacs en question ; sacs dont chacun est muni d'un tube servant à le gonfler d'air ainsi que d'un robinet pour fermer ce tube. Le tout est maintenu par une carcasse de poutrelles et de perches.

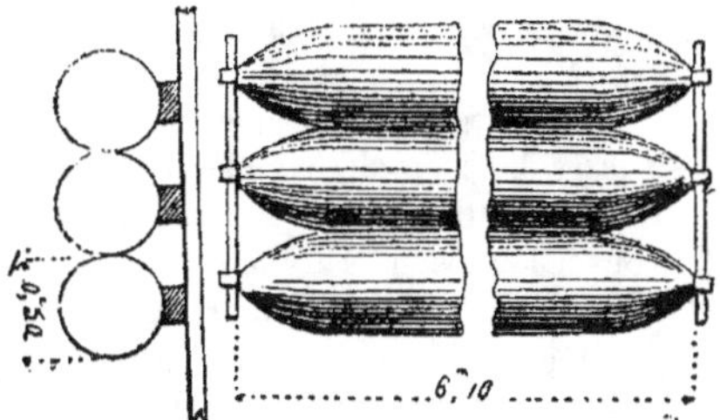

Un radeau sur sacs de caoutchouc.

Avec 30 carcasses semblables, dont chacune renferme trois sacs gonflés et reliés par deux armatures, on peut établir un pont flottant de 182 mètres de longueur.

Ces ponts ont malheureusement un défaut qui les rend peu pratiques, c'est de ne pouvoir être construits sous le feu de l'ennemi. Car il suffit de quelques balles pour percer les sacs et par là même les couler.

Ponts de barils. On a fait aussi des ponts flottants avec des barils à pétrole réunis ensemble et au-dessus desquels on établit une passerelle, comme le montre la figure.

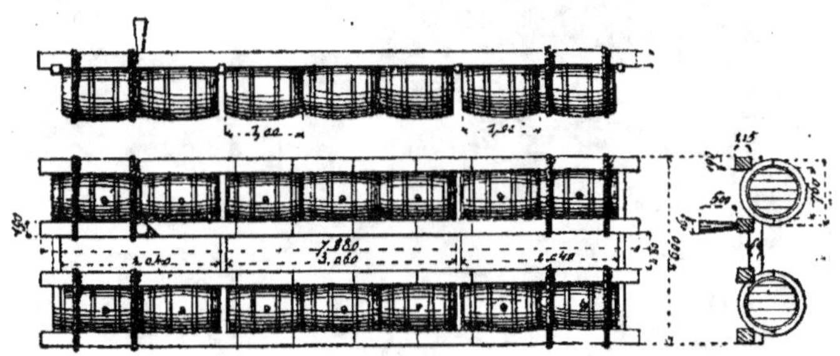

Pont en barils à pétrole.

Un tel pont ne peut s'employer que sur un cours d'eau peu rapide ; et on ne doit se risquer à l'établir, en présence de l'ennemi, que sur une étroite rivière. Car les balles tirées contre lui percent les barils dans lesquels l'eau pénètre aussitôt, de sorte que les éléments du pont ne tardent pas à couler à fond.

Mais cet engin suffira quelquefois à l'exécution d'une attaque en permettant le passage d'une compagnie de tirailleurs. En pareil cas on pourra s'en servir même sous le feu d'un détachement d'infanterie, pourvu que celui-ci ne soit pas trop fort.

Ponts en sacs pour la cavalerie. La cavalerie française a fait des expériences pour arriver à construire des ponts flottants semblables, non pas au moyen de barils vides, mais avec des sacs en toile imperméable, remplis de paille et de légères brindilles. Les succès de la cavalerie dépendent surtout de sa mobilité et de la brusquerie de ses attaques. Aussi est-il particulièrement important pour elle de trouver le moyen de franchir, sans travaux et dispositifs préparatoires spéciaux, les cours d'eau qui peuvent entraver sa marche.

C'est à ce besoin que répondent, jusqu'à un certain point, les ponts flottants formés en sacs de toile imperméable.

Aux manœuvres d'automne, le 11ᵉ régiment de chasseurs à cheval français a fait l'essai d'un pont de ce genre. Et cet essai qui a eu lieu sur la Saône à Chemilly, point où ce cours d'eau est large de 75 mètres, a pleinement réussi. Les soldats portaient le harnachement sur leurs épaules et franchissaient le pont en traînant par la bride leurs chevaux qui suivaient à la nage et qui, ainsi tenus, ne risquaient pas de se perdre.

Les palées du pont étaient formées de deux lambourdes distantes d'un mètre l'une de l'autre. Par-dessus celles-ci on avait disposé des planches légères supportées par les sacs et réunies, de 10 en 10 mètres, par des poutres transversales.

On construit un tel pont tout entier sur la rive, puis, après sa mise à l'eau, on le rectifie et on le consolide ; enfin on le recouvre de son plancher.

Ponts en sacs de toile imperméable.

Passage de la cavalerie sur des sacs imperméables.

Les expériences ont montré qu'une fois amenés au bord de l'eau les matériaux nécessaires à la construction d'un pont de ce genre, il suffit d'un demi-escadron pour l'organiser en un quart d'heure sur une longueur de 24 mètres. La *Revue de cavalerie* rappelle, en décrivant cette sorte de ponts, qu'avec ces sacs imperméables, on peut construire des radeaux et des bacs assez grands pour transporter des corps de troupes assez considérables.

2° Construction des ponts de chemins de fer.

Les chemins de fer constituent présentement un engin de guerre des plus importants.

Importance de l'établissement rapide des voies ferrées.

En permettant de réunir rapidement les réservistes et de concentrer promptement les troupes sur la frontière, ils facilitent le maniement des masses d'hommes et par suite la constitution des énormes armées modernes.

Sans eux, il serait impossible de faire vivre les millions d'hommes que ces armées renferment.

Un autre grand avantage des voies ferrées, c'est de transporter les troupes, de leurs garnisons jusqu'aux points de concentration, en leur épargnant les pertes qu'elles éprouveraient s'il leur fallait accomplir de pareils trajets par étapes.

Comparaison de la rapidité.

Pour apprécier ce genre de service à sa juste valeur, il suffit de se représenter que, par exemple, un bataillon peut être transporté en 24 heures, à une distance de 600 kilomètres, c'est-à-dire vingt fois plus loin qu'il ne pourrait aller dans le même temps en marchant à pied, et sans cesser un instant d'être en état de combattre au premier signal.

Conséquences de l'emploi plus développé des chemins de fer.

Le développement de l'emploi des chemins de fer à la guerre doit avoir ainsi pour conséquence, d'empêcher les troupes de s'écarter beaucoup des voies ferrées ; quoique cela rende plus facile à l'ennemi la prévision de leurs mouvements, dont elles ne peuvent plus modifier la direction aussi facilement que par le passé. C'est ce qui augmente encore la nécessité de couvrir ses propres mouvements ou de contrarier à temps ceux de l'ennemi.

Importance de la destruction et du rétablissement des voies ferrées.

Il est, par suite, naturel qu'une armée battant en retraite ait grand intérêt à détruire les chemins de fer derrière elle ; tandis que l'armée adverse, marchant à sa poursuite, cherchera au contraire à les rétablir le plus promptement possible.

Rétablissement des ponts de chemins de fer.

Aussi l'interruption d'une voie ferrée, par la destruction d'un pont qu'on fait sauter, a-t-elle une grande importance. Pour n'en citer qu'un exemple, nous rappellerons qu'en janvier 1871, les Français firent sauter un pont de chemin de fer sur la Moselle et qu'il fallut 17 jours pour rétablir la communication ainsi interrompue. Encore n'y parvint-on que grâce à l'ouverture de la circulation sur la ligne du Nord ; sans cela l'armée allemande se fût trouvée dans une situation très difficile.

La technique devait donc s'efforcer de trouver des moyens pour rétablir le plus promptement possible, au moins provisoirement, les ponts de chemins de fer qui viendraient à être démolis.

Ponts en câbles.

A la guerre, des ponts en cordages peuvent être employés dans ce but. Le *Journal du génie* russe fait connaître qu'un ingénieur militaire de talent, le capitaine français Gisclard, a imaginé certains types de ponts en câbles, qui, même en temps de paix, peuvent rendre d'importants services. La construction de ces ponts est tellement simple que, dans un moment critique, on peut, grâce à eux, se tirer d'affaire par les moyens les plus élémentaires et les plus faciles à se procurer.

Ponts en câbles suspendus.

Nous mettons sous les yeux du lecteur une figure représentant un pont suspendu au moyen de câbles à courbure parabolique qui sont placés au-dessous de sa partie mobile. Au lieu que les madriers soient fixés à ces câbles, ils sont maintenus au-dessus d'eux par des montants ou chandeliers, qu'ils compriment fortement. En outre, tout le système est soumis à une tension horizontale aussi grande que dans les ponts suspendus par des chaînes.

Tous les éléments du pont consistent ainsi en câbles formés de fils d'acier et en cadres de support en bois.

PONT EN CABLES SUSPENDU.

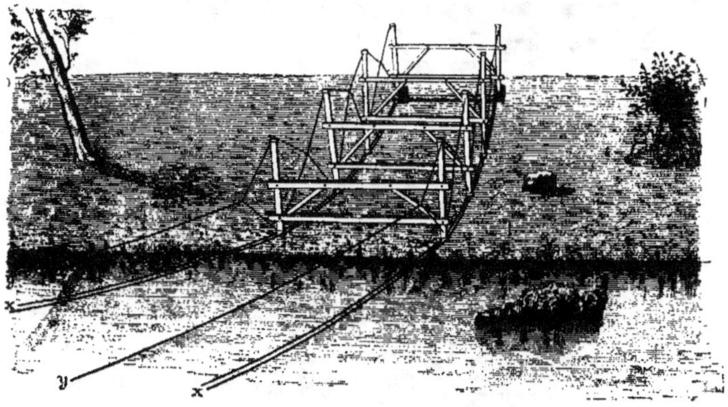

Vue générale.

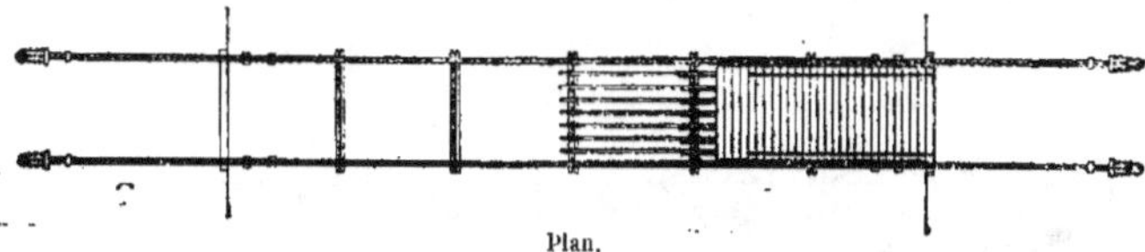

Plan.

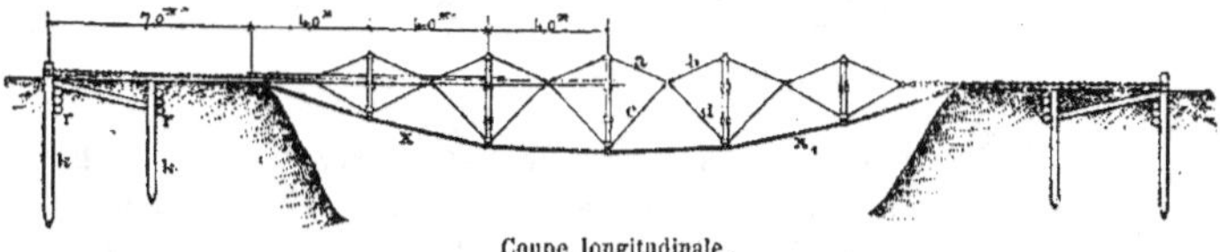

Coupe longitudinale.

Mais naturellement de tels dispositifs ne peuvent être employés que pour des ponts d'une faible portée.

Système de ponts
Eiffel.

Les quatre figures ci-dessous donnent une idée de l'étendue des progrès réalisés par l'art de l'ingénieur dans la construction des ponts de grande dimension. Ces figures représentent le lancement, au-dessus d'un fleuve, d'un pont entièrement terminé et construit d'après le système Eiffel.

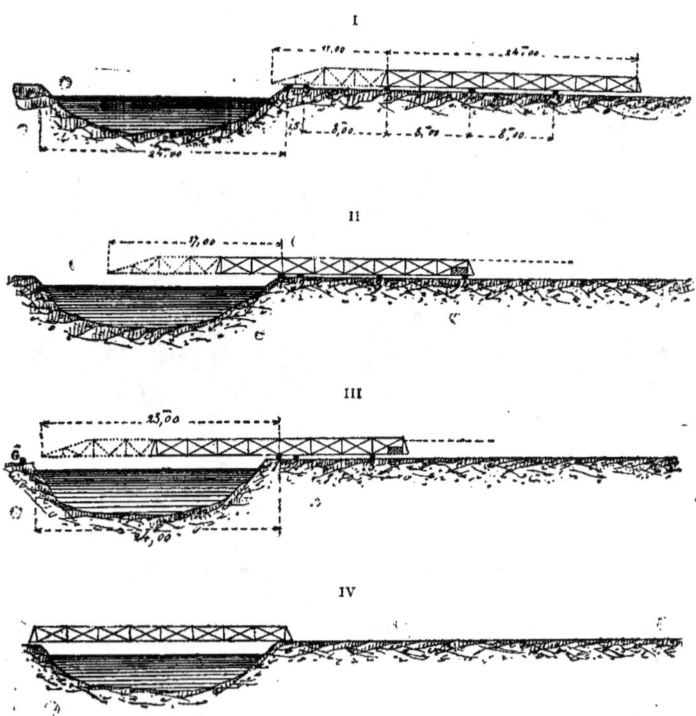

Lancement d'un pont suspendu (système Eiffel).

Phases de la
construction du
pont.

L'établissement du pont passe ainsi par quatre phases. La figure I représente le pont terminé, tel qu'il se trouve sur la rive que l'on occupe. Les figures II et III montrent le même pont partiellement arrivé sur la rivière, — la partie qui se trouve encore à terre étant suffisamment chargée pour faire équilibre à l'autre et la maintenir en porte-à-faux au-dessus de l'eau. Enfin dans la figure IV, on voit le pont déjà fixé à la rive opposée.

Les ponts de ce genre n'ont d'ailleurs que 24 mètres de longueur. L'expérience en a prouvé la solidité durable (1).

Pour franchir des cours d'eau plus larges, on construit des ponts d'un autre genre. Dans *L'Année scientifique* se trouve la description d'un pont en acier mobile extrêmement léger, inventé par le colonel du génie français Henry, qui, à l'Exposition de 1889, attira l'attention générale. On a pu monter en 30 heures un pont de ce système haut de 7 mètres et long de 92, formant deux arches. L'enfoncement des pilotis se fit en 80 minutes.

Ponts en acier mobiles (système Henry).

Toutes les parties du pont étaient confectionnées avec le meilleur acier et travaillées avec le plus grand soin; de sorte que le réseau des triangles qui formaient la charpente métallique était d'une force et d'une solidité remarquables. Aussi ni le montage, ni le lancement n'offrirent de difficultés particulières

Essais d'établissement de ponts du système Henry.

Un pont de ce genre établi à Soutiers, sur le Var, par un détachement de sapeurs, s'est montré tout aussi durable qu'un pont permanent.

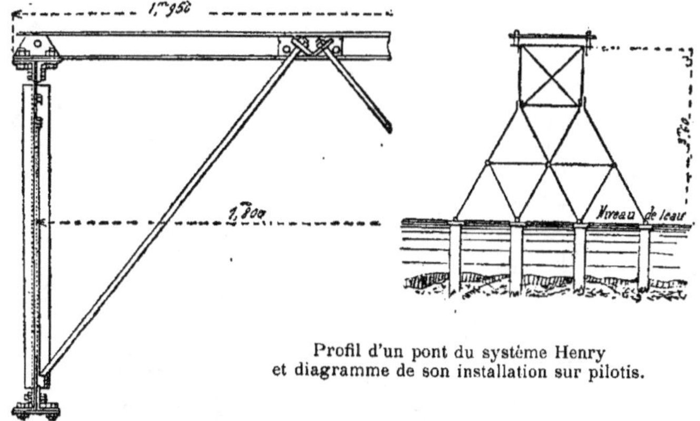

Profil d'un pont du système Henry
et diagramme de son installation sur pilotis.

Toutefois comme les éléments de ce pont n'avaient que 20 mètres de longueur, c'était encore une question de savoir si le système Henry serait applicable à un cours d'eau de 50 mètres de largeur, par exemple.

Temps nécessaire à la construction.

Les détachements de sapeurs chargés de cette nouvelle expérience, bien qu'ils exécutassent ce travail pour la première fois, construisirent le pont en 34 heures, dont 15 employées à le monter. Ce qui démontra que, grâce à l'invention du colonel Henry, on peut, en moins de 48 heures, fournir à des troupes le moyen de franchir un cours d'eau de 50 mètres de large.

____

(1) *Sciences appliquées à l'art militaire*, p. 569.

C'est au polygone de Versailles, en présence du général Saussier, gouverneur militaire de Paris, qu'eut lieu cette opération. Le pont, construit en 30 heures, avait 7 mètres de haut sur 92 mètres de long, et comportait deux éléments de 47 mètres chacun. La mise en place n'exigea qu'une heure et 20 minutes.

Profil du pont du système Henry.

Le profil de ce pont et le diagramme de son établissement sur pilotis sont représentés par les figures de la page précédente.

Coupe transversale d'une pile de pont transportable.

Pour donner une idée des différentes sortes de ponts d'acier en usage, nous empruntons à l'ouvrage du colonel Henry : *Ponts et viaducs mobilisables*, Paris, 1891, — les deux figures suivantes concernant l'établissement de ponts au moyen d'éléments d'acier transportables.

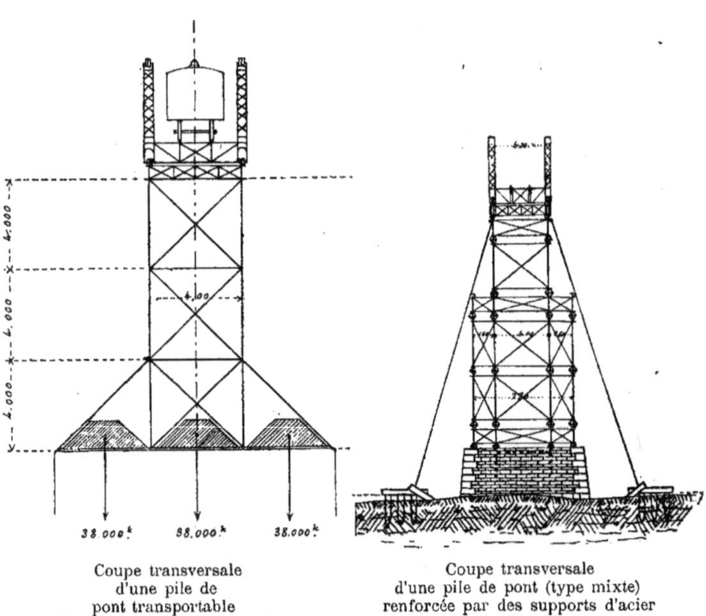

<table>
<tr><td>Coupe transversale
d'une pile de
pont transportable
(Hauteur totale : 12 mètres).</td><td>Coupe transversale
d'une pile de pont (type mixte)
renforcée par des supports d'acier
transportables.</td></tr>
</table>

Transport des ponts tout faits en Amérique.

En Amérique on construit des ponts qui sont ensuite transportés tout faits à destination par les voies ferrées, de sorte qu'il n'y a plus qu'à les monter. La figure suivante montre comment on transporte ainsi les ponts et comment on les établit sur un cours d'eau.

Pont sur la Marovoay.

Transport des éléments de la travée centrale.

Mise en place des éléments du pont.

Montage des éléments de la rive gauche.

Vue du pont d'Ambato.

Bateau sur le Marovoay.

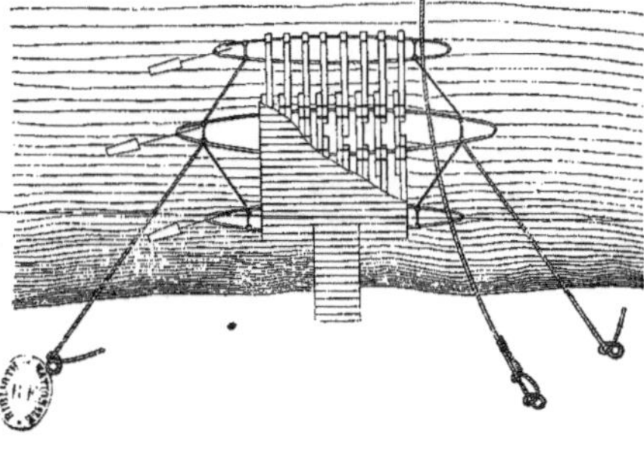

La Guerre future (p. 230, tome I)

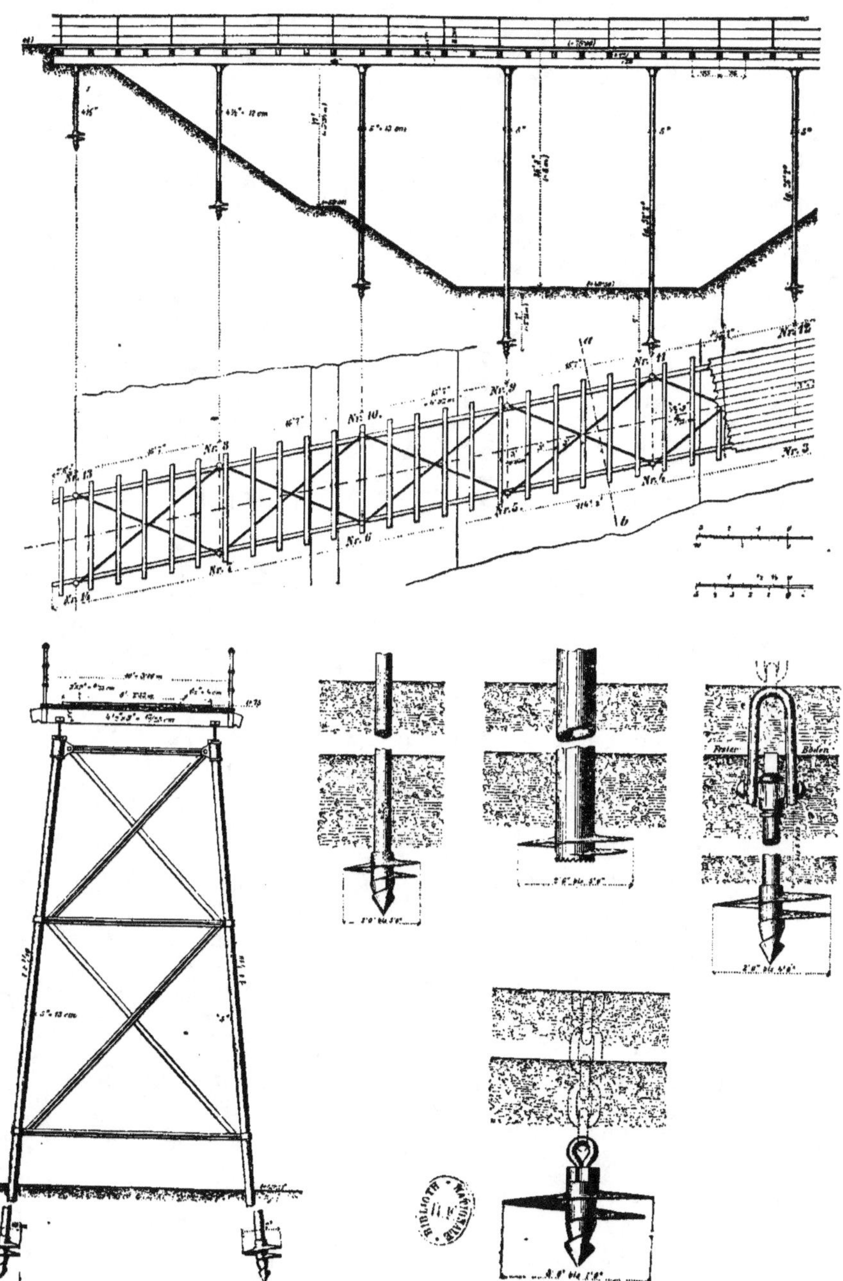

LA GUERRE FUTURE (P. 230, TOME I).

Si l'ennemi détruit un pont ou l'arche de ce pont, on comble la brèche au moyen d'un pont métallique transportable. La gravure représente des sapeurs s'exerçant à monter un pont de ce genre.

La Guerre Future (p. 231, tome I).

Nous avons emprunté ce dessin au journal *La Nature*. On a parfois employé des ponts de ce genre aux États-Unis, dans la construction de nouvelles lignes de chemins de fer. Mais l'auteur de l'article fait observer que

Transport d'un pont tout fait
et sa mise en place sur un cours d'eau en Amérique.

Représentation
du transport
et de la mise en
place de ponts
tout faits en
Amérique.

« dans les États européens où tous les moyens sont mis en œuvre pour la défense des frontières, ce système de ponts sera aussi employé avec avantage au cours des opérations militaires ».

La *Revue de l'armée belge* donne la représentation suivante d'un genre de ponts transportables du système Brochotzky, commandés par le gouvernement russe à la maison Cockerill de Seraing. Ces ponts présentent ceci de remarquable que toutes celles de leurs parties, qui viennent aboutir à la charpente en bois, doivent avoir une forme rectiligne, sans dépasser la longueur de 5 mètres, ni le poids de 125 à 145 kilogrammes.

Pont
transportable du
système
Brochotzky.

En outre tous les éléments démontables se fixent sans l'emploi d'un seul boulon.

Pour lancer un pont du système Brochotzky, on le fait glisser au moyen de rouleaux, ou encore plus simplement, à l'aide de cordes. Le lancement d'un pont de 30 mètres de long ne demande que 3 heures. Et même en disposant habilement les rouleaux sous la partie qui doit glisser jusqu'au-dessus de l'eau, on peut réduire ce temps à une heure et demie.

Temps nécessaire
au lancement d'un
pont du système
Brochotzky.

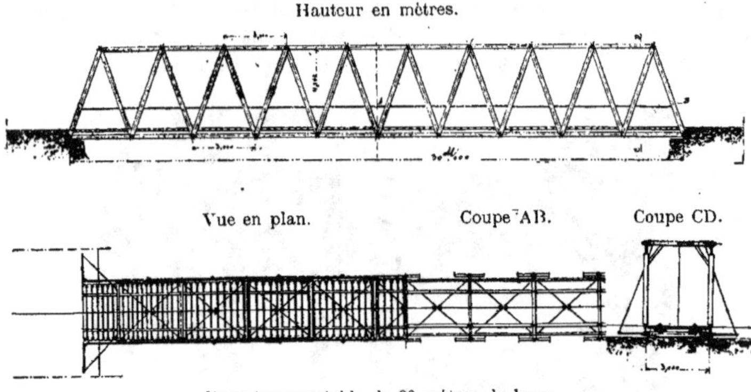

Pont transportable de 30 mètres de long
(d'après le système Brochotzky).

3° Destruction des voies ferrées.

Emploi des chemins de fer.

L'emploi des chemins de fer à la guerre a amené une transformation complète de la conduite des opérations. Elles sont menées plus rapidement et avec plus de vigueur.

Exemples historiques.

Dans la campagne de 1806, l'avant-garde de l'armée russe était encore en marche à travers la Pologne, que l'armée prussienne était déjà battue sur la Saale (Höpfner, *Guerre de 1806-1807*).

L'insurrection polonaise commença le 29 novembre 1830. Et c'est seulement aux premiers jours de février 1831, que les troupes prussiennes se trouvèrent réunies dans le voisinage de Brest-Litovsk, en assez grand nombre pour pouvoir franchir la frontière du royaume de Pologne.

Par contre, en 1870, les troupes prussiennes passaient la frontière française moins de trois semaines après le commencement de la mobilisation ; et 28 jours après l'ouverture des hostilités, l'armée française avait déjà été vaincue dans 7 grandes batailles et l'empereur fait prisonnier.

Avantages des chemins de fer.

Le principal avantage des voies ferrées est d'accélérer beaucoup la mobilisation et le transport des troupes à la frontière. Jadis il fallait des mois pour concentrer les armées avant que les hostilités pussent commencer. Aujourd'hui c'est à peine si cela demande quelques semaines.

Les chemins de fer assurent également l'arrivée, sur le terrain, des armées de réserve, ainsi que l'évacuation des malades et des blessés. Ils constituent les principales lignes de communication des troupes avec leur pays. Ils permettent de renforcer à volonté telle ou telle des armées d'opérations, en facilitant le transport rapide de masses considérables d'un point à un autre, comme cela eut lieu plus d'une fois pendant la guerre de 1870.

La capacité de transport d'une ligne varie considérablement, suivant qu'elle est ou n'est pas à double voie. Dans le premier cas, elle présente ce grand avantage que, sans gêner aucunement le transport des troupes sur l'une des voies vers leur lieu de destination, on peut ramener les wagons vides par l'autre voie. Mais une ligne à deux voies n'est réellement avantageuse que si elle l'est d'un bout à l'autre. En général, une ligne ne peut être vraiment utile que si elle est complètement indépendante et douée de la même capacité de transport sur toute son étendue.

La double voie est une condition nécessaire de l'efficacité des chemins de fer.

Malgré l'énorme importance des chemins de fer, nous ne nous en occuperons pas plus longtemps parce que ce mode de transport est assez connu du public. Qu'il nous suffise d'ajouter qu'un train militaire, de 100 à 110 essieux, peut transporter un bataillon, ou un escadron et demi, ou une batterie.

Capacité de transport d'un train militaire de 100 à 110 essieux.

En 1866, une ligne à une seule voie put transporter en 24 heures 8 trains, une ligne à deux voies, 12 trains, — en interrompant le trafic civil. En 1870, ces chiffres s'élevèrent respectivement à 12 et 18 trains par jour. Et aujourd'hui, en France, où les trains doivent se suivre à des intervalles de 10 minutes, on compte faire circuler jusqu'à 18 et 20 trains par jour sur les lignes à une seule voie, et de 40 à 50 sur celles qui en ont deux. D'après ces données, la puissance de transport des chemins de fer doit être qualifiée de très importante.

Tous les pays ont pris leurs dispositions pour défendre et, au besoin, pour détruire promptement leurs voies ferrées.

Préparatifs pour l'emploi et pour la destruction des chemins de fer.

Dans les grands ponts et ouvrages d'art importants, des chambres à poudre ont été préparées en des points convenablement choisis. Et l'on peut de même, en quelques minutes, faire sauter les réservoirs d'eau disposés pour l'alimentation des machines.

Sur les rails on fera également circuler des trains cuirassés ainsi que des batteries munies de canons lourds et à longue portée pour l'attaque et la défense. La figure de la page suivante représente un train de cette espèce.

Trains cuirassés.

Nous donnons en outre, dans la planche ci-contre, le dessin d'un canon établi sur un truck de chemin de fer cuirassé, d'après le dispositif adopté lors des expériences de tir exécutées devant lord Beresford à Newhaven en 1894.

Canons anglais à cuirasses sur des trucks de chemin de fer.

D'autre part les canons sont très dangereux pour les voies ferrées. La seconde figure de la page suivante nous montre l'effet produit par le tir de l'artillerie, sur la superstructure d'une section de ligne à double voie.

Nécessité de précautions quand on emploie les chemins de fer dans le voisinage de l'ennemi.

Il ne faut donc pas trop compter sur un prompt rétablissement des voies ferrées, qui se trouveront détruites.

Probabilité des interruptions d'exploitation.

De plus, avec la poudre sans fumée et la puissance des explosifs modernes, comme avec les méthodes actuelles de conduite de la guerre en général, il sera, malgré toutes les précautions prises pour protéger les voies ferrées, très facile d'en interrompre l'exploitation.

Train cuirassé.

Les chemins de fer constituent donc en fait un moyen de communication très délicat et qu'il est très aisé d'endommager. Vers la fin de la guerre franco-allemande, il n'y avait pas moins de 145,712 hommes avec 5,945 chevaux, et 80 canons, occupés uniquement à couvrir les derrières de l'armée allemande. Avec les moyens de destruction dont on dispose maintenant, il en faudra proportionnellement bien davantage encore.

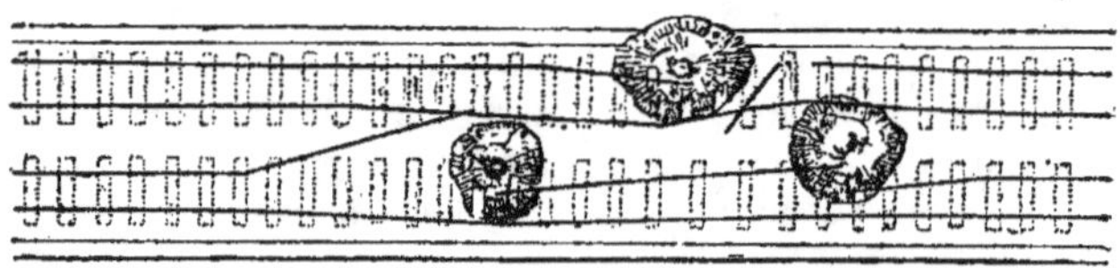

Effet de l'artillerie sur la superstructure d'une voie ferrée.

Cela conduit à dire que les armées auront grand intérêt à augmenter le nombre des voies ferrées dont elles disposeront. Aussi prend-on ses mesures, dans tous les pays, pour pouvoir établir promptement des chemins de fer facilement transportables.

Établissement d'une ligne de chemin de fer.

LA GUERRE FUTURE (P. 235, TOME I.)

Plate-forme destinée à transporter sur des lignes ferrées à voie étroite des wagons devant rouler sur des lignes à voie large.

Manière de disposer sur ces plates-formes les wagons destinés à rouler sur les lignes ferrées à voie large.

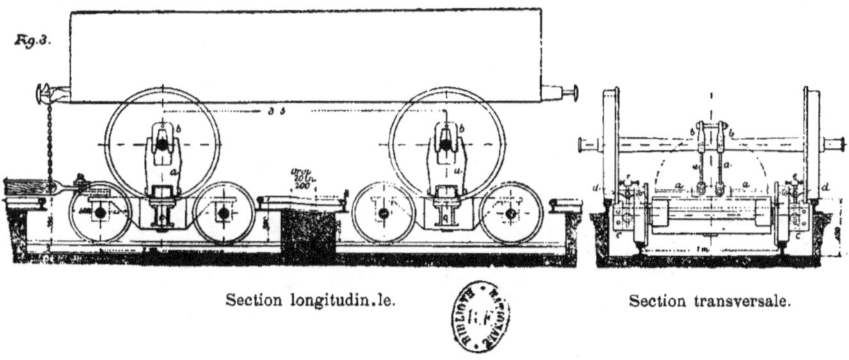

4° Construction de chemins de fer de campagne.

La figure suivante montre la pose d'une ligne ferrée à voie étroite faite en France pendant une manœuvre. .

Pose d'un chemin de fer de campagne

L'armée allemande a un grand approvisionnement de rails, traverses, coussinets, et autre matériel mobile pour la construction des voies ferrées. La voie transportable employée dans ce pays a une largeur de 60 centimètres et consiste en éléments d'une longueur de 2 à 5 mètres. Les wagons sont longs de 3 à 4 mètres et larges de 1ᵐ30 avec parois de 50 à 60 centimètres de haut. Chacun d'eux peut recevoir un chargement de 32 sacs de conserves de viande et 32 sacs de riz.

La voie est posée avec des pentes de 4 0/0 (1/25), — et même de 10 0/0 sur de courtes sections. Il est admis que, dans des conditions favorables, on peut, en 16 heures, couvrir de rails une longueur de 10 kilomètres. Le calcul démontre que, pour traîner un fardeau sur une telle voie, il ne faut que le 1/16 de la force qui serait nécessaire sur le sol ordinaire et le 1/5 de ce qu'on devrait employer sur une route empierrée. Donc là où il faudrait 30,000 chevaux sur cette dernière, on pourra se contenter de 6,000 : ce qui donne une économie de force de 24,000 chevaux.

On admet en outre que, sur une ligne d'opérations de 300 kilomètres, il faudra 1,800 kilomètres de rails, plus encore 200 autres pour voies de garage et de chargement — soit au total : 2,000 kilomètres de rails et 18,000 wagons — ce qui coûterait 30 millions de francs. Or, cette somme suffirait à peine pour la construction d'une route de 120 kilomètres du type ordinaire et serait probablement insuffisante pour permettre le rétablissement d'un chemin de fer de même longueur détruit en temps de guerre — lequel du reste ne serait généralement rétabli que trop tard.

Expériences
sur les voies
transportables.

Les figures ci-dessous, qui représentent la voie et le matériel roulant employés en Allemagne, sont tellement claires qu'il est inutile d'y ajouter des explications.

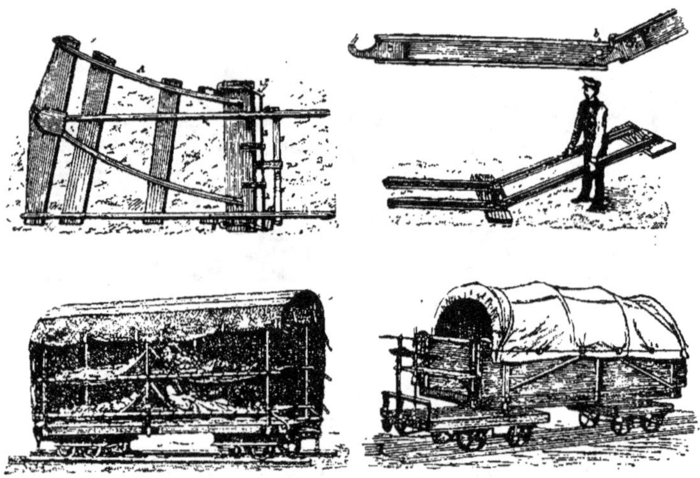

Rails et matériel roulant d'un chemin de fer transportable.

Fonds consacrés
en Autriche-
Hongrie aux
chemins de fer
mobiles.

En Autriche on a affecté, en 1887 et 1888, des crédits spéciaux se montant à 2,100,000 florins (5,250,000 francs) à l'achat du matériel, tant fixe que roulant, pour une longueur de 350 kilomètres de chemins de fer transportables.

Mais ce n'était là qu'une partie des sommes demandées pour ce service. Le total s'en montait à 3,600,000 florins (9,000,000 de francs), ce qui devait permettre de se procurer 600 kilomètres de voie transportable, avec le matériel roulant nécessaire. — Le prix est évalué à 6 florins (15 francs) le mètre courant, dont 3 pour la voie et 3 pour le matériel roulant. — Sur cette somme il a été inscrit, au budget extraordinaire de la guerre austro-hongrois de 1890, une annuité de 400,000 florins (un million de francs).

Chemins de fer monorail du système Caillet.

Chemin de fer électrique transportable.

Machines routières pour le transport des passagers et des marchandises.

Machines routières pour le transport des voyageurs et des fardeaux.

5° Machines routières pour le transport des fardeaux.

Par suite de la préoccupation des difficultés qu'entraînerait, en temps de guerre, l'approvisionnement d'armées se chiffrant par millions d'hommes, on s'est trouvé conduit à étudier la construction de machines à vapeur qui permettraient le transport de lourds fardeaux sur les routes ordinaires, c'est-à-dire sans rails.

Les derniers résultats de ces études ont prouvé que des machines routières de ce genre peuvent traîner, sur une route unie, 10 fourgons — dont l'attelage normal serait de 4 chevaux — et, sur les mauvaises routes, à peu près la moitié autant : l'avantage de ces machines consistant d'ailleurs non seulement dans leur puissance de traction, mais dans leur faculté de marcher jour et nuit sans prendre de repos.

Ces machines sont maintenant tellement perfectionnées qu'on peut s'en servir sur les plus mauvaises routes, sur le sable, la neige et la glace, et même, quand on les conduit habilement, sur le terrain le plus inégal. Elles peuvent rendre d'utiles services dans les places fortes, pour les travaux d'armement et de désarmement, ainsi que dans les sièges, pour le transport des grosses pièces d'artillerie et de leurs projectiles, comme enfin pour celui des approvisionnements de toute espèce.

Pour faciliter leur chargement et leur déchargement aux stations de chemins de fer, ces machines routières sont munies d'une grue à leur extrémité antérieure.

De plus elles ont encore l'avantage de pouvoir être employées comme locomobiles pour différentes sortes de travaux mécaniques. Aujourd'hui on en construit même quelques-unes de façon telle qu'après enlèvement des bandages des roues on puisse les employer comme locomotives sur des voies ferrées.

En Allemagne, on a fait l'expérience de la transformation d'une locomotive du système Boller, en une machine routière qui, sur une route ordinaire, a effectué le transport de 5 canons de 15 centimètres montés sur des trucks ainsi que leurs affûts ; l'expérience a parfaitement réussi.

En Angleterre on se sert de machines du système Eveling-Porter. En France elles sont pourvues d'appareils électriques pour éclairer leur route.

En Russie on a également essayé deux machines de ce genre, dès l'année 1876, l'une du système Eveling-Porter, l'autre du système Fowler. On les éprouva sur les routes ordinaires aux manœuvres de Krasnoïé-Sélo, et plus spécialement encore au camp d'Oust-Ijora. Elles durent monter des pentes très raides, circuler sur les routes les plus mauvaises et exécuter différentes évolutions, chacune traînant une batterie d'artillerie.

Dans l'hiver 1876-77, le gouvernement russe fit l'acquisition de 12 machines routières, dont 6 du système Eveling-Porter, 3 Kleiton, une Fowler et 2 du système Molzen (de Briansk).

On forma, de ces douze machines, un parc placé sous la direction d'un officier supérieur et d'un lieutenant son adjoint. A ce parc était attaché un petit atelier pour les réparations, qui consistait en 2 forges de campagne avec chacune 3 ouvriers serruriers pourvus des instruments nécessaires.

Derniers essais en France. La technique, toujours en travail, s'occupe activement aujourd'hui du perfectionnement des locomotives routières. Dans le concours institué en 1894, et auquel prirent part 23 inventeurs, il fut établi que 15 des concurrents étaient arrivés à Rouen avec une vitesse réelle de plus de 12 kil. 4 à l'heure. Le concours prouva en outre que les moteurs à vapeur étaient notablement inférieurs à ceux à gazoline. La voiture à gazoline est désormais d'un emploi pratique et ses organes se perfectionnent chaque jour. Grâce à l'expérience acquise, les inconvénients disparaissent et les difficultés s'aplanissent; les machines se simplifient et la voiture à pétrole approche rapidement de la perfection qu'elle est susceptible d'atteindre (1).

VI. Conclusions.

Le développement des engins auxiliaires rendra la guerre plus destructive. L'étude des engins auxiliaires, que les armées emploieront sur le terrain des opérations militaires nous conduit encore aux conclusions déjà déduites des chapitres précédents. Jamais les diverses puissances ne se sont préparées à la guerre aussi complètement qu'aujourd'hui; jamais on n'a créé une telle quantité d'engins ayant pour objet de causer à l'ennemi des pertes en hommes et en richesse. Partout on fait des préparatifs du même genre; ce qui maintient l'équilibre entre eux. De sorte qu'il n'en ressort de supériorité pour personne et que la puissance destructive de la guerre augmente uniformément partout.

La guerre est devenue un art des plus difficiles. Toutefois il va de soi que celui-là aura un avantage marqué qui disposera d'un plus grand nombre de forces intelligentes. La guerre a cessé d'être un simple duel de deux armées, exécuté uniquement avec des forces physiques. Actuellement c'est un art, dans le vrai sens du mot, un art difficile et complexe qui ne peut se passer de l'aide de la science. Il faut que les armées arrivent sur le champ de bataille pourvues de tous les perfectionnements techniques. Mais celui-là des deux adversaires aura l'avantage qui saura employer tous ces nouveaux engins de combat de la façon la plus rationnelle.

---

(1) Figuier, *L'Année scientifique et industrielle,* 1895.

Par tous pays l'intelligence humaine travaille sans relâche à des inventions susceptibles de permettre l'utilisation de toutes les forces naturelles, de toutes les facultés de l'homme et des animaux, de toutes les propriétés des végétaux et des métaux, pour augmenter la puissance de l'action militaire. Malheur à qui ne sera pas en état de suivre les progrès de l'art de lá guerre ! — A moins donc que les circonstances politiques actuelles ne se modifient du tout au tout.

Ajoutez à cela qu'on n'aura plus seulement à craindre les projectiles que pourra vous envoyer de loin un invisible ennemi, mais qu'il faudra redouter aussi le danger venant de ces régions de l'air vers lesquelles on élevait jadis ses regards avec calme et espérance. Même de ce côté, pourront vous menacer les armes destructrices de l'adversaire ! Quels nerfs ne faudra-t-il pas pour pouvoir, après les fatigues du jour, supporter encore les alarmes de la nuit ? Et quel sera le résultat final, pour les peuples, de tous ces efforts, de toutes ces peines ? C'est là bien certainement une des questions les plus graves que puisse se poser l'humanité.

III

Boucliers et Cuirasses

III

Boucliers et Cuirasses

Boucliers et Cuirasses opposés aux effets des balles ennemies.

L'augmentation de la puissance du feu de mousqueterie a ramené au premier plan la question de l'invention d'engins protecteurs.

Dans quelques armées on a fait des expériences sur des boucliers mobiles, dont on voulait munir les troupes assaillantes pour les protéger contre les balles ennemies. Ces boucliers, les soldats eux-mêmes devaient les porter ou les rouler devant eux.

On a fait aussi des essais avec des cuirasses, fabriquées au moyen de certaines substances qui devaient être impénétrables aux balles. On voulut alors en revêtir les soldats.

Mais aucun de ces essais n'a donné, comme nous le montrerons tout à l'heure, de résultats satisfaisants.

I. Boucliers.

Aussitôt après l'adoption du fusil Chassepot par l'armée française, beaucoup d'écrivains militaires commencèrent à soutenir que la nouvelle arme rendait impossible toute attaque de front et que le terrain battu par le feu de mousqueterie était devenu infranchissable. Dès lors on commença d'imaginer et d'essayer différents moyens de protéger les troupes assaillantes contre les balles de l'ennemi.

En 1869, le capitaine Ganniers proposa d'établir des boucliers métalliques comme abris devant les lignes de l'attaque (1).

---

(1) Arthur de Ganniers, *La Tactique de demain. — Cuirasses pare-balles et boucliers.*

Parc-balles.

Presque en même temps on vit éclore le projet d'un écran parc-balles. Le dessin ci-dessous montre comment il était disposé :

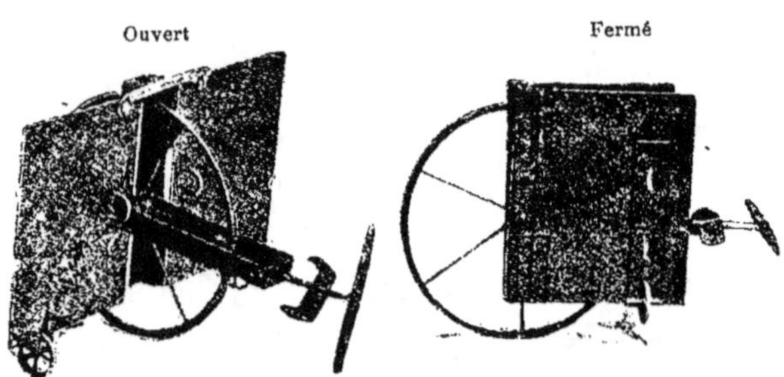

Écran parc-balles de Clermont-Ferrand.

Disposition de l'écran parc-balles de Clermont-Ferrand

Cet écran consistait en deux boucliers métalliques de 1 mètre de haut et de 0^{m}50 de large, fixés à l'essieu d'une roue de 1^{m}10 de diamètre et maintenus ainsi à 0^{m}30 au-dessus du sol. Chaque écran devait couvrir 8 soldats disposés sur 4 files.

Tout d'abord on professait dans les cercles d'officiers un certain mépris pour cette invention qu'on qualifiait « d'emplâtre pour les vieilles femmes ». Pourtant l'expérience des guerres de 1870 et 1877 engagea les autorités militaires à s'occuper plus sérieusement de l'idée d'un abri arti-

Parc-balles du système Hollstein.

ficiel. En 1880, le capitaine danois Hollstein conçut le projet d'un nouveau genre de bouclier parc-balles, de 2 mètres de haut sur 1 mètre de large, qui se composait de deux plaques métalliques. Un abri de cette sorte devait naturellement être assez épais et par suite lourd. L'emploi de ce bouclier sur le champ de bataille semblait donc difficile, puisque son épaisseur ne pouvait pas être inférieure à 6 millimètres, sans même pourtant qu'il offrît un abri vraiment sûr. Mais la séparation qu'on imagina de faire de cette épaisseur métallique en deux plaques distinctes produisit ce résultat que la balle, après avoir traversé la première plaque, avait tellement perdu de sa force qu'elle ne pouvait plus traverser la seconde. Des expériences exécutées avec un fusil de 11 millimètres confirmèrent pleinement cette conclusion.

Emploi de boucliers transportables en Danemark.

Il semble que l'invention du capitaine Hollstein n'ait pas disparu sans laisser de traces. En 1882, le gouvernement danois consacra 75,000 couronnes à l'exécution d'expériences et à l'achat de boucliers transportables pour les soldats. Depuis lors, la puissance des projectiles s'est accrue. Néanmoins, au budget de 1893-1894, un crédit extraordinaire de 25,000 couronnes a encore été inscrit pour le même objet, avec cette explication : que le gouvernement danois appréciait l'invention d'Hollstein et avait commandé des boucliers de ce genre, mais que, provisoirement, ces engins ne seraient employés qu'en petit nombre dans l'armée danoise (1).

Cette même idée fut reprise en France par le lieutenant-colonel Gœpp, ancien officier de zouaves, puis par M. Lebrun qui, dans le *Spectateur Militaire*, a écrit un grand nombre d'articles pour la soutenir et la faire prévaloir. L'engin proposé par ce dernier consisterait en une double plaque d'acier, ou d'autre métal aussi léger et aussi résistant que possible ; le tout ayant 2 mètres de haut sur 1 mètre de large et une épaisseur totale — y compris l'intervalle entre les deux plaques — de 4 à 5 centimètres. Le poids du bouclier tout entier, au dire de l'auteur, ne dépasserait pas 40 kilogrammes. Ces engins n'ont d'ailleurs jamais été expérimentés, ni même construits.

Dans l'armée autrichienne on a constitué, pour l'étude de cette question, une commission qui, jusqu'à présent, ne s'est pas montrée favorable à l'invention nouvelle. Le fantassin, libre de ses mouvements, peut utiliser beaucoup d'abris naturels formés par les inégalités du sol. Il peut se coucher, ramper, se cacher derrière les arbres, dans les fossés, etc.; tandis que tout cela devient impossible au tirailleur obligé de porter devant lui un grand bouclier.

Actuellement, à ce qu'il semble, il n'y a guère, outre l'armée danoise, que l'armée belge où l'on ait adopté des boucliers de ce genre et où l'on n'ait pas encore abandonné l'espoir d'organiser des abris transportables pour se protéger contre les balles.

Dans les autres armées, on a complètement renoncé à l'idée de résoudre le problème, à cause des inconvénients qu'entraînerait l'usage de ces boucliers, attendu qu'ils entraveraient les mouvements des soldats sans même opposer une résistance suffisante aux balles qui viendraient à les atteindre. De plus, on ne doit pas oublier que les boucliers ainsi promenés offriraient un but excellent à l'artillerie ennemie, dont ils ne pourraient naturellement pas arrêter les projectiles.

En Allemagne on ne montre aucune confiance dans ces abris mobiles et on ne croit pas à leur utilité dans le combat. Dans ses *Militärische Jahresberichte*, Löbell se prononce ouvertement dans ce sens : « Notre avis, écrit-il, est que nous devons souhaiter de trouver ces engins employés par nos ennemis. »

Pourtant qui sait si finalement, dans la guerre future, nous ne verrons pas réellement des soldats marcher au combat cuirassés comme les chevaliers du moyen âge ?

---

(1) *Militär Zeitung*, numéro du 7 février 1894.

II. Cuirasses.

Recherche d'une étoffe impénétrable aux balles.

L'invention d'étoffes impénétrables aux balles n'a pas encore été réalisée. Mais comme la question est très importante, il faut au moins, quoique brièvement, l'élucider ici.

L'idée n'est pas nouvelle, qu'il serait possible de trouver une étoffe possédant, avec une légèreté relative, la propriété d'être impénétrable aux balles. On sait que le maréchal de Saxe jugeait bon de porter à cet effet un costume de cuir macéré dans du vinaigre. Sous la Restauration, le maréchal Soult fit faire des cuirasses métalliques garnies d'une matelassure de feutre et d'amiante et, pendant le règne de Louis-Philippe, il en présenta différents modèles.

Il a ut compter aussi, parmi les projets de ce genre, les propositions mises en avant par quelques inventeurs, tels que Perucice, Duvernais, Robert, etc., pour revêtir les soldats de corsets à l'épreuve de la balle.

Quoique ces inventions fussent capables d'assurer une certaine protection contre les fusils de ce temps-là, elles ne rencontrèrent aucune faveur dans les cercles militaires. Mais les fusils perfectionnés actuels rendent encore bien plus difficile la tâche des inventeurs, et cependant ces nouvelles armes ont en même temps augmenté le besoin d'un abri protecteur. D'où ce redoublement d'efforts, qu'on peut constater aujourd'hui, pour combiner une cuirasse qui soit à l'épreuve des balles.

Cuirasse autrichienne de Searn.

En 1887, on crut en Autriche cette question résolue par l'invention de l'ingénieur Carl Searn, qui consistait en une matelassure-cuirasse. Et de fait, cet engin arrêtait les balles du fusil de 11 millimètres. Mais il se trouva qu'une balle de la carabine Mannlicher, adoptée au lieu et place de l'ancien fusil Mauser, traversait facilement le matelas Searn, même à une distance de 500 mètres.

La cuirasse Dowe.

Bientôt après le bruit se répandit en Europe, qu'on avait fabriqué en Allemagne une étoffe que la balle du fusil Lebel ne pouvait pas traverser. Et naturellement la nouvelle d'une invention semblable devait faire sensation. Comment d'ailleurs ne se fût-on pas étonné d'apprendre qu'il existait un uniforme à l'épreuve des balles, et qu'il consistait, disait-on, en un morceau d'étoffe ne pesant pas plus de 6 livres — en réalité il pesait trois fois plus, — et constituant une cuirasse aussi pleinement à l'épreuve des balles qu'un bouclier de fer de 12 millimètres d'épaisseur !

Mais, de notre temps surtout, on a appris à croire aux miracles réalisés par la science. Et comparativement aux merveilles que nous a montrées l'emploi de la vapeur et de l'électricité, il n'eût pas été surprenant qu'on eût inventé un costume de ce genre, qui, disait-on, faisait ricocher les balles des fusils de petit calibre, ou dans lequel elles demeuraient implantées sans avoir la force de le traverser.

L'inventeur de cette étoffe était Henri Dowe, petit tailleur de Mannheim, né en Westphalie. Quoiqu'en réalité les balles traversassent les cuirasses qu'il en fabriquait pour revêtir des mannequins, elles n'en sortaient pourtant que tout aplaties.

Après divers perfectionnements de cette invention, Dowe présenta un uniforme de soldat complété par une de ses cuirasses, sur laquelle on fit à Refferthal la série d'expériences suivantes :

Une compagnie de tireurs, composée de sous-officiers, tira sur un mannequin qu'on avait revêtu de la cuirasse Dowe, d'abord à une distance de 400 mètres, puis à une de 200 mètres.

Après plusieurs tirs on obtint le résultat suivant :

1° Les balles d'un fusil Mannlicher, tirées à 400 mètres, restaient fichées dans la cuirasse après avoir perdu leur forme primitive ;

2° Les mêmes balles, tirées à 200 mètres, déterminaient sur la face intérieure de la cuirasse un renflement de 2 millimètres de saillie.

Ces résultats surpassaient toute attente et firent croire qu'on pouvait espérer un nouveau perfectionnement de la cuirasse.

Dans l'espoir de gros bénéfices, l'industrie tourna son attention vers l'invention de Dowe et la maison Wohmann de Berlin la lui acheta un prix très élevé.

Une question bien naturelle est de savoir où réside la force de résistance que la matière de la cuirasse oppose, avec un certain succès, à la marche de la balle. Et tout d'abord on savait seulement que cette matière était une sorte de feutre de 3 centimètres d'épaisseur et dont un mètre carré ne pesait pas plus de 3 kilogrammes.

Mais les espérances conçues au début ne se réalisèrent point complètement, paraît-il.

A Berlin, Dowe avait exposé publiquement la cuirasse qu'il avait inventée. La figure ci-après la représente telle que l'inventeur lui-même la fit voir.

La cuirasse avait une épaisseur, non pas de 3, mais de 5 centimètres ; elle était couverte de pluche et ne ressemblait pas mal à un oreiller. La figure la montre sous la forme qu'elle avait prise après les expériences de tir. Elle était suspendue dans une sorte d'armoire en bois, ouverte par devant, et recouverte d'une enveloppe de toile qui avait pour but de faire ressortir la marque des balles qui l'avaient atteinte.

La paroi postérieure de l'armoire était fermée, de façon qu'on pût voir que les balles qui avaient frappé la cuirasse n'avaient laissé aucune trace sur l'emplacement qu'elle protégeait.

Les grands trous de la cuirasse qu'on voit sur la figure avaient été produits par des balles de plomb ordinaires ; tandis que les petits trous, aux bords déchiquetés qui semblent rongés par les mites, étaient ceux des balles du plus récent fusil de petit calibre d'alors, — celui du modèle 1888.

Cuirasse Dowe.

Sur le fond de l'armoire, au-dessous de la cuirasse, on voit quelques balles qui en ont été retirées. L'engin exposé tournait d'ailleurs lentement sur lui-même afin qu'on pût le contempler sous toutes ses faces. Son épaisseur était, comme on l'a dit plus haut, de 5 centimètres ; et l'inventeur expliquait qu'il n'avait point destiné cette cuirasse à l'équipement des soldats, comme on le croyait à tort, mais qu'il la considérait seulement comme susceptible d'abriter un tireur couché.

A Berlin, on fit faire, en avril 1894, des expériences de tir sur la cuirasse Dowe, en présence d'environ 25 officiers de l'artillerie, du génie et de l'état-major. On disposa sur une table, dans une position oblique, la cuirasse appuyée contre un bloc de chêne, de façon que sa surface fit un angle obtus avec celle de la table.

On voulait, en opérant ainsi, savoir si les balles resteraient fichées dans la cuirasse ou rebondiraient contre elle, sous le même angle.

Quatorze coups furent tirés à dix pas. Les balles frappèrent différents points, et quelques-unes atteignirent les bords de la cuirasse. Elles restèrent dans celle-ci, sans laisser la moindre trace sur sa surface intérieure (1).

Dans une brochure parue vers la même époque (2), Dowe lui-même précise, de la manière suivante, l'utilité que sa cuirasse peut avoir :

____

(1) *Allgemeine Militär Zeitung.* — 28 avril 1894.
(2) Dowe, *Mein schusssicherer Panzer* (Ma cuirasse à l'épreuve), 1894.

« Mon opinion primitive, — d'après laquelle la cuirasse devait servir à protéger contre les balles le soldat qui l'aurait portée sur sa poitrine, — ne me paraît pas répondre au but qu'on doit poursuivre, attendu que dans les guerres futures nous ne tirerons généralement pas debout. Nous avancerons bien plutôt en rampant sur le sol comme les Indiens.

« Dans ces conditions le soldat qui se trouve derrière un abri n'expose au feu de mousqueterie que sa tête. Et encore peut-il la cacher aussi dans un buisson. A ce point de vue, et comme vêtement à l'épreuve des balles, la cuirasse n'est donc pas nécessaire.

« Mais les hommes compétents professent assez généralement cette opinion, qu'avec l'étoffe de ma cuirasse il serait possible de confectionner des sortes de bandes transportables que les troupes porteraient avec elles et qui pourraient remplacer, pour l'infanterie, les abris formés de terre rejetée devant soi. L'avantage de tels abris cuirassés sur les autres consiste en ce qu'on peut les établir plus promptement et qu'en outre ils sont impénétrables aux balles. »

Pourtant la cuirasse Dowe pourrait également, d'après l'inventeur, servir pour la cavalerie, — son poids étant insignifiant pour un cheval, — et aussi pour abriter les canons. Car avec la portée des nouveaux fusils d'infanterie, qui peuvent atteindre, dans beaucoup de cas, jusqu'à des distances où l'artillerie se met en batterie, un bouclier-cuirasse placé au-dessus du canon serait d'une grande utilité pour les servants des pièces. Grâce à lui, les batteries pourraient tirer aux petites ou aux moyennes distances, sans avoir à craindre la mousqueterie.

Enfin, toujours d'après l'inventeur, la cuirasse Dowe rendrait de grands services au personnel du corps de santé, employé à soigner les blessés pendant le combat ou à les transporter en arrière.

Et Dowe termine son mémoire en disant que sa cuirasse serait d'un emploi d'autant plus pratique, qu'il est parvenu à en abaisser le poids de 8 à 6 kilogrammes et qu'en la confectionnant à la machine, on pourra probablement ramener ce poids jusqu'à 5 kilogrammes sans diminuer la résistance de l'engin. De même la fabrication en grand permettra de réduire jusqu'à 12 francs tout au plus le prix de revient qui, au détail, s'élève encore à 17 fr. 50.

Dowe s'est également rendu en Angleterre pour y recommencer ses expériences, d'abord devant le duc de Cambridge, puis en public, au théâtre de l'Alhambra. On se servit alors du fusil de guerre Lee-Martini, tirant des balles à chemise de nickel avec poudre sans fumée — arme dont la puissance était telle que d'un seul coup on traversait un arbre.

On suspendait devant une glace un petit coussin d'environ 10 centimètres d'épaisseur, assez semblable à un plastron d'escrime. C'était la fameuse cuirasse Dowe. Trois coups étaient tirés. Les balles restaient dans la cuirasse.

Enfin Dowe bouclait son plastron sur lui-même, puis s'asseyant les jambes croisées, — à la manière des tailleurs, — et les mains derrière le dos, il faisait, sans sourciller, tirer trois coups contre sa personne.

Il retirait alors la cuirasse et montrait que les balles y étaient restées.

Suppositions émises sur la composition de la cuirasse Dowe. Quant à la composition du feutre dont la cuirasse est formée, on n'a pu faire là-dessus, jusqu'à présent, que des suppositions. On a parlé de bourre de soie, de ciment, placé entre deux réseaux de fils d'acier ou d'aluminium ; mais, en réalité, on ne sait rien à ce sujet.

Pourtant le secret ne saurait demeurer toujours impénétrable. Car avec les moyens de recherche dont on dispose actuellement les secrets industriels ne peuvent pas se garder bien longtemps.

Dowe a d'ailleurs déjà trouvé un concurrent dans M. Loris. Celui-ci était un tireur américain bien connu qui présentait aussi une cuirasse à l'épreuve des balles. MM. Gastine-Reinette et Guinard se servirent de leurs meilleures carabines et ne purent cependant point traverser son engin, — pas même avec des balles tirées d'un fusil de guerre à vitesse initiale de 610 à 630 mètres par seconde.

On employa notamment le Lee-Metford de 7 $^{m/m}$ 7 qui, à 100 mètres, traverse un bloc de sapin de 0^{m}82 d'épaisseur, et à 10 mètres, un bloc de 0^{m}97. A ces distances, la cuirasse Loris ne fut pas traversée.

Mieux encore : le résultat fut le même en se servant d'une balle de petit calibre de 6 $^{m/m}$ 5, à vitesse initiale de 850 mètres, qui traverse un bloc de bois de 1^{m}70 d'épaisseur.

Ce qui semble particulièrement intéressant, c'est que la force de la balle se perd dans la cuirasse ; l'effet du coup est paralysé, la chaleur développée diminue et la forme de la balle reste presque sans changement.

Le poids de cette cuirasse, aussi, est remarquable : 4 kilog. 5.

La cuirasse Loris semble constituée exclusivement au moyen de tissus comprimés.

Ajoutons toutefois que le commandant français Daudeteau a exécuté à Vannes, avec un fusil de son invention, des expériences au cours desquelles il a percé la cuirasse Loris (1).

L'emploi pratique de ces cuirasses est invraisemblable. Il est d'ailleurs facile de prévoir que, si jamais une cuirasse se montrait vraiment impénétrable, des habits seraient confectionnés immédiatement d'après ce système ; mais que bientôt après quelque nouvelle découverte

---

(1) *L'Année scientifique et industrielle*, par Figuier, 1895.

de la chimie, sous forme d'une poudre plus puissante, enlèverait toute utilité à cet engin.

De notre temps les faits de ce genre ne sont pas rares. C'est ce qui s'est produit pour l'invention de Searn qui ne parvint pas à perfectionner son bouclier au point d'arrêter les balles du nouveau fusil de 7 millimètres.

Si même les inventions de Dowe et de Loris trouvaient réellement un emploi pratique, ce dont on peut douter, l'utilité militaire des boucliers portés par les soldats est très problématique, ne fût-ce qu'en raison du but qu'ils offriraient aux coups de l'artillerie. Selon toute probabilité, ce n'est là qu'une de ces inventions sans portée, comme notre temps en a vu beaucoup.

Caricature sur
les cuirasses

Caricature sur l'emploi des cuirasses en campagne.

Qui aurait pu prévoir, il y a 50 ans, que vers la fin du xixᵉ siècle, la cuirasse deviendrait tout d'un coup le but des recherches d'une foule d'inventeurs, et que des gens sérieux auraient à penser, à parler et à écrire sur ce vieux souvenir de l'antiquité, remisé depuis longtemps et pour toujours au grenier de l'histoire ?

Mais il ne manque pas non plus d'écrivains qui tournent en ridicule toute cette question des cuirasses.

Ainsi l'on a, entre autres choses, publié à ce sujet, la caricature ci-dessus de Crawford Mac Fall.

En résumé, il est curieux de constater que si l'invention de la poudre a rendu inutiles les boucliers, armures, etc., ses perfectionnements ultérieurs ont ramené à l'esprit cette ancienne idée, d'opposer au tir des armes à feu, la protection d'une cuirasse.

Pourtant, il est facile de comprendre qu'une pareille combinaison diminuerait trop la mobilité des troupes, et que les soldats deviendraient alors une cible tellement commode pour l'artillerie qu'ils seraient plus rapidement encore anéantis par celle-ci que par le feu de l'infanterie auquel ils prétendraient se soustraire.

IV

Abris et Retranchements

————

Abris formés par les retranchements et les fortifications de campagne.

Ce n'est pas seulement par l'emploi d'un fusil plus parfait, de poudre sans fumée et de différents moyens auxiliaires, que la guerre future se différenciera des guerres d'autrefois. C'est aussi par le rôle qu'y joueront les abris formés de terre remuée, dont l'emploi est imposé par les progrès réalisés dans la technique des canons et des fusils. Rôle de la défensive dans la guerre future.

Cependant tout le monde s'accorde à déclarer que, malgré ces progrès de l'armement, qui rendront l'attaque plus difficile, l'offensive n'en gardera pas moins son importance à la guerre. Que l'on consulte n'importe quel règlement — russe, allemand, autrichien, italien, — partout on voit recommander de développer chez les troupes l'esprit d'initiative et d'offensive.

Mais l'accord n'est pas moindre sur ce point que, même avec des forces considérablement supérieures, il ne sera pas facile de déloger un adversaire établi derrière des épaulements en terre régulièrement construits, pour peu que l'armement, l'intelligence et le courage soient égaux de part et d'autre. Avantages des abris en terre.

C'est ce dont quelques chiffres nous convaincront aisément.

En établissant des lignes de tirailleurs représentées par des cibles isolées, éloignées l'une de l'autre d'un pas, compté de centre à centre, et en faisant tirer sur ce dispositif 100 coups de fusil, on a obtenu les résultats suivants (1) : Expériences de tir avec les fusils.

Distance	Tireurs debout (cibles)	Cibles représentant des têtes
300 mètres	28	4
800 —	10	1,4
1200 —	6	0,75
2000 —	2,6	0,25

(1) Général Rohne, *Beurteilung der Wirkung beim gefechtsmässigen Schiessen* (Appréciation de l'effet des tirs de combat).— *Militär Wochenblatt*, 1895.

Quant au tir à shrapnells, voici les résultats moyens, par coup, auxquels on peut s'attendre :

	Distances en mètres :				
	500	1000	1500	2000	2500
Contre des tireurs debout . .	7,4	6,5	5,9	7,7	6,9
Contre des cibles-têtes. . . .	0,9	0,8	0,7	1,0	0,8

On a d'ailleurs beaucoup écrit sur la question de savoir si, d'une façon générale, l'attaque de front est encore possible. Et quelques auteurs ont même exprimé l'opinion que la guerre future consisterait en une série de combats livrés pour s'emparer d'une innombrable quantité de positions fortifiées.

I. Les différentes sortes de fortifications.

L'efficacité des retranchements en terre est depuis longtemps connue. Le fameux Totleben, en particulier, fit voir, dans la défense de Sébastopol, quelle grande résistance les remparts en terre pouvaient opposer au feu de l'artillerie. La figure de la planche ci-contre nous montre l'importance du rôle que la pelle et la pioche ont joué dans l'attaque et la défense de cette place (1).

Depuis cette époque les abris en terre ont été remis en honneur. Mais l'utilité de légers retranchements de campagne, pour se protéger contre le feu de l'infanterie, fut encore plus nettement reconnue pendant la guerre de sécession américaine, où l'on commença à se servir de fusils à tir rapide, quoique de calibres encore gros et de systèmes très peu parfaits.

Alors on vit les troupes se couvrir par des parapets de 35 à 50 centimètres de hauteur, courant parfois sur une longueur de plus d'un kilomètre, bien que les hommes n'eussent à leur disposition aucun outil de pionnier. On creusait la terre avec des sabres, des baïonnettes, des marmites ou même directement avec les mains. Nous allons citer ici un des plus intéressants exemples de ce genre d'opérations d'après la description qu'en a donnée le général Longstreet (2).

Quand Mac-Clellan marcha sur Richmond à la tête de l'armée du Nord, forte de 110,000 hommes, il ne se trouva, pour lui barrer la route à

---

(1) *The Crime war* (La guerre de Crimée).

(2) *Das Gefecht im Beginn des Secessions Krieges* (Le combat au commencement de la guerre de sécession). V. Scheibert (*Jahrbücher für die deutsche Armee und Marine*).

Williamborg, qu'une division de l'armée du Sud, commandée par le général Magruder et dont l'effectif était de 10,000 hommes seulement. Magruder se retrancha rapidement ; et comme il ne disposait que d'une artillerie peu nombreuse, il se contenta de placer, dans une foule d'embrasures, de simples troncs d'arbres qui devaient figurer des canons.

Néanmoins Mac-Clellan, craignant d'éprouver de fortes pertes, ne put se décider à attaquer ces retranchements.

Dans l'intervalle le célèbre chef de l'armée du Sud, le général Lee, qui commandait les troupes de la Virginie, fortifia Richmond et fit donner à Magruder l'ordre d'abandonner la position de Williamborg et de se retirer sur la capitale. Longstreet fut alors chargé de couvrir la retraite ; il tint une journée entière contre les forces qui l'attaquèrent dans les retranchements en question et se retira ensuite lui-même sans éprouver de pertes.

Après la guerre de la sécession américaine on commença d'employer également les abris en terre dans les guerres européennes. C'est à ces abris qu'eurent recours, en 1866, les Autrichiens armés de fusils à chargement par la bouche, tandis que les Prussiens avaient des armes à chargement par la culasse.

Abris en terre dans les guerres de 1866 et de 1870-71.

Plus tard ces mêmes abris furent employés, aussi bien par les Allemands que par les Français, pendant la guerre de 1870-71, pour repousser les attaques de front.

Depuis lors on s'est encore plus complètement convaincu des grands avantages qu'ils assurent, non seulement contre le feu de mousqueterie, mais contre celui d'artillerie.

Et maintenant que l'art militaire doit, en ce qui concerne les retranchements en terre, se baser sur les enseignements fournis par la guerre de 1877-78, lors de la défense de Plewna, on peut considérer comme très probable, qu'en rase campagne aussi, même en face du plus rapide déploiement des forces assaillantes, le parti obligé de se tenir sur la défensive établira des retranchements légers. De sorte que l'emploi de ceux-ci sur le champ de bataille ne sera plus une exception, mais au contraire une pratique tout à fait habituelle aux troupes attendant l'attaque de l'ennemi sur une position qu'elles viendront d'occuper en plein champ.

Les abris en terre dans la guerre future.

L'instruction française du 23 mars 1878 s'exprime ainsi :

« Les travaux de campagne ont eu, de tout temps, une importance capitale ; depuis l'adoption des armes à tir rapide, ils sont devenus, sur les champs de bataille, une force et un moyen auxiliaires toujours utiles et souvent indispensables.

L'instruction française de 1878 sur les fortifications de campagne.

« Si, dans la défensive, ils permettent de compenser l'infériorité numérique des troupes sur un point donné, dans l'offensive ils donnent à l'assaillant les moyens de détruire les défenses de l'ennemi ou de les retourner contre lui et permettent de se cramponner au terrain conquis, pour en assurer la possession. »

Conditions que doivent remplir les abris.

Pour que les troupes qui occupent une localité déterminée puissent s'abriter sans cependant être privées de l'usage de leurs armes, deux conditions sont à remplir.

Règlement allemand de 1893 relatif au choix de l'endroit où l'on doit établir les retranchements.

Il faut d'abord un couvert qui dérobe à la vue des assaillants les troupes qui se tiennent sur la défensive, puis un obstacle capable d'arrêter ces assaillants au moment décisif de l'attaque. Il faut ensuite que les abris eux-mêmes ne puissent pas, autant que possible, s'apercevoir de loin. Aussi les règles édictées en Allemagne, le 6 avril 1893, au sujet des fortifications de campagne, prescrivent-elles de faire ces abris aussi peu élevés et peu visibles qu'il se pourra : « La défensive doit tirer le meilleur parti possible des avantages que lui assurent, et la distance plus grande à laquelle la lutte s'engagera désormais et l'absence de fumée qui rend les défenseurs invisibles à l'assaillant. Il ne faut établir les abris, ni devant une hauteur qui frappe tout de suite les yeux de l'ennemi, ni devant la lisière d'un bois ou d'un village. Plus de semblables accidents de terrain offrent d'avantages à l'orientation de votre adversaire, plus il est à supposer qu'il s'en servira, et plus il est dangereux d'y établir le moindre abri, car la lunette découvre immédiatement celui-ci, sa position est bientôt connue et l'artillerie peut alors commencer son œuvre destructive. Dans le choix de l'emplacement il faut se rendre compte de l'aspect que le terrain offre à l'ennemi et placer les travaux de défense aux points mêmes où, si nous marchions sur la position, nous les soupçonnerions le moins. »

Les obstacles qui peuvent être opposés à la marche de l'assaillant sont de trois sortes : temporaires, demi-permanents et permanents.

On ne saurait mieux faire apprécier l'importance de chacun d'eux, que par des exemples montrant en outre l'utilité des ouvrages de défense et le rôle considérable que les travaux de fortification joueront dans la guerre future (1).

Exemple de l'utilité des ouvrages de fortification, pris dans la guerre franco-allemande.

Le 6 août 1870, le 2ᵉ corps d'armée français qui occupait la position de Spichern s'aperçut qu'un détachement ennemi marchait dans la vallée sur sa ligne de retraite. Mais le général Frossard, qui avait prévu la possibilité d'un tel mouvement, avait déjà prescrit d'avance l'exécution de retranchements sur le Kaninchenberg qui commande cette vallée. Ces retranchements n'étaient occupés que par la compagnie de sapeurs qui les avait exécutés et par 200 hommes d'infanterie qui venaient d'y arriver. Cependant ces forces insignifiantes suffirent pour arrêter les Allemands qui menaçaient la retraite des Français.

---

(1) H. Plessix, *Manuel complet de fortification.* — Paris, 1890.

Dans cette même campagne l'armée française se retirant sur Metz, prit position le 18 août, près d'Amanvilliers. Les troupes manquaient d'outils de pionnier et de plus le temps leur faisait défaut. Néanmoins les Français réussirent à établir en quelques points, à leur aile gauche, des parapets et des fossés. Or, sur ces points, qui furent bien défendus par les troupes des 2ᵉ et 3ᵉ corps d'armée, l'attaque ennemie fut repoussée.

Les travaux exécutés dans les deux cas ci-dessus rentrent dans la catégorie de ceux qu'on appelle de « la fortification de champ de bataille », — travaux caractérisés par la simplicité des moyens et la brièveté du temps nécessaire à leur exécution, — comme enfin par cette circonstance qu'ils s'emploient sur le champ de bataille contre une attaque occasionnelle. *Fortifications rapides de champ de bataille.*

Ces fortifications sont dites « hâtives » ou « rapides », parce qu'elles s'improvisent en présence même de l'ennemi.

Dans les premiers jours de janvier 1871, le général von Werder, qui dirigeait le siège de Belfort, apprit que l'armée de Bourbaki était en marche pour secourir la place. Comme il ne disposait lui-même que de 43,000 hommes et qu'il savait avoir affaire à quatre corps d'armée français, Werder fortifia solidement la ville de Montbéliard et la ligne de la Lisaine, en armant ces nouveaux ouvrages au moyen de canons de gros calibre qu'il avait pris à son parc de siège. Grâce à ces travaux de défense il soutint pendant deux jours (les 15 et 16 janvier) les attaques des Français, les battit et les contraignit à se retirer.

Dans ce dernier cas, on avait eu un peu plus de temps pour l'exécution des travaux, mais les ressources dont on disposait n'étaient pas considérables. Aussi ne contruisit-on encore que des fortifications de campagne, — quoique incomparablement plus importantes cependant que celles qu'on eût pu organiser quelques heures avant la bataille ou au cours même de celle-ci. C'étaient là de véritables « fortifications temporaires », notablement diffé- rentes des ouvrages de champ de bataille, mais cependant destinées comme ceux-ci à ne servir que dans une circonstance déterminée. *Fortifications temporaires.*

Le troisième exemple sera celui des ouvrages qu'Osman-Pacha fit exé- cuter autour de Plewna. Cette ville n'était pas elle-même fortifiée. Pourtant Osman-Pacha, en utilisant son avantageuse situation naturelle et en y cons- truisant des ouvrages solides, la transforma en un camp retranché dans lequel il se maintint pendant quatre mois et demi, avec 60,000 hommes et 100 canons, contre l'armée russe forte à ce moment de 110,000 hommes et qui disposait de plus de 500 bouches à feu parmi lesquelles se trouvaient beaucoup de pièces de siège. *Exemple décisif de la défense de Plewna.*

La figure suivante, qui représente une des redoutes de Plewna, est la meilleure explication qu'on puisse donner de la disposition et de l'importance des ouvrages de défense élevés par Osman-Pacha (1).

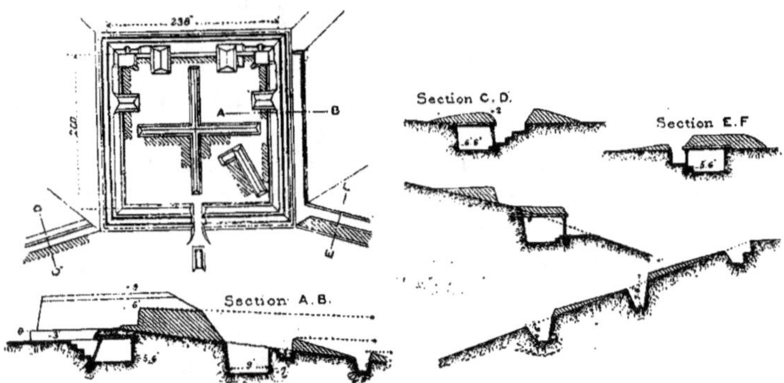

Redoute de Plewna.

Fortifications demi-permanentes. Ces ouvrages turcs rentrent dans la catégorie des ouvrages « demi-permanents » dont les propriétés essentielles consistent en ce qu'ils sont construits pour se défendre contre de grandes masses de troupes, et non seulement contre l'artillerie de campagne, mais aussi en partie contre l'artillerie de siège ; tandis que, d'un autre côté, ils ne répondent cependant qu'à des besoins temporaires.

Fortifications permanentes. Enfin, il existe des « fortifications permanentes » qui conservent indéfiniment leur utilité.

L'art de la fortification permanente dispose de toutes les ressources fournies par le terrain environnant la position à fortifier et enseigne à construire des places fortes ou des forts isolés, capables de résister à la plus puissante artillerie de siège.

Les forteresses sont établies sur des points dont la possession est de grande importance, aussi bien pour repousser les attaques de l'ennemi que pour assurer la possibilité de passer à l'offensive.

(1) Brackenbury, *Field works* (Ouvrages de campagne).

II. La technique des fortifications rapides.

Les travaux de défense rapides, c'est-à-dire improvisés en présence de l'ennemi, consistent en amas de terre qui sont exécutés par des soldats d'infanterie et de cavalerie, à l'aide des outils de pionnier que ces troupes portent avec elles. C'est de ces travaux de défense que nous allons maintenant nous occuper.

Indiquons d'abord l'épaisseur que, d'après la dernière « Instruction » adressée à l'armée allemande, les abris doivent avoir, suivant la matière dont ils sont formés et les armes au tir desquelles ils ont à résister :

Contre les balles de fusil :

Plaques d'acier.	Épaisseur	0^m02
Briques.	—	0^m50
Sable.	—	0^m75
Terre ordinaire	—	1^m00
Bois de pin et sapin.	—	1^m00
Bois de chêne.	—	0^m60
Mottes de gazon, tourbe, etc.	—	2^m00
Neige solidement damée.	—	2^m00
Gerbes de blé.	—	5^m00
Double muraille de planches avec remplissage de gravats	—	0^m20

Contre l'artillerie, et d'abord contre les éclats de shrapnells et d'obus de l'artillerie de campagne :

Terre.	Épaisseur	0^m40 à 1^m00	
Toit en bois	—	0^m05	»

Puis contre les éclats analogues des projectiles de gros calibre :

Terre.	Épaisseur	1^m00
Toit en bois.	—	0^m10

Contre les shrapnells ou obus entiers de l'artillerie de campagne :

Terre	Épaisseur	1^m00 à 2^m00	
Briques	—	1^m00	»
Neige	—	8^m00	»

Enfin contre les projectiles entiers des grosses pièces :

Terre	Épaisseur	3^m00 à 4^m00

En réalité, on ne peut guère trouver d'abri sûr contre les projectiles entiers, que dans des locaux situés au-dessous du niveau du sol naturel. En général, les retranchements de campagne ne peuvent donner contre eux de protection suffisante.

Voici, du reste, un graphique indiquant l'épaisseur relative des abris divers à employer contre les balles de fusil, les shrapnells, obus, etc. :

Indication graphique de la force relative des abris à employer contre le feu d'artillerie et de mousqueterie.

Plaques d'acier	0,02
Gravats entre planches	0.2
Mur de briques	0.5
Bois de chêne	0.6
Sable	0.75
Bois de sapin	1
Terre	1
Tourbe, vase limoneuse	2
Neige fortement tassée	2
Épis, fourrage, etc.	5

Contre les balles de fusil.

Toit en bois	0,05
Terre	1

Contre les éclats des shrapnells et obus de l'artillerie de campagne.

Toit en bois	0,1
Terre	1

Contre les éclats des shrapnells et obus de la grosse artillerie.

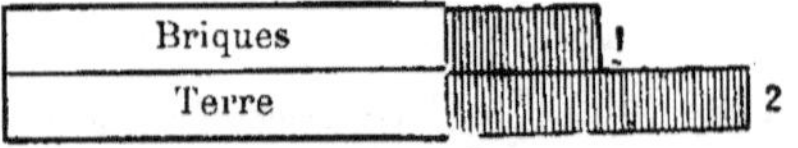

Briques	1
Terre	2

Contre les shrapnells et obus entiers de l'artillerie de campagne.

Terre	4

Contre les shrapnells et obus entiers de la grosse artillerie.

1° Les outils de pionnier.

Un régiment d'infanterie français est muni de 1,028 instruments divers en vue des travaux de fortification : dont 840 outils pour l'exécution des travaux de terrassement et 188 pour leur destruction (1).

Outils de
pionniers dans
l'armée française.

Dans l'armée russe chaque compagnie d'infanterie a 80 petites pelles et 20 haches que les hommes portent sur eux. En outre le train régimentaire conduit :

Outils de
pionniers dans
l'arméo russe.

	Pour chaque compagnie	Pour tout le régiment
Grandes pelles	16	256
Haches	8	128
Bêches	3	48
Pioches	3	48
Pics	1	16

Les autres armées possèdent aussi à peu près le même nombre d'outils. En outre les parcs de la cavalerie, de l'artillerie et du génie sont également pourvus d'outils de pionnier.

Pour le but que nous avons en vue, il suffira de nous occuper des travaux exécutés par les soldats d'infanterie. Avant tout nous devons faire connaissance avec leurs outils.

Ces outils sont démontables afin que les soldats puissent les porter constamment avec eux. Les figures ci-dessous nous donnent l'idée des outils les plus employés et de la façon dont on les porte (2).

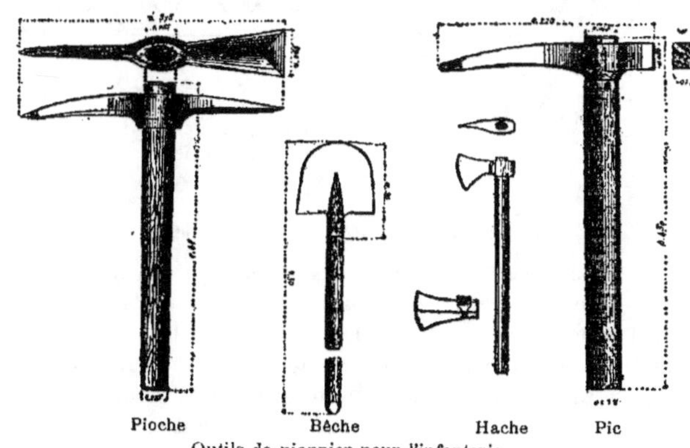

Représentation
des outils de
pionnier de
l'infanterie.

Outils de pionnier pour l'infanterie.

---

(1) Une compagnie française possède en fait d'outils de pionnier : 1 bêche et 2 pelles portées par les hommes. Tout le reste se trouve dans la voiture d'outils.

(2) *Manuel pour l'érection des travaux de campagne.* — Paris, 1889.

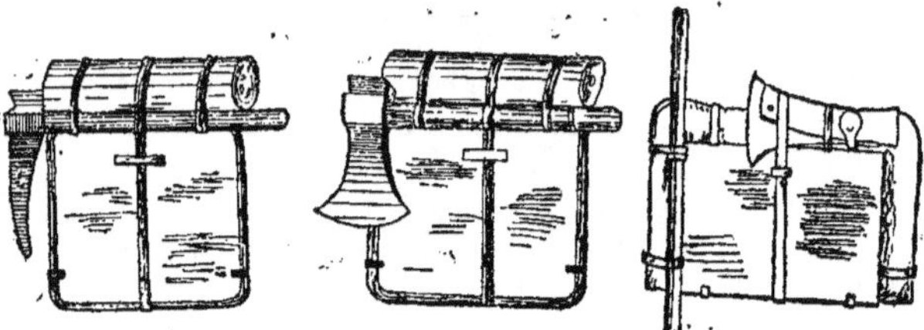

Manière de porter les outils de pionnier.

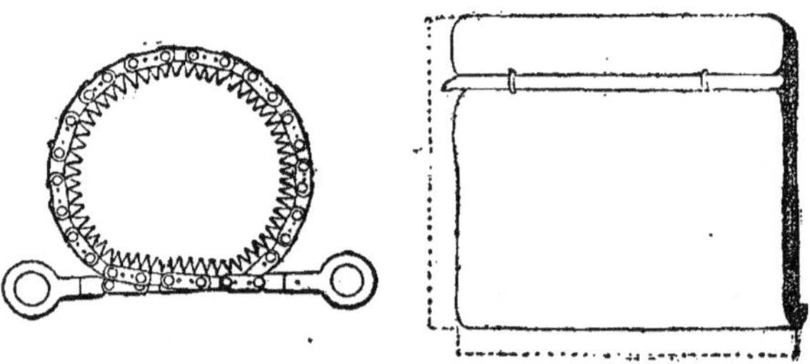

Manière de démonter et de porter les scies.

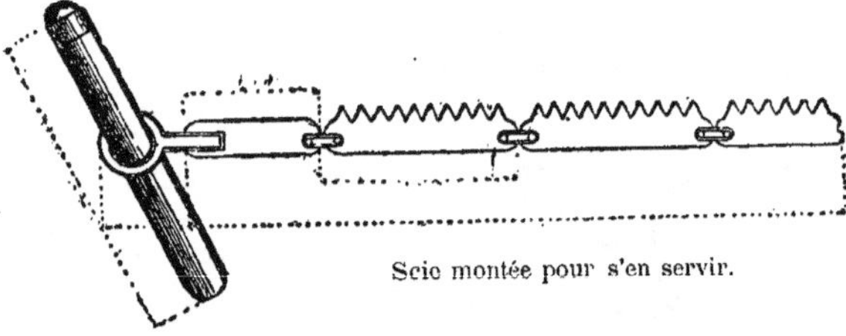

Scie montée pour s'en servir.

Retranchements
simples
(parapets).

2° Retranchements pour l'infanterie.

Les retranchements simples consistent en un amas de terre qu'on appelle « parapet », et qui se compose, partie de la terre enlevée au trou dans lequel l'homme se tient, et qu'il jette devant lui, partie du terrain même qu'il a entaillé et sur lequel il a amoncelé cette terre. L'épaisseur du parapet doit être assez grande pour protéger contre les balles, et sa hauteur doit être telle que le défenseur puisse tirer facilement par-dessus et même au besoin le franchir pour prendre l'offensive.

Les retranchements de ce genre sont d'un usage fréquent au cours des manœuvres et c'est par eux que se couvrent les troupes de 1re et de 2e ligne, quand elles ne se trouvent pas derrière des abris plus sérieux.

Sous le feu de l'ennemi on ne construit naturellement que les abris les plus simples. Les figures ci-dessous montrent un soldat, d'abord couché sur le sol et en train de se creuser un abri, puis tirant ensuite de derrière cet abri même.

Établissement de retranchements sous le feu de l'ennemi.

Quand, pour l'exécution d'un retranchement, on dispose de trois quarts d'heure et que le commandant des troupes juge absolument nécessaire de fortifier la position, il est possible, dans cet intervalle de temps, d'élever le parapet à une hauteur telle que le soldat puisse tirer de derrière, soit à genou, soit debout, — comme on le voit par les figures ci-dessous (1) :

Exécution de retranchements qui permettent le tir à genou ou debout.

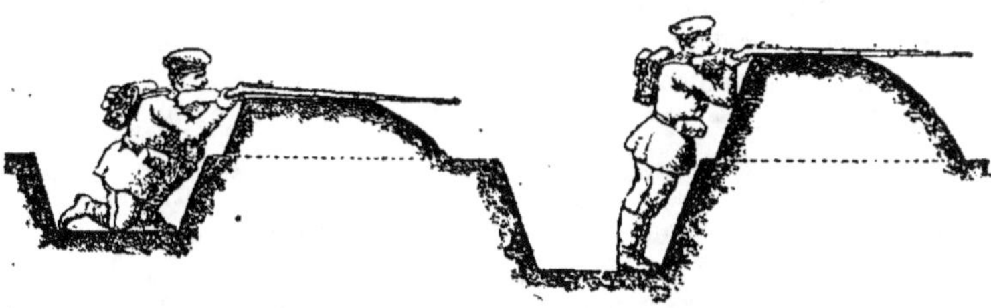

Soldats qui tirent debout ou à genou de derrière l'abri.

Quand on ne connaît pas aussi exactement le temps dont on peut disposer, celui qui craint une attaque commence par exécuter de petits abris en terre pour les augmenter ensuite peu à peu.

La figure suivante nous met sous les yeux ce mode d'établissement graduel des retranchements. Les chiffres romains indiquent l'ordre des phases successives du travail.

Représentation d'une construction graduelle de retranchements.

Établissement graduel de retranchements.

---

(1) *Anweisung zur Herstellung von Schanzen für die Truppen* (Instruction sur l'établissement de retranchements pour les troupes).

Il nous faut encore mentionner ici une idée qui, selon toute apparence, n'est pas sans valeur. C'est celle qui consiste à employer les bêches comme moyen de protection pour les tireurs ; à propos de quoi l'on doit toutefois observer qu'en les faisant servir à pareil usage on les rend impropres à l'exécution ultérieure de travaux de fortification (1).

Les soldats d'infanterie, à l'approche de l'ennemi, n'ouvrent le feu qu'à une certaine distance ; et, pendant la lutte d'artillerie qui précède ce moment, il est d'une grande importance de mettre les fantassins à l'abri des éclats d'obus et de shrapnells au moyen de couverts abritant contre les coups venant d'en haut, les tranchées dans lesquelles ils sont installés.

Voici quelles sont les indications données à ce sujet par le *Handbuch für die deutsche Armee* (Manuel pour l'armée allemande) :

On doit préférer des abris nombreux et faciles à construire à un plus petit nombre d'abris plus étendus et plus épais. On construit ces abris au moyen de matériaux faciles à trouver partout, comme par exemple, des portes, des planches, des poutrelles, des poteaux, etc. On établit, par exemple, un abri au moyen de planches épaisses de 0^{m}05, sur lesquelles on dispose une couche de terre d'un à deux mètres d'épaisseur. Ce toit est soutenu par des poteaux qui, s'ils ont de 0^{m}10 à 0^{m}15 d'équarrissage, pourront être distants de 2 à 4 mètres l'un de l'autre, et qu'on rapprochera davantage s'ils sont plus minces.

Un toit de ce genre résiste aux éclats d'obus et de shrapnells. Si on lui donne une certaine inclinaison, comme d'une douzaine de degrés, — en le faisant reposer sur des supports éloignés d'un mètre du parapet et moins élevés de 0^{m}20 que le côté du toit fixé dans le parapet lui-même, — il peut

Abri contre le feu de l'artillerie.

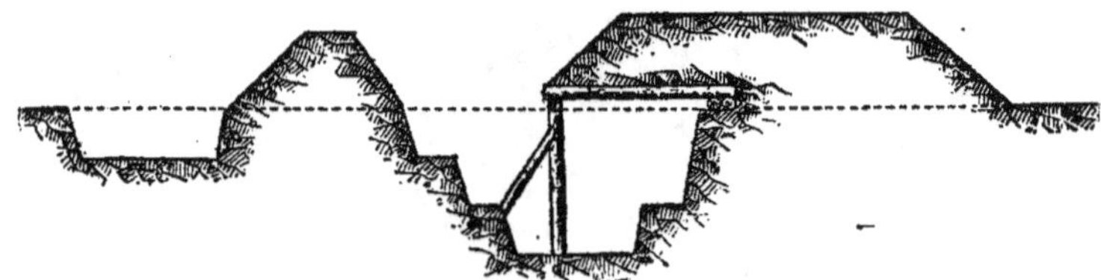

Abri sous le parapet contre le feu de l'artillerie.

(1) Löbell, *Militärische Jahresberichte*, 1894.

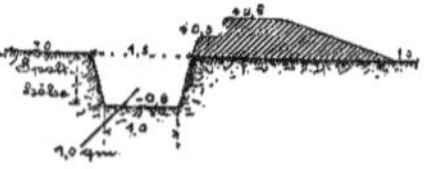

Abris allemands.

ARMÉE FRANÇAISE

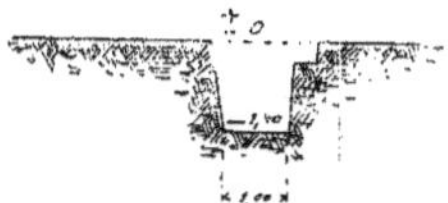

Abris.

Tirailleurs abrités par des arbres debout.

Tirailleurs abrités par des arbres couchés.

Retranchements préparés pour la défense.

La Guerre future (P. 200, Tome I).

résister même au choc du projectile entier d'un canon ordinaire, — c'est-
à-dire autre qu'un mortier — pourvu que ce projectile ne soit pas lancé
d'une distance inférieure à 3,000 mètres.

Les deux figures ci-dessus nous montrent des abris de cette sorte.

Mais dans les tranchées déjà existantes les tireurs peuvent aussi s'organiser des abris dans une certaine mesure, en se couvrant avec des planches
épaisses, des portes, etc., comme le montre la figure que voici (1):

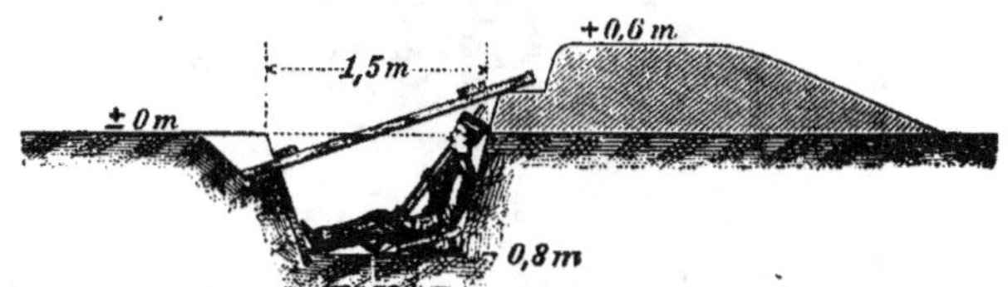

Abri formé au moyen de planches, de portes, etc.

3° Retranchements pour les canons.

Les parapets sont également très importants pour couvrir les bouches
à feu. Dans des expériences exécutées en Autriche, sur 100 coups tirés
contre une pièce ainsi abritée, 49 projectiles atteignirent le parapet et restèrent dans son épaisseur.

La hauteur des abris pour l'artillerie ne doit pas être de plus de
0^m80 au-dessus du sol, dans la direction du tir — c'est-à-dire au fond de
l'embrasure. C'est ce qu'on appelle la « hauteur de genouillère ». — La
figure suivante donne le profil de ce genre de retranchement (coupe du
parapet à travers l'embrasure).

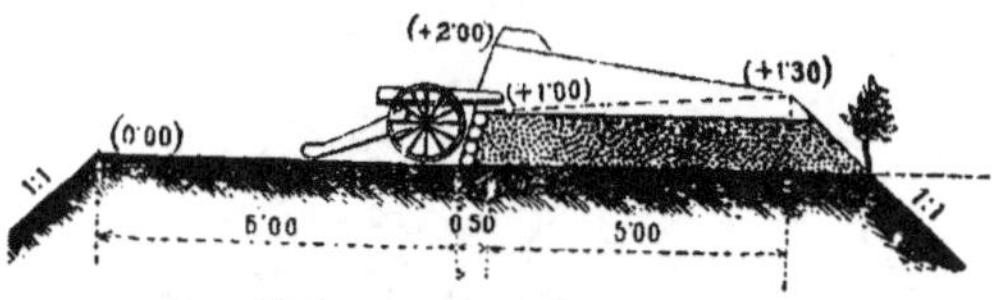

Abri pour canons de campagne.

Nous donnons en outre le plan et deux coupes d'abris pour canons à
tir rapide ; — abris qui, avec un simple agrandissement de leurs dimensions,
sont aussi employés dans l'armée anglaise pour les canons de campagne (2).

---

(1) Brunner, *Leitfaden in der Feldbefestigung* (Guide de la fortification de campagne).

(2) Brackenbury, *Field works* (Ouvrages de campagne).

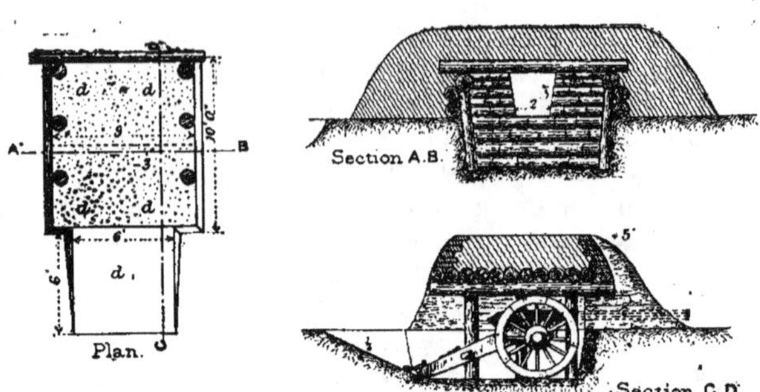

Abris pour canons à tir rapide.

Enfin, la figure suivante nous montre le service d'un canon ainsi abrité derrière un parapet en terre et derrière un mur.

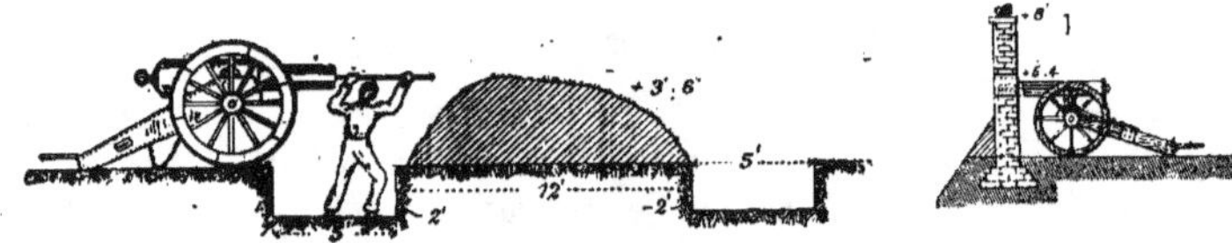

Service d'un canon abrité.

4° Retranchements pour la cavalerie.

Abris pour la cavalerie.

On organise aussi des retranchements pour la cavalerie, comme on le voit par cette figure (1).

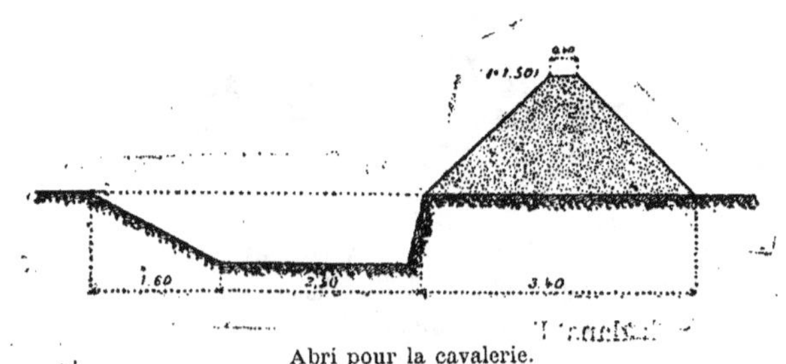

Abri pour la cavalerie.

____

(1) *Manuel des travaux de fortification.*

III. Fortifications de campagne.

On construit des fortifications plus importantes dans les cas suivants :
Quand on veut assurer d'une manière certaine l'abri des troupes dans
une position choisie; ou si les forces adverses sont très considérables; enfin
quand on fortifie immédiatement une position dont on a chassé l'ennemi,
afin de permettre aux troupes chargées de la poursuite d'y trouver un appui
au cas où elles seraient obligées de la défendre contre un retour offensif.

Retranchements plus importants.

1° Groupes de retranchements.

La forme extérieure des groupes de retranchements varie beaucoup.
Très souvent on emploie des lunettes avec un angle prononcé ou des demi-
redoutes qui couvrent le front et les flancs. Le dessin ci-dessous (1) montre
également de quelle manière les canons sont disposés entre les ouvrages :

Groupes de retranchements et disposition des canons dans leurs intervalles.

Groupe d'ouvrages et disposition des canons dans leurs intervalles.

2° Fortification des hauteurs.

La figure suivante (2) montre la façon dont on organise les fortifications
pour résister à un ennemi qui dispose d'une nombreuse artillerie :

Organisation des fortifications contre une artillerie nombreuse.

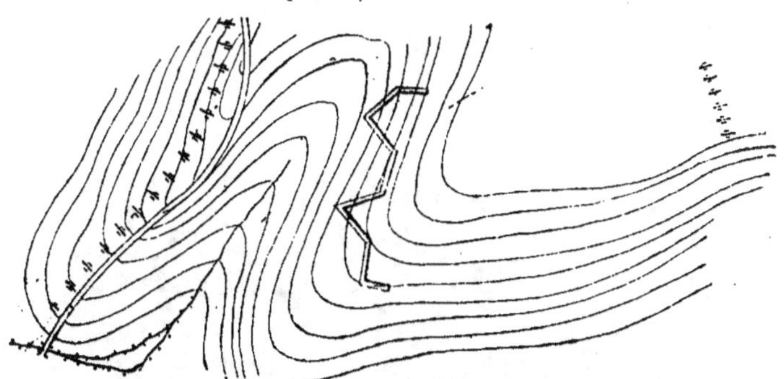

Emplacement des fortifications en prévision de l'attaque d'un ennemi qui dispose
d'une artillerie nombreuse.

---

(1) Manuel de guerre, *Le Combat*, Paris. — 1890.
(2) Oméga, *L'Art de combattre* et Brackenbury, *Field works.*

3° Redoutes.

Dans les endroits qui sont ouverts à l'attaque de tous côtés, on peut établir des redoutes entièrement fermées dont le tracé dépend des circonstances locales.

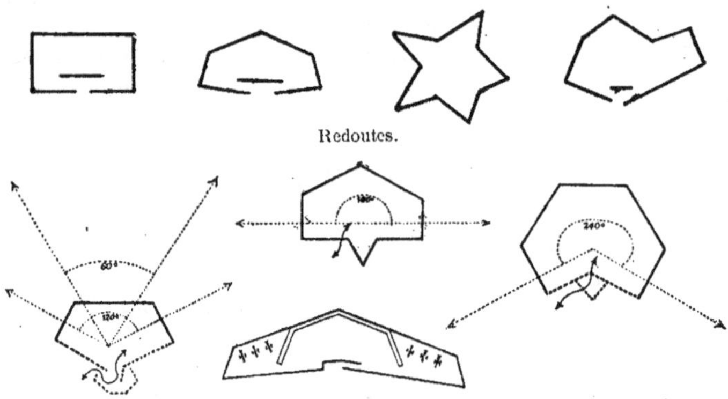

Redoutes.

Redoutes.

Toutefois, dans la guerre future, on ne pourra, en face de la puissance des nouveaux canons, construire qu'exceptionnellement des redoutes de ce genre parce qu'elles risquent d'être aperçues immédiatement. Devant les ouvrages, quand le temps et les moyens le permettront, on organisera des obstacles, ou « défenses accessoires », généralement en fil de fer.

La figure ci-dessous nous donne un exemple de la construction d'une redoute semblable.

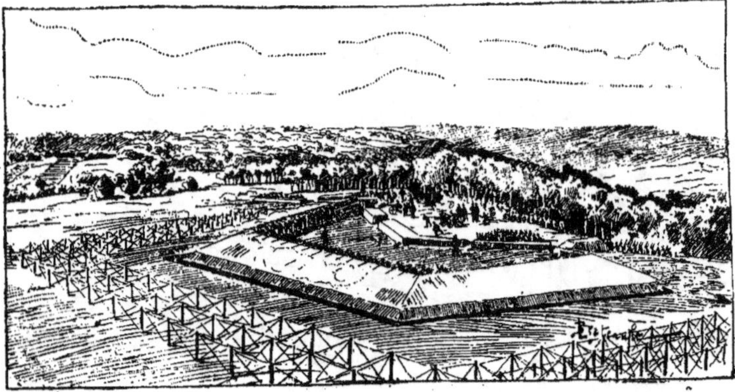

Redoute avec défenses accessoires en fil de fer.

4° Abris à l'arrière.

Pour se protéger contre les mouvements tournants par le flanc ou sur les derrières, on rattache les ouvrages fortifiés l'un à l'autre — ou bien si l'on a ses derrières couverts par un bois, on organise des lignes de retranchements, comme le montre la première des figures suivantes :

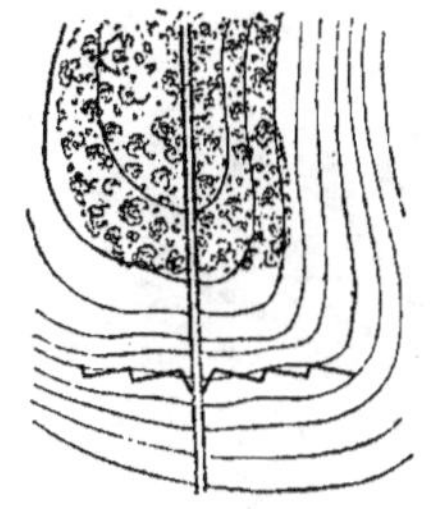
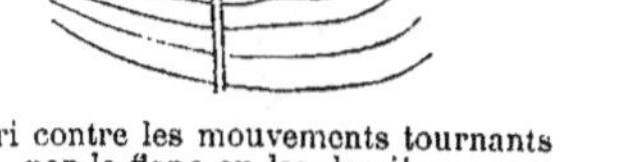

Abri contre les mouvements tournants
par le flanc ou les derrières.

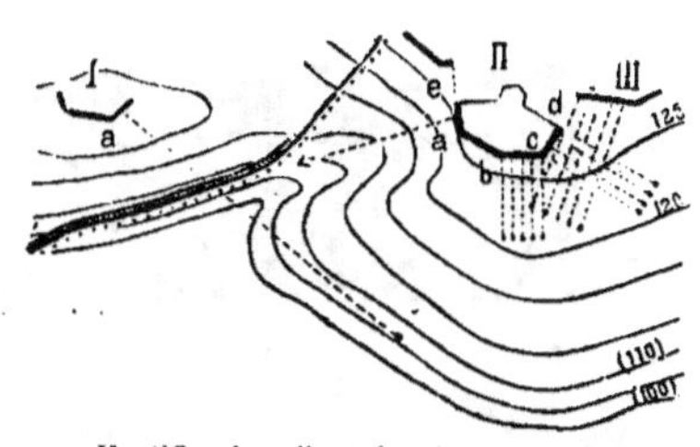

Fortification d'une localité au moyen de
plusieurs sortes de retranchements.

Sur un terrain coupé, où l'ennemi pourrait, à l'abri d'accidents naturels du sol, tourner la position, ou apparaître en arrière d'elle d'une façon tellement subite qu'il n'y aurait pas moyen d'empêcher son attaque par le feu de l'artillerie, les troupes qui se tiennent sur la défensive réunissent et combinent entre eux différentes sortes d'ouvrages.

Ainsi, par exemple, sur la seconde des figures ci-dessus, l'ouvrage I bat la route qui court dans la direction de la position occupée. Cet ouvrage est disposé ainsi parce que la redoute II ne peut pas battre les portions de cette route qui forment un coude, passent dans un creux de terrain ou se trouvent derrière une hauteur. Entre temps, la redoute II et l'ouvrage III empêchent tout mouvement tournant qu'on voudrait faire de la position par l'autre côté.

Les lignes de retranchements et de fortifications de campagne ont parfois une étendue considérable. Pour donner une idée approximative de cette étendue, il suffira de dire que la crête d'une redoute garnie par une compagnie d'infanterie est habituellement longue de 140 mètres.

5° Ouvrages étagés au-dessus les uns des autres.

Quand les circonstances locales permettent l'établissement de plusieurs lignes d'ouvrages disposées l'une derrière l'autre, on établit ordinairement la première ligne au niveau du sol, la deuxième de 50 à 100 mètres en arrière d'elle et la troisième, à la même distance encore derrière la seconde, en les étageant chaque fois proportionnellement en hauteur.

De celte façon, il devient possible de placer les tireurs les uns derrière les autres et d'avoir des feux étagés (1).

Retranchements étagés à Sadowa.

Mais ce dispositif rentre déjà dans les travaux de fortification plus difficiles à exécuter, qui généralement sont confiés à la direction d'hommes spéciaux.

Comme exemple nous donnons le dessin des retranchements que, pendant la guerre austro-prussienne de 1866, le général autrichien Pidohl fit exécuter à Sadowa.

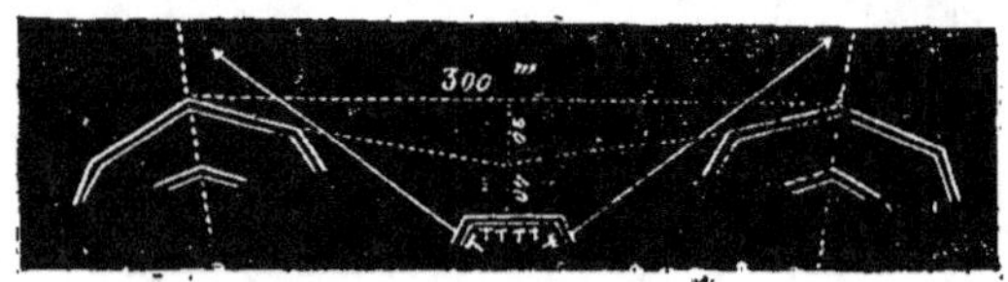

Retranchements étagés.

IV. Défense des cours d'eau et des ponts.

Fortifications pour la défense des cours d'eau et des ponts.

Pour permettre d'embrasser d'un coup d'œil les différentes sortes d'ouvrages de campagne qui servent, entre autres choses, à la défense des cours d'eau, des gués et des ponts, on a représenté dans la figure suivante les travaux exécutés pour la défense des abords d'un cours d'eau et des ponts qui permettent de le franchir (2).

Ordinairement on organise des ouvrages fermés quelconques, — redoutes, demi-redoutes, etc. — sur les points les plus importants de la ligne des retranchements établis pour abriter les tireurs ; ces ouvrages sont disposés pour recevoir une ou deux compagnies.

Inconvénient qu'ont les ouvrages fortifiés d'attirer sur eux les feux de l'artillerie.

Toutefois commence à dominer, dans la littérature militaire, l'opinion que des ouvrages de ce genre ne sont pas pratiques. On prétend, en effet, que, malgré tout l'art avec lequel ils peuvent se plier aux circonstances locales, aux accidents de terrain, etc., ils occupent néanmoins trop de place pour rester inaperçus. Or, aussitôt qu'un ouvrage est devenu le point de mire de l'artillerie, la façon même dont tout y est concentré a pour résultat de porter au maximum l'effet destructeur des projectiles dirigés contre lui, de sorte qu'on ne peut pas s'y maintenir longtemps.

---

(1) Springer, *Handbuch für Offiziere des Generalstabes* (Manuel des officiers d'État-Major).

(2) *Travaux de champ de bataille,* 1891.

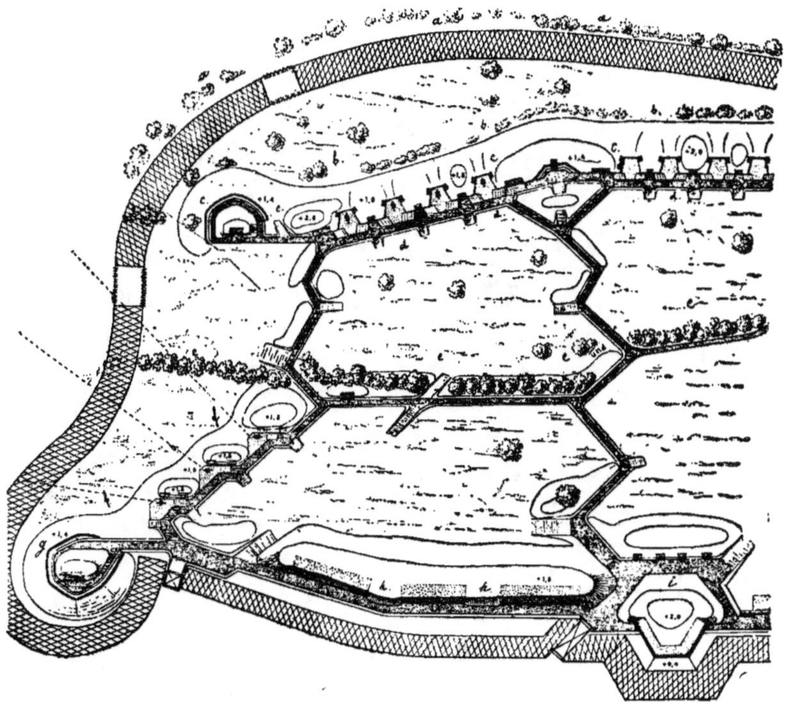

Exemple de disposition pour le combat de batteries d'artillerie composées de canons lourds et longs avec soutien d'infanterie.

a. — Masque léger pour dissimuler les obstacles.
b. — Masque pour couvrir la batterie entière.
c. — Corps d'infanterie.
d. — Batteries pour canons tirant sur affûts élevés.
e. — Masque épais et élevé, formant l'arrière-plan des batteries du front, pour couvrir l'emplacement de la gorge.
f. — Batterie flanquante.
g. — Poste d'infanterie.
h. — Terrain préparé (pour recevoir des pièces).
i. — Poste de la gorge.

Dessin emprunté au *Schweizerische Zeitschrift für Artillerie und Genie*, 1897.

Dans une guerre en pays de montagne les redoutes ou retranchements peuvent également être utiles parce qu'ils servent à la défense des défilés et des points d'étape.

Quant au temps nécessaire à l'exécution des travaux de fortification, voici ce qu'en dit l' « Instruction française » de 1892.

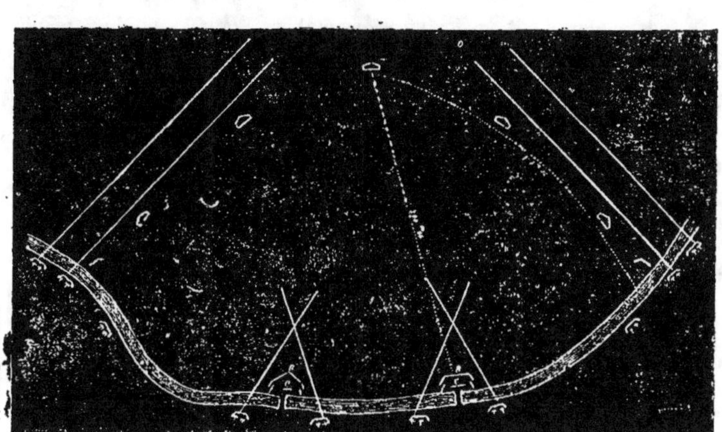

Fortifications pour la défense des cours d'eau et des ponts.

Pour exécuter une tranchée simple avec parapet de 0ᵐ80 d'épaisseur à la crête, il faut de 30 à 60 minutes, suivant la valeur des outils dont on se sert et l'habileté avec laquelle on les répartit entre les travailleurs ; il faut de même de 45 à 90 minutes pour l'exécution d'une tranchée normale — le parapet conservant la même épaisseur — et de 2 heures à 2 heures et demie pour établir une tranchée renforcée avec parapet épais de 2 mètres susceptible de protéger jusqu'à un certain point contre les coups de l'artillerie.

Pour exécuter un ouvrage de la forme d'une demi-redoute, ouvert à la gorge, ayant un parapet épais de 3 mètres sur une longueur de crête de 100 mètres, avec une tranchée renforcée d'environ 20 mètres, destinée à contenir une réserve, il faut 300 hommes travaillant pendant 2 heures.

Mais au cas où l'on voudrait encore couvrir la gorge par deux tranchées de 35 mètres de longueur, 50 hommes de plus seraient nécessaires.

D'ailleurs l'exécution d'un tel travail exige déjà des outils qui ne se trouvent que dans les voitures du train régimentaire.

Jean de Bloch. — *La Guerre future.*   18

L'«Instruction autrichienne» dit que, si l'on dispose de 100 travailleurs munis des instruments nécessaires, des ouvrages durables peuvent être construits dans un temps qui varie de 3 h. et demie à 7 heures, suivant la force du profil qu'on veut leur donner.

V. Les défenses accessoires en campagne.

Indépendamment des fortifications établies à la hâte ou d'une manière plus ou moins durable, les troupes utiliseront naturellement tous les abris fournis par la localité même, tels qu'inégalités du sol, ravins, bâtiments, bois, etc.

Sur la lisière de ces derniers on emploie, comme abris défensifs, des arbres abattus et disposés sur un rang. Ces « abatis » doivent être établis en arrière de quelques arbres laissés debout, de façon à ce que la ligne de défense ainsi établie ne puisse pas s'apercevoir de l'extérieur.

Il serait difficile d'élever ensuite, dans le bois, derrière les abatis, un parapet entièrement en terre.

Mais on peut compenser ce qui manque en compacité à ce mur de terre, par le plus grand nombre possible de souches et de troncs épais qu'on englobe dans la terre rapportée. Seulement avec la puissance de pénétration des balles actuelles, un parapet mixte de ce genre ne doit pas avoir moins de 1 mètre d'épaisseur.

La figure ci-dessous représente un parapet ainsi disposé :

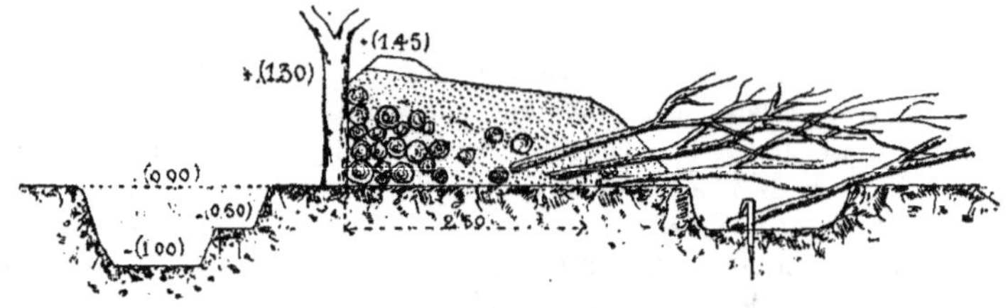

Parapet en terre et troncs d'arbres.

L' « Instruction française » du 15 novembre 1892 décrit une autre méthode pour l'utilisation des bois comme défense contre l'ennemi : «Pour défendre un bois, conserver les arbres et arbustes en lisière sur une largeur de 3 à 4 mètres ; en arrière de cette bande, déboiser, parallèlement à la lisière, une allée de 4 à 5 mètres de largeur en abattant le taillis et en conservant les gros arbres.

« Construire une tranchée derrière le rideau d'arbres laissé en lisière. Si, à cause des racines, on ne peut approfondir le terrain, établir un parapet en remblai en enlevant la terre meuble à la surface du terrain. »

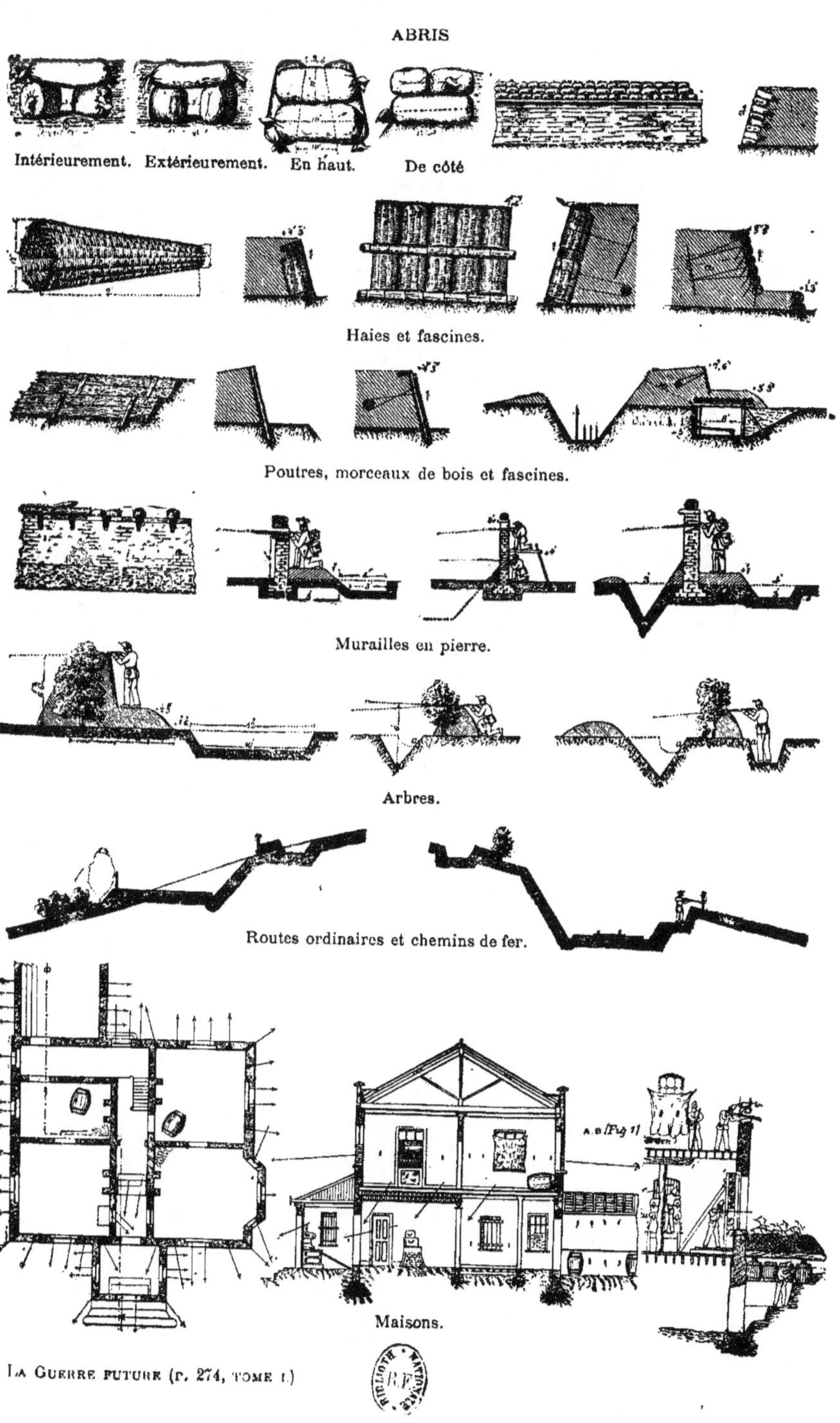

Intérieurement. Extérieurement. En haut. De côté

Haies et fascines.

Poutres, morceaux de bois et fascines.

Murailles en pierre.

Arbres.

Routes ordinaires et chemins de fer.

Maisons.

Si l'étendue du bois est considérable, il suffit d'organiser défensivement les parties saillantes. Dans les intervalles on dispose des abatis pour en interdire l'accès à l'ennemi et le maintenir plus longtemps sous le feu des défenseurs. Mais entre ces abatis et les saillants, il faut ménager des débouchés pour laisser aux défenseurs toute facilité de passer à l'offensive.

La figure suivante donne une idée très claire de la méthode employée pour utiliser les bois comme abris (1) :

Méthode pour utiliser un bois comme abri.

En outre on établira, plus souvent que par le passé, des blindages au moyen de toutes sortes d'objets qui tomberont sous la main, — comme sacs remplis de terre, claies, fascines, poutrelles, arbres, traverses de chemins de fer, rails, gravats provenant de la démolition des maisons, etc.

On emploiera également les obstacles les plus divers en avant de la ligne de défense, tels que mines, palissades, entrelacements de branches, arbres pointus, trous de loup, réseaux de fils de fer, etc.

Mais nous aurons à reparler de tout cela dans la description de l'attaque et de la défense des positions et des ouvrages fortifiés par l'infanterie.

Établissement de blindages au moyen de différents objets.

VI. Conclusions.

L'exécution des abris sur le champ de bataille et des travaux de « fortification rapide » est soumise à quelques règles générales. En outre, elle dépend, dans chaque cas particulier, dans chaque localité déterminée, des circonstances locales et des instructions données, d'après celles-ci, par le commandant des troupes. Par suite la théorie de la fortification de campagne se divise, suivant un principe adopté en Allemagne, en deux branches distinctes : la théorie des « formes » et celle de leur « application ».

Théorie et pratique de la fortification de campagne.

---

(1) *Sciences militaires*, Suppléments : « Fortification de champ de bataille ».

Ces théories ne donnent d'ailleurs que les règles les plus essentielles, — la grande affaire est toujours de s'orienter sur le terrain même.

Au fur et à mesure que se perfectionnent les armes à feu, se développe et s'affermit cette idée qu'il ne suffit pas, pour des troupes prenant part à un combat, d'utiliser les avantages que leur offrent les circonstances locales, mais qu'il est indispensable de recourir aussi à des travaux pour s'abriter.

Quand des troupes ont occupé la position choisie et y attendent l'attaque de l'ennemi, ou bien encore quand elles ont chassé cet ennemi de ses positions et qu'il leur paraît nécessaire de fortifier celles-ci pendant un temps d'arrêt dans la lutte, — il faut que les hommes se mettent au travail avec la hache, la pioche et la pelle. Comment et de quelle façon doit être dirigé ce travail, c'est au chef d'en décider ; car le dispositif adopté doit être en harmonie avec le but qu'il s'est proposé d'atteindre.

Dans l'attaque, le feu est dirigé sur les points les plus saillants — mais il ne peut être efficace que si les tireurs sont dans une situation de sécurité suffisante. Pour apprécier d'un coup d'œil, à leur juste valeur, les conditions locales et décider, sans erreur, quels sont les abris nécessaires et où il convient de les établir, il faut évidemment certaines connaissances, de l'expérience et même du talent. — Et il faut tout cela, non seulement au commandant en chef, mais aussi, dans leur sphère respective, à tous ceux qui contribuent à l'exécution du travail, jusques et y compris le sous-officier qui fixe directement la hauteur et l'épaisseur du parapet à construire sur un point donné.

Dans les *Militärische Jahresberichte* de Löbell, nous trouvons la remarque suivante : « Il convient de ne pas perdre de vue la décision prise par le Comité du génie militaire russe, que les troupes d'infanterie devront être exercées à surmonter les obstacles matériels. Car le succès ne peut être assuré que grâce à l'aptitude des soldats d'infanterie et au concours qu'ils prêtent aux sapeurs, d'après les indications rationnelles données par tous ceux qui commandent, depuis le gradé du rang le plus subalterne. L'art de la guerre tend de plus en plus à devenir une science et, pour pouvoir marcher d'accord avec les progrès de la technique, un niveau toujours plus élevé d'intelligence devient nécessaire à tous les degrés de l'échelle hiérarchique. »

Il n'est donc pas douteux que, dans la guerre future, on verra, sur les champs de bataille, s'élever de nombreux petits abris en terre à la façon des taupinières — abris que l'ennemi ne pourra pas apercevoir de loin, et de derrière lesquels de bons tireurs fusilleront à leur gré les lignes adverses, par cela même qu'ils se trouveront relativement protégés non seulement contre le feu de la mousqueterie, mais même contre celui de l'artillerie.

Malgré l'invraisemblance du fait qu'un tas de sable quelconque puisse faire obstacle à l'action mortelle des obus brisants et des shrapnells, c'est avec de tels retranchements qu'on peut encore le mieux s'abriter contre ces projectiles. — Et la chose s'explique d'une façon bien simple.

Comme on l'a dit plus haut, aux bonnes distances l'artillerie emploie surtout des shrapnells. Ce genre de projectiles qui se fractionnent en une masse de petits fragments ne possède contre les obstacles qu'une force de pénétration insignifiante. Aussi un simple mur en terre, même d'une épaisseur très modérée, fournit-il déjà un excellent abri aux soldats qu'il cache. L'homme placé derrière un tel parapet, pourvu qu'il n'élève pas la tête au-dessus du profil du remblai, est presque entièrement soustrait à l'effet des shrapnells, comme on le voit par la figure ci-dessous (1) :

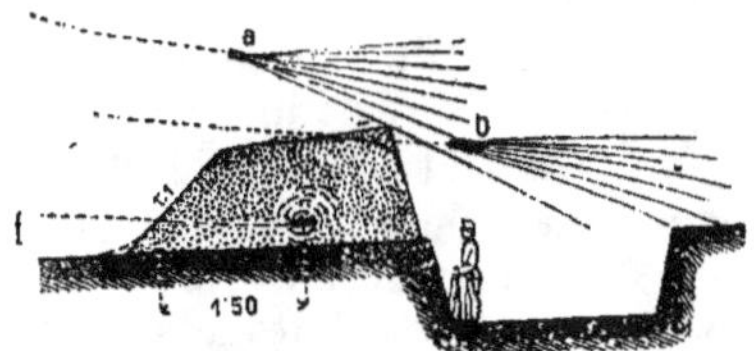

Retranchement protégeant contre les shrapnells.

Par suite, pour s'abriter contre ces projectiles, il suffit, comme nous l'avons déjà remarqué, d'une épaisseur de terre capable d'arrêter les balles de fusil. — Mais, pour se protéger contre les obus de l'artillerie de campagne, il faut des abris en terre plus épais.

De là nous tirons cette conclusion que le feu de l'artillerie n'expose pas, il est vrai, les soldats qui se trouvent derrière les retranchements à un danger immédiat, mais qu'il les condamne pourtant à l'immobilité. Car, si le tireur, pour viser, élève la tête au-dessus d'un point quelconque du parapet, il est immédiatement exposé, pour peu que l'ennemi soit arrivé à un millier de mètres de la position.

Jusqu'au moment de l'attaque, les défenseurs de la première ligne de retranchements restent donc immobiles derrière le mur et sous l'abri certain qu'il leur assure ; — comme firent les Turcs en 1877-78, lorsque, assis dans les tranchées, ils attendaient le moment où l'assaut des Russes les forçait à garnir les parapets.

Quant aux détachements tenus en réserve ils se portent plus loin encore en arrière, utilisent pour se couvrir les accidents naturels du terrain et se couchent au besoin pour avoir moins de chances d'être atteints.

----

(1) Langlois, *L'Artillerie de campagne.* — Paris, 1891.

Difficulté pour l'artillerie, en présence d'abris bien disposés, de s'orienter sur la situation de l'ennemi.

En présence d'une telle disposition de la ligne de défense, il n'est pas facile à l'artillerie de s'orienter. Elle ne peut qu'apercevoir la crête des retranchements au cas où celle-ci n'est pas suffisamment dissimulée par du gazon, des branchages ou de toute autre manière. Elle ne peut distinguer que quelques points noirs apparaissant derrière le parapet, — comme les silhouettes des officiers qui se dressent pour observer les mouvements de l'ennemi. Mais tout cela n'offre qu'un but très incertain et par suite les coups, trop souvent prodigués, qui, la plupart du temps, manquent leur but, ne peuvent, en pareil cas, que causer un gaspillage inutile de projectiles. C'est seulement quand les défenseurs, devant l'approche menaçante de l'infanterie ennemie, sont obligés de se dresser derrière le rempart pour repousser l'attaque par un feu rapide, que le tir de l'artillerie peut leur causer des pertes sérieuses.

Emploi, contre les retranchements, des mortiers et des projectiles tirés en bombe.

Mais trop de spécialistes instruits et intelligents travaillent au développement de la technique, pour qu'à l'apparition de chaque moyen de défense ne corresponde pas immédiatement l'invention d'un nouveau moyen d'attaque. Aussi a-t-on maintenant adopté, pour lutter contre les retranchements, l'emploi des mortiers et des obusiers par les troupes de campagne.

Il est établi, par les expériences faites avec ces engins, et dont nous parlerons plus tard, que la puissance destructive des nouveaux projectiles s'est augmentée au point de leur permettre d'exercer une influence démoralisante sur les défenseurs et d'amener ceux-ci à quitter leurs abris sans même attendre l'attaque décisive (1).

Faible portée.

Mais les batteries de mortiers sont peu nombreuses, et si l'on en croit le général Wille (*Le canon de campagne de l'avenir*), elles ne peuvent agir qu'à une distance de 3 kilomètres. De sorte qu'en raison de la précision des canons de campagne actuels, elles risquent de se faire détruire à des distances plus considérables. Par suite de quoi, les retranchements constitueront encore, dans un très grand nombre de cas, un abri nécessaire et efficace.

Inconvénients des abris.

Mais l'emploi des abris en campagne a aussi ses inconvénients, que beaucoup de personnes résument ainsi :

1° Ils privent le défenseur d'initiative en l'enchaînant sur place, tandis que l'assaillant peut toujours choisir le moment de l'attaque et la direction qu'il veut lui donner ;

2° Le défenseur placé derrière un abri est souvent plus préoccupé de se garer lui-même contre les projectiles de l'ennemi que de tirer sur celui-ci ;

3° Le sentiment de la conservation fait qu'un certain nombre d'hommes ne quittent qu'à regret leurs abris pour s'élancer sur l'adversaire.

----

(1) Capitaine Grabenchtchikoff : «Expériences de sape et d'artillerie», *Woïennyi Sbornik*.

Il suit de là que les retranchements ne peuvent avoir d'effet utile sur la marche de l'action, que si les défenseurs ne négligent rien pour causer des pertes à l'ennemi en appuyant hardiment leurs fusils sur la crête du parapet et en visant sans hâte — et s'ils sont, en outre, prêts à tout instant, à saisir la première occasion d'abandonner leurs abris pour passer à l'offensive qui seule peut assurer la victoire.

On ne peut obtenir la victoire finale qu'en quittant ses abris et passant à l'attaque.

En présence de la nécessité fréquente d'exécuter promptement des retranchements, il est d'un haut intérêt que les soldats possèdent une certaine pratique des travaux de terrassement. Du moment où il faut reconnaître que le pic, la pioche et la pelle peuvent fournir un abri contre le feu de l'artillerie, il est évident que celui-là obtiendra la victoire sur son adversaire qui s'entendra le mieux à manier ces outils.

Nécessité d'instruire les troupes à l'exécution des travaux de défense.

Les Italiens passent pour les meilleurs terrassiers de toute l'Europe ; aussi les embauche-t-on volontiers pour l'exécution des remblais dans l'établissement des chemins de fer (1). Sous ce rapport aussi, les soldats russes ont donné de brillantes preuves d'intelligence et de ténacité dans l'exécution et la défense des retranchements, dès l'époque du siège de Sébastopol.

Italiens et Russes comme terrassiers.

Pourtant lors de la campagne de 1877, on ne fit en général que peu d'usage des qualités naturelles des soldats russes et de l'expérience qu'ils avaient acquise dans les guerres précédentes. Les avantages qu'on pouvait tirer d'une position en la fortifiant par des retranchements furent trop peu considérés. Mais la faute ici n'en fut nullement aux hommes mêmes qui conduisirent la guerre. Dans le corps que commandait Skobeleff à Plewna, on comptait en tout et pour tout 35 sapeurs et pas un seul officier du génie. L'infanterie n'était pas pourvue des outils convenables, et souvent il lui fallut travailler avec de grandes bêches et autres outils de pionnier si incommodes que Skobeleff se plaignit de ce que les soldats devaient les jeter sur les positions conquises pour les remplacer le plus souvent par quelque ustensile de cuisine (2). Les pertes considérables éprouvées par l'armée russe doivent être attribuées à cette circonstance que les troupes ne disposaient pas d'un nombre d'outils suffisant pour construire des retranchements.

La campagne de 1877.

« Mais néanmoins », dit le général prussien Boguslawsky, « les soldats russes montrèrent une aptitude extraordinaire aux travaux de terrassement. La rapide exécution des retranchements, le silence et l'ordre qui régnaient au cours des travaux entrepris de nuit, prouvèrent combien étaient remarquables l'instruction et la discipline de ces troupes. »

---

(1) *Travaux de champ de bataille*, 1891.
(2) Général Kouropatkine, *Opérations des troupes du général Skobeleff*.

<table>
<tr><td width="25%" valign="top">

Importance de la direction des fortifications.

</td><td valign="top">

Mais ce qui aura plus d'importance encore que l'intelligence des soldats, c'est la direction même des travaux.

Les retranchements sont devenus, pour l'infanterie, une nécessité aussi pressante que la cuirasse pour les vaisseaux de guerre.

Pourtant il s'est produit le même fait avec les uns qu'avec l'autre. De même que, proportionnellement à l'épaississement des cuirasses, on n'a cessé d'inventer de plus gros canons et de plus gros projectiles, les retranchements se sont aussi modifiés à vue d'œil, conformément aux nouvelles conditions de l'attaque et du perfectionnement des fusils et des canons.

</td></tr>
</table>

V

La Cavalerie

Importance et rôle de la cavalerie.

On peut aujourd'hui tenir pour certain que, dès le début de la guerre, des détachements de cavalerie de l'une des puissances belligérantes pénétreront sur le territoire ennemi : — d'une part pour gêner la mobilisation et la concentration des troupes adverses, de l'autre pour détruire leurs moyens de communication, leurs magasins de vivres et de munitions, etc.

En outre la cavalerie s'occupera, aussi bien sur son propre territoire qu'en pays ennemi, d'effectuer des réquisitions, c'est-à-dire de procurer à l'armée les vivres et tous les objets nécessaires à la satisfaction de ses besoins. De sorte que la cavalerie se trouve *a priori* destinée à être en relations constantes avec les populations.

Il va de soi que, de la façon dont opérera cette arme, dépendront pour beaucoup, aussi bien la nature des rapports entre l'armée et les habitants que le poids dont pèseront sur ceux-ci les charges de la guerre.

Par conséquent les deux sortes d'opérations de la cavalerie mentionnées ci-dessus méritent, aussi bien au point de vue militaire qu'au point de vue économique, une attention spéciale.

Mais pour étudier de près la guerre elle-même tout entière, sa marche et son développement, il ne faut pas laisser non plus de côté les autres parties purement tactiques du rôle de la cavalerie : comme, par exemple, la sûreté de l'armée, — qui doit être entourée de détachements de cavalerie formant une sorte de réseau protecteur, — ou la recherche des renseignements les plus exacts et les plus complets possible sur l'ennemi, et enfin les tentatives à faire pour disperser et détruire la cavalerie ennemie, afin de faciliter par là même l'exécution des projets du commandement de sa propre armée.

I. Effectif de la cavalerie et son rapport à celui de l'infanterie.

Avant tout nous nous proposons d'établir quel est l'effectif de la cavalerie dont peuvent disposer les différentes puissances qui nous intéressent — en les comparant d'après le nombre de leurs escadrons respectifs. Nous emprunterons nos chiffres à l' « Almanach militaire » (1) russe de 1891, dont l'auteur a eu sous la main toutes les données les plus récentes fournies par l'état-major pour calculer les effectifs de guerre des armées européennes. Les chiffres relatifs à l'effectif de paix sont empruntés à l' « Almanach de Gotha » de 1894.

	Nombre des escadrons sur le pied de guerre (Almanach militaire)	Nombre des escadrons sur le pied de paix (Almanach de Gotha)
Allemagne	601	465(2)
Autriche	431	300(3)
Italie	145	168
Ensemble. .	1177	933
France	573	448
Russie	1186	?
Ensemble. .	1759	
Roumanie	69	
Turquie	195	

Barthélémy donne des chiffres un peu différents (4). D'après ses calculs, le nombre d'escadrons des différents États serait le suivant :

	Cavalerie régulière d'après l'effectif de paix Escadrons	Cavalerie de réserve de landwehr et de landsturm Escadrons	Au total
Allemagne	372	465	837
Autriche	252	181	433
Italie	147	24	171
Ensemble. .	771	670	1441

(1) Almanach publié par le colonel Dobrjinski.
(2) D'après l' « Almanach de Gotha », page 564.
(3) D'après l' « Almanach de Gotha », page 727.
(4) H. Barthélémy, *Année militaire et maritime.*

	Cavalerie régulière d'après l'effectif de paix Escadrons	Cavalerie de réserve de landwher et de landsturm Escadrons	Au total
France	440	250	690
Russie { Cavalerie régulière .	348	174	522
{ Cosaques.	313	582	895
Ensemble. .	1101	1006	2107
Roumanie.	12	52	67
Turquie.	196	»	196

Si nous représentons par 100 le nombre d'escadrons de la cavalerie régulière d'après l'effectif de paix, nous obtenons, pour l'effectif de guerre de la cavalerie dans les différentes puissances, les chiffres suivants : *Effectif de guerre en pour cent de l'effectif de paix.*

Pour 100 escadrons en temps de paix, la mise de l'armée sur le pied de guerre produit, d'après les données de Barthélémy :

. En Allemagne.	225	En France.	157
En Autriche.	172	En Russie { Réguliers. .	150
En Italie	116	{ Cosaques. .	286
Moyenne. . .	187	Moyenne. . .	191
En Roumanie.	533		
En Turquie.	100		

Étant donnée l'importance du rôle qui incombe à la cavalerie — et cette circonstance que ce rôle est aujourd'hui beaucoup plus difficile à remplir qu'autrefois, par suite de la nouvelle poudre et du nouvel armement, — il fallait s'attendre à voir cette arme s'accroître dans la même proportion que les autres. *Modifications depuis 1874.*

Pourtant il n'en est pas ainsi. Tandis que l'infanterie s'est augmentée promptement et d'une manière continue, les chiffres correspondant à la cavalerie, lors des derniers renforcements des armées, sont, en général, restés les mêmes.

De sorte que l'importance numérique des troupes à cheval s'est amoindrie relativement à celle des autres, comme le montre le tableau suivant :

Pays	Effectif de cavaliers pour 1000 hommes d'infanterie		Pays	Effectif des cavaliers pour 1000 hommes d'infanterie	
	1874	1891		1874	1891
Russie.	165	93	Angleterre	75	74
France.	106	71	Autriche	73	50
Allemagne.	102	66	Italie	50	31

Comparaison
de 1874
avec 1891.

Représentés graphiquement, ces chiffres nous donnent la figure que voici :

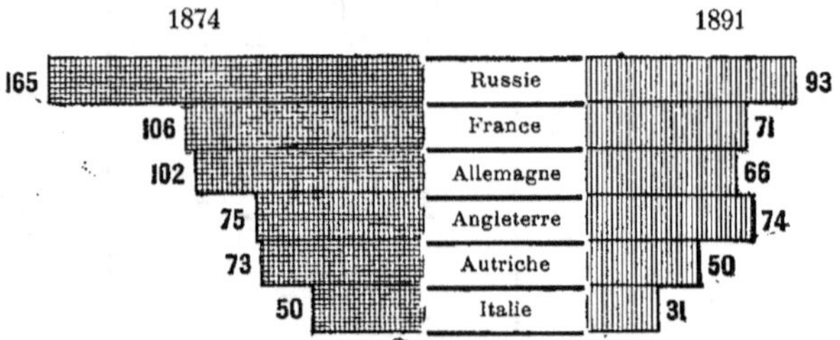

Effectif des cavaliers pour 1,000 hommes d'infanterie.

Causes de la
diminution de
la cavalerie.

Il ressort donc de cette comparaison des années 1874 et 1891, que la proportion relative de cavalerie s'est plus ou moins diminuée dans les différents États, mais que nulle part elle n'est demeurée ce qu'elle était.

L'explication de ce fait n'est pas difficile : « Les propriétés de l'arme de la cavalerie », dit le général Jung (1), « sont le choc et la vitesse. Ces propriétés se rencontrent, non chez le cavalier, mais dans le cheval. Le cheval constitue donc l'instrument primordial de la tactique de la cavalerie. Dans l'infanterie, le moyen est le fusil ; dans l'artillerie, le canon. Or, dans ces deux armes, infanterie et artillerie, l'instrument a pris des développements inattendus et une valeur de plus en plus grande. Dans la cavalerie le cheval est resté le même animal que du temps d'Alexandre, de Bayard, de Turenne ou de Kellermann. »

Théorie de la
ruine du pays
ennemi.

Mais si l'effectif de la cavalerie est devenu moindre par rapport à celui des autres armes, elle n'en peut pas moins jouer, dans les guerres futures, un rôle plus important que dans celles d'autrefois ; — surtout si se vérifie cette observation, très souvent formulée, que la cavalerie aura avant tout pour mission de commencer la campagne par des courses destructives exécutées dans le pays ennemi, à la manière des incursions des anciens Tartares.

____

(1) *Stratégie, tactique et politique*, page 77.

II. Mobilisation et préparation
de la cavalerie aux incursions en pays ennemi
(Guerre de frontière).

De deux armées adverses, celle qui sera la première prête à combattre s'efforcera de gêner autant que possible la mobilisation de l'autre. C'est là chose à laquelle autrefois on ne songeait nullement, parce que la constitution des armées était toute différente. Mais aujourd'hui qu'une masse énorme d'hommes seront appelés sous les drapeaux au moment même où la guerre commencera, et même encore après le début des opérations, il est d'une haute importance de gêner la mobilisation de son adversaire.

La guerre de la Prusse contre l'Autriche, en 1866, fut précédée d'une crise diplomatique de quelques semaines ; crise pendant laquelle les différents corps furent peu à peu mobilisés et envoyés à la frontière, au fur et à mesure qu'ils étaient prêts.

Dans la guerre franco-allemande de 1870, la mobilisation des deux armées fut ordonnée tout d'un coup : celle de l'armée française par le décret du 15 juillet et celle de l'armée allemande par l'ordre du lendemain 16.

En 1870, les différentes unités de la cavalerie allemande ne furent pas mobilisées toutes de la même manière. Suivant l'importance qu'avaient les divers régiments pour l'ouverture des opérations, des périodes plus ou moins longues furent fixées pour leur préparation à l'entrée en campagne. Une partie de la cavalerie avait à prendre le contact de l'ennemi, dès le premier moment de la mobilisation. Derrière ces détachements de cavaliers poussés ainsi en avant, une autre portion de la cavalerie jouait le rôle d'écran ou de couverture, ayant pour mission d'arrêter l'ennemi pendant les premiers jours. Enfin le reste devait se réunir aux troupes des autres armes et marcher avec elles à la frontière.

Ces différentes sortes de formations nécessitaient également trois formes de mobilisation. La cavalerie postée sur la frontière fut mobilisée sans attendre l'arrivée de ses réservistes ; les corps qui se trouvaient plus en arrière se complétèrent avec leurs réservistes, mais sous la condition d'être prêts à marcher dès le cinquième jour. Enfin les régiments stationnés à l'intérieur du pays furent mobilisés moins promptement, c'est-à-dire dans un intervalle de 7 à 14 jours.

En France, on commença dès le 16 juillet les transports de troupes vers la frontière. En ce sens que, ce même jour, le deuxième corps d'armée, qui se trouvait au camp de Châlons, fut amené dans les environs de Saint-

Avold, à l'ouest de Sarrebrück. Les Français eurent bien plus tôt que leurs adversaires de grandes masses de troupes à la frontière. Mais leurs régiments n'y arrivèrent qu'avec leurs effectifs de paix et c'est sur la frontière même qu'ils eurent à compléter leur mobilisation.

Néanmoins la cavalerie française aurait pu essayer d'empêcher la mobilisation allemande dans les provinces voisines de la frontière. Mais cette cavalerie n'était nullement préparée pour une besogne de ce genre, ce que savait très bien l'État-Major allemand.

Dès le premier jour de la mobilisation, Moltke écrivait au chef d'État-Major du VIII⁰ corps, plus particulièrement chargé de la protection de la frontière : « C'est seulement en se portant en avant sans se mobiliser, que les Français pourront nous devancer. Au cas d'une telle invasion stratégique, tout ce qu'il y aurait à faire serait de chercher à ralentir la marche de l'ennemi vers le Rhin. »

On comprend qu'avant tout on s'efforce de protéger d'abord telle partie de la frontière où l'on attend l'attaque des plus grandes masses de troupes, et qu'entre temps on laisse ouvertes les parties moins menacées.

Ainsi, quand commença la guerre de 1870, les Allemands portèrent une attention particulière sur la partie sud de la frontière qui les séparait de la France.

Dans le but de mieux grouper ses forces, l'État-Major allemand avait décidé de concentrer toute l'armée dans le Palatinat bavarois et au nord-est de Sarrelouis ; — bien qu'on dût craindre de voir les troupes françaises, réunies dans la Haute-Alsace, se jeter sur l'Allemagne méridionale, dans l'espoir d'amener ainsi, chez les États du Sud, un mouvement séparatiste à l'égard de la Prusse.

Moltke fut d'avis, à ce sujet, qu'une attaque exécutée avec toutes les forces allemandes, du Palatinat contre la Basse-Alsace et la Lorraine, était précisément le plus sûr moyen de repousser une invasion, même victorieuse, des Français dans l'Allemagne du Sud. Par suite, le commandement supérieur de l'armée crut possible de laisser inoccupée toute cette ligne longue de 150 kilomètres qui s'étend de Rastatt jusqu'à Bâle (1).

Le soin de protéger cette partie de la frontière fut laissé aux autorités civiles et à une colonne volante commandée par un colonel, auquel il était prescrit d'opérer avec le plus de circonspection possible pour ménager ses troupes.

Depuis la guerre de 1870-71, on a pris toutes sortes de mesures pour exécuter la mobilisation et la concentration de la cavalerie plus promptement encore qu'en 1870.

---

(1) Colonel Cardinal von Widdern, *Der Grenzdetachementskrieg* (La guerre de frontière). — Berlin, 1892.

L'échange d'hommes et de chevaux entre les escadrons mobilisés et ceux de réserve s'effectuera sans le moindre retard; et comme les régiments ne sont stationnés que dans le voisinage des voies ferrées, les hommes et les chevaux de réserve pourront leur être amenés en quelques heures.

L'appel des réservistes est notablement simplifié. La convocation individuelle a été remplacée par l'affichage d'une convocation générale, et cette mesure permet de gagner deux jours entiers. Au besoin, il ne sera donné aux réservistes que vingt-quatre heures, au lieu de quarante-huit, pour régler leurs affaires personnelles. Quant au complément de chevaux nécessaire aux régiments, il n'en est, pour ainsi dire, plus question — car l'effectif de paix suffit pour donner à chaque escadron mobilisé de 130 à 135 chevaux — de telle sorte, que pour mettre le régiment entier sur le pied de guerre, il ne faut pas plus de 80 chevaux.

Temps nécessaire en Allemagne.

On peut admettre qu'à l'avenir la mobilisation de la cavalerie sera au moins de trois jours plus rapide que, par le passé, et que ceux des régiments qui ne partiront pas immédiatement seront prêts à se mettre en route entre le troisième et le cinquième jour à dater du commencement de la mobilisation.

La France a suivi l'exemple de l'Allemagne et la plus grande partie de sa cavalerie pourra entrer immédiatement en action; on n'emploiera comme cavalerie divisionnaire d'infanterie que de la cavalerie de réserve (1).

La France.

Toute la cavalerie russe doit, d'après les informations allemandes, être dirigée sur la frontière occidentale du pays et se porter en avant des troupes (2). En outre, les douaniers montés, ou gardes-frontières, ont été organisés tout à fait militairement, de sorte qu'à tout instant ils peuvent envahir le territoire ennemi.

Gardes-frontières en Russie.

Il est clair que la cavalerie réussira d'autant mieux dans ses entreprises, qu'elle sera plus mobile. Aussi, est-ce dans ce sens que partout est poussée sans relâche l'instruction des hommes et des chevaux. Déjà, lors de la guerre de 1870-71, de remarquables résultats furent obtenus sous ce rapport. Ainsi, par exemple, un escadron de dragons allemands, qui devait assurer le contact entre deux corps, parcourut 200 kilomètres en trente-six heures, dont la moitié en pays accidenté, et tout en échangeant un léger feu de tirailleurs avec l'ennemi. Et pendant douze heures et demie consécutives, les chevaux ne prirent aucune nourriture (3).

Rapidité des mouvements de la cavalerie dans la guerre de 1870.

---

(1) Löbell, *Militärische Jahresberichte für 1895.*

(2) *Voïennyi Sbornik :* « Critique de l'ouvrage de Widdern », par le général Soukhotine.

(3) *Voïennyi Sbornik :* « Critique de l'ouvrage de Widdern », par le général Soukhotine.

Jean de Bloch. — *La Guerre future.* 19

Manœuvres en France.

Russie.

Opérations de la cavalerie russe en 1877-78.

En France, lors des dernières grandes manœuvres, la cavalerie fit 64 kilomètres par jour sans perdre sensiblement de son aptitude à remplir d'autres missions.

A. Drygalski, l'écrivain militaire allemand bien connu, dit (1) qu'en Russie on apporte une attention particulière à exercer la cavalerie aux incursions brusques. C'est ce que confirment également des ouvrages français.

La *Revue Militaire* assure que, pendant les grandes manœuvres exécutées dans le royaume de Pologne, un détachement fort d'environ 600 chevaux parcourut 200 kilomètres en quarante-quatre heures.

Mais plus instructifs encore que les exercices du temps de paix sont les exemples d'opérations exécutées par la cavalerie russe dans la dernière guerre contre la Turquie, en 1877-78. Nous en voulons citer quelques-uns des plus saillants et des plus remarquables.

La fameuse expédition de Chipka, conduite par le général Gourko, ne rentre pas tout à fait dans la catégorie de l'incursion en pays ennemi, — du « raid », comme on dit depuis qu'à la suite de la guerre civile nord-américaine, ce mot a conquis droit de cité dans la langue militaire. Le « raid » est une opération de cavalerie confiée à un détachement mobile tout à fait indépendant qui, brusquement et à l'improviste, fond sur l'ennemi, détruit tout ce qui est destructible, interrompt les communications, etc.

Le détachement de Gourko se composait à l'origine de 10 demi-bataillons, 44 escadrons, 38 canons et un détachement de pionniers montés — en tout : 8,000 hommes d'infanterie et environ 4,000 de cavalerie; ce qui, avec les réserves qui s'y ajoutèrent plus tard (1 brigade de la 9e division d'infanterie), représentait un total de 16,000 hommes.

L'expédition dura trois semaines, — du 12 juillet (départ de Tirnovo) jusqu'au 6 août, — époque où la plus grande partie des troupes qui avaient franchi les Balkans durent battre en retraite. Le général Gourko commandait à proprement parler une avant-garde qui s'acquitta parfaitement de son rôle. Seulement cette avant-garde ne fut suivie d'aucun « gros » parce que les combats imprévus devant Plewna arrêtèrent le mouvement en avant de l'armée russe. Sans la résistance inattendue d'Osman-Pacha, les 8e, 9e et 12e corps eussent pénétré en Roumélie immédiatement derrière Gourko, et il est très probable que la paix eût été promptement dictée à Constantinople.

Mais cette avant-garde du général Gourko, s'étant heurtée à l'improviste contre l'armée de Souléiman-Pacha, accourue en toute hâte de la frontière monténégrine, fut obligée de se retirer parce qu'elle n'avait aucun soutien.

____

(1) *Die russischen Sommerübungen.* — Berlin, 1884.

La seule circonstance qui donne à l'expédition du général Gourko le caractère du « raid », c'est qu'elle franchit les Balkans inopinément, s'empara de Chipka, tomba sur les derrières de l'ennemi en surmontant toutes sortes d'obstacles de nature géographique et climatérique, enfin marcha toujours hardiment de l'avant en dépit des difficultés qu'elle rencontrait à chaque pas. Elle détruisit chemins de fer, télégraphes, etc., porta la terreur jusque dans Andrinople et constata encore l'apparition d'une nouvelle armée ennemie sur le théâtre de la guerre ; — armée dont elle empêcha la marche en avant et la concentration.

Il va de soi que l'obtention de tous ces résultats exigea des efforts considérables ; — comme en témoigne l'état où furent mis les chevaux des trois régiments de cavalerie régulière et des deux régiments cosaques qui faisaient partie du corps de Gourko. En rentrant à Tirnovo, ces animaux étaient absolument hors de service.

Il suffit d'ailleurs de lire ce que le général prussien von Koller a écrit sur ce corps de Gourko, et spécialement sur la campagne des Balkans, pour comprendre combien la cavalerie russe sait, quand il le faut, déployer d'énergie.

Ce que les soldats accomplirent à cette époque surpasse presque la conception qu'on peut avoir des forces humaines. La longueur de la route parcourue ne saurait donner la moindre idée des fatigues qu'ils eurent à endurer. Pour se les bien figurer, il faut d'abord connaître les énormes difficultés qu'il y avait à vaincre. Ainsi, tel jour les troupes firent 20 kilomètres en gravissant et en redescendant sans cesse les pentes abruptes des Balkans ! Combien de peines et d'efforts individuels de la part de chacun représente un tel chiffre !

De plus, la marche eut lieu par une chaleur insupportable, et les hommes avaient les plus rudes travaux à exécuter, pour amener avec eux les bouches à feu et leurs munitions. Pour faire passer les canons surtout, il fallut des tours de force incroyables, surnaturels !

Les cavaliers avaient mis pied à terre et ne cessaient d'aider les chevaux à traîner les pièces qui culbutaient à chaque instant et menaçaient de tomber dans les abîmes.

Et de fait, deux canons disparurent ainsi, précipités le long d'une roche à pic, avec leurs conducteurs et leurs attelages. Par endroits, l'infanterie seule fut exclusivement chargée de la conduite des pièces.

C'est donc à bon droit que le duc de Leuchtenberg a écrit dans son rapport : « On peut dire sans exagération que nos canons et nos caissons ont été transportés au delà des Balkans, sur les épaules mêmes de nos soldats. »

La figure ci-dessous peut nous donner une idée approximative du passage de Chipka (1) :

Franchissement par l'artillerie du col de Chipka.

Comme dernier exemple de l'aptitude du soldat russe à supporter les fatigues, le même général prussien von Koller cite ce fait, que, malgré ces difficultés incroyables, le corps entier de Gourko avait, en trois jours, atteint la vallée de la Tchounda et y était arrivé entièrement prêt à combattre. Un tel résultat se passe de commentaires.

Très remarquables aussi sont les résultats de la campagne d'hiver du général Stroukoff, surtout si l'on tient compte du faible effectif de ses troupes. Stroukoff partit le 14 janvier 1878 à la tête de 9 escadrons, marcha sans faire aucune halte et ne s'arrêta que le 1er février, — par suite de la signature de l'armistice — à Tchabalda, presque en vue de Constantinople.

_____

(1) Cassell, *History of the russo-turkish war.*

Le général Stroukoff se jeta ainsi entre les détachements turcs qui battaient en retraite et marchaient sans maintenir le contact avec le gros de leur armée. Il fit si bien avec son petit corps, que les troupes russes apparurent là même où on les attendait le moins, ce qui naturellement porta au loin la trouble et la terreur.

Enfin, le général prit Andrinople, ville de 120,000 habitants qu'Achmed-Eyoub-Pacha avait abandonnée ; — bien que ce général turc disposât de 8,000 hommes du Nizam, de 60 canons et d'un corps très important de bachi-bouzoucks.

Le « raid » de Stroukoff eut encore ce résultat que de nombreux détachements turcs — ceux de Hassan-Pacha et d'Abdoul-Kerim-Pacha, — qui songeaient à se retirer sur Andrinople, changèrent de direction et se rejetèrent à l'est.

Quoique les opérations ainsi accomplies aient été notablement facilitées par l'appui que reçurent les Russes de la population bulgare — surtout sous forme de transmission de renseignements importants — cette entreprise n'en est pas moins, comme l'observe l'auteur du rapport sur cette affaire, l'une des plus hardiment conçues et des plus heureusement exécutées dont l'histoire fasse mention.

Actuellement on demande plus encore à la cavalerie. Et pour augmenter la puissance de cette arme on a donné à ses unités des canons à tir rapide.

Importance de la distribution, à la cavalerie, de canons à tir rapide.

Ces pièces sont construites de telle façon qu'on peut les démonter et les transporter sur des chevaux. Leur remontage ne demande que quelques minutes.

Les figures de la page suivante montrent d'ailleurs clairement comment s'effectuent ce remontage et ce transport.

Les autorités militaires russes, en particulier, fondent sur leur cavalerie de grandes espérances. D'autant que cette cavalerie est plus nombreuse que celle des autres puissances, puisque la Russie compte, par 1,000 hommes d'infanterie : 27 cavaliers de plus que l'Allemagne, 19 de plus que l'Autriche, 22 de plus que la France, 43 de plus que l'Italie et 62 de plus que l'Angleterre.

La Russie possède la cavalerie la plus nombreuse.

En outre, les Cosaques constituent une cavalerie de grande valeur et surtout à peu près inépuisable, même pendant une campagne de longue durée. L'effectif, sur le pied de guerre, des troupes cosaques s'élevait, au 1er janvier 1888, à (1) :

Les troupes cosaques.

3,175 officiers et 133,493 hommes de troupe dans la Russie d'Europe
438 officiers et 22,311 hommes de troupe dans la Russie d'Asie.
Soit au total : 3,613 officiers et 155,804 hommes de troupes.

____

(1) Baron von Tettau, *Die Kosaken-Heere* (Les troupes cosaques).— Berlin, 1892.

Canon démonté.

Canon remonté.

Transport de la bouche à feu.

L'effectif inscrit sur les contrôles était, à cette même époque, le suivant :

	Officiers	Troupe
Dans la Russie d'Europe.	3,795	261,987
Dans la Russie d'Asie.	594	39,197
En tout.	4,389	301,184

Soit, en définitive, y compris les officiers : 305,573 hommes.

On voit, par ces chiffres, qu'au besoin, la population cosaque pourrait, outre l'effectif officiel réglementaire du pied de guerre, fournir encore quelque chose comme 600 officiers et 130,000 hommes, compris entre les âges de 18 et 38 ans.

Et, malgré cela, des voix s'élèvent encore en Russie pour réclamer une nouvelle augmentation de la cavalerie. Le général Soukhotine et les partisans de ses idées demandent la formation de 170,000 hommes de cavalerie de plus. Ils sont d'avis qu'un pays, qui possède 20 millions de chevaux, pourrait en mettre un million en ligne; puisque ce ne serait encore employer au service de la cavalerie que 5 0/0 de sa population chevaline.

Dans ce cas, la Russie disposerait de deux fois et demie plus de cavalerie qu'elle n'en a en ce moment, et cette masse de cavaliers pourrait se précipiter comme un ouragan sur le territoire ennemi. De même que l'Angleterre passe pour la première puissance maritime, la Russie pourrait être citée comme la puissance cavalière par excellence : les Cosaques donnant un brillant exemple de ce dont elle serait capable sous ce rapport. La Russie devrait donc s'assurer tous les avantages qu'elle peut tirer immédiatement de ses ressources naturelles.

A. Drygalski, l'écrivain militaire allemand cité plus haut, dit : « Il est évident que les masses de cavaliers, postés de préférence à la frontière, ne sont pas tant destinées à la défendre qu'à exécuter des incursions offensives en pays ennemi. » — Opinion confirmée encore par les indications constantes de tous les écrivains militaires russes : que les grands capitaines ont toujours préféré l'attaque à la défensive et que la cavalerie doit avoir principalement pour but la dévastation du territoire de l'adversaire.

Les transformations accomplies dans la cavalerie russe ont produit une grande impression dans les cercles militaires allemands. On a beaucoup commenté la transformation de toute la cavalerie régulière en dragons, et la répartition des régiments cosaques entre les divisions de la cavalerie régulière, — ainsi que la nouvelle organisation des douaniers, conçue de façon telle qu'ils ne diffèrent que très peu de la cavalerie proprement dite et qu'ils pourront envahir le territoire ennemi le jour même de l'ouverture des hostilités.

A en juger par ces modifications, un rôle des plus importants incombera dans les guerres futures à la cavalerie russe. Ces masses de cavaliers, pourvus d'une arme à feu qui ne le cède en rien au fusil d'infanterie, peuvent faire irruption sur le sol ennemi pendant que l'adversaire est en train de se mobiliser et qu'une grande partie de son territoire n'est pas encore militairement protégée. Elles ont ainsi la possibilité d'interrompre les lignes de communication, de couper les ponts, les tunnels, de détruire les gares, les magasins d'approvisionnements, etc. — et, en général, de causer dans la vie économique du pays ennemi, des désordres dont il est à peine possible d'apprécier les conséquences.

Exercices
de destruction
des chemins de fer
en Russie.

Dans tous les pays et surtout en Russie, la cavalerie s'exerce dès le temps de paix à ce genre d'opérations. Les exercices ont pour objet: la destruction des chemins de fer sur une longueur allant jusqu'à 20 kilomètres, ainsi que des ponts, de l'installation des gares, etc. En même temps les troupes sont exercées à recevoir et à envoyer des dépêches, à saisir celles de l'ennemi, à établir des communications téléphoniques, etc.

Les interruptions de voies ferrées s'obtiennent en faisant sauter une partie des lignes;— opérations pour l'exécution desquelles chaque régiment de cavalerie porte avec lui, sur des chevaux de bât, une certaine quantité de cartouches explosibles de fulmi-coton, etc., outre les outils les plus variés.

La figure suivante, empruntée à la *Leipziger Illustrierte Zeitung*, nous montre une interruption de voie ferrée.

Interruption d'une voie ferrée par des dragons.

Interruption
d'une voie ferrée.

Le détachement chargé de l'opération se porte, en se dissimulant de son mieux, vers la partie de la voie — autant que possible près d'une courbe — où la destruction doit avoir lieu; et il s'arrête tout d'abord à

Pont de bois détruit au moyen d'un explosif.

Pose de cartouches de dynamite pour faire sauter un pont de fer.

quelque distance. Alors pendant qu'une partie des hommes prennent, avec les animaux porteurs de matériel, une position abritée, les autres, divisés par petits groupes de deux ou trois cavaliers et s'étalant en éventail, marchent sur la voie à l'allure la plus rapide, pour commencer, sans perdre de temps, leur travail destructeur sur une section suffisamment longue. Des cartouches de fulmi-coton, munies d'un dispositif inflammatoire, sont placées à des distances d'un mètre l'une de l'autre sur le côté extérieur, au point de jonction de deux rails, chargées le plus solidement possible avec de la terre, puis allumées.

Comme le cordeau porte-feu qui sert à l'inflammation ne brûle que lentement, les cavaliers ont pleinement le temps de s'éloigner à deux cents mètres ou même davantage et de se mettre ainsi en sûreté.

Pour faire sauter les ponts, surtout les grands ponts de fer, il faut déjà des connaissances techniques plus étendues. Dans les planches nous donnons une gravure représentant l'explosion d'un pont de bois que font sauter les élèves de l'École de cavalerie française, ainsi qu'un dessin montrant un exercice de pose de cartouches de dynamite pour faire sauter un grand pont de fer.

La rupture des lignes télégraphiques marche habituellement de pair avec la destruction des voies ferrées et des ponts.

Pour exécuter ces travaux de destruction et d'autres analogues, on donne des sapeurs à la cavalerie. La figure ci-jointe montre un dragon russe portant un sapeur en croupe.

Destruction
des lignes
télégraphiques.

Dragon avec sapeur en croupe.

Emploi du télégraphe et du téléphone pour saisir les dépêches ennemies.

Sur les lignes les plus importantes et où le trafic est considérable, il est d'un très haut intérêt de prendre connaissance des dépêches que l'ennemi fait circuler, de les intercepter et de pouvoir ainsi pénétrer les intentions et les dispositions de son adversaire. On se sert à cet effet du télégraphe ou du téléphone de cavalerie, qu'on intercale dans la ligne ennemie. En Russie, comme en d'autres pays d'ailleurs, tous les régiments de cavalerie sont pourvus d'appareils de ce genre.

Comme, dans le langage ordinaire, le téléphone n'exclut pas les malentendus, parce que certaines particularités de la voix et de la prononciation de l'expéditeur ont une influence non moins grande que l'acuité de l'ouïe chez l'auditeur, on a, dans toutes les armées, adopté, pour le téléphone de

Saisie d'une dépêche ennemie avec le télégraphe ou le téléphone de cavalerie.

campagne, les signes télégraphiques de Morse ; d'autant plus qu'on y trouve une grande sécurité et que leur apprentissage ne présente pas de difficultés insurmontables. A cet effet le téléphone est rattaché avec un parleur Morse dont les coups bruyants se trouvent exactement reproduits et peuvent être compris à la simple audition.

Il va de soi que la saisie des dépêches ennemies n'est possible que si une patrouille de cavalerie, lancée très au loin, réussit à passer inaperçue en arrière de la cavalerie adverse et à s'intercaler alors dans la ligne télégraphique. Car, en cas de guerre, il est bien évident que personne ne laissera subsister les lignes télégraphiques conduisant à l'ennemi.

La figure ci-contre montre la cavalerie saisissant une dépêche ennemie, avec un appareil télégraphique ou téléphonique (1).

Ces exercices de la cavalerie russe devaient naturellement inquiéter les États voisins en provoquant des craintes et prévisions de tout genre, surtout en Allemagne.

Perturbation possible de la mobilisation allemande.

Autant qu'on peut le savoir, il règne dans l'armée allemande la ferme conviction que, n'importe où la guerre puisse éclater, l'Allemagne aura toujours, grâce à sa mobilisation rapide, l'initiative des opérations, c'est-à-dire que les armées allemandes pourront attaquer l'ennemi sur son propre territoire.

Et nous trouvons la preuve de cette conviction, non seulement dans les opinions formulées par tous les écrivains allemands qui discutent la question de la guerre future, mais aussi dans les déclarations faites au Reichstag par le Gouvernement. La conséquence directe et naturelle d'une telle conviction, c'est que la question des raids de cavalerie est considérée en Allemagne presque exclusivement au point de vue du trouble qu'ils peuvent apporter dans la mobilisation.

III. Opinions sur la guerre des corps-frontières (²)

En 1883, parut dans le n° 93 de l'*Allgemeine Militär Zeitung*, un article intitulé : « La Prusse orientale et l'invasion des Tartares » (3), qui attira l'attention générale. L'auteur s'attachait de la façon la plus sérieuse à la question des « raids » de la cavalerie russe. La cavalerie allemande aurait été suffisamment occupée par la cavalerie régulière russe et, par conséquent,

L'article : « La Prusse orientale et l'invasion des Tartares. »

---

(1) *Leipziger Illustrierte Zeitung.*

(2) Ou : troupes de couverture.

(3) Comme nous n'avons pas sous les yeux le numéro du journal que nous citons, nous empruntons le compte rendu de l'article dont il s'agit à l'ouvrage allemand d'Antisarmaticus : *De Berlin et Vienne à Pétersbourg et Moscou, et retour.*

hors d'état d'entrer en lutte avec les 40,000 ou 50,000 hommes de cavalerie irrégulière. Cette dernière pouvait donc, en se subdivisant en petits détachements, dévaster en quelques jours de grandes étendues de pays, interrompre les voies de communication et en même temps trouver un abri dans les bois voisins de la frontière.

Comme moyen sûr d'empêcher cette invasion, l'auteur propose d'établir à l'avance sur la ligne frontière des levées de terre et des murs en fascines, de creuser des fossés et de construire des parapets, puis de garnir les voies ferrées de plantes épineuses et de distribuer, avant la guerre, des armes à toute la population, — même de donner des revolvers aux femmes et aux enfants.

Sans ces précautions, assure l'auteur de l'article, le landsturm n'aurait même pas le temps de se rassembler ; des milliers d'incendies éclateraient de toutes parts et les chemins de fer seraient interrompus sur une foule de points.

A la pointe du jour des bandes de brigands se cacheraient dans les bois pour recommencer, à la nuit, leur travail de destruction en pénétrant toujours plus avant. Si la population des provinces de l'Est n'organisait pas quelques troupes spéciales pour repousser ces « raids », la cavalerie irrégulière russe ravagerait en toute liberté le territoire prussien.

On affirme en outre, dans l'article de l'*Allgemeine Militär Zeitung*, que le gouvernement russe approuverait cette façon de faire la guerre : — de quoi l'on donne pour preuve l'opinion, exprimée dans le temps par feu le général Skobeleff, qu'il fallait faire la guerre avec l'Allemagne à la « mode asiatique ». Il est superflu d'insister sur les craintes sérieuses que cette déclaration fit naître en Allemagne et sur la peine que se donna le Gouvernement allemand pour calmer l'inquiétude générale qu'elle avait soulevée.

Un peu plus tard, en 1884, parut une brochure intitulée : « *Qu'avons-nous à craindre de la cavalerie russe?* (1) — brochure qui présente les choses sous un jour tout différent.

L'auteur anonyme évalue la cavalerie russe à 170,000 chevaux et la cavalerie allemande à 57,949. D'après ses déductions pourtant, par suite des conditions plus mauvaises de la mobilisation et de l'état défectueux des routes en Russie, jamais, au début de la guerre, la cavalerie russe ne surpassera numériquement la cavalerie allemande. Et d'un autre côté cette dernière est de beaucoup supérieure comme organisation. Les « raids » de la cavalerie russe ne pourront pas dépasser la zone frontière ; au pis aller ils ne pourront pénétrer qu'à deux journées de marche : plus loin ils ren-

---

(1) Hanovre, 1884. — Sainte-Chapelle, dans son ouvrage : *Les tendances de la cavalerie russe*, attribue cette brochure au capitaine prussien Dewall.

contreront une résistance décisive. Les Allemands pourraient d'autant mieux envisager sans trouble l'éventualité d'un tel « raid », qu'une incursion de ce genre ne saurait avoir de suites sérieuses si la cavalerie n'est pas immédiatement suivie de troupes en nombre suffisant pour occuper le terrain conquis. Ce qui, avec la lenteur de la mobilisation russe, n'est pas à craindre : — le meilleur moyen de défense contre ce genre d'attaques étant d'ailleurs l'invasion du territoire russe par l'armée allemande.

L'auteur critique ensuite les réformes accomplies dans la cavalerie russe. D'après lui, l'armement de cette cavalerie ne répond pas à sa destination et la méthode de dressage des chevaux lui parait de valeur douteuse.

Quant à la qualité même de ces animaux, ceux des régiments réguliers seraient en effet très bons puisque l'on achète des bêtes nées dans les steppes, d'une valeur de 200 à 300 roubles pour la garde et de 125 roubles pour le reste de l'armée. Toutefois le prix des chevaux cosaques dépasse rarement 60 à 75 roubles.

Dans le service, du reste, ce cheval cosaque se distingue par une grande faculté de résistance aux fatigues et sa conformation en fait un modèle de cheval de cavalerie légère auquel le cheval hongrois seul peut être comparé. De fait la cavalerie russe tout entière, à part les cuirassiers de la garde, ne consiste plus qu'en régiments légers.

L'auteur ajoute qu'on doit pourtant reconnaître aux races de chevaux russes des qualités spéciales qui leur sont tout à fait particulières. Le cheval kirghise, par exemple, se nourrit uniquement d'herbe ; en hiver il sait trouver lui-même sa nourriture dans les steppes et supporte aussi facilement des chaleurs de 45° Réaumur que des froids de — 40°.

On peut, sans la moindre préparation, prendre un animal au « taboun » — ou troupeau de chevaux des steppes — le seller et le monter. Il n'a besoin d'aucune ferrure, il supporte la fatigue avec une étonnante facilité ; il est capable des plus grands efforts et ses allures sont très vives.

Aussi de tels animaux constitueraient-ils le vrai type du cheval de guerre, s'ils pouvaient avec autant de succès se prêter aux manœuvres en formation serrée. Ce qui reste toujours la question essentielle.

Mais il n'est pas besoin d'être un bien chaud partisan de la grosse cavalerie, — notamment des cuirassiers, — pour comprendre que le poids étant, dans tout choc, un élément décisif, ce genre de combat pourrait mal tourner pour la cavalerie russe, malgré le nombre et le mérite de ses chevaux. Attendu qu'elle n'aurait aucune, ou presque aucune chance de soutenir le choc d'un adversaire monté en animaux plus forts et qui, grâce à un dressage habile, marcheraient uniformément et avec ensemble.

Dans la cavalerie russe, le dressage des chevaux laisserait actuel-
lement beaucoup à désirer. Le cheval cosaque, faible des reins, serait tout

ce qu'il y a de moins apte à un dressage régulier. Or, — s'écrie pathétiquement l'auteur — une cavalerie où l'art de l'équitation est tombé aussi bas, et où l'esprit cavalier a aussi totalement disparu que dans l'armée russe, ainsi que nous le constatons de plus en plus chaque jour, doit finalement perdre toute importance.

Quant aux exercices auxquels se livre la cavalerie russe pour développer la faculté des chevauchées rapides et prolongées, ledit auteur n'y attache aucune importance. Toutes ces courses d'officiers qui, jusqu'à présent, avaient gardé, dans une certaine mesure, le caractère d'exercices volontaires, mais qui, dans ces derniers temps, sont devenues obligatoires pour presque tous les officiers de cavalerie, — puisqu'en 1894, 1,744 d'entre eux sur un total de 2,121 y ont pris part, — tout cela, selon lui, ne signifierait pas grand'chose. Et il demande en quoi ces sortes « d'envolées » pourraient apprendre à supporter les fatigues et ce que peuvent signifier ces exercices acrobatiques qui sont devenus à la mode parmi les Cosaques et ne rappellent que ce qui se fait dans les cirques.

L'introduction, dans les manœuvres de cavalerie, de toutes ces sottises, ne saurait, toujours d'après l'auteur, conduire absolument à rien. La force de la cavalerie allemande réside dans la confiance qu'elle a en elle-même et que chaque cavalier a en son cheval. C'est seulement avec des animaux bien dressés qu'on peut songer à exécuter des charges en formation serrée ; et, de plus, les chevaux allemands si maniables assureraient toujours la victoire à leur cavalier dans les combats individuels.

Finalement, l'auteur exprime cette opinion qu'on ne peut servir deux maîtres à la fois et que ceux qui voudraient employer la cavalerie à deux missions, opposées en principe l'une à l'autre, annuleraient finalement sa valeur dans les deux cas. Personne ne conteste, dit-il, que, dans certaines circonstances, la cavalerie ne puisse aussi se servir de l'arme à feu. Toutefois le combat à pied n'en doit pas moins rester exceptionnel pour cette arme.

Ce même écrivain fait remarquer en outre, qu'en Allemagne, tous les efforts, tous les soins ont pour objet de mettre la cavalerie en état d'exécuter des charges sur le champ de bataille, malgré la terrible puissance des armes à feu modernes. Tous les exercices, tous les travaux de la cavalerie seraient réglés d'après cet unique point de vue, que la charge reste, pour elle, la condition *sine quâ non* de son existence. La cavalerie, qui se sentirait incapable d'agir par le choc contre une arme quelconque, ne vaudrait pas ce qu'elle coûte et prononcerait elle-même sa propre dégradation.

Quelques années plus tard, en 1888, parut en Allemagne une nouvelle brochure ayant pour titre *Le Spectre russe*, et dont le but était également de calmer les esprits.

L'auteur se demande pourquoi la Russie, pays si riche en chevaux, ne choisit pas pour sa cavalerie des animaux d'une plus haute valeur ; et il se fait en même temps cette réponse : que la Russie ne désire pas posséder une véritable cavalerie, mais se contente d'avoir une *infanterie montée*.

Des attaques à pied sur les flancs et les derrières de l'ennemi seraient considérées comme le principal rôle de la cavalerie russe actuelle ; le cheval cesserait ainsi, pour elle, d'être une « arme » et ne constituerait plus qu'un moyen de transport rapide. On imposerait le combat à pied à la cavalerie russe comme son rôle essentiel, parce que, dans les sphères militaires de la Russie, on croit que le temps des charges de cavalerie est passé.

L'auteur ne partage pas cette opinion qu'il déclare fausse et erronée : le mode actuel de combat de l'infanterie en ordre dispersé offrant précisément un vaste champ à l'action de la cavalerie et lui assurant le succès.

Et c'est, jusqu'à un certain point, à dessein, que l'auteur laisse de côté cette considération : qu'avec les armes à longue portée actuelles, il ne faut absolument plus songer à marcher en grandes masses contre l'infanterie.

On nous dit plus loin qu'au début de la guerre, la Russie ne disposera pas de plus de cavalerie que l'Allemagne, et qu'en tout cas, l'Allemagne et l'Autriche réunies, même s'il leur fallait combattre à la fois vers l'Est et vers l'Ouest, pourraient néanmoins présenter à la Russie une masse de cavalerie égale sinon supérieure à la sienne.

Défauts de l'infanterie montée russe.

D'où cette évidente conséquence, qu'il ne saurait être question de cette inondation de l'Allemagne par les hordes cosaques, sur laquelle, dans ces derniers temps, l'imagination des écrivains s'est donné si librement carrière. Il est bien vrai que quelques divisions de la cavalerie russe ont leurs garnisons non loin de la frontière allemande, mais l'Allemagne n'a absolument rien à craindre de ce chef. Même si cette cavalerie se décidait à déborder sur le territoire germanique, on pourrait, grâce à l'admirable réseau de voies ferrées du pays, — réseau conçu précisément en vue de semblables éventualités, — concentrer instantanément sur le point d'attaque autant de troupes qu'il en faudrait pour chasser et renvoyer chez eux ces téméraires, parfaitement convaincus d'ailleurs eux-mêmes de la folie de leur entreprise.

Quelqu'un aurait, parait-il, appelé un jour l'attention de de Moltke sur cette question, mais sans en recevoir d'autre réponse qu'un laconique « Je le sais ». Or, du moment où de Moltke « le savait » et considérait comme pleinement suffisantes les mesures qu'il avait prises en conséquence, on n'avait évidemment pas d'inquiétudes à concevoir.

Un article du lieutenant-colonel d'État-Major Rausch von Traubenberg, paru dans le *Voïennyi Sbornik* de Saint-Pétersbourg (1), apporte une réponse aux critiques ci-dessus adressées à la cavalerie russe. Rausch von Traubenberg fait observer que, grâce au service actif de six années auquel sont tenus les hommes de cette cavalerie, elle peut se mesurer à cheval avec n'importe quelle autre et, de plus, être en état de les surpasser dans le combat à pied.

En outre, nous devons observer que le critique allemand déjà cité, A. Drygalski, dans son étude sur l'état de l'armée russe, ne partage nullement la manière de voir des écrivains ses compatriotes que nous venons de mentionner. Il est d'avis, au contraire, que, dans les guerres futures, les opérations de la cavalerie russe joueront un rôle très important, attendu que les résultats auxquels elle est arrivée sont véritablement grandioses (2).

Dans son ouvrage récemment paru : « La guerre des détachements-frontières », le colonel Cardinal von Widdern se montre très pessimiste à l'endroit de la situation dans laquelle se trouveraient, en cas de guerre, les provinces frontières de la Prusse. Il mentionne la possibilité de raids exécutés par la cavalerie russe, — dont il apprécie les facultés en se basant sur les manœuvres qu'elle a exécutées en 1876, en Pologne, et auxquelles ont pris part quatre divisions et demie de cette arme, c'est-à-dire 73 escadrons avec 54 pièces d'artillerie à cheval.

Avant tout il porte son attention sur les « instructions » formulées par le commandant de la cavalerie, relativement à la façon d'attaquer les garnisons en train d'effectuer leur mobilisation; etoù sont prescrites notamment les mesures suivantes : Prise de possession des caisses et des magasins de l'État, ainsi que des bureaux de postes et de télégraphes ; destruction des vivres et des munitions d'artillerie; saisie du matériel roulant des voies ferrées, et, au cas où il n'y aurait pas possibilité d'utiliser ces voies pour envahir le pays, destruction des rails, des ponts, des télégraphes, surtout aux points de croisement ou « nœuds » des lignes. Les instructions recommandent ensuite la formation de petits détachements de cavalerie indépendante, qui seraient chargés de détruire les dépôts des formations de troupes et de s'emparer des chevaux de remonte ainsi que de tout le matériel transportable.

On envoya de Pétrikau sur les points de passage de la Vistule, un détachement volant de ce genre. — La distance de Pétrikau à ces points

---

(1) Nous donnons le résumé de cet article d'après Sainte-Chapelle, *Tendances de la cavalerie russe*, page 71.

(2) *Zur Orientirung über die russische Armee*, Berlin, 1892.

est, à vol d'oiseau, de 120 à 160 kilomètres ; et de là, jusqu'au chemin de fer de Pétersbourg à Varsovie, il y a encore de 30 à 80 kilomètres.

Si l'on reporte ces distances sur le territoire prussien, on arrive à conclure qu'un tel corps d'incursion, partant de la frontière, n'aurait pas plus loin à aller pour atteindre Kreuz, nœud de chemins de fer important de la ligne Berlin-Thorn, puis Crossen sur l'Oder ou Liegnitz en Silésie.

Le détachement russe fit 40 kilomètres le premier jour, et 120 kilomètres dans la deuxième période de 24 heures, avec une seule pause de 2 à 3 heures ; soit, par conséquent, 160 kilomètres en deux fois 24 heures — et cela dans des prairies humides et en traversant des bois marécageux. La ration d'avoine mangée par les chevaux ne fut que de 3 garnetz (environ 10 litres) et tous les animaux, à l'exception d'un seul, arrivèrent en bon état.

L'auteur insiste ensuite sur la difficulté de saisir un détachement volant de cette espèce (dans le cas dont il s'agit toutes les mesures avaient été prises pour cela), — ou même d'avoir des renseignements un peu précis sur ses mouvements. — Ainsi le corps qui représentait l'ennemi — le corps de l'Est dans les manœuvres, — fut bien informé par ses éclaireurs, que l'adversaire cherchait à franchir la Vistule en des points éloignés de 45 à 50 kilomètres des ponts permanents : mais, en réalité, le passage avait eu lieu déjà 36 heures avant l'arrivée de cette nouvelle.

Il est clair, observe l'auteur, qu'il est plus facile d'organiser et d'envoyer des détachements volants, que de leur couper la route, ce dont témoignent d'ailleurs les « raids » exécutés pendant la guerre de sécession américaine.

Mais si instructif que fût le plan de ces manœuvres, une lacune très sensible s'y fait pourtant sentir. Le détachement volant fut rappelé au moment où la situation générale des partis s'était modifiée ; ce qui fait qu'on n'a pu se rendre compte de l'état dans lequel se trouveront des corps ainsi lancés au loin, s'ils sont obligés d'effectuer leur retour sur des chevaux épuisés. — Le colonel von Widdern signale les difficultés de la situation des troupes poussées aussi avant sur le territoire ennemi, lorsqu'elles se verront enserrées dans un réseau de corps adverses de toutes armes, qui les surprendront au bivouac, ne leur laisseront aucun repos, les contraindront à s'affaiblir par un continuel détachement d'éclaireurs sur leurs flancs, et les attaqueront ensuite ainsi affaiblies : — ce qui amènera très facilement la perte du contact et la destruction des différents détachements envoyés en reconnaissance (1).

Difficulté de saisir les « raids » ennemis.

Probabilité de destruction des corps d'incursion.

---

(1) L'auteur cite un exemple tiré de la guerre de 1870. Avant le commencement des opérations, pendant la période du renforcement des troupes-frontières, une patrouille d'exploration wurtembergeoise, forte de 4 officiers et 5 dragons, fut lancée sur le territoire

Exemple tiré de la guerre de 1870.

Jean de Bloch. — *La Guerre future.*   20

D'après cela, le colonel von Widdern arrive à conclure qu'en général, lancer au loin des détachements de cavalerie en pays ennemi, c'est sacrifier inévitablement beaucoup d'entre eux. Mais il observe qu'en Russie, par suite de l'immense étendue du pays, la façon de comprendre les distances, surtout en matière de cavalerie, est « quelque peu différente de ce qu'elle est chez nous ». — En Russie, ajoute-t-il, il y a beaucoup de dragons et de Cosaques et, par suite, il est probable que, là-bas, on se résignera, plus facilement qu'en Allemagne, à en sacrifier un certain nombre.

Widdern n'indique pas directement les moyens de se protéger contre les incursions de la cavalerie. Mais il résulte de son exposé, qu'il tient pour nécessaire d'appeler immédiatement le landsturm, sur tous les points où ces incursions sont à craindre, et qu'il compte aussi sur la coopération des autorités civiles ainsi que de tous les fonctionnaires et gendarmes, pour assurer le service des renseignements militaires. Il rappelle que, pendant l'insurrection polonaise de 1863, les chefs des corps de troupes prussiens postés à la frontière avaient, sur le territoire russe, leurs informateurs particuliers en différents points ; le long de cette même frontière, on avait également installé des officiers intelligents pour recueillir et transmettre les nouvelles.

Dans ces circonstances des services spéciaux ont été rendus par des officiers instruits, connaissant le polonais ou le russe, et qui avaient ainsi pu, sans exciter de soupçons, lier conversation avec des marchands et des voyageurs. Jusqu'à quel point serait-il nécessaire, à l'avenir, d'envoyer de l'autre côté de la frontière russe de tels officiers — naturellement habillés en bourgeois — cela dépendra des particularités de la situation.

Enfin l'auteur juge utile la formation de colonnes mobiles, pour s'opposer à l'exécution des « raids » ennemis. Il pense qu'il sera bien difficile d'empêcher le franchissement de la frontière par de petits détachements et, dit-il, « plus nos postes seront voisins de la frontière, plus aisément l'ennemi pourra passer au travers, surtout tant qu'on n'aura pas encore permis à nos patrouilles de la franchir elles-mêmes ». D'après cela il conseille de tenir, au moins les positions occupées par l'infanterie, assez loin en arrière pour que les plus petits comme les plus gros détachements de cavalerie (des pelotons isolés aussi bien que des escadrons) aient encore le temps de prévenir une embuscade d'infanterie de l'invasion des forces adverses.

---

français pour y faire une incursion de 2 jours et 2 nuits. Mais le maire de Wörth en informa un régiment de chasseurs français qui détacha un escadron contre cette patrouille. Elle fut détruite et son chef seul, le comte Zeppelin, put s'enfuir sur le cheval d'un maréchal des logis français qu'il avait tué.

La question d'une guerre entre la Russie et l'Autriche ne date pas seulement d'hier; elle forme, depuis longtemps déjà, un thème inépuisable d'entretiens. Quoique l'état réel des choses ne soit pas de nature à confirmer les craintes d'une attaque de la part de la Russie, — attendu que les préparatifs militaires de cette puissance n'ont été motivés que par ceux de son voisin de l'Ouest, — la probabilité d'un choc entre les deux pays n'en a pas moins persisté dans l'opinion publique.

En 1866, le feldzeugmeister autrichien von Kuhn publia, sur la guerre de montagne, une brochure dans laquelle il discutait les moyens de se défendre contre la Russie. Le même sujet a été traité encore dans deux autres publications : celle du Hongrois Karolay, *La défense stratégique* (1868) et celle d'un officier autrichien demeuré inconnu, *Idées sur notre situation militaire dans une guerre avec la Russie.*

Le feldzeugmeister von Kuhn, qui examine les rapports mutuels des deux pays au point de vue de leur situation et de leurs forces militaires, arrive à cette conclusion que la Russie ne peut pas être attaquée par l'Autriche. D'après lui, l'Autriche n'a qu'à se tenir d'abord sur la défensive. Les montagnes, c'est-à-dire les Karpathes, constitueraient pour ce pays, dans une certaine mesure, un rempart dont la prise coûterait à l'ennèmi beaucoup de temps et de peine. A chaque pas éloignant celui-ci de sa base d'opérations, s'augmenterait constamment pour lui la difficulté d'entretenir et de compléter son armée. Et en manœuvrant habilement l'Autriche serait en état de retarder le moment décisif. Quand l'instant favorable paraitrait venu, ce serait le cas de passer à l'offensive, que l'ennemi ne serait plus assez fort pour repousser. Jusqu'en 1870, tous les écrivains militaires autrichiens ont été à peu près unanimes à déclarer que l'Autriche ne pouvait conduire que défensivement une guerre avec la Russie.

Depuis 1870-71 il est survenu, dans les rapports internationaux, des modifications dont pendant longtemps, toutefois, personne n'eut pour ainsi dire conscience et qui par suite, passèrent presque inaperçues à l'horizon politique.

L'auteur d'une étude, l'*Autriche-Hongrie en guerre contre la Russie* (1871), critique l'ouvrage du général Fadéïeff, intitulé : *Puissance et pratiques militaires de la Russie.* Et s'arrêtant surtout aux conclusions du général, il déclare nécessaire de penser sérieusement à prévenir une invasion russe.

En 1872, le lieutenant-colonel d'état-major Haymerle, frère du ministre des affaires étrangères de ce nom, fit paraître son ouvrage fort commenté à l'époque, *Sur les rapports stratégiques de la Russie et de l'Autriche ;* — ouvrage où il développait l'idée d'une attaque contre la Russie et même de la prise de Saint-Pétersbourg.

Ici nous rencontrons déjà l'espoir, ouvertement exprimé, qu'en cas de besoin, l'Autriche trouvera un soutien dans le jeune empire allemand, qui n'a pourtant réalisé son unité que grâce à l'aide de la Russie.

Quand le traité de Berlin causa du mécontentement dans ce pays, l'Autriche et l'Allemagne s'empressèrent de profiter de cette circonstance, en présentant comme autant d'actes d'une grande importance politique tous les articles hostiles de journaux, et toutes les observations généralement quelconques de la presse.

Dans ces conditions les réformes introduites dans la cavalerie russe devaient faire en Autriche une forte impression. — Et nous avons un témoignage manifeste de cet état d'esprit dans l'ouvrage du colonel autrichien Walther von Wallhofen : *La cavalerie russe dans son nouveau développement, comparée avec la cavalerie autrichienne.*

La Russie, lisons-nous dans cet ouvrage, a, pendant la paix, porté sur ses frontières de l'Ouest des masses imposantes de cavalerie qui, d'après leur organisation et leur instruction, seraient capables d'opérer d'une manière totalement indépendante. Ces régiments de cavalerie seraient destinés à franchir la frontière immédiatement après la déclaration de guerre; attendu qu'ils sont en état, non seulement de se mesurer avec la cavalerie ennemie, mais de se jeter sans crainte sur les premières troupes envoyées à leur rencontre, à quelque arme qu'elles appartiennent. Il n'est pas douteux qu'une irruption de la cavalerie russe en Gallicie n'entraînât de graves conséquences. Cette cavalerie détruirait les chemins de fer et les télégraphes, viderait les magasin de vivres situés dans le voisinage de la frontière, etc. Les Russes compteraient pour le moins sur une indifférence passive de la part de la population, tandis que la cavalerie autrichienne serait entièrement seule pour repousser toutes les incursions. — Son infériorité numérique pourrait bien sans doute être compensée par des renforts opportuns d'infanterie; mais cependant elle ne serait vraiment à la hauteur de sa tâche que si elle s'y préparait d'une façon convenable en temps de paix.

Nous connaissons encore, sur cette question, l'opinion d'un autre écrivain militaire autrichien, le major d'État-Major G. Ratzenhofer (1). Il serait possible, dit celui-ci, que la Russie ait amené une certaine dépression de l'esprit cavalier dans son armée, par la transformation en dragons de toute sa cavalerie — qu'elle a rapprochée ainsi du type des troupes cosaques et armée du fusil à baïonnette, — et par l'importance donnée, dans les

---

(1) G. Ratzenhofer, *Die Konsequenzen der russischen Kavalleriereform für uns* (Les conséquences, pour nous, de la réforme de la cavalerie russe). — *Organ der militär-wissenschaftlichen Vereine*, 1885.

manœuvres de cavalerie, au combat à pied et à la précision du tir. — Cependant cette question demeure ouverte jusqu'à ce que l'expérience d'une grande guerre européenne ait confirmé la justesse des critiques adressées à la réforme de la cavalerie russe et donné un point d'appui effectif aux prophéties suspectes des partisans de la lance et du sabre.

Par contre, il n'est pas douteux que l'Autriche ne peut mettre en première ligne que 286 escadrons avec 43,000 chevaux et l'Allemagne 460 escadrons avec 60,000 chevaux — tandis que la Russie possède 522 escadrons et 83,000 chevaux.

Dans le cours de la guerre, l'Autriche ne pourrait ajouter, en seconde ligne, que 77 escadrons et l'Allemagne 72 ; tandis que, sans aucune difficulté, la Russie en alignerait encore 526 avec 77,000 chevaux.

D'après cela, cette dernière puissance serait en état de lancer contre l'ennemi la masse énorme et vraiment écrasante de 160,000 cavaliers.

La supériorité numérique de la cavalerie russe, triple en effectifs de la cavalerie autrichienne, son établissement dès le temps de paix le long de la frontière et le caractère particulier de son armement pourraient avoir, pour l'Autriche, de terribles conséquences. — La marche de la mobilisation, dans ce pays, pourrait être entravée, et la cavalerie autrichienne perdrait toute possibilité d'utiliser ses moyens de transport et d'exploration.

D'un autre côté l'armement de la cavalerie russe et la masse de bouches à feu dont elle disposerait lui permettraient, non seulement d'opérer dans n'importe quelle direction contre le territoire ennemi, mais même de s'y établir solidement sur certains points. La cavalerie russe pourrait occuper à elle seule des positions et les garder jusqu'à l'arrivée de l'infanterie.

Le major Ratzenhofer se demande ensuite quel pourrait être le résultat d'une rencontre et d'une mêlée entre les deux cavaleries, dans le cas d'un effectif égal de part et d'autre. — Et il tranche cette question au profit de la cavalerie autrichienne, par cette raison que le but principal vers lequel sont dirigés en Autriche tous les exercices des soldats, — de même que le dressage des chevaux — consiste dans l'attaque en formation compacte.

Les réorganisateurs de la cavalerie russe sentiraient, d'après lui, sa faiblesse à ce point de vue et confesseraient ouvertement leur intention de recourir, même en plein champ, au combat à l'arme à feu. — Dans une rencontre avec la cavalerie ennemie, la cavalerie russe mettrait pied à terre et commencerait à faire le coup de feu comme l'infanterie. Les chevaux ne serviraient qu'à transporter le cavalier plus promptement et sans fatigue. Au combat celui-ci ne serait plus employé que comme fantassin.

Le major Ratzenhofer conclut son travail en disant : « Même si l'on admet que la direction ainsi imprimée à la cavalerie russe en ait modifié l'esprit militaire et l'ait déprimé jusqu'à un certain point, il n'est cependant pas douteux que la nouvelle organisation de cette cavalerie ne puisse causer encore beaucoup d'inquiétudes à l'Autriche et que, par suite, il ne faille compter sérieusement avec elle.

Par ces observations diverses, nous voyons que les écrivains autrichiens aussi sont loin d'être d'accord dans leur manière d'apprécier l'importance de la cavalerie russe depuis sa réforme; et nous constatons qu'une partie d'entre eux formule sur la question des considérations tout à fait erronées, — comme par exemple celle-ci : qu'on ne saurait attribuer aux Cosaques des qualités et une capacité militaire suffisantes pour se mesurer avec un adversaire régulièrement organisé.

Précédemment, d'autres écrivains, également occidentaux, ont évalué très haut les facultés militaires des Cosaques.

Dans le jugement qu'ils portent sur l'offensive immédiate de la cavalerie russe, dit le professeur Klembowski, les adversaires probables de la Russie ne veulent pas admettre que cette cavalerie puisse pénétrer à plus de deux journées de marche sur le territoire ennemi. Tout ce qu'elle pourrait faire, disent-ils, se réduirait à détruire quelques lignes ferrées et télégraphiques et à enlever quatre ou cinq dépôts de vivres et de munitions.

Mais rien qu'un résultat aussi limité retarderait, de l'aveu même des Allemands, la mobilisation de ceux-ci d'un jour ou deux. Et deux jours, dans une période où le temps se compte par heures, ne seraient cependant pas un bénéfice insignifiant que l'on puisse négliger.

IV. Le service d'exploration et les combats de cavalerie qu'il comporte.

Charles Dilke, l'ancien ministre anglais qui assistait aux grandes manœuvres françaises de 1892, a exprimé l'opinion que, dans une guerre entre la France et l'Allemagne, cette dernière aurait l'avantage d'une mobilisation plus prompte. De sorte que les premières affaires auraient lieu dans les environs de Nancy et consisteraient en combats livrés par des corps de cavalerie allemands à l'infanterie française : — laquelle, excellemment instruite, saurait défendre, avec la plus extrême ténacité, chaque bâtiment, chaque haie, chaque ruisseau, chaque bouquet de bois. La cavalerie allemande ne pourrait en avoir raison, parce que l'emploi de la poudre sans fumée l'empêcherait de se rendre compte de la situation des forces ennemies.

Et où sera donc alors la cavalerie française? Selon toute vraisemblance elle aura la même mission que la cavalerie allemande, c'est-à-dire de pénétrer sur le territoire ennemi.

Cavaleries française et allemande.

« Les bataillons de chasseurs français, qui ne sont pas endivisionnés, appuieront en même temps les opérations de leur cavalerie. » Mais on ne saurait douter que la cavalerie française ne rencontre en Allemagne les mêmes difficultés que la cavalerie allemande en France.

Entre les troupes opposées de cette arme, qui se heurteront les unes aux autres, commenceront les combats. Une partie se séparera de la masse et se disséminera en petits détachements volants. On peut s'attendre à voir, quelques jours après l'ouverture des opérations, des corps francs se glisser à travers l'armée ennemie et pénétrer à l'intérieur du pays, jusqu'à paraître en des points situés à 100 kilomètres de la frontière et même davantage. Il va de soi que beaucoup d'entre eux payeront cher une telle audace et ne parviendront à rejoindre le gros de leurs forces qu'après avoir subi des pertes énormes.

Quelques jours après le début de la guerre, des corps francs auront déjà pénétré à plus de 100 kilomètres à l'intérieur du pays.

Cette partie de la cavalerie peut être considérée, sinon comme entièrement perdue, au moins comme incapable de prendre part aux opérations militaires ultérieures, même pendant très longtemps après son retour.

Nous avons maintenant à nous occuper du reste de la cavalerie, c'est-à-dire de celle qui n'aura point pris part aux raids. Nous commencerons naturellement par l'une des plus importantes fonctions de l'arme, le service d'exploration qui en fait « l'œil et l'oreille de l'armée ». Clausewitz a dit que la réunion de renseignements recueillis sur l'ennemi constitue la base même sur laquelle reposent toutes les opérations de la guerre. Connaître ce que votre adversaire se propose d'entreprendre, c'est le point de départ pour prendre une résolution quelconque.

Importance du service d'exploration pour le reste de la cavalerie.

Le règlement de campagne français (1) définit comme il suit le rôle de la cavalerie : explorer le pays, découvrir les détachements de cavalerie ennemis et les repousser, fournir des renseignements. Ce règlement exprime en même temps la conviction que l'exécution de ce service amènera des combats plus importants, dont l'heureux succès permettra à la cavalerie de pénétrer jusqu'au gros de l'armée ennemie.

Le règlement français.

Les écrivains allemands insistent unanimement et sans cesse sur cette règle : « Toute la cavalerie en avant ! » Le plan initial d'une campagne est établi sur la base de données, théoriques dans une certaine mesure, sur l'état des routes, les forces ennemies, les approvisionnements, etc. Si l'on admet toutes ces conditions et circonstances comme suffisamment étudiées, on peut évaluer la vraisemblance des mouvements et des projets de

Nécessité de contrôler les données qui servent de base au plan de campagne.

____

(1) *Service des armées en campagne.*

son adversaire. Mais comme ces données peuvent se trouver erronées ou inexactes, il faut s'efforcer de contrôler à fond les suppositions qu'on a faites et d'observer attentivement tous les mouvements de l'ennemi aussi longtemps que c'est possible et que le mécanisme compliqué de la concentration des troupes sur le théâtre de la guerre n'est pas encore en pleine activité. Il peut fort bien arriver que le plan primitivement arrêté doive être en partie ou même totalement modifié d'après des renseignements nouveaux et plus exacts.

La figure suivante montre une patrouille de hussards anglais aux manœuvres.

Patrouilles
aux manœuvres.

Patrouille de hussards anglais aux manœuvres.

Rapidité
plus grande
exigée dans la
transmission des
renseignements.

Quoique même autrefois une transmission prompte et incessante des renseignements obtenus ait toujours été nécessaire, cependant la négligence sur ce point ne pouvait avoir en ce temps-là des conséquences aussi graves qu'aujourd'hui. Parce que maintenant l'armée, aussitôt mobilisée, commence son mouvement au bout de quelques jours; de sorte que, même les modifications les plus insignifiantes dans les dispositions à prendre peuvent amener du trouble et du désordre.

Actuellement les différents États ont consacré des sommes considérables à la construction des chemins de fer et à l'amélioration des routes; aussi est-il très probable que tous les déplacements de troupe s'effectueront au début de la campagne avec une extrême rapidité.

L'absence de fumée sur le champ de bataille ne permettra plus de
s'orienter sur la direction des coups reçus. Le chef qui verra tomber tout
à coup ses hommes saura qu'il est attaqué, mais aucun nuage de fumée
ne lui indiquera de quel côté se trouve l'ennemi et quelles sont ses forces.
La situation du chef surpris de cette façon sera, rien qu'au point de vue

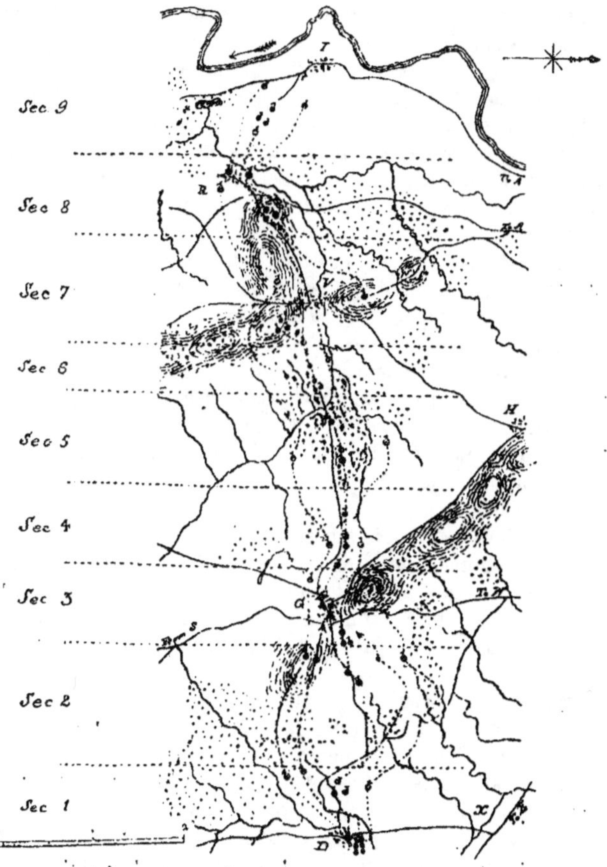

Formation des patrouilles de cavalerie pendant la marche.
(Echelle en milles anglais.)

moral, vraiment terrible. Et ces mots de Napoléon sont aujourd'hui plus
vrais que jamais : « Rien ne donne plus de courage et n'éclaircit plus les

idées que de bien connaître la position de son ennemi. » C'est justement à la cavalerie qu'incombe le devoir de découvrir les mouvements et les projets de l'adversaire. Pour le service d'exploration, il faut, dans une certaine mesure, avoir le flair du chien de chasse et de profondes connaissances techniques. Mais l'officier de cavalerie moderne est précisément élevé en conséquence.

Mode d'exécution des reconnaissances. On ne saurait mieux se rendre compte de la façon dont la cavalerie doit exécuter. sans discontinuité, ce service d'exploration, qu'en lisant le règlement français qui concerne cette question (1).

La division de cavalerie, chargée d'explorer le terrain, désigne deux escadrons qui se séparent en patrouilles de découverte et leurs réserves. La chaîne de ces patrouilles s'étend sur une longueur de 30 à 40 kilomètres et demeure sous la surveillance des officiers qui dirigent l'opération.

Les patrouilles observent les mouvements de l'ennemi sur le front et sur les flancs. Des reconnaissances vont sonder les points suspects. Puis vient, en formation serrée, le gros du détachement qui, pour se protéger, s'entoure également de postes de découverte. Telle est, d'après la théorie, la façon réglementaire de se mouvoir.

Formation des patrouilles de cavalerie. La figure de la page précédente nous montre les formations des patrouilles de cavalerie pendant la marche (2).

Aussitôt que les patrouilles de découverte annoncent qu'elles ont rencontré une masse ennemie, le chef du détachement se porte dans la direction indiquée, pour étudier la position ; — et il s'y porte seul, pour ne pas trahir la présence de sa troupe.

Le téléphone et la transmission des observations faites. Afin de transmettre promptement les renseignements obtenus, on exerce aujourd'hui la cavalerie à poser des fils téléphoniques.

Ainsi, par exemple, une patrouille d'officier, composée d'un officier et de trois sous-officiers qui portaient l'appareil téléphonique et un rouleau de 3,000 mètres de fils, a posé, en moins de quatre heures, une ligne téléphonique entre Potsdam et Berlin, c'est-à-dire sur une longueur de plus de 30 kilomètres.

La figure de la page suivante représente cet exercice.

Les reconnaissances générales demandent encore plus d'énergie et d'habileté que la recherche de la cavalerie ennemie.

Il faut aujourd'hui employer des masses aux reconnaissances. Il faut faire suivre par des escadrons entiers les patrouilles de découverte. Alors la manière de combattre se modifie et le fusil à magasin reprend son rôle. Pour se frayer un passage à travers la chaîne de sûreté et arriver jusqu'au gros de l'ennemi, il faut déjà que la cavalerie opère en

---

(1) *Service des armées en campagne.*
(2) Général Clery, *Minor tactics* (Petite tactique). — Londres, 1893.

masses et mette en œuvre le fusil et le canon. Un feu inattendu peut causer une impression extraordinaire (1). On affirme que, par ce moyen, la cavalerie peut frayer la route au commandant en chef et justifier le mot du Grand Frédéric : Une bonne cavalerie décide du sort de la campagne.

L'ouvrage bien connu de von der Goltz, *La Nation armée*, contient, sur la question du service d'exploration, quelques pensées qui, pour avoir été exprimées avant l'invention de la poudre sans fumée, n'en sont pas moins dignes d'attention.

Pose de fils téléphoniques par la cavalerie.

Dans les livres d'enseignement, écrit l'auteur, on insiste habituellement beaucoup sur ce que de bons officiers, envoyés à la découverte avec de petits détachements, doivent passer à travers la première chaîne des avant-postes de l'ennemi, tourner ses flancs, et même aller pousser des reconnaissances jusque sur les derrières de son armée. De telles opérations seraient à coup sûr très utiles, mais aussi très difficiles, attendu que votre adversaire s'efforce d'en faire autant avec sa propre cavalerie.

En outre, ces entreprises exigent de ceux qui en sont chargés, avec un courage extraordinaire, une faculté de méthode et d'orientation qui n'est pas habituelle et enfin un bonheur également exceptionnel. Il serait par suite impossible d'établir des calculs sur de pareilles bases,

------

(1) A. Aubier, *Du rôle stratégique et tactique de la cavalerie.*

quoique précisément chaque cavalerie s'efforce de se distinguer dans ce genre d'opérations.

Il est extrêmement important de rechercher partout l'adversaire, — une indication isolée ne pouvant jamais renseigner complètement et avec exactitude. Combiner une exploration n'est pas moins difficile que de rédiger un ordre. On obtient de très utiles résultats en interrogeant les habitants. De grands mouvements de troupes sont toujours connus dans le pays, et on ne s'explique même pas comment le bruit s'en répand aussi vite malgré tout ce qu'on fait pour interrompre les communications. Les habitants des environs de Metz avaient eu vent que Mac-Mahon s'avançait pour dégager Bazaine, alors que n'avait encore été livrée aucune des batailles qui précédèrent la catastrophe de Sedan.

Particularités nationales. En pareil cas, il faut tenir compte du caractère de chaque population. D'un Anglais ou d'un Russe, il sera bien plus difficile de tirer un renseignement quelconque que d'un Français ou d'un Italien. Non qu'on puisse compter sur des traîtres déclarés qui se montreraient prêts à communiquer des renseignements importants. Mais chaque question peut fournir quelque indice qui semble insignifiant à celui-là même qu'on interroge ; et c'est avec des centaines de détails semblables qu'on finit par obtenir un résultat d'ensemble important.

Nécessité d'une grande intelligence. En tous cas le service d'exploration exige un haut développement des facultés intellectuelles de la part de ceux qui en sont chargés.

Le général Kouropatkine dit, dans la description des combats livrés autour de Plewna, que, pendant la guerre de 1877-78, le service de reconnaissance ne fut exécuté que mal ou même pas du tout, bien qu'on disposât d'une nombreuse cavalerie.

Dans l'armée allemande aussi, qui pourtant est si fière de sa cavalerie, il est arrivé des cas où le service de reconnaissance a pleinement échoué. — Woyde cite un de ces cas dans son ouvrage sur les *Victoires et Défaites dans la guerre de 1870*. D'après lui, les deux plus grandes batailles de cette guerre, celles de Vionville et de Gravelotte, auraient risqué d'être perdues par les Allemands, malgré les forces puissantes dont ils disposaient, par suite de la négligence apportée à leur service de reconnaissance. — C'est seulement grâce à la maladresse des généraux français qu'il n'en a pas été ainsi.

Obstacles qui empêchent de déterminer la situation de l'ennemi. En terminant, nous citerons encore l'opinion de von der Goltz sur les obstacles qui s'opposent à la détermination de la situation réciproque de deux adversaires opposés l'un à l'autre. Rien n'est plus difficile que d'apprécier exactement la valeur des indications recueillies. Toute la guerre tient en réalité dans les renseignements qui plus tard ont acquis de l'importance. Mais quand on lit ceux-ci, après coup, dans leur forme primitive, il n'est pas facile de se représenter comment on a pu, sur le moment, en déduire des conclusions justes. Aussi la plupart du temps le succès n'est-il pas dû à l'utilisation d'une seule nouvelle heureuse, mais bien à la façon intelligente dont on a su en utiliser un grand nombre.

Goltz en donne un exemple bien frappant. L'armée qui assiégeait Metz s'empara d'un ballon qui contenait des milliers de lettres écrites sur papier de soie. Tout d'abord on avait pensé ne pouvoir tirer de là aucun renseignement utile. Mais, après avoir établi des listes des expéditeurs de ces lettres, on trouva moyen de se rendre compte par là même, de la façon dont étaient répartis les camps à l'intérieur de la ligne des forts. En outre, on tira de ces mêmes lettres des conséquences importantes sur le moral des assiégés. *[Enseignements de la guerre de 1870.]*

Celui qui discute et examine les nouvelles reçues, continue von der Goltz, doit savoir non seulement apprécier l'exactitude matérielle de chacune d'elles, mais aussi constituer tout un système avec cet ensemble de renseignements. Il peut très bien arriver que même la cavalerie allemande ne se montre pas, au début d'une guerre, à la hauteur de sa tâche.

A ce sujet, le capitaine d'État-Major Liebert fait observer que la guerre franco-allemande commença par un accident très commenté. Trois corps allemands s'étaient heurtés près de Wissembourg à une seule division française et, après un combat acharné, l'avaient chassée de ses positions. Mais, et bien que la lutte se fût terminée à 2 heures de l'après-midi, les troupes françaises battues avaient disparu sans laisser de traces. — Une patrouille de dragons avait simplement annoncé que la retraite n'avait pas eu lieu par la grand'route. On restait donc absolument dans l'incertitude sur la question de savoir si elle s'était opérée sur Bitche ou sur Wœrth. Et involontairement on se demande : Où était donc alors la cavalerie allemande? Cela se passait au commencement de la campagne avant que cette cavalerie n'eût appris par expérience à faire preuve de la vigilance nécessaire (1).

D'après un rapport officiel, le maréchal Bazaine dit un jour à l'officier prussien qui l'accompagna de Metz à Wilhelmshöhe : « Les victoires de la Prusse sont dues à trois causes : la discipline, l'artillerie et les reconnaissances de cavalerie, — trois choses que nous avions négligées. »

D'après un écrivain militaire français, le colonel Bonie, « les troupes (françaises), qui battaient en retraite en 1870, avaient constamment la cavalerie ennemie sur les talons. Elle suivait tous nos mouvements, nous accompagnait pas à pas avec une obstination infatigable, nous surprenant par de brusques attaques et évitant les combats proprement dits. Lorsque, dans *[Services distingués de la cavalerie allemande.]*

____

(1) *Militär Wochenblatt*, 1883.

les vallées de la Champagne, nous changeâmes tout à coup notre plan, l'adversaire ne perdit pas pour longtemps notre trace : grâce à sa cavalerie il nous eut bientôt retrouvés et, depuis, cette cavalerie ne nous perdit plus de vue. Elle menaçait toujours nos flancs et nous cachait ainsi les mouvements des troupes ennemies.

« Quand nous arrivâmes au Chêne-Populeux, l'ennemi se tenait à une telle distance de nous que les vedettes de sa cavalerie étaient à 75 kilomètres en avant de lui. Mais, à mesure que nous avancions, nous rencontrions de petits détachements de 5 ou 6 cavaliers en patrouille, qui, sans s'éloigner avec trop de précipitation, s'en allaient, aussitôt fixés sur nos intentions, donner communication à leur chef de ce qu'ils avaient observé. Dès que nous essayions de les suivre, ils se sauvaient dans la direction du corps auquel ils appartenaient, lequel était assez nombreux pour nous opposer de la résistance ; et cette résistance était suffisante pour nous empêcher de percer la chaîne des avant-postes et de nous approcher de l'armée ennemie. En général, la cavalerie prussienne opérait d'une façon si distinguée que nous nous mouvions en quelque sorte au milieu d'un filet jeté autour de nous et avec lequel on nous enveloppait toujours de plus en plus (1) ».

C'est pour cela que de Moltke était en droit de dire que les Allemands devaient leurs victoires au « maître d'école ». Car, pour opérer ainsi d'une façon indépendante en détachements d'exploration isolés, il faut avant tout des hommes d'une intelligence développée et sachant au moins lire et écrire.

Difficultés qui résulteront pour la cavalerie, dans les guerres futures, du nouvel armement et de la poudre sans fumée. Dans la guerre future, la cavalerie aura à lutter contre de nouvelles difficultés, par suite de l'adoption des armes nouvelles et de la poudre sans fumée. Afin que le lecteur puisse se faire une idée des modifications qu'entraînera le perfectionnement des armes à feu et comprendre comment ces modifications influeront sur l'importance et le rôle de la cavalerie, il nous faut esquisser la forme générale des opérations de deux armées ennemies, telle qu'elle se présente théoriquement, c'est-à-dire abstraction faite de tous les accidents imprévus qui peuvent survenir.

Les premiers combats de cavalerie peuvent avoir lieu immédiatement après l'ouverture de la campagne. Aussitôt que la guerre est déclarée commencent la mobilisation et la concentration des unités de l'armée active, à l'abri d'un cordon protecteur formé par la cavalerie afin d'empêcher que l'ennemi ne vienne par surprise y porter le désordre.

---

(1) *Untersuchungen über den Werth der Kavallerie in dem Kriege der Neuzeit* (Recherches sur la valeur de la cavalerie dans la guerre contemporaine). — *Militär Wochenblatt*, 1881.

Enfin les corps sont formés, ils sont reliés entre eux, l'armée est prête à la guerre. Le parti qui aura la chance de devancer l'autre sur ce point se trouvera dans des conditions bien plus favorables pour opérer activement.

Aussitôt qu'on entreprend la concentration des troupes, il faut que la cavalerie dérobe aux regards de l'ennemi tout ce qui se passe dans l'armée et naturellement, avant tout, les mouvements de celle-ci. Une fois la concentration terminée, commence pour la cavalerie un second rôle, la formation de l'avant-garde de l'armée.

La cavalerie à l'avant-garde de l'armée.

La tâche de toute avant-garde consiste à assurer au corps principal le temps de passer de l'ordre de marche à l'ordre de combat. Par conséquent,

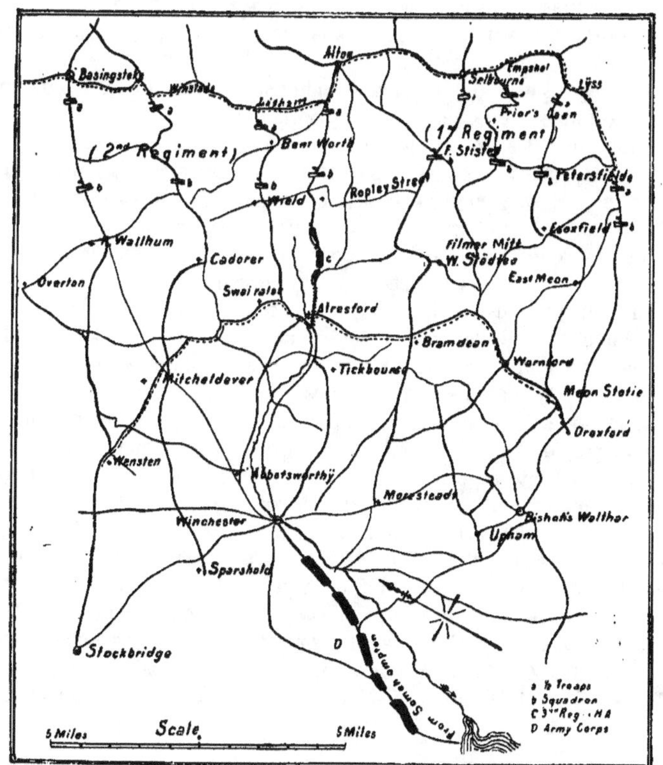

Couverture d'un corps d'armée par une brigade de cavalerie.

il faut que la cavalerie, envoyée en avant, fasse connaître l'approche de l'ennemi assez tôt pour que les troupes aient le temps d'occuper les positions voulues.

Façon de couvrir un corps d'armée.

Nous donnons, à la page précédente, le plan des positions d'une brigade de cavalerie qui couvre le front d'un corps d'armée (1).

On voit par là combien il est important d'envoyer la cavalerie le plus en avant possible. Tout conduit à cette conclusion, que l'ensemble des troupes de cette arme, — sauf ce qui est indispensable à la sécurité des différents corps — doit être lancé au loin, afin que l'avant-garde destinée à couvrir l'armée se présente aussi compacte qu'il se pourra. — Sur ce point tous les écrivains militaires sont unanimes et c'est même devenu en Allemagne une formule consacrée : *Die Reitermassen stets voraus!* (les masses de cavalerie toujours en avant !)

Force de l'avant-garde.

Chocs inévitables.

D'après les effectifs des armées actuelles, l'avant-garde pourra se composer de 5 à 7 divisions de cavalerie (2).

Nous avons déjà dit qu'aucune méthode de recueillir des renseignements n'est aussi sûre que celle des reconnaissances directes. — Les lettres saisies, les nouvelles des journaux, les avis des espions, tout cela est douteux. Il faut absolument qu'on se décide à « tâter » soi-même l'ennemi. Mais, comme celui-ci se protège de la même manière, les combats de cavalerie sont inévitables ; car chacun des deux partis s'efforcera de percer la chaîne d'avant-postes du parti adverse, pour se rapprocher du centre de ses troupes et découvrir ses projets. Si la cavalerie qui s'est répandue le long du front ennemi réussit, elle détermine la longueur de ce front ; les petits détachements d'exploration qui contournent les flancs s'efforcent d'en apprécier exactement la force. En tout cas, la cavalerie ne doit perdre de vue aucun mouvement de l'armée opposée.

Le vainqueur, maître du champ de bataille, sera évidemment en état d'obtenir plus de renseignements grâce aux lettres ou papiers trouvés sur les morts et en interrogeant les blessés. En outre, il a pour lui le renforcement de son moral et une certaine dépression de celui de l'ennemi.

Opinions russes sur les opérations de la cavalerie.

Nous voulons encore observer cet état des choses sous la conduite d'un écrivain militaire de talent, Tchitchagoff, à l'ouvrage duquel nous avons déjà fait des emprunts. D'après lui, on peut comparer la rencontre d'une armée qui dispose d'une cavalerie suffisante, avec un adversaire qui n'en a pas, au combat d'un homme clairvoyant contre un aveugle. Si fort que puisse être ce dernier, il finira toujours par être vaincu. C'est ainsi qu'Ulysse, voulant vaincre les Cyclopes, avait commencé par les aveugler.

---

(1) Général Clery, *Minor tactics* (Petite tactique).
(2) Tchitchagoff, *Organisation de la cavalerie moderne*.

Quant aux opinions et manières de voir qui règnent à ce sujet dans l'armée russe, nous pouvons les trouver dans l'ouvrage, récemment paru, du capitaine Doubrovine, qui s'exprime comme il suit au sujet de la cavalerie légère russe.

Cette cavalerie sera lancée en avant dès le début des opérations, tant pour explorer le terrain que pour écarter la cavalerie adverse. Si elle repousse celle-ci et parvient jusqu'à l'infanterie, à dater de ce moment le front de l'armée opposée ne sera plus inconnu. La cavalerie aura des rencontres continuelles avec l'avant-garde ennemie, protégera les communications, défendra les flancs de sa propre armée et menacera ceux de l'adversaire.

En outre, elle aura beaucoup d'autres missions stratégiques à remplir, tandis qu'elle ne réussirait qu'à grand'peine à pénétrer profondément dans la position des troupes qu'elle a devant elle.

Naturellement il ne s'agit ici que des masses de cavalerie. Car les légers détachements d'exploration, dont le rôle est de voir sans se laisser entraîner à tirailler çà et là, peuvent et doivent pénétrer à travers la ligne du front ennemi, quoique, par suite des nombreuses innovations introduites dans l'armement et l'organisation militaire, leur tâche soit devenue beaucoup plus difficile que par le passé.

L'appréciation de ces difficultés fait l'objet de discussions entre les spécialistes, dont les opinions doivent nous arrêter quelque peu.

L'influence de la poudre sans fumée sur la tactique d'exploration est incontestable.

Dans l'ouvrage du colonel B... (1) nous trouvons, au sujet de cette influence, un jugement décisif : « Il n'est pas douteux que, par suite de l'adoption de la poudre sans fumée, la tactique d'exploration doive se modifier considérablement et que la cavalerie ne semble plus tout à fait propre à reconnaître les localités et les effectifs des troupes adverses. Imaginons en effet une avant-garde régulièrement postée, avec ses chaînes de petits postes placés derrière des élévations de terrain, derrière des arbres, des haies et autres objets permettant à l'homme de se cacher, mais ne l'empêchant ni de voir, ni de tirer. Imaginons en outre un détachement de cavalerie qui se porte en avant avec les plus grandes précautions, précisément pour reconnaître cette avant-garde. Quelles données pourra-t-il recueillir sur son compte ? Dans le cas le plus favorable, il réussira à déterminer à peu près de quel côté vient l'ennemi ; mais il ne sera pas capable de reconnaître, ou même seulement d'apprécier, de quelle distance viennent les coups qui le frappent. Car, qu'une balle arrive de 200, 500, 1,000 mètres ou de plus loin encore, elle démonte un cavalier absolument

Opinions contraires.

Influence de la poudre sans fumée sur la tactique d'exploration.

---

(1) Le colonel B..., *La Poudre sans fumée et ses conséquences*. — Paris, 1890.

de la même manière. Avec les nouvelles armes on ne peut plus compter attirer à faible distance les troupes de reconnaissance ennemies. Il est au contraire plus avantageux pour celles-ci de commencer le tir aux plus grandes portées. A 400 ou 500 mètres, un petit poste peut ouvrir le feu contre les patrouilles de cavalerie sans crainte d'être aperçu lui-même.

« Même un détachement d'infanterie ne pourra qu'avec la plus grande peine résoudre le problème de la reconnaissance. Mais en tout cas il peut au moins chercher bien plus tôt un abri derrière les inégalités naturelles du sol ou les objets élevés. Il peut aussi se servir de tels passages ou de tels sentiers que même un cavalier isolé, et à plus forte raison une troupe de cavalerie, ne saurait franchir. »

Importance du développement intellectuel.

Là-dessus l'auteur en arrive à conclure qu'actuellement le succès des reconnaissances ne dépendra pas tant de l'effectif de la cavalerie que du degré de son développement au point de vue intellectuel. Cette observation mérite d'autant plus d'être prise en considération que déjà, dans toutes les armées, il existe un certain nombre de soldats tout spécialement dressés au tir et qui, affectés à l'avant-garde, arrêteront les reconnaissances ennemies tout en exécutant eux-mêmes le service d'exploration.

Dangers que crée à la cavalerie la poudre nouvelle.

Jusqu'à quel point un soldat isolé peut, avec le nouveau fusil et la nouvelle poudre, être redoutable, c'est ce que montre un exemple emprunté à la guerre franco-allemande et rapporté par le *Voïennyi Sbornik* :

« Un bataillon français, qui s'était abrité derrière le mur peu élevé d'un parc, engagea un vif combat de mousqueterie avec un détachement de Bavarois. L'un de ceux-ci grimpa sur un arbre et commença de tirer sur les Français d'entre les branches, abattant un homme à chaque coup. C'est seulement quand la fumée de son arme l'eut trahi qu'il fut « descendu » à son tour. Mais que fût-il arrivé si, au lieu d'un seul tireur habile, plusieurs se fussent ainsi postés sur des arbres, et s'ils s'étaient servis de poudre sans fumée ? »

Vélocipédistes contre les patrouilles de cavalerie.

Un nouveau danger, pour les reconnaissances de cavalerie, provient des vélocipédistes exercés à se porter très rapidement en avant des troupes et à dresser des embuscades, comme le montre la figure ci-contre.

Les expériences faites avec la nouvelle poudre aux manœuvres de ces derniers temps ont confirmé les craintes ci-dessus exprimées.

Sur la ligne de feu les nouvelles ne pourraient parvenir que par télégraphe ou téléphone.

L'auteur du rapport publié dans la *Reichswehr* (1) observe qu'il faudra renoncer à l'envoi d'estafettes et à toute transmission de nouvelles par ce moyen, aussitôt que les troupes entreront dans la ligne de feu. Il ne restera plus alors pour les communications que le télégraphe, le téléphone et les chiens dressés au service des renseignements. D'autre part, la

____

(1) *Kritische Beleuchtung der Schlussmanöwer, 1891, bei Weidhofen an der Thaya* (Examen critique de la manœuvre finale de 1891, à Weidhofen sur la Thaya).

pose de fils télégraphiques a aussi ses inconvénients ; car hommes et chevaux s'y heurtent, les brisent et en interrompent ainsi le fonctionnement.

Le principal moyen de se procurer des renseignements sera donc
encore, comme précédemment, l'emploi des patrouilles et des reconnaissances. Mais, ainsi que l'observe le professeur Langlois, les patrouilles
devront se mouvoir avec la plus grande prudence et ne pourront pas tou-

Vélocipédistes en embuscade contre des patrouilles de cavalerie.

jours fournir d'indications suffisantes ; ou bien elles se laisseront aller parfois
à des exagérations, ce qui, en présence du danger, est d'ailleurs très naturel.
Les détachements envoyés en reconnaissance n'avouent pas volontiers
qu'ils ont battu en retraite devant des corps de troupe insignifiants, et c'est
une circonstance qui doit nuire à la bonne exécution du service d'exploration.

Par suite de l'insuffisance des renseignements que ce service pourra
fournir, il est probable que, dans la guerre future, chaque bataille sera
précédée d'une assez longue « période d'engagements ». Les deux partis
opéreront d'abord en se tâtant dans une certaine mesure. La décision des
chefs peut bien accélérer le moment décisif et troubler l'ennemi ; mais,
en dépit du proverbe : *Audaces fortuna juvat*, l'audace seule n'assure pas
toujours le succès.

Dans la zone du feu il faut que l'infanterie exécute des reconnaissances.

Comme d'habitude, la vérité sera probablement encore ici dans une opinion moyenne. Et la plus exacte façon de présenter la chose est celle qui se trouve dans l'instruction, rédigée pour l'infanterie, par le comité technique français de cette arme : « La cavalerie, y lisons-nous, ne peut que renseigner sommairement sur la position et les forces de l'ennemi. Pour obtenir des données plus exactes et plus complètes, il faut recourir aux reconnaissances exécutées par des détachement d'infanterie. »

Dans les dernières manœuvres, on a renoncé, quand on s'est trouvé assez près de l'ennemi, aux reconnaissances de cavalerie ; c'est l'infanterie qui s'est alors chargée de les continuer.

V. Charges de cavalerie.

Différence d'opinions sur les charges.

Nous venons de voir combien il est douteux que l'emploi de la cavalerie, pour le service d'exploration, puisse être à l'avenir aussi praticable que par le passé. D'autres vont encore plus loin et nient que la cavalerie puisse, même par l'exécution des charges, retrouver quelque importance dans les batailles.

Les charges en masse sont rares dans les dernières guerres.

Déjà dans les dernières guerres, avant que le fusil fût aussi perfectionné et que les troupes fussent aussi exercées à l'établissement de retranchements et d'abris en terre, la cavalerie n'a été que rarement employée à des charges en masse. Et en fait, de même que, dans la guerre de 1866, les victoires prussiennes furent gagnées sans grande participation de l'artillerie, de même, dans celle de 1870-71, elles le furent en général sans que la cavalerie y prît une grande part.

Le perfectionnement des armes à feu diminue la valeur, comme arme de combat, de la cavalerie.

Tout perfectionnement important des armes à feu a toujours eu pour résultat de restreindre l'action de la cavalerie sur le champ de bataille. Au temps du Grand Frédéric, il n'était pas extraordinaire de voir, de part et d'autre, des bataillons entiers dispersés par des charges de cavalerie. Sous Napoléon Ier, également, on employait bien, quand il le fallait, la cavalerie contre l'infanterie. Mais son action était déjà fortement affaiblie, car, vis-à-vis d'une infanterie fraîche, elle ne réussissait que rarement.

Et les perfectionnements modernes des armes à feu n'ont eu pour résultat que de tracer, dans ce sens, des limites toujours plus étroites. Mais, d'un autre côté, la façon moderne de combattre entraîne par moments, pour l'infanterie, un tel état d'épuisement et de désordre qu'il sera possible à la cavalerie de trouver à s'employer contre elle, plus largement qu'auparavant.

Pour permettre encore ici de se prononcer entre les opinions opposées, nous voulons d'abord présenter aux lecteurs quelques faits d'après lesquels ils pourront se faire une idée du rôle qui doit réellement revenir à la cavalerie dans le combat moderne. Mais pour cela il nous faut remonter un peu dans le passé.

Lors des guerres du Grand Frédéric, la cavalerie constituait une très grosse partie de l'armée. — A Kollin, par exemple, la cavalerie prussienne était aussi nombreuse que l'infanterie. — On employait souvent la première arme avec succès contre la seconde, à différentes phases du combat.

A la bataille de Rossbach, les escadrons de Seydlitz entamèrent l'action en repoussant la cavalerie ennemie, puis en attaquant et dispersant l'infanterie.

A Zorndorf, la cavalerie russe a deux fois repoussé l'infanterie prussienne et dispersé, dans un cas, 15, dans l'autre, 25 bataillons. Et deux fois aussi la cavalerie prussienne décida de la marche de la bataille en forçant l'infanterie ennemie à reculer.

La figure suivante montre la manière dont agit la cavalerie à la bataille de Zorndorf.

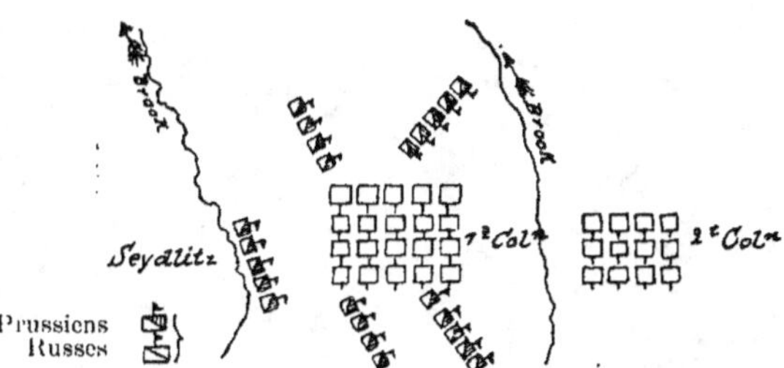

Attaque de la cavalerie à Zorndorf en 1758.

Dans une phase précédente de la bataille, une charge opportune de la cavalerie russe avait dispersé 8 bataillons prussiens à l'aile gauche et s'était emparée de 26 canons. Après la charge, cette cavalerie se reforma sur place dans son ordre primitif, c'est-à-dire en deux colonnes de 20 et 12 escadrons qui prirent position très près l'une de l'autre.

Le général Seydlitz, qui commandait la cavalerie sur ce flanc, s'élança avec 23 escadrons contre les Russes et chargea, sur 5 escadrons de front, l'angle droit de la colonne de droite, tandis que les 18 autres escadrons suivaient comme réserve et, se divisant en deux groupes, tombaient sur le flanc et l'arrière-garde de la masse ennemie.

La colonne russe attendit l'attaque et le choc fut tel qu'elle se vit entièrement dispersée et ne reparut plus sur le champ de bataille. Quant à la colonne de gauche elle se réfugia derrière l'infanterie.

Mais la mobilité croissante de l'infanterie et le perfectionnement des armes à feu eurent pour résultat de rendre la cavalerie de moins en moins redoutable à l'infanterie.

A Austerlitz, les charges de la cavalerie française contre l'infanterie russe ne réussirent pas. A Auerstaëdt, c'est en vain que les efforts désespérés de la puissante et nombreuse cavalerie prussienne essayèrent de rompre l'infanterie du maréchal Davout. A Essling, les colonnes de bataillon autrichiennes soutinrent le choc des plus violentes charges de la cavalerie de Bessières. — Mêmes résultats à Borodino, aux Quatre-Bras, à Waterloo, où la cavalerie fut employée énergiquement en grandes masses, mais sans succès, pour écraser l'infanterie.

Charge de cavalerie à Balaklava.

Les modifications survenues depuis l'époque frédéricienne jusqu'à la guerre de Crimée sont caractérisées par la charge qu'exécuta la cavalerie anglaise à la bataille de Balaklava ; — charge considérée comme typique par les écrivains militaires (1) et que représente la figure ci-dessus.

Dans cette bataille le général Scarlett reçut l'ordre de se porter, avec 8 escadrons, d'un point à un autre du champ de bataille, pour soutenir l'infanterie turque.

____

(1) Général Clery, *Minor tactics* (Petite tactique).

Il partit avec les dragons d'Inniskilling, les Écossais gris et le 5e dragons-gardes, en ordonnant au 4e dragons-gardes de le suivre.

La route lui fit traverser une vallée bordée à gauche par un plateau, situé à une distance de 5 à 600 mètres, et sur lequel se montra tout à coup une masse de cavalerie russe de 2,000 à 3,000 hommes, se dirigeant perpendiculairement au flanc de la colonne Scarlett. Le général résolut d'attaquer immédiatement.

La figure I nous montre la marche des Anglais avant l'attaque et la figure II, la charge de leur grosse cavalerie.

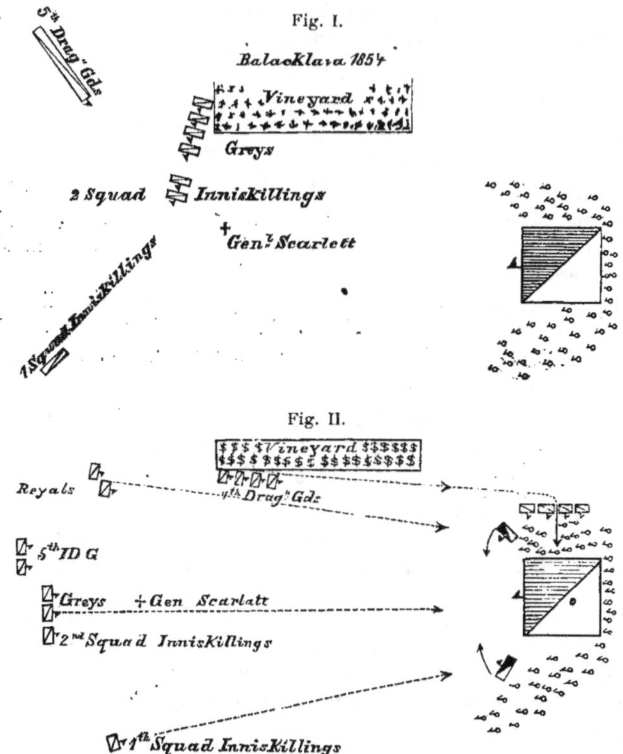

Le général Scarlett avait sous la main le 2e escadron des dragons d'Inniskilling et 2 escadrons des Écossais gris (2e dragons) ; le 1er escadron des Inniskilling était en avant et un peu à droite, tandis que le 5ᵉ dragons-gardes, également à droite, se tenait légèrement en arrière (voir fig. I).

Quand le général eut formé sa ligne de bataille, les trois premiers escadrons désignés ci-dessus se trouvaient au premier rang, le 1ᵉʳ escadron des Inniskilling étant en arrière à droite et le 5ᵉ dragons de même, mais à gauche.

La colonne russe continua sa marche jusqu'à 400 mètres environ de Scarlett et s'arrêta. Le front de la colonne fut alors élargi par l'envoi de quelques escadrons sur chaque flanc.

La troupe anglaise, qui devait attaquer cette colonne, comptait 400 à 500 hommes, dont environ 300 sur son front.

Le général Scarlett conduisit la première ligne à l'ennemi : il chargea de front le centre de la colonne, perça les rangs des Russes et y pénétra profondément. Les escadrons russes des flancs conversèrent alors sur leur centre pour entourer les Anglais.

A ce moment arrivèrent les Royal-dragons, qui chargèrent l'aile droite des Russes, précisément comme elle effectuait sa conversion. Les files extérieures de cette aile furent dispersées, tandis que les autres continuaient leur mouvement.

Le 5ᵉ dragons-gardes vint alors au secours des gris et attaqua la même aile en flanc et sur les derrières. En même temps le 1ᵉʳ escadron des Inniskilling chargeait l'aile gauche des Russes, comme elle avait presque achevé son mouvement.

Entre temps, le 4ᵉ dragons arrivait aussi, et, poussant en avant, pénétrait au milieu du flanc droit de la colonne russe et continuait à s'y enfoncer de plus en plus. La colonne russe prit alors la fuite.

Faute commise par les Russes.

Ainsi donc à Balaklava, comme près de cent ans auparavant à Zorndorf, les Russes avaient commis la même faute : celle d'attendre l'attaque de la cavalerie et de considérer la colonne comme une formation de combat.

On vit également, dans cette affaire de Balaklava, combien il est périlleux de faire effectuer à la cavalerie un changement de position à portée de l'ennemi : — quand les ailes russes furent attaquées et bousculées pendant leur mouvement de conversion, par la cavalerie anglaise.

Bataille de Nachod.

Douze ans plus tard, à la bataille de Nachod (1866), la brigade de cavalerie prussienne Wnuck, formée du 1ᵉʳ hulans et du 8ᵉ dragons, était établie près de Wysokow, quand cinq escadrons et demi d'Autrichiens apparurent, dont trois et demi formés sur une ligne, ayant comme réserve ou arrière-garde un escadron à droite et à gauche sur chacun de ses flancs, — ainsi qu'on le voit par la figure suivante.

Attaque de cavalerie à la bataille de Nachod.

<table>
<tr><td>

Les hulans prussiens s'élancèrent contre les Autrichiens ; et comme leur flanc gauche était menacé par l'escadron d'arrière-garde de droite de leurs adversaires, les dragons se précipitèrent à leur secours. Mais, tandis que la ligne autrichienne se portait également de front contre les hulans, ceux-ci furent attaqués dans leur flanc droit par l'escadron de réserve de gauche, de sorte que les Autrichiens eurent d'abord l'avantage.

C'est alors que vint à charger un escadron prussien qui arrivait par la route de Skalitz. Il tomba dans le flanc gauche des Autrichiens tandis qu'entre temps le 8e dragons se portait contre leur flanc droit, et cela décida l'affaire en faveur des Prussiens.

Les Autrichiens durent évacuer le terrain en abandonnant deux étendards.

On voit, par ce combat, combien il est important de gagner les flancs de l'ennemi et que le succès final sera toujours du côté de celui qui, le dernier, disposera encore d'escadrons pour cet objet. Les Autrichiens, d'abord heureux dans cette journée, furent battus quand les Prussiens réussirent à tomber dans leur flanc.

Parmi les batailles de la guerre de 1870, c'est celle du 16 août, à Mars-la-Tour, dans laquelle la cavalerie joua le rôle le plus important.

Le maréchal Bazaine devait, en laissant dans Metz la garnison nécessaire, se retirer avec ses cinq corps d'armée pour se réunir à Mac-Mahon. Les chefs de l'armée allemande découvrirent son intention le 14 août, quand leur Ire armée leur fit connaître que les Français évacuaient la rive droite de la Moselle. Il s'agissait dès lors, pour eux, d'arrêter la marche de l'ennemi ce jour-là et le jour suivant. Le prince Frédéric-Charles passa, avec une partie de ses forces, la Moselle au sud de Metz ; tandis que Steinmetz, avec la Ire armée, livrait à l'est de cette même ville, près des villages de Neuilly et de Colombey, une bataille victorieuse dont le résultat fut de contraindre les corps français qui y prirent part, à chercher un abri derrière les ouvrages de la place.

Les chefs de l'armée allemande crurent dès lors qu'il n'y aurait plus de combats sérieux dans le voisinage immédiat de la Moselle, et le prince

</td><td>

Importance de l'attaque de flanc.

Cavalerie allemande en 1870.

Intention qu'avait Bazaine de se réunir à Mac-Mahon.

</td></tr>
</table>

Frédéric-Charles reçut l'ordre de diriger, le lendemain matin, le gros de son armée directement de Novéant vers la Meuse, — en envoyant toutefois, pour se garder au nord, du côté de la route Metz-Verdun, deux corps d'armée qu'il fit passer par Gorze et Thiaucourt.

L'ennemi retenu à Mars-la-Tour.

La marche de la principale armée française avait été retardée. Les troupes de Bazaine se trouvaient, le 16 au matin, établies dans ou près les villages situés à l'ouest de Metz : Mars-la-Tour, Vionville, Rezonville — où elles venaient d'arriver, prêtes à continuer leur mouvement. Il fallait donc essayer de nouveau d'arrêter le maréchal. Le 3ᵉ corps d'armée prussien, appartenant, ainsi que le 10ᵉ, à la IIᵉ armée allemande et dirigé comme lui par Gorze-Thiaucourt, sous le commandement du général von Alvensleben, rencontra à dix heures du matin l'ennemi dont il repoussa d'abord la cavalerie à coups de canon. Un combat acharné s'engagea pour la possession des villages susnommés ; combat d'autant plus dangereux pour les Prussiens que les autres corps de la IIᵉ armée ne pouvaient arriver que peu à peu à l'aide des premiers.

Déjà l'aile gauche de l'attaque se voyait refoulée par les Français qui défendaient Mars-la-Tour ; il fallut que la brigade de cavalerie Bredow (7ᵉ cuirassiers, 16ᵉ hulans) donnât de l'air à l'infanterie trop rudement pressée.

Charges de la brigade de cavalerie Bredow.

Chevauchée de la mort des dragons de la garde.

La charge traversa les premiers rangs du corps de Canrobert. Mais alors les cavaliers lancés à la mort se heurtèrent à un obstacle insurmontable ; ils durent faire demi-tour, et pas un tiers des braves ainsi sacrifiés ne rentrèrent dans Mars-la-Tour derrière les lignes prussiennes. Et il fallut une nouvelle « chevauchée de la mort » pour sauver l'infanterie : ce fut cette fois les dragons de la garde qui l'entreprirent.

Les deux charges eurent le résultat souhaité. La dernière décida en fait de la bataille qui, après une lutte de douze heures, se termina au profit des Allemands, non pas, il est vrai, sans des pertes sanglantes. Le départ de Bazaine se trouvait une seconde fois empêché.

La planche ci-après nous donne, de la « chevauchée de la mort » du 16 août, à Mars-la-Tour, un dessin publié par la *Leipziger Illustrierte Zeitung*, d'après le tableau de Louis Braun.

On voit donc que les charges de cavalerie rendirent encore de grands services pendant la guerre de 1870.

Le combat de cavalerie contre cavalerie se passe autrement. Le général russe Pouzyrevski a écrit : « Le combat de cavalerie est, bien plus que celui d'infanterie, une affaire de moral et de présence d'esprit.

Le choc n'a jamais lieu.

« Le choc ne s'effectue jamais matériellement : l'effet moral, produit par l'un des deux adversaires sur l'autre, fait toujours reculer celui-ci : un peu plus tôt, un peu plus tard, n'y eût-il plus qu'une longueur

Charge de cavalerie à Mars-la-Tour, le 16 août 1870.

LA GUERRE FUTURE (P. 330, TOME

de nez entre les deux partis. Le premier coup de sabre n'est pas donné qu'un des deux est déjà battu et prend la fuite. Un choc effectif les anéantirait l'un et l'autre.

« Or, tandis que la charge réellement exécutée par les deux troupes adverses amènerait leur anéantissement réciproque, c'est à peine si, dans la pratique, le vainqueur perd seulement un homme. On dit qu'au combat d'Eckmühl il se trouva, pour chaque cuirassier français tué, 14 cavaliers autrichiens blessés, tous dans le dos. Peut-être, pensez-vous, parce que ces derniers n'avaient pas de cuirasse? Non pas, mais parce qu'ils avaient tourné le dos au moment de recevoir les coups ! (1). »

Quant à la question de la formation de la cavalerie pour l'attaque, il faut remarquer ce qui suit : *[Formation de la cavalerie pour l'attaque.]*

Les batailles de Zorndorf et Austerlitz peuvent être considérées comme typiques des époques où la cavalerie atteignit son apogée : sous Napoléon et sous le Grand Frédéric.

A Zorndorf, la cavalerie prussienne attaqua, tantôt sur deux, tantôt sur trois lignes. Une seule fois Seydlitz chargea sur une seule ligne, mais le moment était très critique et l'occasion favorable pour risquer un coup d'audace et envelopper l'ennemi.

A Austerlitz, la division Kellermann exécuta neuf charges. Cette division, qui se composait de deux brigades à deux régiments, ne mettait qu'un seul ou. au plus, deux régiments en première ligne, et gardait le reste en seconde ligne ou en réserve.

Les autres divisions de cavalerie française exécutèrent, en principe, leurs charges sur deux lignes séparées par une distance d'au moins 250 mètres.

La distance entre les lignes doit être assez petite pour que chacune d'elles puisse arriver à temps au secours de la précédente. Mais cette distance ne doit pas être trop faible, afin d'éviter que la ligne d'avant, en faisant demi-tour, ne vienne paralyser l'action des lignes suivantes. Même il faut une certaine place pour manœuvrer si l'on veut que, dans l'attaque, le choc puisse se produire avec assez de force. *[Distances entre les différentes lignes.]*

Ainsi dans la bataille de Soorin, en 1745, les 50 escadrons de la cavalerie autrichienne étaient formés sur trois lignes, à des distances d'une vingtaine de mètres seulement. Il en résulta que la première ligne, chargée par la cavalerie ennemie, se rejeta sur la deuxième, celle-ci sur la troisième et que finalement le tout, dans un effroyable désordre, vint se rejeter sur l'infanterie.

---

(1) A.-K. Pouzyrevski, *Études sur le combat.* — Varsovie, 1893.

Pour que la charge atteigne son maximum d'efficacité, il faut que les derniers mètres soient parcourus à la plus rapide allure possible.

Faut-il charger sur deux rangs ou sur un seul ? Le général Clery dit (1) qu'actuellement la formation normale de la cavalerie en position est sur deux rangs ; — en dépit de l'objection faite souvent que, dans beaucoup de charges réussies, les deux rangs se sont fondus en un seul avant que la rencontre ait eu lieu, de sorte que la formation préalable d'un deuxième rang s'est, en pareil cas, trouvée inutile.

Mais on ne doit pas perdre de vue que la charge tend à relâcher les files de la cavalerie, et que si le deuxième rang n'était pas là pour remplir immédiatement les vides produits, la ligne entière perdrait cette solide cohésion qui fait précisément la force de la charge. Aussi la formation sur deux rangs est-elle généralement adoptée.

Attaques de flanc. Comme les flancs constituent le côté faible de la cavalerie, l'assaillant doit toujours chercher à attaquer l'ennemi de ce côté. C'est un principe essentiel parce que le résultat ainsi obtenu est généralement d'une importance capitale.

Charge sur l'artillerie.

Charges sur l'artillerie par la cavalerie anglaise. Attaque aux manœuvres. La figure ci-dessus représente une charge sur l'artillerie exécutée aux manœuvres anglaises.

L'emploi de la cavalerie aux manœuvres, qui doivent présenter l'image d'une bataille de l'avenir, est décrit de la manière suivante :

(1) *Minor tactics.*

Charge de cavalerie.

LA GUERRE FUTURE (P. 332, TOME I.)

« Tandis que l'infanterie s'est déjà déployée, la cavalerie se concentre sur un de ses flancs hors de portée du tir et s'y tient prête jusqu'à ce que le moment paraisse venu au commandant en chef de l'envoyer dans une direction que détermine la marche du combat. Mais, en outre, la cavalerie se conforme à tous les changements de position de l'infanterie et veille attentivement au moment où sonnera, pour elle, l'heure de prendre part à la lutte. Il faut qu'elle s'y décide aussi de sa propre initiative, attendu que, si elle attendait des ordres, son action serait, la plupart du temps, trop tardive. Par conséquent le choix du moment où la cavalerie doit intervenir dans le combat, soit pour renforcer le mouvement général en avant, soit pour protéger tel ou tel corps de troupes, doit être laissé à l'initiative énergique et prompte de son chef » (1).

Écoutons maintenant les adversaires de l'emploi des masses de cavalerie sur le champ de bataille. *Les adversaires de l'emploi de la cavalerie en grandes masses.*

Un écrivain militaire de cette opinion, le capitaine Nigote, a écrit : « Tout le monde, il est vrai, contemple avec terreur les énormes charges de cavalerie qui se font aux manœuvres, quand régiments après régiments se précipitent comme un torrent débordé qui doit emporter tous les obstacles.

« Dans ces masses qui s'avancent comme un ouragan, nous distinguons quelques cavaliers la lance tendue, la tête baissée, le corps penché en avant ; tous volent comme un seul homme, eux et leurs chevaux, véritable tourbillon qui va tout détruire... Mais non, pas du tout. Avec les armes modernes ce n'est là qu'une apparence trompeuse. »

Pour nous en convaincre, nous n'avons qu'à jeter un coup d'œil sur ce tableau qui donne le résultat du tir exécuté par un bataillon, contre la cavalerie formée sur deux rangs (2) : *Effet du feu d'un bataillon contre deux rangs de cavalerie.*

A 800 mètres, sur 100 balles	21 touchent.
700 — 100 —	25 —
600 — 100 —	29 —
500 — 100 —	35 —
400 — 100 —	43 —
300 — 100 —	53 —
200 — 100 —	62 —
100 — 100 —	62 —

---

(1) *Règles générales pour l'emploi des trois armes dans le combat.* Bureau du chef d'État-Major général de l'armée italienne. — Paris, 1891.

(2) Il faut remarquer que ces résultats de tir ont été obtenus dans des conditions très semblables à la réalité. La figure de la page suivante nous montre les cibles représentant de la cavalerie, employées dans l'armée allemande. *Tirs exécutés en Allemagne sur des cibles de cavalerie.*

En exprimant ces résultats graphiquement, nous obtenons la figure que voici :

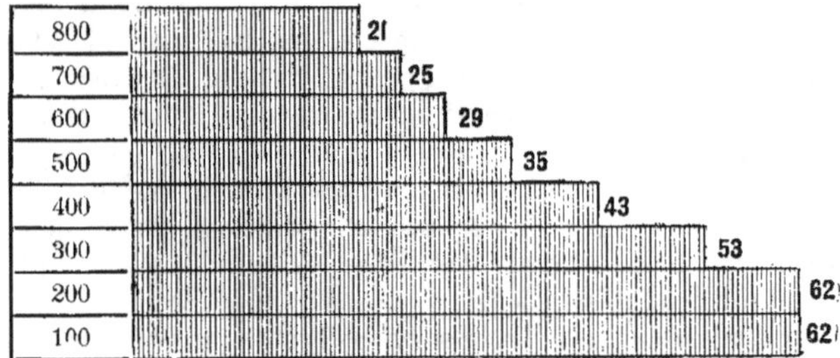

Pertes causées à la cavalerie par le tir d'un bataillon, — en pour cent.

Ces chiffres sont éloquents. Ils montrent qu'un bataillon de 800 hommes peut, d'une seule salve, abattre, à 300 mètres, 424 cavaliers. Mais si le bataillon ouvrait le feu à 800 mètres et le continuait sans interruption jusqu'à 100 mètres, il pourrait mettre hors de combat 2,656 hommes dans la masse qui s'avance contre lui, — c'est-à-dire qu'il serait capable d'anéantir plusieurs régiments de cavalerie marchant l'un derrière l'autre (1).

Cibles mobiles sur des traîneaux.

Nous voyons que les cibles sont portées sur des traîneaux mobiles, pour représenter les allures de la cavalerie. Nous avons déjà décrit ce mécanisme plus en détail, pages 44 à 48.

(1) Capitaine L.-J. Nigote, *Les Grandes Questions du jour*.

Infanterie contre cavalerie.

La Guerre future (p. 331, tome

Tous les écrivains militaires ne sont pas d'accord sur ce point. L'un fait observer que la cavalerie peut s'avancer trois fois plus vite que l'infanterie et que, par suite, elle est trois fois moins exposée au feu de mousqueterie. Si bien que, tout en présentant une probabilité trois fois plus grande d'être atteinte — cheval ou cavalier — la rapidité de ses mouvements fait compensation. De sorte que, pendant la charge, la cavalerie ne perdrait pas plus d'hommes que l'infanterie dans ses attaques.

Le colonel Wallhofen explique même que la cavalerie peut parcourir 500 mètres au galop dans une minute et que, pendant ce temps, elle ne pourrait, sur cent balles, en recevoir plus d'une. Il semble cependant que, dans cette affirmation, la vitesse des cavaliers ait été quelque peu exagérée. Il n'y a même pas besoin d'être militaire pour comprendre que, sur un terrain inégal, avec des chevaux de forces différentes, en formation compacte et avec un lourd équipement, la cavalerie ne peut pas atteindre la même vitesse que sur un champ de courses. Et, de fait, différents spécialistes pensent aussi .qu'en formation compacte le cheval ne peut pas faire plus de 340 mètres à la minute, ni plus de 440 mètres au galop le plus allongé (1).

Ainsi nous nous trouvons encore une fois entre deux opinions opposées et nous n'entreprendrons naturellement pas de trancher la question en litige. Nous nous permettrons seulement de présenter quelques données empruntées à la pratique.

En France, il est admis comme règle que la cavalerie exposée au feu éprouve des pertes deux et demi à trois fois plus considérables que l'infanterie n'en éprouverait, toutes choses égales d'ailleurs, — et que, pour cette raison, la cavalerie ne peut pas rester immobile sous le feu. Même les petits détachements ne supportent pas le feu à des distances au-dessous de 800 mètres ; attendu que le nombre des cavaliers blessés par une salve de 700 fusils s'élève à 8, tandis que pour l'infanterie, dans les mêmes circonstances, il n'y aurait que 3 hommes atteints.

Il est généralement admis que le nombre des coups qui atteignent la cavalerie est triple de ce qu'il serait pour des tirailleurs d'infanterie.

Si l'on prend cette proportion pour base des calculs, il en ressort, d'après les tableaux du général Rohne (2), que :

à 800 mètres, le nombre des coups portant, serait de 30 (d'après Nigote : 21)
à 500   —   58 (»   » : 35)
à 300   —   85 (»   » : 53)

---

(1) Oméga, *L'Art de combattre*. Dans la cavalerie russe on admet les vitesses suivantes : au pas, 90 mètres par minute ; au trot, 213^m30 ; au galop, 384^m40.

(2) *Appréciation des résultats des tirs de combat*. Dans le *Militär Wochenblatt*, 1895.

Par suite de cela, il est admis en France, que, pendant la bataille, la cavalerie doit se tenir au moins à 3,500 mètres de l'ennemi, et que c'est seulement vers la fin du combat qu'elle peut se rapprocher davantage; — et encore pas au-dessous de 1,000 mètres, si elle ne veut pas risquer d'être anéantie par le feu de l'artillerie et de l'infanterie.

Ainsi donc, même en admettant la possibilité d'une vitesse de course de 500 mètres à la minute, il n'en faudrait pas moins à la cavalerie, sept minutes en général, — et, au moment le plus favorable, vers la fin de la bataille, encore deux minutes, — pour arriver jusqu'à l'infanterie.

Mais il est clair que, pendant ces deux minutes, avec les armes à tir rapide, la poudre sans fumée et la grosseur du but que la cavalerie offre à l'action du feu, une notable partie des projectiles devrait la frapper. Et si seulement un dixième des cavaliers étaient jetés à bas, est-ce que cela ne paralyserait pas un peu la charge?

Des opinions semblables se manifestent aussi dans l'armée allemande. L'auteur des *Militärischen Essays R. V.* (Ire livraison de 1861, *Ueber den Werth der Kavallerie in den Kriegen der Neuzeit* (*) et dans la IVe livraison plus récente, *Die Taktik der einzelnen Waffen* (**), — auteur qu'on dit être un général prussien, — soutient que, par suite des glorieuses traditions de la guerre de Sept Ans, la cavalerie est encore nimbée d'une auréole qui depuis longtemps ne répond plus à l'état réel des choses. Et il ajoute que l'armée allemande traîne avec elle 30,000 ou 40,000 cavaliers de plus qu'il ne lui en faut pour les charges qu'elle aura à exécuter. Ce qui ne fait d'après lui que réduire le nombre des armes à feu mises en ligne, tout en ralentissant le déploiement stratégique de l'armée et en rendant son entretien plus difficile.

Mais les partisans convaincus de la cavalerie ne manquent pas non plus d'arguments. — La fumée de la poudre n'a jamais facilité, disent-ils, les succès de la cavalerie. Au contraire, la plus grande clarté, que présentera désormais le champ de bataille, permettra de reconnaître plus facilement sur quel point l'infanterie mollit et où la cavalerie peut intervenir pour décider l'affaire (1).

Un autre écrivain militaire allemand s'exprime ainsi: « Jusqu'à présent, si les troupes d'infanterie n'ont pas frémi et ne se sont pas débandées devant l'ouragan des charges de cavalerie, c'est uniquement parce que la fumée les leur rendait invisibles jusqu'à la dernière minute. Mais, si le champ

---

(*) Sur la valeur de la cavalerie dans les guerres contemporaines. (**) La tactique des différentes armes.

(1) *Wird das rauchschwache Pulver die Verwendbarkeit der Kavallerie beeinträchigen?* Berlin, 1890. (La poudre sans fumée entravera-t-elle l'emploi de la cavalerie?)

de bataille n'est plus enveloppé de fumée, l'impression produite par les charges en masse deviendra si puissante que l'infanterie tirera plus mal et peut-être même lâchera pied. »

De tout temps les charges exécutées par la cavalerie sur l'infanterie ont coûté de grands sacrifices à la première de ces armes. Quand Seydlitz, ce modèle des généraux de cavalerie, chargea pour la seconde fois l'infanterie russe à la bataille de Zorndorf, il perdit, au rapport de Wallhofen, 21 pour cent de son effectif en moins d'une heure. Car de ses 61 escadrons — comptant 7,000 cavaliers — 78 officiers et 1,267 hommes restèrent sur le terrain. Les masses de l'infanterie russe formées sur douze rangs, dont le premier, genou en terre, croisait la baïonnette, reçurent la cavalerie prussienne par un feu de mousqueterie tellement vif, et les batteries russes envoyèrent dans ces masses de cavaliers tant de projectiles, que ces braves tombaient par files entières pendant la charge et que le désordre commençait déjà à se mettre dans leurs rangs. Mais Seydlitz, le chef résolu, qui connaissait ses cavaliers, commanda encore : « Marche ! marche ! » et l'infanterie russe fut culbutée et sabrée, car le soldat russe ne cesse de combattre qu'en expirant.

Aussi, aujourd'hui encore, comme au temps de Seydlitz, continue l'auteur, si la cavalerie est lancée le plus largement possible, conduite dans une direction favorable et sans hésitation au bon moment, elle pourra, comme une inondation destructive, déborder sur l'ennemi surpris, en renversant tout ce qui ne cédera pas devant elle. A une condition pourtant : Il faut que la cavalerie soit elle-même fermement convaincue de l'irrésistibilité de ses attaques ; il faut qu'elle croie encore, qu'aujourd'hui comme autrefois, rien ne peut l'arrêter, et qu'elle décidera de la victoire pourvu qu'elle le veuille, si elle est prête à tous les sacrifices.

« La cavalerie ne doit jamais attendre trop longtemps — autrement elle arriverait trop tard... — La cavalerie reçoit ses instructions du commandant en chef et elle est libre de choisir le moment favorable pour charger. » Voilà qui est entièrement d'accord avec le règlement italien que nous avons cité. Wallhofen ajoute : « Le règlement de cavalerie français dit très justement que le chef de la cavalerie ne doit jamais oublier que de toutes les fautes à commettre une seule est déshonorante : l'inaction (1). »

Chez les écrivains militaires français aussi nous trouvons souvent exprimées des opinions de ce genre :

« La bataille, écrit l'un d'eux, est maintenant avant tout, une lutte aux armes de jet. Si pendant des heures entières elle se prolonge sur un même

---

(1) Colonel von Wallhofen, *Die Kavallerie in dem Zukunftskriege*. Rathenow, 1891. (La cavalerie dans la guerre de l'avenir.)

point, elle finit par consommer deux fois plus de troupes. Des deux côtés beaucoup d'officiers ont été mis hors de combat ; les unités, abandonnées à elles-mêmes, ne se maintiennent plus que grâce aux qualités militaires de leurs soldats. Les fractions poussées en avant continuent la lutte jusqu'à épuisement ; les vides produits par le feu sont comblés par les réserves et finalement la ligne de combat ne présente plus qu'un mélange de tous les régiments et de toutes les armes ; — mélange qui s'augmente toujours et qui, au fur et à mesure que les forces s'épuisent et que les officiers font défaut, perd peu à peu de sa cohésion.

« C'est le moment, reconnaissable au vacillement de la ligne, où les masses de cavalerie doivent se jeter sans hésitation sur l'ennemi. A ce moment, peu importe l'arme dont dispose l'infanterie épuisée : fusil à magasin, fusil à silex ou même simple fourche (1). »

L'auteur appuie sa manière de voir par des exemples tirés des guerres d'Algérie ; et il s'en réfère également aux opinions formulées par le général Dragomiroff sur la destruction des carrés anglais par les Zoulous en Tasmanie.

Difficulté de choisir le moment de l'attaque.

Mais précisément dans le cours de la bataille moderne, il sera toujours difficile de trouver le moment que la cavalerie peut utiliser avec succès. Ainsi von der Goltz, dont nous avons cité souvent l'ouvrage, *La Nation armée*, observe avec beaucoup de raison : — que, si toute bataille présente, en effet, des moments de ce genre, il est plus facile, avec les distances de combat actuelles, de les apercevoir dans ses propres troupes que dans celles de son adversaire ; — que, de plus, il peut arriver qu'on s'exagère l'épuisement de l'ennemi : pendant la guerre de 1870, des corps de cavalerie français se sont plus d'une fois précipités avec le courage du désespoir sur l'infanterie allemande ébranlée et n'en ont pas moins été anéantis par le feu de cette dernière ; — qu'enfin une masse de cavaliers constitue un objectif trop étendu pour pouvoir se maintenir dans la zone de la portée effective du feu de mousqueterie ou des shrapnells.

Comparaison du combat actuel avec celui du passé.

Plus loin l'auteur expose que les moments de faiblesse chez l'ennemi ne peuvent être saisis que sur la ligne la plus avancée des tirailleurs. Et avant qu'en raison du fait ainsi constaté, l'ordre de se porter en avant soit transmis à la cavalerie, il peut très bien se faire que l'instant favorable soit déjà passé. Des masses de cavaliers en mouvement se remarquent toujours très facilement par suite de la poussière qu'elles soulèvent et attirent aussitôt sur elles tous les projectiles de l'ennemi. L'artillerie peut utiliser contre cette arme ses plus grandes portées. Et jusqu'à 600 mètres, les balles de

------

(1) *La cavalerie et l'artillerie en face de l'armement actuel de l'infanterie.* — Paris, 1892.

l'infanterie ne s'élèvent pas de plus d'une hauteur de cavalier au-dessus de
la ligne de mire.

Il est bien vrai que les chevaux se sont améliorés depuis l'époque de la
guerre de Sept Ans, et qu'ils pourraient aujourd'hui parcourir plus de terrain
aux allures vives. Mais cette augmentation est loin d'être comparable à
celle qui s'est accomplie dans la portée efficace des armes à feu. Auparavant l'infanterie ne pouvait plus combattre dès que son ordre compact était
rompu et qu'elle se trouvait dispersée : aujourd'hui elle commence précisément par se disperser. Chaque petit groupe forme à lui seul un tout utilisable ;
et même l'homme isolé ne se sent pas sans défense tant qu'il a encore des
cartouches.

La situation de l'infanterie en présence de la cavalerie s'est donc entièrement modifiée. Seydlitz, Ziethen, Driesen, Gessler pouvaient tenir leurs
escadrons prêts à 800 pas de l'ennemi, pour s'approcher ensuite de leur
personne jusqu'à moitié de cette distance afin d'épier le moment où les
lignes fléchiraient. Alors il ne s'agissait que de rompre l'infanterie en un
seul point et de détruire ainsi la cohésion de toute la ligne de bataille.

Aujourd'hui l'infanterie est infiniment plus difficile à battre. Même traversée par la cavalerie, elle n'est point hors de combat et son feu n'est
qu'interrompu.

La cavalerie peut, il est vrai, redoubler ses attaques en se couvrant du
voile de poussière qu'elle soulève. Mais, quand bien même cette circonstance et parfois la nature accidentée et couverte du terrain favoriseraient
son apparition immédiate, ces avantages ne compenseront que bien
rarement la grande supériorité du feu de l'infanterie.

Von der Goltz observe encore qu'on espérerait vainement amener la
cavalerie à s'exposer, comme l'infanterie, jusqu'à se faire détruire dans une
bataille. Ce qu'il explique en ajoutant que, parfois aussi, dans une situation désespérée, l'infanterie prendrait la fuite si elle avait des chevaux : « La
merveilleuse ténacité de sa résistance, qui nous cause par moments un
étonnement bien justifié, provient en partie de ce qu'elle est justement
obligée de tenir ou d'être anéantie. Se servir d'un cheval pour échapper à
la mort a, pour notre sentiment humain, quelque chose de si naturel, que
nous considérons une fuite à cheval comme beaucoup moins honteuse
qu'une fuite à pied. »

La fuite à
cheval est plus
facile qu'à pied.

L'expérience de la prochaine guerre apportera évidemment encore de
nouveaux arguments aux écrivains militaires qui doutent que la cavalerie
puisse avoir, dans la bataille, une grande importance. Le général Kouropatkine (1) constate, en décrivant les opérations des troupes russes devant

Fautes commises
par les chefs
de la cavalerie
russe en 1877.

---

(1) Nous empruntons ce passage au livre de Sainte-Chapelle : *Les tendances actuelles
de la cavalerie russe.* — Paris, 1886.

Plewna, que cavalerie et artillerie n'ont pas soutenu l'infanterie d'une façon suffisante. La cavalerie aurait bien été assez nombreuse, mais on l'avait diminuée et on n'avait pas dirigé convenablement son action ; de sorte qu'on ne prit pas assez soin des reconnaissances et du maintien des relations entre les différents corps de troupes. Néanmoins Kouropatkine ajoute qu'il est impossible de renoncer totalement aux charges de cavalerie, particulièrement à celles d'escadron et de régiment.

Questions soulevées.

Et ce général, qui se montre plutôt quelque peu sévère pour la cavalerie, cite néanmoins la façon glorieuse dont elle se conduisit à Lovtcha, où elle chargea l'infanterie et s'empara d'ouvrages fortifiés, — puis plus tard encore à Chipka, dans l'affaire si critique de 11 août, alors que deux sotnias cosaques mirent pied à terre, renvoyèrent leurs chevaux à Grabovo pour chercher des tirailleurs, puis, réunies avec le régiment d'Orel et n'étant pourtant appuyées que par une batterie de montagne, soutinrent l'effort des Turcs jusqu'à ce que l'arrivée du détachement de tirailleurs, que les chevaux cosaques avaient ramenés, permit aux troupes russes de prendre à leur tour l'offensive.

Mais Kouropatkine trouve qu'en général les opérations de la cavalerie ont été critiquables ; selon lui, elle aurait en quelque sorte redouté de se mesurer avec l'infanterie.

C'est là un phénomène que nous ne pouvons attribuer à un manque de courage. Car la valeur de toutes les parties de l'armée russe est très uniforme et l'infanterie a donné des exemples d'une résistance si acharnée que ses pertes atteignirent jusqu'à 40 et 75 0/0 — (au moins pour quelques compagnies à Plewna, dans les journées des 30 et 31 août) — c'est-à-dire parfois jusqu'à trois soldats sur quatre. Or, il n'y a aucun motif d'admettre que la cavalerie soit animée d'un autre esprit.

Influence des fusils turcs à tir rapide.

La question se pose donc de savoir si, dans le cas dont il s'agit, en présence de l'armement à tir rapide des Turcs, la cavalerie n'eut pas conscience de l'inutilité de ses charges.

Ici encore est à noter une observation de Kouropatkine, que parfois les soldats ne chargent pas volontiers, non point parce qu'ils se sentent numériquement trop faibles ou en raison des pertes par eux déjà subies, mais en prévision de celles qu'ils redoutent encore.

Par suite, il semble naturel que la cavalerie, — qui ne pouvait ni mettre genou en terre, ni se coucher, ni s'abriter derrière de petites élévations de terrain, mais devait rester en prise au feu des masses tirant sur elle, — manifestât moins de confiance que l'infanterie.

Pertes de la cavalerie allemande en 1870.

D'ailleurs la cavalerie allemande n'a pas non plus joué de rôle militaire bien important, pour le combat proprement dit, dans la guerre de 1870. Tandis que les pertes de l'infanterie, pendant cette guerre, s'élevèrent à

17,6 0/0, celles de la cavalerie n'atteignirent que 6,3 0/0. En d'autres termes le danger auquel étaient exposés les soldats était triple — et pour les officiers même davantage — dans l'infanterie, de ce qu'il était dans la cavalerie.

Les spécialistes ne sont pas non plus d'accord sur la question de savoir si, pour la cavalerie, l'on doit préférer les charges en masse ou les charges par petits détachements'

Avis partagés sur les charges en masse ou par parties.

Les uns font observer qu'en partageant la cavalerie en petits groupes, chacun de ceux-ci peut épier et saisir plus aisément l'instant de la charge et se tenir caché jusqu'au moment de son exécution.

D'autres soutiennent au contraire que, si la charge est nécessaire, il faut l'exécuter avec la plus grande force et la plus grande masse possible, et qu'il n'y a pas plus moyen d'y substituer une série d'actions successives que de remplacer le dîner par différents petits goûters.

Il nous semble que, pour d'autres raisons encore, l'action de la cavalerie, mais surtout les charges en masse rencontreront de grands obstacles dans la guerre future. L'effet des canons est devenu si puissant que les pertes infligées par l'artillerie empêcheront une marche en avant régulière des escadrons. Nous citerons à ce sujet quelques données.

Les charges en masse sont impossibles à cause du feu de l'artillerie.

D'après des expériences faites en Angleterre, sur un régiment en colonne d'escadrons partant d'une distance de 2,070 mètres, — la distance entre les différents escadrons étant de 7 mètres, le front ayant 28 mètres de long et la profondeur étant de 35, — voici ce que donneraient 36 coups tirés à shrapnells munis de fusées fusantes (1) :

Expériences faites en Angleterre avec des shrapnells.

Éclats ayant traversé les cibles.	397
Éclats restés fichés dans les cibles.	131
Éclats ayant marqué leur empreinte.	984
Éléments mis hors de combat.	182

Dans des expériences de tir exécutées à l'usine Gruson, avec des canons de 5 cent. 7, on tira 12 coups à mitraille contre trois panneaux de chacun 20 mètres de long qui représentaient des colonnes de cavalerie chargeant à 200, 250 et 300 mètres.

Expériences de tir de guerre contre des colonnes de cavalerie.

Les résultats obtenus sont indiqués par la figure ci-après.

Sur 2,640 balles lancées, 1,155 atteignirent les panneaux, savoir :

531	le panneau n°	I
363	—	II
261	—	III

Les 12 coups avaient été tirés en 55 secondes (2). Avec des canons de 7 cent. 5, l'effet est encore plus puissant.

---

(1) Müller, *Wirkung der Feldgeschütze* (Effet des canons de campagne).
(2) *Revue de l'artillerie belge.*

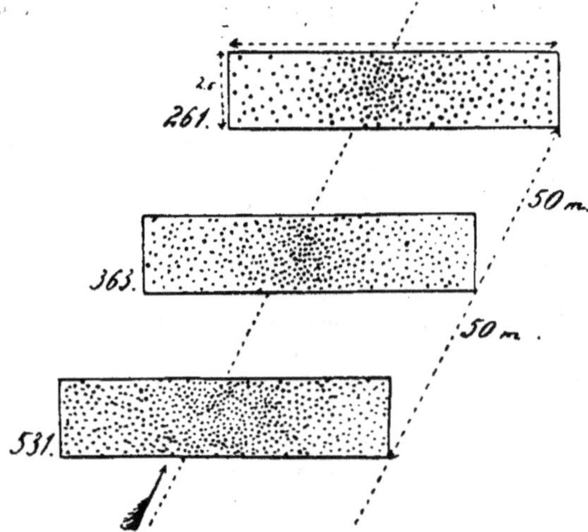

La figure donnée dans la planche ci contre nous montre l'effet produit par 9 coups tirés avec des obus à anneaux Krupp de 7 cent. 5, contre trois panneaux de 50 mètres de long et 2^{m}70 de haut, à 2,000 mètres de distance.

Ces opinions ainsi formulées sur les grands dangers auxquels sont exposées les charges en masse de la cavalerie, ont donné une actualité particulière à la question de savoir si, dans la guerre future, la charge en ordre dispersé, telle que la pratiquent les Cosaques, ne permettra pas d'obtenir de meilleurs résultats. C'est ce qui nous décide à dire un mot de cette façon de combattre.

VI. Les Cosaques et leur tactique.

Sainte-Chapelle (1) prend énergiquement parti pour les Cosaques et s'appuie de préférence sur les jugements d'écrivains qui ont eu l'occasion d'apprécier exactement leurs bonnes qualités et leur tactique sur le champ de bataille. Il cite des exemples tirés de la guerre de Crimée et de l'insurrection polonaise de 1830.

« Tous les officiers, dit Sainte-Chapelle, qui ont pris part à la campagne de Russie sous le premier Empire, sont unanimes à reconnaître les

____

(1) *Les nouvelles tendances de la cavalerie russe.*

grands services que les Cosaques ont rendus à la Russie. Cette opinion est aussi parfaitement d'accord avec celles des écrivains militaires classiques.

« J'ai déjà, écrit de Brack, parlé des Cosaques et je les ai représentés comme des troupes excellentes. Je le répète encore. Quelques officiers, qui n'ont pas fait la guerre, ou du moins qui sont restés en seconde ligne, croient devoir afficher un certain mépris pour cette cavalerie. Mais ne les croyez pas ! C'est chose indigne et coupable que d'être injuste pour l'ennemi. Ce n'est pas en dédaignant son adversaire qu'on parvient à le vaincre, c'est au contraire en l'étudiant et en arrivant à le connaitre à fond. Rappelez-vous quelle haute opinion avaient des Cosaques des capitaines aussi expérimentés que les maréchaux Soult, Gérard, Clausel, Maison et les généraux Morand, Lallemand, Pajol, Colbert, Corbineau, Lamarque et tant d'autres. Demandez, enfin, à tous les véritables officiers, et ils vous diront qu'une cavalerie légère remplit parfaitement son rôle, précisément lorsque, semblable aux Cosaques, et avec une infatigable vigilance, elle entoure l'armée entière d'un réseau protecteur impénétrable, tandis qu'elle inquiète constamment l'ennemi, lui porte à chaque instant des coups sensibles, et ne s'expose elle-même que rarement à en recevoir de tels. »

Examinons maintenant d'un peu plus près cette tactique des Cosaques, objet de tant de discussions.

Pour les classiques de la cavalerie, c'est un axiome que les charges des troupes régulières de cette arme ne peuvent réussir qu'à la condition d'être exécutées « en masse ». Aussi trouve-t-on, dans tous les manuels militaires, l'expression de cette idée que la puissance de la charge de cavalerie repose uniquement sur la force du choc et, par conséquent, dépend de deux facteurs : la masse et la vitesse. D'où il suit que, plus les chevaux sont forts et rapides, plus ils sont aptes à charger.

Tactique des Cosaques.

Les Cosaques, au contraire, chargent sur un front plus étendu, disposés suivant une ligne courbe concave appelée *lava* et sans garder le contact entre eux.

La *lava* est une formation de combat particulière aux Cosaques et, par suite, admise dans le règlement russe ; formation dans laquelle une partie de la troupe, disposée sur un seul rang, se déploie en une longue ligne avec intervalles entre les différents cavaliers, tandis que l'autre partie suit, comme réserve, en ordre compact.

La lava, formation de combat des Cosaques.

A un bref commandement de leur chef, tous les hommes se dispersent avec une rapidité foudroyante et fondent, en poussant de grands cris, sur l'ennemi, jusqu'à ce que, tout à coup, un peu avant de l'atteindre, les chevaux, comme au commandement, se rapprochent, les cavaliers se suspendant au flanc interne de leur monture, lâchent une salve, puis s'éloignent ventre à terre, tout en se tenant à califourchon face à la croupe et envoyant balle sur balle à ceux qui les poursuivent. Puis peu à peu, sans qu'on y prenne garde, les cavaliers se resserrent sur les deux ailes pour converser une seconde fois avec la rapidité de l'éclair et tomber à l'improviste sur le flanc et les derrières de l'ennemi qui, dans la poursuite, a perdu sa cohésion.

La *djighitofka* constitue, dans une certaine mesure, un exercice préparatoire à l'exécution de la *lava*.

La figure suivante montre l'exécution de ce jeu guerrier par des Cosaques du 5ᵉ régiment du Don.

Représentation d'une djighitofka.

Exécution de la *djighitofka* par les Cosaques du 5ᵉ régiment du Don.

Exercices les plus récents.

La *djighitofka* est tout à fait analogue à la « fantasia » des Arabes; elle a pour objet de former des cavaliers hardis et adroits. Elle consiste, par conséquent, en une réunion d'exercices comprenant le tir et le maniement du sabre à cheval, avec la voltige, le relèvement d'objets jetés à terre, la station sur le cheval, etc., — et cela à toutes les allures, même les plus rapides. Dans ces derniers temps, le général Gourko a introduit également la *djighitofka* dans les régiments de cavalerie de la garde et des 5°, 6°, 14° et 15° corps d'armée qui relèvent de son commandement (1).

Écoutons ce qui se dit en faveur de la *lava* : « Le succès », écrit le général Martynoff, « n'est pas pour l'armée qui attaque avec le plus d'ordre, mais bien pour celle qui porte son coup avec la plus grande décision. Par conséquent c'est uniquement la conviction et la conscience qu'a une cavalerie de sa propre supériorité, qui peuvent lui assurer la victoire dans une rencontre avec l'ennemi. Si les deux partis sont de valeur égale sous ce rapport, celui-là aura le dessus qui sait réunir l'attaque de flanc avec l'attaque de front, — mais plus particulièrement celui qui réussira à tourner l'ennemi par derrière.

« Si les deux adversaires ont un front de même étendue, il est peu vraisemblable qu'un parti puisse réussir à tomber sur l'aile de l'autre. En pareil cas, la charge en ordre ouvert, d'après la tactique des Cosaques — en *lava* — a beaucoup de chances de succès. »

D'autres voix s'élèvent en sens inverse et font observer que la charge en ordre ouvert a bien, il est vrai, son bon côté, mais qu'elle a aussi ses inconvénients ; qu'elle exige un terrain approprié, que la troupe se disperse et perd sa cohésion ; qu'une charge exécutée dans de telles conditions, sans ordre et sans calme, ne peut développer une grande puissance de choc.

Ils ajoutent que, pour les Cosaques, la charge en ordre ouvert ne fut, à l'origine, commandée que par la nécessité ; qu'étant sans instruction, sans la moindre idée de la formation compacte, ils avaient dû se borner au rôle d'éclaireurs irréguliers. — Une longue expérience de la guerre, surtout dans les années 1812 et 1815, leur a permis de vaincre, même dans les combats livrés à la cavalerie légère de l'ennemi. Mais, partant de là, ils auraient pris l'effet pour la cause ; et alors qu'en réalité c'étaient leurs qualités personnelles, et non leur manière de combattre, qui leur avaient assuré la victoire, ils s'étaient, en raisonnant sur ce fait qu'ils chargeaient toujours en ordre ouvert, formé des idées très fausses sur la méthode de combat par eux pratiquée.

Les partisans de la tactique des Cosaques répondent à cela : — que leur idéal a toujours consisté et consiste encore à obtenir le maximum de résultats avec le minimum de pertes ; — qu'ainsi seulement s'expliquent les charges sur un seul rang : une troupe qui s'avance sur deux rangs étant plus exposée à l'effet du feu, surtout avec la force et la portée des projectiles

---

(1) D'après la *Leipziger Illustrierte Zeitung*.

modernes ; — que, dans la formation compacte sur deux rangs, le premier seul peut combattre, ce qui revient à diminuer de moitié le nombre des combattants ; — que, si la charge échoue, le second rang, dans sa retraite et son désordre, ne peut être, pour le premier, qu'un embarras l'empêchant d'échapper au danger, et que, si l'ennemi poursuit les fuyards, il lui sera bien aisé de tailler en pièces cette masse informe de cavaliers qui se gênent les uns les autres.

Il va de soi qu'entre ces deux opinions opposées nous ne saurions nous prononcer. Nous avons seulement jugé convenable de faire connaître à nos lecteurs ces différentes manières de voir.

Quant à la formation dispersée des Cosaques, il paraît difficile d'admettre qu'elle soit moins rationnelle aujourd'hui qu'autrefois. Actuellement, il faut, en moyenne, pour mettre un cavalier hors de combat : à 200 mètres, 2 balles et demie, à 400 mètres, 7 balles, et à 600 mètres, 16 (1). Il suffit au contraire d'envoyer dans une troupe, formée à rangs serrés, quelques shrapnells ou quelques salves d'infanterie, pour arrêter les charges en masse.

Pour et contre le
feu de salve
à cheval. A propos de la discussion sur la tactique des Cosaques, nous appellerons l'attention du lecteur sur le cas suivant.

Les *Jahrbücher für die deutsche Armee und Marine* (2) ont publié un rapport d'après lequel, comme la X⁰ division de cavalerie, débouchant d'un bois, avait été reçue par deux sotnias cosaques, avec des feux de salve tirés à cheval, le général Gourko aurait vivement critiqué une telle façon de combattre et interdit de jamais renouveler une semblable sottise à l'avenir. L'auteur du rapport ajoute que ces observations sont évidemment dirigées contre les idées du général Soukhotine qui a pris parti pour l'emploi, par la cavalerie, des feux de salve exécutés à cheval.

Opinion de
Tettau sur les
Cosaques. Quant à la question de l'importance des Cosaques dans la guerre future, un ouvrage récent de Tettau (3), appuyé sur de nombreux articles du *Voïennyi Sbornik* et notamment sur les opinions émises par le général Khorokhine, arrive à cette conclusion que, chez les Cosaques d'aujourd'hui, il ne peut plus être question de qualités militaires remarquables ou d'instincts guerriers déterminés. En revanche, ils possèdent d'autres facultés d'une haute utilité pour des soldats : une grande sobriété et peu de besoins, l'aptitude aux longues marches et à supporter les duretés de la vie des camps, de la patience et de l'endurance.

---

(1) « Tableaux de tir dressés à l'École du camp de Châlons pour le fusil mod. 1886 ».

(2) Nous citons d'après l'article publié dans l'*Armeeblatt*, du 1ᵉʳ mars 1893 : *Bermerkungen zu den Manövern im Militärbezirke Warschau* (Observations sur les manœuvres exécutées dans la circonscription militaire de Varsovie).

(3) *Die Kosaken-Heere.* — Berlin, 1892.

Aujourd'hui encore le Cosaque a une grande habitude du cheval, mais pas plus grande cependant qu'autrefois. D'abord parce que diminue le nombre des Cosaques qui, dès l'enfance, grandissaient littéralement avec les chevaux ; ensuite parce que les facultés précieuses du cheval cosaque se sont affaiblies par suite du morcellement de la propriété et de la diminution toujours croissante de l'élevage ; si bien que les chevaux cosaques d'aujourd'hui ne possèdent plus, en général, les qualités qu'on doit exiger du cheval de guerre de la cavalerie régulière. Pour la culture, le Cosaque demande plutôt des bœufs que des chevaux et c'est très rarement qu'il réserve ces derniers exclusivement pour la selle.

Les qualités du Cosaque et de son cheval ne peuvent être, pour ce genre de cavalerie, qu'une cause d'infériorité sur le champ de bataille. Mais, par contre, elles seraient d'une haute valeur pour ce qu'on appelle la « petite guerre ».

Dans les deux dernières campagnes russes, le rôle des Cosaques a été moins saillant qu'autrefois. Lors de la répression de l'insurrection polonaise de 1863, à laquelle prirent part 45,000 cavaliers du *voïsko* du Don, on a remarqué, de l'aveu même d'un écrivain russe, un affaiblissement dans l'instruction militaire et l'équipement de ces Cosaques : les fusils et les sabres étaient rouillés et, dans le harnachement, des cordes remplaçaient les courroies. Des chevaux petits et affaiblis témoignaient clairement de la décadence de l'élevage dans les *stanitzas*.

Quant aux règlements militaires, les hommes de troupe et jusqu'aux officiers ne les connaissaient guère et quelques corps mêmes observaient bien peu la discipline.

Pendant la guerre de 1877-78, — comme le dit le même article russe cité par l'auteur allemand, — les Cosaques ne parvinrent pas à maintenir leur ancienne renommée, parce qu'ils ne furent employés que par petits groupes et conduits au combat en nombre insuffisant. D'ailleurs, d'après la même source russe, quand toutes les mesures prises dans ces vingt dernières années pour améliorer l'organisation et l'instruction des troupes cosaques auront porté leurs fruits, on peut s'attendre à les voir redevenir en état de jouer un rôle plus important dans une guerre future.

Parmi les dispositions relatives à la réforme des troupes cosaques, il faut d'abord signaler les efforts tentés pour élever le degré d'instruction des officiers. Car celle-ci était, jusqu'à présent, dans la plupart des régiments cosaques, bien inférieure en moyenne à ce qu'elle est dans les troupes régulières.

Ainsi, d'après les données du professeur Rödinger « sur le recrutement pendant la période de 1881 à 1890 », l'armée régulière recevrait 41 0/0 de jeunes officiers sortant des écoles de guerre et 59 0/0 provenant des écoles de younkers, tandis que, chez les troupes cosaques, il ne se rencontrerait de proportion aussi favorable que dans l'artillerie et les régiments de la garde : les batteries cosaques renfermant 85 0/0 d'officiers provenant des écoles de guerre et le régiment cosaque de la garde 70 0/0. Partout ailleurs ce pour cent est bien inférieur à ce qu'il est dans la cavalerie régulière.

Ainsi, dans les régiments de Cosaques du Don attachés aux divisions de cavalerie de l'armée, il n'est que de 30 0/0 et dans ceux qui forment des divisions purement cosaques, de 5 0/0 seulement ; dans les régiments de Cosaques de l'Oural, il est de 22 0/0 ; dans le *voïsko* des Cosaques d'Orenbourg, de 29,5 0/0 ; dans celui des Cosaques d'Astrakhan, de 8,9 0/0. Tous les autres officiers ont fait leur éducation dans les écoles de younkers. Quelques-uns même n'ont reçu d'instruction que dans la maison paternelle.

C'est en raison de cette situation, et parce que la jeunesse cosaque elle-même aspirait à recevoir une instruction militaire sérieuse, que fut fondé vers 1885, à Novotcherkask, le corps des cadets du Don, dont les élèves, comme ceux des autres corps de cadets, entrent aux écoles de guerre quand ils ont achevé leurs cours d'études. Et c'est pour permettre leur admission dans les écoles que fut créée en 1890, à l'école de cavalerie Nicolas, à Pétersbourg, une sotnia spéciale de Cosaques comprenant 120 younkers — ou élèves-officiers.

C'est le grand nombre des Cosaques qui en fait l'importance.

Mais en attendant, l'importance des Cosaques provient surtout de leur grand nombre.

Ils peuvent mettre sur pied 670 sotnias ; et même en en déduisant une partie pour un service éventuel dans le Caucase et le Transcaucase, il reste toujours bien 500 sotnias disponibles pour une guerre européenne. Or, quoi qu'on puisse penser de la valeur militaire de ces éléments, ces 500 sotnias n'en constituent pas moins un complément considérable aux 340 escadrons de la cavalerie régulière.

Des écrivains russes ont exprimé l'idée qu'il conviendrait d'attacher un certain nombre de régiments cosaques aux corps d'infanterie, tandis qu'on grouperait les autres en divisions spéciales que leurs chefs pourraient employer à des entreprises indépendantes. C'est seulement alors que les Cosaques pourraient renouveler des exploits comme la charge audacieuse d'Orloff-Denissoff à Taroutino en 1812, où furent pris 40 canons français, — ou comme la brillante poursuite menée par l'ataman Platoff, au cours de laquelle des corps français entiers furent faits prisonniers.

C'est seulement alors, en un mot, que renaîtrait l'antique gloire des Cosaques.

VII. Réquisitions.

Plus important que jamais est aujourd'hui le devoir, qui incombe à la cavalerie, d'assurer des vivres à l'armée.

Déjà Montecuculli disait que la « faim est plus terrible que le fer, et que le manque de vivres a détruit plus d'armées que les batailles elles-mêmes ».

On s'est plaint aussi, dès les temps anciens, de la difficulté de nourrir les armées. Ainsi le Grand Frédéric écrivait : « Qu'il est donc pénible de réunir les nombreuses armées d'à présent, de les entretenir et de les mouvoir ! Ce sont des populations entières marchant à la conquête... Les plans les plus brillants du général en chef ne servent à rien, s'il n'a préalablement assuré la subsistance de ses soldats. »

Ces « populations » entières dont parle Frédéric, ne font plus l'effet que de poignées d'hommes à côté des masses innombrables qui, de notre temps, marcheront au combat : « Les fournisseurs ne seront pas toujours en état de donner satisfaction aux besoins les plus pressants et il sera également impossible, en cas de changements rapides dans la position des troupes, d'acheter directement des provisions. Il deviendra donc nécessaire de recourir à des réquisitions (1). »

C'est surtout à la cavalerie qu'incombera la tâche de réunir, par voie de réquisition, les approvisionnements nécessaires à l'armée, les voitures, chevaux, étoffes, outils, médicaments, argent, etc. En outre elle a, pour son propre compte, les mêmes besoins.

Pendant la guerre de 1870, la cavalerie allemande, grâce à la richesse du territoire qu'elle occupait, ne souffrit jamais du manque de fourrage ou de vivres. Devant Paris elle se nourrit, partie sur les environs immédiats, partie au moyen de fourrages exécutés au loin.

Les troupes de cavalerie dirigées sur la Loire et vers le Sud-Ouest, et qui comptaient 136 escadrons représentant un effectif de 18,360 chevaux, se nourrirent constamment elles-mêmes, parce qu'elles trouvèrent des ressources suffisantes dans la riche province de Beauce. Et il en fut de même de la cavalerie envoyée dans les départements du Nord (32 escadrons avec 4,320 chevaux).

Devant Paris, il y avait 10,530 chevaux et 318,000 hommes de l'armée de siège à alimenter (2).

Mais c'étaient là des conditions exceptionnelles que seule la richesse de la France pouvait comporter. En d'autres pays, soit plus pauvres, soit

---

(1) Général Lewal, *Études de guerre*. — *Tactique des ravitaillements.*

(2) Colonel Köhler, *Untersuchungen über den Werth der Kavallerie in den Kriegen der Neuzeit* (Études sur le rôle de la cavalerie dans les guerres modernes).

dont la population opposerait plus de résistance, la tâche serait beaucoup plus difficile.

C'est à la cavalerie qui précède l'armée, de contraindre les habitants à réunir, à préparer et même à fabriquer les objets nécessaires aux troupes qui la suivent ; et il lui faudra rester sur place elle-même jusqu'à l'arrivée de l'avant-garde de l'infanterie.

L'accomplissement d'une pareille tâche demande beaucoup de soins, et elle est loin d'être sans danger. Car il faudra souvent envoyer de petits détachements dans les directions les plus variées, et l'organisation de corps de francs-tireurs pour combattre les « raids » de la cavalerie augmentera singulièrement les difficultés de sa mission.

La population civile du pays sera aussi exposée à de bien plus grandes pertes et à de bien plus grands dangers que dans les guerres d'autrefois.

Nous reviendrons encore, du reste, sur la question des ravitaillements. Nous n'avons voulu qu'indiquer ici le rôle que joue la cavalerie dans ce service ; rôle qui, pour certains écrivains militaires, constitue presque la tâche essentielle incombant à cette arme dans les guerres de l'avenir.

VIII. Conclusions.

Importance du rôle de la cavalerie.

Malgré les difficultés que présente aujourd'hui l'emploi de la cavalerie au combat, la nécessité de cette arme est reconnue par tout le monde. Ceux-là mêmes des écrivains militaires, qui lui contestent la possibilité de jouer un rôle dans la lutte proprement dite, ne nient pas que, dans certains cas, des missions de la plus haute importance ne doivent lui incomber. Mais aujourd'hui plus que jamais est vraie cette règle formulée par Napoléon, que la cavalerie doit posséder des cadres plus nombreux et mieux instruits que les autres armes. Plus qu'autrefois encore elle devra être prompte à entreprendre et tenace à poursuivre ce qu'elle aura entrepris.

Commencement de la guerre.

Au début même de la guerre, alors que tout dépend de la rapidité de concentration des troupes et de l'aisance assurée à leurs mouvements, la cavalerie devra faire l'office d'un réseau protecteur. C'est elle qui entamera les opérations. C'est elle qui, la première, franchira la frontière et exécutera des « raids » pour gêner la mobilisation et le déploiement de l'ennemi. Raids qui, outre leurs conséquences économiques pour le territoire parcouru, auront également celle de forcer l'ennemi à hâter les opérations décisives et à se départir ainsi de ses plans primitifs. Ce qui, en retour, influera sur la conduite des opérations de l'agresseur.

Des deux côtés il deviendra impossible à l'État-Major de prévoir les incidents qui pourront ainsi survenir.

En outre, l'exécution des reconnaissances continuera d'incomber toujours dans une grande proportion à la cavalerie, quoique les conditions actuelles de la guerre doivent lui rendre ce service bien plus difficile que par le passé. *Reconnaissances.*

Enfin, c'est encore à la cavalerie qu'incombera, sinon exclusivement au moins pour la plus grosse part, le soin de veiller au ravitaillement de l'armée et d'assurer, en pays ennemi, la satisfaction de ses différents besoins. *Réquisitions.*

La nouvelle tactique a fait perdre en partie à la cavalerie ce rôle capital dans le combat qu'elle a joué avec tant d'éclat à l'époque de la tactique linéaire. La cavalerie a cessé d'être une arme qui décide du sort des batailles. *Amoindrissement du rôle de combat.*

Le combat actuel s'accroche à tous les couverts du terrain, et par cela même, il n'offrira que rarement à la cavalerie l'occasion d'intervenir avant l'instant décisif. En outre, le nouvel armement a augmenté à un très haut degré la force de résistance de l'infanterie ; le principe de la répartition des troupes dans le sens de la profondeur rend très rares les cas d'attaque possible sur un flanc découvert ; et enfin, par suite de l'emploi de corps combattants, indépendants et autonomes, dont chacun peut résister pour son compte, la destruction, par la cavalerie, de lignes entières de bataille est devenue très invraisemblable (1).

L'intervention dans le combat, l'écrasement de masses d'infanterie isolées en rase campagne, la surprise de lignes de tirailleurs ennemis, etc., — ce sont là autant de faits qui ne surviendront plus très fréquemment. *Attaques des convois.*

Mais la cavalerie pourra se rendre encore non moins utile en surprenant, à l'improviste, des corps de troupe en marche ou escortant des convois. Déjà Maurice de Saxe disait que des gens attaqués tout à fait inopinément perdent la tête. C'est là une loi générale de la guerre.

La cavalerie peut avoir aussi une certaine importance dans les cas où l'un des deux partis en présence a éprouvé une défaite sensible. Les troupes de cette arme, tenues en réserve pendant la bataille, peuvent alors rendre, dans chaque camp, des services signalés. Car, sans elles, le vainqueur ne peut utiliser complètement sa victoire et, sans elles non plus, le vaincu n'aurait, dans le premier moment, aucun moyen de couvrir sa retraite. *La cavalerie après les défaites.*

D'après cela, c'est, comme le disent les spécialistes, par des rencontres de cavalerie que s'ouvriront les batailles et, suivant toute probabilité aussi, qu'elles se clôtureront. Cette circonstance est d'autant plus importante,

____

(1) Général Meckel.

qu'aujourd'hui on commence très sérieusement à se demander jusqu'à quel point les batailles de l'avenir elles-mêmes pourront, en général, être décisives.

Sur la direction de la retraite éventuelle, les mesures de protection les plus diverses auront probablement été prises, et avant la retraite elle-même, on fera encore établir de nouveaux retranchements là où ce sera nécessaire. L'armée battue occupera des positions voisines de celles qu'elle aura abandonnées, et s'efforcera d'opposer une nouvelle résistance à l'ennemi qui la pressera ; d'autant plus que celui-ci, dans l'assaut des positions conquises, aura souvent éprouvé de plus grandes pertes que le parti vaincu. En outre, et ceci est l'essentiel, la grande étendue du champ de bataille, où, par suite de la portée des canons modernes, les différentes positions sont à plusieurs kilomètres les unes des autres, permettra au parti qui cède le terrain de réunir ses renforts et de se mettre ainsi une fois de plus sur la défensive.

On voit, par tout ce qui vient d'être dit, que le rôle de la cavalerie demeure encore très important. Le professeur Leer exprime même, dans sa *Tactique appliquée*, cette conviction que la condition essentielle du succès au début d'une guerre, c'est de posséder une nombreuse et bonne cavalerie qui, dès le temps de paix, doit être entièrement mobilisée.

Augmentation de l'importance d'une direction habile.

Mais pour que la cavalerie puisse remplir sa mission d'une manière satisfaisante, il lui faut des chefs habiles et des officiers d'élite. De tout ce que nous avons exposé ressort la haute importance qu'en raison de la complication du mécanisme de la guerre moderne, il faut attacher à une habile direction, non seulement de l'ensemble de l'armée et de ses grandes fractions, mais même de ses unités les plus petites.

On se préoccupe activement, dans toutes les armées, de satisfaire à cette nécessité. Dans l'armée allemande, dit le général von Bissing (1), au cours de cette période de paix de près de vingt-cinq ans qui vient de s'écouler depuis la guerre de 1870-71, on a pris les multiples enseignements de cette guerre comme guide et indication de ce que la cavalerie doit être en état d'accomplir. On a cherché, et on cherche encore sans relâche, à découvrir les conditions qu'elle doit remplir pour être employée utilement à l'avenir et collaborer d'une manière décisive à la victoire.

Quatre ou cinq règlements nouveaux ont paru, qui tous ont augmenté les exigences en matière d'instruction. L'enseignement de l'équitation a été complètement remanié dans le même sens. Le nouveau règlement sur le service en campagne s'occupe, de la façon la plus minutieuse, des devoirs

---

(1) *Ausbildung, Führung und Verwendung der Reiterei*, dans le *Militär Wochenblatt* de 1895. (Instruction, conduite et emploi de la cavalerie.)

de la cavalerie et lui impose des conditions très différentes de celles d'autrefois.

De tout cela nous devons conclure que la guerre future ne peut pas être appréciée d'après les résultats des guerres précédentes. Les opérations de la cavalerie seront, sur beaucoup de points, tout autres que par le passé et nous devons nous attendre à voir se produire des phénomènes complexes et entièrement nouveaux.

Nous laissons de côté des questions comme celles relatives à la diversité d'équipement de la cavalerie, aux qualités de ses chevaux, à la disposition de son harnachement, etc., dans chaque pays.

D'une façon générale, il est très probable qu'au point de vue purement matériel, les différentes armées sont à peu près à la même hauteur. Tout dépendra donc de la façon dont chacune utilisera pratiquement ses ressources. L'expérience de tous les jours nous apprend qu'un mauvais ouvrier fait toujours de mauvaise besogne, même quand il a les meilleurs outils du monde ; tandis qu'un ouvrier habile et intelligent sait encore faire d'excellent ouvrage avec un outillage moins perfectionné.

Il faut donc aussi à la cavalerie des officiers capables et complètement instruits. Mais les troupes cosaques en ont surtout besoin, car elles renferment des éléments d'une culture intellectuelle moins développée, — dans les voïskos de l'Est en particulier.

Et le service cosaque en temps de paix n'est pas de nature à former un nombre suffisant de bons sous-officiers rompus au métier et capables de remplacer leurs officiers tombés sur le champ de bataille.

VI

Tactique de l'Artillerie

La tactique de l'artillerie et les conséquences des perfectionnements techniques.

Dès avant l'invention de la poudre sans fumée et du nouveau fusil à petit calibre, s'était manifesté plus d'une fois l'effet tout-puissant du feu de mousqueterie. Aussi la commission française, chargée de reviser les règlements militaires d'après l'expérience de la guerre de 1870, en était-elle arrivée à conclure que l'attaque, dirigée contre l'infanterie établie dans une position solide, peut à l'avenir demeurer impuissante, même si elle est préparée par l'intervention de l'artillerie.

Aujourd'hui, par suite de l'introduction des nouvelles armes, ce qui n'était encore qu'en discussion est devenu une certitude. Une infanterie sachant se défendre ne pourra pas, en général, être chassée de ses positions sans le concours de l'artillerie (1), même si elle est numériquement inférieure de moitié à l'assaillant. Mais le succès de l'artillerie destinée à ébranler les défenseurs dépend lui-même du tir de l'artillerie ennemie qui peut paralyser son action.

En conséquence, on peut admettre, avec une certitude presque mathématique, que toutes les batailles s'ouvriront par un duel d'artillerie. L'artillerie de l'armée qui prendra l'offensive commencera par essayer d'anéantir ou du moins d'affaiblir l'artillerie adverse : car c'est seulement après cela qu'elle pourra se tourner contre l'infanterie ennemie.

Cette circonstance entraîne logiquement la nécessité d'avoir en première ligne, pour l'attaque comme pour la défense une artillerie nombreuse. Cette nécessité est égale de part et d'autre. Aussi la qualité et la quantité des pièces mises en action sur le champ de bataille influeront-elles à un haut degré sur l'issue des divers engagements.

Mais, chose bien plus importante encore, la durée et le résultat final de la guerre dépendront pour beaucoup à l'avenir, suivant toute vraisem-

____

(1) *L'Artillerie de campagne.*

blance, de l'effet de l'artillerie. Les canons et leurs projectiles se sont, comme nous l'avons déjà dit, tellement perfectionnés relativement à ce qu'ils étaient autrefois, que les pertes causées par eux seront énormes : — ce qui conduit à se demander si les armées nationales d'aujourd'hui seront en état de soutenir le feu des pièces actuelles.

Pour juger de l'emploi qu'il convient de faire de ces pièces en campagne, nous devons jeter d'abord un regard sur le passé..

I. Nombre et valeur des pièces.

Augmentation du nombre des pièces dans les périodes de 1853-74 et de 1874-91.

La tendance à toujours progresser, caractéristique de notre siècle, pourrait, semble-t-il, nous autoriser à admettre qu'avec le temps on s'efforcera de plus en plus de développer l'emploi de l'artillerie ; attendu que les canons, en tant que machines, — surtout dans leur état actuel de perfectionnement, — n'exigent, pour leur maniement, qu'un très petit nombre d'hommes. Ce serait donc un motif de les substituer de plus en plus à l'infanterie dans les batailles, parce que l'emploi de cette dernière arme nécessite une bien plus grosse dépense de ce qui est l'élément le plus précieux à la guerre, c'est-à-dire des hommes (1).

Cependant on a pu constater, dans ces derniers temps, un phénomène précisément inverse.

Au cours de la période allant de 1853 à 1874, le nombre des canons employés dans l'ensemble des grandes armées européennes s'est accru de 88 0/0, tandis que, de 1874 à 1891, cette augmentation n'a été que de 38 0/0. Pour l'infanterie, au contraire, c'est l'inverse qui s'est produit pendant ces deux périodes : l'augmentation s'est élevée de 24 0/0 à 54 0/0.

Nombre des canons dans les grandes puissances européennes.

Si nous examinons en détail les modifications survenues à ce point de vue dans les différents États, pour l'artillerie de campagne ; et si, afin d'en donner un tableau plus complet, nous marquons encore spécialement l'année 1884, — nous obtenons, en représentant par 100 le nombre des canons existants en 1874, les chiffres donnés au tableau ci-contre pour indiquer comparativement le nombre des pièces.

Ces chiffres nous montrent que le nombre total de ces pièces, chez les six grandes puissances continentales, s'est, en dix-sept ans, augmenté de 4,745, — ou, en d'autres termes, que l'augmentation annuelle moyenne, pendant cette période, a été d'environ 2 0/0. Mais dans les dix premières

(1) Les pertes de l'armée allemande dans la guerre de 1870 se sont élevées à 17,6 0/0 dans l'infanterie et à 6,5 0/0 dans l'artillerie.

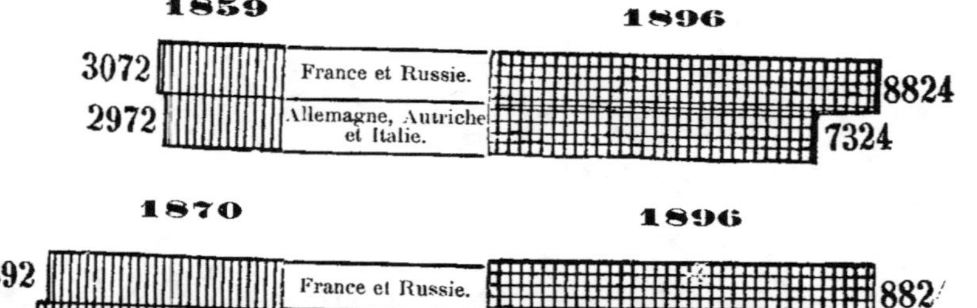

La Guerre future (p. 359, tome i).

années de ladite période, l'augmentation avait été de 3,148, — ou, comme moyenne annuelle, de 2,5 0/0, tandis que, pour les sept dernières, les chiffres analogues ne sont respectivement que de 1,597 et 1,4 0/0.

	Nombre des pièces pour l'effectif de guerre			Pour cent		
	1874	1884	1891	1874	1884	1891
Russie	3,604	3,769	3,992	100	104	110
France	2,328	4,410	4,576	100	189	195
Pour ces deux États. .	5,932	8,179	8,568	100	138	144
Allemagne	2,658	2,998	3,598	100	113	135
Autriche	1,784	1,580	2,072	100	88	116
Pour ces deux États. .	4,442	4,578	5,670	100	103	128
Italie	1,120	1,532	1,624	100	136	145
Pour les États de la Triple-alliance	5,562	6,110	7,294	100	110	131
Turquie.	804	1,152	1,176	100	143	146
Pour les six États. .	12,293	15,441	17,038	100	125	138

Si nous représentons graphiquement une comparaison entre l'année 1884 et l'année 1891, toujours au même point de vue, nous obtenons la figure suivante : Comparaison graphique du nombre des pièces en 1884 et 1891.

1891   1884

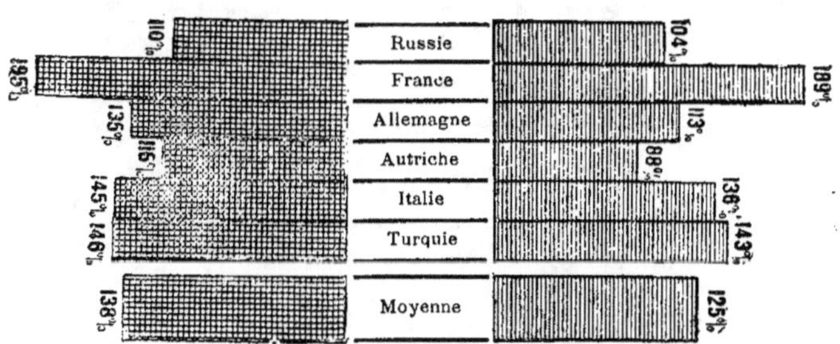

Nombre des pièces pour l'effectif de guerre.

En 1874, la Russie disposait d'un plus grand nombre de canons qu'aucune des autres puissances. Mais, depuis lors, l'augmentation a été plus lente chez elle. Si bien qu'en dix ans, — de 1874 à 1884, — elle ne s'est élevée qu'à 4,6 0/0. Et c'est là, pour l'artillerie russe, un accroissement cinq fois et demie plus faible que celui réalisé, pendant la même période, par l'ensemble des six puissances ci-dessus mentionnées. Augmentation de l'artillerie en Russie.

Pendant les sept années suivantes, 1884-1891, le nombre des pièces en Russie s'est augmenté proportionnellement plus vite — de 6 0/0, — sans pourtant dépasser la mesure de l'accroissement dans les États voisins.

Pour apprécier la véritable signification des chiffres ci-dessus, il faut les mettre en regard des modifications survenues, aux mêmes époques, dans l'effectif de l'infanterie :

Nombre de pièces pour 10,000 hommes	1874	1884	1891
En Russie	21	16	12
— France	13	23	12
— Allemagne	20	18	12
— Autriche.	16	15	10
— Italie	13	20	10
— Angleterre	8	»	11
— Turquie	14	19	13

Ce qui nous donne, pour représenter graphiquement l'importance relative de l'artillerie, en 1874 et 1891, la figure suivante :

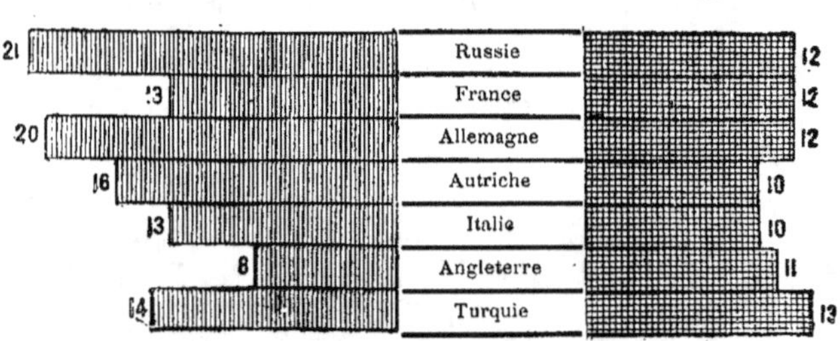

Nombre de pièces pour 10,000 hommes.

On voit par là que, si nous considérons seulement les vingt dernières années, la principale augmentation des forces militaires porte sur l'infanterie et non pas sur l'artillerie.

Quel est donc le motif de cette sorte de contradiction avec le mouvement général constaté pendant le xix° siècle ? Est-ce une conséquence des plus récents progrès de l'art de la guerre et des principes de la tactique future ? Ou bien faut-il en chercher la raison dans la difficulté qu'on éprouve à trouver les ressources pécuniaires qu'exige l'augmentation de l'artillerie ?

Cette dernière hypothèse paraît la plus vraisemblable. Car il n'est pas douteux que les Assemblées législatives ne soient bien plus disposées à donner aux Gouvernements l'autorisation d'appeler, en cas de guerre, de nombreuses réserves, qu'à leur voter immédiatement des crédits pour acheter de nouveaux canons, des chevaux et faire toutes les autres dépenses qu'entraîne l'augmentation de l'artillerie.

Car, dans le premier cas, il ne s'agit que de sacrifices conditionnels à faire si la guerre éclate — chose dont tout le monde admet, il est vrai, la possibilité, mais en la considérant pourtant comme assez faible. Dans le second cas, au contraire, il s'agit d'une charge immédiate à imposer au budget devenu aujourd'hui incomparablement plus lourd que par le passé.

La Russie et la Turquie ont suivi le mouvement. Sans doute leurs Gouvernements n'avaient pas besoin de faire consentir les dépenses par une représentation nationale. Mais, d'un autre côté, leurs ressources étaient bornées ; et ils devaient bien s'attendre à voir les autres États augmenter le nombre de leurs pièces dans des proportions incomparablement plus grandes ; de sorte que leur puissance relative devait rester la même. Néanmoins ces deux pays n'avaient aucun intérêt à constituer une exception.

Au commencement de notre siècle (1) voici quels étaient les prix du matériel de l'artillerie :

Le prix des canons au commencement du XIX⁰ siècle

1° Pour un canon de 12 pesant 1,000 kilog.:

Le canon avec l'affût et l'avant-train	1,320	thalers
3 caissons	180	—
120 coups à boulet et 80 à mitraille.	826	—
22 chevaux avec leurs harnais.	1,430	—
11 équipements pour les valets de pièce (2). . .	165	—
16 — pour 2 sous-officiers et 14 artil- leurs à 12 thalers.	196	—
Armes pour ces 16 hommes.	96	—
6 tentes avec accessoires	72	—
Total	4,285	thalers

À quoi il faut ajouter le prix des affûts de réserve, des voitures de matériel, du train de la batterie, etc. ; ce qui, réparti entre les pièces, donnait, pour chacune d'elles, une somme de 250 thalers, soit, au total, 4,535 thalers.

2° Un canon de 6, pesant 1,200 livres. . . . . .   2,680 thalers
3° Un canon de 3, pesant 650 livres.   1,783   —

Le prix d'un obusier de 7 livres était évalué à 2,309 thalers, ainsi décomposés :

---

(1) Scharnhorst, *Handbuch für Offiziere* (Manuel pour les officiers). — 1 thaler vaut 3 fr. 75.

(2) *Stückhnechte ;* — par quoi il faut entendre, non pas les servants, mais bien les conducteurs de la pièce qui, en ce temps-là, n'étaient pas des artilleurs ni même des militaires.

La pièce pesant 800 livres. . . . .   400 thalers
L'affût et l'avant-train.   280   —
2 caissons   100   —
100 coups à obus.   151   —
25 coups à mitraille.   123   —
12 boulets incendiaires et éclairants   36   —
14 chevaux harnachés.   840   —
Équipement pour 7 valets (conducteurs) . . .   105   —
     —   pour 12 hommes servant la pièce. .   144   —
Fusils pour ces derniers.   130   —

                              Total. . . . . .   2,309 thalers

Prix des canons au temps de la guerre nord-américaine.

A l'époque de la guerre civile entre les États américains du Nord et du Sud (1864), les canons seuls revenaient aux prix suivants (1) :

Armstrong en fer forgé de 10 p. 1/2 de diamètre : 9,000 dollars, ou 45,000 francs ;

Krupp en acier fondu de 9 pouces de diamètre : 10,125 dollars, ou 50,625 francs ;

Krupp en acier fondu de 15 pouces de diamètre : 29,400 dollars, ou 147,000 francs.

Prix d'un coup de canon pendant la guerre de l'Indépendance.

Le colonel Otto a montré, dans une brochure, que, d'après la solde payée aux officiers, sous-officiers et soldats de l'artillerie, lors des « guerres de l'Indépendance » (2), le prix de chaque coup de canon tiré pouvait être évalué à 30 thalers (112 fr. 50). Si l'on y ajoute encore le prix de l'équipement, du matériel et des chevaux, leur entretien et celui des hommes, le coup reviendrait au moins à 50 thalers (187 fr. 50).

Prix des canons de nos jours.

Mais le tableau comparatif suivant nous montre bien comment les prix continuent à s'élever (3) :

Un canon français de 27 centimètres de calibre coûtait :

De 1864 à 1866   17,100   francs
En 1870.   29,700   —
De 1870 à 1881   34,000   —
En 1875   107,700   —
En 1881   80,000   —

Si nous représentons graphiquement ces chiffres, nous obtenons la figure suivante :

---

(1) Wille, *Die Riesengeschütze* (Les canons géants). 1870.
(2) C'est-à-dire les guerres de 1813 et 1814.
(3) Dredge, *Modern french artillery* (Artillerie française moderne).— Londres, 1892.

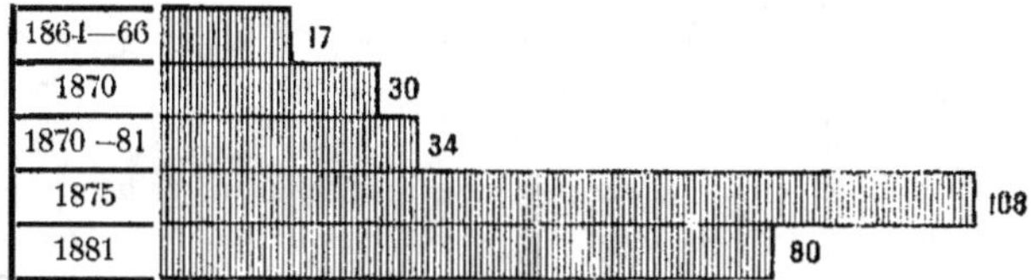

Prix d'un canon de 27 centimètres en milliers de francs.

Il s'est aussi élevé des doutes sur la question de savoir s'il serait possible de mettre, même ce nombre restreint de canons, en état de faire campagne.

Difficulté de compléter l'artillerie en cas de guerre.

Dans tous les pays les hommes et les chevaux nécessaires au service des pièces ne sont réunis qu'au cours même de la mobilisation. Nous allons montrer, par un exemple, la différence qui existe entre le pied de guerre et le pied de paix.

En France, l'artillerie d'un corps d'armée consiste, pendant la paix, en deux régiments qui forment une brigade de 2,500 hommes et 1,500 chevaux. D'après les tableaux de l'effectif de guerre, ces deux chiffres doivent être portés l'un et l'autre à 6,000.

Pied de paix et pied de guerre de l'artillerie en France.

On se procurera, par réquisition, les 4,500 chevaux nécessaires ; quant aux 3,500 hommes, ils seront fournis par les réservistes de l'armée active.

L'artillerie mobilisée comprendra ainsi environ 60 0/0 de réservistes et, pour un cheval militairement exercé, trois autres provenant directement de la population civile.

Réserves pour l'artillerie.

Sur les hommes incorporés à la mobilisation on ne peut pas beaucoup compter. La plupart du temps, ceux qui seront rappelés ainsi auront oublié depuis longtemps ce qu'ils avaient appris jadis, et on devra mettre à cheval des gens qui ne sauront ni seller, ni conduire leur monture.

On ne trouvera pas non plus à la mobilisation tous les chevaux dont on aura besoin.

Sur 1,000 chevaux existants, il en faut prendre pour la guerre :

Chevaux nécessaires en cas de guerre dans les différents pays.

En Russie.   13
— France.   102
— Italie.   100
— Autriche   43
— Allemagne   111

Au premier coup d'œil, il pourrait sembler que dans aucun pays ne dussent se présenter de difficultés particulières pour trouver à peu près 100 chevaux sur 1,000, qui soient propres à la guerre.

Mais l'exemple de la France en 1870 prouve que, malgré tous ses efforts, ce pays ne parvint à mettre en ligne que 1,700 canons au lieu de 2,370, parce qu'il ne put se procurer que 32,000 chevaux au lieu des 51,000 qu'il lui aurait fallu.

Importance de l'intelligence et de la culture de la population.

Le « maître d'école » jouera, surtout au début de la campagne, un rôle important. Plus une population sera instruite et intelligente dans son ensemble, plus elle aura de chances de trouver, lors de la mobilisation, de bons servants pour ses pièces.

Quant à la valeur de celles-ci, on a beaucoup discuté sur la question de savoir quels sont les pays qui possèdent les canons de campagne les meilleurs et les plus efficaces.

Débat sur la valeur des canons.

Les artilleurs allemands soutiennent que leur canon de campagne lourd est, sur certains points, égal, et, sur d'autres, supérieur, comme effets, aux meilleures pièces d'artillerie.

Le capitaine français Moch considère le canon français de 90 millimètres comme le plus puissant et la supériorité qu'il assure comme absolument démontrée.

Le colonel russe Engelhart déclare au contraire que le canon léger de campagne russe est le meilleur de tous.

D'après Longridge, les Anglais croient posséder, dans leur canon de 12 livres (mod. 84), la meilleure bouche à feu du monde.

Ces prétentions diverses rappellent involontairement, dit le général Müller (1), l'histoire des trois bagues de Nathan qui aboutit à cette conclusion : « Que chacun de vous s'efforce de montrer la puissance de la pierre de son anneau ! »

Valeur du tir à shrapnells dans les différents Etats

Mais, pour arriver à des données positives, nous allons donner ici les résultats de la comparaison établie par ce même général Müller sur la valeur du tir à shrapnells.

En admettant qu'une batterie allemande ait besoin, pour obtenir un résultat déterminé, de 30 coups à shrapnells (représentant 240 kilog. de projectiles) il faudrait, pour produire le même effet :

A une batterie russe de 10 cent. 67, 24 coups (pesant 300 kilog.) ;

A une batterie française, 36 coups (pesant 312 kilog.) ;

A une batterie autrichienne ou à une batterie légère russe, 48 coups (340 kilog.) ;

A une batterie anglaise de 12 livres (mod. 84), 47 coups (267 kilog.).

Comparaison de l'effet produit dans les différents Etats.

Ce que nous pouvons exprimer graphiquement par la figure suivante :

---

(1) *Die Wirkung der Feldgeschütze* (L'efficacité des canons de campagne).

Champ couvert par le shrapnell allemand, en mètres.

La Guerre future (p. 365, tome 1).

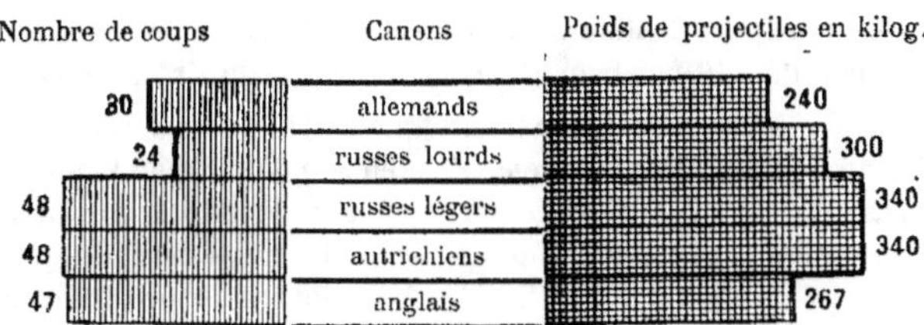

Comparaison de l'efficacité des shrapnells dans les différents États.
(Nombre de coups nécessaire pour obtenir un même effet.)

De tout ce qui vient d'être dit nous conclurons qu'on peut admettre comme vraisemblable, que les canons de campagne actuels, dans des conditions normales et égales d'ailleurs, ont, pour atteindre un même résultat, à très peu près la même valeur.

II. Comparaison de l'effet des feux de l'infanterie et de l'artillerie.

L'effet destructeur des projectiles de l'artillerie ne peut être mieux mis en lumière qu'en comparant le nombre d'hommes atteints par le tir du canon et par le tir du fusil. Pour obtenir des données sur cette question, des expériences ont été faites en France (au camp de Châlons) et en Suisse. Dans ce dernier pays, on a mesuré la puissance des obus comparativement à celle de 100 coups tirés par le fusil Gras (mod. 1874). On avait pris comme but un panneau dont la largeur correspondait au front d'une compagnie d'infanterie. L'expérience prouva qu'aux distances supérieures à 1,000 mètres, un seul coup de canon fait plus d'effet que 100 coups de fusil.

De même, au point de vue de la portée et de la précision, les canons ont également un avantage sur les fusils.

La figure ci-dessous, que nous empruntons à l'ouvrage bien connu d'Oméga, *L'Art de combattre*, montre graphiquement la différence entre les distances auxquelles peuvent atteindre les canons de 90 millimètres (7,000 mètres) ou de 155 millimètres (9,500 mètres) et les portées des fusils chargés en poudre ordinaire (à salpêtre).

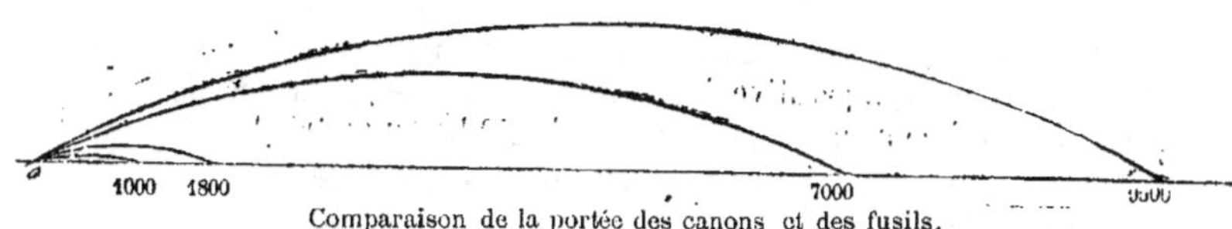

Comparaison de la portée des canons et des fusils.

La portée ne peut d'ailleurs avoir de réelle importance que dans les limites où ne s'affaiblit pas trop l'autre facteur utile du tir, la précision.

L'efficacité du tir, tant de l'artillerie que de l'infanterie, ressort surtout de la tension de trajectoire du projectile : tension dont dépend l'étendue de la zone battue, c'est-à-dire de cette partie de la ligne de tir sur laquelle le projectile se meut à hauteur d'homme. Pour la trajectoire du projectile d'un canon, tiré à 1,800 mètres du but en employant la poudre ordinaire, cette longueur de zone battue atteint 24 mètres ; tandis que pour la balle d'un fusil, non de petit calibre, elle n'est que de 5 mètres. C'est seulement dans le tir à 4,500 mètres de distance que la zone dangereuse se réduit pour l'artillerie à une aussi faible largeur.

Il résulte de là que le tir du canon a une bien plus grande probabilité d'atteindre le but.

C'est ce que montre clairement le dessin ci-dessous emprunté au même ouvrage d'Oméga. Dès que la distance s'élève à 2,400 mètres, la probabilité de manquer le but à coups de fusil est déjà beaucoup plus grande que pour le canon tirant à 4,000 mètres et même à 7,000 mètres.

D'une façon générale, la probabilité de manquer le but dans le tir au canon est très faible. A une distance de 1,000 mètres, avec le canon de 90 millimètres, l'écart probable ne dépasse pas 70 centimètres en direction et 9 mètres en portée ; à 7,000 mètres, l'écart latéral n'est encore que de 9m30 et l'écart en portée de 24 mètres.

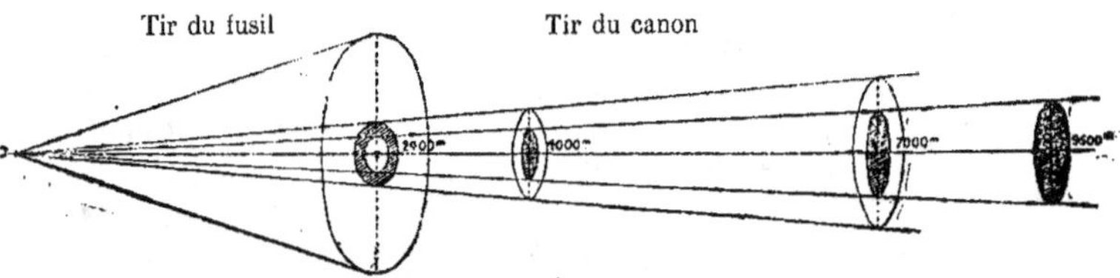

Précision comparative des tirs d'artillerie et de mousqueterie.

Des expériences de tir exécutées en Autriche, à Bruck, en 1885, ont établi l'efficacité comparative d'une batterie de campagne lourde à huit pièces et d'une compagnie de chasseurs de 210 hommes, très bien instruite. Le tableau suivant indique les résultats que ces expériences ont donnés, aux distances de 750, 1,125 et 1,500 mètres, sur un but représentant 460 hommes.

Tir	Distances en mètres	Projectiles tirés	Total des atteintes	Hommes touchés
De la batterie pendant six minutes à chaque distance.	750	112 obus	820	333
	1,125	4 obus 78 shrapnells	1,256	367
	1,500	4 obus 66 shrapnells	462	204
De la compagnie de chasseurs pendant trois minutes à chaque distance.	750	3,011 balles	315	174
	1,125	1,722 balles	132	93

Si nous voulons exprimer graphiquement ces résultats, nous obtenons la figure suivante :

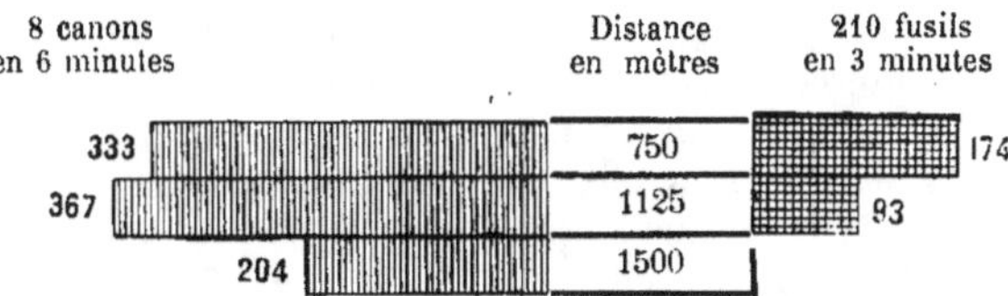

Comparaison des effets de 8 canons et de 210 fusils exprimés en nombre d'hommes touchés.

Quant aux expériences comparatives sur l'effet du tir des fusils en service jusqu'en 1890, — fusils qui donnaient aux balles des vitesses d'environ 450 mètres — employés concurremment avec l'artillerie, à peu près aux mêmes distances, elles permettent de formuler les indications suivantes : Résultat des expériences comparatives entre canon et fusil, pour les armes en service jusqu'en 1890.

Dès qu'on s'éloigne à 1,000 ou 1,100 mètres, une batterie de campagne fait autant d'effet qu'un bataillon de 1,000 fusils.

Mais, à des distances de 1,000 à 1,200 mètres, une compagnie à l'effectif de guerre peut réduire une batterie relativement vite au silence et même, si les circonstances sont favorables, produire encore de très bons effets à 1,400 mètres — à la condition de bien connaître la distance et de n'être pas gênée par le feu de l'infanterie ou de l'artillerie adverses. — L'artillerie devra donc, en général, éviter de s'approcher de l'infanterie à moins de 1,000 mètres.

Le règlement allemand dit : « Dans le combat contre l'artillerie, il faut observer que cette arme possède la supériorité du feu aux grandes distances. C'est seulement à partir de 1,000 mètres que les conditions s'égalisent; quand la distance diminue encore, la supériorité revient à l'infanterie. »

D'après le règlement de tir de 1887, cette arme ne doit ouvrir le feu, aux distances supérieures à 800 mètres, qu'exceptionnellement, et contre des buts présentant une grande surface.

Les rapports entre canon et fusil, qui viennent d'être exposés, ont été modifiés par l'adoption des armes du calibre de 8 millimètres tirant avec des vitesses initiales de plus de 600 mètres. La situation s'est trouvée changée dans un sens favorable au fusil.

Pour se rendre compte du nouvel état de choses, on a encore exécuté, dans beaucoup d'armées, des expériences comparatives ; et il peut être admis, dit le général Müller (1), que la portée efficace du fusil s'est augmentée de 200 à 300 mètres, tandis que, pour l'artillerie, s'est diminuée, dans les mêmes proportions, la faculté de s'approcher de l'infanterie. La distance où elle doit s'en tenir se trouve ainsi reportée à 1,200 ou 1,300 mètres.

Les conditions et les situations respectives dans lesquelles s'effectue le tir à la guerre pourront entraîner d'ailleurs une réduction de ces nombres.

Quant à l'importance que peut avoir la modification des rapports entre canon et fusil, elle nous apparaîtra clairement si nous examinons de plus près l'effet des projectiles de l'artillerie.

Les améliorations introduites dans la construction des obus auxquelles nous avons fait allusion, sont tellement considérables que toute comparaison est devenue impossible avec les projectiles de même espèce employés dans les guerres précédentes.

Pour montrer cette différence d'une manière frappante, le colonel Langlois (2) fait le rapprochement suivant :

En 1870, les obus, suivant leur espèce, donnaient, en faisant explosion, de 19 à 30 éclats ; aujourd'hui, ils en donnent au moins 27 et au plus 240.

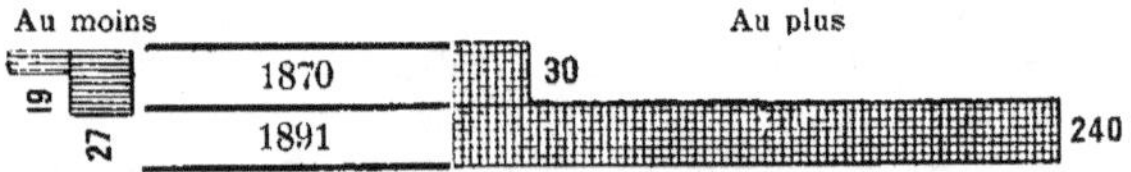

Comparaison des projectiles explosifs d'après le nombre des éclats.

Mais, pour faire comprendre l'importance des modifications réalisées, il faut mettre sous les yeux les contours et les reliefs des surfaces atteintes par des tirs à obus.

La figure suivante nous montre, dans deux cas différents, l'effet de 3 coups tirés avec le canon de 8 cent. 4 à 2,000 mètres contre 3 cibles.

____

(1) *Die Wirkung der Feldgeschütze* (L'effet des canons de campagne).
(2) *Artillerie de campagne.* — Paris, 1892.

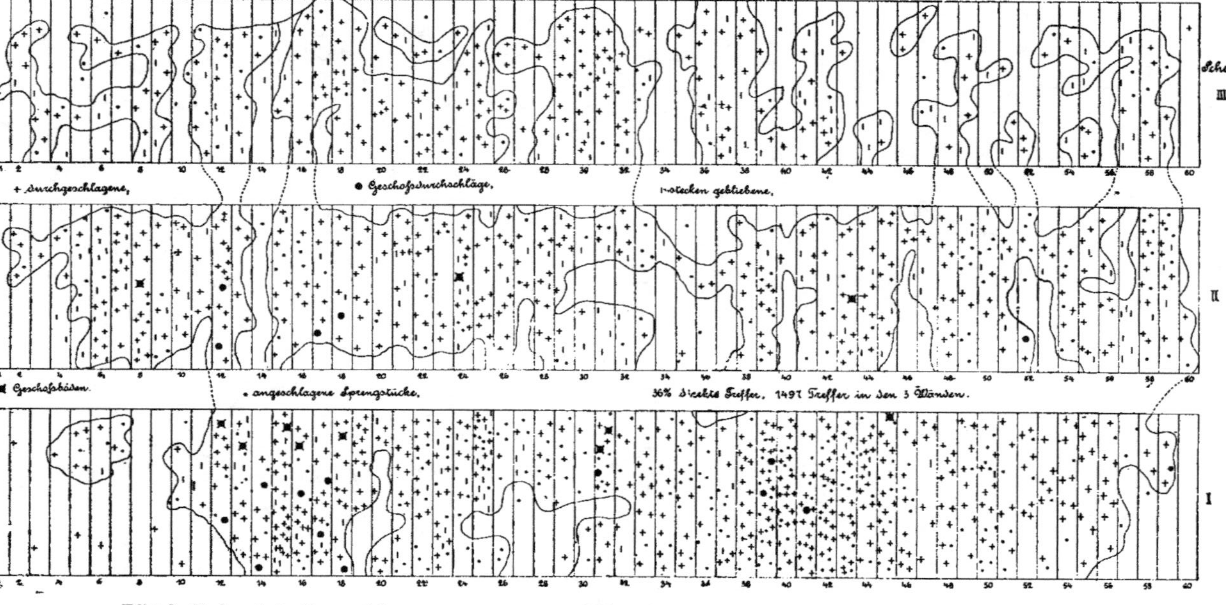

Effet de 40 obus à double paroi des nouveaux canons autrichiens de campagne de 8 cent. 1, tirés à 2,000 mètres de distance contre 3 cibles de 1 m. 80 de hauteur.

LA GUERRE FUTURE (P. 369, TOME I).

TACTIQUE DE L'ARTILLERIE — 369

Dans le cas représenté par la figure de gauche, les 3 obus ont éclaté respectivement à 25 mètres, 12 mètres et 6 mètres en avant de la première cible.

Dans le cas de la figure de droite, les trois éclatements ont eu lieu de même à 7 mètres, 20 mètres et 15 mètres en avant de cette première cible.

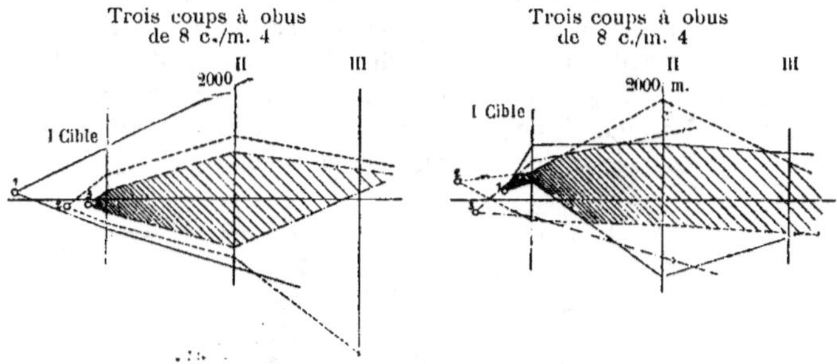

Cette figure nous montre combien la répartition des atteintes est irrégulière. Pour mieux le faire voir, nous donnons la coupe de deux cibles de 1^m80 de hauteur, placées à 20 mètres de distance l'une derrière l'autre, et contre lesquelles ont été tirés, à 800 mètres, 15 obus à segments annulaires avec des canons de 6 centimètres (1).

Répartition des
atteintes.

Quinze obus à anneaux. Tir à 800 mètres.

Deux cibles de 1^m80 de haut, à 20 mètres l'une de l'autre.

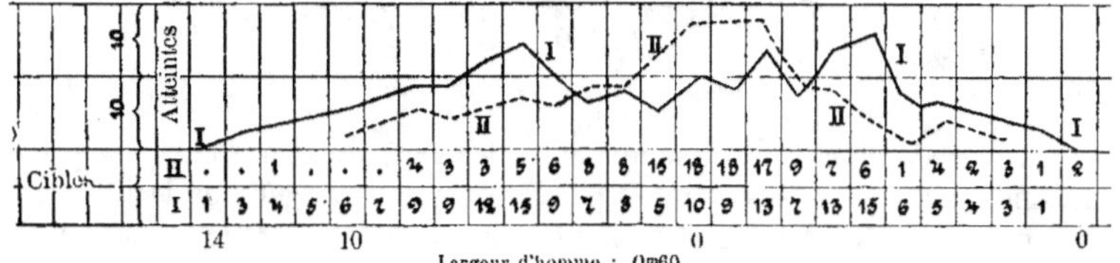

Même avec un plus grand nombre de coups, la répartition des atteintes demeure irrégulière ; — comme il ressort de la figure donnée sur la planche ci-contre, qui représente l'effet de 40 obus à double paroi des nouveaux canons autrichiens de campagne de 8 cent. 7, tirés à 2,000 mètres de distance, contre trois cibles de 1 m. 80 de hauteur.

---

(1) Müller, *Wirkung der Feldgeschütze* (Effet des canons de campagne).

Jean de Bloch. — *La Guerre future.*   24

Effet des
shrapnells.

Comme, dans la guerre future, on emploiera surtout des shrapnells au lieu d'obus, nous devons examiner de plus près l'effet de ces projectiles. Nous avons expliqué déjà que les troupes ennemies auront la plupart de leurs hommes mis hors de combat par les petits éclats et les balles qui se dispersent après l'explosion du projectile. C'est plus spécialement en vue de ce résultat que sont organisés les shrapnells.

Pour pouvoir apprécier les innovations prochaines, il faut se rendre bien compte de la façon dont agissent respectivement les obus et les shrapnells, — puisque ces deux sortes de projectiles font également explosion et couvrent une certaine étendue de terrain de balles et d'éclats.

Exemple d'un éclatement d'obus.

Les dessins ci-dessous, empruntés à la *Waffenlehre* (1) représentent : le premier, l'éclatement des obus après leur choc sur le sol et la dissémination de leurs éclats ; le second, la portée d'éclatement des shrapnells.

Mode d'éclatement des obus et dissémination de leurs éclats.

Éclatement des shrapnells.

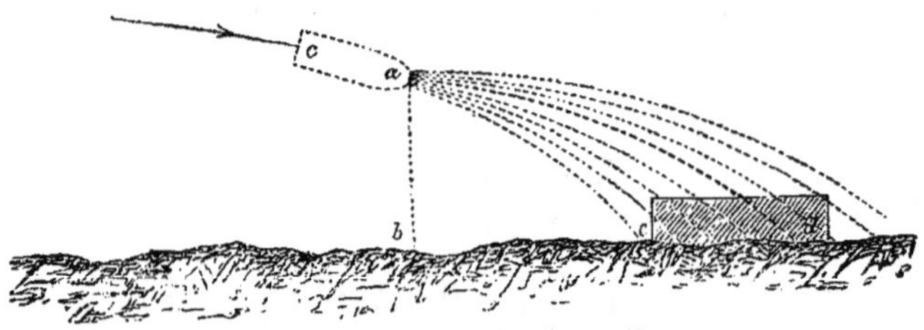

Portée d'éclatement des shrapnells.

Les éclats d'obus se disséminent en formant un cône d'un angle au sommet de 60° à 90° — suivant la puissance de la charge du projectile et le rapport entre sa vitesse de rotation et sa vitesse restante au point d'éclatement.

Surface battue par l'éclatement d'un shrapnell.

La façon dont se disséminent les éclats d'un shrapnell s'aperçoit clairement sur la figure ci-contre empruntée à un ouvrage du colonel Marssillon (2). Elle montre la surface couverte par les balles et les éclats d'un shrapnell tiré à une distance de 2,000 mètres.

(1) *Cours d'armement.* — Berlin, 1891.
(2) *Modifications à apporter à la tactique de l'artillerie.*

TIR DU CANON DE 8 CENT. 4 CONTRE UNE CIBLE DE 2 M. 70 DE HAUTEUR

(Figuration des cibles après les coups du canon de 8 cent. 4.)

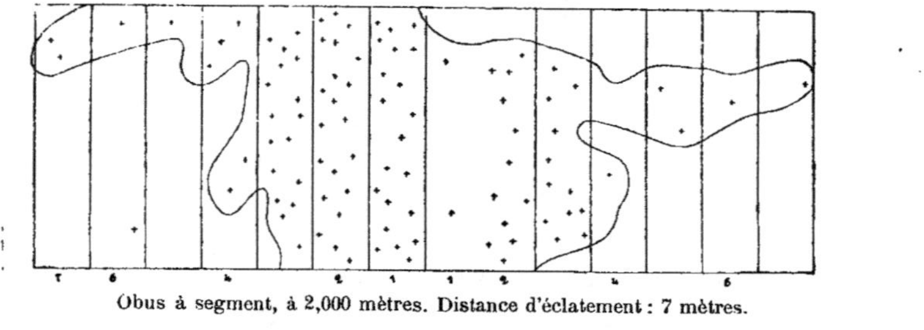

Obus à segment, à 2,000 mètres. Distance d'éclatement : 7 mètres.

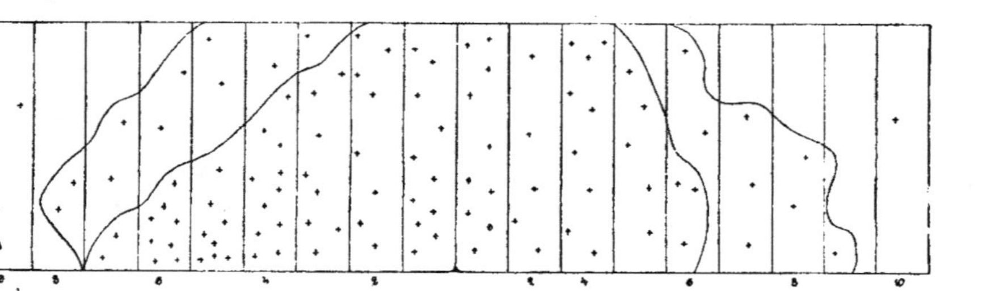

Shrapnell à chambre arrière, à 2,000 mètres. Distance d'éclatement : 30 mètres.

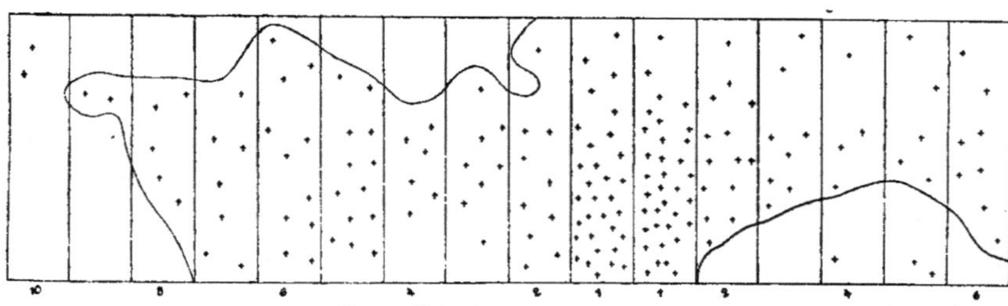

Shrapnell à tube central, à 2,000 mètres. Distance d'éclatement : 33 mètres·

LA GUERRE FUTURE (P. 371, TOME I.)

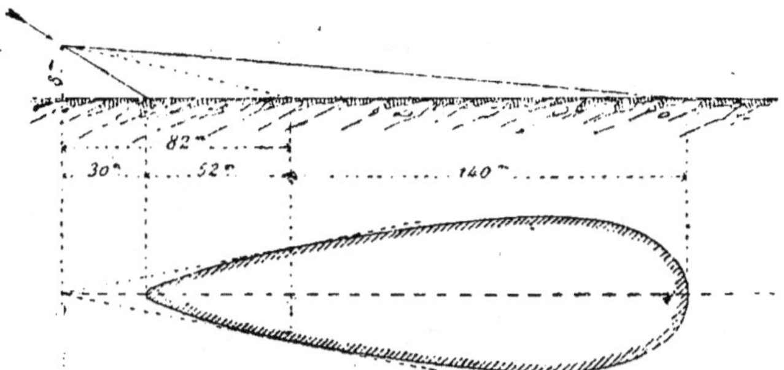

Surface battue par l'éclatement d'un shrapnell.

Nous voyons que le shrapnell se fractionne à 30 mètres au delà du point où s'est produite l'explosion. A 52 mètres, l'écartement de ses balles et éclats n'est pas encore bien grand; mais à 150 mètres cet écartement est déjà tel que l'effet du projectile répond entièrement à sa destination.

La surface battue sur le sol est considérée, quand le shrapnell éclate à gerbe pleine, comme limitée par une courbe entièrement fermée et en même temps comme divisible en huit zones distinctes, — ainsi que le montre la figure I.

Surface battue.

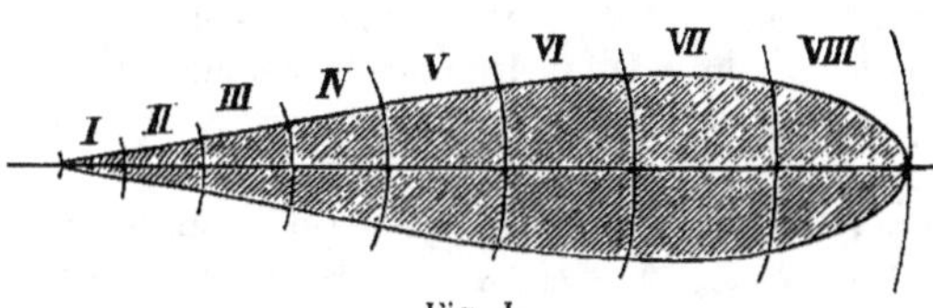

Fig. I.

La surface battue par le shrapnell à gerbe creuse est divisible à peu près en six zones, comme on l'a admis dans la figure II.

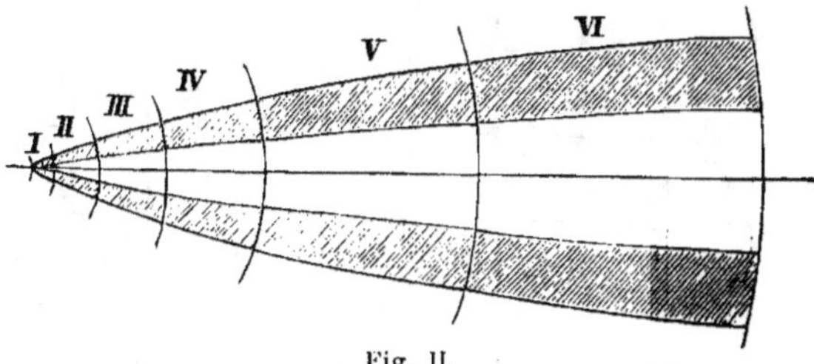

Fig. II.

On peut calculer, par une méthode spéciale, la « grandeur du danger »
que court, dans chacune des zones ci-dessus, un but d'une certaine hauteur : 1 mètre par exemple.

Comme grandeur ou « valeur » du danger pour l'ensemble de la zone
dangereuse, — valeur représentant la puissance destructive du shrapnell
ou son effet absolu, — on obtient les chiffres suivants :

	AUX DISTANCES DE			
	1,500 m	2,500 m	3,500 m	4,500 m
Pour les shrapnells à gerbe pleine.	3,387	1,779	1,147	757
Pour les shrapnells à gerbe creuse.	1,616	958	964	864

D'après cela, les shrapnells à gerbe pleine doivent avoir, aux petites
distances, une énorme supériorité sur les shrapnells à gerbe creuse. A
environ 4,000 mètres, les deux sortes de projectiles paraissent être à peu
près d'égale valeur, au point de vue du nombre des atteintes.

En comparant, avec l'effet d'un shrapnell, les empreintes que font
1,000 balles de fusil lancées par des tirailleurs occupant le front d'un
bataillon, on a constaté que la surface battue par le premier projectile à
lui tout seul est double, comme longueur, de celle qui renferme les
1,000 balles et lui est presque égale comme largeur.

Les expériences ont de plus démontré qu'actuellement les shrapnells
arrivent à disperser leurs éclats sur une longueur de 1,000 mètres et une
largeur de 400.

La figure ci-dessous représente le cône de dispersion d'un shrapnell,
d'après une observation faite en 1879 sur le sable de la plage de Calais,
dans le tir d'un canon de 90 millimètres. Chacun des carrés du dessin
correspond à une étendue de terrain de 100 mètres de côté.

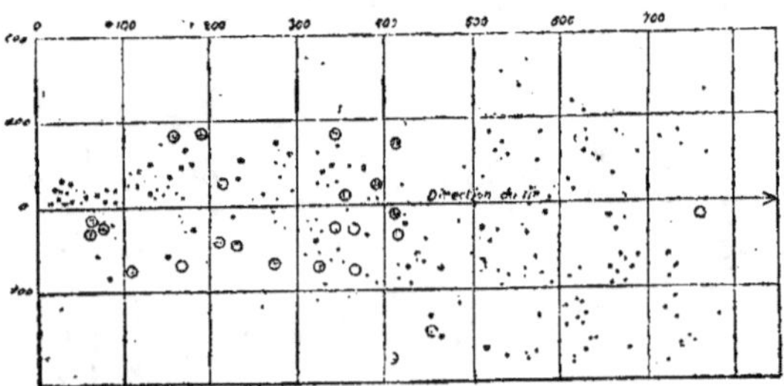

Dispersion, sur le sable, des éclats d'un shrapnell.

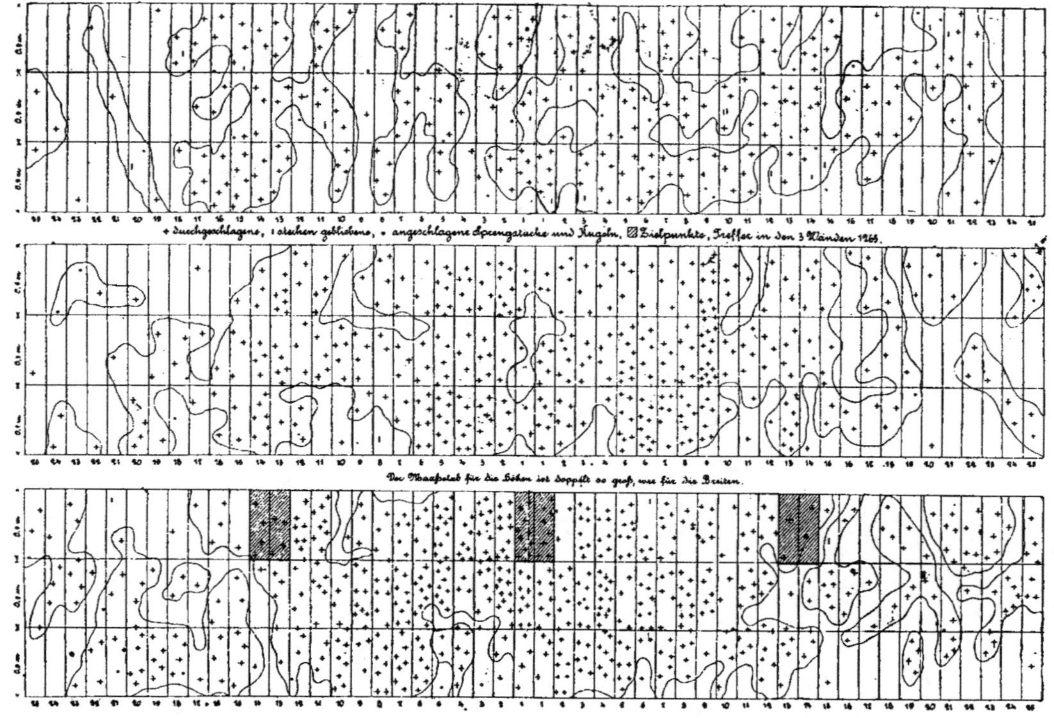

Effet produit par 8 shrapnells à chambre arrière, du calibre de 75 m/m, tirés à 2,000 mètres contre 3 cibles représentant de l'infanterie.

LA GUERRE FUTURE (P. 373, TOME I.)

Mais nous comprendrons mieux encore l'effet des shrapnells, en examinant les figures suivantes, qui représentent les contours des surfaces atteintes et rendues dangereuses par les gerbes de dispersion d'un seul shrapnell de 8 cent. 4 de calibre. La figure I montre le résultat obtenu avec un shrapnell à tube central; la figure II se rapporte à celui que donne un shrapnell à chambre-arrière.

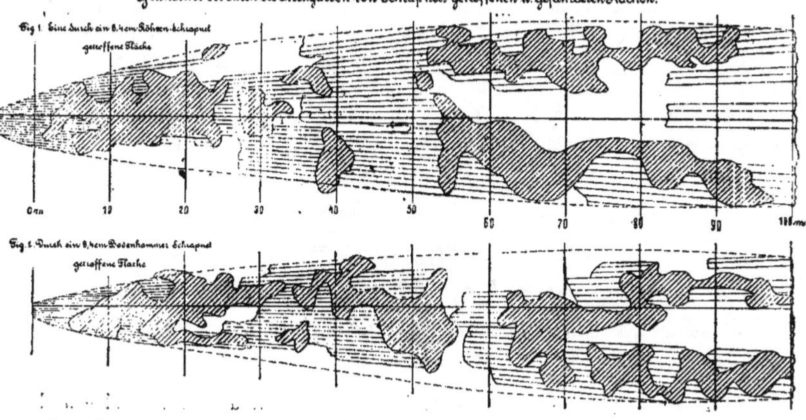

La figure, que l'on voit sur la planche ci-contre, nous montre l'effet produit par 8 shrapnells à chambre-arrière, du calibre de 75 millimètres, tirés à 2,000 mètres contre trois cibles représentant de l'infanterie.

Une conséquence naturelle de cette dispersion des balles et des éclats des shrapnells est une diminution proportionnelle de leur puissance de pénétration. Aussi ces projectiles ne peuvent-ils être employés que contre les troupes. Éclatant à une certaine hauteur au-dessus du sol, et, par là même, indépendant des inégalités du terrain, le shrapnell n'est pas moins efficace aux grandes qu'aux petites distances, pourvu seulement que les éclats conservent assez de force impulsive pour mettre hors de combat les hommes et les chevaux.

Nous avons observé déjà que la vitesse initiale des projectiles constitue aujourd'hui la base d'après laquelle on peut déterminer la valeur des armes à feu portatives; puisque c'est d'elle que dépendent la force de pénétration des balles et la courbure de leur trajectoire.

Il en est de même, jusqu'à un certain point, de la vitesse initiale des projectiles de l'artillerie ; car leur force destructive dépend surtout de la vitesse qu'ils avaient encore sur leur trajectoire, au moment même de l'explosion. Il n'est pas douteux que la technique de l'artillerie ne tire bon parti, à ce point de vue, de la poudre sans fumée ; car celle-ci possède une force explosive trois ou quatre fois plus grande que la poudre ordinaire.

Importance de la force explosive de la charge intérieure du projectile.

Et en effet l'on emploie la poudre sans fumée pour lancer les projectiles, tandis que les obus et les shrapnells sont chargés, non pas avec cette poudre, mais avec de la mélinite ou du fulmi-coton. Par suite de quoi, comme l'ont montré des expériences faites en Allemagne, les projectiles se brisent en un bien plus grand nombre d'éclats. Si bien que tel d'entre eux, qui donnait 37 éclats avec la poudre ordinaire, en fournit maintenant jusqu'à 800. Une bombe de fonte qui, chargée en poudre ordinaire, donne 42 éclats, se brise en 1,204 morceaux quand elle est chargée en fulmi-coton (1).

Comparaison de la force explosive d'une charge de poudre et de fulmi-coton.

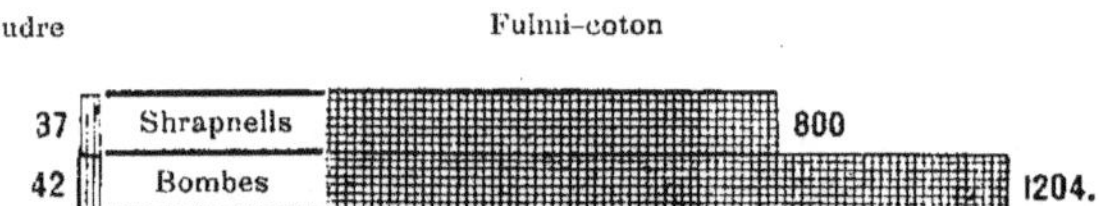

Comparaison du nombre des éclats produits dans un même projectile, par une charge de poudre et par une charge de fulmi-coton.

A ce sujet, il faut se demander pourtant si, avec un aussi grand morcellement du projectile, les éclats posséderont encore une force suffisante pour blesser l'ennemi.

Vitesse minimum que doivent avoir les projectiles pour mettre hors de combat les hommes et les chevaux.

Le professeur Langlois a calculé que, pour mettre immédiatement hors de combat le soldat qu'elle atteint, il faut qu'une balle, provenant d'un projectile explosif de l'artillerie, ait une vitesse d'au moins 77 mètres par seconde, — s'il s'agit d'une balle de plomb pesant 15 grammes — et d'au moins 91 mètres, pour une balle d'acier de 10 gr. 60, c'est-à-dire ayant même diamètre que la première.

Pour mettre un cheval hors de combat, les vitesses minima doivent être respectivement de 166 à 175 mètres.

On comprend que l'effet des projectiles sera d'autant plus puissant que la force impulsive, qui leur est communiquée par la charge de la pièce, sera plus grande, et, par suite, la vitesse initiale plus considérable.

Augmentation de la force.

Dans le tir, à 3,000 mètres de distance, avec les projectiles actuels qui possèdent une vitesse initiale d'environ 540 mètres, la vitesse à l'arrivée

---

(1) Langlois, *Artillerie de campagne.*

au but est encore de 250 mètres; de sorte que les balles projetées par les bombes et obus, même à 3,000 mètres de la bouche à feu, tueront encore les hommes et les chevaux.

Il faut aussi remarquer que, maintenant, la vitesse initiale des projectiles atteint déjà 800 mètres et que, par conséquent, dans la guerre future, on doit s'attendre à des résultats encore plus surprenants.

Quant aux balles et éclats qui se dispersent après l'explosion du projectile, ils ne sont pas efficaces que dans le voisinage du point d'éclatement. Puisque, avec leur vitesse initiale actuelle, ils peuvent atteindre et frapper jusqu'à des distances de 200 mètres et plus au delà de ce point.

Pour porter un jugement sur ce que sera la guerre de l'avenir, il était d'une importance particulière de nous représenter clairement l'étendue de la surface qui sera battue par les projectiles de l'artillerie. Car, dans la suite, nous aurons à nous occuper fréquemment, non seulement de la différence — comparativement avec le passé — des ravages matériels que les projectiles causeront à l'avenir dans l'étendue de la zone battue par eux, mais aussi de la différence d'effet moral exercé sur les troupes.

En outre il faut encore observer qu'avec la manière actuelle de combattre en ordre dispersé, l'effet des projectiles dépendra entièrement de la dispersion de leurs éclats. Il peut survenir des cas où de telles pertes se produiront pendant l'attaque, que les nerfs des assaillants ne pourront les supporter.

Le général Müller nous donne les résultats d'expérience que voici, sur l'effet des projectiles en usage.

Dans le tir des obus de 8 cent. 7 contre une compagnie, le nombre des « largeurs d'homme » atteintes est le suivant :

Aux distances comprises entre 1,150 et 1,500 mètres, 20 coups à obus ont mis hors de combat, en moyenne :

1/6 à 1/8 du nombre des tirailleurs couchés ;
1/5 à 1/4   —   —   à genou ;
    2/3   —   —   debout ;
    1/2   —   des soutiens, debout ;
1/7 à 1/8   —   des hommes du gros, debout.

A 2,400 mètres, 28 coups ont mis hors de combat :

5/7 du nombre des tirailleurs, debout ;
4/7   —   des soutiens, debout.

Comme les points de chute des projectiles se sont trouvés pour la plupart en arrière de la ligne des tirailleurs, l'effet contre les soutiens a été sensiblement augmenté ; de sorte que, de 1,100 à 1,500 mètres, sur la totalité des tirailleurs, couchés ou à genou, et des hommes des soutiens, 3/8 environ se sont trouvés mis hors de combat par 20 coups seulement.

On peut admettre que, dans ces expériences, avec une répartition convenable du tir, la ligne des tirailleurs et son soutien eussent été mis entièrement hors de combat : — aux distances de 1,100 à 1,500 mètres, comme à celle de 2,400, par 40 coups environ.

Formules d'expérience pour les shrapnells.

Ces chiffres, remarque le général Müller, n'ont toutefois qu'une signification conditionnelle. Car ils dépendent entièrement, on le comprend, du plus ou moins d'exactitude du réglage du tir.

Quant aux formules expérimentales relatives aux shrapnells, elles ont été obtenues au moyen d'expériences organisées par le même général, sur des cibles de 30 à 36 mètres de longueur et de 1^{m}70 de haut, placées à 20 mètres de distance l'une derrière l'autre. On a ainsi obtenu, pour chaque coup, les résultats moyens suivants qui font connaître le pour cent des fragments ayant frappé d'une manière pénétrante et celui des « largeurs d'homme » atteintes :

Distances en mètres	Fragments ayant atteint la première cible (avec pénétration)	Largeurs d'homme atteintes	
		Sur la première cible	sur les trois premières cibles
1,500	19 0/0	14 à 18	40 à 48
2,000	11 0/0	14 à 18	38 à 44
2,500	6 à 8 0/0	10 à 14	30 à 36

Aux distances de 3,000 mètres et au-dessus, le pour cent des éclats ayant atteint les cibles sans pénétration augmente considérablement ; ce qui prouve que l'augmentation de vitesse imprimée aux fragments par l'éclatement ne tarde pas à devenir insuffisante.

Effet d'une batterie sur une ligne de tirailleurs.

Le général Rohne donne le tableau ci-après de l'effet produit par une batterie contre des lignes de tirailleurs, — en évaluant la durée du réglage à une demi-minute et la vitesse du tir à 10 coups par minute (1):

Ces nombres sont empruntés à des résultats de tir constatés dans l'armée allemande. Il va de soi que ceux obtenus dans d'autres armées peuvent être différents.

____

(1) Général Rohne, *Beurtheilung der Wirkung und über Stellung von Aufgaben beim gefechtsmässigen Schiessen* (Appréciation de l'effet des projectiles et étude sur la position des problèmes relatifs au tir de combat), dans le *Militär Wochenblatt*, 1895.

But	Distances (en mètres)	Temps (en minutes)	Effectif de la ligne de tirailleurs canonnée					
			80 tirailleurs		120 tirailleurs		160 tirailleurs	
			Atteintes	Pour cent d'hommes frappés	Atteintes	Pour cent d'hommes frappés	Atteintes	Pour cent d'hommes frappés
Cibles-bustes	800	2 1/2	45	43	45	31	45	24
	1000	3 1/2	59	52	59	39	59	31
	1200	5 1/2	88	67	88	52	88	42
	1500	7 1/2	112	75	112	60	112	50
Cibles-corps	800	2 1/2	80	63	80	49	80	40
	1000	3 1/2	105	73	105	58	105	48
	1200	5 1/2	154	85	154	73	154	62
	1500	7 1/2	202	92	202	82	202	72

Pour bien montrer l'importance de l'instruction des soldats d'artillerie et de leurs chefs, nous appellerons encore l'attention sur les données d'expériences ci-dessous :

Sur 100 coups observés					
obus			shrapnells		
les résultats de l'observation ont été :					
exacts	douteux	à faux	exacts	douteux	à faux
65,5	25,6	8,9	62,7	31	6,3
69,3	23,8	6,9	63,7	31,7	4,6
79,3	14	6,7	69	23,7	7,3
65,7	25,5	8,8	55,6	39,2	5,2

Sur 100 observations de shrapnells en avant du but, étaient

exactes	douteuses	fausses
68	26	6

Sur 100 observations de shrapnells en arrière du but, étaient

exactes	douteuses	fausses
41	33	26

III. Puissance des canons modernes relativement aux canons d'autrefois.

Dans les guerres du commencement de ce siècle, on admettait qu'un rectangle de 18 pieds de haut sur 24 de large, placé à une distance de 1,150 mètres, ne pouvait être atteint, avec quelque probabilité, que par un sixième des boulets tirés sur lui (1).

Quant aux effets qu'on pouvait réellement obtenir du tir à mitraille

____

(1) Scharnhorst.

d'alors, — tir qui avait une si haute importance, — Scharnhorst nous fournit les indications suivantes. Quand, sur un terrain pas trop inégal, on tire à mitraille contre des panneaux de bois, — chaque boîte contenant 41 balles dont chacune pèse autant d'onces que le boulet pèse de livres, — on met dans ces panneaux :

$$\text{Avec le canon de 12, à 750 mètres.} \left.\begin{array}{ll} — & 6, \quad 600 \quad — \\ — & 3, \quad 490 \quad — \end{array}\right\} \text{à peu près 7 balles.}$$

Et si ces balles atteignent les panneaux, il n'y en aura pas, à beaucoup près, la moitié qui traverseront les planches de pin ou de sapin, épaisses de $19^{m}/^{m}2$ à $26^{m}/^{m}2$. La plupart des autres n'ont pas même la force d'y pénétrer : elles ne peuvent, par conséquent, causer que des contusions.

Une ligne d'infanterie n'est haute que d'environ $1^{m}60$. Par suite, aux distances indiquées plus haut, 5 1/4 balles seulement l'atteindraient au lieu de 7.

Tel est l'effet quand le terrain n'est pas très inégal. S'il l'est au contraire beaucoup, cet effet s'amoindrit considérablement; et l'auteur s'est convaincu par plusieurs expériences que, lorsque les inégalités du terrain ne permettent aucun ricochet des balles, le nombre de celles qui pénètrent dans les panneaux est réduit de moitié. Par contre, sur un terrain dur et parfaitement uni, l'effet est notablement plus grand.

On suppose d'ailleurs encore en tout ceci, qu'on a bien pris chaque fois la hausse correspondant à la distance. Si on se trompe, l'effet est naturellement bien moindre.

L'effet réel des principaux projectiles des canons de campagne d'aujourd'hui, obus et shrapnells, a également ce caractère de dispersion. Mais nous verrons bientôt combien les différences sont grandes (1).

Faible augmentation de l'effet des projectiles pendant la guerre de Crimée.

Les canons lisses employés pendant la guerre de Crimée n'étaient pas beaucoup supérieurs, quant à leurs effets, à ceux dont on se servait au commencement du siècle.

L'abandon des formations de combat en profondeur avait notablement diminué l'importance des boulets pleins, tandis que les effets de la mitraille et des shrapnells n'avaient augmenté que d'une façon insignifiante.

Les canons lisses, établis d'après l'expérience acquise pendant la guerre de Crimée, ne donnèrent également que des résultats peu satisfaisants.

Résultat peu satisfaisant obtenu avec les pièces construites d'après l'expérience de la guerre de Crimée.

Voici ce qu'en 1856 et 1857 on obtenait des troupes autrichiennes, dans des exercices de tir exécutés contre des panneaux de $2^{m}70$ de haut et 36 mètres de long, placés à des distances de $37^{m}50$ les uns des autres,

____

(1) Müller, *Die Wirkung der Feldgeschütze.*

— les projectiles étant dés shrapnells munis de fusées à temps. Les chiffres ci-dessous indiquent le nombre d'atteintes :

Distances en mètres	Canons de 6	Canons légers de 12	Obusiers légers	Obusiers lourds
450 à 600	26 à 30	90 à 100	130 à 150	150 à 160
675 à 750	20 à 24	89 à 90	80 à 100	130 à 140
875 à 900	16 à 20	—	50 à 70	110 à 130
900 à 1050	—	60 à 70	—	90 à 100
1125 à 1200	—	20 à 40	—	70 à 80

Entre 1850 et 1860, contre des panneaux de 6 pieds de haut sur 90 de long, 100 coups, en tir courbe, du canon de 6, ne donnaient à 1,100 mètres que 16 atteintes. Le tir roulant ne pouvait être employé qu'aux distances qui ne dépassaient pas 1,350 mètres.

Avec des shrapnells, contre les mêmes panneaux, on ne pouvait, à 730 mètres, obtenir, par coup de canon de 6 de campagne, que 15 atteintes mettant un homme hors de combat.

Au-dessus de 900 mètres, les shrapnells du canon de campagne de 12 étaient déjà insuffisants, puisqu'on ne pouvait obtenir, par coup, que 28 atteintes mettant un homme hors de combat (1).

Mais avec l'introduction des canons rayés la situation s'est modifiée.

Dans un rectangle de 30 pas sur 60 on obtenait 13 0/0 d'atteintes avec un canon obusier lourd de 15 centimètres à âme lisse ; on en obtint 77 0/0 avec la pièce rayée. La précision avait donc sextuplé (2).

D'après le général Müller, les expériences, faites avec les canons de campagne rayés jusqu'au commencement de l'année 1870, fournirent également la preuve que les limites de l'efficacité de ces pièces avaient été, par l'effet des rayures, élargies dans la mesure suivante :

Le tir à obus, remplaçant le tir à boulet, avait reculé, de 1,200 à près de 3,000 mètres, la limite des portées extrêmes utilisables ; il avait étendu, de 1,000 mètres à environ 1,800 ou 1,900, celle des distances usuelles, et enfin, de 600 à 1,200 et 1,500 mètres, la limite des effets décisifs.

Le tir à shrapnell, par suite de l'insuffisante durée de combustion de la fusée, avait environ 2,200 mètres comme portée maximum, 1,800 mètres comme distance usuelle et 1,500 mètres comme limite supérieure de l'effet décisif.

Avec le tir à obus, les plus grandes portées utilisables étaient donc devenues environ deux fois et demie plus grandes, et les distances usuelles presque doubles, de ce qu'elles étaient précédemment.

---

(1) *Abhandlung über das Schiessen und Werfen von Geschützen.* — Berlin, 1855.
(2) Maudry, *L'armement.*

. . Le tir à shrapnell avait doublé sa portée effective et permettait d'obtenir, à une distance quatre ou cinq fois plus grande, l'effet décisif que donnait autrefois la mitraille.

Par suite de l'abandon des boulets pleins, l'effet destructeur qu'exerçait jadis l'artillerie sur le matériel, se trouva notablement diminué. Déjà, pendant la guerre de 1866, les dégâts causés au matériel furent très peu importants, et pendant celle de 1870-71, l'artillerie prussienne n'eut, sur l'ensemble de ses 1,278 pièces, que 2 canons et 14 affûts démontés, 7 avant-trains brisés et 11 dont le coffre à munitions sauta.

La valeur du tir à mitraille avait encore diminué davantage. Son action n'atteignait plus qu'à 500 mètres, tandis que, dès 600 mètres, celle des fusils se faisait déjà très vivement sentir à l'artillerie.

Aussi la consommation des boîtes à mitraille, en 1870-71, fût-elle insignifiante.

Mais quoique, pendant cette guerre, les canons prussiens, qui étaient alors les premiers de l'époque, eussent — et sans shrapnells, — donné tout ce que l'on attendait d'eux, et même sur quelques points, plus encore, on réclama une augmentation d'efficacité aussitôt après la campagne.

Développement de l'artillerie depuis 1870. Ce fut l'ouverture, dans le développement de la construction des canons et des projectiles, d'une nouvelle période que nous avons déjà décrite dans les chapitres consacrés aux « canons et projectiles de l'artillerie ».

Quelques comparaisons permettront de donner aux profanes une idée nette des résultats obtenus.

Efficacité comparée des canons de campagne actuels et anciens. Le colonel Langlois établit la comparaison suivante entre les nouveaux obus lancés par le canon de 90 millimètres, et ceux que tiraient les plus grosses bouches à feu de campagne employées en 1870-71, — celles de 12 (calibre 120 millimètres).

Supposons, dit-il, une batterie de 90 millimètres, ayant à faire une brèche de 20 mètres de longueur dans un mur de 2 mètres de hauteur.

On sait par expérience que, pour renverser l'obstacle, il faut 2 coups environ au but par mètre courant (16 à 17 kilog. de projectiles), soit 40 coups au but. Or, à 1,500 mètres, par exemple, sur 100 coups tirés, il y en a 30 au but. Par suite, pour en loger 40, il en faudra tirer $\dfrac{40}{0,30} = 133$, après l'opération du réglage.

La batterie de 90 tire facilement 6 coups bien pointés en 1 minute : l'opération durera $\dfrac{6}{133} = 22$ minutes ; ajoutons 8 minutes pour le réglage, nous devons espérer ouvrir la brèche en une demi-heure. On aura tiré 150 coups et épuisé 2 caissons de munitions.

Or, voici le tableau comparatif des conditions où l'on serait placé en employant l'ancien canon de 12.

DÉSIGNATION	Obus à balles de 90 millimètres	Anciens obus ordinaires de 12
Ecart probable en hauteur.	1,60	5,00
Facteur de probabilité (d'atteindre).	0,62	0,20
Probabilité d'atteindre le mur	0,30	0,10
Nombre de coups au but, nécessaire	40	28
Nombre de coups à tirer après réglage. . . .	130	280
Poids de projectiles dépensés (kilog.).	1104	3390
Nombre de caissons vidés	2	6
Temps nécessaire après réglage.	23 minutes (au plus)	1 h. 33 m. (au moins)

On comprendra, par l'examen de ce tableau, ajoute le colonel Langlois, quel intérêt ces considérations peuvent avoir au point de vue tactique.

Si nous exprimons graphiquement ces données, nous obtenons le résultat suivant :

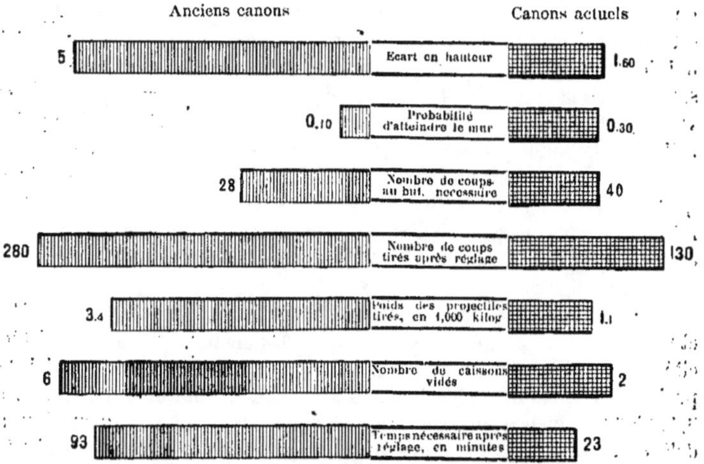

Données permettant de comparer l'efficacité des canons de campagne d'autrefois et d'aujourd'hui, pour faire une brèche de 20 mètres de large dans un mur de 2 mètres de haut.

Nous voyons donc que, dans un cas où précédemment il fallait employer 6 caissons de projectiles, 2 suffisent aujourd'hui; et que, pour les différentes opérations à accomplir, on n'a besoin que d'un quart du temps qu'il eût fallu avec les canons dont on se servait en 1870. La probabilité d'atteindre, dans le tir avec les nouveaux canons, est de 0,30, là où elle n'était autrefois que de 0,10. Elle a donc triplé.

Comme nous l'avons dit, la pression développée par la combustion de la nouvelle poudre est trois fois plus forte qu'avec l'ancienne. Aussi, dans la crainte que les parois de l'âme et de la fermeture de culasse ne soient pas assez fortes, on a notablement diminué le poids de la charge depuis l'adoption de la poudre sans fumée.

En France, par exemple, au lieu de 1,900 grammes de l'ancienne poudre, on emploie 420 grammes de la nouvelle (1). En conséquence, le matériel d'artillerie, toute l'organisation technique et même les tables de tir subsistent sans modification apparente, parce que la vitesse initiale, la rasance de la trajectoire et la portée n'ont pas changé.

Plusieurs indices pourtant annoncent que ces éléments ne resteront pas toujours immuables. La guerre pourrait bien nous apporter de graves surprises.

Voici ce que dit à peu près le général prussien Wille (1), à propos des perfectionnements futurs de la technique de l'artillerie : « L'opinion s'est répandue que la réalisation, pour les projectiles, d'une vitesse initiale de 800 à 1,000 mètres, au lieu de la vitesse actuelle de 374 à 455 (2), n'est qu'un desideratum purement théorique. Récemment encore une telle opinion pouvait sembler juste. Mais depuis l'adoption de la poudre azotée sans fumée, la possibilité d'arriver à de pareilles vitesses n'est pas seulement vraisemblable, elle est indubitable. Et cela d'autant plus que la préparation de la poudre azotée se perfectionne presque chaque jour. »

C'est un fait dont on ne peut plus douter, que déjà la maison Krupp garantit, pour des projectiles du poids de 108 kilogrammes, une vitesse initiale de 700 mètres par seconde. Reste encore pourtant à atteindre celles de 800 et de 1,000 mètres. Voyons maintenant quelle utilité pratique aurait ce progrès.

Le général Wille projette l'établissement de canons de 7 centimètres et montre, qu'avec une vitesse initiale de 800 mètres, la portée et l'efficacité de leur tir surpasseront notablement les résultats obtenus jusqu'ici. Les projectiles de ces nouvelles bouches à feu posséderont, à des distances de 3,400 à 6,000 mètres, des vitesses qu'ils ne conservent pas aujourd'hui au delà de 1,000 à 3,000 (3). Le général Wille calcule que la surface battue s'augmentera, pour une vitesse initiale de 1,000 mètres :

A la distance de 1,000 mètres, de 200 0/0.

      —   2,000   —   133 0/0.

      —   3,000   —   89 0/0.

---

(1) *Das Feldgeschütz der Zukunft* (Le canon de l'avenir). — Berlin, 1891.

(2) Ardouin-Dumazet, *L'armée et la flotte de 1891 à 1892.*

(3) Les canons russes, dits *de batterie*, donnent une vitesse initiale de 374 mètres ; les canons légers en donnent une de 442 mètres ; ceux de l'artillerie à cheval, une de 412 mètres.

L'ouvrage du général Wille, auquel nous empruntons ces données, a fait une profonde impression dans le monde des spécialistes militaires étrangers. Et il a donné lieu à un échange d'opinions comme on n'en a guère rencontré sur une question d'artillerie aussi spéciale. L'intérêt que sa haute importance a fait naître, s'est étendu bien au delà des cercles d'hommes spéciaux. Le passé du général, sa haute situation, sa grande autorité comme écrivain militaire, autorisent à penser que ses suppositions reposent sur des bases solides (1). Mais on a, dès lors, à craindre, qu'aussitôt des modifications importantes introduites dans l'armement d'artillerie d'une grande puissance, les autres États ne soient, bon gré mal gré, obligés de la suivre ; ce qui entraînera, comme conséquence, un accroissement énorme des dépenses consacrées à l'acquisition du matériel de guerre et provoquera une fébrile activité chez les inventeurs à la recherche de nouveaux perfectionnements.

Déjà maintenant, quelques écrivains militaires soutiennent (2) que l'unique motif de l'irrésolution, relative à la transformation de l'armement d'artillerie, n'est pas tant la perspective des dépenses extraordinaires à supporter, que la crainte de voir les États voisins suivre immédiatement sur ce terrain, et peut-être même dépasser la puissance qui aurait pris l'initiative. Cette crainte a pour conséquence que toutes les modifications relatives à l'artillerie sont tenues rigoureusement secrètes.

Tôt ou tard, cependant, on finira bien par écarter le voile, et alors l'émulation recommencera. De même que certains phénomènes permettent de prévoir une imminente modification de l'organisme, quelques signes précurseurs font considérer, comme prochaine, une rupture avec la technique suivie jusqu'à présent.

En Allemagne, le Reichstag vote des crédits toujours croissants pour la transformation de l'armement de l'artillerie. En outre, des craintes se manifestent de voir le Gouvernement consacrer également à cet objet d'autres ressources mises à sa disposition. Puis la presse spéciale nous apprend qu'en Allemagne, des charges de *roburite* sont adoptées pour les nouveaux canons Krupp.

Enfin, nous avons déjà rappelé à plusieurs reprises que la puissance inventive de l'homme est sans limites (3).

------

(1) Nous remarquerons que le professeur Potocki partage les opinions de Wille et explique que la vitesse initiale peut être portée jusqu'à 1,000 mètres, c'est-à-dire à près du double de la vitesse actuelle.

(2) Capitaine Moch, *Notes sur le canon de campagne de l'avenir.* — Paris, 1892.

(3) Nous allons en donner une nouvelle preuve : A l'exposition de Chicago se trouvait un canon Krupp dont les projectiles, comme l'explique la brochure publiée par Krupp lui-même, peuvent atteindre un but à 20 kilomètres de distance. Ce canon pèse

L'emploi que l'on continue à faire de la force développée par la poudre sans fumée, permet peut-être de compter sur l'obtention prochaine de résultats qui contraindront toutes les puissances à remplacer leur matériel d'artillerie si coûteux, par un autre qui le laissera loin derrière lui comme portée, vitesse et précision des projectiles.

Il semble même que les premiers pas dans cette voie soient déjà faits, comme semblent l'indiquer les faits suivants. Sur l'ordre du général Warnet, commandant le 17ᵉ corps d'armée français, le colonel Marssillon a fait des conférences aux officiers des garnisons de Montauban et de Toulouse, conférences dans lesquelles ce colonel, évidemment au courant de tous les secrets de la technique de l'artillerie française, s'est exprimé ainsi : « Au moment où nous constaterons que la portée de nos pièces est inférieure à celle des pièces d'une autre artillerie quelconque, nous pourrons sans difficulté augmenter cette portée, sans modifier ni les canons, ni les projectiles. »

Ainsi, Marssillon ne prévoit pas seulement la possibilité du perfectionnement, il en est pleinement convaincu. Il dit en propres termes : « On ne

Margin note: Commencement du perfectionnement des canons en France.

3,844 kilogrammes et son calibre est d'environ 35 centimètres. La charge destinée à lancer le projectile, qui pèse 237 kilogrammes, se compose de 126 kilog. 500 de poudre. *(Revue Encyclopédique, 1893.)*

La maison Krupp construit en outre des canons gigantesques pour la défense des forts de l'Elbe. Leur longueur est de 14 mètres et chacun d'eux pèse 112,400 kilogrammes. Le poids du projectile est de 1,000 kilogrammes; celui de la charge, de 410 kilogrammes; la portée maximum utilisable pour le tir est de 8,850 mètres, avec une vitesse initiale de 600 mètres. A 1,000 mètres de distance, l'obus traverse une plaque de cuirasse de 1 mètre d'épaisseur.

La même usine fabrique aussi des canons de 24 centimètres, remarquables par la portée maximum de 20,000 mètres qu'ils ont donnée sur le champ de tir de Meppen, où on les a tirés avec une charge de 115 kilogrammes, — le projectile pesant 215 kilogrammes. Pour un angle de tir de 40°, le point le plus élevé de la trajectoire était à 6,540 mètres au-dessus du sol. *(L'Écho de l'Armée.)*

Nous donnons ci-dessous le dessin de cette trajectoire, d'après l'ouvrage de Monthay : *Krupp à l'Exposition de Chicago, 1894.*

Margin note: Canons Krupp pour les forts de l'Elbe.

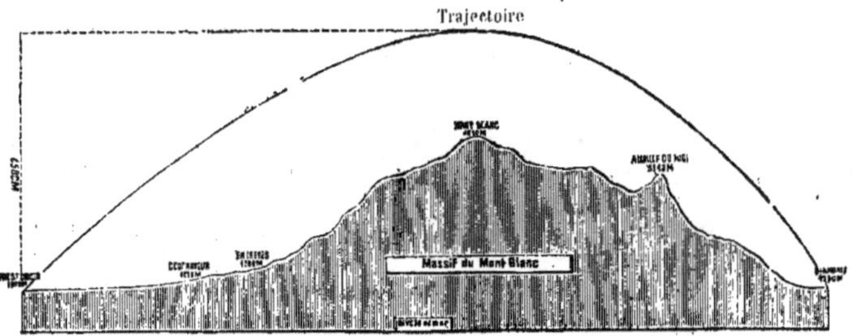

serait pas embarrassé, etc. », après quoi viennent, dans le texte imprimé de la conférence, quelques lignes de « points » pour indiquer que les explications données verbalement en cet endroit par le colonel ont dû être, à titre de secret militaire, supprimées dans la publication.

Dans d'autres ouvrages consacrés à cette question, se rencontrent des indications analogues (1). Mais, ce qui est plus important encore, la discussion du budget de la marine devant la Chambre des députés française, en 1892, a montré que la France avait déjà procédé à une transformation de ses canons et que les résultats obtenus dans les expériences y relatives s'étaient trouvés très satisfaisants.

Néanmoins, comme il ressort de cette même discussion, de nouveaux canons à tir rapide du modèle 1891 ont été établis pour tirer un parti complet de la force de la poudre sans fumée — canons nouveaux qui doivent, après leur achèvement, remplacer les canons transformés.

Nous sommes donc en présence de deux faits : les canons existants sont l'objet de perfectionnements qui doublent leur vitesse initiale, et, en même temps, on entreprend la construction de nouvelles bouches à feu plus parfaites encore.

Mais, quand même on ne tiendrait pas compte des nouveaux perfectionnements non encore réalisés, et en considérant seulement ceux qui, déjà, sont appliqués pratiquement, on peut dire que, dans la guerre future, l'effet de l'artillerie sera tout différent de ce qu'il était dans les guerres passées.

L'ensemble des petits perfectionnements partiels qui, séparément, sont peut-être à peine apparents, a produit quelque chose de tout à fait nouveau. Les canons répondent aujourd'hui beaucoup mieux à leur destination. Ils ressemblent aussi peu aux canons que les guerres passées nous ont fait connaître, qu'un cheval bien en main et finement dressé ressemble à un cheval à peine dégrossi. C'est bien évidemment toujours le même animal, mais il est infiniment plus commode pour le cavalier, et la souplesse acquise par l'exercice lui permettra d'accomplir ce que l'autre serait incapable de faire.

Voici comment le professeur Langlois évalue, d'après des données pratiques, l'augmentation de puissance du feu de l'artillerie depuis la guerre de 1870 : Les canons d'aujourd'hui, dit-il, feront à l'ennemi, dans la guerre en rase campagne, cinq fois plus de mal — pour un même nombre de projectiles tirés, — qu'en 1870.

Mais comme, en outre, ces mêmes canons pourront tirer, dans un temps

Importance des perfectionnements partiels réalisés jusqu'ici.

Opinion de Langlois sur l'augmentation de puissance du feu de l'artillerie depuis 1870.

----

(1) *Artillerie moderne.*

donné, 2 1/2 à 3 fois plus de projectiles que les autres, il s'ensuit que, depuis 1870, la puissance du feu de l'artillerie s'est accrue dans la proportion de 1 à 12 ou 15.

Ce qui, exprimé graphiquement, donne la figure ci-dessous :

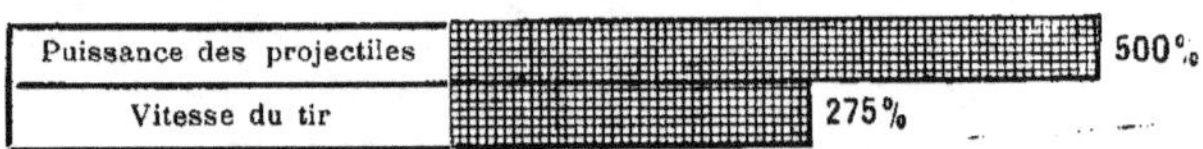

Augmentation, en pour cent, de l'effet des canons de campagne actuels, relativement à ceux de 1870 ; — l'effet de ces derniers étant représenté par 100 (D'après Langlois).

Pour apprécier pleinement l'importance du nouveau facteur qui vient d'être indiqué, il faut mentionner encore les modifications suivantes survenues depuis la guerre de 1870.

Nombre de caissons dans les différentes batteries. Aujourd'hui, chaque batterie comprend, en Allemagne et en France, 9 caissons, en Russie, 12. Ce qui permet à la batterie allemande de tirer, pendant une bataille, 860 coups ; — la batterie française pouvant en tirer 852 et la batterie russe 900. Mais ce nombre de coups passe encore pour insuffisant ; et l'armée allemande considère comme son devoir d'élever jusqu'à 1,290 coups l'approvisionnement en munitions de la batterie (1).

La puissance des nerfs sera-t-elle assez forte ? A ce sujet, on peut bien se demander si la puissance des nerfs sera suffisante, chez les hommes des énormes armées actuelles, pour leur permettre d'affronter des ennemis armés de canons aussi terribles.

Il est très difficile de faire, à cette question, une réponse catégorique. — Attendu qu'on n'a aucune donnée expérimentale à ce sujet et qu'on ne peut tirer de conclusions que d'exercices exécutés en temps de paix.

Et ce que le canon, considéré comme simple machine, peut donner au combat dans la main de l'homme, différera toujours beaucoup des effets produits au cours d'expériences exécutées dans des circonstances normales, comme aussi des résultats d'un tir d'exercice sans danger. L'habileté du soldat à servir les pièces, à observer les coups et à manier le matériel de tir peut, sur le champ de bataille, être tout autre qu'au champ de manœuvres.

Portée des canons de campagne. Les points suivants sont toutefois incontestables :

De l'avis de beaucoup de spécialistes, les canons de campagne, même sans tenir compte des perfectionnements encore attendus, mais simplement chargés en poudre sans fumée, sont en état d'exercer leurs effets destructeurs jusqu'à une distance de 7,000 mètres.

La portée d'une arme ne peut d'ailleurs être considérée comme ayant une réelle valeur, que si en même temps se maintiennent, sans modifica-

____

(1) *Militärische Jahresberichte* pour 1891.

Fig. I.

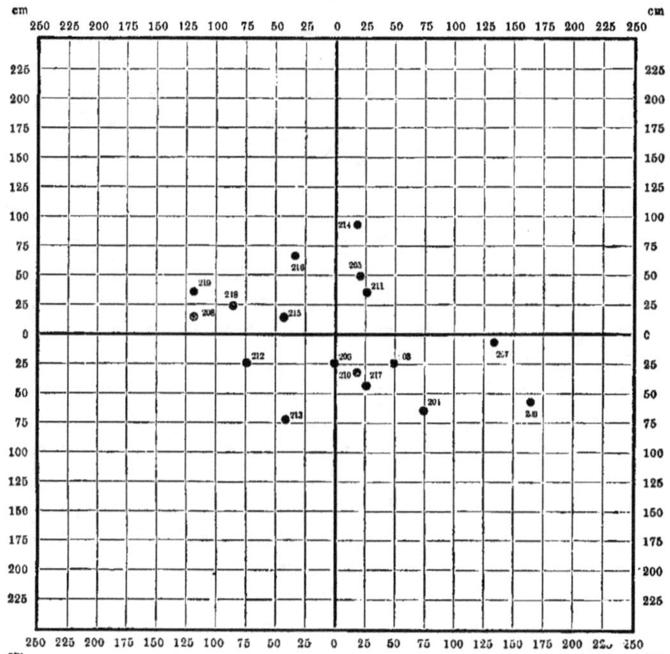

Résultats du tir de 17 coups d'un canon de campagne léger de 75 millimètres
(10 mai 1884).
Nombre des coups précédemment tirés : 202. — Distance 1,000 mètres.

Groupement des coups d'un canon de montagne léger de 75 ᵐ/ᵐ, à 1,000 mètres.

tion, les autres conditions du tir : rapidité, précision et force du coup. — Mais l'on sait qu'à ces points de vue aussi, l'artillerie a réalisé de grands progrès depuis la guerre de 1870.

Rapidité du tir

La vitesse du tir de l'artillerie deviendra très importante dans la guerre future. D'après les derniers règlements russes, quand on règle son tir dans les conditions ordinaires, une batterie peut tirer de 4 à 5 coups par minute aux distances inférieures à 3,000 mètres. Au-dessus de cette distance, il faut compter 3 coups.

Avec les procédés de réglage abrégés, admis par le règlement, quand on tire à moins de 1,500 mètres, la vitesse du feu de certaines batteries a pu atteindre jusqu'à 6 coups par minute. Une fois le tir réglé, la batterie de 8 pièces peut donner de 8 à 12 coups, celle de 6 pièces, de 6 à 9 coups par

Fig. II.

Résultats du tir
d'un canon à tir
rapide de 75 m/m
à 1,000 mètres.

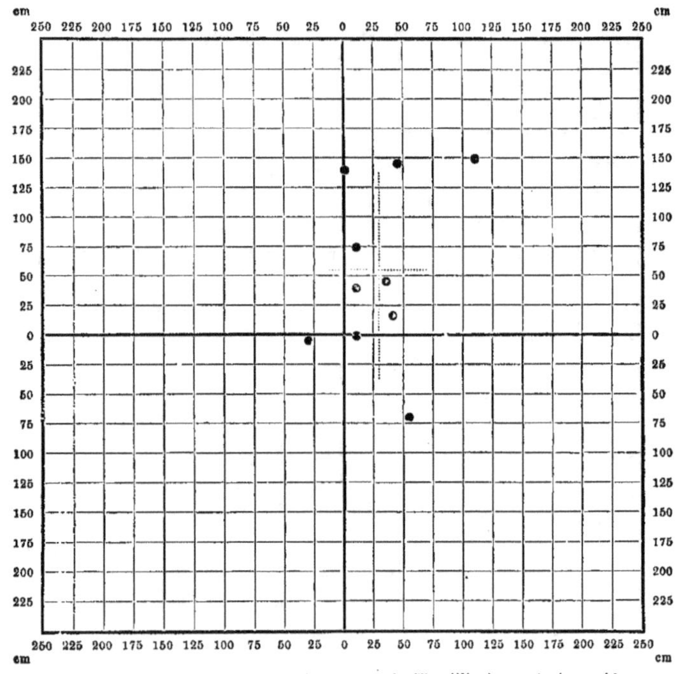

Résultats du tir de 10 coups d'un canon de 75 millimètres, à tir rapide
(1889). — Distance 1,000 mètres.

minute. Mais cette vitesse de tir ne saurait être prolongée pendant plus de cinq minutes, parce qu'autrement on manquerait de munitions.

Tirs d'essai avec
canons Krupp.

Pour donner une idée des progrès réalisés quant aux résultats qu'on peut obtenir avec les bouches à feu, nous figurons ici (fig. I. à V) les résultats d'une série de tirs d'essai exécutés avec des canons Krupp, au polygone de Meppen.

La figure I nous montre le groupement de 17 coups tirés avec un canon de montagne léger de 75 millimètres à la distance de 1,000 mètres.

Nous voyons que les écarts, par rapport au point central du but, ne dépassent pas 1 mètre en hauteur et 1m75. en direction.

La figure II nous montre le groupement de 10 coups d'essai, d'un canon Krupp de 75 millimètres à tir rapide, tirés en une demi-minute à 1,000 mètres de distance.

Fig. III.

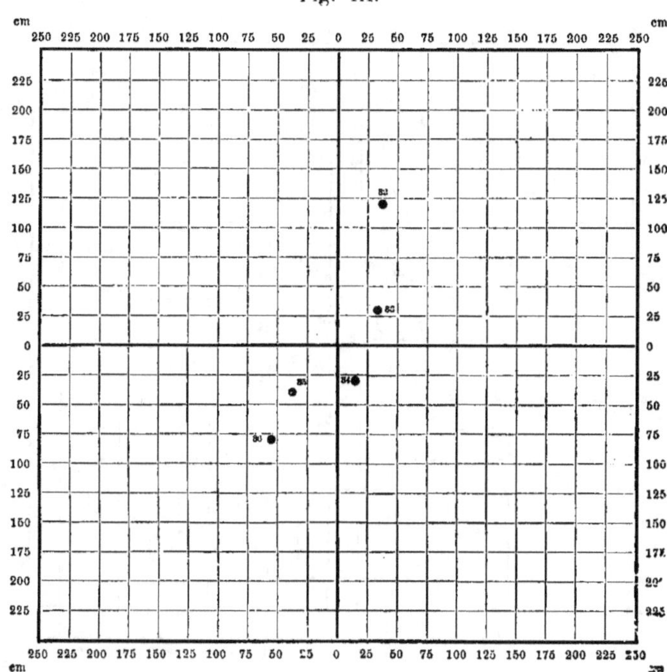

Résultats du tir de 5 coups d'un canon de 87 millimètres (1891).
Nombre des coups précédemment tirés : 31. — Distance : 2,000 mètres.

Il est à remarquer qu'à 2,000 mètres, avec le tir ajusté, l'écart moyen en hauteur n'est que de 0ᵐ60 et en direction de 0ᵐ36. La moitié des coups se trouvent dans un rectangle de 1ᵐ02 de haut sur 0ᵐ60 de large. C'est un résultat de ce genre que nous montre la figure III.

Nous donnons ensuite, dans la figure IV, le résultat du tir de 20 coups (obus explosifs de 16 kilog.) tirés à 1,000 mètres de distance, avec un canon du calibre de 105 millimètres.

L'écart moyen, en hauteur, a atteint 0ᵐ286, l'écart en direction, 0ᵐ2525. Cinquante pour cent des coups se sont groupés dans un rectangle de 0ᵐ482 de haut, sur 9ᵐ427 de large.

Enfin la figure V nous montre le résultat de 10 coups également (d'obus explosifs de 16 kilog.) tirés avec le même canon de 105 millimètres, après 1,800 coups déjà tirés. La distance était de 2,000 mètres.

Fig. IV.

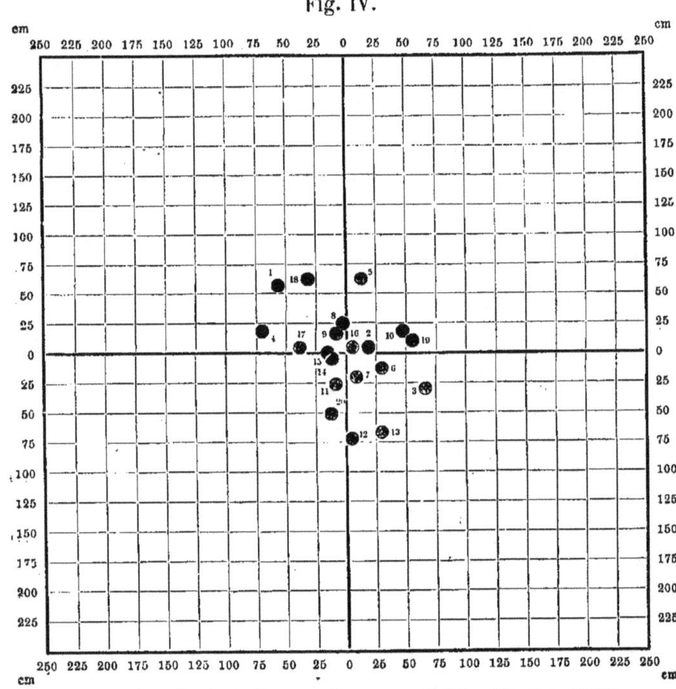

Résultats du tir de 20 coups d'un canon de 105 millimètres (1880)
à la distance de 1,000 mètres.

L'écart en hauteur s'est élevé dans ce cas à 0ᵐ236, l'écart en direction à 0ᵐ298. Cinquante pour cent des coups se sont groupés dans un rectangle de 0ᵐ399 de haut, sur 0ᵐ504 de large.

Il va de soi que, même sur les champs de tir, et à plus forte raison dans un combat, les résultats obtenus peuvent ne pas être aussi bons. L'habileté et le sang-froid du pointeur joueront un rôle important.

D'après les indications données par Rohne, la dispersion des coups, constatée dans les exercices de guerre de l'artillerie prussienne jusque vers 1880, a été, en moyenne, double de celle indiquée dans les tables de tir. Les canons *lourds* de campagne donnaient, aux distances de 1,000 à 2,500 mètres, en moyenne les résultats suivants (1).

(1) Ce canon *lourd* n'existe plus dans l'artillerie de campagne allemande.

Fig. V.

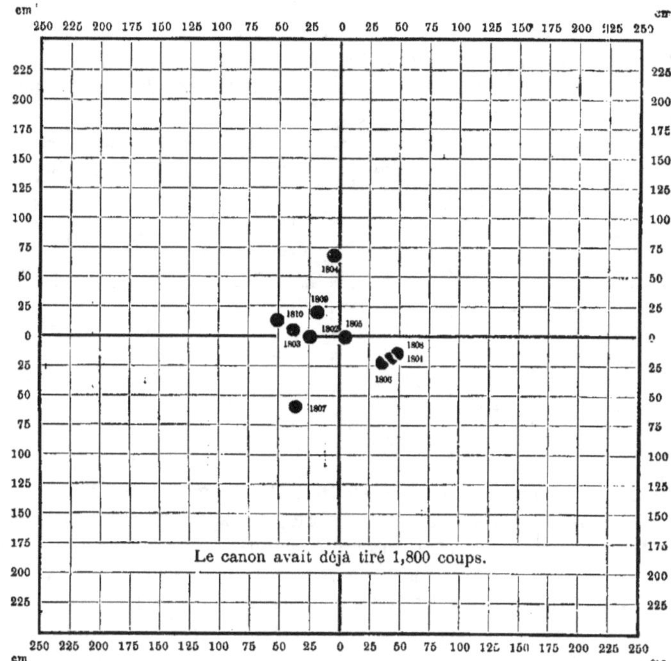

Résultats du tir d'un canon de 105 m/m, à 2,000 mètres, après 1,000 coups déjà tirés.

Résultats du tir de 20 coups d'un canon de 105 millimètres (9 août 1890).
Distance : 2,000 mètres.

On obtenait :

Avec un pointage exact . . . . 30,6 0/0 de coups au but.
Avec une erreur de pointage de 1/36ᵉ de degré 23,2 0/0 —
— — 1/16ᵉ — 10,7 0/0 —

Même dans des circonstances normales et avec des pointeurs choisis, on constate de grandes différences dans les erreurs de pointage. Ainsi, toutes choses égales d'ailleurs, il est arrivé que certains pointeurs obtenaient constamment, c'est-à-dire dans 100 0/0 des cas, des résultats concordant avec les indications des tables de tir, tandis que d'autres ne les obtenaient que 80, 65 ou même 55 fois sur cent (1).

____

(1) Müller, *Wirkung der Feldgeschütze* (Effet des canons de campagne).

Les résultats d'un tir d'essai peuvent donc ne pas correspondre aux circonstances de la guerre. Il faut les considérer comme des maxima.

Écarts en hauteur des canons dans les tirs de guerre et dans ceux du temps de paix.

Le journal d'artillerie russe de 1889 admet que, pour une batterie, la dispersion sera double de ce qu'elle est pour un canon.

Le général Müller a établi un calcul de la différence des résultats obtenus que nous donnons dans le tableau ci-dessous :

	Dispersion moyenne en hauteur à 1,000 mètres			
	du canon isolé Centimètres	du groupe de plusieurs canons (batterie) Centimètres	avec des erreurs des servants, de demi-grandeur Centimètres	dans le tir de guerre Centimètres
Canon lourd de campagne modèle 73.	70	99	129	194
Canon Krupp de 8 cent. 4.	42	60	102	177
Différence	38	39	27	17
Différence, en pour cent, de la dispersion du canon de 8 cent. 4.	90	65	26	10

Vers 1870, pour élucider la question de l'influence de la vitesse du tir, on a fait, dans les écoles de tir de l'artillerie, des expériences dans lesquelles trois batteries de 9 centimètres tiraient à 900 mètres, avec des obus modèle 64, soit en feu ajusté, soit en feu rapide, contre trois panneaux. Voici, d'après Witte (*Artillerielehre* 1872, page 130), quels furent les résultats obtenus :

Feu ajusté : 135 coups, fournissant 4,830 éclats,   et   35 0/0 d'atteintes.
Feu rapide : 109 — — 3,012 — — 28 0/0 — .

Les rapports du nombre des atteintes au nombre des éclats étaient donc entre eux comme 5 est à 4.

Feu rapide et dispersion.

Actuellement la maison Krupp donne les chiffres suivants pour représenter l'influence du feu rapide sur la dispersion des projectiles du canon de 6 centimètres.

Le rectangle qui contient 50 0/0 des coups (la meilleure moitié) présente, dans le tir à 1,000 mètres, les dimensions suivantes :

Canons de 6 centimètres		Hauteur en centimètres	Largeur en centimètres
Long. 30 calibres	Feu ordinaire	67	83
	Feu rapide	104	70
Long. 36 calibres	Feu ordinaire	67	72
	Feu rapide	88	70

Ces différences en hauteur et en largeur semblent donc aussi peu importantes que par le passé.

Influence du perfectionnement des canons sur la tactique de l'artillerie.

Nous trouvons, dès le commencement du xive siècle, des indications très certaines sur l'emploi des canons. Mais les préjugés chevaleresques qui, jusqu'au xvie siècle, firent refuser, par la noblesse, le service militaire à pied et retardèrent ainsi le développement de l'infanterie, ont persisté bien plus longtemps encore au préjudice du service de l'artillerie. Un vrai gentilhomme, — qui croyait déjà beaucoup sacrifier de sa dignité quand il descendait de cheval et se mêlait aux simples manants de l'infanterie — ne pouvait pas s'abaisser au point d'exécuter un service qui demandait, non seulement certaines connaissances, mais même une véritable adresse manuelle dans les arts mécaniques.

Préjugés primitifs contre le service dans l'artillerie.

Les progrès de l'artillerie ont toujours été étroitement liés à ceux de l'infanterie, dont elle a fait partie dès l'origine, et dont elle était considérée comme une simple branche spéciale.

Jusqu'au xvie siècle, les artilleurs formaient une corporation. Ils apprenaient la manœuvre du canon, la confection des artifices, etc., comme un métier, pour lequel ils obtenaient un diplôme de leur « maître ». Munis de ce diplôme, ils s'en allaient là où il y avait une guerre et prenaient du service chez ceux qui leur offraient la meilleure paye. On les considérait comme officiers et ils ne dépendaient que de leur chef spécial, le « maître » du matériel — en allemand, le *Zeugmeister*. Les plus estimés étaient ceux qui savaient se servir des mortiers et des artifices ; on les qualifiait d'artificiers et ils recevaient quadruple solde.

L'artillerie, jusqu'au XVIe siècle, est considérée comme un métier.

Presque sur le même rang et avec solde égale, étaient ceux qui servaient les gros canons de siège ; tandis que les canonniers de campagne, qui ne tiraient que les coulevrines et les petites pièces, ne recevaient qu'une solde double. Charles-Quint paraît avoir été le premier qui forma les artilleurs en compagnies régulières et les organisa comme une « arme » permanente (1).

Cependant ces artilleurs, élite et pionniers de la roture, inventant des armes de plus en plus maniables et pratiques, les essayant eux-mêmes, puis les introduisant dans les troupes à pied, avaient de jour en jour augmenté, par là même, l'importance de l'infanterie ; ils l'avaient élevée au niveau de la cavalerie et avaient finalement amené la noblesse à ne plus faire de différence entre ces deux armes.

Développement de l'artillerie qui devient une arme autonome.

(1) Hoyer, *Artillerie*, 1808.

Ce résultat fut atteint à partir du xvi° siècle ; époque depuis laquelle l'artillerie, tout en se réservant le maniement de machines compliquées et puissantes, commence à se développer d'une façon indépendante et pose le principe de son organisation comme troisième arme, destinée à frapper les coups décisifs sur le champ de bataille et à y devenir l' « *ultima ratio* » (1).

La portée des canons primitifs était très faible et plus restreinte que celle de la plupart des anciennes machines de guerre. On était donc forcé d'établir les batteries à très peu de distance du but à battre. Les premières bouches à feu avaient une portée de but en blanc de 500 pas, et leur portée maximum était de 1,000. Ces canons lançaient, il est vrai, des projectiles de fer pesant 48 livres. Mais quoique l'on consommât, pour le tir, 21 livres de poudre fine, la force de projection était si faible que l'emploi de grands boucliers ou de toits protecteurs portatifs était général (2).

Que fallait-il pour que les vraies armes à feu, grandes et petites, fissent disparaître les arcs et autres machines de jet ? Comme armes portatives, il fallait qu'elles fussent capables d'envoyer une balle mortelle jusqu'à une distance où tous les projectiles lancés par les arcs, arbalètes ou frondes, cessaient d'être dangereux, c'est-à-dire à une distance de 100 mètres.

Quant aux canons, il fallait qu'ils lançassent des boulets de pierre ou de fer plus loin que les machines ne pouvaient le faire — que, par exemple, ils pussent envoyer un poids de 10 kilogrammes à 500 mètres.

En outre, il fallait que les arquebusiers et les canonniers pussent tirer aussi vite et aussi facilement qu'autrefois les archers et les servants des machines de jet.

Mais avant tout, et c'était là le point capital, il fallait que les hommes munis des nouvelles armes ne fussent point exposés à se faire du mal à eux-mêmes au lieu d'en faire à l'ennemi.

La vitesse de tir fut augmentée par l'adoption d'une gargousse avec sabot en bois auquel le boulet était fixé. On réussit ainsi à tirer plus vite que les mousquetaires eux-mêmes et à fournir au combat huit coups, pendant qu'ils n'en tiraient que six.

Marginalia:
- Portée des canons primitifs.
- Ce qu'il fallait pour que les armes à feu fissent abandonner les arcs et autres machines de jet.
- Augmentation de la rapidité de tir des canons.
- Manipulations des artilleurs de l'ancien temps.

---

(1) Général Suzanne, *Histoire de l'artillerie française.*

(2) Une image naïve représente les opérations de l'artillerie de cette époque. Un canonnier, accompagné de sa femme, s'est audacieusement établi, avec son matériel, au pied d'un mur entièrement occupé par des archers qui tirent sur lui. Il vient de commencer par installer son auvent protecteur à la façon des casseurs de cailloux qui veulent, pendant leur travail, s'abriter du soleil et du vent. Écartant ainsi les flèches des archers, il a, derrière son toit, creusé un trou profond dont on verra bientôt l'usage. Entre temps, sa

L'artillerie augmente d'importance au fur et à mesure que l'infanterie, par suite des nombreuses guerres du temps, se recrutait au moyen de miliciens, soit arrachés de force à leur foyer, soit enrôlés malgré eux, encore adolescents. Ces soldats n'avaient absolument aucune énergie morale, et, comme compensation, on augmentait de plus en plus le nombre des canons jusqu'à en mettre 58 en batterie, comme on le fit à Malplaquet en 1709.

Du jour où, — vers le milieu du xvi° siècle, — les boulets de pierre eurent été remplacés par ceux de fer et où les canons se fabriquèrent en fonte (1550), l'artillerie commença de se développer peu à peu et devint une arme particulière (1), bien qu'elle n'ait acquis de véritable valeur tactique qu'au xviii° siècle.

Influence croissante de l'artillerie sur les conditions du combat depuis le XVI° siècle.

femme s'est assise à l'abri du même auvent et allume, en soufflant de toutes ses forces, un fourneau portatif qui produira les pointes de fer rouge ou les charbons ardents nécessaires pour mettre le feu aux canons.

Quand le trou semble assez profond, le canonnier dispose, au pied du toit protecteur, un bloc de bois pour y appuyer son canon, il met celui-ci en place, le pointe, le charge, répand de la poudre sur la lumière, saisit le bout de la corde qui, par un mode très primitif de transmission, lui sert à soulever le volet placé devant la pièce, fait signe à sa femme de lui passer le fer rouge (boute-feu) qui doit enflammer la charge, puis de se cacher, tandis que lui-même disparaît dans le trou susmentionné.

La manœuvre est, en raison même du mystère dont il l'entoure, très intéressante. De la main gauche il tire lentement la ficelle, souffle alors sur le charbon qu'il tient de la main droite, allume la mèche et, pendant que celle-ci brûle, se hâte de se cacher dans les profondeurs de son trou, sans toutefois lâcher la ficelle qui maintient le volet soulevé.

En songeant à nos terribles armes à feu actuelles et à la rapidité de leurs effets, nous ne pouvons nous empêcher de sourire de la tranquillité de ce brave homme.

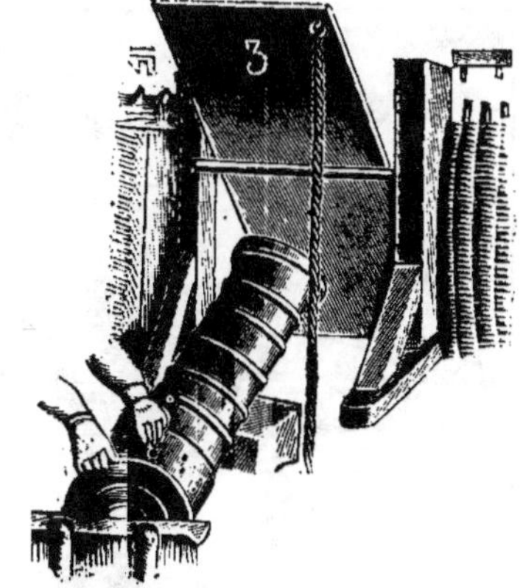

Canon dit bombarde avec volet protecteur.

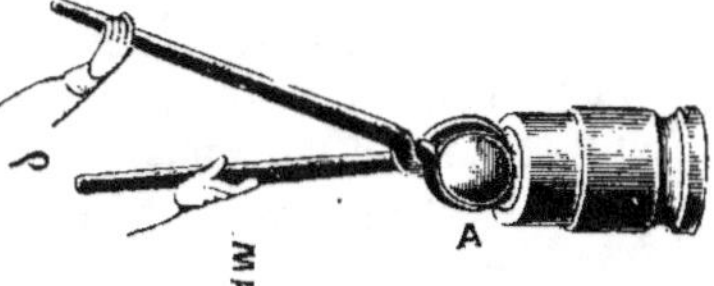

Le chargement à boulets rouges.

Les figures nous montrent un canon ou bombarde avec volet protecteur, de la seconde moitié du xiv° siècle, et le chargement au moyen des boulets rouges.

Canons de la seconde moitié du XIV° siècle.

(1) En 1671, Louis XIV forma le premier régiment d'artillerie par la réunion, en un seul corps, des compagnies d'artillerie qu'il avait créées précédemment et en y ajoutant

Mais depuis lors elle exerça une réelle influence sur les conditions du combat, donna une physionomie nouvelle à ses différentes phases et, grâce à un emploi habile du terrain, finit par devenir un facteur décisif dans les batailles.

Dans l'armée prussienne, comme dans l'armée française, des troupes d'artillerie furent graduellement introduites.

Le grand parc, où d'abord étaient réunis tous les canons, avait fait place aux brigades d'artillerie. Ordinairement chaque brigade comprenait dix canons de 12 livres (1).

Ces brigades furent adjointes à l'infanterie. Des attelages conduisaient les canons à la suite des troupes. Mais, dès qu'on se trouvait à 500 pas de l'ennemi, ces attelages disparaissaient derrière l'infanterie et les canonniers continuaient eux-mêmes à traîner leurs pièces.

Les figures suivantes nous montrent l'attelage et le traînage des canons, comme le transport des boulets et de la poudre (2).

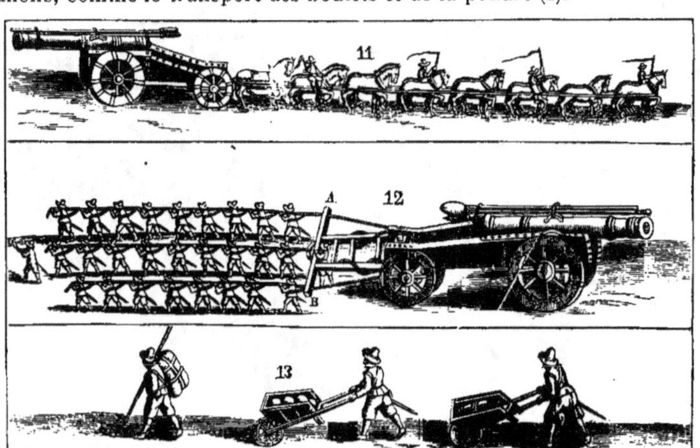

Outre les canons, on employait aussi des obusiers à la destruction des retranchements ou des obstacles matériels.

Les canons étaient mis en batterie avec des intervalles d'environ 50 pas entre les pièces. A 350 pas on tirait à mitraille. On s'approchait

des compagnies d'ouvriers. C'est en 1684 que fut créé en France le premier régiment de bombardiers.

(1) 12 livres. On essaya au début d'employer des pièces d'un calibre plus léger, mais on abandonna cette idée.

(2) *Practised in the Warres of United Netherlandes. — The principles of the art military* (Les principes de l'art militaire, appliqués dans les guerres des Provinces-Unies).

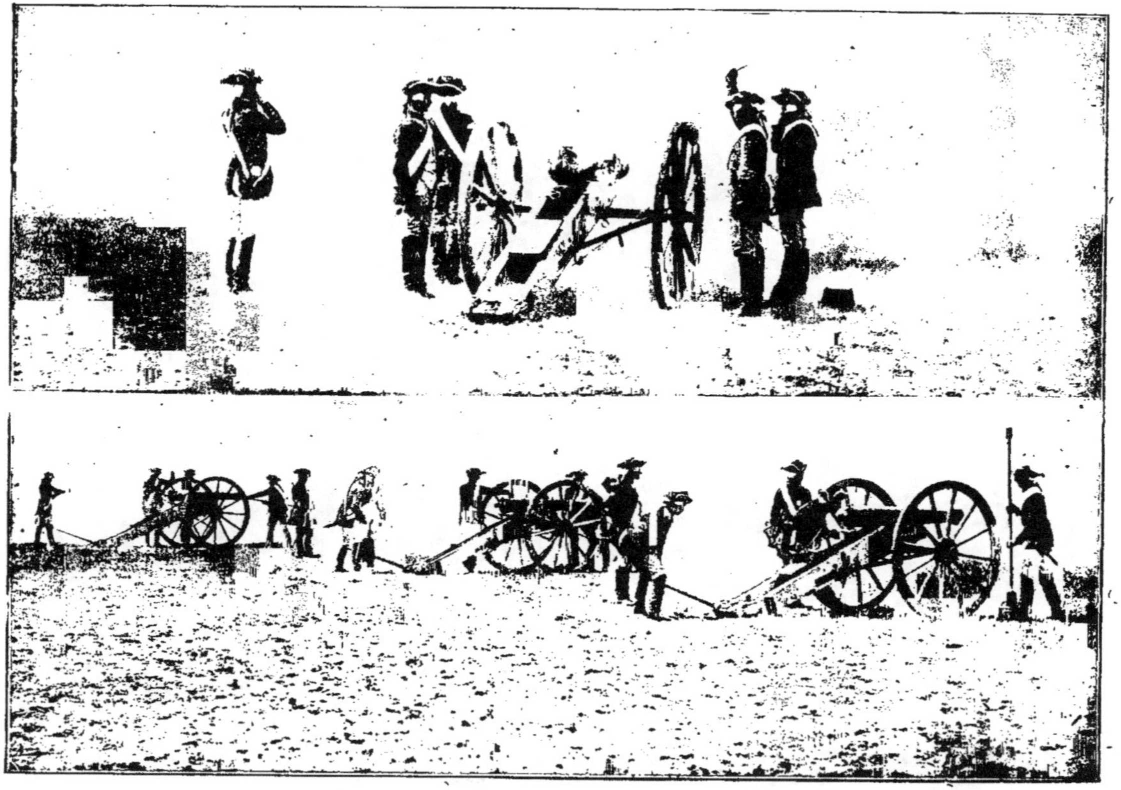

Tir au canon du temps de Frédéric le Grand.

LA GUERRE FUTURE (P. 397, TOME I.

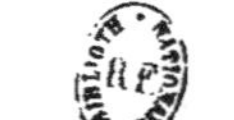

ensuite jusqu'à la portée des armes portatives et on entretenait le feu pour soutenir l'attaque de l'infanterie.

Cette tactique permettait une liaison étroite du feu de l'artillerie avec celui de l'infanterie, qui marchait alors avec plus de confiance; mais l'ennemi prenait beaucoup de canons.

Le roi Frédéric II considéra comme nécessaire de lutter contre le préjugé qui attachait une importance exagérée à la perte d'un canon. Quand on a fait son devoir, disait-il, la perte d'un canon est honorable.

Comme Frédéric II avait défendu à sa cavalerie de tirer, il préparait ses charges par le feu. Dans ce but, il faisait souvent placer des bataillons de grenadiers sur les ailes de la cavalerie. Mais il imagina encore un meilleur moyen, celui de faire accompagner cette arme aux allures vives par de l'artillerie qui fût assez mobile pour la suivre.

Ainsi prit naissance « l'artillerie à cheval », dénommée de la sorte parce que les canonniers servants étaient montés, : — création remarquable qui fut plus tard imitée par toutes les armées (1).

Mais, en général, l'artillerie avait moins profité que l'infanterie et la cavalerie, des efforts incessants faits par Frédéric pour augmenter les qualités manœuvrières de ses troupes. Les attelages étaient d'ailleurs toujours fournis par réquisition : ce qui excluait toute idée d'organisation rationnelle et de mouvements rapides.

Les ennemis du Grand Frédéric employaient bien plus judicieusement l'artillerie. Dans une lettre au général Fouqué, Frédéric II caractérise comme il suit la façon de combattre des Autrichiens (1758) :

« Pendant toute la guerre, nous avons vu l'armée autrichienne for-
« mée toujours sur trois lignes, soutenue par cette formidable artillerie.
« Les flancs sont hérissés de canons, comme de véritables citadelles. Le
« moindre saillant est utilisé pour établir des canons qui battent le terrain
« sous des feux croisés, de sorte que l'attaque d'une telle position offre
« autant de difficultés que l'assaut d'une forteresse.

« Il faut donc accepter le principe d'une artillerie nombreuse, si
« embarrassante que celle-ci puisse être. J'ai augmenté notablement la
« nôtre et cela compensera les défauts de notre infanterie, qui ne peut que
« devenir de plus en plus mauvaise à mesure que la guerre traînera en
« longueur » (3).

Dans la description que nous avons donnée des bouches à feu, nous avons fait connaître le matériel d'artillerie construit par Gribeauval, et

Emploi de
l'artillerie par
Frédéric II.

Introduction de
l'artillerie à
cheval.

Emploi plus
judicieux de
l'artillerie fait par
les ennemis de
Frédéric II.

Emploi de
l'artillerie par
Napoléon Ier.

______

(1) Il convient d'observer d'ailleurs qu'avant lui déjà Pierre le Grand s'était organisé de l'artillerie à cheval, qu'il fut ainsi le premier de tous à créer.

(2) Waldor de Heusch, *La tactique d'autrefois*.

(3) Maresch, *Waffenlehre*.

dont Napoléon Ier sut faire un emploi admirable sur les champs de bataille. Bonaparte, l'ancien capitaine d'artillerie du siège de Toulon, resta, pendant toute sa brillante carrière militaire, fidèle à son arme d'origine.

Quand Napoléon Bonaparte prit, en 1796, le commandement de l'armée d'Italie, il n'y trouva que peu d'artillerie. Les batailles de la Révolution avaient été jusqu'alors presque exclusivement livrées par l'infanterie : — ce qui répondait d'abord à la nécessité de la levée en masse qu'on avait dû faire, puis à la tendance révolutionnaire vers la plus grande autonomie individuelle possible, qui se manifestait par le maximum d'extension donné au combat de tirailleurs.

Toutefois Napoléon fit, dans ses campagnes d'Italie, un excellent usage du peu d'artillerie qu'il avait. Réunie en petites masses, à Lodi, Castiglione et Rivoli, elle prépara très efficacement, dans les moments décisifs, la marche en avant des autres armes ; — tellement bien qu'il n'y avait besoin d'aucune rencontre réelle, l'ennemi cédant plutôt à la seule pression (1).

Les canons employés seulement comme soutien.

Néanmoins l'artillerie resta toujours en ce temps-là, dans une situation secondaire au point de vue tactique, par rapport à l'infanterie et à la cavalerie. Elle ne servait qu'à faciliter l'action des autres armes et demeurait ainsi un simple élément de soutien. Quant à son emploi comme arme principale, notamment pour l'établissement prémédité, facile et prompt d'une « position concentrée d'artillerie », destinée à produire un effet décisif d'écrasement, Napoléon ne paraît pas avoir encore eu d'idées bien arrêtées à ce sujet pendant ses premières guerres : — quoique, dès 1801, il eût fait faire un grand progrès aux facultés tactiques de l'artillerie en supprimant son mode d'attelage par entrepreneurs civils pour y substituer un train militairement organisé.

Ce ne fut que les pénibles expériences d'Eylau et de Friedland (1807) qui firent reconnaître à l'Empereur la nécessité d'utiliser la force destructive que possède l'artillerie, d'une façon plus sérieuse qu'en l'adjoignant simplement aux autres armes.

Emploi des masses d'artillerie par Napoléon depuis Wagram.

La catastrophe d'Aspern, où le corps de Lannes fut presque détruit et où l'armée française, concentrée dans un étroit espace, se vit infliger par l'artillerie autrichienne des pertes extrêmement sensibles, marque l'origine de cet emploi grandiose des masses d'artillerie qui caractérise les batailles de Napoléon depuis Wagram. Après la campagne de 1809, il se créa, par une augmentation considérable des batteries de la garde, une réserve d'artillerie centrale de 126 canons et donna peu à peu, à chaque corps d'armée, une réserve semblable.

Plus tard encore, par le rétablissement de l'artillerie régimentaire, Napo-

---

(1) *Au sujet de l'influence des armes à feu sur la tactique.*

léon augmenta d'un tiers le nombre des bouches à feu et éleva ainsi, de 2 à 3 par 1,000 hommes, la proportion jusque-là observée dans l'armée française entre l'effectif et le nombre des pièces.

Mais ce dernier nombre ne cessa d'augmenter pendant le règne de Napoléon, ainsi que celui des soldats attachés au service des bouches à feu. De sorte que, finalement, le 30 mars 1814, l'artillerie française, sans compter les 25 compagnies de vétérans et de gardes-côtes, renfermait 178 compagnies avec 80,273 hommes, et, tout compris, 103,000 hommes (1).

Cette énorme augmentation de l'artillerie ne s'expliquait, ni par l'extension du territoire français, ni par les besoins des nouveaux genres d'opérations militaires, ni par ce qu'on pourrait appeler les conditions matérielles — par opposition avec les conditions morales — des troupes. L'accroissement de l'artillerie et la rupture de l'équilibre entre elle et l'ensemble de l'armée datent de 1809. L'armée impériale de 1809 n'était plus la « grande armée », quoiqu'elle portât toujours ce nom. Les soldats de Rivoli, de Zürich, de Hohenlinden et de Marengo avaient richement payé de leur sang les victoires d'Austerlitz, d'Iéna, d'Eylau et de Friedland, et les malheureuses campagnes d'Espagne avaient forcé l'Empereur à doubler, à tripler même le nombre de ses soldats et à remplacer chacun de ses vieux grognards par quatre jeunes conscrits.

Or, l'Empereur connaissait la différence qui existe entre un soldat et celui qui ne l'est pas. — Quand il se vit contraint de continuer la guerre avec une armée qui contenait plus d'hommes que de soldats véritables, il augmenta l'emploi de l'artillerie pour donner confiance aux conscrits ou, tout au moins, pour les étourdir. La victoire de Wagram fut péniblement remportée. Peut-être ne le fut-elle que grâce à une idée géniale de Napoléon, qui, par une manœuvre théâtrale, fit porter en avant cette batterie de 100 pièces dont l'exemple devait être, dans l'avenir, une plaie pour toutes les armées de l'Europe et une menace constamment suspendue sur tous les budgets.

Les campagnes de Russie et de Saxe, en achevant la destruction des vétérans et leur remplacement par des conscrits, amenèrent un nouveau renforcement exagéré de l'artillerie et élevèrent l'effectif de son personnel au chiffre donné plus haut.

On pourrait se demander quelle valeur pouvait avoir cette artillerie, puisque, comme tout le reste de l'armée, elle se composait nécessairement de conscrits : « A cette question, je n'ai qu'une réponse à faire, dit le général Suzanne (2), l'Empereur savait que le canonnier, quel que puisse

---

(1) Général Suzanne, *Histoire de l'Artillerie française.*
(2) Général Suzanne, *Histoire de l'Artillerie française.*

être le motif de ce phénomène moral, — instinct, préjugé, sentiment d'honneur ou éducation, — n'abandonne jamais sa pièce. Il meurt auprès d'elle ou se fait prendre avec elle. Il en a toujours été ainsi et il en sera, je l'espère bien, toujours ainsi. »

Après .a ruine de son infanterie en Russie, l'Empereur avait voulu mettre sur roues 1,400 canons. C'était presque 5 pièces par 1,000 hommes, pour les 300,000 combattants qu'il pouvait réunir au printemps de 1813. Après les pertes subies à Lutzen, Bautzen, Kulm et Dresde, l'artillerie française à Leipzig lutta, pendant deux jours, avec 600 canons contre les 900 pièces de l'Europe alliée.

Mais l'effet de ces canons était, comme nous l'avons déjà dit, relativement très faible.

L'effet des canons dans le premier quart du XIX⁰ siècle.

Pendant le premier quart de ce siècle, les canons n'agissaient que par le lancement de boulets pleins, d'obus et de mitraille.

Les boulets étaient employés avec assez de succès pour l'introduction du combat et son exécution aux grandes distances, contre les colonnes ennemies et pour démonter les pièces de l'adversaire. On sait qu'un seul projectile de ce genre, arrivant dans une colonne profonde, pouvait y mettre hors de combat 10 ou 20 hommes et même davantage. De même, leur effet sur le matériel de l'artillerie ennemie n'était généralement pas sans importance.

Les obus étaient employés, d'abord contre les troupes, mais plus spécialement pour tirer sur des fermes, des localités et des objectifs cachés.

Enfin, la mitraille était, aussi bien dans l'attaque que dans la défense, le projectile de la lutte aux petites distances et des résultats décisifs. Grâce à la forte charge des pièces et au poids élevé des balles, son action était réellement très puissante.

On comprend par suite qu'avec la lenteur de chargement et le peu d'effet des fusils qui, au delà de 200 mètres, n'étaient plus guère à craindre, l'artillerie pouvait, au moment d'une attaque, s'approcher jusqu'à 300 mètres et même plus près encore, de l'infanterie et ouvrir sur elle un feu de mitraille absolument décisif.

Tendance à donner aux canons la plus grande mobilité possible aux dépens de leur puissance.

Le rapport entre la puissance et la mobilité des canons fut, à la suite des résultats de la guerre avec la France, poussé à l'extrême; ce dont fut cause, en partie, la tactique plus mouvementée de l'infanterie. La tendance vers une mobilité aussi grande que possible continua de croître; bientôt même, on dépassa la mesure admissible, en dépit de ceux qui sagement rappelaient « que la première condition à remplir par l'artillerie devait être l'efficacité » (1).

____

(1) Maudry, *Waffenlehre.*

Napoléon III avait, comme son oncle, une prédilection pour l'artillerie, à l'étude de laquelle il s'était livré avec ardeur. Il voulait apporter aux canons les mêmes perfectionnements que l'invention de la rayure avait assurés aux fusils. *(L'artillerie pendant la guerre de Crimée.)*

Mais à l'époque de la guerre de Crimée, les principes de Napoléon sur l'emploi de l'artillerie régnaient encore dans l'armée française, et ils furent suivis à l'Alma, comme sur la Tchernaïa et lors des assauts donnés à la Karabelnaïa.

Quant à l'emploi de l'artillerie du côté des Russes, il ne fut, par suite des imperfections techniques du matériel, que très défectueux.

Le feldzeugmeister autrichien von Hauslab, qui, certainement, fait autorité au point de vue de l'emploi de l'artillerie de campagne, s'est exprimé comme il suit sur la guerre de Crimée (1) : *(Opinion du général von Hauslab.)*

« Les alliés durent amener de loin, par mer, leurs troupes en Crimée et ne pouvaient par conséquent s'y présenter avec des forces bien considérables. Il en était autrement du côté des Russes. Ceux-ci, pour s'assurer la supériorité numérique ou du moins l'égalité vis-à-vis de leurs adversaires, envoyèrent, l'un après l'autre, des corps d'armée tout à fait normalement organisés. Chaque corps avait son artillerie, sa cavalerie, mais, — les Cosaques mis à part, — rien de plus. Si les Russes avaient réuni un gros effectif de ces deux armes, dont ils avaient en surabondance et en fait desquelles jamais les alliés n'eussent pu rivaliser avec eux, — fût-ce même en groupant les escadrons et les batteries de plusieurs corps d'armée, — le résultat eût peut-être été tout différent. »

L'Autriche, qui avait failli être entraînée dans la guerre de Crimée, et qui prévoyait que l'état de choses créé par la paix de Paris l'amènerait tôt ou tard à faire la guerre à la Sardaigne, se hâta de transformer ses canons. *(Tentatives de l'Autriche pour relever son artillerie immédiatement après la guerre de Crimée.)*

Relativement aux limites des plus grandes portées admises comme utilisables ou décisives, voici ce que, d'après des résultats d'expérience, il est possible de dire au sujet des bouches à feu de cette époque.

On admettait, pour le tir à boulet ou à obus des canons légers et lourds ainsi que des obusiers :

> Comme portées maxima. . . . . 1,050 ou 1,200 mètres
> Comme portées utilisables. . . . . . 900 — 900 —

Entre 1850 et 1860 les opinions, souvent variables, émises au sujet des plus grandes distances où l'on pouvait employer le tir à shrapnells,

---

(1) *Jahrbücher für die deutsche Armee und Marine :* Observations sur la durée des guerres futures et les moyens qu'on emploiera pour les faire.

Jean de Bloch. — *La Guerre future.* 26

posaient comme limites : 900 mètres pour les canons légers et les obusiers, 1,050 pour les canons lourds (1).

Les canons de bronze de La Hitte en France.

En France, on se hâta, dès 1858, en prévision de la guerre avec l'Autriche, de transformer les canons de bronze, en les rayant d'après le système du général de La Hitte ; de sorte qu'en 1859, l'armée française put ouvrir la campagne avec un matériel d'artillerie notablement supérieur à celui de l'Autriche. Les Français avaient 40 batteries de canons rayés de 4, et 20 batteries de canons-obusiers de 12 de campagne.

Des projectiles de forme cylindro-ogivale avaient remplacé les boulets sphériques ; enfin on avait adopté le tir à shrapnell, c'est-à-dire le tir à mitraille à grande portée.

Faux doctrinarisme allemand dans l'emploi de l'artillerie pendant la campagne de 1859.

Le sens doctrinaire des tacticiens allemands leur fit, malheureusement, perdre de vue les principes les plus simples de la tactique napoléonienne pour les remplacer, pendant toute la campagne de 1859, par un système, en partie faux et en partie compliqué, de règles de conduite et d'exceptions (2). Et pourtant les opérations de l'artillerie autrichienne pendant la guerre de Hongrie, en 1849, à Raab-Szöweg (93 canons) et à Temesvar (114 pièces) avaient fourni de beaux exemples de la formation et de l'emploi des grandes masses de bouches à feu ; — l'on doit, il est vrai, observer que ces affaires furent, en général, de pures batailles d'artillerie.

L'augmentation de portée, de précision et de force de pénétration, donnée par la rayure aux armes à feu portatives, avait mis l'artillerie dans une situation critique.

Introduction du chargement par la culasse pour les canons. Canons rayés en France.

En Prusse, on avait entrepris, comme en France, d'importantes modifications au matériel de cette arme. Mais on avait suivi une voie différente. On voulait adapter aux canons le chargement par la culasse et, dès qu'en 1858 les premiers essais des canons rayés eurent été exécutés, on chercha à transformer de cette façon les canons existants.

Le succès des canons rayés français à Solférino, en 1859, accéléra la solution de cette importante question, et avant même que la campagne fût terminée, l'ordre fut donné en Prusse de construire 300 canons rayés.

Jusqu'alors, dit le prince de Hohenlohe dans ses *Lettres sur l'Artillerie*, les résultats du tir à 1,000 pas (750 mètres) des canons lisses étaient si incertains que les artilleurs disaient communément : « Le premier coup est pour le Diable, le second pour le bon Dieu et le troisième pour le Roi. »

Ce qui voulait dire qu'à la distance de 750 mètres, un but de 30 à 40 mètres de large sur 2 mètres de hauteur n'était atteint que par un tiers des coups tirés.

---

(1) Müller, *Die Wirkung der Feldgeschütze.*
(2) Maresch, *Waffenlehre.*

Aux distances de 1,200 à 1,500 mètres, on était déjà absolument hors de portée de l'artillerie.

Aujourd'hui on n'y est pas, même à des distances doubles.

Quand, en 1864, éclata la guerre contre le Danemark, un tiers déjà, de l'artillerie prussienne, était pourvu de canons rayés et on avait adopté la pièce de 4 comme canon léger. *L'artillerie prussienne en 1864 et 1866.*

En 1866, chaque corps d'armée prussien possédait 4 batteries de canons de 6 rayés et 4 de canons de 4 semblables. Mais il lui restait encore 6 batteries de canons lisses.

On avait fondé sur ce matériel des espérances exagérées. Pourtant la victoire ne fut due qu'au fusil à aiguille et à la supériorité du commandement ; l'artillerie autrichienne, d'ailleurs entièrement rayée, se trouva supérieure à celle des Prussiens. *Supériorité de l'artillerie autrichienne sur l'artillerie prussienne en 1866.*

Dans l'ouvrage de l'État-Major général prussien sur la campagne de 1866, on lit : « L'infanterie prussienne combattit presque seule. Elle trouva peu d'appui dans la cavalerie. Et la plus grande partie de l'artillerie resta sur des positions d'où elle ne pouvait avoir aucune action sur le champ de bataille proprement dit. En face d'elle, les Autrichiens utilisaient en toute liberté de mouvements toutes leurs armes et *pouvaient tirer complètement parti de l'effet supérieur de leurs canons.* »

Langlois (1) évalue la portée en mètres :

Des canons autrichiens		Des canons prussiens	
De 4. . . . . à	1,750	De 4 . . . . à	2,500
De 8. . . . . à	1,975	De 6 . . . . à	2,380

Les canons prussiens étaient donc plus parfaits, mais on ne sut pas en tirer parti.

Le nombre des pièces qui prirent part à l'action pendant la bataille de Königgrätz (Sadowa), aux différentes heures de la journée, fut le suivant : *L'artillerie à la bataille de Königgrätz (Sadowa).*

	Canons	
	Autrichiens	Prussiens
A 8 heures	8	12
A 9 —	32	12
A midi	80	18
A 1 heure.	80	26
A 2 heures	80	38
A 2 heures et demie. .	80	74 (2)

On ne pourrait guère trouver d'exemple plus frappant de l'imperfection de l'emploi des canons à cette époque. Aujourd'hui une artillerie qui

____

(1) Langlois, *Artillerie de campagne.*

(2) *Artillerie de campagne.*

serait numériquement aussi inférieure à celle de l'ennemi se verrait immédiatement réduite au silence.

Ce même Langlois dit encore : « L'emploi de l'artillerie prussienne en 1866 fut aussi défectueux au point de vue technique qu'au point de vue tactique. On n'avait pas compris la puissance du nouvel armement. »

Mais alors se manifesta de nouveau ce phénomène de la recherche des fautes commises et de leur réparation. A la suite des événements de 1866, on reconnut en Prusse la nécessité d'un commandement supérieur, d'un commandement tactique de groupe, pour assurer la coopération des forces qui, seule, surtout dans l'artillerie, peut amener de bons résultats. De là date l'accroissement de l'unité tactique, c'est-à-dire la formation de l'*Abtheilung*, ou groupe de batteries, rationnellement organisé, qui, pendant la guerre de 1870, rendit de si grands services.

En Prusse, et dans d'autres États allemands, la guerre de 1866 fit disparaître les derniers doutes sur la nécessité de mettre les canons lisses de côté. Et, dès avril 1867, l'artillerie de campagne prussienne ne comptait plus exclusivement que des canons rayés.

De 1866 à 1870, on ne se contenta pas de poser solidement les principes de l'emploi tactique de l'arme. On développa l'instruction du tir, on compléta le matériel et on étudia avec soin le problème du remplacement des munitions sur le champ de bataille ainsi que le réapprovisionnement des colonnes au parc de l'armée. Enfin, comme nous venons de le dire, on avait encore, en Prusse, adopté l'emploi de l'*Abtheilung* ou « groupe » de 3 ou 4 batteries, comme unité tactique sur le champ de bataille (1).

En France, au contraire, on considérait le matériel de La Hitte comme supérieur à tous les autres et on le conserva. Mais on le compléta et on l'améliora encore pour s'en servir pendant la campagne de 1870 contre les armées allemandes.

Au début de la guerre de 1870-71, l'artillerie de campagne française comprenait des canons de bronze de 4, de 8 et de 12, et des mitrailleuses à 25 tubes. Les canons tiraient des obus ordinaires, des shrapnells et de la mitraille. Obus et shrapnells étaient tout d'abord munis d'une fusée fusante à deux durées qui souvent faisait éclater le projectile fort en deçà du but. Mais bientôt on la remplaça dans les obus et, en partie aussi, dans les shrapnells, par une fusée à percussion, du système Desmarais, sans que pourtant l'effet des canons s'en trouvât beaucoup augmenté (2).

Jusqu'en 1870, le plus puissant des canons de campagne français était celui de 12, dont les obus produisaient environ 22 éclats.

---

(1) Waldor de Heusch, *La tactique d'autrefois.*
(2) Potocki, *Artillerie,* livraison II.

LA GUERRE FUTURE (P. 105, TOME I).

A 2,000 mètres de distance, ce canon donnait un écart d'environ 40 mètres en portée et 3^{m}60 en direction. Les obus étaient munis d'une fusée fusante qui, réglée à la plus petite distance, s'enflammait entre 1,300 et 1,500 mètres et, réglée à la plus longue, entre 2,500 et 2,800. Tout cela était peu efficace.

Quand on voulait tirer à des distances, soit au-dessous de 1,500 mètres, soit intermédiaires entre 1,500 et 2,500, il fallait employer le ricochet. Ce qui, naturellement, allongeait la durée du trajet du projectile et avait pour résultat de le faire éclater en deçà de la distance correspondant au réglage de la fusée, c'est-à-dire en deçà du but. Mais souvent alors le choc de la moindre pierre ou tout autre obstacle dérangeait la direction. Aussi la fusée fusante fut-elle remplacée, pendant la guerre de 1870, par la fusée percutante Desmarais, qui faisait éclater le projectile à n'importe quelle distance aussitôt qu'il touchait le sol.

C'était déjà plus sûr; mais souvent le percuteur de la fusée ne fonctionnait pas, ou, s'il fonctionnait, ce n'était pas juste au moment du choc contre le sol; de sorte que, si ce dernier était quelque peu mou, le projectile s'y enfonçait sans presque donner d'éclats (1).

En Prusse, toute l'artillerie était déjà pourvue, avant la guerre, de canons rayés de 4 et de 6 dont la supériorité sur les canons français se manifesta clairement pendant la campagne. Cette supériorité consistait autant dans la meilleure construction des canons et des projectiles (plus grande précision, obus à fusée percutante) que dans leur emploi plus rationnel.

Par suite de cela, l'artillerie allemande était décidément supérieure à l'artillerie française — ce qui se vérifia dans toutes les batailles.

L'histoire officielle allemande de la campagne de 1870-71 reconnaît, avec une louable impartialité, l'inefficacité du feu des batteries françaises qui ne pouvaient soutenir la lutte contre les batteries allemandes. En parlant de la bataille de Spichern, cet ouvrage dit que l'artillerie française ne tira qu'avec une très médiocre efficacité.

A Wörth, les Français occupaient les hauteurs. Le feu de leur artillerie, dont une partie (48 pièces) était tenue en réserve, fut complètement impuissant. Déjà, à partir de 9 h. 1/2 du matin, les Allemands pouvaient mettre en batterie 108 pièces qui, jusqu'au moment de l'assaut, furent constamment en action. L'artillerie allemande put ainsi, pendant dix heures consécutives, canonner tranquillement les positions de l'ennemi. Cette canonnade fut par conséquent très efficace. Dès le début, les mitrailleuses françaises durent renoncer à la lutte. Les batteries de canons soutinrent

---

(1) Oméga, *L'Art de combattre*.

le feu, mais n'obtinrent presque point de résultats. Car la plupart des obus qui tombaient à terre dans le voisinage des pièces allemandes n'éclataient pas (Grand État-Major allemand, 1re partie, 1er volume, pp. 226 et 227.)

Ainsi les Français voyaient que leurs canons ne produisaient aucun effet et, pendant la lutte, les 108 pièces allemandes furent encore renforcées par 126 autres. Cette formidable artillerie lança, tout en se rapprochant constamment, 19,704 projectiles.

Le général von Boguslawski (1), tacticien d'un haut mérite, qui commandait alors le 50e régiment d'infanterie — dont la vaillance et la ténacité furent si grandes qu'il perdit plus du tiers de son effectif, — explique ainsi la situation : « L'efficacité de notre artillerie, dans sa lutte contre celle des Français, était énorme. Pendant une heure, le centre de l'ennemi ne put pas envoyer un seul projectile. L'infanterie française doit également avoir beaucoup souffert (2). »

Nombre des canons français et allemands à Wörth.

Nous ne devons pas oublier qu'un autre et encore plus puissant facteur agissait : la conviction de la supériorité numérique des Allemands.

Nous voulons, à ce sujet, considérer l'effectif des troupes qui prirent part au combat ou qui se trouvaient dans le voisinage du champ de bataille (3).

	Bataillons d'infanterie	Escadrons de cavalerie	Batteries
Sur le champ de bataille :			
Français	57	35	22
Allemands	84	39	46
Dans le voisinage du champ de bataille :			
Français	18	9	6
Allemands	44	63	34
Soit, en tout :			
Français	75	44	28
Allemands	128	102	80

L'artillerie à Gravelotte.

Dans les pages où l'État-Major prussien parle de la bataille de Gravelotte et de l'attaque dirigée sur la ferme de Saint-Hubert, il constate également l'impuissance de l'artillerie de la défense.

On lit, page 741, 1re partie, 2e volume :

« L'ennemi n'hésita pas à répondre avec ses pièces bien placées au Point-du-Jour par un feu extrêmement vif. Obus, shrapnells, balles de

---

(1) *Nouvelles études sur la bataille de Wörth*, par le général-lieutenant von Boguslawski.

(2) Supplément au *Militär Wochenblatt*, 1872. Alt et Lehmann, *L'artillerie allemande dans les vingt-cinq batailles*.

(3) Langlois, *Artillerie de campagne*.

mitrailleuses pleuvaient presque sans interruption sur cette partie du champ de bataille, *mais ne produisaient presque aucun effet.* »

L'artillerie allemande obtenait, au contraire, tout l'effet désiré. Nous lisons, page 759 du même volume :

« De ces positions plus voisines, l'artillerie recommença le feu contre les mêmes points du plateau qu'elle avait en face d'elle, et avec un succès visible. Les pièces que l'ennemi montra là-bas furent mises hors de combat ou forcées à la retraite, de sorte que bientôt quelques-unes des batteries prussiennes purent diriger leur feu contre Saint-Hubert. »

La bataille de Sedan fut finalement, sur les points décisifs, une bataille d'artillerie livrée à armes inégales. Du côté des Allemands furent mises en batterie 599 pièces qui lancèrent 66,568 projectiles.

Mais c'est encore dans les chiffres que nous pouvons trouver la meilleure preuve de l'impuissance de l'artillerie française.

Les relevés faits, dans l'examen du duel des deux artilleries, par Hoffbauer et Léo (1), — relevés portant 420 engagements de batteries — constatent que le matériel allemand n'eut de démontés que 6 affûts, 8 avant-trains, 1 caisson, 35 roues et 6 fermetures de culasse.

Aussi l'*Avenir militaire* du 1ᵉʳ mars 1892 dit-il avec raison : « Il faut se méfier des leçons de 1870. L'artillerie prussienne avait beau jeu devant nos pièces impuissantes qui, avec leurs projectiles à fusées de deux durées, étaient bien le matériel de guerre le plus inoffensif qui ait jamais existé. »

Si l'on étudie le caractère des batailles de la campagne de 1870-71, d'après la façon dont elles se sont engagées et poursuivies, ainsi que d'après la part qu'y a prise l'artillerie, on trouvera que celle-ci n'est intervenue, pour jouer un rôle particulier dans la lutte, qu'à Wörth, Gravelotte, Noisseville (2ᵉ jour) et Sedan.

Et pourtant, dans la suite de la campagne, les débris de l'armée française ainsi que les formations nouvelles se trouvaient dans un tel état de faiblesse, — et il y avait, du côté allemand, une telle supériorité, — que la complète utilisation de l'artillerie aurait eu une importance encore beaucoup plus grande.

En tout cas, on ne peut nier que, dans toutes les affaires, l'artillerie n'ait été excellemment employée par les chefs des troupes allemandes.

Les résultats de la guerre furent tellement étonnants que toutes les puissances se hâtèrent d'améliorer leurs pièces et la façon de s'en servir.

Partout on adopta de nouvelles bouches à feu : en Allemagne, en 1873 et 1888 ; en Autriche, en 1875 ; en Italie, en 1874-1881 ; en France, en 1877 ; en Russie, 1877-1879.

_____

(1) Waldor de Heusch, *De l'occupation des positions défensives ;* — d'après Hoffbauer, *Die deutsche Artillerie.*

Ces dates de l'adoption de modèles plus parfaits ont leur signification particulière.

Quand, en 1875, Bismarck eut, dit-on, l'intention d'écraser une seconde fois la France,.l'Allemagne avait déjà réformé son artillerie, tandis que la France et la Russie n'avaient pas encore réalisé cette transformation.

Influence de
l'artillerie russe
pendant la
guerre de 1877. La Russie devait d'ailleurs payer cher ce retard, lors de sa guerre de 1877 avec la Turquie.

Dans les combats et batailles de cette guerre, l'artillerie n'a généralement pas produit l'effet qu'on en devait attendre et l'attaque de l'infanterie n'a pas été préparée comme elle aurait dû l'être. La plupart des affaires laissent cette impression que la collaboration de l'artillerie n'a pas exercé d'influence sensible sur le cours des événements. La cause de ce phénomène est en grande partie dans ce fait que l'artillerie n'était pas à hauteur de son rôle.

La nécessité de modifier le plus promptement possible le matériel d'artillerie devint manifeste immédiatement après les premières rencontres; et c'est ainsi que Krupp reçut à Essen une commande de 1,100 pièces d'acier fondu, pendant que 1,700 autres étaient fabriquées à l'usine d'Oboukhoff (1).

L'emploi qu'on
a fait des canons
jusqu'ici, ne
permet pas
encore d'en tirer
des conclusions
sur leur effet
dans la guerre
future. Cette courte revue de l'emploi des bouches à feu montre qu'en jugeant d'après l'état actuel des choses, on arriverait à de fausses conclusions. Non seulement l'effet des coups de canon a été incomparablement plus faible jusqu'ici, qu'il ne le sera dans la guerre future, mais le nombre de ces coups sera, par suite des perfectionnements réalisés, autrement considérable que par le passé. C'est ce dont nous trouvons la preuve dans une comparaison entre le nombre des projectiles consommés dans les différentes grandes batailles de ce siècle, avec celui que les autorités militaires estiment devoir correspondre aux besoins de la guerre future (2).

Statistique de la
consommation
des munitions
d'artillerie dans
les différentes
batailles. Nombre de coups tirés par pièce dans le cours de chacune des batailles de :

1859 par les Français	Solférino	53
1870 —	Rezonville	64
1870 —	Saint-Privat	58
1813 par les Prussiens	Gross-Görschen	68
1813 —	Bautzen	56

---

(1) *Précis de la transformation de l'armement dans l'artillerie actuelle.* — Saint-Pétersbourg, 1889.

(2) Le tableau ci-dessous est établi d'après des données empruntées à la *Revue de l'armée belge* : De la réduction du charroi dans les batteries de campagne, — à la *Revue d'artillerie* (février 1894) : Le service à l'arrière dans l'artillerie, d'après Ploix ; — à Wille, *Ueber die Bewaffnung der Feldartillerie.*

Les batteries de campagne allemandes actuelles.

LA GUERRE FUTURE (P. 408, TOME I.)

1813	par les Prussiens	Gross-Beeren	38
1813	—	Katzbach.	36
1813	—	Dresde	15
1814	—	Paris	47
1815	—	Ligny	47
1815	—	Waterloo	41
1870	—	Wörth	40
1870	—	Borny	18
1870	—	Rezonville (Vionville ou Mars-la-Tour)	88
1870	—	Gravelotte (St-Privat ou Lignes d'Amanvillers) .	53
1870	—	Sedan	57
1859	par les Autrichiens	Magenta	14
1859	—	Palestro	32
1859	—	Solferino	29
1864	—	Ober-Selk	22
1864	—	Oeversoe	47
1864	—	Veile	19
1866	—	Trautenau et Soor	75
1866	—	Nachod	53
1866	—	Skalitz	35
1866	—	Königinhof et Schweinschädel	28
1866	—	Münchengrätz	17
1866	—	Gitschin	42
1869	—	Kukus et Salney	30
1866	—	Königgrätz (Sadowa)	69
1866	—	Blumenau	70
1866	—	Custozza	48
1866	par les Saxons	Königgrätz (Sadowa)	28

Munitions d'artillerie consommées, par pièce, pendant toute la durée
de la campagne :

1859	par les Autrichiens		32,5
1864	—	. . . .	29
1866	—	. . . .	95,6
1866	—	sur le théâtre de la guerre en Bohême . .	107
1866	—	— en Italie . . .	48
1866	—	— en Allemagne .	55
1866	par les Saxons		20
1866	par les Prussiens (canons lisses et rayés pendant toute la campagne)		40

1866 par les Prussiens (canons rayés). 57
1866 — sur le théâtre de la guerre en Bohême (canons lisses et rayés) 38
1866 — sur le théâtre de la guerre en Bohême (canons rayés). 55
1866 — sur le théâtre de la guerre en Allemagne (canons lisses et rayés). 54
1866 — sur le théâtre de la guerre en Allemagne (canons rayés). 62
1870-71 par les Prussiens, Badois, Hessois. 199
1870-71 par les Bavarois. 260
1870-71 par les Saxons. 162
1877-78 par les Russes. 125

Ces chiffres montrent que la consommation des munitions est notablement en voie d'accroissement.

La consommation de munitions à prévoir dans la prochaine guerre, d'après Langlois.

Il est hors de doute que l'armement moderne de l'infanterie, avec le fusil à répétition de petit calibre et l'emploi de la poudre sans fumée, ainsi que la modification dans la conduite des troupes résultant en partie de ce changement d'armement, augmenteront considérablement la part prise au combat par l'artillerie de campagne. Mais, pour faire voir jusqu'où peuvent aller les prévisions sous ce rapport, nous citerons l'appréciation suivante, formulée par le colonel Langlois dans le second volume du remarquable ouvrage qu'il a publié en 1892 (1) : « La dépense en munitions d'artillerie, dans la prochaine guerre, dépassera nos prévisions les plus exagérées. Nous estimons — et pour nous maintenir dans d'étroites limites — qu'il ne faut pas compter moins de 100 coups par batterie et par heure de combat ; en deux journées de huit heures de combat, on dépenserait ainsi 1,600 coups par batterie ou 267 coups par pièce ; c'est juste la dépense des deux journées de Leipzig, elle ne doit donc pas nous étonner... »

Et, en indiquant une répartition du matériel entre les différents échelons de munitions d'un corps d'armée, Langlois propose de constituer la batterie à neuf caissons, comme elle l'est en France, ce qui donne 141 coups par pièce.

Batailles de trois à quatre jours.

Puis le même auteur ajoute encore : « Qui oserait affirmer que la bataille ne durera pas jusqu'à trois et quatre jours, que la consommation, dans cette période, ne dépassera pas 500 coups par pièce ? Évidemment on peut espérer ne pas atteindre de pareils chiffres ; mais la prudence la plus élémen-

____

(1) *L'artillerie de campagne en liaison avec les autres armes*, par le colonel Langlois, professeur à l'École supérieure de Guerre. — Paris, 1892.

taire commande de nous préparer à subvenir à des besoins de cette sorte : 3,000 coups de canon par batterie en quatre jours de bataille. »

Pourtant à ce propos il observe, incontestablement avec beaucoup de raison : « L'énergie humaine a ses limites et nous ne croyons pas qu'elle soit assez grande pour maintenir deux armées au combat pendant quatre jours pleins consécutifs. On peut admettre que la moitié ou au moins le tiers de ces 3,000 coups seront dirigés contre l'artillerie ennemie, qui répondra également par 1,500 ou 1,000 autres. Mais que pourra-t-il bien rester d'une batterie après un tir semblable ? »

A cette question la réponse ne peut faire aucun doute, si nous songeons à l'effet des nouveaux projectiles.

Dans les ouvrages du général Rohne (1), nous trouvons là-dessus des données très dignes d'attention. Il fait voir que, pour mettre hors de combat la moitié du personnel d'une batterie établie à découvert, il faudra 33 coups à 2,000 mètres, 47 à 3,000 mètres et 90 à 4,000 mètres.

Contre des batteries abritées derrière des ouvrages, il faut naturellement compter un plus grand nombre de coups.

Influence de la poudre sans fumée sur la tactique de l'artillerie.

Dans ce que nous avons dit de la poudre sans fumée, nous avons déjà signalé sa propriété essentielle de rendre invisible le nuage produit par les coups de canon à la distance ordinaire du tir de l'artillerie.

L'ancienne poudre, au moment même de l'ouverture du feu, indiquait clairement la place d'où partaient les coups ; et quoiqu'elle dérobât les tireurs eux-mêmes à la vue de l'adversaire, la ligne de fumée n'en constituait pas moins, sur tous les champs de bataille, le but qui servait au pointage du tir ennemi. En un mot, à tout instant, les lignes d'artillerie étaient tracées visiblement par la fumée de leurs pièces.

L'adoption de la nouvelle poudre a rendu cette détermination souvent difficile et parfois même tout à fait impossible. C'est même seulement grâce à une addition de poudre noire, que la charge d'éclatement des projectiles produit une fumée assez épaisse pour permettre l'observation

---

(1) Général Rohne, *Beurtheilung der Wirkung beim Schiessen* dans le *Militär Wochenblatt*, 1895.

de leurs points de chute. En dehors de cela, on ne peut juger de la direction des coups que l'on reçoit, qu'en écoutant d'où vient le bruit des détonations. Mais, de l'avis des hommes spéciaux, cette détermination par l'oreille ne vaudra jamais l'ancienne orientation par le moyen de l'œil.

Néanmoins les écrivains militaires n'attachent pas tous autant d'importance aux différences d'aspect, que l'absence de fumée doit amener entre le champ de bataille d'aujourd'hui et celui d'autrefois. Parce que si la fumée de la poudre « sans fumée » ou, plus exactement, « à faible fumée » n'est pas visible de loin, la flamme produite par la combustion des gaz la remplace dans une certaine mesure. Car cette flamme est plus nettement visible à chaque coup, aux grandes distances, que celle de l'ancienne poudre. Et l'éclair ainsi aperçu permet de déterminer exactement, même a 3 kilomètres de distance, la position de l'artillerie, et jusqu'au nombre des pièces.

Il en résulte, disent les uns, que, malgré l'absence de fumée de la nouvelle poudre, l'observation des coups de canon sera plus facile que par le passé ; toute la différence est qu'avec l'ancienne poudre c'étaient des nuages de fumée qui désignaient la position ennemie, tandis qu'elle sera marquée maintenant par les jets de flamme qui se produisent à chaque coup.

A quoi d'autres répondent que, dans bien des cas, les batteries se posteront derrière des couverts pour rendre ces jets de flamme invisibles. Il suffira, pour cela, de placer les pièces à 6 mètres en arrière d'un abri de la hauteur d'un parapet. Le feu ne serait plus alors aperçu dans aucun cas. Et s'il n'est pas douteux qu'une telle disposition des pièces n'ait des inconvénients, il est cependant très probable que, dans la guerre future, on sera souvent contraint de recourir à ce genre de tir, couvert pour ainsi dire, ou indirect (1).

Nous donnons ci-dessous, d'après la *Revue Encyclopédique*, des figures qui représentent le tir avec l'ancienne et la nouvelle poudre.

Dans tous les cas, depuis l'adoption de la poudre sans fumée, il est bien plus difficile, même dans les manœuvres du temps de paix — en raison des grands espaces occupés, de l'ordre dispersé et de la façon dont on recherche les couverts, — il est bien plus difficile de reconnaitre les mouvements des troupes et de distinguer ses propres soldats de ceux de l'adversaire (2).

C'est là une circonstance dont il faut aussi tenir compte dans l'évaluation des pertes possibles au cours de la guerre future.

----

(1) Mikhnevitch, *De l'influence du fusil à petit calibre sur la tactique des armées.*
(2) Charles Dilke, *Les Armées françaises.*

A la cordite.

A la poudre ordinaire.

A la poudre noire.

Quant à l'influence directe exercée sur l'effet des canons, il faut encore observer que l'emploi de la poudre sans fumée augmente les dangers courus par les servants des pièces. Jadis ils étaient invisibles grâce à l'épaisse fumée produite par le tir. Cette fumée les gênait, il est vrai, pour pointer, mais elle empêchait aussi les tirailleurs ennemis de les viser avec précision. Quoique la poudre sans fumée, comme on l'a déjà dit, produise encore actuellement, dans le tir des canons, proportionnellement plus de fumée que dans celui des fusils, cette fumée disparaît pourtant immédiatement après le coup, et ne protège plus les servants des pièces contre les coups dirigés sur eux par l'ennemi.

Ancienne poudre.

Combat d'artillerie.

Poudre sans?fumée.

Tous les motifs qu'on fait valoir en faveur de l'établissement d'abris en terre pour l'infanterie — et dont il a déjà été question — justifient également le choix de positions couvertes pour l'artillerie. Pourtant le règlement de manœuvres de l'artillerie allemande préfère l'emploi du tir direct et n'admet le tir abrité que si le premier semble impossible par suite de la disposition du combat ou du terrain.

L'instruction de tir allemande proscrit le tir à couvert.

Il est vrai que, de différents côtés, on doute fort que ces prescriptions du règlement allemand soient applicables. Car dans les condition actuelles du tir, aux distances efficaces, et tout au moins encore jusqu'à 3,000 mètres,

. les batteries découvertes seraient bientôt mises hors de combat par la perte de leur personnel (1).

Le *Militär Wochenblatt* sur le tir abrité ou indirect.

Le *Militär Wochenblatt* a consacré un article officiel à l'examen des avantages et des inconvénients que l'emploi du tir indirect peut avoir pour l'artillerie de campagne. L'auteur approuve entièrement la règle posée par l'instruction allemande. Et il admet aussi peu la préférence exagérée de certains artilleurs pour le tir à couvert, que l'opinion préconçue de certains autres qui ne voient, dans ce genre de tir, qu'un vrai jeu de cache-cache et reprochent à l'artillerie de vouloir se soustraire aux pertes courageusement supportées par les autres armes.

Ce serait, dit cet auteur, une erreur de croire que les positions couvertes garantiraient complètement l'artillerie des coups de l'ennemi. Les grandes masses, employées aujourd'hui, ne se cachent pas aussi facilement que cela. Quand même, par suite d'une chance exceptionnelle, les batteries réussiraient à occuper leur position sans être aperçues ni par l'artillerie, ni par les avant-postes ou les patrouilles de l'ennemi, elles n'en trahiraient pas moins leur présence aussitôt qu'elles ouvriraient leur feu.

La détonation des pièces, l'explosion des projectiles, ainsi que les nouvelles simultanées sur la direction vraisemblable suivie par l'assaillant, indiqueront presque toujours à l'ennemi la hauteur derrière laquelle la masse de l'artillerie aura pris position.

Il n'en est pas moins vrai que les pertes seront moindres pour une batterie abritée, que si elle s'établit entièrement à découvert ou même sur une position demi-couverte dans laquelle les bouches des pièces seulement dépasseront la crête. Car si, dans le premier cas, l'adversaire arrive à connaître approximativement la position de la batterie elle-même, il ne peut cependant pas savoir où sont placés ses caissons et ses autres échelons de voitures.

Calcul du temps et des cartouches nécessaires pour mettre une batterie hors de combat.

Naturellement, des calculs ont été faits en vue de déterminer le temps et le nombre de cartouches nécessaires pour mettre une batterie hors de combat par le feu de l'infanterie. Le général Rohne (2) dit qu'on peut évaluer à environ 50 hommes le personnel en officiers, sous-officiers et soldats occupés autour des pièces et des caissons d'une batterie, et que celle-ci sera réduite au silence quand la moitié de ce personnel aura été mise hors de combat. Pour obtenir ce résultat, il faut :

$$A \quad 800 \text{ mètres} : 50 \times 14,3 \text{ ou } 715 \text{ cartouches.}$$
$$A \quad 1,200 \text{ mètres} : 50 \times 35,1 \text{ ou } 1,755 \quad —$$
$$A \quad 1,500 \text{ mètres} : 50 \times 56,1 \text{ ou } 2,805 \quad —$$
$$A \quad 1,800 \text{ mètres} : 50 \times 80 \text{ ou } 4,000 \quad —$$

---

(1) *Journal des Sciences militaires.*

(2) Général Rohne, *Die Beurtheilung der Wirkung beim gefechtsmässigen Schiessen* (Appréciation de l'effet produit dans le tir de combat), dans le *Militär Wochenblatt*, 1893.

Le temps nécessaire pour tirer ce nombre de coups variera suivant celui des fusils mis en jeu. Le front d'une batterie est d'environ 100 pas; si l'on compte, pour un front semblable, 100 fusils, et si l'on suppose les vitesses de tir suivantes :

A la distance de   800 mètres, 3,5 coups par minute.

    —   1,200   —   2,5   —
    —   1,500   —   1,5   —
    —   1,800   —   1,0   —

Il faudra, pour réduire la batterie au silence :

A   800 mètres, environ 2 minutes.
A 1,200   —   7   —
A 1,500   —   18 3/4
A 1,800   —   40   —

Avec un plus grand nombre de fusils il faudra naturellement moins de temps, et inversement.

Mais nous sommes là en présence d'une question posée, dont il nous faudra encore discuter plus tard l'importance au point de vue de la guerre future.

En outre, il ne faut pas oublier que, dans le tir avec la poudre sans fumée, les tirailleurs ennemis auront toute possibilité de se rapprocher de la batterie, de chercher un abri derrière les inégalités du terrain et, sans être trahis par la fumée de la poudre, de mettre hors de combat tous les servants des pièces et leurs attelages.

Il suffit d'ailleurs de rappeler l'exemple tiré de la guerre franco-allemande, que nous avons déjà cité plus haut, pour montrer jusqu'à quel point, avec le fusil actuel et la poudre sans fumée, le soldat peut devenir individuellement dangereux. Puisqu'un seul soldat bavarois, grimpé sur un arbre, put faire tant de victimes et ne fut « descendu » à son tour par quelques salves, qu'après avoir été trahi par la fumée de son arme, on se demande ce qui serait arrivé si, au lieu d'un seul tireur, plusieurs s'étaient ainsi installés sur des arbres, et s'ils s'étaient servis de poudre sans fumée?

Les expériences faites aux manœuvres avec la poudre sans fumée ont permis de constater qu'à une distance de 400 mètres, il est impossible de découvrir des tirailleurs cachés par des arbres et des buissons. Or, d'habiles tireurs postés de cette façon peuvent, avant d'être découverts, atteindre leur homme à chaque coup.

Formation de détachements spéciaux de chasseurs pour surprendre l'ennemi.

Depuis la guerre franco-allemande, les fusils ont été notablement perfectionnés. En outre, il existe actuellement dans beaucoup d'armées, des détachements spéciaux dits de « chasseurs », composés d'excellents tireurs et exercés à se glisser, sans qu'on les aperçoive, jusqu'à portée du but qu'il s'agit d'atteindre. Il est clair que, pour ces détachements, la tâche de s'approcher en rampant jusqu'à bonne distance d'une batterie et d'en tuer le personnel n'offrira pas de difficultés particulières.

On peut affirmer avec certitude que toutes les armées enverront, en avant d'elles, comme une sorte de chaîne protectrice, des tirailleurs particulièrement dressés à fusiller les servants des canons ennemis. Les armées française, allemande et autrichienne ne manqueront certainement pas de soldats de ce genre. Car on sait qu'en France, en Allemagne et en Autriche, comme en Suisse, des sommes considérables sont consacrées, chaque année, au développement du sport du tir, et que la population de ces pays comprend une foule d'excellents tireurs. Dans l'armée russe également, existent, dans les différents corps de troupe, des détachements spéciaux de « chasseurs » (*okhotniki*).

Le danger couru dépend de la position.

Si donc l'artillerie veut éviter de terribles sacrifices, elle ne doit paraître sur le champ de bataille que dans des positions favorables. Et pour montrer que le danger qu'elle court dépend surtout de sa position, nous donnons ci-dessous quelques dessins de cibles représentant l'artillerie (1).

Impossibilité de se passer de chaînes de tireurs protectrices.

Mais même des bouches à feu, entièrement abritées, doivent être défendues par des chaînes de tireurs empruntés à leur propre infanterie. Les changements de position et les marches rapides en avant ne peuvent désormais s'exécuter sans les plus graves dangers.

En tout cas, il est devenu presque impossible à l'artillerie d'agir aux petites distances (au-dessous de 1,000 mètres); et jusqu'à 2,400, elle peut être facilement tenue en échec par l'infanterie. C'est seulement au delà de cette distance qu'on admet que l'artillerie, efficacement couverte par l'infanterie, possède une certaine liberté d'action.

La guerre future peut seule résoudre la question de savoir si l'artillerie pourra garder sa supériorité vis-à-vis du fusil perfectionné d'aujourd'hui.

Par suite, il nous reste à poser la question : L'artillerie conservera-t-elle sa supériorité en présence du fusil perfectionné d'aujourd'hui? Cette question, une guerre future seule peut la trancher; d'autant plus que les nouveaux perfectionnements des fusils augmentent encore l'étendue de la zone dangereuse.

Comme nous l'avons déjà dit, les batailles commenceront à l'avenir par un duel d'artillerie des plus meurtriers.

---

(1) Général Rohne, *Das Schiessen der Feldartillerie* (Le tir de l'artillerie de campagne). — Berlin, 1891.

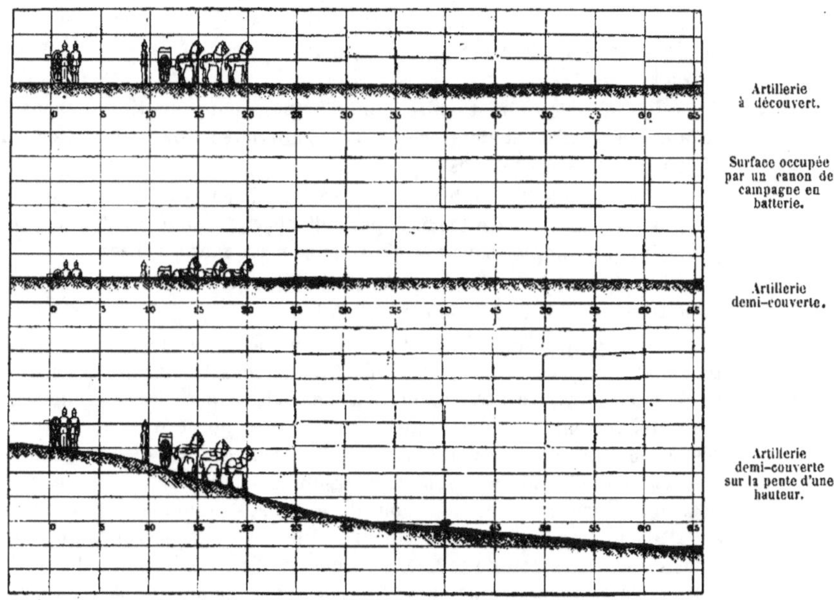

Cibles représentant l'artillerie.

(Echelle de $\frac{1}{500}$ pour les longueurs et de $\frac{1}{200}$ pour les hauteurs et les largeurs.)

L'artillerie doit en effet, si elle veut préparer efficacement l'attaque de l'infanterie, commencer par assez affaiblir l'artillerie ennemie pour pouvoir ensuite l'accabler avec une partie seulement de ses pièces. Autrement, elle s'exposerait au danger d'être tenue elle-même en échec par cette artillerie ennemie, sans pouvoir achever la préparation de l'attaque d'infanterie — dont le succès se trouverait, par là même, mis en question.

Le plus sûr moyen d'empêcher l'ennemi d'exécuter son attaque sera donc d'occuper son artillerie pour qu'elle ne puisse la préparer. Les deux adversaires ont un égal intérêt à s'assurer cet avantage et, par suite, à pousser résolument leurs canons en avant pour obtenir, dès le début, la supériorité. Les artilleries opposées sont ainsi amenées à se chercher et à s'attaquer mutuellement, — de sorte qu'à l'avenir, plus encore que par le passé, toutes les batailles débuteront par un vif combat entre les troupes de cette arme.

Commencement de la bataille par un duel d'artillerie.

Jean de Bloch. — *La Guerre future.*   27

Probabilité d'anéantissement mutuel.

Si les forces sont égales, l'anéantissement des deux partis l'un par l'autre sera tellement prompt qu'il faudrait considérer les canons comme des quantités négligeables. Et le général Rohne (1) pose la question suivante :

Calculs du général Rohne.

Quel effet doit-on attendre d'une batterie ennemie tirant pendant 10 minutes à 2,500 mètres, contre une batterie servie par le personnel réglementaire 50 (personnes)?

Si l'on compte 3 minutes pour le réglage, il en reste 7 pour agir. A 6 coups par minute, c'est 42 coups dont chacun donne 2 atteintes. On pourrait donc compter sur 84 atteintes et 40 personnes touchées.

On suppose ici un réglage du tir pleinement réussi et une répartition judicieuse du feu sur toute la largeur du but.

Si l'on compare ces résultats avec les données fournies par la statistique, on reconnaîtra très probablement qu'ils sont beaucoup plus élevés que ces dernières. C'est très naturel. Car, dans les expériences qui ont servi à l'établissement des statistiques, il s'en rencontrait d'aucunes où le réglage du tir avait été manqué. Dans beaucoup de cas où les distances d'éclatement étaient favorables, les résultats se trouvent naturellement beaucoup plus élevés. En 10 — nous disons : dix — minutes, à la distance de 2,500 mètres, un anéantissement mutuel est déjà possible. Et il est évident que le résultat de ce duel aura une influence prépondérante sur la

La défaite de l'artillerie exclut la possibilité de prendre l'offensive.

suite de la bataille. Car de la victoire ou de la défaite de son artillerie résultera, pour chacun des deux adversaires, soit la possibilité de préparer l'attaque de l'infanterie, — et, par suite, celle de prendre l'offensive, — soit l'impossibilité de préparer cette attaque, — ce qui aura pour conséquence de l'obliger à se tenir sur la défensive.

Conditions pour que l'issue du combat d'artillerie soit favorable.

Quant à l'issue même du combat d'artillerie, elle dépendra avant tout du nombre des pièces que chacun des deux adversaires pourra mettre immédiatement en ligne. D'où la nécessité de régler la formation et la dislocation des colonnes, de telle sorte que, dès le début de l'action, on puisse disposer de toutes ses pièces et commencer le feu avant l'ennemi. Il sera donc à désirer que le combat d'artillerie ait autant que possible le caractère d'une surprise et qu'en tout cas il soit mené promptement et à la distance la plus grande possible où le canon peut avoir encore de l'efficacité.

Différence avec le passé.

Autrefois déjà, il en était bien ainsi. Mais, comme alors l'action s'engageait de plus près et comme pourtant, le feu, ainsi que nous l'avons montré, était relativement plus faible, les résultats de la canonnade échangée

---

(1) Général Rohne, *Militär Wochenblatt*, 1895.

ne pouvaient avoir la même importance qu'aujourd'hui, où la portée des canons de campagne modernes est si extraordinairement augmentée — sans parler des modifications dans la force du choc entraînées par l'accroissement de la vitesse initiale des projectiles.

Combat contre un adversaire couvert par des retranchements.

La guerre future se fera remarquer aussi par les profondes influences qu'exercera la recherche des abris permettant de soustraire au feu de l'adversaire. La pelle est maintenant, pour le soldat, aussi indispensable que le fusil ; et, comme nous l'avons déjà observé, la question des abris-terrasses est devenue capitale.

Les retranchements terrassés dans la guerre future.

Les nouveaux règlements sur le service des pionniers de campagne insistent particulièrement, dans toutes les armées, sur les avantages que la défense peut tirer de retranchements promptement établis et pourvus de nombreux abris blindés, contre lesquels sont impuissants les éclats d'obus ou de shrapnell, ainsi que les projectiles entiers des bouches à feu à trajectoire tendue. Une artillerie de campagne, ne comptant que des bouches à feu de ce genre, ne peut détruire ces abris et, par conséquent, ne saurait préparer convenablement l'attaque de l'infanterie.

Impuissance contre les retranchements des pièces à trajectoire tendue.

En outre, ces bouches à feu sont obligées de cesser leur tir contre les parties de la position qu'on veut attaquer, aussitôt que leur propre infanterie s'en est approchée à 400 mètres. Donc une artillerie de campagne ainsi composée ne peut plus soutenir son infanterie dans la phase la plus critique et la plus décisive du combat : celle où, exposée à l'action destructive des fusils à petit calibre d'aujourd'hui, cette infanterie aurait justement le plus pressant besoin de l'appui de son artillerie (1).

Pendant la guerre de 1877-78, l'armée russe ne disposait que de canons à trajectoire tendue ; et le général Totleben observe que, devant Plewna, on avait dû tirer toute une journée pour mettre hors de combat une seule bouche à feu turque, grâce aux abris qui la couvraient (2).

Si, dès le début de la campagne, les deux partis adverses s'entouraient ainsi de retranchements où chacun attendrait l'attaque de l'autre, on ver-

---

(1) Le général Müller, *Die Wirkung der Feldgeschütze* (L'effet des canons de campagne).

(2) *Observations militaires sur la guerre turco-russe.*

rait se renouveler la situation historique de Gustave-Adolphe et de Wallenstein qui, en 1632, se retranchèrent chacun de leur côté à Nuremberg, comptant réciproquement sur le temps et la patience pour épuiser leur adversaire.

Adoption des mortiers.

On a donc dû chercher des moyens d'attaquer avec quelque chance de succès, les « ouvrages fortifiés de circonstance » ainsi improvisés à la pelle ; ou du moins il a fallu imaginer des engins qui permissent d'atteindre leur garnison. Et l'inépuisable technique de notre temps a créé, pour cet objet, outre les obusiers déjà existants, des mortiers portatifs qui ont été introduits dans le matériel d'artillerie de campagne.

Mortiers russes de 15 cent.

Les principales conditions auxquelles doit satisfaire une bouche à feu de ce genre sont, d'une part, une mobilité suffisante pour pouvoir suivre les troupes, de l'autre, un calibre assez fort pour lancer de gros projectiles. Conditions qu'il semblait difficile de réaliser simultanément jusqu'à ce que la Russie, en adoptant un mortier de 15 centimètres, construit d'après les indications du général Engelhardt, eût montré que ce problème pouvait être résolu d'une façon pratique (1).

D'après la *Revue d'artillerie*, ce mortier doit peser au total 455 kilogrammes et lancer des bombes de 33 kilogrammes ainsi que des shrapnells de 37 kilog. 500. La vitesse initiale atteint 270 mètres. — Ces bouches à feu sont montées sur des affûts à roues, attelés à la mode habituelle. Elles envoient jusqu'à une distance de 3 kilomètres, soit un shrapnell d'acier qui contient 700 balles pesant 42 grammes chacune, soit une bombe-fougasse renfermant 6 kilogrammes de poudre. Grâce au tir courbe, ces projectiles peuvent atteindre des hommes placés derrière un parapet de 7 pieds de haut. D'ailleurs dans un parapet de cette hauteur et de 12 pieds d'épaisseur, la bombe-fougasse, en faisant explosion, détermine une brèche d'environ 5 pieds. Il suffit d'une ou deux de ces bombes pour détruire des traverses de construction récente. Et le plus avantageux est de tirer directement, à charges pleines, contre les parapets.

Précision du tir des mortiers.

Suivant l'exemple de la Russie, tous les autres pays ont établi des obusiers et des mortiers de campagne.

La figure ci-contre peut nous donner une idée de l'effet de ces mortiers. Elle représente les résultats d'un tir d'essai exécuté à l'usine Gruson, à 3,000 mètres de distance, au moyen d'un obusier de 12 centimètres avec des obus et des shrapnells (3).

---

(1) *Précis des réformes introduites dans l'artillerie*, de 1868 à 1877.
(3) *Revue de l'Armée belge*, 1890, tome III.

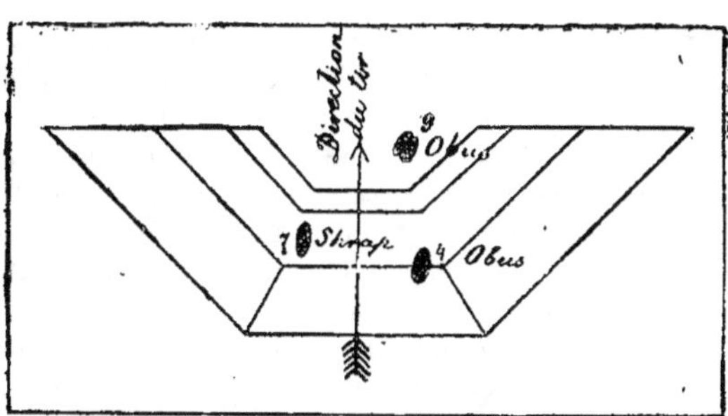

Tir d'essai d'un obusier de 12 centimètres.

Il avait été établi cinq cibles qui devaient représenter la garnison. Elles furent complètement détruites. L'obusier lançait de 8 à 12 obus par minute ; ce qui envoyait, dans ce court espace de temps, environ 196 kilogrammes de projectiles sur l'ennemi.

Le « Règlement sur le service des bouches à feu de siège et de place », paru en France en 1893, contient, au sujet des mortiers et des obusiers, les indications suivantes :

Tirs d'essai avec
des obusiers
de 12 cent.

Mortiers dans les
différents pays.

	POIDS en kilogrammes		CALIBRE en millimè-tres	PORTÉE MAXIMUM en mètres	POIDS des projectiles	
	de la PIÈCE	de L'AFFUT			OBUS brisants en kilog.	OBUS fougasses (1) en kilog.
Obusiers	1040	1450	155	6600	40	41
Mortiers	2080	2080	220	5400	98	110
Canons	5750	5750	270	6500	170	228

La Suisse s'est donné un mortier de 12 cent. 5 ; l'Angleterre, un autre plus léger encore qui n'a qu'un calibre de 12 centimètres.

D'après la *Gazette de Cologne*, la Bulgarie a commandé à Krupp des obusiers de campagne de 9 centimètres qui doivent être répartis dans l'artillerie de campagne de façon telle que chaque régiment compte 4 batteries de canons et un obusier.

En Allemagne, on a adopté des obusiers de 15 centimètres, de sorte que l'artillerie de campagne attelle maintenant trois sortes de bouches à feu de 15 centimètres pesant respectivement 670, 754 et 1,075 kilogrammes, —

____

(1) Appelés « obus oblongs ».

beaucoup moins lourdes, par conséquent, que les pièces analogues de l'armée française, qui est également pourvue de mortiers et d'obusiers légers (1).

Les expériences de tir exécutées en Allemagne ont montré que les nouveaux mortiers produisent, sur des troupes abritées, des effets incomparablement plus puissants que les canons de campagne ordinaires. A 1,700 mètres, une batterie de ces mortiers lança 100 bombes brisantes qui eussent mis l'infanterie dans l'impossibilité de se maintenir à l'intérieur de l'ouvrage battu, dont tout un côté fut détruit.

Toutefois, quoique le poids de ces obusiers et mortiers ait notablement diminué, ils seront, dans bien des cas, beaucoup trop lourds pour qu'on puisse les avoir toujours sous la main quand il s'agira de combattre l'infanterie couverte par des retranchements.

La guerre future verra-t-elle reparaître, en grandes masses, des armes de jet qu'un seul cheval puisse facilement traîner ou qui soient même transportables à dos d'homme? C'est là une question à laquelle il serait difficile de répondre. En tout cas, la technique commence à s'occuper de ce problème.

Les ateliers Krupp ont exposé à Chicago un mortier destiné à la guerre dans les régions broussailleuses, qui ne pèse que 50 kilogrammes et dont l'âme a 370 millimètres de profondeur.

L'affût se compose de deux parties réunies par des vis et d'une plateforme : le tout ensemble ne pesant que 48 kilogrammes. Entre les deux parties de l'affût se trouve une roue dentée qui s'engrène dans un arc également denté fixé à la bouche à feu. C'est l'appareil de pointage.

La plate-forme, qui supporte l'affût et le mortier, a quatre poignées et peut être facilement portée par quatre hommes, puisque le tout ensemble ne pèse que 98 kilogrammes.

Cette bouche à feu lance un boulet de fonte de 4 kilog. 300, un obus en acier du même poids, un obus-fougasse de 6 kilog. 500 et un shrapnell de 4 kilog. 300 (2).

Ainsi l'on est conduit, d'une part, à employer sur le champ de bataille des mortiers et obusiers de plus gros calibre que ceux usités jusqu'ici pour la guerre de campagne, et, d'un autre côté, on cherche des modèles plus légers. Et il est très difficile de prévoir quelles conséquences cela peut entraîner pour la guerre.

Dans l'état actuel de la technique on assure que c'est chose presque impossible d'avoir les mortiers à sa portée aussi promptement que les

---

(1) L'artillerie de campagne attelle en outre des canons de 12 centimètres et des mortiers de 21 centimètres.

(2) Monthays, *Krupp à l'Exposition de Chicago.* — Bruxelles, 1894.

retranchements en terre peuvent être construits. Reste donc encore ouverte la question de savoir comment, dans la guerre future, on détruira ces retranchements au moyen d'obusiers et de mortiers de campagne.

En raison de l'importance de cette question, nous croyons devoir l'examiner d'un peu plus près.

Avantages des mortiers de campagne.

Les partisans des mortiers font valoir les considérations suivantes :

1° Le tir courbe des mortiers de campagne permettra à l'artillerie de canonner les ouvrages jusqu'au moment même de l'attaque sans risquer d'atteindre les troupes assaillantes (1).

2° La force de l'explosion des obus produira un effet moral considérable sur les défenseurs.

3° Le pointage est facilité par la grande quantité de fumée que produit l'explosion des projectiles.

4° Par suite de la forte charge intérieure de ces projectiles, les effets des obus brisants sur les ouvrages en terre seront assez forts pour culbuter ces ouvrages et détruire tous les abris.

5° Les shrapnells lancés par les mortiers arriveront sous un angle de chute tel, que l'abri fourni au défenseur par les parapets de campagne sera entièrement annulé.

À ces avantages les adversaires des mortiers opposent les inconvénients que voici :

Inconvénients de ces mortiers.

En raison du poids des projectiles employés, les mortiers ne pourront être approvisionnés qu'à un petit nombre de coups. Et c'est là une considération d'autant plus grave que le réglage du tir de ces pièces est très difficile — comme le prouvent des essais très étendus, exécutés dans l'hiver de 1888-89, par l'École de tir d'artillerie et la Commission d'expériences. Déjà, avec le canon de 12 centimètres court, le réglage demandait, en moyenne, 13 coups dans le tir à pleine charge et 18 dans le tir à charge réduite. Avec la charge usuelle, dans le tir à shrapnells à faible dispersion, les canons de 12 centimètres courts n'étaient pas sans quelque supériorité sur les canons de campagne ; — au moins pour ce qui est du nombre des

---

(1) Le colonel autrichien bien connu, von Wuich, balisticien distingué, est d'avis que l'adoption d'une bouche à feu de campagne à tir courbe est non seulement désirable, mais nécessaire pour le tir contre les buts couverts. Parce que le tir par-dessus ses propres troupes, inévitable dans les dernières phases de l'action, est considéré comme trop dangereux avec les pièces à trajectoire tendue, — surtout si les canons de campagne de l'avenir ont un tir encore plus rasant que ceux d'aujourd'hui. Le colonel von Wuich admet que le tir par-dessus l'infanterie, en terrain inégal, est possible actuellement pour les distances qui dépassent 1,500 mètres, mais il croit que ce chiffre s'accroîtra encore quand les trajectoires deviendront plus courbes. *Annales militaires*, de von Löbell : *Tactique de l'artillerie de campagne*, 1894.

atteintes et des cibles touchées. Mais cette supériorité diminuait peu à peu à mesure qu'augmentait la dispersion des éclats et elle passait bientôt du côté des canons de campagne. Le cône de dispersion du shrapnell de 12 centimètres n'avait guère plus de 100 mètres de profondeur (1).

Expériences anglaises de tir contre les parapets.

D'expériences faites en Angleterre il résulte que, pour détruire un parapet en terre bien tassée de 3^m65 de large au sommet et de 2^m15 de hauteur, il faut compter, dans le tir à 1,100 mètres, au moins 50 obus ordinaires par mètre courant. Or, si l'on admet que l'effet de l'obus brisant soit cinq fois supérieur à celui de l'obus ordinaire correspondant, il ne faudrait, pour raser un tel parapet, dans les conditions de tir susdites, que 10 projectiles par mètre courant.

Mais sur le champ de bataille il sera difficile aux batteries de s'approcher du but à moins de 1,500 mètres pour entreprendre un tir de destruction. En outre, les parapets ne seront pas toujours visibles. Puis ils ne seront pas toujours, non plus, comme dans l'ouvrage anglais expérimenté, construits simplement en terre tassée qui n'oppose qu'un minimum de résistance aux effets de l'explosion. Enfin la précision du tir des obus brisants est inférieure à celle du tir des obus ordinaires.

Pour toutes ces raisons, il peut être admis que le nombre des obus brisants nécessaires pour détruire un parapet de campagne doit-être d'au moins 15 par mètre courant, et que, même en comptant ainsi, on reste certainement beaucoup au-dessous de la vérité.

Consommation de munitions relativement trop grande.

Dans ces conditions, on ne peut, à une certaine distance, détruire un retranchement de quelque importance qu'avec une consommation considérable de munitions; l'approvisionnement tout entier d'un corps d'armée serait nécessaire pour obtenir des résultats appréciables et, malgré tout, l'abri pourrait encore demeurer assez fort pour être, au moment décisif, occupé par l'infanterie de la défense.

L'artillerie ne peut donc pas considérer le projectile brisant comme un moyen propre à détruire les ouvrages défensifs en terre élevés sur le champ de bataille (2).

De tout cela, on ne peut tirer qu'une conclusion certaine. C'est que dès maintenant sont introduits, dans les armées européennes modernes, des mortiers de campagne perfectionnés qui jusqu'ici n'étaient exclusivement employés que dans les sièges des places fortes, — mais que le nombre de ces mortiers n'est pas et ne peut pas être assez grand.

(1) *Jahrbücher für die deutsche Armee und Marine :* Le développement de l'artillerie de campagne de 1815 à 1892.

(2) *Revue de l'Armée belge :* E. Janotte, « Étude concernant l'influence des engins nouveaux sur le champ de bataille».

L'effet moral de ces mortiers, — quoi qu'ils n'aient encore figuré qu'aux manœuvres, c'est-à-dire dans une sorte de représentation théâtrale, — a été considérable en France : tout le monde sachant bien que, dans tous les autres pays, d'aussi formidables engins de guerre avaient été adoptés. Mais il n'a toujours pas été répondu à la question de savoir si, malgré le petit nombre de ces nouvelles pièces, les ouvrages en terre qui doivent protéger les troupes contre le feu meurtrier de l'infanterie et de l'artillerie se trouveront inefficaces, — ou s'ils tromperont au contraire toutes les espérances qu'on a, de diminuer, en détruisant ces ouvrages de loin, les pertes des troupes qui les attaqueront.

Toutefois chaque jour voit naitre d'autres inventions, de plus en plus destructives. Et personne ne peut prédire ce que sera l'état réel des choses dans une guerre future.

Ainsi, par exemple, on parle d'expériences exécutées avec des projectiles remplis d'*écrasite* qui, lancés à des distances de 300, 750 et 1,200 mètres, contre des panneaux représentant 100, 250 et 500 hommes, les ont tous atteints sans exception (1). Mais il existe encore d'autres causes, jusqu'ici peu étudiées, qui, par suite de l'emploi de cette nouvelle substance explosive, peuvent augmenter jusqu'à un degré vraiment inouï, les résultats terrifiants de la guerre future.

Effet moral des mortiers aux manœuvres françaises.

Les distances de combat de l'artillerie.

Actuellement, en ce qui concerne l'artillerie, l'art de la guerre se trouve en présence de conditions de combat tout à fait nouvelles. On a surtout obtenu une force de pénétration des projectiles dont on n'avait autrefois pas d'idée, en même temps qu'une immense vitesse et une précision presque mathématique.

Quand il s'agit d'armes portatives on admet, avec quelque raison, que les exercices du temps de paix ne peuvent donner pour la guerre de conclusions certaines, parce qu'au combat le calme nécessaire pour viser fera défaut. Mais cette objection n'est applicable aux bouches à feu que dans une très faible mesure.

Les portées du tir autrefois et aujourd'hui.

Logiquement le combat d'artillerie devrait commencer aux distances les plus grandes que permet la technique.

Un coup d'œil sur le passé rendra claire l'énorme différence qui existe entre le matériel d'aujourd'hui et celui d'autrefois.

---

(1) Witte, d'après les *Annales* de Löbell.

Au xvie siècle le tir de but en blanc des canons n'était possible que jusqu'à 350 mètres et le tir à la hausse que jusqu'à 750. Et même dans notre siècle encore, entre 1830 et 1840, le prince Auguste de Prusse prescrivait, comme règle générale, de ne jamais tirer à plus de 1,500 pas (1,100 mètres) avec les canons de 6, ni à plus de 1,800 pas (1,350 mètres) avec ceux de 12. Comme bonnes portées, vraiment efficaces, on n'admettait que celles entre 630 et 770 mètres.

En 1832, C. von Decker donnait le tableau de distances suivant :

200 pas (150 mètres) Effet meutrier de la petite mitraille.
300 —   —   Portée ordinaire des armes portatives.
400 —   —   Ouverture du feu de tirailleurs.
500 —   —   Commencement de l'emploi de la grosse mitraille.
600 —   —   Limite de l'effet de mitraille des obusiers. Commencement du tir courbe à petite charge.
800 —   —   Limite de la grosse mitraille des canons légers. Tir à la hausse des canons de campagne.
1,000 — (750 mètres) Limite de la mitraille des gros canons de campagne.
1,100 —   —   Bonne portée des canons de campagne.
1,200 —   —   Commencement du tir roulant.
1,400 —   —   Limite du tir à la hausse.
1,500 —   —   —   —
1,800 —(1,350 mètres) Limite du tir roulant dans les circonstances ordinaires.

Ainsi l'on peut dire que les différences survenues dans le cours de trois siècles avaient été très faibles.

Mais, dans la seconde moitié du nôtre, les portées utilisables des canons rayés sont devenues d'au moins 2,000 à 2,500 mètres plus considérables.

Pendant la guerre franco-allemande, la sphère d'action s'est étendue :

1° Pour le tir à obus

des canons de 9 centimètres . . . . jusqu'à 3,800 mètres.
—   —   12   —   . . . .   —   4,000   —
—   —   15   —   avec 2 kilog. de charge et obus allongés. . .   —   4,400   —
—   —   15   —   avec 2 k. 250 de charge et obus. . . . . . .   —   4,500   —
des canons courts de 15 centimètres avec 1 k. 100 de charge et 30° 5/16 d'élévation . . . .   —   4,370
des mortiers de 21 centimètres, modèle 70, avec 3 k. 500 de charge et 45° d'élévation. . . . .   —   3,990   —

Tableau de distances de Decker en 1832.

Sphère d'action des obus et des shrapnells pendant la guerre franco-allemande.

2° Pour le tir à shrapnells

des canons de 9 centimètres . . . . de 0 à 2,200 mètres.

—   —   12   —   . . . . de 0 à 2,200   —

Les opinions diffèrent beaucoup quant aux distances qui peuvent être réellement admises, au point de vue de l'efficacité du tir, avec les canons d'aujourd'hui. Les résultats des expériences de paix ne peuvent pas, sans restriction, servir de base pour les établir. Il faut aussi tenir compte de la diminution de l'effet qui se produira sur le champ de bataille, tant en raison des écarts plus grands du tir, amenés par les erreurs plus considérables de pointage, que par suite des conditions défavorables du terrain et des difficultés d'observation. *Diversité des opinions sur la portée admissible pour le tir à shrapnells.*

En 1881, le major Bode, proposant une fusée à étage à double effet, affirmait la nécessité d'étendre la portée du tir à shrapnells jusqu'à 6,000 mètres, et la commission d'expériences d'artillerie approuvait en principe cette manière de voir. Le ministère de la guerre, au contraire, jugea que la portée de 4,000 mètres était pleinement suffisante ; et en 1884 la question fut provisoirement tranchée par l'adoption de la fusée pour shrapnells de campagne, modèle 1883, dont l'effet n'allait que jusqu'à 3,500 mètres.

La plupart des autres artilleries ont adopté également, depuis 1880, des fusées fusantes à longue durée. La plus grande portée du tir à shrapnells fut comprise entre 2,600 et 3,500 mètres ; — pour le canon français de 90 millimètres, elle alla même jusqu'à 6,000 mètres.

Les opinions différaient également beaucoup sur la question de savoir jusqu'à quelle distance l'emploi du tir à shrapnells peut permettre d'obtenir un effet suffisant.

En tout cas nous voyons que, depuis la guerre franco-allemande, c'est-à-dire en un quart de siècle, les progrès réalisés ont dépassé ceux qui avaient été faits précédemment en près de quatre cents ans. Qu'on jette seulement un coup d'œil sur le tableau ci-après, qui donne une idée des canons employés dans l'armée française et de leurs plus grandes portées (1). *Le canon français et ses portées.*

Toutefois ces portées seront bien difficilement utilisées dans la pratique.

D'après les résultats de l'expérience, sur le champ de bataille, même contre une infanterie offrant un large front et une grande profondeur, l'effet des obus à partir de 3,500 mètres, ne peut être qu'accidentel ; et, de plus, de pareils tirs consomment de grandes quantités de munitions. *Portées actuelles [des obus.*

---

(1) Löbell, *Annales militaires*, 1894. — Ce tableau est à la page suivante.

Genre de bouche à feu	Pièce			Affût	Projectiles				Portée maximum
					Obus brisant	Shrap-nell	Obus-fougasse		
	Calibre	Longueur	Poids	Poids	Poids	Poids	Poids	Charge d'éclatement	
	en mil-limètres	en calibres	Kilog.	Kilog.	Kilog.	Kilog.	Kilog.	Kilog.	Mètres
Canon.....	95	27	706	1,250	—	12,3	?	2	7,450
—	120	27	1,200	1,450	18	19	?	4	8,970
Canon court (obusier)	155	15,4	1,040	1,450	40	41	44	12	6,600

La distance de 3,000 mètres constitue la limite extrême où doit commencer le tir à obus contre de grandes masses de troupes et contre les objectifs que présente l'artillerie. L'emploi de ces projectiles au-dessous de cette distance est d'autant moins justifiable que, de 2,500 à 3,000 mètres, les shrapnells leur sont bien supérieurs. Habituellement la possibilité d'observer le tir avec sûreté va, pour les obus, jusqu'à 3,000 mètres.

Les données des tables de tir relatives aux shrapnells sont habituellement étendues jusqu'à la limite de durée de combustion de la fusée.

D'après les résultats des expériences, voici ce qu'à la guerre on pourrait admettre quand les circonstances ne seront pas trop défavorables.

Contre de l'infanterie debout, en grandes masses, l'effet des shrapnells à tube intérieur est très bon encore à 2,500 mètres. A 2,000 mètres et au-dessous, il est écrasant. Contre de petits corps d'infanterie, partie debout, partie couchés, l'effet est encore bon à 2,500 mètres et très bon à 2,000.

On peut en dire autant des objectifs que présente l'artillerie.

Par conséquent, de la position la plus favorable, c'est-à-dire aux distances comprises entre 1,500 et 2,000 mètres, on obtiendra sans nul doute un résultat prompt et complet (1).

L'effet des obus et des shrapnells est tellement meurtrier pour les portées inférieures à 2,000 mètres, que, dans certaines circonstances, 15 ou 20 coups ont suffi pour détruire une batterie entière. La distance minimum à prendre, quand on tire sur des objectifs semblables, est de 1,500 mètres. Des considérations tactiques peuvent toutefois obliger à occuper des positions encore plus rapprochées.

La mitraille est employée dans le combat de près jusqu'à une distance de 300 mètres (2).

---

(1) Müller, *Die Wirkung der Feldgeschütze.*
(2) Müller, *Die Wirkung der Feldgeschütze.*

On a une tendance toute naturelle à tirer parti de la grande sphère d'action des armes d'aujourdhui. Et malgré tout ce qui a été dit plus haut, l'idée d'ouvrir le feu à grande distance et d'engager, de loin, un véritable combat d'artillerie, compte beaucoup de partisans.

Dans l'ouvrage du professeur français Coumès (1) voici comment sont déterminées les distances-types auxquelles le combat peut commencer :

Distances-types pour le combat d'artillerie.

« L'artillerie moderne sera en état d'ouvrir son feu contre les troupes adverses à une distance de 5,500 et même 6,000 mètres. Avant tout, elle devra s'attacher à la destruction des abris et à la canonnade des positions occupées par l'ennemi.

« Aussitôt qu'elle se sera approchée à 4,000 mètres, elle pourra passer à l'action contre l'artillerie et, à partir de 3,000 mètres, diriger déjà son feu contre la cavalerie et l'infanterie. Les opérations de l'infanterie commenceront, selon toute vraisemblance, entre 2,000 et 1,800 mètres. Avant de s'avancer en masse, cette infanterie enverra ses meilleurs tireurs en avant. Entre 1,500 et 1,000 mètres ce mouvement demandera des précautions particulières, en raison du feu meurtrier de l'artillerie et des salves de l'infanterie attaquée qui sera dès lors en état de viser sûrement.

« A partir de 1,000 mètres, l'artillerie des deux partis cessera d'être dangereuse pour l'infanterie. Les deux artilleries se borneront à se canonner mutuellement et devront prendre garde que leur feu ne cause des dommages à leur propre infanterie. Quand enfin la distance entre les deux infanteries opposées ne sera plus que de 500 mètres, l'artillerie sera obligée de cesser son feu. »

Dans l'armée allemande pourtant, on paraît avoir l'intention, bien que les données et règlements cités par nous s'expriment autrement, de commencer la lutte à des distances encore plus considérables.

Le prince de Hohenlohe et les distances du combat d'artillerie.

Le chef bien connu de l'artillerie pendant la guerre de 1870, le prince de Hohenlohe, expose qu'avec les canons actuels, le feu peut commencer dès 7,000 mètres,— en ajoutant qu'à cette distance un objectif de 15 pas de large est atteint par la moitié des projectiles : « Si, par conséquent, on établit une batterie pour battre une route de 15 pas de largeur, cette batterie pourra, même à une distance de 7,000 mètres, atteindre toutes les colonnes d'infanterie qui passeront sur la route et son feu sera tellement efficace que personne n'aura l'idée d'y passer (2). »

En France, tous les écrivains militaires n'accordent pas à l'action du feu d'artillerie d'importance bien sérieuse à d'aussi grandes distances. Ainsi le professeur Langlois combat la manière de voir du prince de

Langlois et Gourko contre le tir à trop grande distance de l'artillerie.

---

(1) Coumès, *Tactique de demain.*
(2) *Lettres sur l'artillerie.*

Hohenlohe. Il partageait plus volontiers les opinions émises par le général Gourko. Celui-ci, partant des expériences de tir entreprises par son ordre à de grandes distances, — jusqu'à 4,270 mètres, — dit qu'il faut bien sans doute exercer les batteries à ce genre de tir. Mais, ajoute-t-il, on doit pénétrer tous les artilleurs de cette idée, qu'à moins de raisons particulièrement importantes ce serait une honte de tirer d'aussi loin. Car il ne s'agit pas de faire appel à toute la puissance des canons, mais bien de causer à l'ennemi le plus de mal possible ; et il est clair que le feu à bonne portée sera beaucoup plus efficace qu'à ces distances énormes qui en sont quelque chose comme le double.

« Une honte », répète Langlois. Nous nous souviendrons de cette expression, d'ailleurs si juste. Si c'est la marque d'une mauvaise infanterie de tirer de trop loin, il en est de même pour l'artillerie.

Nous devons toutefois observer ici que cette opinion du général Gourko, — bien qu'elle ait été reproduite par Langlois dans l'ouvrage qu'il a récemment publié, — remonte déjà à l'année 1875 et que, par suite, il n'est pas certain que ce général la signerait encore aujourd'hui. On peut se demander si, depuis lors, ne sont pas survenues tant de circonstances nouvelles, qu'elles seraient à ranger dans la catégorie des « raisons particulièrement importantes » dont il a été question plus haut. En ce temps-là non plus les fusils ne portaient pas encore efficacement à 3,000 mètres comme à présent.

Si, avec les canons actuels, il est encore assez possible, comme l'affirme le prince de Hohenlohe, de causer des pertes à l'ennemi, jusqu'à 5 et 7 kilomètres de distance, on se demande involontairement pourquoi, quand les conditions de terrain seront favorables et avec les moyens d'observation dont on dispose maintenant, l'on ne devrait jamais faire usage de cette propriété des nouvelles pièces.

Il faut tenir compte de ce fait que les projectiles qui ont manqué leur objectif ne sont pas tous nécessairement perdus. En balayant de vastes surfaces de terrain, ils effrayeront au moins les hommes qui s'y pourront trouver et produiront toujours ainsi une certaine impression.

Bien qu'encore très éloignés de l'ennemi, les soldats commenceront à devenir nerveux et à se troubler. D'autant que les pertes causées par le feu à longue portée produisent sur les hommes un effet démoralisateur bien plus considérable que celles subies de près (1).

Skougarevski raconte que, dans une des affaires de la guerre de 1877, un soldat fut blessé par une balle de fusil à une distance de 2 verstes (plus de 2 kilomètres) de l'ennemi. Pendant quelques jours ce fut le sujet de

----

(1) Skougarevski, *L'Attaque d'infanterie.*

toutes les conversations parmi les troupiers qui se montraient l'un à l'autre l'endroit où l'accident s'était produit et en oubliaient totalement une foule d'autres où des centaines d'hommes avaient été tués ou blessés.

La possibilité de lancer des obus et des shrapnells dont les éclats et les balles balaient de grandes surfaces de terrain, obligeront les troupes à ne plus se mouvoir, même à des distances encore très grandes, qu'en formation plus ou moins dispersée. Et déjà, dès lors, entreront en ligne de compte la bravoure et généralement la force des nerfs des soldats. En auront-ils assez pour marcher en avant aussi longtemps sous le feu de l'ennemi ? Aujourd'hui, c'est encore une question de savoir quelle nation fera preuve de la plus grande fermeté à ce point de vue. *(Nécessité pour les troupes de renoncer aux formations compactes, même à de grandes distances.)*

Avec les anciens fusils, l'équilibre entre les feux d'artillerie et d'infanterie commençait à s'établir à 600 mètres ; plus tard, c'est à 1,000 mètres seulement qu'il a eu lieu, comme le dit expressément le Règlement allemand. Actuellement, depuis l'adoption des fusils à petit calibre et l'emploi de la nouvelle poudre, l'étendue de l'effet de la mousqueterie s'est augmentée de 200 à 300 mètres ; tandis que, pour l'artillerie, on doit fixer de 1,200 à 1,300 mètres la limite de la distance à laquelle elle peut s'approcher de l'infanterie (1) ; de sorte que l'efficacité du feu de l'artillerie n'en aura pas moins la prépondérance sur celle du feu de mousqueterie. *(Comparaison du feu d'artillerie et du feu d'infanterie.)*

Mais l'artillerie ne règne pas en maîtresse absolue sur les champs de bataille. *(Dangers que court l'artillerie par l'approche de l'infanterie.)*

Si l'infanterie réussit à s'approcher d'elle et à employer, pour la combattre, le système des salves concentrées, il peut devenir, à l'artillerie, difficile et même impossible d'agir. Déjà, pendant la guerre de 1870, il est arrivé que le feu de l'infanterie française, malgré sa défectuosité d'alors, contraignit les batteries prussiennes à battre en retraite (2).

Au cours de la guerre russo-turque de 1877-78, on a également accusé l'artillerie russe de n'avoir pas été toujours à hauteur de sa mission. Dans l'ouvrage du général Pouzyrevski : *L'Armée russe avant la guerre de 1877*, il est reproché à l'artillerie russe, comme une erreur, de ne prendre pour principe de sa coopération avec les autres armes, que les propriétés balistiques de ses pièces, sans tenir compte des conditions générales et surtout morales de cette coopération. Cette artillerie s'était, en effet, contentée d'occuper des positions éloignées et ne s'était que rarement rapprochée de l'ennemi en même temps que l'infanterie. *(Reproches faits à l'artillerie russe pour son insuffisante coopération avec l'infanterie pendant la guerre russo-turque.)*

Mais c'est précisément une question de savoir si, déjà à cette époque, l'artillerie, en voyant que les troupes turques étaient pourvues de fusils

---

(1) Müller, *Die Wirkung der Feldgeschütze.*
(2) Mikhnevitch, *Influence des plus récentes inventions techniques.*

à magasin, n'avait pas jugé impossible de s'approcher plus près de l'ennemi.

Kouropatkine combat l'opinion d'après laquelle l'artillerie ne pourrait pas se maintenir dans la sphère d'action du feu de mousqueterie.

Le général Kouropatkine ne partage pas cette manière de voir. Il trouve erronée l'opinion, répandue parmi beaucoup d'artilleurs et même parmi des officiers de haut grade, que l'artillerie ne pourrait pas se maintenir dans la sphère d'action du feu de mousqueterie. C'est par suite de cette opinion erronée que, pendant la guerre de 1877, on s'efforça toujours de laisser l'artillerie assez loin de l'ennemi pour qu'elle ne fût pas exposée à l'effet du feu de mousqueterie. Guidées par de tels principes, les batteries russes à Plewna, quand l'infanterie marchait à l'assaut, demeurèrent pour la plupart dans leurs positions éloignées et à l'abri de tout danger. Il arriva souvent aussi que, pendant des attaques de l'ennemi, les batteries russes, aussitôt qu'elles avaient perdu quelques hommes, quittaient leurs positions et laissaient leur infanterie dans la position la plus critique.

D'après le général Kouropatkine, dont le jugement d'ailleurs a été souvent considéré comme trop sévère, on avait projeté de faire précéder l'assaut de Plewna d'une canonnade prolongée pendant quatre fois vingt-quatre heures. Mais le manque de munitions et le mauvais état de beaucoup de pièces auraient, le jour même de l'assaut, empêché l'exécution de ce projet.

Hanneken défend les opérations de l'artillerie devant Plewna.

Le général prussien von Hanneken (1) n'est pas tout à fait du même avis. Il dit qu'en effet des fautes ont été réellement commises au début des opérations devant Plewna, mais que pourtant, chaque fois les assauts ont été préparés d'après toutes les règles, par le feu de l'artillerie; ajoutant que si les résultats obtenus n'ont pas été heureux, c'est uniquement parce que 65,000 hommes ne pouvaient suffire pour contraindre à la retraite une armée de 60,000 hommes établie derrière des ouvrages fortifiés.

Il nous semble en effet, que, pour apprécier justement les opérations de l'artillerie pendant cette guerre, il faut d'abord tenir compte des ressources dont elle disposait.

La façon dont opère l'artillerie dépend du degré de confiance qu'elle a dans ses canons. Et l'on ne doit pas oublier qu'à cette époque l'artillerie russe était, à peu d'exceptions près, réellement au-dessous du niveau de l'artillerie turque. C'est seulement depuis 1877 que la Russie a commandé des canons à longue portée, dont 1,100 chez Krupp et 1,700 à l'usine d'Oboukhoff: canons qui ne furent livrés qu'après la fin de la guerre.

Supériorité de l'artillerie turque pendant la guerre de 1877-78.

Pour donner une idée de ce qu'était l'artillerie russe qui fut conduite en 1877-78 contre les Turcs, il suffira de rappeler que ses canons étaient de modèles remontant à 1866. La vitesse initiale de leurs projectiles atteignait, pour les plus petits calibres, 1,000 pieds (264 mètres) par

---

(1) *Militärische Betrachtungen über den russisch-türkischen Krieg.*

Destruction d'une batterie turque par deux canons russes le 16 novembre 1877.

La Guerre future (p. 433, tome i).

seconde, et 1,050 (277 mètres) pour les plus forts, alors que dans les canons nouveaux cette vitesse initiale est presque deux fois plus grande.

Il faut aussi tenir compte de ce que l'artillerie russe manquait alors d'officiers suffisamment instruits. Pendant la période de 1863 à 1867, le nombre des officiers quittant l'armée dépassait celui des officiers qu'elle recevait — de 40 à 200 annuellement. — C'est seulement depuis 1868, que par suite des réformes réalisées, l'afflux des arrivants commença de l'emporter, de sorte que le nombre des officiers reçus chaque année par l'artillerie s'accrut de 22 et finit par s'élever jusqu'à 266 (1).

Manque d'officiers instruits dans l'artillerie russe, pendant la guerre russo-turque.

Ce ne fut même qu'après la guerre russo-turque qu'on donna toute l'attention nécessaire au degré d'instruction des officiers de cette arme, et qu'on prit des mesures pour augmenter le nombre de ceux ayant passé par une école supérieure.

Actuellement la plupart de ces officiers sont des hommes qui possèdent une éducation spéciale, et l'artillerie peut disposer aussi d'un matériel qui diffère très avantageusement de celui dont elle se servait pendant la guerre de 1877.

Mais il est évident que l'effet des canons ne dépend pas seulement des officiers. Le degré d'instruction au tir, des hommes qui servent les pièces, y entre aussi pour une certaine part.

L'effet des canons dépend de l'instruction au tir des hommes de troupe.

Or, le général Müller (2) dit qu'on ne sait à peu près rien de l'instruction au tir, proprement dite, des différentes artilleries, — c'est-à-dire de ce qu'elles sont capables de faire, aussi bien sur le champ de tir que sur un terrain quelconque. Cet officier général pense que, sur ce sujet, quelques observations seulement sont dignes d'être mentionnées.

Dans le *Voïennyi Sbornik* de novembre 1893 sont commentés certains résultats de tir. D'après ceux qui ont examiné ces résultats, et notamment d'après le général Dragomiroff, le tir de l'artillerie de campagne russe ne serait pas à la hauteur voulue. Des critiques sont adressées à la direction supérieure de ses exercices, tant au point de vue tactique qu'au point de vue purement technique.

L'instruction du tir en Russie.

Dans des feux de guerre, où le but était formé de 48 pièces représentées par des mannequins et divisées en trois groupes, on n'obtint, à 3,000 mètres, que 0,7 d'atteintes par coup ; et cependant la plus grande vitesse de tir, réalisée seulement par quelques batteries, ne fut guère que de ·7 ou même 5 coups par minute et par batterie.

Quelques écrivains ont prétendu que, dans l'artillerie actuelle, la technique est toujours supérieure à la tactique ; que les propriétés balistiques

____

(1) *Histoire des réformes dans l'artillerie, de 1868 à 1877.*
(2) *Wirkung der Feldgeschütze.*

Jean de Bloch. — *La Guerre future.* 28

et la mobilité des canons sont au-dessus de l'art de les manœuvrer et de les tirer ; qu'enfin, les qualités du matériel de guerre dépassent l'instruction militaire des troupes d'artillerie et de leurs chefs. Telle est, notamment, l'opinion du général von Baumgarten.

Dans un autre article relatif à l'instruction, on lit : « La technique même progresse toujours sans se préoccuper de savoir si le personnel, chargé de mettre en œuvre les engins de guerre qu'elle produit, est de taille à la suivre. Ainsi la portée des canons actuels atteint 6 verstes (plus de 6 kilomètres) ; or, l'œil de l'homme ne peut bien reconnaître un but qu'à 2 kilomètres de distance ; et même, avec les meilleurs instruments d'optique, il ne peut distinguer des groupes d'hommes que jusqu'à 3 verstes (3,200 mètres).

« Il paraît donc inutile de dresser des pointeurs pour des distances plus considérables. »

Plus de la moitié des hommes manqueront d'instruction. — Ces observations sur les rapports entre la technique et l'instruction méritent d'autant plus d'être notées, qu'à la mobilisation, les effectifs compteront 60 0/0 d'hommes nouvellement rappelés sous les drapeaux.

Catastrophes amenées par l'emploi des Explosifs.

Explosif qui agit à l'instant voulu. — Quand on lit les ouvrages qui traitent, plus ou moins en détail, de l'emploi des explosifs à la guerre, on est frappé de ce que leurs auteurs ne parlent pas du tout des dangers qui peuvent résulter, sur le champ de bataille, pour les troupes mêmes qui s'en servent, du transport et de l'emploi de projectiles brisants et autres, contenant de fortes charges explosives — ou s'ils en parlent dans des cas très rares, ils ne touchent à cette question qu'avec la plus grande prudence.

Cela provient sans doute, en partie, de ce qu'à l'heure actuelle la question des accidents qui peuvent survenir dans l'emploi des substances explosives, n'étant pas encore pleinement élucidée, les écrivains militaires ne croient pas qu'il convienne de formuler des conclusions, et considèrent le problème de l'emploi des explosifs dans la guerre de campagne comme n'étant pas encore résolu.

L'auteur d'une très remarquable étude que la *Revue Militaire* a publiée en une série d'articles dit à ce sujet :

« Quant à la solution du problème des poudres très vives et très brisantes, nécessaires pour détruire des objectifs très durs et très résistants, elle n'est pas facile à trouver ; et nous ne pensons pas, malgré les affirmations plus ou moins intéressées qu'on pourra nous opposer, qu'aucune puissance ait encore définitivement fixé son choix sur l'un de ces explosifs à action vive. »

Nous tournons en réalité dans un cercle vicieux. Si une poudre est douée d'une très grande résistance aux secousses et aux frottements, comme à la chaleur, il sera évidemment difficile d'en déterminer l'explosion, et il faudra pour cela une capsule d'inflammation très puissante. Si nous voulons au contraire une poudre d'une explosion plus facile, nous risquons d'avoir une substance indisciplinée qui n'attendra pas nos ordres pour éclater.

Dans ces dernières années, de vraiment grands progrès ont été réalisés. Au sujet de la sûreté et de l'efficacité d'action des explosifs, il a été fait de remarquables expériences de tir sur divers champs d'exercice, au moyen de projectiles brisants remplis des nouvelles substances, sous la direction d'officiers choisis, assistés d'un personnel tout spécial et sans négliger aucune des précautions minutieuses que ces expériences exigent. *Secret dont on entoure les accidents.*

Mais ces procédés de tir sont-ils, à l'heure qu'il est, passés dans le domaine de la pratique, au moins en ce qui concerne les explosifs très brisants? Est-on certain, aujourd'hui, d'avoir découvert un explosif bien déterminé, qui résiste aux chocs d'une *manière complète* et détone — *complètement* aussi — au moment voulu?

« Le secret professionnel, le voile protecteur », dit un spécialiste, J. Tournay, « dont on entoure les expériences (et parfois aussi les accidents), qu'est-ce autre chose, en définitive, qu'un aveu tacite et non compromettant, des difficultés auxquelles on se heurte et de l'incertitude des résultats (1)? »

Le seul pays qui donne des renseignements complets sur les accidents d'explosifs, est l'Angleterre. Dans les rapports annuels des inspecteurs, nous trouvons relatés, presque chaque année, toute une série d'accidents survenus dans la fabrication et le transport des explosifs et des détonateurs; mais nous y trouvons en même temps la preuve que, malgré toutes les précautions, des détonateurs défectueux ont été livrés aux corps de troupes (2). *L'Angleterre seule publie des renseignements sur les accidents produits par les explosifs.*

Cette question semble si importante que, malgré toutes les difficultés qu'elle présente, nous ne pouvons nous empêcher d'en parler. Et quoique notre jugement ne puisse prétendre à une parfaite compétence, il est pourtant indispensable de le prononcer ; car jusqu'ici l'on n'a pas tenu compte *Impression faite par les catastrophes.*

---

(1) J. Tournay, *Étude sur les poudres et explosifs considérés au point de vue des destructions militaires* (2ᵉ partie).

(2) *Annual Report of H. M. Inspectors of Explosives*, 1891, page 31.

de l'impression que produiraient, chez les différentes nations, les catastrophes causées en campagne à leurs troupes, par l'effet des explosifs.

Forte opposition dans l'artillerie française aux bombes explosives.

Nous allons d'abord, conformément à notre méthode habituelle, indiquer les conclusions des auteurs qui parlent des dangers pouvant survenir dans l'emploi des explosifs sur le champ de bataille. Dans une « Conférence sur l'artillerie de campagne » (1), nous trouvons sur cette question des indications intéressantes : « L'introduction de la poudre sans fumée a été généralement approuvée dans l'artillerie française, tandis que l'adoption de projectiles brisants (obus-torpilles) y a rencontré beaucoup d'opposition.

« Les adversaires de l'emploi de ce genre de projectiles font valoir que leur cercle d'action est extrêmement limité (15 mètres), tandis que la gerbe formée par les éclats d'un shrapnell couvre une surface elliptique de 200 mètres de long sur 50 mètres de large. De plus, pour des motifs de sécurité, ces projectiles brisants ne sont pas munis à l'avance des appareils destinés à en déterminer l'explosion, et, d'une façon générale, on a en eux si peu de confiance, qu'on ne s'en sert pas dans les exercices.

« En outre, continue le même auteur, on a projeté de changer l'appareil détonateur de ces projectiles ; et c'est pour cette raison qu'on ne s'est pas encore décidé à placer dans les obus les détonateurs actuellement adoptés, parce que leur changement éventuel ultérieur ferait courir de très grands risques. On sait qu'il est toujours dangereux de dévisser un appareil détonateur quelconque, même une simple fusée, quelle que soit la substance explosive dont le projectile est rempli. »

C'est ainsi que s'exprime, au sujet de ces projectiles, un officier d'artillerie français, dans des conférences faites à des officiers d'une autre arme. En réalité, les dangers courus peuvent être encore beaucoup plus graves. Pour nous en convaincre, nous allons examiner cette question d'un peu plus près.

Précautions dans le transport des projectiles brisants.

Dans l'armée française, on transporte les projectiles brisants les plus légers dans des caissons spécialement disposés à cet effet et qui en contiennent 75 (2).

Ces projectiles sont marqués, à la peinture, d'une bande distinctive jaune et diffèrent, en outre, des autres, par une forme extérieure particulière, afin qu'on puisse les reconnaître même dans l'obscurité. En Allemagne, pour des raisons de sécurité, les projectiles brisants sont également transportés à part de leurs appareils détonateurs, et ceux-ci n'y sont adaptés qu'au moment même où l'on charge la pièce.

Il est très naturel que, pendant le combat, où les troupes se trouvent

---

(1) Paris, 1892.
(2) Général Wille, *Das Feldgeschütz der Zukunft*, page 62.

dans un grand état de surexcitation, les natures exceptionnelles seules conservent leur sang-froid ordinaire.

Au cours de la guerre civile américaine, on a trouvé sur les champs de bataille, des milliers de fusils qui avaient reçu double et triple charge, et quelques-uns même qui avaient été remplis de cartouches jusqu'à l'extrémité du canon (1).

Dans la marine anglaise, encore armée en partie de canons à chargement par la bouche, il n'a pas été rare d'en rencontrer qui, ayant reçu double charge, ont éclaté lors du tir.

Les terribles dégâts causés par l'éclatement d'un des canons du cuirassé *Thunderer* ont donné lieu à l'exécution, à Woolwich, en 1880, d'expériences exécutées avec un autre canon de ce même *Thunderer*.

Les figures ci-dessous montrent le double chargement de la pièce et la puissance destructive ainsi développée (2).

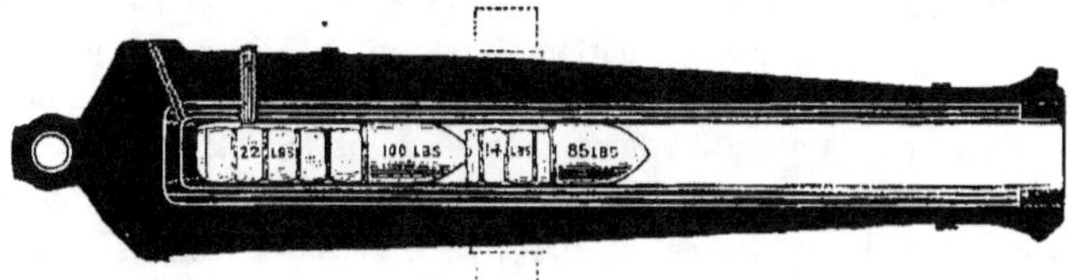

Canon chargé doublement pour l'expérience.

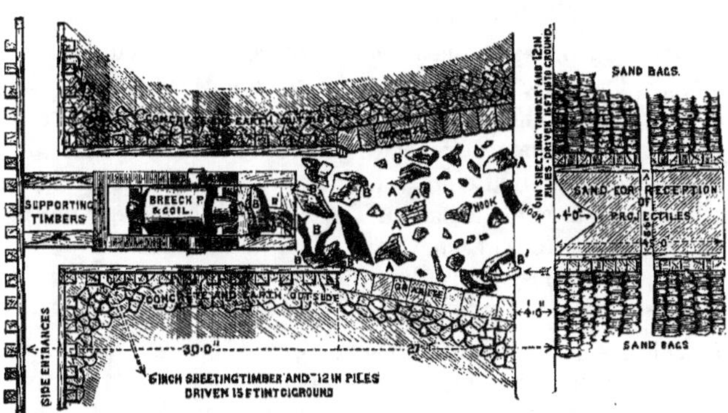

Résultat du tir de ce canon doublement chargé du *Thunderer*.

(1) Nigote, *Les grandes questions du jour*.
(2) Brassey, *The British Navy* (La marine anglaise).

Si de telles erreurs se produisent dans une manœuvre aussi simple que le chargement des pièces, qu'arrivera-t-il dans les manipulations de projectiles à explosifs, qui exigent la plus grande précision pour leur exétion sûre et régulière?

Mais, admettons même que ces projectiles seront toujours munis sans accident des appareils détonateurs convenables, soit un peu avant l'action, soit sur le lieu même du combat; admettons de plus que le canon sera toujours chargé correctement et avec toutes les précautions voulues : — il reste encore à faire partir le coup, et cela seul nous met en présence d'un nouveau grand danger.

Pour nous faire une idée de la gravité de ce danger, il nous faut examiner avec soin l'organisation des projectiles brisants. Prenons pour cela les plus puissants d'entre eux.

Ces projectiles « infernaux » consistent en un long cylindre d'acier rempli de mélinite, roburite, écrasite ou autre substance explosive. Toutes ces substances diffèrent principalement l'une de l'autre, comme on l'a déjà dit, par leur composition chimique et leurs méthodes de préparation. Naturellement, plus les parois du projectile seront minces et plus sera grande la quantité de substance explosive qu'il pourra contenir.

Si l'on dépasse, en ce sens, certaines limites, le cylindre ne peut plus supporter le choc au moment du tir. Il se brise alors dans l'âme et il en résulte un éclatement prématuré. Et si même les parois d'acier sont assez épaisses, une rupture semblable peut avoir lieu par suite de quelques défauts de fabrication ou pour tout autre motif.

En général, on exige, de l'acier employé pour la fabrication de ces cylindres, qu'il puisse supporter une pression de 4,000 atmosphères. Mais on sait, par la pratique, quelles erreurs peuvent survenir dans les épreuves de ce genre. Aussi, malgré toutes les précautions possibles, n'est-on jamais à l'abri d'accidents inattendus. En tout cas, le projectile éprouve au moment du tir, par suite de l'action des gaz, un choc violent, qui peut-être ne suffirait pas, à lui seul, pour déterminer une explosion, mais qui peut cependant fausser les parois du cylindre et, par là même, amener une détonation de l'explosif qu'il contient — avec toutes ses conséquences.

Dans le cas d'une explosion, l'action directe des gaz ne se fait sentir, de l'avis des techniciens, que dans un rayon assez restreint, — une quinzaine de mètres. Mais cette explosion développe une telle force que celle-ci emporte tout ce qui s'y trouve exposé : canons, hommes, chevaux, etc. On n'a pas d'ailleurs encore pu totalement écarter le danger d'un éclatement du projectile dans l'âme de la pièce, comme en témoignent les précautions mêmes prescrites pour éviter de tels accidents.

Disposition de l'artillerie saxonne à Saint-Privat, le 18 août 1870.

LA GUERRE FUTURE (P. 439, TOME I.)

Dans un des derniers ouvrages anglais sur l'artillerie, nous lisons ce qui suit (1) : « Il faut prendre de grands soins dans la préparation des obus ordinaires pour empêcher leur éclatement prématuré dans l'âme de la pièce. Au moment du chargement, il faut que l'intérieur des projectiles soit parfaitement lisse, car la moindre rugosité pourrait suffire à déterminer une explosion. Au moment du tir, c'est la chemise d'acier des obus qui les protège le mieux contre toute rugosité susceptible de produire des frottements. Mais il faut veiller, dans la fabrication des obus ordinaires de tout genre, à ce que leur surface intérieure ne soit pas moins lisse. »

Dangers de la préparation des obus ordinaires.

En outre, on recommande de tenir les fusées soigneusement enveloppées et on assure qu'avec ces précautions aucun éclatement prématuré ne peut être à craindre.

Nécessité d'éviter des frottements entre l'obus et la fusée.

Si les auteurs anglais formulent des règles aussi minutieuses, ce n'est pas sans motifs sérieux. Les accidents ne sont pas rares et il est impossible de les dissimuler. Nous allons examiner de près les conséquences d'une explosion de ce genre.

En septembre 1891, l'artillerie suisse a fait des expériences avec des obus chargés de poudre blanche, — substance explosive très brisante, — et en employant un canon en acier fondu de 12 centimètres. Il s'agissait de rechercher quel effet produisent ces sortes d'obus sur la pièce ou ses servants, quand ils éclatent dans l'âme même ou, à la sortie, dans le voisinage de la bouche. Les résultats obtenus se trouvent consignés dans la livraison de juin du *Schweizerische Zeitschrift für Artillerie und Genie* (Journal suisse de l'artillerie et du génie).

Expériences faites par l'artillerie suisse, sur les effets d'un éclatement prématuré de projectile.

L'éclatement, dans l'âme, d'un de ces obus, réduisit le canon en plus de 20 morceaux. L'affût aussi fut entièrement brisé : — les roues n'étaient plus qu'un monceau de débris. Les fragments de la pièce, dont le plus lourd pesait 165 kilogrammes, furent lancés jusqu'à des distances de 90 mètres en arrière et de 107 mètres sur les côtés de la position occupée par la bouche à feu (2).

Il résulte de là que, malgré les intervalles qui séparent habituellement les pièces l'une de l'autre, une explosion de ce genre peut en endommager plusieurs, ainsi que les munitions contenues dans leurs avant-trains.

Le dessin donné dans la planche ci-contre et qui représente l'artillerie saxonne à Saint-Privat le 18 août 1870, d'après un tableau de M. Beck, nous donnera, mieux que tout autre chose, une idée des dangers que peuvent faire courir des explosions de ce genre. Nous montrons également,

Expériences sur les explosions.

---

(1) Lloyd et Hadcock, *Artillery, 1894, its progress and present conditions* (L'artillerie en 1894, ses progrès et son état actuel).

(2) *Jahrbücher für die deutsche Armee und Marine. — Militärisch-technische Rundschau.*

Explosion de poudre.

par la figure ci-dessus, la force de l'explosion réalisée dans une expérience exécutée par des ingénieurs belges. [On avait employé pour la produire, une quantité de poudre de mine susceptible de développer une force correspondante à celle des obus-torpilles.

Ces figures sont empruntées, l'une à la *Revue de l'Armée belge* de mars 1893, et l'autre à la *Leipziger Illustrierte Zeitung*.

Un coup d'œil sur la figuration de cette explosion et sur les arbres situés dans le voisinage suffit à comprendre quelle a été la puissance de la force développée.

Une question se présente encore, celle de savoir si ces explosions ne pourraient pas, rien que par suite de l'ébranlement d'air qu'elles déterminent et qui constitue la « détonation », provoquer dans le voisinage des explosions nouvelles.

Il est possible qu'une explosion, par sa détonation même, en détermine d'autres.

Nous ne connaissons pas les expériences qui ont pu être exécutées avec les explosifs les plus récents, tels que la mélinite, l'écrasite et autres analogues.

Toutefois on ne doit pas oublier que des caissons de munitions se trouvent dans le voisinage des batteries. Si ces caissons ne font pas directement explosion par suite de l'ébranlement de l'air, cette explosion peut cependant être causée par les lourds débris qui retombent sur eux. Il pourrait ainsi se produire toute une série d'explosions successives.

Dangers que courent les caissons placés dans le voisinage des batteries.

Ajoutez à cela que ces terrifiants événements surviennent au moment même où de nombreuses troupes se forment pour le combat.

Quelqu'un pourrait-il répondre que tous les accidents de ce genre seront écartés par la perfection de l'organisation technique des projectiles, ou par un choix sévère des hommes appelés à les manier?

Même avec l'ancienne poudre au salpêtre, dont les dangers étaient relativement bien moindres, des catastrophes ont eu lieu, — bien que l'observation des précautions à prendre fût, par suite d'une longue pratique et de règlements minutieux, passée depuis longtemps, pour ainsi dire, dans la chair et le sang des armées.

Il arrivait des catastrophes, même avec l'ancienne et bien moins dangereuse poudre au salpêtre.

Ainsi se produisit, en 1859, l'explosion d'un avant-train qui sauta en tuant les deux servants placés à côté de lui. L'enquête démontra que l'explosion était due à l'irrégularité de l'étoupage des gargousses placées dans le coffre. Quelques-unes de ces gargousses, étant ainsi arrivées au contact, s'étaient partiellement usées par frottement mutuel, et des grains de poudre en étaient sortis qui, tombés entre les boulets de fonte, s'étaient enflammés lors des chocs produits par le roulement de l'avant-train.

Si des accidents de ce genre pouvaient déjà survenir avec les anciens projectiles, il serait illogique de prétendre qu'avec les explosifs beaucoup plus dangereux d'aujourd'hui, les mêmes faits ne pourront pas arriver bien plus souvent.

Complication de l'empaquetage des projectiles modernes pour le transport.

Pour montrer quelle complication présente l'empaquetage des projectiles dans les transports et leur extraction quand on veut s'en servir, nous donnerons la figure suivante empruntée à l'ouvrage allemand : *Leitfaden für den Unterricht in der Waffenlehre* (Guide pour l'instruction sur l'armement).

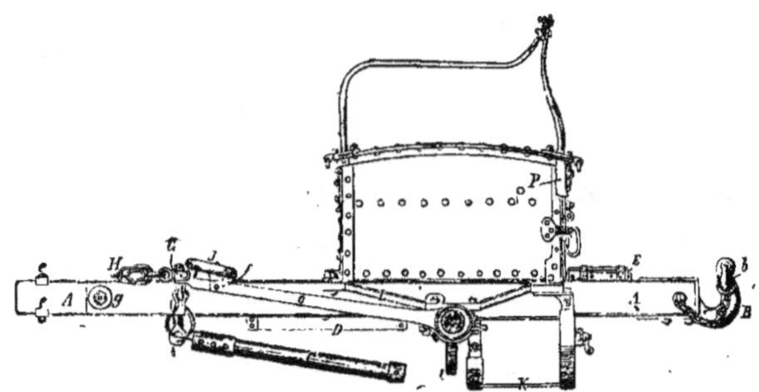

Avant-train du canon allemand.

Empaquetage des projectiles allemands.

Dans l'armée française, la crainte d'accidents dans le transport des charges et des projectiles a fait adopter, pour leur empaquetage, une nouvelle méthode caractérisée par la suppression des caisses et par la disposition, sur les deux faces de l'avant-train, de projectiles maintenus par des planchettes porte-armements. Ces planchettes sont munies d'un système de ressorts spéciaux empêchant toute secousse, comme le montre la figure de la page suivante (1).

Très instructive est l'histoire de l'explosion d'un coffre d'avant-train survenue en 1877.

Les Turcs semblaient avoir mal réglé leur tir. Tout d'un coup retentit une détonation formidable et une immense colonne de fusée enveloppa la batterie. Au premier moment, personne ne pouvait comprendre ce qui était arrivé.

Tout le monde regardait, hésitant, tantôt du côté de la batterie elle-même, tantôt vers les batteries voisines, comme cherchant une explication. On sentait qu'il s'était produit quelque accident terrible. Les sourdes clameurs d' « Allah ! », qui coururent aussitôt dans les rangs ennemis, confir-

____

(1) Règlement sur le service des canons de campagne.

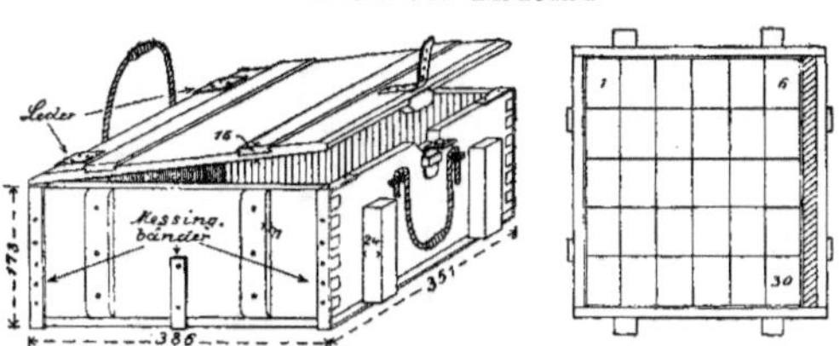

Caisses servant à transporter les cartouches d'explosifs.

Ponts en fer.

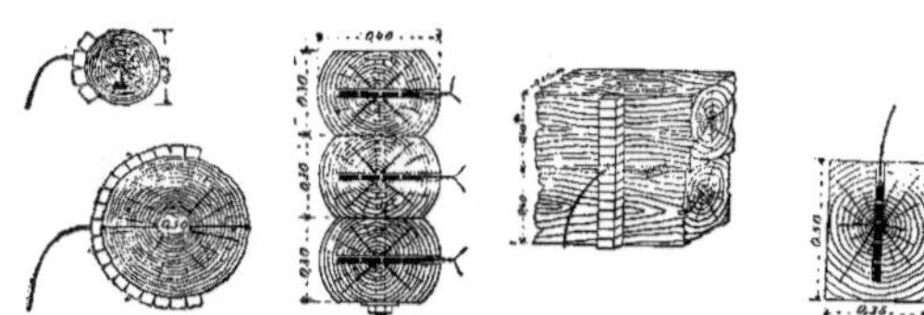

Ponts en bois.

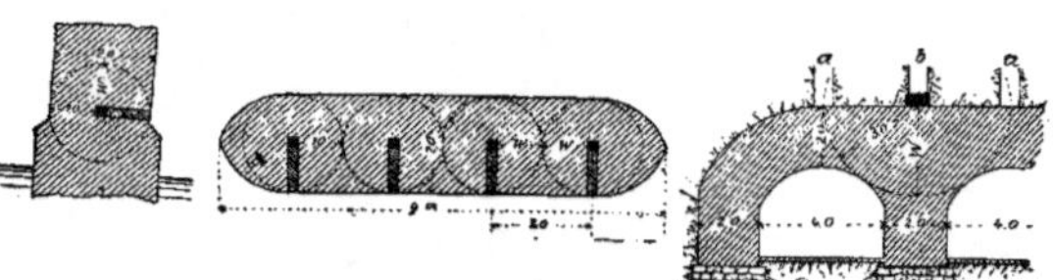

Ponts en pierre.

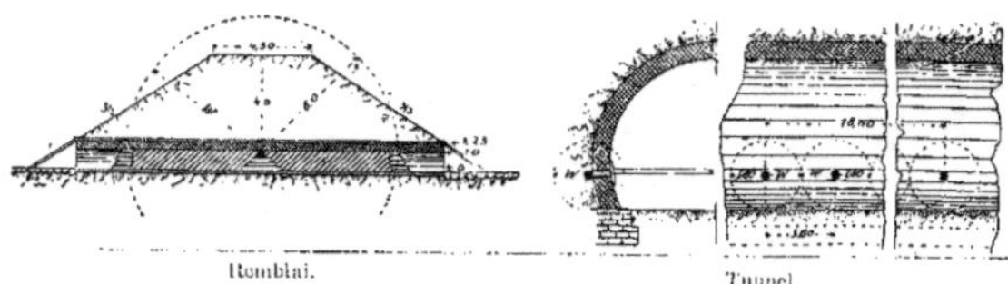

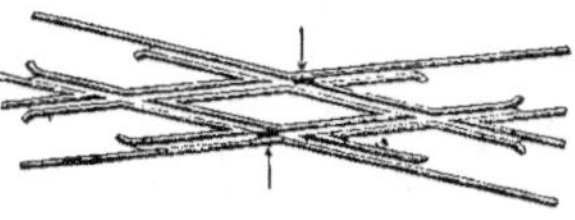

Rembiai.

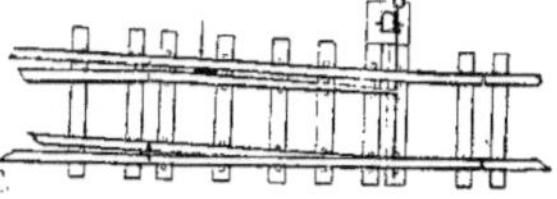

Tunnel.

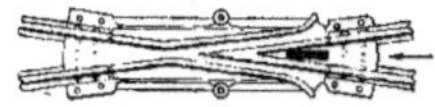

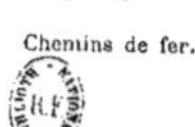

Chemins de fer.

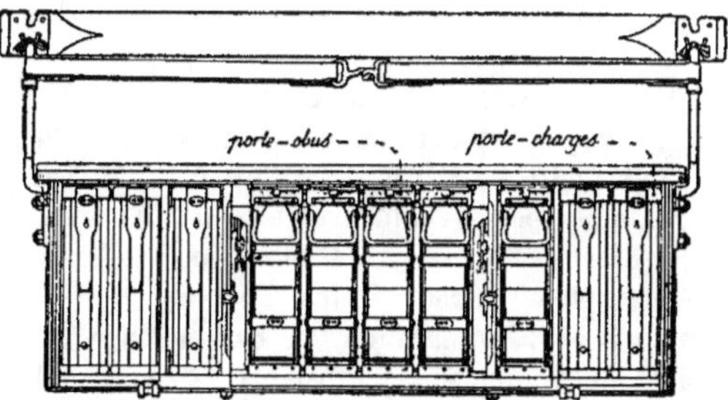

Coffre pour le transport des projectiles et des charges dans l'artillerie française.

mèrent ce pressentiment : un avant-train de la batterie venait de sauter à 50 pas à peine du grand-duc Serge Alexandrovitch.

Des témoins oculaires de ce sanglant événement racontèrent plus tard que, lorsque la fumée se fut dissipée après l'explosion et qu'on put regarder de nouveau autour de soi, tout le sol apparut semé de débris de bois et d'éclats d'obus ; tandis que sur le lieu même de l'explosion gisaient trois artilleurs blessés et un autre contusionné à côté d'une dizaine de chevaux morts ou blessés. De l'avant-train lui-même, il ne restait absolument rien : tous les débris en avaient été dispersés ou lancés au loin (1).

Les substances explosives d'aujourd'hui sont, en tout cas, quatre fois plus puissantes que l'ancienne poudre.

Dans un des plus récents ouvrages sur la matière (2), nous trouvons les données suivantes sur le danger de quelques-uns des explosifs employés pour le chargement des projectiles brisants de l'artillerie. *(Dangers de quelques explosifs de l'artillerie.)*

La pyroxyline, qui n'est pas dissoute dans l'eau, brûle à l'air libre sans produire d'explosion. S'enflammant aisément par le choc et le frottement, elle détermine des explosions quand elle est enfermée dans un espace clos. Elle se décompose très facilement. Par suite, dans son transport, les plus grandes précautions sont nécessaires. On la transporte à l'état de dissolution dans des boîtes de bois ou de métal, en évitant de les exposer à l'action des rayons solaires. *(Pyroxyline.)*

Ni le froid ni la chaleur n'ont d'action sur la mélinite. Allumée par l'approche d'un corps enflammé, elle brûle lentement dans l'air, comme de la résine, et produit une épaisse fumée. Une explosion ayant lieu dans le voisinage de la mélinite détermine celle de cette substance. *(Mélinite.)*

---

(1) *Le corps de Roustchouk du Grand-duc héritier, pendant la guerre de 1877-78.*
(2) E. Coralys, *Les Explosifs.* — Paris, 1893.

Et cette dernière est accompagnée d'une détonation violente et d'une fumée noire. L'inflammation de la mélinite produit, en pareil cas, un ébranlement énorme et développe une immense pression, — quoiqu'il ne faille cependant pas s'en exagérer la puissance.

Des explosions peuvent en déterminer d'autres sans qu'il y ait contact direct des corps entre lesquels s'effectue ainsi la communication. Les distances auxquelles celle-ci peut s'étendre varient d'ailleurs et sont d'autant plus grandes que l'explosion première est plus violente, et que la mélinite repose sur un terrain plus compact et plus résistant.

Il résulte de là que la préparation, la conservation et l'emploi des projectiles-torpilles, quelle que soit la substance — acide picrique, écrasite, roburite et autres noms donnés à ces poudres brisantes — employée pour leur chargement, entraînent toujours de grands dangers.

Impossibilité de décharger les obus une fois remplis.

Les obus, une fois remplis, ne peuvent plus être déchargés, car cette opération n'est ni pratique ni même possible. La conservation de ces munitions de guerre dans les magasins peut entraîner des accidents ; et il peut se produire également, dans la substance qui les remplit, des modifications chimiques qui diminuent la valeur ou la force de la charge.

Impossibilité d'observer, pendant la guerre, les précautions usitées en temps de paix dans la manipulation des explosifs.

En tout cas, les explosifs actuels sont plus dangereux que l'ancienne poudre. On se demande également si, d'une façon générale, il sera possible d'observer toutes les précautions nécessaires pour éviter les explosions, au milieu des besoins et des incidents imprévus du temps de guerre, avec les énormes transports de munitions que celle-ci exigera désormais et par suite de la précipitation incomparablement plus grande avec laquelle tout devra s'effectuer alors.

Beaucoup d'autorités militaires soutiennent, il est vrai, que les expériences ont été faites assez consciencieusement et en tenant assez bien compte de toutes les conditions à remplir, pour qu'on puisse considérer l'introduction de ces substances explosives dans le matériel des armées en campagne, comme n'étant vraiment point par trop dangereux.

Pourtant tout le contraire est soutenu, comme nous l'avons vu, par d'autres spécialistes très sérieux et surtout par des chimistes.

Par conséquent, tant que des résultats véritablement fondés sur l'expérience n'auront pas été obtenus, on devra conserver les plus grandes inquiétudes relativement à l'emploi des nouveaux explosifs.

Accidents survenus dans le transport des explosifs, malgré l'observation de toutes les précautions.

De nombreux exemples montrent que, dans le transport de ces explosifs, des accidents peuvent survenir, même quand toutes les précautions imaginables ont été observées.

A San-Francisco, on avait chargé sur le *Pacifique*, deux barils de dynamite, d'une capacité de 4 pieds cubes chacun. Immédiatement après leur déchargement se produisit une explosion dont les causes sont restées inconnues et qui détruisit une partie de la ville en faisant périr un grand nombre de personnes (1). Or si l'explosion de 8 pieds cubes seulement de dynamite a pu avoir de si terribles conséquences, que ne doit-on pas attendre de l'explosion de grandes masses de cette substance ?

Dans le transport du fulmi-coton, qui s'emploie aujourd'hui principalement pour les charges explosives, des changements notables de température peuvent amener également de grands dangers. Autrefois, quand les procédés de préparation n'étaient pas encore aussi parfaits qu'aujourd'hui, mais quand il existait aussi plus de liberté dans les opinions exprimées, le chimiste français Payen a découvert que si le fulmi-coton — quelque bien préparé et pur qu'il soit — est échauffé à 50° ou 60°, il se produit une décomposition lente et continue de cette substance, qui en amène l'explosion spontanée. Pelouze, un autre chimiste, a constaté le même fait, pour des températures de 60° à 70°.

Des expériences exécutées en Angleterre, par une commission dont le général Sabine était président, ont donné d'importants résultats.

On a trouvé qu'à 100° centigrades, dans des récipients, soit ouverts, soit fermés, il se manifestait une décomposition rapide qui, en quelques heures, amenait une explosion. A 90°, la décomposition était plus lente, et même au bout de 46 heures l'effet produit n'était pas dangereux. Aux températures de 55° à 65°, se montraient encore bien des symptômes de modifications. Mais il suffisait de faire disparaitre, par les procédés ordinaires, l'acidité du fulmi-coton, pour le remettre dans un état peu différent de son état primitif.

Par contre, des expériences faites sur de grandes quantités de fulmi-coton, emmagasinées dans des locaux fermés et chauffés, après avoir eu tout d'abord un résultat favorable, en ont donné deux autres fort inquiétants. Dans un cas, l'explosif, contenu dans des caisses métalliques, exposé plusieurs heures par jour, pendant trois mois, à une température d'environ 50°, s'échauffa tellement à l'intérieur, qu'on arrêta l'expérience. Dans une deuxième tentative analogue, il se produisit une explosion assez considérable (2).

Il n'est nullement improbable que, même avec les procédés perfectionnés d'aujourd'hui, des irrégularités et des négligences se produiront, surtout en temps de guerre — où l'on manquera souvent de bons ouvriers — et que, par suite de l'action du soleil sur les caisses servant au transport de la •pyroxyline, il s'y développera des températures supérieures à 55 degrés.

---

(1) Radiwanowski, N., *Poudre, Pyroxyline et Dynamite.*
(2) Maresch, *Waffenlehre, Schiess-und Sprengpräparate.* —Vienne, 1872.

Arrivée d'un obus dans un coffre à munitions.

Pourtant, il est bien plus important encore d'observer que, pendant le combat, il suffira de la pénétration d'un obus ou de ses éclats, pour déterminer l'explosion d'un avant-train ou d'un caisson, — ceux-ci fussent-ils construits en forte tôle (comme en Russie), ou même pourvus (comme en France) d'une véritable cuirasse qui en augmente le poids mort de 100 pour 100.

Mais en admettant même la possibilité de renforcer les parois des voitures, on ne ferait ainsi que diminuer le danger sans le supprimer. Car il est impossible de rendre un avant-train de campagne invulnérable aux projectiles entiers ou à leurs gros éclats. De plus, pendant qu'on retire les charges et les obus d'un coffre, celui-ci reste forcément ouvert, et les coups auxquels sont ainsi directement exposés les projectiles peuvent également en déterminer l'explosion. Avec le perfectionnement des canons actuels, il faut tenir grand compte des dangers qui résulteront de cette circonstance.

Précision des obus lancés contre un parc à munitions.

Nous avons exposé déjà que, sur les champs de tir allemands, 50 0/0 des obus tirés à 4,000 mètres atteignaient un but de 6^{m}20 de large sur 25 mètres de long.

Comme en outre les projectiles des canons à tir rapide et des canons-revolvers pèsent plus de 400 grammes, rien n'empêche de les remplir de substances explosives. L'ennemi s'efforcera de lancer des milliers de ces projectiles contre les coffres à munitions et il suffira d'un seul pour amener les dégâts signalés plus haut.

Expériences de tir avec les canons Hotchkiss.

Nous avons déjà montré quelle était la précision des canons à tir rapide. Quant aux canons-revolvers, la leur est aujourd'hui plus remarquable encore. Pour en donner une preuve, voici les diagrammes du tir d'un canon-revolver Hotchkiss de 57 millimètres (1) qui lançait des projectiles pesant 6 livres, — soit boulets pleins, soit obus remplis de substances explosives, soit shrapnells, ou boîtes à mitraille contenant 80 balles.

Diagrammes des tirs d'un canon-revolver Hotchkiss de 57 ^{m}/^{m}.

Le canon faisait 5 tours à la minute, et le tir avait lieu à des distances de 150, 250, 350, 570 et 1000 yards (le yard valant 0^{m}91).

N° 1. — Résultat d'un tour à 150 yards.   N° 2. — Un tour à 250 yards.   N° 3. — Un tour à 350 yards.

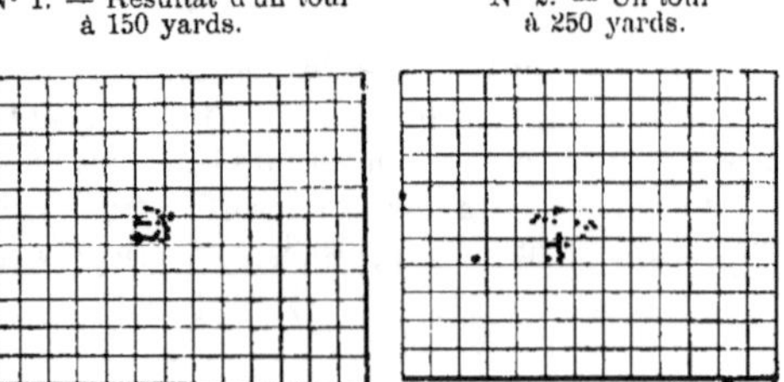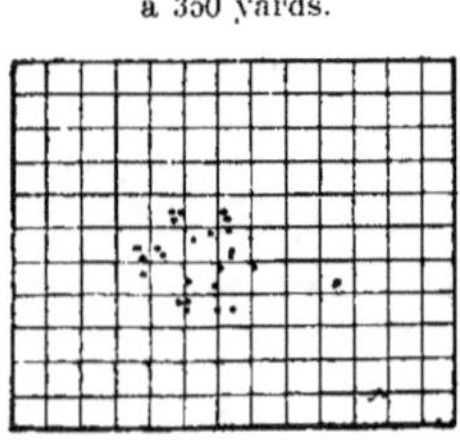

(1) Dredge, *Modern Artillery*.

N° 4. — Un tour
à 570 yards.

N° 5. — Un tour
à 1,000 yards.

Une salve de 5 tours.

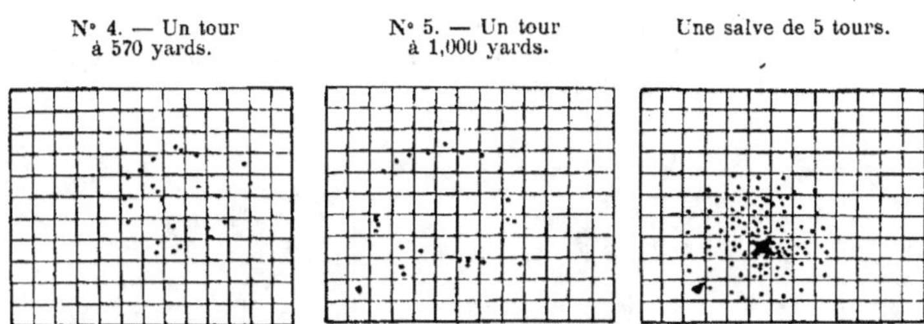

Expériences de tir avec le canon-revolver Hotchkiss de 57 millimètres.

Donc, aussitôt que sera connu l'emplacement des canons et de leurs munitions, on dirigera sur ce matériel toute une série de projectiles, si bien que l'un ou l'autre des coffres finira par être atteint. La figure de la page suivante nous montre un détachement d'infanterie anglaise au champ de manœuvre, en train de tirer contre une batterie ennemie et ses coffres à munitions.

L'histoire de la guerre abonde en exemples d'explosions d'avant-trains et de caissons, produites par le tir de l'artillerie (1). Toutefois, comme jusqu'à présent, ces caissons ne contenaient pas de projectiles explosifs d'une puissance aussi considérable que ceux d'aujourd'hui, on n'a pas encore d'exemple des conséquences que pourrait avoir maintenant une catastrophe de ce genre.

Mais on peut facilement se figurer l'impression que la première de ces catastrophes produira sur l'armée et la nation. Au lieu d'être, comme par le passé, un encouragement pour les troupes, la présence d'une batterie dans leur voisinage deviendra pour elles une cause d'inquiétude. Il en résultera, sur les combattants, un effet moral qui, de l'avis des spécialistes, jouera un grand rôle dans l'avenir.

La possibilité de catastrophes plus terribles, par suite de l'explosion des munitions d'artillerie, est une cause d'inquiétude pour les troupes et la société.

Cet effet se fera sentir même bien au delà des limites du champ de bataille, surtout étant donnés le caractère de la société dans l'ouest de l'Europe et la composition des armées modernes. La nouvelle de plusieurs catastrophes successives pourra facilement amener des troubles. Il est à remarquer que les désordres économiques et l'ébranlement moral qui

(1) Il a sauté :	Caissons.	Avant-trains.
A la bataille de Wörth	1	»
— Saint-Privat.	»	1
— Amiens.	»	1
— Villiers-Champigny . . .	»	2
— devant Belfort.	»	1

Explosions pendant la guerre de 1870.

Alt und Lehmann, *Die deutsche Artillerie in den fünfundzwanzig Schlachten und Treffen des Krieges 1870-71* (L'artillerie allemande dans vingt-cinq batailles et rencontres de la guerre de 1870-71).

peuvent survenir pendant la mobilisation, ont été étudiés en France dans une certaine mesure. Mais il n'a pas été tenu assez compte des accidents susceptibles d'influer sur l'opinion publique.

Infanterie anglaise en action contre une batterie ennemie.

D'ailleurs, dans les contrées arrivées à un certain degré de culture intellectuelle et à un développement industriel très avancé, il ne paraît guère possible d'exécuter une mobilisation sans prendre des précautions particulières. Il semble vraiment impossible d'enlever tout d'un coup une telle masse de forces à la machine sociale actuelle si compliquée. Un brusque appel de tout ce monde pourrait avoir de graves conséquences. Aussi les économistes sont-ils d'avis que l'Allemagne, aussi bien que la France, ne pourront mobiliser que graduellement leurs armées.

Nous reviendrons d'ailleurs sur cette question en étudiant la façon dont les différentes armées se recrutent au point de vue social. Toutefois nous devons dès à présent observer, que si, par l'effet d'une incorporation suivant son cours, les plus anciennes classes se trouvent à un moment donné seules encore dans le pays, et si, à ce moment, survient la nouvelle de catastrophes causées à l'armée par les armes récemment adoptées, des protestations s'élèveront évidemment dans toutes les familles dont les membres seront encore à appeler ; — de sorte que peut-être il en résultera des troubles que les Gouvernements de France et d'Allemagne pourraient bien n'avoir pas la force de contenir.

Naturellement tout le monde ne partage pas ces craintes. Le nombre des victimes auquel on s'attend, comme résultat normal de la guerre, est déjà tellement énorme, que des catastrophes accidentelles ne semblent devoir l'augmenter que dans une bien faible proportion. Quant à l'opinion publique, la presse aura sans doute sur elle une influence considérable. Mais comme, en temps de guerre, on surveillera les journaux de très près, on espère que la police et la gendarmerie suffiront parfaitement à réprimer toute espèce de troubles.

L'ordre social menacé.

Nous donnerons plus loin notre opinion là-dessus. Il n'est pas douteux que la guerre ne détermine un patriotique enthousiasme et ne puisse même, momentanément, étouffer l'agitation du socialisme. Mais quand l'enthousiasme aura fait place au désespoir ou se sera même seulement affaibli, et quand lui succédera le concert des lamentations causées par les terribles sacrifices et l'augmentation du poids des impôts, l'ordre établi ne pourra-t-il pas alors se trouver dans cette situation dangereuse, si magistralement décrite par Henri Heine dans son poème célèbre des tisserands silésiens ?

Tableaux de la tactique future de l'artillerie

Nous pouvons maintenant examiner de plus près l'influence générale des progrès nouvellement réalisés, sur les opérations futures de l'artillerie.

Points principaux sur lesquels l'artillerie a réalisé des progrès depuis les dernières guerres.

Les points principaux auxquels ces progrès se rapportent, depuis les dernières guerres, sont les suivants :

Augmentation de la puissance balistique et de la portée des pièces ; rapidité plus grande du tir ; extension de l'espace couvert par les éclats des projectiles — dont chacun produit vraiment l'effet d'une masse ; organisation rationnelle des grandes unités d'artillerie, constatation de leur action décisive et habileté plus grande à les former.

Tous ces éléments ont accru notablement la force de destruction qualitative et quantitative propre à l'artillerie. Et l'obtention d'un véritable effet de masse, par chaque projectile isolé, en même temps que l'accroissement du nombre des pièces, a contribué puissamment à permettre d'atteindre beaucoup plus facilement qu'autrefois le but principal du combat : produire le plus grand effet dans le moindre temps possible avec une consommation minimum de munitions sur les différents points du champ de bataille (1).

---

(1) Général Müller, *Die Wirkung der Feldgeschütze.*

Les progrès réalisés dans le matériel d'artillerie exigent plus d'instruction et de discipline chez les chefs et les soldats.

Ces progrès ont avant tout pour conséquence qu'on doit exiger beaucoup plus, comme instruction et comme discipline, tant des chefs que de chaque soldat individuellement.

Dans un ouvrage remarquablement écrit (1), le capitaine Martynoff dit que, dans le domaine des choses militaires, il s'est passé exactement la même chose que dans tous les autres où l'homme se sert des machines. Quand les outils sont simples et primitifs, le succès du travail dépend exclusivement des qualités personnelles de l'ouvrier, de son degré d'intelligence, d'habileté, d'ingéniosité, d'énergie, etc. Puis à mesure que les outils se perfectionnent, que les machines deviennent plus parfaites, les qualités personnelles de l'ouvrier perdent de plus en plus de leur importance. Cette importance diminue graduellement à chaque progrès que fait la technique.

Nous pouvons nous rallier à cette opinion, mais seulement sous cette réserve, que la masse aura des chefs convenablement instruits et intelligents et en assez grand nombre.

Nécessité de faire connaître aux troupes, en temps opportun, les modifications importantes survenues dans l'armement.

Et maintenant, comme le perfectionnement des machines de guerre continue sans cesse, nous assistons à la manifestation de craintes — qui ne sont pas, il est vrai, sans fondement — de voir la prééminence, sur le terrain technique, passer tantôt à un pays, tantôt à un autre. En présence des progrès continuels réalisés dans la construction des bouches à feu, se pose donc la question de savoir s'il ne pourrait point arriver qu'au cours même d'une guerre, un progrès de ce genre se produisît et n'apportât un avantage sérieux à l'un des partis en présence.

En tous cas, l'histoire de la guerre démontre qu'il est nécessaire — lorsque des modifications importantes surviennent ainsi dans l'armement et les moyens d'attaque et de défense — de familiariser en temps opportun les troupes avec ces innovations, si l'on ne veut pas s'exposer à de fâcheuses conséquences.

Conduite instructive tenue par les Allemands en présence du fusil Chassepot français supérieur au leur.

Parmi les exemples les plus instructifs en ce genre, il en est un qui mérite tout particulièrement d'être cité. On sait que, pendant la guerre de 1870, le fusil Chassepot était fort supérieur aux fusils des Allemands. Au commencement, ceux-ci en éprouvèrent des pertes considérables. Mais l'expérience leur enseigna promptement à n'entreprendre une attaque d'infanterie, qu'après l'avoir fait suffisamment préparer par l'artillerie, qui dirigeait d'abord son tir sur les canons français. C'est seulement quand, après avoir réduit ceux-ci au silence, elle s'était retournée contre l'infanterie et l'avait fortement ébranlée, que le gros de l'armée,

---

(1) Capitaine Martynoff, *La Stratégie à l'époque de Napoléon et de notre temps*, 1894.

tenu jusqu'alors en réserve hors de la ligne de feu, se portait en avant et se déployait pour l'attaque (1).

L'importance de cette préparation du combat s'est bien augmentée depuis 1870. Mais on ne peut pas se représenter, même approximativement, les conséquences de ce duel d'artillerie.

Il est à remarquer qu'en temps de paix, faute de champs de tir assez étendus, l'artillerie ne s'exerce la plupart du temps qu'à des distances beaucoup plus faibles que celles auxquelles elle ouvrira le feu à la guerre.

En raison de cette circonstance, des erreurs tactiques devront naturellement se produire dans toutes les armées. Mais elles seront d'autant moindres que le degré d'instruction des officiers sera plus élevé, c'est-à-dire que ceux-ci seront plus habiles à se plier, eux et leurs hommes, à de nouvelles situations que jusqu'alors la pratique et les exercices du temps de paix ne leur auront pas fait connaître.

Comme, dans toutes les armées, les officiers d'artillerie appartiennent, par leur degré d'instruction, aux couches militaires intellectuellement les plus élevées, une modification subite des formes tactiques ne leur offrira pas de grandes difficultés.

Toutefois, c'est seulement sur un véritable champ de bataille, qu'on pourra voir avec quelle rapidité et jusqu'à quel point un officier intelligent est capable de s'orienter et de se tirer d'affaire dans les conditions nouvelles où il sera placé.

Les écrivains militaires de tous les pays ont déjà porté leur attention sur ce point. Ainsi, notamment, des voix se sont élevées pour demander que les règlements fussent changés, afin d'habituer l'artillerie au tir à de plus grandes distances et qu'il fût accordé à cette arme une plus grande indépendance d'action. Sous ce rapport, l'Allemagne a pris une initiative digne d'être donnée en exemple.

Aussitôt que l'artillerie allemande commence la lutte avec l'artillerie ennemie, elle devient indépendante du commandant du corps d'armée ou de la division à qui elle appartient ; — tandis qu'en France les batteries, de corps ou divisionnaires, demeurent toujours sous les ordres directs du commandant du corps d'armée ou de la division. Il en est de même dans l'armée russe. De plus, les instructions prescrivent que tout changement de position des batteries, susceptible d'influer sur la marche générale du combat, ne peut avoir lieu que par ordre du commandant de l'unité dont ces batteries font partie. Il est cependant permis de se demander si une prescription de ce genre ne pourrait pas, dans les nouvelles conditions de la guerre, constituer, pour l'initiative, une entrave trop gênante.

____

(1) Oméga, *L'Art de combattre.*

Dans l'armée russe en particulier, il paraîtrait convenable de laisser plus d'indépendance aux officiers d'artillerie. Parce qu'en raison des modifications qu'entraîne, dans les distances d'attaque et de défense, l'emploi de la poudre sans fumée récemment adoptée ici, il pourrait, au cas où une guerre éclaterait prochainement, se présenter des difficultés dont les officiers d'artillerie pourraient plutôt se rendre maîtres que ceux des autres armes.

Si, dans les armées étrangères, on laisse aux chefs de l'artillerie une plus grande indépendance, il ne saurait y avoir de raison pour la leur refuser dans l'armée russe. Mais comme, d'un autre côté, l'artillerie ne constitue qu'un des moyens d'atteindre le but que l'on poursuit à la guerre, on ne peut en somme rien objecter au maintien, dans les mains du commandant en chef des troupes, du droit de disposer de cette arme aussi bien que des autres.

En tout cas, c'est aux commandants mêmes des groupes d'artillerie, qu'il faut laisser le choix des meilleurs moyens à employer pour exécuter les ordres qui leur sont donnés. Et c'est là chose d'autant plus nécessaire en Russie, qu'à la mobilisation de l'armée dans ce pays, quand il sera fait appel à toutes les classes de la société, les officiers de réserve de l'artillerie seront certainement, par leur instruction, bien supérieurs à ceux des autres armes.

Quant à l'expérience de la guerre, l'artillerie russe se trouve sous ce rapport un peu privilégiée, parce qu'elle compte dans ses rangs beaucoup d'officiers qui ont pris part à la campagne de 1877-78 contre la Turquie et aux combats livrés dans l'Asie centrale. Tandis que les armées française et allemande n'ont eu, depuis 1870, aucunes grandes guerres à soutenir, et que celles d'Autriche et d'Italie ont fait campagne pour la dernière fois en 1866. Des expéditions insignifiantes au point de vue de la grande guerre, comme celles de l'armée italienne en Abyssinie, ou des Français en Cochinchine et au Dahomey, ne peuvent entrer ici en ligne de compte.

Il est à remarquer que partout aujourd'hui l'artillerie se trouve dans une période de transition. Les derniers perfectionnements sont si nombreux qu'il est tout à fait impossible de les appliquer complètement au matériel actuel. Une transformation de l'armement de l'artillerie est donc à prévoir dans un temps prochain, et les nouveaux canons devront différer notablement, dans toutes leurs parties, de ceux présentement en service. Car l'emploi de la poudre sans fumée, dans les modèles actuels, ne permet pas une augmentation suffisante de la vitesse initiale, parce que ni les pièces ni les affûts ne sont organisés en conséquence. La nouvelle force impulsive ne pourra être entièrement utilisée que dans des bouches à feu d'un système nouveau.

Avec l'émulation passionnée qu'apportent aujourd'hui tous les pays à l'étude des questions d'armement, il est impossible qu'ils ne cherchent pas à se surpasser le plus promptement possible les uns les autres dans l'utilisation de la force que la poudre sans fumée met à leur disposition ; d'autant plus qu'une accélération du tir lui-même en sera la conséquence.

A l'époque où a eu lieu la dernière transformation de l'armement de l'artillerie de campagne, on n'a pas assez tenu compte de l'importance de la vitesse du tir. D'autant qu'avec l'adoption de plus gros projectiles le recul des canons s'est trouvé notablement augmenté, ce qui a eu pour conséquence une certaine diminution de cette vitesse. Les freins imaginés pour affaiblir le recul ne diminuent cet inconvénient que dans une très faible proportion.

Mais plus importantes encore sont les conditions actuelles du combat, d'après lesquelles il faut amener les batteries sur le terrain sans qu'elles soient aperçues et les approvisionner abondamment en munitions, afin que l'ennemi soit écrasé de projectiles avant d'avoir pu opposer de la résistance. Avec la variété des types de bouches à feu et le poids des projectiles dont il a déjà été question, il est à craindre que, sur le champ de bataille, ne se produisent des difficultés. Aussi poursuit-on énergiquement, dans l'artillerie, l'unification des modèles de pièces et la suppression des projectiles par trop lourds.

Depuis 1891, on est arrivé en Autriche et en Allemagne à n'avoir qu'un seul calibre ; on cherche en outre, dans ce dernier pays, à établir des modèles nouveaux pour le matériel de l'artillerie de campagne et à adopter un projectile universel.

Les canons à tir rapide permettent d'obtenir, dans un temps donné et avec une consommation minimum de munitions, un maximum d'effet. Ces canons lancent deux fois plus de métal contre l'ennemi, dans le même temps, que les autres canons de campagne : — la vitesse du tir est quadruple, le projectile moitié moins lourd, l'effet est donc deux fois plus grand. Et comme, en outre, chaque projectile produit, en éclatant, autant de fumée que l'obus à mitraille actuel, il en résulte que le nuage formé au-dessus de l'objectif sera quatre fois plus considérable, ce qui facilitera d'autant le tir. Enfin le poids moindre de tout le système donne la faculté de rapprocher les pièces de l'ennemi sans que celui-ci s'en aperçoive ; — ce qui peut dérouter son tir (1).

Les efforts de presque toutes les puissances sont donc dirigés vers la création de canons à tir rapide, pouvant tirer de 10 à 40 coups par minute, sans recul ; — ce qui dispense de les repointer après chaque coup.

____

(1) Mikhnevitch, *Influence des dernières inventions techniques.*

Élévation des dépenses que nécessiterait la transformation de l'armement d'une armée.

Quant à l'élévation des dépenses qu'exigerait, d'une façon générale, une transformation de l'armement, on peut s'en faire une idée par les chiffres inscrits au budget du ministère de la guerre français pour 1889. D'après ces chiffres, le matériel de l'artillerie existant, avait une valeur totale de 1,553,776,761, c'est-à-dire de plus d'un milliard et demi (1).

En raison des sommes énormes que coûterait ainsi un réarmement de l'artillerie, on devrait supposer qu'il est peu vraisemblable de le voir se produire dans un avenir prochain.

Nouveaux canons en France et leur prix de revient.

Nous avons pourtant déjà dit qu'en France on a procédé à une transformation des bouches à feu afin de pouvoir utiliser entièrement la force impulsive de la nouvelle poudre.

En outre, on a adopté dans ce pays des canons d'une nouvelle sorte destinés à remplacer, après leur achèvement, les anciens canons transformés. Et récemment encore le *Progrès Militaire* (2) faisait connaître que le nouveau canon aura un calibre de 75 millimètres et tirera quatre ou cinq coups par minute, avec suppression presque complète du recul. La construction de ces nouveaux canons coûterait 382 millions de francs et serait terminée en trois ans.

Augmentation des surfaces battues par les nouveaux canons.

Ces données paraissent d'autant plus vraisemblables que des autorités comme le général Wille affirment que les surfaces battues par les nouvelles pièces augmentent :

Aux distances jusqu'à 1,000 mètres, de 210 pour cent
— 2,000 — 133 —
— 3,000 — 89 —

Ce qui, graphiquement exprimé, donne la figure suivante :

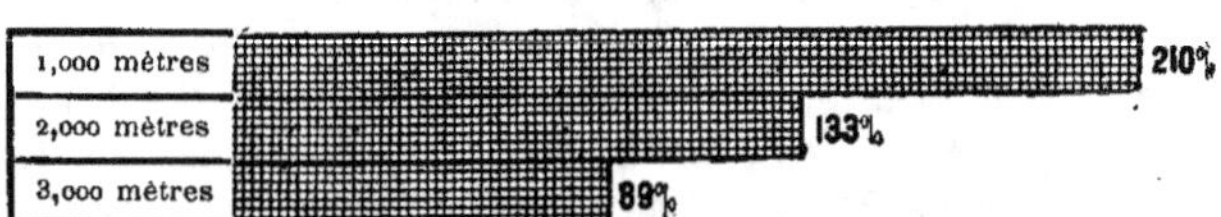

Augmentation des surfaces battues par les nouveaux canons.

---

(1) Il n'est pas non plus sans intérêt de connaître la valeur des divers chapitres du budget de la guerre. Exprimée en millions, cette valeur est, en nombre ronds, de : 466 pour l'habillement et le campement, 117 pour la remonte, 99 pour les vivres, 53 pour les hôpitaux, 55 pour le matériel du génie, 30 pour les poudres et salpêtres, 23 pour les fourrages, 20 pour le train, 25 pour le service topographique, 3 pour les télégraphes et enfin plus d'un million pour chacun des articles suivants: Administration centrale, État-Major, École supérieure de guerre, École Polytechnique, etc. A l'aérostation militaire est affecté un crédit de 954,000 francs.

(2) Du 3 mars 1894, n° 1392.

La nouvelle, venue à un certain moment de Berlin, que de nouveaux crédits étaient demandés en Allemagne pour la transformation de l'armement, devait naturellement éveiller des craintes. Personne n'a connu exactement la destination des 110 millions de marks inscrits au budget de 1892-93 pour le renforcement de l'artillerie.

Le *Berliner Tageblatt* a dit que de nouvelles pièces d'acier avaient été commandées à Krupp, pour être construites dès qu'un certain canon, encore en expérience, serait jugé utilisable. Cette feuille ajoutait même que l'artillerie allemande serait la première du monde à réaliser les nouveaux perfectionnements : « Toutes les autres », disait-elle, « se trouveront rejetées en arrière et tous leurs efforts seront inutiles pour regagner l'avance que nous aurons prise sur elles. »

Il est possible qu'il n'y ait là qu'une simple vantardise de journal. Mais en tout cas, ces paroles ne sont pas de nature à diminuer les inquiétudes qu'on peut concevoir. En attendant, les différents États hésitent à entreprendre des transformations partielles, attendu que toute dualité en pareille matière diminue la confiance morale en soi-même : « La valeur d'une infanterie », disait le Grand Frédéric, dépend de la confiance qu'elle a dans son arme. Si une partie de l'armée est pourvue d'une arme perfectionnée, et si l'autre n'en a que de déjà anciennes, cette dernière se croira injustement sacrifiée et les hommes n'y seront jamais animés du même esprit que ceux des corps privilégiés. »

Mais en dehors même de toute innovation dans le matériel, des progrès considérables ont été réalisés dans l'artillerie, comparativement à ce qui existait en 1870.

Les projectiles — qui, maintenant, portent à une distance au moins double et dont la puissance est au moins huit fois plus grande, — tueront bien davantage. Les batailles de l'avenir auront lieu dans des conditions très différentes et tout autrement qu'à cette époque. La portée des canons atteint déjà 7,000 mètres. Par conséquent l'assaillant engagera le combat avec son artillerie à une distance considérable, pour rendre possible la marche en avant de l'infanterie.

La transformation de l'armement de cette dernière et l'adoption générale de la poudre sans fumée ont tellement changé les conditions de la lutte, que l'artillerie devra, comme d'ailleurs les autres armes, modifier notablement son organisation, son instruction et sa tactique. Naturellement cette nécessité sera rendue plus pressante encore par l'adoption des canons du modèle le plus récent.

D'aucuns se plaignent de ce qu'il n'est pas assez tenu compte de tout cela. Ainsi, par exemple, on soutient que si, actuellement déjà, la plupart des armées possèdent des mortiers mobiles, destinés à l'artillerie de forteresse ou à de légers parcs de siège, ou même constitués en batteries spéciales, l'effet de ces engins est cependant encore peu connu des commandants de corps d'armée et de division qui seront appelés à diriger le combat.

Étant donné que les troupes d'attaque peuvent se trouver obligées de se porter en avant sous un feu de mousqueterie meurtrier, le soutien de l'artillerie leur est absolument nécessaire. Et par conséquent cette arme se trouvera, bien plus souvent que par le passé, avoir à tirer par-dessus des troupes amies (1). Aujourd'hui déjà, ce genre de tir constitue l'un des problèmes difficiles de la guerre ; et avec les nouveaux canons à bien plus grande vitesse initiale, il deviendra l'un des plus ardus qui se puissent rencontrer.

Par suite de la précipitation fatalement inévitable et de l'emploi fréquent du pointage indirect, le tir par-dessus les troupes peut devenir très dangereux (2), — d'autant que quelque défaut peut toujours se rencontrer dans la construction des projectiles explosifs et donner naissance à un éclatement prématuré.

A quoi il faut ajouter que, contre un adversaire éloigné, avec les formations en ordre dispersé et sur les terrains qui serviront généralement de champ de bataille, il se présentera dans le tir encore une autre grande difficulté : celle de savoir si on a devant soi ses propres troupes ou des troupes ennemies.

Le général Kouropatkine rapporte un exemple très instructif d'un cas de ce genre. La distance qui séparait les Turcs de la 3e batterie de la 9e brigade d'artillerie était, au total, de 2,400 mètres ; et la batterie avait pour mission de canonner le flanc et les derrières de l'ennemi. Quand vint l'ordre de tirer, il s'éleva entre les officiers un débat des plus vifs. Quelques-uns soutenaient qu'on avait devant soi, non pas des troupes turques mais des troupes russes. En présence de ce doute personne ne voulut prendre sur soi de trancher la question et l'on attendit les renseignements que devaient fournir les hommes envoyés en éclaireurs. Or il se trouva, qu'en effet, c'était bien des Turcs qu'on avait devant soi ; mais on avait perdu une demi-heure et laissé passer une excellente occasion d'infliger des pertes considérables à des adversaires qui s'étaient accumulés en masse compacte.

---

(1) *Manuel de guerre.* Combat : D'après les tables de tir, le feu par-dessus les troupes est encore permis quand les projectiles doivent passer à une hauteur de 10 mètres au-dessus d'elles. Par suite, pour une distance de 1,450 mètres du but à battre, le feu peut commencer quand les troupes amies sont à 277 mètres en avant des pièces et il doit cesser quand elles sont arrivées à 290 mètres de l'ennemi.

(2) Skougarevsky, *Attaque de l'infanterie.*

Reste à savoir si les réservistes nouvellement rappelés au service et leurs parents admettront volontiers qu'à la guerre il est impossible d'éviter des pertes causées par des accidents ou par les erreurs du personnel de sa propre armée, — ou bien si tout ce monde ne criera pas alors à la trahison.

Conclusions.

Quels sont donc les résultats définitifs de tous les changements de si haute importance, dont nous avons parlé?

Résultats finals des modifications survenues dans la portée et l'effet des pièces.

Depuis la dernière guerre, la portée et l'effet meurtrier des projectiles explosifs ont, comme on l'a déjà dit, très notablement augmenté. Les shrapnells surtout se sont perfectionnés, puisque leur gerbe de balles et d'éclats a quintuplé de puissance. Nous avons également vu que partout, avaient été introduits des mortiers de campagne qui peuvent lancer des projectiles remplis de mélinite. En outre, presque toutes les armées ont des canons à tir rapide, dont le service n'est plus gêné par la fumée et dont le tir n'est plus accompagné du recul qui obligeait à recommencer le pointage à chaque coup. Il est ainsi devenu possible, tout en restant invisible soi-même, d'accabler l'ennemi, dès qu'on l'aperçoit, d'une véritable grêle de projectiles lancés avec une précision jadis tout à fait inconnue.

En tenant compte des conditions où se livreront les batailles, le général Müller arrive aux conclusions suivantes:

Avec 28 coups à obus, on peut mettre hors de combat, dans une compagnie, à 2,400 mètres de distance:

Effet des obus et des shrapnells contre l'infanterie.

    5/7 des tirailleurs debout;

    4/7 des hommes formant le soutien.

Chaque batterie peut aujourd'hui, en un quart d'heure, et jusqu'à une distance de 2,000 mètres, mettre hors de combat toute troupe ennemie debout n'occupant pas un front de plus de 150 mètres de largeur. Jusqu'à cette même distance, elle peut arrêter la marche d'une troupe d'infanterie quelconque.

Des objectifs d'infanterie, de la dimension de ceux qu'on assigne à une batterie, et comprenant des tirailleurs à genou, des tirailleurs couchés, des soutiens et un gros, peuvent, jusqu'à la distance de 1,500 mètres, être mis pour moitié hors de combat, par 24 obus ou par 12 à 15 shrapnells; — tandis que contre des tirailleurs debout avec soutien, il suffit, jusqu'à environ 2,500 mètres, de 36 obus ou de 24 shrapnells, pour en mettre hors de combat jusqu'aux 5/6.

On peut donc considérer le feu à obus ou à shrapnells comme écrasant pour l'infanterie jusqu'à 2,000 mètres

Ces données ne diffèrent que très peu du résultat des calculs du général Rohne que nous avons rapportés précédemment.

Pour ne pas s'exposer à une destruction complète, les troupes seront contraintes de marcher en ordre dispersé et le plus secrètement possible, en cherchant à s'abriter derrière les inégalités du terrain, — ou même de ramper en soulevant la terre devant soi comme des taupinières.

En raison des grandes distances où commencera le combat d'artillerie, de la nécessité des détours à faire pour éviter l'attaque de front, des faibles différences entre les uniformes actuels des diverses armées et de la façon dont ces différences deviennent méconnaissables après un usage un peu long des effets ; enfin par suite aussi de la plus grande difficulté, — depuis qu'on se sert de poudre sans fumée, — d'obtenir, par des éclaireurs, des indications sur les mouvements de l'adversaire, il deviendra très difficile de distinguer ennemis et amis, malgré les lunettes dont tous les officiers d'artillerie sont maintenant pourvus.

Déjà aux manœuvres du temps de paix, souvent des confusions se produisent. La crainte s'est donc manifestée de voir, dans la guerre future, les troupes souffrir, assez souvent, du tir de leurs propres canons.

Et tout le monde sait que l'idée d'une telle éventualité fait sur une armée une impression des plus pénibles.

Tout autre aussi va devenir la situation des hommes et des chevaux employés à servir et à traîner les pièces.

Quoique dans les canons, la poudre sans fumée produise un nuage relativement plus visible que dans le feu de mousqueterie, ce nuage se dissipe cependant, comme une vapeur, presque aussitôt après le coup ; de sorte que le personnel attaché au service des pièces n'est plus caché par la fumée aux yeux des tireurs ennemis.

D'après le général Müller (1), on peut, comme nombre moyen d'atteintes exprimant l'efficacité, contre l'artillerie, des shrapnells qui donnent de 180 à 200 fragments, admettre les chiffres suivants :

	Fragments produisant des atteintes dangereuses	Hommes atteints dangereusement
à 1,500 mètres.	8 à 10 0/0	8 à 9 0/0
à 2,000 —	7 à 8 0/0	5 à 6 0/0
à 2,500 —	3,5 0/0	3 à 4 0/0

_____

(1) *Die Wirkung der Feldgeschütze.*

Le résultat obtenu à 2,500 mètres, de 3,5 0/0 de fragments dangereux ou de 3 à 4 0/0 d'hommes touchés, paraît très faible en valeur absolue. Car cela ne fait qu'un homme et demi ou deux d'atteints par centaine de fragments. Mais, relativement parlant, ces nombres sont très gros au contraire; car ils prouvent que le personnel entier d'une pièce peut être mis hors de combat en 3 ou 4 coups, et celui d'une batterie en 20 coups seulement. Un seul coup peut même, comme le montrent les expériences, mettre hors de combat les huit hommes attachés au service d'un canon (1).

Les avant-trains et les caissons des pièces en batterie doivent, pour être abrités, se placer à 150 mètres au moins en arrière des canons.

Jusqu'aux distances de 2,000 mètres, le combat d'artillerie est comme une sorte de duel. On peut compter sur un résultat décisif à bref délai. Au delà de 2,000 mètres, la lutte peut encore amener des pertes nombreuses, mais elle ne peut guère être poussée jusqu'à la mise hors de combat de l'un des deux adversaires.

Encore ces résultats semblent-ils le produit d'appréciations très optimistes. Car d'après les calculs du général Rohne, même à 2,500 mètres, une batterie peut faire perdre à une autre les 4/5 de son personnel (2). *Calculs du général Rohne.*

D'ailleurs ce n'est pas seulement l'effet de l'artillerie qui peut faire courir aux pièces le danger d'être réduites à l'inaction faute de personnel.

Afin d'utiliser la perfection du fusil actuel, on a créé, dans différentes armées, des détachements spéciaux dits de « chasseurs », composés d'hommes choisis et qui sont exercés à s'approcher en rampant, sans se faire voir, du but qu'il s'agit de frapper. On peut affirmer avec certitude que toutes les armées, spécialement pour tenir l'artillerie ennemie à distance, enverront en avant d'elles des partisans de ce genre, comme une sorte de chaîne protectrice. *Organisation de détachements de chasseurs pour combattre l'artillerie.*

C'est là une circonstance d'autant plus digne d'attention que l'artillerie n'agit pas seulement contre les hommes ou les animaux, mais aussi contre les obstacles et les travaux de fortification établis sur le champ de bataille. De sorte que, pendant cette période du tir, l'ennemi peut, à l'avance, déterminer la position des batteries.

La perfection actuelle des armes offre tant de difficultés à l'attaque, que, selon toute vraisemblance, grâce aux outils dont sont munies les troupes et à l'habitude qu'elles ont de construire des fortifications de campagne, les armées utiliseront comme points d'appui, tous les accidents, tous les plis de terrain. *Les ouvrages de campagne obligeront les canons à se rapprocher.*

---

(1) *Die Wirkung der Feldgeschütze.*
(2) *Appréciation de l'effet obtenu dans les tirs de combat,* 1895.

Cela obligera les pièces d'artillerie à se rapprocher de l'ennemi ; et il deviendra dès lors plus facile d'établir des embuscades que le peu de fumée produite par le tir des hommes embusqués pourra rendre extrêmement dangereuses.

Expériences de tir à Grenoble.

D'après Hœnig (1), dans des expériences de tir exécutées à Grenoble, sur 300 balles lancées par le fusil Lebel, 50, à 2,000 mètres de distance, c'est-à-dire la sixième partie, sont tombées dans un espace égal en grandeur à la surface couverte par le personnel d'une batterie.

Or Hœnig observe à ce sujet, qu'à 2,000 mètres, ce résultat de 16 2/3 0/0 d'atteintes, ne peut être considéré comme satisfaisant, même pour des tireurs ordinaires.

En quelques minutes les batteries seront mises hors de combat.

Le général Rohne calcule que 100 tireurs peuvent mettre une batterie hors de combat : à 800 mètres en 2 minutes, à 1,200 mètres en 7 minutes et à 1,500 mètres en 18 minutes (2).

A quoi s'ajoutent encore, dans différentes armées, les détachements de chasseurs dont nous avons parlé plus haut.

Mais comme il suffit d'avoir 10,000 de ces tireurs d'élite pour constituer une chaîne en avant du front entier d'une armée, il ne sera pas difficile de donner à un si petit nombre d'hommes une arme meilleure encore que celle d'aujourd'hui, — par exemple, le fusil de 5 millimètres dont nous avons indiqué les avantages. Car, en admettant même que la fabrication de tels fusils revienne à un prix trop élevé pour qu'on en munisse des armées entières, chaque État pourrait toujours s'en procurer quelques dizaines de milliers sans s'imposer de trop grosses dépenses. Dans l'armée autrichienne on essaie actuellement un fusil de 5 millimètres, et déjà même d'un modèle supérieur à celui que nous avons décrit (3).

Actio des tirailleurs contre le feu de l'artillerie.

Mais laissons de côté les perfectionnements ultérieurs du fusil, et tenons-nous en à l'effet que peut produire le feu dirigé contre l'artillerie par une chaîne de tireurs établis devant le front d'une armée. Supposons en même temps que ces « chasseurs » n'ont pas le fusil de 5 millimètres, mais celui de 6 $^m/^m$ 5, déjà introduit dans les armées italienne, roumaine et hollandaise. Il ne leur sera pas très difficile de se glisser en rampant jusqu'à 1,000 mètres et même jusqu'à 500 mètres de l'artillerie.

A pareille distance, ils pourront agir avec une tranquillité complète. L'artillerie sera impuissante contre eux par cette raison bien simple que, ne produisant pas de fumée, rien ne trahira l'emplacement où ils seront embusqués.

---

(1) *Recherches sur la tactique de l'avenir*, 4e édition, 1891.
(2) *Appréciation de l'effet obtenu dans les tirs de combat*, 1895.
(3) Wille, *Die kommenden Feldgeschütze* (Les canons de campagne de l'avenir). — Berlin, 1893.

Par conséquent, on peut aussi supposer que leur feu produira presque les mêmes résultats qu'au polygone en temps de paix.

D'après le règlement français (1), on compte 6 servants pour une pièce, — tout en admettant qu'à l'extrême rigueur elle peut encore fonctionner avec 3 hommes seulement. Reste donc à savoir quand arrivera le moment où, dans l'artillerie adverse, plus de 3 hommes par pièce seront mis hors de combat. Or il est clair que, même avec un petit nombre de tireurs d'élite dirigeant leur feu sur les servants des pièces, un temps très court suffira pour réduire l'artillerie au silence.

Contre un ennemi aussi dangereux que ces « chasseurs », — qui se seront établis derrière des abris naturels (arbres, buissons, fossés, mamelons) ou derrière des obstacles artificiels rapidement organisés avec de la terre, — il n'y a moyen de lutter qu'en employant des procédés semblables, c'est-à-dire en faisant aussi, en quelque sorte, la « chasse » à ces chaînes de « chasseurs ».

Recherche des embuscades.

Nous reproduisons à ce propos, l'opinion de Hœnig (2) : « Déjà, pendant la guerre de 1870-71, dit-il, nos artilleurs craignaient bien plus le feu des chassepots à longue portée que celui de l'artillerie française, et ces chassepots leur faisaient beaucoup plus de mal que les canons ennemis, fort inférieurs aux nôtres.

Augmentation du danger depuis 1870.

« Or, dans la guerre future nous serons en présence de canons qui vaudront les nôtres. La situation de notre artillerie sera donc beaucoup plus difficile que pendant la guerre de 1870-71.

« Par contre, notre infanterie est maintenant pour le moins aussi bien armée que l'infanterie qui nous sera opposée, c'est-à-dire qu'elle se trouvera dans des conditions meilleures que pendant la dernière guerre.

« De ces deux considérations découlent, selon moi, continue Hœnig, deux conséquences :

« 1° L'artillerie devra, avant d'entrer dans la zone de combat, faire fouiller plus complètement qu'autrefois la position de l'ennemi.

Nécessité de se couvrir par des chaînes de tireurs.

« 2° Les flancs et le front de l'artillerie devront être couverts par des chaînes de tirailleurs poussés en avant. Si seulement une de ces précautions est négligée, notre artillerie pourra se trouver, au commencement de l'action, dans des conditions plus mauvaises encore que celles subies à Gravelotte par l'artillerie de nos 7ᵉ et 9ᵉ corps. L'exemple de ce jour-là doit nous servir d'avertissement !

« Mais, si l'artillerie a préalablement reconnu d'une manière suffisante la position de l'adversaire, et si elle est couverte contre sa mousqueterie par une chaîne d'infanterie portée à 500 mètres au moins en avant — deux

____

(1) *Règlement sur le service des canons de 80 et de 90.*

(2) *Recherches sur la tactique de l'avenir.*

règles qui doivent être considérées comme des lois tactiques formelles, — alors cette artillerie pourra tirer grand profit de l'absence de fumée devant ses batteries. Bien établie et couverte autant que possible dans ses positions, n'étant plus inquiétée par le feu de mousqueterie, elle peut, avec une bonne observation de ses coups et une direction intelligente, régler son tir plus vite que l'artillerie adverse et produire un effet décisif.

Concentration du feu avec la poudre sans fumée.

« Ce qu'on appelle la concentration du feu sur les points les plus importants semblait jusqu'à présent constituer plutôt un problème théorique qu'une possibilité pratique. Les colonnes de fumée enveloppaient tellement les grandes lignes d'artillerie qu'il ne pouvait être réellement question, pour des masses considérables, ni d'observation du tir, ni de vérification du pointage, ni de direction d'ensemble. Aujourd'hui les circonstances sont tout autres. Mais on comprend que l'artillerie ne réussira pourtant pas à déloger par son feu, une bonne infanterie solidement établie dans les plis du terrain et tirant parti de toutes les inégalités du sol. C'est une autre infanterie seulement qui peut en venir à bout. »

Difficulté de découvrir les chaînes de tirailleurs.

Seulement il n'est pas facile de découvrir l'ennemi derrière ses abris. Aussi pourrait-il bien se faire qu'on en vînt à recourir pour cela, à l'aide des chiens et que le combat des lignes opposées de tirailleurs finît par rappeler la façon dont les Peaux-rouges d'Amérique faisaient la guerre contre les premiers colons européens.

Quoiqu'il en soit, pour débarrasser le terrain des tirailleurs, il faudra pas mal de temps ; — et le temps, dit avec grande raison le général Dragomiroff, le temps, c'est tout. Il faut attaquer avec ensemble et vivement.

Les attaques de l'infanterie pourront rarement être soutenues.

Et s'il résulte de là pour l'artillerie une difficulté plus grande à s'acquitter de sa tâche principale, — qui consiste à canonner les pièces et les positions de l'ennemi, — plus difficile encore à remplir sera, pour elle, l'autre partie de son rôle : soutenir l'infanterie marchant à l'attaque.

A l'époque où le feu de l'infanterie n'était dangereux que jusqu'à 200 ou 300 mètres, et cela pendant quelques minutes seulement, les batteries pouvaient marcher immédiatement derrière leur infanterie ; mais aujourd'hui cela est devenu presque impossible.

Dans un ordre adressé, à la date du 10 mai 1893, aux troupes de la garde et de la circonscription militaire de Saint-Pétersbourg, il est dit relativement à la façon dont l'artillerie doit opérer :

Danger des changements de position.

« Comme, dans le combat d'aujourd'hui, tous les actes doivent être
« rigoureusement étudiés à l'avance, afin de n'avoir point à faire de dou-
« loureux sacrifices pour réparer les erreurs commises, il faudra, quand on
« amènera l'artillerie sur le champ de bataille, la conduire directement
« sur les points favorables à son action, de manière à lui éviter des change-
« ments de position qui sont toujours très dangereux. »

Pour montrer quel peut être le danger de ces changements de position, — pendant lesquels l'action de l'artillerie est paralysée, en même temps que tout son personnel se trouve accumulé en groupes compacts offrant d'excellentes cibles à l'infanterie — nous donnons ici une figure représentant une batterie à cheval anglaise se mettant en batterie.

Batterie anglaise ôtant les avant-trains.

On ne doit donc pas s'étonner qu'avec les armes actuelles, il ne soit extrêmement difficile et peut-être très risqué, pour l'artillerie de venir s'établir sur une position nouvelle — même à grande distance de l'ennemi.

Enfin le degré d'efficacité qu'on peut attendre de l'artillerie de campagne, dans les différents cas, est aujourd'hui encore une grandeur inconnue.

Et néanmoins la propriété que possède cette arme d'agir à de grandes distances — qui sont inaccessibles au feu de mousqueterie — lui a donné une importance particulière.

Les progrès réalisés par le fusil ont rendu l'offensive de plus en plus meurtrière et ont, par là même, favorisé la défensive. Malgré cela il faudra toujours, que, comme autrefois, l'infanterie se porte en avant pour produire un effet décisif.

Mais, sans une préparation efficace de son attaque, le succès de l'infanterie est impossible. Et, pour empêcher l'artillerie d'entreprendre cette préparation, il faut l'attaquer elle-même et la contraindre à s'occuper de sa propre défense.

Les deux artilleries adverses se trouvent ainsi amenées à se chercher et à s'attaquer mutuellement.

Les résultats de ce duel au canon dépendront, avant tout, du nombre des pièces que chacun des deux partis pourra mettre immédiatement en ligne et du rapport de ce nombre à celui des fusils.

Nombre des bouches à feu pour 10,000 hommes d'infanterie.

Pour 10,000 hommes d'infanterie, en comptant d'après l'effectif de guerre de chaque armée, voici le nombre de bouches à feu que comportait l'organisation militaire des différentes puissances, —d'abord en 1874, puis en 1891 :

	1874	1891
En Russie	21	12
En France	13	12
En Allemagne	20	12
En Autriche	16	10
En Italie	13	10
En Turquie	14	13

Diminution du nombre des canons depuis 1874.

Nous voyons par là qu'en Russie, en Allemagne et en Autriche, la proportion de l'artillerie a diminué de près de moitié depuis 1874. En France seulement, cette proportion est restée à peu près la même.

Quelle est donc la cause de ce fait qui semble en contradiction avec la tendance du xixe siècle à donner la prééminence aux forces mécaniques ?

L'accroissement disproportionné de l'artillerie au temps passé eut lieu pour donner confiance à une infanterie médiocre.

Quand Napoléon Ier, à la suite de sa malheureuse guerre d'Espagne, se vit contraint de doubler le nombre de ses troupes, il augmenta immédiatement aussi la proportion de ses pièces d'artillerie, en la portant de 20 à 30 par 10,000 hommes, afin de donner confiance à ses jeunes soldats ou tout au moins de les étourdir.

Les campagnes de Russie et de Saxe, où ses vétérans complètement anéantis avaient été remplacés par de jeunes recrues, amenèrent un nouveau renforcement de l'artillerie. Napoléon la porta à près de 50 bouches à feu par 10,000 hommes. On pourrait se demander quelle valeur cette artillerie devait avoir, puisque nécessairement elle était, comme les autres armes, presque exclusivement composée de recrues. Question à laquelle le général Suzanne répond, comme nous l'avons déjà fait observer, en disant : « L'empereur savait que le canonnier — quelque puisse être le motif de ce phénomène : instinct, préjugé, sentiment d'honneur ou éducation, — n'abandonne jamais sa pièce. Il se fait tuer ou se fait prendre avec elle. »

La composition des armées actuelles est semblable à ce qu'elle était aux derniers temps de Napoléon.

Les conditions dans lesquelles s'ouvriront les campagnes de l'avenir sont très analogues, en ce qui concerne la composition des armées, à ce qu'elles étaient pendant les dernières campagnes de Napoléon. La plus grande partie des troupes sera composée d'hommes qui viendront d'être appelés sous les armes, hommes qui sans doute auront, à une époque plus ou moins éloignée, servi pendant un certain temps, mais qui n'auront pris part à aucune guerre, qui se seront, pendant des années, consacrés uniquement à leurs occupations de la vie civile et se trouveront par là même tout à fait démilitarisés.

En outre, l'étendue des champs de bataille étant devenue incomparablement plus grande, et l'artillerie ayant à jouer un rôle qui lui incombait à peine dans le passé, — celui d'anéantir l'ennemi à grande distance dans ses positions fortifiées, ou du moins de l'y tenir assez fortement en échec pour qu'il ne puisse opposer de résistance aux troupes assaillantes — il semble que la proportion du nombre des canons à celui des fusils devrait être plus forte qu'autrefois. Or c'est précisément le contraire que nous constatons.

Causes de la diminution du nombre des pièces d'artillerie.

Le motif de cette anomalie paraît être, en partie, dans la répugnance inspirée par les grandes dépenses qu'entraîne l'augmentation de l'artillerie, et en partie aussi, dans la difficulté d'obtenir, au moment de la guerre, un effectif suffisant de canonniers instruits.

Rien que pour le nombre actuel de bouches à feu, il faudra déjà, lors de la mobilisation de l'artillerie, demander 60 0/0 des hommes à la réserve et 75 0/0 des chevaux à la population civile.

Forte proportion d'hommes et de chevaux sans instruction, nécessaire à la mobilisation de l'artillerie.

Le perfectionnement des canons contraint, avant tout, à exiger beaucoup plus en fait d'instruction et de discipline individuelles.

Comme nous l'avons vu, le feu commencera à de très grandes distances, contre des ennemis qui seront très peu visibles, par suite de l'éloignement et parce qu'ils s'abriteront derrière des plis de terrain, des hauteurs et des fortifications de campagne. Quand notre propre infanterie en viendra à l'attaque, celle-ci devant s'effectuer sous un feu de mousqueterie meurtrier et en outre invisible, il faudra absolument qu'elle soit soutenue par l'artillerie; et, par suite, cette dernière devra tirer par-dessus la tête des troupes amies bien plus fréquemment que par le passé.

Le perfectionnement des canons oblige de donner au soldat une instruction individuelle plus complète.

Or, ce genre de tir n'est admis que si les projectiles passent à une hauteur d'au moins dix mètres au-dessus des hommes.

Tir par-dessus les troupes.

D'après cette règle et d'après les tables de tir, lorsqu'on est par exemple à 1,450 mètres de l'objectif, le feu pourra commencer quand les troupes assaillantes seront à 277 mètres en avant des pièces qui doivent les soutenir, et il devra cesser dès qu'elles seront arrivées à 250 mètres de l'ennemi.

Cette opération a toujours été considérée comme l'un des plus difficiles problèmes de la guerre. Avec la hâte actuellement inévitable, l'emploi fréquent du pointage indirect et le grand nombre d'officiers et de soldats provenant de la réserve et déshabitués de la manœuvre, de grossières erreurs seront fatalement commises. Et le tir par-dessus les troupes sera d'autant plus dangereux que les projectiles actuels sont généralement remplis d'explosifs très puissants.

Jean de Bloch. — *La Guerre future.* 30

Le plus petit dérangement provenant, soit de la disposition de la fusée, soit de l'effet des transports, de l'emmagasinage, des modifications chimiques ou des influences atmosphériques, peut amener un éclatement prématuré.

Il faut observer encore que le tir aux grandes distances s'effectuera la plupart du temps lorsque les corps seront en ordre dispersé et que, sur les terrains qui serviront généralement de champ de bataille, il sera souvent difficile de distinguer si on a devant soi des troupes amies ou ennemies.

Tir aux grandes distances peu pratiqué en temps de paix. On ne doit pas non plus perdre de vue cette circonstance qu'en temps de paix, par suite du manque de champs de tir assez étendus, l'artillerie ne s'exerce généralement qu'à des distances bien inférieures à celles où le feu devra s'ouvrir à la guerre.

Officiers et soldats devront ainsi commencer par se familiariser avec des distances que les exercices du temps de paix ne leur auront pas fait connaître.

Il faut donc tenir pour justifiées, dans une certaine mesure, les appréhensions de ceux qui croient pouvoir douter qu'avec 60 0/0 d'hommes nouvellement rappelés sous les drapeaux — comme on l'a dit — l'artillerie soit capable de répondre à ce qu'on exigera d'elle.

Mais à tout cela viennent s'ajouter encore des considérations non moins importantes, qui font naître des craintes pour le sort des armées dans la guerre future.

Manipulation des explosifs et des fusées. Presque tous les projectiles sont aujourd'hui remplis avec une plus ou moins grande quantité de substances explosives, et leur éclatement doit se produire en un point déterminé.

Pour obtenir ce résultat, le fonctionnement de la fusée à double effet, par exemple, est déterminé par un dispositif qui doit y mettre le feu, soit après un certain temps, soit au moment du choc contre un obstacle quelconque. Et afin d'empêcher ce dispositif d'entrer en jeu prématurément, le percuteur de la fusée est généralement maintenu écarté, par un ressort, de la capsule qu'il doit enflammer en la frappant.

La sécurité de tout le mécanisme repose donc sur des détails de construction destinés à prévenir le fonctionnement intempestif de l'engin.

Mais il suffit d'une construction défectueuse, d'une erreur dans le montage, d'un ressort affaibli pendant les transports, d'un choc lors du chargement de la pièce ou même, enfin, d'un simple contact de la fusée avec le métal du projectile — capable de déterminer une action chimique — pour amener des éclatements prématurés.

Jusqu'à présent, on n'a pas encore pu inventer de mécanisme explosif qui résiste complètement aux chocs et ne fonctionne qu'au moment voulu.

En cas d'une explosion, d'après les techniciens, l'action directe des gaz ne se fait sentir, il est vrai, que sur un espace qui n'est pas trop étendu; mais l'explosion elle-même développe une puissance si terrible que, dans un certain rayon, canons, hommes, chevaux, etc., peuvent être projetés à de grandes distances.

L'éclatement des projectiles dans l'âme n'est pas moins dangereux. Des expériences exécutées avec des canons et des obus de 12 centimètres ont montré que la bouche à feu est brisée en plus de 20 morceaux, que l'affût et ses roues sont entièrement détruits; — ces dernières, surtout, ne formant plus qu'un amas d'éclats de bois. Les fragments du canon atteignent des poids qui vont jusqu'à 165 kilogrammes et sont projetés à des distances de 90 mètres en avant ou en arrière, et de 107 mètres sur les côtés.

Examinons maintenant de plus près les conséquences d'explosions de ce genre. L'artillerie tire généralement par groupes de quelques batteries. Et en tenant compte des intervalles de 20 mètres, qui séparent habituellement les pièces, on voit que 3 canons au minimum, avec les munitions contenues dans leurs avant-trains, peuvent se trouver dans le rayon d'une explosion.

Les débris du matériel détruit seront alors, comme l'expérience le prouve, lancés dans tous les sens et ces fragments pourront, à leur tour, causer de nouveaux ravages en déterminant d'autres explosions.

D'ailleurs, c'est encore une question de savoir si, par le simple ébranlement de l'air que produit la détonation, ces explosions ne peuvent point, dans des circonstances favorables, en causer de nouvelles.

Il faut aussi mentionner les dangers occasionnés par les transports. La pyroxyline se décompose très facilement. On la transporte, à l'état liquide, dans des récipients de bois ou de métal et quand elle reste un peu longtemps exposée aux rayons du soleil, il peut en résulter de graves dangers.

On assure, il est vrai, que la mélinite est insensible à l'action du froid comme à celle de la chaleur; mais une explosion qui a lieu dans son voisinage peut suffire à la faire détoner. Les explosions peuvent ainsi se communiquer sans qu'il y ait besoin d'un contact direct. Les distances auxquelles elles peuvent se propager varient sous l'influence de conditions très nombreuses. La transmission est possible à portée d'autant plus considérable, que l'explosion originaire est plus forte et que le terrain sur lequel repose la mélinite est plus ferme et plus compact.

Dans la dynamite qu'on emporte en campagne pour faire, au besoin, sauter des ponts ou bâtiments quelconques, l'action successive du froid et de la chaleur produit une décomposition lente mais continue, qui finit par une explosion spontanée.

Défauts dans
l empaquetage.

Quand la chose se complique de défauts dans l'empaquetage, le danger devient très grand.

Même avec l'ancienne poudre au salpêtre, qui, relativement, était bien moins dangereuse, des catastrophes sont souvent survenues; — quoiqu'en raison d'une longue pratique et grâce à des·règlements très complets, l'observation des mesures de précaution à prendre fût complètement passée dans la chair et le sang des armées.

Ainsi arrivait-il parfois que des coffres d'avant-train sautaient. Les enquêtes ouvertes sur les causes de l'explosion établissaient alors que ces accidents provenaient, en général, de ce que l'empaquetage des gargousses dans les avant-trains s'était trouvé dérangé; ce qui avait amené des déchirures des sachets et la chute, entre les projectiles, de quelques grains de poudre que le frottement, déterminé par les secousses de la marche, avait enflammés.

A tout cela vient encore s'ajouter le dérangement du mécanisme des fusées, que peuvent causer les chocs violents, inévitables au moment des mises en batterie: dérangement susceptible d'amener les percuteurs au contact du fulminate des capsules.

Dangers que
court
une batterie en
franchissant les
obstacles du
terrain.

Imaginons une batterie qui vient de recevoir l'ordre de prendre position sous le feu de l'ennemi. Bien que son chef se porte en avant avec quelques cavaliers pour reconnaître le terrain, il ne peut cependant observer immédiatement jusqu'à quel point le chemin que la batterie devra suivre présente des inégalités, se trouve coupé par des fossés ou parsemé de pierres plus ou moins grosses.

Si de pareils obstacles devaient arrêter la marche de l'artillerie, il faudrait que celle-ci renonçât complètement à soutenir les opérations de l'infanterie. Aussi se résout-on, d'habitude, en pareille circonstance, comme le prouvent les comptes rendus des combats, à passer par-dessus ces obstacles; attendu que toute hésitation est impossible, dût-on même risquer de n'arriver sur la position qu'avec trois ou quatre pièces au lieu de six — ce qui, après tout, serait encore un succès.

On peut se demander seulement ce qui surviendra, par suite des secousses inévitables en pareil cas, quand les caissons contiendront des projectiles remplis de substances explosives?

La seule réponse qu'on fasse à cette question, c'est que les essais entrepris en temps de paix ont eu lieu dans les conditions les plus difficiles qu'on ait pu imaginer. Mais ces essais ont été exécutés avec des munitions disposées parfaitement en ordre et qui n'avaient probablement pas été transportées pendant des semaines et des mois à travers champs.

Naturellement, c'est au commencement d'une campagne que les dangers seront le plus grands. Les pièces seront alors servies et conduites par des hommes entre lesquels on n'aura pas encore eu le temps de faire un choix et qui comprendront 60 0/0 de réservistes — dont beaucoup auront depuis longtemps oublié ce qu'on leur avait enseigné, et n'auront pas pu apprendre grand'chose, au cours de leurs périodes d'instruction, sur des projectiles explosifs dont l'adoption est toute récente.

En outre, des explosions pourront être aussi, comme on l'a vu, déterminées facilement par les projectiles de l'ennemi. Ceux que lancent les canons à tir rapide pèsent plus de 400 grammes et sont remplis de substances explosives. Un seul de ces projectiles — et l'ennemi s'efforcera d'en lancer des milliers contre les coffres à munitions — suffira pour déterminer une explosion. Et la précision de leur tir, aujourd'hui, est étonnante.

Aussi, dès que l'emplacement des caissons à munitions sera découvert, on dirigera contre eux une masse de projectiles, de sorte que l'un ou l'autre avant-train finira bien par être atteint. L'histoire de la guerre fourmille d'exemples d'explosions d'avant-trains et de caissons produites par l'action de l'artillerie. Mais, comme ces voitures n'avaient jamais renfermé de projectiles explosifs d'une puissance égale à ceux d'aujourd'hui, les accidents amenés par leur éclatement n'étaient relativement qu'insignifiants.

On peut facilement se figurer l'impression que la première grande catastrophe produira sur le pays et sur l'armée. Le voisinage de l'artillerie, qui précédemment n'avait pour effet que de relever le moral des troupes, deviendra maintenant pour elles une cause d'inquiétude.

Cette impression se fera sentir même au delà des limites du champ de bataille, — surtout en raison de l'état social de l'Europe occidentale et de la façon dont y sont constituées les armées. Les nouvelles de pertes graves, ainsi éprouvées, pourront facilement faire naître des troubles.

Car, une fois la mobilisation réalisée, il ne restera plus dans le pays que les hommes les plus âgés; et quand ceux-ci apprendront les catastrophes causées par le nouvel armement, il se produira sans nul doute, dans les familles, une émotion qui pourrait très bien devenir dangereuse pour l'ordre social.

L'emploi des nouveaux explosifs peut donc non seulement causer de terribles ravages dans les rangs de l'ennemi, mais faire aussi courir de grands risques aux troupes mêmes qui s'en serviront. Bien des voix se sont d'ailleurs élevées contre l'emploi des projectiles ainsi organisés.

Le colonel Thomas a écrit (1): « Les nouvelles substances explosives « inventées par la science moderne, comme la mélinite, la dynamite, etc., « sont indignes de figurer dans un combat loyal entre nations civilisées « et nous ramèneront à la barbarie. »

____

(1) *Où s'arrêtera-t-on ?* — Paris, 1895.

Et cet officier demande que ces moyens de tuerie sauvages soient proscrits de nos armées, comme étant aussi démoralisants pour le vainqueur que pour le vaincu, car ils transforment le champ de bataille en une cruelle boucherie.

Forcément les pertes causées par le feu de l'artillerie seront beaucoup plus grandes que dans les guerres précédentes, où, par exemple, sous le second empire français, une canonnade prolongée était en quelque sorte le long prologue obligatoire du drame de la bataille. Mais cette canonnade ne décidait rien. Les pertes, des deux côtés, étaient minimes; aucune des deux artilleries n'était anéantie par l'autre, et cela servait plutôt à se tâter mutuellement. C'était une sorte de reconnaissance pendant laquelle on prenait ses dispositions de combat et on préparait les moyens d'exécution de la lutte. L'artillerie s'efforçait principalement d'agir contre l'infanterie. Car son tir contre l'artillerie adverse ne pouvait guère donner de résultats bien sérieux et contribuer à décider l'affaire.

Mais déjà, en 1866, le combat d'artillerie a un peu plus d'effet. L'artillerie prussienne s'efforce en conséquence d'attirer sur elle le feu des canons autrichiens dirigé contre son infanterie, ce qui d'ailleurs lui réussit rarement. Les batailles commencent aussi dans cette campagne par un duel d'artillerie, mais pourtant sans grandes pertes encore.

Le même fait s'est reproduit pendant la guerre de 1870. C'est seulement dans des cas assez rares que le combat d'artillerie s'y est montré très meurtrier; — comme, par exemple, lorsque le rapprochement des deux armées opposées devait amener promptement un résultat décisif, — ou bien quand la position de l'un des partis était incomparablement meilleure, — ou encore parce qu'un matériel, d'une supériorité décisive, avait un effet irrésistible: comme ce fut le cas pour les Allemands, qui, en outre, l'emportaient numériquement de beaucoup.

Dans ces différentes circonstances, l'artillerie qui se trouvait dans la situation la moins favorable, n'arrivait en réalité pas même à faire agir ses batteries.

Mais ce qui n'était autrefois que l'exception deviendra maintenant la règle. D'un côté ou de l'autre, le combat d'artillerie se terminera promptement. Le tir est gêné par l'étendue même du terrain exposé au feu des pièces; l'effet destructeur des nouveaux projectiles exige chez les chefs, à un bien plus haut degré que dans les anciennes guerres, du coup d'œil et de l'intelligence.

De même qu'en général dans le combat moderne, rien ne doit se faire qu'après mûre réflexion, si l'on veut éviter de terribles sacrifices, ainsi l'artillerie ne doit apparaître sur le champ de bataille que dans une position favorable, afin d'éviter les déplacements superflus qui sont très dangereux (1).

Si nous jetons un coup d'œil sur le passé, nous comprendrons combien c'est se faire illusion d'espérer que les progrès de l'armement n'influeront que peu ou point sur le chiffre des pertes.

Pour le feu d'infanterie, il était encore possible de se rassurer en songeant que plus était perfectionné le mécanisme, plus devait être développée l'instruction du tireur; de sorte que, finalement, le tir du fusil le plus parfait dépendait des mêmes conditions que celui du plus rudimentaire. Mais avec l'artillerie, il ne peut être question de considérations semblables.

L'espérance que les pertes sont à peu près indépendantes du perfectionnement des armes est, surtout en ce qui concerne l'artillerie, tout à fait trompeuse.

Le pointeur de la bouche à feu qui, d'ailleurs, est en partie couvert par celle-ci même, n'a besoin que d'une minute de sang-froid pour bien diriger sa pièce. Si fort émotionné qu'il soit, il peut, s'il le veut, placer correctement la ligne de mire. Et le canon, une fois pointé, reste parfaitement immobile jusqu'au moment du tir (2).

Comparaison des guerres de 1866 et 1870.

Dans la campagne de 1866, comme nous l'avons vu, les canons autrichiens étaient meilleurs que les prussiens. Et, en effet, le résultat fut que les Autrichiens ne perdirent que 5 0/0 par le feu de l'artillerie, tandis que les Prussiens perdirent 16 0/0, c'est-à-dire trois fois davantage. Ainsi, la supériorité morale de l'artillerie prussienne ne suffit pas à compenser son infériorité au point de vue technique.

En 1870, au contraire, l'artillerie allemande était supérieure à l'artillerie française et commença toujours la lutte aux distances les plus éloignées. Comme résultat, nous voyons que, par exemple, à la bataille de Gravelotte, les pertes causées par le feu de l'artillerie s'élèvent :

> Du côté allemand, à 2,7 0/0
> Du côté français, à 25 0/0

c'est-à-dire que les pertes de Français furent presque dix fois plus considérables.

Graphiquement exprimés, ces résultats donnent la figure suivante :

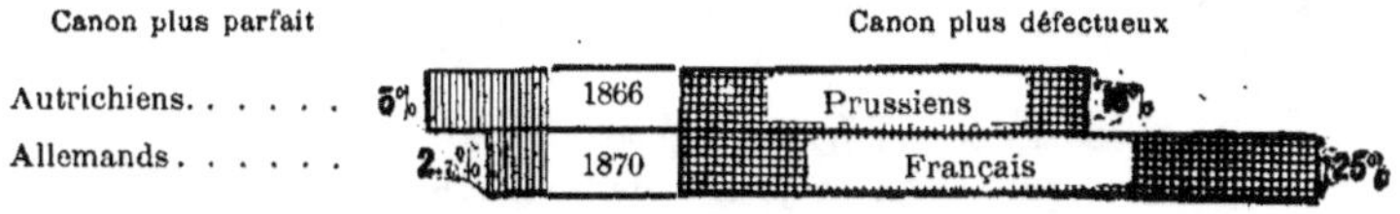

Les données mêmes de l'État-Major prussien montrent que l'artillerie française ne pouvait pas soutenir la lutte contre l'artillerie allemande.

---

(1) Ordre aux troupes de la garde et de la circonscription militaire de Saint-Pétersbourg, — extrait de l'ouvrage de Mikhnevitch : *L'influence des plus récentes inventions techniques.*

(2) Pouzirevsky, *Étude du combat.*

En outre, après les premières batailles sanglantes et quand eurent été faits prisonniers les vieux soldats de l'armée impériale, l'armée allemande n'eut plus à combattre que des troupes de moindre valeur — et cependant les pertes de son artillerie en hommes ne furent pas sans importance.

Pertes de l'artillerie dans la guerre franco-allemande.

Cette artillerie n'eut pas, en effet, moins de 419 officiers et 4,991 hommes tués ou blessés; de plus, elle perdit 19 officiers et 1,090 hommes par les maladies. Les pertes de certaines batteries semblent même presque incroyables, lorsqu'on réfléchit que le personnel de combat de chacune d'elles ne comportait que 4 officiers et 62 hommes.

Ainsi, 10 batteries, sur leurs 40 officiers en perdirent 36, et sur leurs 620 hommes en perdirent 612.

Il convient de relever particulièrement ce fait, que les grandes pertes se produisirent surtout à l'époque où l'armée française n'était pas encore complètement désorganisée. Ainsi, par exemple, la 4ᵉ batterie lourde du 9ᵉ régiment perdit, près d'Amanvilliers, pendant la bataille de Saint-Privat, le 18 août 1870, son effectif presque tout entier (3 officiers, 45 hommes et 49 chevaux), et cela en un peu plus d'un quart d'heure seulement (1).

N'est-on pas dès lors en droit de se demander ce qui serait arrivé si la guerre s'était prolongée pendant longtemps avec des troupes de même valeur et munies de l'armement actuel ?

Les pertes de l'artillerie peuvent conduire à manquer d'hommes pour la recruter.

En admettant qu'on trouve toujours un personnel suffisant pour recruter l'infanterie, il n'est pas possible d'en dire autant du personnel de l'artillerie. Car on ne peut pourtant pas confier à des hommes inexpérimentés et sans instruction, le soin de manier les canons actuels avec les projectiles explosifs qu'ils auront à lancer, souvent par-dessus la tête des troupes amies.

Il faut encore observer que les blessures produites par les projectiles de l'artillerie sont tout particulièrement sérieuses. Pendant la guerre de 1877-78, les blessés de l'armée russe qui succombèrent se répartissent ainsi :

Gravité des blessures causées par les projectiles de l'artillerie.

à des blessures par les balles de fusils 20,9 0/0
à des blessures par les projectiles de l'artillerie . . 52,9 0/0
à des blessures par les armes blanches 5,3 0/0 (2)

---

(1) *Zur Geschichte der französischen und deutschen Artillerie in den Feldzügen 1866 und 1870-71* (Pour l'histoire des artilleries française et allemande dans les campagnes de 1866 et 1870-71). *Beiheft zum « Militär Wochenblatt »*, 1873.

(2) Pavloff, *Sur l'importance de l'armement des troupes en fusils de petit calibre.*

Ce qui, graphiquement exprimé, donne la figure que voici :

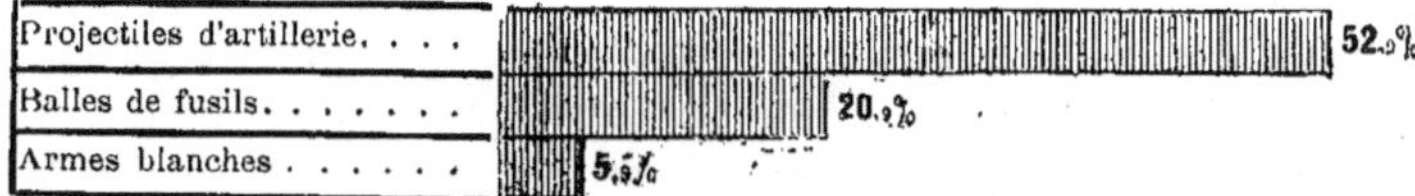

Blessures ayant amené la mort, en pour cent.

Par suite du développement et du perfectionnement de l'artillerie à tant de différents points de vue, la conduite de son feu et le soin de son approvisionnement en munitions sur le champ de bataille sont devenus très difficiles, — d'autant qu'on est exposé constamment au danger des explosions de projectiles produites par les ébranlements ou les chocs.

Plus un mécanisme est compliqué et plus son maniement exige un personnel intelligent. Cette règle s'applique surtout à l'artillerie, malgré l'opinion de certains auteurs qui soutiennent que l'efficacité de cette arme ne dépend que de son matériel ; le résultat ne se mesurant, suivant eux, qu'au nombre et au poids des projectiles envoyés à l'ennemi dans un temps donné.

Le rôle de l'artillerie sera d'autant plus difficile à l'avenir, qu'on lui demandera surtout d'augmenter la confiance de l'infanterie, parce que celle-ci ne marchera pas volontiers en avant, si elle ne se voit pas suivie par les canons.

Et il est de fait que l'infanterie qui, dans la guerre future, attaquerait un ennemi de même valeur, risquerait de se voir anéantie si elle n'était pas soutenue par l'artillerie.

Nous voilà donc ramenés encore à la grave question dont nous ne pourrons trouver la réponse que plus tard : Avec la technique actuelle, une guerre peut-elle durer assez longtemps pour résoudre d'importantes difficultés internationales ?

Cette question est d'autant plus délicate, que relativement aussi aux progrès de l'artillerie, l'art de la guerre n'a pas dit son dernier mot. Comme les autres branches de la technique militaire, le perfectionnement des bouches à feu suit une marche ininterrompue.

Constamment surgissent de nouveaux systèmes de canons qui laissent loin derrière eux les précédents, comme portée, précision et vitesse initiale du projectile.

En tous cas, il faut reconnaître que l'adoption, pour les engins de guerre, de la poudre sans fumée et des explosifs, qui caractérise la fin de notre siècle, a énormément augmenté la puissance meurtrière du feu de l'infanterie et de l'artillerie. Et la seule circonstance qui puisse, dans une certaine mesure, être considérée comme une compensation, c'est que les champs de bataille seront beaucoup plus étendus que par le passé, ce qui facilitera la retraite des vaincus.

Mais néanmoins se représente toujours cette question : Est-il possible, dans les conditions actuelles, de mener à bien une guerre décisive ?

Il n'est pas douteux que même des soldats moins vaillants marcheront contre les positions ennemies s'ils sont conduits en ordre compact. Mais si, après les premières salves mortelles, les rangs se relâchent, alors pourrait bien arriver, plus sûrement qu'autrefois, ce qu'on appelle « l'affolement des masses ». Sous l'influence du bien-être toujours croissant, de la liberté, de la culture intellectuelle et des commodités de la vie, dont l'amollissement est la conséquence, le courage personnel de chacun doit aller fatalement en s'amoindrissant d'une manière continue.

Mais d'autre part s'accroît chaque jour la puissance des engins mécaniques de destruction. On ne peut donc pas s'étonner de voir l'opposition faite au militarisme pénétrer de plus en plus profondément dans les couches sociales, et miner peu à peu l'échafaudage branlant des théories tendant à démontrer que la guerre est inévitable.

VII

Tactique de l'Infanterie

L'infanterie au combat.

La tactique actuelle est surtout le résultat de l'expérience des guerres les plus récentes. Quand les progrès de la technique militaire étaient relativement plus lents, il n'était pas difficile de se guider sur l'expérience du passé. Aujourd'hui les choses se présentent tout autrement. Le fusil actuel est supérieur en portée aux fusils à aiguille employés pendant la guerre de 1870, presque dans la proportion de 1 à 4 ; sa vitesse de tir, sa puissance de choc et l'étendue de sa zone dangereuse sont trois fois plus grandes, sa précision de tir l'est une fois et demie.

Par suite d'une aussi grande différence entre le fusil à aiguille et le fusil contemporain, celui-ci représente en quelque sorte une machine entièrement nouvelle. La différence était moindre entre les flèches lancées par les arcs et les balles du fusil à silex qui fut en usage pendant des siècles entiers.

En outre, d'autres circonstances, qui viennent seconder la puissance de la nouvelle arme, influeront sur la tactique de l'infanterie. Ainsi, d'un côté, apparaissent : et la possibilité de concentrer un nombre énorme de troupes sur un même point par le moyen des chemins de fer — dont la coopération est absolument nécessaire pour les amener sur le théâtre des opérations militaires — et aussi la faculté de transmettre promptement les ordres à de grandes distances par le moyen des télégraphes, des téléphones ou des signaux.

Mais, d'autre part, il faut compter avec l'incertitude qu'offre l'emploi de ces moyens dans le voisinage de l'ennemi et la difficulté de reconnaître la position de celui-ci, par suite de l'absence de fumée sur le champ de bataille et de la grande portée des fusils et des canons. En même temps on dispose de nouveaux procédés pour observer les positions ennemies, grâce aux aérostats et aux différentes applications de l'électricité — tous systèmes dont il est impossible, avant qu'ils aient subi l'épreuve d'une guerre réelle, de préjuger l'influence sur la marche des opérations.

La poudre
sans fumée.

Enfin il faut noter l'apparition d'un facteur puissant qui est venu brusquement changer, pour l'infanterie, les conditions de l'attaque et de la défense et dont jusqu'à présent, il n'a pas encore été possible d'apprécier l'importance avec précision : c'est la poudre sans fumée. Toutes les combinaisons et tous les mouvements basés sur la visibilité de la fumée, dont on se servait autrefois pour se guider dès le début de chaque rencontre avec l'ennemi, tout cela a disparu depuis l'adoption des nouvelles poudres.

L'introduction, en si peu de temps, de toutes ces conditions nouvelles de la guerre, et l'absence de données expérimentales à leur sujet, ont fait naître dans les sphères militaires, de nombreuses discussions, non encore terminées, sur les points les plus essentiels de la tactique future de l'infanterie.

C'est sur cette lutte d'opinions contradictoires que nous allons nous efforcer de jeter ici quelque lumière, en prenant pour guides les opinions formulées par les spécialistes en matière militaire.

I. Précis historique de l'influence exercée par l'armement sur la tactique.

Les instructions données à l'infanterie, en prévision de la guerre, se rapportent, avant tout, à la puissance de son arme. Aux indications fournies par l'expérience des guerres passées viennent s'ajouter des rectifications qui correspondent aux modifications survenues dans l'armement.

Jadis, en se fondant sur l'expérience des guerres précédentes, on avait formulé des conclusions d'après lesquelles, comme si c'eût été des vérités immuables, les troupes se préparaient à leurs opérations futures. S'il s'élevait parfois quelques doutes, ce n'était jamais que sur des points secondaires.

Influence
du nouvel
armement sur
l'offensive et la
défensive.

Mais depuis la dernière guerre, l'armement s'est modifié d'une façon si radicale que des doutes se sont élevés sur les questions les plus essentielles relatives à l'attaque et à la défense. Même, d'après beaucoup d'écrivains militaires éminents, l'expérience des deux dernières campagnes, de 1870 et 1877, ne saurait fournir, pour la guerre future, que des exemples effrayants (1).

---

(1) Löbell, *Militärische Jahresberichte für 1894*, — *Taktik der Infanterie;* Colonel Keim, *Kriegslehre in den kriegsgeschichtlichen Lehren der Neuzeit ;* Hœnig, *Taktik der Zukunft.*

Et quand on établirait, par des faits historiques, que de tout temps il s'est effectué, d'une guerre à l'autre, des perfectionnements dans l'armement, et qu'autrefois comme aujourd'hui les pessimistes n'ont pas manqué d'en déduire de terribles conséquences qui ne se sont pas réalisées, cela ne résoudrait pas le problème; attendu que jamais encore, depuis l'invention de la poudre, la guerre n'avait soulevé tant de questions énigmatiques.

Les nouvelles modifications qui se sont succédé dans l'armement, surtout dans celui de l'infanterie, dépassent en importance toutes celles qui s'étaient produites précédemment, non seulement dans l'intervalle entre deux campagnes mais pendant des périodes de plusieurs dizaines d'années.

Pour éviter le reproche d'avancer des opinions mal fondées, nous avons déjà donné, dans cet ouvrage, une esquisse historique des perfectionnements apportés successivement à l'armement de l'infanterie. Sans doute, bien des lecteurs n'ont rien trouvé de nouveau pour eux dans cette partie de notre travail. Mais pour la majorité même des lecteurs militaires, au milieu des divergences d'opinion actuelles, ce simple rappel des faits du temps passé peut n'avoir pas été sans utilité. Car des vérités, même bien connues, s'oublient quelquefois.

Depuis le temps de la dernière grande guerre européenne — la guerre russo-turque — il s'est écoulé près de vingt ans. Et il ne reste actuellement, dans les rangs des armées, qu'un nombre assez restreint d'officiers ayant fait la guerre. La plupart ne peuvent se la figurer que d'après l'image qui leur en est présentée par les exercices et les grandes manœuvres. Mais ces tableaux peuvent-ils donner une idée exacte de ce qui se passerait sur un champ de bataille, quand, au lieu de simples bruits qui n'effraient personne et d'arbitres comptant les coups, on aurait affaire à des projectiles non plus imaginaires, mais réels?

Rien n'est aussi dangereux que la surprise. Les principes fondamentaux de la guerre doivent donc être connus de toute la population puisqu'en cas de mobilisation celle-ci entrerait dans les rangs de l'armée et que l'issue de la campagne dépendrait de la façon dont elle se comporterait. Aussi ne suffit-il plus que les seuls officiers et soldats sous les drapeaux sachent à quoi s'en tenir sur ce qui les attend dans les prochains combats. On appellera en effet, pour y prendre part à leurs côtés, un grand nombre d'officiers et de soldats de la réserve qui, pendant des années, n'auront même pas assisté aux exercices militaires. Chacun de ceux-ci a donc tout intérêt à savoir quel effet les nouvelles conditions de la guerre auront sur lui et sur les siens.

Les uns jugent de cette guerre future uniquement d'après les récits qu'on leur a faits des anciennes guerres, alors que les engins techniques étaient beaucoup moins puissants qu'aujourd'hui. Et d'autres, qui peuvent avoir entendu vaguement parler du perfectionnement des armes, mais ne les connaissent pas d'une manière assez précise pour comparer le présent au passé, n'attachent pas l'importance qu'il faudrait, aux modifications réalisées.

Influence de l'opinion publique.

Et cependant l'opinion qu'une nation a de sa puissance influe notablement sur la marche de sa politique. Or, quoique dans l'armée, on soit convaincu que les questions militaires même fondamentales constituent une spécialité, et que l'ensemble de la société peut y rester étrangère, le général Fadéïeff n'en est pas moins d'avis qu'au moment de se prononcer sur les chances de succès, entre dix militaires tenus pour les meilleurs juges en pareille matière, il y en a bien neuf qui ne font que refléter l'opinion du milieu dans lequel ils vivent. Et c'est très-naturel, ajoute le général, car il est impossible, en de semblables questions, d'échapper à l'influence de l'opinion publique.

Les armes à feu firent leur première apparition au xive siècle. Mais elles étaient alors si défectueuses qu'on ne doit pas s'étonner de voir les Anglais préférer encore, en 1471, les arcs et les flèches aux fusils, en raison de la faible portée de ces derniers et du temps considérable qu'il fallait pour les charger.

Les bardes anglais prophétisaient même alors que l'Angleterre périrait si elle adoptait les armes à feu au lieu des arcs.

A la fin du xve siècle, vers 1496, il n'y avait encore de pourvu d'armes à feu, qu'un tiers de l'infanterie en Espagne, un sixième en Allemagne et un dixième seulement en France.

Tactique de l'infanterie à la fin du xve siècle.

Quant à la tactique de cette infanterie, Olivier de la Marche raconte dans ses Mémoires « qu'elle ne redoutait pas la cavalerie, mais que trois hommes devaient toujours rester unis : un *piquier*, un *arbalétrier* et un *arquebusier* qui devaient connaître leur affaire et se soutenir alternativement de telle façon que l'ennemi ne pût rien contre eux ».

La figure ci-dessous, empruntée à *L'Art de combattre*, par Oméga, peut donner une idée de l'organisation tactique au commencement du xvie siècle. Elle représente une charge de cavalerie contre l'infanterie à la bataille de Pavie, en 1525.

La guerre de Trente Ans. Influence de Gustave-Adolphe sur la tactique et l'organisation des troupes.

Voilà où l'on en était lorsque commença la guerre de Trente Ans (1618-1648), à laquelle prit part toute l'Europe — sauf la Russie et la Pologne — et qui devait avoir une si grande influence sur le développement de l'art militaire. Gustave-Adolphe y posa de nouvelles règles sur la tactique et l'organisation des troupes.

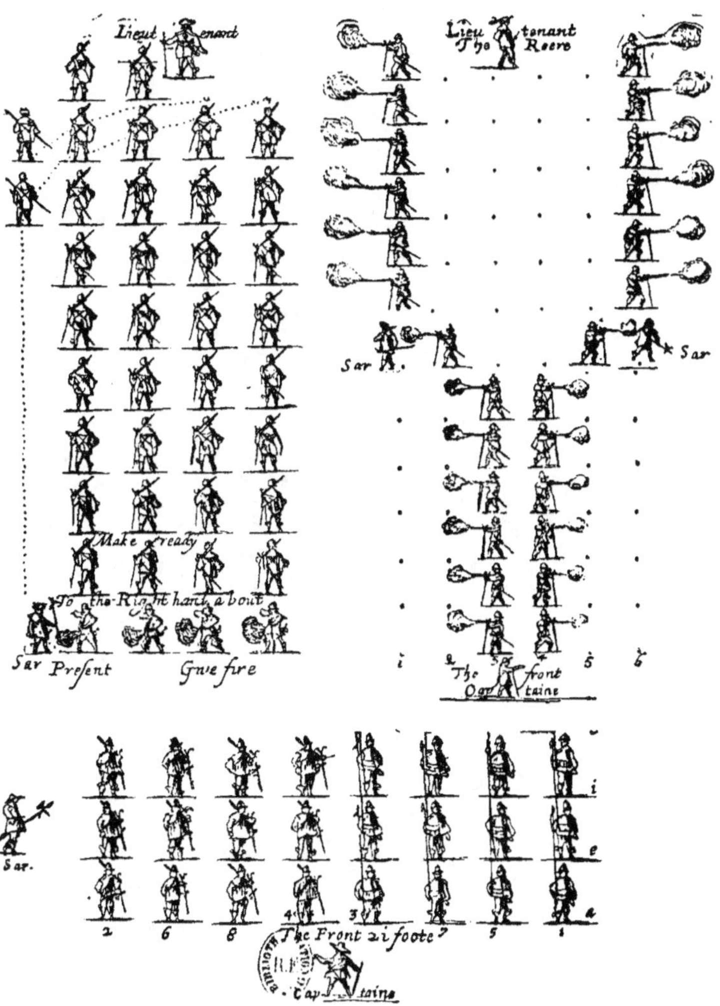
Lieutenant
Lieutenant Tho Reere
Make ready
To the Right hand about
Sar Present
Give fire
Sar
The front Captaine
The Front 21 foote
Captaine
Sar.

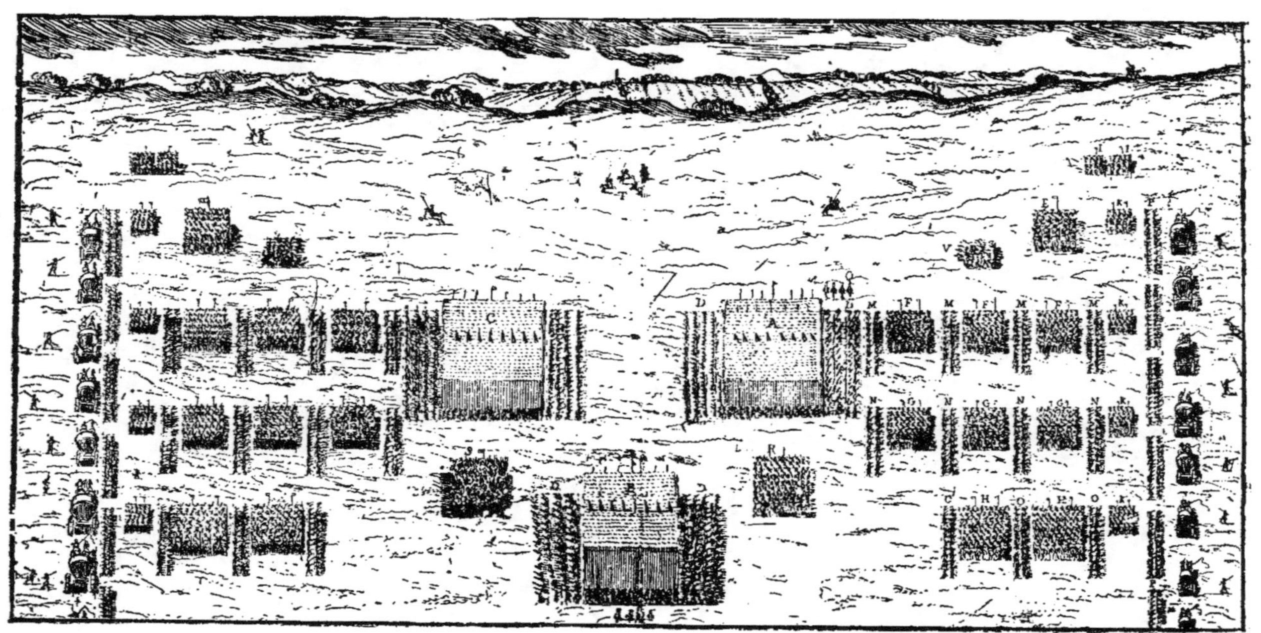

A, B, C — Piquiers ; D, I, M, N, O, P — Mousquetaires ; E, F, G, H — Cavalerie ; I, K, L — Détachements d'arquebusiers à cheval ; Q — Artillerie ; R, S — Drapeaux des généraux commandants ; T — Le général commandant les manœuvres ; V — Trompettes de cavalerie.

La Guerre future (p. 480, tome i.)

A la fin du xvi⁰ siècle, l'infanterie se subdivisait, comme nous venons
de le dire, en deux catégories : les piquiers et les mousquetaires. En 1624,
Gustave-Adolphe introduisit dans son armée des mousquets allégés, d'un
calibre plus faible ; il supprima la fourchette, adopta les cartouches en
papier que l'homme porta par derrière dans un sac de cuir (giberne ou
cartouchière). Il diminua le nombre des mouvements de la charge, qui
s'élevait jusqu'à 99, et augmenta le nombre des mousquetaires (2).

Mais ce qu'il est surtout important de remarquer, c'est que l'armée
suédoise de Gustave-Adolphe représentait une troupe nationale recrutée
d'après un système de colonies militaires : — les rois donnaient aux soldats
des terres en propriété et les exemptaient d'impôts, — tandis que, dans

L'armée suédoise
était une armée
nationale.

Bataille de Pavie.

d'autres pays, au commencement de la guerre de Trente Ans, il n'existait
pas encore d'armées permanentes. En cas de besoin, on levait des troupes
au moyen d'un mode de conscription plus ou moins régulier ou en appelant
des milices nationales, mais surtout en recrutant à prix d'argent des
mercenaires pour qui la guerre était un métier.

Quand la campagne était finie, tous ces gens-là rentraient chez eux.

____

(1) Mikhnevitch, *Histoire de l'art militaire* (en russe).

Jean de Bloch. — *La Guerre future.*   31

Avec un tel système de recrutement des armées, leurs qualités morales étaient très médiocres, ce qui devait influer sur leur discipline et sur la façon même dont on les employait au combat.

Aussi n'est-il pas étonnant qu'avec ses troupes bien disciplinées, bien équipées et bien instruites, Gustave-Adolphe pût réaliser des combinaisons tactiques plus savantes que ses adversaires et avoir ainsi sur eux une supériorité décisive.

Son infanterie, dans les colonnes en marche, se formait par six ; mais pour combattre, elle se dédoublait et se disposait sur trois rangs.

Au lieu de six rangs comme autrefois, la cavalerie se formait sur trois, en se subdivisant en petits détachements pour être plus mobile.

Mais c'est surtout à l'artillerie que fut donnée de la mobilité. Cette arme fut mise en état de changer de position au cours même d'un engagement et de tirer dans toutes les directions, ce qu'auparavant elle ne pouvait pas faire (1).

Le professeur Mikhnevitch (2) résume de la façon suivante la tactique de Gustave-Adolphe : « Peu ou point de réserves dans l'ordre de bataille, choc de lignes parallèles sur toute la longueur de leur front, absence de concentration décisive des forces sur le point le plus important du champ de bataille. » Mais les opérations de Gustave-Adolphe, au cours de la guerre de Trente Ans, eurent pour conséquence que, dans la plupart des États, on comprit la nécessité d'avoir des armées permanentes, de conduire la guerre méthodiquement et d'entretenir régulièrement les armées sur le théâtre des opérations militaires.

Les États reconnaissent la nécessité d'avoir des armées permanentes.

En France aussi, au siège de Bayonne (1641-1642) fut pour la première fois fixée au mousquet la baïonnette (fig. XVI), qui rendit inutiles les piques dans l'infanterie. Et on arriva de la sorte à réaliser le « fusil » (ainsi nommé à cause de la « pierre » ou silex : *fucile* en italien, *flint* en anglais), qui devint l'arme unique de l'infanterie — en dehors de l'épée ou du sabre-poignard.

Adoption, en France, de la baïonnette.

Le fusil à baïonnette.

La guerre de Trente Ans marqua le commencement du système des grandes armées permanentes, et, par suite, d'une organisation militaire complète, non seulement en temps de guerre, mais en temps de paix. Sous le règne de Louis XIV, la France, pendant la guerre de la Succession d'Espagne, disposait déjà d'une armée de 350,000 hommes ; l'Autriche en avait une de 130,000 ; le Brandebourg même, sous le règne du Grand Électeur, porta ses forces permanentes jusqu'au chiffre de 30,000 hommes.

La guerre de Trente Ans amena la création des armées permanentes.

Déjà ces troupes ne se licenciaient plus à la conclusion de la paix : ce

(1) Oméga, *L'Art de combattre.*
(2) *Histoire de l'art militaire* (en russe).

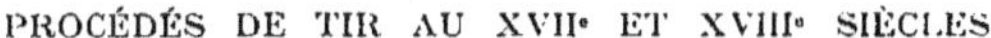

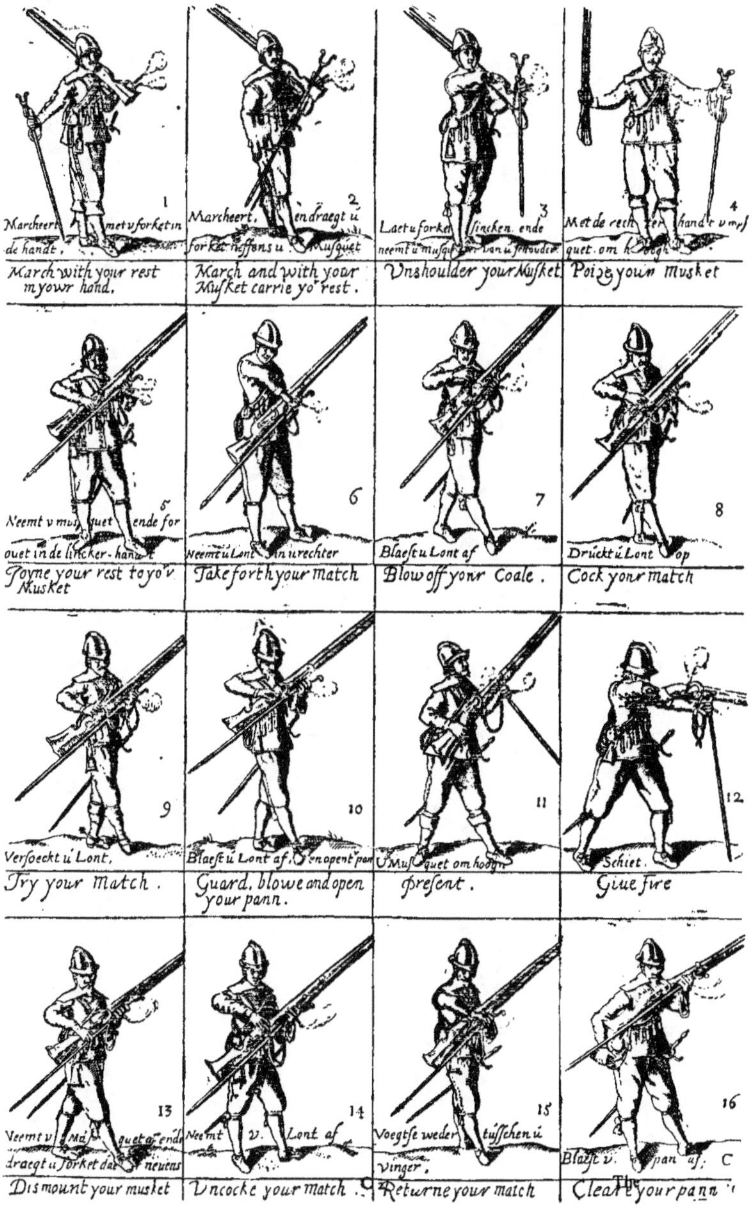

1. Marchez et portez en main votre fourchette.
2. Marchez et portez la fourchette avec le mousquet.
3. Otez le mousquet de l'épaule.
4. Tenez le mousquet en équilibre.
5. Adaptez la fourchette au mousquet.
6. Sortez la mèche.
7. Soufflez sur la mèche.
8. Arrangez la mèche.
9. Eprouvez la mèche.
10. Attention, soufflez sur la mèche et ouvrez le bassinet.
11. Préparez-vous.
12. Feu !
13. Otez le mousquet de l'épaule et ouvrez le bassinet.
14. Otez la mèche.
15. Mettez de côté la mèche.
16. Essuyez le bassinet.

LA GUERRE FUTURE (P. 182, TOME I.)

17.

18.

19.

20.

21.

22.

23.

24.

25.

26.

27.

28.

29.

30.

31.

32.

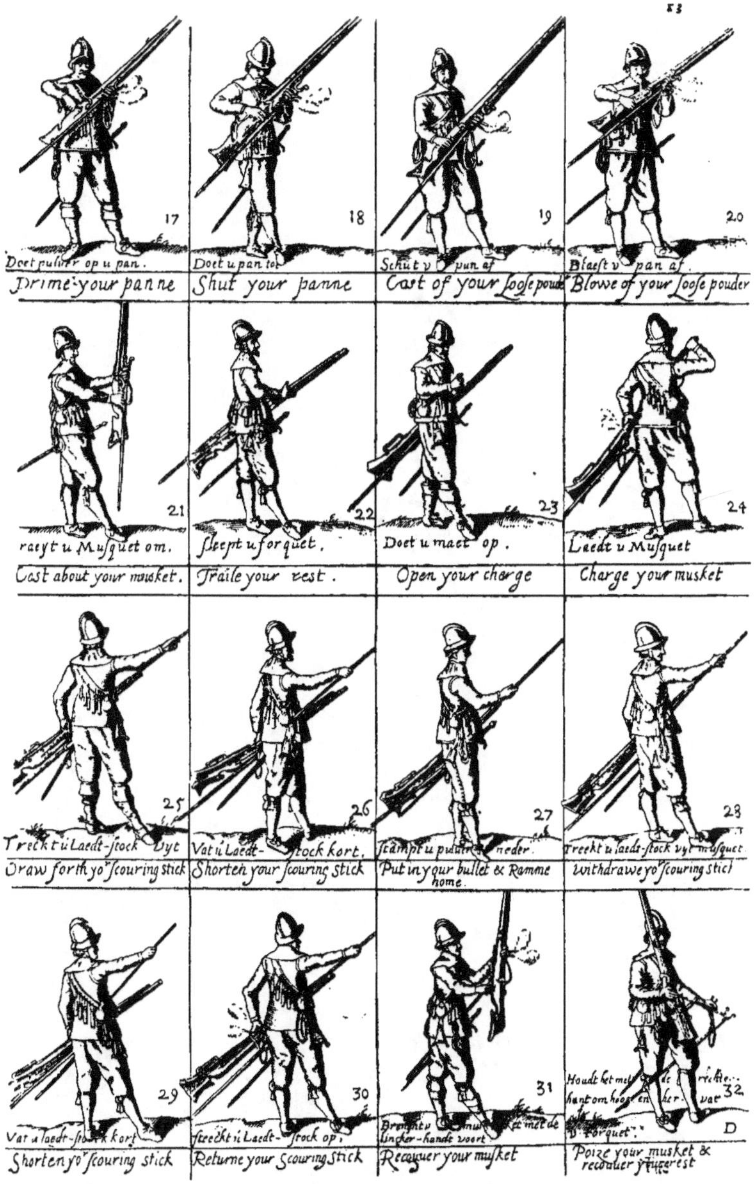

17. Mettez de la poudre dans le bassinet.	21. Secouez le mousquet.	28. Retirez la baguette.
18. Fermez le bassinet.	22. Baissez la fourchette.	29. Renfoncez la baguette.
19. Otez la poudre qui est de trop.	23. Ouvrez la cartouche.	30. Baguette en place.
20. Soufflez la poudre qui est de trop.	24. Chargez le mousquet.	31. Prenez le mousquet.
	25. Retirez la baguette.	32. Tenez le mousquet en équilibre et prenez la fourchette.
	26. Renfoncez la baguette.	
	27. Placez et enfoncez la balle.	

qui exigea l'organisation permanente d'une direction militaire supérieure et entraîna l'unification d'armement et d'instruction des soldats.

Primitivement les régiments avaient chacun le caractère de sa province, avec leurs usages et leurs habitudes ; ils appartenaient même à ceux qui les avaient levés parmi leurs vassaux et qui en étaient non seulement les chefs, mais les « propriétaires ».

Gustave-Adolphe faisait vivre son armée au moyen de convois réguliers provenant de ses magasins. Ce système fut adopté par la suite dans toute l'Europe ; et, pendant la guerre, à une distance de cinq marches en arrière des troupes, s'établissait la ligne des magasins d'approvisionnement.

Les armées cessant ainsi de porter avec elles tous leurs approvisionnements, mais recevant des convois réguliers, — sauf à les compléter par des réquisitions, — la stratégie s'en trouva également modifiée. Les troupes devinrent moins mobiles, puisqu'on devait transporter derrière elles une ligne de magasins ; et en même temps les opérations qui avaient pour objet de couper les communications de l'ennemi prirent une importance particulière.

La lenteur des mouvements entravait la poursuite énergique de l'ennemi battu. Par suite, quoiqu' avec les armées permanentes on ne perdît déjà plus de temps à convoquer les milices, quoique le recrutement s'opérât par des appels réguliers, les guerres continuèrent à traîner en longueur pendant des années sans amener de résultats décisifs.

Voici comment s'exprime le professeur Mikhnevitch (1) au sujet des formations tactiques de cette époque : « Avec l'adoption du fusil à baïonnette, le bataillon de 500 à 800 hommes devint définitivement l'unité tactique fondamentale ; il s'établit une relation permanente entre les bataillons et les unités administratives : la compagnie et le régiment. L'infanterie mit sa force principale dans le développement aussi puissant que possible du feu en ordre compact ; les chocs à la baïonnette devinrent rares et on n'y recourut plus volontiers. Par lui-même ce choc n'assurait pas le succès, de sorte que, en dehors du bataillon déployé qui permettait de donner au feu son maximum de puissance, on ne connaissait pas d'autre formation pour l'infanterie... Avec l'adoption du fusil et l'amélioration de l'équipement permettant de charger et de tirer plus vite, les bataillons se formèrent sur trois ou quatre rangs : la formation de combat en lignes de bataillons déployés devint la règle générale. »

Le même écrivain observe en outre que la composition des armées permanentes différait aussi, au point de vue moral, de celle des anciennes milices. L'enrôlement pour le service permanent amena sous les drapeaux

------

(1) *Histoire de l'art militaire*.

des gens qui ne voulaient pas travailler, attirés par le prestige de l'uniforme et l'espoir de satisfaire leurs fantaisies.

D'où la nécessité de prendre des mesures rigoureuses pour maintenir la discipline, ce qui conduisit à infliger des punitions humiliantes. Lesquelles punitions gâtèrent d'abord les honnêtes gens qui se trouvaient sous les drapeaux, puis détournèrent leurs semblables d'entrer au service, surtout dans l'infanterie.

Transformation de l'art militaire par le Grand Frédéric. Plus tard d'importants changements furent introduits dans l'art militaire par le Grand Frédéric. Il perfectionna beaucoup toutes les parties de l'organisation ; et, dans le combat, il donna la prééminence à l'action du feu, mais sans renoncer, toutefois, à l'emploi du choc. L'adoption qu'il fit de la baguette en fer contribua à l'accélération de la charge.

En général, Frédéric donna une bien plus grande rapidité au feu de son infanterie (1), mais il défendit à sa cavalerie de tirer avant de charger ; elle se jetait directement à fond de train sur l'ennemi, le sabre levé au-dessus de la tête. Tandis que la cavalerie autrichienne, qui la combattait, s'avançait au trot et s'arrêtait à 30 pas de l'ennemi pour tirer une salve et charger ensuite.

Après avoir donné à toute l'artillerie une plus grande mobilité, Frédéric introduisit encore des batteries légères d'artillerie à cheval pour agir à l'avant-garde concurremment avec des détachements de cavalerie. Son infanterie était organisée en régiments, à deux bataillons de 1,000 hommes chacun, subdivisés en six compagnies dont une de grenadiers.

Formation du bataillon prussien pour le combat. Cette infanterie se formait sur trois rangs, la compagnie de grenadiers à une aile et rangée perpendiculairement au front.

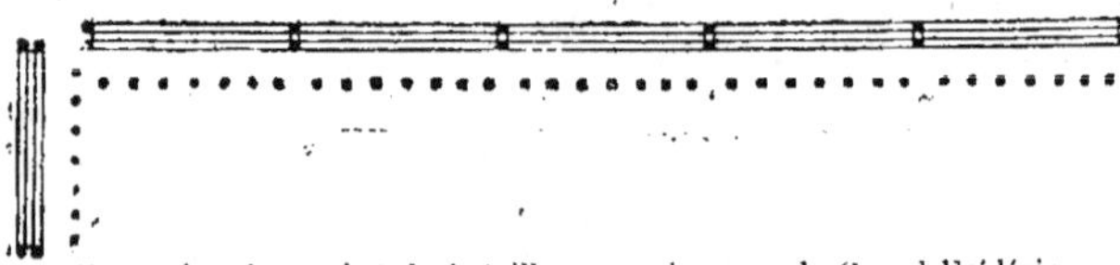

Formation de combat du bataillon prussien sous le Grand Frédéric.

Toute l'armée se disposait en ordre de combat, sur deux lignes avec leur réserve : au centre l'infanterie, la cavalerie sur les ailes.

L'infanterie était rangée par bataillons déployés que séparaient des intervalles. Ses deux flancs étaient couverts par les compagnies de grenadiers des bataillons disposés perpendiculairement au front.

------

(1) Le fantassin prussien tirait trois fois plus vite que les soldats français ou impériaux : trois coups par minute au lieu d'un, d'après le général Paris.

Des deux lignes de cavalerie la première se formait en muraille, c'est-à-dire sans intervalles, et la seconde se déployait en laissant entre les fractions des intervalles égaux au front de chacune d'elles.

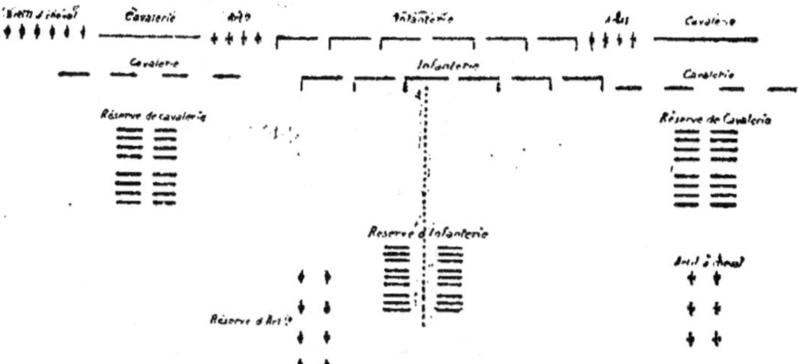

Formation de combat de l'armée prussienne sous le Grand Frédéric.

L'artillerie s'établissait par groupes irréguliers sur le front ou sur les flancs de l'infanterie ; l'artillerie à cheval avec la cavalerie. Les réserves, en colonnes serrées, se disposaient derrière le centre de chaque fraction.

Ainsi qu'on l'a dit plus haut, le système d'approvisionnement des troupes par les magasins fut, après la guerre de Trente Ans, adopté dans toutes les armées. Frédéric II le conserva également. Mais suivant toujours la stratégie offensive, il s'efforça d'éviter la lenteur dans les mouvements que ce système imposait. Pour cela, il adjoignit à son train des voitures appartenant aux habitants du pays ; il augmenta l'étendue des étapes journalières des transports, organisa des magasins mobiles et y ajouta des fours. Il eut ainsi la possibilité de s'éloigner jusqu'à 200 kilomètres, et même davantage, de sa base d'opérations, sans dégarnir ses magasins. Aussi pouvait-il aller de l'avant ; il envahissait le territoire ennemi et quand il rencontrait l'armée adverse, il cherchait, non pas à remporter sur elle des succès partiels, mais à l'anéantir d'un seul coup.

Les victoires de Frédéric eurent ce résultat que, dans les autres armées, on adopta aussi ses formations tactiques, en copiant littéralement son système de lignes minces. En France, toute la période qui sépare la guerre de Sept Ans de la Révolution fut remplie par des polémiques sur les avantages réciproques : de la formation en lignes minces favorisant l'action du feu, ou des dispositifs en masses compactes, c'est-à-dire en colonnes de combat ayant plus de profondeur que de front. Avec la Révolution commença une nouvelle tactique (1).

____

(1) Oméga, *L'Art de combattre.*

L'influence des idées qu'on avait sur l'importance des manœuvres fut énorme pendant tout le xviiie siècle. Gristeim (1), dans un projet de réorganisation de l'armée polonaise, montre comme modèle l'armée de Frédéric, mais en même temps il insiste sur l'importance des bons officiers et des vieux soldats.

Toutefois, dit-il ensuite, on peut se demander pourquoi toutes ces dépenses et ces complications ? Sous le règne de Sobieski, on n'a pas eu besoin de tout cela et les choses n'en allaient que mieux.

Mais le fait est que ce temps est passé et que les armées européennes se sont modifiées : aujourd'hui ce n'est plus le nombre et la valeur des soldats, mais la science des généraux et l'habileté des troupes à exécuter les mouvements nécessaires qui décident du sort des batailles (2).

Nouveaux perfectionnements des armes à feu portatives. En attendant, on continuait à s'efforcer de perfectionner les armes portatives ; on essayait même de fabriquer des fusils se chargeant par la culasse. Après l'invention de la platine à percussion, le meilleur fusil se trouva être, au commencement du siècle actuel, le fusil français modèle 1777-1800, avec platine à percussion modèle 1648, baguette en acier munie à une extrémité d'un pas de vis (pour l'ajustage éventuel d'un tire-bourre), à l'autre d'une tête pour bourrer la charge, avec une baïonnette triangulaire à douille et collier. Le poids normal de cette arme atteignait environ 5 kilog.

II. Tactique napoléonienne et son influence jusqu'à la guerre de Crimée.

Adoption de ordre dispersé (chaînes de tirailleurs). Les armées de la République française se composaient de soldats inexpérimentés, incapables de tenir sous le feu en ordre compact et d'attaquer en colonnes. Par suite on vit apparaître, comme de lui-même, l'ordre dispersé, sous la forme d'une masse de tirailleurs disséminés : quelque chose dans le genre des lignes avancées actuelles. L'expérience prouva que ce genre de formation de combat a ses avantages : le feu de tirailleurs disséminés à différentes distances de l'ennemi se trouva plus efficace que les salves tirées par rangs entiers. L'ordre dispersé diminuait les pertes, et les lignes ainsi étendues avaient une telle longueur qu'au besoin elles permettaient de déborder les ailes de l'ennemi ; — opération dont la simple menace suffisait à jeter l'inquiétude dans ses rangs.

(1) Heysmann, *Projet de réorganisation de l'armée polonaise en 1789 par Gristeim.*
(2) Même ouvrage de Heysmann.

D'ailleurs la guerre entre l'Angleterre et ses colonies soulevées de l'Amérique du Nord avait déjà montré la supériorité du feu ajusté et de l'assaut énergique, quoiqu'en formation irrégulière, sur la tactique linéaire de champ de manœuvres à laquelle avait fini par aboutir le système d'opérations de Frédéric II.

Les troupes anglaises suivaient la « savante » tactique prussienne, de même que les contingents allemands empruntés par l'Angleterre au Grand Électeur de Hesse et à d'autres princes germaniques. Tandis que les insurgés américains étaient des cultivateurs, ignorants des choses militaires et des formations compliquées, mais dont le moral était exalté et parmi lesquels se trouvaient bon nombre d'habiles tireurs, de chasseurs endurcis par la lutte avec les Indiens et habitués à la vie en campagne.

La victoire ne resta pas à la tactique linéaire et aux mouvements méthodiques, mais à l'énergie morale et à l'esprit d'initiative. Les Français La Fayette et Rochambeau, les Polonais Kosciusko et Poulawski, ainsi que d'autres volontaires de différentes nationalités qui avaient pris part à la guerre de l'Indépendance américaine, rapportèrent en Europe de nouvelles idées sur la tactique.

C'est ce qui amena les troupes de la République française à se présenter sous la forme d'une chaîne épaisse de tirailleurs, avec des réserves d'infanterie en ordre compact. Cette chaîne s'avançait vers l'ennemi formé en longues lignes continues, lui faisait beaucoup de mal, et, aux premiers symptômes de désordre qui se manifestaient dans ses rangs, toute l'armée dans la formation même où elle se trouvait, — c'est-à-dire la chaîne des tirailleurs en avant et l'infanterie de réserve en colonnes, — exécutait un assaut général en s'élançant à la baïonnette, tandis que la cavalerie chargeait les lignes minces et ébranlées de l'ennemi. Par suite de ce mouvement d'ensemble des Français sur tout leur front, leur adversaire ne pouvait prévoir sur quel point de sa ligne serait porté le coup principal, et le choc des profondes colonnes françaises brisait presque toujours une formation étendue et faible calculée seulement pour agir par le feu.

La formation des troupes républicaines est représentée dans la première figure de la page suivante.

La tactique des troupes de la Révolution était née d'elle-même. Les lignes avancées marchaient en ordre dispersé simplement par suite de leur inexpérience et de leur ignorance des formations méthodiques. En outre, le choc en masse, dans la formation même où elles se trouvaient en réserve, enthousiasmait ces jeunes troupes. Remarquant le flottement qui se produisait dans les lignes ennemies, les régiments de la République se lançaient à l'attaque sans hésiter.

Une pareille tactique semblait pourtant imaginée tout exprès pour

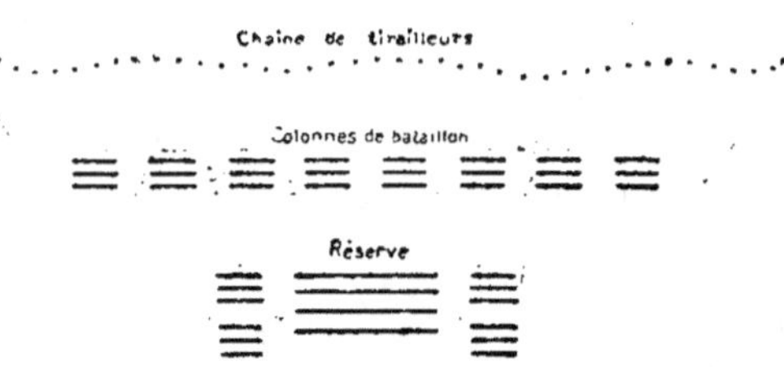

Formation de combat des Français au temps de la première République.

donner la victoire sur les lignes minces méthodiquement disposées, qui tiraient des salves et restaient immobiles comme si elles attendaient le choc des Français.

Aussi cette tactique, Napoléon la fit sienne; c'est grâce à elle que furent remportées toutes les victoires de la République, à Arcole, Rivoli, etc. Et si Souvaroff put lutter avec succès contre les Français, c'est parce qu'il n'étendait pas trop ses lignes et que lui-même, à la première occasion favorable, attaquait à la baïonnette.

Changement de tactique en présence de la cavalerie irrégulière. Mais en Égypte, Napoléon changea sa tactique parce qu'il avait affaire principalement à des masses de cavalerie irrégulière. Il forma son infanterie en grands carrés, à l'intérieur desquels il plaçait ses convois d'ambulance.

Multiplicité des formations de combat de Napoléon.

Le carré napoléonien en Égypte.

En raison des succès obtenus par l'application de la tactique républicaine, Napoléon, qui en avait remporté la plus grande partie, donna à ces formations un grand développement en y concentrant l'action de toutes les armes. Ses ordres de bataille étaient très variables. Frédéric II, au contraire, comme ses prédécesseurs, disposait toujours ses troupes d'après un certain ordre pris pour type. Mais Napoléon se montrait, on peut le dire, opportuniste en fait de tactique; même ses corps d'armée n'avaient pas une constitution normale comme aujourd'hui. Il variait leur composition et leur force, suivant le rôle qu'il destinait à chacun d'eux et le degré de confiance qu'il avait dans leurs chefs. Parfois il modifiait cette composition au cours d'une campagne, ou même avant telle ou telle affaire (1).

L'infanterie, partagée en corps d'armée que commandaient des maréchaux, combattait par divisions ou brigades ayant constamment pour

(1) La tactique d'autrefois (*Revue de l'Armée belge*).

ORDRE DE COMBAT DU TEMPS DE NAPOLÉON Iᵉʳ

Plan de la bataille de Leipzig, les 18 et 19 octobre 1813.

objet le choc à la baïonnette. La cavalerie opérait également en corps d'armée placés sous le commandement suprême de Murat et marchait à l'attaque en grandes masses qui balayaient tout sur leur passage. Enfin l'artillerie agissait aussi par masses — de 100 canons et même davantage.

Cette façon de masser les troupes de chaque arme ne contribua pas médiocrement aux victoires de Napoléon. La figure de la planche ci-contre nous montre clairement quel était l'ordre de bataille d'alors. Pourtant si la formation en masses de l'infanterie française, et ses attaques en colonnes serrées, eurent longtemps l'avantage de surprendre l'ennemi par un mode d'action inattendu et valurent aux Français de brillants triomphes, cette tactique se vit paralysée plus tard par la concentration, sur ces masses d'infanterie, du feu de l'artillerie opposée qui, dans leurs colonnes profondes, causait d'énormes ravages. Puis les adversaires de Napoléon se mirent aussi à faire agir par masses leur artillerie et leur cavalerie.

Concentration des troupes des différentes armes.

Mais en dehors des règles de la tactique révolutionnaire et de son génie militaire inné, ce qui contribua pour beaucoup aux succès de Napoléon, ce fut le dédain — purement révolutionnaire aussi — qu'il avait, d'abord pour toute espèce de formules traditionnelles et de méthodes admises, et ensuite pour toutes les restrictions que le droit pouvait mettre à l'action de la force.

Autres causes des succès de Napoléon. Son art personnel.

A la guerre, on le sait, c'est avant tout à la violence qu'on a recours, mais néanmoins dans de certaines limites. Et l'idée d'envisager la guerre comme un état de choses qui modifie brusquement tous les rapports légaux qui existent pendant la paix, — idée qui persiste encore de notre temps, — c'est ce César révolutionnaire qui l'affirma pour la première fois.

Avant lui, tout, jusqu'à l'emploi de la force elle-même, faisait l'objet de règles précises et même de règles trop nombreuses. C'était le temps de l'éducation uniforme, du formalisme, des alignements rigoureux, des perruques poudrées, des défilés impeccables et de l'esprit bureaucratique dans les armées.

On ne voyait pas, dans le soldat, un individu appelé momentanément au service et que remplacerait le lendemain un autre individu semblable ; — on y voyait avant tout une propriété de l'État qu'il fallait exploiter économiquement comme un capital quelconque. Au sentiment national et à celui de la dignité individuelle, — encore peu développés dans les populations rurales qui venaient à peine d'être affranchies, — on substituait des mesures rigoureuses de discipline, le maintien des armées en masses compactes et des formalités minutieuses pour chaque opération.

Le système des magasins garantissait l'exactitude dans les approvisionnements et, par suite, l'observation de la discipline; les formations serrées, pendant les marches et aux bivouacs, empêchaient les désertions;

Approvisionnement des troupes par des magasins.

et la tactique des lignes minces permettait aux chefs de voir comment se comportait chaque unité, ou même chaque soldat. Tout cela se rattachait logiquement au même formalisme.

Höpfner raconte qu'en 1806 les troupes de la principale armée prussienne étaient campées, pendant la nuit du 11 au 12 octobre, auprès de grands dépôts de bois à brûler et mouraient de froid ; que le jour suivant, elles n'avaient pas encore de combustible pour faire la cuisine, et qu'on ne se décida à utiliser ces approvisionnements de bois pour l'armée, qu'au moment où les soldats, se servant eux-mêmes, se mirent à abattre les arbres voisins.

Plus loin, le même écrivain nous apprend que, pendant ces pénibles journées, on manquait complètement d'avoine pour les chevaux, tandis que dans l'hôtel de ville d'Iéna il s'en trouvait des provisions abondantes. Et bien que les Français s'approchassent déjà, les chefs de l'armée se crurent obligés d'écrire d'abord à Weimar, à l'une des directions administratives supérieures du duché, pour demander l'autorisation *d'acheter* ce dont ils avaient besoin. Quelle fut la réponse? nous n'en savons rien. Mais ce qu'il y a de sûr, c'est qu'entre temps l'avoine tomba aux mains de l'ennemi et que les chevaux français se chargèrent de donner la solution pratique de cette difficile question.

Et cependant l'intendant du duc de Weimar n'était pas le premier venu, et certainement pas non plus un imbécile. Ce n'était autre, en effet, que le conseiller privé et ministre d'État von Gœthe, « un grand et bel homme », suivant l'expression d'un témoin oculaire, « qui, dans son uniforme de cour tout brodé, avec sa perruque poudrée et son épée solennelle, avait au moins l'air d'un ministre et soutenait admirablement la dignité de sa charge » (1).

D'ailleurs Clausewitz nous raconte, sur cette même époque, des choses encore plus étonnantes.

Les troupes prussiennes qui, après la bataille d'Auerstædt, étaient restées deux jours sans manger, arrivèrent le troisième jour, absolument épuisées dans un riche village. Le prince Auguste de Prusse fit alors réunir, pour ses grenadiers, presque morts de faim, tous les vivres qu'il trouva sur place, en les réquisitionnant, comme cela se fait aujourd'hui partout à la guerre. Or les paysans poussèrent des cris terribles et même l'on vit l'un des plus anciens officiers supérieurs de la garde, vivement indigné de cette façon d'agir, venir tout en colère observer au prince qu'un tel système de brigandage *n'était pas dans les habitudes de l'armée prussienne et lui semblait contraire à son esprit.*

---

(1) *Mémoires posthumes de von der Marwitz.* — Berlin, 1852, tome II, page 11. Citation empruntée à l'ouvrage de von der Goltz : *La Nation armée.*

Il est vrai que le général Kalkreutz, qui commandait provisoirement l'armée, avait rendu la veille l'ordre suvant : « Distribuez du pain aux troupes, et si vous n'en avez pas, donnez-leur de l'argent pour en acheter.»

Cependant il ne fallait pas songer aux voitures de vivres, et il n'y avait pas non plus d'argent. Aussi le prince Auguste fit-il remarquer avec beaucoup de raison, que l'ordre en question équivalait à dire : « Donnez aux hommes l'argent que vous n'avez point, afin qu'ils puissent acheter du pain là où il est impossible d'en trouver ».

Napoléon ne se laissait arrêter ni par les traditions, ni par le formalisme, ni par les idées qu'on pouvait se faire sur le droit. A la guerre il ne connaissait qu'une loi : la nécessité ! Il ne se gênait même pas pour faire passer tel ou tel corps de troupes à travers un territoire neutre, si c'était nécessaire pour tourner l'ennemi.

Nous avons dit que les ennemis de Napoléon apprirent enfin à neutraliser le choc de ses énormes colonnes, en concentrant sur elles le feu de leur artillerie qui y produisait des vides considérables. Comme exemple, nous citerons la disposition de l'attaque à Wagram.

Napoléon attaqua les Autrichiens avec 32 bataillons et 24 escadrons disposés dans l'ordre suivant : à l'aile droite, 12 bataillons déployés l'un derrière l'autre à la distance de cinq pas ; à l'aile gauche, une brigade en colonne serrée par divisions (1) ; au centre, 8 bataillons déployés; en arrière, 24 escadrons en colonnes serrées par régiments, soutenus par 6 bataillons déployés.

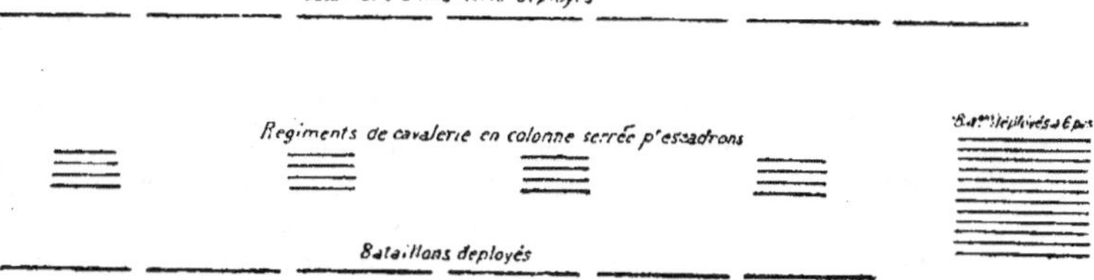

Formation de la colonne d'attaque à Wagram.

Cette colonne serrée de 8,000 hommes fut détruite par l'artillerie et la fusillade de l'ennemi : 6,500 soldats restèrent sur la place ; les autres furent sauvés par l'arrivée d'une division de Davout qui décida du succès de l'action (2).

(1) Le mot division signifiant ici un groupe de deux compagnies.
(2) Oméga, *L'Art de combattre.*

En examinant la série des combats ultérieurs de la période impériale, il est impossible de ne pas constater que les Français durent acheter leurs succès au prix de victimes de plus en plus nombreuses. Et ce fait s'explique facilement. En faisant la guerre successivement avec diverses nations, ils enseignèrent peu à peu à celles-ci — qui les apprirent à leurs dépens — les procédés employés pour les battre. Et à mesure que ses adversaires faisaient des progrès à cette pénible école, Napoléon était obligé de recourir à des moyens toujours plus puissants, de se résoudre à de plus grands sacrifices.

C'est pour cela que, de plus en plus souvent, il lançait, malgré le feu, d'épaisses colonnes d'infanterie à la baïonnette, qu'il jetait sur l'ennemi des masses de cavalerie, qu'il massait et renforçait son artillerie, comme on le voit par la représentation d'une bataille figurée dans la planche ci-contre. — L'artillerie devenait surtout nécessaire parce que la conscription avait épuisé le meilleur de la population et que la composition de l'armée offrait moins de garanties au combat (1).

Bien caractéristiques sous ce rapport furent les dispositions prises par Napoléon dans sa dernière bataille, c'est-à-dire à Waterloo. Après que Jérôme eut conduit l'attaque du bois et du château de Gramont contre le flanc droit de Wellington, l'attaque contre le flanc gauche des Anglais fut d'abord préparée par le feu de 70 pièces. Puis on porta en avant par échelons, de gauche à droite, la brigade et les trois divisions du corps d'Erlon, déployées par bataillon, sur huit ou neuf rangs l'un derrière l'autre. Les Anglais ouvrirent, contre ces épaisses colonnes, un feu très vif qui arrêta leur élan. La cavalerie anglaise s'élança ensuite sur elles et les eût détruites si la cavalerie française à son tour ne l'avait enveloppée elle-même des deux côtés.

C'est après l'échec de cette attaque d'infanterie en masse, — qui avait fait de nombreuses victimes — que Napoléon ordonna à Ney de lancer sur le centre des positions ennemies, 40 escadrons de cuirassiers. Ceux-ci pénétrèrent d'abord en partie dans les carrés des bataillons britanniques. Mais le feu de l'infanterie à petite distance dispersa finalement cette masse de cavalerie. Puis Kellermann conduisit encore à l'attaque 77 escadrons avec le même résultat. Enfin Napoléon chargea Ney d'attaquer l'ennemi avec toute l'infanterie qui lui restait, y compris la vieille garde. Car déjà se montraient au loin les troupes de Blücher, que Napoléon, toutefois, ne croyait pas être l'avant-garde d'une armée entière, battue l'avant-veille. Mais le gros des forces de Blücher arriva avant que Ney ne fût parvenu à rompre les lignes anglaises.

---

(1) La tactique d'autrefois. — *Revue de l'Armée belge.*

Bataille de Leipzig, le 18 octobre 1813.

La Guerre future (p. 492, tome I).

Pour plus de clarté, nous montrons par la figure suivante dans quel dispositif s'avançait le corps d'Erlon :

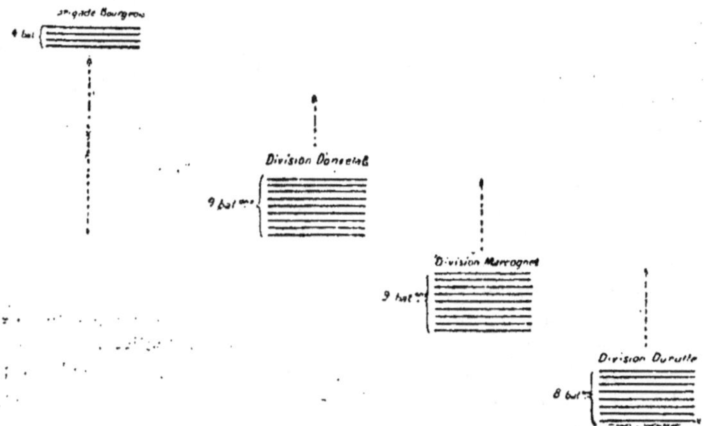

Formation du corps d'Erlon à Waterloo.

L'exemple de Napoléon fut imité dans d'autres armées européennes, sous le rapport, tant des règles tactiques que de la formation de combat.

Réformes militaires dans d'autres pays.

Une réforme plus radicale fut réalisée en 1814, par la Prusse, qui adopta le service militaire obligatoire, avec répartition des forces en troupes actives et en landwehr de deux bans.

En Autriche où, précédemment, la durée du service du soldat était illimitée, on la fixa à quatorze années, — en établissant aussi l'obligation de servir, mais non pour toutes les classes sociales. L'enrôlement à prix d'argent fut aboli et la landwehr fut instituée.

En Russie, les classes sociales privilégiées étaient soustraites à l'obligation du recrutement et le temps de service était de vingt années. Sous le règne de l'Empereur Nicolas, on commença d'envoyer les soldats en congé illimité, et le temps de service fut réduit, de fait, à quinze ans.

Au temps des guerres napoléoniennes, les régiments russes étaient à trois bataillons; et chaque bataillon, à quatre compagnies, avait un effectif d'environ 1,000 hommes. Plus tard fut imaginée la formation à quatre bataillons, l'un d'eux formant dépôt.

Nous allons donner maintenant quelques indications sur les améliorations ultérieurement introduites dans les armes à feu russes.

Perfectionnements des armes à feu russes.

Après l'adoption générale, dans les armées européennes, du fusil d'infanterie français, modèle 1777-1800, l'emploi de la cartouche en papier avait remplacé partout le mode de chargement primitif au moyen de la poire à poudre et du sac à balles. Pour charger, on déchirait l'extrémité postérieure de la cartouche. Grâce à des exercices multipliés, on arrivait à tirer jusqu'à trois et même quatre coups par minute. On employait aussi des cartouches à mitraille dans lesquelles, au lieu d'une seule grosse balle, on en mettait trois ou quatre plus petites ayant ensemble le poids de la précédente.

En confectionnant la cartouche, on y plaçait d'abord une petite quantité de poudre fine pour l'amorce, — qu'après arrachement du fond avec les dents, on secouait dans le bassinet. La cartouche et la balle entraient librement dans le canon, cette balle étant d'un diamètre notablement inférieur au calibre, — condition nécessitée par l'accumulation de l'encrassement sur les parois de l'âme.

Invention du fusil à piston. La découverte que le chimiste français Berthollet fit du fulminate de mercure, en 1788, conduisit, trente ans après, à l'invention du fusil à piston — qui fut imaginé en 1818 par l'Anglais Joseph Egg, et adopté bientôt après dans les armées anglaise et française, puis dans les autres.

Nouveau fusil d'infanterie français m. 1842. En 1842 fut introduit dans l'infanterie française un nouveau fusil — qui ne différait guère d'ailleurs du modèle 1777-1800, que par sa platine à piston.

Fusil à aiguille Dreyse en Prusse. Les perfectionnements ultérieurs consistèrent dans l'adoption des armes rayées et du chargement par la culasse. Le fusil à aiguille, se chargeant de cette façon, fut proposé par Dreyse en 1836 et adopté en 1841 dans l'armée prussienne.

Les armes portatives russes de cette époque. Les fusils russes de cette époque se divisaient en « fusils d'infanterie de ligne » et « fusils de chasseurs ».

C'est aux chasseurs qu'on donna tout d'abord des armes rayées (en 1854). Le fusil d'infanterie de ligne à canon lisse, modèle 1845, était du type français et avait un calibre de 18^m/^{m}3. On essaya d'abord de rayer les fusils à canon lisse, mais on y renonça bientôt ; et à la fin de cette même année 1854, c'est-à-dire quand la guerre de Crimée était en pleine activité, on adopta le modèle d'un nouveau fusil rayé.

Aussi, lors de cette guerre, les troupes russes entrèrent en campagne avec des fusils lisses dont les balles, comme le dit dans ses Mémoires le comte Kisseleff, ne faisaient que soulever la poussière à moitié chemin des positions ennemies, tandis que les fusils rayés des Alliés envoyaient les leurs jusque dans les réserves de l'armée russe.

De plus les règles tactiques de cette armée étaient restées celles du passé, établies en se basant sur l'effet des fusils lisses ; tandis qu'on avait maintenant affaire à un ennemi disposant d'armes qui frappaient de plus loin et plus juste.

La guerre russo-turque de 1827-1828, la campagne de Pologne 1830-1831, l'insurrection du Schleswig-Holstein contre le Danemark en 1848-

1850, les campagnes de Radetzki en Italie et la guerre russo-hongroise n'eurent aucune influence notable sur la tactique.

En Crimée, les Français appliquèrent déjà de nouveaux principes tactiques, imposés par l'emploi des fusils rayés. Dans l'attaque, quoiqu'ils ne formassent pas de colonnes de compagnie, ils recouraient à l'ordre déployé, dont la supériorité sur les colonnes profondes des troupes russes, se manifesta immédiatement. Les Anglais, il est vrai, suivaient toujours l'ancienne tactique. Et s'ils n'éprouvèrent pas d'échecs, c'est uniquement parce que leurs adversaires s'en tenaient également à des règles surannées (1).

La tactique des troupes françaises était la suivante. L'infanterie se formait par bataillons sur deux lignes, de trois rangs chacune, à quarante mètres de distance l'une de l'autre. Les intervalles entre les bataillons étaient de 24 pas; ceux entre les compagnies n'étaient pas fixés. La plus grosse formation tactique était la division de 12 bataillons, dont 6 en première et 6 en seconde ligne : les réserves étant souvent constituées par des fractions d'une autre unité stratégique. Dans les intervalles des bataillons se plaçait l'artillerie. La cavalerie prenait position d'une manière indépendante sur l'un des flancs de la formation divisionnaire.

Formation de la division française sur deux lignes déployées.

Pour l'attaque ou en marche, la division se formait en lignes de bataillons par masses ou par colonnes sur deux lignes, avec intervalles de 24 pas et demi-distance d'une ligne à l'autre.

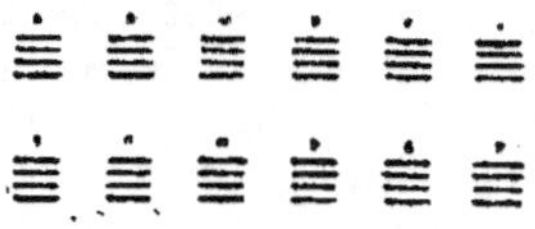

Formation d'une division française sur deux lignes de bataillons en masses.

Une des deux lignes de bataillons en demi-déploiement.

____

(1) Boguslawski, *Die Fechtweise aller Zeiten* (La façon de combattre de tous les temps).

Nouveaux principes tactiques des Français en Crimée, par suite de l'adoption des fusils rayés.

Tels étaient les ordres de combat usités dans l'infanterie française. Mais, dans la guerre de Crimée, les Français commencèrent à employer la formation sur deux rangs.

Dans le *Précis historique de l'Infanterie française* (1), la formation de combat employée à cette même époque dans l'armée russe est décrite de la façon suivante : La formation fondamentale de l'infanterie était sur trois rangs ; le bataillon ne comprenait que 96 tirailleurs ; les autres hommes n'étaient pas instruits à tirer isolément. L'ordre de combat pour les grandes unités était déterminé par le règlement — comme si l'on n'eût pas eu confiance dans les capacités personnelles de leurs chefs.

Il est clair qu'une formation basée sur la puissance des fusils russes devait, en présence de la supériorité des armes ennemies, se modifier pour éviter de grandes pertes en hommes. Mais le règlement ne le permettait pas, et, d'après l'auteur français, l'ordre indiqué fut observé jusqu'à la fin de la guerre, ce qui eut pour résultat que la solidité même dont fit preuve l'infanterie russe entraîna, pour elle, des pertes énormes.

Un des épisodes de la bataille de l'Alma est très édifiant à cet égard.

Quand la division Canrobert se fut déployée sur les hauteurs, et que la division du prince Napoléon eut traversé la rivière de l'Alma, les Anglais dirigèrent une attaque sur le centre des troupes russes et furent repoussés. Mais ensuite, ces mêmes Anglais repoussèrent, à leur tour, une attaque à la baïonnette des Russes en s'emparant même, dans cette affaire, de l'un des épaulements qui couvraient les batteries ennemies. Toutefois, par une nouvelle attaque à la baïonnette, non seulement l'infanterie russe chassa les Anglais de cet épaulement, mais encore elle les rejeta en désordre jusqu'au pont établi sur la rivière.

Entre temps, les Français prirent en flanc l'infanterie russe en dirigeant contre elle le feu d'une batterie de 24 pièces, dont souffrit tout particulièrement le brave régiment de Vladimir qui perdit presque tous ses officiers supérieurs et finalement fut mis en déroute. Mais, bien que poursuivis par les Anglais qui s'étaient ralliés, les restes du vaillant régiment se cramponnèrent à l'épaulement qu'ils venaient de reprendre et s'y maintinrent avec ténacité, sous le feu concentré des Français et des Anglais, jusqu'à ce que leur eût été donné le signal de la retraite générale.

Dans cette affaire, le régiment eut son colonel mis hors de combat, ainsi que 3 commandants de bataillon, 14 commandants de compagnie, 30 officiers subalternes et 1,300 hommes de troupe. Les pertes générales des Russes s'élevèrent d'ailleurs, ce jour-là, à 23 officiers supérieurs, 170 officiers subalternes et plus de 5,500 hommes de troupe ; les Alliés, par

____

(1) Paris, 1891.

GUERRE DE CRIMÉE

Bataille de l'Alma.

La Guerre future (p. 496, tome II).

contre, ne perdirent que 3,000 hommes, dont la plus grande partie appartenant aux troupes anglaises.

Les causes spéciales de cette défaite furent la supériorité numérique de l'ennemi et le manque de travaux de fortification suffisants pour la défense des positions russes. Mais en dehors de cela, il y a eu là des causes générales qui se sont fait également sentir dans les autres affaires de cette campagne : l'inégalité dans l'armement et dans l'instruction même des troupes. En outre, tandis que dans les armées de l'ouest de l'Europe on prêtait déjà une grande attention à l'enseignement du tir, ce qui dominait dans l'infanterie russe, c'était une précision mécanique dans les alignements et les changements de front, l'action par masses épaisses et la confiance aux maximes de Souvaroff sur l'invincibilité de la baïonnette, — bref : un état de choses qui ne répondait plus aux exigences nouvelles qu'avait fait naître le perfectionnement des armes.

Causes
de l'échec des
Russes.

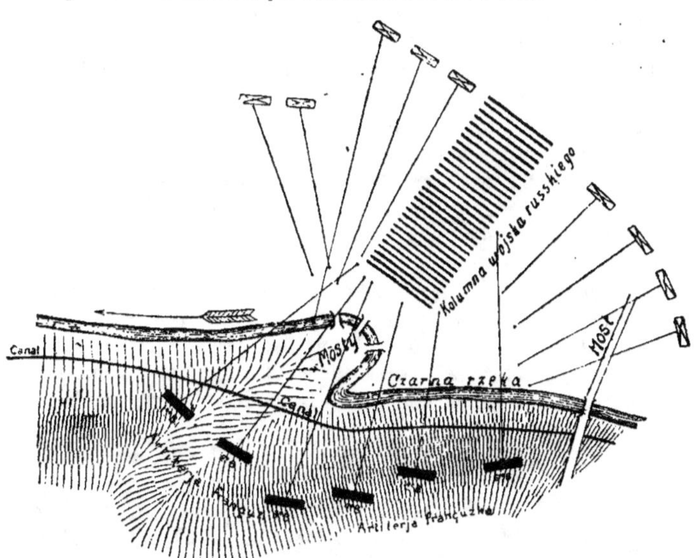

Formation d'attaque des troupes russes dans une des batailles de la guerre de Crimée.

Cette imperfection des règles tactiques appliquées dans l'armée russe est mise clairement en relief par la figure ci-dessus, — que nous empruntons à l'ouvrage d'Oméga, *L'Art de combattre*, et qui représente la formation d'attaque des troupes russes dans une autre bataille de la campagne de Crimée, celle de la Tchernaïa.

En face des batteries françaises et sardes disposées sur les hauteurs de la rive gauche, l'infanterie russe s'avança vers la rivière en colonnes épaisses, afin de frapper l'ennemi dans son flanc droit et de le rejeter à gauche, c'est-à-dire vers la mer. Mais le feu d'artillerie des positions adverses, particulièrement des positions sardes, — et même le feu d'infanterie, par suite de la portée relativement considérable des fusils rayés, — produisit de tels ravages dans les colonnes en question que, d'après le récit d'un auteur français, renseigné par des témoins oculaires, ses compatriotes eux-mêmes ne purent les contempler sans émotion. Cet auteur ajoute encore qu'aujourd'hui les militaires russes déclarent ne pas comprendre comment on put avoir l'idée d'attaquer, dans une formation semblable, des hauteurs dont on était séparé par une rivière.

Nous avons déjà dit plus haut que, bien avant la fin de la guerre de Crimée, l'expérience avait conduit le gouvernement russe à se préoccuper de l'adoption, dans le plus bref délai possible, de fusils rayés.

L'erreur commise par les Russes en 1853-1855, le fut également par les Autrichiens, mais en sens inverse, lors de leur guerre contre la France et la Sardaigne en 1859.

Eux non plus ne mirent point leur tactique d'accord avec les nouvelles armes ni avec les règles adoptées dès cette époque par les autres armées. Les troupes autrichiennes avaient des fusils rayés, mais elles comptaient trop sur leurs effets ; et, par suite, elles se tinrent systématiquement sur la défensive. De plus, elles n'étaient pas assez familiarisées avec l'emploi des tirailleurs.

Les Français, au contraire, avaient rapporté de leurs guerres d'Algérie l'habitude de prendre constamment l'offensive. Ils déployaient en outre des nuées de tirailleurs, au point que toute leur première ligne était convertie en chaînes de tireurs qui se couchaient à terre et criblaient l'ennemi de balles. Après quoi les bataillons de seconde ligne se rassemblaient en colonnes d'attaque.

Effet des canons français à Magenta.

Enfin les Autrichiens ne surent pas modifier leur tactique pour neutraliser quelque peu la supériorité des canons rayés français. Les projectiles de ces canons, grâce à leur grande portée, passaient par-dessus la tête des premières lignes de l'ennemi, mais tombaient dans ses réserves et y causaient des pertes énormes.

De leur côté les Français s'étaient convaincus, par cette expérience même dont les Autrichiens avaient fait les frais, que le fusil d'alors, quoique rayé, mettait l'infanterie dans des conditions trop inégales en présence des canons que l'on rayait également partout. Aussi, dès que fut finie la guerre de 1859, — qui, grâce à la mobilisation de l'armée prussienne, avait dû se terminer sans la conquête de la Vénétie, — Napoléon III chargea une commission spéciale d'étudier la question des armes portatives.

Nouveaux perfectionnements du fusil d'infanterie en France.

Les recherches d'un nouveau modèle de fusil se continuèrent en France jusqu'en 1866; — année où fut adopté le Chassepot, quelque peu modifié en 1869 d'après le système Schmidt. Au commencement de la campagne de 1870-71, la France possédait 1,037,000 fusils Chassepot.

Adoption du fusil Chassepot.

La guerre qui dura de 1861 à 1865 entre les États du Nord et du Sud de la République nord-américaine fut des plus instructives. D'autant qu'à son début, aucun des deux partis opposés n'avait d'armée régulière. Au premier engagement, celui de Bull's-Run, les volontaires que le Nord avait réunis à la hâte prirent la fuite devant les Sudistes qui disposaient de quelques chefs pourvus de connaissances militaires. Mais la guerre elle-même forme des soldats et des capitaines.

Guerre de la sécession américaine.

Celle-ci vit employer quelques nouveaux procédés techniques. Le peu d'instruction et de mobilité des deux armées les fit recourir fréquemment l'une et l'autre à la construction d'ouvrages de campagne. Les batailles furent longues, sanglantes et insuffisamment décisives.

Mais le trait le plus caractéristique de cette guerre, ce furent les « raids » de cavalerie poussés à de longues distances, et dans lesquels cette arme, opérant d'une façon indépendante, fut obligée de se servir beaucoup d'armes à feu ; — ce qui, par la suite, amena les armées européennes à modifier le rôle de la cavalerie (1).

La guerre faite au Danemark par la Prusse et l'Autriche présenta avant tout le caractère d'une telle inégalité de forces, que, même sans supériorité d'armement ou de règles tactiques, les Alliés auraient, sans nul doute, facilement dispersé la faible armée danoise. Il faut remarquer toutefois que, dans cette campagne, la supériorité des fusils à aiguille prussiens sur les fusils danois qui se chargeaient par la bouche, se manifesta déjà d'une façon très nette. En voici un exemple emprunté au combat de Lundbi.

Guerre des Prussiens et des Autrichiens contre le Danemark.

Une colonne de 200 Danois marchant à l'attaque, étant tombée sous le feu de 70 fusils à aiguille prussiens, qui lancèrent 750 balles en 10 minutes, perdit dans ce court espace de temps la moitié de son effectif. En marchant à l'attaque en colonnes profondes, les Danois ne faisaient d'ailleurs que suivre l'exemple des Autrichiens.

Succès du fusil à aiguille.

---

(1) Boguslawski, *Die Fechtweise aller Zeiten* (La façon de combattre de tous les temps).

Mais cette supériorité du fusil à aiguille fut surtout mise en évidence à l'assaut des hauteurs de Düppel où les Alliés, qui attaquaient, ne perdirent que 1,180 hommes, tandis que les Danois, cependant couverts par des retranchements, en perdirent 5,000.

Si les Autrichiens réussirent, même dans leurs attaques en colonnes profondes, c'est uniquement parce que l'infanterie danoise était armée de fusils se chargeant par la bouche et insuffisamment instruite. Cependant les succès obtenus en cette circonstance confirmèrent l'opinion des généraux autrichiens sur les avantages de l'attaque en masse, qu'ils avaient empruntée à la tactique des Français en 1859 (1). Mais ils s'aperçurent combien leur manière de voir était erronée, quand ils s'avisèrent d'appliquer ce mode d'attaque contre un adversaire armé du fusil à aiguille.

Dans la campagne de 1866 contre la Prusse, les Autrichiens attaquèrent constamment en masses compactes; et les fusils à aiguille infligèrent de grandes pertes à leurs colonnes. L'État-Major prussien, s'inspirant des exemples de 1854 et 1859, avait su en conclure qu'il était nécessaire d'exécuter les attaques au moyen d'une forte chaîne d'habiles tireurs, soutenus par des colonnes de compagnie. En même temps le ministère de la guerre prussien avait compris que le principal mérite du feu de l'infanterie devait consister dans la possibilité d'exécuter une fusillade ininterrompue, et que tout dépendait de la rapidité du chargement de l'arme. Il avait résolu le problème en adoptant, pour les troupes prussiennes, le fusil à aiguille se chargeant par la culasse.

De plus, avant la guerre de 1866, contre l'Autriche, l'infanterie prussienne se formait déjà pour l'attaque en colonnes de compagnie et de demi-bataillon; tandis que les Autrichiens continuaient à croire par-dessus tout à la puissance du choc en masse et de l'attaque à la baïonnette. Quoique les officiers autrichiens eussent pu voir opérer les Prussiens sous leurs yeux dans la guerre de Danemark, — à laquelle, comme on le sait, les troupes autrichiennes avaient également pris part, — leurs préjugés les portaient à faire peu de cas des procédés tactiques « d'exercice » de leurs alliés d'alors. Tandis que ces derniers virent également à l'œuvre la routinière tactique autrichienne; si bien que, d'alliés de l'Autriche, étant bientôt après devenus ses ennemis, ils surent mettre à profit leur expérience dans les deux cas.

En réalité, dans les batailles de l'année 1866, les colonnes d'attaque compactes de l'infanterie autrichienne furent écrasées par le feu continu des fusils à aiguille; et malgré toute la puissance de leur choc, lors même qu'elles parvenaient jusqu'aux positions de l'ennemi, elles finissaient bientôt par ne plus pouvoir tenir : le désordre se mettait dans leurs rangs et elles battaient en retraite sous la grêle incessante des balles prussiennes.

____

(1) Boguslawski, *Die Fechtweise aller Zeiten.*

Une autre particularité de la tactique prussienne, c'était la tendance à agir contre les flancs de l'ennemi et à l'envelopper. Avec la puissance du feu de front, cette tactique, en effet, se justifia déjà en 1866. Dans la bataille de Königgrätz (Sadowa), ce mouvement enveloppant se caractérisa de prime abord par la disposition concentrique de l'armée prussienne allant à la rencontre des Autrichiens.

L'armée autrichienne, forte de 215,000 hommes, fut établie le 1er juillet à Königgrätz par le feldzeugmeister Benedeck. L'armée prussienne, qui en comptait 220,000, disposait le même jour ses masses principales le long de la ligne Smidar-Gradlitz. Le lendemain, les Prussiens s'étaient convaincus que de très importantes forces autrichiennes se trouvaient encore en avant de l'Elbe. Alors les dispositions suivantes furent prises par l'État-Major prussien :

La Ire armée attaquera de front les troupes autrichiennes qui sont établies sur la Bistritz ; la IIe armée prussienne attaquera leur flanc droit et enfin l'armée de l'Elbe marchera contre leur flanc gauche dans la direction de Nicchanitz.

Le matin du 3 juillet, l'armée autrichienne était disposée sur la ligne Prim-Lipa-Horenoves.

La figure ci-après montre les positions occupées par les deux adversaires à 11 heures et demie du matin.

C'est vers quatre heures de l'après-midi que se manifesta définitivement la retraite complète de l'armée autrichienne. Ses pertes, dans cette journée, s'élevèrent à 44,000 hommes — dont 13,000 faits prisonniers sans avoir été mis hors de combat. Ce qui, sur 215,000 combattants, représentait une proportion de 20 1/2 0/0. Les Prussiens, au contraire, sur 220,000 hommes, dont 160,000 seulement prirent réellement part à l'affaire, ne perdirent que 9,000 hommes, c'est-à-dire 4 0/0 de leur effectif.

C'est ici le lieu de rappeler qu'à la suite des guerres de 1864 et 1866, le ministre de la guerre de Russie fut amené, par leurs résultats, à adopter en 1867, le fusil à aiguille.

En 1860, l'armée russe avait des fusils rayés à piston qui donnaient jusqu'à 6,5 coups par minute. Quant à leur précision elle peut se mesurer comme il suit :

à   100 pas, on avait 100 0/0 de coups touchés.
à   500 —   —   94 0/0   —
à 1,000 —   —   54 0/0   —
à 1,200 —   —   37 0/0   —

Mais en présence des résultats de la guerre danoise et de la guerre austro-prussienne, l'armée russe adopta le fusil Karl. C'était une arme à aiguille du modèle 1867. Imaginée par le colonel Veltichtcheff, la cartouche

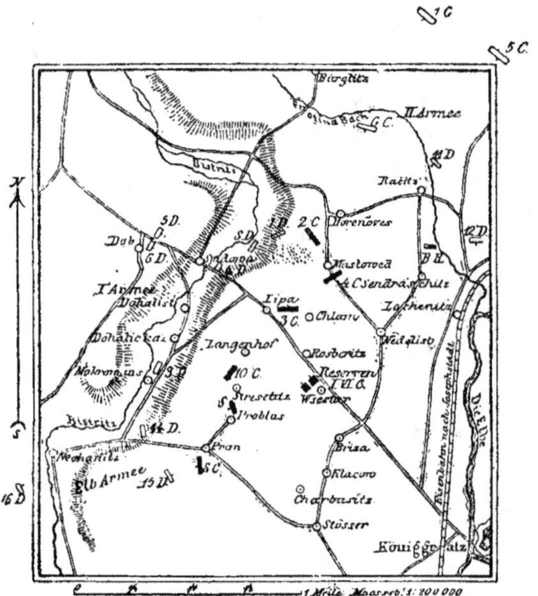

Disposition de combat des deux adversaires à Königgrätz,
(Les positions des corps (*C*) et des divisions (*D*) des Autrichiens
sont marquées par le signe ▬ ; celles des Prussiens par le signe ▭.)

de ce fusil contenait une balle Minié. La vitesse de tir était, pour une troupe, de 8 à 9 coups par minute.

Plus tard, en 1869, on procéda à la transformation des anciens fusils d'après un nouveau système, celui de Krnka. Une grande partie des troupes des circonscriptions du Sud et de l'Ouest reçurent ces nouveaux fusils. Puis la transformation d'après le système Krnka fut arrêtée et on décida, en 1871, de donner à toute l'armée des fusils à tir rapide de Berdan. Une certaine quantité de ces armes furent commandées tout d'abord à l'inventeur et ces premiers fusils Berdan servirent à armer le corps de la garde. Mais pour en munir toute l'armée, on dut entreprendre la transformation de la manufacture d'armes de Toula. Et la guerre de 1877, comme on le sait, surprit l'armée russe, — sauf la garde, — avec son ancien armement.

Depuis l'année 1866, Napoléon III se préparait à la guerre contre la Prusse. Mais néanmoins, on ne sut pas, dans l'armée française, tirer parti des enseignements de la campagne austro-prussienne.

Dans son Instruction sur la façon de combattre, le maréchal Niel préconisait, comme idée fondamentale, l'attaque à la baïonnette en fortes colonnes, avec un petit nombre de tirailleurs, — à raison de 2 compagnies par bataillon (de 6 compagnies). Ces indications furent imprimées sous forme de brochure, à Metz, en 1870, et distribuées aux officiers français.

Mais il se trouva qu'aveuglés par la routine, ces officiers ne surent pas même découvrir quel était, dans ces instructions, le point particulièrement important : était-ce d'envoyer en avant un tiers de l'effectif comme chaînes de tirailleurs et de ne commencer l'attaque qu'après un effet suffisant de leur feu ? — ou bien était-ce la nécessité de ne marcher, en général, à l'attaque, qu'avec de fortes colonnes ?

Dans l'artillerie française, on avait introduit les mitrailleuses. Mais leur *Les mitrailleuses.* mode de fonctionnement avait été tenu tellement secret, que les canonniers chargés de les servir n'étaient pas assez familiarisés avec leur emploi. Pour le reste, l'artillerie de campagne avait toujours des canons du système La Hitte, dont la portée était assez longue, mais qui se chargeaient par la bouche et n'avaient pas une précision de tir satisfaisante.

Par contre, dans l'armée de la confédération de l'Allemagne du Nord, *Progrès dans l'armée allemande.* avaient été réalisées des innovations qui surprirent beaucoup les Français pendant la guerre de 1870. — Il est vrai que l'infanterie allemande en était toujours aux fusils à aiguille, notablement inférieurs aux Chassepot, et que l'infanterie bavaroise seule possédait des fusils à chargement automatique du système Werder. — Mais l'artillerie ne s'était pas bornée à se débarrasser des canons à âme lisse et des obusiers, elle avait des pièces perfectionnées se chargeant par la culasse. Comme projectiles elle avait des obus et des boîtes à mitraille. Elle n'avait pas emporté de shrapnells (1).

La nouvelle tactique de l'artillerie allemande avait aussi une grande importance, et son effet fut décisif dans les grandes batailles, — tandis que le rideau de cavalerie qui précédait le gros de l'armée préparait ses succès stratégiques (2).

Comme premier principe tactique, l'armée allemande avait adopté la *Principe tactique essentiel de l'armée allemande.* règle : de « marcher divisés, combattre réunis » (*getrennt marschiren, vereint schlagen*). Règle qui n'était d'ailleurs pas d'invention nouvelle, car elle avait déjà été appliquée par Napoléon. Seulement de Moltke donna à ce principe une extension en rapport avec les conditions de la guerre moderne et notamment avec l'énormité de ses forces, ainsi qu'avec la direction et les points d'aboutissement des voies ferrées qui servaient à en transporter les éléments. L'éducation militaire supérieure des généraux prussiens, la confiance du chef suprême dans leur initiative indépendante et l'excellente

---

(1) Boguslawski, *Die Fechtweise aller Zeiten.*
(2) Waldor de Heusch, *Tactique d'autrefois.*

instruction des troupes justifièrent pleinement l'application du principe en question, tant en 1866 qu'en 1870.

Marcher séparés, c'était nécessaire ; car il n'était pas possible de conserver longtemps réunies des masses de 500 à 600,000 hommes — tant à cause de la difficulté de les faire vivre et bivouaquer qu'en raison de la lenteur qu'aurait imposée aux mouvements en avant le trop grand rapprochement des différentes armées. — Une certaine étendue du front est en effet indispensable pour porter en avant même de simples détachements qui opèrent isolément. C'est ce qu'explique la figure suivante.

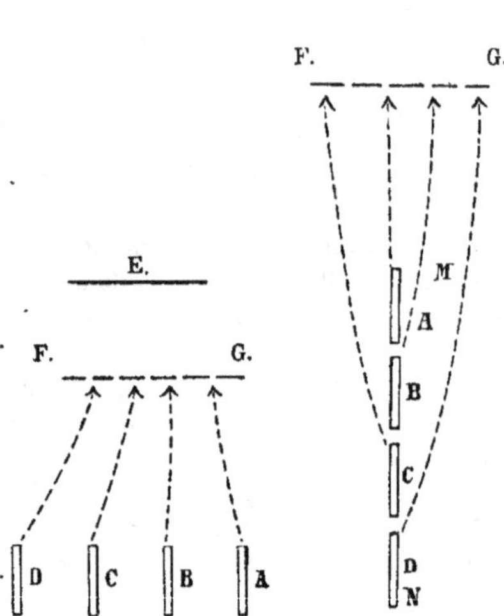

Mode de concentration militaire.

Supposons qu'un corps de troupes marche sur 4 colonnes : A. B. C. D., qu'il découvre l'ennemi disposé suivant la ligne E, et qu'il veuille se concentrer sur la ligne F. G. pour l'attaquer. Toutes choses égales d'ailleurs, cette concentration ne demandera pas plus de temps, — et même probablement elle en demandera moins, — au corps marchant dans cette formation, que s'il se portait en une seule colonne MN contre le même ennemi E, et entreprenait de se concentrer suivant FG, en partant, pour se développer sur cette ligne, d'une formation en profondeur. Enfin, avec un front de marche plus large, un corps de troupes avance plus facilement parce qu'il lui est plus commode de camper ou de cantonner et de se procurer des vivres.

Dans la grande tactique de combat de l'armée allemande, quelques traits spéciaux se trouvèrent mis tout particulièrement en relief pendant la

ASPECT GÉNÉRAL DE GRAVELOTTE (18 Août 1870).

Coupe prise dans le terrain.

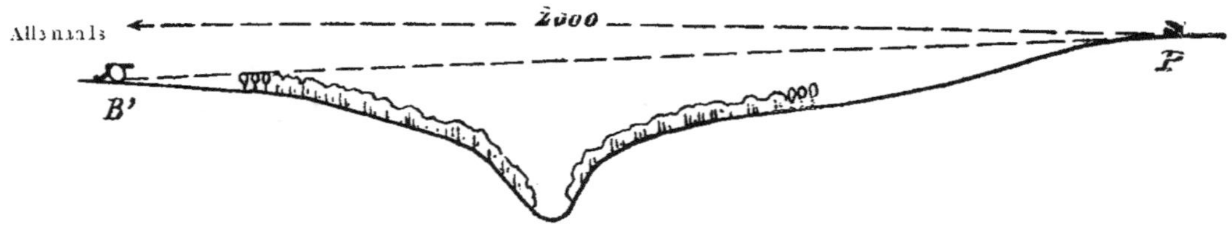

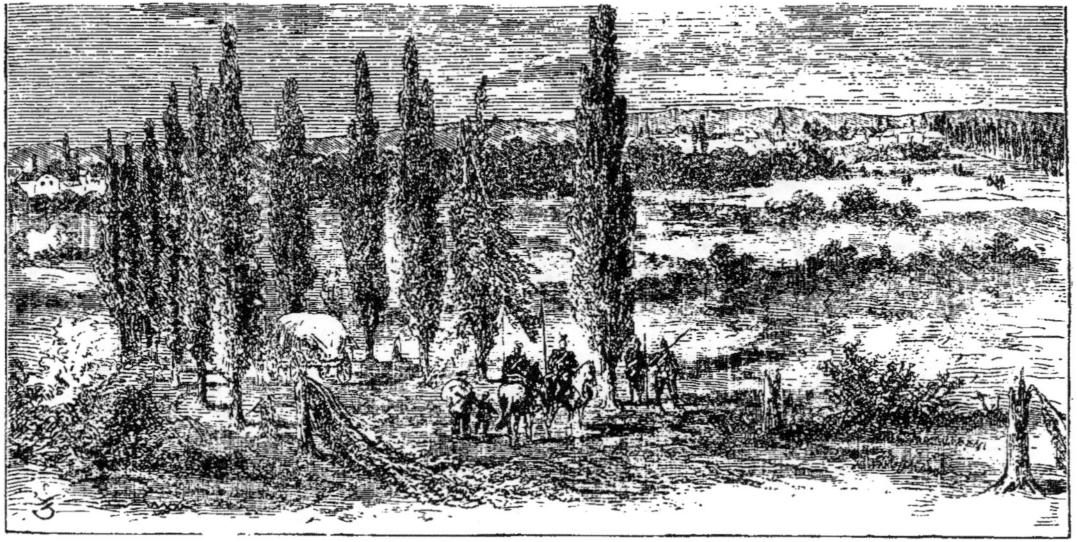

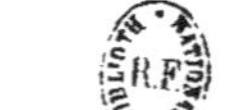

Explication des signes : P : position principale ; B' : artillerie des attaquants.

La Guerre future (p. 505, tome I.)

guerre de 1870-71. Le principal fut la tendance à envelopper l'ennemi par ses flancs. — On avait déjà eu un exemple de cette façon d'agir en 1866, à Sadowa. Et cette tendance enveloppante se manifestait quelquefois par le dispositif stratégique lui-même, c'est-à-dire par les directions que suivaient, dans la marche en avant, les différents corps de l'armée allemande.

C'est seulement dans de rares circonstances que l'on rencontra, chez les Allemands, cette concentration voulue des forces pour le combat, si fréquente encore chez Napoléon. Habituellement les batailles s'engageaient par ce seul fait que les têtes de colonne se trouvaient, au cours de leur marche, en prise au feu de l'ennemi et qu'alors les différentes parties de l'armée entraient en action l'une après l'autre.

Souvent aussi se produisirent des batailles dites improvisées, amenées par le choc inattendu de masses de troupes — comme cela eut lieu à Vionville — ou bien par suite de l'initiative d'un général de division ou même de brigade jugeant que, dans les circonstances où il se trouvait, il devait engager l'action. On trouve des exemples de cette façon de commencer les batailles, à Spicheren, à Wœrth et à Colombey.

Quant à des dispositions de détail pour le combat, il n'en était formulé presque nulle part : on indiquait seulement à grands traits le but du mouvement général, la disposition des troupes et le procédé d'exécution. Tout le reste était laissé à la décision personnelle et à l'initiative des commandants d'armée et de corps d'armée.

Initiative des commandants d'armée et de corps d'armée.

Il a été dit plus haut que déjà Königgrätz peut servir d'exemple de la tactique d'enveloppement allemande. Mais l'application la plus complète et la plus brillamment réussie en fut faite à Sedan, où l'armée ennemie finit par se trouver totalement enfermée, au point d'amener ce résultat, sans exemple dans l'histoire, de plus de cent mille hommes faits prisonniers en rase campagne.

Pourtant l'affaire la plus saillante, comme opération exécutée d'après un plan déterminé et comme concentration relative des fractions de l'armée avant l'engagement, c'est la bataille de Gravelotte. Ici se manifesta surtout clairement le caractère de la tactique de combat (1) : l'importance capitale de la puissance et de la continuité du feu dans la lutte d'infanterie et le peu de valeur que conservait, en présence d'un tel feu, l'attaque à la baïonnette, — qui, de fait, s'est trouvée depuis lors, rejetée au second plan. Ce jour-là fut nettement constatée l'impossibilité, pour l'infanterie, de supporter l'action du feu, même aux grandes distances, lorsqu'elle était formée en colonnes ou seulement en rangs serrés.

Bataille de Gravelotte.

____

(1) Boguslawski, *Die Fechtweise aller Zeiten.*

A l'appui de cette conclusion, nous rapportons ici un épisode de cette bataille de Gravelotte, l'attaque de Saint-Privat (1), qui décida de l'issue de la lutte.

Ce village de Saint-Privat servait de point d'appui à l'aile droite des Français. Il fut attaqué par la première division d'infanterie de la garde prussienne et les troupes du corps saxon. Et les pertes que subirent les assaillants dans cette attaque représentent à elles seules 13 0/0 des pertes totales éprouvées pendant la bataille.

Le prince Auguste de Würtemberg, qui commandait la garde prussienne, avait devant lui le village de Saint-Privat occupé par les troupes du 6ᵉ corps d'armée français. — Déjà pendant 2 heures, le tir de 200 canons avait « préparé par le feu » l'attaque des retranchements français : le village brûlait. Jugeant que le moment de l'assaut était venu, le prince fit porter en avant une partie de ses troupes : la 4ᵉ brigade de la garde prussienne, qui s'avança de Saint-Ail sous le commandement du général von Kessel, et la 1ʳᵉ division de la garde tout entière, conduite par le général von Pape, qui venait de Sainte-Marie-aux-Chênes.

Cette attaque de la garde fut exécutée à 5 heures de l'après-midi. Les troupes prussiennes s'étaient déployées sur un front d'à peu près 1,500 mètres en trois échelons Les distances entre les lignes étaient d'environ 100 mètres, de sorte que la profondeur de la formation était au total d'un peu plus de 200 mètres.

On comprend dès lors quelles effroyables pertes dut subir la garde prussienne pendant cette marche offensive de 1,500 mètres, exécutée sur les pentes, découvertes et inclinées comme un glacis, des hauteurs de Saint-Privat.

Plan de la bataille de Saint-Privat.

La position des corps (C) et divisions (D) est indiquée par le signe ▆ pour les Français, et pour les unités allemandes analogues, par le signe ▢.

Nous donnons ci-dessus le plan de la bataille vers 6 heures 1/2 du soir. Les restes des troupes françaises qui se maintenaient encore sur la

___

(1) Arthur de Launier, « La Tactique de demain ». (*Revue contemporaine*, 1893.)

Vue générale de Saint-Privat.

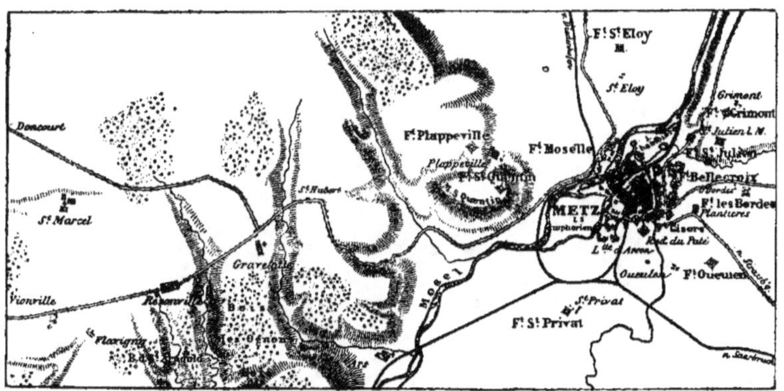

Plan du champ de bataille de Saint-Privat.

La Guerre future (p. 506, tome I.)

limite nord-ouest de Saint-Privat, voyant s'avancer d'épaisses masses prussiennes, ouvrirent le feu dès que l'ennemi fut à 1,200 mètres — poussées par le simple sentiment de la conservation, et malgré les ordres des officiers qui, eux-mêmes, ne comprenaient pas bien encore toute la puissance du nouvel armement.

Les Français tiraient avec emportement, en se hâtant, visant à peine, et une véritable grêle de balles s'abattit sur le glacis en pente douce que gravissaient les colonnes d'assaut — en faisant retentir de leurs hourras l'air que remplissait la poussière soulevée par les innombrables ricochets des balles françaises. Mais quand, après dix minutes de ce tir désespéré, les Français commencèrent, faute de cartouches, à ralentir leur feu, les hourras de l'ennemi avaient déjà cessé. Et les défenseurs de Saint-Privat aperçurent, à une distance d'environ 600 mètres, la garde prussienne qui brusquement s'était arrêtée, les troupes n'ayant plus la force d'avancer ni de reculer. C'est qu'en effet, *pendant ces dix minutes, 6,500 hommes de troupe et 240 officiers avaient été mis hors de combat :* c'était le tiers environ de l'effectif.

Et ce résultat était dû principalement au feu de l'infanterie ; — attendu que, pendant ce temps, l'artillerie française se montrait manifestement inférieure à l'artillerie allemande, parce qu'elle avait le tort d'agir, non par masses, mais par batteries isolées et même par demi-batteries. Mais les fusils Chassepot produisaient à 1,500 mètres un effet extrêmement puissant ; et c'était dans d'excellentes conditions que l'infanterie avait ouvert le feu, en le commençant à cette distance. L'assaillant avait dû parcourir ces 1,500 derniers mètres sous le feu réuni de l'artillerie et de l'infanterie. On comprend que, dans une telle situation, ne pouvaient plus s'appliquer les anciennes règles d'attaque : porter en avant une colonne couverte d'une chaîne de tirailleurs qui lui frayait la voie et qui, s'ouvrant ensuite, la laissait passer pour s'élancer à la baïonnette. Bien que relativement faibles, comparativement à celles des fusils actuels, la portée et la rapidité de tir du Chassepot obligèrent les assaillants à recourir à d'autres procédés pour franchir la zone du redoutable feu de l'ennemi.

L'empereur d'Allemagne, Guillaume Ier, après les premières batailles de la guerre de 1870 qui avaient coûté aux Allemands des masses de tués et de blessés, publia un ordre du jour en date du 24 août 1870, dans lequel il disait que : « pour diminuer les pertes on devait compter sur les sages dispositions prises par les officiers, sur leur habileté à utiliser le terrain, sur une préparation plus complète des attaques et sur l'emploi de formations mieux adaptées aux circonstances ».

Ayant de meilleurs canons et de moins bons fusils que les Français, les Allemands se mirent à entamer la lutte aux plus grandes distances possible, au moyen de l'artillerie; et dans toutes les descriptions de bataille on rencontre un moment caractérisé par ces mots : « Après que l'artillerie eût agi avec succès ».

De plus les Allemands s'efforçaient d'abord de se tenir, tant qu'ils pouvaient, en dehors de la sphère d'action du fusil français qui portait plus loin que le fusil à aiguille. Puis lorsque, par suite de la marche en avant de part et d'autre, la distance avait assez diminué pour que les fusils Chassepot pussent déjà agir, ils cherchaient à raccourcir cette distance le plus promptement possible, — soit en laissant les Français s'approcher, soit en se portant eux-mêmes en avant, — de façon que les fusils à aiguille portassent aussi, ce qui annulait la supériorité des fusils français. Et plus d'une fois, au cours de la guerre, les Français se laissèrent prendre à cette manœuvre, perdant ainsi de vue ce qui faisait leur supériorité.

Il faut ajouter que, dans les corps de troupes allemands qui adoptèrent cette tactique, les pertes diminuèrent aussitôt d'une façon très sensible.

Combat du Bourget.

Cette différence se trouve particulièrement mise en relief dans l'attaque du Bourget, sous Paris, où la colonne du centre, qui s'avançait dans l'ancienne formation, éprouva des pertes très considérables, tandis que celle de gauche, opérant d'après les nouveaux principes, fut beaucoup moins éprouvée (1).

Hœnig estime que les causes des grandes pertes subies autrefois sont, pour les neuf dixièmes, dans les habitudes contractées sur le champ de manœuvres, dans une mauvaise préparation et dans une imparfaite connaissance des armées ennemies, dans une fausse conception tactique des opérations et enfin dans l'insuffisance d'un grand nombre de chefs, tant de grade élevé que subalternes (2).

Principales leçons de la guerre 1870-71.

De l'expérience recueillie pendant la guerre de 1870-71, on a tiré les indications suivantes : 1° Le principal avantage à rechercher, c'est la supériorité du feu ; 2° La translation du combat aux chaînes de tirailleurs paraît être le régulateur de tout le mécanisme de la bataille : l'attaque doit se présenter sous la forme d'un déplacement en avant de la ligne de feu ; 3° Il est nécessaire de renforcer constamment la chaîne des tirailleurs, d'abord pour s'assurer la supériorité du feu et ensuite pour la conserver : c'est une condition indispensable avec les armes actuelles si l'on veut donner, à un corps de troupes, la possibilité de s'approcher de l'ennemi ; 4° L'ordre dispersé est le seul qui permette aux tirailleurs de profiter des couverts naturels du terrain et d'éviter des pertes trop considérables.

Adoption d'un nouveau fusil en France.

Quant à l'armement, la guerre de 1870-71 prouva que les fusils Chassepot, malgré toute leur supériorité sur les fusils à aiguille, avaient beau-

(1) Skougarevsky, *L'Attaque de l'infanterie* (en russe).
(2) *Taktik der Zukunft* (Tactique de l'avenir).

coup d'inconvénients. Aussi, dès que les hostilités furent terminées, on constitua une commission au ministère de la guerre français, pour rechercher un type plus parfait d'arme portative. C'est à la suite des études de cette commission que fut adopté le fusil Gras, modèle 1874.

Mais on arriva promptement, dans la transformation de l'armement de toutes les puissances européennes, à donner la préférence à des armes qui fussent vraiment à tir rapide, c'est-à-dire aux fusils à magasin de petit calibre. Le principe de cette transformation fut précisément posé en France, où, en 1886, on a adopté pour l'infanterie, le fusil Lebel. Des fusils à magasin furent ensuite adoptés en Allemagne et en Autriche (1888), en Italie, en Belgique, en Suisse et en Danemark (1889), en Turquie (1890), en Espagne (1892), en Hollande et en Roumanie (1893).

Adoption des fusils à magasin de petit calibre.

Les indications des guerres précédentes ne furent pas assez prises en considération par l'armée russe, lors de la guerre de 1877. On avait différé la transformation de l'armement de l'infanterie comme l'adoption de nouvelles règles tactiques. La guerre trouva les troupes dans un état de transition à ces deux points de vue. On ne comptait pourtant déjà plus sur la seule action du choc ; mais cela n'avait pas eu d'autres conséquences, jusqu'à ce moment, que la distribution graduelle de fusils Berdan à l'infanterie, — commencée en 1869, — et la transformation entreprise, des régiments de 3 bataillons à 5 compagnies, en régiments de 4 bataillons à 4 compagnies.

Lorsque éclata la guerre contre la Turquie en 1877, les leçons des guerres précédentes n'avaient pas encore été assez mises à profit.

Les cinquièmes compagnies ainsi supprimées étaient précédemment destinées à constituer les chaînes de tirailleurs. Dès lors tous les hommes du régiment furent instruits à combattre en ordre dispersé et d'après les nouvelles règles tactiques. Mais cette transformation dans la façon de manœuvrer, bien que commencée avant la guerre, n'était encore accomplie, quand éclata celle-ci, que dans les troupes de la garde et du Caucase.

Quant à l'armement, le fusil Berdan n'avait été distribué, à cette époque, qu'aux corps de la garde et des grenadiers, aux brigades de chasseurs et à quelques divisions de ligne stationnées dans l'Ouest. Les unités armées du Berdan représentaient environ 34 0/0 de l'effectif des troupes opérant sur la partie européenne du théâtre de la guerre avec la Turquie. Les autres fractions avaient le fusil Krnka, et les troupes qui opéraient en Asie avaient le fusil Karl. Ces deux armes provenaient de la transformation d'anciens fusils à chargement par la bouche, en fusils à chargement par la culasse (1). De sorte que, dans des circonstances où le feu de l'infanterie turque infligeait déjà des pertes énormes aux Russes, les coups

Le fusil Berdan n'était pas encore introduit partout.

---

(1) Stöcker-Pacha : *Bemerkungen über den russisch-türkischen Krieg, 1877-1878.* — (*Militär Wochenblatt*, 1892).

de fusil de ceux-ci n'atteignaient pas les Turcs, — ce dont les tirailleurs se plaignaient à grands cris. Et les sous-officiers n'arrivaient guère à les calmer avec des recommandations comme : « Vise donc plus haut, puisque tu n'atteins pas ; cinq balles manqueront le but, mais la sixième le touchera, tu verras ! » (1).

En outre, les règles tactiques de l'armée russe étaient restées encore jusqu'à un certain point les anciennes. Voici comment le général Pouzirevsky (2) expose les détails de la tactique d'attaque alors suivie : « Pour le combat, la compagnie envoyait en tirailleurs un demi-peloton et le reste se formait en réserve à trois cents pas en arrière de la chaîne. Cette chaîne consistait en une série « d'anneaux » de 4 hommes chacun.

Tactique
d'attaque d'alors. « Dans l'attaque, les tirailleurs faisaient des bonds de 25 à 50 pas, d'un abri à un autre abri, et arrivaient de cette façon jusqu'à n'être plus éloignés de l'ennemi que de 50 à 100 pas. Alors était donné le signal de l'attaque et l'on s'élançait à la baïonnette en criant : « Hourra ! »

« Pendant ce temps, quand la fraction restée en ordre compact et qui se portait en avant sans s'arrêter, était, au signal de l'attaque, arrivée jusqu'à la chaîne, cette dernière laissait le champ libre devant son front, en se pelotonnant sur les deux flancs et s'avançait en tirant. En cas de succès, elle se lançait en avant et ouvrait un feu aussi vif que possible sur l'ennemi qui battait en retraite. »

« Les attaques entreprises se faisaient remarquer, autant par la vaillance des troupes que par l'insuffisance de leur préparation tactique, qui conservait tous les traits caractéristiques des exercices du temps de paix, formalistes et superficiels. »

En général, la tactique des troupes russes était restée basée sur la puissance de l'élan. Les bataillons, régiments et brigades marchaient à l'attaque sur un front étroit et par lignes successives se suivant de près l'une l'autre.

Dans les planches, nous donnons une figure qui montre bien quelle était la formation de combat d'alors.

L'infanterie
turque avait pris
pour modèle
l'infanterie
française. Quant à l'infanterie turque, elle avait pris pour modèle l'infanterie française, mais en s'attachant trop peu à l'instruction du tir et à l'utilisation du terrain.

Il est vrai que le soldat turc, par ses facultés particulières, était déjà préparé à l'une et à l'autre. Dans sa famille même il avait appris à tirer et à s'orienter promptement sur le terrain. Et avec les anciens fusils, les points

----

(1) *Le corps de Roustchouk du Césarevitch dans la guerre de Turquie 1877-78*, page 221 (en russe).

(2) *L'armée russe avant la guerre de 1877* (en russe).

Formation de combat des troupes russes pendant la guerre de 1876-1877.

La Guerre future (p. 510, tome i.)

sur lesquels pouvait pécher son instruction n'étaient pas en eux-mêmes de grande importance.

Mais la plupart des corps d'infanterie turcs reçurent, au moment même de la guerre, des fusils du système Martini-Peabody que les soldats maniaient pour la première fois lorsqu'ils entrèrent en campagne ; de sorte qu'ils ne surent pas en utiliser convenablement toutes les qualités.

Ils portèrent principalement leur attention sur la possibilité de réaliser un tir rapide. Et comme les parcs et colonnes de munitions d'artillerie, quoique formés à la hâte, firent preuve d'une remarquable activité ; comme les munitions arrivèrent constamment et en abondance, l'énorme consommation de cartouches des troupes ottomanes produisit un effet étonnant. De là vint qu'après la guerre on parlait partout des « grêles de balles » lancées par l'infanterie turque. Cependant les Berdan russes et les Peabody roumains étaient presque égaux aux fusils turcs, mais ils ne firent pas le même effet parce qu'on les employait contre un ennemi couvert par des travaux de fortification.

D'ailleurs un écrivain militaire allemand (1) a émis l'opinion que les grandes pertes éprouvées par les troupes russes aux attaques de Plewna ne peuvent pas être invoquées comme une preuve de la supériorité du feu par masses ; car on n'a pas élucidé la question de savoir si les défenseurs n'auraient pas pu obtenir les mêmes résultats avec une consommation moindre de projectiles, en tirant à plus courte distance.

Mais en tous cas, les bruits qui coururent sur l'effet des « grêles de balles » lancées par les Turcs contribuèrent sans nul doute à hâter l'adoption, dans les armées européennes en général, de nouveaux modèles de fusils à tir rapide (2).

La défense de Plewna fournit encore un très important enseignement sur l'avantage que présente l'établissement rapide de fortifications de campagne, disposées de manière à offrir à l'infanterie un abri suffisant. Mais l'exemple d'Osman-Pacha prouva également combien il est dangereux de se maintenir trop longtemps dans des fortifications de ce genre.

En somme, des enseignements de la guerre franco-allemande et de la dernière guerre russo-turque, il ressort que l'établissement de fortifications de campagne jouera un rôle important dans les guerres futures. Ces fortifications ont principalement le caractère d'épaulements (tranchées-abris pour tirailleurs), auxquels servent, comme points d'appui, des positions de batteries fortifiées ou des ouvrages fermés établis sur quelques points importants.

(1) Boguslawski, *Die Fechtweise aller Zeiten*.
(2) Stöcker-Pacha, *Bemerkungen über den russisch-türkischen Krieg*.

Les troupes russes ne surent pas — comme l'avaient fait les troupes allemandes pendant la guerre de 1870 — compenser, par des règles tactiques nouvelles, la supériorité de l'armement de leurs adversaires et l'avantage que donnaient aux Turcs leurs abris défensifs. La tactique des troupes russes resta, presque sans changement, ce qu'elle était auparavant; et il en résulta que la supériorité de l'armement turc put se faire sentir dans toute sa force.

L'auteur d'une histoire de la tactique de l'infanterie, décrivant l'assaut de Plewna (1), d'après le général Kouropatkine, en fait le tableau caractéristique suivant : « Tous nourrissaient l'espérance que la préparation par l'artillerie avait infligé assez de pertes à l'infanterie adverse et suffisamment endommagé les fortifications pour que l'assaut pût réussir. Et cependant, il en fut tout autrement : l'infanterie russe en arrivant aux épaulements et aux tranchées les trouva en pleine défense. L'élan de cette infanterie russe était splendide. Partout elle pénétrait jusqu'à très faible distance des lignes turques. Mais là, après avoir parcouru sans hésiter des distances de 1,000 à 1,200 mètres, elle s'arrêtait, impuissante sous l'action du feu. De nouveaux élans la portaient encore quelque peu en avant, mais elle n'était déjà plus en forces pour l'assaut final.

« Après avoir supporté un certain temps encore, avec une fermeté stoïque, le feu auquel elles répondaient elles-mêmes, ces braves troupes se rejetaient en arrière et retournaient dans leurs positions, presque avec la même vitesse qu'elles avaient marché sur celles des Turcs. Pourtant les pertes étaient énormes, allant jusqu'à la moitié de l'effectif, — et quelquefois des deux tiers pour les officiers.

« Sur un seul point, à l'aile gauche, les Russes eurent un succès momentané grâce au brouillard qui les couvrait et à l'énergie du général Skobeleff. Ils s'emparèrent de deux redoutes et des tranchées qui les reliaient l'une à l'autre. Mais quoique ces positions ne fussent défendues que par 3 ou 4 bataillons turcs de faible effectif — environ 500 hommes, — Skobeleff dut, pour réussir, engager jusqu'à ses réserves, c'est-à-dire 18 bataillons, soit 12 à 13,000 hommes. Si bien qu'à la suite d'une lutte héroïque qui dura près de 30 heures, du 11 au 12 septembre, les Russes, ne recevant pas de renforts, durent enfin abandonner ces positions après quelques attaques des Turcs qui avaient déployé leurs réserves, — de sorte qu'ils subirent inutilement une perte d'environ 6,000 hommes. »

« Cet exemple, observe l'auteur français, montre que, pour vaincre, il ne suffit pas de sacrifier même la moitié de son monde. Il faut encore que cette perte procure un résultat réel, d'une importance équivalente et qu'il reste à la disposition du chef des forces capables de se maintenir dans les positions une fois conquises. — Pyrrhus aussi remporta une victoire sur les

(1) Historique de la tactique de l'infanterie française.

BATAILLE DE PLEWNA.

Un combat pendant la guerre russo-turque de 1876-1877.

LA GUERRE FUTURE (P. 517, TOME I.)

Romains, mais elle lui coûta si cher qu'il ne fut pas en état de continuer la campagne et qu'il dut abandonner l'Italie. »

D'après l'opinion du même auteur français, c'est parce qu'elles se laissèrent entraîner par les habitudes des manœuvres du temps de paix, et, pour ainsi dire, par leur amour de la « formation de parade », que les troupes russes subirent des pertes aussi importantes. « Dans la plupart des cas, dit-il, les Russes marchèrent à l'attaque en formations plus profondes que celles employées par les Grecs et les Romains contre des ennemis armés seulement d'arcs et de frondes. Ainsi l'attaque de Chipka fut exécutée en colonnes de compagnie disposées sur deux lignes, et à peine couvertes par une poignée de tirailleurs. Les formations en ordre dispersé étaient bien enseignées dès cette époque dans l'armée russe, mais on n'était pas encore arrivé à comprendre entièrement jusqu'à quel point la tactique devait se modifier sous l'influence des armes à tir rapide. Enfin, même à l'heure actuelle, l'armée russe compte encore des partisans dévoués aux traditions de Souvaroff. »

Le tableau d'un combat représenté dans la planche ci-contre montre clairement combien la tactique d'alors était en désaccord avec l'état de choses actuel.

Cette erreur de tactique est signalée et démontrée plus nettement encore par le général Kouropatkine : « La plupart des régiments, dit-il, envoyaient sur la ligne de combat dix compagnies à la fois, n'en gardant que cinq en réserve. La formation, sur deux lignes, des colonnes de compagnie, ne laissait entre celles-ci que de trop faibles intervalles. L'ensemble du régiment, formé en ordre de combat, présentait une masse trop compacte, avec un front relativement trop étroit et une profondeur encore moindre. Au lieu d'occuper un large front et d'exécuter la marche en avant et la lutte par compagnies, — cette fraction devenant ainsi *l'unité* de combat, — c'est au *régiment* que resta ce rôle d'unité ; et, dans une attaque fougueuse mais désordonnée, ainsi que dans une retraite qui l'était encore davantage, les compagnies perdirent l'autonomie qui leur était absolument nécessaire » (1).

Les exemples que nous venons de citer, des erreurs commises au combat, dans différentes armées, montrent que, dans les opérations de l'infanterie, l'élément le plus important est maintenant la ligne des tirailleurs, qui ne se borne plus à préparer l'attaque par son feu, mais qui l'exécute et l'achève elle-même.

Jadis les tirailleurs ne servaient qu'à couvrir les colonnes d'attaque, maintenant ils occupent eux-mêmes la première place. Comme, suivant

---

(1) *Opérations du corps du général Skobeleff sous Plewna.*

Jean de Bloch. — *La Guerre future.*   33

l'heureuse expression du capitaine autrichien Gorsetzki, « l'attaque de l'infanterie est devenue un feu qui marche », et comme cette inséparabilité du feu et de la marche en avant ne peut être réalisée que dans la première ligne de combat, il est clair que, dans la guerre future, l'abondance du feu et les moyens de le produire tiendront la première place et constitueront le facteur le plus important.

<hr>

III. Comment la tactique future de l'infanterie dépendra des qualités et de l'effectif des armées, ainsi que de la fortification générale des frontières et des positions de combat.

Caractère général des opérations de l'infanterie. Pour élucider les plus importants problèmes que soulève la question du combat de l'infanterie, il est nécessaire de jeter d'abord un coup d'œil sur le caractère général des opérations dans la guerre future.

Avant tout, il est évident qu'une égale énergie dans l'offensive — tant au point de vue tactique que stratégique — ne peut se présenter chez les deux adversaires en présence, que dans des circonstances exceptionnelles. En règle générale, dans chaque opération donnée, l'un des partis sera l'assaillant, tandis que l'autre attendra l'attaque de l'ennemi, avec l'intention, d'ailleurs, après l'avoir repoussée, de passer autant que possible à l'offensive à son tour.

Les règlements sur le service en campagne de toutes les armées recommandent avec insistance de donner la préférence à l'offensive dans la conduite de la guerre ; on y exprime la conviction qu'une attaque hardiment et habilement conduite doit écraser l'ennemi.

Mais ces règlements, quand ils traitent de la défensive, enseignent que les troupes qui savent garder leur sang-froid et conduire leur feu conformément aux exigences actuelles de l'art de la guerre peuvent être convaincues qu'elles ne risquent rien en attendant, pour la repousser, l'attaque de l'assaillant.

On comprend toutefois que ni l'offensive ni la défensive ne sauraient avoir, par elles-mêmes et en toutes circonstances, une supériorité absolue. La préférence à donner à l'une ou à l'autre façon d'opérer dépend de la constitution des troupes, à égalité d'armement, et des conditions topographiques de terrain. Les indications des règlements ont plutôt pour but de donner aux troupes la conviction que le succès est possible, aussi bien dans la défensive que dans l'offensive, pour peu que le choix entre les deux systèmes soit fait intelligemment et qu'on applique celui qu'on a choisi avec une énergie suffisante.

Il faut ici nous arrêter quelque peu, pour examiner de plus près les avantages que présentent respectivement l'offensive et la défensive — en théorie, c'est-à-dire en supposant plus ou moins semblables les conditions dans lesquelles se trouvent les deux partis. *Avantages de l'offensive et de la défensive.*

De l'avis de la grande majorité des écrivains militaires, les perfectionnements de l'artillerie et des fusils, de même que le dressage des troupes à l'exécution d'abris rapides et de fortifications de campagne en général, ont profité principalement à la défense. Mais le défenseur a encore d'autres avantages.

Il lui est plus facile de dissimuler la disposition de ses troupes. Avec suffisamment de temps, il peut masquer les travaux de fortification qu'il a exécutés; il peut disposer quelques détachements en avant et sur les flancs, de façon à tromper l'assaillant sur la disposition de ses forces principales; il peut occuper les points les plus importants situés en avant de son front; enfin il peut envoyer de nombreuses patrouilles d'infanterie, tant pour gêner les reconnaissances de l'ennemi, que pour recueillir des indications sur ses mouvements et sur ses forces.

L'assaillant, d'autre part, est obligé de s'avancer sur un front aussi étendu que possible pour obtenir des renseignements sur les dispositions du défenseur. En s'avançant, il chasse devant lui les détachements d'éclaireurs de la défense et doit s'efforcer de les amener à répondre à son feu sur le plus grand nombre de points qu'il se peut, afin d'apprécier les dimensions en largeur de sa position et de relever la situation, tant des petits détachements poussés en avant pour couvrir cette position que des corps de troupes principaux destinés à la défendre. *Difficultés de l'offensive.*

Et comme, pour résoudre ce problème de reconnaissance de vive force, l'assaillant ne peut employer que ses troupes d'avant-garde, celles-ci courent le risque de se voir accabler par le feu prédominant des forces du défenseur, déployées à l'avance; outre que, s'avançant sur une longue ligne mince, elles peuvent être, par endroits, rejetées en arrière par la brusque offensive de tel ou tel des groupes de combattants qui constituent la défense (1).

En outre, l'unité de la direction supérieure est plus facile à conserver du côté de la défense. Bien moindre y est le nombre des chefs chargés d'opérer d'une façon indépendante. *Autres avantages de la défensive.*

L'approvisionnement des troupes en munitions et l'utilisation des réserves sont aussi plus faciles pour la défense. Attendu qu'il ne lui faut

---

(1) *Applicatorische Studie über den Infanterie Angriff.* — Vienne, 1893.

occuper qu'une seule ligne bien déterminée et que, dans ses mouvements en avant, elle n'a pas à se subdiviser, à se disperser, à se mêler, à changer de direction, pour renforcer l'attaque sur un point ou pour l'affaiblir sur un autre, — comme la chose est inévitable dans tout mouvement offensif.

Même en dehors de ces considérations tactiques, la défensive a certains avantages : facilité d'approvisionner les troupes, de combler les vides qui s'y produisent en hommes ou en chevaux, de leur faire parvenir tout ce dont elles peuvent avoir besoin.

Le maintien de la discipline est aussi beaucoup plus aisé parmi les défenseurs que dans les troupes assaillantes. Grâce au feu des armes modernes, ces défenseurs peuvent balayer tout ce qui se trouve en avant de leurs lignes, de façon que l'assaillant doit traverser une large zone dangereuse pour les atteindre. Enfin les obstacles provenant du terrain et des points fortifiés tournent également au bénéfice de la défense.

Il ne faut pas négliger non plus cette considération que la population est habituellement bien disposée pour elle.

Éléments dont se composent les armées.

L'obligation générale du service militaire, introduite dans tous les pays du continent européen, a eu pour résultat d'y constituer les armées au moyen d'hommes qui n'ont guère reçu que l'instruction extérieure du soldat sans se pénétrer de l'esprit militaire, et qui ne sont nullement détachés de tous liens avec leurs familles et avec leurs occupations du temps de paix. A la mobilisation, on introduit même encore dans ces troupes des individus qui n'ont pas reçu, en leur temps, l'instruction nécessaire, — ou qui n'ont reçu qu'une instruction ne correspondant plus aux conditions nouvelles de la guerre.

Une grande partie des officiers des troupes mobilisées, — les officiers de réserve, — ne posséderont également que le minimum de préparation à la guerre strictement indispensable.

On peut donc dire que l'infanterie se composera plutôt d'hommes portant un fusil que de soldats véritables, et que l'aptitude morale au combat sera, dans les troupes, précisément au même niveau que dans la nation elle-même.

C'est là un sujet sur lequel nous reviendrons dans un chapitre particulier spécialement consacré à « l'esprit de l'armée ». Ici, nous observerons seulement qu'avec la composition actuelle des troupes, les dispositions des masses populaires devront avoir, sur la guerre, une influence beaucoup plus grande que par le passé.

L'opinion de la population aura une grande influence.

Mais ces dispositions dépendront à leur tour du but même de la guerre entreprise.

Dans un pays exposé à l'invasion, elles se manifesteront énergiquement pour la protection du territoire et des biens nationaux. Du côté de l'assaillant, au contraire, il faudra trouver des appâts plus ou moins imaginaires, soit en avantages matériels, soit en satisfaction de l'amour-propre national, attendu que les guerres d'invasion ne sauraient se justifier d'une manière positive.

Ainsi donc, la défensive semble avoir évidemment pour elle de nombreux avantages.

Mais on ne doit pas non plus perdre de vue ceux que présente l'offensive. *Avantages de l'offensive.*

Ses partisans admettent bien qu'elle entraîne de grandes pertes d'hommes, mais ils soutiennent qu'elle a ses mérites, et de très sérieux.

A égalité de forces, l'assaillant a déjà cette grande supériorité d'agir plus à sa guise. C'est à lui qu'appartient l'initiative des opérations. Il a la faculté de créer les conditions mêmes dans lesquelles doit s'opérer la défense, et dans ses rangs l'ardeur est plus grande que dans ceux des troupes attaquées.

Mais l'avantage qu'un écrivain militaire (1) met au-dessus de tout est le suivant : « L'assaillant peut user le défenseur. Est-il admissible qu'une troupe constamment menacée pendant une ou deux journées consécutives, par exemple, sans cesse harcelée jour et nuit par l'artillerie légère et les salves de mousqueterie de l'adversaire, — qui s'avance avec toutes les apparences d'une attaque immédiate et décisive, — soit capable de supporter tout cela en restant immobile dans ses lignes ?

« On dira que divers corps peuvent se relayer successivement. Mais laisser ses forces entières dans cet état de passivité, qui permet à l'ennemi d'entreprendre les combinaisons stratégiques les plus diverses, c'est à quoi il est douteux que se résigne un chef.

« Il lui semblera nécessaire de mettre bientôt un terme à un état de choses aussi démoralisant que l'attente passive dans ses positions. Et il se verra ainsi forcé de tenter une attaque, fût-ce à la baïonnette, contre l'ennemi.

« Avant tout, et en traitant la question au point de vue théorique, l'assaillant doit avoir sur le défenseur la supériorité comme nombre ou comme qualité des troupes. Autrement, il choisira pour lui-même le rôle de défenseur. »

1° Le nombre et la qualité des troupes.

Tout le monde sait que chaque pays a eu son temps de succès, quand *Alternance de victoires et de revers.* ses troupes se sont distinguées par leur bravoure et par l'art de conduire le combat. Tout le monde sait aussi que plus d'une fois, à des époques ultérieures, les vainqueurs des jours passés firent preuve d'inhabileté et de faiblesse d'esprit militaire.

---

(1) Prince Hohenlohe, *Ueber Infanterie* (Sur l'infanterie).

Impossibilité de grandes diffé- rences de qualité entre les armées.

La diffusion des connaissances de tout genre et l'étroitesse des rapports mutuels des nations ne permettront plus qu'il y ait beaucoup d'inégalité entre elles, — tant au point de vue de l'armement qu'à celui des autres moyens de faire ou de préparer la guerre. On peut même dire que, dès maintenant, cette inégalité est insignifiante.

De sorte que, théoriquement, il est impossible de supposer, entre les troupes des divers pays d'Europe, des différences de qualité susceptibles de compenser la supériorité que donne l'occupation d'une position fortifiée.

Combinaisons de guerre européennes.

En tenant compte des conventions internationales en vigueur et de la situation générale des choses, lorsqu'on songe à une guerre future en Europe, on doit songer à la possibilité d'une lutte entre les armées de la triple alliance d'un côté et celles de la France et de la Russie de l'autre. On peut ne pas tenir compte, dans cette étude, des autres combinaisons politiques, comme n'ayant pas une importance de premier ordre.

Rapport numérique entre les armées de la triple alliance et celles de l'alliance franco-russe.

De toute la série des données numériques citées dans le chapitre sur « les effectifs des armées », il ressort, comme principale conséquence, que les forces réunies de la France et de la Russie sont numériquement presque égales à celles des puissances de la triple alliance. Mais, si l'on examine séparément l'effectif des contingents entièrement instruits, c'est-à-dire si l'on détermine l'effectif des forces militaires qui sont aptes à la guerre offensive, alors il se manifeste quelque supériorité au bénéfice de la triple alliance.

Par contre, en tenant compte de l'effectif des forces militaires gardées en réserve pour la guerre défensive, — guerre à laquelle sont aptes même des troupes moins instruites, — nous arrivons à cette conclusion que les forces de réserve de la Russie seule surpassent de moitié ces mêmes forces dans les pays de la triple alliance.

Ainsi donc, dans une guerre défensive, la Russie à elle toute seule, disposerait d'un effectif de troupes suffisant pour résister aux armées réunies de ces trois pays.

Rapidité de la mobilisation allemande et ses conséquences.

Mais le choix entre les opérations offensives ou défensives ne dépend pas seulement de l'effectif des troupes. Il dépend aussi des conditions dans lesquelles s'exécutent leur mobilisation et leur concentration — conditions qui ne sont pas les mêmes partout.

Si l'on en croit les écrivains militaires, la mobilisation s'effectuera plus promptement en Allemagne qu'en Russie et qu'en France. Il faudrait donc admettre qu'au début de la guerre, les troupes allemandes, réunies aux forces que pourraient mettre sur pied, au premier moment, l'Autriche et l'Italie, seraient les plus nombreuses sur le théâtre des hostilités.

De là naturellement cette hypothèse, qu'en cas de guerre sur ses deux flancs, l'Allemagne commencera par se jeter avec toutes ses forces sur l'un de ses adversaires, pour ensuite, au cas où elle aurait l'avantage et pourrait interrompre la lutte de ce côté, transporter à l'aide des chemins de fer, son armée sur le théâtre opposé des hostilités.

Mais cette question ne rentre qu'accessoirement dans l'étude de la tactique de l'infanterie dont nous nous occupons en ce moment. Il n'est pas douteux cependant que les conséquences de la rapidité de la mobilisation allemande n'aient été prises en considération tant en France qu'en Russie.

2° Fortification des frontières.

Depuis un quart de siècle, la France vit dans une crainte perpétuelle de voir les Allemands la surpasser en quoi que ce soit au point de vue militaire. Cette situation a été entretenue par les affirmations, sans cesse répétées en Allemagne, que l'armée allemande peut se concentrer plus vite que l'armée française et que l'action offensive est la plus conforme à l'esprit des troupes allemandes. — Il n'est donc pas étonnant que les Français aient fait tous leurs efforts pour mettre leur pays à l'abri de l'invasion.

Progrès de la fortification française.

Dans les dix dernières années seulement, la France a dépensé près de deux milliards en fortifications. Les Français ont apporté, à l'étude des questions qui se rattachent à la défense du territoire, la netteté d'esprit qui les caractérise et la puissance d'imagination qui les aide à prévoir les cas les plus divers.

Le caractère même des fortifications élevées dans l'Est de la France s'est complètement modifié. Au lieu des anciennes places fortes, visibles de loin, ou des forts isolés, redoutes, demi-lunes, etc., qu'il était facile de tourner et même de prendre avec les engins de siège actuels, on rencontre des exhaussements du sol à peine apparents, — dissimulés qu'ils sont par l'herbe et les buissons — et sous lesquels se cachent des places d'armes, de vastes abris casematés, de puissantes positions défensives, barrant tous les passages, couronnant toutes les hauteurs. Ces formidables citadelles, pourvues de canons monstres et protégées par d'épaisses couches de terre par-dessus des voûtes de briques, peuvent renfermer d'énormes garnisons.

Importance des redoutes.

De plus, avant l'ouverture des opérations militaires, dans les intervalles entre ces ouvrages de fortification permanente, s'élèveront des redoutes de campagne, dissimulées dans les bois et les vignobles, et entourées de réseaux de fil de fer, comme on le voit dans la figure suivante.

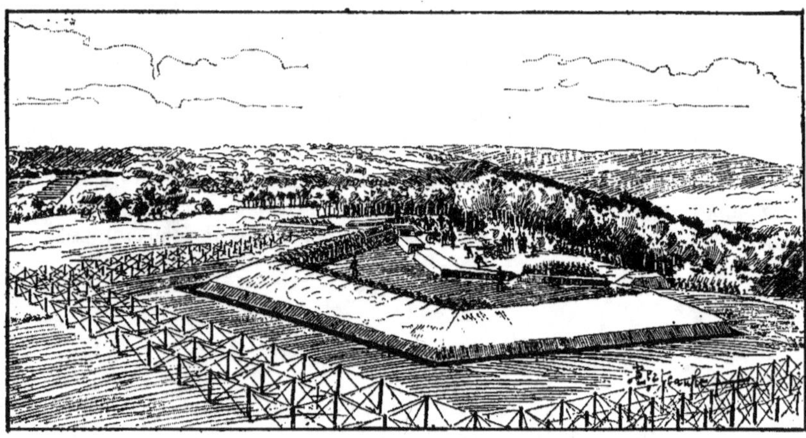

Redoute avec réseau protecteur.

Il sera difficile de distinguer ces redoutes au milieu du terrain environnant. Leur destination est de servir de points d'appui pour les troupes concentrées. Et dans le cas où ces points d'appui seraient tournés ou négligés par l'ennemi, il en sortirait des détachements de partisans qui tomberaient sur les derrières de l'armée d'invasion et pourraient constituer pour elle un danger sérieux.

Mais ce n'est pas tout encore. Les immenses camps retranchés actuels peuvent renfermer des armées entières, — dont une partie pourra se porter contre l'envahisseur bien au delà des limites du terrain qu'il a l'intention d'occuper, l'attaquer et peut-être le rejeter en arrière, grâce à l'appui des renforts entrant successivement en action : ce qui suffirait à changer complètement le cours prévu des opérations.

Il n'était d'ailleurs pas difficile d'amener à la perfection la défense de la France. Les routes qui s'offrent aux troupes, pour entrer d'Allemagne dans ce pays, sont étroites : le sol est protégé par des hauteurs, coupé par des vallées et des rivières ; dans les villages, les constructions sont en pierre ; les champs y sont entourés de haies vives, souvent même doublées de petits murs.

Si l'on en croit la description de la défense des frontières orientales de la France, il n'existe pas, sur les principaux chemins qu'il est impossible d'éviter, un seul mur qui n'ait été utilisé dans le plan de défense du terrain. Avec la poudre sans fumée, derrière des abris formés par des arbres, des fascines ou des parapets en sacs à terre, des bois de charpente, etc., on peut infliger à l'assaillant des pertes considérables. En tout cas, il lui faudra beaucoup de temps pour déblayer sa route.

Dans les planches, nous donnons des dessins des différentes sortes d'abris qui peuvent être employés (voir la planche se rapportant à cette page) (1).

Même les maisons et habitations diverses seront transformées en ouvrages défensifs qu'il faudra emporter d'assaut. Pour le faire comprendre, nous donnons ici le dessin de la défense de la ferme « Le Butard » en 1870.

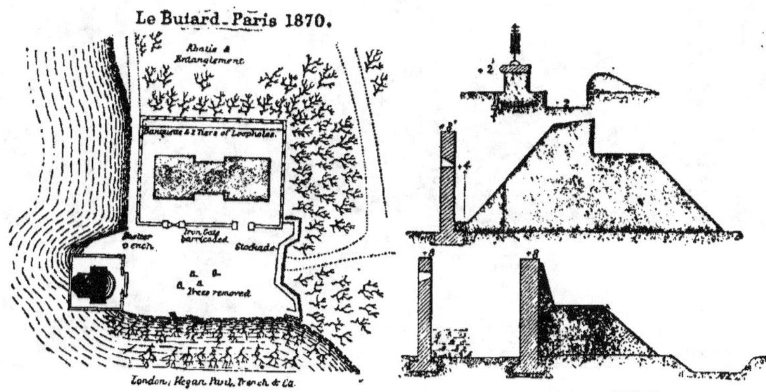

Maison de campagne fortifiée sous Paris en 1870.

L'Instruction française sur le « Service en campagne » prévoit même la nécessité d'employer l'artillerie contre certaines maisons ainsi fortifiées. Dans cette Instruction, il est dit expressément que l'attaque des bâtiments d'habitation doit être préparée par l'action de l'artillerie et qu'après la destruction des défenses extérieures, quelles qu'elles soient, la ligne d'infanterie assaillante doit tourner les barricades et les maisons pour pénétrer jusqu'au centre de la position. *Emploi de l'artillerie contre les maisons fortifiées.*

Aux grandes manœuvres françaises on a fait des expériences sur cette façon d'enlever de vive force des groupes de bâtiments.

Pour plus de clarté, nous donnons ci-après un dessin qui représente une attaque de ce genre (2).

Quand on songe aux propriétés de la poudre sans fumée et à la force terrible de pénétration des balles actuelles, il est impossible de ne pas reconnaître qu'une pareille attaque coûtera fort cher. *Caractère d'une future guerre franco-allemande*

----

(1) Brackenbury, *Fieldworks*, et Malet, *Handbook of field training*.

(2) Ce dessin est emprunté à l'*Album militaire* qui se publie à Paris.

Attaque de bâtiments fortifiés aux grandes manœuvres françaises.

En outre, il faut tenir compte de ce fait, qu'une masse d'abris de tout genre, ainsi disséminés dans un pays, devra ralentir le mouvement de l'armée d'invasion. Dès lors la nécessité où sera celle-ci de se frayer constamment sa route et l'inévitable destruction des centres de population qui en résultera, donneront, des deux côtés, à la guerre, un caractère particulièrement désastreux.

Mais indépendamment des pertes matérielles, anciennes et nouvelles, ce qui rendra la guerre future avec l'Allemagne particulièrement dévastatrice du côté des Français, ce sont les défaites de 1870 et le coup porté, à cette époque, à la gloire militaire de la France.

Il est impossible de nier qu'il n'y ait une part de vérité dans l'observation suivante, bien qu'elle ait été formulée dans le camp ennemi : « Chez les autres peuples, la fierté nationale et l'amour de la gloire ne représentent qu'une des passions des citoyens, mais chez les Français ils constituent la passion principale et dominante (1) ».

_____

(1) *La Guerre franco-allemande*, par le Grand État-Major prussien (Édition de J. Massloff).

Pièges pourvus de mines.

1. Torpille explosant automatiquement : *A*, chambre ; *B*, lumière ; *K* et *M*, mécanisme déterminant l'explosion.
2. Torpille d'un autre type : *A* et *B*, mécanisme déterminant l'explosion ; *C*, chambre ; *D*, lumière.

3. Fougasse ordinaire : *A*, chambre ; *B*, puits ; *C*, conducteur du feu.

4. Fougasse à bombes en profil : *A*, conducteur du feu ; *B*, bombes ; *C*, charges ; plan *D*, caisse contenant les bombes.

Effet de l'explosion d'une mine.

Les écrivains militaires appellent encore l'attention sur la fréquence probable de l'emploi des mines dans la guerre future ; — soit qu'elles soient établies sous terre, ou dans les bâtiments abandonnés devant la marche de l'invasion, sous les ponts, etc. Les perfectionnements apportés aux mines de différents genres et aux moyens d'en déterminer l'explosion auront pour résultat que, dès le temps de paix, seront organisés, sur les routes dont l'ennemi pourrait se servir, divers dispositifs pour l'établissement de mines et de torpilles (1). Sans attacher trop d'importance à ce fait, nous le signalons comme un des symptômes indiquant que ceux qui se préparent à la guerre future n'ont pas l'intention d'être particulièrement délicats dans le choix des moyens. *[Emploi des mines.]*

Nous donnons, dans les planches, des figures empruntées à l'ouvrage d'Oméga et représentant de ces sortes de pièges pourvus de mines, comme aussi l'effet de l'explosion d'une de celles-ci.

Si donc l'armée allemande, profitant de sa mobilisation plus rapide, envahissait le territoire français, la France, par la force des circonstances et en raison des pertes qu'elle a faites, se tiendra sur la défensive. Il n'est pas douteux que, dans ce pays, toutes les mesures n'aient été prises à l'avance, tous les plans et moyens préparés, pour élever promptement des fortifications de campagne et fournir les troupes de munitions de guerre et de toutes les autres choses dont elles ont besoin. *[Défensive de la France.]*

Mais ce n'est pas une mince affaire, pour le commandant en chef d'une armée qui pénètre sur le territoire ennemi, de pourvoir un million de soldats et plus, de vivres, de munitions, de chevaux, etc., — toutes choses dont la production doit continuer sans cesse pour combler les vides résultant de la consommation et des pertes éventuelles. La question des approvisionnements peut même influer sur le choix de l'époque et de la région où s'effectueront les opérations. *[Question du ravitaillement pour l'armée qui prend l'offensive.]*

Il est nécessaire aussi de prendre des mesures pour assurer ses derrières afin que l'ennemi ne puisse couper vos communications. Déjà, pendant la guerre de 1870, les Allemands durent faire les plus grands efforts pour garder les voies ferrées (2). Et ce problème semble devoir être d'autant plus difficile pour eux, dans l'avenir, que leur armée ne sera plus quadruple de celle de leur adversaire, mais que les forces seront égales de part et d'autre, tant comme nombre que comme esprit et armement.

L'exemple des campagnes du temps passé ne saurait donner ici d'indications suffisantes, — d'abord parce que les masses qui doivent prendre part aux opérations militaires se sont considérablement accrues. Si la guerre entre *[Comparaison avec le passé.]*

---

(1) Oméga, *La Défense du territoire français.*

(2) Pour garder les derrières de l'armée allemande en 1870, on dut employer jusqu'à 145,712 hommes avec 5,945 chevaux et 80 canons.

la triple alliance, d'un côté, la France et la Russie de l'autre, avait éclaté, par exemple, en 1889, le total des forces militaires mobilisées se serait élevé à 5,230,000 d'hommes. Actuellement ce total, pour l'ensemble des deux partis, s'élèverait à 17,500,000 hommes.

Il est certain que, depuis 1889, le réseau des voies ferrées s'est développé, — ce qui facilite le transport des approvisionnements amenés à chaque armée de son pays d'origine.

Mais on se demande pourtant s'il sera possible encore de compter sur des transports semblables, quand la guerre aura interrompu les communications maritimes; — alors que pas un pays en Europe, sauf la Russie et l'Autriche-Hongrie, n'est en état de fournir par lui-même le blé nécessaire à sa propre population.

Il suffira d'un arrêt, même temporaire, des arrivages, — par exemple à la suite d'une explosion ou d'autres accidents semblables survenus sur les chemins de fer, — pour que l'armée envahissante elle-même se trouve dans une situation critique.

Autres cas que pourrait présenter la guerre entre la France et l'Allemagne. — Nous avons raisonné jusqu'à présent, en général, dans l'hypothèse d'une invasion des troupes allemandes en France.

Mais il ne faut pas perdre de vue un autre cas, et notamment celui dans lequel l'État-Major allemand pourrait préférer exécuter les opérations qui doivent décider du sort de la guerre, sur sa frontière orientale, — en s'appuyant à l'Ouest, sur la puissante ligne formée par les places fortes du Rhin et par Metz, pour tenir en échec l'offensive française. Bien que les écrivains allemands affirment constamment que les troupes germaniques seront sur le territoire français avant que ce pays n'ait réuni des forces suffisantes, il n'est pourtant pas douteux qu'en Allemagne toutes les mesures ne soient prises pour fortifier la frontière de l'Ouest, au cas d'une invasion venant de France.

La France contre l'Italie. — Quant à l'Italie, la France, suivant toute probabilité, se tiendra vis-à-vis d'elle sur la défensive, en raison des obstacles naturels et des fortifications considérables qui se trouvent sur la frontière des Alpes et sur la « Rivière »; — puis en raison aussi de cette circonstance que, si les Italiens pénétraient dans le Sud de la France, il n'en résulterait pas un grand danger pour les positions centrales des forces françaises.

L'Allemagne contre la Russie. — Mais ces mêmes difficultés que les Français rencontreraient sur le territoire allemand, les Allemands les rencontreront également s'ils pénètrent en Russie. Car là aussi, certainement, rien n'a été négligé pour préparer le terrain à bien recevoir l'ennemi. A plus ou moins grande distance des lignes d'opérations qu'il devra suivre, ou sur ces lignes mêmes, aux nœuds de communications et notamment sur les cours d'eau, sont établis de puissants camps retranchés : Kovno, Goniondz, Varsovie, Novogeorgievsk, Zégrje,

Ivangorod, Brest, Loutzke, Doubno, Rovno — qui ne peuvent manquer d'arrêter et de gêner la marche de l'envahisseur. Sans compter qu'avant même d'arriver jusque-là, il faudrait à celui-ci livrer des combats dans la sphère d'action de ces places fortes, sur des terrains préparés d'avance pour la lutte et prendre d'assaut nombre de points défendus par la fortification passagère.

Pour la défense active, dans le rayon de ces camps retranchés, on a fortifié les points de passage des cours d'eau ; on a construit des routes et des chemins de fer stratégiques qui permettent de concentrer rapidement les troupes de couverture et de les munir de tout ce qui leur est nécessaire ; tandis que les troupes d'invasion devront se mouvoir sur de mauvais chemins, à travers des bois et des marais dont le pays est couvert.

La Russie n'est pas moins bien protégée par ses défenses naturelles. Son étendue même et le peu de fertilité de certaines zones de son territoire permettent, dans un cas extrême, d'organiser une guerre d'extermination. Les généraux La « Faim » et « Le Froid », qui, en 1812, conduisirent les Russes à la victoire, ne sauraient manquer d'avoir encore de nos jours une sérieuse influence sur les combinaisons tactiques.

Mais le plus important de tout, c'est que, pour conduire une semblable guerre, il faut du temps, — et l'Allemagne n'en aura pas à sa disposition. Ce pays a besoin, pour sa subsistance, d'importer une si grande quantité de céréales que, par suite de l'interruption des communications par terre et par mer, il se trouvera très promptement face à face avec la misère nationale.

Manque de céréales en Allemagne.

Par conséquent, parmi les hypothèses possibles, il faut compter celle où l'Allemagne préférerait attendre l'attaque du côté de la Russie.

Déjà, immédiatement après la guerre de 1870-71, l'attention se porta en Prusse sur le renforcement de la ligne de forteresses du Nord-Est. Depuis lors les travaux ont continué sans interruption jusqu'à ces derniers temps ; et aujourd'hui, des lignes de défense appuyées sur des places fortes sont abondamment pourvues du personnel et du matériel nécessaires pour exécuter une défense active. On a même préparé sur la frontière tout ce qu'il faut pour y établir, en certains points, des fortifications passagères. Enfin, un grand nombre de chemins de fer stratégiques sont disposés de façon à garantir pleinement la protection du pays.

État de la frontière orientale allemande.

En Autriche-Hongrie, pour se protéger du côté de l'Italie, les passages dans les vallées du Tyrol sont fermés par des ouvrages fortifiés du type le plus récent. Et la frontière italienne n'est pas moins soigneusement protégée.

L'Autriche contre l'Italie et la Russie.

L'alliance actuelle entre ces deux pays ne les empêche pas de se préparer à combattre l'un contre l'autre.

Du côté de la Russie, l'Autriche a également des forteresses puissantes, — à Cracovie, Przémysl, — où tout est prêt pour repousser, en cas de besoin, l'invasion de l'ennemi.

Mais la voisine de l'Autriche, la Russie, possède de même les forteresses et points d'appui nécessaires pour s'opposer au passage des troupes autrichiennes, — en vue du cas où elle aurait l'intention de se tenir sur la défensive à l'égard de ce pays.

Préparation de tous les pays à la guerre.

Ainsi donc, quels que soient les plans adoptés pour la conduite des opérations, chaque peuple qui portera la guerre en pays étranger, y trouvera tout disposé pour repousser l'armée d'invasion. Tous les peuples dépensent des millions sans compter, afin d'arriver, malgré la différence de rapidité de mobilisation, à n'être pas écrasés par une trop grande supériorité des forces adverses qui voudraient pénétrer chez eux.

But de ces préparatifs.

Les préparatifs exécutés ont pour but de retenir l'envahisseur, sinon sur la frontière même, au moins dans les régions voisines. Cependant que la cavalerie des deux partis — comme il en a été fait mention dans un autre chapitre — a pour mission de se jeter, d'une manière indépendante, sur le territoire ennemi, d'y détruire tout ce qui peut être utile à la guerre et de contraindre telles ou telles parties des troupes opposées à combattre sur les points qui n'ont pas été fortifiés et que la cavalerie choisit elle-même.

Tout cela réuni constitue, ou bien l'introduction d'éléments entièrement nouveaux dans la conduite de la guerre, ou bien une telle transformation et une si grande augmentation des forces qui opéraient autrefois, que rien de semblable n'a été vu dans les campagnes précédentes.

Quelle influence ces nouvelles données peuvent-elles avoir sur la tactique de l'infanterie? C'est ce qui nous reste à examiner.

IV. La fortification des futurs champs de bataille.

Extension des fortifications.

La guerre future doit avoir en partie le caractère d'une lutte conduite au moyen de la fortification. Mais les ouvrages fortifiés ne se montreront pas seulement dans les régions qui touchent à la frontière ou qui en sont voisines : les champs de bataille eux-mêmes prendront un autre aspect que celui qu'ils avaient autrefois.

Importance de bien choisir.

Dans la partie de notre travail consacrée à l'étude des épaulements et fortifications de campagne (1), il est indiqué que le choix des points

____

(1) Voir les « Fortifications de campagne ».

à fortifier et l'adoption de tel ou tel genre d'ouvrages exigent un examen attentif : — attendu que des travaux et des obstacles mal compris peuvent devenir une gêne et même un danger direct pour le parti qui les a construits.

Mais voilà vingt-cinq ans que tous les pays de l'Europe ont eus pour étudier avec soin, mesurer et enfin lever topographiquement leurs régions frontières. Et ils ont consacré à cette œuvre tous les efforts de la science militaire. Par suite, il est impossible d'admettre que d'aucun côté, de grossières erreurs aient pu être commises; d'admettre même que, sous ce rapport, tel État soit beaucoup mieux préparé que tel autre, — ce qui pourrait arriver s'il fallait improviser tout un système de fortification en très peu de temps.

Pour ce qui est des plus simples travaux de campagne, nous avons expliqué ailleurs qu'ils s'exécutent facilement depuis que les troupes sont munies d'outils de pionnier et sont exercées à des travaux de ce genre dans les camps d'instruction. Ainsi une compagnie, rien qu'au moyen des outils portés par ses hommes, élève en deux heures et demie un parapet suffisant pour une chaîne de tirailleurs longue de 250 pas. Et il ne faut pas plus de temps pour établir un petit épaulement d'un front de 100 mètres capable de couvrir la compagnie. *Simples ouvrages de campagne pour l'infanterie et l'artillerie.*

Des épaulements ou abris plus importants, pour couvrir l'infanterie et l'artillerie, demandent déjà quelques heures, mais pas plus de huit. Et comme les artilleurs aujourd'hui sont également munis d'outils de pionnier, une batterie peut elle-même, en ce laps de temps, construire des abris suffisants pour ses pièces.

On n'avait pas idée, autrefois, d'une telle rapidité dans les travaux de terrassement. On disait, il est vrai, que Totleben avait improvisé les fortifications en terre de Sébastopol. Sans diminuer en rien ses mérites et le grand pas qu'il a fait faire à l'art de la défense des places, on peut observer pourtant que, pour accomplir cette œuvre, il disposa de quelques mois. *Leur établissement plus rapide qu'autrefois.*

Osman-Pacha fortifia solidement Plewna après l'avoir occupé. Mais il eut, pour cela, deux mois, sans compter le temps qui suivit le troisième assaut.

Il peut n'être pas sans intérêt de présenter ici une comparaison des principales puissances, au point de vue de l'effectif des troupes du génie par rapport à celui de l'infanterie sur le pied de paix; — en comptant, bien entendu, comme troupes du génie, les sapeurs, les pionniers et les pontonniers. *Rapport numérique des troupes techniques à l'infanterie.*

On trouve dans les différentes armées, en supposant le bataillon à quatre compagnies :

Armée russe . . . pour 1,040 bat. d'inf. 25 bat. du génie, c'est-à-dire 1/41

— allemande.	—	711	23	—	—	1/31
— autrichienne	—	462	15	—	—	1/31
— italienne. .	—	346	13 1/4	—	—	1/26
— roumaine. .	—	103	4	—	—	1/25
— française. .	—	584	26	—	—	1/22

Mais un écrivain militaire bien connu, le général belge Brialmont, considère même cette dernière proportion comme insuffisante. Il conseille d'avoir un sapeur, non pas pour 22 fantassins, mais pour 16. Le général Killichen va encore plus loin, jusqu'à 1 pour 13.

Les Allemands s'intéressent au service des pionniers de campagne.

Il faut remarquer la façon toute particulière dont, en Allemagne, on se préoccupe du service des pionniers de campagne. Pas plus tard qu'en 1890 avait été adoptée, dans ce pays, une nouvelle instruction sur les « pionniers de campagne ». Depuis elle a été remplacée par une autre. D'abord parce que les indications qu'elle contenait sur l'exécution des travaux de défense ont été considérées comme déjà surannées ; ensuite parce qu'à l'heure actuelle, on apprend à l'infanterie à exécuter elle-même ces travaux du champ de bataille, sans la participation des troupes du génie, sans les complications superflues des ingénieurs (1).

Importance des fortifications pour la défense.

Il n'est pas inutile de rappeler que, dans toutes les armées, les troupes sont exercées à l'exécution de légers épaulements de campagne de différents types, dont la construction n'exige que quelques minutes et qui, en revanche, peuvent être graduellement renforcés, de sorte que le défenseur aura toujours le temps suffisant pour fortifier ses positions.

Les avantages présentés par les ouvrages de campagne, si faible protection qu'ils donnent, sont trop importants pour que la défense ne désire pas en profiter. Les troupes qui vont à l'attaque de ces ouvrages sont presque désarmées pendant qu'elles s'avancent, tandis que le défenseur peut les accabler, même à de grandes distances, d'un feu très efficace.

Les assaillants ne peuvent que s'arrêter de temps à autre et tirer de derrière les abris naturels qui se présentent : inégalités du sol, arbres, rochers, etc. Les lignes d'attaque se suivant l'une l'autre, chacune peut soutenir par son feu, celles qui sont en avant. Mais ces lignes doivent se rapprocher peu à peu des positions, en cessant de tirer pendant qu'elles marchent ; tandis que la défense exécute un feu continuel avec toutes ses forces, en restant elle-même à l'abri (2).

---

(1) Löbell, *Militärische Jahresberichte,* 1894.
(2) Général Brackenbury, *Fieldworks,* et Malet, *Handbook of field training.*

V. Les règles sur les formations de guerre et la conduite du combat.

En parcourant, même rapidement, les chapitres relatifs aux nouvelles armes et à l'action de l'artillerie, le lecteur a pu se convaincre que, sous beaucoup de rapports, la guerre future ressemblera bien peu aux précédentes, y compris même la dernière qui fut livrée entre troupes régulières, c'est-à-dire la campagne de 1877-78.

Des fusils à petit calibre, d'une puissance de six à dix fois supérieure aux anciens, des canons surpassant vingt fois, tant en efficacité qu'en portée, ceux dont on se servait précédemment, la poudre sans fumée, différents projectiles et engins de guerre jadis inconnus, la faculté qu'auront les troupes d'exécuter promptement des travaux de terrassement, — tout cela constitue autant d'éléments nouveaux introduits dans la lutte, autant de conditions qui viendront influer sur sa marche.

Plus ces conditions seront complexes, plus les armes seront perfectionnées, et plus il faudra d'expérience et d'énergie, tant aux soldats qu'aux officiers. Et cependant, à l'heure actuelle, les trois quarts des officiers que comptent les armées n'ont jamais fait la guerre; ils ne l'ont apprise qu'aux manœuvres et dans les livres. De plus, au début même des hostilités, l'armée comprendra dans ses rangs cinq sixièmes d'hommes appartenant aux réserves des différentes catégories.

Or, aux temps passés, alors qu'il était possible de se guider par les enseignements des guerres précédentes, alors que toutes les dispositions de l'attaque et de la défense étaient déterminées par les Règlements et Instructions, dans le plus grand détail, il suffisait cependant d'une circonstance imprévue pour changer la face des choses et exposer un parti ou l'autre à de graves dangers.

Mais combien plus grandes sont devenues la probabilité et l'importance même de ces événements imprévus, — avec la poudre sans fumée qui rend plus difficile l'observation des mouvements de l'adversaire, — avec les armes actuelles grâce auxquelles tout un corps de troupes, exposé inopinément aux salves du feu le plus meurtrier, peut être anéanti jusqu'au dernier homme au cours d'une simple hésitation d'à peine dix minutes !

Voilà pourquoi des militaires très autorisés ont émis l'opinion que, pour la conduite du combat, il était désormais impossible de formuler des prescriptions et des règles générales obligatoires ; attendu que l'obligation de suivre ces règles dans tous les cas pourrait exposer quelquefois aux plus fâcheuses conséquences.

Nous insistons sur ce point, parce que, dans la pratique de la guerre, les choses se présentent tout autrement qu'aux manœuvres dont les indications servent de base à l'établissement des règles. Quand, au lieu d'avoir devant soi, pour figurer l'ennemi, soit des jalonneurs munis de fanions, soit quelque détachement faisant un tir simulé, on a des masses qui tirent réellement, l'impossibilité d'exécuter tel ou tel mouvement conformément aux règles se manifeste beaucoup plus tôt que ne l'admettent les arbitres aux manœuvres.

En vain objecterait-on que ces règles actuelles ont été établies en pleine connaissance des effets des nouvelles armes et de toutes les conditions du combat d'aujourd'hui. Il n'est pas de règles qui puissent prévoir la grandeur des pertes essuyées, ni le nombre de minutes après lesquelles il faudra changer le dispositif adopté ou le mouvement entrepris. Or il suffira de quelques minutes pour que ce ne soit pas le corps entier qui se retire, comme aux manœuvres, mais seulement la moitié à peine de ce corps, que la mort aura épargnée.

Motifs qui
nous font citer le
Règlement
français.

Puisque nous parlons des règlements, nous citerons comme modèle le Règlement français. Voici les raisons qui nous y déterminent.

D'abord l'armée française fut la première à adopter la poudre sans fumée et les armes à petit calibre ; et par suite on peut admettre que son règlement est basé sur la plus grande somme d'expérience acquise en temps de paix. En Russie, la poudre sans fumée vient seulement d'être introduite. Dans l'armée allemande, les officiers, non seulement du service actif mais de la réserve, sont vivement blâmés quand ils expriment leur opinion sur les questions militaires. L'armée anglaise n'est pas semblable aux autres, puisqu'elle ne se compose que de soldats de profession enrôlés à prix d'argent. En Italie, enfin, il a paru peu d'études indépendantes sur l'art militaire, et l'on admet principalement les règles élaborées ou formulées dans les autres pays.

En France seulement, outre l'adoption de tous les perfectionnements les plus récents, il se trouve encore que, par l'effet du tempérament national, des habitudes et de la forme même du gouvernement, les questions militaires sont discutées sous toutes leurs faces par les hommes compétents, sans que ceux-ci aient à craindre de conséquences désagréables.

C'est pour toutes ces raisons que nous nous sommes attaché principalement au Règlement français.

1° Le Règlement de combat français.

Coup d'œil
historique.

Les règles pour la conduite du combat, établies après une étude attentive du fusil modèle 1874, ne furent édictées qu'en 1883, en tenant déjà compte en partie des modifications que devait entraîner la distribution ultérieure aux troupes du fusil Lebel modèle 1886. Puis, après quatre années d'observations sur les effets de cette nouvelle arme, fut publiée en 1890 une « Instruction provisoire sur la conduite du combat ».

Mais avant d'étudier les formations prévues dans cette Instruction, nous pensons qu'il ne sera pas inutile de présenter un tableau du déploiement de l'infanterie, quand elle passe, pour l'attaque, de la formation compacte à celle de combat. *Déploiement de la colonne en formation de combat.*

Dans le mouvement en avant, le front et la profondeur de la colonne peuvent varier, mais seulement dans certaines limites. Le front peut s'étendre jusqu'à 232 mètres, — dont 210 mètres de front de combat et 22 mètres de demi-intervalle de bataillon. *Étendue du front et en profondeur.*

La profondeur de la colonne peut aller jusqu'à 300 mètres ; mais c'est la distance maximum admissible entre les échelons pendant la marche. C'est aux commandants de compagnie qu'il appartient de modifier en temps utile la distance et les intervalles pour diminuer les pertes, mais sans que la formation de la compagnie déborde en dehors des limites fixées pour l'étendue du front et la profondeur de la colonne : 232 mètres et 300 mètres.

Le bataillon, formé de 4 compagnies, au fur et à mesure qu'il s'approche de l'ennemi et s'expose à son feu, diminue graduellement sa profondeur et étend son front.

Relativement au début du combat, il est dit qu'à l'avant-garde, l'infanterie couvre l'artillerie et que, s'avançant autant que possible jusqu'à 1,500 mètres, elle s'efforce non seulement de contrebattre l'infanterie adverse, mais de concentrer des feux de salve sur les batteries. A un moment donné, le commandant de la troupe se décide, soit à renoncer à l'attaque, soit à l'exécuter avec toutes ses forces. Dans le premier cas, il donne à l'infanterie l'ordre de battre en retraite, tandis que l'artillerie contient, par son feu, l'infanterie opposée. Dans le second cas, il fait avancer ses réserves pour appuyer les fractions déjà engagées. *Comment l'infanterie se comporte au combat.*

L'attaque doit être renforcée autant que possible par des troupes fraîches et commence à partir de 600 mètres, si l'on peut supposer que la solidité de l'ennemi est déjà quelque peu ébranlée.

Les fractions qui ont pris part à la fusillade se joignent, sur les flancs, aux troupes fraîches marchant à l'attaque décisive.

A 1,500 mètres de l'adversaire, la compagnie se forme en ordre de combat et envoie sur la chaîne une ou plusieurs sections en files serrées. Quand elle arrive à 1,200 ou 1,400 mètres de l'ennemi, la chaîne se déploie par demi-sections ; à 1,000 ou 1,200 mètres, les sections se déploient en escouades et, de 1,000 à 800, les escouades se disséminent en chaînes de tirailleurs, — à la condition toutefois que le terrain soit découvert et le feu vif. *Déploiement de la compagnie*

Nous donnons ci-dessous une figure empruntée à l'*Illustration* du 18 juillet 1891, qui montre la formation, aux grandes manœuvres françaises, d'un bataillon pour le combat de mousqueterie. Et dans les planches *a* et *b* ci-contre, on trouvera la représentation du déploiement de l'infanterie contre Plewna, ainsi que trois croquis (1) : dont le premier montre la formation, d'après l'Instruction française, du bataillon marchant à l'attaque, entre 3,000 et 1,600 mètres, tandis que le second indique la formation de ce même bataillon entre 1,500 et 1,000 mètres, et que le troisième le représente dans son dispositif à 600 mètres de l'ennemi.

Formation, aux manœuvres françaises, du bataillon pour le combat de mousqueterie.

Nous exposons les phases ultérieures de l'attaque d'après l'ouvrage du général Ferron (2) :

« Les bataillons de l'attaque marchent au pas accéléré, ne s'arrêtant pas sans ordre et choisissant leur direction suivant le but indiqué à chaque fraction. La chaîne des tirailleurs, ayant derrière elle ses réserves, s'élance quand elle est à 800 mètres de l'ennemi et fait 200 mètres au pas de course. Le parcours de ces premiers 200 mètres est suivi de quelques minutes de repos, après quoi la chaîne se remet en mouvement à un signal donné et parcourt les 200 mètres suivants.

« En continuant de même le mouvement en avant, dit le général Ferron, on peut soutenir le moral des troupes. Car les soldats conservent entre eux le contact et le lien intime grâce auquel on peut amener leur ardeur à un vrai paroxysme.

(1) Ces croquis sont empruntés aux traités : *Manuel de guerre* et *Le Combat.*— Paris, 1890.

(2) Général Ferron, *Quelques indications pour le combat.* — Paris, 1891.

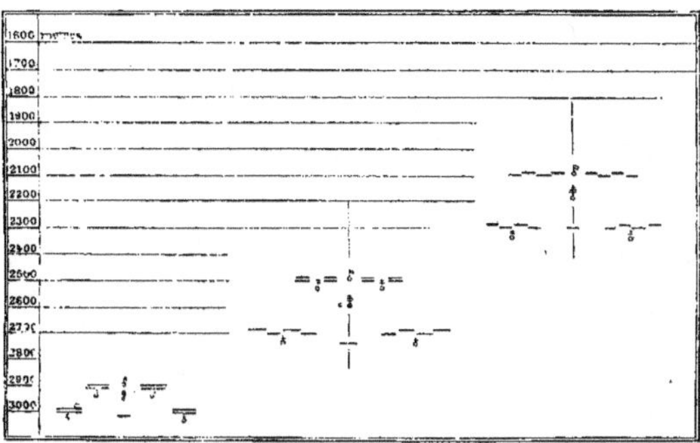

Formation, d'après l'instruction française, d'un bataillon marchant à l'attaque
entre 3,000 et 1,600 mètres.

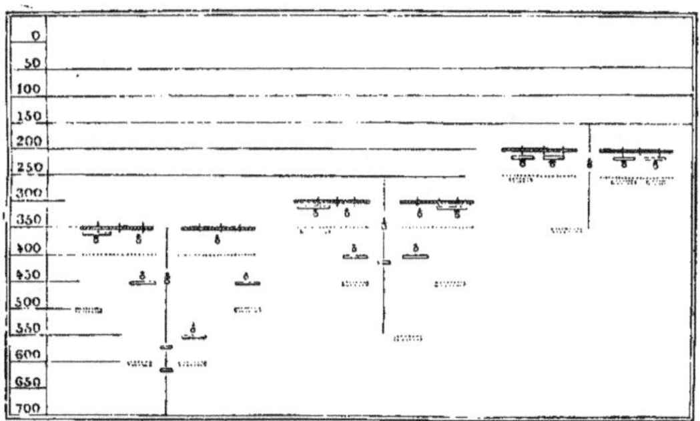

Formation, d'après l'instruction française, d'un bataillon marchant à l'attaque
entre 1,500 et 700 mètres.

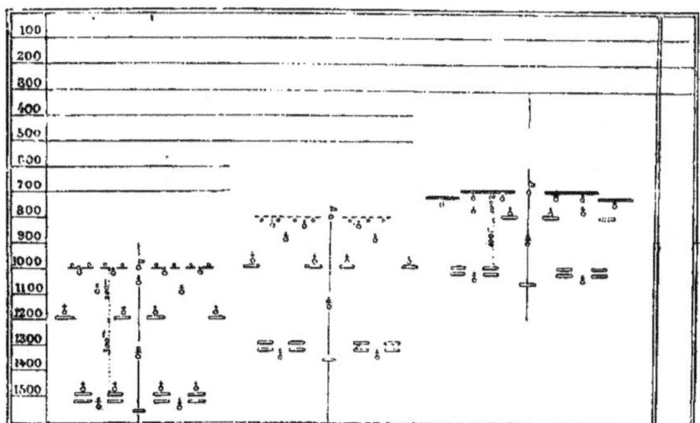

Attaque d'un bataillon à 600 mètres de distance.

« Après un court repos, les tambours et les clairons donnent le signal de l'assaut et les troupes franchissent rapidement les derniers 200 mètres. »

Au nombre des innovations de l'Instruction française, les plus importantes sont la formation de combat sur une seule ligne, la suppression des tireurs spéciaux et le commencement du feu aux grandes distances.

Mais les procédés d'attaque indiqués ont été l'objet de vives discussions. On a fait des calculs d'où il résulte que l'attaque directe des positions, d'après les formes indiquées, coûterait tellement cher, même dans les conditions les plus favorables, que des attaques de ce genre deviendraient tout simplement impossibles. *[Discussion du Règlement.]*

Tous les règlements sont d'accord sur ce point, qu'avant de commencer l'attaque proprement dite, il faut la préparer au moyen d'un tir puissant et bien dirigé sur les positions de l'ennemi. *[Question de l'effectif de la troupe d'attaque.]*

Les fractions désignées pour l'exécution de ce tir préparatoire doivent être assez fortes pour que la supériorité du feu leur soit assurée.

A ce sujet, le *Progrès militaire* a posé la question suivante : « Étant donnée la composition des forces de la défense, quelles doivent être celles de l'assaillant pour qu'après les pertes subies pendant l'attaque, elles ne soient pas cependant inférieures aux premières en arrivant à 30 mètres de la position, — c'est-à-dire au point d'où il est possible de s'élancer à la baïonnette ? »

Et voici les chiffres que présente le *Progrès militaire* pour répondre à cette question : *[Réponses à cette question.]*

Si un ouvrage est occupé par 100 hommes, étant données la rapidité du tir et la tension des trajectoires qu'on obtient actuellement, pour qu'en arrivant à 25 mètres, l'assaillant ait un effectif égal à celui des défenseurs, il faut qu'il ait eu successivement les effectifs suivants :

A la distance de 500 mètres, 637 hommes.
—   —   400   —   613   —
—   —   300   —   575   , —
—   —   200   —   502   —
—   —   100   —   342   —
—   —   50   —   182   —
—   —   25   —   100   —

Ce qui importe, au point de vue militaire, ce n'est pas tant que sur 637 hommes, 537 soient mis hors de combat, mais bien la question de savoir si, sur 6 hommes, un seul pourrait arriver jusqu'à 25 mètres de la position. Or, il est évident que personne n'arrivera à cette distance ; attendu que, bien avant d'y parvenir, l'assaillant battra en retraite en raison des pertes énormes qu'il aura subies. *[Importance de ce calcul.]*

Comme ce calcul est très instructif, nous en donnons ici la représentation graphique ; — hésitant d'autant moins à le faire que deux auteurs russes autorisés l'ont reproduit sans y présenter d'objections (1).

Aux distances de :

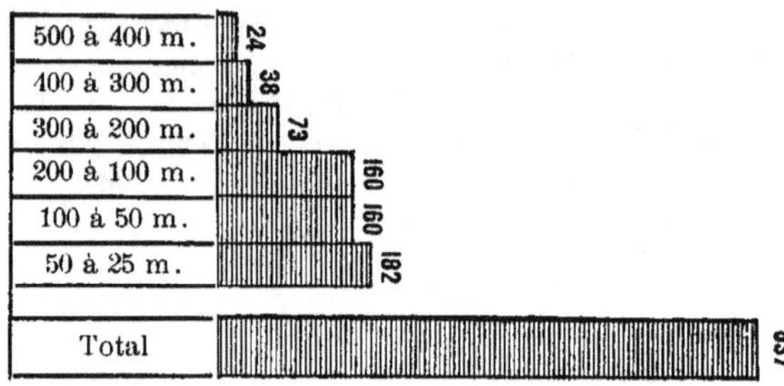

Nombre des assaillants mis hors de combat par une centaine de soldats retranchés.

Ainsi l'assaillant, si l'on s'en tient strictement au calcul précité, devrait être numériquement 6 à 7 fois plus fort que le défenseur. Mais, en réalité, il lui faudra disposer de réserves encore plus nombreuses.

L'auteur français fait observer que les chiffres des pertes éprouvées aux différentes distances ont été calculés d'après des expériences de tir montrant le nombre de balles nécessaire pour atteindre un homme qui fait partie d'une charge de tirailleurs. Mais on comprend que, quand une troupe marche à l'attaque, il doit se produire un épaississement graduel de ses rangs ; de sorte que les balles qui manqueraient un homme iront frapper quelqu'un de ceux qui le suivent pour combler les vides creusés en avant.

De plus, il faut ajouter l'effet des ricochets, si le terrain les favorise.

Enfin, dans le calcul précédent, il n'a pas été tenu compte de cette circonstance qu'aux faibles distances la balle de petit calibre actuelle traverse plusieurs hommes. « Ainsi, conclut ce même auteur, si nous admettons qu'au moment même du choc final l'assaillant doit avoir encore un effectif au moins double de celui de la défense, afin de pouvoir envoyer sur la position une salve capable de préparer l'assaut, alors nous arrivons au résultat suivant : pour qu'en terrain découvert une troupe puisse, sous le feu, atteindre une position bien défendue, il faut qu'elle ait un effectif au moins *huit fois* supérieur à celui de l'ennemi. »

Et comme il ne pourra désormais exister de différences bien considérables entre les effectifs qui se rencontreront sur les champs de bataille,

---

(1) Mikhnevitch, *Influence des nouvelles inventions techniques sur la tactique de combat*, et Skougarevsky, *L'Attaque de l'infanterie*.

les règles susmentionnées ne se peuvent appliquer que dans ces représentations théâtrales qu'on appelle des manœuvres.

Poussée par l'opinion publique, l'autorité militaire a chargé une commission spéciale de vérifier l'exactitude des règles ci-dessus — au moyen d'expériences pour lesquelles ont été mis à la disposition de cette commission, le polygone du camp de Châlons et une brigade d'infanterie. Puis on a communiqué le rapport de ladite commission à tous les commandants de corps d'armée dont les réponses ont été envoyées au Conseil supérieur de la Guerre.

Formation d'une
commission.

Nous allons donner un résumé de ces réponses (1) :

Opinions
des commandants
de corps
d'armée.

Il a été admis que les moyens de la défense s'étaient augmentés et que, par suite, il était nécessaire de faire une reconnaissance préalable très minutieuse des forces et des positions de l'ennemi.

Il a été admis également que l'utilisation des abris naturels était chose très importante et que tous les soldats doivent y être exercés, tandis que le chef de chaque fraction constituée doit savoir comment agir suivant les diverses circonstances de terrain qui peuvent se présenter. Les villages et en général les bâtiments d'habitation présentent des abris de peu de valeur, car l'artillerie peut en très peu de temps les rendre intenables.

On en doit dire autant des jardins et des vergers. Mais des bois un peu étendus offrent un couvert important, même contre le feu puissant de l'artillerie.

Les travaux de terrassement sont devenus de plus en plus nécessaires et chaque soldat doit être préparé à les exécuter rapidement. L'infanterie ouvre le feu aux plus grandes distances où il peut être efficace et l'exécute par salves ; — ce qui permet tout à la fois de vérifier l'exactitude des hausses employées et de régler la consommation des cartouches.

Pour l'infanterie, comme pour l'artillerie, il faut éviter les terrains découverts, ainsi que les terres labourées parce que les salves y soulèvent une poussière qui fait l'effet de la fumée persistante de l'ancienne poudre.

L'exécution du tir aux grandes distances exige d'habiles tireurs et la détermination exacte de la hausse correspondante. Il est indispensable de renouveler sans cesse les munitions, car la consommation en sera très abondante.

Tâche des chefs.

La puissance du feu de l'infanterie lui a donné une telle importance dans le cours de la lutte, que les fractions lancées en première ligne ne doivent être dirigées que par leurs chefs immédiats. Dans ses rapports avec eux, le rôle du commandement supérieur doit se borner à leur expédier constamment de nouveaux renforts. Aussitôt que le commandant d'une division,

____

(1) *Encyclopédie des Sciences militaires.*

d'une brigade ou d'un régiment a envoyé sur la première ligne son dernier bataillon, son rôle de commandement est terminé. Il ne lui reste plus qu'à marcher avec ses hommes en leur donnant l'exemple.

Quant aux résultats des expériences de tir, ayant pour but de déterminer le danger de ce tir pour les troupes assaillantes, on sait seulement que la commission a adopté comme vraisemblables, pour les pertes d'une ligne de tirailleurs disposés à deux mètres d'intervalle l'un de l'autre, les chiffres suivants :

A des distances de :

	Avec le fusil mod. 1874.	Avec le fusil mod. 1886.
200 mètres	24 0/0	32 0/0
400 —	12 0/0	16 0/0
600 —	6 0/0	8 0/0
800 —	3 0/0	6 0/0

Des expériences ont été également exécutées avec des fusils plus perfectionnés que celui du modèle 1886 et on a expérimenté en même temps toutes les innovations et tous les perfectionnements introduits dans l'artillerie.

Les différentes opinions émises sont classées en trois « écoles » par l'auteur de la *Nouvelle tactique de combat* (Paris, 1892).

Les vieux chefs n'admettent pas l'idée que le nouvel armement doive entraîner d'importants changements aux règles suivies sur le champ de bataille. Ils pensent que si, avec les nouvelles armes, le combat doit commencer à de plus grandes distances qu'auparavant, les deux partis n'en verront pas moins l'ennemi et finiront par l'aborder de près. De sorte qu'aucune modification essentielle aux règles n'est possible et que, comme par le passé, tout dépendra, en général, du coup d'œil, de la capacité et de l'énergie du chef. Pour éviter de trop grandes pertes, il suffira de parcourir le plus vite possible la « zone dangereuse », mais l'ordre de combat actuel conviendra encore dans l'avenir.

Une autre école insiste sur l'élargissement du front, c'est-à-dire sur une formation plus déployée. Elle recommande de faire un emploi fréquent des travaux de campagne et des lignes avancées, de prendre la formation de combat aux grandes distances, d'ouvrir le feu par salves d'assez loin, et de prendre également de loin, c'est-à-dire à 500 ou même 600 mètres, la formation d'attaque pour donner l'assaut aux positions ennemies.

Enfin, la troisième école, ou « jeune » école, porte particulièrement son attention sur les nouveaux moyens de reconnaître et d'observer la position de l'adversaire. Mais relativement à l'ordre de combat, elle fait en quelque sorte un pas en arrière en se préoccupant de la puissance du feu et en conseillant, pour l'obtenir, une formation un peu compacte.

En vue de diminuer les pertes, elle recommande de ne faire aucun temps d'arrêt en terrain découvert, mais de courir, au pas gymnastique, d'un abri naturel à l'autre, en profitant soigneusement de chacun d'eux.

Les craintes continuelles de voir la guerre éclater inopinément, jointes aux fréquents changements de ministère, ont eu pour conséquence qu'avant même la fin des travaux de la commission et l'examen de ses propositions au sujet du combat, des modifications partielles étaient apportées aux Instructions réglementaires.

Instabilité des Instructions.

Voici comment, dans une publication française (1), sont caractérisées par Abel Vangler les dispositions adoptées :

« Les règlements succèdent aux règlements ; sans cesse on y ajoute des notes complémentaires et explicatives, des observations et des rectifications. De là un sentiment de défiance : on ne sait de quel côté se tourner. Les prescriptions changent si souvent qu'il est impossible de les considérer comme quelque chose de définitif, même à l'instant précis où paraît chacune d'elles. On les publie sous les titres de : « Projet de règlement » ou bien d' « Instruction provisoire ». Puis paraissent d'autres éditions des mêmes règlements, mais avec des corrections, ou avec indication dans le texte, comme en passant, que le ministre de la guerre a jugé nécessaire de modifier la rédaction primitive de certains articles.

« Or quand ces modifications deviennent trop fréquentes, fussent-elles toutes pour le mieux, elles finissent par amener de la confusion dans l'esprit... Dans l'armée il existe un dicton bien connu : « Ordre, contre-ordre, désordre ! »

Plus loin, l'auteur expose qu'en ce moment on prépare un nouveau Règlement sur le service en campagne, dans lequel, toutefois, on a conservé beaucoup du Règlement de 1883, mais qui présente aussi des modifications ou omissions importantes.

Exemple à l'appui.

Ainsi, dans le précédent Règlement, l'attaque était dépeinte comme un mouvement graduel en avant par échelons, c'est-à-dire par lignes de tirailleurs déployées devant se soutenir l'une l'autre. Ce qui laissait ouverte cette question : Par quelles règles doit être déterminée l'impulsion graduelle en avant, qui a pour but final le choc contre l'ennemi? Au lieu d'expliquer par quoi et comment se remplacent les soutiens portés peu à peu sur la première ligne, le nouveau Règlement de 1895 est simplement muet à cet égard.

Mais on se demande : Pourquoi des soutiens, allant successivement compléter la ligne qui se trouve en avant d'eux, ne sont-ils pas jugés nécessaires dans l'armée française, alors qu'ils sont jusqu'à présent tenus

---

(1) *Revue Encyclopédique* du 15 juillet 1895.

pour tels dans les autres armées ? Est-ce qu'après 1883 le fusil français n'a pas été surpassé, comme justesse et rapidité de tir, par les fusils d'autres armées ? Ou le nombre des cartouches portées par les hommes a-t-il diminué ? Ou bien l'effet de l'artillerie ennemie est-il devenu moins dangereux ? Ou bien, enfin, peut-on supposer que l'ennemi s'occupera moins que par le passé de la construction rapide de retranchements ? Voilà les questions formulées par les spécialistes devant l'omission incompréhensible, dans le nouveau Règlement français, d'indications tactiques aussi importantes.

Mais ce n'est pas seulement dans l'armée française que se rencontrent ces modifications aux règlements.

Passons maintenant à l'Instruction allemande.

2° Attaque d'une position fortifiée d'après l'Instruction allemande

Tendance dominante à l'offensive.

En Allemagne, dans ces derniers temps, on n'a point formulé, sur la marche à suivre dans la conduite du combat, de règles aussi détaillées que dans l'armée française. Les victoires de 1870 ont mis dans l'esprit des hommes de guerre allemands, cette idée qu'au cours des campagnes futures, ils agiront toujours offensivement, tant au point de vue stratégique que tactique.

L'exécution des attaques domine tout dans l'instruction donnée à l'infanterie, — quoique sans cesse on entende aussi des voix rappeler que les perfectionnements introduits dans l'armement ont particulièrement renforcé la défense.

Mode d'attaque en 1872.

En 1872, dans les exercices, l'attaque s'exécutait, par exemple, dans l'ordre suivant. On faisait avancer l'une après l'autre deux lignes de tirailleurs ; en arrière d'elles marchaient les soutiens (*Unsterstützungs-Truppe*), en ligne déployée ; puis venait une seconde partie des forces assaillantes, disposée sur une ligne avec intervalles entre les sections ou même entre les files ; enfin la réserve se formait en colonnes. Les lignes de la première partie devaient peu à peu compléter la chaîne des tirailleurs et, en la nourrissant ainsi, l'aider à se porter, par bonds, en avant.

La formation de combat de 1873.

Un ordre de l'Empereur, de 1873, prescrivit une formation normale de combat du bataillon, en colonnes de compagnie : — celles-ci placées l'une derrière l'autre et restant à la disposition immédiate du commandant de bataillon, comme les bataillons sont à la disposition du commandant de régiment.

Le règlement de 1876.

Mais en 1876 fut adopté un nouveau règlement qui, d'après le général v. Janson (1), a diminué l'importance au combat, des formations d'attaque

____

(1) Général v. Janson, *Die Entwickelung unserer Infanterie-Taktik seit unserem letzten Kriege* (Le développement de notre tactique d'infanterie, depuis notre dernière guerre). *Militär Wochenblatt*, 1895.

que les troupes apprennent sur le champ de manœuvres, car il a prescrit de choisir, dans chaque circonstance, celle qui convient le mieux aux conditions du terrain.

Et ce règlement ne formula point de prescriptions nouvelles pour la conduite de l'attaque.

Cependant le tir d'exercice fit comprendre aux chefs de l'armée quelle force énorme possédait le feu, même avec les armes actuelles, ce qui les incita à imaginer différentes formations d'attaque.

Le général von Bronsart s'éleva contre les conclusions tirées de ces expériences et affirma que le règlement existant garantissait suffisamment la préparation des troupes à la conduite du combat.

Toutefois, au ministère de la guerre, à dater de 1880, on se mit à l'élaboration d'un nouveau règlement ; mais la chose traîna jusqu'en 1888, époque où l'Empereur Frédéric III demanda, sur ce sujet, l'opinion des commandants de corps d'armée.

La commission nommée à la suite de cette consultation, élabora un règlement dans cette même année — après l'adoption par les troupes du fusil modèle 1888 et de la poudre sans fumée. Dans ce nouveau règlement il n'est formulé que des principes généraux ; les détails d'application étant laissés à la discrétion des chefs. Mais, pour cette raison même, beaucoup de personnes considèrent ce règlement comme insuffisant.

Nous ne fatiguerons pas le lecteur par l'énumération des modifications quantitatives survenues dans la répartition des forces assaillantes. Attendu que, malgré tout, la base de l'ordre de combat est restée la chaîne de tirailleurs avec soutiens et réserves, et, en arrière, une deuxième ligne de combat ou gros (*Haupttreffen*). Mais nous allons suivre, d'après l'exposé du général v. Janson, la marche même de l'attaque d'une position fortifiée conformément au nouveau règlement allemand.

L'emplacement sur lequel s'établit la défense est choisi de façon à dominer une assez grande étendue de terrain que l'assaillant devra parcourir sous le feu de l'ennemi. Par suite, quelque peu de profondeur que donne cet assaillant à son ordre de combat et à la formation de ses unités, il ne peut attaquer la position de front avec son infanterie. La tourner par les flancs ne constitue pas non plus une solution pleinement satisfaisante. Car plus l'attaque s'étend et plus il sera facile à l'adversaire de frapper, avec ses réserves, un point quelconque de ses lignes. En outre, l'affaire n'en finira pas moins par se transformer en une attaque de front.

Par conséquent, il est nécessaire d'agir d'abord sur la position au moyen de l'artillerie. Ce qui n'est possible qu'à la condition de concentrer contre elle le feu d'un nombre de pièces plus considérable que celui dont la défense dispose. Si les tranchées à tirailleurs et les épaulements qui couvrent la position sont pourvus d'abris intérieurs, il pourra même falloir employer, pour les détruire, la coopération des pièces mobiles de l'artillerie de siège.

Marche
vers l'ennemi.

C'est seulement après cette préparation que commence l'attaque d'infanterie. Elle s'effectue en portant en avant une chaîne de tirailleurs jusqu'à une distance de la position où son feu soit efficace. Le nombre des fusils de cette chaîne doit, autant que possible, être assez considérable pour assurer la supériorité de la mousqueterie de l'attaque sur celle de la défense.

Exécution
de cette marche.

Mais cette marche en avant, contre un ennemi établi derrière de solides abris et dirigeant son feu d'après un repérage préalable des distances, est une opération très difficile et qui peut même exiger *deux jours de travail.*

Le premier jour, l'assaillant s'avance jusqu'à la limite de la portée de l'artillerie ennemie et, à la tombée de la nuit, il envoie dans la zone du feu efficace de mousqueterie, de petits détachements, — par exemple des compagnies,— en les choisissant parmi les troupes désignées pour l'assaut et d'après l'ordre de leur disposition en profondeur. Les détachements ainsi envoyés en avant se dirigent sur les points du terrain indiqués pour cet objet et *immédiatement s'y fortifient.*

On ne peut déterminer d'avance à quel degré de proximité de l'ennemi devront être les points ainsi occupés. Car la chose dépend des caractères du sol, de la plus ou moins grande obscurité qui facilite l'approche et aussi des mesures préventives que l'ennemi aura pu prendre — ou négligé de prendre — sur le terrain battu par lui.

Préparation de
l'assaut.

Les points d'appui choisis de la sorte forment une ligne dont on partira le jour suivant pour donner l'assaut. Par conséquent, aussitôt après avoir occupé ces points plus ou moins bien abrités, il faut faire avancer dans leurs intervalles de gros détachements de tirailleurs, — autant que possible dans le cours même de la nuit, afin que ces détachements puissent encore, sans rencontrer d'obstacles, s'organiser des couverts. Cela fait, au point du jour on ouvrira un feu très vif de tirailleurs contre la défense. Enfin, dès le commencement de l'assaut, les échelons d'arrière doivent également être portés sur la ligne d'avant pour exécuter une poussée décisive.

Situation
pénible des
échelons
d'arrière.

Mais c'est ici qu'est la difficulté principale du problème à résoudre. Il arrive rarement que les échelons d'arrière, poussés avant le lever du jour sur la ligne des tirailleurs, trouvent sur le terrain les couverts naturels qu'on appelle des angles morts.

Au contraire, la plupart du temps ces échelons restent sans abris et ont alors à passer un moment assez pénible. Dès que la lumière paraît, ils se trouvent sans protection aucune, exposés au feu de mousqueterie de l'ennemi et aux projectiles que son artillerie envoie par-dessus la tête de ses propres tirailleurs. Or, ils sont quelquefois forcés de rester quelque temps sans agir ; soit parce que le feu de l'assaillant n'a pas achevé de préparer l'attaque de la position, soit parce que l'heure fixée pour l'assaut n'est pas encore venue.

Voilà pourquoi, si l'on prévoit une nuit relativement claire (lune, nuit d'été), ou si le terrain est couvert de neige, ou si l'ennemi se sert de projecteurs électriques, — il suffira, au début de la nuit, d'occuper avec des compagnies ou détachements de tirailleurs les points d'appui avancés. Et c'est seulement au moment même de l'apparition du jour qu'on enverra, dans les intervalles, des détachements de tirailleurs renforcés. Enfin les échelons suivants se porteront en avant sous la protection du feu de la chaîne des tirailleurs, de manière qu'au moment même ou ces échelons s'approcheront de cette ligne on donne l'assaut à la position avec toutes les forces désignées à cet effet.

Il est nécessaire toutefois de garder une certaine réserve, tant pour repousser les retours offensifs possibles de la défense sur tel ou tel point des lignes de l'attaque, que pour appuyer celle-ci au cas où elle viendrait à faiblir.

Quant à réussir l'exécution de l'assaut sans arrêt, cela dépendra de la distance, et de la résistance opposée par le défenseur. Mais en tous cas ce qu'on doit se proposer, c'est de s'emparer de la position d'un seul coup.

Dans les moments où la ligne assaillante des tirailleurs est forcée de s'arrêter, elle exécute des feux. Puis, s'exposant au feu de l'ennemi, elle effectue d'elle-même, au moins sur certains points, un nouveau bond en avant, sans se régler sur aucun schéma tactique, mais simplement sous la pression du feu de l'adversaire. L'initiative des subalternes détermine l'instant de ce mouvement ultérieur ; c'est à eux de découvrir les points de la position où la défense faiblit et d'exciter leurs hommes à marcher en avant. Il est à désirer qu'avant cela une des fractions de l'arrière soit entrée en ligne, et il ne faut point pousser les hommes à une attaque décisive sur les points faibles de la ligne de défense, avant l'arrivée de toutes les fractions désignées pour donner l'assaut.

Quant à savoir si les tirailleurs, portés tout d'abord en avant et établis dans des abris, doivent se joindre à l'assaut général, ou s'ils doivent au contraire soutenir le plus longtemps possible de leur feu les fractions lancées à l'attaque, — en ne les suivant après coup que comme un soutien contre les retours offensifs éventuels de la défense, — c'est une question dont la solution dépend des circonstances.

La seule chose qu'on puisse dire, c'est qu'il est désirable que l'attaque soit soutenue par un feu de mousqueterie ininterrompu s'ajoutant à l'action de l'artillerie ; d'autant que la masse principale de celle-ci, restant en arrière, ne peut plus tirer sur la position à partir du moment où commence l'assaut, afin de ne pas atteindre les siens. Elle est alors forcée de tourner son feu contre les communications de l'ennemi.

Après ces indications, le général v. Janson revient sur l'importance qu'il y a pour le commandant en chef d'avoir à sa disposition une réserve spéciale. Les obstacles rencontrés devant le front de la position peuvent être écartés par des moyens techniques ou leur effet peut être amoindri par l'adoption de formations appropriées. Mais il est impossible de savoir avec certitude si, quand l'activité de la défense se ralentit, c'est parce qu'elle faiblit véritablement, ou bien parce qu'elle veut attirer les assaillants à petite distance afin d'ouvrir sur eux, au moment décisif et avec toutes ses forces, un feu capable de les anéantir. Voilà pourquoi il est très difficile de déterminer le moment où la position peut être considérée comme entièrement prête pour l'assaut et où les échelons d'arrière doivent être lancés à l'attaque. Il est vrai qu'on a entendu émettre aussi cette supposition, que l'interruption du feu de la défense et son inaction sous ses abris peuvent se manifester également à la suite d'une commotion nerveuse causée par les terribles détonations des gros projectiles. Mais, — observe le général allemand, — « nous n'avons pas le droit d'avoir de l'ennemi plus mauvaise opinion que de nous-mêmes et chez nous il est impossible d'admettre rien de semblable. »

La difficulté d'exécuter l'attaque dans les conditions actuelles amène le même écrivain à conseiller de profiter de la nuit, non seulement pour faire occuper, par des tirailleurs, des points d'appui avancés et faire approcher ensuite les autres fractions, mais pour exécuter directement une attaque brusque et silencieuse contre une position, sans tirer un coup de fusil. Une telle tentative ne serait pourtant admissible que si, la veille encore, l'artillerie avait montré une supériorité de feu décisive, si les avant-postes de la défense avaient été rejetés en arrière et enfin si la distance à parcourir jusqu'à la position était assez faible.

En outre on fait valoir contre ce mode d'action : premièrement, le danger du désordre au cours d'une attaque exécutée dans l'obscurité, et secondement, la probabilité des conséquences désastreuses qui se produiraient en pareil cas si le mouvement était découvert à temps par l'ennemi. De plus les manœuvres permettent de constater combien il est difficile à une colonne d'assaut de conserver exactement, pendant la nuit, une direction de marche déterminée.

L'examen des dispositifs d'attaque qu'on propose d'appliquer dans l'armée allemande montre que ces dispositifs — admis d'ailleurs aujourd'hui dans les règlements sur le service de l'infanterie en campagne de presque toutes les armées — sont empruntés en général à la tactique du temps de Napoléon ; alors que les fusils étaient à canon lisse, que les balles s'y enfonçaient au moyen d'une baguette, et qu'après une courte fusillade, l'affaire se décidait par un choc à la baïonnette. De tels dispositifs s'accordent moins bien avec les fusils à magasin et à petit calibre de l'époque actuelle (1).

Dans les hypothèses exposées ci-dessus, on prend comme point d'appui principal l'action de l'artillerie. Et cependant on y montre également qu'elle n'est pas en état d'appuyer l'assaut. Ensuite on compte sur les ténèbres de la nuit pour s'approcher de l'ennemi et établir des abris protecteurs, — et l'on admet qu'il faudra deux jours pour l'entière exécution de l'attaque.

Coup d'œil rétrospectif.

Même quelques écrivains militaires soutiennent que les batailles de l'avenir dureront trois, quatre et jusqu'à huit jours (2), en s'étendant sur d'énormes espaces. Tandis que d'autres spécialistes ne croient nullement improbable le retour au temps des sièges.

Belgrade, Mantoue, Plewna peuvent se répéter. Il est très possible que l'assaillant, n'ayant pas la possibilité de remporter une victoire décisive, s'efforce d'enfermer l'ennemi dans la place où il le trouve, en élevant lui-même des retranchements autour d'elle ; après quoi il commencera à faire des expéditions pour empêcher l'entrée des approvisionnements jusqu'à ce que les assiégés soient réduits par la famine (3).

Possibilité de bloquer l'adversaire.

D'une façon générale, si les écrivains militaires allemands donnent la préférence à la forme offensive des opérations, on ne saurait attacher à ce fait une signification absolue, et y voir quelque chose comme une vérité nouvelle acquise par la science militaire. En effet, ces avantages de l'offensive sur lesquels ils insistent, à savoir : qu'à l'assaillant appartient l'initiative des opérations, qu'il se trouve être en quelque sorte le directeur de la guerre et le propriétaire du champ de bataille, qu'il y aura vraisemblablement plus d'ardeur dans le rang de ses soldats, — tous ces avantages, l'offensive les a toujours possédés, même au temps où les armées combattaient avec des arcs et des flèches. — Dans tout cela il n'y a rien de nouveau.

L'offensive est de tous les temps.

Mais précisément tout ce qui est nouveau, tous les perfectionnements réalisés dans l'armement et les modifications apportées à l'organisation des troupes sont plutôt en faveur de la défensive. Ils rendent peu probable de voir une armée quelconque se décider toujours sans condition pour

Probabilité de l'offensive.

---

(1) Löbell, *Militärische Jahresberichte*, 1894.

(2) *Le Progrès militaire*, 1891, Réflexions à propos des grandes manœuvres.

(3) Hœnig, *Die Taktik der Zukunft*.

préférer l'offensive. Les partisans mêmes de ce système affirment que la première condition du succès dans l'attaque d'une position fortifiée, c'est d'avoir la prépondérance du feu. Or si cette règle est générale, elle conduit finalement à ce résultat que, pour obtenir le succès à la guerre, il faut avoir des troupes plus nombreuses et un. armement plus parfait que son adversaire.

La supériorité du feu est un hasard, et non un principe.

Mais cela, premièrement, va de soi et ne constitue pas un principe à proprement parler. Et, secondement, l'état actuel des choses ne permet précisément pas de compter sur cette supériorité constante des effectifs et de l'armement.

Les écrivains allemands, en cette circonstance, n'ont pas apporté assez d'esprit critique à l'étude des succès obtenus par les troupes de leur pays dans les trois dernières guerres, — succès qui leur ont inspiré la conviction de la supériorité de l'offensive.

De ce que les Alliés disposaient de forces supérieures contre les Danois, et les troupes allemandes contre les Français, comme de ce que les Prussiens avaient des fusils meilleurs que les Autrichiens, et une meilleure artillerie que les Français, il ne suit nullement qu'il soit possible d'ériger la supériorité du feu en règle générale applicable contre les armées actuelles de la France et de la Russie.

Sans doute des forces supérieures et un plus grand nombre de canons pourront se trouver réunis contre telle position ou dans telle affaire, mais ce ne sera qu'un fait accidentel et non le résultat d'une règle générale.

C'est au contraire comme règle générale que, depuis l'adoption, par toutes les armées, du service obligatoire universel, et en raison de leur émulation incessante dans la voie des armements, on peut admettre que, dans une grande guerre européenne, les forces des deux partis en présence seront presque égales, tant au point de vue de l'effectif des troupes qu'à celui du nombre des canons et de la valeur même de l'armement.

Critiques adressées à l'offensive.

Ainsi donc, conseiller d'une manière absolue l'offensive aux troupes allemandes, c'est déduire une règle d'une situation qui n'existe plus et qui ne peut pas se reproduire, sauf dans le cas d'une guerre entre une grande puissance et un État de second ordre.

Ensuite, si l'on tient compte des avantages assurés à la défensive par les plus récentes conditions techniques et autres, — notamment par la possibilité, tout en restant à l'abri de retranchements solides, d'atteindre l'ennemi sur une grande étendue de terrain, — par la plus grande facilité du réapprovisionnement en munitions et vivres pour une grande masse d'hommes, — et par la plus grande chance de maintenir la discipline dans les armées recrutées au moyen de jeunes soldats comme celles d'aujourd'hui, — alors il devient douteux qu'il soit possible de négliger toujours ces avantages et qu'on puisse leur préférer, sans discussion, l'initiative et l'ardeur dans les rangs de l'armée assaillante.

Cette ardeur résultant de l'offensive est d'autant moins probable, que dans l'armée se trouvent un plus grand nombre d'hommes arrachés par la guerre à des occupations pacifiques, et que l'exécution de l'attaque exigera plus de victimes.

De plus, il n'est pas permis de perdre de vue cet autre récent phénomène que, parmi les masses populaires, surtout dans l'Europe centrale, commencent à se faire jour des théories qui ne peuvent amener ni enthousiasme pour la guerre offensive, ni ardeur dans l'attaque sous le feu écrasant d'une forte position défensive.

Dans les chapitres suivants, nous allons nous efforcer de faire connaître au lecteur les différents côtés du rôle réservé à l'infanterie dans la guerre future, afin que ce lecteur ait lui-même la possibilité de s'orienter personnellement quelque peu, au milieu des opinions souvent contradictoires émises par les hommes compétents en fait de choses militaires.

VI. Action réciproque de l'infanterie
et de l'artillerie.

Nous avons cité l'opinion d'hommes autorisés se disant pleinement convaincus du mal que pouvait faire une réglementation générale exagérée en ce qui concerne la conduite du combat. On comprend que, pour l'attaque comme pour la défense, il se présente dans chaque cas particulier des conditions différentes, et que celles-ci doivent influer sur le choix de tels ou tels moyens et dispositifs pour agir.

Inconvénients d'une réglementation exagérée.

Mais ces conditions n'excluent nullement la nécessité, pour une armée, de prescriptions théoriques générales qui doivent être appliquées dans chaque cas, d'après les circonstances qui se présentent. Autrement, dans les différentes fractions d'une même armée, les chefs se guideraient d'après des vues tactiques diverses. Il pourrait arriver qu'ils demandassent à leurs subordonnés des choses différentes et que l'instruction même variât d'un corps à l'autre.

Nécessité de principes bien déterminés.

Cependant les chefs changent et l'exécution même de la mobilisation fait entrer dans les rangs de l'armée une forte proportion d'officiers de réserve. Après les premiers combats, la composition du corps d'officiers se sera encore modifiée davantage. Il est nécessaire pourtant que, dans la manière dont les officiers apprécient les moyens d'agir, il y ait quelque chose de commun; et il serait inadmissible que chacun d'eux n'apportât avec lui que les idées reçues de son chef précédent. La nécessité même d'agir en ordre de combat dispersé, — nécessité imposée par les caractères de l'armement actuel, — donne une grande importance à l'initiative des gradés les plus subalternes. Il est donc très utile que non seulement ils possèdent quelques notions générales, mais qu'ils soient autant que possible familiarisés avec la théorie même des choses de la guerre.

Importance des connaissances théoriques.

Le temps n'est plus où les connaissances théoriques passaient pour n'être nécessaires qu'aux officiers d'artillerie et du génie, et où l'initiative personnelle, chez les officiers subalternes, n'était appréciée que dans la cavalerie.

Les conditions actuelles de la guerre sont telles que le développement de cette faculté n'est pas moins indispensable pour l'officier d'infanterie. Le professeur Coumès dit même à ce sujet que « pour commander de l'infanterie sur le champ de bataille, il faut tellement de savoir qu'il n'est pas une armée où, sur 500 officiers, on en puisse trouver 100 capables de conduire une compagnie au feu ». En outre, on ne doit pas oublier que la plupart des officiers subalternes de l'armée actuelle n'ont jamais fait la guerre.

Établissement de formations normales de combat.

On a, il est vrai, formulé également cette opinion que, sous l'impression du feu terrifiant d'aujourd'hui, les officiers subalternes placés en première ligne ne seront pas en état d'agir avec réflexion et sang-froid et que, par suite, il faut déterminer des formations et des règles en vue des différents cas, et les enseigner aux troupes, — afin que, dans le combat, ces formations et ces mouvements soient exécutés par la force même de l'habitude, en évitant aux chefs subalternes la peine de penser et même de prononcer tous les commandements successifs (1).

Toutefois la plupart des écrivains militaires allemands admettent très bien que l'initiative personnelle des officiers puisse s'exercer dans le choix des procédés tactiques, suivant les exigences du moment. Mais il faut ajouter qu'ils ne l'admettent que pour les officiers et même les sous-officiers de leur armée. Et c'est dans cette faculté de modifier les règles tactiques, — qui exige un niveau élevé d'instruction et de préparation spéciale des officiers, — que se manifeste précisément la grande supériorité de l'armée allemande.

D'ailleurs la question ne consiste qu'à choisir entre des procédés déjà connus du soldat, et non pas à en imaginer qui ne lui aient jamais été enseignés. Aussi le général anglais Clery (2) fait-il remarquer que l'idée d'improviser, au milieu même de la lutte, quelque nouveau procédé de conduite du combat, est une illusion pure.

(1) *Applicatorische Studie über den Infanterie-Angriff.* — Vienne, 1895.
(2) Général Clery, *Minor tactics.*

Ce qui vient d'être dit montre combien il importe de savoir si les règles aujourd'hui enseignées sont en harmonie avec les nécessités actuelles de la guerre.

Nous occupant, depuis quatre ans déjà, de l'étude des questions qui se rattachent à la guerre de l'avenir, et ayant lu les principaux ouvrages de la littérature européenne moderne susceptibles de donner des indications sur les conditions probables de cette guerre, nous ne nous permettrons que de rapprocher les opinions les plus autorisées et, en présence des divergences assez fréquentes des auteurs, de tirer quelques conséquences logiques de cette divergence même. Mais comme l'étude que nous poursuivons n'a pas d'objet spécial, nous n'aurons, dans chaque chapitre, qu'à nous occuper des questions générales, en négligeant les détails et les applications particulières.

C'est ainsi qu'en parlant de la tactique de combat de l'infanterie, nous ne devons insister que sur l'action des forces principales, et ce, en nous plaçant dans l'hypothèse où les deux partis ont pris chacun un rôle différent dans la lutte, c'est-à-dire où d'un côté on se propose d'offrir le combat, tandis que de l'autre on se dispose à l'accepter. Mais les rencontres accidentelles, les chocs entre de petits détachements et même les affaires d'avant-garde, — autant qu'elles ne sont pas le prélude d'une action des forces principales, — nous ne pouvons nous y arrêter.

Comme des troupes de toutes armes prennent part au combat, nous consacrerons à la description de leur action combinée un chapitre particulier avec ce titre : « Sur le champ de bataille ». Pour le moment, nous nous occupons surtout des opérations de l'infanterie. Mais depuis le perfectionnement des armes à feu et l'emploi fréquent de travaux défensifs qui en a été la conséquence, se sont renforcés le lien et la dépendance réciproques entre les troupes qui agissent par le feu, c'est-à-dire l'infanterie et l'artillerie.

Autrefois la première pouvait n'avoir pas besoin du concours de la seconde pour combattre l'infanterie elle-même, au moins en rase campagne. Aujourd'hui, quand l'ennemi a quelque peu préparé sa défense à l'avance, l'aide de l'artillerie devient nécessaire pour permettre à l'infanterie d'agir contre les ouvrages de fortification ordinaires.

D'un autre côté, les nouveaux fusils de petit calibre atteignent de si loin et la rapidité de leur tir semble un facteur tellement important du combat, que la tactique de l'artillerie elle-même a dû en partie se modifier sous l'influence de l'effet, fortement accru, du feu de l'infanterie.

Voilà pourquoi, en parlant des opérations de cette dernière arme, il est nécessaire de les examiner séparément dans deux hypothèses, savoir : 1° Quand l'infanterie est soutenue par l'artillerie ; 2° Quand l'infanterie opère sans l'aide des canons.

VII. Relations entre l'ordre de combat de l'infanterie et les bouches à feu.

Portée des projectiles d'artillerie.

L'influence exercée par l'artillerie sur le dispositif et la marche du combat se manifeste surtout par un accroissement de l'étendue du champ de bataille, c'est-à-dire par une augmentation des distances où la lutte s'engage. La portée maximum des canons n'est pas la même dans toutes les armées; attendu qu'elle dépend de l'introduction graduelle, dans celles-ci, de tels ou tels modèles nouveaux. Comme exemple nous reproduirons ici, d'après une partie précédente de notre ouvrage (1), les données suivantes relatives aux canons français :

Les portées maxima sont :

pour le 90 $^{m/m}$ modèle 1874, 7,000 mètres; pour le 95 $^{m/m}$, 7,450 mètres, et pour le 120 $^{m/m}$, 8,970 mètres.

Question du maximum de portée efficace.

Mais ces portées maxima du feu de l'artillerie ne peuvent pas être entièrement utilisées sur le champ de bataille — tout le monde est d'accord là-dessus. — Le point sur lequel on diffère, c'est la question de savoir quelle est la distance maximum à laquelle peut commencer utilement la canonnade. Cette question est d'importance capitale pour la lutte entre les artilleries des deux partis, — lutte par laquelle, selon toute vraisemblance, commenceront toutes les batailles et dont il a été fait mention dans le livre précédent. Mais ici les données relatives au feu de l'artillerie nous intéressent surtout au point de vue des opérations de l'infanterie.

7,000 mètres, d'après le prince de Hohenlohe.

Le prince de Hohenlohe, qui commandait l'artillerie allemande pendant la guerre de 1870, et qui est un écrivain militaire tout à fait autorisé, pose en principe qu'avec les canons actuels le feu peut commencer à 7,000 mètres, — attendu que, dès cette distance, on peut mettre la moitié des coups dans un rectangle de 15 pas de largeur. « Ainsi donc, écrit le prince, une batterie enfilant une route de quinze pas de largeur pourrait détruire absolument, à une distance de 7,000 mètres, toute l'infanterie qui se trouverait sur cette route. Et le feu d'une telle batterie serait tellement efficace qu'il ne faudrait pas songer à tenter de s'avancer sur la route ainsi battue (2). »

Différence d'opinions sur les distances à fixer pour le tir de l'artillerie.

L'opinion d'un écrivain français, le professeur Coumès (3), diffère déjà notablement de la précédente. Il trouve que le feu de l'artillerie contre les positions ennemies peut commencer de 5,500 à 6,000 mètres, mais que, contre des troupes d'infanterie et de cavalerie, on ne peut pas l'entamer à plus de 3,000 mètres.

---

(1) *Effets de l'artillerie :* Les obusiers de 15 cent. 5, portent à 6,600 mètres.
(2) *Lettres sur l'artillerie.*
(3) Coumès, *Tactique de demain.*

Un auteur anglais, le général Clery (1), dit que, dans l'armée britannique, la distance maximum admise pour le tir utile est de 5,000 yards (4,750 mètres) et même un peu plus.

Mais le général Müller (2) — dont il est permis de considérer l'opinion comme un écho des idées qui règnent dans les sphères militaires allemandes — dit que 3,000 mètres constituent l'extrême limite pour agir avec des obus contre des groupes importants et contre les objectifs que présente l'artillerie; tandis que pour le tir à shrapnells, on n'admet en général d'autre limite que celle qui correspond à la durée de combustion de la fusée.

D'aussi grandes différences dans la fixation des distances où doit s'ouvrir le feu de l'artillerie ne proviennent pas sans doute de causes d'ordre technique, — car, ainsi qu'on l'a dit plus haut, les canons de campagne portent jusqu'à 7,400 mètres, — mais bien de divergences dans l'appréciation des portées à partir desquelles le feu peut être assez efficace pour permettre de consommer des munitions sans donner à l'ennemi lieu de croire qu'on tire seulement pour l'effrayer.

On comprend d'ailleurs que plus grande est la distance et moindre est la probabilité d'atteindre le but. Nous rappellerons à ce sujet les chiffres indiqués dans le livre précédent, et qui représentent la puissance destructive des shrapnells pour toute la zone battue.

Aux distances de :

	1.500 mètres	2.500 mètres	3.500 mètres	4.500 mètres
Pour les shrapnells à diaphragme	3.387	1.779	1.147	757
Pour les shrapnells à fusée centrale.	1.616	953	964	864

Ces chiffres, qui représentent le degré de puissance du shrapnell aux différentes distances de tir, ont une grande importance pour les spécialistes.

Dans un article publié par le *Militär Wochenblatt* (3), un écrivain militaire allemand bien connu, le général Rohne, rappelle que, quand on voulut proposer les officiers à l'obtention des récompenses instituées par l'empereur Guillaume II pour les meilleurs tireurs, il fallut établir, dans les corps de troupes, des bases d'appréciation des résultats obtenus; et il ajoute qu'à cet effet il avait formulé, d'après les expériences faites sur les

---

(1) *Minor tactics.*

(2) *Die Wirkung der Feldgeschütze* (L'action des canons de campagne).

(3) 1895, 3ᵉ numéro, *Ueber die Beurtheilung der Wirkung und über Stellung von Aufgaben beim gefechtsmässigen Schiessen der Infanterie und Feld-Artillerie*, par M. Rohne.

polygones, l'indication de ce que l'on pouvait exiger des hommes sous le rapport du tir, tant dans l'infanterie que dans l'artillerie.

La formation d'habiles tireurs est nécessaire pour que, sur la ligne avancée, il puisse y avoir des hommes capables de fusiller efficacement les servants et les officiers de l'artillerie ennemie. Les concours de tir avec prix sont très nombreux dans l'armée allemande. Ceux qui se sont distingués dans ces exercices sont récompensés par des sortes d'aiguillettes ajoutées à l'uniforme, et qui correspondent aux insignes portés sur la poitrine dans l'armée russe, ou aux grenades et cors de chasse en drap cousus sur la manche dans l'armée française.

Dans la planche ci-contre, nous donnons les dessins de figures ayant servi de cibles pour le tir d'exercice.

Études du général Rohne. Depuis l'année 1881, le général Rohne s'est spécialement occupé de réunir des résultats de tir; aussi ses études sur ce sujet ont-elles attiré l'attention générale. Nous mettrons plus loin largement à profit les renseignements qu'on y rencontre (1).

Résultats du tir à shrapnells. Le général Rohne explique que les nombres d'atteintes indiqués par lui et que nous reproduisons, ont été obtenus dans des expériences faites sur des lignes de tirailleurs dont les différents éléments étaient disposés à des intervalles d'un pas (0m80), mesurés de centre à centre entre les figures.

CIBLES	DISTANCES de tir en mètres	NOMBRE MOYEN D'ATTEINTES OBTENUES pour chaque shrapnell				
		Avec une force de dispersion en mètres de :				
		50	100	150	200	250
Figures représentant des tirailleurs debout.	500	22,2	11,1	7,4	5,5	4,4
	1,000	19,6	9,8	6,5	4,9	3,9
	1,500	17,8	8,9	5,9	4,4	3,5
	2,000	16,4	7,7	4,7	3,5	2,6
	2,500	15,1	6,9	4,1	2,5	2,0

Ainsi, à la distance de 2,500 mètres, chaque shrapnell donne de 15 à 2 atteintes, suivant les cas.

____

(1) Général-major Rohne, *Das Schiessen der Feld-Artillerie unter Berücksichtigung der für die preussische Artillerie gültigen Bestimmungen*, 1881.

Autres ouvrages du même auteur:

Beispiele und Erläuterungen zu dem Entwurf der Schiessregeln für die Feld-Artil-

CIBLES EMPLOYÉES AU TIR D'EXERCICE EN ALLEMAGNE.

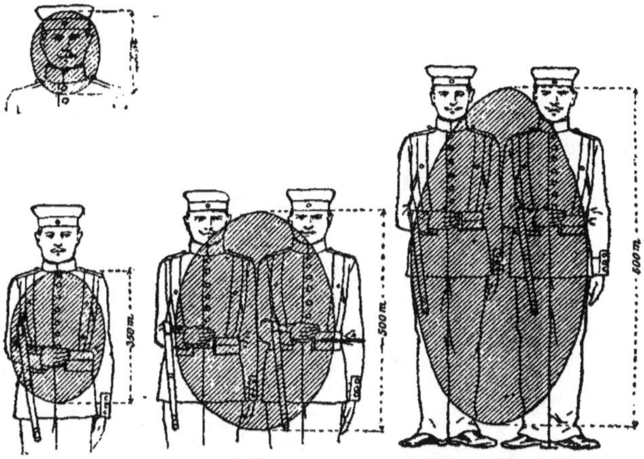

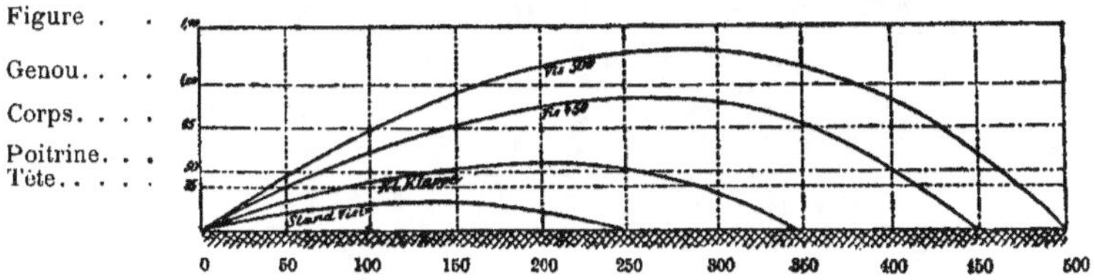

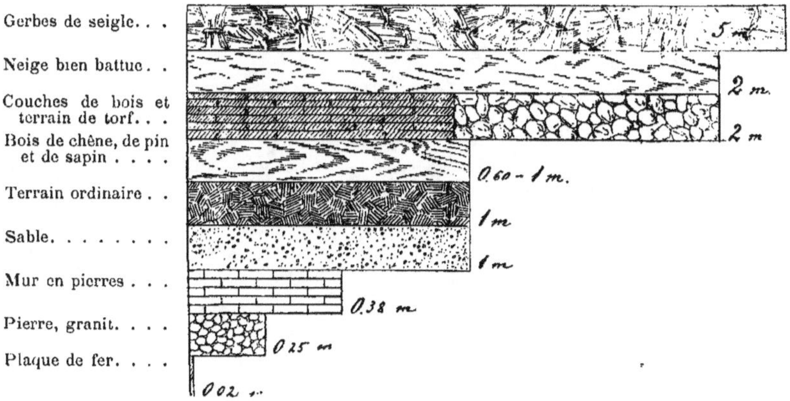

Gravure I. — Figures servant de cibles au tir d'exercice.

— II. — Ligne parcourue par la balle à 500 mètres de distance, suivant que la hausse a été réglée plus ou moins haut.

— III. — Abris de campagne de différentes espèces.

La Guerre future (p. 550, tome I.)

Mais en moyenne il faut admettre que chaque shrapnell atteint le nombre de figures donné par le tableau suivant :

DISTANCES de tir EN MÈTRES	Disposition et parties des figures prises pour cibles			
	Cible debout — toute la hauteur	Cible demi-cachée — le corps seulement	Cible couchée — le buste	Cible couchée — la tête seule
500	7,4	3,4	1,9	0,9
1,000	6,5	3,0	1,7	0,8
1,500	5,9	2,7	1,5	0,7
2,000	7,7	3,5	2,0	1,0
2,500	6,9	3,1	1,8	0,8

Chaque shrapnell tiré à la distance de 2,500 mètres mettrait ainsi 7 hommes hors de combat. Les indications ci-dessus du général Rohne nous ont permis de faire encore la détermination numérique suivante du danger comparatif des shrapnells pour un soldat debout à découvert, et pour un autre caché derrière un épaulement ; le nombre des atteintes sur la hauteur entière de l'homme étant évalué à 100.

Calcul
des dangers
causés par les
shrapnells.

Distances de tir en mètres	Homme de toute sa hauteur.	Demi-couvert	Couché	Tête seule
500	100 %	46,0 %	25,7 %	12,2 %
1,000	100 %	46,2 %	26,2 %	12,3 %
1,500	100 %	45,8 %	25,4 %	11,9 %
2,000	100 %	45,5 %	26,0 %	13,0 %
2,500	100 %	44,9 %	26,1 %	11,6 %

En raison de l'importance de cette comparaison, nous la présentons encore sous la forme des graphiques suivants :

---

lerie, 1882 et 1883. — Die Feuerleitung grosser Artillerieverbände, ihre Schwierigkeiten und die Mittel sie zu überwinden, 1886. — Das Artillerie-Schiessspiel, Anleitung zum applikatorischen Studium der Schiessvorschrift und zur Bildung von Schiessbeispielen. — Studie über den Shrapnellschuss der Feld-Artillerie.

Degré de danger que présentent les shrapnells pour un soldat demi-couvert, couché, ou exposant seulement sa tête, en prenant comme terme de comparaison le nombre, représenté par 100, des atteintes reçues par le soldat debout entièrement à découvert :

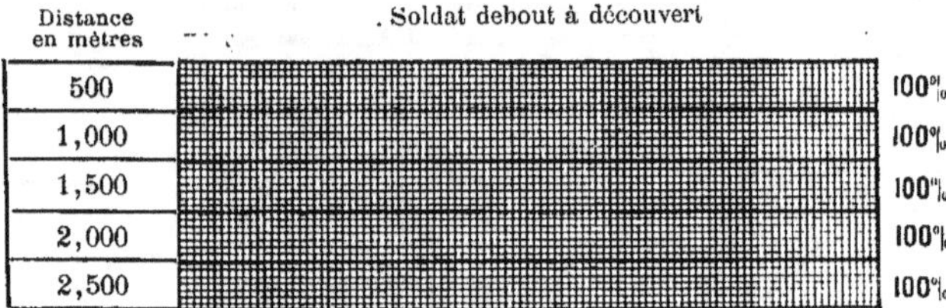

Des données ci-dessus, il ressort que les projectiles de l'artillerie peuvent, dès la distance de 2,500 mètres, causer des pertes sérieuses à l'ennemi, même déployé en tirailleurs, c'est-à-dire avec intervalles de 0^m85 environ entre les hommes. Et comme ceux-ci, dans l'ordre de marche, ne sont écartés l'un de l'autre que de 0^m38, l'effet produit par un shrapnell sur une telle formation doit augmenter dans le même rapport, c'est-à-dire de 2 1/5 de fois.

Il augmentera encore davantage si nous supposons plusieurs rangs de soldats marchant l'un derrière l'autre. A ce sujet, nous trouvons quelques données chez un écrivain autrichien, également très estimé, le colonel Regenspursky. D'après lui, les tirs d'expérience ont prouvé, en Autriche et en France, qu'aux distances moyennes, des fractions marchant à files serrées éprouvent des pertes plus que doubles de celles qui s'avancent à files ouvertes avec intervalles d'un pas. Et si la marche a lieu sur deux rangs serrés, la perte est quatre fois plus grande (1).

(1) *Studien über den taktischen Inhalt des Exerzierreglements für die k. und k. Fusstruppen.* — Vienne, 1892.

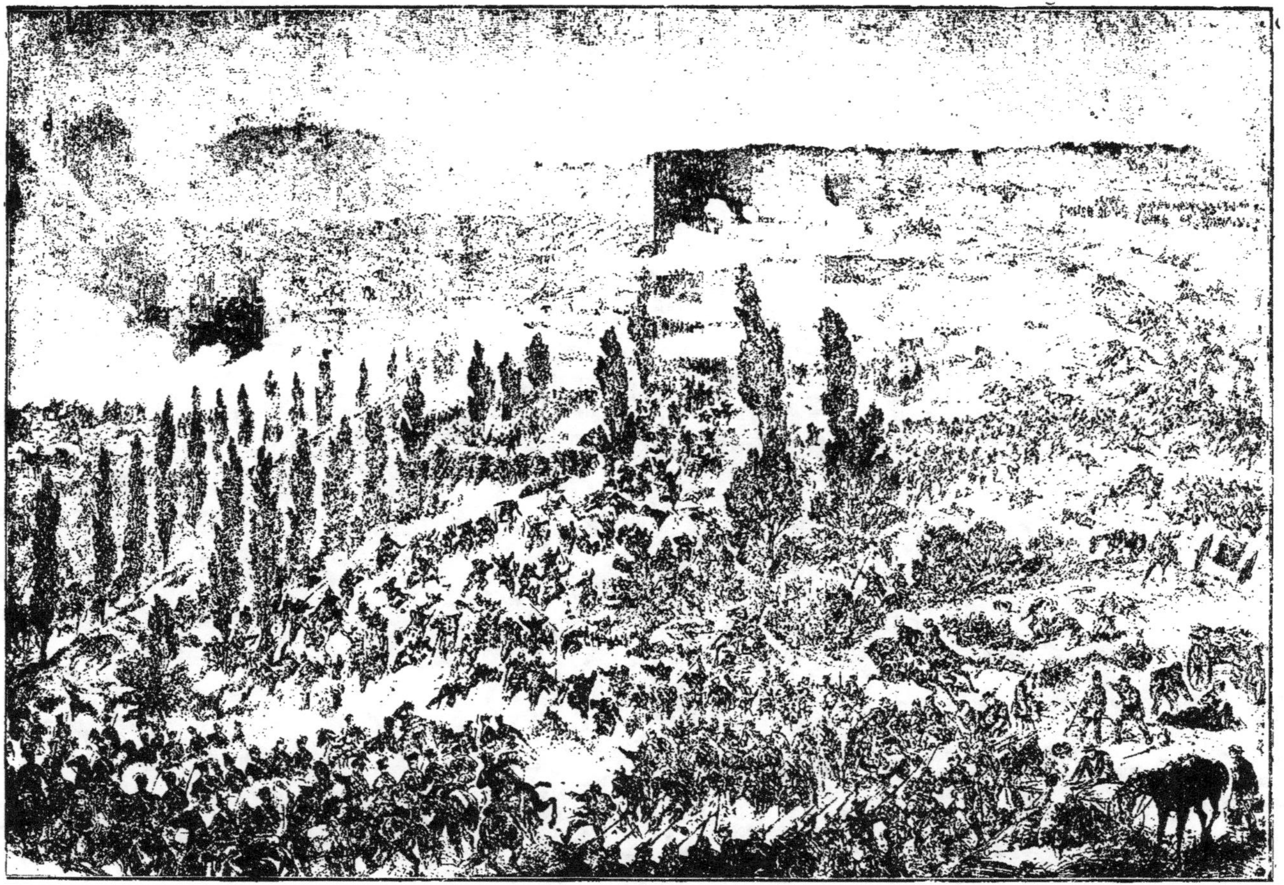

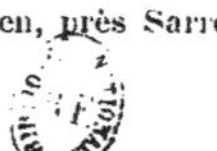

Assaut de Spicheen, près Sarrebrück, le 6 août 1870.

La Guerre future (p. 553, tome i.)

L'importance de ce dernier chiffre s'explique clairement par le dessin qu'on trouvera dans la planche ci-contre et qui représente l'assaut de Spicheren, près de Sarrebrück, le 6 août 1870 (1). Une attaque semblable serait-elle possible avec les canons et les fusils d'aujourd'hui ? Chaque shrapnell ferait maintenant une dizaine de victimes et chaque balle, sur l'espace battu à 500 mètres, atteindrait le maximum d'hommes qu'elle peut frapper, c'est-à-dire de 3 à 5.

Mais afin d'apprécier plus exactement le danger en pareil cas, nous devons évaluer aussi le temps nécessaire pour infliger à l'ennemi une perte plus ou moins grande. L'effet du feu des batteries, contre des compagnies de tirailleurs de 160 hommes, est calculé comme il suit par le général Rohne, en tenant compte des coups nécessaires pour régler le tir :

Effet d'une batterie sur une ligne de 160 tirailleurs.

DIMENSIONS DES CIBLES	DISTANCES de tir EN MÈTRES	DURÉES du tir EN MINUTES	NOMBRE d'atteintes	POUR CENT de figures frappées
De la surface du buste (position couchée)	800	2 ½	45	24
	1,000	3 ½	59	31
	1,200	5 ½	88	42
	1,500	7 ½	112	50
De la surface du tronc (position demi-couverte)	800	2 ½	80	40
	1,000	3 ½	105	48
	1,200	5 ½	154	62
	1,500	7 ½	202	72

On voit par là qu'une batterie, tirant à une distance de 1,500 mètres sur une ligne de tirailleurs placés à un pas d'intervalle les uns des autres, peut, en 7 minutes et demie, en atteindre le tiers quand ils sont couchés et près de la moitié s'ils sont dans une position demi-couverte. Nous avons montré que la puissance destructive d'un shrapnell diminue dans le rapport de 1,616 à 864, — c'est-à-dire pas tout à fait de moitié, — quand la distance augmente de 1,500 à 4,500 mètres. Il résulte de là que, même à de telles distances, si ce n'était les difficultés de bien régler la hausse, on pourrait infliger à l'ennemi des pertes encore très sensibles.

Le général Müller dit que : « pour éviter d'être entièrement détruits, les hommes devront s'avancer en ordre dispersé et, autant que possible, sans que l'ennemi les aperçoive, en rampant, en s'accrochant à toutes les inégalités du sol et en se terrant comme des taupes ».

Et cependant les règlements ne disent pas jusqu'à quel point cela est

___

(1) Dessin emprunté au numéro du jubilé militaire de la *Leipziger Allgemeine Illustrierte Zeitung.*

nécessaire. On peut se demander si ce silence est involontaire ou intentionnel.

Si l'on admet qu'à la distance de 4,000 mètres on puisse obtenir seulement le quart ou même la cinquième partie du nombre d'atteintes indiqué plus haut, il est certain que l'artillerie ne s'abstiendra pas de tirer à cette distance ; à moins donc que son commandant ne soit convaincu qu'il peut, sans être remarqué par l'ennemi, s'en approcher davantage et agir contre lui avec plus de sûreté. Voilà pourquoi ne semble nullement chimérique l'opinion du prince de Hohenlohe rapportée plus haut, que, dans les guerres futures, l'artillerie commencera d'ouvrir son feu à 7 kilomètres de l'ennemi.

Nous devons encore observer que, des projectiles qui n'atteignent pas le but visé, il s'en faut que tous soient perdus et demeurent sans effet utile. Car en frappant tout ce qu'ils rencontrent, sur une énorme étendue de terrain, ils jettent le trouble dans les rangs éloignés. — Et les pertes causées par un tir très lointain, à des troupes ennemies, ont un effet moral plus considérable que celles qui leur sont infligées par un tir rapproché.

Il est donc assez probable que le feu de l'artillerie s'ouvrira à de grandes distances. On peut n'avoir pas confiance dans le télémètre, mais un commandant ne voudra pas perdre une minute quand il apercevra personnellement quelque probabilité d'atteindre un résultat. Il ne se préoccupera guère d'économiser ses munitions ; d'autant plus que — comme nous l'avons rappelé en temps et lieu — les armées en seront pourvues en abondance. Nous ajouterons que le parti qui se tiendra sur la défensive aura toute facilité pour organiser à temps des dépôts de munitions d'artillerie.

Nous allons passer maintenant à l'étude de la façon dont l'artillerie peut soutenir l'infanterie.

Dans le Règlement sur le service en campagne autrichien est formulée la règle générale suivante : « On donne à l'artillerie les moyens et le temps de préparer d'une manière efficace l'attaque de l'infanterie. Sans la supériorité du feu, l'attaque ne peut pas réussir. »

Ici donc également on parle de la supériorité du feu. Et si l'ennemi dispose d'une artillerie égale, il suivrait de là qu'en pareil cas l'attaque de l'infanterie est condamnée à échouer.

Ainsi le premier devoir de l'artillerie de l'assaillant sera d'anéantir celle de l'ennemi ; et c'est seulement après cela qu'elle pourra diriger son feu contre l'infanterie ennemie.

Mais si nous comparons, d'une armée à l'autre, le rapport du nombre des bouches à feu à l'effectif de l'infanterie, nous nous convaincrons que ce rapport est presque le même dans les différents pays.

En effet nous trouvons :

Bouches à feu	Pour 10,000 hommes d'infanterie		Bouches à feu	Pour 10,000 hommes d'infanterie
En Russie. 3,992	12		En Allemagne. 3,598	12
En France. 4,576	12		En Autriche. . 2,072	10
Ensemble. 8,568			Italie. 1,624	10
			Ensemble . 7,294	

Ce tableau montre également que le total des bouches à feu de la France et de la Russie — États qui selon toute probabilité opéreront défensivement — est presque de 20 0/0 supérieur au total des bouches à feu de la triple alliance.

Et la mobilisation n'apporte pas, à beaucoup près, dans l'artillerie, les mêmes changements que dans l'infanterie. Le nombre des servants et des chevaux nécessaire pour les pièces n'est relativement pas très considérable, et ils peuvent être amenés aux points de concentration par les premiers trains, même par des trains rapides. Pour les canons eux-mêmes, ils sont dès le temps de paix, tant en France qu'en Russie, disposés de manière à pouvoir être dirigés sur la frontière au premier signal.

Quant à la qualité des bouches à feu des diverses armées, il n'y a presque point, comme nous l'avons déjà dit, de différences de l'une à l'autre. Mais comme la mise des troupes sur le pied de guerre fera entrer dans le personnel de l'artillerie environ 60 0/0 d'hommes de la réserve, il pourra se présenter sous ce rapport, d'un pays à l'autre, des différences provenant du degré d'instruction. D'ailleurs des erreurs accidentelles surviendront dans toutes les armées.

Au moins le général russe Baumgarten affirme-t-il que la technique de l'artillerie contemporaine est supérieure à sa tactique, que la mobilité et les propriétés balistiques des canons ont progressé bien plus que l'art du tir et des manœuvres, qu'enfin, en général, le matériel de campagne est de plus haute qualité que le personnel des batteries.

Mais en admettant même que les artilleurs allemands soient supérieurs, comme préparation technique, aux artilleurs français et russes, on peut dire que, dans le système défensif, les seconds ne le céderont pas aux premiers. Et ils auront à leur disposition, au moins au début de la campagne, un plus grand nombre de canons et de plus grands approvisionnements de munitions, — en un mot, la supériorité sur le parti qui prendra l'offensive.

D'autre part, si nous admettons que les forces des deux artilleries sont complètement égales, il en ressortirait logiquement cette conséquence que, dans le combat, l'artillerie assaillante — et à coup sûr très probablement aussi celle de la défense — seraient mises dans l'impossibilité de continuer à agir, bien avant que ne pût commencer l'attaque de l'infanterie contre la position.

Dangers que courent les servants des pièces.

Un danger très grave pour l'artillerie résulte de cette circonstance que les servants des pièces peuvent être, en très peu de temps, tués par le feu même des pièces ennemies. D'après les calculs du général Rohne, les éclats et les balles des projectiles lancés en 10 minutes par une batterie, contre une batterie opposée, produiront les nombres d'atteintes suivants :

A la distance de 2,500 mètres : 84   A la distance de 3,500 mètres : 63
—   3,000   — : 71   —   4,000   — : 34

Or quand, en 10 minutes, 50 hommes se trouveront mis hors de combat dans une batterie, il semble que celle-ci sera dans l'impossibilité de continuer son feu.

Ligne de tirailleurs se portant en avant.

Défaut de protection pour l'artillerie de l'attaque.

On comprend que l'artillerie qui se portera en avant pour soutenir l'attaque de l'infanterie ne pourra pas disposer ses pièces dans des abris aussi sûrs que celle de la défense, qui aura tout préparé de longue main. Par conséquent, l'artillerie assaillante sera exposée à de plus grands dangers.

Voici ce que dit, à ce sujet, le général Müller : « L'effet des obus et des shrapnells aux distances inférieures à 2,000 mètres sera tellement puissant qu'il suffira parfois de 10 à 20 coups pour détruire une batterie entière ; 1,500 mètres représentent une distance à laquelle ce résultat sera pleinement réalisable, de sorte qu'un rapprochement plus grand n'est pas nécessaire. »

La défense disposera devant son front une chaîne de tirailleurs et établira des embuscades : ce que ne pourra faire l'assaillant. De petits détachements de bons tireurs de la défense se dissimuleront le long de tous les chemins accessibles à l'artillerie adverse, de manière à les enfiler de leur feu. Et quant aux conséquences qui peuvent résulter de ces dispositifs, les indications données par le général Rohne suffisent pour les montrer clairement.

Jetons un coup d'œil sur une ligne de tirailleurs ainsi dissimulés.

Par suite du peu de fumée que donne leur feu, le but qu'ils présentent à l'artillerie est si peu visible et en outre si mobile qu'il est difficile de les détruire à coups de canon. Et avant qu'ils n'aient sérieusement souffert, l'artillerie elle-même, d'après les chiffres du général Rohne, peut se trouver réduite à l'impuissance.

Avec le fusil en usage dans l'armée allemande, voici combien, suivant la distance, il faut de minutes et de balles à une centaine de tirailleurs agissant contre le front d'une batterie, d'une étendue de 100 mètres, pour mettre cette batterie hors d'état d'agir :

Aux distances de	Minutes	Balles
800 mètres	2	715
1,000 —	3 3/4	1,150
1,200 —	7	1,755
1,500 —	18 3/4	2,805
1,800 —	40	4,000

Le personnel des pièces de l'assaillant peut donc être détruit en très peu de temps. Contre des tirailleurs embusqués derrière des abris naturels ou artificiels, il n'y a pas d'autre moyen d'action que l'envoi en avant de tirailleurs semblables. Mais la découverte d'ennemis ainsi cachés ne sera pas facile. En Allemagne et en Autriche on y a employé des chiens avec assez de succès ; pourtant ces animaux peuvent être tués. Enfin on voit que les combats livrés sur un terrain occupé par des tirailleurs rappelleront quelque peu ceux des Indiens Peaux-Rouges contre les premiers colons européens de l'Amérique.

D'ailleurs, indépendamment des moyens extraordinaires qui viennent d'être indiqués, le feu normal et bien réglé de l'infanterie peut, dans les circonstances actuelles, gêner considérablement l'artillerie. Autrefois, cette arme n'était exposée aux balles qu'aux petites distances ; et quand elle préparait l'attaque de son infanterie, l'artillerie n'avait à compter qu'avec les canons de la défense. Mais le feu de mousqueterie actuel peut, à des distances considérables, infliger de grandes pertes à l'artillerie, et dès l'année 1870 il lui a fait un mal très sensible.

Ressources de la défense. — L'artillerie de l'attaque dirige généralement son feu sur les épaulements et autres ouvrages de fortification élevés par les défenseurs, ce qui permet précisément à ceux-ci de préjuger à l'avance et approximativement la position probable des batteries de l'assaillant. En outre, ces défenseurs établissent des postes d'observation sur les points élevés, et les réunissent par des fils téléphoniques à leur état-major et à leurs batteries. Ils peuvent ainsi découvrir chaque mouvement fait par l'adversaire et prendre leurs mesures en conséquence.

Dans la planche ci-contre, nous donnons le dessin du poste d'observation construit par une batterie à Montfermeil, à l'époque des manœuvres de forteresse françaises de 1894 (1).

Si nous admettons maintenant que ni le feu réciproque des deux artilleries adverses, ni l'action des tirailleurs n'aient causé de mal à cette arme, de sorte qu'elle conserve toute latitude de couvrir l'infanterie ennemie d'une grêle ininterrompue de projectiles, alors la question de l'action de l'artillerie sur l'infanterie se présente à nous sous son aspect le plus simple.

La France contre l'Allemagne. — Supposons, par exemple, qu'au début des opérations militaires, la France ne mobilise à la fois et ne mette en première ligne qu'un million de soldats. En raison des préparatifs continuels de guerre exécutés pendant la paix, il se trouve sur la frontière un assez grand nombre de canons, disons : 12 batteries par corps d'armée. Supposons aussi que l'Allemagne mobilise des forces complètement égales. Et admettons de plus que, dans le corps assaillant, un tiers seulement des hommes, 10,000 par exemple, soient amenés sur la ligne de feu en formation déployée avec intervalles de 0^m80 entre les individus.

Le corps de la défense n'envoie également que 10,000 hommes pour repousser l'attaque.

Rapidité du tir de l'artillerie. — Maintenant il faut tenir compte de ce que les batteries tirent de coups : entre 2,500 et 1,500 mètres, seulement un coup et demi par pièce et par minute ; entre 1,500 et 1,000, deux et demi par pièce et par minute et, enfin, de 1,000 à 500 mètres, jusqu'à 3 coups et demi. Ce sont là des vitesses de tir que nous considérons, d'accord avec le général Rohne, comme presque moitié moindres que celles qui sont réalisables aujourd'hui.

Ainsi dans la dernière instruction russe, on admet de 4 à 5 coups par minute dans le tir aux distances ne dépassant pas 3,000 mètres et 3 coups par minute pour celles qui sont supérieures à ce chiffre.

______

(1) Ce dessin est emprunté à l'*Illustration* de 1894.

Poste d'observation construit par une batterie à Montfermeil à l'époque des manœuvres de forteresse françaises de 1894.

L'infanterie avec équipement complet marche à la vitesse de 80 mètres par minute, c'est-à-dire de 5 kilomètres à l'heure (1).

Dans ces conditions, et en prenant les données du général Rohne (2), l'assaillant éprouvera les pertes indiquées au tableau suivant :

Pertes de
l'infanterie
assaillante.

DISTANCES EN MÈTRES	NOMBRE de minutes pour le parcours.	NOMBRE de coups tirés.	NOMBRE d'éclats ou balles lancés (3).	NOMBRE d'éclats ou balles ayant touché.	POUR CENT des fragments de projectiles ayant touché.
500 (de 2,500 à 2,000)	6,25	675	126,000	4,657	3,7 %
500 (de 2,000 à 1,500)	6,25	675	126,000	5,197	4,1 %
500 (de 1,500 à 1,000)	6,25	1,123	213,000	6,625	3,1 %
500 (de 1,000 à 500)	6,25	1,570	298,000	10,205	3,4 %
»	4,043	763,000	26,684	3,5 %

(1) D'après le règlement, le pas de course est de 120 à 180 mètres par minute, et le pas de charge de 100 mètres. Mais à de grandes distances, comme celles dont il s'agit ici, on devrait faire deux haltes. Voilà pourquoi, afin de simplifier, nous admettons 80 mètres par minute ; quoique, sans une halte de quelques instants, la marche en équipement complet, même à cette allure ralentie, exige des efforts considérables.

(2) L'effet qui, avec un tir bien réglé, sur des buts de dimensions considérables, peut, d'après le général Rohne, être considéré comme satisfaisant, est indiqué dans le tableau ci-dessous :

NATURE DES BUTS	Nombre moyen d'atteintes qu'on peut attendre des fragments des shrapnells modèle 91, pour chaque coup, aux distances données, sur les buts indiqués							
	DISTANCES DE TIR EN MÈTRES :							
	500	1,000	1,500	2,000	2,500	3,000	3,500	4,000
Tirailleurs debout	7,4	6,5	5,9	7,7	6,9	»	»	»
— à genou.	5,1	4,6	4,2	5,4	4,8	»	»	»
— demi-couverts (cibles représentant le tronc).	3,4	3,0	2,7	3,5	3,1	»	»	»
Tirailleurs couchés (cibles de la grandeur du buste) . . .	1,9	1,7	1,5	2,0	1,8	»	»	»
Cibles de la grandeur de la tête . · · · ·	0,9	0,8	0,7	1,0	0,8	»	»	»
Servants des pièces	»	»	»	2,4	2,0	1,7	1,5	0,8

(3) Le général Müller admet que le nombre de fragments d'un shrapnell qui éclatera, va de 180 à 200. Nous avons donc pris pour nos calculs la moyenne entre ces deux nombres, c'est-à-dire 190.

On voit par là que des 763,000 fragments fournis par les shrapnells, 26,684 seulement, ou 3,5 0/0, atteindront le but. Les autres fragments passeront dans les intervalles entre les hommes, s'écarteront de côté ou se perdront dans le sol.

Tout autre sera la situation du défenseur.

L'Instruction allemande du 6 avril 1893 recommande à la défense, de tirer le plus grand parti possible des nouveaux avantages qui lui sont assurés par les grandes distances auxquelles dorénavant commencera la lutte, ainsi que par l'absence de fumée de la poudre. On interdit l'établissement de travaux défensifs trop visibles pour l'ennemi; on montre la nécessité de se rendre compte à l'avance de l'aspect que ces travaux doivent lui offrir et on prescrit d'organiser les constructions ou terrassements de fortification sur les points où, d'après l'examen ainsi fait par le défenseur, il lui serait le plus difficile de les deviner s'il devait jouer le rôle d'assaillant.

Et même si l'assaillant découvre l'emplacement des points fortifiés par la défense, cela ne diminue pas notablement les avantages de la situation du défenseur. Ce dernier suivra l'exemple donné par les Turcs à Plewna. Il tiendra une partie de ses troupes derrière les parapets et cachera le reste sous des abris d'où il ne les fera sortir qu'au moment où l'assaillant, marchant à l'assaut, son artillerie sera, par suite, obligée de cesser le feu.

Mais, pour déterminer la grandeur du danger couru par les défenseurs placés derrière les parapets, c'est-à-dire faisant le coup de fusil dès les grandes distances contre l'assaillant, sans exposer autre chose que leur tête et leurs bras, nous ferons, pour la défense, d'après les chiffres du général Rohne, le même calcul que celui présenté plus haut pour l'attaque :

DISTANCES EN MÈTRES	NOMBRE de minutes pour le parcours.	NOMBRE de coups tirés.	NOMBRE de fragments de shrapnells lancés.	NOMBRE de fragments ayant touché.	POUR CENT des fragments de projectiles ayant touché.
500 (de 2,500 à 2,000)	6,25	675	126,000	540	0,4 %
500 (de 2,000 à 1,500)	6,25	675	126,000	675	0,5 %
500 (de 1,500 à 1,000)	6,25	1,123	213,000	786	0,4 %
500 (de 1,000 à 500)	6,25	1,570	298,000	1,256	0,4 %
»		4,043	763,000	3,257	0,4 %

En comparant ces deux tableaux, nous voyons que, tandis que les troupes assaillantes seront frappées, en moyenne, par 26,684 fragments de projectiles, celles de la défense en recevront seulement 3,257.

Nombre des fragments fournis par les shrapnells anciens et nouveaux lancés contre un corps d'armée
de 30,000 hommes marchant à l'attaque entre 2,500 et 500 mètres

Nombre d'éclats d'anciens shrapnells suivis d'effet, en admettant qu'ils soient lancés
contre une colonne de 10,000 hommes.

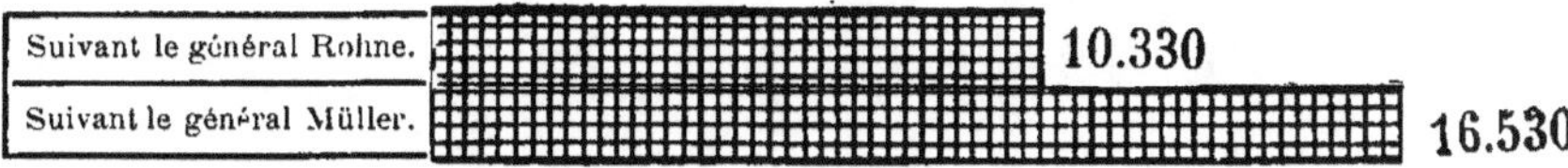

Nombre d'hommes d'infanterie, en millions, pouvant être arrêtés et mis hors de combat
avec les projectiles accompagnant les batteries
des canons du modèle 1891, suivant les données du général Müller.

La Guerre future (p. 561, tome I).

Mais peut-être les indications du général Rohne sont-elles exagérées ? Puisons à une autre source.

D'après les calculs du général Müller (1), l'effet moyen des shrapnells, qui fournissent de 180 à 200 fragments, est représenté de la manière suivante :

Calculs du
général Müller.

Distances	Fragments qui frappent efficacement.	Cibles de la grandeur d'un homme frappées efficacement.
1,500 mètres	8 à 10 0/0	8,9 0/0
2,000 —	7 à 8 0/0	5,6 0/0
2,500 —	3,5 0/0	3,4 0/0

En admettant que la différence des résultats entre les distances de 1,500 et 1,000 mètres soit égale à la différence des résultats entre celles de 2,000 et 1,500 mètres, et en prenant les moyennes entre les nombres maxima et minima de cibles, de la largeur d'un homme, qui sont atteintes, nous obtenons les chiffres ci-dessous :

DISTANCES EN MÈTRES	NOMBRE de fragments efficaces.	CIBLES fortement atteintes.	NOMBRE de fragments ayant atteint les cibles.
de 2,500 à 2,000	126,000	3,5 %	4,410
de 2,000 à 1,500	126,000	5,5 %	6,930
de 1,500 à 1,000	213,000	8,5 %	16,100
de 1,000 à 500	298,000	8,5 %	25,330
	763,000	7,2 %	54,770

Il résulterait de là que, d'après les données du général Müller, et en admettant en outre une vitesse de tir presque moitié moindre que celle effectivement réalisable, l'action de l'artillerie devrait être de 3,7 0/0 plus destructive que d'après les données du général Rohne.

Différences
entre Müller et
Rohne.

Pour se faire une idée juste des pertes de l'assaillant, il faut songer que, derrière la première ligne de tirailleurs, et à des distances qui, suivant le développement de l'attaque, varient de 600 à 1,000 mètres, s'avancent des soutiens et des réserves. Or l'espace battu par un shrapnell est, comme nous l'avons expliqué en temps et lieu, très considérable. Et en partant des données du général Rohne, nous trouvons que, sur 763,000 fragments de projectiles lancés, 26,684, c'est-à-dire 3,5 0/0, doivent atteindre des tirailleurs, tandis que d'après les indications du général Müller, ce serait 54,770 ou 7,2 0/0. — Il n'est pas douteux que le reste des éclats ou balles, c'est-à-dire les 92,8 0/0 autres, ne puissent causer des pertes dans les corps de troupes qui marchent derrière les lignes de tirailleurs.

---

(1) *Die Wirkung der Feldgeschütze.*

Jean de Bloch. — *La Guerre future.* 36

Toujours d'après le général Müller (1), 28 coups à obus mettent hors de combat dans une compagnie, à la distance de 2,400 mètres, les 5/7 des hommes dans une chaîne de tirailleurs et les 4/7 dans les soutiens de cette chaîne. Une seule batterie peut maintenant, à 2,000 mètres et en un quart d'heure, mettre hors de combat toute fraction de troupes debout qui ne présente pas plus de 150 mètres de front. A ces distances, le feu arrêterait donc forcément le mouvement de l'infanterie.

Une troupe exposée au feu d'une seule batterie peut, jusqu'à 1,500 mètres, avoir la moitié de son effectif mis hors de combat par 24 obus

Expériences de transport de canons à dos de cheval.

seulement ou par 12 à 15 shrapnells. Dans le tir contre des tirailleurs debout et les soutiens de la chaîne, il suffirait, jusqu'à 2,500 mètres, de 24 à 36 coups pour mettre hors de combat les 5/6 de l'effectif total.

____

(1) *Die Wirkung der Feldgeschütze.*

Enfin, la défense ayant la faculté de disposer à l'avance ses pièces sur des points inaccessibles au feu de l'ennemi, réunit tous les avantages sur le parti qui prend l'offensive.

Au temps actuel, même quand les routes feront défaut, des canons légers à tir rapide seront transportés à dos de cheval, — comme on le voit dans la figure ci-contre qui représente des essais de ce mode de transport faits au cours de manœuvres récemment exécutées en Bosnie.

Ces canons légers à tir rapide semblent extrêmement efficaces contre l'assaillant. Contre des défenseurs couverts par des épaulements, ils offriront au contraire peu d'avantages.

Cette différence s'explique par les chiffres suivants :

Voici les résultats qu'on a obtenus au moyen de 50 shrapnells tirés avec des canons de 53 millimètres et à la distance de 1,200 mètres, contre trois panneaux représentant des lignes de tireurs se mouvant sur une étendue de 50 mètres de terrain.

Résultats obtenus avec le canon de 53 m/m.

Le premier de ces panneaux a reçu 248 éclats, le second 268 et le troisième 224, — en tout 740 qui auraient entièrement détruit le détachement (1).

D'un autre côté, sur chacun de ces trois panneaux, distants l'un de l'autre de 20 mètres, l'effet produit est presque le même. D'où l'on peut conclure que tout ce terrain de 60 mètres de profondeur serait couvert par le reste des fragments des shrapnells ; et que, par conséquent, sur cette vaste surface de 3,000 mètres carrés, il ne pourrait guère rester d'hommes épargnés par les projectiles.

Examinons encore les résultats de 20 coups tirés à shrapnell au moyen d'un canon de calibre encore moindre — 47 millimètres — à la distance de 1,200 mètres, contre deux lignes de 10 cibles chacune, représentant 20 tirailleurs et flanquées d'un même nombre de cibles disposées à 100 mètres en arrière des premières.

Résultats obtenus avec le canon de 47 m/m.

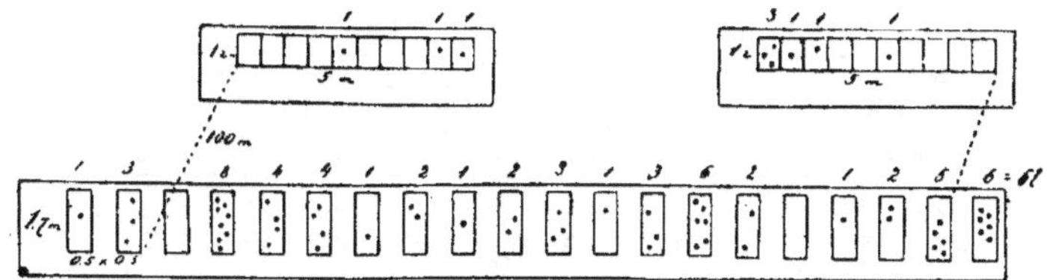

Résultats de 20 coups à shrapnell tirés avec des canons de 47 millimètres, à la distance de 1,200 mètres.

____

(1) Müller, *Die Wirkung der Feldgeschütze*.

Comme on le voit par ce croquis, il resterait, de la première ligne, 13 cibles non touchées et, de la seconde, 2 ; mais quelques cibles sont frappées de 8 éclats.

Ensuite, avec un canon de 57 millimètres, à la distance de 1,500 mètres, il fut tiré 20 coups à shrapnell sur des cibles disposées dans le même ordre qu'aux expériences de tir faites avec le canon de 47 millimètres. Pour le pointage en hauteur et en direction, il fallut 20 secondes et pour tirer les 20 coups, il en fallut 41, — soit en tout, une minute et une seconde.

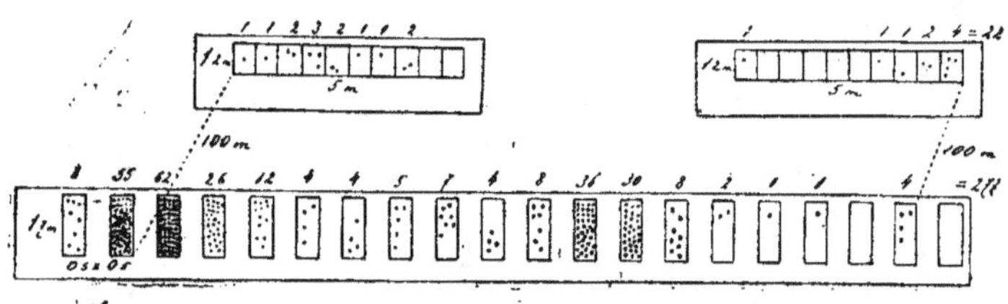

Résultat de 20 coups à shrapnell, du canon de 57 millimètres,
tirés à la distance de 1,500 mètres.

Cette fois, comme le montre le croquis, 8 cibles seulement restèrent intactes.

Les canons de l'artillerie de campagne peuvent aussi recevoir leur application dans ce genre de combat.

En France on a recherché, par des expériences faites sur des cibles, quels résultats on obtiendrait si un bataillon s'avançait par compagnies placées à 40 mètres l'une derrière l'autre, et marchant en ligne déployée sur un front de 40 mètres (1).

Le dessin ci-dessous montre le résultat du tir de 36 shrapnells à la distance de 2,500 mètres (2).

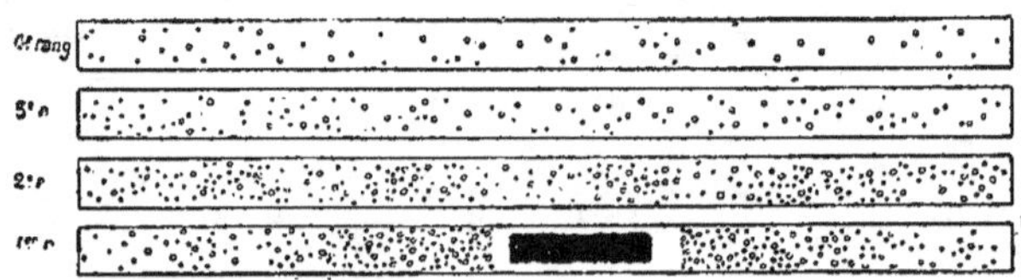

Résultats de l'explosion de 36 shrapnells tirés à la distance de 2,500 mètres

(1) *Aide-Mémoire officiel de l'artillerie.*
(2) Oméga, *L'Art de combattre.*

L'espace marqué en noir était tellement eriblé de balles et d'éclats qu'il fut impossible d'en compter les traces. En résumé, les deux premières compagnies eussent été entièrement détruites et quant aux 3ᵉ et 4ᵉ, il n'y serait guère resté de quoi continuer la marche offensive.

Ainsi que nous l'avons indiqué plus haut, dans les pages consacrées à la « Tactique de l'artillerie », c'est seulement quand l'ennemi se sera approché à moins de 500 mètres, que cette arme sera obligée de suspendre son feu. Ce qui veut dire qu'elle pourra le frapper encore à très petite distance, — bien entendu si son propre personnel n'a pas été tué auparavant.

Ainsi le feu à obus et shrapnells, dirigé contre les troupes d'infanterie, doit — à en juger par l'effet produit sur les cibles qui les représentent — être considéré comme absolument destructeur. Puisqu'en nous basant sur les calculs d'auteurs différents, nous arrivons aux mêmes conclusions, savoir : que les troupes assaillantes peuvent être entièrement détruites, rien que par le feu de l'artillerie de la défense, — naturellement dans le cas où rien n'entrave l'action de cette artillerie sur l'infanterie, comme on l'a supposé plus haut.

On doit encore observer que, pour atteindre ce résultat, il suffit de tirer 4,043 coups. Or ces batteries de 47 et 57 millimètres n'ont pas moins de 12,000 projectiles dans leurs coffres. Donc près des deux tiers leur resteraient encore disponibles pour une action ultérieure (1).

Mais la puissance de l'artillerie n'a pas atteint ses dernières limites.

Au cours de l'étude consacrée à cette arme, nous avons indiqué que, dans les canons jusqu'à présent employés, on ne pouvait utiliser complètement la force de la poudre sans fumée. En ce moment, si l'on en croit les journaux, des canons bien plus parfaits sont à la veille d'être remis aux différentes armées. Le nouveau canon français a, dit-on, 75 millimètres de calibre; il tire quatre ou cinq coups à la minute et ne donne pas de recul.

Si l'on savait utiliser toute la force de la poudre sans fumée, les dimensions de l'espace battu par les nouveaux canons s'augmenteraient, d'après le général Wille:

Pour les distances jusqu'à 1,000 mètres, de   210 0/0
       —   2,000   —   133 0/0
       —   3,000   —   89 0/0

---

(1) Actuellement chaque batterie de campagne ordinaire — des calibres de 80 à 90 millimètres — a, en fait de caissons: en Allemagne, 9; en France, 9 (batterie à cheval : 8 seulement) ; en Russie, 12. La batterie allemande peut ainsi dépenser dans un combat 808 projectiles, la batterie française, 852 ; la batterie russe, 900, sans se réapprovisionner aux parcs de campagne. Mais ces nombres mêmes sont déjà considérés comme insuffisants. En Allemagne on a proposé de munir la batterie de 1,290 projectiles.

Voici la représentation graphique de ces augmentations de la surface battue :

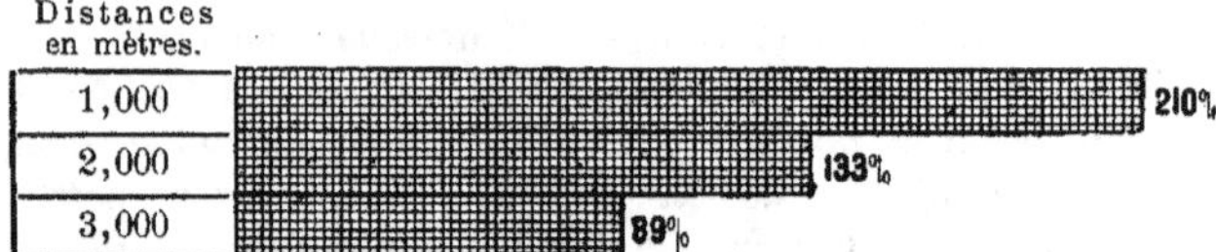

Augmentation, en pour cent, de la surface battue, si l'on utilisait toute la force de la poudre sans fumée.

Il n'est pas douteux que les autres pays ne suivent promptement l'exemple de la France. Or, avec ces canons renforcés, l'attaque deviendra encore plus difficile, sinon impossible. C'est là chose tellement évidente qu'il n'est plus nécessaire d'insister sur la possibilité de détruire l'assaillant par le tir, même aux grandes distances, en se servant de canons à tir rapide et protégés par une cuirasse fixée sur la pièce. Il suffira de considérer ces derniers comme destinés à n'agir qu'aux petites distances.

Il est nécessaire d'observer ici que cet accroissement de la puissance de l'artillerie, jusqu'à pleine probabilité de paralyser l'attaque par son action seule, constitue un phénomène entièrement nouveau.

Le prince de Hohenlohe dit à ce sujet : « Jusqu'à présent le feu de l'artillerie, dont l'action précède chacune des phases les plus importantes du combat, a été considéré comme un facteur servant uniquement à préparer et à développer le combat, mais non à en amener la solution. Il devient probable qu'à l'avenir les choses se passeront autrement. Car les shrapnells et les obus à double paroi ont fait preuve d'une puissance tellement destructive, qu'on peut considérer la partie comme à moitié gagnée déjà par celui des deux partis dont l'artillerie aura pris le dessus sur celle de l'adversaire et pourra, par conséquent, concentrer toute la puissance de son tir sur les autres troupes de celui-ci.

VIII. L'attaque de l'infanterie.

1° Les distances pour le feu d'infanterie.

Dans la conduite du combat d'infanterie, deux circonstances principales se présentent :

1° La ligne de combat de chaque unité doit être, autant que possible, déployée d'après l'ordre général de combat et les conditions du terrain donné ;

2° Afin de réparer les pertes subies et d'entretenir constamment la puissance du feu, il faut amener à la première ligne des renforts qui, pour s'y rendre, sont obligés de se former dans un ordre plus compact.

Aux temps passés déjà, les pertes éprouvées dans une affaire atteignaient, en moyenne, 10 à 20 0/0 du nombre des hommes prenant part à la lutte, et parfois 30 à 40 0/0. Dans quelques corps même, elles allaient jusqu'à 50 à 60 0/0, en comptant tous les hommes mis hors de combat (1).

Étendue des pertes éprouvées

A Saint-Privat, dans les rangs des tirailleurs de la garde prussienne, la proportion s'éleva jusqu'à 46 0/0 ; à Mars-la-Tour, les 16ᵉ et 57ᵉ régiments d'infanterie perdirent 74 0/0 de leurs officiers et 45 0/0 de leurs hommes de troupe : le 16ᵉ régiment perdit pour son compte 48 officiers et 1,313 soldats.

A Plewna, le 30 août 1877, les pertes de l'infanterie russe atteignirent 20 à 40 0/0 et, dans certains corps, 50 0/0 ; à l'aile gauche, où était Skobeleff, la moyenne fut de 40 0/0, mais dans quelques compagnies, elle atteignit 60 et même 75 0/0.

Nécessité de soutenir la ligne de tirailleurs.

Nous avons déjà mentionné plus haut la nécessité d'avoir des soutiens qui se portent vers la chaîne des tirailleurs pour la renforcer et qui, pendant le trajet, se tiennent en formation quelque peu compacte, quoique avec des intervalles. Cette nécessité s'explique encore par l'obligation où l'on se trouve de compléter la ligne de tirailleurs en officiers. Les pertes subies par ceux-ci sont toujours relativement beaucoup plus considérables et un détachement de tirailleurs sans officiers reste immobilisé dans le dernier abri qu'il occupe.

Dans son ouvrage sur l'infanterie, le prince de Hohenlohe s'exprime ainsi : « D'une chaîne de tirailleurs, privée d'officiers, on ne peut attendre que, conformément aux ordres primitifs, elle entreprenne un nouveau bond en avant. Elle restera là où elle se trouve et se contentera de tirer. De cette façon, l'attaque s'arrête. Et il n'y a pas d'autre moyen de déterminer un nouveau mouvement en avant, que de lancer sur la ligne, des troupes fraîches qui doivent entraîner avec elles les anciens tirailleurs. »

Développement du front.

Cependant, plus épaisse sera la ligne et plus profonde sa formation, plus grandes seront ses pertes. Les règlements prescrivent à un régiment de se déployer sur un front de :

En Allemagne	600 à 800 mètres
» Autriche	540 —
» Italie	450 à 650 —
» France	700 —
» Russie	700 à 1400 —

(1) Colonel von Hötzendorf, *Vorgang zum Studium unseres taktischen Reglements* (Introduction à l'étude de notre règlement tactique).

Dans l'attaque exécutée par une brigade entière, on admet de 4 à 4,8 fusils par mètre de front, sauf les circonstances exceptionnelles permettant ou exigeant un renforcement plus considérable.

Nous remarquerons ce chiffre de 4 à 4,8 fusils par mètre de front, car il a une énorme importance. Il faut ajouter que, d'après les règlements de toutes les armées, les différentes fractions de la défense se déploieront en général sur un front plus étendu que celles de l'attaque.

Importance des réserves pour le moment de l'attaque proprement dite. Tous les règlements attachent aussi une grande importance à la conservation de fortes réserves pour le moment où l'assaillant, arrivé à petite distance, exécute l'attaque proprement dite. Cette disposition est motivée par la puissance énorme que l'on attribue à l'effet d'un tir rapide, exécuté par une masse d'hommes dans les limites de la zone fortement battue. Nous montrerons plus loin toute l'importance de ce détail.

Commencement du feu de mousqueterie. Occupons-nous maintenant des prescriptions relatives au commencement du combat de mousqueterie. Ici se présente une grande différence entre les troupes de la défense et celles de l'attaque. Tous les règlements sont conçus dans le sens de l'offensive et, par suite, mettent en garde contre une ouverture prématurée du feu qui amène un arrêt du mouvement en avant et ne peut faire à l'ennemi qu'un mal insignifiant, le nombre des coups efficaces étant trop faible par suite de la distance (1).

Opinion de Bronsart von Schellendorf Un écrivain allemand bien connu, l'ancien commandant du premier corps d'armée, Bronsart von Schellendorf, *s'élève contre le tir de l'infanterie aux distances éloignées*, en disant que le principal mérite du fusil à petit calibre consiste précisément en ce que le tireur, profitant de la plus grande tension de trajectoire des balles, peut atteindre mieux et plus sûrement *des buts peu élevés à de petites distances*, et en ce que désormais les erreurs d'appréciation de celles-ci influeront moins sur les résultats du tir que par le passé.

En conséquence, il conseille, dans l'offensive, de marcher sans s'arrêter et sans tirer, jusqu'à la distance de 600 mètres.

D'après le règlement russe, le feu s'ouvre entre les distances de 750 à 535 mètres (350 à 250 sagènes).

Commencement du feu de la défense. Cependant le défenseur, qui se trouve derrière des abris, qui dispose de munitions en quantité suffisante, et qui, en outre, a réglé d'avance son tir sur chaque distance, peut commencer son feu dès la portée où il sait pouvoir compter sur son efficacité.

Les trois zones de feu de Morenville. Morenville (2) dit que les distances moyennes auxquelles il est permis de commencer le feu peuvent, d'après les règlements des principales armées européennes, se répartir entre les trois zones suivantes :

---

(1) Hœnig, *Taktik der Zukunft.*
(2) Morenville, *Études de tactique défensive-offensive*, 1893.

Les soldats avancent en rampant.

Comparaison de la surface couverte par les projectiles quand les troupes se déplacent debout ou en rampant.

LA GUERRE FUTURE (P. 569, TOME I.)

ZONES EN MÈTRES	EFFICACITÉ DU FEU	OBSERVATIONS
Jusqu'à 500	*Grande*	Dans les limites de ces deux zones on peut faire entrer en action tous les fusils.
De 500 à 800. . . .	*Moyenne* Le succès du feu est encore complet.	
De 800 à 1,600. . .	*Faible* Le feu ne réussit que dans certaines conditions favorables.	En raison de la faiblesse des résultats auxquels il faut s'attendre, le feu ne doit être exécuté que par des groupes choisis d'un effectif limité.

La question se ramène à un problème d'examen pratique des chances qu'on peut avoir d'infliger à l'ennemi un dommage équivalent à la dépense de munitions et au travail qu'impose l'exécution du tir. Dans ces derniers temps nous avons recueilli, pour la solution de cette question, des données très précieuses.

Le succès
du tir justifie
la façon dont on
l'a commencé.

Le général Rohne soutient qu'un feu de tirailleurs placés à un pas (0^m80) l'un de l'autre doit donner les pour cent ci-dessous, suivant qu'il est dirigé contre des tirailleurs debout (cibles de la hauteur d'un homme), ou demi-couverts (cibles de la hauteur du tronc), ou couchés (cibles de la hauteur du buste).

Conclusions
de Rohne.

DISTANCES EN MÈTRES	CIBLES de la hauteur d'un homme.	CIBLES de la hauteur du tronc.	CIBLES de la hauteur du buste.	CIBLES de la dimension de la tête.
300	27,7 %	13,6 %	8,8 %	4,1 %
500	17,7 —	8,2 —	5,0 —	2,5 —
800	10,0 —	5,1 —	2,8 —	1,4 —
1,000	7,6 —	3,6 —	2,1 —	1,0 —
1,200	6,1 —	2,7 —	1,5 —	0,75 —
1,500	4,8 —	1,9 —	1,1 —	0,55 —
1,800	3,3 —	1,5 —	0,8 —	0,4 —
2,000	2,6 —	1,0 —	0,5 —	0,25 —

Si nous prenons pour base, en l'évaluant à 100, le nombre des coups qui atteignent les tirailleurs debout, nous obtenons les rapports suivants :

DISTANCES EN MÈTRES	Position des hommes sur lesquels on tire.			
	Debout	Demi-couverts	Couchés	La tête seule découverte
300	100 %	49,1 %	30,0 %	14,8 %
500	100 —	46,3 —	28,2 —	14,1 —
800	100 —	51,0 —	28,0 —	14,0 —
1,000	100 —	47,4 —	27,6 —	13,2 —
1,200	100 —	44,3 —	24,6 —	12,3 —
1,500	100 —	39,6 —	22,9 —	11,5 —
1,800	100 —	45,5 —	24,2 —	12,1 —
2,000	100 —	38,5 —	19,2 —	9,6 —

On peut représenter graphiquement ces résultats :

Degré de probabilité d'atteindre un soldat à demi-couvert, couché, ou montrant seulement la tête, en prenant pour point de comparaison, exprimé par 100, la probabilité d'atteindre un soldat debout à découvert.

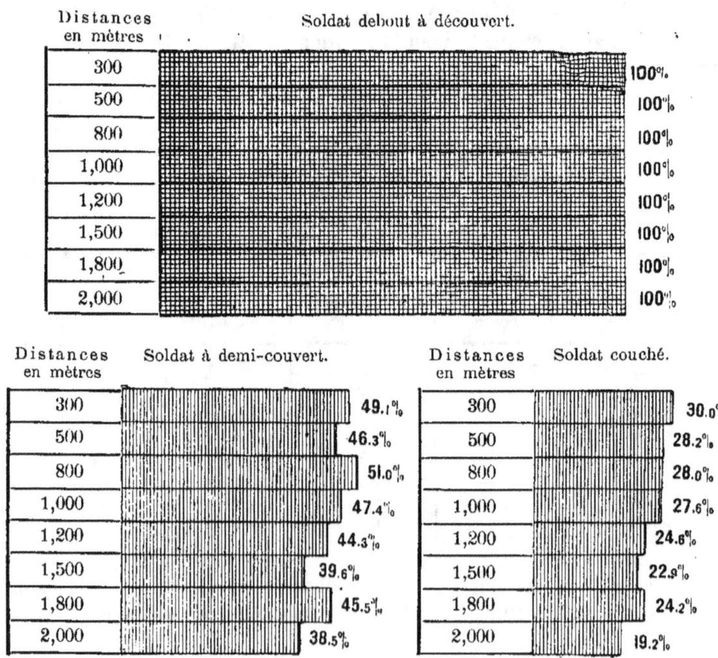

Soldat ne montrant que la tête.

Distances en mètres.	
300	14.8 %
500	14.1 %
800	14.0 %
1,000	13.2 %
1,200	12.3 %
1,500	11.5 %
1,800	12.1 %
2,000	9.6 %

Mais en prévision de certains cas, il faut examiner la question de la vulnérabilité des hommes marchant en formation compacte. Comme, dans cette formation, il n'y aurait entre les soldats que 0^m38 d'intervalle et qu'ils seraient au moins sur deux rangs, on peut admettre que les pertes seraient quatre fois plus grandes (1).

Cependant, d'après le règlement, on doit compter, dans l'attaque, de 4 à 4,8 soldats par mètre de front ; c'est-à-dire que l'écartement entre les hommes — mesuré du centre d'un homme à celui de son voisin — doit n'être que de 0^m25 à 0^m20, ou en moyenne, de 22 cent. 5.

Par conséquent, les pertes seraient alors 3 fois 1,2 plus grandes dans la formation sur un rang, et 7 fois plus dans la formation sur deux.

Mais admettons que, des coups tirés à 2,000 mètres, il n'arrive réellement à l'ennemi que la plus insignifiante proportion. Ce serait néanmoins une faute impardonnable de ne pas commencer le feu à cette distance : attendu que l'assaillant en profiterait pour s'avancer en ordre compact et dans la formation la plus avantageuse, ou même pour s'organiser des abris. Les projectiles ne sont pas tellement précieux qu'on doive s'en interdire la dépense ; d'autant que, dans une position défensive, il est facile de les renouveler.

Les hommes pratiques affirment que, des résultats obtenus aux grandes manœuvres, il est impossible de tirer des conclusions utiles pour la guerre réelle.

Il est certain qu'il y a beaucoup de vrai dans cette assertion. Mais dans le cas dont il s'agit, on doit observer qu'en tirant à 2,000 mètres, les défenseurs ne se découvrent en aucune façon —puisqu'il n'y a plus comme autrefois la fumée de la poudre pour les trahir. Leur tir s'exécutera sans nervosité ni précipitation aucunes, et avec une connaissance parfaite des distances qui auront pu être mesurées à l'avance. Tout cela permet d'affirmer qu'il n'y aura pas de bien grandes différences entre les effets de ce tir à la guerre et les résultats obtenus dans les polygones d'instruction.

En outre, il ne faut pas perdre de vue que les conclusions formulées relativement à l'efficacité du tir sont basées sur des expériences faites au

---

(1) Regenspursky, *Studien über den taktischen Inhalt des Exerzierreglements für Fusstruppen* (Études sur le côté tactique du règlement de manœuvres pour les troupes à pied).

moyen d'un armement suranné. Actuellement on adopte déjà des fusils de 6 $^m/_m$ 5 et de 5 millimètres, qui, — nous l'avons montré plus haut, — sont, comme armes de guerre, trois fois plus puissants que les fusils actuels allemands et français (1). Ce n'est pas pour rien que le journal autrichien *Armeeblatt* appelle le fusil de 5 millimètres : *Unser Zukunfts-Gewehr* (notre fusil de l'avenir).

Résultats donnés par le fusil de 6 $^m/_m$ 5.

Mais sans parler même du fusil de 5 millimètres, et pour s'en tenir à celui de 6 $^m/_m$ 5, on peut signaler les expériences exécutées en Italie afin de comparer les propriétés de ce nouveau fusil à celles du Vetterli. Ces expériences ont montré que la puissance du choc des balles, après un parcours de 2,000 mètres, n'est plus que de 166 pour ce dernier, tandis qu'elle est encore de 202 pour l'autre.

Pour 100 coups au but avec le Vetterli, les nouvelles armes en donnent 130. Et comme le tir de ces dernières est plus rapide, on peut dire qu'en général, si cent tireurs envoient cent coups efficaces avec le fusil Vetterli, ils en fourniront dans le même temps, avec la nouvelle arme, 166, c'est-à-dire 2/3 en plus.

Outre cela, le nouveau fusil a sur le précédent un avantage extrêmement précieux : il permet de faire porter 178 cartouches — au lieu de 100 — par le soldat, sans augmenter le poids de sa charge (2).

Augmentation de la distance où doit être pris l'ordre dispersé.

En somme, il devient très vraisemblable que l'ordre dispersé devra désormais être employé, non pas seulement à partir de 2,000 mètres de l'ennemi, mais de plus loin encore.

Ainsi donc, en tenant compte de l'effet simultané de l'artillerie et des armes portatives, il faut reconnaître que, même si les opinions émises par des autorités comme le prince de Hohenlohe, Coumès et Clery sem-

---

(1) D'après Hebler :

Le fusil modèle 1871 (Mauser) valant 100 0/0, le fusil français modèle 1886 (Lebel) vaut 433 0/0, le fusil allemand actuel vaut 474 0/0 et le fusil de 5 millimètres vaut 1,337 0/0.

Ce qui s'exprime par le graphique suivant :

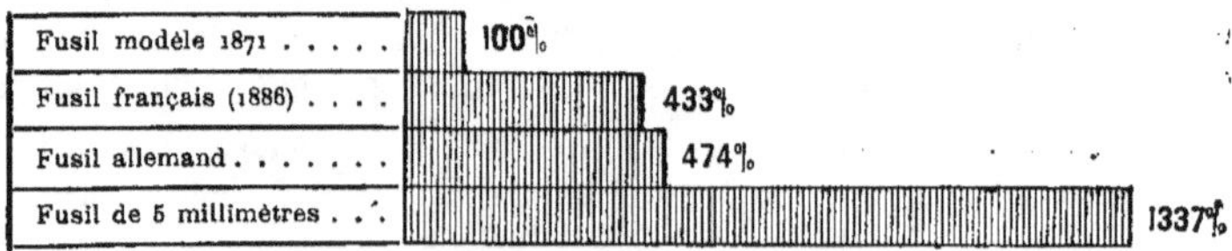

Valeur relative de différents fusils d'après Hebler, en exprimant par 100 la valeur du fusil modèle 1871 (Mauser).

(2) Löbell, *Militärische Jahresberichte*, 1894.

blent exagérées, en tous cas, dans les prochaines rencontres, et quand l'infanterie opérera en terrain découvert, les distances auxquelles on devra recourir à l'ordre dispersé pourront aller jusqu'à 3,000 et 4,000 mètres.

Afin de nous placer, à ce point de vue, sur un terrain plus solide, supposons les conditions les plus favorables du côté de l'attaque. Admettons notamment que, préparé à rencontrer l'ennemi, le défenseur permette cependant à l'assaillant de s'approcher jusqu'à 2,000 mètres sans lui envoyer ni une balle, ni un obus.

Pour nous représenter clairement les obstacles que devra surmonter l'infanterie de l'attaque entre 2,000 et 800 mètres, il faut évaluer les pertes auxquelles est exposé un bataillon de 1,000 hommes, en supposant que le défenseur des ouvrages attaqués dispose du même effectif.

Faisons ce calcul pour des troupes marchant à l'attaque sur deux rangs avec une distance de 0^m80 entre les tireurs.

Nous admettrons encore la vitesse de marche de 80 mètres à la minute, en supposant que l'assaillant parcoure la distance entre 2,000 mètres et 800 mètres sans s'arrêter.

Prenons pour base les chiffres du général Rohne relativement à la vitesse du tir, soit par minute et par homme :

De 2,000 à 1,500 mètres. . . . . . . 1 1/2 coups.
De 1,500 à 1,200   —   . . . . . 2 1/2   —
De 1,200 à 1,000   —   3   —
De 1,000 à   800   —   . . . . . 3 1/2   —

Nous obtenons alors pour le nombre de coups tirés :

PARCOURS SUCCESSIFS	MINUTES	NOMBRE DE COUPS		NOMBRE DE COUPS BONS	NOMBRE d'hommes mis hors de combat
		PAR MINUTE	TOTAL		
2,000 à 1,800	2 $\frac{1}{2}$	1 $\frac{1}{2}$	3,750	2,6 %	97
1,800 à 1,500	3 $\frac{2}{3}$	1 $\frac{1}{2}$	5,500	3,3 —	181
1,500 à 1,200	3 $\frac{2}{3}$	2 $\frac{1}{2}$	9,150	4,8 —	439
1,200 à 1,000	2 $\frac{1}{2}$	3	7,500	6,1 —	457
1,000 à 800	2 $\frac{1}{2}$	3 $\frac{1}{2}$	8,750	7,6 —	665
			34,650		1,839

Par conséquent, avant même d'arriver à 800 mètres de la position, le bataillon tout entier devrait être anéanti ; et, du second bataillon qui l'aurait remplacé, il ne resterait en tout que 161 hommes — tandis que, pour le défenseur, abrité derrière ses retranchements, les pertes seraient tellement insignifiantes qu'on peut presque n'en pas tenir compte.

Si en effet nous calculons, en prenant pour bases les données du général Rohne, les pertes des tirailleurs de l'attaque, — qui sont à découvert, — par rapport aux pertes de ceux qui sont établis derrière des retranchements, — c'est-à-dire dont on voit seulement les bras et une partie de la tête, — nous trouvons les chiffres suivants :

Aux distances de :	SUR CENT HOMMES, SERONT ATTEINTS :		Rapport entre les nombres d'hommes atteints dans les deux cas.
	Si on les voit de toute leur hauteur.	Si on voit seulement les bras et la tête.	
2,000 mètres.	2,6	0,25	9,6 %
1,800 —	3,3	0,4	12,1 —
1,500 —	7,2	0,55	7,6 —
1,200 —	15,2	0,75	4,9 —
1,000 —	22,8	1,0	4,4 —
800 —	35,0	1,4	4,0 —
500 —	71,0	2,5	3,5 —
300 —	138,0	4,1	3,0 —

Pour appuyer les données ainsi fournies par le général Rohne, nous en appellerons encore au témoignage du colonel Regenspursky (1) et aux observations qu'il a recueillies d'après des expériences de tir exécutées en France et en Autriche : « A la distance de 1,600 pas (1,280 mètres), dit-il, même un peloton supportait des pertes considérables (15 0/0 d'atteintes) ; s'il marchait en ordre compact, fournissant un but bien net, sur 215 coups 44 portaient, soit 22 0/0. Mais dans un bataillon, au moment où il se déployait pour quitter l'ordre en colonne, à la distance de 2,000 pas (1,600 mètres), le nombre des coups qui l'atteignaient était de 14 0/0 (56 coups sur 400) ». Et cependant, d'après le général Rohne, nous n'avons admis à cette distance que 7,2 0/0 de coups efficaces.

En Autriche, dans un tir d'instruction avec les nouvelles cartouches, il a été constaté qu'une colonne de compagnie offre dès 2,100 pas (1,680 mètres), un objectif assez sûr — 20 0/0 des coups portent, — et qu'un détachement en ordre compact est exposé à un danger sérieux — 15 0/0 d'atteintes — dès qu'il arrive à 1,600 pas (1,280 mètres) de l'ennemi.

L'espace battu, dans le tir exécuté à genou contre des hommes debout, est de 625 pas (500 mètres). Le général Rohne a admis une formation sur un rang et avec 0^m80 d'intervalle, de sorte que le résultat du tir,

---

(1) *Studien über den taktischen Inhalt des Exerzierreglements für die k. und k. Fusstruppen.* — Vienne, 1892. (Études sur la partie tactique du règlement de manœuvres pour les troupes à pied impériales et royales.)

au lieu de donner 20 0/0 d'atteintes, n'en a fourni que 7 0/0. Mais à la distance de 1,280 mètres, la différence devient presque nulle.

Enfin, même si toutes les données précédentes relatives à la précision du tir de combat étaient exagérées, il n'en reste pas moins établi que, sur 1,000 hommes, il en arriverait à peine un seul jusqu'à 800 mètres de la position. Et ce résultat serait obtenu avec une simple dépense de 35 cartouches par homme de la défense.

En réalité, les pertes seraient même beaucoup plus grandes, — attendu que, pour agir énergiquement au moment décisif, il faut faire avancer assez à temps les échelons suivants et même les réserves. Et si, comme nous l'avons vu, à peine 1,800 balles tirées, sur 34,000, — c'est-à-dire un peu plus de 5 0/0, — atteignent la première ligne, les 95 autres iront frapper les réserves.

Il ne faut pas oublier non plus que chaque balle lancée par le fusil actuel est capable, suivant la distance, de blesser de 2 à 6 hommes.

De plus, comme il a été dit dans le chapitre consacré aux armes portatives, même quand on tire sur un but dont la distance est connue, — par exemple : de 2,500 mètres, — et avec une hausse parfaitement réglée, les balles commencent néanmoins à frapper le sol dès la distance de 2,200 mètres, c'est-à-dire à 300 bons mètres avant la cible, tandis qu'une partie d'entre elles le frappe à 100 mètres au delà et qu'en même temps se produit une dispersion des balles à droite et à gauche, jusqu'à 50 mètres environ de chaque côté.

Il ne faut pas oublier non plus cette circonstance, que les données du général Rohne sont établies dans l'hypothèse de tirailleurs placés à 0^{m}80 d'intervalle l'un de l'autre, c'est-à-dire en supposant un homme et quart par mètre courant. Dans ces conditions un bataillon devrait occuper une étendue de 800 mètres, tandis qu'il est impossible de donner à l'attaque un front aussi considérable.

Pour amener les troupes assaillantes de la distance de 800 mètres jusqu'à l'ennemi, la formation devra donc être beaucoup plus dense; et les espaces vides entre les colonnes d'attaque seront tellement faibles que les balles qui auront épargné les premiers rangs atteindront les suivants.

Le croquis ci-contre représente la formation d'un régiment d'infanterie ayant en réserve un bataillon de chasseurs et marchant à l'attaque, de la distance de 1,100 pas (880 mètres) à celle de 400 pas — formation établie d'après les prescriptions de l'Instruction autrichienne où les distances étaient encore calculées pour les anciennes cartouches (1).

____

(1) *Applicatorische Studie über den Infanterie-Angriff*. — Vienne, 1895.

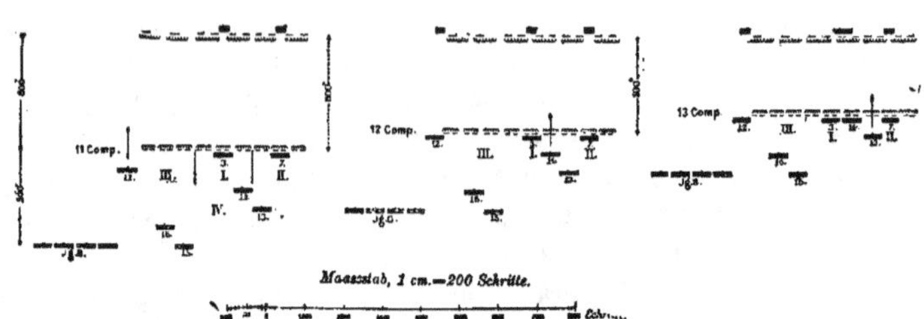

Formation d'un régiment d'infanterie ayant en réserve un bataillon
de chasseurs et marchant à l'attaque à partir de la distance de 1,100 pas.

Comme on le voit par ce croquis, la profondeur du dispositif est tellement considérable qu'il est impossible que les 95 0/0 de balles dont nous
n'avons pas tenu compte soient perdues.

L'infanterie au combat.

Si l'on examine de plus près les conditions dans lesquelles s'est effectuée
l'attaque exécutée aux manœuvres autrichiennes de Ghuns, on voit, comme
le montre en partie la figure ci-dessous, que des mamelons entiers étaient
couverts par les rangs des troupes d'attaque.

Il convient de rappeler ici les mots de Regenspursky : « On a constaté
qu'aux moyennes distances, des troupes marchant sur deux rangs serrés
éprouvent des pertes quatre fois plus grandes — et deux fois plus seulement si elles sont sur un rang — que les troupes marchant en ligne ouverte
avec intervalles d'un pas entre les hommes », c'est-à-dire dans les conditions prises pour base de nos calculs.

Ce que l'on peut prévoir pour le cas de guerre.

Tant que les hommes couchés derrière des abris (comme on le voit sur
le dessin) et les réserves qui accourent à leur aide, ne font que tirer avec
des cartouches à blanc, les troupes ennemies peuvent continuer leur
marche en avant. Mais dans la guerre réelle, le bon sens dit assez qu'une
attaque semblable dirigée contre un ennemi armé des nouveaux fusils, n'a
guère de chances de réussir.

Résultats obtenus avec le nouveau fusil.

L'unique exemple que l'on ait encore jusqu'à présent, de l'emploi de
ces nouvelles armes, c'est la guerre du Chili qui nous l'a donné. Voici ce
que dit Witte à ce sujet (1).

« Les fusils Mannlicher de 8 millimètres, par leur précision à toutes les
distances, ont produit une impression considérable. Les feux de salve et de
tirailleurs exécutés entre 1,000 et 1,600 mètres, balayaient le terrain et arrêtaient le mouvement offensif de l'ennemi. Les réserves elles-mêmes, à ces
distances, étaient mises en désordre. Quant au maniement de ces armes,
les hommes l'apprirent très facilement en quelques jours d'exercice. »

____

(1) Witte, *Fortschritte und Veränderungen des Waffenwesens* (Progrès et modifications de l'armement), 1895.

L'infanterie au combat (d'après les manœuvres de Ghuns).

Toutefois les praticiens — il n'en peut guère exister d'ailleurs, au vrai sens du mot, car le nouveau fusil n'a presque pas encore été observé dans la guerre réelle, — les praticiens objectent qu'on trouvera bien rarement des terrains dont la conformation permette de fusiller ainsi toutes les troupes ennemies à de grandes distances. Par conséquent, disent-ils, l'assaillant peut s'avancer sans être vu ; et, dans ces conditions, les pertes qu'il éprouvera ne seront pas, à beaucoup près, aussi considérables.

De plus, ils soutiennent que les conclusions et conséquences tirées des exercices militaires ne correspondent pas toujours aux résultats qu'on obtient à la guerre.

Relativement à la première objection, on peut observer que celui qui se met sur la défensive ne manquera jamais de choisir un terrain susceptible d'être bien battu par son tir. En outre, nous n'oublierons pas qu'avec les trajectoires actuelles, les inégalités du sol ne protègent pas du tout contre les balles.

Jean de Bloch. — *La Guerre future.*   37

Si l'on s'est précautionné de renseignements sur les distances, au moment même où les observatoires signaleront la présence de l'ennemi, les coups pourront être dirigés contre lui par-dessus des hauteurs ou des bois, comme on le voit sur les figures de la planche ci-contre.

Quant à la différence entre les résultats qu'on obtient dans les manœuvres et à la guerre, il faut observer qu'en général, aux grandes distances, et vu le peu de danger que les défenseurs courent à ce moment, cette différence, pour des hommes bien instruits et tirant de derrière des abris, ne pourra pas être bien grande.

Au temps passé les conditions étaient tout autres — quand il fallait exécuter, en présence de l'ennemi, la série de manipulations compliquées que comportait le tir. En outre, les fusils d'alors, moins perfectionnés, ne pouvaient donner les mêmes résultats au combat que pendant les exercices du temps de paix. Aujourd'hui ces conditions se sont modifiées.

Le principal mérite du fusil actuel consiste en ce qu'il produit, aux petites distances, des effets entièrement nouveaux et qu'autrefois on ne connaissait pas.

Ainsi, par exemple, dans le tir à 600 mètres, la hauteur maximum atteinte par la balle au milieu de sa course, c'est-à-dire à 300 mètres de l'arme et du but, est : avec le fusil de 11 millimètres, de 4^m70 ; avec celui de 8 $^{m/m}$ 5, de 2^m50, et avec celui de 6 $^{m/m}$ 5, de 1^m60 (1).

Les lecteurs comprennent déjà l'importance de ces chiffres. Avec le fusil de 11 millimètres, la balle parcourait une importante étendue de terrain en passant par-dessus la tête de l'ennemi. Avec le fusil de 8 millimètres, elle était dangereuse déjà pendant la plus grande partie de son trajet, et avec le fusil de 6 $^{m/m}$ 5, elle peut donner la mort sur toute l'étendue de son parcours. A 600 mètres, une telle balle fait l'effet d'une faux qui permet de faucher facilement 5 ou 6 existences humaines. Le tir de ces balles s'exécute en outre sans qu'il soit besoin de modifier la hausse.

Jusqu'à présent le fusil de 6 $^{m/m}$ 5 n'a été encore adopté que dans un petit nombre d'armées ; mais déjà cette arme est considérée comme devant s'effacer devant celle de 5 millimètres qui, dans un temps prochain, sera peut-être adoptée partout, et à laquelle des journaux militaires allemands ont déjà donné le nom de *unser Zukunft Gewehr* (2) (notre fusil de l'avenir).

La balle lancée par ce fusil, — des expériences exécutées en Autriche l'ont démontré, — fauchera tout devant elle sur une étendue de 800 mètres.

Mais en réalité, il nous paraît qu'une telle augmentation de puissance de l'arme à feu peut même sembler superflue. Car le fusil actuel est

(1) Löbell, *Militärische Jahresberichte*, 1894.
(2) *Jahrbücher für die deutsche Armee und Marine.*

déjà tellement terrible, qu'il peut anéantir une troupe assaillante jusqu'au dernier homme et amener la destruction mutuelle des deux partis opposés l'un à l'autre.

Ce fusil dont sont pourvues la plupart des armées européennes, celui de 7 $^{m}/^{m}$ 5, possède en effet des facultés destructives véritablement fabuleuses.

A la distance de 600 mètres, les balles qu'il lance ont une trajectoire presque horizontale, — de sorte qu'il est inutile de modifier la hausse de l'arme quand la distance du but varie. Il devient également possible de tirer avec ce fusil dans la direction de l'ennemi qui s'avance, en visant à hauteur de la ligne des têtes : et dans ce cas, les coups atteindront, sur toute une profondeur de 450 à 600 pas, les premiers rangs à la tête et les plus éloignés aux pieds.

Dans le dessin ci-dessous — qui représente le tir du fusil de 7 $^{m}/^{m}$ 5, exécuté avec une seule et même hausse à toutes les distances, depuis 100 jusqu'à 650 mètres, —les grands cercles tracés sur les cibles indiquent la surface comprenant les points atteints par tous les coups; tandis que la meilleure moitié de ceux-ci sont renfermés dans les petits cercles concentriques aux premiers et couverts de hachures (1).

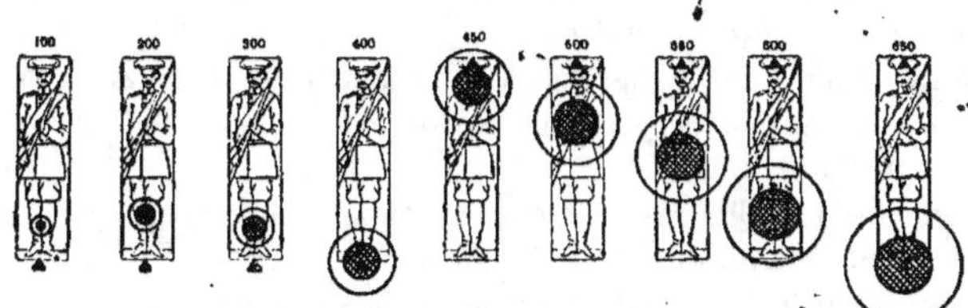

Résultats du tir exécuté avec le fusil de 7 $^{m}/^{m}$ 5, aux distances de 100 à 650 mètres, avec une seule et même hausse.

En un mot, les défenseurs peuvent battre, sans modifier la hausse, tout le terrain qui s'étend devant eux jusqu'à la distance de 650 mètres.

Tandis qu'avec les fusils précédents, dont on se servait encore pendant la guerre de 1870, le tir jusqu'à 600 mètres exigeait des modifications successives de la hausse, pour 150, 250 et 350 mètres. De plus, pour atteindre le but aux distances supérieures à 375 mètres, il fallait que le tireur se rappelât certaines règles : comme de viser tantôt à la tête, tantôt à la poitrine, ou à la ceinture de l'ennemi ; — ce même tireur devant en outre apprécier la distance, sans se tromper de plus de 25 mètres.

C'est ainsi que s'explique surtout la supériorité des armes nouvelles, — par exemple celle du fusil français, modèle 1886, sur le fusil Chassepot,

____

(1) *Règlement pour l'Instruction du tir*, 1893.

modèle 1866, — même indépendamment de la diminution du recul et de l'allègement, tant du fusil que des cartouches.

Exemple. Un écrivain français (1) fait comprendre comme il suit les résultats de cette différence :

Deux groupes de tirailleurs luttent l'un contre l'autre à la distance de 600 mètres. Ils sont composés d'hommes de la dernière levée et inexpérimentés. L'un d'eux est armé du fusil à petit calibre modèle 1886, l'autre du fusil Chassepot. Le feu est très vif de part et d'autre, les jeunes soldats cherchant à s'exciter et tirant presque sans viser.

Or, dans ces conditions, voici quels vont être les résultats très différents obtenus par chaque groupe :

En élevant l'arme de petit calibre à la hauteur naturelle et en tirant machinalement, droit devant soi, les tirailleurs de l'un des groupes battront tout le terrain en avant d'eux, tandis que leurs adversaires seront obligés d'apprécier trois fois la distance et de modifier à trois reprises la hausse de leur fusil, pour ne pas se trouver dans des conditions écrasantes d'inégalité.

Par conséquent, là où, en 1870, il fallait un commandement et du sang-froid pour l'exécuter, il suffira maintenant de tirer mécaniquement les coups les uns après les autres.

Rapidité du tir. Mais ce qui est particulièrement important, c'est que plus courte est la distance et grande la probabilité d'atteindre, plus grande aussi est la valeur du fusil à tir rapide.

Beaucoup de militaires émettent l'espoir que, dans l'attaque, l'assaillant réussira à trouver des abris, à se coucher, à ramper et à éviter par tous ces moyens le danger qui le menace. Mais même dans les cas les plus heureux, il ne sera guère possible au soldat, pendant les longues minutes que durera la marche en avant, d'éviter de servir plus d'une fois de cible aux coups de l'ennemi.

Perspectives de 'assaillant et du défenseur. Le fusil actuel a une vitesse normale de tir de 15 coups à la minute et il peut atteindre un maximum de 30 coups (1). D'où il ressort évidemment que, seul, le défenseur abrité derrière ses retranchements, pour peu qu'il ait des cartouches, doit anéantir l'assaillant.

Pour montrer clairement combien sont inégales les chances de la défense et de l'attaque, nous donnons dans la planche ci-contre, deux dessins qui représentent, le premier des troupes courant à l'assaut, l'autre leur adversaire couché derrière ses retranchements.

---

(1) J. Ortus, *Valeur comparée pour le combat, des fusils actuels de l'infanterie européenne.*

(2) *Applicatorische Studie über den Infanterie-Angriff*, 1875.

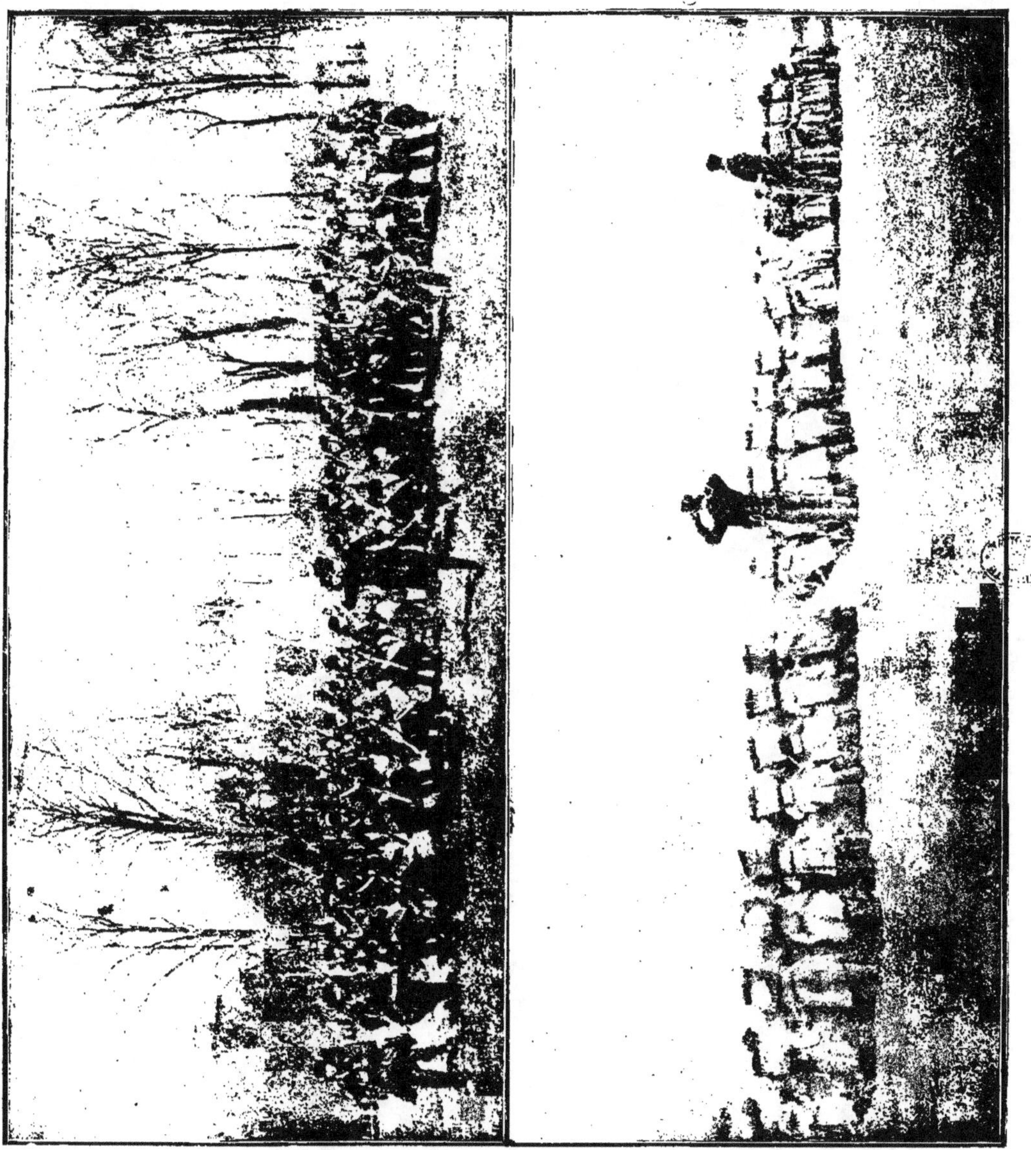

Troupes courant à l'assaut guettées par leurs adversaires cachés derrière leurs retranchements.

Sans doute ce n'est là qu'un tableau des manœuvres du temps de paix. Sur le champ de bataille, quand la mort est partout dans l'air, l'assaillant marche avec plus de précautions, profitant des inégalités du sol et des abris naturels.

Mais en tous cas, le danger qui menace le défenseur est moindre ; car lui ne montre que la tête, tandis que l'assaillant, pendant qu'il exécute ses « bonds » en avant, s'offre en but de toute la hauteur de sa taille.

A 500 mètres, le danger couru par l'assaillant et celui auquel est exposé le défenseur, sont, d'après le général Rohne, dans le rapport de 100 à 12,2.

Dans la guerre de 1877-78, avec le fusil Berdan, les hommes avaient chacun 84 cartouches ; mais maintenant, on se propose, dans toutes les armées, d'en faire porter de 120 à 170 par le soldat. Le général Rohne dit que, comme il suffit de mettre hors de combat en peu de temps, 50 0/0 des hommes d'un corps de troupe pour l'empêcher de continuer à combattre, on n'aura besoin, dans la plupart des cas, que d'entretenir le feu jusqu'à ce qu'on en soit arrivé là, sans qu'il y ait nécessité de le prolonger davantage. Sur quoi Rohne calcule de la façon suivante combien il faudra de cartouches pour obtenir ce résultat :

Distances en mètres	Hommes debout	Hommes couchés	Hommes ne montrant que la tête
800	8	16	57
500	4, 5	10	32
300	3	6	20

Ainsi, au cours de l'attaque rapprochée, il suffira de 3 à 8 cartouches. Mais il est évident que, dans l'approvisionnement des hommes en munitions, on prendra pour règle le proverbe qu' « abondance de biens ne nuit pas ».

Pour assurer cet approvisionnement le mieux possible, on a remplacé, en France, le caisson de bataillon par la voiture de compagnie. De sorte que le soldat aura à sa disposition, à proximité du champ de bataille, 254 cartouches au lieu de 204. De ce nombre, il en porte 120 sur lui — au lieu de 112 comme précédemment, — à quoi s'ajoutent 65 cartouches de la voiture de compagnie distribuées avant le combat. De sorte que le soldat commence le feu avec 185 coups à tirer, au lieu de 138 comme autrefois. Et si l'on tient compte de la réserve de cartouches portée par les sections de munitions, on arrive à trouver, par homme, un total de 303 coups à tirer au lieu de 251.

Dans les autres armées, des dispositions semblables sont déjà, ou seront, sans aucun doute, prochainement adoptées. Car actuellement, chaque puissance craint d'être en retard sur ses adversaires éventuels.

Théorie de l'attaque d'infanterie.

Après ces explications générales, passons à l'examen de l'attaque elle-même.

Dans les conditions présentes de l'art de la guerre, la question de l'attaque de l'infanterie aux petites distances est une de celles qui sont le plus difficiles à résoudre.

Nous nous efforcerons, en suivant toujours la même méthode, de mettre le lecteur au courant de l'état actuel des polémiques que cette question a soulevées et qui se poursuivent encore.

2° L'attaque réglementaire russe, d'après le général Skougarevsky.

Le traité de Skougarevsky

Le traité publié par le général Skougarevsky sur « L'Attaque de l'infanterie » a été traduit en langues étrangères et a vivement attiré l'attention de la littérature militaire européenne, ce qui a déterminé les écrivains les plus connus à en faire un examen très détaillé (1).

Interdiction du formalisme dans l'attaque.

Le général Skougarevsky remarque très judicieusement que, par suite de la composition actuelle des armées, comme, après les premiers combats, la majorité des officiers dans le rang se trouveront être de la réserve, en même temps que le niveau moral des sous-officiers et soldats ne sera pas très élevé, il est désirable que les prescriptions réglementaires ne s'écartent pas trop des strictes exigences de la pratique et ne soient pas exagérément formalistes (2).

Pour montrer ce formalisme, l'auteur fait l'hypothèse suivante :

Exemple.

L'assaillant s'avance, à partir de 800 pas (640 mètres) en faisant des bonds de 100 pas chacun. Après chacun de ces bonds et à chaque distance, il s'arrête 5 minutes et exécute un tir sans trop se presser : 3 coups par minute. A chaque position nouvelle, un certain temps est nécessaire pour régler la hausse. D'après cela, dans la minute où se fait le bond, chaque tireur ne tire qu'un seul coup.

Comme, au fur et à mesure qu'on se rapproche, l'efficacité du feu augmente, on peut dire, en nombres ronds, que, jusqu'à la distance de 800 pas, une sur cent des balles tirées atteindra l'assaillant, qu'il y en aura 2 0/0 jusqu'à 700 pas, puis 3 0/0 jusqu'à 600 pas, etc. — « Pour

---

(1) Löbell, *Militärische Jahresberichte*, 1894.

(2) D'après le Règlement russe, le mouvement de l'assaillant se partage en trois périodes :

1° Jusqu'à 800 pas de l'ennemi, c'est la « marche offensive » qui s'effectue à découvert ; 2° de 800 à 300 pas, c'est l'« attaque » exécutée par bonds, pour passer d'un abri à l'autre ; 3° de 300 à 150 pas, c'est le « mouvement pour le choc à la baïonnette » qui s'effectue de nouveau à découvert.

cent » très faibles, puisque, d'après les « Instructions pour l'enseignement du tir » (§ 173) (1), même avec le fusil Berdan, plus de 50 0/0 des balles atteignent la chaîne des tirailleurs entre 600 et 900 pas, tandis que, de 1,000 à 1,200, le tiers encore de ces balles frappent la chaîne et les autres la réserve de l'ennemi.

Or le défenseur tire 4 coups par minute, et 5 pendant que l'assaillant exécute ses bonds. L'efficacité de son feu est considérée comme double de ce qu'elle est pour l'assaillant, aux mêmes distances : c'est-à-dire qu'à 800 pas, celui-ci sera atteint par 2 0/0 des balles, à 700 par 4 0/0, etc. Et si l'assaillant s'avance dans un ordre de combat comportant une chaîne peu épaisse et de fortes réserves, on admet que les pertes éprouvées par ces réserves seront égales à celles que la chaîne subira.

Admettons qu'un régiment de l'assaillant se soit avancé dans « l'ordre de combat primordial » défini par le Règlement et même soit parvenu sans pertes jusqu'à 800 pas de l'ennemi. A cette distance de 800 pas, d'après l' « Instruction » (§ 29), pour renforcer la chaîne, on a envoyé un peloton de plus à chacune des compagnies de la première ligne et le troisième bataillon s'est porté en formation de combat à la droite du premier. C'est dans cette formation que le régiment commence le mouvement par bonds contre les deux bataillons ennemis, et, dans les calculs, on est convenu d'évaluer, en nombre rond, à 200 tirailleurs l'effectif d'une compagnie non désorganisée.

L'ordre de combat de la défense doit être envisagé sous une autre forme, car il est impossible de supposer *a priori* que l'ennemi agira négligemment. Aussi l'auteur admet-il que, dans un bataillon en formation de combat, on déploiera en tirailleurs, tantôt trois compagnies et tantôt deux : — chaque compagnie envoyant sur la chaîne quatre ou trois pelotons respectivement.

D'après cela, le général Skougarevsky dresse un tableau des pertes éprouvées de part et d'autre; — tableau que, pour plus de clarté et en prenant pour base les chiffres mêmes qu'il donne, nous remplacerons par la représentation graphique ci-après, dans laquelle l'effectif des assaillants est supposé de 3,200 (4 bataillons) et celui des défenseurs, de 1,600 (2 bataillons).

Ce graphique montre qu'après avoir entamé l'attaque avec un effectif double, l'assaillant, en arrivant à 300 pas, se trouve n'avoir plus même moitié autant d'hommes que le défenseur.

Ou, pour parler plus exactement : sur une compagnie assaillante de 200 fusils, il reste 23 hommes ; tandis que d'une demi-compagnie protégée par des retranchements, il en restera encore 50.

____

(1) Édition de 1884.

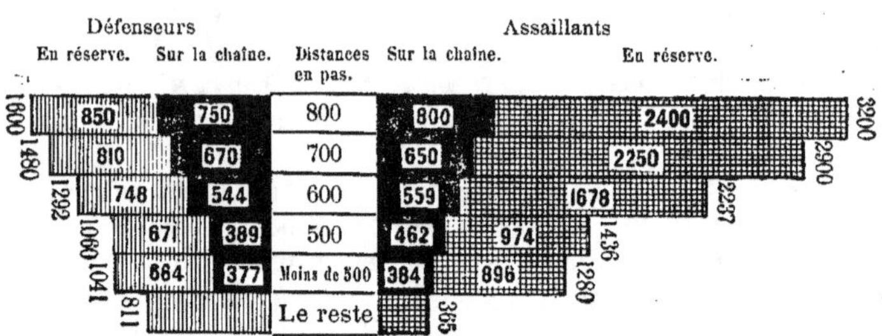

Pertes des assaillants et des défenseurs.

Représentons ces rapports graphiquement :

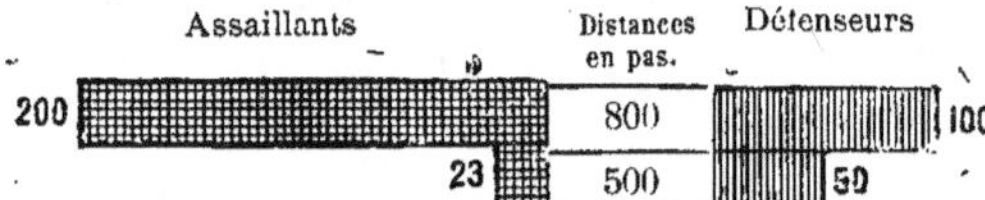

Résultats de l'attaque d'une compagnie contre une demi-compagnie retranchée,
pendant un parcours de 300 pas entre les distances de 800 et 500.

Par là, on voit clairement qu'il est impossible de songer à exécuter une attaque semblable sans s'arrêter.

Le général Skougarevsky dit (1) que c'est surtout parmi les officiers des corps de troupes qu'on entend soutenir la possibilité de l'attaque effectuée d'un mouvement continu; mais cette opinion trouve également beaucoup de partisans parmi les écrivains militaires. Ceux-ci motivent leur manière de voir comme il suit : « Dans l'attaque tout se réduit à apprendre aux hommes à marcher en avant quoi qu'il arrive, sans se préoccuper des pertes ni des obstacles. Avec des troupes ainsi dressées, les échecs sont impossibles, elles iront infailliblement jusqu'au point attaqué ; le mouvement mieux que les abris, les protégera contre les pertes.

Le général Skougarevsky cite ici les paroles d'un des généraux les plus batailleurs : « Des troupes n'arriveront jamais jusqu'au point attaqué, si elles n'ont pas dans la chair et dans le sang, pendant l'attaque, cette unique idée : En avant et en avant! Il faut en revenir à la vieille règle de Souvaroff, alors que sous la mitraille, on ne marchait pas autrement qu'au pas cadencé. »

Mais si convaincant que tout cela semble au premier coup d'œil, ajoute l'auteur, il n'en est pas moins vrai que les opinions ainsi formulées pèchent par un point ; ce point, c'est leur exclusivisme. Ceux qui les formulent ne veulent pas tenir compte de ce qu'au temps de Souvaroff le feu était tout

(1) *L'Attaque de l'infanterie*, page 96.

autre qu'aujourd'hui et qu'il est impossible de comparer, avec les armes actuelles, non seulement celles du siècle passé, mais même celles de la première moitié de ce siècle. Ainsi voilà comment, en 1837, Medem caractérisait le tir de l'époque : à 300 pas il est généralement sans effet, à 200 pas son effet est encore assez faible et ce n'est guère que vers 150 et 100 pas qu'il devient dangereux. Et encore ce danger n'est-il que relatif. Azemar, dans sa *Tactique du feu d'infanterie*, cite un épisode du combat de Caldiero en 1805, où un bataillon autrichien, après avoir subi pendant une demi-heure le feu d'un bataillon français, n'avait eu en tout que six hommes mis hors de combat.

Le général Skougarevsky qualifie d'étrange le principal argument mis en avant par les partisans de l'attaque à découvert : que si on apprend aux troupes à s'abriter, elles recourront toujours aux abris, que les hommes ne quitteront ces abris qu'à regret et qu'ils finiront par ne plus vouloir du tout en sortir.

A cet argument les partisans des bonds successifs répondent que, sous le feu actuel, il est à certains moments impossible de s'avancer à découvert. Instruisez, disent-ils, les hommes comme vous voudrez, ils ne s'en coucheront pas moins derrière des abris. Or ce sont les hommes qui se seront couchés ainsi d'eux-mêmes, c'est-à-dire qui auront déjà manqué à la discipline, qu'il sera vraiment difficile de faire lever pour marcher en avant.

Le simple bon sens montre la justesse de cette observation. Il y a vingt ans déjà l'expérience a démontré la nécessité de ne s'avancer qu'avec des temps d'arrêt, afin de désorganiser la défense par son feu et, comme on dit, de « préparer l'attaque ».

Et voilà que tout à coup, au moment de l'apparition des fusils à petit calibre et des balles à chemise d'acier, on reviendrait à d'autres préceptes : « Non, il ne faut marcher à l'attaque qu'à découvert. Laissez à la chaîne des tirailleurs seule le soin de faire feu ; la vue de ces petits détachements suffira pour forcer les défenseurs à la retraite. »

Mais pourquoi donc ? Puisqu'aujourd'hui les fusils portent encore plus loin, puisque leur tir est plus précis et plus rapide, il en résulte forcément que la situation de l'assaillant est devenue plus mauvaise.

3° L'attaque réglementaire française.

Nous avons parlé plus haut des prescriptions formulées par les règlements français relativement à l'attaque, au point de vue de leur caractère général. Maintenant nous allons comparer la forme de cette attaque, d'après le Règlement français de 1894, avec celle de l'attaque russe dont nous venons de parler. De plus, c'est surtout l'attaque exécutée sous le feu de l'artillerie ennemie que nous avions en vue dans notre précédente étude du Règlement français, tandis qu'ici nous n'allons tenir compte que du feu de l'infanterie.

Le Règlement de 1894. Comme il a déjà été dit, le Règlement français de 1894 ne semble pas entièrement nouveau ; on y a conservé beaucoup de dispositions du Règlement de 1884, et notamment celles relatives à la conduite du combat d'infanterie.

Nous ne nous croyons pas en droit de critiquer les prescriptions du Règlement français. Nous avons déjà cité de nombreuses plaintes d'écrivains, français eux-mêmes, au sujet des fréquents changements dont il a été l'objet. Mais quant à un examen critique des procédés d'exécution de telles ou telles dispositions de ce Règlement de 1894, il sera préférable de ne pas l'emprunter à des auteurs français qui, dans cette circonstance, se divisent nettement en novateurs et en partisans du passé.

Essayons seulement d'exposer les différences que présentent les deux Règlements de 1884 et 1894, et d'évaluer numériquement les pertes probables qu'entraîneraient les formations de combat de l'un et de l'autre : « Il n'y a rien d'aussi brutal que les chiffres », a dit quelque part Napoléon.

Nous allons suivre la même méthode que précédemment, c'est-à-dire parler d'abord de l'attaque, puis de la défense.

Attaque d'après le Règlement de 1884. Dans l'attaque, naturellement, les troupes marchent au pas accéléré et ne s'arrêtent jamais sans ordre. La chaîne des tirailleurs, ayant derrière elle ses réserves et partant de la distance de 800 mètres, exécute un bond de 200 mètres. Après ce bond, et les quelques minutes de repos qui le suivent, la chaîne, à un signal donné, s'élance de nouveau et parcourt les 200 mètres suivants. Puis vient encore un court repos, suivi d'un autre signal d'avancer, et les troupes franchissent rapidement les derniers 200 mètres (1).

A combien s'élèveront, pendant tout cela, les pertes probables des assaillants ?

Calcul des pertes. Pour les évaluer, il faut, avant tout calcul, établir les données fondamentales du problème.

Relativement à la détermination du chiffre des pertes, nous avons quelques sources de renseignements.

D'après le colonel Oméga. Premièrement, le colonel Oméga (2) donne des chiffres fournis par des expériences exécutées au camp de Châlons et indiquant les pertes probables que ferait une ligne de tirailleurs marchant à l'attaque avec des intervalles de 2 mètres entre les hommes.

---

(1) Général Ferron, *Trois conférences sur la tactique.*
(2) Oméga, *L'Art de combattre.*

Aux distances de	Avec le fusil modèle 1886
200 mètres	32 0/0
400 »	16 »
600 »	8 »
800 »	6 »

Pour plus [de clarté, nous traduisons ces résultats sous forme graphique :

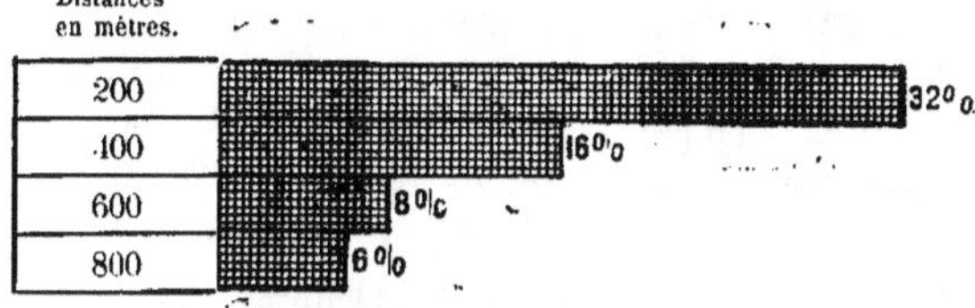

Pertes probables d'une ligne de tirailleurs marchant à l'attaque devant le fusil
modèle 1886.

Secondement, le général Rohne donne les chiffres suivants :

D'après le général Rohne.

Distances	Hommes debout	Hommes à demi-couverts	Têtes
300 mètres	27.7	13.6	4.1
500 »	17.7	8.2	2.5
800	10.0	5.1	1.4

Les données du général Rohne étant plus complètes, nous les prendrons pour base de nos calculs.

En ce qui concerne la vitesse de la course pendant chaque bond, comme on suppose un repos, nous admettrons la vitesse maximum : celle de 133 mètres par minute (presque 8 kilomètres à l'heure).

Hypothèses du calcul.

La rapidité du tir, comme on l'a déjà dit plusieurs fois, peut atteindre de 15 à 20 coups par minute (1). Mais, pour ne rien exagérer et pour la facilité du calcul, nous admettrons que les défenseurs et les assaillants, à l'exception des éclaireurs, fournissent 4 coups seulement par minute.

Et nous admettrons encore une circonstance favorable à l'attaque, savoir : que la moitié des défenseurs, poussés par le sentiment de la conservation, ne sortiront pas même la tête de leur abri, et que, par conséquent, leurs coups ne seront pas efficaces. C'est dans ces hypothèses que nous allons faire le compte des pertes subies par un bataillon de 1,000 fusils.

____

(1) *Applicatorische Studie über den Infanterie-Angriff.* — Vienne, 1895.

Au moment de la marche en avant, pendant les premiers 200 mètres — de 800 à 600 — dont le parcours durera 1 minute 1/2, les assaillants recevront de la défense 6,000 balles. En prenant pour la proportion des atteintes le chiffre qui correspond à 800 mètres, soit 10 0/0, c'est 600 hommes qui seront mis hors de combat.

Pendant les trois minutes de repos qui suivront, les défenseurs tireront contre les assaillants restés debout un total de 12,000 balles, dont 5 0/0 seulement toucheront, — en prenant encore les chiffres du général Rohne pour 800 mètres et en tenant compte de ce que les assaillants seront couchés. C'est de quoi mettre encore 600 hommes hors de combat.

Mais l'effectif du bataillon n'étant en tout que de 1,000 hommes, on voit que, dans les premiers 200 mètres de son parcours, il serait totalement anéanti.

Nous devons donc faire à ce sujet une hypothèse : que les réserves de l'assaillant recompléteront le bataillon à son effectif primitif.

Dans le deuxième bond, de 600 à 400 mètres, les défenseurs enverront encore sur les assaillants 6,000 balles, dont 17,7 0/0 atteindront le but. C'est le chiffre du général Rohne pour 500 mètres. — La perte s'élèvera donc à 1,062 hommes, c'est-à-dire qu'elle dépasserait l'effectif du bataillon.

Supposons que cette perte soit de nouveau comblée par les réserves. Pendant le second repos de trois minutes, effectué à la distance de 400 mètres des retranchements attaqués, les défenseurs enverront sur les assaillants couchés 12,000 balles, dont 8,2 0/0 iront au but et mettront hors de combat 984 hommes des troupes de l'attaque.

Sur les 16 hommes restants et les 984 hommes de réserve qui les auront une fois de plus complétés à 1,000, il sera encore tiré, pendant le dernier bond — de 400 à 200 mètres — 6,000 balles qui, d'après le 0/0 correspondant à 300 mètres, mettraient hors de combat, non pas seulement tout le bataillon, mais 1,662 hommes.

En moyenne, il suffirait des 42,000 balles tirées successivement, au cours de l'attaque qui vient d'être décrite, pour mettre 4,908 hommes hors de combat.

Voyons quelles conséquences nous devons tirer de là.

Pendant qu'elles font un bond, les troupes de l'attaque ne peuvent pas tirer. Autrement il leur faudrait ralentir leur mouvement.

Pendant les trois minutes de repos qui suivent le premier bond, 400 hommes seulement pourront tirer, puisque les 600 autres auront été tués ou blessés. Ces 400 hommes pourraient lancer 4,800 balles. Mais, sur ce nombre, d'après les calculs du général Rohne, 2,5 0/0, c'est-à-dire 120 seulement, seraient efficaces. Puis, pendant le second bond, ces 400 hommes seraient tous mis hors de combat.

Toutefois nous supposons que les assaillants chargés d'exécuter l'attaque sont toujours au complet, c'est-à-dire à l'effectif de 1,000 hommes. Dans ces conditions, voici quelles seront les pertes de la défense :

Pendant le premier repos de 3 minutes,
12,000 balles avec rendement de 2 1/2 0/0 mettent hors de
  combat. . . . .   300 hommes
Pendant le second repos de 3 minutes,
12,000 balles avec rendement de 4,1 0/0 . . . .   498 hommes

                    Soit en tout. . . .   798 hommes

Ainsi donc, pendant le même temps où, pour se maintenir devant l'ouvrage attaqué à l'effectif de 1,000 hommes, les assaillants en auront dû tirer 4,908 de leurs réserves, les défenseurs n'auront eu besoin que de 798 hommes de renfort pour arriver au même résultat. La comparaison de ces chiffres montre que la situation des assaillants est six fois plus défavorable que celle des défenseurs.

Mais, dans la réalité, cette disproportionnalité des pertes s'augmenterait encore par suite de ce fait que, pour opérer contre une défense quelque peu vigoureuse, l'assaillant ne pourrait se contenter longtemps d'une seule chaîne de tirailleurs. Il devrait la renforcer de bonne heure pour obtenir et conserver une supériorité de feu plus ou moins considérable sur l'ennemi.

En réalité, comme nous l'avons déjà montré, les règlements exigent que, dans l'attaque exécutée avec une brigade, il y ait de 4 à 4,8 fusils par mètre de front, — en dehors des cas exceptionnels permettant ou nécessitant un renforcement plus considérable (1).

Cependant la compacité cinq ou six fois plus grande entraîne une augmentation de la probabilité d'être atteint par les coups de l'ennemi, — et cela, presque dans la même proportion.

Nous avons déjà cité l'opinion du colonel Regenspursky sur la relation entre les pertes et le degré plus ou moins grand de compacité des rangs. Il est donc tout naturel que le mode d'attaque décrit plus haut n'ait pas supporté la critique et qu'en France ait paru, en 1894, le nouveau règlement que nous allons examiner ici plus en détail.

Ce nouveau règlement français a un caractère nettement offensif. Son trait le plus remarquable consiste en ce qu'il y est prescrit de remplacer la ligne des tirailleurs par des « éclaireurs ».

____

(1) *Der gegenwärtige Stand der Infanterie-Taktik* (Internationale Revue).

« Le peu de fumée de la poudre, la précision des armes, la tension des trajectoires et la rapidité du tir, — y est-il dit, — ont rendu très difficile de reconnaître la position d'un ennemi fortifié et ont augmenté le danger couru dans le terrain battu par les feux. » Ce qui est devenu particulièrement difficile, c'est la reconnaissance des positions ennemies par la cavalerie. C'est seulement avec des fantassins, qui s'approchent en rampant à l'abri des inégalités du sol, qu'on peut obtenir des renseignements assez sûrs pour éviter les surprises.

Et le règlement insiste, en conséquence, sur la nécessité, pour chaque régiment d'infanterie, d'avoir ses propres éclaireurs.

Tactique des éclaireurs. En comptant deux hommes par escouade, on devra désigner, pour ce service, dans chaque compagnie sur le pied de guerre, 32 hommes auxquels il faut donner une préparation convenable. Pendant le combat, ils devront rester en rapport avec la compagnie qui, pour atteindre ce résultat, enverra successivement des estafettes spéciaux.

En première ligne, les éclaireurs envoyés par les compagnies se trouvent sous le commandement d'un capitaine de leur bataillon et s'unissent pour opérer la reconnaissance du terrain. En outre, ce sont eux qui ouvrent l'attaque en s'éloignant jusqu'à 500 mètres de leur compagnie et s'approchant jusqu'à 900 mètres de l'ennemi; — tous ces chiffres sont donnés pour le cas d'un terrain plan et découvert. Par leur feu, les éclaireurs doivent faciliter la marche en avant de leurs compagnies dans les rangs desquelles ils rentrent lorsque toute la première ligne s'est rapprochée de l'ennemi à la distance indiquée.

Cette première ligne se dispose par compagnies, avec des intervalles d'un pas entre les files, et, dans la zone du feu efficace, sur un rang, coude à coude. Les intervalles ne sont admis que pour permettre d'occuper la plus grande étendue de terrain possible. Au fur et à mesure des pertes on serre les rangs.

Déploiement. Le front de déploiement dans l'attaque est fixé, pour une compagnie de 200 fusils, à 150 mètres, et pour un bataillon à 300 mètres. Pour un régiment, elle ne doit pas dépasser 700 mètres, 1,400 pour une brigade et 2,100 pour une division, non compris la place occupée par l'artillerie de cette dernière.

Dans la défensive, on admet un déploiement plus étendu, suivant la force de la position.

La formation de combat d'un régiment français, d'après la nouvelle tactique, est indiquée par la figure ci-jointe qui se rapporte aux dernières grandes manœuvres.

Relativement aux grandes unités, à partir du régiment, le règlement dit que, pour elles, il est impossible d'indiquer de dispositif normal. Mais pour le bataillon il prescrit ce qui suit :

Formation du bataillon.

Le bataillon se porte en avant sur trois lignes, dont la première commence l'attaque et la continue, si possible, seule et sans se préoccuper de ce qui se passe derrière elle. La seconde ligne couvre les flancs de la première, la soutient ou prolonge son front, et pousse l'attaque jusqu'à l'assaut, occupant au besoin les points abandonnés par la première ligne ou renouvelant une attaque qui menacerait d'échouer.

Formation du régiment français dans l'attaque.

La troisième ligne, placée sous le commandement direct du chef de bataillon, est dite « manœuvrante ». Elle sert pour exécuter ou repousser des attaques sur les flancs.

Différence entre les règlements.

Une différence caractéristique entre ce nouveau règlement et le précédent, c'est précisément cette prescription que la première ligne doit s'avancer sans attendre de renforts, — prescription formulée dans cette hypothèse que l'attaque, même entamée avec des forces insuffisantes, n'en peut pas moins toujours être renouvelée.

Continuation de l'attaque.

A partir du moment où il devient impossible de continuer la marche en avant sans tirer, il faut ouvrir le feu sur toute la ligne, autant que possible par salves — après quoi vient un feu de tirailleurs disséminé un peu partout. Puis au feu succède une nouvelle marche en avant, avec, en cas de besoin, des renforts pris dans les échelons suivants. Quand on est arrivé à 400 mètres de l'ennemi, toutes les fractions de la première ligne doivent continuer l'attaque avec toute l'énergie possible, les baïonnettes sont mises au canon et l'on exécute un feu rapide, sans employer toutefois le magasin. Pendant ce temps la seconde ligne se rapproche de la première et, s'il le faut, marche également à l'attaque.

Assaut.

Alors s'exécute un bond jusqu'à la distance de 150 à 200 mètres de la position attaquée. On ouvre le feu avec le magasin et, au signal de leur chef, les assaillants, poussant les cris de « En avant ! à la baïonnette ! » s'élancent sur l'ennemi.

Nous reproduisons ici un croquis, pris également aux grandes manœuvres françaises, et qui représente le moment décisif de l'attaque.

L'infanterie française marchant à l'assaut.

Quelques détails.

Nous rappelons que, pour les cas de brouillard ou d'obscurité, le Règlement français prescrit d'employer la boussole afin d'assurer le parallélisme de direction des colonnes d'attaque. Il faut remarquer encore que l'on admet l'ouverture du feu aux grandes distances : sur les colonnes en marche et les fractions compactes, dès 2,000 mètres ; sur les lignes déployées ou les colonnes de compagnie, les batteries et la cavalerie, dès 1,500 mètres ; sur les lignes du front d'une section, dès 1,200 ; sur les lignes du front d'une demi-section, dès 1,000 ; sur les escouades, etc., dès 800 mètres.

Le feu
de l'artillerie.

L'artillerie ouvre le feu d'après les ordres du commandant de la division ; l'infanterie se met aussitôt en mouvement, couvrant l'artillerie de sa première ligne qui, en même temps, dirige un feu de mousqueterie sur l'artillerie et l'infanterie ennemies. Les réserves se tiennent à l'abri.

Infanterie française marchant à l'assaut aux grandes manœuvres.

La Guerre future (p. 592, tome I.)

Quand on a obtenu la supériorité du feu de l'artillerie, on donne l'ordre de l'attaque générale. La première ligne assaillante cherche avant tout à s'emparer des points d'appui qui se trouvent en avant de sa position, puis ces points sont fortifiés par l'infanterie de la seconde ligne et les pionniers. Ceci non pas tant pour faciliter l'attaque — puisque la première ligne doit évidemment pousser tout de suite plus avant — qu'en prévision du cas où cette attaque serait repoussée. Une partie de l'artillerie doit accompagner l'infanterie assaillante.

Au moment où les échelons destinés à agir sur les flancs s'approchent et entrent dans la première ligne, on donne le signal de la marche générale en avant. Si quelques unités d'infanterie sont restées sur leur emplacement primitif, elles soutiennent l'attaque par leurs salves. A ce signal d'offensive générale, la cavalerie se prépare aussi à charger. Si l'attaque réussit, les autres fractions de la troisième ligne marchent également sur l'ennemi, de même que l'artillerie, pour briser définitivement la résistance.

Attaque.

En cas d'insuccès, les unités non engagées de la troisième ligne et l'artillerie couvrent la retraite momentanée et préparent ensuite le renouvellement de l'attaque « avec la plus grande énergie ».

Retraite.

Mais si une retraite définitive devient nécessaire, alors elle s'exécute graduellement sur les points fortifiés à l'avance, sous la protection de l'artillerie et de la cavalerie. Puis l'infanterie, qui s'est retirée, prend le plus promptement possible la formation de marche en constituant une arrière-garde.

Quant à l'utilisation de l'obscurité pour préparer une attaque, le règlement n'en parle pas ; mais il existe sans doute une instruction relative aux petites attaques inattendues exécutées pendant la nuit.

Si nous laissons de côté ce qui, dans ces indications, ne se rapporte pas à la question dont nous nous occupons plus particulièrement ici, voici comment se présente le tableau d'un régiment marchant à l'attaque dans l'ordre décrit :

Formation d'un régiment.

   320 éclaireurs en première ligne.
1,680 hommes formant la ligne de combat, qui suit à 500 mètres de distance.

2,000 hommes en réserve, à 500 mètres encore plus loin.

Admettons maintenant qu'un régiment, sans perdre un seul soldat, se soit avancé dans cet ordre sur une position fortifiée, jusqu'à n'en être plus qu'à 800 mètres.

Hypothèses pour le calcul des pertes.

Supposons, en outre, les conditions les plus favorables : — c'est-à-dire que la ligne des éclaireurs ne s'est montrée qu'à une distance de 300 mètres, et ne se trouve jamais sous le feu que dans la position à genou.

La défense met en action 2,000 hommes seulement et garde les autres en réserve.

Il faudra aux éclaireurs, pour parcourir les 100 premiers mètres, 45 secondes pendant lesquelles ils seront dans l'impossibilité de tirer.

ertes.

Pendant ce même temps l'ennemi peut tirer trois coups par homme, c'est-à-dire lancer contre eux 6,000 balles. D'après le général Rohne, la probabilité d'atteindre, à cette distance de 300 mètres, pour des hommes debout, est de 27,7 0/0 et, pour des hommes à genou de 13,6 0/0. Si l'on se règle sur ce dernier chiffre, ce n'est pas 320 hommes, — nombre total des éclaireurs, — mais 816, c'est-à-dire plus du double, qui seraient mis hors de combat. Par conséquent, il n'est pas admissible que la ligne des éclaireurs soit en état d' « écraser la défense d'un feu ajusté », comme le dit le règlement.

Il est bien vrai qu'en même temps l'ennemi retranché serait exposé au feu de 1,680 fusils à la distance de 800 mètres, c'est-à-dire qu'il serait tiré contre lui 5,040 balles ; mais ses pertes, dans ces conditions, ne dépasseraient pas 1,4 0/0, c'est-à-dire 70 hommes.

Pour franchir sans s'arrêter une distance de 700 mètres, il faudra à l'assaillant cinq minutes, pendant lesquelles son adversaire, abrité derrière ses retranchements et disposant encore de 1,930 fusils, pourra lancer 38,600 projectiles, dont, suivant le général Rohne, 10 0/0 atteindront le but ; — ce qui suffirait pour mettre hors de combat 3,800 hommes, c'est-à-dire un nombre d'hommes 2 1/2 fois supérieur à l'effectif total des assaillants.

Mais dans la réalité les pertes seraient encore plus grandes. Le général Rohne calcule en effet en supposant une seule ligne de tirailleurs ; tandis qu'en marchant à l'attaque, ils se forment çà et là par petits groupes.

Insuccès de l'attaque.

Nous avons eu déjà plus d'une fois l'occasion de signaler au lecteur cette circonstance que, sur une étendue de 600 mètres, les armes à feu des derniers modèles agissaient comme de véritables faux, balayant la vie devant elles et enlevant à la fois jusqu'à 5 ou 6 hommes d'une seule balle. Dès lors est-il encore permis de compter, dans de telles conditions, sur le succès d'une attaque — même si l'effectif des défenseurs était beaucoup moindre que celui des assaillants ?

A cette question, semble-t-il, on peut répondre : « non », de la façon la plus formelle.

On objecte encore que, non seulement les files des tirailleurs ne formeront pas des lignes pleines et régulières, mais que les colonnes qui les suivront seront disséminées irrégulièrement sur le terrain, d'après la position des emplacements où elles pourront s'arrêter à 50 mètres de la ligne des tirailleurs; et l'on ajoute qu'afin d'éviter les balles passant pardessus la tête de ces tirailleurs, une partie des hommes devront se tenir à des distances de 200 à 300 mètres (1); mais cela ne change pas beaucoup la partie essentielle de la situation.

Dans ses *Annales militaires*, Löbell (2) soutient, d'ailleurs, à propos de cette question, que les modifications projetées au dispositif de l'assaillant ne sauraient influer sur le fond des choses. La conduite de l'attaque sans repos, au dire de cet observateur militaire, n'est pas moins inapplicable que le système précédent. Et cette opinion — formulée en 1891 sous forme d'un résumé de la polémique soulevée à cette époque au sujet des procédés d'attaque, puis renouvelée à propos du nouveau règlement français, — cette opinion nous semble pleinement fondée :

« L'impossible est toujours l'impossible..... *Sur un terrain non accidenté, il va de soi que l'assaillant sera détruit pour peu que le défenseur ait les moyens, en tirant, de régler quelque peu la direction de ses coups.* Le résultat sera le même : soit que l'assaillant franchisse en courant toute la distance d'une seule traite, soit qu'il s'arrête pour tirer de façon à graduellement arriver jusqu'à l'arrêt dernier et principal, devant l'ouvrage fortifié lui-même. Dans les deux cas ses pertes seront énormes. Car le défenseur, tirant de derrière des retranchements, n'expose aux coups qu'une partie de sa tête; tandis que l'assaillant, qu'il marche ou qu'il se couche, offre toute la masse de son corps comme but au feu du défenseur. En outre, les distances sont généralement mieux connues de celui qui s'est fortifié sur le terrain. D'une façon générale, les chances de succès du côte de la défense ont grandi dans les mêmes proportions où se sont annihilées, chez l'assaillant, les espérances de vaincre. »

Mais admettons que les pertes de l'assaillant soient beaucoup moindres et même qu'il arrive, sans en avoir éprouvé aucune, jusqu'à 200 mètres des retranchements attaqués. Admettons, en outre, que l'effectif des défenseurs soit deux fois moindre. Dans de telles conditions y a-t-il quelque probabilité que l'attaque réussisse?

Il faut encore escalader le retranchement.

Dans les manœuvres, comme on sait, cela n'offre pas la moindre difficulté, — ainsi qu'on en peut juger par les deux croquis ci-dessous qui représentent deux phases d'une manœuvre de l'armée anglaise : une vue générale de l'attaque et l'assaut.

MANŒUVRES DE L'ARMÉE ANGLAISE

Vue générale de l'attaque.

L'assaut.

Prise d'une position fortifiée sous Plewna.

La Guerre future (p. 597, tome I.)

Les têtes des mannequins qui regardent l'ennemi de derrière les épaulements sont, comme on le voit sur le dessin, percées et déchirées. Ce qui était facile à exécuter, puisque aucun coup de fusil ne partait de là. Ces têtes de mannequins n'étaient pas cachées et restaient immobiles à la vue des assaillants. Mais à la guerre les choses se passeraient autrement.

Chacune des têtes qui se montrerait derrière le parapet pourrait tirer 6 coups en 10 secondes; et si même pas un de ces coups n'atteignait un seul des tirailleurs, tous ceux qui, parmi ces derniers, seraient assez hardis pour se montrer se verraient accueillis par un coup de fusil à bout portant ou par une baïonnette sur la poitrine. C'est ce que fait assez bien comprendre la figure de la planche ci-contre qui représente la prise d'une des positions fortifiées sous Plewna.

Avec les fusils actuels, dont la balle peut traverser six hommes et qui permettent de tirer 30 coups par minute, s'il y avait eu derrière ces remparts des soldats bien instruits, au lieu de soldats turcs munis d'un armement très irrégulier, on peut affirmer avec confiance que pas un de ceux qui attaquèrent ces positions ne serait aujourd'hui au nombre des vivants. *Résultat.*

Mais ce n'est pas tout. Il existe encore d'autres causes qui rendent, de notre temps, l'attaque des ouvrages fortifiés très difficile.

IX. L'assaut des ouvrages fortifiés.

Ici nous nous placerons également, pour rendre notre exposé plus clair, dans l'hypothèse des conditions les plus favorables à l'attaque. Nous admettrons notamment que, grâce à des couverts, ou en profitant de l'obscurité de la nuit, les assaillants ont pu s'avancer jusqu'à 200 mètres des retranchements à enlever, sans éprouver aucune perte. Quant au soutien de l'attaque par l'artillerie, il ne peut, à cette distance, en être question, pas plus que de son soutien par le feu de réserves venant en arrière. *Hypothèses pour l'agresseur*

Partant de ce point, à 200 mètres de l'ennemi, les troupes assaillantes auront besoin, pour arriver aux ouvrages, d'au moins une minute. Pendant cette minute, l'assiégé peut tirer contre elles trente salves. Même avec des armes incomparablement moins parfaites, de telles attaques aux distances rapprochées ont été, le plus souvent, repoussées avec succès. Citons-en quelques exemples *Attaque à 200 mètres.*

A Skalitz, en 1866, l'attaque de la brigade Fragnern fut repoussée à petite distance par un régiment de grenadiers prussiens établi sous bois. *Exemples.*

A Beaune-la-Rolande, le 16ᵉ régiment prussien, n'ayant plus que peu de munitions, laissa les Français arriver jusqu'à 150 mètres et, ouvrant alors le feu, repoussa l'ennemi qui l'attaquait avec des forces supérieures.

A Chagé-sur-Lisaine, il y eut également quelques cas d'attaques repoussées par les Allemands à petite distance.

Sous Sedan, Hohenlohe interrompit son feu quelque temps pour laisser approcher les Français qui débouchaient en masse des bois de la Garenne (1).

En 1877, les Russes, en position à Chipka, attendirent à 300 pas les colonnes d'attaque de Soliman et n'ouvrirent le feu qu'à cette distance. En général, à Chipka, les troupes russes, incomparablement moins nombreuses que les forces turques, repoussèrent celles-ci par des feux à faible distance. En revanche, sous Plewna, il arriva souvent que des corps russes, après avoir réussi à s'approcher furtivement des ouvrages fortifiés, furent contraints à la retraite.

Exigences de la nature humaine. Dans les exercices, on affirme aux soldats, comme une vérité, que le défenseur, en voyant chez les assaillants la ferme résolution de vaincre, lâchera forcément pied de lui-même. Mais cette vérité s'est trouvée fort ébranlée par les perfectionnements du fusil à tir rapide. L'homme le plus borné comprend parfaitement que s'il recule en abandonnant son abri, les balles courront après lui et pourront l'atteindre avant qu'il en retrouve un autre. Et comme chacun tient à la vie, le soldat de la défense, protégé par un épaulement, fera tous ses efforts et emploiera toute son énergie pour repousser l'ennemi et pour ne pas échanger sa situation, relativement très sûre, contre une autre manifestement très dangereuse. Ayant en main un fusil sur lequel ils savent pouvoir compter, et une provision suffisante de cartouches, la plupart des défenseurs déploieront, derrière leurs retranchements, une énergie extraordinaire.

Mais on peut même se demander si tant d'énergie leur sera vraiment indispensable.

Feu sur l'assaillant. Supposons que, pendant la minute nécessaire au franchissement des 200 derniers mètres, soient tirées seulement, de derrière les épaulements, les cartouches contenues dans le magasin du fusil. Est-ce que cela ne suffira pas pour détruire les assaillants jusqu'au dernier homme, — leur effectif fût-il double, triple ou même plus élevé encore par rapport à celui des défenseurs?

Feu de l'assaillant en mouvement. La pratique des exercices montre que le soldat, marchant à l'attaque, ne peut tirer convenablement que s'il n'a pas couru trop vite. Franchir en une minute, ou même en une minute et quart, une distance de 200 mètres avec tout l'équipement de campagne, et se mettre aussitôt après à tirer, — ce n'est pas possible. Mais, d'autre part, si les hommes qui courent à l'attaque

____

(1) Regenspurky : *Studien über den taktischen Inhalt des Exerzierreglements.*

ralentissent le pas, ne fût-ce que d'un tiers de sa vitesse, ils s'exposent inévitablement à des pertes que d'autres avantages ne sauraient en aucun cas compenser (1).

D'ailleurs on prétend avoir déjà trouvé le moyen de tirer, tout en conservant le fusil en bandoulière. Des techniciens ont imaginé des appareils à l'aide desquels l'assaillant peut, tout en courant, tirer avec autant de précision que le défenseur : « Dans toutes les armées, » dit Hœnig, « le tir en marchant est l'objet d'une attention particulière ; — attendu qu'en se portant à l'attaque sans tirer, l'assaillant permettrait à la défense de l'anéantir pendant ce temps de la façon la plus complète. Le commandant français Buisson a même imaginé un dispositif particulier du fusil pour donner de la précision au tir exécuté en marchant (2). » Dispositif que, toutefois, Hœnig ne décrit pas (3).

Au camp de Châlons ont été faites, pendant quinze jours, des expériences sur l'exécution du feu en marchant, par des pelotons de 20 hommes d'une instruction moyenne et munis d'une arme ainsi disposée.

Voici les résultats que ces expériences ont donnés :

Expériences
de tir au camp
de Châlons.

	Atteintes
1° En tirant à volonté et au pas de charge, .de 200 à 100 mètres	18 0/0
2° Dans les mêmes conditions entre 100 et 50 mètres	39 0/0
3° En tirant à volonté et au pas de course, de 200 à 100 mètres.	18 0/0
4° Dans les mêmes conditions entre 100 et 50 mètres	42 0/0
5° En tirant au commandement, d'abord au pas de charge, puis au pas de course, entre 300 et 50 mètres	21 0/0

La vitesse du tir était de 10 coups par minute ; on tirait sur des panneaux de 2 mètres de hauteur offrant un front de 20 mètres d'étendue, c'est-à-dire plus grand que celui du peloton déployé. La crainte qu'on avait de voir les soldats se blesser les uns les autres, dans le tir en marchant ou en courant, ne s'est pas justifiée.

Arrêtons-nous un instant sur ces chiffres.

Le tir s'exécutait contre des panneaux de 2 mètres de hauteur, tandis que les défenseurs d'un ouvrage fortifié ne montreront que le haut de la tête et les mains. Par suite, le danger qu'ils courent, ainsi que nous l'avons plusieurs fois observé, est, à la probabilité d'atteindre la cible, dans la proportion de 1 à 7 (4,1 à 27,7).

Hypothèses
pour le calcul
des pertes.

---

(1) On dit que les bersaglieri italiens font, en courant, 180 mètres à la minute ; mais dans l'armée allemande le pas de course n'est évalué qu'à 170 mètres par minute et, dans l'armée française, à 136 seulement. (Löbell, *Militärische Jahresberichte*, 1894.)

(2) *Formation und Taktik der franzözischen Armee.* — Berlin, 1892.

(3) Mais dont on trouve la description dans la *Revue du Cercle Militaire* (n° du 6 septembre 1891).

Le bon sens dit assez que le tir exécuté de derrière un épaulement, avec un point d'appui pour l'arme, et par un homme immobile, aurait forcément de meilleurs résultats, comme précision et vitesse de chargement du magasin, que le tir en courant.

Admettons toutefois que la précision et la rapidité du tir soient les mêmes de part et d'autre. Et quoique l'assaillant soit obligé de se mouvoir en rangs serrés, quoique, par suite, chaque balle qui l'atteint ait des chances de blesser plus d'un homme, ne tenons pas compte non plus de cette circonstance.

Enfin, supposons au total 10 coups tirés par minute et une vitesse de course maximum de 200 mètres, — soit 12 kilomètres à l'heure, — ce qui donne un coup de fusil tous les 20 mètres. Et calculons les pertes en prenant les données relatives au pas de charge, c'est-à-dire : de 200 à 100 mètres, 18 0/0, et de 100 à 50 mètres, 30 0/0 de coups touchés.

Calcul.

Dans ces hypothèses, le résultat de l'attaque s'exprimera par les chiffres suivants :

DISTANCES EN MÈTRES	Bonds exécutés en mètres	Nombre de coups tirés		Chez l'assaillant		Chez le défenseur	
		par les assaillants	par les défenseurs	Pertes	Effectif restant	Pertes	Effectif restant
200	20	100	100	18	82	2,5	97,5
180	20	82	97,5	17,5	64,5	2,1	95,4
160	20	64,5	95,4	17,1	47,4	1,6	93,8
140	20	47,4	93,8	16,8	30,6	1,2	92,6
120	20	30,6	92,6	16,6	14	0,8	91,8
100	20	14,0	91,8	14	0	0,4	91,4

De ces chiffres, on peut conclure qu'avant d'arriver à 100 mètres de l'ouvrage, les assaillants seront entièrement détruits, tandis que les défenseurs, abrités derrière leurs retranchements, ne perdront en tout que 9 hommes.

Si nous représentons graphiquement le nombre d'hommes qui, à chaque distance, restent successivement, tant à l'assaillant qu'au défenseur, dans une attaque exécutée à partir de 200 mètres, nous obtenons la figure suivante. Elle ne diffère du tableau qu'en ceci : à chaque distance on a indiqué l'effectif correspondant au moment où l'assaillant arrive à cette distance et non point, comme dans le tableau, au moment où il la quitte.

Puis nous ferons encore l'hypothèse que l'assaillant dispose d'un effectif double de celui du défenseur. Et nous verrons, par le tableau ci-après, qu'à 20 mètres de l'ouvrage le premier aura perdu tout son monde.

Vue générale de la fortification de campagne actuelle.

La Guerre future (p. 602, tome i.)

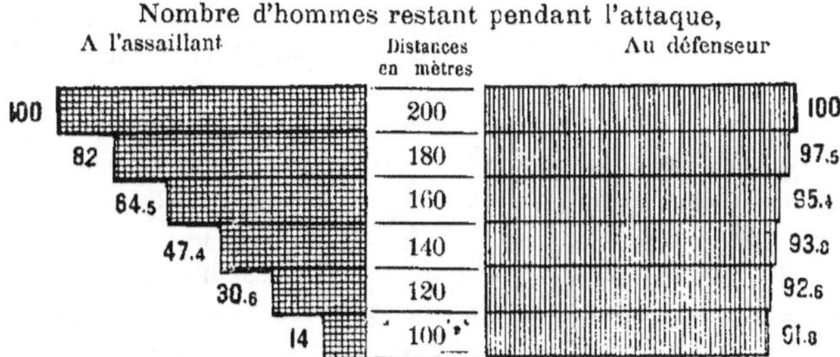

DISTANCES EN MÈTRES	Bonds exécutés en mètres	Nombre de coups tirés		Chez l'assaillant		Chez le défenseur	
		par les assaillants	par les défenseurs	Pertes	Effectif restant	Pertes	Effectif restant
200	20	100	50	9	91	2,5	47,5
180	20	91	47,8	8,6	82,4	2,3	45,2
160	20	82,4	45,7	8,1	74,3	2,1	43,1
140	20	74,3	43,1	7,8	66,5	1,8	41,3
120	20	66,5	41,3	7,4	59,1	1,7	39,6
100	20	59,1	39,6	15,4	43,7	3,3	36,3
80	20	43,7	36,3	14,1	29,6	2,4	33,9
60	20	29,6	33,9	13,2	16,4	1,7	32,2
40	20	16,4	32,2	12,6	3,8	0,9	31,3
20	20	3,8	31,3	3,8	0	0,2	31,1

Conséquences.

Graphiquement, et dans les mêmes conditions que tout à l'heure, nous obtenons ce qui suit :

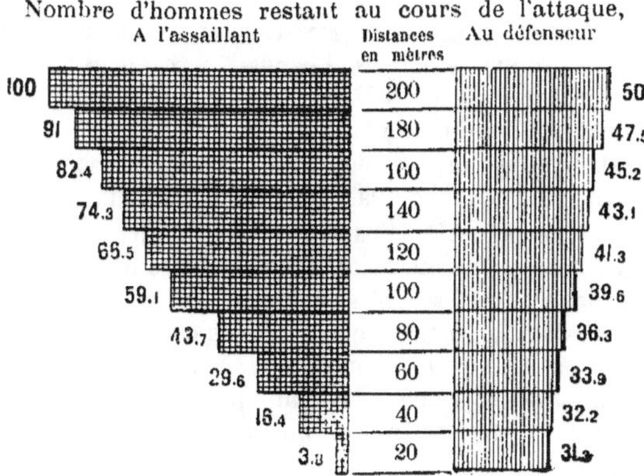

De là résulte qu'à forces égales des deux adversaires, il suffirait aux défenseurs de brûler les 6 cartouches du magasin pour que les assaillants fussent totalement anéantis.

Mais si ces derniers sont plus nombreux, comme leurs rangs seront aussi plus compactes, ces six salves, rapidement exécutées, donneront toujours un résultat écrasant qui agira vivement sur leur moral. La conviction où ils seront que, pendant le parcours des 200 mètres, ils auront à essuyer, non pas 10, comme nous l'avons admis dans nos calculs, mais 30 coups de chaque homme de la défense, ne peut manquer de les troubler profondément.

Canons à tir rapide.

Et avec tout cela, dans la plupart des cas, les assaillants se trouveront encore exposés à l'effet des canons à tir rapide.

Rappelons l'importance que peuvent avoir ces canons.

Dans le tir à mitraille à 200 mètres, contre trois cibles placées l'une derrière l'autre et représentant une colonne d'assaut, un seul coup a donné 66 atteintes sur 240 balles lancées.

Dans le tir contre cinq panneaux, disposés l'un derrière l'autre à une distance de 2,400 mètres pour représenter une colonne profonde, et contre trois panneaux placés de même à 1,100 mètres pour représenter une colonne de compagnie, on a obtenu les résultats suivants :

Avec les obus, 28 atteintes par coup

Avec les shrapnells, de 22 à 40, suivant que le nombre de balles contenues dans le projectile était de 28 ou de 45.

Dans ces conditions, sur 215 tirailleurs en colonne profonde, 203, c'est-à-dire 94 0/0, seraient frappés ; et sur 120 tirailleurs en colonne de compagnie, il n'en resterait pas un seul debout.

Mitrailleuses.

En outre, les armées possèdent des mitrailleuses de différents modèles qui tirent jusqu'à 600 coups par minute. Chacun de ces coups peut coûter cher à l'ennemi.

Et quand il s'agit de ces deux sortes d'armes, tous les arguments habituels relatifs au manque de sang-froid pendant le combat, etc., sont sans valeur. Car ici le tireur est protégé par une plaque cuirassée, et de plus il sera certainement choisi parmi les hommes d'élite.

Vue d'un ouvrage de campagne.

Dans la planche ci-contre, nous donnons des figures qui représentent une vue générale de la fortification de campagne actuelle.

On y voit, qu'en avant de l'épaulement garni de défenseurs, a été organisé un réseau de fils de fer qui ne permet pas à l'assaillant de s'approcher. L'effet de l'artillerie sur un réseau de ce genre est presque insignifiant : 100 coups n'y ouvrent un passage que d'environ 6 à 13 pieds de large. Des obus fougasses sont impuissants contre lui : 50 de ces projectiles, dans un tir exécuté à 500 sagènes (un peu plus d'un kilomètre), n'ont pu parvenir à détruire cet obstacle. Le seul moyen qu'on ait de venir à bout d'un tel réseau de fils de fer, c'est de le faire démolir par des tirailleurs qui en connaissent le mode de construction (1). Mais pour cela il faut assez de temps.

Sur les côtés de l'ouvrage représenté, on voit des canons qui sont dissimulés derrière de la terre et du gazon, de sorte que rien n'en révèle la présence jusqu'au moment où on a besoin de s'en servir.

Le général Kouropatkine raconte qu'à l'assaut de Plewna on rencontra ainsi deux retranchements dont personne ne soupçonnait l'existence.

C'est surtout dans cette guerre de 1877-78 que les ouvrages fortifiés rendirent des services. Le général Skougarevsky a appelé l'attention sur ce fait qu'à Chipka les Turcs ne purent déloger les Russes malgré de grands sacrifices, tandis que ces braves défenseurs de Chipka, pourtant quatre fois supérieurs en nombre et d'une valeur éprouvée, restèrent longtemps sans pouvoir pénétrer dans la redoute de Gorni-Doubniak, même après s'en être approchés par endroits jusqu'à 100 pas. *Importance des retranchements en 1877.*

Dans la plupart des attaques entreprises sans succès contre Plewna, les troupes réussirent à s'approcher, quoique avec de grandes pertes, jusqu'à la distance d'attaque à la baïonnette : mais très rares furent les cas où elles parvinrent à aller plus loin.

En discutant cette question au seul point de vue matériel, on doit dire que si le défenseur garde sa présence d'esprit, il est impossible, avec les armes à feu actuelles, de compter qu'on aura raison de lui, même si l'on dispose de forces triples et quadruples des siennes. *Résultat.*

Mais à cette affirmation, les partisans de l'ancien système de guerre objectent que, pour infliger des pertes sérieuses à l'assaillant, les défenseurs devront se montrer au dehors. Ils disent que la connaissance de la balistique, si nécessaire pour employer convenablement les armes modernes, ne présente aucun avantage quand le tireur n'incline pas le canon de son arme sous l'angle voulu et tire au hasard. Ce qui peut arriver en effet *Le défenseur est obligé de se découvrir pour viser.*

Soldats tirant au hasard de derrière un abri.

si le soldat, dépourvu de tempérament militaire, préfère brûler ses cartouches inutilement, plutôt que d'exposer sa personne.

---

(1) V. Veïtko, *Ataka oukréplenïi oucilennike iskoustvennymi prepiastviami* (Attaque des ouvrages fortifiés, renforcés par des obstacles artificiels), *Ingenernyi Journal*, et Brünner, *Leitfaden der Feldbefestigung.*

Omega accompagne même cette observation de la figure ci-dessus, qui représente des soldats tirant au hasard de derrière un abri (1).

Il est évident que les coups dirigés de la sorte sont perdus. Or les guerres passées offrent des exemples d'une semblable conduite chez les soldats. Nous allons en emprunter un au récit même que le général Kouropatkine a fait d'un épisode de l'attaque dirigée contre une redoute turque à Lovtcha (2).

La figure suivante représente une vue générale de cette attaque. Elle est prise dans l'*Histoire de la guerre de 1877*, par Cassell.

Attaque d'une redoute turque à Lovtcha.

Description d'une attaque.

« Pour atteindre la ligne des tranchées ennemies, » dit le général Kouropatkine, « il restait environ 1,200 pas à franchir. Sur les assaillants s'abattait une grêle de plomb, mais la marche en avant n'en continuait pas moins. En arrière arrivaient les camarades du régiment et le régiment de Libau ; à droite couraient ceux du régiment de Revel et les chasseurs de la

____

(1) Oméga, *L'Art de combattre.*
(2) Kouropatkine, *Opérations du corps de Skobeleff.*

Infanterie turque défendant une forêt pendant la guerre gréco-turque de 1897.

La Guerre future (p. 605, tome i.)

3ᵉ brigade avec deux officiers ; à gauche s'avançaient, en long cordon contourné, deux compagnies de chasseurs de Kazan, et, plus à gauche encore, on apercevait des masses épaisses de troupes prenant leurs formations de combat (1).

« Chacun des assaillants, en regardant derrière lui, voyait cette masse de soldats amis, constatait la proximité des soutiens, et la confiance dans le succès grandissait au cœur de tous.

« Déjà, sans s'inquiéter du tir de l'ennemi, quelques hommes couraient en avant, ne prenant même pas la peine d'utiliser les couverts que présentait le terrain. On remarquait parmi les assaillants quelques officiers à cheval. Le brave commandant du régiment, le colonel Eljanovski, encourageait les soldats.

« Voici qu'un cavalier vacille sur sa selle et tombe de cheval mortellement atteint : c'était l'adjudant du régiment de Libau qui, avec quelques braves, devançant son régiment, galopait au milieu des hommes de celui de Kalouga. Puis un autre cavalier, le commandant d'un bataillon, roule à terre avec son cheval. Çà et là tombent des soldats, tombent des officiers, mais cela ne peut arrêter les assaillants.

« Les plus avancés, après avoir fait cinq cents pas, arrivent tout à coup sur un ruisseau profondément encaissé, aux berges escarpées. Les premiers s'arrêtent. Ils sont rejoints par ceux qui suivaient plus en arrière. Il se produit un encombrement qui fait immédiatement des victimes. Quelques blessés tombent à l'eau et se noient. Mais ceux qui ont plus de sang-froid ont déjà trouvé une descente relativement possible et, partie glissant, partie roulant, sont parvenus en bas. L'eau, dont le courant est assez fort, leur arrive à la ceinture. Ils ont franchi le ruisseau, et maintenant commence l'opération, encore plus difficile, de la montée. On se hisse sur les épaules des camarades, on s'appuie sur des fusils plantés dans le sol, sur de grosses perches, — et bientôt quelques centaines d'hommes sont parvenus de l'autre côté du ravin. *(Franchissement d'un ravin.)*

« Enfin, après avoir fait encore 150 pas, on put arriver par une descente assez raide jusqu'au pied des hauteurs qu'occupaient les Turcs. A l'étonnement général, le feu de ceux-ci, au fur et à mesure qu'on se rapprochait d'eux, ne faisait pas plus de victimes. Il devenait évident qu'eux mêmes étaient ébranlés. Et voilà qu'en effet, sans attendre les nôtres, ils abandonnèrent leurs abris et s'enfuirent. La vue de l'ennemi battant en retraite donna de nouvelles forces à nos hommes. Les « hourras ! » devinrent de plus en plus sonores. En atteignant la ligne des premiers abris fortifiés, les nôtres s'arrêtèrent et les occupèrent. En avant se dessinait *(Le feu des Turcs.)*

(1) Cassell, *History of the russo-turkish war.*

le profil puissant de la redoute — le dernier refuge des Turcs — et devant elle encore une ligne d'abris fortifiés. L'ennemi ne cessait pas son tir assourdissant, mais, semblait-il, peu efficace. *La plupart des Turcs tiraient en appuyant simplement l'arme sur le talus du parapet et sans sortir la tête de derrière celui-ci, c'est-à-dire sans viser.*

L'assaut.

« S'étant ralliés dans la première tranchée au nombre de quelques centaines, les nôtres, poussant de nouveaux « hourras ! » s'élancèrent en avant. Ils tombaient par douzaines, mais les autres couraient toujours. Ils approchaient déjà de la deuxième ligne des tranchées ! Voilà que tout à l'heure la mêlée va commencer......

« C'est alors que les Turcs quittèrent leurs abris et s'enfuirent, en courant, les uns vers la redoute, les autres par la route de Mikré. Un grand mouvement se fit dans l'ouvrage. Puis il en sortit quelques groupes de cavaliers escortant une sorte de convoi. « Ils emmènent les canons ! » s'écrièrent les nôtres qui, confiants dans le succès, firent un dernier effort. Isolément et de tous côtés, officiers et soldats commencèrent à gravir les parapets de la redoute. Une foule d'hommes la tournèrent et, s'élançant du côté de la gorge, barrèrent la route aux Turcs qui voulaient battre en retraite. A l'intérieur on massacra ceux qui résistèrent. L'angle de l'ouvrage, entre le parapet et la traverse, se trouva bientôt comblé par un monceau de cadavres et de corps vivants entassés les uns sur les autres. »

Signification de cet exemple.

Eh bien ! la plus simple logique dit encore ici que, du moment où chez les défenseurs, exposés à un danger huit fois moindre que les assaillants, une telle démoralisation peut se produire, à plus forte raison est-elle possible chez leurs adversaires. Des épisodes dans le genre de celui qui vient d'être décrit ne sont donc que des exceptions, et ils ne sauraient modifier le caractère général qu'aura forcément toute lutte militaire.

L'assaillant peut d'autant plus facilement perdre courage qu'une fois à petite distance de l'ennemi, il ne peut plus compter recevoir de secours. Outre que son artillerie, quand même elle aurait la supériorité sur celle de la défense, est obligée de suspendre son tir (1).

Tir de l'artillerie par-dessus sa propre infanterie.

En observant cette règle que, dans le tir par-dessus la tête de l'infanterie, les projectiles de l'artillerie doivent passer à 10 mètres au moins de la tête des hommes, l'examen des trajectoires les plus arquées donne les dimensions suivantes pour les zones où l'infanterie ne court aucun danger

---

(1) *Applicatorische Studie über den Infanterie-Angriff.* — Vienne, 1895.

Distances où se trouve l'artillerie	Limites entre lesquelles sont les zones sans danger	Étendue des zones sans danger
A 1,600 pas	De 500 à 1,100 pas	500 pas
A 2,000 —	De 350 à 1,600 —	400 —
A 2,500 —	De 240 à 2,200 —	300 —
A 3,000 —	De 200 à 2,800 —	200 —

Quant à soutenir le moral des assaillants par le feu de leur propre infanterie, c'est un moyen également douteux. Et le général Skougarevsky a pleinement raison quand il dit (1) : « Examinez les tirs qu'on exécute en temps de paix avec des cartouches de guerre. Les cibles sont à quelques centaines de pas de distance, et l'on voit souvent des balles frapper le sol à trente ou quarante pas seulement des tireurs. Et cela en temps de paix ! Que sera-ce au combat ? Peut-on se le figurer ? Et cependant toutes les blessures causées à une troupe par ses propres balles et projectiles quelconques produisent sur elle une impression extraordinairement pénible. »

Soutien des assaillants par le feu de leur propre infanterie.

Les assaillants peuvent-ils au moins compter voir leurs rangs éclaircis, renforcés en temps voulu par les fractions restées en réserve ? C'est encore là une question à laquelle il faut répondre plutôt négativement. Les unités lancées à l'attaque savent que les réserves sont spécialement destinées à repousser les attaques de flanc que voudrait tenter l'adversaire. Moins la situation est nette et plus l'assaillant doit compter avec l'éventualité d'un retour offensif de l'ennemi, au moment même qui sera le plus critique pour l'attaque. Car c'est précisément là le meilleur moyen de défense active qu'on puisse employer.

Soutien par la réserve.

Impossible également de ne pas observer, qu'au moment où la chaîne des tirailleurs assaillants est arrivée au point qu'elle ne peut dépasser tant que le feu de la défense n'a pas été affaibli par celui des soutiens de l'attaque, — ce qui veut dire une distance de 600 à 700 pas, — les réserves des compagnies se trouvent encore à 200 pas en arrière, celles des bataillons à 500 ou 600, celles des régiments à environ 1,000 ou 1,100 (2).

Éloignement des réserves.

Or, ces distances sont telles que le feu de l'ennemi aura détruit les assaillants avant qu'ils n'aient pu recevoir de renforts. Aussi, après les premières expériences, les assaillants comprendront-ils qu'ils ne peuvent espérer être soutenus, au moment critique, alors précisément qu'ils comptent les minutes et que des renforts leur seraient indispensables.

Il ne faut pas oublier qu'avec la force de choc et de ricochet des balles à chemise de métal dur, celles qui sont lancées contre les tirailleurs à la distance de 600 mètres pourront, comme on l'a vu pendant la guerre du

---

(1) *L'Attaque de l'infanterie.*
(2) *Applicatorische Studie über den Infanterie-Angriff*, 1895.

Chili pour les fusils Mannlicher, frapper jusqu'aux réserves tenues entre 1,000 et 1,600 mètres en arrière de la chaîne des tirailleurs.

Condition des défenseurs.

Admettons que le moral des assaillants n'en soit pas affaibli et qu'ils ne reculent pas. Mais derrière les retranchements les attendent des troupes non fatiguées et dans un état comparativement calme, car elles n'ont fait que des pertes bien moins sensibles. Le feu des assaillants, en effet, — obligés de se déplacer et de viser sur des hommes qui ne se montrent que par intermittence derrière leurs retranchements, ou, plus exactement, sur les bras et les têtes que laissent voir ces hommes, — ce feu ne saurait causer aux défenseurs de pertes bien sérieuses.

Le cu

En tout cas, les troupes assaillantes n'ont pas la possibilité de juger de l'efficacité de leur feu, puisque l'ennemi qu'elles combattent est caché derrière des retranchements, tandis que l'attaque ne peut plus, comme par le passé, cacher ses pertes sous un rideau d'épaisse fumée.

Et, pour les voisins des hommes atteints, la vue des blessures faites aux petites distances par les balles à chemise d'acier sera un spectacle terrifiant. Dans le chapitre spécial sur le nombre des tués et blessés, nous avons vu en effet que, dans de telles circonstances, les blessures à la tête emportent le crâne, tandis que celles qui atteignent les autres parties du corps brisent les os et en arrachent la moelle.

Pertes en officiers.

La perte de leurs officiers rend les troupes incapables d'agir avec énergie, ainsi que le prouve l'expérience de toutes les guerres. Dans ses *Lettres sur l'artillerie*, le prince de Hohenlohe raconte le fait suivant : « Sous Paris, comme on venait de chasser l'ennemi d'un village, le cimetière de celui-ci fut occupé par une demi-compagnie d'un de nos meilleurs régiments. Tout à coup les Français, dans un retour offensif, réoccupent le cimetière dont il fallut s'emparer de nouveau. J'interrogeai plus tard des hommes de cette demi-compagnie en leur demandant comment ils avaient pu abandonner ainsi leur position. Ces soldats me répondirent naïvement : « Dame ! tous nos officiers étaient tués, il n'y avait plus personne pour nous commander et nous dire ce qu'il fallait faire, et nous nous sommes en allés. »

Il faut admettre que ce qui est arrivé dans les troupes allemandes peut arriver aussi dans les autres. Et tous les auteurs militaires sont d'accord sur ce point que, dans la prochaine guerre, les pertes en officiers seront énormes.

Au cours de la campagne de 1870, ce fut plutôt une exception de voir, dans certains corps, tous les officiers mis hors de combat (1).

---

(1) La 38ᵉ brigade allemande perdit, à Mars-la-Tour, 74 0/0 de ses officiers et 44 0/0 de ses hommes de troupe. Le bataillon des tirailleurs de la garde perdit à Saint-Privat 100 0/0 de ses officiers et 44 0/0 de ses soldats ; en trois quarts d'heure, il vit tomber 19 officiers et 431 hommes de troupe.

Forêt défendue par les Prussiens aux manœuvres.

La Guerre future (p. 608, tome i.)

Mais dans la prochaine guerre, avec la poudre sans fumée et la recommandation faite aux hommes de tirer avant tout sur les chefs, les grandes pertes en officiers deviendront la règle.

Combat de rues

Combat dans les rues de Plewna, le 8 juillet 1877.

Obstacles

En outre les troupes assaillantes savent bien qu'en arrivant sur les retranchements, elles n'ont pas encore atteint leur but. Et si elles ne le savaient pas, l'expérience le leur apprendrait promptement; car elles ren-

contreront là encore des obstacles artificiels qui les retiendront quelque temps sous le feu de l'ennemi.

Exemple d'un combat de rues. Il arrive aussi que, chassé d'un ouvrage fortifié, l'ennemi se retire dans la ville ou le village dont cet ouvrage défendait les abords, s'y abrite dans les maisons et autres bâtiments, et, par les portes, les fenêtres, du haut des balcons, dirige sur les assaillants un feu des plus vifs. Nous rappellerons, à cette occasion, un épisode de la prise de Plewna raconté par un témoin oculaire, le correspondant du *Daily News*, qui se trouvait à l'état-major du prince Chakovskoï :

« Le général Krüdener avait envoyé, de Nikopol, trois régiments pour occuper Plewna. Ce détachement, après un combat acharné, parvint à pénétrer dans la ville. Une fois qu'ils y furent entrés, les soldats se débarrassèrent, dans les rues mêmes, de leurs sacs et de leurs manteaux, convaincus que tout était fini, et rompant leurs rangs, se mirent à se promener à leur aise en chantant. On n'envoya même pas de patrouilles en avant pour s'éclairer dans les rues tortueuses de la ville. Ces négligences furent payées bien cher. Tout d'un coup, par des centaines de fenêtres et de balcons, s'abattit un feu terrible sur les promeneurs dispersés dans les rues et les soldats se virent attaqués de tous côtés. Un régiment dut même abandonner tous ses sacs sur le terrain où il les avait déposés. Et dans la retraite plus ou moins précipitée, les pertes s'élevèrent jusqu'à 2,900 hommes : l'un des corps en perdit 2,000 à lui tout seul. Sans compter qu'en se retirant, les soldats purent voir comment l'ennemi achevait leurs camarades blessés. »

C'est comme illustration de cet épisode, que nous donnons la figure ci-dessus, représentant un combat dans les rues de Plewna, le 8 juillet 1877.

X. Défenses artificielles.

Ce qui en motive l'emploi. Une des règles fondamentales de la guerre, c'est de ne pas compter sur la négligence de l'ennemi. En conséquence, il faut toujours songer qu'il ne manquera pas d'utiliser tous les moyens imaginés le plus récemment, pour créer de nouvelles difficultés à l'adversaire qui essaiera de le déloger des positions qu'il occupe. Les obstacles artificiels sont parvenus, dans ces vingt dernières années, à un haut degré de perfection et sont connus de toutes les armées. Ils présentent un intérêt particulier pour le défenseur.

Explosion d'une mine devant Sébastopol, pendant la guerre de Crimée.

Explosion d'une mine ordinaire à Chipka, pendant la guerre russo-turque de 1876-1877.

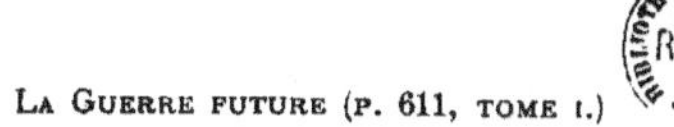

La Guerre future (p. 611, tome i.)

Aussi a-t-on eu soin, pour faciliter la défense, d'emmagasiner, dans les places frontières, du fil de fer qui permettra l'organisation de réseaux défensifs. Les bois nécessaires pour l'établissement de ces réseaux se trouveront toujours sur place, soit en abattant des arbres, soit en démolissant des bâtiments.

L'instinct de la conservation fait que les soldats exécutent avec une bonne volonté particulière les travaux destinés à rendre leur position plus inabordable. Quant aux assaillants, outre l'invisibilité des coups provenant de la poudre sans fumée, ils se trouveront exposés en permanence au danger de se heurter à ces obstacles. Ce qui exigera de leur part beaucoup plus de prudence et de précautions que par le passé.

Voici quels sont les principaux obstacles artificiels :

1° Les mines.

Toutes les armées disposent d'engins mécaniques pour l'organisation de mines de campagne. Ces mines s'établissent immédiatement au-dessous de la surface du sol. En une demi-heure, 60 hommes peuvent protéger, par des mines de ce genre, une étendue de terrain d'un kilomètre carré, où l'on en creusera 120, disposées sur trois ou quatre lignes (1).

Les figures ci-dessous représentent le plan et la coupe d'une mine-fougasse.(2).

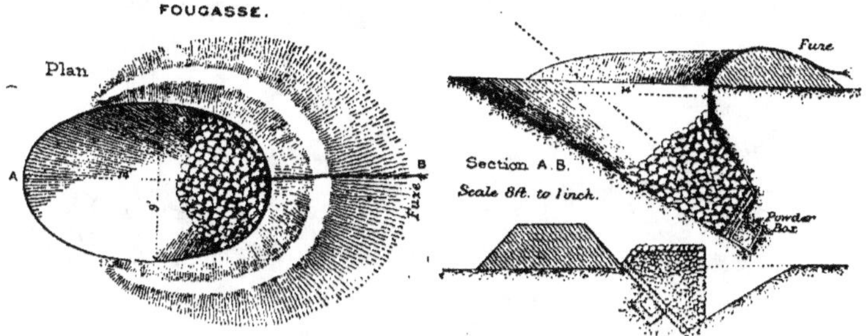

Plan et coupe d'une mine-fougasse.

Pour bien montrer la puissance d'action de ces mines, nous avons donné, dans la planche ci-contre, des figures empruntées à l'ouvrage d'Hennebert (3), et dont la première représente l'explosion d'une mine devant

Mines.

Leurs effets.

---

(1) *Encyclopédie russe des sciences militaires et navales* (article : *Mines*).
(2) Brünner, *Feldbefestigung*, et Brackenbury, *Field works*.
(3) Hennebert, *La Science et la Guerre.*

Sébastopol, au temps de la guerre de Crimée. Tandis que la seconde montre l'explosion d'une mine ordinaire à Chipka, pendant la dernière guerre russo-turque.

On comprend aisément que la crainte permanente de rencontrer une de ces mines doit exercer sur les troupes une impression démoralisante.

Autrefois aussi les fougasses s'employaient à la guerre ; mais le succès de leur fonctionnement n'était pas suffisamment assuré. Actuellement, avec l'emploi de fils électriques qui permettent de les actionner à une distance quelconque, les fougasses fonctionnent à coup sûr et font explosion au moment même où on le désire.

En même temps, la puissance des mines s'est aussi fort accrue par la substitution, à l'ancienne poudre, des poudres sans fumée et autres explosifs plus puissants, imaginés de nos jours.

2° Abatis et barricades.

Barricades.

Les conditions de la tactique moderne obligent d'utiliser l'obscurité de la nuit pour s'approcher des ouvrages qu'on attaque. En conséquence, on dispose à proximité des retranchements tous les obstacles possibles dans le genre de ceux qu'on voit sur les figures ci-dessous (1).

Moyen de barricader les chemins.

3° Palissades et claies.

Palissades et claies.

Pour renforcer les positions et pour en rendre l'accès plus difficile à l'ennemi, on a recours à des palissades et à des claies.

Les figures suivantes représentent la combinaison de ces palissades avec les travaux de terrassement et les claies.

---

(1) Malet, *Handbook of field training* (Manuel de l'instruction de campagne).

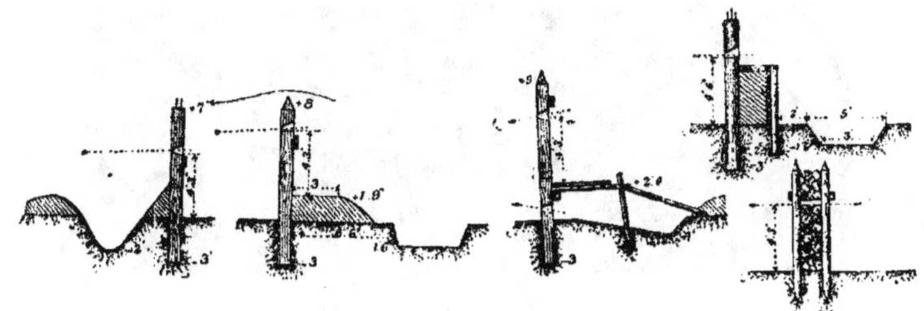

Palissades et claies.

4° Chevaux de frise, chausse-trappes, etc.

Dans les localités où le bois de haute futaie n'abonde pas, on emploiera comme obstacles, outre les arbres à fruits et les arbustes, tous les matériaux en bois qu'on rencontrera, comme planches, poutres, etc. Chaque maison, cabane, enceinte, etc., fournira une assez grande quantité de ces matériaux, sur lesquels on fixera des crampons ou clous de fer pointus. D'ailleurs, la tendance actuelle à imaginer des moyens de défense, sans se contenter de ceux qu'on a sous la main, est allée tellement loin que les armées disposent d'une foule d'engins préparés à l'avance et susceptibles de gêner beaucoup la marche des troupes, surtout si elles s'avancent en masses (1).

Chevaux de frise
et
chausse-trappes.

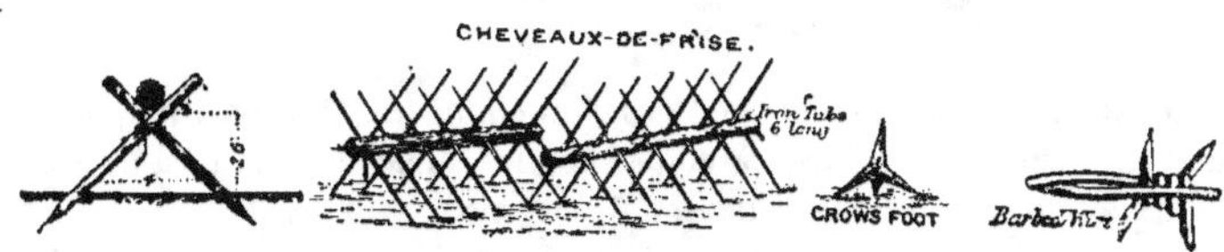

Chevaux de frise et chausse-trappes (2).

A défaut d'autres moyens et matériaux, les objets même les plus simples peuvent servir à organiser des obstacles pour arrêter une marche de nuit, comme on le voit sur la figure ci-après (3).

---

(1) Malet, *Handbook of field training;* Brackenbury, *Field works.*

(2) *Crows-Foot,* mot anglais signifiant chausse-trappe (litt. pied de corbeau). *Barbed-wire,* veut dire : fil de fer à pointes.

(3) *Sciences militaires :* « Fortifications »; Brackenbury, *Field works.*

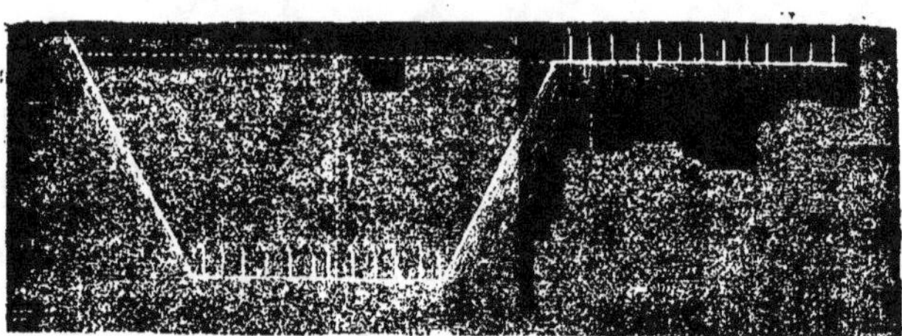

Moyen d'organiser des obstacles pour arrêter une marche de nuit.

5° Escarpes et contreescarpes.

Escarpes.

Pour gêner le mouvement offensif de l'ennemi, on a recours à la construction, sur le terrain où doit avoir lieu l'attaque, de talus spéciaux (escarpes et contreescarpes), formant ensemble un fossé sur le fond duquel on plante des piquets pointus. En d'autres endroits, où c'est plus commode, on dispose des chevaux de frise et autres obstacles pour rendre plus difficile la descente ou la montée des talus.

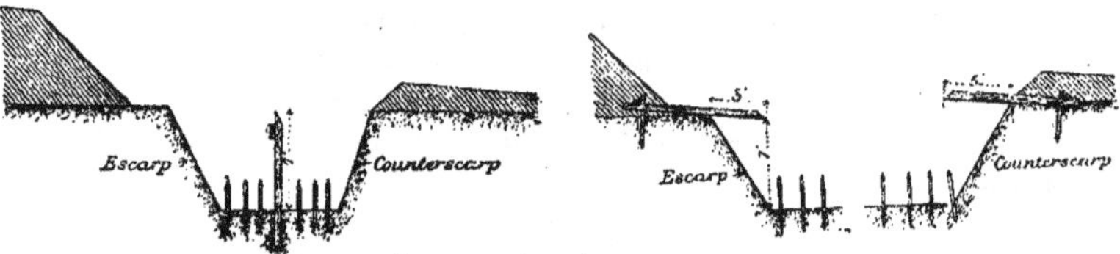

Escarpes et contreescarpes.

Il est superflu d'ajouter que, lors d'un changement de position, tous les matériaux en fer employés à constituer les obstacles sont ramassés et emportés pour être utilisés sur un autre point.

6° Trous de loup.

Trous de loup.

Quand on manque des matériaux nécessaires pour établir les obstacles décrits ci-dessus, ou si l'on veut renforcer ceux-ci encore davantage contre l'assaillant, on recourt, depuis les temps les plus reculés, au creusement de ce qu'on appelle des « trous de loup ». Ces trous sont creusés à trois pieds l'un de l'autre et, au fond de chacun d'eux, on plante un piquet pointu. Puis on les réunit tous au moyen de fils de fer ou de cordes, comme on le voit sur le dessin ci-dessous (Fig. 1). Un seul homme peut, en huit heures de travail, creuser dix trous de ce genre. En outre, si le temps le permet, on peut creuser, à la distance d'environ 10 pieds l'un de l'autre, — comptés de centre à centre, — des trous ronds de 6 pieds de diamètre et d'une profondeur de 6 à 8 pieds (Fig. 2). Dans ces trous, comme dans les intervalles qui les séparent, on enfonce solidement des piquets pointus ou des morceaux de bois quelconques. Chaque soldat peut, en cinq heures, creuser un trou semblable (1).

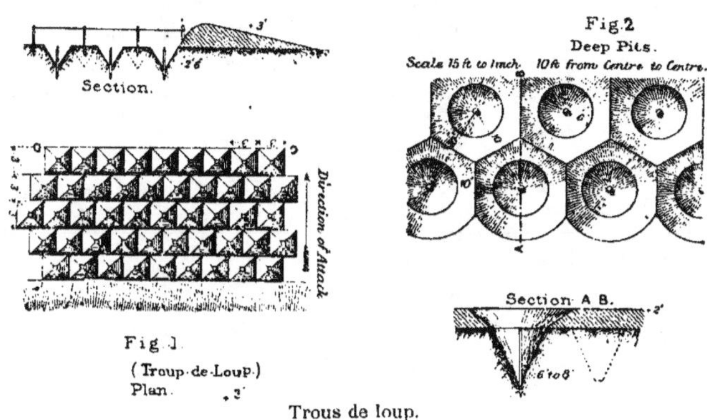

Trous de loup.

7° Réseaux de fils de fer.

Enfin les troupes auront des matériaux pour établir des réseaux de fils de fer qui constituent une protection fort efficace.

Réseaux de fils de fer.

Des piquets solidement fixés en terre sont reliés entre eux, dans différentes directions, par des fils de fer tendus de l'un à l'autre. Ces fils de fer sont disposés de façon telle qu'il soit difficile d'enjamber par-dessus le fil supérieur et de passer par-dessous le moins éloigné du sol. Le fil de fer ne doit pas être trop fortement tendu, afin qu'il soit moins aisé de le couper d'un coup de sabre. Dans ces derniers temps on a même eu recours à l'emploi de fils garnis de piquants et à celui de potelets en fer pointus (2).

Si l'on n'a ni fils de fer, ni potelets, on peut les remplacer par des perches et des cordes.

« Le réseau, disposé le long d'un fossé d'au moins 2 1/2 pieds de profondeur avec glacis de même hauteur, ne peut être détruit par l'artillerie de campagne (3). » Au polygone de Vladikavkase on a fait, en 1888, des

Force de résistance.

---

(1) Brackenbury, *Field works.*
(2) *Progrès militaire,* 1891.
(3) Veïtko, *Attaque des ouvrages fortifiés renforcés par des obstacles artificiels.*

expériences de tir direct et de tir vertical sur des réseaux de fils de fer, et on a constaté, qu'après 100 coups tirés, le réseau ne présentait qu'un passage de 6 à 13 pieds de largeur. En 1890, on a fait de nouveau des essais pour détruire des réseaux de fils de fer au moyen de bombes fougasses. Le réseau était couvert par un glacis. Les coups étaient dirigés obliquement. Après le tir de 50 bombes, à la distance de 500 sagènes (1067 m.), « le réseau présentait toujours le même obstacle ».

Le dessin ci-dessous montre l'organisation de réseaux de trois pieds de hauteur, avec des piquets distants de 6 à 7 pieds l'un de l'autre (Fig. 1), et la construction de réseaux n'ayant en tout qu'un pied et demi de haut (Fig. 2).

Fig. 1.   Fig. 2.

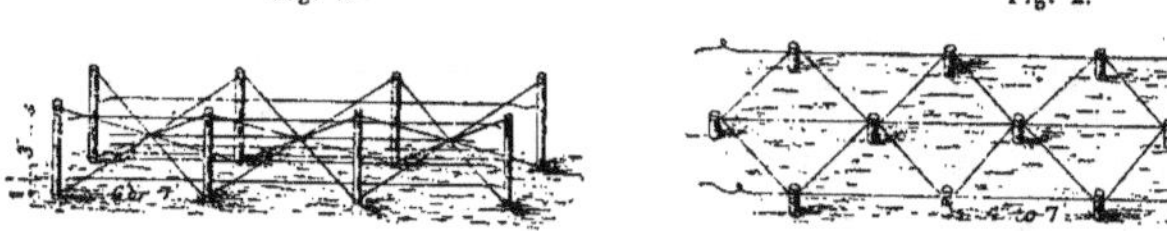

Réseaux de fils de fer.

On voit par ce qui vient d'être dit, que nombreux sont les moyens dont on dispose pour retarder la marche de l'ennemi qui s'avance à l'attaque d'une position fortifiée.

Mesures à prendre par l'assaillant. Nous avons déjà dit qu'il faut s'attendre à voir se développer, dans l'avenir, l'emploi des obstacles artificiels, — d'abord en raison du sentiment naturel de conservation, puis, pour éviter la responsabilité des pertes subies. Il semblerait donc que, dans chaque armée, dussent exister des instructions précises sur la manière dont les assaillants auront à procéder, suivant les cas, pour écarter les obstacles de diverse nature qu'ils rencontreront. C'est là chose d'autant plus nécessaire, que la grande majorité des hommes qui seront incorporés dans les rangs ne soupçonneront pas l'existence des moyens énumérés ci-dessus pour mettre les défenseurs d'un ouvrage à l'abri d'une brusque attaque. Or des assaillants, qui, sans s'y attendre, se trouveraient tout à coup embarrassés dans de tels obstacles, auraient grand'peine à conserver leur présence d'esprit.

Contradiction dans les prescriptions relatives au renversement des obstacles. « Cependant, dit Veïtko (1), si l'on compare les indications relatives à la manière de surmonter ces obstacles, que l'on rencontre tant en Russie qu'en France, en Allemagne ou en Autriche, on arrive à une série des plus lourdes contradictions, — preuve manifeste que nulle part on n'a fait une étude attentive des procédés de franchissement des obstacles artificiels. »

Ainsi le Règlement allemand recommande de ne recourir qu'à la dernière extrémité à l'emploi des échelles pour franchir les palissades ; tandis que le

____

(1) V. Veïtko, *Attaque des ouvrages renforcés par des obstacles artificiels* (en russe).

Règlement autrichien dit, au contraire, que c'est là le meilleur moyen à employer. En France, on considère comme inefficace, et en Autriche, au contraire, comme très pratique, de faire sauter les réseaux de fils métalliques. En Russie, on juge impossible de détruire ces réseaux à coups de hache (avis de la 1re brigade de sapeurs), alors qu'en France et en Autriche c'est la hache qu'on indique comme l'instrument le plus commode dont on puisse se servir pour cela.

L'auteur de *La fortification et l'artillerie*, s'appuyant sur des expériences exécutées en Russie en 1886, conseille, comme la manière préférable de franchir un réseau de fils de fer, de disposer des claies sur la tête des piquets qui servent à le maintenir ; en Allemagne, le seul système considéré comme pratique est de détruire le réseau, etc. — On pourrait multiplier ces exemples.

Mais le plus curieux, c'est que souvent la description de ces procédés est suivie de remarques sur la difficulté ou même l'impossibilité de les appliquer ; ainsi, par exemple, l'arrachement des palissades est admis en Allemagne et en même temps on déclare que, sous le feu de l'ennemi, il ne faut pas songer à y recourir.

D'où cette question, qui vient d'elle-même à l'esprit : que signifient les moyens de destruction recommandés s'ils ne sont bons que dans le cas où l'ennemi tire à blanc et où l'on n'est menacé que d'une fusillade bruyante mais inoffensive ?

Tout cela est donc complètement incompréhensible. — Et l'on ne s'explique pas davantage le soin que mettent les auteurs militaires à laisser de côté la question du renforcement des fortifications élevées par la défense au moyen d'obstacles artificiels. Au lieu de s'en occuper, ils s'efforcent de convaincre les troupes qu'il leur suffira de pousser des « hourras ! » pour arriver hardiment jusqu'aux retranchements à emporter, et que rien ne les empêchera d'attaquer l'ennemi à la baïonnette.

Souvent on entend des personnes formuler cette opinion que rien n'est impossible à une colonne résolument lancée. Ces théoriciens se contentent habituellement de s'appuyer sur des exemples empruntés à l'histoire des temps passés. — Mais, bien que depuis lors le côté psychologique de l'homme n'ait pas beaucoup changé, il est cependant impossible à un esprit sensé de ne pas tenir compte de ce que les fusils de 6 millimètres d'aujourd'hui ont des effets destructifs dix fois supérieurs à ceux qu'on employait dans les dernières guerres, et que les canons actuels sont 15 fois plus puissants que ceux qui les ont précédés (1), que l'invention de

_____

(1) La quantité de munitions nécessaire pour obtenir un résultat déterminé n'est plus que le tiers de ce qu'elle était en 1870 ; pour charger, viser, etc., il faut quatre fois moins de temps qu'avec les canons des anciens modèles, et la probabilité d'atteindre avec les fragments des projectiles est devenue trois fois plus grande.

la poudre sans fumée a complètement changé l'aspect du combat et qu'elle doit donner naissance à de nouveaux phénomènes, à de nouvelles combinaisons jusqu'à présent inconnues. Est-ce que tout cela est pure imagination? Est-ce que les faits constatés pendant les campagnes de 1870 et 1877, et pendant la guerre du Chili, ne sont qu'un rêve? Est-ce que la nouvelle tactique ne doit pas tenir compte de ce que la balle actuelle conserve encore, à 3,000 mètres de distance du fusil qui l'a lancée, une force suffisante pour mettre un homme hors de combat (1)?

XI. L'attaque à la baïonnette.

Importance des armes à feu.

Par ce que nous venons de dire sur l'effet des fusils modernes et des projectiles actuels de l'artillerie, le lecteur a déjà pu se convaincre combien se justifie l'idée exprimée par Napoléon quand il disait: « L'arme à feu est tout, le reste peu de chose », — surtout aujourd'hui que ces armes à feu ont une puissance dix fois supérieure à celle qu'elles avaient au commencement de ce siècle.

Importance de la baïonnette.

Ainsi donc, semblerait-il, on ne devrait plus, désormais, parler d'attaques à la baïonnette. Et cependant quelques écrivains militaires ont émis l'opinion que, précisément par suite de l'effet terrible du feu, il faudra recourir à la baïonnette, même plus souvent que par le passé.

L'assaillant, par exemple, pour éviter d'être détruit par les projectiles, s'efforcera de joindre l'ennemi corps à corps en s'approchant de ses positions sans se faire voir; de sorte que les combats de nuit — dans lesquels la baïonnette doit justement jouer le rôle principal — seront plus fréquents qu'autrefois.

Définition de l'attaque à la baïonnette.

Essayons avant tout de bien exposer en quoi consiste, dans la réalité, ce qu'on nomme habituellement le choc à la baïonnette.

Si, par cette expression, il fallait entendre une véritable mêlée, un combat corps à corps, on comprend que des luttes semblables ne pourraient avoir lieu que sur certains points de la ligne de bataille et ne pourraient durer que très peu de temps, en se produisant surtout au moment où l'ennemi serait chassé de ses positions fortifiées.

Mais si le choc à la baïonnette doit être entendu dans le sens d'attaque résolue, d'élan général en avant pour faire sentir sa supériorité morale à l'ennemi, il est clair qu'un mouvement de ce genre doit presque inévitablement survenir au cours de chaque affaire.

---

(1) Colonel Ponchalon, *Nouvelle tactique de combat.* — Paris, 1892.

Un combat ne peut en effet se conclure par un simple échange de salves. Il arrive fatalement un instant où l'un des partis, supposant que l'autre a plus souffert du feu que lui-même et ne soutiendra pas un choc impétueux, se porte en avant pour briser la ligne ennemie, la réduire au silence et s'emparer de ses positions.

D'après cela, quand on dit que la puissance actuelle du feu rend l'attaque presque impossible, il faut comprendre seulement qu'aucune attaque corps à corps, si énergique soit-elle, ne peut réussir avant que l'ennemi n'ait été suffisamment affaibli par l'action préparatoire du feu d'artillerie et de mousqueterie ; il faut comprendre qu'il n'est plus permis aujourd'hui de donner la préférence à l'effet de la baïonnette sur l'effet des projectiles, et que si « gaillarde » que soit toujours ladite baïonnette, suivant l'expression de Souvaroff, la balle actuelle a positivement cessé d'être « folle », comme il le prétendait.

Ainsi donc, il est désormais impossible de remplacer l'action nécessaire du feu par le choc à la baïonnette, ou même d'abréger cette action en se fiant à la seule énergie de l'élan. L'expérience des dernières guerres prouve qu'en pareil cas les pertes sont si grandes qu'il n'est plus permis de songer au choc en question.

Conclusion.

Mais, au moment décisif, l'attaque à l'arme blanche n'en est pas moins inévitable. Non pas qu'on doive supposer que l'assaillant maniera mieux la baïonnette et embrochera un plus grand nombre d'hommes dans les rangs de l'adversaire que celui-ci n'en atteindra dans les siens, mais simplement parce que l'ennemi ne supportera pas le choc lui-même.

Celui qui se décide à cette attaque, même en face d'un adversaire qu'il croit affaibli, ne laisse pas, sans doute, de s'exposer à un danger immédiat plus considérable que s'il restait dans ses positions et continuait à tirer sans interruption.

Attaque et retraite.

Mais néanmoins les hommes courront ce risque ; — parce qu'ils savent que si l'assaillant éprouve de grandes pertes en un pareil moment, celui qui sera forcé de battre en retraite en éprouvera d'incomparablement plus grandes encore.

Citons à ce propos les observations suivantes d'un homme compétent en pareille matière (1) :

« Voici comment *raisonnent instinctivement* officiers et soldats : Si ces hommes m'attendent ou s'ils s'élancent sur moi tout à coup, je suis perdu. J'en tuerai, mais ils me tueront certainement. Tandis que si je leur fais peur, ils se sauveront et alors ils recevront dans le dos des balles et des coups de baïonnette. — Essayons !

Raisonnement des soldats.

----

(1) Le général Pouzyrevski, *Étude du combat* (en russe).

« Et ils essaient. Et toujours l'un des partis, — à une distance quelconque, à deux pas si vous voulez, — l'un des partis fait demi-tour avant le choc. Ce choc n'est qu'un mot.

« La théorie du maréchal de Saxe et celle de Bugeaud, — qui disaient : « Marchez à la baïonnette et tirez à bout portant ; c'est ainsi qu'on tue et celui qui tue est le vainqueur ! » — ces théories n'étaient pas fondées sur l'observation. Jamais l'ennemi ne vous attendra si vous êtes bien décidés à aller jusqu'à lui ; et jamais, absolument jamais, la résolution ne sera identiquement la même des deux côtés. »

Succès de l'attaque. — Ainsi le succès de l'attaque à la baïonnette ne dépend pas tant de la façon dont on se sert de cette arme, que de la crainte qu'aura l'ennemi, de ne pouvoir supporter le choc. Mais nous avons donné plus haut les raisons qui font que, de notre temps, le défenseur ne pourra plus avoir cette crainte.

La marche à l'ennemi : autrefois et aujourd'hui. — Jadis toute la difficulté consistait à amener les troupes jusqu'à une distance assez rapprochée pour que la retraite ne fût plus possible.

Pour aborder l'ennemi, à l'heure actuelle, il faut plus de courage qu'à l'époque où celui qui attaquait à la baïonnette pouvait sans danger s'approcher jusqu'à quelques centaines de pas. Dans les conditions présentes de la lutte, on est obligé de parcourir, sous le feu, une étendue de terrain au moins cinq fois plus considérable qu'autrefois.

Et en effet l'Instruction officielle russe pour le combat fixe entre 300 et 150 pas, ou même « plus près », la distance à laquelle doit commencer le mouvement pour l'attaque à la baïonnette.

Pertes de l'assaillant. — Skougarevsky dit d'ailleurs (1) : « Supposons un effectif de 100 hommes chez le défenseur. Pendant la durée du temps — de une minute et demie à deux minutes — que l'assaillant emploiera pour marcher sur eux à la baïonnette, ces 100 hommes lanceront, en comptant 8 coups par minute, environ 1,500 balles ; la proportion des coups bons peut, à pareille distance, être évaluée de 20 à 25 0/0 (en temps de paix, dans les tirs, elle est de 50 à 60 0/0). D'où il résulte qu'en supposant même chez les assaillants un effectif triple de celui des défenseurs, pas un seul des premiers n'arrivera jusqu'à l'ennemi : tous pourront être frappés avant de l'atteindre. Le tir exécuté en marchant, par une chaîne de tirailleurs contre des défenseurs abrités, ne saurait avoir de bien grands effets ; il servira plutôt à encourager les assaillants qu'à infliger des pertes aux défenseurs. »

Calculs. — Pour plus de clarté, représentons graphiquement ces rapports, en admettant, par hypothèse, que l'effectif des défenseurs sera quatre fois plus faible que celui des assaillants. Et, pour abréger, prenons des données moyennes : — c'est-à-dire admettons que l'attaque à la baïonnette commence

____

(1) *L'Attaque de l'infanterie* (en russe).

à 225 pas (entre 300 et 150), que le nombre des coups bons soit de 22 0/0 (entre 20 et 25), que le temps pendant lequel il faudra marcher sous le feu soit de 1 minute 3/4 (entre 1 1/2 et 2 minutes), et qu'enfin le nombre des balles tirées soit de 8 par minute. Ce qui revient à dire que tous les dix pas arrivera un coup de fusil. Nous aurons la figure ci-dessous :

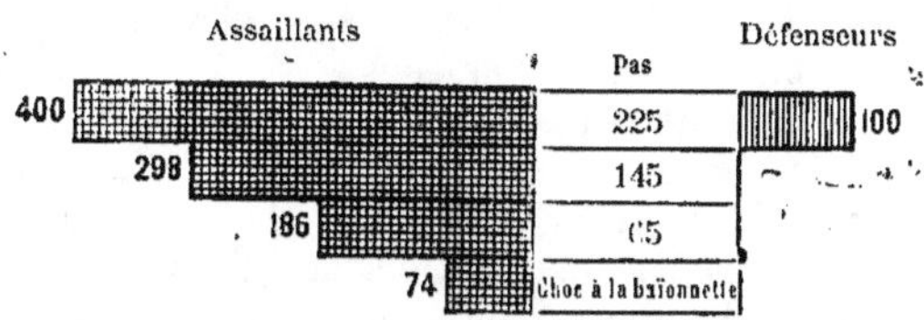

Pertes quatre fois plus grandes chez l'assaillant avant le choc à la baïonnette.

En outre, il existe encore aujourd'hui une autre différence avec les conditions des guerres d'autrefois. Avant la dernière transformation du système de fortifications, il arrivait — surtout dans les grandes batailles — que deux partis marchaient à la baïonnette l'un contre l'autre, en tirant un ou deux coups chacun avant d'en venir au corps à corps. Le parti le plus faible se retirait promptement; mais cela ne l'exposait pas à de bien grands risques, parce que, dans sa retraite, il ne recevait en tout que deux ou trois coups de fusil.

La retraite autrefois et aujourd'hui.

Maintenant, au contraire, une retraite devant une attaque à la baïonnette entraînerait un véritable désastre. Car c'est par douzaines que chaque fusil lancerait dans le dos des fuyards des balles bien ajustées, dont chacune pourrait frapper jusqu'à 5 hommes.

— La croyance à la supériorité de la baïonnette sur l'arme à feu est complètement ébranlée, quoiqu'il soit possible d'observer que, dans les sphères militaires russes, on montre encore quelque faiblesse pour cette arme, — ou, ce qui est la même chose, pour l'élan et la bravoure personnelle comme si on les supposait capables d'avoir raison de l'effet purement mécanique mais terrible du feu actuel. Il nous semble que cette partialité pour la baïonnette n'est que le résultat de traditions glorieuses. Napoléon ne disait-il pas du soldat russe « qu'il ne suffisait pas de le tuer d'un coup de baïonnette, mais qu'il fallait encore le pousser pour le faire tomber » ?

Comment on considère la baïonnette en Russie.

Dans toutes les armées on s'efforce d'inspirer aux hommes une confiance illimitée dans la puissance de leur arme à feu; et dans les instructions qui leur sont faites, on dit que, devant un feu habilement dirigé par la défense, aucune attaque ne saurait réussir. — Ce qui, certainement, est vrai, tant que l'ennemi n'écrase pas le défenseur sous un feu plus puissant encore d'artillerie ou de mousqueterie, en influant ainsi sur la régularité même du tir de la défense.

L'arme à feu et la baïonnette.

Dans les exercices du soldat, toute l'attention se porte aujourd'hui sur le tir ; et quoique le maniement de la baïonnette aussi soit enseigné, cette arme est rejetée tout au moins au second plan. Observons en passant que, dans l'armée russe, on apprend l'escrime à la baïonnette, même à la cavalerie, jusques et y compris la division cuirassée de la garde qui, d'ailleurs, en campagne comme dans les camps d'instruction, doit être pourvue de l'armement affecté aux dragons.

La baïonnette dans l'armée française. — Dans l'armée française, au contraire, la baïonnette a définitivement perdu pour les hommes son ancienne importance, si l'on en juge par la façon dont s'exprime Coumès à ce sujet (1). Présidant un examen de sous-officiers, raconte-t-il, j'ai entendu un candidat interrogé : « A quoi sert la baïonnette ? » qui, au lieu de répondre, suivant l'usage, qu'elle servait à « transpercer l'adversaire qu'on avait devant soi », dit tout simplement et d'un air parfaitement convaincu, qu'elle servait à « former les faisceaux ».

Réalité et apparence. — Pour montrer quelle est la manière de voir professée dans l'armée allemande sur l'efficacité de la baïonnette, nous reproduisons ici l'un des conseils qu'un écrivain militaire allemand bien connu, le colonel Cardinal von Widdern, donne aux défenseurs d'une position fortifiée. Il observe que, comme le parti attaqué, au cas où il a subi préalablement des pertes importantes, lâche presque toujours pied avant même d'entendre les « hourras ! » de l'assaillant, — par conséquent n'a pas le courage d'attendre le choc et le combat corps à corps, — un adversaire adroit peut déterminer ce même mouvement de retraite par une simple démonstration, c'est-à-dire rien qu'en feignant de vouloir se lancer à la baïonnette. « Ainsi donc, conclut-il, on ne doit ni se disperser ni reculer même dans cette situation, avant le moment où les dispositions visiblement prises par l'ennemi et ses mouvements ne laissent plus aucun doute sur son intention de terminer la lutte par un combat à la baïonnette. »

Opinions de Bronsart von Schellendorf. — Un autre écrivain militaire allemand, Bronsart von Schellendorf, dans une étude consacrée à l'action de l'infanterie sur le champ de bataille, discutant l'effet des balles et de la baïonnette, s'exprime ainsi : « La précision, la portée et la puissance de choc de la balle lancée par le fusil de petit calibre sont extraordinairement grandes ; mais il n'en faut pas conclure cependant que la baïonnette ait perdu l'importance décisive qu'elle avait autrefois. L'infanterie qui penserait ainsi se suiciderait elle-même. »

L'auteur remarque ensuite qu'il serait dangereux d'inspirer, en temps de paix, cette idée au soldat que, par suite de la puissance des armes à feu actuelles, le choc à la baïonnette n'aura plus lieu que rarement. Au contraire, il y aurait avantage à ce que, dans les manœuvres, toute attaque exécutée régulièrement fût considérée comme ayant réussi.

____

(1) Coumès, *Tactique de demain.*

Ces opinions semblent exprimées avec une conviction parfaite. Seule- Elles sont démenties par les résultats de la dernière guerre.
ment il y a toujours cette question : Est-il possible, avec la composition
des armées actuelles, de croire au succès de suggestions qui sont en désaccord avec l'état réel des choses ?

Si l'expérience des guerres passées prouve que la baïonnette n'y a
déjà presque plus trouvé d'emploi, on ne voit plus guère moyen d'inspirer
confiance en elle. Or, les pertes éprouvées par les armées prussiennes pendant la guerre de 1866 se décomposent comme il suit :

Par le feu de mousqueterie . . .   79 0/0
—   l'artillerie 16 0/0
Par les coups de sabre 4,6 0/0
Par la baïonnette 0,4 0/0

Résultats qui, graphiquement, s'expriment de la manière suivante :

Par le feu de mousqueterie	79°/₀
Par le feu de l'artillerie.	16°/₀
Par les coups de sabre .	5°/₀
Par la baïonnette	0.4°/₀

Pertes des Prussiens pendant la guerre de 1866.

Pendant la guerre de 1870 (1), les pertes de l'armée allemande se sont
élevées, pour 1,000 hommes d'effectif :

	Feu de mousqueterie	Feu d'artillerie	Arme blanche
Dans l'infanterie, à	157,00	11,40	1,20
— la cavalerie, à	47,60	3,00	11,20
— l'artillerie, à	36,50	20,90	»
— les troupes du génie, à	17,50	8,20	0,50

Résultats qui peuvent se traduire graphiquement comme il suit :

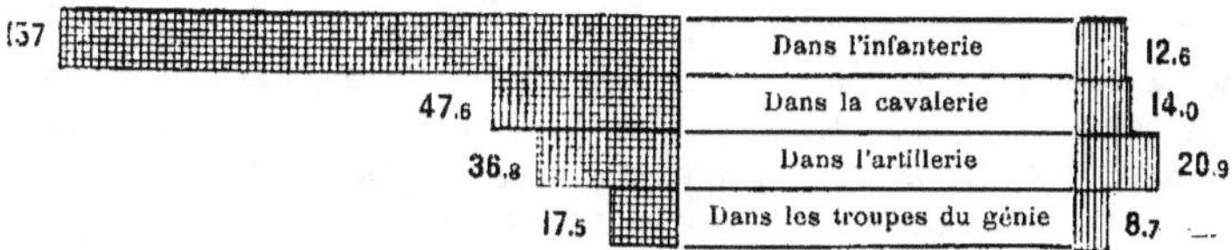

Pertes de l'armée allemande pendant la guerre de 1870, pour 1,000 hommes d'effectif.

---

(1) *Militär Wochenblatt*, 1877.

Mais, de notre temps, les différences entre ces pertes seraient encore plus fortes.

Il ne faut pas non plus perdre de vue cette circonstance, que le choc à la baïonnette exige la formation en ordre compact, et que cependant le mouvement en avant d'une colonne ainsi formée serait extrêmement difficile avec la puissance destructive du feu actuel.

Hœnig se réfère aux expériences exécutées par les professeurs allemands Bruns, Buch, Kocher, Regher, Bardeleben, Willeroth, et par les français Delorme, Chauvel, Ninvé, Breton et Pesme, — expériences qui montrent que des hommes formés sur quatre rangs, l'un derrière l'autre, à 400 mètres, et même sur trois rangs, à 1,200 mètres, doivent éprouver des pertes trois à quatre fois supérieures à celles qu'ils éprouveraient s'ils étaient placés sur un seul rang — en raison du pouvoir qu'ont les balles actuelles de traverser successivement jusqu'à six hommes.

Ces résultats, il est vrai, ont été obtenus dans des tirs d'exercice et sur un terrain uni ; mais, de l'avis de Hœnig, ce serait tout simplement insensé (*thöricht*) d'y objecter qu'à la guerre il n'existe pas de champ de bataille parfaitement uni et que les indications données par les tirs d'exercice ne signifient rien.

Les projectiles actuels de l'artillerie, comme on le sait déjà, sont 15 fois plus puissants que ceux qu'elle employait en 1870.

L'exécution simultanée, contre un seul et même objectif, du feu de l'artillerie et de l'infanterie se trouve, par suite de l'emploi des nouvelles poudres, réalisable dans d'excellentes conditions : — la détermination des distances, par le tir d'artillerie, pouvant servir à régler avec certitude celui des masses d'infanterie.

L'horizon découvert et la transparence d'atmosphère que, par suite de l'absence de fumée, présenteront les futurs champs de bataille, s'ajoutant à la puissance balistique supérieure des nouvelles poudres et à l'emploi de substances explosibles plus violentes pour le chargement des projectiles creux, tout cela ne peut manquer de rendre ces projectiles plus redoutables.

Voici ce que dit à ce sujet von der Goltz (1) : « Celui-là seul qui ne tient plus à la vie pourrait demeurer un peu longtemps exposé au feu actuel, à cheval, ou même à pied, mais sans abri. Le tableau de la bataille moderne devra nous présenter, avant tout, l'aspect d'épaisses chaînes de tirailleurs couchés sur le sol et se criblant mutuellement d'une grêle de balles, jusqu'à ce qu'un des partis cède devant l'autre ; au point qu'on pourrait imaginer les soldats remplacés par des machines lançant des balles sans interruption, comme une semeuse lance du grain. »

____

(1) Von der Goltz, *Das Volk in Waffen*.

« Dans l'armée russe on a continué jusqu'à présent à prêcher aux hommes la puissance irrésistible du choc à la baïonnette. Mais si les écrivains qui préconisent cette opinion en tirent, comme conséquence, le principe de l'attaque en formation compacte, ils vont trop loin. Ce genre de formation n'est admissible aujourd'hui que si le feu de l'ennemi est déjà affaibli par un commencement de désorganisation, ou bien quand le défenseur ne peut apercevoir le terrain battu par ses coups. »

Les partisans de la baïonnette citent volontiers deux circonstances empruntées à des guerres récentes, où des attaques exécutées avec cette arme ont été couronnées de succès. Mais ces exemples prouvent précisément que de tels succès ne sont possibles qu'après l'affaiblissement du feu de la défense par la supériorité de celui de l'assaillant, ou bien, comme l'observe von der Goltz, lorsque les défenseurs se trouvent dans l'impossibilité de voir le terrain situé en avant d'eux.

C'est dans cette dernière catégorie que rentre l'exemple de l'assaut donné, par le 64ᵉ régiment d'infanterie russe, aux retranchements turcs sous Plewna, le 30 août/11 septembre 1877. Ce régiment, pour marcher à l'attaque, avait à traverser un champ de maïs dont les épis atteignaient la taille d'un homme. Cela n'arrêtait pas les balles, mais suffisait pour empêcher les Turcs d'apprécier l'épaisseur de la colonne dirigée contre eux. D'autant que la journée était humide et que la fumée formait une buée persistante, au point même que les assaillants ne pouvaient apercevoir les positions de l'ennemi. A la distance de 900 à 1,000 pas de celles-ci, un « hourra ! » partit d'une des compagnies, qui fut répété par toutes les autres. La formation était déjà très confuse; les hommes s'élancèrent en avant au pas de course, et, par suite de l'éloignement du but, s'arrêtèrent, à bout de souffle, bien avant d'y arriver.

Mais à environ 500 pas en avant de la position des Turcs, se trouvait une dépression de terrain où put s'abriter le régiment qui avait déjà fortement souffert. Après trois minutes de repos, un nouveau hourra ! retentit, les hommes se jetèrent sur les ouvrages ennemis et, malgré un feu bien nourri, s'en emparèrent. Le régiment n'en eut pas moins, dans cette affaire, 40 0/0 de son effectif hors de combat.

Il est clair, toutefois, qu'indépendamment de la bravoure héroïque déployée par les assaillants, le succès de l'assaut fut dû surtout à l'impossibilité où, de part et d'autre, on était de voir le terrain qui s'étendait entre les deux partis. Les soldats russes se croyaient plus rapprochés des positions turques qu'ils ne l'étaient réellement, et poussaient vigoureusement jusqu'à l'ennemi; — tandis que les Turcs, après avoir, pendant trois minutes, cessé de voir leurs adversaires, les réaperçurent tout à coup presque sur la bouche de leurs fusils ; ce qui fit que, pris à l'improviste, ils ne soutinrent pas le choc.

De tels exemples conservent bien encore, même pour l'avenir, une certaine importance. Mais cette importance est d'autant moindre que les fusils actuels ont une puissance destructive bien supérieure à celle des armes dont se servaient les Turcs à cette époque, et que l'instruction militaire du soldat européen l'emporte de beaucoup sur celle des *nizams* (territoriaux) d'Osman-Pacha.

Aux manœuvres, on fait souvent des essais d'assaut de positions situées sur des hauteurs. Ainsi, lors des manœuvres françaises près de Menton, des chasseurs ont gravi jusqu'au sommet d'une montagne — comme on le voit sur la figure de la planche ci-contre. A la guerre, il ne faudrait pas compter sur le succès d'assauts de ce genre. Car les défenseurs, fussent-ils même fort inférieurs en nombre, étant couverts par des épaulements et ayant la faculté d'observer le champ de bataille sur une vaste étendue, dirigeront à grande distance contre les assaillants, un feu précis qui ne permettra pas à ceux-ci de s'approcher des hauteurs.

Effet produit sur les hommes par la poudre sans fumée.

L'adoption de la poudre sans fumée a également eu, entre autres résultats, celui de rendre plus rarement possibles des surprises dans le genre de celle qui eut lieu à l'assaut de Plewna.

Un général qui a l'expérience de la guerre et qui, en outre, a beaucoup réfléchi personnellement nous disait un jour, qu'après les premières manœuvres exécutées avec la poudre sans fumée, cherchant à se rendre compte de l'impression produite sur le soldat, il était arrivé à conclure que, le plus souvent, elle aurait pour effet d'augmenter la confiance de l'homme dans ses propres forces. Parce que la possibilité de voir constamment l'ennemi et de choisir pour son tir un objectif dans ses rangs, jointe à l'avantage d'avoir un plus grand nombre de cartouches, donnait au soldat la certitude de pouvoir mettre hors de combat l'homme visé par lui, sinon au premier coup, tout au moins au deuxième ou au troisième.

C'est une nouvelle confirmation de cette manière de voir, assez générale, que l'adoption de la poudre sans fumée, simultanément avec celle d'armes plus parfaites, en transformant les conditions du combat moderne, a profité surtout à la défense.

Exemple de la puissance de pénétration des nouveaux projectiles.

Le colonel Wenzel Porth (1), parmi les preuves qu'il donne de cette entière transformation des conditions du combat, cite le fait suivant : « Dernièrement, un soldat de mon régiment s'est suicidé avec son fusil.

---

(1) Wenzel Porth, *Betrachtungen über den Einfluss der rauchschwachen Pulvers* (Observations sur l'influence de la poudre sans fumée).

Les Anglais dans les montagnes indiennes.

La Guerre future (p. 626, tome 1).

MANŒUVRES FRANÇAISES PRÈS DE MENTON

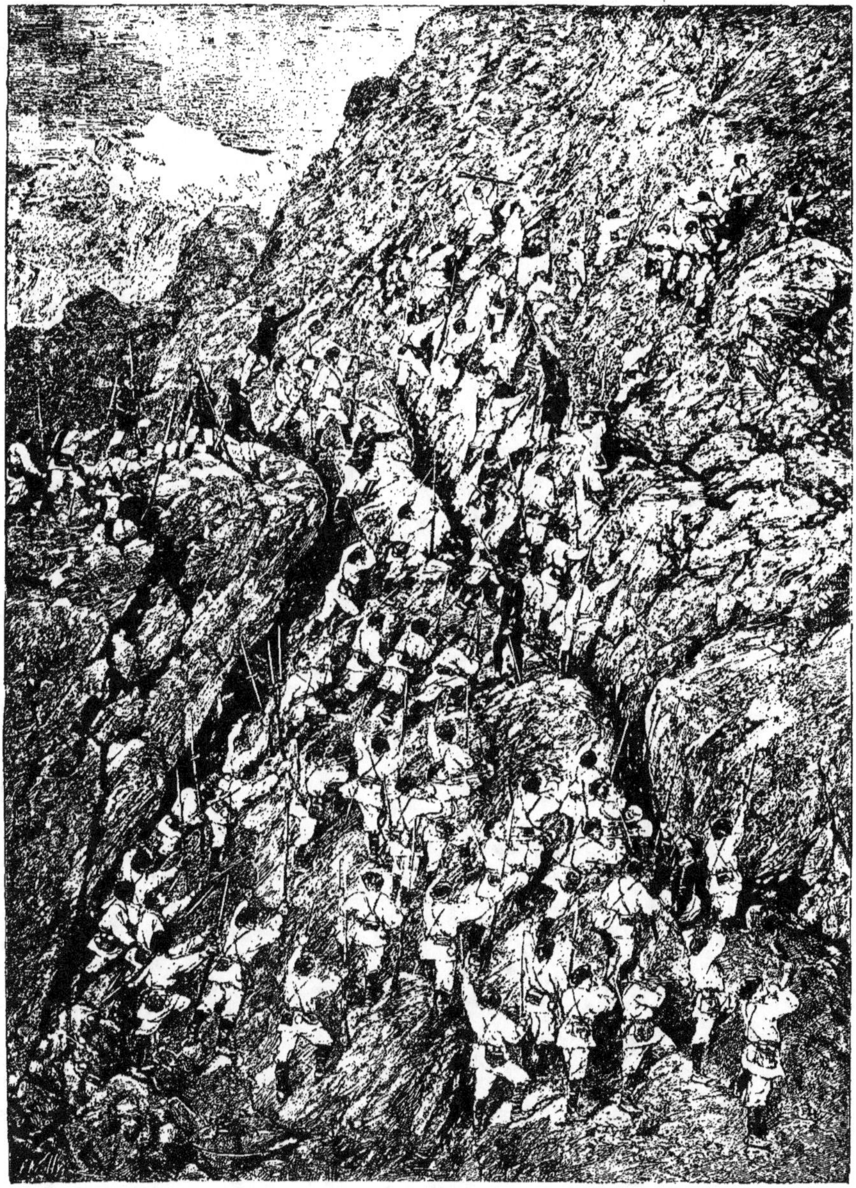

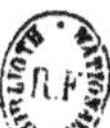

Assaut d'une position située au sommet d'une montagne.

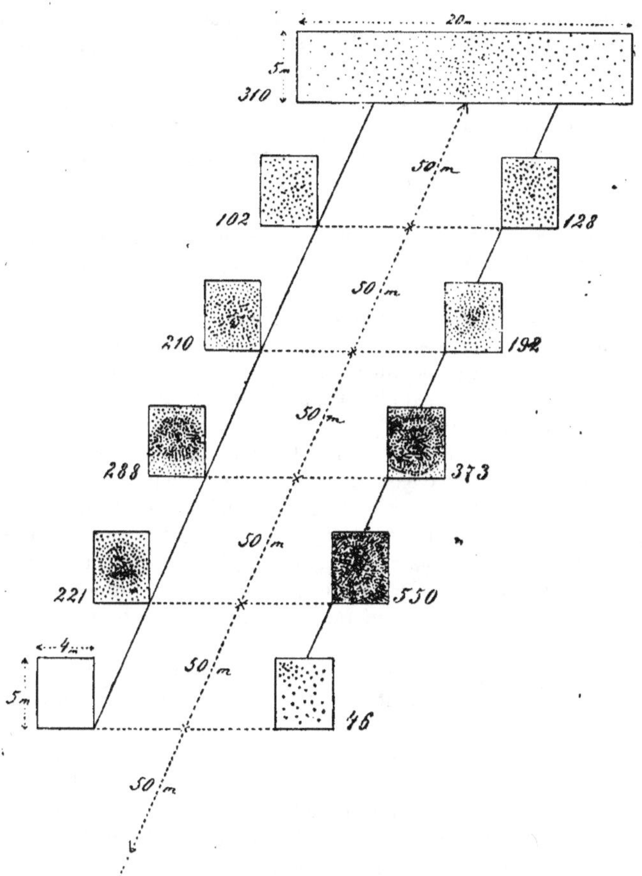

Résultats du tir de 19 coups à mitraille du canon de 57 millimètres.

La balle, après avoir traversé son corps, traversa encore une solive et le pla-
fond, puis, à l'étage supérieur, les planches d'un lit et deux matelas —
en blessant un homme couché sur ce lit, — continua sa route sur toute la
hauteur de l'étage suivant et même à travers la toiture de tuiles qui le recouvrait. Je cite cet exemple, dit le colonel Porth, comme une preuve manifeste de la terrible force de pénétration des balles de fusil et à titre de renseignement sur ce sujet. »

Effet des mitrailleuses.

Et voilà maintenant qu'à ce nouveau facteur de destruction va s'ajouter encore l'action de mitrailleuses à tir rapide, fonctionnant au moment même où l'ennemi marche déjà sur la position. La figure ci-dessus représente l'effet produit par 19 coups à mitraille du canon de 57 millimètres, sur onze panneaux disposés à 50 mètres de distance les uns des autres. — Les chiffres inscrits auprès de chaque panneau indiquent la quantité de projectiles qui l'ont touché.

Le total des fragments ayant porté s'élève à 2,420.

Quel nombre d'hommes pourrait être ainsi mis hors de combat, en une seule minute, sur l'étendue de 250 mètres occupée par les six rangées de panneaux ?

Si même on suppose que, par suite du manque de sang-froid de la part de la défense, l'effet des canons à tir rapide serait moins complet à la guerre que dans l'expérience qui vient d'être décrite, on peut dire en tout cas que les assaillants, fussent-ils bien plus nombreux que les défenseurs, seraient immanquablement anéantis.

Force morale chez l'assaillant.

Admettons encore que les résultats obtenus sur le champ de manœuvres ne se reproduiront à la guerre que dans la proportion d'un dixième de leur étendue, la question suivante ne s'en pose pas moins : La force morale des énormes armées actuelles sera-t-elle à hauteur des pertes qu'elles éprouveront ? — Car il ne faut pas oublier que des pertes énormes pourront se produire dans les rangs de ces armées en une dizaine de minutes tout au plus, et que, par conséquent, le moral des assaillants s'en trouvera certainement ébranlé.

Représentation en chiffres de la grandeur du danger.

Il est, du reste, possible d'exprimer par des chiffres les degrés du danger que, soit un détachement, soit une armée entière, peut être amenée à affronter.

Ainsi, par exemple, représentons par le chiffre 0 le courage d'un détachement qui reculerait sans avoir subi aucune perte, et par le chiffre 1 celui d'un corps de troupes qui se ferait détruire entièrement sans lâcher pied. Nous pourrons dire alors que tel corps de troupes, contraint à la retraite par une perte de 1/4, 1/3, 1/2 de son effectif, fait preuve d'un courage 4 fois, 3 fois ou 2 fois moindre que ce dernier.

Il va de soi que ni les chefs ni les soldats ne se rendent un compte exact des pertes éprouvées sur le champ de bataille; mais ils en ressentent l'effet instinctivement. De sorte que quand le nombre des tués et blessés atteint certaines limites, ceux qui restent perdent la faculté psychologique de continuer la lutte.

Faiblesse morale de l'assaillant.

Nous trouvons, dans les écrits du général Kouropatkine, les remarquables observations suivantes sur les lois auxquelles l'âme humaine obéit en pareil cas :

« La proportion des pertes subies influe évidemment sur l'état moral des troupes qui combattent. La grandeur de cette influence dépend, pour beaucoup, *des conditions de la lutte et de la durée du temps pendant lequel ces pertes sont subies*. Nous admettons parfaitement que, dans certains cas, telle unité tiendra sur un point, même avec une perte de 50 0/0, et que, dans d'autres circonstances de guerre, elle lâchera pied après une simple perte d'un dixième. Quand des troupes reculent, ce n'est point parce qu'elles n'ont plus l'effectif suffisant pour tenir : — on peut tenir même avec une perte de plus de 75 0/0 ; — ce n'est même pas tant en raison des pertes qu'elles ont subies, *que par la crainte des pertes qui les attendent* si elles se maintiennent sur la position qu'elles défendent, ou si elles continuent l'attaque commencée.

« D'après le calcul instinctif qui se fait au fond du cœur des soldats engagés dans la lutte, la conviction de ne pas pouvoir tenir plus longtemps s'empare de l'esprit de telle ou telle fraction. Et ce calcul instinctif des pertes auxquelles on doit s'attendre est d'autant plus exagéré et plus dangereux, que moindre est le temps pendant lequel ont été subies les pertes qui lui servent de base. Ainsi, qu'un bataillon ait perdu 200 hommes au cours d'une lutte de 10 heures, il y a, dans beaucoup de cas, plus de chances de le voir tenir sur la position où il est attaqué, que pour un bataillon qui n'aurait perdu que 30 hommes, mais qui les aurait perdus dans l'espace de 5 minutes. Dans ce second bataillon, le total des forces physiques est resté supérieur à ce qu'il est dans le premier ; mais la somme des forces morales y est *momentanément* moindre.

« Profitez donc immédiatement de cet affaiblissement momentané du moral de l'unité dont il s'agit, et attaquez-la : vous vaincrez. Laissez passer ce moment au contraire, l'équilibre se rétablira et la préparation *morale* de l'attaque que vous aviez réalisée ne vous aura été d'aucune utilité.

« Le meilleur exemple de ce que des troupes peuvent supporter, nos artilleurs nous l'ont donné à Sébastopol, — où leurs pertes furent si considérables que certaines pièces virent renouveler plusieurs fois leurs servants au cours d'une seule et même journée (1). »

Faculté de
résistance.

Mais si, de plus, les assaillants se trouvent avoir à craindre de n'être pas soutenus à temps, alors leur énergie morale risque fort de descendre jusqu'à cet état d'affaiblissement où les hommes reculent sans le vouloir, presque machinalement.

D'où la question suivante : « Quel sort attend non seulement les détachements allant à l'assaut mais les unités qui les suivent, au moment où les troupes repoussées passent de l'offensive à la retraite ? »

Sort des
troupes d'attaque
repoussées et
de celles qui les
suivent.

____

(1) Kouropatkine, *Opérations du corps du général Skobeleff*.

Le général Dragomiroff, qui n'a pas moins profondément étudié la psychologie militaire que l'art de la guerre, a examiné des cas de ce genre.

Dans ses *Jahresberichte*, Löbell, rapportant un compte rendu de manœuvres exécutées sous le commandement du général Dragomiroff, dit que, malgré l'ordre de battre en retraite donné par le général à des troupes qui se portaient en avant, les troupes qui suivaient celles-ci n'en continuèrent pas moins d'avancer. On comprend qu'il en résulta la plus grande confusion et qu'il fallut beaucoup de temps pour remettre tout le monde en ordre de bataille.

La maladresse que mirent les troupes à rétablir la formation, troublée par la rencontre de celles qui marchaient en avant avec celles qui battaient en retraite, leur attira à toutes une remontrance sévère ; mais, plus tard, dans une circonstance semblable, deux bataillons dont la lutte avait fait une masse confuse, surent promptement rétablir leur formation régulière.

Les conditions de l'attaque jadis et aujourd'hui. Nous insistons encore une fois sur la différence entre les conditions actuelles de l'attaque et celles du temps passé. En examinant le dessin qui se trouve dans la planche ci-contre, et qui représente l'échec d'une des attaques exécutées par les Russes sous Plewna, nous remarquons qu'une partie des forces qui battent en retraite est couverte par des nuages de fumée, et que, devant les défenseurs qui garnissent les retranchements, s'étend une bande, impénétrable à la vue, de fumée semblable.

En ce temps-là donc, il suffisait aux troupes repoussées de parcourir un très petit espace pour se trouver, sinon hors de portée, tout au moins hors de vue, du feu dirigé contre elles. Les défenseurs auraient été obligés, — s'ils avaient voulu tirer un parti complet de leur succès, et poursuivre leurs adversaires, — de sortir eux-mêmes de leurs retranchements.

Actuellement, au contraire, la fumée ne couvrirait plus la retraite de l'ennemi et n'empêcherait pas les défenseurs de le poursuivre à coups de fusil, sans quitter leurs positions et en se réglant sur la mesure, préalablement prise, des distances.

Par conséquent, il sera désormais possible de poursuivre d'un feu terrible l'ennemi battant en retraite, non seulement dans les limites de l'ancienne portée des balles, mais à des distances beaucoup plus grandes.

Une attaque des troupes russes repoussée à Plewna.

LA GUERRE FUTURE (P. 630, TOME I).

XII. Le problème tactique de la supériorité des forces au combat.

Aujourd'hui comme autrefois, la condition du succès au combat, c'est de faire agir des forces supérieures sur les points décisifs. On comprend bien cependant que si l'ennemi dispose, au total, d'effectifs à peu près égaux aux vôtres, il n'est possible de grouper, pour l'attaquer sur un point, des forces supérieures aux siennes, qu'en restant plus faible que lui sur un autre point. Et si nous admettons que les troupes de la défense sont uniformément réparties, alors le point faible de l'assaillant devient, pour celui-ci, un point dangereux. Donc en conduisant l'attaque simultanément avec tout son monde, l'assaillant aura des chances de réussir à l'endroit où il aura la supériorité du nombre, mais avec une égale probabilité d'essuyer un échec sur le point d'où il aura retiré une partie de ses soldats. *(Le renforcement de la ligne d'attaque amène en même temps un affaiblissement.)*

La chose se présente autrement si l'on s'arrange pour n'engager réellement que les corps numériquement supérieurs aux troupes placées en face d'eux, en même temps qu'on fait manœuvrer les autres de façon telle que l'ennemi se croie menacé sérieusement aussi de ces côtés-là. En opérant ainsi, l'assaillant peut battre complètement le défenseur sur un point sans s'exposer lui-même à être battu sur un autre. En suite de quoi, l'entrée en ligne de toutes les forces d'abord ménagées, transforme en défaite générale, pour l'adversaire, l'échec partiel qu'on lu a fait subir en un seul endroit. *(Comment on évite cet inconvénient.)*

Tels sont, en résumé, les principes sur lesquels doit reposer la conduite de toute opération offensive, sauf les modifications que peuvent exiger les circonstances dans la manière de les appliquer.

D'autre part, le succès de toute manœuvre dépend d'une reconnaissance exacte de la position de l'ennemi : opération qui, — nous l'avons dit plus d'une fois, — est devenue extrêmement difficile dans les conditions où se fera désormais la guerre ; de sorte que souvent il faudra marcher à tâtons. Déjà, aux exercices d'instruction, on se plaint qu'avec la poudre sans fumée et la grande étendue des champs de bataille, s'ajoutant à l'emploi de l'ordre dispersé et des abris pour dissimuler les hommes, il est très malaisé d'observer les mouvements des troupes adverses et même de les distinguer des siennes propres (1). *(Difficulté de s'éclairer.)*

Enfin, par suite de la dissémination de grandes masses sur des espaces considérables, il peut très bien arriver que le succès remporté sur un point par la concentration de forces supérieures, reste un succès partiel ; c'est- *(Succès partiel.)*

____

(1) *Journal des Sciences militaires* : Rôle de l'artillerie dans le combat du corps d'armée.

à-dire qu'on ne parvienne pas toujours à le transformer, par une prompte poussée générale en avant, en une défaite complète des forces principales de l'ennemi.

De même, au point de vue stratégique, il est encore possible que, d'une victoire complète remportée sur un point, on ne réussisse pas à faire, par une concentration opportune de toutes les forces, un événement d'une influence décisive sur l'issue de la campagne.

Les victoires complètes de 1870.

Quant à ce fait que, pendant la campagne de 1870, les Allemands ont pu avoir partout l'avantage du nombre, il s'explique simplement par la grande supériorité numérique de l'armée allemande sur l'armée française d'alors, et il ne peut guère être considéré comme instructif au point de vue des luttes futures; — attendu qu'on ne reverra jamais plus d'aussi grande inégalité entre les armées en présence.

Leurs motifs.

En 1870, la France ne pouvait disposer, pour agir en rase campagne, que de 343,000 hommes en tout. Et, comme ces troupes, amenées sur la frontière de l'Est à leur effectif de paix, ne furent complétées par des réservistes et des hommes en congé qu'au cours des opérations, comme en outre l'habillement et l'équipement durent leur être envoyés de dépôts souvent fort éloignés des régiments, les forces réellement agissantes de l'armée française n'atteignirent pas même ce chiffre.

Il faut ajouter que le moral de cette armée française n'était point exalté par le désir d'une revanche à prendre pour des défaites passées, — avantage qu'avait au contraire l'armée allemande et qui, le cas échéant, serait maintenant du côté des Français.

D'un autre côté, le moral de ceux-ci était affaibli à cette époque, en raison de la partialité politique qui présidait aux nominations d'officiers et des discordes qui régnaient, à ce point de vue, même parmi les soldats. On n'appelait au commandement des corps de troupe que les officiers qui manifestaient des sentiments bonapartistes. Et lors du plébiscite de mai 1870, pour l'approbation des modifications libérales introduites dans la Constitution, — plébiscite qui n'eut, en réalité, d'autre sens que celui d'une expression de la confiance du pays envers le Gouvernement impérial, — les troupes de l'armée et de la marine répondirent par 272,000 « oui », contre 46,000 « non ».

L'instruction de l'armée française en 1870.

De plus, l'armée française d'alors était notablement en retard pour l'instruction sur celle de ses voisins : — comme en témoigne ce fait, qu'au moment de la concentration des troupes sur la frontière, le Chef d'état-major crut devoir écrire aux commandants des corps de troupe, pour leur recommander d'instruire leurs hommes à s'éclairer sur les positions de l'ennemi — tandis qu'en Allemagne, dès le temps de paix, on consacrait beaucoup de temps à donner ce genre d'instruction aux troupes.

Enfin, le nombre des pièces d'artillerie de l'armée française ne dépassait guère la moitié de celui des bouches à feu que lui opposaient les Allemands ; et, ce qui est bien plus grave, les canons français étaient fort inférieurs à ceux de leurs adversaires. C'est là, du reste, un fait que l'histoire de la guerre, publiée par le Grand État-Major allemand, constate de la façon la plus formelle. Et quoique les fusils Chassepot fussent meilleurs que les fusils à aiguille, la faiblesse relative de l'artillerie française ne pouvait être compensée par la supériorité de l'armement de l'infanterie.

L'Allemagne porta, en très peu de temps, 1,183,000 hommes sur sa frontière de l'Ouest. Et tout en rendant pleine justice, tant à la haute organisation militaire de ce pays qu'aux capacités de ses officiers, il est impossible de ne pas reconnaître que le succès des forces allemandes, dans la plupart des batailles, ne fut point dû seulement à leurs facultés manœuvrières et à la préparation de l'attaque par l'artillerie, mais surtout à la supériorité générale de leur effectif et à la meilleure qualité de leurs canons.

Voilà pourquoi, au point de vue des hypothèses relatives à l'avenir, l'exemple de la guerre de 1870 ne peut avoir qu'une importance limitée.

Avec l'énorme étendue des champs de bataille, qui sera la conséquence des derniers progrès de l'artillerie, il est devenu impossible au commandant en chef d'observer directement la marche du combat sur tous les points et de faire mouvoir ses corps de troupes comme des pièces sur un échiquier, pour les introduire, ainsi que des coins, dans les parties les plus faibles de la ligne ennemie. Aussi la marche des choses s'en trouvera-t-elle ralentie. Les écrivains militaires pensent qu'en général la préparation de l'attaque par l'artillerie devra être très longue, et que, dans une grande bataille, elle pourra demander de 2 à 4 jours.

Ainsi, le colonel professeur Langlois (1) admet que, dans les batailles futures, il ne faudra pas moins de 100 coups par heure et par batterie : — ce qui fait qu'en deux jours, à raison de 8 heures de combat chacun, il faudrait 1,600 coups par batterie, soit 267 par pièce. Il admet également que si la lutte demande 3 à 4 jours, la dépense de projectiles pourra atteindre 500 par pièce ; et bien que, suivant toute probabilité, ajoute-t-il, les choses ne doivent pas aller jusqu'à cette extrémité, la simple prudence exige qu'une batterie soit en état de tirer 3,000 coups pendant les quatre journées d'une bataille.

Dans les guerres d'autrefois, il suffisait de disposer de forces supérieures, pendant quelques heures seulement, pour briser la résistance de l'ennemi. Désormais, il n'en sera plus ainsi. La prolongation de la lutte

____

(1) Langlois, *L'Artillerie de campagne en liaison avec les autres armes.* — Paris, 1892.

et son interruption possible par la nuit permettront au parti le plus faible d'appeler à lui des renforts de troupes fraîches. Un auteur allemand bien connu et très apprécié, le colonel Liebert (1), montre comme il suit, que les perfectionnements de l'artillerie auront pour effet de ralentir et non point d'accélérer la marche des batailles

« Masser ses forces pour porter un coup décisif en une seule attaque, à la manière de Napoléon, n'est plus chose réalisable. Déjà les colonnes de brigade autrichiennes furent dispersées en 1866 sous l'effet d'un feu un peu vif, — bien que ce ne fût que le feu des fusils à aiguille. Avec le fusil à magasin de petit calibre, il est devenu impossible de marcher en masse à l'attaque d'une position, tant qu'il reste des cartouches au défenseur.

« Quant à l'effet moral des pertes et à la démoralisation au cours même du combat, il n'y faut pas compter; parce que chacun défendra sa vie jusqu'à la dernière extrémité, tant qu'il pourra se servir de son arme. La guerre de 1870-71 a prouvé que, même des « mobiles » français, pourtant si mal instruits, on n'a pu que rarement venir à bout d'un seul coup. Battus sur une position, ils s'efforçaient ordinairement de s'établir un peu plus loin, de sorte que le lendemain il fallait les attaquer de nouveau. Et chacune de ces attaques successives devait être préparée, puis accompagnée par le feu. Il ne suffisait pas de commander : En avant ! Il fallait encore disposer chaque unité d'après le but à atteindre, la répartir et la diriger. Il fallait entamer le feu régulièrement, puis le renforcer en se rapprochant le plus possible de la position. Et c'est seulement alors, quand l'effet produit par ce feu sur l'ennemi se faisait sentir, qu'on pouvait entreprendre l'attaque décisive. »

Mais tout cela demande beaucoup de temps. Et les exemples tirés de quelques batailles promptement décidées, au cours des guerres de 1866 et 1870, ne peuvent servir d'indications pour l'avenir ; — tant parce que la puissance des armes à feu s'est beaucoup accrue depuis lors, qu'en raison de la supériorité, inattendue pour leurs adversaires, qui, pour une cause ou pour une autre, se trouva, pendant ces guerres, être du côté des Allemands, et qui pesa d'un poids considérable sur le moral du parti opposé.

Voici ce qu'écrit le général Janson (2) : « Les traits caractéristiques des campagnes de 1866 et 1870 furent, du côté des Allemands, la tendance générale à marcher de l'avant et l'extrême développement de l'initiative

---

(1) Liebert, *Die Verwendung der Reserven in der Schlacht* (L'emploi des réserves dans la bataille). — *Militär Wochenblatt*, 1895.

(2) Général von Janson, *Die Entwickelung unserer Infanterie-Taktik seit unseren letzten Kriegen* (Le développement de notre tactique d'infanterie depuis nos dernières guerres). — *Militär Wochenblatt*, 1895.

pour les gradés, même subalternes, — jusqu'aux commandants de compagnie inclusivement. Mais cela entraînait un tel affaiblissement de la direction supérieure, que si les premières attaques n'avaient pas réussi, il pouvait en résulter le plus grand danger pour les assaillants.

« Il se manifestait aussi une tendance constante à tourner l'ennemi par ses ailes ; — ce qui amenait dans la ligne de l'armée assaillante un allongement et un amincissement tels, qu'avec une plus grande énergie de la part de la défense, cela eût pu devenir dangereux. »

Le même écrivain observe encore ailleurs que, « dans la guerre de 1870, dominèrent les combats de rencontre, au cours desquels peut très facilement se produire le passage de la défensive à l'offensive, pour peu seulement que celui qui est attaqué possède quelque activité ».

D'ailleurs, comme nous l'avons déjà précédemment expliqué, la supériorité réelle des forces de l'attaque sur celles de la défense ne se détermine point par le rapport arithmétique, mais bien par le rapport géométrique entre celles-ci : l'assaillant ne peut avoir une supériorité assurée à ce point de vue, que s'il est numériquement deux et même trois fois plus fort que son adversaire.

Supériorité de l'assaillant.

XIII. Destruction des retranchements par l'action des mortiers.

Il est facile au défenseur de construire non seulement des abris suffisants pour se protéger contre le feu de mousqueterie, mais des épaulements assez épais pour que ni les shrapnells, ni les éclats des obus ordinaires ne puissent les traverser.

Épaulements construits par le défenseur.

Contre un adversaire ainsi protégé, l'artillerie de campagne emploiera des obus à charge renforcée, dont les fragments, lors de l'éclatement, seront lancés sous de grands angles par rapport au sol et pourront aller atteindre le défenseur en passant par-dessus l'épaulement qui le cache.

Projectiles de l'assaillant.

En outre, toutes les artilleries européennes ont adopté, spécialement pour agir contre les retranchements, des mortiers facilement transportables et d'un effet très puissant, dont les projectiles peuvent même quelquefois obliger les défenseurs à quitter leur position sans attendre l'attaque de l'infanterie.

Mortiers légers de campagne.

L'expérience a prouvé qu'une batterie de mortiers, avec 100 bombes explosives jetées sur un ouvrage, à la distance de 1,700 mètres, en avait entièrement détruit l'un des flancs — et sans doute l'infanterie eût été obligée d'évacuer cet ouvrage avant même l'obtention d'un tel résultat.

Mais la technique est allée plus loin encore. On a fait des expériences avec des projectiles remplis d'écrasite. En les tirant contre une palissade d'une largeur calculée pour représenter le front occupé par 100, 250 et 500 soldats, à des distances de 300, 750 et 1,200 mètres, on a constaté que pas un seul homme n'eût été épargné (1).

La défense en aura également. Il n'est pas douteux que l'emploi des mortiers et de projectiles chargés de cette façon n'augmente le chiffre des pertes. Mais en supposant égalité d'armement et de courage des deux côtés, on doit admettre que la défense aussi aura des mortiers et des obusiers dont elle saura également bien se servir; — de sorte qu'un véritable duel s'engagera entre les batteries de mortiers des deux partis.

Il faut d'ailleurs ne pas perdre de vue qu'il est plus facile d'établir un retranchement en un point donné que d'y amener une batterie de mortiers, — batteries dont une armée n'aura généralement qu'un très petit nombre, — et que l'épaulement détruit sur un point peut être rétabli sur un autre. En outre, d'après le général Wille (2), les mortiers de campagne ne peuvent pas agir à plus de 3 kilomètres; et peut-être qu'avec la longue portée et la précision des canons ordinaires, on pourra empêcher ces mortiers de s'approcher jusqu'à cette distance.

Enfin les projectiles desdits mortiers sont tellement lourds qu'une batterie ne peut en avoir qu'un nombre assez limité; et la défense aura sans doute soin de choisir des positions telles que le transport, à proximité, d'une grande quantité de projectiles semblables soit très difficile.

Calcul des munitions nécessaires. Or, voyons à peu près ce qu'il en faudrait pour agir avec succès contre un épaulement en terre.

La destruction d'un parapet, d'une largeur de 3 m. 65 à la crête et de 2 m. 14 de hauteur, à une distance de 1,100 mètres, exige 10 projectiles par mètre courant. Mais sur le champ de bataille, il est difficile de s'approcher d'un ouvrage, même à 1,500 mètres, attendu que, sans parler de l'effet des canons de campagne et à tir rapide de la défense, le feu seul de l'infanterie suffirait pour l'empêcher.

De plus, avec des obus chargés en écrasite, la précision du tir est plus faible qu'avec les obus ordinaires; de sorte qu'au lieu de 10 projectiles par mètre courant, dont il est question plus haut, il en faudrait certainement compter 15 et probablement même davantage.

D'où l'on voit que, pour causer un dommage quelque peu sérieux à un ouvrage fortifié, il ne faudrait pas moins que la provision tout entière de projectiles dont dispose un corps d'armée. Encore, le retranchement pourrait-il, malgré cela, demeurer assez fort pour qu'au moment du

(1) Wille, d'après les *Jahresberichte* de Löbell.
(2) Wille, *Das kommende Feldgeschütz* (Le canon de campagne de l'avenir).

besoin, c'est-à-dire quand on en viendrait à l'attaque définitive, l'infanterie ennemie fût à même de le réoccuper. D'où il est permis de conclure que les projectiles à écrasite ne sont pas susceptibles d'être employés dans une bataille pour agir contre les ouvrages en terre (1).

Quant aux obus ordinaires, on peut bien les lancer de très loin contre les ouvrages, mais seulement après un réglage de tir soigneux et qui demande du temps. Le fait est que ces obus n'ont qu'une faible action en profondeur et que, comme on l'admet aussi dans l'instruction allemande sur le service en campagne, sans un réglage très exact du tir, ils n'atteignent pas les hommes placés derrière les parapets, c'est-à-dire ne produisent pas le résultat voulu. Mais ce réglage du tir est d'autant plus difficile que la distance est plus grande ; et, en tous cas, la défense, pour peu qu'elle en ait le temps, pourra facilement établir de nouveaux épaulements, ne fût-ce que pour couvrir les tirailleurs couchés (abris pour la tête).

La meilleure preuve que, malgré les progrès de l'artillerie, les ouvrages en terre ont conservé une grande importance, nous a été fournie par le siège de Plewna. Au début, ce n'était ni une forteresse ni même une ville fortifiée ; c'était simplement une position naturellement forte qu'Osman-Pacha avait choisie. Mais grâce à l'élévation rapide de puissants ouvrages, Plewna fut transformée en un camp retranché dans lequel une armée turque, forte en tout de 60,000 hommes et 100 canons, put tenir pendant 4 mois et demi contre une armée russe dont l'effectif atteignit 110,000 hommes avec 500 bouches à feu, parmi lesquelles se trouvaient bon nombre de pièces de siège. *[Importance conservée par les ouvrages en terre.]*

Avec les moyens dont on dispose actuellement, il sera très facile d'élever des ouvrages fortifiés semblables à ceux de Plewna et dont la destruction exigera de nombreuses batteries de mortiers.

Précisément pendant la campagne de 1877, les travaux de fortification furent très utiles, non seulement aux Turcs mais aux Russes. Ainsi, malgré leur grande supériorité numérique, les Turcs ne parvinrent pas à chasser les troupes russes de Chipka.

Mais si l'on admet que les mortiers sont capables d'ouvrir des passages à travers les épaulements qui protègent les défenseurs, pour permettre aux assaillants d'arriver jusqu'à eux, on ne peut cependant pas considérer le problème de l'attaque comme étant résolu par cela même. Car dès que le feu de l'artillerie cessera pour permettre à l'infanterie de marcher à l'attaque, l'ennemi reviendra sur les positions d'où il aura été chassé par *[Les mortiers ne suffisent pas à résoudre le problème de l'attaque.]*

---

(1) *Revue de l'Armée belge :* Janotte, « Étude concernant l'influence des engins nouveaux sur le champ de bataille ».

les obus, et à l'abri des monceaux de terre restés là, il pourra repousser les assaillants.

Le général Skougarevsky (1) appelle l'attention sur ce fait que les troupes russes, bien que quatre fois supérieures en nombre et d'une bravoure remarquable, furent longtemps avant de pouvoir pénétrer dans la redoute de Gorni-Doubniak, quoiqu'elles s'en fussent rapprochées par endroits jusqu'à une centaine de pas. Dans la plupart des attaques qui échouèrent devant Plewna, ces mêmes troupes russes parvinrent à s'avancer, quoique avec de grandes pertes, assez près pour pouvoir s'élancer à la baïonnette ; mais ce ne fut pourtant que dans des cas isolés qu'elles parvinrent à franchir cette limite.

XIV. Tourner les positions au lieu de les attaquer de front.

Attaques de flanc.

Pour éviter les attaques de front, qui coûtent trop cher, on cherche à tourner les positions par leurs flancs, c'est-à-dire qu'on a recours à des attaques de flanc.

Leur effet moral.

En tournant une position de cette manière, on peut produire un puissant effet moral : « Trois soldats sur les derrières de l'ennemi en valent cinquante devant son front », disait Frédéric II.

Suivant une remarque du maréchal Bugeaud, « l'esprit de l'homme est ainsi fait qu'à la guerre il se préoccupe bien plus d'un danger apparaissant sur ses flancs que de dix sur son front ».

Le général prussien Verdy du Vernois, écrivain militaire bien connu, parlant de l'importance des mouvements tournants dans la tactique moderne, s'exprime ainsi : « L'attaque de front d'une bonne position occupée par l'infanterie présente maintenant peu de chances de succès, si elle n'a pas été préparée et n'est pas soutenue dans une mesure suffisante par l'artillerie ; même une très grande supériorité numérique ne garantit pas le succès ». Il faut par conséquent, autant que possible, toujours menacer les flancs de l'ennemi en même temps qu'on l'attaque de front. Des circonstances exceptionnelles pourraient seules justifier une attaque dirigée uniquement contre le front (2).

---

(1) *L'Attaque de l'infanterie.*
(2) Général Bernard, *Tactique et stratégie.* — Paris, 1894.

Pour permettre au lecteur de se rendre compte jusqu'à quel point le moyen qui vient d'être indiqué peut influer sur le caractère de la guerre future, il est nécessaire de donner ici quelques explications préliminaires.

On peut agir sur les flancs de l'ennemi, soit par attaque directe — c'est alors un mouvement oblique ou *de flanc* proprement dit, — soit en l'enveloppant, si on le tourne par ses deux flancs pour agir sur ses derrières. Cette dernière façon d'opérer suppose une très grande supériorité de forces qui, seule, permet de tourner les deux ailes de l'ennemi. *Manière de les exécuter*

Mais pour qu'un mouvement tournant réussisse, la réalisation de certaines circonstances favorables est nécessaire. Il faut, par exemple, que le mouvement tournant puisse se faire à l'abri de couverts naturels, pour que l'assaillant, en exécutant ce mouvement, n'expose pas lui-même son flanc au feu d'enfilade de l'ouvrage attaqué; ou bien il faut que la supériorité numérique de l'assaillant soit telle que, tout en laissant une chaîne continue de troupes devant les positions ennemies, il puisse envoyer d'autres corps pour en faire le tour. Ainsi opéraient les Allemands en 1870, grâce aux forces, triples des forces françaises, dont ils disposaient. *Conditions de leur succès.*

On comprend qu'une fois sur le flanc d'une position, les assaillants puissent ouvrir contre ses défenseurs un feu de flanc et même d'enfilade dont les effets seront terribles. *Puissance des feux de flanc ou d'enfilade.*

L'expérience prouve que si le tir contre une troupe ennemie est dirigé suivant une ligne inclinée à 45° sur la perpendiculaire au front, ses effets s'augmentent dans une proportion de plus du double — dans le rapport de 3 à 7. Et plus grande sera cette inclinaison, c'est-à-dire plus la direction du feu sera oblique par rapport aux rangs, — pourvu qu'elle les pénètre sur une profondeur suffisante, — plus ses effets seront puissants. Le maximum de ces effets est obtenu par les feux de flanc ou d'enfilade, quand la direction des coups prolonge la ligne ennemie, l'espace battu étant alors égal au front même de cette ligne. C'est ce que représentent les figures de la page suivante.

Le feu d'enfilade est celui que les troupes redoutent le plus; et l'on comprend qu'avec la puissance des armes actuelles les effets de ce feu seront encore plus terribles. Mais, en définitive et malgré tout, les mouvements tournants aboutissent toujours à des attaques de front. Car l'ennemi change la direction du sien et les troupes assaillantes, qui l'ont tourné, n'en doivent pas moins marcher à l'attaque par l'un des procédés connus, c'est-à-dire soit à découvert, soit en exécutant des bonds successifs, soit en se défilant d'une manière quelconque.

D'ailleurs les mouvements tournants se présenteront à l'avenir dans des conditions moins favorables qu'en 1870. Voici ce qu'en dit *Les mouvements tournants deviennent moins faciles.*

von der Goltz (1) : « En 1870, la victoire fut souvent décidée par une opération dirigée contre le flanc d'un détachement relativement faible de l'armée

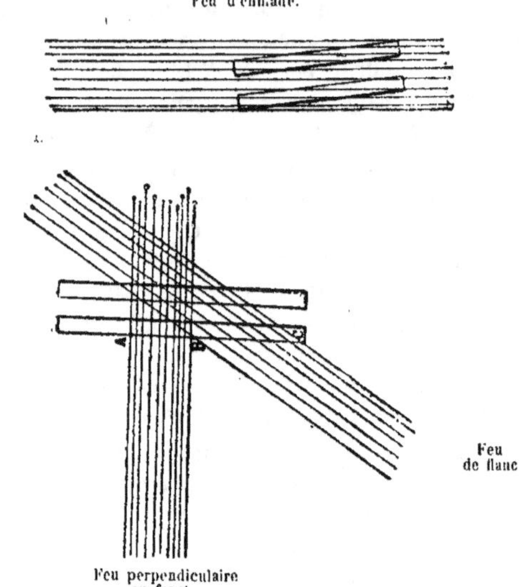

DIFFÉRENTES DIRECTIONS DU FEU D'INFANTERIE

attaquée. Mais, désormais, pareille chose ne pourra guère se reproduire : précisément parce que les défenseurs, se souvenant des exemples de la guerre de 1870, mettront tous leurs soins à renforcer leurs ailes et à couvrir leurs flancs en employant rationnellement leurs réserves à cet effet.

« Il serait chimérique de compter qu'à l'avenir on pourra, en exécutant un mouvement tournant, trouver chez l'adversaire un flanc étroit et faible : — ce qui permettrait de détruire successivement la ligne ennemie tout entière. Selon toute probabilité, les flancs seront renforcés de telle sorte qu'en les tournant on sera amené à livrer contre eux de véritables combats de front.

« Mais il faut dire qu'en pareil cas il restera toujours un inconvénient pour le défenseur : celui de lutter sur un terrain qu'il n'aura pas pu préparer à loisir et d'immobiliser ses forces longtemps à l'avance.

---

(1) *Das Volk in Waffen* (La nation armée).

« Du côté de l'assaillant seront, au contraire, les avantages de l'initiative et de la décision. Seulement il lui faudra exécuter son attaque sur les deux ailes et les flancs de l'ennemi, non plus avec de petits détachements, mais avec le gros de ses forces. Autrefois, il suffisait d'un seul corps d'armée ou même de la moitié pour accomplir une manœuvre tournante, tandis que de trois à cinq corps d'armée attaquaient de front. A l'avenir, ce seront les forces principales qu'il faudra employer au mouvement tournant et c'est seulement la moindre partie des troupes de l'attaque qui restera devant le front de la défense. L'importance relative des deux rôles s'est modifiée dans des proportions précisément inverses. »

Mais du calcul même ainsi fait par l'écrivain militaire allemand, il ressort clairement combien grande doit être la supériorité numérique des forces de l'attaque pour tourner les ailes de la défense et l'envelopper entièrement.

Ils exigent une très grande supériorité numérique.

Les positions de flanc, comme toutes les autres, fussent-elles des forteresses entières, ne valent point tant par les ouvrages qui les protègent que par leur force vive, c'est-à-dire par leurs défenseurs : il leur faut une garnison suffisante et habilement dirigée. Aussi, quand une position de flanc ne sera occupée que par des troupes faibles et mal instruites, l'assaillant n'aura qu'à laisser devant elle une partie de ses forces pour couvrir ses communications et, avec le reste, il pourra marcher sur l'objectif principal de ses attaques.

Les positions ne valent que par les troupes qui les défendent.

Nous citerons à ce propos deux exemples :

En 1866, le gros des forces prussiennes se porta en avant après avoir laissé un simple corps d'observation devant la IIe armée autrichienne qui se retirait sur Olmütz.

En 1871, le prince Frédéric-Charles, poursuivant avec la IIe armée allemande les forces françaises à l'ouest du Mans, négligea complètement la division Curten qui, près de Saint-Amand, se montra sur son flanc gauche, presque sur ses derrières (1).

Il est donc nécessaire que le défenseur qui aura occupé une position sur le flanc de l'ennemi dispose lui-même, en vue d'opérations offensives, de forces suffisantes pour frapper un coup sensible contre les assaillants, au cours même du mouvement tournant entrepris par eux.

Nécessité de troupes disponibles pour faire face aux mouvements tournants.

Comme, dans la guerre future, on peut supposer que les forces seront

---

(1) Bigge, *Feldmarschalls Graf Moltke Ansichten über Flankenstellungen* (Opinion du maréchal de Moltke sur les positions de flanc). *Militär Wochenblatt*, 1895.

numériquement égales des deux côtés, et comme, en général, les nouvelles conditions de la conduite de la guerre sont plutôt favorables à la défense, il ne sera pas difficile de paralyser les opérations qu'on voudrait faire pour tourner les flancs d'une position.

En outre les énormes armées modernes ne pourront guère s'écarter des lignes de chemins de fer ; et, par suite, il sera facile de prévoir le sens de leurs mouvements. Déjà moins libre dans le choix des directions à suivre, l'assaillant sera en même temps obligé de se préoccuper, plus qu'autrefois, de la protection de ses communications. Ainsi que nous l'avons fait observer ailleurs, l'armée allemande employa en 1870, pour couvrir ses derrières, jusqu'à 145,712 hommes, avec 5,945 chevaux et 80 pièces de canon. Mais à une armée sur la défensive il en faudra beaucoup moins.

Autres causes d'insuccès des mouvements tournants. — Nous indiquerons encore d'autres causes susceptibles de faire échouer les mouvements tournants dans les guerres futures. Bigge observe, dans l'étude que nous venons de citer, qu'au cours des campagnes de 1800, 1805 et 1806, Napoléon choisissait dans le flanc même de l'ennemi les points de concentration des forces qu'il lançait en avant ; de sorte que l'attaque générale qui suivait, faisait tomber entre ses mains les communications de la défense et amenait la destruction complète de ses adversaires comme à Ulm et à Iéna.

Aujourd'hui, pareille chose ne serait que rarement possible. Comme les deux partis emploieront toutes leurs voies ferrées pour exécuter leur concentration, la rencontre stratégique des deux armées aura forcément lieu de front ; et la probabilité d'une supériorité numérique un peu sérieuse de l'une sur l'autre, en un point quelconque, deviendra très faible.

Rapidité de la concentration actuelle. — En outre, au temps de Napoléon, la concentration s'opérait par des marches ; de sorte qu'on avait tout le temps, après s'être éclairé sur la direction de l'offensive stratégique de l'ennemi, d'envoyer ses troupes contre le flanc même de sa ligne de concentration. Mais, de nos jours, par suite de la vitesse avec laquelle s'effectueront la mobilisation et la concentration elle-même, il ne sera pas possible de diriger cette dernière plus ou moins à son gré. Elle devra s'accomplir d'après un plan rigoureusement arrêté dès le temps de paix, et qu'on ne pourra modifier qu'avec peine, même si l'adversaire expose son flanc à une attaque.

C'est seulement une fois la concentration achevée, au cours des opérations ultérieures, qu'il pourra se présenter des circonstances où la supériorité accidentelle des forces sur un point donné permettra de prendre l'ennemi en flanc. « Et ainsi — continue le même auteur — commencer une campagne à la façon de celles d'Ulm ou d'Iéna, par un mouvement déterminé d'avance contre le flanc même des lignes de concentration de l'adversaire, comme le fit Napoléon, ce n'est plus chose faisable. Mais la supériorité des forces peut donner le moyen d'envelopper le flanc ou les derrières de l'armée opposée, c'est-à-dire, après répétition de ce qui s'est passé à Wörth ou à Spicheren, de choisir une ligne d'opérations qui conduise l'ennemi à Gravelotte. »

En tous cas, l'exécution des mouvements tournants est rendue plus difficile par l'énormité même des armées modernes et l'étendue considérable de terrain qu'elles occupent. De tels mouvements peuvent encore être entrepris si les circonstances font naître une occasion favorable, mais il ne faut plus les préparer artificiellement — précisément parce que, avec nos gros effectifs, il est nécessaire de simplifier le plan des opérations, et que les combinaisons compliquées peuvent être nuisibles à ceux-là mêmes qui s'avisent d'y avoir recours.

Il faut ajouter que le mouvement contre le flanc — qui, d'habitude, est basé sur l'occupation, avant l'ennemi, d'une position déterminée, — exige des troupes particulièrement bien instruites, ainsi que la prévision rigoureuse de toutes les éventualités qui peuvent se produire pendant l'exécution d'une entreprise de ce genre : — laquelle doit être aussi prompte que possible. Aussi une telle opération ne laisse-t-elle pas d'être toujours dangereuse. C'est encore une raison pour que de semblables mouvements ne soient pas de mise avec la composition des armées actuelles qui seront formées, en si grande proportion, d'hommes rappelés de congé ou de la réserve.

Plus souvent on exécutera de ces marches tournantes, plus, par conséquent, on disséminera les troupes, et plus fréquemment il arrivera que des hommes isolés ou même des corps entiers se soustrairont à la lutte, en filant de côté ou d'autre. En 1870, le nombre de ceux qui s'esquivèrent ainsi des rangs fut particulièrement considérable dans la landwehr allemande, — comme la presse officielle l'a elle-même reconnu (voir l'*Invalide Russe*, n° 262, de 1892).

. En outre, la guerre future se composera d'une série de combats pour la conquête ou la défense des positions fortifiées, qui sortiront de terre partout où se rencontreront des points favorables à leur établissement. Et comme des détachements mobiles d'infanterie, de cavalerie et d'artillerie rayonneront autour de ces points sur une étendue considérable, en détruisant les approvisionnements et les voies de communication, tous les transports se trouveront entravés.

Il faut d'ailleurs observer que ces transports — celui des munitions nécessaires pour s'emparer des ouvrages fortifiés, ainsi que celui des vivres indispensables aux grandes armées — deviendront très difficiles. La faim sera le compagnon permanent des troupes. Et comme, suivant le proverbe français, « Ventre affamé n'a pas d'oreilles », il en résultera un relâchement de la discipline et une tendance à la désorganisation.

Nervosité des générations actuelles.

Il ne faut pas oublier non plus qu'avec l'impressionnabilité et la nervosité qui distinguent les générations actuelles,—et qui s'augmenteront encore en temps de guerre, — tout mauvais exemple donné par un corps de troupes, si faible qu'il soit, peut avoir une influence des plus funestes sur l'issue d'une entreprise militaire.

Proudhon disait déjà : « Le soldat qui va combattre pour la patrie, doit s'élever au-dessus de lui-même, non seulement par l'énergie et la bravoure, mais aussi par la vertu, jusqu'à la sainteté (1) ». Or il est permis de se demander comment les armées actuelles pourraient être composées de tels soldats.

Conclusions.

Pour résumer ce que nous avons exposé ci-dessus, nous dirons que l'occasion d'exécuter des opérations contre les flancs pourra bien encore se présenter à l'avenir, mais seulement lorsque la configuration du terrain et les autres circonstances y seront particulièrement favorables. Ce qui n'arrivera plus guère que dans des cas spéciaux.

On peut surtout imaginer que ces cas se produiront quand la défense — voyant les assaillants étendre démesurément leurs lignes, et comptant sur la solidité de sa position — allongera elle-même son front en renforçant ses flancs et les recourbant en avant, pour menacer les ailes de l'assaillant.

Mais de la part de celui-ci, la règle générale sera l'attaque de front.

---

(1) Cette citation est empruntée à l'ouvrage du général Jung, *La Guerre et la Société.*

XV. Conclusions.

De ce qui précède, on peut conclure que les résultats finals de tous les perfectionnements qui se sont succédé ont été beaucoup plus importants pour l'infanterie que pour la cavalerie et l'artillerie. Nous avons vu, en effet, que les progrès des armes à feu portatives ont marché avec une rapidité incroyable. Résumé des progrès accomplis dans l'armement de l'infanterie.

Autrefois, les transformations d'armement ne s'opéraient qu'à des intervalles au moins séculaires ; plus tard, elles demandèrent encore des périodes de plusieurs dizaines d'années ; tandis que nous venons d'assister, en France, à quatre de ces transformations dans l'espace de trente-cinq ans.

Mais, de plus, au témoignage presque unanime des hommes compétents, les perfectionnements apportés à l'armement, dans le cours des cinq siècles écoulés depuis l'invention de la poudre, ne sont pas comparables, comme importance, à ceux qui sont survenus depuis la dernière guerre.

Nous allons citer, d'ailleurs, quelques chiffres qui donnent une idée des progrès accomplis depuis les deux dernières grandes guerres européennes — de 1870 et de 1877 — et particulièrement de la supériorité, en pour cent, des fusils à petit calibre sur ceux employés auparavant.

	Précision	Portée	Étendue de la hausse	Surface battue	Rapidité du tir	Puissance de pénétration des balles
Fusil à petit calibre allemand, comparativement au fusil à aiguille . . .	»	380 %	416 %	300 %	300 %	300 %
Fusil de 3 lignes russe, comparativement au fusil Berdan .						
D'après Potocki.	100 %	50 %	»	»	20 %	200 %
D'après Mikhnevitch	150 %	300 %	»	»	40 %	300 %
D'après Eroghine, dans le tir à 600 mètres	»	»	»	461 %	»	»

Un spécialiste bien connu, le professeur Hebler, a fait, entre les divers modèles de fusils les plus récents, une étude comparative, dont il a exprimé numériquement les résultats, en représentant par 100 la valeur du fusil Mauser de 11 $^{m/m}$, modèle 1871. Voici, d'après cette étude, la valeur relative des différentes armes qui se trouvaient en service à la fin de 1893 : Valeur comparative des fusils actuels.

En Espagne	calibre de 7 $^{m/m}$.	580
En Belgique	— 7 $^{m/m}$ 6.	516
En Turquie	— 7 $^{m/m}$ 6.	516
En Russie	— 7 $^{m/m}$ 6.	461
En Allemagne	— 7 $^{m/m}$ 9.	474
En Angleterre	— 7 $^{m/m}$ 7.	469
En Suisse	— 7 $^{m/m}$ 5.	467
En France	— 8 $^{m/m}$.	433

Ainsi donc, à l'automne de 1893, le meilleur fusil était le fusil espagnol — et il reste encore tel en ce moment.

Dans un autre tableau dû au même auteur, les fusils sont rangés, d'après leur valeur respective, dans l'ordre suivant :

Calibre de 11 $^{m/m}$. .	(poudre noire)	90 à 100
— 8 $^{m/m}$ 6.	(poudre sans fumée)	400 à 500
— 7 $^{m/m}$ 5.	—	500 à 600
— 6 $^{m/m}$. .	—	900 à 1000
— 5 $^{m/m}$ 5.	—	1100 à 1200
— 5 $^{m/m}$. .	—	1300 à 1400

Enfin la valeur du nouveau fusil de 5 $^{m/m}$ à balle creuse de Hebler, — valeur qui d'ailleurs n'a pas encore été démontrée — est exprimée par le chiffre 4,020.

De même encore le poids de la cartouche milite en faveur du fusil à petit calibre. Celle du 11 $^{m/m}$ pèse 43 grammes ; celle du 8 $^{m/m}$ n'en pèse que 29 et celle du 6 $^{m/m}$ 5, 22 seulement.

D'après ses calculs, le professeur Hebler exprime l'opinion qu'on ne doit pas aller plus loin dans la voie de la réduction du calibre.

En définitive, nous voyons que ce calibre s'est amoindri de plus en plus. La France, l'Autriche et le Danemark sont les seuls pays qui aient encore des armes de 8 $^{m/m}$. Le Brésil, le Chili et le Mexique ont adopté le fusil à magasin de 7 $^{m/m}$ du système Mauser. L'Italie, la Hollande, la Norvège, la Roumanie et la Suède ont décidé de passer au calibre de 6 $^{m/m}$ 5. Et, d'après les derniers renseignements, il semble que la France doive y arriver prochainement aussi.

Aux États-Unis de l'Amérique du Nord, on a déjà adopté pour la flotte le calibre de 5 $^{m/m}$ 94. Mais en Europe, pour le moment, le calibre de 6 $^{m/m}$ 5 est le calibre minimum.

Où s'arrêtera la réduction du calibre ?

La réduction du calibre ira-t-elle plus loin ? Un écrivain militaire distingué, le général-major allemand Ville, croit possible qu'on arrive bientôt au calibre de 5 $^{m/m}$. D'autres spécialistes également considèrent comme la meilleure arme de l'avenir, le fusil de 5 $^{m/m}$ à chargement multiple, attendu qu'il est environ 2,8 fois supérieur à celui de 8 $^{m/m}$.

Les expériences faites avec les fusils de 6 $^{m/m}$ ont démontré, à ce qu'on assure, qu'ils ont de grands avantages sur ceux des calibres de 6 $^{m/m}$ 7 et 8 $^{m/m}$. Ainsi l'on dit que la balle du 6 $^{m/m}$ va jusqu'à 6,000 mètres, et peut encore traverser le corps d'un cheval à 5,000 mètres.

D'après d'autres renseignements, le fusil à magasin de 6 $^{m/m}$, des États-Unis, traverse encore un homme à 5,490 mètres, et peut en traverser 2 ou 3 jusqu'à 4,570. La hausse de cette arme est graduée pour le tir jusqu'à 2,286 mètres ; et, jusqu'à 1,800 mètres, les écarts latéraux de la balle ne dépassent point 0^{m}80 ; jusqu'à 550 mètres, la trajectoire est assez rasante pour ne jamais s'élever au-dessus de la taille d'un homme. Enfin, la rapidité du tir de ces armes est assez grande pour qu'en trois secondes on puisse tirer avec elles cinq coups visés (1).

Les expériences exécutées depuis déjà longtemps, en Autriche, sur les fusils de 5 $^{m/m}$ sont entièrement d'accord avec ces données et confirment pleinement la supériorité de ce calibre.

Le nombre de cartouches que le soldat porte avec soi sur le champ de bataille diffère d'un pays à l'autre : il est de 200 pour l'Amérique, de 162 pour l'Italie, de 150 pour l'Allemagne, la Russie et la Suisse, de 120 pour la France, de 115 pour l'Angleterre et de 100 pour l'Autriche.

Les munitions portées par l'homme.

La rapidité du tir des anciens et des nouveaux fusils est exprimée par le tableau suivant (1) :

Rapidité comparative du tir ancien et du tir actuel.

Fusils à silex et anciens
    fusils à piston. . . .   charge en 12 temps   2 coups visés par minute
Fusils à aiguille . . .   —   6 —   6   —
  — Chassepot . . .   —   4 —   10   —
  — Mauser. . . . .   —   3 —   12   —
Anciens fusils à maga-
    sin. . . . .   —   » —   12 à 15   —
Nouveaux fusils à ma- }   —   3 —   25   —
    gasin. . . . . }   —   3 —   50   (sans viser)

Cependant les hommes techniques les plus autorisés trouvent même déjà vieillis les fusils actuellement en service dans les armées européennes ; ils pensent que l'avenir appartient à des armes fabriquées avec un alliage d'aluminium, et, en outre, automatiques : — c'est-à-dire telles que l'on puisse tirer plusieurs coups sans désépauler, et sans se fatiguer ni perdre son temps à recharger.

***

(1) Dr Rudolph Köhler, *Die modernen Kriegswaffen* (Les armes de guerre modernes). — Berlin, 1897.

Et, ainsi que nous l'avons montré, on peut considérer le problème comme déjà pleinement résolu.

Mitrailleuse Maxim. Aux fusils de ce genre, il faut ajouter encore une arme susceptible de jouer un grand rôle dans les guerres futures, surtout dans la défense des positions fortifiées : le fusil-mitrailleuse Maxim, qui consiste en un canon de fusil du même calibre que celui employé pour l'armement de l'infanterie. Cette arme ne pèse pas plus de 10 kilogrammes ; et un seul homme suffit pour la manier et même la transporter quand elle est montée sur son affût. Elle est notablement supérieure au fusil d'infanterie au point de vue de la rapidité du tir.

A l'exposition d'armes de Berlin, en 1896, la maison Lœwe a exposé une mitrailleuse Maxim qui lance des balles du fusil allemand de 7 ᵐ/ᵐ 9. Cet engin consiste en un canon de fusil allemand entouré d'une enveloppe en tôle de fer, de sorte que l'ensemble présente l'aspect d'une sorte de petite pièce d'artillerie. Entre le canon de fusil et son enveloppe se trouve de l'eau qui s'échauffe par suite de l'échauffement même de l'arme lors du tir. Et pour éviter l'éclatement de l'enveloppe, une soupape permet le dégagement de la vapeur éventuellement formée. Après 2,000 coups tirés, il faut renouveler l'eau. Les cartouches sont placées sur une sorte de ruban ou bande de chargement qui en porte 150, et s'introduit dans l'arme, de droite à gauche. Ces cartouches sont ainsi amenées l'une après l'autre dans la boîte de culasse et conduites automatiquement dans le canon. En une minute, cette arme peut brûler les munitions portées par quatre bandes de chargement, ce qui représente 600 coups, efficaces presque jusqu'à 3,000 mètres.

En Allemagne, cet engin est approvisionne à 4,000 cartouches (en Autriche, à 2,000), qui peuvent être tirées en 7 minutes. Pour faire feu, il suffit de presser sur un bouton qui se trouve à l'extrémité postérieure de l'arme. Au cours même du tir, la direction de cette arme peut être modifiée à volonté, ce qui permet de battre une large étendue de terrain.

On sait que les canons Maxim ont été employés contre les sauvages Afridis, par Wismann et d'autres explorateurs de l'Afrique méridionale, de même que par les Anglais lors de leur expédition du Matabeleland en 1894-95, au Tchitral en 1895 et au Soudan en 1896 ; on s'en est moins servi dans les combats livrés au Transvaal. En général ces armes se sont montrées fort utiles dans la défense des défilés, des passages, etc.

Ces mêmes mitrailleuses Maxim ont été introduites dans la flotte et dans l'armée coloniale allemandes. En Autriche, elles sont adoptées sous le nom de mitrailleuses de 8 ᵐ/ᵐ, pour la défense des places. En Angleterre et en Suisse, les troupes de campagne en sont munies. Maxim en a construit sur le même modèle de différents calibres jusqu'à celui de 37 millimètres (1).

On ne trouve d'exemples de l'emploi simultané de fusils ancien et nouveau modèle, que dans deux batailles de la guerre civile survenue au Chili, en 1894. Les troupes fidèles au Congrès étaient pourvues en partie d'armes nouvelles, et en partie d'armes anciennes. Or il arriva que chaque centaine de soldats armés du nouveau fusil mit 82 hommes hors de combat dans les troupes du Président-Dictateur, — tandis que, par chaque centaine de soldats munis des anciennes armes, il ne fut mis hors de combat que 34 hommes seulement (2). — Et il s'agissait de soldats qui n'étaient sous les armes que depuis quinze jours quand eurent lieu ces combats. Il est donc clair qu'entre les mains des soldats exercés des troupes européennes, les nouveaux fusils (Mannlicher, par exemple) produiraient encore un effet plus puissant.

Emploi simultané des anciennes et des nouvelles armes.

Pour faire comprendre jusqu'à quel point est perfectionné le mécanisme des armes à feu aujourd'hui entre les mains des troupes, et pour faciliter la comparaison de leurs effets avec ceux des fusils employés dans les guerres précédentes, nous avons dû donner un précis historique des changements survenus dans l'armement de l'infanterie. — Et nous avons établi la comparaison de préférence par le moyen de dessins et de chiffres : cette méthode ayant l'avantage de rappeler aisément les faits au souvenir de ceux qui les connaissent déjà et de montrer clairement l'état des choses à ceux qui les ignorent.

Ensuite, nous avons pu citer quelques-uns des faits les plus saillants de l'histoire de la tactique de l'infanterie ; et nous sommes arrivés à conclure que tout changement accompli dans l'armement des troupes influe puissamment sur les règles mêmes du combat ; mais nous avons constaté que les changements survenus antérieurement n'étaient pas comparables à ceux qui ont suivi les deux grandes guerres de 1870 et 1877-78.

Influence de l'armement sur la tactique.

Non seulement la disparition de la fumée qui, jadis, obscurcissait le champ de bataille, et le perfectionnement des fusils, canons et substances explosives, mais l'application, réalisée en même temps, du système des masses armées, composées en grande partie d'hommes n'ayant servi que peu de temps, tout a contribué à l'établissement, pour la guerre future, de conditions entièrement nouvelles.

D'abord se sont étendues les distances-limites jusqu'où le tir peut être utilisé sans risque de consommer mal à propos les munitions. Les balles actuelles ne seront plus des projectiles traversant l'air pour aller

---

(1) Dr Rudolph Köhler, *Die modernen Kriegswaffen.* — Berlin, 1897.

(2) Coumès, *Tactique de demain.*

frapper seulement le point unique où leur trajectoire rencontre une ligne horizontale déterminée; elles suivront sensiblement la direction même de cette ligne, sans s'élever par rapport au sol, au-dessus de la taille d'un homme, jusqu'à une portée d'environ 800 pas ; et elles frapperont tout ce qu'elles rencontreront sur ce parcours.

L'appréciation des distances. A cela, il faut ajouter l'instruction des tireurs, bien meilleure qu'autrefois, puis divers moyens auxiliaires qu'on ne connaissait pas dans les guerres précédentes, et qui permettront de tirer contre l'ennemi, par-dessus des bois ou des élévations de terrain, jusqu'à des distances où il est invisible à l'œil nu : l'emploi d'observatoires de campagne, d'aérostats, de télémètres.

Emploi des télémètres. Le télémètre du colonel Pachkévitch, adopté dans l'armée russe il y a dix ans, permet d'apprécier les distances jusqu'à 8,500 pas (6,375 mètres), même quand il s'agit de buts mobiles.

L'opération ne demande pas plus de trois minutes, et l'instrument ne pèse pas tout à fait 33 kilogrammes. Il faut quatre hommes pour son maniement et la base qui sert à la mesure des distances a 21 mètres de long.

Dans ces derniers temps, pour assurer l'efficacité du tir de mousqueterie aux grandes distances, on a imaginé des télémètres qui se fixent directement au fusil. Ainsi la maison Voigtlander et fils, de Brunswick, a proposé de remplacer la hausse des armes à feu portatives par une lunette-viseur. La figure ci-dessous représente cet appareil aux deux tiers de grandeur naturelle.

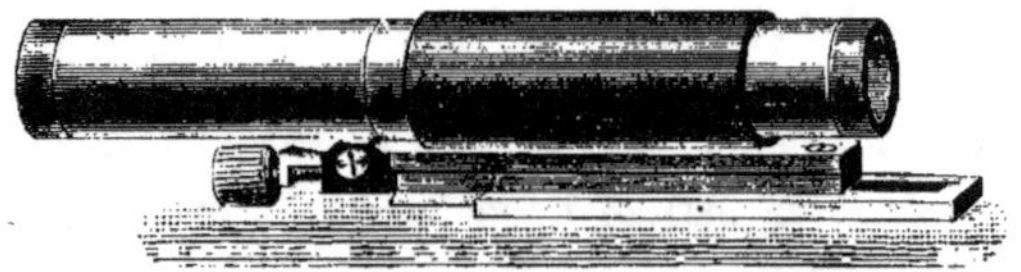

Lunette-viseur de la maison Voigtlander et fils.

Il ne se compose d'ailleurs que de trois lentilles biconvexes, disposées dans une monture qui garantit autant que possible le système contre les risques de dislocation provenant de chocs ou simplement de fatigue. On peut modifier le grossissement suivant les circonstances : il varie de deux à six fois. La longueur de la lunette atteint à peine 10 à 12 centimètres, et son diamètre est de 18 millimètres.

Un bon fusil, muni d'un appareil de ce genre, donne des résultats d'une justesse de tir étonnante, et avec un peu d'habitude, on arrive facilement à en doubler la précision (1).

Ce qui influe beaucoup sur la tactique de l'infanterie, c'est l'absence des nuages de fumée qui, autrefois, formaient un écran dissimulant les hommes au point d'empêcher de viser sur eux. En outre, l'effet meurtrier des coups se trouve augmenté par l'absence de la crasse qui, avec l'ancienne poudre, s'accumulait dans les canons de fusil et diminuait la précision des armes à tir rapide. *(Effets de la suppression de la fumée.)*

Enfin, il n'y a plus guère à craindre les ratés, qui, pour les fusils à silex, étaient cent fois — et, pour les fusils à piston ou à aiguille, six fois — plus fréquents que pour les fusils à cartouches métalliques actuels. De plus, ces cartouches sont inaltérables à l'humidité.

Il faut également signaler, comme un fait de première importance, que, grâce à la diminution du calibre, le nombre des cartouches portées par le soldat sera plus considérable ; ce qui augmentera tout à la fois la puissance du feu et la confiance des hommes.

Cette efficacité plus grande du feu accroîtra probablement le chiffre général des pertes causées par la mousqueterie.

Au combat, l'ennemi pourra, même d'une distance de 1,000 mètres, infliger déjà des pertes sensibles aux troupes marchant à l'attaque. Tandis qu'autrefois, les fusils n'avaient aucune action à pareille distance : ce qui rendait naturellement l'attaque plus facile et moins dangereuse.

Les pertes en officiers, et par suite l'affaiblissement du commandement, seront aussi une conséquence directe de la plus grande précision des nouvelles armes, qui permettra aux tireurs de choisir leurs victimes.

Et cependant, le rôle de l'infanterie a gagné en importance. Aux opérations préliminaires du combat, elle prendra une plus grande part qu'autrefois.

Il est vrai que le rôle de la cavalerie, dans l'exploration, ne s'est pas amoindri. C'est à elle qu'il appartiendra encore à l'avenir de découvrir la répartition des forces adverses, et de dessiner, pour ainsi dire, à grands traits, la disposition des différents corps de l'ennemi. *(Augmentation de l'importance du rôle de l'infanterie.)*

Mais quant à l'étude plus précise qui devra être faite, au point de vue tactique, du champ de bataille probable, la cavalerie ne peut pas l'exécuter — précisément en raison de la grande portée et de la précision des fusils actuels. Il suffirait en effet de quelques tirailleurs cachés pour abattre à volonté les cavaliers, à des distances considérables.

De sorte qu'il faudra confier l'examen rapproché des positions de l'ennemi à quelques détachements d'éclaireurs d'infanterie, qui devront

____

(1) *Jahresberichte für Naturwissenschaften* (Annales des sciences naturelles), 1897.

s'avancer en rampant et par bonds successifs, pour obtenir les renseigne-ments nécessaires à la préparation de l'attaque, si on veut que celle-ci ait quelque chance de succès. Sans l'aide de ces éclaireurs d'infanterie, la supériorité resterait certainement à la défense qui a étudié le terrain à l'avance, et qui, occupant une position dominante, n'aura besoin que d'une lunette pour diriger ses coups sans erreur.

Exécution des reconnaissances par l'infanterie. De plus, l'exécution de ces reconnaissances, si l'on veut obtenir des renseignements sur lesquels on puisse compter, exigera des soldats non seulement hardis, mais adroits et sagaces ; et, avec la composition actuelle des armées, il sera peut-être plus difficile qu'autrefois de trouver des hommes vraiment aptes à jouer ce rôle.

Orientation d'après le bruit des détonations. Remarquons encore que l'orientation d'après le bruit est devenue bien plus difficile depuis l'adoption de la poudre sans fumée.

On a souvent dit et écrit que la poudre sans fumée a en même temps la propriété de ne pas détoner bruyamment. Pourtant il est certain que, dans les combats de l'avenir, nous entendrons toujours le grondement des canons et le crépitement de la fusillade. Hebler est d'avis que la poudre silencieuse est encore du domaine de la fantaisie.

Mais d'un autre côté, des expériences exécutées sur les champs de tir français ont montré que le bruit de la détonation de la poudre sans fumée ne se propage pas au loin : un coup de fusil isolé ne s'entend pas au delà de 800 mètres, la salve d'une section, au delà de 1,200 mètres, celle d'un peloton au delà de 1,400 mètres.

Cela, du reste, se comprend aisément : la plus ou moins grande portée du son dépend, toutes choses égales d'ailleurs, de la plus ou moins grande longueur de l'onde sonore : une onde longue résonne profondément et produit un bruit qui se propage au loin (tel un coup de canon). Une onde courte produit un son élevé dont l'étendue de propagation est moindre (tel un coup de pistolet).

Or la détonation de la poudre sans fumée donne lieu à des ondes sonores très puissantes mais très courtes; ce qui fait que le bruit s'en entend très nettement de près, mais diminue rapidement quand la distance augmente. Les deux poudres sont, à ce point de vue, l'une par rapport à l'autre, comme une voix de ténor est à une voix de basse (1).

Endurance exigée du fantassin actuel. En outre, le fantassin aura besoin de beaucoup plus d'endurance. Les marches s'exécuteront en colonnes de route profondes, par suite des effectifs croissants des troupes ; et le nombre de ces marches, précisément en raison de la masse des armées modernes, sera bien plus grand que

---

(1) Dr Köhler, *Die modernen Kriegswaffen* (Les armes de guerre modernes), 1897.

précédemment; attendu que les armées seront obligées de se disséminer pour s'abriter et se nourrir, et que leurs diverses fractions devront ensuite se resserrer sur le gros des forces, lorsqu'on approchera d'un adversaire supérieur en nombre.

D'où il résulte que les conditions des mouvements à exécuter, pour aller combattre et au cours du combat lui-même, se sont compliquées. Et cependant, les armées comprendront une énorme proportion de réservistes : — 260 0/0 en Italie, 36! 0/0 en Russie — réservistes dont la plupart auront oublié ce qu'ils avaient appris au service, tandis que bien des officiers, réservistes aussi, ne seront pas à hauteur de leur rôle.

Il paraîtrait qu'en présence de telles conditions, on aurait élaboré, pendant la paix, des règlements et instructions sur le service en campagne, qui donneraient des indications précises sur les règles tactiques à suivre dans toutes les circonstances. Mais nous avons montré que, précisément sous ce rapport, il se rencontre dans les différentes armées des lacunes de diverses sortes. Dans les unes, les indications théoriques s'écartent trop des exigences pratiques, et ont le défaut de ne considérer qu'un côté des questions. Dans d'autres, les règlements succèdent aux règlements ; on y ajoute sans cesse des explications complémentaires, et le résultat final n'est qu'un chaos de contradictions. Il n'est donc pas étonnant que la manière de voir ne soit pas encore définitivement fixée sur le caractère des opérations futures de l'infanterie.

Beaucoup d'écrivains militaires pensent, en se basant sur l'expérience des guerres passées, que les principes essentiels du combat de l'infanterie ne se sont pas modifiés. L'infanterie marchera au combat comme autrefois, en diminuant seulement l'étendue de ses fractions à rangs serrés, — réserves de compagnies et de bataillons, — et en augmentant les distances, en profondeur, de son ordre de combat : d'où ils concluent que, dans les corps d'infanterie, les difficultés du commandement n'auront pas augmenté, non seulement pour les officiers expérimentés, mais même pour ceux qui viendront de la réserve.

Pourtant, d'autres écrivains soutiennent que, pour commander l'infanterie sur le champ de bataille, il faudra plus de talent même que pour y diriger la cavalerie et l'artillerie. Il n'est pas une armée, disent-ils, où, pour cinq cents officiers, capables de se familiariser en peu de temps avec le commandement d'une batterie ou d'un escadron, on en puisse trouver cent qui seraient en état de conduire l'infanterie au feu. Et dès lors que peut-on attendre des officiers de réserve ?

Sur d'autres questions aussi, les opinions diffèrent d'une manière absolue : comme par exemple sur les avantages de l'ordre dispersé et des tirailleurs, ainsi que sur le mode de formation des colonnes d'attaque.

Nécessité,
pour l'assaillant,
de s'assurer
la supériorité
du feu.

Constamment on insiste sur la nécessité, pour l'assaillant, de s'assurer la supériorité du feu. Les uns conseillent, pour atteindre ce but, de s'approcher méthodiquement, en renforçant peu à peu la chaîne au moyen d'hommes pris en arrière et en alimentant vigoureusement le feu dirigé contre l'ennemi. D'autres préfèrent ne constituer qu'un mince réseau de tirailleurs, qu'on lancerait résolument en avant pour occuper quelques positions favorables, d'où l'on ouvrirait ensuite un feu acharné, afin de permettre aux autres échelons de suivre et de venir se placer sur la même ligne pour se jeter enfin tous ensemble sur la position ennemie.

D'après le nouveau règlement de manœuvres russe, l'ordre de combat du bataillon marchant à l'attaque est, aux exercices, le suivant : « Le bataillon déploie sa première compagnie en chaîne de tirailleurs, en formant une seconde ligne avec la deuxième et la troisième; après quoi la quatrième se porte à gauche sur la position pour accabler l'ennemi de feux de salve, en constituant ainsi une sorte de batterie de fusils dont le feu couvre la marche en avant de la chaîne. Après s'être arrêtée sur sa dernière position (à environ 300 pas), cette chaîne ouvre le feu; puis, à l'abri de ce feu et du feu de la batterie de fusils qui a préparé l'attaque, s'avancent les réserves. Alors les tambours battent la charge, la musique joue, la chaîne se porte rapidement en avant en se groupant par pelotons, les réserves suivent derrière elle. La batterie de fusils redouble son feu. Le crépitement de la fusillade étouffe la musique ; quoique sans fumée, la poudre produit cependant toute une couche de nuages bleuâtres et diaphanes qui disparaissent promptement. Vient alors un mouvement rapide de la 4ᵉ compagnie sur le point d'attaque dès que son front se trouve recouvert par la ligne assaillante... ». Après quoi a lieu enfin le choc général à la baïonnette (1).

Difficulté
d'appliquer les
prescriptions
réglementaires.

Si excellentes que puissent être ces prescriptions, il faut, pour les appliquer avec succès, des hommes capables d'utiliser habilement les abris offerts par le terrain et de surmonter les obstacles qu'il présente, des hommes sachant se jeter à terre au moment voulu, puis s'élancer de nouveau en avant.

Et que peuvent être les pertes subies au cours de ces manœuvres ?

D'aucuns disent qu'il n'y a pas de raison pour supposer que, dans la guerre future, les armées doivent éprouver des pertes plus grandes que dans les guerres précédentes; qu'à l'avenir, comme précédemment, lors de l'attaque de l'infanterie, la balle et la baïonnette agiront de concert.

Difficulté
des attaques.
Opinions
pour et contre.

Mais d'autres écrivains non moins autorisés pensent que, dans la guerre future, les attaques exécutées pour s'emparer de la position ennemie

____

(1) *Novoïé Vrémia*, du 4/16 mai 1897.

seront à ce point difficiles et sanglantes, qu'aucun des adversaires ne sera en état de célébrer sa victoire. Autour des positions défendues se formera une ceinture de 1,000 mètres de largeur, également inaccessible pour les deux partis, — bande de terrain marquée par les cadavres accumulés des hommes tombés, et au-dessus desquels se croiseront des milliers de balles et d'obus ; bande que pas un être vivant ne sera capable de franchir pour décider le combat par une attaque à la baïonnette.

On a bien dit encore : Tout cela serait vrai, en effet, avec les fusils de petit calibre et les canons perfectionnés d'aujourd'hui, si la bataille avait lieu sur un terrain de manœuvres, où les distances des buts sont connues ; si les tireurs étaient garantis, comme à l'exercice, contre toute atteinte des balles ennemies, et si enfin le champ de bataille constituait une surface parfaitement plane et découverte, — tandis que, dans la nature, de tels terrains se rencontrent assez rarement et que les troupes ont, pour s'abriter, des bois, des futaies, des élévations ou dépressions du sol ; outre qu'en arrière des premières lignes de tirailleurs, qui absorbent la plus grande partie des coups — en formant ce que les Allemands appellent le *Kugelfang* (1), — les lignes suivantes pourront se mouvoir en n'éprouvant que des pertes bien moindres.

Mais à cela on répond : Qu'à l'approche de l'ennemi, il ne sera pas difficile de distinguer les chefs, en observant, soit d'un ballon, soit du haut d'observatoires fixes ou mobiles qu'on ne manquera pas d'établir quand on voudra occuper une position. D'après quoi, avec la portée, la précision et la puissance de pénétration des armes actuelles, — qui permettent, grâce aux projectiles explosifs de l'artillerie, de couvrir d'éclats et de balles des surfaces très étendues, — on pourra atteindre l'assaillant même en arrière des bois, buissons ou inégalités de terrain dont il se couvrira.

Il n'y a pas de raison pour que le défenseur choisisse précisément les terrains qui ne lui permettraient pas d'utiliser la grande portée de ses fusils et de ses canons. De plus, outre les retranchements et les abris en terre, il peut élever d'autres obstacles dont la destruction exigera un temps assez considérable ; ce qui obligera les assaillants à stationner à courte distance, en masses plus ou moins compactes, sous un feu constant.

A quoi on réplique : Que précisément à ces petites distances, et malgré les qualités balistiques indubitables des nouvelles armes, leur effet mortel ne sera pas bien grand. Quand on se bat de très près, l'état des soldats est trop nerveux ; ils visent mal ou pas du tout, et le fusil perfectionné actuel ne vaut pas plus alors que l'arc le plus grossier entre les mains de sauvages quelconques.

Plus le feu ennemi sera efficace et plus les deux partis se tiendront

____

(1) Litt. : attrape-balles. De *Kugel* (balle) et *fangen* (attraper).

éloignés l'un de l'autre ; c'est à peine s'ils s'apercevront mutuellement et souvent ils seront séparés par des élévations de terrain, des cours d'eau et des bois ; il n'y aura pas de ces combats corps à corps qui excitent les passions, transforment les hommes en fauves sanguinaires et se terminent par la mort d'un des lutteurs. Et la lutte ayant lieu à grande distance, il ne sera pas difficile au plus faible de quitter, au besoin, le champ de bataille.

D'autres auteurs admettent la possibilité d'une affreuse tuerie et de pertes énormes. Seulement ils disent que la question n'est pas là, mais bien dans le fait de remporter la victoire quelles que soient les victimes qu'il faille lui sacrifier. La guerre de 1870 a prouvé que même l'infanterie d'alors était capable de supporter de très grandes pertes. Toutefois, en Allemagne, les jeunes officiers ne font pas grand fonds là-dessus, parce que l'infanterie actuelle diffère entièrement de celle qui s'est battue en 1870. Dans l'armée allemande on ne retrouvera plus l'exaltation de cette époque et la faculté de supporter d'aussi grands sacrifices.

Enfin, les nouvelles armes n'augmentent pas uniquement le danger couru par les combattants. Elles paralysent aussi l'action des médecins et des infirmiers ; car ceux-ci ne pourront pas organiser de postes de secours dans le voisinage de points qui seront inondés par les balles perdues de l'ennemi. On ne pourra même pas emporter les blessés assez loin pour les soustraire au feu, puisque les fusils actuels tuent encore à 4 kilomètres et les canons à plus de 7. Et les armées ne sont plus composées de soldats de métier ; elles se complètent au moyen d'une foule de citoyens paisibles qui ne sont nullement friands du danger, d'autant que la propagande faite contre la guerre a pu diriger leurs idées d'un tout autre côté. Il est donc impossible de croire les armées contemporaines prêtes à supporter les pertes et les fatigues, dans la mesure réclamée par des théoriciens militaires inattentifs aux courants d'idées qui règnent actuellement parmi les nations de l'Europe occidentale.

Désaccord sur divers points de détail. Ces contradictions entre les manières de voir ne se rencontrent d'ailleurs pas seulement dans les questions d'un caractère général ; elles se manifestent aussi sur divers points particuliers.

Quelques-uns soutiennent que le perfectionnement des armes, l'application et l'emploi, à la guerre, de toutes les inventions nouvelles, ont fait reculer au dernier plan la force musculaire brutale, en mettant au premier la préparation technico-militaire.

Avec des armées énormes, disent-ils, et le haut développement intellectuel des chefs qui les conduisent, on pourra prendre l'ennemi en flanc par la concentration stratégique de colonnes de marche sur un point convenablement choisi ; d'autant qu'en général ces flancs seront plus difficiles à protéger par suite du plus grand éloignement des réserves.

A quoi l'on objecte que, pour exécuter une opération de ce genre, il faut connaître tous les mouvements de l'ennemi et la disposition de ses forces ; et que, par suite de l'absence de fumée, de la grande portée des armes et des précautions prises pour protéger le gros de l'armée, il sera bien plus difficile de se reconnaître, d'interroger les habitants ou de s'éclairer d'une façon quelconque. La faculté qu'on a maintenant d'élever promptement des retranchements légers, paralysera les tentatives faites pour tourner les flancs et arrêtera l'ennemi ; tandis que l'arrivée constante de troupes fraîches sur le lieu du combat, conséquence de la dissémination même de l'armée sur de vastes espaces, rendra fort dangereuse la situation de ceux qui auront entrepris un mouvement tournant.

Nous sommes donc en présence de toute une série de contradictions inconciliables : ce qui d'ailleurs est fatal et provient de la nature même des choses. La guerre seule peut nous fournir des indications positives directes, et toutes les hypothèses semblent des arguments de pure logique qui ne peuvent s'appuyer directement sur aucun fait. Les doutes et les discussions en pareille matière sont inévitables.

Divergences inévitables d'opinions.

Même quand les inventions techniques ne se succédaient pas continuellement comme aujourd'hui, quand la routine et l'expérience semblaient être les principales qualités des chefs de l'armée, il existait déjà des opinions contradictoires ; par cela seul qu'on jugeait nécessaire de modifier de temps à autre les règles de la tactique, pour affaiblir l'ennemi en le forçant à combattre dans des conditions nouvelles, afin de s'assurer ainsi la supériorité. Napoléon conseillait d'exécuter ces changements tous les dix ans.

Dans chaque armée, il existe, comme on sait, des prescriptions spéciales relatives à l'instruction des troupes en temps de paix, et à l'exécution de la tâche qui leur incomberait pendant la guerre. Mais les observations formulées sur la façon d'agir de l'infanterie présentent un véritable labyrinthe de contradictions et de prescriptions qui s'excluent l'une l'autre.

Et que le lecteur ne s'imagine pas que ces contradictions n'apparaissent qu'aux hommes qui ne sont pas du métier. Le général Luzeux, spécialiste très connu, fait observer en parlant de la France : « Qui ne s'est pas « étonné de la différence d'opinions qu'on rencontre dans les cours de nos « écoles, et précisément sur des questions qui touchent aux principes « essentiels de la tactique ? Est-ce que les notions données aux officiers « d'infanterie dans les écoles militaires élémentaires sont d'accord avec ce « qu'on leur enseigne à l'École supérieure de guerre ? Est-ce que l'enseigne- « ment de cette École supérieure concorde avec les cours de l'École d'appli-

---

(1) *Études de tactique*, Paris, 1890.

« cation ? Est-ce que les idées professées dans les chaires de l'École supé-
« rieure de guerre ne changent pas souvent et radicalement ? Tout cela cons-
« titue un chaos d'opinions et de principes qui s'entrechoquent ; et de leur
« choc ne sort pas un rayon de lumière. Dès lors il n'est pas étonnant que
« les officiers disent : A quoi bon apprendre ? Que les professeurs commen-
« cent par se mettre d'accord entre eux ! »

Contradictions relevées chez les écrivains allemands. — Les contradictions ne sont pas moindres, que permet de découvrir l'étude attentive des écrivains allemands. Mais ils s'expriment avec plus de réserve : — d'abord en raison de la plus grande difficulté qu'éprouvent à formuler leur pensée, des hommes qui sont encore au service, et qui écrivent sans autorisation particulière ni censure préalable quelconque ; et aussi parce que la guerre de 1870 ne pouvait manquer d'inspirer à l'armée allemande une haute estime de soi-même. Aussi les auteurs allemands affirment-ils que, grâce à l'étendue des connaissances militaires de ses officiers et sous-officiers, leur armée est capable de se mettre plus promptement que toutes les autres à hauteur des exigences qu'imposera l'exécution de la guerre future.

C'est dans leur aptitude relative à s'assimiler de nouvelles règles tactiques, que les Allemands voient surtout leur grande supériorité sur les autres nations au point de vue des premières indications fournies par l'expérience de la guerre. Mais ils ne semblent pas vouloir se souvenir que, dès le début de la campagne de 1870, ils avaient une supériorité numérique de trois contre un, sur un adversaire qui n'entamait la guerre que sans entrain, en sentant son manque de préparation et l'absence, à sa tête, de chefs en qui l'armée eût confiance.

Il est facile de manœuvrer, d'entourer et de vaincre les autres, lorsque, même dans les rencontres accidentelles et à toute heure, il vous arrive des renforts.

Enfin, remarquons qu'en Allemagne, la plupart des officiers appartiennent à des familles nobles où s'est conservée une tradition militaire, et que sur eux, par suite, ont peu de prise les idées relatives aux difficultés que peut présenter la guerre et moins encore les doutes sur la possibilité de la faire.

Et quant à reconnaître trop franchement les dangers et les difficultés énormes que présentera la guerre dans les conditions nouvelles, les auteurs militaires allemands peuvent en être empêchés par la crainte d'encourager le mouvement qui s'est dessiné contre le militarisme.

Notre opinion sur la tactique future de l'infanterie. — En présence d'un tel état de choses, il ne nous appartient évidemment pas de trancher les questions en litige. Toutefois il nous a paru impossible de ne pas formuler une opinion sur la tactique future de l'infanterie ; attendu qu'à cette tactique se rattache étroitement l'objet principal de nos études, qui est de savoir jusqu'à quel point la guerre est possible, et à quels dangers elle nous expose, dans l'état présent de l'art militaire et de l'organisation sociale. D'autant que, faute de nous prononcer sur ce point, nous manquerions de base pour juger de l'influence qu'auront les pertes futures sur les rapports sociaux ; ce qui rendrait notre travail incomplet, puisque la question des pertes à la guerre, rattachée à la situation et à l'organisation actuelles, surtout dans les États de l'Ouest de l'Europe, a une importance de premier ordre.

D'une façon générale, il faut admettre, en présence des engins de destruction d'aujourd'hui, que les règles tactiques pourront seulement affaiblir quelque peu l'action mortelle du feu, mais seront impuissantes à en neutraliser les effets.

Dans la guerre future, quelques combinaisons qu'on fasse, il y aura toujours un des partis — comme nous le montrerons dans le second volume, en décrivant les plans d'opérations — qui se tiendra de préférence sur la défensive. Et si, même après avoir repoussé une attaque, ce parti passe au combat offensif pour achever la déroute de son adversaire, ce ne sera que sur un espace de terrain peu étendu ; car en avançant trop dans ce sens, il se heurterait de nouveau à des obstacles insurmontables. Sans doute, il arrivera fréquemment aux deux partis en présence d'échanger leurs rôles. Mais dans chaque circonstance déterminée, l'aspect présenté par le combat sera différent de ce qu'il était autrefois.

Nous avons déjà montré que les comparaisons faites sous ce rapport avec le passé étaient peu instructives. Il n'y a pas encore eu d'exemple que des pays fussent ainsi préparés à la défensive. Nous nous trouvons en face d'un phénomène redoutable. Dans toutes les armées on proclame la supériorité de l'offensive ; et cependant on organise de si fortes positions défensives, que leur existence ne peut rester sans influence sur la nature des opérations. La guerre future, quoi qu'on en ait pu dire, consistera surtout en luttes autour de positions fortifiées.

Emploi fréquent
des positions
fortifiées.

Toutes les troupes d'infanterie sont pourvues d'outils de pionniers de campagne en telle abondance, qu'elles pourront, en un temps très court, élever des ouvrages de fortification.

Avantages de
défense.

En outre, nous avons pu montrer jusqu'à quel point des troupes établies derrière des abris défensifs seront en état de rendre leurs positions inabordables. La défense aura, beaucoup plus que l'attaque, la faculté d'utiliser les obstacles naturels du terrain et de les renforcer encore par les travaux qu'elle y ajoutera. Grâce à ces travaux, il lui sera possible de mieux diriger son feu et de l'employer plus efficacement que ne pourra le faire l'attaque — obligée de se porter en avant sans se couvrir et en formation plus ou moins compacte, surtout en approchant de la position à emporter. La force de la défense s'accroît en proportion de la puissance balistique des armes.

On dit, il est vrai, que les hommes tireront mal ; que, malgré l'instruction reçue, ils ne sauront pas utiliser tous les avantages du terrain, et, qu'entre leurs mains, les fusils perfectionnés ne seront pas plus efficaces que les anciennes armes. Mais y a-t-il une raison sérieuse de croire que, dans les conditions susindiquées, qui sont si favorables aux défenseurs, ceux-ci tireront mal ? Cela ne peut arriver qu'à ceux d'entre eux qui préféreront manquer leur coup, en tirant au hasard, plutôt que de s'exposer à un danger personnel en découvrant leur tête et leurs bras.

Or ce sera l'exception. Car, comment supposer chez les assaillants assez de bravoure pour s'avancer à découvert en montrant leur corps tout entier et prétendre en même temps que les défenseurs craindront de courir un danger huit fois moindre ? En réalité, d'ailleurs, ce danger n'existera pas. Même aux très petites distances, le tir des assaillants qui s'approchent en courant n'est pas dangereux et leurs derniers rangs seront forcés de cesser le feu complètement.

Puis, en admettant que le parti de la défense sera toujours composé de soldats moins braves, la puissance de son feu sera en tous cas tellement grande, qu'il devra produire un effet écrasant sur les assaillants.

Nous avons déjà montré que, même dans les guerres de 1870 et 1877, on peut trouver bon nombre d'exemples qui confirment les conclusions ci-dessus exposées et qui, jusqu'à un certain point, sont admis comme faits documentaires par les historiens militaires les plus récents.

Difficultés de l'attaque. De considérations et de calculs exposés plus haut, il ressort que, pour se trouver encore en nombre égal aux défenseurs, malgré les pertes subies pendant la marche en avant, lorsqu'ils arriveront à environ 30 mètres de la position, c'est-à-dire au point d'où ils pourront s'élancer à la baïonnette, il faudra qu'au début de l'attaque les assaillants comptent un effectif de 637 hommes pour 100 défenseurs. Ainsi donc, pour qu'un corps de troupes puisse aborder sous le feu, en terrain découvert, une position bien défendue, il faut qu'il soit au moins *huit fois* supérieur en nombre à l'ennemi.

Pertes qu'elle subira. D'après les données du général Skougarevsky (1), en supposant que le parti qui part, pour attaquer, d'une distance de 225 pas, ait un effectif de 400 hommes et que le défenseur établi derrière un retranchement n'en ait que 100, il ne restera plus à l'assaillant, au moment du choc, que 74 hommes.

Mais, outre la mousqueterie, les assaillants seront exposés à l'effet du feu de l'artillerie.

L'emploi de l'acier pour la fabrication des projectiles a permis d'y

____

(1) *Ataka piékhoty* (L'attaque de l'infanterie).

faire tenir un plus grand nombre de balles qu'auparavant ; et leur remplissage au moyen d'explosifs quatre fois plus puissants que la poudre
autrefois employée contribue à donner plus de force aux balles et aux éclats.

Quand on compare les effets des projectiles actuels à ceux des projectiles dont on se servait en 1870, on trouve qu'en moyenne les obus
donnent aujourd'hui 240 éclats au lieu de 19 à 30 qu'ils fournissaient du
temps de la guerre franco-allemande (1). Les shrapnells qu'on employait
à cette époque produisaient 37 fragments : ceux d'à présent en donnent 340.

En présence de tels résultats, il est impossible de se figurer ceux
qu'on obtiendra dans la guerre future. Or, en 1870, les pertes s'élevèrent
à 9 0 0 de l'effectif des troupes. Si l'on tenait compte de ce que les nouvelles
armes sont 40 fois plus puissantes que celles de 1870, on arriverait à multiplier ce « pour cent » par quarante, et la comparaison serait poussée jusqu'à
l'absurde ; ce qui ne prouve pas l'inexactitude des conclusions, mais ce qui
montre simplement que les moyens techniques actuels suffiraient à détruire
entièrement des armées numériquement bien supérieures à celles qui
pourraient être mises en campagne.

D'ici peu va s'effectuer une transformation complète de l'armement de
l'artillerie ; et les armées disposeront bientôt de canons deux fois plus
puissants que ceux d'aujourd'hui.

Le général Müller (2) dit qu'avec les canons futurs, pour éviter d'être
complètement détruits, « les hommes devront ne marcher qu'en ordre dis-
« persé, et, autant que possible, sans se faire voir par l'ennemi, en ram-
« pant, en se cachant derrière les inégalités du terrain, et en se terrant
« comme des taupes ».

Il va de soi que le succès de l'artillerie de l'attaque dépendra de la
résistance que lui opposera l'artillerie adverse.

Tout conduit en somme à cette conclusion, que désormais la baïonnette
a perdu de son importance. Autrefois, deux murailles vivantes hérissées de
baïonnettes marchaient l'une contre l'autre. Avant de s'aborder, chacun
tirait un ou deux coups de fusil. Le parti le plus faible reculait bientôt ; ce
qui ne lui faisait pas courir grand risque, parce que, dans sa retraite, il
n'avait à essuyer que deux ou trois décharges. Maintenant, la retraite après
l'attaque entraînera la destruction probable de ceux qui s'y résigneront.
Car ils recevront par derrière, de chaque fusil, des dizaines de balles
parfaitement dirigées, et dont chacune peut mettre jusqu'à cinq hommes
hors de combat.

La confiance dans la supériorité de la baïonnette sur l'arme à feu est
complètement ébranlée — quoiqu'on puisse observer que, chez les soldats

____

(1) Colonel Langlois : *L'Artillerie de campagne.*
(2) Colonel Langlois : *L'Artillerie de campagne.*

russes il existe encore une certaine prédilection pour cette arme, ou, ce qui revient au même, une certaine confiance dans la possibilité, pour l'élan et le courage personnel, de l'emporter sur la puissance, mécanique mais terrible, du feu d'aujourd'hui. Il nous semble que ce soit là seulement la conséquence de traditions glorieuses.

Dans toutes les armées on s'efforce de développer chez les hommes une confiance absolue dans la puissance de l'arme à feu ; dans tous les règlements il est dit qu'aucune attaque à la baïonnette ne pourra réussir contre une défense par le feu, correctement conduite. Et ce sera vrai, sans nul doute, tant qu'une action, plus puissante encore, du feu d'infanterie ou d'artillerie de l'ennemi, ne sera pas venue bouleverser la défense et influer sur la précision même du tir qui lui sert de protection. A l'instruction, c'est maintenant sur le tir qu'on appelle surtout l'attention des hommes ; et le maniement de la baïonnette, bien qu'on s'en occupe encore, est déjà passé à l'arrière-plan.

Néanmoins, dans toutes les armées, par le moyen de traités et de brochures, on s'efforce d'inspirer aux troupes la conviction que si elles s'avancent bravement jusqu'aux positions fortifiées, l'ennemi ne tiendra pas devant leur choc hardi et résolu à la baïonnette.

Mais, avec la composition des armées modernes, est-il possible de croire véritablement au succès de suggestions qui sont en désaccord avec la réalité des choses ?

Aux courtes distances où il faut être pour se charger à la baïonnette, il n'y aura presque pas une balle de fusil — l'arme ne fût-elle que simplement appuyée sur le parapet, — qui n'atteigne un homme et même plusieurs.

Avec l'absence de fumée sur le champ de bataille, les résultats de cette tuerie seront visibles pour tout le monde.

A des distances aussi rapprochées, les balles à enveloppe dont on se sert maintenant enlèvent des morceaux du crâne quand elles frappent à la tête ; ou bien elles brisent les os et les font éclater à l'intérieur, lorsqu'elles atteignent d'autres parties du corps.

Si, d'après l'opinion des spécialistes que nous avons cités, le défenseur, par la puissance et l'efficacité de son feu, peut arrêter, à quelques centaines de mètres en avant de lui, le corps assaillant, en le mettant dans l'impossibilité d'aller plus loin, nous sommes par cela même obligés d'admettre que le défenseur ne peut, à son tour, prendre l'offensive en se découvrant — puisqu'il ne ferait ainsi que se mettre justement dans la situation de son adversaire, en intervertissant les rôles.

Quant à obtenir des victoires comme par le passé, — et particulièrement pendant la guerre de 1870, — au moyen de manœuvres et de mouvements tournants, il est peu probable qu'on y arrive dans la guerre future.

Pour tourner le flanc des positions ennemies, il faut commencer par exécuter sous leur feu de fortes reconnaissances, — ce qui ne sera pas facile. Puis le défenseur, chassé de ses positions, commencera sa retraite en suivant des routes régulières et commodes, sur lesquelles il trouvera d'autres points d'appui préparés à l'avance, — ou bien il se retranchera de nouveau sur des emplacements propices en continuant de résister à l'assaillant et en lui infligeant des pertes nouvelles.

Et dans ces conditions, il est permis de demander :

Peut-on admettre qu'il se trouvera des chefs et des soldats en état d'exécuter de telles opérations ?

Bien rares sont les hommes capables de conduire des attaques sans connaitre ni les forces de l'adversaire, ni les obstacles qu'ils pourront rencontrer. Voilà pourquoi les écrivains militaires actuels s'occupent tant de cette question à laquelle autrefois personne ne s'intéressait.

Tout ce qui vient d'être exposé nous conduit à conclure que, par suite du perfectionnement des moyens de destruction, chaque rencontre entre des troupes d'infanterie adverses sera désormais bien plus terrible que par le passé, de même que chaque faute et chaque retard auront de bien plus sérieuses conséquences.

Conclusion finale.

TABLE DU PREMIER VOLUME

Paris. — Imprimerie PAUL DUPONT, 4, rue du Bouloi.

SOMMAIRE DE L'OUVRAGE COMPLET

TOME I
Description du mécanisme de la guerre

Considérations générales sur le tir. — Poudre sans fumée et autres explosifs. — Les armes à feu portatives. — Les bouches à feu de l'artillerie. — Les engins auxiliaires. — Boucliers et cuirasses opposés aux effets des balles ennemies. — Abris formés par les retranchements et les fortifications de campagne. — Importance et rôle de la cavalerie. — La tactique de l'artillerie et les conséquences des perfectionnements techniques. — L'infanterie au combat.

TOME II
La guerre sur le continent.

Les effectifs des armées européennes. — La préparation à la guerre et sa déclaration. — La mobilisation. — Mouvement des troupes pour se rendre sur le théâtre de la guerre. — La conduite des armées. — Le commandant en chef. — L'autonomie des commandants d'unités et leur initiative dans les différentes armées. — Le chef subalterne. — Base du développement de l'instruction dans l'armée. — Comparaison entre les batailles du passé et celles de l'avenir. — Le combat de nuit. — Sur le champ de bataille. — La guerre de forteresse. — État et esprit des armées. — Plans des opérations militaires. — Force de résistance des puissances aux influences sociales et économiques de la guerre. — Effectifs de combat de la Double et de la Triple-Alliance. — Opérations de guerre franco-italienne. — Opérations de guerre franco-allemande. — Opérations de guerre germano-austro-hongroise.

TOME III
La guerre navale.

Comparaison des flottes anciennes et modernes. — Moyens d'attaque et de défense des bâtiments d'aujourd'hui. — Opérations des flottes et des navires isolés. — Quelques conclusions relatives aux batailles futures. — La guerre de croisière et la course. — Conclusions.

TOME IV
Les troubles économiques et les pertes matérielles que déterminera la guerre future.

Coup d'œil sur les difficultés économiques qu'entraînerait la guerre en Europe (Dans l'Europe orientale. — En Russie). — Sa répercussion sur les besoins de la population. — Dépenses des guerres passées. — Les charges militaires et les revenus des nations. — Dépenses de la guerre future et moyens de les couvrir. — Inégalité des pertes économiques que la guerre future entraînerait pour les divers pays. — Influence de la tactique et des conditions économiques sur l'approvisionnement des armées en vivres et munitions.

TOME V
Les efforts tendant à supprimer la guerre, les causes des différends politiques, les conséquences des pertes.

Comment s'est développée l'idée de résoudre pacifiquement les différends internationaux. — La paix perpétuelle dans les littératures des peuples civilisés. — Le socialisme, l'anarchisme et la propagande contre le militarisme. — L'inégalité d'accroissement de la population des divers pays pouvant être une cause de guerre. — Le degré de possibilité de la guerre au point de vue politique. — Les pertes probables dans la guerre future. — Influence des armes actuelles sur le caractère des blessures. — Le soin des blessés et malades à la guerre, dans le passé et dans l'avenir.

TOME VI
Le mécanisme de la guerre et son fonctionnement.
La question du tribunal international d'arbitrage.

Le système du militarisme. — Les officiers. — Progrès techniques et augmentation des armées. — Voix et agitations contre la guerre. — La concurrence de l'Amérique sur le marché universel. — Accroissement des dettes et des charges militaires de l'Europe. — Les congrès de paix et leur influence. — Importance des tendances pacifiques manifestées par les monarques. — Indices d'une évolution et possibilité d'un désarmement et de la suppression de la guerre. — Les causes des différends internationaux. — Nécessité de prouver ce fait que les différends internationaux ne sauraient être résolus par la guerre. — Convocation d'une conférence internationale en vue d'étudier la question du tribunal d'arbitrage. — La question de l'Alsace-Lorraine. — La question d'Orient. — Autres questions ayant de l'importance au point de vue international. — Les provinces de l'Autriche et de la France où l'on parle la langue italienne. — Possibilité d'une dissolution de la monarchie austro-hongroise. — L'Allemagne et l'Autriche ne sont pas satisfaites de leurs frontières. — Antagonismes de races et de religions. — Intérêts dynastiques. — Intérêts commerciaux. — L'expansion coloniale. — Les intérêts des puissances dans l'Extrême-Orient. — Les raisons en vertu desquelles on croit que les guerres sont indispensables. — Institution d'un tribunal d'arbitrage international, un besoin de notre temps. — Son organisation présomptive. — Conclusions : les prétextes de guerre et leur peu d'importance. — L'absurdité de la politique de la « paix armée ». — Moment propice à la création d'un tribunal d'arbitrage. — Facilité de résoudre pratiquement ce problème. — L'institution d'un tribunal d'arbitrage est le seul moyen d'arrêter les armements. — Nécessité d'étudier les conditions techniques de la guerre et ses conséquences économiques. — Nomenclature des questions à examiner. — Importance de ce examen.

Paris. — Imp. PAUL DUPONT, 4, rue du Bouloi

9 782329 386225